ESTADÍSTICA
ELEMENTAL

11A. EDICIÓN

ESTADÍSTICA ELEMENTAL

11A. EDICIÓN

Robert Johnson
Monroe Communiy College

Patricia Kuby
Monroe Communiy College

Traducción
Víctor Campos Olguín
Traductor profesional

Revisión Técnica
Dra. Ana Elizabeth García Hernández
Universidad La Salle, Morelia

CENGAGE Learning®

Australia • Brasil • Corea • España • Estados Unidos • Japón • México • Reino Unido • Singapur

CENGAGE Learning

Estadística elemental, 11a. edición.
Robert Johnson y Patricia Kuby

Presidente de Cengage Learning Latinoamérica:
Fernando Valenzuela Migoya

Director Editorial, de Producción y de Plataformas Digitales para Latinoamérica:
Ricardo H. Rodríguez

Gerente de Procesos para Latinoamérica:
Claudia Islas Licona

Gerente de Manufactura para Latinoamérica:
Raúl D. Zendejas Espejel

Gerente Editorial de Contenidos en Español:
Pilar Hernández Santamarina

Coordinador de Manufactura:
Rafael Pérez González

Editores:
Sergio R. Cervantes González
Abril Vega Orozco

Diseño de portada:
Studio 2.0

Imagen de portada:
Shutterstock

Composición tipográfica:
Patricia Delgado Trujillo
Humberto Núñez Ramos

Traducido del libro *Elementary Statistics*, 11e.
Robert Johnson and Patricia Kuby.
Publicado en inglés por Brooks & Cole, una compañía de Cengage Learning ©2012
ISBN: 978-0-538-73350-2

Datos para catalogación bibliográfica:
Johnson, Robert y Patricia Kuby.
Estadística elemental, 11a. edición.
ISBN: 978-607-481-807-9

Visite nuestro sitio en:
http://latinoamerica.cengage.com

Impreso en México
1 2 3 4 5 6 7 15 14 13 12

Impreso en Cosegraf; abril del 2012
Progreso No. 10 Col. Centro
Ixtapaluca Edo. De México

Contenido breve

Contenido detallado

Prefacio

A través de los años, desde que se publicó por vez primera, *Estadística elemental* se convirtió en un libro introductorio excepcionalmente legible y confiable que promueve el aprendizaje, la comprensión y la motivación al presentar la estadística en un contexto de mundo real sin sacrificar el rigor matemático. A lo largo del camino, disciplina tras disciplina evoluciona para reconocer que la estadística es una herramienta enormemente valiosa para ellos y que la estadística llega a múltiples áreas de la vida diaria, lo que resulta en que al menos un curso de estadística se recomiende a los estudiantes en la mayoría de las escuelas. Como lo han sido desde el comienzo, pero ahora más que nunca para apoyar los planes de estudio actuales, las aplicaciones, ejemplos y ejercicios en este texto contienen datos apropiados de gran variedad de áreas de interés, incluidas la física y las ciencias sociales, la opinión pública y la ciencia política, los negocios, la economía y la medicina. En *Estadística elemental*, undécima edición, seguimos luchando por una mayor legibilidad y un tono de sentido común que atraiga a los estudiantes que están cada vez más interesados en las aplicaciones que en la teoría.

Panorama de lo que es nuevo en y para esta edición

Los profesores familiarizados con el texto notarán los siguientes cambios en esta edición.

Nuevas viñetas de apertura de capítulo

Más de 50% de las viñetas de apertura de capítulo del libro, cada una de las cuales se enfoca en un aspecto cotidiano de la vida, son nuevas. Ilustrado con información estadística, cada apertura de capítulo proporciona un contexto relevante y familiar para el paso inicial de los estudiantes hacia los conceptos cubiertos en el capítulo.

Nuevos ejemplos aplicados

Casi 20% de los ejemplos aplicados del texto son nuevos o están actualizados para ayudar a involucrar el interés del estudiante. Los conceptos estadísticos clave se presentan con soluciones paso a paso mejoradas.

Más de 20% de ejercicios nuevos y actualizados

Muchos de los ejercicios son nuevos o actualizados para reflejar los eventos actuales y otros temas oportunos. Más de 1 700 ejercicios del texto proporcionan un cúmulo de problemas prácticos, y cada conjunto de ejercicios incluye un rango de tipos de ejercicio que avanzan desde el recuerdo básico hasta pasos múltiples, hasta ítems que requieren pensamiento crítico. Como siempre, la mayoría de los ejercicios pueden calcularse a mano o con el uso de tecnología.

Cobertura de distribución de probabilidad normal completamente rescrita

El capítulo 6, "Distribuciones de probabilidad normal", se rescribió por completo para presentar la distribución normal estándar usando el método acumulativo, que incorpora una idea más intuitiva respecto al área total bajo una curva y sigue más de cerca el formato utilizado en las calculadoras graficadoras y software estadístico. Para apoyar este cambio, entre las tablas en los forros del texto se incluye una correspondiente nueva tabla 3 a dos páginas, "Áreas acumuladas de la distribución normal estándar".

Nuevos visuales en todo el texto

Además de las nuevas fotografías y gráficas a la apertura de los capítulos, a lo largo de los ejemplos, ejemplos aplicados y ejercicios aparece arte nuevo y rediseñado.

Nuevos recursos dinámicos en línea de enseñanza y aprendizaje

Vea las páginas xvii-xviii para detalles acerca de los complementos para el profesor y el estudiante de la undécima edición.

Recorrido por la undécima edición

Las características que continúan, así como las nuevas y actualizadas, incluyen lo siguiente:

Énfasis en la interpretación de la información estadística y aplicaciones reales

Inmediatamente en el capítulo 1, cuando los estudiantes aprenden los términos y procedimientos clave fundamentales; en el capítulo 4, "Probabilidad", donde se destaca el análisis en lugar de la fórmula; y después a lo largo del texto, los autores enfatizan el papel de la interpretación en el análisis estadístico. Los ejemplos y los ejercicios presentan aplicaciones reales de la estadística, y la viñetas de apertura de capítulo aumentan la relevancia del material para los estudiantes. Ejercicios de pensamiento crítico a lo largo de los capítulos apoyan aún más el enfoque práctico probado del libro.

Abridores de capítulo NUEVOS Y ACTUALIZADOS

Esbozos del capítulo con una breve descripción de lo que se cubre en cada sección principal ahora aparecen en la primera página de cada capítulo para ayudar a orientar a los estudiantes y prepararlos mejor para la educación que viene. Extensos ejemplos atractivos nuevamente abren cada capítulo para ilustrar una situación familiar que usa la estadística en una forma relevante y abordable por el estudiante. Los nuevos abridores de capítulo se enfocan en el gasto de tiempo diario promedio de los estudiantes (capítulo 2), número de automóviles por hogar en EUA (capítulo 5) y la relación entre la longitud y el peso de un pez (capítulo 3). "De piso a puerta" del capítulo 9, "Batalla de los sexos: Tiempo de traslado" del capítulo 10 y "El ajetreo matutino" del capítulo 12 también están entre los que tienen abridores actualizados.

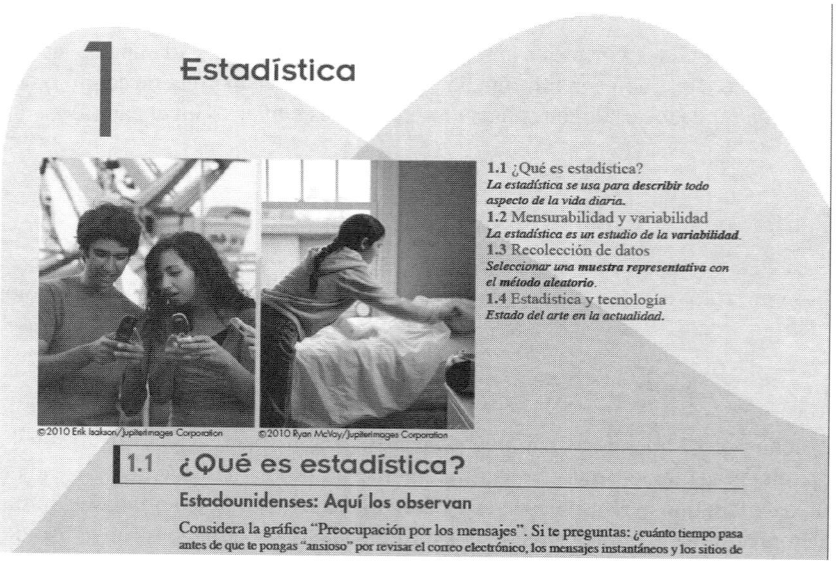
1 Estadística

1.1 ¿Qué es estadística?
La estadística se usa para describir todo aspecto de la vida diaria.
1.2 Mensurabilidad y variabilidad
La estadística es un estudio de la variabilidad.
1.3 Recolección de datos
Seleccionar una muestra representativa con el método aleatorio.
1.4 Estadística y tecnología
Estado del arte en la actualidad.

©2010 Erik Isakson/Jupiterimages Corporation
©2010 Ryan McVay/Jupiterimages Corporation

1.1 ¿Qué es estadística?

Estadounidenses: Aquí los observan

Considera la gráfica "Preocupación por los mensajes". Si te preguntas: ¿cuánto tiempo pasa antes de que te pongas "ansioso" por revisar el correo electrónico, los mensajes instantáneos y los sitios de

Ejemplos NUEVOS Y ACTUALIZADOS

A lo largo del texto, ejemplos que presentan el proceso de solución paso a paso para conceptos y métodos estadísticos clave se actualizaron o sustituyeron para garantizar la precisión y la relevancia. Ejemplos nuevos y actualizados se enfocan en factores estadísticos que pertenecen a temas como encontrar el área bajo la curva normal usando la distribución normal acumulada (capítulo 6) y aplicar dicha técnica en los capítulos 7 y 8. En el capítulo 4 se presenta un experimento de probabilidad básico que involucra bolas de golf.

Ejemplos aplicados NUEVOS Y ACTUALIZADOS

Ejemplos aplicados relevantes incorporan los conceptos estadísticos para demostrar cómo funciona la estadística en el mundo real. Datos nuevos y actualizados, relevantes para áreas como los deportes (capítulo 1), gráficas de crecimiento (capítulo 2), SUV (capítulo 3), baldosas cerámicas (capítulo 9) y microchips (capítulo 10) capturarán la atención del estudiante.

EJEMPLO APLICADO 1.6

EL GRAN CHEQUE

Los atletas mejor pagados del mundo

La lista de *Forbes* de los atletas mejor pagados observa las ganancias derivadas por salarios, bonos, premios, patrocinios y licencias entre junio de 2008 y junio de 2009 y no se deducen de impuestos u honorarios de agentes.

He aquí a los cinco más altos:

Clasificación	Atleta	Deporte	Ganancias (dólares)
1	Tiger Woods	Golf	$110 millones
2	Kobe Bryant	Básquetbol	$45 millones
2	Michael Jordan	Básquetbol	$45 millones
2	Kimi Raikkonen	Automovilismo	$45 millones
5	David Beckham	Soccer	$42 millones

Fuente: http://www.gefitsy.com/preview/highestpaidathletes/

Izquierda: Imagen copyright doki, 2012. Usada bajo licencia de Shutterstock.com
Izquierda centro: Imagen copyright Charlene Bayerle, 2012. Usada bajo licencia de Shutterstock.com
Derecha centro: Imagen copyright Rafa Irusta, 2012. Usada bajo licencia de Shutterstock.com
Derecha: Imagen copyright hanzl, 2012. Usada bajo licencia de Shutterstock.com

Enfréntalo: la mayoría de las personas sueñan con tener estos ingresos en toda su vida. Si alguien tiene un empleo lucrativo cada año desde los 21 años de edad hasta los 62 y gana un millón al año, eso serían 42 millones durante toda la vida. La mayoría de las personas ni siquiera pueden abrigar en sus cabezas dicho concepto. Probablemente pienses: "¡Contrátenme para ser un atleta superestrella!".

Observa cómo puedes aplicar la nueva terminología al "Gran cheque". Primero, la población general de interés serían los atletas profesionales. Más aún, la información en la tabla anterior demuestra varios tipos de variables. El nombre del atleta por lo general no se considera como una variable; sólo es con propósitos de identificación. Los otros tres tipos de información son variables:

1. Clasificación, es cualitativa y una variable ordinal, pues incorpora el concepto de posición ordenada.

¿SABÍAS QUE..?

Yellowstone contiene aproximadamente la mitad de las particularidades hidrotérmicas del mundo. En el parque existen más de 10 000 particularidades hidrotérmicas, incluidos más de 300 géiseres.

¿Sabías que...? y ladillos PTI ACTUALIZADOS

Los ¿Sabías...? estratégicamente colocados presentan breves historias y hechos divertidos para ofrecer un vistazo informativo y entretenido de los conceptos o métodos relacionados que se presentarán en la sección correspondiente de un capítulo dado. De igual modo, los segmentos PTI ofrecen útiles sugerencias y perspectivas acerca de puntos clave en cada capítulo.

PTI Toda ojiva comienza a la izquierda, con una frecuencia relativa de cero en el límite de clase inferior de la primera clase y termina a la derecha con una frecuencia relativa acumulada de 1.00 (o 100%), en el límite de clase superior de la última clase.

3.84 Conforme el verano se calienta, los estadounidenses voltean al helado como una forma de enfriarse. Una de las preguntas que se planteó como parte de una Encuesta Harris en julio de 2009 fue: ¿cuál es tu forma favorita de comer helado? El estudio incluyó a 2 177 adultos estadounidenses.

FORMA FAVORITA DE COMER HELADO

Base: Todos los adultos que comen helado

Forma favorita	Hombre, %	Mujer, %
Copa	50	41
Cono	24	34
Sundae	17	18
Sandwich	2	2
Otro	8	5
Total	101	100

Imagen copyright © M. Unal Ozmen. Usada bajo licencia de Shutterstock.com

La gráfica "Forma favorita de comer helado" menciona, en porcentajes, la distribución de las formas en que ambos géneros prefieren comer su helado.

a. Identifica la población, las variables y el tipo de variables.

b. Construye una gráfica de barras que muestre las dos distribuciones lado a lado.

c. ¿Las distribuciones parecen ser diferentes para los géneros? Explica.

Ejercicios NUEVOS Y ACTUALIZADOS

Con casi 25% de ejercicios nuevos y actualizados, la undécima edición de *Estadística elemental* ofrece a los instructores conjuntos de tareas en casa actualizados y relevantes relacionados con los intereses de los estudiantes. Adicionalmente, están disponibles en línea más de 300 ejercicios clásicos, así como las soluciones a ejercicios con número impar. Con más de 2 000 ejercicios en total, los instructores tienen mayores opciones cuando crean tareas, y los estudiantes tienen muchas oportunidades para practicar.

Visuales NUEVOS

Elaborados en un estilo actualizado, arte nuevo y rediseñado aparece a través de ejemplos, ejemplos aplicados y ejercicios. Los dos ejemplos siguientes muestran el nuevo estilo del arte.

2.164 Esta oferta estadística es una gráfica más bien ingeniosa que usa licencia artística con billetes como las barras de una gráfica de barras. Un "10 por el esfuerzo", como habrás escuchado antes, pero los aspectos de la escala de la gráfica fueron comprometidos.

¿En qué piensas gastar tu devolución de impuestos?

Fuente: National Retail Federation 2009; encuesta de devoluciones de impuestos e intenciones y acciones del consumidor de 8 426 consumidores. Margen de error: ±1 punto porcentual

3.5 La gráfica "La edad perfecta" muestra los resultados de una tabla de contingencia 9 × 2 para una variable cualitativa y una cuantitativa.

"La edad perfecta"

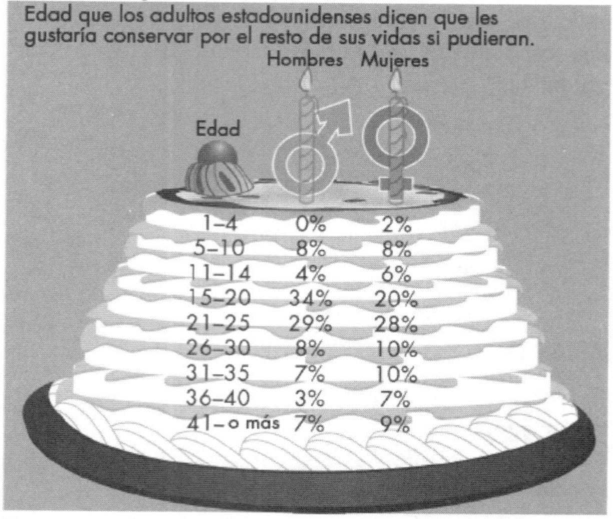

Fuente: Datos de Cindy Hall y Genevieve Lynn, *USA TODAY*; IRC Research para Walt Disney. © 1998 *USA TODAY*, reimpreso con permiso.

a. Identifica la población y menciona las variables cualitativa y cuantitativa.

b. Construye una gráfica de barras que muestre las dos distribuciones lado a lado.

c. ¿Parece existir una gran diferencia entre los géneros de

Numerosos ejercicios applet para desarrollo de destrezas

Dentro de los ejercicios de sección y de capítulo, los ejercicios applet para desarrollo de destrezas ayudan a los estudiantes a "ver" los conceptos estadísticos y permitir la exploración manual de los conceptos y cálculos estadísticos. Los ejercicios applet para desarrollo de destrezas son fáciles de detectar en el libro y dirigen a los estudiantes para el acceso de los applets en línea.

4.30 Ejercicio Applet Skillbuilder Demuestra la ley de grandes números y también te permite ver si tienes poderes psíquicos. Repite las simulaciones al menos 50 veces y adivina entre elegir una carta roja o una carta negra de un mazo de cartas.

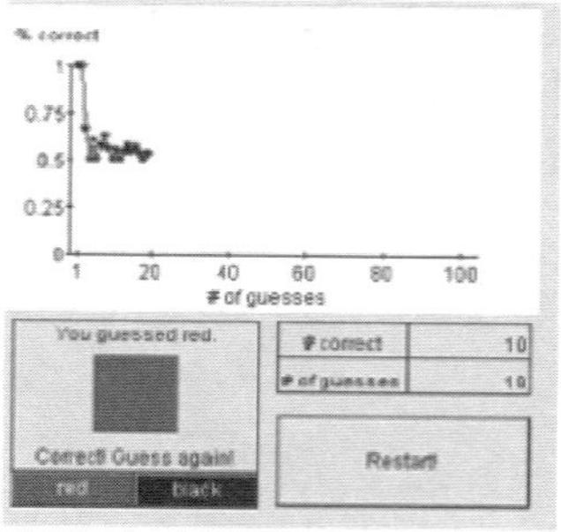

a. ¿Qué proporción del tiempo adivinas correctamente?

Repaso del capítulo

En retrospectiva

Ahora debes tener una idea general de lo que trata la estadística, una imagen que crecerá y cambiará conforme trabajes a través de este libro. Sabes lo que son una muestra y una población y la distinción entre variables cualitativas (atributos) y cuantitativas (numéricas). También deberías apreciar y tener una comprensión parcial de cuán importantes son las muestras aleatorias en estadística.

A lo largo del capítulo viste numerosos artículos que representan varios aspectos de la estadística. Las gráficas estadísticas presentan una variedad de información acerca de ti, pues te describen personalmente y otros aspectos del mundo a tu alrededor. Las estadísticas incluso pueden ser entretenidas. Los ejemplos son interminables. Observa a tu alrededor y encontrarás algunos ejemplos de la estadística en tu vida diaria (consulta los ejercicios 1.77 y 1.78, p. 30).

Repasos de capítulo estilizados

Los repasos de capítulo para cada capítulo incluyen los siguientes elementos pedagógicamente importantes:

- **En retrospectiva**, un resumen de los conceptos cubiertos que puntualizan las relaciones entre cada uno.

- **Listas de vocabulario y conceptos clave**, que muestran a los estudiantes de un vistazo lo que se cubrió y proporciona una página de referencia, de modo que pueden comprobar su comprensión.
- **Resultados del aprendizaje**, con la intención de complementar las listas de vocabulario y conceptos clave, dichos resúmenes destacan los conceptos clave presentados en el capítulo y proporcionan referencias hacia páginas relevantes y correspondientes ejercicios de repaso para ayudar a garantizar que los estudiantes comprenden el material del capítulo.

Vocabulario y conceptos clave

censo (p. 18)
datos (p. 5)
diseño muestral (p. 19)
encuesta (p. 18)
estadística (p. 1)
estadístico (p. 6)
estadística descriptiva (p. 1)
estadística inferencial (p. 1)
estrato (p. 22)
estudio observacional (p. 18)
experimento (p. 5)
fortuito (p. 20)
marco muestral (p. 18)
método de muestreo (p. 16)
método de muestreo no sesgado (p. 16)
método de muestreo sesgado (p. 16)
muestra (p. 5)
muestra aleatoria estratificada (p. 22)
muestra aleatoria simple (p. 20)
muestra de conglomerados (p. 22)
muestra de conveniencia (p. 17)
muestra dirigida (p. 19)
muestra estratificada proporcional (p. 22)
muestra probabilística (p. 19)
muestra sistemática (p. 21)
muestra voluntaria (p. 17)
muestreo aleatorio múltiple (p. 22)
muestreo sencillo (p. 19)
parámetro (p. 5)
población (p. 4)
población finita (p. 4)
población infinita (p. 5)
recolección de datos (p. 16)
representativo (p. 19)
valor de datos (p. 5)
variabilidad (p. 15)
variable (p. 5)
variable atributo (p. 6)
variable categórica (p. 6)
variable continua (p. 8)
variable cualitativa (p. 6)
variable cuantitativa (p. 6)
variable de respuesta (p. 5)
variable discreta (p. 8)
variable nominal (p. 7)
variable numérica (p. 6)
variable ordinal (p. 7)

Resultados del aprendizaje

• Comprender y describir la diferencia entre estadística descriptiva e inferencial.	p. 1, Ej. 1.7, 1.8, 1.67
• Comprender, identificar e interpretar las relaciones entre muestra, población, estadístico y parámetro.	pp. 4-6, EjA. 1.5
• Conocer, identificar y describir los diferentes tipos de variables.	pp. 6-8, Ej. 1.33, 1.34
• Comprender cómo las muestras de conveniencia y las voluntarias resultan en muestras sesgadas.	pp. 16-17, Ej. 1.45
• Comprender las diferencias entre identificar experimentos, estudios observacionales y muestras dirigidas	pp. 18-19
• Comprender y describir los métodos de muestreo sencillos de "muestra aleatoria simple" y "muestreo sistemático".	pp. 19-21
• Comprender y describir los métodos de muestreo múltiples de "muestreo estratificado" y "muestreo por conglomerados".	pp. 22-23
• Comprender que la variabilidad es inherente en todo y en el proceso de muestreo.	pp. 14-15, Ej. 1.38

Ejercicios del capítulo

1.65 Se desea describir al llamado estudiante típico en tu escuela. Describe una variable que mida alguna característica de un estudiante y resulte en

a. Datos de atributos.

b. Datos numéricos.

1.66 Un candidato para un puesto político afirma que él ganará la elección. Se lleva a cabo una encuesta y 35 de 150 votantes indican que votarán por el candidato, 100 votantes indican que votarán por su oponente y 15 votantes no están decididos.

a. ¿Cuál es el parámetro poblacional de interés?

b. ¿Cuál es el valor del estadístico de muestra que puede usarse para estimar el parámetro poblacional?

c. ¿Tenderías a creerle al candidato con base en los resultados de la encuesta?

1.67 Un investigador que estudia los hábitos de compra de los consumidores pregunta a cada vigésima persona que entra al Publix Supermarket cuántas veces por semana va de compras a esa tienda. Entonces registra la respuesta como *T*.

a. ¿$T = 3$ es un ejemplo de 1) una muestra, 2) una variable, 3) un estadístico, 4) un parámetro o 5) un valor de datos?

Supón que la investigadora pregunta a 427 compradores durante la encuesta.

b. Proporciona un ejemplo de una pregunta que pueda responderse con las herramientas de la estadística descriptiva.

(continúa en la página 28)

- **Ejercicios del capítulo** ofrecen práctica acerca de todos los conceptos que se encuentran en el capítulo, al mismo tiempo que vinculan el material comprensivo aprendido en capítulos anteriores. Al final del libro se proporcionan respuestas a ejercicios seleccionados.

- **Examen de práctica del capítulo**, que ofrece una autoevaluación formal del dominio del estudiante del material antes de ponerse a prueba en clase. Al final del libro se proporcionan las respuestas a las preguntas del examen.

Examen de práctica del capítulo

PARTE I: Conocer las definiciones

Responde "Verdadero" si el enunciado siempre es verdadero. Si el enunciado no siempre es verdadero, sustituye las palabras impresas en negrillas con las palabras que hagan al enunciado siempre verdadero.

1.1 La **estadística inferencial** es el estudio y descripción de los datos que resultan de un experimento.

1.2 La **estadística descriptiva** es el estudio de una muestra que te permite hacer proyecciones o estimaciones acerca de la población de la que se extrajo la muestra.

1.3 Una **población** usualmente es una colección muy grande de individuos u objetos acerca de los cuales se desea información.

1.4 Un estadístico es la medida calculada de alguna característica de una **población**.

1.5 Un parámetro es la medida de cierta característica de una **muestra**.

1.6 Como resultado de encuestar a 50 estudiantes de primer año, se encontró que 16 participaron en deportes interescolares, 23 trabajaron como oficiales de clases y clubes y 18 estuvieron en juegos escolares durante sus años de bachillerato. Éste es un ejemplo de **datos numéricos**.

1.7 El "número de manzanas podridas por caja embarcada" es un ejemplo de una variable **cualitativa**.

1.8 El "grosor de una hoja de metal" usada en un proceso de fabricación es un ejemplo de variable **cuantitativa**.

1.9 Una muestra **representativa** es la que se obtiene de tal forma que todos los individuos tienen igual oportunidad de ser seleccionados.

1.10 Los objetivos básicos de la **estadística** son obtener una muestra, inspeccionarla y después realizar inferencias acerca de las características desconocidas de la población de donde se extrajo la muestra.

PARTE II: Aplicación de conceptos

Los propietarios de "La Tiendita de la Esquina" están preocupados por la calidad del servicio que reciben sus clientes. Con la finalidad de estudiar el servicio, recolectaron muestras para cada una de varias variables.

1.11 Clasifica cada una de las siguientes variables como nominal, ordinal, discreta o continua:

Instrucciones de tecnología actualizadas para MINITAB, Excel y TI-83/84 aparecen a través de cada capítulo y ahora tienen código de colores para fácil referencia. Ofrecidos junto con los correspondientes materiales, dichas instrucciones permiten a los instructores elegir con facilidad cuál tecnología estadística, si alguna, quieren incorporar en sus cursos.

INSTRUCCIONES DE TECNOLOGÍA: TABLAS CRUZADAS

MINITAB

Escribe los valores categóricos de la variable de fila en C1 y los correspondientes valores categóricos de variable de columna en C2; después continúa con:

Elige: **Stat > Tables > Cross Tabulation and Chi-Square**
Escribe: Variables categóricas: Para filas: C1 Para columnas: C2
Selecciona: **Counts**
Row Percents
Column Percents
Total Percents > OK

Sugerencia: los cuatro subcomandos que están disponibles para "Display" pueden usarse en conjunto; sin embargo, la tabla resultante será mucho más sencilla de leer si se usa un subcomando a la vez.

Excel

Con encabezados o títulos de columna, escribe los valores categóricos de variable fila en la columna A y los correspondientes valores categóricos de variable de columna en la columna B; después continúa con:

Elige: **Insert > Tables > Pivot Table pulldown > Pivot Chart**
Selecciona: **Selecciona una tabla o rango**
Escribe: Rango: **(A1:B5 o selecciona celdas)**
Selecciona: **Hoja de trabajo existente**
Escribe: **(C1 o selecciona celdas) > OK**
Arrastra: **Encabezados a fila o columna** (depende de la preferencia) **en el cuadro de gráfica formado**
Un encabezado hacia el área de datos*
*Para otras sumas, haz doble clic en "Count of" en el recuadro del área de datos; después continúa con:
Elige: Resumir por: Conteo
Mostrar valores como: **% de fila o % de columna o % de total > OK**

TI-83/84 Plus

Primero debes codificar numéricamente los datos categóricos; usa 1, 2, 3, . . . , para las diversas variables de fila y 1, 2, 3, . . . , para las diversas variables de columna. Escribe los valores numéricos de variable fila en L1 y los correspondientes valores numéricos de variable columna en L2; después continúa con:

Elige: PGRM > EXEC > CROSSTAB*
Escribe: ROWS: L1 > ENTER
COLS: L2 > ENTER

La tabla cruzada que muestre las frecuencias se almacena en la matriz [A], la tabla cruzada que muestra los porcentajes de fila está en la matriz [B], los porcentajes de columna en la matriz [C] y los porcentajes basados en el gran total en la matriz [D]. Todas las matrices contienen totales marginales. Para ver las matrices, continúa con:

Elige: MATRX > NAMES
Escribe: 1:{A} o 2:{B} o 3:{C} o 4:{D} > ENTER

*El programa "CROSSTAB" es uno de muchos programas que están disponibles para descargar. Consulta la página 35 para instrucciones específicas.

Conjuntos de datos NUEVOS Y ACTUALIZADOS, que totalizan más de 400 y se clasifican de pequeño a grande, brindan a los estudiantes grandes oportunidades para practicar usando su calculador de estadísticas o computadora.
Los **manuales de tecnología** ofrecen instrucción adicional acerca de dichas varias tecnologías estadísticas. Los siguientes manuales están disponibles en línea:

- Manual MINITAB de Diane L. Benner y Linda M. Myers, Harrisburg Area Community College
- Manual Excel de Diane L. Benner y Linda M. Myers, Harrisburg Area Community College
- Manual TI-83/84 de Kevin Fox, Shasta College

Nota: Dichos manuales están disponibles en impreso así como en línea. Instructores: contacten a su representante de ventas Cengage Learning o al grupo de servicios al cliente para aprender acerca de cómo dichos manuales pueden personalizarse para su curso.

Valiosos activos, cambios y mejoras adicionales de esta edición incluyen

- Ampliación de la cobertura de ojivas y discusión para mejorar la utilidad global y la comprensión del estudiante (capítulo 2)
- Introducción temprana y cobertura de datos bivariados para asegurar una progresión lógica de los temas (capítulo 3)
- Aumento en el foco en torno al análisis y la comprensión, en oposición a un enfoque motivado por fórmulas hacia la probabilidad (capítulo 4)

Datos cuantitativos

Una de las principales razones para construir una gráfica de **datos cuantitativos** es mostrar su *distribución*.

Distribución Patrón de variabilidad que muestran los datos de una variable. La distribución muestra la frecuencia de cada valor de la variable.

Una de las gráficas más simples usadas para mostrar una distribución es la *gráfica de puntos*.

- Asociación oportuna entre el censo estadounidense de 2010 y las distribuciones muestrales (capítulo 7)
- Flexibilidad pedagógica con enfoques de valor p y clásico lado a lado a las pruebas de hipótesis (capítulos 9-14)
- Reorganización de secciones seleccionadas en el capítulo para aumentar la claridad respecto a la conexión de temas (capítulo 5)
- Formas relevantes de términos/fórmulas estadísticas agregadas para complementar varios capítulos
- Las definiciones que se presentan en el capítulo ahora son incluso más fáciles de destacar

Recursos de enseñanza y aprendizaje relacionados

Manual de soluciones del estudiante ACTUALIZADO. Escrito por Patricia Kuby, este recurso contiene soluciones completamente resueltas para todos los ejercicios de número impar, lo que brinda a los estudiantes una forma de verificar sus respuestas y asegurar que siguen los pasos correctos para llegar a una respuesta. También proporciona sugerencias, consejos e interpretación adicional para ejercicios específicos.

Edición comentada del instructor, *Estadística elemental,* 11a. edición

Esta versión del texto para el instructor presenta respuestas comentadas a los ejercicios en páginas con conjuntos de ejercicios, incluidos ejercicios para los cuales no se proporcionan soluciones en la clave de respuestas al final del libro.

PowerLecture™ para *Estadística elemental,* 11a. edición

Este disco proporciona al instructor herramientas de medios dinámicas para la enseñanza, incluidas diapositivas para conferencias Microsoft® PowerPoint® y figuras del libro. Cree, entregue y personalice exámenes (tanto impresos como en línea) en minutos con ExamView® Computerized Testing, que presenta ecuaciones algorítmicas. También encontrará una liga al manual de soluciones en línea Solution Builder, lo que le permitirá construir fácilmente conjuntos de soluciones para tareas en casa o exámenes.

ExamView® Assessment Suite

Suite de evaluaciones ExamView para *Estadística elemental,* 11a. edición

Disponible en el disco PowerLecture™ y con la característica de calificación automática, el software de exámenes ExamView® permite a los instructores crear, entregar y pesonalizar rápidamente exámenes para clase en formatos impreso y en línea. El programa incluye un banco de exámenes con cientos de preguntas adaptadas directamente del texto, y todas las preguntas también se ofrecen en formatos PDF y Microsoft® Word para los instructores que opten por no usar el componente de software.

NUEVO Solution Builder para *Estadística elemental,* 11a. edición

Esta base de datos en línea para el instructor ofrece soluciones completamente trabajadas para todos los ejercicios en el texto, lo que le permite crear impresos de soluciones seguras y personalizadas (en formato PDF) que coinciden exactamente con los problemas que asignó en clase. www.cengage.com/solutionbuilder

CourseMate

NUEVO Statistics CourseMate

El sitio **Statistics CourseMate** para este libro lleva a la vida los temas del capítulo, con herramientas interactivas de aprendizaje, estudio y preparación de exámenes, incluidas preguntas rápidas y tarjetas de estudio para el vocabulario y los conceptos clave que aparecen a continuación. El sitio también ofrece una versión **eBook** del texto, con capacidades de subrayado y toma de notas. A lo largo de los capítulos, el icono CourseMate señala los conceptos y ejemplos que tienen sus correspondientes recursos interactivos como **video** y **tutoriales animados** que demuestran, paso a paso, cómo resolver problemas; conjuntos de datos para ejercicios y ejemplos; **Applets Skillbuilder** para ayudarte a comprender mejor los conceptos; **manuales de tecnología** y software para descargar que incluye **Data Analysis Plus** (una suite de macros estadísticos para Excel) y programas **TI-83/84 Plus**; regístrate en **www.cengagebrain.com.** Para los instructores, el CourseMate de este texto también incluye Engagement Tracker, una herramienta primera en su tipo que monitoriza el involucramiento del estudiante en el curso. Vaya a login.cengage.com para acceder a estos recursos.

Sitio web del libro ACTUALIZADO Y MEJORADO

Este recurso ofrece recursos específicos del libro y del curso, como conjuntos de datos para ejercicios y autoevaluaciones. Los estudiantes acceden a los recursos de este sitio a través de cengagebrain.com. Los instructores acceden a recursos protegidos con contraseña al inscribir sus cuentas a través de login.cegange.com.

NUEVO Aplia™

Aplia™ para *Estadística elemental*, undécima edición, es una solución de aprendizaje interactivo en línea que mejora la comprensión y los resultados al aumentar el esfuerzo y el involucramiento del estudiante. Fundada por un profesor para mejorar sus propios cursos, Aplia ofrece tareas con calificación automática que tienen explicaciones inmediatas y detalladas acerca de cada pregunta, e innovadores materiales de enseñanza. Este sistema fácil de usar lo utilizan más de 1 000 000 de estudiantes en más de 1 800 instituciones.

NUEVO Enhanced WebAssign

Exclusivo de Cengage Learning, Enhanced WebAssign® ofrece un extenso programa en línea para estadística, para alentar la práctica que es tan crucial para el dominio de conceptos. La pedagogía y los ejercicios meticulosamente elaborados en este texto acreditado se vuelven todavía más efectivos en Enhanced WebAssign, complementado por apoyo multimedia y realimentación inmediata conforme los estudiantes completan sus tareas. Puede asignar hasta 1 000 problemas de tarea que coinciden con los ejercicios de sección de este texto. Los estudiantes se benefician de un eBook interactivo con características de búsqueda y subrayado, una característica de "practica otra versión" (activada a discreción del profesor) y vínculos hacia videos de solución, tutoriales interactivos e incluso ayuda en línea en vivo. Para los estudiantes está disponible una Guía de Inicio Rápido para Enhanced WebAssign® (vea a continuación).

NUEVA Guía de Inicio Rápido para Enhanced WebAssign® para los estudiantes

La Guía de Inicio Rápido para Enhanced WebAssign® ayuda a los estudiantes a levantarse y correr rápidamente con Enhanced WebAssign de modo que puedan estudiar con más inteligencia y puedan mejorar su rendimiento en clase.

Nota: Los estudiantes acceden a todos los recursos de estudio y tareas en línea, complementarios y premium, a través de cengagebrain.com. Están disponibles varias opciones de paquete. Consulte la información adicional que se ofrece en el forro o contacte a su representante de ventas o al grupo de servicios al cliente de Cengage Learning.

Reconocimientos

Es un placer agradecer la ayuda y el aliento que recibimos de estudiantes y colegas en el Monroe Community College a lo largo del desarrollo de este texto. Del mismo modo, estamos agradecidos con los revisores y quienes respondieron las encuestas, quienes ofrecieron invaluable guía conforme planificábamos esta nueva edición:

Roger Abernathy, Orange Coast College
Lisa W. Kay, Eastern Kentucky University
Francis Nacozy, Miracosta Community College and Palomar Community College
Phillip Nissen, Georgia State University
Maureen Petkewich, University of South Carolina
Mehdi Safaee, Southwestern College and Grossmont College
Heyday Zahedani, California State University at San Marcos

Finalmente, de nuevo nos gustaría agradecer a los revisores que leyeron y ofrecieron sugerencias para ediciones anteriores:

Nancy Adcox, Mt. *San Antonio College*
Paul Alper, *College of St. Thomas*
William D. Bandes, *San Diego Mesa College*
Matrese Benkofske, *Missouri Western State College*
Tim Biehler, *Fingerlakes Community College*
Barbara Jean Blass, *Oakland Community College*
Austin Bonis, *Rochester Institute of Technology*
Nancy C. Bowers, *Pennsylvania College of Technology*
Shane Brewer, *College of Eastern Utah, San Juan Campus*
Robert Buck, *Slippery Rock University*
Louis F. Bush, *San Diego City College*
Ronnie Catipon, *Franklin University*
Rodney E. Chase, *Oakland Community College*
Pinyuen Chen, *Syracuse University*
Wayne Clark, *Parkland College*
David M. Crystal, *Rochester Institute of Technology*
Joyce Curry and Frank C. Denny, *Chabot College*
Larry Dorn, *Fresno Community College*
Shirley Dowdy,*West Virginia University*
Thomas English, *Pennsylvania State University, Erie*
Kenneth Fairbanks, *Murray State University*
Dr.William P. Fox, *Francis Marion University*
Joan Garfield, *University of Minnesota General College*
Monica Geist, *Front Range Community College*
David Gurney, *Southeastern Louisiana University*
Edwin Hackleman
Carol Hall, *New Mexico State University*
Silas Halperin, *Syracuse University*
Noal Harbertson, *California State University, Fresno*
Hank Harmeling, *North Shore Community College*
Bryan A. Haworth, *California State College at Bakersfield*
Harold Hayford, *Pennsylvania State University, Altoona*
Jim Helms,*Waycross College*
Marty Hodges, *Colorado Technical University*
John C. Holahan, *Xerox Corporation*
James E. Holstein, *University of Missouri*
Soon B. Hong, *Grand Valley State University*
Robert Hoyt, *Southwestern Montana University*
Peter Intarapanach, *Southern Connecticut State University*
T. Henry Jablonski, Jr., *East Tennessee State University*
Brian Jean, *Bakersfield University*
Jann-Huei Jinn, *Grand Valley State University*
Sherry Johnson
Meyer M. Kaplan, *The William Patterson College of New Jersey*
Michael Karelius, *American River College*
Anand S. Katiyar, *McNeese State University*
Jane Keller, *Metropolitan Community College*
Gayle S. Kent, *Florida Southern College*
Andrew Kim,*Westfield State College*
Amy Kimchuk, *University of the Sciences in Philadelphia*
Raymond Knodel, *Bemidji State University*
Larry Lesser, *University of Northern Colorado*
Natalie Lochner, *Rollins College*
Robert O. Maier, *El Camino College*
Linda McCarley, *Bevill State Community College*
Mark Anthony McComb, *Mississippi College*
Carolyn Meitler, *Concordia University Wisconsin*
John Meyer, *Muhlenberg College*
Jeffrey Mock, *Diablo Valley College*
David Naccarato, *University of New Haven*
Harold Nemer, *Riverside Community College*
John Noonan, *Mount Vernon Nazarene University*
Dennis O'Brien, *University of Wisconsin, LaCrosse*
Chandler Pike, *University of Georgia*
Daniel Powers, *University of Texas,Austin*
Janet M. Rich, *Miami-Dade Junior College*
Larry J. Ringer, *Texas A & M University*
John T. Ritschdorff, *Marist College*
John Rogers, *California Polytechnic Institute at San Luis Obispo*
Neil Rogness, *Grand Valley State University*
Thomas Rotolo, *University of Arizona*
Barbara F. Ryan and Thomas A. Ryan, *Pennsylvania State University*
Robert J. Salhany, *Rhode Island College*
Melody Smith, *Dyersburg State Community College*
Dr. Sherman Sowby, *California State University, Fresno*
Roger Spalding, *Monroe County Community College*
Timothy Stebbins, *Kalamazoo Valley Community College*
Howard Stratton, *State University of New York at Albany*
Larry Stephens, *University of Nebraska-Omaha*
Paul Stephenson, *Grand Valley State University*
Richard Stockbridge, *University of Wisconsin, Milwaukee*
Thomas Sturm, *College of St. Thomas*
Edward A. Sylvestre, *Eastman Kodak Co. Gwen Terwilliger*
William K.Tomhave, *Concordia College, Moorhead, MN*
Bruce Trumbo, *California State University, Hayward*
Richard Uschold, *Canisius College*
John C.Van Druff, *Fort Steilacoom Community College*
Philip A.Van Veidhuizen, *University of Alaska*
John Vincenzi, *Saddleback College*
Kenneth D.Wantling, *Montgomery College*
Joan Weiss, *Fairfield University*
Mary Wheeler, *Monroe Community College*
Barbara Whitney, *Big Bend Community College*
Sharon Whitton, *Hofstra University*
Don Williams, *Austin College*
Rebecca Wong,*West Valley College*
Pablo Zafra, *Kean University*
Yvonne Zubovic, *Indiana University Purdue University, Fort Wayne*

Robert Johnson
Patricia Kuby

1 Estadística

© 2010 Erik Isakson/Jupiterimages Corporation

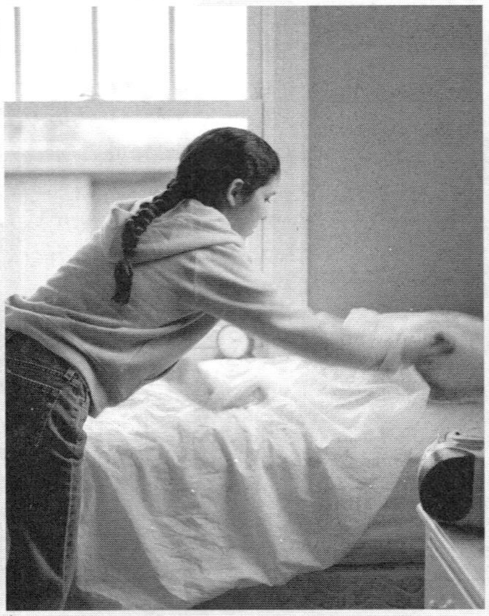
© 2010 Ryan McVay/Jupiterimages Corporation

1.1 ¿Qué es estadística?
La estadística se usa para ***describir*** *todo aspecto de la vida diaria.*

1.2 Mensurabilidad y variabilidad
La estadística es un estudio de la ***variabilidad****.*

1.3 Recolección de datos
Seleccionar una ***muestra representativa*** *con el* ***método aleatorio****.*

1.4 Estadística y tecnología
Estado del arte en la actualidad.

1.1 ¿Qué es estadística?

Estadounidenses: Aquí los observan

Considera la gráfica “Preocupación por los mensajes”. Si te preguntas: ¿cuánto tiempo pasa antes de que te pongas “ansioso” por revisar el correo electrónico, los mensajes instantáneos y los sitios de redes sociales?, ¿cómo responderías?, ¿crees que el diagrama muestra con precisión tu respuesta? Ahora, ¿no te preguntas cómo y de dónde se obtuvo esta información?

¿Con cuánta frecuencia haces tu cama? Encuentra tu respuesta en la gráfica “Hacer la cama”. ¿La frecuencia de hacer la cama que se muestra en la gráfica parece sugerir lo que realmente crees que sucede con todas las camas?

Estas delicadezas “estadísticas” provienen de varias fuentes y sólo presentan una pequeña muestra de lo que se puede aprender acerca de los estadounidenses.

Preocupación por los mensajes

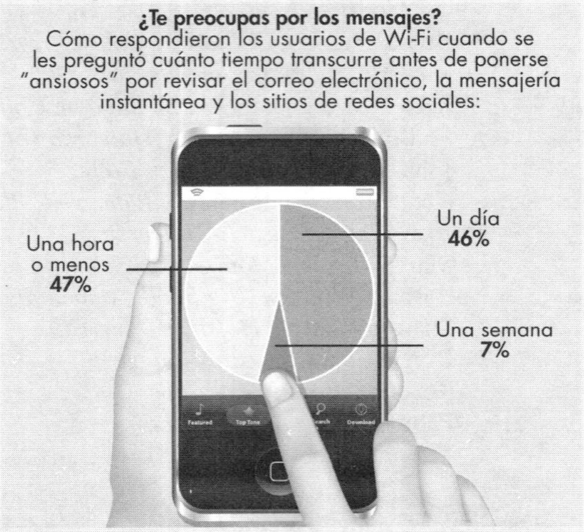

Fuente: Impulse Research para la encuesta en línea de Qwest Communications de 1 063 adultos usuarios de Wi-Fi en abril de 2009.

Hacer la cama

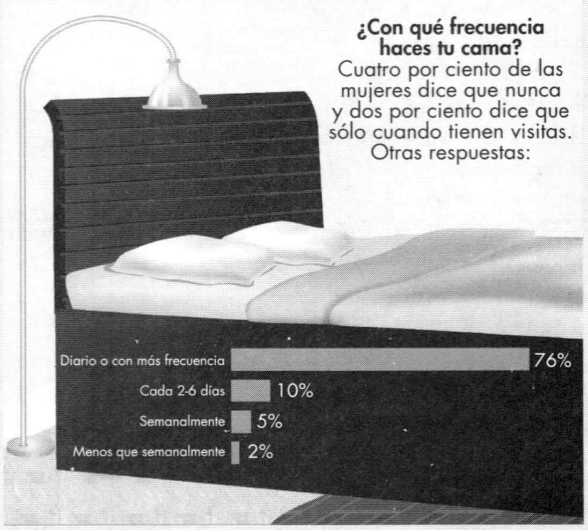

Fuente: Encuesta del Centro de Investigación Nacional para Reportes del Consumidor de 1 008 mujeres. Margen de error ±3.2 puntos porcentuales.

PTI Una gran fuente de información acerca de los estadounidenses es el *Statistical Abstract of the United States* (Resumen estadístico de Estados Unidos) que publica anualmente la Oficina de Censos de Estados Unidos (http://www.census.gov/). En el libro de más de 1 000 páginas o en el sitio web, puedes encontrar una percepción estadística de muchas de las facetas más oscuras e inusuales de sus vidas. Considera: ¿Cuántas horas trabajan y juegan los estadounidenses?, ¿cuánto gastan en bocadillos?, ¿cuál fuente es una de las más grandes consumidoras de energía renovable? Las preguntas, datos y estadísticas, ¡se extienden por todas partes!

Conforme estudies estadística, aprenderás cómo leer y analizar muchos de los tipos de medidas estadísticas, de modo que después puedas llegar a conclusiones adecuadas.

Así que, conforme te embarcas en este viaje hacia el estudio de esta materia, debes comenzar con la definición de *estadística* y extenderte en los detalles involucrados.

La estadística se ha convertido en el lenguaje universal de las ciencias. Como potencial usuario de ella, necesitas dominar tanto la "ciencia" como el "arte" de usar correctamente la metodología estadística. El uso cuidadoso de los métodos estadísticos te permitirá obtener información precisa a partir de los datos. Dichos métodos incluyen: 1) definir cuidadosamente la situación, 2) recolectar datos, 3) resumir con precisión los datos y 4) derivar y comunicar conclusiones significativas.

La estadística involucra información, números y gráficos visuales para resumir esta información y su interpretación. La palabra *estadística* tiene diferentes significados para personas de varios antecedentes e intereses. Para algunas personas es un campo de "trucos mágicos" donde una persona trata de abrumar a otros con información y conclusiones incorrectas. Para otros es una forma de recolectar y mostrar información. Y para otros más es una manera de "tomar decisiones ante la incertidumbre". En la perspectiva apropiada, cada uno de dichos puntos de vista es correcto.

El campo de la estadística puede subdividirse burdamente en dos áreas: estadística descriptiva y estadística inferencial. La **estadística descriptiva** es en lo que piensa la mayoría de las personas cuando escuchan la palabra estadística. En ella se incluye la recolección, presentación y descripción de datos muestrales. El término **estadística inferencial** se refiere a la técnica de interpretar los valores que resultan a partir de las técnicas descriptivas, tomar decisiones y extraer conclusiones acerca de la población.

La estadística es más que sólo números; son datos, lo que se le hace a los datos, lo que se aprende de los datos y las conclusiones resultantes. Se usará la siguiente definición:

Estadística Ciencia de recolectar, describir e interpretar datos.

Antes de comenzar con su estudio detallado, observa algunas ilustraciones acerca de cómo y cuándo puede aplicarse la estadística.

EJEMPLO APLICADO 1.1

EDAD DEL PEZ

Jose Luis Pelaez/Photographer's Choice/Getty Images

¿QUÉ EDAD TIENE MI PEZ?

Edad promedio por longitud de lobina negra en el estado de Nueva York.

Longitud, pulg	8	9	10	11	12	13	14
Edad, años	2	3	3	4	4	5	5

Fuente: *NYS DEC Freshwater Fishing Guide*

Olvídate de las edades de mi padre y mi abuelo, sólo quiero saber ¿qué edad tiene mi pez? ¿Cómo puedo saberlo? **¡Estadística!** En el capítulo 2 aprenderás acerca de los "promedios". Esta información también parece implicar que, si se mide la longitud del pez, entonces se conoce la edad del pez. Pueden usarse técnicas estadísticas adicionales para describir la relación entre la edad del pez con base en su longitud y como resultado estimar su edad. En el capítulo 3 aprenderás acerca del método estadístico para datos como éstos.

EJEMPLO APLICADO 1.2

OH, LA CONVENIENCIA DE LA TECNOLOGÍA

¿Tienes teléfono celular? ¿Hablas o envías mensajes de texto cuando no debes hacerlo? Considera a los conductores adolescentes y jóvenes a quienes se encuestó a continuación. ¿Se enfocan de manera adecuada mientras están en clase o conducen? ¿Te ves personalmente en alguna de estas situaciones?

Muchos adolescentes usan celulares en clase

84% de los adolescentes tienen teléfono celular

16% de los adolescentes no lo tienen

Un promedio de 440 mensajes de texto se envían por semana, 110 de ellos durante clases. Se concluye que son tres mensajes de texto por periodo de clase.

Fuente: Common Sense Media; encuesta de 1 013 adolescentes, mayo-junio de 2009

Ocupado detrás del volante

La mayoría de los conductores de 16 a 20 años de edad admiten tener hábitos de conducción arriesgados.

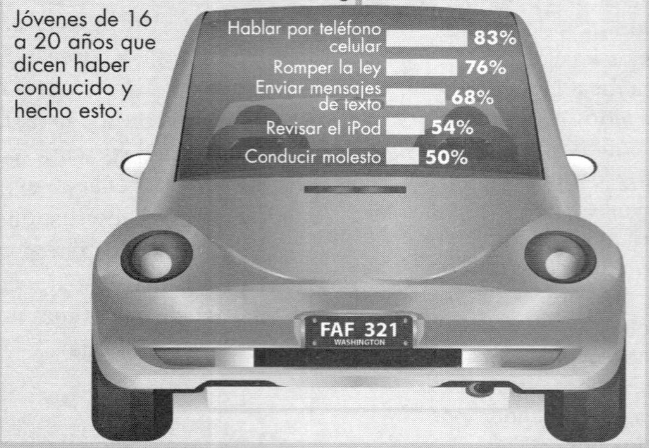

Fuente: National Organization for Youth Safety, Allstate Foundation; encuesta en línea de 605 conductores de 16 a 20 años de edad (16/6/09)

En estas gráficas se proporciona mucha información acerca de conductores adolescentes y jóvenes. Una gran mayoría de adolescentes tiene teléfonos celulares y los usan todo el tiempo, incluso cuando no deben hacerlo; en el salón de clase y en la carretera. Considera qué información se recolectó para formular dichas gráficas: primero y más importante, estatus de teléfono celular; número de mensajes de texto por semana; número de mensajes de texto durante clase por semana, y tipos de actividades mientras conducen. ¿Cómo usarían las organizaciones responsables de las encuestas dicha información recolectada para obtener 84 y 83% que se muestra en las gráficas anteriores?

Siempre toma nota de la fuente de las estadísticas publicadas (y de cualquier otro detalle publicado); ello te dirá mucho acerca de la información que se presentó. En estos casos, ambas son organizaciones nacionales. Allstate es un socio fundador de la National Youth Health and Safety Coalition y Common Sense Media es un respetado líder acerca de temas infantiles y de medios de comunicación. Estos detalles de "fuentes" pueden darte una pista acerca de la calidad de la información. Nota también el tipo de encuesta utilizada, si se proporciona, pues ello puede ofrecer información adicional acerca de la calidad. ¿Qué es una encuesta en línea? ¿Cómo funciona? ¿Los resultados son confiables?

Los medios impresos publican gráficas y cuadros que te dicen cómo varias organizaciones o personas piensan como un todo. ¿Alguna vez te has preguntado cuánto de lo que piensas está directamente influenciado por la información que lees en dichos artículos? ¿Alguna vez te has cuestionado si esta información está sesgada?

EJEMPLO APLICADO 1.3

Los empleadores buscan actitud positiva

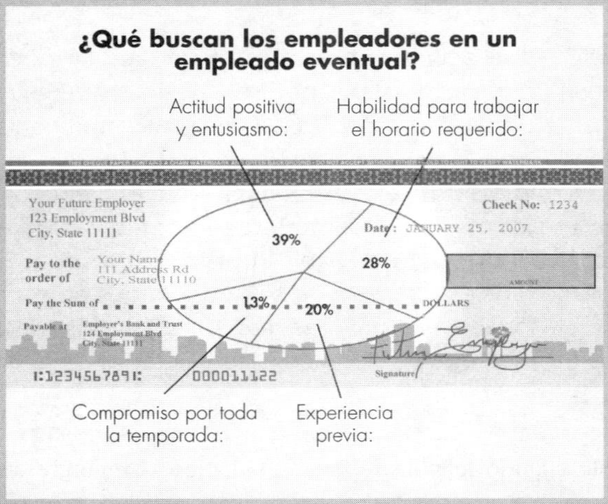

Fuente: SnagAjob.com, encuesta de 1 043 gerentes de contrataciones. Margen de error: ±3 puntos porcentuales

¿QUÉ BUSCAN LOS EMPLEADORES?

Esta gráfica a la izquierda reporta que 39% de los empleadores considera una actitud positiva y el entusiasmo como las mejores cualidades para un empleado eventual. ¿De dónde provino esta información? ¿Es verdadera? Nota la fuente: SnagAJob.com. Nota que la organización realizó una encuesta de 1 043 gerentes de contrataciones. ¿Cómo se recolectó esta información? ¿Cómo la información recolectada se convirtió en la información reportada? También se reportó un margen de error de ±3 puntos porcentuales. Con base en este detalle adicional, 39% de la gráfica se convierte "entre 36 y 42% de los empleadores buscan una actitud positiva y entusiasmo en sus empleados eventuales".

En el capítulo 8 aprenderás acerca del margen de error.

EJEMPLO APLICADO 1.4

ATAQUE DE TIBURONES

Considera el **International Shark Attack File** (ISAF: Archivo Internacional de Ataques de Tiburones), que es una compilación de todos los ataques que se conocen de tiburones que administra la American Elasmobranch Society y el Florida Museum of Natural History y se muestran en la gráfica y cuadro siguientes.

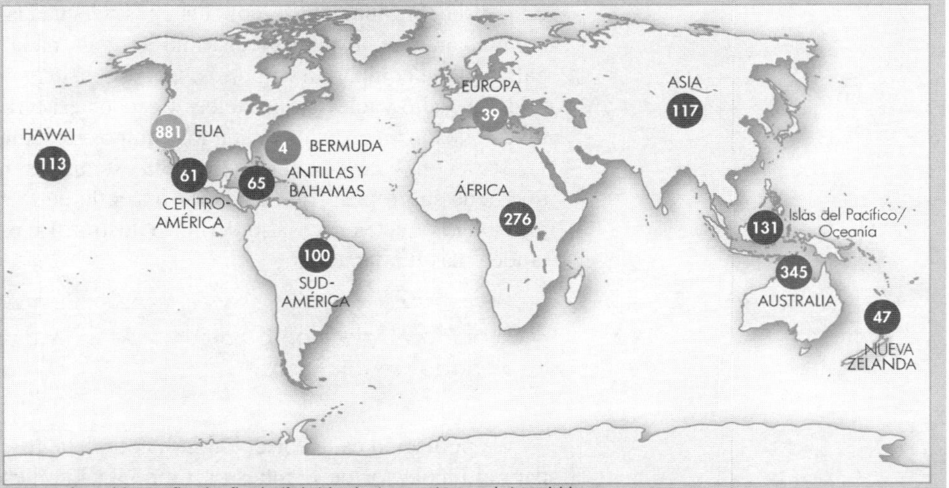

Fuente: http://www.flmnh.ufl.edu/fish/sharks/statics/GAttack/World.htm

Territorio	Ataques totales	Ataques mortales	Última muerte
EUA (sin Hawai)	881	38	2005
Australia	345	135	2006
África	276	70	2004
Asia	117	55	2000
Islas del Pacífico/ Oceanía (sin Hawai)	131	50	2007
Hawai	113	15	2004
Sudamérica	100	23	2006

Territorio	Ataques totales	Ataques mortales	Última muerte
Antillas y Bahamas	65	19	1972
Centroamérica	61	31	1997
Nueva Zelanda	47	9	1968
Europa	39	19	1984
Bermudas	4	0	
No especificado	20	6	1965
MUNDIAL	2,199	470	2007

¿Sentido común? Al usar el sentido común mientras se revisa la gráfica, uno ciertamente se alejaría de Estados Unidos si suele disfrutar el océano. ¡Estados Unidos tiene dos quintos de los ataques mundiales de tiburones! ¡Las aguas estadounidenses deben estar llenas de tiburones y los tiburones deben estar enojados!

Sentido común, ¿recuerdas?, ¿qué ocurre con esta gráfica?, ¿es un poco confusa?, ¿qué más podría influir en las estadísticas que se muestran aquí? Primero, uno debe tomar en consideración cuánta costa de un país o continente tiene contacto con un océano.

En segundo lugar, ¿quién sigue la pista de estos ataques? Nota la fuente del mapa y el cuadro, el Florida Museum of Natural History, un museo en Estados Unidos. Aparentemente, Estados Unidos trata de seguir la pista de los ataques no provocados de tiburones. ¿Qué más es diferente de Estados Unidos en comparación con las otras áreas? ¿El océano es un área recreativa en los otros lugares? ¿Cuál es la economía de esas otras áreas y/o quién sigue la pista de sus ataques de tiburones?

PTI La estadística es un asunto truculento "Una onza de técnica estadística requiere una libra de sentido común para su aplicación adecuada."

Recuerda considerar la fuente cuando leas un reporte estadístico. Asegúrate de que observas el cuadro completo.

Los usos de la estadística son ilimitados. Es mucho más difícil mencionar un campo donde no se use la estadística que mencionar uno en el que la estadística tenga una parte integral. Los siguientes son algunos ejemplos de cómo y dónde se usa la estadística:

- En educación, frecuentemente se usa la estadística descriptiva para presentar resultados de exámenes.
- En ciencias, deben recolectarse y analizarse los datos resultantes de los experimentos.
- En el gobierno, todo el tiempo se recolectan muchos tipos de datos estadísticos. De hecho, probablemente el gobierno estadounidense sea el mayor recolector de datos estadísticos en el mundo.

Una parte muy importante del proceso estadístico es el estudio de los resultados estadísticos y la formulación de conclusiones adecuadas. Dichas conclusiones después deben comunicarse de manera precisa: no se gana nada de la investigación a menos que los hallazgos se compartan con otros. Las estadísticas se reportan en todas partes: periódicos, revistas, radio y televisión. Tú lees y escuchas acerca de todo tipo de nuevos resultados de investigación, especialmente en los campos relacionados con la salud.

Para continuar con el estudio de la estadística, necesitas "hablar la jerga". La estadística tiene su propia jerga, términos más allá de la *estadística descriptiva* y la *estadística inferencial*, que es necesario definir e ilustrar. En estadística, el concepto de población es la idea más fundamental.

Población Colección o conjunto de individuos, objetos o eventos cuyas propiedades se analizarán.

La población es la colección más completa de individuos u objetos que son de interés para el recolector de la muestra. La población a estudiar debe definirse cuidadosamente y se considera completamente definida sólo cuando se especifica su lista de elementos miembros. El conjunto de "todos los estudiantes que alguna vez asistieron a una universidad estadounidense" es un ejemplo de una población bien definida.

Usualmente, se piensa en una población como en una colección de personas. Sin embargo, en estadística, la población podría ser una colección de animales, objetos fabricados, cualquier cosa. Por ejemplo, el conjunto de todas las secuoyas en California podría ser una población.

Existen dos tipos de poblaciones: finita e infinita. Cuando la membresía de una población puede (o pudiera) mencionarse físicamente, se dice que la población es **finita**. Cuando

¿SABÍAS QUE...?

Sólo un momentito

Un momentito (*jiffy*) es una unidad de tiempo real que se usa en ingeniería de cómputo. Si vas a comer tu desayuno en un momentito, ¡tendrás que hacerlo en 10 milisegundos (0.01 segundo)!

la membresía es ilimitada, la población es **infinita**. Los libros en la biblioteca de tu escuela forman una población finita; el OPAC (Online Public Access Catalog = Catálogo en línea de acceso público, el catálogo computarizado de tarjetas) menciona la membresía exacta. Todos los votantes registrados en Estados Unidos forman una población finita muy grande; si es necesario, podría compilarse una combinación de todos los votantes mencionados en todas las secciones electorales a lo largo de Estados Unidos. Por otra parte, la población de todas las personas que podrían consumir aspirina y la población de todas las bombillas de 40 watts que producirá General Electric son infinitas. Las poblaciones grandes son difíciles de estudiar; por tanto, se acostumbra seleccionar una muestra y estudiar los datos en dicha muestra.

Muestra Un subconjunto en una población.

Una muestra consiste en los individuos, objetos o mediciones seleccionados de la población por el recolector de la muestra.

Variable (o variable de respuesta) Una característica de interés acerca de cada elemento individual de una población o muestra.

La edad de un estudiante al ingresar a la universidad, el color de su cabello, su estatura y su peso son cuatro variables.

Valor de datos El valor de la variable asociado con un elemento de una población o muestra. Este valor puede ser un número, una palabra o un símbolo.

Por ejemplo, Bill Jones entró a la universidad a la edad “23”, su cabello es “café”, mide “71 pulgadas” de alto y pesa “183 libras”. Estos cuatro valores de datos son los valores para las cuatro variables aplicadas a Bill Jones.

Datos El conjunto de valores recolectados de la variable para cada uno de los elementos que pertenecen a la muestra. Una vez recolectados todos los datos, es práctica común referirse al conjunto de datos como la muestra.

El grupo de 25 estaturas recolectadas de 25 estudiantes es un ejemplo de un conjunto de datos.

Experimento Actividad planificada cuyos resultados producen un conjunto de datos.

Un experimento incluye las actividades tanto para seleccionar los elementos como para obtener los valores de datos.

Parámetro Valor numérico que resume todos los datos de una población entera.

La edad “promedio” al momento de la admisión para todos los estudiantes que alguna vez asistieron a tu universidad y la “proporción” de estudiantes que eran mayores a 21 años de edad cuando ingresaron a la universidad son ejemplos de dos parámetros poblacionales. Un parámetro es un valor que describe a la población entera. Con frecuencia se usa una letra griega para simbolizar el nombre de un parámetro. Dichos símbolos se asignarán conforme se estudien parámetros específicos.

PTI Los parámetros describen la población; nota que ambas palabras comienzan con la letra **p**. Un estadístico describe la muestra; nota que ambas palabras tienen la combinación **es**.

Para cada parámetro existe un *estadístico muestral correspondiente*. El estadístico describe la muestra de la misma forma que el parámetro describe a la población.

Estadístico Valor numérico que resume los datos muestrales.

La estatura "promedio", que se encuentra al usar el conjunto de 25 estaturas, es un ejemplo de un estadístico muestral. Un estadístico es un valor que describe una muestra. La mayoría de los estadísticos muestrales se encuentran con la ayuda de fórmulas y usualmente se les asignan nombres simbólicos que son letras del alfabeto (por ejemplo, $\bar{x}$, s y r).

EJEMPLO 1.5

APLICACIÓN DE TÉRMINOS BÁSICOS

Un estudiante de estadística está interesado en descubrir algo acerca del valor promedio en dólares de los automóviles propiedad de los miembros del personal docente de su universidad. En esta situación pueden identificarse cada uno de los ocho términos recién descritos.

1. La *población* es la colección de todos los automóviles propiedad de todos los miembros del personal docente de la universidad.
2. Una *muestra* es cualquier subconjunto de dicha población. Por ejemplo, los automóviles propiedad de los miembros del departamento de matemáticas es una muestra.
3. La *variable* es el "valor en dólares" de cada automóvil individual.
4. Un *valor de datos* es el valor en dólares de un automóvil particular. El automóvil del Sr. Jones, por ejemplo, está valuado en $9 400.
5. Los *datos* son el conjunto de valores que corresponden a la muestra obtenida (9 400; 8 700; 15 950...).
6. El *experimento* consiste en los métodos usados para seleccionar los automóviles que forman la muestra y para determinar el valor de cada automóvil en la muestra. Podría llevarse a cabo al preguntar a cada miembro del departamento de matemáticas o de otras formas.
7. El *parámetro* acerca del cual se busca información es el valor "promedio" de todos los automóviles en la población.
8. El *estadístico* que se encontrará es el valor "promedio" de los automóviles en la muestra.

PTI Los parámetros tienen valor fijo, mientras que los estadísticos tienen valor variable.

Nota: Si se tomara una segunda muestra, resultaría en un conjunto diferente de personas a seleccionar (por decir, el departamento de inglés) y por tanto se anticiparía un diferente valor para el estadístico "valor promedio". Sin embargo, no cambiaría el valor promedio para "todos los automóviles propiedad del personal docente".

Básicamente, existen dos tipos de variables: 1) variables que resultan en información *cualitativa* y 2) variables que resultan en información *cuantitativa*.

Variable cualitativa, categórica o atributo Variable que describe o jerarquiza un elemento de una población.

Variable cuantitativa o numérica Variable que cuantifica un elemento de una población.

Tutorial en video disponible; ingresa y aprende más en cengagebrain.com

Una muestra de cuatro clientes de un salón de belleza se encuesta por su "color de cabello", "ciudad de origen" y "nivel de satisfacción" con los resultados de su tratamiento en el salón. Las tres variables son ejemplos de variables (atributo) cualitativo porque describen alguna característica de la persona, y todas las personas con el mismo atributo pertenecen a la misma categoría. Los datos recolectados fueron {rubio, café, negro, café}, {Brighton, Columbus, Albany, Jacksonville} y {muy satisfecho, satisfecho, un poco satisfecho, no satisfecho}.

El "costo total" de los libros de texto comprados por cada estudiante para las clases de este semestre es un ejemplo de una variable cuantitativa (numérica). Una muestra resultó en los siguientes datos: $238.87, $94.57, $139.24. [Para encontrar el "costo promedio", simplemente suma los tres números y divide entre 3: (238.87 + 94.57 + 139.24)/3 = $157.56.]

Nota: Las operaciones aritméticas, como la suma y el promedio, son significativas para datos que resultan de una variable cuantitativa.

Cada uno de estos tipos de variables (cualitativa y cuantitativa) pueden subdividirse aún más como se ilustra en el siguiente diagrama.

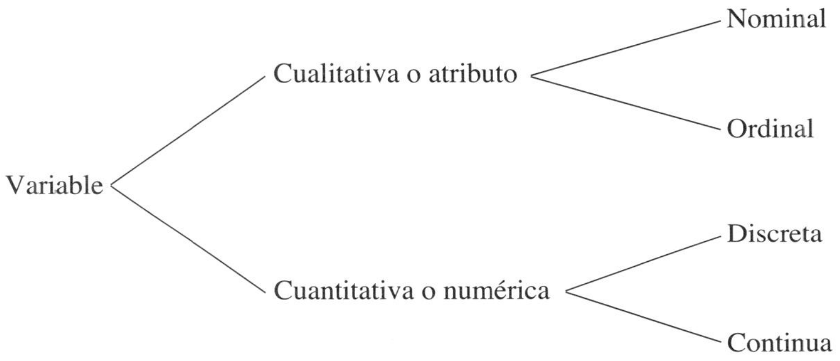

Las variables cualitativas pueden caracterizarse como nominales u ordinales.

Variable nominal Variable cualitativa que caracteriza (describe o nombra) un elemento de una población. No sólo las operaciones aritméticas no son significativas para los datos que resultan de una variable nominal, tampoco puede asignarse un orden a las categorías.

En la encuesta de cuatro clientes del salón de belleza, dos de las variables, "color de cabello" y "ciudad de origen", son ejemplos de variables nominales porque ambas mencionan alguna característica de la persona y no serían significativas para encontrar el promedio muestral al sumar y dividir entre 4. Por ejemplo (rubio + café + negro + café)/4 es indefinido. Más aún, el color de cabello y la ciudad de origen no tienen un orden en sus categorías.

Variable ordinal Variable cualitativa que incorpora una posición ordenada o clasificación.

En la encuesta de cuatro clientes del salón de belleza, la variable "nivel de satisfacción" es un ejemplo de una variable ordinal porque sí incorpora una clasificación ordenada: "muy satisfecho" se clasifica adelante de "satisfecho", que clasifica adelante de "un poco satisfecho". Otra ilustración de una variable ordinal es la clasificación de cinco imágenes de paisajes de acuerdo con la preferencia de alguien: Primera elección, segunda elección, etcétera.

Las variables cuantitativas o numéricas también se pueden subdividir en dos clasificaciones: variables *discretas* y variables *continuas*.

Variable discreta Variable cuantitativa que puede asumir un número contable de valores. Intuitivamente, la variable discreta puede asumir cualquier valor correspondiente a puntos aislados a lo largo de un intervalo lineal. Esto es: entre dos valores cualesquiera existe un intervalo.

Variable continua Variable cuantitativa que puede asumir un número incontable de valores. Intuitivamente, la variable continua puede asumir cualquier valor a lo largo de un intervalo lineal, incluido todo posible valor entre dos valores cualesquiera.

En muchos casos, los dos tipos de variables pueden distinguirse al decidir si las variables se relacionan con una cuenta o una medición. La variable "número de cursos en los que estás actualmente inscrito" es un ejemplo de una variable discreta; los valores de la variable pueden encontrarse al contar los cursos. (Cuando cuentas, no pueden ocurrir valores fraccionarios; por ende, pueden ocurrir intervalos entre los valores.) La variable "peso de libros y suministros que llevas a clase el día de hoy" es un ejemplo de una variable aleatoria continua; los valores de la variable pueden encontrarse al medir el peso. (Cuando mides, puede ocurrir cualquier valor fraccionario; por ende, es posible todo valor a lo largo de la línea numérica.)

Cuando tratas de determinar si una variable es discreta o continua, recuerda observar la variable y piensa en los valores que pueden ocurrir. No observes sólo los valores del dato que se hayan registrado; pueden ser muy engañosos.

Considera la variable "calificación del juez" en una competencia de patinaje de figura. Si observas algunas calificaciones que ocurrieron previamente, 9.9, 9.5, 8.8, 10.0 y ves la presencia de decimales, puedes pensar que son posibles todas las fracciones y concluyes que la variable es continua. Sin embargo, esto no es cierto. Es imposible una calificación de 9.134; por tanto, existen intervalos entre los posibles valores y la variable es discreta.

Nota: No permitas que la apariencia de los datos te engañe en cuanto a su tipo. Las variables cualitativas no siempre son fáciles de reconocer; en ocasiones aparecen como números. La muestra de colores de cabello podría codificarse: 1 = negro; 2 = rubio; 3 = café. Los datos muestrales aparecerían entonces como {2, 3, 1, 3}, pero aún así son datos nominales. Calcular el "color de cabello promedio" $[(2 + 3 + 1 + 3)/4] = 9/4 = 2.25]$ todavía no tiene significado. Las ciudades de origen podrían identificarse usando códigos postales. El promedio de los códigos postales tampoco tendría sentido; por tanto, los números de código postal también son nominales.

Observa otro ejemplo. Supón que, después de encuestar un estacionamiento, resumes los datos de la muestra al reportar 5 automóviles rojos, 8 azules, 6 verdes y 2 amarillos. Debes observar cada fuente individual para determinar el tipo de información a recolectar. Un automóvil específico era rojo; "rojo" es el valor de dato de ese automóvil y rojo es un atributo. Por ende, esta colección (5 rojos, 8 azules, etc.) es un resumen de datos nominales.

Otro ejemplo de información que es engañosa es un número de identificación. Vuelo 249 y Habitación 168 parecen ser ambos datos numéricos. Sin embargo, el numeral 249 no describe alguna propiedad del vuelo: demorado o a tiempo, calidad de los bocadillos servidos, número de pasajeros o algo más acerca del vuelo. El número de vuelo sólo identifica un vuelo específico. Los números de licencia de conductor, números de seguro social y números de cuenta bancaria son todos números de identificación usados en el sentido nominal, no en el sentido cuantitativo.

Recuerda examinar la variable individual y un valor de datos individual y tendrás pocos problemas al distinguir entre los diferentes tipos de variables.

EJEMPLO APLICADO 1.6

EL GRAN CHEQUE

Los atletas mejor pagados del mundo

La lista de *Forbes* de los atletas mejor pagados observa las ganancias derivadas por salarios, bonos, premios, patrocinios y licencias entre junio de 2008 y junio de 2009 y no se deducen de impuestos u honorarios de agentes.

He aquí a los cinco más altos:

Clasificación	Atleta	Deporte	Ganancias (dólares)
1	Tiger Woods	Golf	$110 millones
2	Kobe Bryant	Básquetbol	$45 millones
2	Michael Jordan	Básquetbol	$45 millones
2	Kimi Raikkonen	Automovilismo	$45 millones
5	David Beckham	Soccer	$42 millones

Fuente: http://www.getlisty.com/preview/highest-paid-athletes/

Izquierda: Imagen copyright cloki, 2012. Usada bajo licencia de Shutterstock.com
Izquierda centro: Imagen copyright Charlene Bayerle, 2012. Usada bajo licencia de Shutterstock.com
Derecha centro: Imagen copyright Rafa Irusta, 2012. Usada bajo licencia de Shutterstock.com
Derecha: Imagen copyright hanzl, 2012. Usada bajo licencia de Shutterstock.com

Enfréntalo: la mayoría de las personas sueñan con tener estos ingresos en toda su vida. Si alguien tiene un empleo lucrativo cada año desde los 21 años de edad hasta los 62 y gana un millón al año, eso serían 42 millones durante toda la vida. La mayoría de las personas ni siquiera pueden abrigar en sus cabezas dicho concepto. Probablemente pienses: "¡Contrátenme para ser un atleta superestrella!".

Observa cómo puedes aplicar la nueva terminología al "Gran cheque". Primero, la población general de interés serían los atletas profesionales. Más aún, la información en la tabla anterior demuestra varios tipos de variables. El nombre del atleta por lo general no se considera como una variable; sólo es con propósitos de identificación. Los otros tres tipos de información son variables:

1. Clasificación, es cualitativa y una variable ordinal, pues incorpora el concepto de posición ordenada.
2. Deporte, es cualitativa y una variable nominal, pues describe el deporte del atleta.
3. Ganancias, es cuantitativa y una variable continua, pues mide el ingreso del atleta. Por lo general, las cantidades de dinero se consideran continuas, pues son posibles partes fraccionarias de dólares, aun cuando la cantidad generalmente se redondea al dólar o centavo más cercano.

EJERCICIOS SECCIÓN 1.1

1.1 Postyour.info es un servicio mundial donde los usuarios de internet de todo el mundo pueden tomar parte en cuestionarios. [http://postyour.info/] A continuación se presenta una gráfica que muestra el resumen combinado de cómo los usuarios respondieron a una de las preguntas planteadas. Los resultados se proporcionan en porcentaje (cuenta).

¿Con cuánta frecuencia comes fruta?
(sin importar las razones)

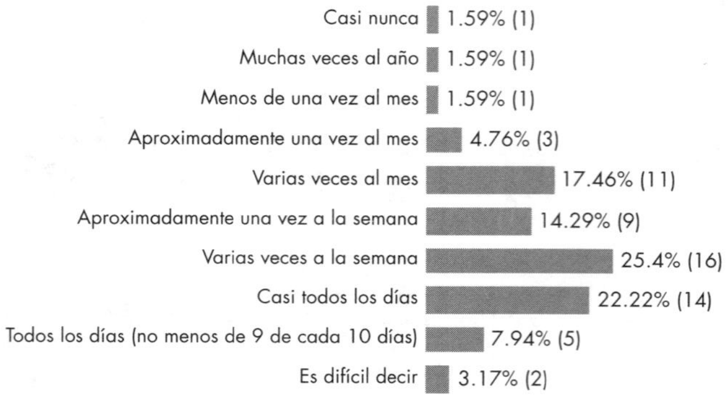

Fuente: http://postyour.info/

a. ¿Qué pregunta se planteó y respondió para recolectar la información que se presenta en esta gráfica?

b. ¿A quién se planteó la pregunta?

c. ¿Cuántas personas respondieron la pregunta?

d. Verifica los porcentajes 1.59%, 17.46% y 25.4%.

e. ¿Los porcentajes reportados en esta gráfica es probable que sean representativos de todas las personas? Explica por qué sí o por qué no.

1.2 ¿Trabajas duro por tu dinero? Los profesionales Java creen que sí y reportan largas horas de trabajo en sus empleos. Se encuestó a desarrolladores Java alrededor del mundo acerca del número de horas que trabajan semanalmente. A continuación se presenta el número de horas promedio laboradas semanalmente en varias regiones de Estados Unidos y el mundo.

Región	Horas laboradas	Región	Horas laboradas
EUA	48	California	50
Noreste	47	Pacífico NW	47
Atlántico medio	49	Canadá	43
Sur	47	Europa	48
Medio Oeste	47	Asia	47
Montaña central	51	Sudamérica y África	49

Fuente: Jupitermedia Corporation

a. ¿Cuántas horas trabajas por semana (o anticipas trabajar después de graduarte)?

b. ¿Qué le ocurrió a la semana laboral de 40 horas? ¿Parece que existe para los profesionales Java?

c. ¿La información en este cuadro hace parecer atractiva una carrera como profesional Java?

1.3 a. Cada una de las gráficas estadísticas que se presentan en la primera página de este capítulo parece sugerir que la información es, ¿acerca de cuál población?, ¿éste es el caso? Justifica tu respuesta.

b. Describe la información que se recolectó y úsala para determinar el estadístico reportado en "¿Te preocupas por los mensajes?".

c. "47%, Una hora o menos" fue un estadístico específico reportado en "¿Te preocupas por los mensajes?". Describe qué te dice dicho estadístico.

1.4 a. Considera la gráfica "¿Con cuánta frecuencia haces tu cama?". Si te preguntaran, ¿cómo responderías?, ¿qué significa el porcentaje asociado con tu respuesta? Explica.

b. ¿Cómo interpretas el "5%, Semanalmente" reportado en "¿Con cuánta frecuencia haces tu cama?"?

1.5 a. Escribe un párrafo de 50 palabras que describa lo que significa para ti la palabra "estadística" justo ahora.

b. Escribe un párrafo de 50 palabras que describa lo que significa para ti la palabra "aleatorio" justo ahora.

c. Escribe un párrafo de 50 palabras que describa lo que significa para ti la palabra "muestra" justo ahora.

1.6 *Estadística* se define en la página 1 como "la ciencia de recolectar, describir e interpretar datos". Usa tus palabras y escribe una oración que describa cada una de las tres actividades estadísticas. Conserva tu trabajo para el Ejercicio 1.79.

1.7 Determina cuál de los siguientes enunciados es descriptivo en naturaleza y cuál es inferencial. Consulta el "¿Qué edad tiene mi pez?" del Ejemplo aplicado 1.1 (p. 1).

a. Todas las lobinas de 9 pulgadas en el estado de Nueva York tienen un promedio de tres años de edad.

b. De las lobinas usadas en la muestra para elaborar la *NYS DEC Freshwater Fishing Guide*, la edad promedio de las lobinas de 9 pulgadas era de tres años.

1.8 Determina cuál de los siguientes enunciados es descriptivo en naturaleza y cuál es inferencial. Consulta el "Muchos adolescentes usan celulares en clase" del Ejemplo aplicado 1.2 (p. 2).

a. De los adolescentes encuestados en mayo y junio de 2009, 84% tienen teléfonos celulares.

b. En mayo/junio de 2009, 16% de todos los adolescentes no tenían teléfono celular.

1.9 Consulta la gráfica "Fijar una fecha para una cita nocturna".

Fijar una fecha para una cita nocturna

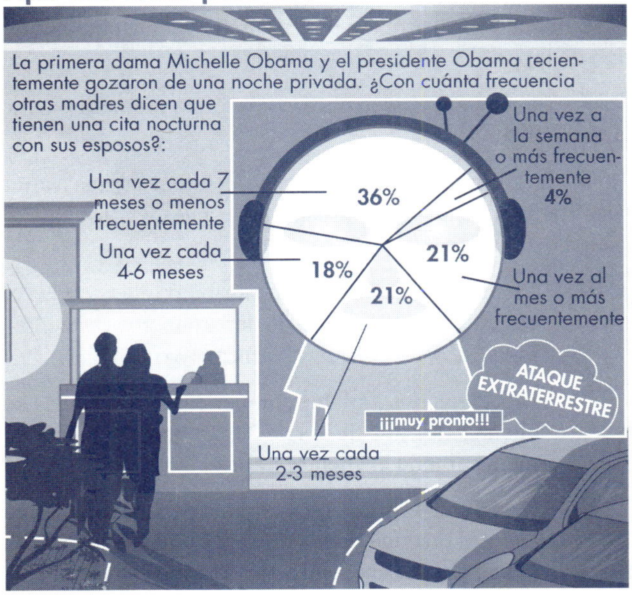

Fuente: Frigidaire Motherload Index; encuesta de 1 170 mujeres casadas, edades 25-50 años, que tienen dos o más hijos.

a. ¿A qué grupo de personas se encuestó?

b. ¿A cuántas personas se encuestó?

c. ¿Qué información se obtuvo de cada persona?

d. Explica el significado de "18% dicen que una vez cada 4-6 meses".

e. ¿Cuántas personas respondieron "Una vez cada 4-6 meses"?

1.10 International Communications Research (ICR) realizó la Encuesta de Limpieza General 2008 para la Soap and Detergent Association. ICR entrevistó a 777 adultos estadounidenses que hacen limpieza general acerca de para cuál labor de limpieza les gustaría contratar a alguien para que la realice por ellos. Los resultados de "labor" fueron: 47% lavar ventanas, 23% lavar el baño, 12% limpiar la cocina, 8% quitar el polvo, 7% trapear, 3% otra. La encuesta tiene un margen de error de más o menos 3.52%.

a. ¿Cuál es la población?

b. ¿A cuántas personas se entrevistó?

c. ¿Qué información se obtuvo de cada persona?

d. Con la información dada, estima el número de adultos encuestados que gustosamente contratarían a alguien para lavar las ventanas, si pudieran.

e. ¿Qué crees que significa "margen de error de más o menos 3.52%"?

f. ¿Cómo usarías el "margen de error" para estimar el porcentaje de todos los adultos a quienes les gustaría contratar a alguien para la labor de limpieza general de "limpiar la cocina"?

1.11 Opinion Research Corporation realizó la encuesta 2009 Lemelson-MIT Invention Index de 501 adolescentes, con edades de 12-17 años. A los adolescentes se les preguntó qué invento cotidiano consideraban que sería obsoleto en cinco años. Consulta la gráfica "De moda un día, pasado de moda al siguiente".

De moda un día, pasado de moda al siguiente

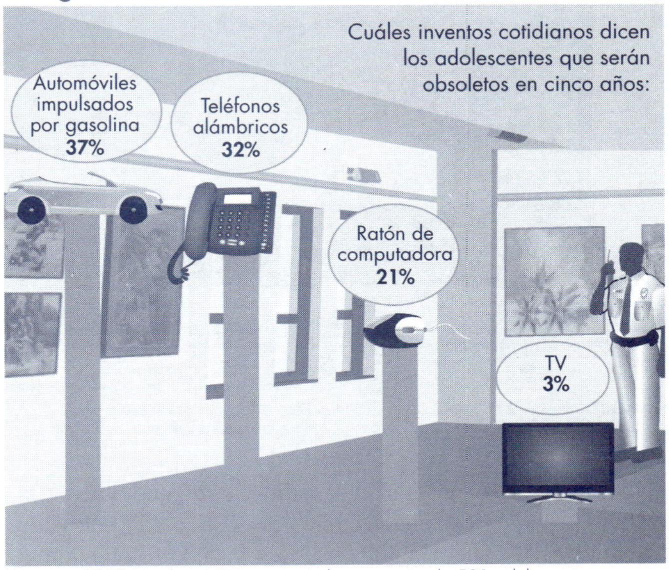

Fuente: 2009 Lemelson-MIT Invention Index; encuesta de 501 adolescentes, edades 12-17 años, por parte de Opinion Research Corp. Margen de error ± 4.3 puntos porcentuales.

a. ¿Cuál es la población?

b. ¿A cuántas personas se encuestó?

c. ¿Qué información se obtuvo de cada persona?

d. Estima el número de adolescentes encuestados que consideraron que el ratón de computadora sería obsoleto en cinco años.

e. ¿Qué crees que significa el "margen de error" de ±4.3 puntos porcentuales?

f. ¿Cómo usarías el "margen de error" para estimar el porcentaje de todos los adolescentes que creen que el ratón de computadora será obsoleto en cinco años?

1.12 Consulta la gráfica de la siguiente página "¿En qué piensas gastar tu devolución de impuestos?" (p. 12).

a. Describe la población de interés.

b. Describe la muestra más probablemente usada para este reporte.

c. Identifica las variables usadas para recolectar esta información.

d. ¿Qué hará la mayoría de la gente con su devolución de impuestos? ¿Cómo se muestra esta mayoría en la gráfica?

¿En qué piensas gastar tu devolución de impuestos?

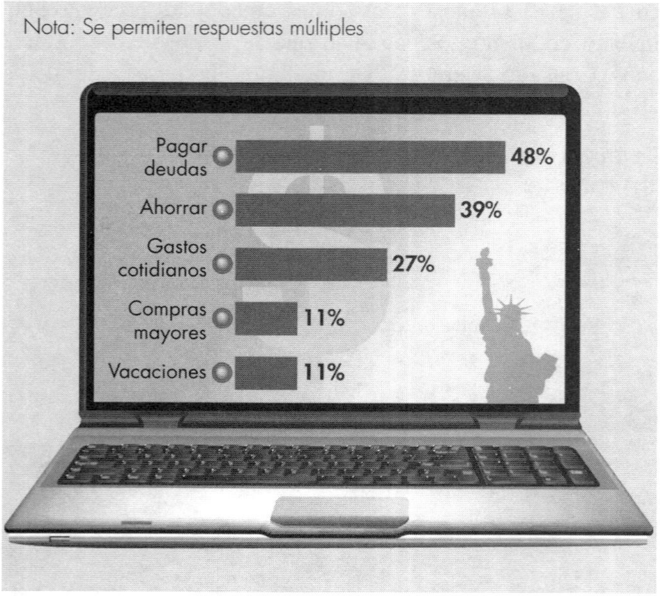

Fuente: National Retail Federation 2009 Tax Returns Consumer Intentions and Actions; encuesta de 8 426 consumidores. Margen de error ±1 puntos porcentuales.

En cengagebrain.com están disponibles Applets Skillbuilder en línea.

1.13 Durante una transmisión de radio hace algunos años, David Essel reportó los siguientes tres estadísticos: 1) la tasa de divorcios en Estados Unidos es 55% y cuando se preguntó a los adultos casados si volverían a casarse con sus cónyuges, 2) 75% de las mujeres dijo que sí y 3) 65% de los hombres dijo que sí.

a. ¿Cuál es la tasa de "permanecer casado"?

b. Parece existir contradicción en esta información. ¿Cómo es posible que estas tres declaraciones estén correctas? Explique.

1.14 El conocimiento del trabajo de las estadísticas es muy útil cuando se requiere entender las estadísticas divulgadas en los medios de comunicación. Las agencias de noticias y nuestro gobierno hacen a menudo alguna declaración por ejemplo: "El índice de criminalidad aumentó 50% en la ciudad".

a. ¿Un aumento en la tasa a partir de 4 a 6 representa un aumento de 50%? Explique.

b. ¿Por qué alguien reportaría un aumento de 4 a 6 como un "salto de 50% en la tasa"?

1.15 De la población estadounidense adulta, 36% tiene una alergia. Una muestra de 1 200 adultos seleccionados al azar resultó en que 33.2% tenía una alergia.

a. Describe la población.

b. ¿Cuál es la muestra?

c. Describe la variable.

d. Identifica el estadístico y proporciona su valor.

e. Identifica el parámetro y proporciona su valor.

1.16 Encuentra un artículo periodístico reciente que ilustre un tipo de reporte "las manzanas son malas".

1.17 Con tus palabras, explica por qué el parámetro es fijo y el estadístico varía.

1.18 ¿El número en una camiseta de fútbol es una variable cuantitativa o categórica? Apoya tu respuesta con una explicación detallada.

1.19 a. Menciona dos variables de atributo relacionadas con clientes que una tienda de departamentos recientemente abierta encuentre informativo estudiar.

b. Menciona dos variables numéricas relacionadas con clientes que una tienda de departamentos recientemente abierta encuentre informativo estudiar.

1.20 a. Menciona dos variables nominales relacionadas con clientes que una tienda de departamentos recientemente abierta encuentre informativo estudiar.

b. Menciona dos variables ordinales relacionadas con clientes que una tienda de departamentos recientemente abierta encuentre informativo estudiar.

1.21 Ejercicio Applet Skillbuilder Simula tomar una muestra de tamaño 10 de una población de 100 estudiantes universitarios. Toma una muestra y anota el resultado.

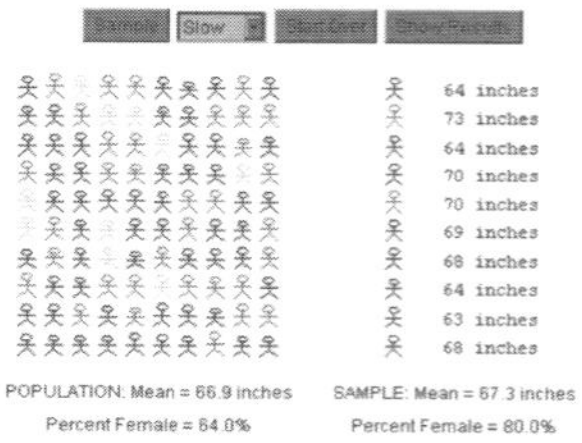

a. Menciona la variable atributo involucrada en este experimento. ¿Es nominal u ordinal?

b. Menciona la variable numérica involucrada en este experimento. ¿Es discreta o continua?

1.22 a Explica por qué la variable "marcador" para el equipo de casa en un juego de básquetbol es discreta.

b. Explica por qué la variable "número de minutos para trasladarse al trabajo" es continua.

1.23 La severidad de los efectos colaterales experimentados por los pacientes tratados con un medicamento particular está bajo estudio. La severidad se mide en una escala de ninguna, leve, moderada, severa, muy severa.

a. Menciona la variable de interés.

b. Identifica el tipo de variable.

1.24 Harris Poll realizó, durante mayo de 2009, una encuesta nacional acerca del uso del teléfono celular y la conducción de vehículos en adultos. Sus respuestas a "¿Qué tan peligroso es que un conductor use un teléfono celular mientras conduce?", se jerarquizaron como "muy peligroso", "peligroso", "un poco peligroso", "ligeramente peligroso" o "nada peligroso".

a. Menciona la variable de interés.

b. Identifica el tipo de variable.

1.25 Se encuestó a estudiantes acerca del peso de los libros y suministros que llevan cuando asisten a clase.

a. Identifica la variable de interés.

b. Identifica el tipo de variable.

c. Menciona algunos valores que pueden ocurrir en una muestra.

1.26 Un fabricante de medicamentos está interesado en la proporción de personas con hipertensión (presión sanguínea elevada) cuya condición puede controlarse con un nuevo medicamento que desarrolló la compañía. Se lleva a cabo un estudio que involucra a 5 000 individuos con hipertensión y se descubre que 80% de los individuos pueden controlar su hipertensión con el medicamento. Si supones que los 5 000 individuos son representativos del grupo que tiene hipertensión, responde las siguientes preguntas:

a. ¿Cuál es la población?

b. ¿Cuál es la muestra?

c. Identifica el parámetro de interés.

d. Identifica el estadístico y proporciona su valor.

e. ¿Conoces el valor del parámetro?

1.27 La oficina de ingresos quiere estimar el costo de los libros de texto para los estudiantes en tu colegio. Sea la variable x el costo total de todos los libros de texto comprados por un estudiante este semestre. El plan es identificar aleatoriamente 100 estudiantes y obtener sus costos totales en libros de texto. El costo promedio para los 100 estudiantes se usará para estimar el costo promedio para todos los estudiantes.

a. Describe el parámetro que quiere estimar la oficina de ingresos.

b. Describe la población.

c. Describe la variable involucrada.

d. Describe la muestra.

e. Describe el estadístico y cómo usarías los datos recolectados para calcular el estadístico.

1.28 Un técnico de control de calidad selecciona partes ensambladas de una línea de producción y registra la siguiente información concerniente a cada parte:

X: defectuosa o no defectuosa
Y: número de empleado del individuo que ensambló la parte
Z: peso de la parte

a. ¿Cuál es la población?

b. ¿La población es finita o infinita?

c. ¿Cuál es la muestra?

d. Clasifica las tres variables como atributo o numérica.

1.29 Selecciona 10 estudiantes actualmente inscritos en tu escuela y recolecta datos para las siguientes tres variables:

X: número de cursos inscritos
Y: costo total de libros de texto y suministros para los cursos
Z: método de pago usado para libros de texto y suministros

a. ¿Cuál es la población?

b. ¿La población es finita o infinita?

c. ¿Cuál es la muestra?

d. Clasifica las tres variables como nominal, ordinal, discreta o continua.

1.30 Aventis Pharmaceuticals Inc. realizó un estudio para medir los efectos colaterales adversos de Allegra™, un medicamento usado para el tratamiento de alergias estacionales. A una muestra de 679 personas que padecen alergia en Estados Unidos se le dio 60 mg del medicamento dos veces al día. Los pacientes reportaron si experimentaron o no alivio de sus alergias, así como algún efecto colateral adverso (infección viral, náusea, somnolencia, etcétera).

Fuente: *Good Housekeeping*, febrero de 2005

a. ¿Cuál fue la población bajo estudio?

b. ¿Cuál fue la muestra?

c. ¿Cuáles fueron las características de interés acerca de cada elemento en la población?

d. ¿Los datos recolectados fueron cualitativos o cuantitativos?

1.31 En la siguiente página hay una pequeña muestra de las 165 camionetas pick up 2009 mencionadas en MPGoMatic.com y disponibles para el público consumidor. Consulta la tabla para este ejercicio (1.31) en la página 14.

a. ¿Cuál fue la población de donde se tomó la muestra?

b. ¿Cuántos individuos había en la población? ¿En la muestra?

c. ¿Cuántas variables?

d. Menciona las variables cualitativas/categóricas.

e. ¿Cuáles de las variables cualitativas son nominales?

f. Menciona las variables cuantitativas.

g. ¿Cuáles de las variables cuantitativas son discretas? ¿Continuas?

Tabla para el ejercicio 1.31

Fabricante	Modelo	Tracción	Tamaño motor (núm. cilindros)	Tamaño motor, desplazamiento (litros)	Transmisión	MPG ciudad	MPG carretera
CHEVROLET	COLORADO	2WD	4	2.9	Manual	18	24
GMC	CANYON	2WD	5	3.7	Auto	17	23
HUMMER	H3T	4WD	8	5.3	Auto	13	16
MITSUBISHI	RAIDER	4WD	8	4.7	Auto	9	12
SUZUKI	EQUATOR	2WD	4	2.5	Auto	17	22
TOYOTA	TACOMA	4WD	6	4.0	Manual	14	19

Fuente: http//www.mpgomatic.com/2009/

1.32 **Ejercicio Applet Skillbuilder** Simula tomar una muestra de tamaño 10 de una población de 100 estudiantes universitarios. Toma una muestra de 10.

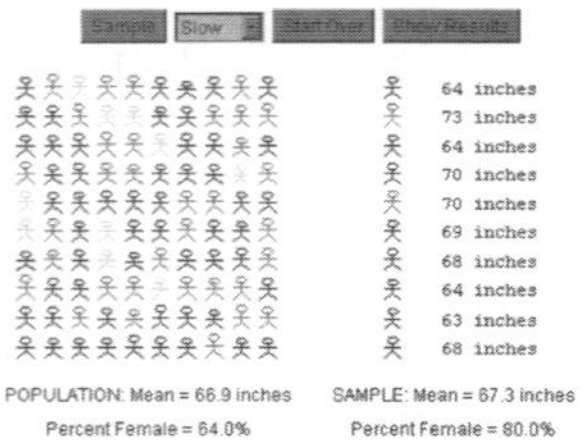

a. ¿Cuál es la población?

b. ¿La población es finita o infinita?

c. Menciona dos parámetros y proporciona sus valores.

d. ¿Cuál es la muestra?

e. Menciona los dos estadísticos correspondientes y proporciona sus valores.

f. Toma otra muestra de tamaño 10. ¿Cuál de los ítems anteriores permanece fijo y cuál cambia?

1.33 Identifica cada uno de los siguientes como ejemplos de: 1) variables atributo (cualitativa) o 2) numérica (cuantitativa):

a. La resistencia a la rotura de un tipo dado de cuerda.

b. El color de cabello de los niños que audicionan para el musical *Annie*.

c. El número de señales de alto en ciudades con menos de 500 personas.

d. Si un grifo está o no defectuoso.

e. El número de preguntas respondidas correctamente en una prueba estandarizada.

f. El tiempo requerido para responder una llamada telefónica en cierta oficina de bienes raíces.

1.34 Identifica cada uno de los siguientes como ejemplo de variables 1) nominal, 2) ordinal, 3) discreta o 4) continua:

a. Una encuesta de votantes registrados acerca de a cuál candidato apoyan.

b. El tiempo que tarda en sanar una herida cuando se usa un nuevo medicamento.

c. El número de televisiones dentro de una casa.

d. La distancia a la que pueden patear un balón las mujeres universitarias de primer año.

e. El número de páginas por tarea provenientes de una impresora de computadora.

f. El tipo de árbol usado como árbol de Navidad.

1.35 Supón que un niño de 12 años te pide que le expliques la diferencia entre una muestra y una población.

a. ¿Qué información debe incluir tu respuesta?

b. ¿Qué razones le darías de por qué tomarías una muestra en lugar de encuestar a todos los miembros de una población?

1.36 Supón que un niño de 12 años te pide que le expliques la diferencia entre un estadístico y un parámetro.

a. ¿Qué información debe incluir tu respuesta?

b. ¿Qué razones le darías de por qué reportarías el valor de un estadístico en lugar del valor de un parámetro?

1.2 Mensurabilidad y variabilidad

Dentro de un conjunto de datos medidos, siempre se espera variación. Si se encuentra poca o ninguna variación, se supondría que el dispositivo de medición no está calibrado con una unidad suficientemente pequeña. Por ejemplo, toma una caja de barras de tu dulce favorito y pesa cada barra individualmente. Observa que cada una de las 24 barras de dulce pesan $\frac{7}{8}$ de onza, al $\frac{1}{8}$ de onza más cercano. ¿Esto significa que las barras son todas idénticas en peso? ¡En realidad, no! Supón que los pesas en una báscula analítica que pesa hasta la diezmilésima de onza más cercana. Ahora, con más probabilidad, los 24 pesos mostrarán **variabilidad**.

No importa cuál sea la variable de respuesta; muy probablemente habrá variabilidad en los datos si la herramienta de medición es suficientemente precisa. Uno de los principales objetivos del análisis estadístico es medir la variabilidad. Por ejemplo, en el estudio del control de calidad, la medición de la variabilidad es absolutamente esencial. Al controlar (o reducir) la variabilidad en un proceso de fabricación es un campo por derecho propio: a saber, el control estadístico de procesos.

EJERCICIOS SECCIÓN 1.2

1.37 Supón que mides los pesos (en libras) de los individuos en cada uno de los siguientes grupos.

Grupo 1: porristas de los equipos de la National Football League.
Grupo 2: jugadores de los equipos de la National Football League.

¿Para cada grupo esperarías que tendrían más variabilidad los datos? Explica por qué.

1.38 Supón que tratas de decidir cuál de dos máquinas comprar. Más aún, supón que es importante la longitud a la que las máquinas cortan una parte de un producto particular. Si ambas máquinas producen partes que tienen la misma longitud en promedio, ¿qué otra consideración en cuanto a las longitudes sería importante? ¿Por qué?

1.39 Grupos de consumidores activistas durante años han alentado a los minoristas a usar fijación unitaria de precios en los productos. Argumentan que los precios de los alimentos, por ejemplo, siempre deberían etiquetarse en \$/onza, \$/libra, \$/gramo, \$/litro, etc., además de \$/paquete, \$/lata, \$/caja, \$/botella, etc. Explica por qué.

1.40 Una máquina expendedora de café operada por monedas entrega, en promedio, 6 oz de café por taza. ¿Este enunciado puede ser verdadero para una máquina expendedora que ocasionalmente entrega sólo lo suficiente para apenas llenar la mitad de la copa (es decir, 4 oz)? Explica.

1.41 Los profesores usan los exámenes para medir el conocimiento de los estudiantes acerca de una materia. Explica cómo "la falta de variabilidad en las calificaciones de los estudiantes puede indicar que el examen no fue un dispositivo de medición muy efectivo".

1.42 **Ejercicio Applet Skillbuilder** Simula el muestreo de una población de estudiantes universitarios.

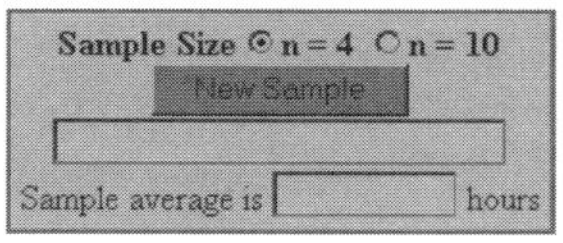

a. Toma 10 muestras de tamaño 4, sigue la pista de los promedios muestrales de horas por semana que estudian los estudiantes. Encuentra el rango de dichos promedios al restar el promedio más bajo del promedio más alto.

b. Toma 10 muestras de tamaño 10, sigue la pista de los promedios muestrales de horas por semana que estudian los alumnos. Encuentra el rango de dichos promedios al restar el promedio más bajo del más alto.

c. ¿Cuál tamaño muestral muestra más variabilidad?

d. Si el promedio poblacional es de aproximadamente 15 horas por semana, ¿cuál tamaño muestral muestra esto con más precisión? ¿Por qué?

En cengagebrain.com están disponibles Applets Skillbuilder en línea.

1.3 Recolección de datos

Puesto que, por lo general, es imposible estudiar toda una población (todos los individuos en un país, todos los estudiantes universitarios, todos los pacientes médicos, etc.), los investigadores usualmente se apoyan en el *muestreo* para adquirir la información o *datos*, necesarios. Es importante obtener "buenos datos" porque las inferencias hechas a final de cuentas se basarán en los estadísticos obtenidos de dichos datos. Dichas inferencias sólo son tan buenas como los datos.

Aunque es relativamente sencillo definir "buenos datos" como aquellos datos que representan con precisión la población de la que se tomaron, no es fácil garantizar que un método de muestreo particular producirá "buenos datos". Es necesario usar métodos de muestreo (**recolección de datos**) que producirán datos que sean representativos de la población y no *sesgados*.

Método de muestreo Proceso de selección de ítems o eventos que se convertirán en la muestra.

Método de muestreo sesgado Método de muestreo que produce datos que sistemáticamente difieren de la población modelo. El muestreo repetido no corregirá el sesgo.

Método de muestreo no sesgado Método de muestreo que no está sesgado y produce datos que son representativos de la población original.

EJEMPLO APLICADO 1.7

UNA MODERNA MUESTRA DE VOLUNTARIOS DE ALTA TECNOLOGÍA

Encuesta pública: **¡Sorprendamos a la NBC!**
En diciembre de 2008, la NBC publicó la siguiente pregunta en su sitio web para encuestar al público.

Al mismo tiempo, el siguiente correo electrónico circuló para ayudar a "producir el voto".

> He aquí su oportunidad para que los medios conozcan dónde están las personas en su fe en Dios, como nación. La NBC lleva a cabo una encuesta acerca de "In God We Trust" para que permanezca en la moneda estadounidense.
>
> Envíe este correo a todo cristiano que conozca para que pueda votar en este importante tema. Por favor, hágalo de inmediato, antes de que la NBC la quite de su página web.
>
> Esto no se envía para discusión; si está de acuerdo, reenvíelo; si no lo está, bórrelo. Al yo reenviarlo, usted sabe lo que siento. Apuesto que esto fue una sorpresa para la NBC.

A partir de esta encuesta no se pueden extraer conclusiones estadísticas significativas. El proceso de muestreo está severamente sesgado y es muy probable que los resultados hayan sido enormemente sesgados y no sean representativos de la población estadounidense. ¿Puedes proporcionar al menos dos razones por las que los resultados de esta encuesta no representan buenas prácticas estadísticas? Observa el ejercicio 1.46.

Dos métodos de muestreo utilizados comúnmente, que con frecuencia resultan en muestras sesgadas, son las *muestras de conveniencia* y las *voluntarias*.

Una **muestra de conveniencia**, en ocasiones llamada muestra *puntual*, ocurre cuando los ítems se eligen arbitrariamente y en una forma no estructurada de una población, mientras que una **muestra voluntaria** consiste en resultados recolectados de aquellos elementos de la población que se eligen para aportar la información necesaria para su propia iniciativa.

¿Alguna vez compraste una canasta de fruta en el mercado con base en la "buena apariencia" de la fruta en la parte superior, sólo para más tarde descubrir que el resto de la fruta no era tan fresca? Era muy inconveniente inspeccionar la fruta del fondo, así que confiaste en una muestra de conveniencia. ¿Tu profesor ha usado tu clase como una muestra de la cual recopilar datos? Como grupo, la clase es muy conveniente, ¿pero realmente es representativa de la población de la escuela? (Considera las diferencias entre los estudiantes de la mañana, la tarde y/o el fin de semana; tipo de curso; etcétera.)

¿Alguna vez enviaste tus respuestas a la encuesta de una revista? ¿Bajo qué condiciones tomarías el tiempo para completar tal cuestionario? La actitud inmediata de la mayoría de las personas es ignorar la encuesta. Quienes tengan fuertes sentimientos harán un esfuerzo para responder; por tanto, no deberían esperarse muestras representativas cuando se recolecten muestras voluntarias.

El proceso de recolección de datos

Recolectar datos para análisis estadístico es un proceso involucrado e incluye los siguientes pasos:

1. Definir los objetivos de la encuesta o estudio.
   Ejemplos: comparar la efectividad de un nuevo medicamento con la efectividad del medicamento estándar; estimar el ingreso doméstico promedio en Estados Unidos.
2. Definir la variable y la población de interés.
   Ejemplos: duración del tiempo de recuperación para los pacientes que sufren de una enfermedad particular; ingreso total de los hogares en Estados Unidos.
3. Definir cómo recolectar los datos y los esquemas de medición de datos.
   Esto incluye el marco del muestreo, los procedimientos de muestreo, el tamaño muestral y el dispositivo de medición de datos (cuestionario, teléfono, etcétera).
4. Recolección de la muestra. seleccionar los sujetos a muestrear y recolectar datos.
5. Revisar el proceso de muestreo al completar la recolección.

Con frecuencia, un analista se aferra a los datos ya recolectados, posiblemente incluso datos recolectados con otros propósitos, lo que hace imposible determinar si los datos son "buenos". Usar las técnicas aprobadas para recolectar tus propios datos es más preferible. Aunque este texto se preocupa principalmente por varias técnicas de análisis de datos, debes estar al tanto de las preocupaciones de la recolección de datos.

El siguiente ejemplo describe la población y la variable de interés para una investigación específica:

EJEMPLO APLICADO 1.8

POBLACIÓN Y VARIABLE DE INTERÉS

El director de admisiones de tu escuela quiere estimar el costo "promedio" actual de los libros de texto por semestre, por estudiante. La población de interés es "el cuerpo estudiantil inscrito actualmente" y la variable es "la cantidad total gastada para libros de texto" por cada estudiante este semestre.

Dos métodos comúnmente usados para la recolección de datos son *experimentos* y *estudios observacionales*. En un experimento, el investigador controla o modifica el entorno y observa el efecto sobre la variable bajo estudio. Con frecuencia lees acerca de los resultados de laboratorio obtenidos al usar ratas blancas para poner a prueba diferentes dosis de un nuevo medicamento y su efecto sobre la presión arterial. Los tratamientos experimentales se diseñaron específicamente para obtener los datos necesarios para estudiar el efecto sobre la variable. En un **estudio observacional**, el investigador no modifica el entorno y no controla el proceso a observar. Los datos se obtienen al muestrear parte de la población de interés. Las **encuestas** son estudios observacionales de personas.

EJEMPLO APLICADO 1.9

¿EXPERIMENTO O ESTUDIO OBSERVACIONAL?

INFECCIÓN QUIRÚRGICA ES CUESTIÓN DE TIEMPO

Muchos pacientes quirúrgicos no obtienen oportunamente las dosis de los medicamentos correctos, lo que eleva el riesgo de infección, reportan investigadores en los Archives of Surgery. De 30 millones de operaciones realizadas cada año en EUA, aproximadamente 2% se complican por una infección local, dice el reporte. El estudio de 34 000 pacientes quirúrgicos en casi 3 000 hospitales en 2001 descubrió que sólo 56% reciben medicamentos profilácticos durante el tiempo de la cirugía, cuando pueden ser efectivos.

Fuente: *USA Today*, 22 de febrero de 2006

Esta investigación es un ejemplo de un estudio observacional. Los investigadores no modificaron o trataron de controlar el entorno. Observaron lo que ocurrió y escribieron sus hallazgos.

Si todo elemento en la población puede mencionarse o enumerarse y observarse, entonces se compila un **censo**. Sin embargo, los censos se usan rara vez porque con frecuencia son difíciles de compilar y consumen mucho tiempo y por tanto son muy costosos. Imagina la tarea de compilar un censo de cada persona que es un cliente potencial de una empresa de corretaje. En situaciones similares a ésta, por lo general se realiza una *encuesta piloto*.

Cuando se selecciona una muestra para una encuesta, es necesario construir un *marco muestral*.

Marco muestral Lista o conjunto de los elementos que pertenecen a la población de la cual se extraerá la muestra.

De manera ideal, el encuadre muestral debe ser idéntico a la población, con cada elemento de la población incluido una y sólo una vez. En este caso, un censo se convertiría en el marco muestral. En otras situaciones, un censo puede no ser tan fácil de obtener porque no está disponible una lista completa. En ocasiones las listas de votantes registrados o el directorio telefónico se usan como marcos muestrales del público en general. De acuerdo con la naturaleza de la información a recabar, la lista de votantes registrados o el directorio telefónico pueden o no servir como un marco muestral no sesgado. Puesto que sólo los elementos en el marco tienen oportunidad de ser seleccionados como parte de la muestra, es importante que el marco muestral sea **representativo** de la población.

Una vez establecido el marco muestral representativo, se procede con la selección de los elementos muestrales del marco muestral. Este proceso de selección se llama **diseño muestral**. Existen muchos tipos diferentes de diseños muestrales; sin embargo, todos ellos encajan en dos categorías: *muestras dirigidas* y *muestras probabilísticas*.

Muestras dirigidas Muestras que se seleccionan sobre la base de juzgarse "típicas".

Cuando se recolecta una muestra dirigida, la persona que selecciona la muestra elige los ítems que considera que son representativos de la población. La validez de los resultados de una muestra dirigida reflejan la firmeza del juicio del recolector. Éste no es un procedimiento estadístico aceptable.

Muestras probabilísticas Muestras en las que los elementos a seleccionar se extraen sobre la base de la probabilidad. Cada elemento en una población tiene cierta posibilidad de ser seleccionado como parte de la muestra.

Las inferencias que se estudiarán en este libro más adelante se basan sobre la suposición de que los datos muestrales se obtienen usando una muestra probabilística. Existen muchas formas de diseñar estas muestras. Estudiarás dos de ellas, los métodos de un solo factor y los métodos de múltiples factores; aprenderás acerca de algunos de los muchos diseños específicos que son posibles.

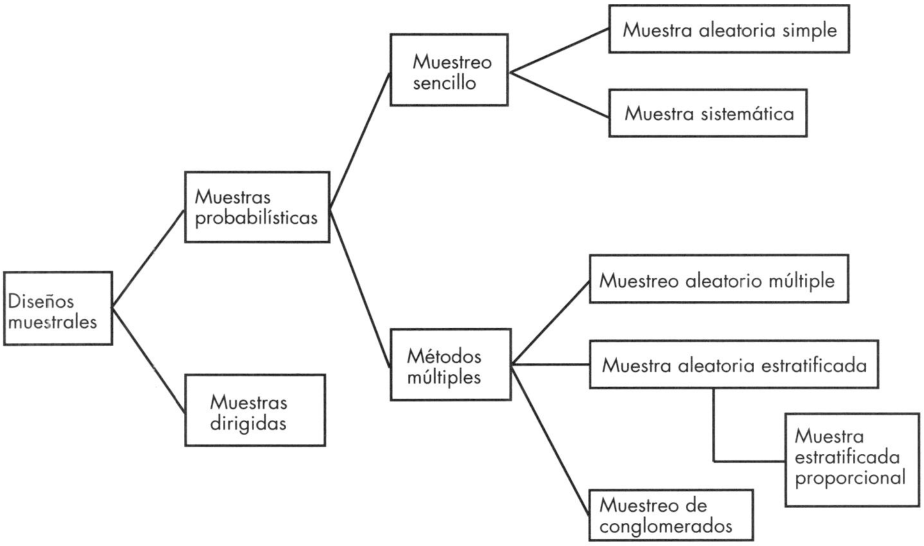

¿SABÍAS QUE...?

Mejor la parte que el todo

En 1930, Prasanta Chandra Mahalanobis tuvo alta prioridad para producir una muestra representativa adecuada. Quería determinar las características de las poblaciones grandes cuando casi era imposible obtener todas las mediciones de una población estadística. Las muestras dirigidas parecían ser una buena opción, pero tenían graves defectos: si se sabía lo suficiente acerca de la población para recolectar una buena muestra dirigida, probablemente no habría necesidad de una muestra; si la muestra era incorrecta, no habría forma de saber cuán incorrecta es. La respuesta a esta cuestión fue una muestra aleatoria.

Métodos sencillos

Muestreo sencillo Diseño muestral en el que los elementos del marco muestral se tratan igual y no hay subdivisión o partición del marco.

Uno de los métodos de muestreo probabilístico sencillo más común, usado para recolectar datos, es la *muestra aleatoria simple*.

Muestra aleatoria simple Muestra seleccionada de tal forma que todo elemento en la población o marco muestral tiene la misma probabilidad de ser elegido. De manera equivalente, todas las muestras de tamaño *n* tienen una igual oportunidad de ser seleccionadas.

Nota: Las muestras aleatorias se obtienen al muestrear con reemplazo de una población finita o al muestrear sin reemplazo de una población infinita.

Inherente en el concepto de aleatoriedad está la idea de que el siguiente resultado (u ocurrencia) no es predecible. Cuando se extrae una muestra aleatoria, debe hacerse todo el esfuerzo para garantizar que cada elemento tiene una igual probabilidad de ser seleccionado y que el siguiente resultado no se vuelve predecible. El procedimiento adecuado para seleccionar una muestra aleatoria simple requiere el uso de números aleatorios. Por lo general se cometen errores porque el término *aleatorio* (igual oportunidad) se confunde con **fortuito** (sin patrón).

Para seleccionar una muestra aleatoria simple, primero asignas un número de identificación a cada elemento en el marco muestral. Por lo general esto se hace al usar secuencialmente el mismo número de dígitos para cada elemento. Entonces, con números aleatorios que tienen el mismo número de dígitos, se seleccionan tantos números como se necesiten para el tamaño de muestra deseado. Cada elemento numerado en el marco muestral que corresponda a un número aleatorio seleccionado se elige para la muestra.

EJEMPLO APLICADO 1.10

USO DE NÚMEROS ALEATORIOS

La oficina de admisiones de tu escuela quiere estimar el costo "promedio" actual de los libros de texto por semestre, por estudiante. La población de interés es "el cuerpo estudiantil actualmente inscrito" y la variable es "la cantidad total gastada en libros de texto" por cada estudiante este semestre. Puesto que se desea una muestra aleatoria, el Sr. Clar, quien trabaja en la oficina de admisiones, obtuvo una lista por computadora de la matrícula de tiempo completo de este semestre. En la lista había 4 265 nombres de estudiantes. Numeró a los estudiantes 0001, 0002, 0003, etc., hasta 4 265; después, con números aleatorios de cuatro dígitos, identificó una muestra: fueron seleccionados 1 288, 2 177, 1 952, 2 463, 1 644, 1 004, etc. (Consulta el *Manual de soluciones del estudiante* para una discusión del uso de los números aleatorios.)

Una muestra aleatoria simple es el primer paso hacia una muestra sin sesgo. Las muestras aleatorias se requieren para la mayoría de los procedimientos estadísticos que se presentan en este libro. Sin un diseño aleatorio, las conclusiones que extraigas de los procedimientos estadísticos pueden no ser confiables.

EJEMPLO APLICADO 1.11

PROCESO PARA RECOLECTAR DATOS

Considera la gráfica "Los empleadores buscan actitud positiva" en la página 3 y los cinco pasos del proceso de recolección de datos.

1. *Define los objetivos de la encuesta o experimento.* Determina la opinión de los empleadores en cuanto a cuáles cualidades buscan cuando contratan empleados eventuales.
2. *Define la variable y la población de interés.* La variable es la opinión o respuesta a una pregunta en cuanto a las cualidades o características. La población de interés es todos los gerentes de vacantes estadounidenses.
3. *Define los esquemas de recolección y de medición de datos.* Con base en la misma gráfica, puedes ver que la fuente para los porcentajes presentados fue SnagAJob.com. Al investigar más, IPSOS Public Affairs, una empresa de investigación externa, realizó la encuesta en representación del "sitio web de empleos por hora" SangAJob.com entre el 20 y el 25 de febrero de 2009. Se trató de una encuesta en línea de 1 043 gerentes de vacantes con responsabilidad para contratar empleados de verano y eventuales por hora.
4. *Recolecta la muestra.* La información recolectada de cada gerente de contrataciones fue su cualidad/característica individual "más" esencial que debe poseer un empleado eventual.
5. *Revisa el proceso de muestreo al completar la recolección.* Dado que el proceso de muestreo fue una encuesta en línea, ¿sólo los gerentes de contrataciones que dirigían sus empresas en línea estuvieron al tanto de esta encuesta? ¿Estuvieron representadas varias áreas del país y tipos de empresas? Acaso tú puedes pensar en preocupaciones adicionales.

En concepto, la muestra aleatoria simple es la más sencilla de las técnicas de muestreo probabilístico, pero rara vez se usa en la práctica porque con frecuencia es una técnica ineficiente. Uno de los métodos más fáciles de usar para aproximar una muestra aleatoria simple es el *método de muestreo sistemático*.

Muestra sistemática Muestra en la que se selecciona cada k-ésimo término del marco muestral, a partir de un primer elemento, que se selecciona aleatoriamente de los primeros k elementos.

Para seleccionar una muestra sistemática porcentual (%) x, necesitarás seleccionar aleatoriamente un elemento de cada $\frac{100}{x}$ elementos. Después de localizar aleatoriamente al primer elemento dentro de los primeros $\frac{100}{x}$ elementos, procedes a seleccionar cada $\frac{100}{x}$ elemento de ahí en adelante hasta que tienes el número deseado de valores de datos para tu muestra.

Por ejemplo, si deseas una muestra sistemática de 3%, localizarías el primer ítem al seleccionar aleatoriamente un entero entre 1 y 33 ($\frac{100}{x} = \frac{100}{3} = 33.33$, que cuando se redondea se convierte en 33). Supón que el 23 se seleccionó aleatoriamente. Esto significa que tu primer valor de datos se obtiene desde el sujeto en la posición 23 en el marco muestral. El segundo valor de datos provendrá del sujeto en la posición 56 ($23 + 33 = 56$); el tercero, de la 89 ($56 + 33$); etc., hasta que la muestra esté completa.

La técnica sistemática es fácil de describir y ejecutar; sin embargo, tiene ciertos peligros inherentes cuando el marco muestral es repetitivo o cíclico en naturaleza. Por ejemplo, una muestra sistemática de cada k-ésima casa a lo largo de una calle larga puede resultar en una muestra desproporcional en cuanto a las casas que se encuentran en las esquinas. La información resultante probablemente estaría sesgada si el propósito del muestreo es aprender acerca del apoyo para un impuesto de banqueta propuesto. En dichas situaciones, los resultados pueden no aproximarse a una muestra aleatoria simple.

Métodos múltiples

Cuando se muestrean poblaciones muy grandes, en ocasiones es necesario usar un diseño de *muestreo múltiple* para aproximar el muestreo aleatorio.

Muestreo aleatorio múltiple Diseño muestral en el que los elementos del marco muestral se subdividen y la muestra se elige en más de una etapa.

Los diseños de muestreo múltiples con frecuencia comienzan al dividir una población muy grande en subpoblaciones sobre la base de cierta característica. Dichas subpoblaciones se llaman **estratos**. Estos estratos más pequeños, más fáciles de trabajar, pueden muestrearse entonces por separado. Uno de tales diseños muestrales es el método de *muestreo aleatorio estratificado*.

Muestra aleatoria estratificada Muestra que se obtiene al estratificar la población o marco muestral y entonces se selecciona un número de ítems de cada uno de los estratos mediante una técnica de muestreo aleatorio simple.

Una muestra aleatoria estratificada resulta cuando la población o marco muestral se subdivide en varios estratos, por lo general en algunas subdivisiones naturales que ya ocurren y entonces se extrae una submuestra de cada uno de dichos estratos. Dichas submuestras pueden extraerse de los diferentes estratos usando métodos aleatorios o sistemáticos. Las submuestras se resumen primero por separado y después se combinan para extraer conclusiones acerca de toda la población.

Cuando se muestrea una población con muchos estratos, con frecuencia se requiere que el número de ítems recolectados de cada estrato sea proporcional al tamaño de los estratos; este método se llama *muestreo estratificado proporcional*.

Muestra estratificada proporcional Muestra que se obtiene al estratificar la población o marco muestral y después seleccionar un número de ítems proporcional al tamaño de los estratos de cada estrato mediante una técnica de muestreo aleatorio simple.

Una forma conveniente de expresar la idea de muestreo proporcional es establecer una cuota. Por ejemplo, la cuota "1 por cada 150" te pide seleccionar un valor de datos por cada 150 elementos en cada estrato. De esa forma, el tamaño de los estratos determina el tamaño de la submuestra de dicho estrato. Las submuestras se resumen por separado y luego se combinan para extraer conclusiones acerca de toda la población.

Otro método de muestreo que comienza por estratificar la población o marco muestral, es una *muestra de conglomerados*.

Muestra de conglomerados Muestra que se obtiene al estratificar la población o marco muestral y después seleccionar algunos o todos los ítems de algunos estratos, mas no de todos.

El muestreo de conglomerados es un diseño múltiple. Usa métodos aleatorios o sistemáticos para seleccionar los estratos (conglomerados) a muestrear (primera etapa) y después utiliza métodos aleatorios o sistemáticos para seleccionar elementos de cada conglomerado identificado (segunda etapa). El método de muestreo de conglomerados también permite la posibilidad de seleccionar todos los elementos de cada conglomerado identificado. De cualquier forma, las submuestras se resumen por separado y luego se combina la información.

Para ilustrar un posible proceso de muestreo aleatorio múltiple, considera que necesitas una muestra de un gran país. En la primera etapa, el país se divide en regiones más pequeñas, como los estados y se selecciona una muestra aleatoria de dichos estados. En la segunda etapa, se elige una muestra aleatoria de áreas más pequeñas dentro de los estados seleccionados (condados). En la tercera etapa, dentro de cada condado, se toma una muestra aleatoria de áreas todavía más pequeñas (ciudades). Finalmente, en la cuarta etapa, si dichas ciudades son suficientemente pequeñas para los propósitos del estudio, el investigador puede seguir recolectando muestras aleatorias simples de cada una de las ciudades identificadas. Esto significaría que toda la muestra estuvo constituida de varias submuestras "locales" identificadas como resultado de las diferentes etapas.

El diseño muestral no es asunto simple; muchas universidades y escuelas ofrecen cursos separados en encuestas piloto y diseño experimental. El tema de las encuestas piloto es un libro de texto completo en sí mismo. Por tanto, la información anterior tiene la intención de ofrecerte un panorama del muestreo y poner su papel en perspectiva.

EJERCICIOS SECCIÓN 1.3

1.43 *USA Today* regularmente pregunta a sus lectores: "¿Tiene alguna queja acerca del equipaje aéreo, devoluciones, publicidad, servicio al cliente? Escriba:...".

a. ¿Qué tipo de método de muestreo es éste?

b. ¿Es probable que los resultados sean sesgados? Explica.

1.44 *USA Today* realizó una encuesta en la que preguntó a sus lectores: ¿Cuál es la cosa más hilarante que le ha sucedido en ruta o durante un viaje de negocios?".

a. ¿Qué tipo de método de muestreo es éste?

b. ¿Es probable que los resultados sean sesgados? Explica.

1.45 En una encuesta acerca de las familias, Ann Landers, una bien conocida columnista de consejos, preguntó a padres si tendrían hijos nuevamente; 70% respondió "no". Una encuesta aleatoria independiente que planteó la misma pregunta produjo una respuesta de 90% "sí". Proopórciona al menos una explicación de por qué el porcentaje resultante de la encuesta de Landers es tan diferente del porcentaje de la muestra aleatoria.

1.46 Describe dos razones por las que los resultados de la encuesta "In God We Trust" del ejemplo aplicado 1.7 de la página 16 no deben esperarse que sean representativos de la población.

1.47 Todo mundo sabe que el ejercicio es bueno para la salud. ¿Pero el ejercicio puede evitar o demorar los síntomas de la enfermedad de Parkinson? Un estudio reciente de la Harvard School of Public Health estudió 48 000 hombres y 77 000 mujeres que eran relativamente sanos y de edad media o más. Durante el curso del estudio, 387 personas desarrollaron la enfermedad. El estudio descubrió que los hombres que participaron en alguna actividad vigorosa al menos dos veces a la semana en el bachillerato, la universidad y hasta la edad de 40 tenían 60% de riesgo reducido de contraer Parkinson. El estudio no descubrió tal reducción en las mujeres. ¿Qué tipo de muestreo representa esto?

Fuente: "Exercise may prevent Parkinson's", *USA Today*, 22 de febrero de 2005

1.48 A un distribuidor de alimentos minorista en una gran área metropolitana le gustaría poner a prueba la demanda para un nuevo producto alimenticio. Él distribuye alimentos a través de cinco grandes cadenas de supermercados. El distribuidor de alimentos selecciona una muestra de tiendas ubicadas en áreas donde considera que los compradores son receptivos a probar los nuevos productos. ¿Qué tipo de muestreo representa esto?

1.49 Considera una población simple que consiste solamente de los números 1, 2 y 3 (un número ilimitado de cada uno). Existen nueve diferentes muestras de tamaño 2 que podrían extraerse de esta población: (1, 1), (1, 2), (1, 3), (2, 1), (2, 2), (2, 3), (3, 1), (3, 2), (3, 3).

a. Si la población consiste de los números 1, 2, 3 y 4, menciona todas las muestras de tamaño 2 que posiblemente podrían seleccionarse.

b. Si la población consiste de los números 1, 2 y 3, menciona todas las muestras de tamaño 3 que posiblemente podrían seleccionarse.

1.50 a. ¿Qué es un marco muestral?

b. ¿Qué usa el Sr. Clar para un marco muestral en el ejemplo 1.10, página 20?

c. ¿De dónde provino el número 1 288 y cómo se usó?

1.51 Un artículo titulado "Surface Sampling in Gravel Streams" (Muestreo de superficie en corrientes de grava, *Journal of Hydraulic Engineering*, abril de 1993) discute el muestreo por retículas y el muestreo arial. El muestreo por retículas involucra la remoción a mano de piedras que se encuentran en puntos específicos. Dichos puntos se establecen sobre la superficie de grava mediante el uso de una rejilla de alambre o con el uso de distancias predeterminadas en una cinta de medición. El material recolectado en el muestreo por rejillas por lo general se analiza como una distribución de frecuencia. Una muestra arial se recolecta al remover todas las partículas que se encuentran en una área predeterminada de un lecho fluvial.

(continúa en la página 24)

El material recuperado se analiza más usualmente como una distribución de frecuencia por peso. ¿Tú jerarquizarías dichos diseños de muestra como muestras dirigidas o probabilísticas?

1.52 Una muestra aleatoria podría ser muy difícil de obtener. ¿Por qué?

1.53 ¿Por qué la muestra aleatoria es tan importante en estadística?

1.54 Sheila Jones trabaja para una compañía de investigación de mercados establecida en Cincinnati, Ohio. Su supervisor le acaba de entregar una lista de 500 números aleatorios de cuatro dígitos extraídos de una tabla estadística de dígitos aleatorios. Le pidió a Sheila realizar una encuesta al llamar por teléfono a 500 residentes de Cincinnati, siempre que los últimos cuatro dígitos del número telefónico coincidan con uno de los números en la lista. Si Sheila sigue las indicaciones de su supervisor, ¿está él seguro de obtener una muestra aleatoria de encuestados? Explica.

1.55 Describe con detalle cómo seleccionarías una muestra sistemática de 4% de los adultos en una gran ciudad cercana con la finalidad de completar una encuesta acerca de un tema político.

1.56 a. ¿Qué cuerpo del gobierno federal ilustra un muestreo estratificado del pueblo? (No se usa un proceso de selección aleatorio.)

b. ¿Qué cuerpo del gobierno federal ilustra un muestreo proporcional del pueblo? (No se usa un proceso de selección aleatorio.)

1.57 Supón que un grupo de estaciones de radio deportivas te contrata para determinar la distribución de edades de sus escuchas. Describe con detalle cómo seleccionarías una muestra aleatoria de 2 500 de las 35 áreas de escuchas involucrados.

1.58 Explica por qué las encuestas que se citan tan frecuentemente durante las primeras transmisiones televisivas en la cobertura del día de las elecciones son un ejemplo de muestreo por conglomerados.

1.59 El directorio telefónico puede no ser un marco muestral representativo. Explica por qué.

1.60 La lista de votantes registrados del consejo electoral no es un censo de la población adulta. Explica por qué.

1.61 Sustituye las lámparas incandescentes con lámparas fluorescentes compactas que usan hasta 75% menos energía y duran hasta 10 veces más. Tomado de "Simple Ways to Save Energy", *NYSEG Energy Lines*, febrero de 2009.

a. ¿Cuáles son las dos afirmaciones que hace en la declaración anterior la New York State Electric and Gas Company? Enúncialas en términos de un parámetro estadístico.

b. ¿Crees que los dos enunciados de la NYSEG son razonables y probablemente sean verdaderos? Explica.

c. Si crees que una afirmación es razonable y probablemente verdadera, ¿te sentirías motivado a encontrar evidencia para verificar su veracidad? Explica.

d. Si crees que una afirmación no es razonable y probablemente no sea verdadera, ¿te sentirías motivado a encontrar evidencia para verificar que es incorrecta? Explica.

e. ¿Cuál situación investigarías con más probabilidad: la c o la d? Explica.

f. ¿Cómo procederías a tratar de verificar "hasta 75% menos energía"?

g. ¿Cómo procederías a tratar de verificar "dura hasta 10 veces más"?

1.4 Estadística y tecnología

En años recientes, la tecnología electrónica tuvo un impacto tremendo sobre casi todo aspecto de la vida. El campo de la estadística no es la excepción. Como se observa, el campo de la estadística usa muchas técnicas que son repetitivas por naturaleza: cálculos de estadísticos numéricos, procedimientos para construir gráficos de datos y procedimientos que se siguen para formular inferencias estadísticas. Las computadoras y las calculadoras son muy buenas para realizar esas en ocasiones largas y tediosas operaciones. Si tu computadora tiene uno de los paquetes estadísticos estándar o si tienes una calculadora estadística, entonces realizarás el análisis más fácil.

A lo largo de este texto, conforme estudies los procedimientos estadísticos, encontrarás la información necesaria para hacer que una computadora complete los mismos procedimientos usando el software de MINITAB y Excel. También se mostrarán los procedimientos de cálculo para la calculadora TI-83/84.

A continuación se presenta una explicación de las convenciones tipográficas más comunes que se usarán en este libro. Las explicaciones o selecciones adicionales se proporcionarán según se requieran.

INSTRUCCIONES DE TECNOLOGÍA: CONVENCIONES BÁSICAS

MINITAB

PTI Para información acerca de cómo obtener MINITAB, visita la página en internet http://www.minitab.com.

Elige: te pide hacer una selección de menú con una entrada de ratón "apunta y haz clic".

Por ejemplo: **Elige: Stat > Quality Tools > Pareto Chart** te pide, en secuencia, "apuntar y hacer clic" en **Stat** en la barra de menú, "seguido por" **Quality Tools** en el menú desplegable y luego "seguido por" **Pareto Chart** en el segundo menú desplegable.

Selecciona: indica que debes hacer clic en el pequeño recuadro o círculo a la izquierda del ítem especificado.

Ingresa: te pide escribir o seleccionar la información necesaria para un ítem específico.

Excel

PTI Excel es parte de Microsoft Office y puede encontrarse en muchas computadoras personales.

Elige: te pide hacer una selección de menú o de pestaña con una entrada de ratón "apunta y haz clic".

Por ejemplo: **Elige: Insert > Scatter > 1st graph picture** te pide, en secuencia, "apuntar y hacer clic" en la pestaña **Insert,** seguido por **Scatter** bajo la sección "Charts", seguido por **1st graph picture** en el subtipo Chart.

Selecciona: indica que debes hacer clic en el pequeño recuadro o círculo a la izquierda del ítem especificado. Con frecuencia es seguido por un "apunta y haz clic sobre" **Next (siguiente), Close (cerrar)** o **Finish (terminar)** en la ventana de diálogo.

Ingresa: te pide escribir o seleccionar la información necesaria para un ítem específico.

TI-83/84 Plus

PTI Para información acerca de cómo obtener TI-83/84 Plus, visita la página en internet http://www.ti.com/calc.

Elige: te dice cuáles teclas oprimir o selecciones de menú hacer. Por ejemplo: **Elige: Zoom > 9:ZoomStat > Trace >>>** te indica oprimir la tecla **Zoom,** seguido por la selección de **9:ZoomStat** del menú, seguido por la **tecla Trace; >>>** indica que debes presionar las teclas de flechas repetidamente para moverte a lo largo de una gráfica para obtener puntos importantes.

Ingresa: te pide escribir o seleccionar la información necesaria para un ítem específico.

Captura de pantalla: te proporciona imágenes de cómo debería verse la pantalla de tu calculadora y destaca las especificaciones elegidas.

Detalles adicionales acerca del uso de MINITAB y Excel están disponibles en el sistema de ayuda de los softwares MINITAB y Excel. Detalles adicionales para la TI-83/84 se encuentran en la correspondiente guía de la *TI-83/84 Plus Graphing Calculator*. Detalles específicos acerca del uso de computadoras y calculadoras los puedes obtener de tu profesor o del personal del laboratorio de cómputo local.

Tu centro de cómputo local puede ofrecerte una lista de qué tiene disponible para ti. Algunos de los paquetes de programas más fácilmente disponibles son MINITAB, JMP-IN y SPSS (Paquete Estadístico para Ciencias Sociales, por sus siglas en inglés).

Nota: *Siempre es una gran tentación usar la computadora o calculadora para analizar cualquiera de todos los conjuntos de datos y después tratar los resultados como si los estadísticos fuesen correctos. Recuerda el refrán: "¡Entra basura, sale basura!". El uso responsable de la metodología estadística es muy importante. La carga está en el usuario para asegurarse de que los métodos apropiados están aplicados correctamente y de que las conclusiones exactas son extraídas y comunicadas a otras.*

EJERCICIOS SECCIÓN 1.4

1.62 ¿Cómo aumentaron las computadoras la utilidad de la estadística para profesionales, como investigadores, trabajadores del gobierno que analizan datos, consultores estadísticos y otros?

1.63 ¿Cómo pueden ayudarte las computadoras en la estadística?

1.64 a. ¿Alguna vez escuchaste a alguien decir?, "debe ser correcto, es lo que me dijo mi calculadora". Explica por qué la calculadora puede o no dar la respuesta correcta.

b. ¿Qué se entiende por "¡Entra basura, sale basura!" y cómo las computadoras aumentaron la probabilidad de que los estudios puedan sacrificarse debido al refrán?

Repaso del capítulo

En retrospectiva

Ahora debes tener una idea general de lo que trata la estadística, una imagen que crecerá y cambiará conforme trabajes a través de este libro. Sabes lo que son una muestra y una población y la distinción entre variables cualitativas (atributos) y cuantitativas (numéricas). También deberías apreciar y tener una comprensión parcial de cuán importantes son las muestras aleatorias en estadística.

A lo largo del capítulo viste numerosos artículos que representan varios aspectos de la estadística. Las gráficas estadísticas presentan una variedad de información acerca de ti, pues te describen personalmente y otros aspectos del mundo a tu alrededor. Las estadísticas incluso pueden ser entretenidas. Los ejemplos son interminables. Observa a tu alrededor y encontrarás algunos ejemplos de la estadística en tu vida diaria (consulta los ejercicios 1.77 y 1.78, p. 30).

CourseMate El sitio **Statistics CourseMate** para este libro lleva a la vida los temas del capítulo, con herramientas interactivas de aprendizaje, estudio y preparación de exámenes, incluidas preguntas rápidas y tarjetas de estudio para el vocabulario y los conceptos clave que aparecen a continuación. El sitio también ofrece una versión **eBook** del texto, con capacidades de subrayado y toma de notas. A lo largo de los capítulos, el icono CourseMate señala los conceptos y ejemplos que tienen sus correspondientes recursos interactivos como **video** y **tutoriales animados** que demuestran, paso a paso, cómo resolver problemas; conjuntos de datos para ejercicios y ejemplos; **Applets Skillbuilder** para ayudarte a comprender mejor los conceptos; **manuales de tecnología** y software para descargar que incluye **Data Analysis Plus** (una suite de macros estadísticos para Excel) y programas **TI-83/84 Plus**; regístrate en **www.cengagebrain.com**

Vocabulario y conceptos clave

censo (p. 18)
datos (p. 5)
diseño muestral (p. 19)
encuesta (p. 18)
estadística (p. 1)
estadístico (p. 6)
estadística descriptiva (p. 1)
estadística inferencial (p. 1)
estrato (p. 22)
estudio observacional (p. 18)
experimento (p. 5)
fortuito (p. 20)
marco muestral (p. 18)
método de muestreo (p. 16)
método de muestreo no sesgado (p. 16)
método de muestreo sesgado (p. 16)
muestra (p. 5)
muestra aleatoria estratificada (p. 22)
muestra aleatoria simple (p. 20)
muestra de conglomerados (p. 22)
muestra de conveniencia (p. 17)
muestra dirigida (p. 19)
muestra estratificada proporcional (p. 22)
muestra probabilística (p. 19)
muestra sistemática (p. 21)
muestra voluntaria (p. 17)
muestreo aleatorio múltiple (p. 22)
muestreo sencillo (p. 19)
parámetro (p. 5)
población (p. 4)
población finita (p. 4)
población infinita (p. 5)
recolección de datos (p. 16)
representativo (p. 19)
valor de datos (p. 5)
variabilidad (p. 15)
variable (p. 5)
variable atributo (p. 6)
variable categórica (p. 6)
variable continua (p. 8)
variable cualitativa (p. 6)
variable cuantitativa (p. 6)
variable de respuesta (p. 5)
variable discreta (p. 8)
variable nominal (p. 7)
variable numérica (p. 6)
variable ordinal (p. 7)

Resultados del aprendizaje

- Comprender y describir la diferencia entre estadística descriptiva e inferencial. p. 1, Ej. 1.7, 1.8, 1.67
- Comprender, identificar e interpretar las relaciones entre muestra, población, estadístico y parámetro. pp. 4-6, EJ. 1.5
- Conocer, identificar y describir los diferentes tipos de variables. pp. 6-8, Ej. 1.33, 1.34
- Comprender cómo las muestras de conveniencia y las voluntarias resultan en muestras sesgadas. pp. 16-17, Ej. 1.45
- Comprender las diferencias entre identificar experimentos, estudios observacionales y muestras dirigidas pp. 18-19
- Comprender y describir los métodos de muestreo sencillos de “muestra aleatoria simple” y “muestreo sistemático”. pp. 19-21
- Comprender y describir los métodos de muestreo múltiples de “muestreo estratificado” y “muestreo por conglomerados”. pp. 22-23
- Comprender que la variabilidad es inherente en todo y en el proceso de muestreo. pp. 14-15, Ej. 1.38

Ejercicios del capítulo

1.65 Se desea describir al llamado estudiante típico en tu escuela. Describe una variable que mida alguna característica de un estudiante y resulte en

a. Datos de atributos.

b. Datos numéricos.

1.66 Un candidato para un puesto político afirma que él ganará la elección. Se lleva a cabo una encuesta y 35 de 150 votantes indican que votarán por el candidato, 100 votantes indican que votarán por su oponente y 15 votantes no están decididos.

a. ¿Cuál es el parámetro poblacional de interés?

b. ¿Cuál es el valor del estadístico de muestra que puede usarse para estimar el parámetro poblacional?

c. ¿Tenderías a creerle al candidato con base en los resultados de la encuesta?

1.67 Un investigador que estudia los hábitos de compra de los consumidores pregunta a cada vigésima persona que entra al Publix Supermarket cuántas veces por semana va de compras a esa tienda. Entonces registra la respuesta como T.

a. ¿$T = 3$ es un ejemplo de 1) una muestra, 2) una variable, 3) un estadístico, 4) un parámetro o 5) un valor de datos?

Supón que la investigadora pregunta a 427 compradores durante la encuesta.

b. Proporciona un ejemplo de una pregunta que pueda responderse con las herramientas de la estadística descriptiva.

(continúa en la página 28)

c. Proporciona un ejemplo de una pregunta que pueda responderse con las herramientas de la estadística inferencial.

1.68 Un investigador que estudia las actitudes de los padres de niños de preescolar entrevista una muestra aleatoria de 50 madres, cada una con un hijo en preescolar. Pregunta a cada madre: ¿Cuántas veces halagó a su hijo ayer? Él registra la respuesta como C.

a. ¿$C = 4$ es un ejemplo de 1) un valor de datos, 2) un estadístico, 3) un parámetro, 4) una variable o 5) una muestra?

b. Proporciona un ejemplo de una pregunta que pueda responderse con las herramientas de la estadística descriptiva.

c. Proporciona un ejemplo de una pregunta que pueda responderse con las herramientas de la estadística inferencial.

1.69 Considera el artículo del *USA Today* del 8 de junio de 2009 titulado "Aumenta delincuencia con tarjeta de crédito".

Aumenta delincuencia con tarjeta de crédito

La tasa de delincuencia para tarjetas de crédito emitidas por bancos aumentó 11% en los primeros tres meses del año, de acuerdo con la agencia de reporte de crédito TransUnion. La tasa de delincuencia saltó a 1.32% este año, de 1.19% en los primeros tres meses de 2008, dijo TransUnion. La estadística mide el porcentaje de poseedores de tarjeta que tienen tres meses o más de demora en sus pagos para las tarjetas MasterCard, Visa, American Express y Discover. La deuda total promedio en tarjetas bancarias también aumentó y saltó a $5 776 de $5 548 el año pasado. Los balances usualmente se emiten en el primer trimestre, cuando los gastos de las fiestas vencen, dijo Ezra Becker, director de consultoría y estrategia en el grupo de servicios financieros de TransUnion. Pero los resultados de las ventas minoristas mostraron que los gastos de las fiestas cayeron un poco. Eso probablemente significa que los balances más altos reflejan a los consumidores que usan tarjetas de crédito para pagar sus artículos de primera necesidad, dijo.

Fuente: "Credit Card Delinquencies Rise", *USA Today*, 8 de junio de 2009. Copyright © 2009, *USA Today*. Reimpreso con permiso.

a. ¿Cuál es la población?

b. Menciona al menos tres variables que se hayan usado.

c. Clasifica todas la variables del estudio o como atributo o como numérica.

1.70 Harris Interactive realizó una encuesta en línea de adultos estadounidenses durante agosto de 2008 en anticipación de septiembre como el mes de inscripción a la biblioteca.

Tarjeta de biblioteca

Éstos son algunos de los resultados de una encuesta de Harris Interactive de 2 710 adultos estadounidenses realizada en línea entre el 11 y el 17 de agosto de 2008.

Actualmente 68% de los estadounidenses poseen una tarjeta de biblioteca.
Ciertos grupos tienen más probabilidad de tener una tarjeta de biblioteca que otros: Echo Boomers (los de 18-31) tienen más probabilidad de tener una sobre otras categorías de edad (70% frente a 68-65%); las mujeres sobre los hombres (73% frente a 62%); los hispanos sobre los afroamericanos y blancos (72% frente a 67 y 60%); los del medio oeste (72%) sobre los del este (65%) y los del sur (63%).
Políticamente también existe una diferencia, pues los demócratas tienen más probabilidad de tener una tarjeta de biblioteca sobre los republicanos y los independientes (71% frente a 67 y 61%).
Más de un tercio (35%) de las personas con una tarjeta de biblioteca usaron la biblioteca de 1 a 5 veces el año pasado y 15% la usaron más de 25 veces el año pasado.

Fuente: http://www.harrisinteractive.com/harris_poll/

a. ¿Cuál es la población?

b. Menciona al menos tres variables que se hayan usado.

c. Clasifica todas las variables del estudio o como atributo o como numérica.

1.71

¿Apoyas el uso de cámaras para identificar a quienes se pasan la luz roja?

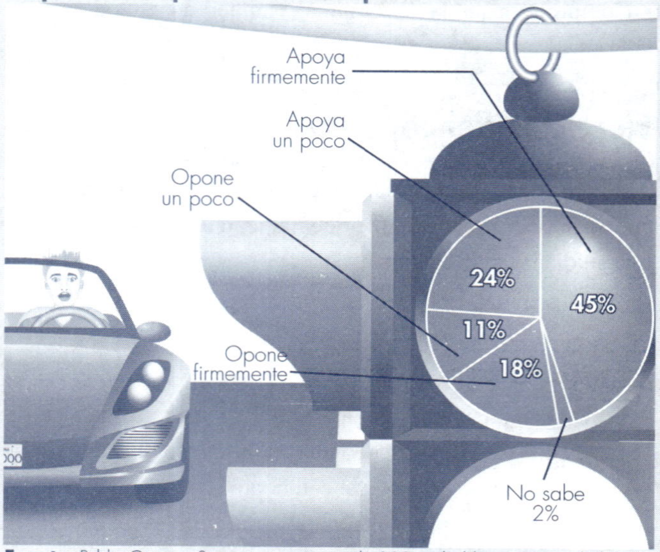

Fuente: Public Opinion Strategies; encuesta de 800 probables votantes, abril de 2009

La gráfica anterior muestra cómo 800 probables votantes en abril de 2009 se sentían acerca de usar cámaras para identificar a quienes se pasan la luz roja. ¿Clasificarías los datos recolectados y los usarías para determinar dichos porcentajes como cualitativos (nominales u ordinales) o cuantitativos (discreto o continuo)? ¿Por qué?

1.72 Considera el artículo del *USA Today* del 12 de mayo de 2009 titulado "Acupuntura simulada alivia el dolor".

> **Acupuntura simulada alivia el dolor**
>
> Un estudio descubrió que la acupuntura brindó más alivio a la gente con dolor de espalda que los tratamientos estándar ya sea que se realice con un palillo o con una aguja real, pero cómo funciona la acupuntura sigue siendo poco claro. En el estudio, 638 adultos con dolor de espalda baja crónico se dividieron en cuatro grupos y recibieron tratamiento de acupuntura estandarizado; tratamiento con acupuntura prescrita individualmente; tratamiento con acupuntura simulada usando un palillo en un tubo guía de aguja que no perforaba la piel como hace la acupuntura regular, sino que se dirigía a los puntos de acupuntura correctos o tratamiento médico estándar (medicamentos y terapia física). Después de ocho semanas, 60% de quienes tuvieron algún tipo de acupuntura reportaron mejoría significativa en comparación con quienes tuvieron sólo tratamiento estándar, dice el estudio en el *Archives of Internal Medicine* de esta semana.
>
> **Fuente:** Nanci Hellmich, "Simulated Acupuncture Eases Pain", *USA Today* 12 de mayo de 1999. Copyright © 1999, *USA Today*. Reimpreso con permiso.

a. ¿Cuál es la población?

b. ¿Cuál es la muestra?

c. ¿Ésta es una muestra dirigida o una muestra probabilística?

d. Si este estudio es una muestra probabilística, ¿qué tipo de método de muestreo crees que se utilizó?

1.73 "Desplegar las sombras", un artículo en la revista *Good Housekeeping* del mes de julio de 2009, presentó los resultados de un estudio de 5 000 personas en Hawai realizado por la Universidad de Hawai en Manoa. Los datos recolectados en playas, parques y albercas en la soleada Honolulú revelaron que sólo 4 de 10 adultos usaban lentes para el sol para proteger sus ojos.

a. ¿Este estudio fue un experimento o un estudio observacional?

b. Identifica el parámetro de interés.

c. Identifica el estadístico y proporciona su valor.

1.74 El Club 700: Barry Bonds jugó para los Gigantes de San Francisco y casi al final de su carrera estaba en ruta para convertirse en el rey de los cuadrangulares en el béisbol. Se unió a Hank Aaron y Babe Ruth como los únicos jugadores de las Ligas Mayores en batear más de 700 cuadrangulares en sus carreras. La siguiente gráfica es un vistazo a cómo acumularon sus totales.

a. Describe y compara la apariencia global de las tres gráficas. Incluye pensamientos acerca de cosas, como duración de la carrera, cuándo batearon más cuadrangulares por año y su relación con el proceso de envejecimiento y cualquier otra cosa en la que pienses.

b. ¿Parece que uno de ellos era más consistente con la producción anual de cuadrangulares?

c. A partir de la evidencia que se presenta aquí, ¿quién consideras que debe llamarse "Rey de los cuadrangulares"?

(continúa en la página 30)

Gráfica y datos para el ejercicio 1.74

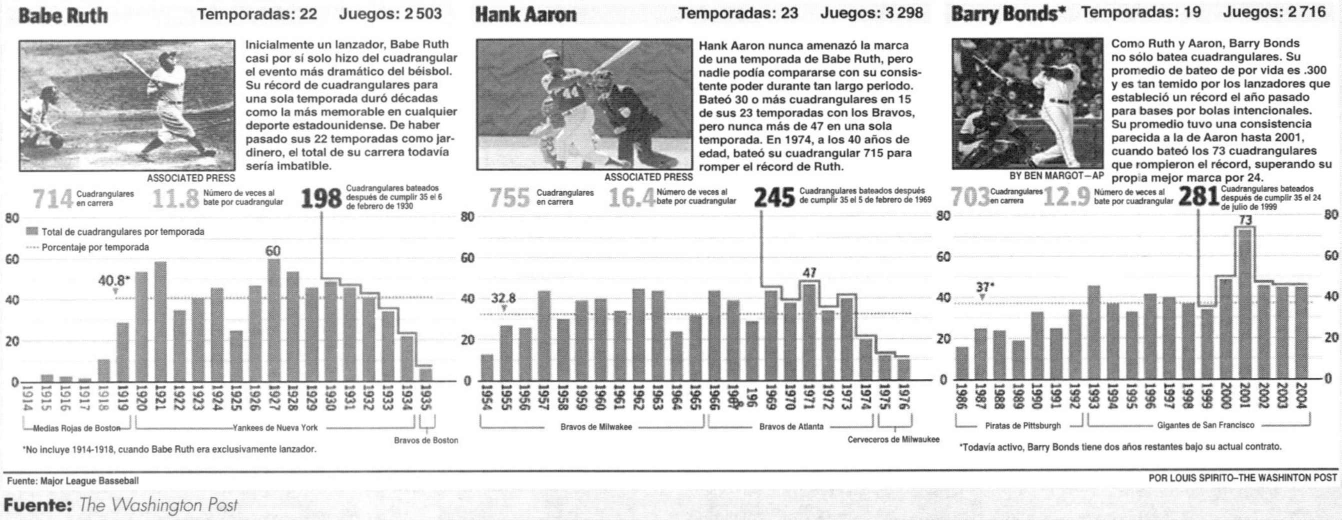

Fuente: *The Washington Post*

d. ¿Los 73 cuadrangulares de Barry Bonds en una temporada fueron chiripa?

e. Si fueses el dueño de un equipo y te interesara la producción de cuadrangulares durante los siguientes años, te gustaría contratar a un jugador para tu equipo que duplicara, ¿a cuál de los jugadores? Supón que lo contratas a los 21 años de edad. A los 35 años de edad.

1.75 Describe con tus palabras y ofrece un ejemplo de cada uno de los siguientes términos. Tus ejemplos no deben ser los proporcionados en clase o en el libro de texto.

a. variable b. datos c. muestra

d. población e. estadístico f. parámetro

1.76 Describe con tus palabras y ofrece un ejemplo de los siguientes términos. Tus ejemplos no deben ser los proporcionados en clase o en el libro de texto.

a. muestra aleatoria b. muestra probabilística

c. muestra dirigida

1.77 Encuentra un artículo o un anuncio publicitario en un periódico o revista que ejemplifique el uso de la estadística.

a. Identifica y describe un estadístico reportado en el artículo.

b. Identifica y describe la variable relacionada con el estadístico del inciso a.

c. Identifica y describe la muestra relacionada con el estadístico del inciso a.

d. Identifica y describe la población de donde se tomó la muestra del inciso c.

1.78 a. Encuentra un artículo en una revista que ejemplifique el uso de la estadística en una forma que pueda considerarse "entretenida" o "recreativa". Describe por qué crees que este artículo encaja con una de dichas categorías.

b. Encuentra un artículo en un periódico o revista que ejemplifique el uso de la estadística y presente un hallazgo inusual como resultado de un estudio. Describe por qué dichos resultados son (o no son) "de interés periodístico".

1.79 En el ejercicio 1.6 se te pidió escribir un enunciado para cada una de las tres actividades estadísticas dadas en la definición de *estadística*. Ahora que completaste el capítulo, revisa tu trabajo. Nuevamente, con tus palabras, cambia y/o mejora tu investigación para completar un párrafo acerca de la definición de *estadística*.

Examen de práctica del capítulo

PARTE I: Conocer las definiciones

Responde "Verdadero" si el enunciado siempre es verdadero. Si el enunciado no siempre es verdadero, sustituye las palabras impresas en negrillas con las palabras que hagan al enunciado siempre verdadero.

1.1 La **estadística inferencial** es el estudio y descripción de los datos que resultan de un experimento.

1.2 La **estadística descriptiva** es el estudio de una muestra que te permite hacer proyecciones o estimaciones acerca de la población de la que se extrajo la muestra.

1.3 Una **población** usualmente es una colección muy grande de individuos u objetos acerca de los cuales se desea información.

1.4 Un estadístico es la medida calculada de alguna característica de una **población**.

1.5 Un parámetro es la medida de cierta característica de una **muestra**.

1.6 Como resultado de encuestar a 50 estudiantes de primer año, se encontró que 16 participaron en deportes interescolares, 23 trabajaron como oficiales de clases y clubes y 18 estuvieron en juegos escolares durante sus años de bachillerato. Éste es un ejemplo de **datos numéricos**.

1.7 El "número de manzanas podridas por caja embarcada" es un ejemplo de una variable **cualitativa**.

1.8 El "grosor de una hoja de metal" usada en un proceso de fabricación es un ejemplo de variable **cuantitativa**.

1.9 Una muestra **representativa** es la que se obtiene de tal forma que todos los individuos tienen igual oportunidad de ser seleccionados.

1.10 Los objetivos básicos de la **estadística** son obtener una muestra, inspeccionarla y después realizar inferencias acerca de las características desconocidas de la población de donde se extrajo la muestra.

PARTE II: Aplicación de conceptos

Los propietarios de "La Tiendita de la Esquina" están preocupados por la calidad del servicio que reciben sus clientes. Con la finalidad de estudiar el servicio, recolectaron muestras para cada una de varias variables.

1.11 Clasifica cada una de las siguientes variables como nominal, ordinal, discreta o continua:

a. Método de pago para compras (efectivo, tarjeta de crédito, cheque).

b. Satisfacción del cliente (muy satisfecho, satisfecho, no satisfecho).

c. Cantidad de impuestos mercantiles por compra.

d. Número de artículos comprados.

e. Número de licencia de conducir del cliente.

1.12 El tiempo de salida medio para todos los clientes de "La Tiendita de la Esquina" se estimará usando el tiempo de salida medio para 75 clientes seleccionados al azar. Relaciona los ítems de la columna 2 con los términos estadísticos de la columna 1.

1	2
___valor de datos	a) los 75 clientes
___datos	b) el tiempo medio para todos los clientes
___experimento	c) dos minutos, tiempo de salida de un cliente
___parámetro	d el tiempo medio para los 75 clientes
___población	e) todos los clientes en "La Tiendita de la Esquina"
___muestra	f) el tiempo de salida para un cliente
___estadístico	g) los 75 tiempos
___variable	h) el proceso usado para seleccionar 75 clientes y medir sus tiempos

PARTE III: Comprender los conceptos

Escribe un breve párrafo en respuesta a cada pregunta.

1.13 La población y la muestra son conjuntos de objetos. Describe la relación entre ellos y proporciona un ejemplo.

1.14 La variable y los datos para una situación específica están estrechamente relacionados. Explica esta relación y proporciona un ejemplo.

1.15 Los datos, el estadístico y el parámetro son valores que se usan para describir una situación estadística. ¿Cómo distingues entre estos tres términos? Proporciona un ejemplo.

1.16 ¿Qué condiciones se requieren para que una muestra sea una muestra aleatoria? Explica e incluye un ejemplo de una muestra que sea aleatoria y una que no sea aleatoria.

c
a
h
f
b
d
f
g

2 Análisis descriptivo y presentación de datos de una variable

©2010 Alys Tomlinson/Jupiterimages ©2010 Chris Whitehead/Jupiterimages

2.1 Gráficas, diagramas de Pareto y diagramas de tallo y hojas

Estudiantes: Aquí los observan

Considera toda la información en la gráfica, específicamente llamada gráfica de pastel o gráfica de círculo. ¿Tú día se divide en las categorías que se muestran en la siguiente página? ¿O tienes una o dos categorías adicionales? ¿Tal vez menos categorías? Ahora considera el tiempo otorgado

Uso de tiempo en un día promedio para estudiantes universitarios de tiempo completo

NOTA: Los datos incluyen individuos, con edades de 15 a 49 años, inscritos de tiempo completo en una universidad. Los datos incluyen fines de semana no festivos y son promedios para 2003-2007.
Fuente: Bureau of Labor Statistics

para cada actividad, en promedio, ¿cómo se compara la cantidad de tiempo que tú empleas? Quizá tú tienes categorías completamente diferentes. ¿Deseas tener las 8.3 horas de sueño, en promedio? ¡Los autores sí!

¿Puedes imaginar toda esta información escrita en oraciones? Las presentaciones gráficas verdaderamente pueden valer mil palabras. Esta gráfica de pastel resume la información "Uso del tiempo" de la Encuesta de Uso de Tiempo Estadounidense 2003-2007 (ATUS, por sus siglas en inglés) de más de 50 000 estadounidenses. Dado que se trata de un sondeo transversal, fíjate que esta gráfica sólo incluye a los estudiantes universitarios de tiempo completo que participaron.

Ahora que conoces la fuente y ves el tamaño global de la muestra, puedes sentir que dichos datos representan una imagen relativamente precisa de un día de un estudiante universitario. Tal vez quieras observar más de cerca alguna de las categorías. ¿Tienes preguntas acerca del promedio de 0.8 horas por día en aseo? ¿Crees que pueda haber una diferencia de género? Te hace pensar, ¿no es así?

PTI ATUS es un sondeo continuo de la administración federal acerca del uso del tiempo en Estados Unidos, patrocinado por la Bureau of Labor Statistics y realizada por la U.S. Census Bureau

Como se demuestra con la gráfica de la página 32, una de las formas más útiles para familiarizarse con la información es usar una técnica de análisis inicial para explorar los datos que resultarán en una representación pictórica de los mismos. La presentación revelará visualmente patrones de comportamiento de la variable a estudiar. Existen varias formas gráficas (visuales) para describir la información. El tipo de datos y la idea a presentar determinan cuál método usar.

PTI No hay una respuesta correcta exclusiva cuando construyes una presentación gráfica. El juicio del analista y las circunstancias que rodean el problema tienen importantes papeles en el desarrollo de la gráfica.

Datos cualitativos

Gráficas de pastel (gráficas circulares) y gráficas de barras Gráficas que se usan para resumir **datos cualitativos**, atributos o categóricos. Las gráficas de pastel (gráficas circulares) muestran la cantidad de datos que pertenecen a cada categoría como una parte proporcional de un círculo. Las gráficas de barras muestran la cantidad de datos que pertenecen a cada categoría como un área rectangular de tamaño proporcional.

EJEMPLO 2.1

GRAFICACIÓN DE DATOS CUALITATIVOS

La tabla 2.1 presenta el número de casos de cada tipo de operación realizada en el Hospital General el último año.

TABLA 2.1 Operaciones realizadas en el Hospital General el último año [TA02-01]

Tipo de operación	Número de casos
Torácica	20
Huesos y articulaciones	45
Ojo, oído, nariz y garganta	58
General	98
Abdominal	115
Urológica	74
Proctológica	65
Neurocirugía	23
Total	498

Los datos en la tabla 2.1 se muestran en una gráfica de pastel en la figura 2.1, donde cada tipo de operación se representa mediante una proporción relativa de un círculo, que se encuentra al dividir el número de casos por el tamaño muestral total, a saber, 498. Las proporciones se reportan entonces como porcentajes (por ejemplo, 25% es 1/4 del círculo). La figura 2.2 muestra los mismos datos de "tipo de operación", pero en forma de una gráfica de barras. Las gráficas de barras de datos de atributo deben dibujarse con un espacio entre barras de igual ancho.

FIGURA 2.1
Gráfica de pastel

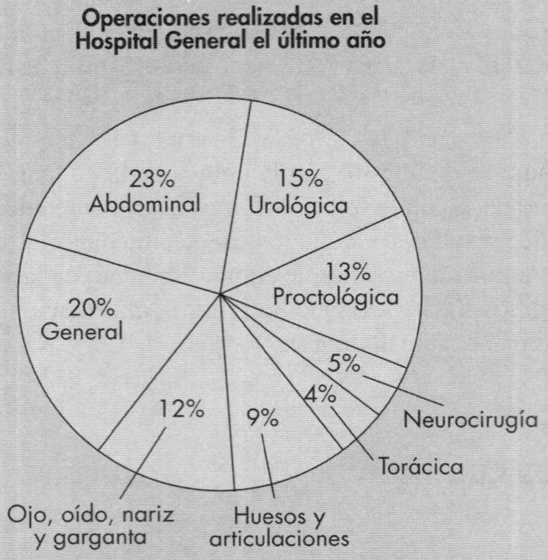

FIGURA 2.2
Gráfica de barras

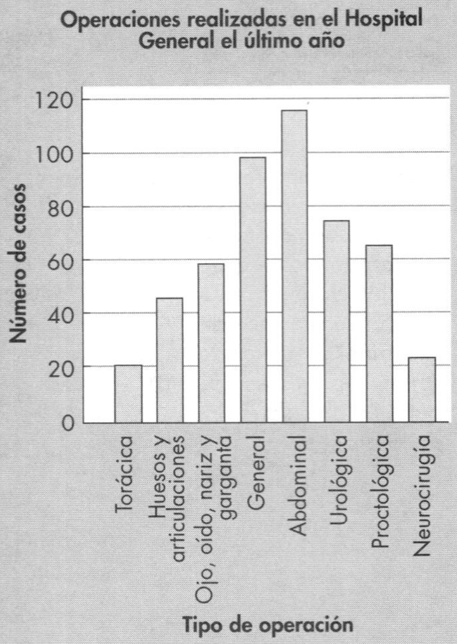

PTI Todas las representaciones gráficas necesitan explicarse completamente a sí mismas. Esto incluye una descripción, título significativo e identificación adecuada de las cantidades y variables involucradas.

INSTRUCCIONES DE TECNOLOGÍA: GRÁFICA DE PASTEL

MINITAB

Escribe las categorías en C1 y las frecuencias correspondientes en C2; después continúa con:

Elige:	**Graph > Pie Chart . . .**
Selecciona:	**Chart Values from a table**
Escribe:	Variable categórica: C1 Variables resumen: C2
Selecciona:	Labels > Title/Footnotes Escribe: Título: **tu título**
Selecciona:	**Etiquetas deseadas** > Select desired labels > **OK** > **OK**

Excel

Escribe las categorías en la columna A y las frecuencias correspondientes en la columna B; activa ambas columnas de datos al resaltar y seleccionar los nombres de columna y las celdas de datos, después continúa con:

Elige:	**Insert > Pie > 1st picture** (usualmente)
Elige:	Chart Layouts—Layout 1
Escribe:	Chart title: Tu título

Para editar la gráfica de pastel:

Haz clic en: Cualquier parte para limpiar la gráfica (usa las manijas para el tamaño)
Cualquier celda en la categoría o columna de frecuencia y escribe diferentes nombres o cantidades > ENTER

TI-83/84 Plus

Escribe las frecuencias para las diversas categorías en L1; después continúa con:

Elige: PRGM > EXEC > CIRCLE*
Escribe: LIST: L1 > ENTER
DATA DISPLAYED?: 1:PERCENTAGES
OR
2:DATA

* El programa "CIRCLE" de la TI-83/84 Plus y otros programas están disponibles para descarga a través de cengagebrain.com. Los programas de la TI-83/84 Plus y los archivos de datos pueden estar en formato zip o comprimido. Si es así, guarda los archivos y descomprímelos usando una utilidad zip. Descarga los programas a tu calculadora usando el software TI-Graph Link.

Cuando la gráfica de barras se presenta en la forma de un *diagrama de Pareto*, presenta información adicional y muy útil.

Diagrama de Pareto Gráfica de barra con las barras ordenadas de la categoría más numerosa a la categoría menos numerosa. Incluye una gráfica de línea que muestra los porcentajes acumulados y conteos de las barras.

El diagrama de Pareto es popular en aplicaciones de control de calidad. Un diagrama de Pareto de tipos de defecto mostrará aquellos que tengan el mayor efecto sobre la tasa de defectos en orden de efecto. Entonces es fácil ver cuáles defectos deben observarse para reducir de manera más efectiva la tasa de defectos.

EJEMPLO 2.2

DIAGRAMA DE PARETO DE CRÍMENES DE ODIO

El FBI reportó el número de crímenes de odio por categoría para 2003 (http://www.fbi.gov/). El diagrama de Pareto de la figura 2.3 muestra los 8 715 crímenes de odio por categoría, sus porcentajes y porcentajes acumulados.

FIGURA 2.3
Diagrama de Pareto

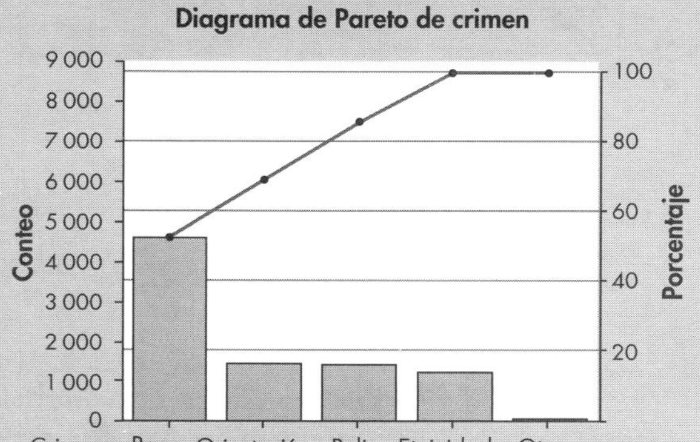

Crimen	Raza	Orientación sexual	Religión	Etnicidad	Otro
Conteo	4 574	1 430	1 426	1 236	49
Porcentaje	52.5	16.4	16.4	14.2	0.6
% acum.	52.5	68.9	85.3	99.4	100.0

Tutorial en video disponible; ingresa y aprende más en cengagebrain.com

INSTRUCCIONES DE TECNOLOGÍA: DIAGRAMA DE PARETO

MINITAB

Escribe las categorías en C1 y las frecuencias correspondientes en C2; después continúa con:

Elige: **Start Chart > Quality Tools > Pareto**
Selecciona: **Chart defects table**
Escribe: Datos de defectos o atributo en: **C1**
Frecuencias en: **C2**
Selecciona: **Options**
Escribe: Title: **tu título > OK > OK**

Excel

Escribe las categorías en la columna A y las frecuencias correspondientes en la columna B (los encabezados de columna son opcionales); después continúa con:

Primero ordena la tabla:

Activa ambas columnas de la distribución
Elige: **Data > AZ / ZA Short**
Selecciona: Story by: **frecuency column**
Order: **Largest to Samllest > OK**
Elige: **Insert > Column > 1st picutre** (usualmente)
Elige: Chart Layouts—Layout 9
Escribe: Título gráfica: **tu título**
Título eje categoría (*x*): **título para eje *x***
Título eje valor (*y*): **título para eje *y***

Para editar el diagrama de Pareto:

Haz clic en: Cualquier parte para limpiar la gráfica (usa las manijas para el tamaño)
Cualquier nombre de título para cambiarlo
Cualquier celda en la columna de categoría y escribe un nombre > **Enter**

Excel no incluye la gráfica de línea.

TI-83/84 Plus

Escribe las categorías numeradas en L1 y las frecuencias correspondientes en L2; después continúa con:

Elige: PRGM > EXEC > PARETO*
Escribe: LIST: L2 > ENTER
Ymax: **al menos la suma de las frecuencias** > ENTER
Yscl: **incremento para eje *y*** > ENTER

*El programa "PARETO" es uno de muchos programas que están disponibles para descargar. Véase la página 35 para instrucciones específicas.

Datos cuantitativos

Una de las principales razones para construir una gráfica de **datos cuantitativos** es mostrar su *distribución.*

Distribución Patrón de variabilidad que muestran los datos de una variable. La distribución muestra la frecuencia de cada valor de la variable.

Una de las gráficas más simples usadas para mostrar una distribución es la *gráfica de puntos.*

Gráfica de puntos Describe los datos de una muestra al representar cada valor de datos con un punto colocado a lo largo de una escala. Esta escala puede ser horizontal o vertical. La frecuencia de los valores se representa a lo largo de la otra escala.

EJEMPLO 2.3

GRÁFICA DE PUNTOS DE CALIFICACIONES DE EXAMEN

La tabla 2.2 proporciona una muestra de 19 calificaciones de examen seleccionadas al azar de una clase grande.

TABLA 2.2
Muestra de 19 calificaciones de examen [TA02-02]

76	74	82	96	66	76	78	72	52	68
86	84	62	76	78	92	82	74	88	

La figura 2.4 es una gráfica de puntos de las 19 calificaciones de examen.

FIGURA 2.4
Gráfica de puntos

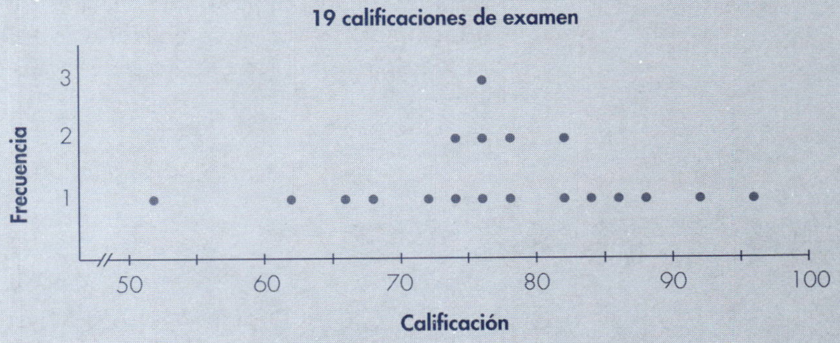

Nota cómo los datos de la figura 2.4 están "apiñados" cerca del centro y más "dispersos" cerca de los extremos.

La gráfica de puntos es una técnica conveniente que se usa cuando uno comienza a analizar los datos. Resulta en una imagen de los datos que los ordena numéricamente. (*Ordenar* los datos es hacer una lista de los mismos en una clasificación organizada de acuerdo con el valor numérico.)

INSTRUCCIONES DE TECNOLOGÍA: GRÁFICA DE PUNTOS

MINITAB

Escribe los datos en C1; después continúa con:

Elige: **Graph > Dotplot . . . > One Y, Simple > OK**
Escribe: Graph Variables: **C1 > OK**

Excel

La gráfica de puntos no está disponible, pero puedes hacer el paso inicial de clasificar los datos. Escribe los datos en la columna A y activa la columna de datos; después continúa con:

Elige: **Data > AZ ↓ (Sort)**
Use los datos ordenados para terminar de construir la gráfica de puntos.

TI-83/84 Plus

Escribe los datos en L1; después continúa con:

Elige:	PRGM > EXEC > DOTPLOT*	
Escribe:	LIST:	L1 > ENTER
	Xmin:	cuando mucho el valor x más bajo
	Xmax:	al menos el valor x más alto
	Xscl:	0 o incremento
	Ymax:	al menos la frecuencia más alta

*El programa "DOTPLOT" es uno de muchos programas que están disponibles para descargar. Véase la página 35 para instrucciones específicas.

En años recientes se ha vuelto popular una técnica conocida como *presentación de tallo y hojas* para resumir datos numéricos. Es una combinación de una técnica gráfica y una técnica de ordenación. Dichas presentaciones son simples de crear y usar y son bastante adecuadas para aplicaciones de cómputo.

Presentación de tallo y hojas Presenta los datos de una muestra con los dígitos reales que constituyen los valores de datos. Cada valor numérico se divide en dos partes: el (los) dígito(s) inicial(es) es (son) el tallo y los dígitos posteriores son las hojas. Los tallos se ubican a lo largo del eje principal y para cada valor de datos se ubica una hoja de modo que muestre la distribución de los datos.

EJEMPLO 2.4

CONSTRUCCIÓN DE UNA PRESENTACIÓN DE TALLO Y HOJAS

FIGURA 2.5A
Presentación sin terminar de tallo y hojas

19 calificaciones de examen

5	2
6	6 8 2
7	6 4 6 8 2 6 8 4
8	2 6 4 2 8
9	6 2

FIGURA 2.5B
Presentación final de tallo y hojas

19 calificaciones de examen

5	2
6	2 6 8
7	2 4 4 6 6 6 8 8
8	2 2 4 6 8
9	2 6

Ahora construye una presentación de tallo y hojas para las 19 calificaciones de examen que se proporcionan en la tabla 2.2 de la página 37.

En un vistazo rápido podrás ver que hay calificaciones en los 50, 60, 70, 80 y 90. Usa el primer dígito de cada calificación como el tallo y el segundo dígito como la hoja. Por lo general, la presentación se construye verticalmente. Traza una línea vertical y coloca los tallos, en orden, a la izquierda de la línea.

5	
6	
7	
8	
9	

A continuación coloca cada hoja sobre su tallo. Esto se hace al colocar el dígito posterior a la derecha de la línea vertical opuesta a su correspondiente dígito inicial. El primer valor de datos es 76; 7 es el tallo y 6 es la hoja. Por tanto, coloca un 6 opuesto al tallo 7:

7 | 6

El siguiente valor de datos es 74, de modo que una hoja 4 se coloca en el tallo 7 junto al 6.

7 | 6 4

FIGURA 2.6
Presentación de tallo y hojas

19 calificaciones de examen

(50–54) 5	2
(55–59) 5	
(60–64) 6	2
(65–69) 6	6 8
(70–74) 7	2 4 4
(75–79) 7	6 6 6 8 8
(80–84) 8	2 2 4
(85–89) 8	6 8
(90–94) 9	2
(95–99) 9	6

El siguiente valor de datos es 82, de modo que una hoja 2 se coloca en el tallo 8.

7	6 4
8	2

Continúa hasta que cada una de las otras 16 hojas se coloque en la presentación. La figura 2.5A muestra la presentación resultante en tallo y hojas; la figura 2.5B muestra la presentación completa de tallo y hojas después de ordenar las hojas.

A partir de la figura 2.5B, puedes ver que las calificaciones se centran alrededor de los 70. En este caso todas las calificaciones con los mismos dígitos de decenas se colocaron sobre la misma rama, pero esto puede no ser siempre deseable. Supón que reconstruyes la presentación; esta vez, en lugar de agrupar 10 posibles valores en cada tallo, agrupas los valores de modo que sólo 5 posibles valores puedan caer en cada tallo, como se muestra en la figura 2.6. ¿Observas alguna diferencia en la apariencia de la figura 2.6?, la forma general es aproximadamente simétrica en torno al alto de los 70. La información está un poco más refinada, pero básicamente se ve la misma distribución.

INSTRUCCIONES DE TECNOLOGÍA: PRESENTACIONES DE TALLO Y HOJAS

MINITAB

Escribe los datos en C1; después continúa con:

Elige: **Graph > Stem-and-Leaf ...**
Escribe: **Graph varialbes: C1**
Increment: **ancho de tallo** (opcional) > **OK**

Excel

Escribe los datos en la columna A; después continúa con:

Elige: **Add-Ins > Data Analysis Plus* > Stem and Leaf Display > OK**
Escribe: Input Range: **(A2:A6 o selecciona celdas)**
Increment: **Stem Increment**

*Data Analysis Plus es una colección de macros estadísticos para Excel y uno de los muchos programas disponibles para descargar a través de cengagebrain.com.

TI-83/84 Plus

Escribe los datos en L1; después continúa con:

Elige: **STAT > EDIT > 2:SortA(**
Escribe: **L1**

Usa los datos ordenados para terminar de construir a mano el diagrama de tallo y hojas.

Es bastante usual que muchas variables presenten una distribución que esté concentrada (ajustada) en torno a un valor central y después en alguna forma dispersa en una o ambas direcciones. Con frecuencia, una presentación gráfica revela algo que el analista puede o no haber anticipado. El ejemplo 2.5 demuestra lo que en general ocurre cuando dos poblaciones se muestrean juntas.

EJEMPLO 2.5

DISTRIBUCIONES TRASLAPADAS

Se selecciona una muestra aleatoria de 50 estudiantes universitarios. Sus pesos se obtienen a partir de sus registros médicos. Los datos resultantes se muestran en la tabla 2.3.

Observa que los pesos varían de 98 a 215 libras. Agrupa los pesos en tallos de 10 unidades, usando los dígitos de centenas y decenas como tallos y los dígitos de unidades como la hoja (véase la figura 2.7). Las hojas se ordenaron numéricamente.

Una inspección cercana de la figura 2.7 sugiere que pueden estar involucradas dos distribuciones traslapadas. Esto es exactamente lo que se tiene: una distribución de pesos de mujeres y una distribución de pesos de hombres. La figura 2.8 muestra una presentación de tallo y hojas "espalda con espalda" de este conjunto de datos y hace obvio que están involucradas dos distribuciones distintas.

TABLA 2.3
Pesos de 50 estudiantes universitarios [TA02-03]

Estudiante	1	2	3	4	5	6	7	8	9	10
Hombre/Mujer	M	H	M	H	H	M	M	H	H	M
Peso	98	150	108	158	162	112	118	167	170	120
Estudiante	11	12	13	14	15	16	17	18	19	20
Hombre/Mujer	H	H	H	M	M	H	M	H	H	M
Peso	177	186	191	128	135	195	137	205	190	120
Estudiante	21	22	23	24	25	26	27	28	29	30
Hombre/Mujer	H	H	M	H	M	M	H	H	H	H
Peso	188	176	118	168	115	115	162	157	154	148
Estudiante	31	32	33	34	35	36	37	38	39	40
Hombre/Mujer	M	H	H	M	H	M	H	M	H	H
Peso	101	143	145	108	155	110	154	116	161	165
Estudiante	41	42	43	44	45	46	47	48	49	50
Hombre/Mujer	M	H	M	H	H	M	M	H	H	H
Peso	142	184	120	170	195	132	129	215	176	183

FIGURA 2.7
Presentación de tallo y hojas

Pesos de 50 estudiantes universitarios (lb)

N = 50	Unidad hoja = 1.0
9	8
10	1 8 8
11	0 2 5 5 6 8 8
12	0 0 0 8 9
13	2 5 7
14	2 3 5 8
15	0 4 4 5 7 8
16	1 2 2 5 7 8
17	0 0 6 6 7
18	3 4 6 8
19	0 1 5 5
20	5
21	5

FIGURA 2.8
Presentaciones de tallos y hojas "espalda con espalda"

Pesos de 50 estudiantes universitarios (lb)

Mujeres		Hombres
8	09	
1 8 8	10	
0 2 5 5 6 8 8	11	
0 0 0 8 9	12	
2 5 7	13	
2	14	3 5 8
	15	0 4 4 5 7 8
	16	1 2 2 5 7 8
	17	0 0 6 6 7
	18	3 4 6 8
	19	0 1 5 5
	20	5
	21	5

Tutorial en video disponible; ingresa y aprende más en cengagebrain.com

La figura 2.9, una gráfica de puntos "lado a lado" (misma escala) de los mismos 50 datos de peso, muestra la misma distinción entre los dos subconjuntos.

Con base en la información que se muestra en las figuras 2.8, 2.9 y en lo que se sabe acerca del peso de las personas, parece razonable concluir que las estudiantes universitarias pesan menos que los estudiantes universitarios. En el capítulo 3 se estudian las situaciones que involucran más de un conjunto de datos.

FIGURA 2.9
Gráficas de puntos con escala común

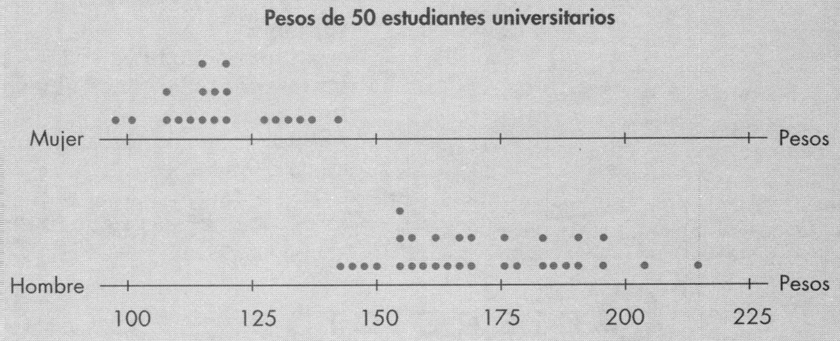

INSTRUCCIONES DE TECNOLOGÍA: GRÁFICA DE PUNTOS MÚLTIPLES

MINITAB

Escribe los datos en C1 y las correspondientes categorías numéricas en C2; después continúa con:

Elige:	**Graph > Dotplot . . .**
Selecciona:	**One Y, With Groups > OK**
Escribe:	Graficar variables: **C1**
	Variables categóricas para agrupamiento: **C2 > OK**

Si las diversas categorías están en columnas separadas, selecciona Multiple Y's Simple e ingresa todas las columnas bajo Graficar variables.

Excel

No están disponibles gráficas de puntos múltiples, pero puedes hacer el paso inicial de clasificar los datos. Usa los comandos como se muestran con la gráfica de puntos de la página 37; después termina la construcción de la gráfica de puntos a mano.

TI-83/84

Escribe los datos para la primera gráfica de puntos en L1 y los datos para la segunda gráfica de puntos en L3; después continúa con:

Elige:	**STAT > EDIT > 2:SortA(**
Escribe:	**L1 > ENTER**
	En L2, escribe números de conteo para cada categoría.

Ej.	L1	L2
	15	1
	16	1
	16	2
	17	1

Elige:	STAR > EDIT > 2:SortA(	
Escribe:	L3 > ENTER En L4, escribe números de conteo (un conjunto* superior) para cada categoría; *por ejemplo: usa 10, 10, 11, 10, 10, 11, 12, . . . (recorre las dos gráficas de puntos)	
Elige:	**2nd > FORMAT > AxesOff** (Opcional: debe regresar a AxesOn)	
Elige:	**2nd > STAT PLOT > 1:PLOT1**	
Elige:	**2nd > STAT PLOT > 2:PLOT2**	
Elige:	**Window**	
Escribe:	**cuando mucho el valor más bajo para ambos, al menos el valor más alto para ambos, 0 o incremento, –2, al menos número de conteo más alto, 1, 1**	
Elige:	**Graph > Trace > > > >** (proporciona valores de datos)	

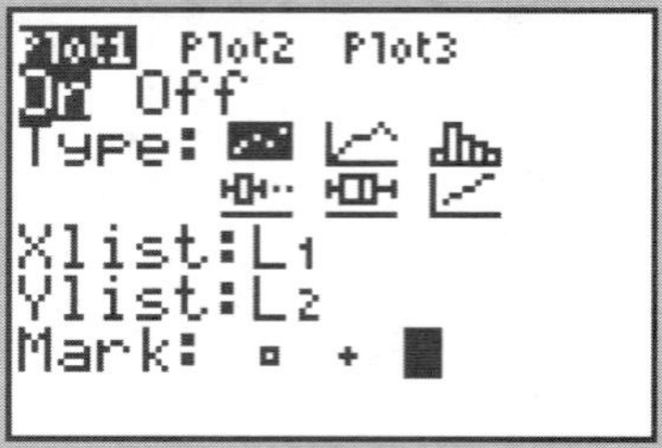

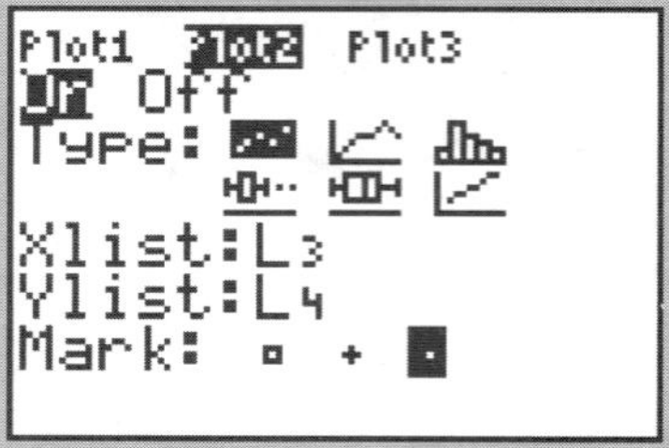

EJERCICIOS SECCIÓN 2.1

2.1 a. ¿Usualmente cuánto tiempo empleas en tu aseo por día?

b. ¿Cómo crees que te comparas con los 50 000 estudiantes universitarios en "Estudiantes, aquí los observan" de la página 32?

c. ¿Cómo crees que te comparas con todos los estudiantes universitarios? ¿Cuáles son las similitudes? ¿Cuáles son las diferencias?

2.2 [EX02-002] A estudiantes en un curso de estadística en línea se les preguntó en cuántas diferentes actividades en internet se involucran durante una semana típica. Los siguientes datos muestran el número de actividades:

6	7	3	6	9	10	8	9	9	6	4	9	4	9
4	2	3	5	13	12	4	6	4	9	5	6	9	
11	5	6	5	3	7	9	6	5	12	2	6	9	

a. Si se te pide presentar dichos datos, ¿cómo los organizarías y los resumirías?

b. ¿En cuántas diferentes actividades en internet te involucraste la semana pasada?

c. ¿Cómo crees que te comparas con los 40 usuarios de internet en la muestra anterior?

2.3 Como gráfica estadística, la gráfica circular tiene limitaciones. Examina la gráfica circular de la figura 2.1 y la gráfica de barras en la figura 2.2.

a. ¿Qué información muestran ambas?

b. ¿Qué información se muestra en la gráfica circular que no se puede mostrar en la gráfica de barras?

c. "En términos generales, la gráfica de barras es una mejor opción para usar que la gráfica circular." Justifica esta afirmación.

2.4 Los resultados de una encuesta Self.com acerca de "¿Cuál es tu principal preocupación de belleza en clima frío?", se reportaron en el número de diciembre de 2008 de la revista *Self*: piel seca: 57%; labios agrietados: 25%; cabello sin brillo: 10%; pies ásperos: 8%.

a. Construye una gráfica de pastel que muestre las principales preocupaciones de belleza de clima frío.

b. Construye una gráfica de barras que muestre las principales preocupaciones de belleza de clima frío.

c. En tu opinión, ¿la gráfica de pastel del inciso a o la gráfica de barras del inciso b resulta una mejor representación de la información? Explica.

2.5 La American Payroll Association obtuvo una gran respuesta a esta pregunta acerca del código de vestido de la compañía: "El actual código de vestido en mi compañía es...".

Resultados finales:
a. Demasiado relajado: 27%
b. Demasiado formal: 15%
c. Adecuado: 58%

La mayoría de las personas mencionó la importancia de la "comodidad" en sus explicaciones. La gran mayoría de los requeridos estuvo muy feliz con el código o política de vestido de su compañía.

a. Construye una gráfica circular que muestre esta información. Etiquétala por completo.

b. Construye una gráfica de barras que muestre esta misma información. Etiquétala por completo.

[EX00-000] identifica el nombre de archivo de una base de datos en línea de un ejercicio; disponible a través de cengagebrain.com

c. Compara las dos gráficas anteriores y describe lo que ves en cada uno ahora que las gráficas están completamente dibujadas y etiquetadas. ¿Obtienes la misma impresión acerca de los sentimientos de estas personas a partir de ambas gráficas? ¿Alguna enfatiza algo que la otra no?

2.6 En la instantánea del *USA Today* del 5 de febrero de 2009, se reportó cuánto más los jóvenes estadounidenses, entre 17 y 28 años de edad, quieren pagar por un vehículo amigable con el ambiente: mucho más, 11%; un poco más, 36%; ligeramente más, 33%; no pagarían más, 20%.

a. Menciona la variable de interés.

b. Identifica el tipo de variable.

c. Construye una gráfica de pastel que muestre cómo se sienten los jóvenes estadounidenses acerca de pagar por un vehículo amigable con el ambiente.

d. Construye una gráfica de barras que muestre cómo se sienten los jóvenes estadounidenses acerca de pagar por un vehículo amigable con el ambiente.

e. En tu opinión, ¿cuál gráfica es la mejor representación de la información? ¿Por qué? Explica.

2.7 A continuación se muestra el número de puntos anotados por los equipos ganadores el 28 de octubre de 2008, la noche de apertura de la temporada 2008-2009 de la NBA:

Equipo	Boston	Chicago	LA Lakers
Puntos anotados	90	108	96

Fuente: http://www.nba.com/

a. Dibuja una gráfica de barras de estas puntuaciones con una escala vertical que varíe de 80 a 110.

b. Dibuja una gráfica de barras de las puntuaciones con una escala vertical que varíe de 50 a 110.

c. ¿En cuál gráfica de barras parece que las puntuaciones de la NBA varían más? ¿Por qué?

d. ¿Cómo podrías crear una representación precisa del tamaño relativo y la variación entre dichas puntuaciones?

2.8 [EX02-008] La American Community Survey recopila datos de estimaciones de población, demografía y unidades de alojamiento. Después la Oficina de Censos usa los datos para producir y diseminar estimaciones oficiales de unidades de alojamiento por estados y condados. A continuación se presentan las estimaciones de unidades de alojamiento 2005-2007 para la ciudad de Webster en el estado de Nueva York.

Unidades de alojamiento Webster, NY

Unidades de alojamiento ocupadas por el propietario	12 627
Unidades de alojamiento ocupadas por arrendatario	3 803
Unidades de alojamiento vacantes	539
Total	16 969

Fuente: U.S. Census Bureau

a. Construye una gráfica de pastel de este desglose.

b. Construye una gráfica de barras de este desglose.

c. Compara las dos gráficas que construiste en los incisos a y b; ¿cuál parece ser la más informativa? Explica por qué.

2.9 Limpiar detrás de los muebles y lavar las ventanas encabezan la lista de labores domésticas de limpieza general, de acuerdo con la última Encuesta Nacional de Limpieza General de la Soap and Detergent Association (SDA). La International Communications Research (ICR) completó el estudio independiente de investigación del consumidor en enero/febrero de 2008. La pregunta inicial de la encuesta se planteó a 1 013 adultos estadounidenses (507 hombres y 506 mujeres).

La pregunta decía: ¿Regularmente se involucra en limpieza general?

Resultados: Sí, 77%
No, 23%

Más mujeres (86%) que hombres (68%) hacen limpieza general.

a. Construye y etiqueta completamente una gráfica de barras que muestre los resultados de todos los adultos encuestados.

b. Construye y etiqueta completamente una gráfica de barras que muestre los resultados comparativos de mujeres y hombres por separado.

c. Discute las gráficas de los incisos a y b y asegúrate de comentar acerca de con cuánta precisión, o no, las gráficas muestran la información.

Fuente: http://www.cleaning101.com/

2.10 [EX02-010] En ocasiones, las compañías de tarjetas de crédito brindan a sus consumidores un resumen al final del año. El resumen ofrece un reporte accesible y fácil de leer que resume las transacciones en varias categorías. Usa la tabla que aparece en la parte superior de la página 44:

a. Explica el significado de las entradas de tabla de $64.02 y $(100.55).

b. Explica el significado de los totales $1 159.19 y $298.42.

c. Usa una gráfica de pastel para mostrar los totales de categoría a fin de año usando tanto cantidades en dólares como porcentajes. Asegúrate de etiquetar por completo.

d. Usa una gráfica de barras para mostrar los totales mensuales. Asegúrate de etiquetar por completo.

2.11 Un inspector de camisetas en una fábrica de ropa clasifica los últimos 500 defectos como: 67, falta botón; 153, mala costura; 258, tamaño inadecuado; 22, fallo de tela. Construye un diagrama de Pareto para esta información.

Tabla para el ejercicio 2.10

Mes	Viaje	Restaurante	Mercancía	Auto	Servicios	Utilitarios	Totales
Enero	$ —	$ —	$ 87.38	$ —	$ 13.80	$ —	$ 101.18
Febrero	$ —	$ 39.86	$ 9.99	$ 176.90	$ (100.55)	$ —	$ 126.20
Marzo	$ —	$ 24.45	$ —	$ —	$ 60.51	$ —	$ 84.96
Abril	$ 25.00	$ 135-78	$ —	$ —	$ 260.00	$ —	$ 420.78
Mayo	$ —	$ —	$ —	$ —	$ 175.27	$ —	$ 175.27
Junio	$ 25.00	$ 19.12	$ 254.30	$ —	$ —	$ —	$ 298.42
Julio	$ 25.00	$ 46.94	$ 281.12	$ 64.02	$ 30.00	$ —	$ 447.08
Agosto	$ 25.00	$ —	$ 45.54	$ —	$ 21-48	$ 35.40	$ 127.42
Septiembre	$ —	$ 22.18	$ —	$ —	$ 55.85	$ —	$ 78.03
Octubre	$ 25.00	$ 38.01	$ —	$ —	$ 61.55	$ —	$ 124.56
Noviembre	$ —	$ —	$ 86.51	$ —	$ 15.00	$ —	$ 101.51
Diciembre	$ —	$ —	$ 394.35	$ —	$ 22.55	$ —	$ 416.90
Totales	$ 125.00	$ 326.34	$ 1 159.19	$ 240.92	$ 615.46	$ 35.40	$ 2 502.31

2.12 [EX02-012] Las definiciones de correo electrónico spam, o correo electrónico basura, por lo general incluyen la idea de que el correo electrónico no es solicitado y se envía en masa. A principio de los años 1990, la cantidad de correo electrónico spam creció de manera constante hasta la actualidad, con un volumen total de más de 100 000 millones de correos electrónicos diarios en abril de 2008. La cantidad recibida comenzó a disminuir debido al uso de mejor software de filtrado. Por increíble que parezca, menos de 200 *spammers* enviaron alrededor de 80% de todo el spam.

El siguiente cuadro menciona los porcentajes de correo electrónico spam retransmitidos por cada país en 2007.

País	Porcentaje
Brasil	4.1
China	8.4
UE	17.9
Francia	3.3
Alemania	4.2
India	2.5
Italia	2.8
Polonia	4.8
Rusia	3.1
Corea del Sur	6.5
Turquía	2.9
Reino Unido	2.8
EUA	19.6

Fuente: http://en.wikipedia.org/

a. Construye una gráfica de barras de esta información con los porcentajes en orden decreciente.

b. Explica por qué no se puede construir un diagrama de Pareto de esta información.

2.13 Un estudio completado por la International Communications Research para la Soap and Detergent Association (SDA) menciona el artículo que los estadounidenses dicen estarían más deseosos de ceder con la finalidad de poder contratar a alguien para hacer su limpieza general. La respuesta más popular fue $100 (29%), seguido por cenar fuera durante un mes (26%), boletos para conciertos (19%), un viaje de fin de semana (9%) y otros (17%).

Fuente: http://www.cleaning101.com/

a. Construye un diagrama de Pareto que muestre esta información.

b. Debido al tamaño de la categoría "otros", el diagrama de Pareto puede no ser la mejor gráfica a usar. Explica por qué y describe qué información adicional se necesita para hacer al diagrama de Pareto más apropiado.

2.14 ¡Qué NO dar el Día de san Valentín!

Presentes no deseados

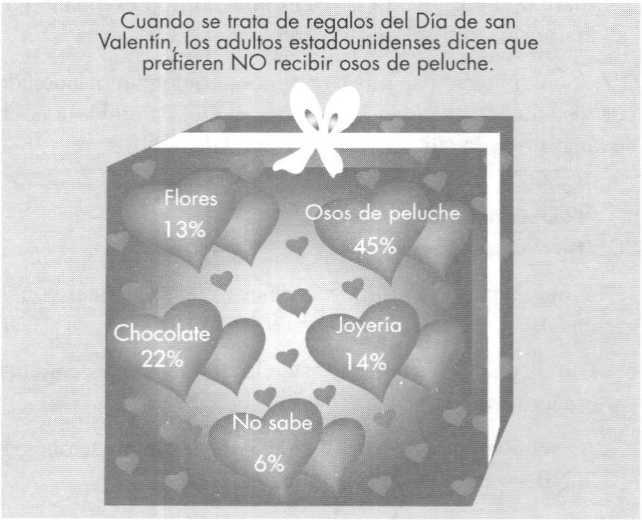

Fuente: Datos tomados de Anne R. Carey y Juan Thomassie, *USA Today*

a. Dibuja una gráfica de barras que muestre los porcentajes de "Presentes no deseados".

b. Dibuja un diagrama de Pareto que muestre los "Presentes no deseados".

c. Si quieres estar 80% seguro de no dar a tu ser amado algo que no quiere, ¿qué evitarías comprar? ¿Cómo muestra esto el diagrama de Pareto?

d. Si se encuesta a 300 adultos, ¿qué frecuencias esperarías que ocurran para cada artículo no deseado mencionado en la gráfica?

2.15 El reporte de defectos de la inspección final para la línea de ensamblado A12 se reporta en un diagrama de Pareto.

a. ¿Cuál es el conteo de defecto total en el reporte?

b. Verifica el 30.0% mencionado para "Raspadura".

Defectos de producto

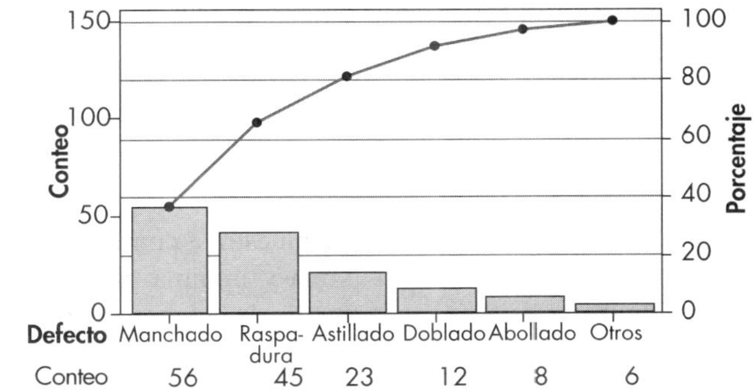

Defecto	Manchado	Raspadura	Astillado	Doblado	Abollado	Otros
Conteo	56	45	23	12	8	6
Porcentaje	37.3	30.0	15.3	8.0	5.3	4.0
% acum.	37.3	67.3	82.7	90.7	96.0	100.0

c. Explica cómo se obtuvo y qué significa el valor de 90.7% de "% acumulado para doblado".

d. La administración dio a la línea de producción la meta de reducir sus defectos en 50%. ¿A cuáles dos defectos sugerirías dar atención especial para trabajar hacia esta meta? Explica.

2.16 Algunas labores de limpieza son más detestadas que otras. De acuerdo con la instantánea del *USA Today* del 17 de julio de 2009 acerca de una encuesta de mujeres del Consumer Reports National Research Center, las labores de limpieza que desagradan más a las mujeres se presentan en el siguiente diagrama de Pareto.

Labores de limpieza que detestan más las mujeres

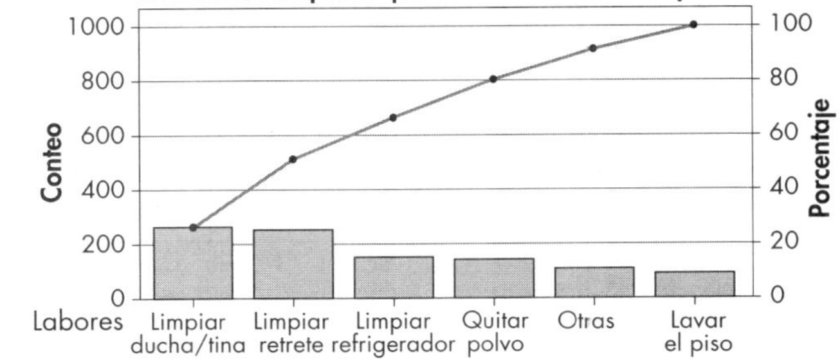

Labores	Limpiar ducha/tina	Limpiar retrete	Limpiar refrigerador	Quitar polvo	Otras	Lavar el piso
Conteo	262	252	151	141	111	91
Porcentaje	26.0	25.0	15.0	14.0	11.0	9.0
% acum.	26.0	51.0	66.0	80.0	91.0	100.0

a. ¿A cuántas mujeres en total se encuestó?

b. Verifica el 15% mencionado para "Limpiar refrigerador".

c. Explica cómo se obtuvo y qué significa el valor de 80% para "% acumulado para quitar polvo".

d. ¿Cuáles tres labores harían felices a no más de 75% de las mujeres encuestadas, si dichas labores se eliminaran?

2.17 [EX02-017] La American Time Use Survey que se presentó al comienzo del capítulo destacó el uso del tiempo de un día de la semana promedio para estudiantes de universidad de tiempo completo.

Categoría	Horas
Dormir	8.3
Ocio y deportes	3.9
Actividades educativas	3.2
Trabajo y actividades relacionadas	3.0
Comer y beber	1.0
Viajar	1.5
Aseo	0.8
Otro	2.3
Total	24.0

a. Construye un diagrama de Pareto que muestre el uso de tiempo promedio para estudiantes universitarios de tiempo completo.

b. ¿Qué actividades parecen constituir 75% del día de un estudiante universitario?

2.18 [EX02-018] La Office of Aviation Enforcement and Proceedings, U.S. Department of Transportation, publicó esta tabla que menciona el número de quejas del consumidor contra las principales aerolíneas estadounidenses por categoría de queja.

Categoría de queja	Número	Categoría de queja	Número
Publicidad	68	Problemas de vuelo	2 031
Equipaje	1 421	Sobreventa	454
Servicio al cliente	1 715	Devoluciones	1 106
Discapacidad	477	Reservaciones/boletaje/abordaje	1 159
Tarifas	523	Otro	322

Fuente: Office of Aviation Enforcement and Proceedings, U.S. Departament of Transportation, Air Travel Consumer Report, http://www.infoplease.com/

a. Construye un diagrama de Pareto que muestre esta información.

b. ¿En cuáles quejas recomendarías a las aerolíneas poner más atención para corregirlas si quieren tener el mejor efecto sobre el número global de quejas? Explica cómo el diagrama de Pareto del inciso a demuestra la validez de tu respuesta.

2.19 [EX02-019] El número de puntos anotados durante cada juego por un equipo de baloncesto de bachillerato la última temporada fueron los siguientes: 56, 54, 61, 71, 46, 61, 55, 68, 60, 66, 54, 61, 52, 36, 64, 51. Construye una gráfica de puntos de dichos datos.

2.20 [EX02-020] En un artículo del *USA Today* del 8 de julio de 2009, titulado "Parejas que dicen 'no' a bodas costosas", los recortes pueden no extenderse al número de asistentes. En una encuesta de bodas recientes, el número de madrinas fue el siguiente:

7	6	5	2	3	7	6	13	6	3	2	7	8	9

a. Construye un diagrama de puntos de dichos datos.

b. ¿Cuáles son los números más comunes de madrinas? ¿Cómo muestra esto el diagrama de puntos?

2.21 [EX02-021] A continuación se muestran las alturas (en pulgadas) de los jugadores de baloncesto que fueron las primeras selecciones de los equipos profesionales de la National Basketball Association en 2009.

82	86	76	77	75	72	75	81	78	74
77	77	81	81	82	80	76	72	74	74
73	82	80	84	74	81	80	77	74	78

Fuente: http://www.mynbadraft.com/

a. Construye una gráfica de puntos de las alturas de dichos jugadores.

b. Usa la gráfica de puntos para descubrir a los jugadores más bajo y más alto.

c. ¿Cuál es la altura más común y cuántos jugadores comparten dicha altura?

d. ¿Qué característica de la gráfica de puntos ilustra la altura más común?

2.22 [EX02-022] La tabla menciona la mediana de los precios de venta de casas para los 20 suburbios de Rochester, Nueva York, según cita el *Democrat & Chronicle* del 18 de julio de 2009.

Mediana de precios de casas en miles de dólares

160	125	122	89	100	110	94	125	108	235
133	121	190	175	218	130	180	113	156	114

Fuente: Greater Rochester Association of Realtors

a. Construye una gráfica de puntos de dichos datos.

b. Describe la distribución que muestra la gráfica de puntos encontrada en el inciso a.

2.23 [EX02-023] Delco Products, una división de General Motors, produce conmutadores diseñados para tener una longitud total de 18.810 mm. (Un conmutador es un dispositivo que se usa en el sistema eléctrico de un automóvil.) La siguiente muestra de 35 longitudes de conmutador se tomó mientras se monitoreaba el proceso de fabricación:

18.802	18.810	18.780	18.757	18.824	18.827	18.825
18.809	18.794	18.787	18.844	18.824	18.829	18.817
18.785	18.747	18.802	18.826	18.810	18.802	18.780
18.830	18.874	18.836	18.758	18.813	18.844	18.861
18.824	18.835	18.794	18.853	18.823	18.863	18.808

Fuente: Con permiso de Delco Products Division, GMC

Usa una computadora para construir una gráfica de puntos de estos valores de datos.

2.24 Para construir la siguiente gráfica de puntos se usó una computadora.

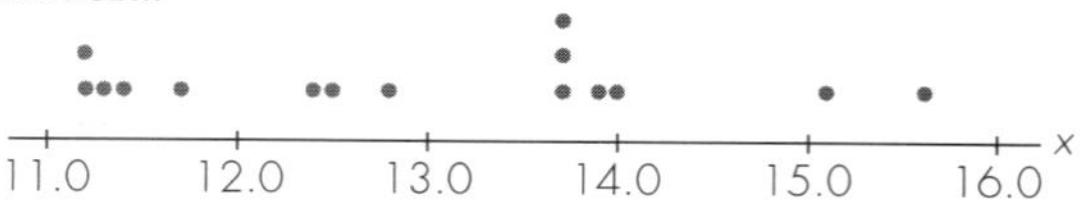

a. ¿Cuántos valores de datos se muestran?

b. Menciona los valores de los cinco datos más pequeños.

c. ¿Cuál es el valor del objeto de datos más grande?

d. ¿Qué valor ocurrió más número de veces? ¿Cuántas veces ocurrió?

2.25 [EX02-025] Construye una gráfica de tallo y hojas del número de puntos anotados durante cada juego de baloncesto la última temporada:

56	54	61	71	46	61	55	68
60	66	54	61	52	36	64	51

2.26 [EX02-026] En la tabla que se muestra a continuación se presentan las temperaturas máxima y mínima para cada una de 15 ciudades de México, de un día de octubre de 2011,

Ciudad	Temperatura) mínima (°C)	Temperatura máxima (°C)
Acapulco	25	28
Aguascalientes	11	21
Campeche	23	28
Cd. de México	11	19
Cd. Juárez	13	30
Cd. Madero	24	31
Chihuahua	11	29
Guadalajara	12	24
Hermosillo	18	30
Ixtapa	23	29
Monterrey	18	38
Puebla	9	21
Querétaro	10	20
Tijuana	14	29
Zacatecas	8	21

a Construye el diagrama de tallos y hojas para la temperatura máxima y para la temperatura mínima.

b Con base en los diagramas anteriores describe la distribución de temperaturas máximas y de temperaturas mínimas.

2.27 [EX02-027] Las cantidades que se muestran a continuación son las tarifas que cobra Quik Delivery para los 40 paquetes pequeños que entregó el pasado jueves en la tarde:

4.03	3.56	3.10	6.04	5.62	3.16	2.93	3.82	4.30	3.86
4.57	3.59	4.57	6.16	2.88	5.03	5.46	3.87	6.81	4.91
3.62	3.62	3.80	3.70	4.15	2.07	3.77	5.77	7.86	4.63
4.81	2.86	5.02	5.24	4.02	5.44	4.65	3.89	4.00	2.99

a. Construye un diagrama de tallo y hojas.

b. Con base en el diagrama de tallo y hojas, describe la distribución de los datos.

2.28 [EX02-028] Una de las muchas cosas que reportó al público la U.S. Census Bureau es el aumento en población para varias áreas geográficas dentro del país. En la siguiente tabla se presenta el porcentaje de incremento en población para los 24 condados de más rápido crecimiento en Estados Unidos, del 1 de julio de 2006 al 1 de julio de 2007.

Condado	Estado	Porcentaje
St. Bernard Parish	Luisiana	42.9
Orleans Parish	Luisiana	13.8

***Para el resto de los datos, ingresa en cengagebrain.com

Fuente: http://www.census.gov/

a. Construye un diagrama de tallo y hojas.

b. Con base en el diagrama de tallo y hojas, describe la distribución de los datos.

2.29 Dado el siguiente diagrama de tallo y hojas:

```
Steam-and-Leaf of C1 N = 16
Leaf Unit  = 0.010
1       59  7
4       60  148
(5)     61  02669
7       62  0247
3       63  58
1       64  3
```

a. ¿Cuál es el significado de "Leaf Unit (Unidad de hoja) = 0.010"?

b. ¿Cuántos datos se muestran en este diagrama de tallo y hojas?

c. Menciona los primeros cuatro valores de datos.

d. ¿Qué es la columna de números a la izquierda de la figura?

2.30 Un término que se usa con frecuencia en investigación en energía solar es *grados día de calefacción*. Este concepto se relaciona con la diferencia entre una temperatura interior de 65 ºF y la temperatura exterior promedio de un día dado. Una temperatura exterior promedio de 5 ºF ofrece 60 grados día de calefacción. En el siguiente diagrama de tallo y hojas construido usando MINITAB, se muestran los días-grado de calefacción anuales normales para varias ubicaciones de Nebraska.

```
Steam-and-Leaf of C1 N = 25
Leaf Unit  = 10
   2     60  78
   7     61  03699
   9     62  69
  11     63  26
  (3)    64  233
  11     65  48
   9     66  8
   8     67  249
   5     68  18
   3     69  145
```

a. ¿Cuál es el significado de "Leaf Unit = 10"?

b. Menciona los primeros cuatro valores de datos.

c. Menciona todos los valores de datos que ocurrieron más de una vez.

2.2 Distribuciones de frecuencia e histogramas

Las listas de grandes conjuntos de datos no presentan una gran imagen. En ocasiones se quiere condensar los datos en una forma más manejable. Esto puede lograrse con la ayuda de una *distribución de frecuencias*.

Distribución de frecuencias Listado, con frecuencia expresado en forma de tabla, que relaciona los valores de una variable con su frecuencia.

Para demostrar el concepto de una distribución de frecuencia, utilicemos este conjunto de datos:

3	2	2	3	2	4	4	1	2	2
4	3	2	0	2	2	1	3	3	1

TABLA 2.4 Distribución de frecuencia no agrupada

x	f
0	1
1	3
2	8
3	5
4	3

Si x representa la variable, entonces puedes usar una distribución de frecuencias para representar este conjunto de datos al hacer una lista de los valores x con sus frecuencias. Por ejemplo, el valor 1 ocurre en la muestra tres veces; por tanto, la **frecuencia** para $x = 1$ es 3. En la tabla 2.4 se muestra el conjunto de datos completo en la distribución de frecuencias.

La frecuencia, f, es el número de veces que el valor x ocurre en la muestra. La tabla 2.4 es una **distribución de frecuencias no agrupadas**, "no agrupadas" porque cada valor de x en la distribución es independiente. Cuando un conjunto grande de datos tiene muchos valores x diferentes en lugar de algunos valores repetidos, como en el ejemplo anterior, puedes agrupar los valores en un conjunto de clases y construir una **distribución de frecuencias agrupadas**. El diagrama de tallo y hojas de la figura 2.5B (p. 38) muestra, en forma de imagen, una distribución de frecuencias agrupada. Cada tallo representa una clase. El número de hojas en cada tallo es el mismo que la frecuencia para dicha misma **clase** (en ocasiones llamada *caja*). Los datos que se presentan en la figura 2.5B se mencionan como una distribución de frecuencias agrupadas en la tabla 2.5.

TABLA 2.5 Distribución de frecuencias agrupadas

		Clase	Frecuencia
50 o más a menos de 60	⟶	$50 \le x < 60$	1
60 o más a menos de 70	⟶	$60 \le x < 70$	3
70 o más a menos de 80	⟶	$70 \le x < 80$	8
80 o más a menos de 90	⟶	$80 \le x < 90$	5
90 o más a menos de 100	⟶	$90 \le x < 100$	2
			19

Puedes usar el proceso de tallo y hojas para construir una distribución de frecuencias; sin embargo, la representación en tallos no es compatible con todos los **anchos de clase**. Por ejemplo, los anchos de clase de 3, 4 y 7 son difíciles de usar. Por tanto, en ocasiones es ventajoso tener un procedimiento separado para construir una distribución de frecuencias agrupadas.

EJEMPLO 2.6

AGRUPAMIENTO DE DATOS PARA FORMAR UNA DISTRIBUCIÓN DE FRECUENCIAS

Para ilustrar este procedimiento de agrupamiento (o clasificación), usa una muestra de 50 calificaciones del examen final de la clase de estadística elemental del semestre pasado. La tabla 2.6 presenta las 50 calificaciones.

Procedimiento para construir una distribución de frecuencias agrupadas

1. Identifica la calificación alta (H = 98) y la calificación baja (L = 39) y encuentra el rango:

$$\text{rango} = H - L = 98 - 39 = 59$$

2. Selecciona un número de clase (m = 7) y un ancho de clase (c = 10) de modo que el producto (mc = 70) sea un poco mayor que el rango (rango = 59).

TABLA 2.6
Calificaciones de examen de estadística [TA02-06]

60	47	82	95	88	72	67	66	68	98	90	77	86
58	64	95	74	72	88	74	77	39	90	63	68	97
70	64	70	70	58	78	89	44	55	85	82	83	
72	77	72	86	50	94	92	80	91	75	76	78	

3. Elige un punto de partida. Este punto de partida debe ser un poco menor que la calificación más baja, L. Supón que comienzas en 35; al contar desde las decenas (el ancho de clase), obtienes 35, 45, 55, 65, . . ., 95, 105. A ellos se les llama **límites de clase**. Las clases para los datos en la tabla 2.6 son:

35 o más a menos de 45	⟶	$35 \le x < 45$
45 o más a menos de 55	⟶	$45 \le x < 55$
55 o más a menos de 65	⟶	$55 \le x < 65$
65 o más a menos de 75	⟶	$65 \le x < 75$
	⋮	$75 \le x < 85$
		$85 \le x < 95$
95 o más a e incluido 105	⟶	$95 \le x \le 105$

Notas:

1. De un vistazo puedes verificar el patrón de número para determinar si la aritmética usada para formar las clases fue correcta (35, 45, 55, . . ., 105.)

Tutorial en video disponible; ingresa y aprende más en cengagebrain.com

2. Para el intervalo $3.5 \leq x < 45$, 35 es el límite de clase inferior y 45 es el límite de clase superior. Las observaciones que caen en el límite de clase inferior permanecen en dicho intervalo; las observaciones que caen en el límite de clase superior pasan al siguiente intervalo superior, excepto por la última clase.
3. El ancho de clase es la diferencia entre los límites de clase superior e inferior.
4. Cuando se clasifican datos, son posibles muchas combinaciones de anchos de clase, números de clases y puntos de partida. No hay una opción mejor. Intenta algunas combinaciones diferentes y usa el buen juicio para decidir la que usarás.

En consecuencia, se usan los siguientes **lineamientos básicos** para construir una distribución de frecuencia agrupada:

1. Cada clase debe ser del mismo ancho.
2. Las clases (en ocasiones llamadas *cajas*) deben establecerse de modo que no se traslapen y de modo que cada valor de dato pertenezca exactamente a una clase.
3. Para los ejercicios ofrecidos en este texto, de 5 a 12 clases es lo más deseable, porque todas las muestras contienen menos de 125 valores de datos. (La raíz cuadrada de n es un lineamiento razonable para el número de clases con muestras con menos de 125 valores de datos.)
4. Usa un sistema que saque ventaja de algún patrón para garantizar precisión.
5. Cuando sea conveniente, con frecuencia es ventajoso un ancho de clase par.

Una vez establecidas las clases, es necesario ordenar los datos en dichas clases. El método utilizado para ordenar dependerá del formato actual de los datos: si los datos están clasificados, las frecuencias pueden contarse; si los datos no están clasificados, **cuenta** los datos para encontrar los números de frecuencia. Cuando clasifiques datos, es útil usar un cuadro estándar (véase la tabla 2.7).

TABLA 2.7
Cuadro estándar para distribución de frecuencias

Número de clase	Cuentas de clase	Límites	Frecuencia
1	||	$35 \leq x < 45$	2
2	||	$45 \leq x < 55$	2
3	||||| ||	$55 \leq x < 65$	7
4	||||| ||||| |||	$65 \leq x < 75$	13
5	||||| ||||| |	$75 \leq x < 85$	11
6	||||| ||||| |	$85 \leq x < 95$	11
7	||||	$95 \leq x \leq 105$	4
			50

Notas:

1. Si los datos están clasificados (en forma de lista, gráfica de puntos o tallo y hojas), ya no es necesario clasificar; sólo cuenta los datos que pertenecen a cada clase.
2. Si los datos no están clasificados, ten cuidado con tu clasificación y conteo.
3. La frecuencia, f, para cada clase es el número de piezas de datos que pertenecen a dicha clase.
4. La suma de las frecuencias debe ser igual al número de piezas de datos, n ($n = \Sigma f$). Esta suma sirve como una buena comprobación.

Nota: Consulta el *Manual de soluciones del estudiante* para información acerca de la **notación Σ** (léase **"notación de sumatoria"**).

TABLA 2.8
Distribución de frecuencias con puntos medios de clase

Número de clase	Límites de clase	Frecuencia *f*	Puntos medios de clase, *x*
1	$35 \le x < 45$	2	40
2	$45 \le x < 55$	2	50
3	$55 \le x < 65$	7	60
4	$65 \le x < 75$	13	70
5	$75 \le x < 85$	11	80
6	$85 \le x < 95$	11	90
7	$95 \le x \le 105$	4	100
		50	

Nota: Ahora puedes ver por qué es útil tener un ancho de clase par. Un ancho de clase impar resultaría en un punto medio de clase con un dígito adicional. (Por ejemplo, la clase 45-54 tiene ancho 9 y el punto medio de clase es 49.5.)

EJEMPLO APLICADO 2.7

LIMPIAR LA CASA

Horas semanales dedicadas a limpiar la casa

Los estadounidenses emplean un promedio de 3.4 horas cada semana en la limpieza de la casa. ¿Cuánto tiempo emplea en limpiar semanalmente?

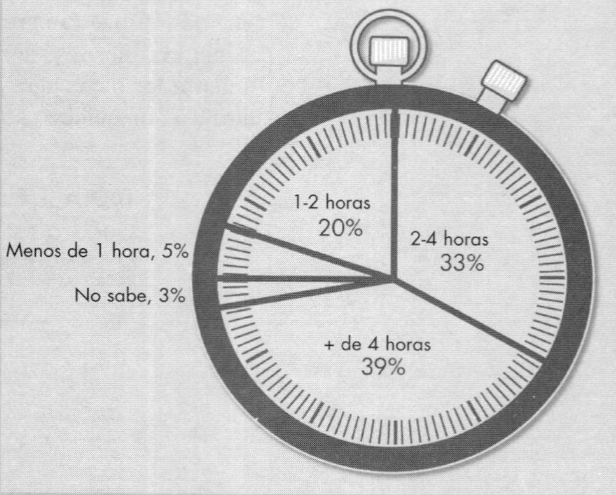

Fuente: Datos tomados de Cindy Hall y Sam Ward, *USA TODAY*; Yankelovich Partners para GCI/ZEP Chemicals.

La gráfica de "Horas semanales dedicadas a limpiar la casa" presenta una versión de gráfica circular de una **distribución de frecuencias relativa**. Cada sector del círculo representa la cantidad de tiempo que emplea cada persona en limpiar semanalmente y el "tamaño relativo" del sector representa el porcentaje o frecuencia relativa.

Ahora, con terminología estadística, puedes decir que la *variable* "tiempo empleado en limpiar" se representa en la gráfica mediante sectores del círculo. La *frecuencia relativa* se representa mediante el tamaño del ángulo que forma el sector. Para formar esta información en una distribución de frecuencias "relativas" agrupadas, cada intervalo de la variable se expresará en la forma $a \le x < b$. Por ejemplo, la categoría 2 a 4 horas se expresaría como $2 \le x < 4$. (De esta forma, el límite inferior es parte del intervalo, pero el límite superior es parte del siguiente intervalo más grande.) La tabla de distribución para esta gráfica circular aparecería entonces como en la tabla que se muestra a la izquierda.

Límites de clase	Frecuencia relativa
$0 \le x < 1$	0.05
$0 \le x < 2$	0.20
$0 \le x < 4$	0.33
$0 \le x$	0.39
No sabe	0.03

Cada clase necesita un solo valor numérico para representar todos los valores de dato que caen en dicha clase. El **punto medio de clase** (en ocasiones llamado *marca de clase*) es el valor numérico que está exactamente en medio de cada clase. Se encuentra al sumar los límites de clase y dividir entre 2. La tabla 2.8 muestra una columna adicional para el punto medio de clase, x. Como comprobación de tu aritmética, los puntos medios de clase sucesivos deben estar separados un ancho de clase, que en esta ilustración es 10 (40, 50, 60, . . . , 100 es un patrón reconocible).

Cuando los datos se clasifican en clases se pierde algo de información. Sólo cuando se tienen todos los datos brutos se conocen los valores exactos que realmente se observaron para cada clase. Por ejemplo, se coloca un 47 y un 50 en la clase 2, con límites de clase 45 y 55. Una vez que se colocan en la clase, sus valores se pierden y se usa el punto medio de clase, 50, como su valor representativo.

Histograma Gráfica de barras que representa una distribución de frecuencias de una variable cuantitativa. Un histograma se constituye con los componentes siguientes:

1. Un título, que identifica la población o muestra de interés.
2. Una escala vertical, que identifica las frecuencias en las diversas clases.
3. Una escala horizontal, que identifica a la variable x. Los valores para los límites de clase o puntos medios de clase pueden etiquetarse a lo largo del eje x. Usa cualquier método de etiquetado de ejes que represente mejor la variable.

La distribución de frecuencias de la tabla 2.8 aparece en forma de histograma en la figura 2.10.

FIGURA 2.10
Histograma de frecuencias

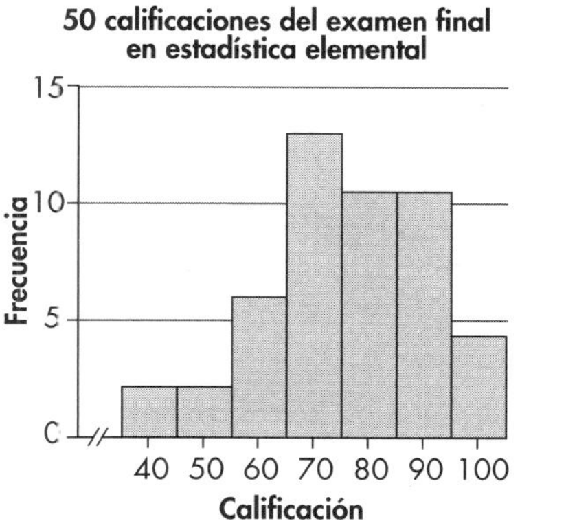

FIGURA 2.11
Histograma de frecuencias relativas

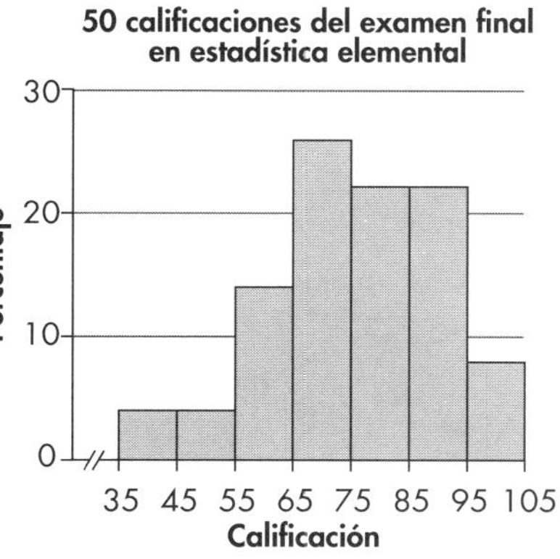

PTI Observa que el histograma de frecuencias y el histograma de frecuencias relativas tienen la misma forma (si supones que se usan las mismas clases para ambos); sólo cambia la etiqueta del eje vertical.

PTI Asegúrate de identificar ambas escalas de modo que el histograma cuente la historia completa.

En ocasiones es importante la **frecuencia relativa** de un valor. La frecuencia relativa es una medida proporcional de la frecuencia para una ocurrencia. Se encuentra al dividir la frecuencia de clase entre el número total de observaciones. La frecuencia relativa puede expresarse como una fracción común, en forma decimal o como porcentaje. Por ejemplo, en el ejemplo 2.6 la frecuencia asociada con la tercera clase (55-65) es 7. La frecuencia relativa para la tercera clase es $\frac{7}{50}$, o 0.14, o 14%. Usualmente, las frecuencias relativas son útiles en una presentación porque la mayoría de las personas comprenden las partes fraccionales cuando se expresan como porcentajes. Las frecuencias relativas son particularmente útiles cuando se comparan las distribuciones de frecuencia de dos conjuntos de datos de tamaño diferente. La figura 2.11 es un **histograma de frecuencia relativa** de la muestra de las 50 calificaciones del examen final de la tabla 2.8.

Un diagrama de tallo y hojas contiene toda la información necesaria para crear un histograma. La figura 2.5B (p. 38) muestra el diagrama de tallo y hojas que se construyó en el ejemplo 2.4. En la figura 2.12A, el diagrama de tallo y hojas se giró 90° y se agregaron etiquetas para mostrar su relación con un histograma. La figura 2.12B muestra el mismo conjunto de datos como un histograma completo.

FIGURA 2.12A
Diagrama de tallo y hojas modificado

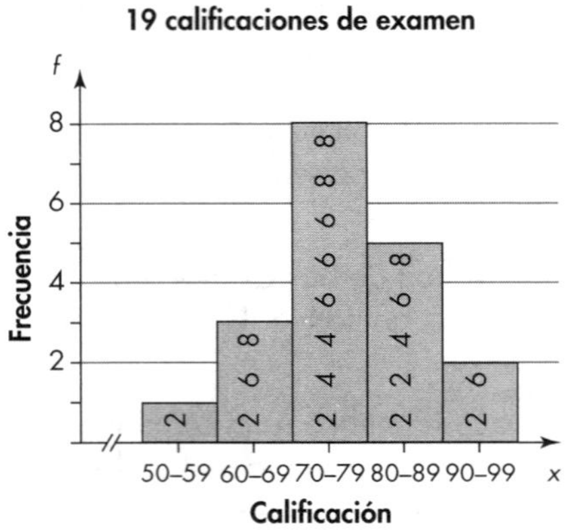

FIGURA 2.12B
Histograma

INSTRUCCIONES DE TECNOLOGÍA: HISTOGRAMA

MINITAB

Escribe los datos en C1; después continúa con:

Elige:	**Graph > Histogram > Simple > OK**
Escribe:	Variables gráficas: **C1**
Elige:	**Labels > Titles / Footnote**
Escribe:	**Tu título y/o nota al pie > OK**
Elige:	**Scle > Y-Scale Type**
Selecciona:	Tipo escala Y: **Frequency or Percent or Density > OK > OK**

Para ajustar el histograma: haz doble clic en cualquier parte sobre las barras del histograma.

Selecciona:	**Binning**
Selecciona:	Tipo intervalo: **Midpoint o Cutpoint** Interval Definitions: **Authomatic** o, **Number of intervals**; Enter: **N** o **Midpt/cutpt positions**; Enter: **A:B/C > OK**

Notas:

1. Los puntos medios son los puntos medios de clase y los puntos de corte son los límites de clase.
2. El porcentaje es frecuencia relativa.
3. Automático significa que MINITAB hará todas las elecciones; N = número de intervalos, esto es, el número de clases que quieres usar.
4. A = punto medio o límite de clase más pequeño, B = punto medio o límite de clase más grande, C = ancho de clase que quieres especificar.

Los siguientes comandos dibujarán el histograma de una distribución de frecuencias. Las clases finales pueden tener ancho completo al sumar una clase adicional con frecuencia cero a cada extremo de la distribución de frecuencias. Ingresa los puntos medios de clase en C1 y las frecuencias correspondientes en C2.

Elige:	**Graph > Scatterplot > With Connect Line > OK**
Escribe:	Y variables: **C2** X varialbes: **C1**
Selecciona:	Deta View: Data Display: **Symbols Connect > OK > OK**

Haz doble clic sobre una línea de conexión.

Selecciona:	**Options** Connection Function: **Step > OK**

Excel

Escribe los datos en la columna A y los límites de clase superior* en la columna B (opcional) y (encabezados de columna son opcionales); después continúa con:

Elige: **Data > Data Analysis† > Histogram > OK**
Escribe: Input Range: **Data (A1:A6 o selecciona celdas)**
Bin Range: **upper class limits (B1:B6 o selecciona celdas)**
[deja en blanco si Excel determina los intervalos]
Selecciona: **Labels** (si se usan encabezados de columna)
Output Range
Escribe: **area for freq. distr. & graph (C1 o selecciona celdas)**
Seleccciona: **Chart Output > OK**

Para quitar las separaciones entre barras:

Haz clic sobre: **Cualquier barra sobre la gráfica**
Haz clic sobre: **Botón derecho del ratón**
Elige: **Format Data Series**
Escribe: Gap Width: **0 % > Close**

Para editar el histograma:

Haz clic sobre: Cualquier lugar para limpiar el gráfico—usa manijas para el tamaño
Cualquier título o nombre de eje para cambiar
Cualquier límite de clase superior§ o frecuencia en la distribución de frecuencias para cambiar el valor > Enter
Recuadro Delete "Frequency" a la derecha

*Si límite = 50, entonces límite = 49.9 (depende del número de lugares decimales en los datos).
†Si Data Analysis no aparece en el menú Data.

Elige: Office Button > Excel Options (bottom) > Add-Ins (al fondo)
Selecciona: Analysis ToolPak
Analysis ToolPak-VBA

§Observa que los límites de clase superior aparecen en el centro de las barras. Sustituye con puntos medios de clase. La celda "More" en la distribución de frecuencias también puede borrarse.

Para datos tabulados, escribe las clases en la columna A (ej., 30-40) y las frecuencias en la columna B; activa ambas columnas; después continúa con:

Elige: **Insert > Column > 1st picture** (por lo general)
Elige: **Chart Layouts > Layouts 8**
Escribe: **Título de gráfica: tu título**
Eje **categoría (*x*)**: título para **eje *x***
Eje valor (*y*): título para **eje *y***

Haz como se describió para quitar separaciones y ajustar.

TI-83/84 Plus

Ingresa los datos en L1; después continúa con:

Elige: **2nd > STAT PLOT > 1:Plot1**

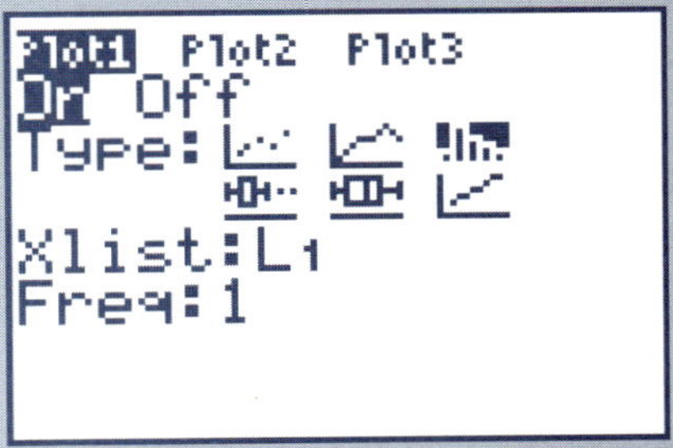

La calculadora selecciona las clases:

Elige: **Zoom > 9:ZoomStat > Trace > > >**

La persona selecciona clases:

Elige: **Window**
Escribe: **cuando mucho el valor más bajo, al menos el valor más alto, ancho de clase, –1, al menos frecuencia más alta, 1 (depende de números de frecuencia), 1**
Elige: **Graph > Trace** (usa valores para construir distribución de frecuencias)

(TI-83/84 Plus continuación)

Para datos tabulados, escribe los puntos medios de clase en L1 y las frecuencias en L2; después continúa con:

Elige:	2nd > STAT PILOT > 1:Plot1
Elige:	Window
Escribe:	límite de clase inferior más pequeño, límite de clase superior más grande, ancho de clase, –ymáx/4, frecuencia más alta, 0 (para quitar marcas), 1
Elige:	Graph > Trace > > >

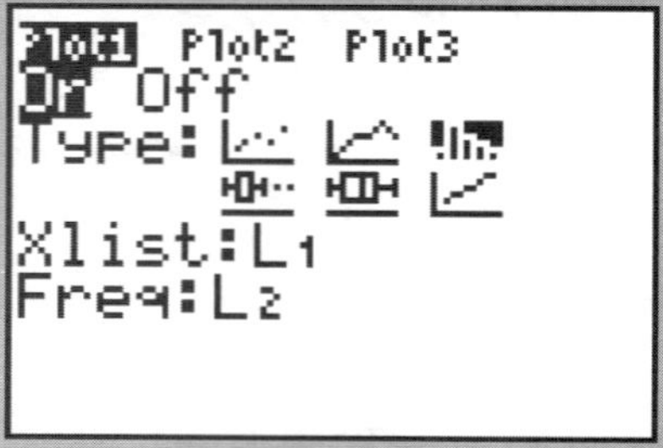

Para obtener un histograma de frecuencias relativas de datos tabulados:

Elige:	STAT > EDIT > 1:EDIT . . .
Destaca:	L3
Escribe:	L3 = L2 **SUM(L2)** (SUM - 2ND LIST > MATH > 5:sum)
Elige:	2nd > STAT PLOT > 1:Plot1
Elige:	Window
Escribe:	límite de clase inferior más pequeño, límite de clase superior más grande, ancho de clase, –ymáx/4, frecuencia relativa más alta, 0 (para quitar marcas), 1
Elige:	Graph > Trace > > >

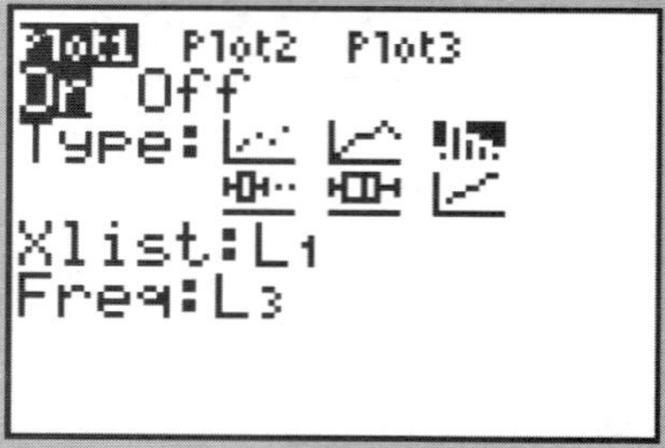

Los histogramas son herramientas valiosas. Por ejemplo, el histograma de una muestra debe tener una forma de distribución muy similar a la de la población de la que se extrajo la muestra. Si el lector de un histograma está totalmente familiarizado con la variable involucrada, por lo general podrá interpretar varios hechos importantes. La figura 2.13 presenta histogramas con formas específicas que sugieren etiquetas descriptivas. Las posibles etiquetas descriptivas se mencionan bajo cada histograma.

FIGURA 2.13
Formas de histogramas

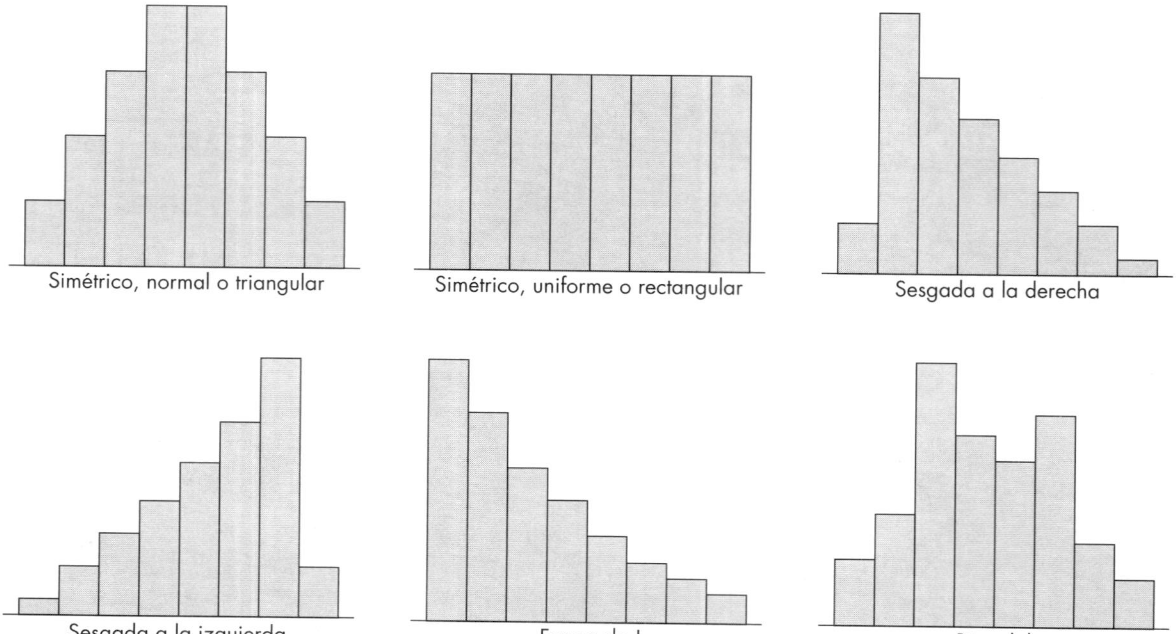

En resumen, los términos usados para describir histogramas son los siguientes:

Simétrico Ambos lados de esta distribución son idénticos (las mitades son imágenes especulares).

Normal Una distribución simétrica que se amontona en torno a la media y se dispersa en los extremos. (Propiedades adicionales se discuten más adelante.)

Uniforme (rectangular) Cada valor aparece con igual frecuencia.

Sesgado Una cola se prolonga más que la otra. La dirección de asimetría está en el lado de la cola más larga.

Forma de J No hay cola al lado de la clase con la frecuencia más alta.

Bimodal Las dos clases más pobladas están separadas por una o más clases. Con frecuencia, esta situación implica que se muestrearon dos poblaciones. (Observa la figura 2.7, p. 40.)

Notas:

1. La **moda** es el valor de los datos que ocurre con mayor frecuencia. (La moda se discutirá en la sección 2.3, p. 66.)
2. La **clase modal** es la clase con la frecuencia más alta.
3. Una **distribución bimodal** tiene dos clases de frecuencia alta, separadas por clases con frecuencias menores. No es necesario que las dos frecuencias altas sean iguales.

Otra forma de expresar una distribución de frecuencias es usar una *distribución de frecuencias acumuladas.*

Distribución de frecuencias acumuladas Distribución de frecuencias que relaciona frecuencias acumuladas con valores de la variable.

La **frecuencia acumulada** para una clase dada es la suma de la frecuencia para dicha clase y las frecuencias de todas las clases de valores menores. La tabla 2.9 muestra la distribución de frecuencias acumuladas de la tabla 2.8 (p. 50).

TABLA 2.9
Uso de distribución de frecuencias para formar una distribución de frecuencias acumuladas

Número de clase	Límites de clase	Frecuencia f	Frecuencia acumulada
1	$35 \leq x < 45$	2	2 (2)
2	$45 \leq x < 55$	2	4 (2 + 2)
3	$55 \leq x < 65$	7	11 (7 + 4)
4	$65 \leq x < 75$	13	24 (13 + 11)
5	$75 \leq x < 85$	11	35 (11 + 24)
6	$85 \leq x < 95$	11	46 (11 + 35)
7	$95 \leq x \leq 105$	4	50 (4 + 46)
		50	

La misma información se puede presentar usando una distribución de *frecuencias relativas acumuladas* (véase la tabla 2.10). Ésta combina las ideas de frecuencia acumulada y frecuencia relativa.

TABLA 2.10
Distribución de frecuencias relativas acumuladas

Número de clase	Límites de clase	Frecuencia relativa acumulada	*Las frecuencias acumuladas son para el intervalo de 35 hasta el límite superior de dicha clase*
1	$35 \leq x < 45$	2/50 o 0.04	⟵ *desde 35 hasta menos de 45*
2	$45 \leq x < 55$	4/50 o 0.08	⟵ *desde 35 hasta menos de 55*
3	$55 \leq x < 65$	11/50 o 0.22	⟵ *desde 35 hasta menos de 65*
4	$65 \leq x < 75$	24/50 o 0.48	
5	$75 \leq x < 85$	35/50 o 0.70	⋮
6	$85 \leq x < 95$	46/50 o 0.92	
7	$95 \leq x < 105$	50/50 o 1.00	⟵ *desde 35 hasta e incluido 105*

Las distribuciones acumuladas pueden mostrarse gráficamente.

Ojiva Gráfica de línea de una frecuencia acumulada o distribución de frecuencias relativas acumuladas. Una ojiva tiene los siguientes componentes:

1. Un título, que identifica la población o muestra.
2. Una escala vertical que identifica las frecuencias acumuladas o las frecuencias relativas acumuladas. (La figura 2.14 muestra una ojiva con frecuencias relativas acumuladas.)
3. Una escala horizontal, que identifica los límites de clase superiores. (Hasta alcanzar el límite superior de una clase, no puedes estar seguro de haber acumulado todos los datos en dicha clase. Por tanto, la escala horizontal de una ojiva siempre se basa en los límites de clase superiores.)

FIGURA 2.14
Ojiva

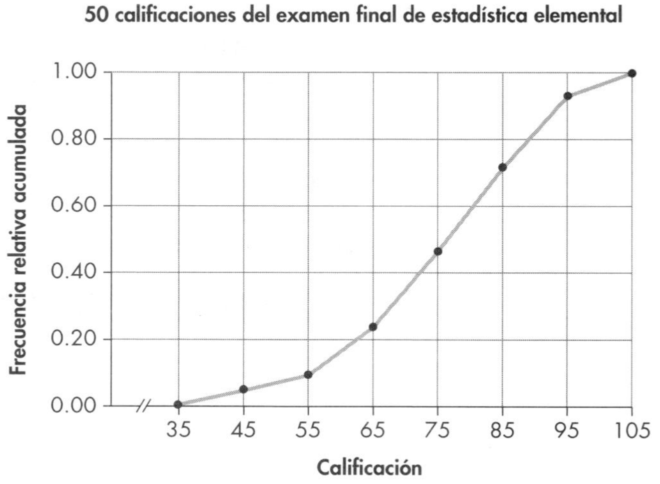

PTI Toda ojiva comienza a la izquierda, con una frecuencia relativa de cero en el límite de clase inferior de la primera clase y termina a la derecha con una frecuencia relativa acumulada de 1.00 (o 100%), en el límite de clase superior de la última clase.

La ojiva puede usarse para hacer enunciados porcentuales acerca de datos numéricos, en gran medida como hace un diagrama de Pareto para datos atributo. Por ejemplo, supón que quieres saber qué porcentaje de las calificaciones del examen final fue no aprobatorio, si se consideran aprobatorias las calificaciones de 65 o más. Al seguir verticalmente desde 65 sobre la escala horizontal, hasta la línea de la ojiva y leer en la escala vertical, podrías decir que aproximadamente 22% de las calificaciones del examen final fueron calificaciones no aprobatorias.

INSTRUCCIONES DE TECNOLOGÍA: OJIVA

MINITAB

Ingresa los límites de clase en C1 y los porcentajes acumulados en C2 (escribe 0 [cero] para el porcentaje relacionado con el límite inferior de la primera clase y para cada porcentaje acumulado con el límite de clase superior). Usa porcentajes; esto es: usa 25% en lugar de 0.25.

Elige: **Graph > Scatterplot > With Connect Line > OK**
Escribe: Y variables: **C2** X variables: **C1**
Selecciona: Data View: Data Display: **Symbols Connect > OK**
Selecciona: **Labels > Titles/Footnotes**
Escribe: **tu título o notas al pie > OK > OK**

Excel

Ingresa los datos en la columna A y los límites* de clase superior en la columna B (incluye una clase adicional al principio).

Elige: **Data > Data Analysis** > Histogram > OK**
Escribe: Input Range: **data (A1:A6 o selecciona celdas)**
Bin Range: **upper class limits (B1:B6 o selecciona celdas)**
Selecciona: **Labels** (si se usan encabezados de columna)
Output Range
Enter: area for freq. distr. & graph: (C1 o selecciona celdas)
Cumulative Percentage
Chart Output > OK

Para cerrar separaciones y editar, consulta los comandos de histograma de la página 53.

Para datos tabulados, escribe los límites de clase superior en la columna A y las frecuencias relativas acumuladas en la columna B (incluye un límite de clase adicional al comienzo con una frecuencia relativa acumulada igual a 0 [cero]); activa la columna B; después continúa con:

Elige: **Insert > Line > 1st picture (por lo general)**
Da clic derecho sobre el área de la gráfica
Elige: **Select Data >**
Horizontal (Categoría) Axis Labels Edit
Escribe: **(A2:A8 o selecciona celdas) > OK > OK**
Elige: **Chart Tools > Layout > Labels**
Escribe: Título gráfica: **tu título**
Títulos ejes: **título para eje x; título para eje y**

Para editar, consulta los comandos del histograma en la página 53.

*Si el límite = 50, entonces el límite = 49.9 (depende del número de lugares decimales en los datos).

**Si Data Analysis no aparece en el menú Data, consulta la página 53.

TI-83/84 Plus

Ingresa los límites de clase en L1 y las frecuencias en L2 (incluye un límite de clase adicional al comienzo con una frecuencia de cero); después continúa con:

Elige: **STAT > EDIT > 1:EDIT . . .**
Destaca: **L3**
Escribe: **L3 = 2nd > LIST > OPS > 6:cum sum (L2)**
Destaca: **L4**
Escribe: **L4 = L3 / 2nd > LIST > Math > 5:sum (L2)**
Elige: **2nd > STAT PLOT > 1:Plot**
Elige: **Zoom > 9:ZoomStat > Trace > > >**

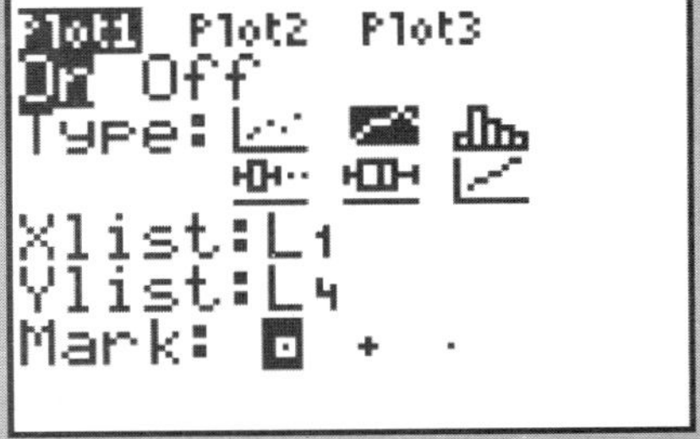

Ajusta la ventana si es necesario para mejor legibilidad.

EJERCICIOS SECCIÓN 2.2

2.31 a. Forma una distribución de frecuencias no agrupadas de los siguientes datos:

1,	2,	1,	0,	4,	2,	1,	1,	0,	1,	2,	4

Con referencia a la distribución anterior:

b. Explica qué representa $f = 5$.

c. ¿Cuál es la suma de la columna frecuencia?

d. ¿Qué representa esta suma?

2.32 Gráficas de barras e histogramas no son la misma cosa. Explica sus similitudes y diferencias.

2.33 [EX02-033] Las jugadoras en la National Soccer Team de mujeres anotaron 84 puntos durante la temporada 2008. El número de goles de las jugadoras que anotaron fueron:

Jugadora	1	2	3	4	5	6	7	8	9	10	11	12	13	14	15
Goles	1	2	2	1	2	8	15	9	1	10	1	6	12	13	1

Fuente: U.S. Soccer

a. Si quieres mostrar el número de goles anotados por cada jugadora, ¿sería más adecuado mostrar esta información en una gráfica de barras o en un histograma?

b. Construye la gráfica adecuada para el inciso a.

c. Si quieres mostrar (enfatizar) la distribución de la anotación por el equipo, ¿sería más adecuado mostrar esta información en una gráfica de barras o en un histograma? Explica.

d. Construye la gráfica adecuada para el inciso c.

2.34 [EX02-034] El Departamento de Educación de California entrega un reporte anual acerca de los resultados del examen de Colocación Avanzada (AP) para cada año. En el año escolar 2007-2008, Hughson Unified en el condado Stanislaus tuvo estudiantes con las siguientes calificaciones:

Calificaciones AP

3	4	1	4	1	2	4	5	1	3	4	3	2	3	1	3	4	1	1	2	5
2	5	3	2	1	2	4	2	3	3	3	3	2	1	3	3	3	1	2	2	2

Fuente: http://data 1.cde.ca.gov/

a. Construye una distribución de frecuencias no agrupadas para las calificaciones del examen.

b. Construye un histograma de frecuencias de esta distribución.

c. Prepara una distribución de frecuencias relativas para estos mismos datos.

d. Si las calificaciones AP de al menos 3 se requieren frecuentemente para la transferibilidad universitaria, ¿qué porcentaje de las calificaciones AP de Hughson recibirá crédito universitario?

2.35 [EX02-035] El equipo estadounidense femenil olímpico de soccer tuvo un gran año en 2008. Una forma de describir a las jugadoras en dicho equipo es mediante sus estaturas individuales.

Estatura (pulgadas)

70	68	65	64	68	66	66	67	68
68	67	65	65	66	64	69	66	65

Fuente: www.usasoccer.com

a. Construye una distribución de frecuencias no agrupadas para las estaturas.

b. Construye un histograma de frecuencias de esta distribución.

c. Prepara una distribución de frecuencias relativas para estos mismos datos.

d. ¿Qué porcentaje del equipo tiene una estatura de al menos 5 pies 6 pulgadas?

2.36 [EX02-036] La U.S. Census Bureau publicó el siguiente Reporte 2006 acerca de las Familias y Grupos Co-residentes en Estados Unidos para todas las razas.

Núm. en vivienda	Porcentaje
1	27%
2	33%
3	17%
4	14%
5	6%
6	2%
7+	1%

Fuente: http://infoplease.com/

a. Dibuja un histograma de frecuencias relativas para el número de personas por vivienda.

b. ¿Qué forma de distribución sugiere el histograma?

c. Con base en la gráfica, ¿qué sabes acerca de las viviendas en Estados Unidos?

2.37 [EX02-037] El universo de la American Community Survey 2006 está limitado a población doméstica y excluye la población que vive en instituciones, dormitorios universitarios y otros sitios de alojamiento colectivo. La siguiente tabla menciona el número de habitaciones en cada una de las 48 522 unidades domésticas en Ellis County, Texas.

Habitaciones	Unidades domésticas
1 habitación	403
2 habitaciones	485
3 habitaciones	2 171
4 habitaciones	8 108
5 habitaciones	12 177
6 habitaciones	11 251
7 habitaciones	6 250
8 habitaciones	4 320
9+ habitaciones	3 357

Fuente: U.S. Census Bureau, American Community Survey Office

[EX00-000] identifica el nombre de archivo de una base de datos en línea de un ejercicio; bases de datos y Applets Skillbuilder disponibles a través de cengagebrain.com

a. Dibuja un histograma de frecuencia relativa para el número de habitaciones por vivienda.

b. ¿Qué forma de distribución sugiere el histograma?

c. Con base en la gráfica, ¿qué sabes acerca del número de habitaciones por vivienda en Ellis County, Texas?

2.38 [EX02-038] A continuación se presentan las edades de 50 bailarines que respondieron a una solicitud de audición para una comedia musical:

21	19	22	19	18	20	23	19	19	20
19	20	21	22	21	20	22	20	21	20
21	19	21	21	19	19	20	19	19	19
20	20	19	21	21	22	19	19	21	19
18	21	19	18	22	21	24	20	24	17

a. Prepara una distribución de frecuencias no agrupadas de dichas edades.

b. Prepara una distribución de frecuencias relativas no agrupadas de los mismos datos.

c. Prepara un histograma de frecuencias relativas de dichos datos.

d. Prepara una distribución de frecuencias relativas acumuladas de los mismos datos.

e. Prepara una ojiva de dichos datos.

2.39 [EX02-039] Las tarjetas de la ronda de apertura del torneo de la PGA de mujeres en Locust Hill Country Club se publicaron de la manera siguiente:

69	73	72	74	77	80	75	74	72	83	68	73	75	78
76	74	73	68	71	72	75	79	74	75	74	74	68	79
75	76	75	77	74	74	75	75	72	73	73	72	72	71
71	70	82	77	76	73	72	72	72	75	75	74	74	74
76	76	74	73	74	73	72	72	74	71	72	73	72	72
74	74	67	69	71	70	72	74	76	75	75	74	73	74
74	78	77	81	73	73	74	68	71	74	78	70	68	71
72	72	75	74	76	77	74	74	73	73	70	68	69	71
77	78	68	72	73	78	77	79	79	77	75	75	74	73
73	72	71	68	70	71	78	78	76	74	75	72	72	72
75	74	76	77	78	78								

a. Forma una distribución de frecuencias no agrupadas de dichas tarjetas.

b. Dibuja un histograma de las tarjetas de golf de la primera ronda. Usa la distribución de frecuencias del inciso a.

2.40 Adivinar *dónde* caerá un rayo es una tarea casi imposible. Sin embargo, *cuándo* ocurrirá se ha vuelto más predecible con base en investigación. Para una pequeña área de Colorado, se recolectaron datos y los resultados se muestran en el siguiente histograma.

Con base en el histograma:

a. ¿Para cuál variable se recolectaron datos?

b. ¿Qué representa cada barra (intervalo)?

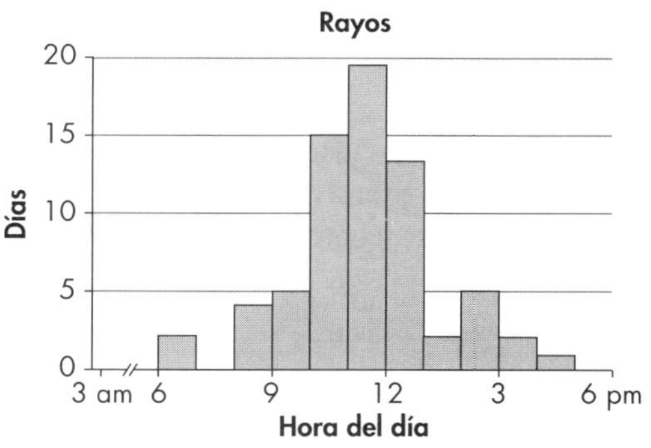

c. ¿Qué conclusión puedes extraer acerca de "cuándo" caerá un rayo en esta pequeña área de Colorado?

d. ¿Cuáles características de la gráfica apoyan la conclusión?

2.41 [EX02-041] Una encuesta a 100 administradores de centros vacacionales acerca de sus salarios anuales resultó en la siguiente distribución de frecuencias:

Salario anual (miles de dólares)	15-25	25-35	35-45	45-55	55-65
Núm. de administradores	12	37	26	19	6

a. El valor de datos "35" pertenece ¿a cuál clase?

b. Explica el significado de "35-45".

c. Explica cuál es el "ancho de clase", proporciona su valor y describe tres formas en que se puede determinar.

d. Dibuja un histograma de frecuencias de los salarios anuales para los administradores de centros vacacionales. Etiqueta los límites de clase.

(Conserva estas soluciones para usarlas en el ejercicio 2.53 de la p. 61.)

2.42 Ejercicio Applet Skillbuilder Demuestra el procedimiento de transformar un diagrama de tallo y hojas en un histograma. Escribe las hojas para el número de historietas en el diagrama de tallo y hojas. Haz clic en OK para ver el histograma correspondiente. Comenta acerca de las similitudes y las diferencias.

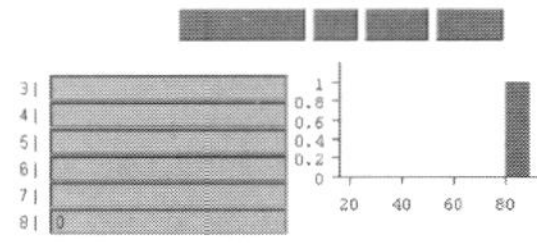

2.43 [EX02-043] 50 estudiantes aplicaron para el examen KSW de aptitud en ciencias de la computación. A partir de sus calificaciones se obtuvo la siguiente distribución de frecuencias:

Calificación examen KSW	0-4	4-8	8-12	12-16	16-20	20-24	24-28
Frecuencia	4	8	8	20	6	3	1

a. ¿Cuáles son los límites de clase para la clase con la frecuencia más alta?

b. Proporciona todos los puntos medios de clase asociados con esta distribución de frecuencias.

c. ¿Cuál es el ancho de clase?

(continúa en la página 60)

d. Proporciona las frecuencias relativas para las clases.

e. Dibuja un histograma de frecuencias relativas de las calificaciones de examen.

2.44 [EX02-044] Durante el semestre primavera 2009, 200 estudiantes aplicaron un examen de estadística de un instructor particular. En la siguiente tabla se proporcionan las calificaciones resultantes.

Calificaciones examen	Número
50 - 60	13
60 - 70	44
70 - 80	74
80 - 90	59
90 - 100	9
100 - 110	1
Total 200	

a. ¿Cuál es el ancho de clase?

b. Dibuja y etiqueta completamente un histograma de frecuencias de las calificaciones del examen de estadística.

c. Dibuja y etiqueta completamente un histograma de frecuencias relativas de las calificaciones del examen de estadística.

d. Examina cuidadosamente los dos histogramas de los incisos b y c y explica por qué uno de ellos puede ser más útil para un estudiante y para el instructor.

PTI Usa los comandos de computadora o calculadora de las páginas 52-54 para construir un histograma de una distribución de frecuencias.

2.45 [EX02-045] En una calle de la ciudad, un dispositivo de radar midió las velocidades de 55 automóviles:

27	23	22	38	43	24	35	26	28	18	20
25	23	22	52	31	30	41	45	29	27	43
29	28	27	25	29	28	24	37	28	29	18
26	33	25	27	25	34	32	36	22	32	33
21	23	24	18	48	23	16	38	26	21	23

a. Clasifica dichos datos en una distribución de frecuencias agrupadas usando los límites de clase 12-18, 18-24, . . . , 48-54.

b. Encuentra el ancho de clase.

c. Para la clase 24-30, encuentra el punto medio de la clase, el límite de clase inferior y el límite de clase superior.

d. Construye un histograma de frecuencias de dichos datos.

PTI Usa los comandos de computadora o calculadora de las páginas 52-54 para construir un histograma para un conjunto de datos dado.

2.46 [EX02-046] La prueba de hemoglobina A_{1c}, una prueba de sangre que se practica en pacientes diabéticos durante sus chequeos periódicos, indica el nivel de control del azúcar en la sangre durante los últimos 2 o 3 meses. Para 40 diferentes pacientes diabéticos en una clínica universitaria, se obtuvieron los siguientes valores de datos:

6.5	5.0	5.6	7.6	4.8	8.0	7.5	7.9	8.0	9.2
6.4	6.0	5.6	6.0	5.7	9.2	8.1	8.0	6.5	6.6
5.0	8.0	6.5	6.1	6.4	6.6	7.2	5.9	4.0	5.7
7.9	6.0	5.6	6.0	6.2	7.7	6.7	7.7	8.2	9.0

a. Clasifica estos valores A_{1c} en una distribución de frecuencias agrupadas con las clases 3.7-4.7, 4.7-5.7, etcétera.

b. ¿Cuáles son los puntos medios de clase para dichas clases?

c. Construye un histograma de frecuencias de dichos datos.

2.47 [EX02-047] A todos los estudiantes del tercer grado en Roth Elementary School se les aplicó una prueba de fuerza en acondicionamiento físico. Los siguientes son los datos resultantes:

12	22	6	9	2	9	5	9	3	5	16	1	22
18	6	12	21	23	9	10	24	21	17	11	18	19
17	5	14	16	19	19	18	3	4	21	16	20	15
14	17	4	5	22	12	15	18	20	8	10	13	20
6	9	2	17	15	9	4	15	14	19	3	24	

a. Construye un diagrama de puntos.

b. Prepara una distribución de frecuencias agrupadas con las clases 1-4, 4-7, etc., dibuja un histograma de la distribución. (Conserva la solución y úsala para responder el ejercicio 2.83, p. 71.)

c. Prepara una distribución de frecuencias agrupadas con las clases 0-3, 3-6, 6-9, etc., dibuja un histograma de la distribución.

d. Prepara una distribución de frecuencias agrupadas con los límites de clase –2.5, 2.5, 7.5, 12.5, etc., dibuja un histograma de la distribución.

e. Prepara una distribución de frecuencias agrupadas con las clases de tu elección y dibuja un histograma de la distribución.

f. Describe la forma de los histogramas que encontraste en los incisos b-e por separado. Relaciona la distribución que ves en el histograma con la distribución que observaste en el diagrama de puntos.

g. Discute cómo el número de clases usado y la elección de los límites de clase afectan la apariencia del histograma resultante.

2.48 [EX02-048] Las personas se han maravillado durante años por las continuas erupciones del géiser "Viejo Fiel" en el Parque Nacional Yellowstone. A continuación se citan los tiempos de duración, en minutos, para una muestra de 50 erupciones del "Viejo Fiel".

4.00	3.75	2.25	1.67	4.25	3.92
4.53	1.85	4.63	2.00	1.80	4.00
4.33	3.77	3.67	3.68	1.88	1.97
4.00	4.50	4.43	3.87	3.43	4.13
4.13	2.33	4.08	4.35	2.03	4.57
4.62	4.25	1.82	4.65	4.50	4.10
4.28	4.25	1.68	3.43	4.63	2.50
4.58	4.00	4.60	4.05	4.70	3.20
4.60	4.73				

Fuente: http://www.stat.sc.edu/

a. Dibuja un diagrama de puntos que muestre los datos de duración de la erupción.

b. Dibuja un histograma de los datos de duración de la erupción con los límites de clase 1.6-2.0-2.4-. . . -4.8.

c. Dibuja otro histograma de los datos con diferentes límites y anchos de clase.

d. Repite el inciso c.

e. Repite los incisos a y b con el conjunto más grande de 107 erupciones disponibles en [EX02-048].

f. ¿Cuál gráfica, en tu opinión, tiene mejor desempeño para mostrar la distribución? ¿Por qué?

g. Escribe un breve párrafo que describa la distribución.

2.49 [EX02-049] La oficina de Carbón, Nuclear, Eléctrica y Combustibles Alternativos reportó los siguientes datos como los costos (en centavos) del ingreso promedio por kilowatt-hora por sectores en Arkansas:

6.61	7.61	6.99	7.48	5.10	7.56	6.65	5.93	7.92
5.52	7.47	6.79	8.27	7.50	7.44	6.36	5.20	5.48
7.69	8.74	5.75	6.94	7.70	6.67	4.59	5.96	7.26
5.38	8.88	7.49	6.89	7.25	6.89	6.41	5.86	8.04

a. Prepara una distribución de frecuencias agrupadas para el ingreso promedio por kilowatt-hora con los límites de clase 4, 5, 6, 7, 8, 9.

b. Encuentra el ancho de clase.

c. Menciona los puntos medios de clase.

d. Construye un histograma de frecuencias relativas de dichos datos.

2.50 [EX02-050] Desde hace mucho se ha considerado que la educación es el boleto para la movilidad ascendente en Estados Unidos. En la era de la información actual, una educación universitaria se ha convertido en el mínimo nivel de logro educativo necesario para entrar en un mercado laboral cada vez más competitivo, con salarios más que de subsistencia. Un reporte basado en información de la American Fact Finder y la American Community Survey de 2007 produjo los siguientes porcentajes de población que ha logrado un grado de bachillerato o superior por estado.

21.4	26.0	25.3	19.3	29.5 ...

***Para el resto de los datos, ingresa en cengagebrain.com

a. Prepara una distribución de frecuencias agrupadas para el porcentaje de población por estado que logró un grado de bachillerato o superior con puntos medios de clase 15, 20, 25, . . . , 50.

b. Menciona los límites de clase.

c. Construye un histograma de frecuencias relativas de dichos datos.

2.51 ¿Puedes pensar en variables cuya distribución pueda producir las siguientes formas diferentes? (Consulta la figura 2.13 de la página 54 si es necesario.)

a. Una forma simétrica o normal.

b. Una forma uniforme.

c. Una forma sesgada a la derecha.

d. Una forma sesgada a la izquierda.

e. Una forma bimodal.

2.52 Ejercicio Applet Skillbuilder Demuestra el efecto que tiene sobre la forma de un histograma el número de clases o cajas.

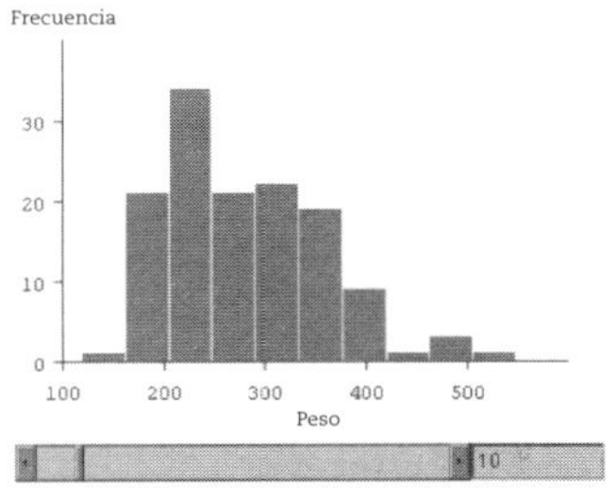

a. ¿Qué forma de distribución se obtiene al usar una clase o caja?

b. ¿Qué forma de distribución se obtiene al usar dos clases o cajas?

c. ¿Qué forma de distribución se obtiene al usar 10 o 20 cajas?

2.53 [EX02-041] Una encuesta de 100 administradores de centros vacacionales acerca de sus salarios anuales resultó en la siguiente distribución de frecuencias.

Salario anual (miles de dólares)	**15-25**	**25-35**	**35-45**	**45-55**	**55-65**
Núm. de administradores	12	37	26	19	6

a. Prepara una distribución de frecuencias acumuladas para los salarios anuales.

b. Prepara una distribución de frecuencias relativas acumuladas para los salarios anuales.

c. Construye una ojiva para la distribución de frecuencia relativa acumulada que encontraste anteriormente.

d. ¿Qué valor acota la frecuencia relativa acumulada de 0.75?

e. Están por abajo 75% de los salarios anuales, ¿de qué valor? Explica la relación entre los incisos d y e.

2.54 [EX02-034] a. Prepara una distribución de frecuencias relativas acumuladas para la variable "calificación AP" en el ejercicio 2.34.

b. Construye una ojiva de la distribución.

c. Con la ojiva, encuentra la frecuencia relativa acumulada para la calificación de 2. Describe su significado.

d. Con la respuesta al inciso c, ¿aproximadamente qué porcentaje de las calificaciones AP recibirá crédito universitario si se requiere una calificación de al menos 3 para transferibilidad universitaria? Describe la relación entre las respuestas c y d.

e. Compara tu respuesta con la respuesta que encontraste en 2.34d.

2.55 [EX02-043] a.Prepara una distribución de frecuencias relativas acumuladas para la variable "calificación examen KSW" del ejercicio 2.43.

b. Construye una ojiva de la distribución.

c. Con la ojiva, ¿aproximadamente qué porcentaje de los estudiantes obtuvo no más de 16 en el examen KSW de aptitud para ciencias de la computación?

2.56 [EX02-056] Los estudiantes universitarios que usan préstamos para pagar la universidad promedian 16 500 dólares en deuda. La distribución de frecuencias relativas de su deuda mensual después de graduarse es:

Deuda mensual, $	Menos que 100	100-149	150-199	200-249	250-299	300 o más
Porcentaje	0.17	0.17	0.17	0.19	0.10	0.20

Fuente: *USA Today* Snapshot, 23 de diciembre de 2004

a. Prepara una distribución de frecuencias relativas acumuladas para la deuda mensual.

b. Construye una ojiva para la distribución de frecuencias relativas acumuladas que encontraste en el inciso a.

c. Con base en la ojiva, 60% de las deudas mensuales después de la graduación están por abajo, ¿de qué cantidad aproximada?

2.57 [EX02-057] Los adultos estadounidenses pasan gran parte de los días de la semana en el trabajo. Los tiempos de traslado pueden contribuir para un día adicionalmente largo. El tamaño y ubicación de la ciudad, junto con el método de transporte, pueden hacer una diferencia en un tiempo de traslado. La American Community Survey de 2007 reportó los siguientes tiempos de traslado promedio para cada estado.

31.5	31.1	30.1	29.8	28.2 ...

***Para el resto de los datos, ingresa en cengagebrain.com

Fuente: Census Bureau; 2007 American Community Survey

a. Prepara una distribución de frecuencias agrupadas de los datos de tiempo de traslado promedio con los puntos medios de clase 16, 18, 20, . . . , 32.

b. Prepara una distribución de frecuencias relativas agrupadas de dichos datos.

c. Dibuja un histograma de frecuencias relativas de dichos datos.

d. Prepara una distribución de frecuencias relativas acumuladas de los mismos datos.

e. Dibuja una ojiva de dichos datos.

f. Con la ojiva, encuentra el valor que supera 70% de los datos. Describe la relación entre la respuesta, 70%, los datos y la idea de la distribución de frecuencias relativas acumuladas.

2.58 Los niveles de varios compuestos resultaron en las gráficas de distribución que se presentan a continuación. Todas parecen ser bastante simétricas en torno a sus centros, pero difieren en sus dispersiones.

a. ¿Para cuál histograma, A, B, C o D, anticiparías que la medida numérica de dispersión sería mayor? ¿Menor?

b. ¿Cuáles dos de los cuatro histogramas anticiparías que tienen aproximadamente la misma diferencia entre sus valores más pequeño y sus valores más grandes?

Histogramas para el ejercicio 2.58

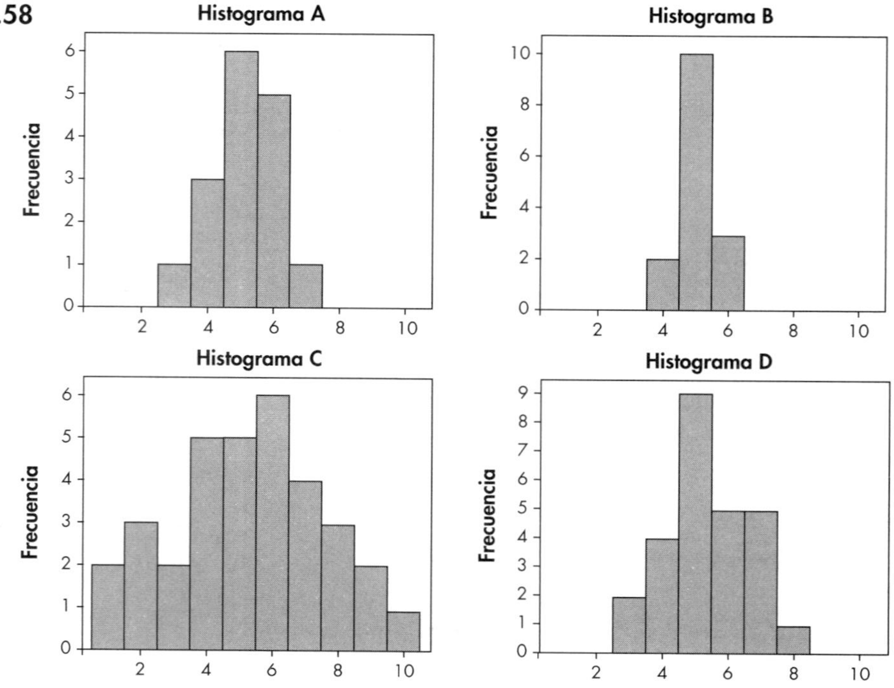

2.3 Medidas de tendencia central

Las **medidas de tendencia central** son valores numéricos que ubican, en cierto sentido, el centro de un conjunto de datos. Con frecuencia, el término *promedio* se asocia con todas las medidas de tendencia central.

Media (media aritmética) Promedio con el que probablemente ya estés más familiarizado. La media muestral se representa con $\bar{x}$ (léase "**$\bar{x}$ barra**" o "media muestral"). La media se encuentra al sumar todos los valores de la variable x (esta suma de los valores x se simboliza Σx) y dividir la suma entre el número de dichos valores, n (el "tamaño muestral"). Esto se expresa en forma de fórmula como

$$\textit{Media muestral:} \quad x \text{ barra} = \frac{\text{suma de todas las } x}{\text{número de } x}$$

$$\bar{x} = \frac{\Sigma x}{n} \qquad \textbf{(2.1)}$$

PTI La media poblacional, μ (letra minúscula mu del alfabeto griego), es la media de todos los valores x para toda la población.

Nota: Consulta el *Manual de soluciones del estudiante* para información acerca de la notación Σ ("notación sumatoria").

EJEMPLO 2.8

CÓMO ENCONTRAR LA MEDIA

Un conjunto de datos consiste en los cinco valores 6, 3, 8, 6 y 4. Encuentra la media.

Solución

Con la fórmula (2.1), se encuentra

$$\bar{x} = \frac{\Sigma x}{n} = \frac{6 + 3 + 8 + 6 + 4}{5} = \frac{27}{5} = 5.4$$

Por tanto, la media de esta muestra es **5.4**.

Una representación física de la media puede construirse al pensar en una línea numérica equilibrada en un fulcro. En el número correspondiente a cada valor de datos en la muestra del ejemplo 2.8, se coloca un peso sobre la línea numérica. En la figura 2.15 hay un peso sobre 3, 8 y 4 y dos pesos sobre el 6, pues en la muestra hay dos 6. La media es el valor que equilibra los pesos sobre la recta numérica, en este caso: 5.4.

FIGURA 2.15
Representación física de la media

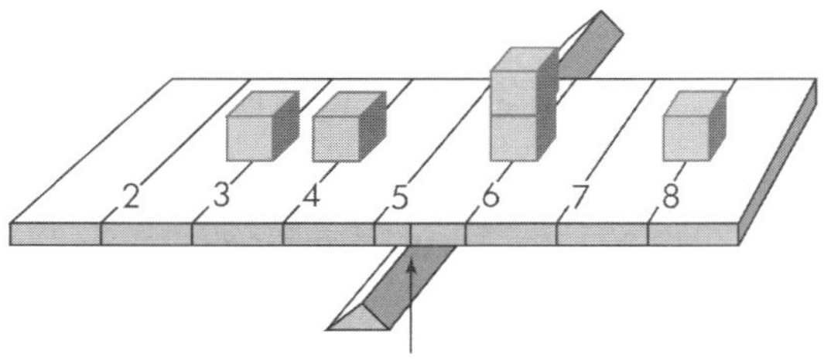

$\bar{x}$ = ***5.4*** (el centro de gravedad o punto de equilibrio)

PTI La media es el punto medio por peso.

Tutorial animado disponible; ingresa y aprende más en cengagebrain.com

INSTRUCCIONES DE TECNOLOGÍA: MEDIA

MINITAB

Escribe los datos en C1; después continúa con:

Elige:	**Calc > Column Statics**
Selecciona:	**Mean**
Escribe:	Input variable: **C1 > OK**

Excel

Escribe los datos en la columna A y activa una celda para la respuesta; después continúa con:

Elige:	**Insert Function, f_x > Statistical > AVERAGE > OK**
Escribe:	**Number 1: (A2:A6 o selecciona las celdas) > OK**
	[Comienza en A1 si no usaste fila de encabezado (título de columna)]

TI-83/84 Plus

Escribe los datos en L1; después continúa con:

Elige:	**2nd > LIST > Math > 3:mean(**
Escribe:	**L1**

¿SABÍAS QUE...?

Las aportaciones de sir Francis Galton a la estadística son casi incontables. En 1875, experimentó con semillas de guisantes; con 100 semillas de cada uno de siete diferentes diámetros construyó un esquema de dos entradas que relacionaba las semillas con las semillas en la descendencia. Observó que el diámetro mediano de la descendencia de la mayor era menor que el de sus padres, mientras que el diámetro mediano de la descendencia del menor era mayor que el de sus padres. Denominó *regresión a la media* a este fenómeno de resultados que caían hacia el centro de una distribución estadística.

Mediana Valor de los datos que ocupan la posición media cuando los datos se clasifican en orden de acuerdo con su tamaño. La mediana muestral se representa $\tilde{x}$ (léase "*x* tilde" o "mediana muestral").

Procedimiento para encontrar la mediana

Paso 1: Clasifica los datos.

Paso 2: **Determina la profundidad de la mediana.** La **profundidad** o posición (número de posiciones desde cualquier extremo), de la mediana se determina con la fórmula

$$\text{profundidad de mediana: } \textit{profundidad de la mediana} = \frac{\textit{tamaño muestral} + 1}{2}$$

$$d(\tilde{x}) = \frac{n+1}{2} \qquad \textbf{(2.2)}$$

La profundidad (o posición) de la mediana se encuentra al sumar los números de posición de los datos más pequeños (1) y los datos más grandes (n) y dividir la suma por 2 (n es el número de piezas de datos).

Paso 3: **Determina el valor de la mediana.** Cuenta los datos clasificados, ubica los datos en la $d(\tilde{x})$-ésima posición. La mediana será la misma sin importar desde cuál extremo de los datos clasificados (alto o bajo) contaste. De hecho, contar desde ambos extremos servirá como una excelente comprobación.

Los siguientes dos ejemplos demuestran este procedimiento conforme se aplican a conjuntos tanto con número impar de datos como con número par de datos.

EJEMPLO 2.9

MEDIANA PARA *n* IMPAR

Encuentra la mediana para el conjunto de datos {6, 3, 8, 5, 3}.

PTI El valor de $d(\tilde{x})$ es la profundidad de la mediana, NO el valor de la mediana, $\tilde{x}$.

Solución

Paso 1 Los datos, clasificados en orden de tamaño, son 3, 3, 5, 6 y 8.

Paso 2 Profundidad de la mediana: $d(\tilde{x}) = \frac{n+1}{2} = \frac{5+1}{2} = 3$ (la "3ª" posición).

Paso 3 La mediana es el tercer número desde cualquier extremo en los datos clasificados o $\tilde{x} = 5$.

Observa que la mediana en esencia separa el conjunto de datos clasificados en dos subconjuntos de igual tamaño (véase la figura 2.16).

FIGURA 2.16
Mediana de {3, 3, 5, 6, 8}

$\tilde{x} = 5$ (el valor medio; **2 valores de datos son más pequeños, 2 son más grandes**)

Como en el ejemplo 2.9, cuando n es impar, la profundidad de la mediana, $d(\tilde{x})$, siempre será un entero. Sin embargo, cuando n es par, la profundidad de la mediana, $d(\tilde{x})$, siempre será un medio número, como se muestra en el ejemplo 2.10.

EJEMPLO 2.10

MEDIANA PARA *n* PAR

Encuentra la mediana de la muestra 9, 6, 7, 9, 10, 8.

PTI La mediana es el punto medio por conteo.

Solución

Paso 1 Los datos, clasificados en orden de tamaño, son 6, 7, 8, 9, 9 y 10.

Paso 2 Profundidad de la mediana: $d(\tilde{x}) = \frac{n+1}{2} = \frac{6+1}{2} = 3.5$ (la "3.5-ésima" posición).

Paso 3 La mediana está a medio camino entre el tercero y el cuarto valores de datos. Para encontrar el número a la mitad entre cualesquiera dos valores, suma los dos valores y divide la suma entre 2. En este caso, suma el tercer valor (8) y el cuarto valor (9) y después divide la suma (17) entre 2. La mediana es $\tilde{x} = \frac{8+9}{2} = 8.5$ un número a la mitad entre "el medio" de dos números (véase la figura 2.17). Observa que la mediana nuevamente separa el conjunto de datos clasificados en dos subconjuntos de igual tamaño.

Ejemplo 2.10 (continuación)

PTI La mediana poblacional, M (letra mayúscula mu del alfabeto griego), es el valor de datos en la posición de en medio de toda la población clasificada.

FIGURA 2.17
Mediana de {6, 7, 8, 9, 9, 10}

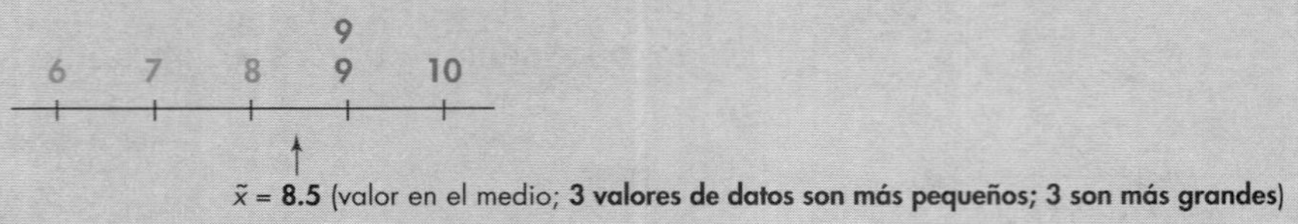

INSTRUCCIONES DE TECNOLOGÍA: MEDIANA

MINITAB

Escribe los datos en C1; después continúa con:

Elige:	**Calc > Column Statistics**
Selecciona:	**Median**
Escribe:	Input variable: **C1 > OK**

Excel

Escribe los datos en la columna A y activa una celda para la respuesta; después continúa con:

Elige:	**Insert Function, f_x > Statistical > MEDIAN > OK**
Escribe:	**Number 1: (A2:A6 o selecciona celdas) > OK**

TI-83/84 Plus

Escribe los datos en L1; después continúa con:

Elige:	**2nd > LIST > Math > 4:median(**
Escribe:	**L1**

Moda Es el valor de x que ocurre con más frecuencia.

FIGURA 2.18

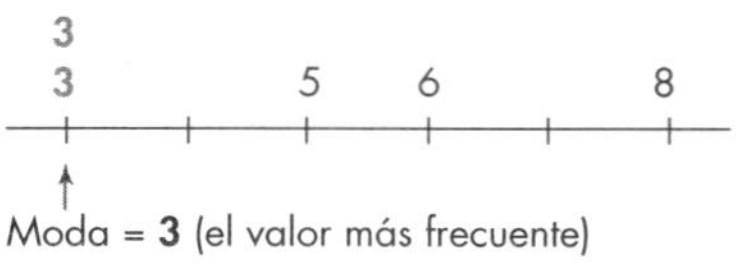

En el conjunto de datos del ejemplo 2.9, {3, 3, 5, 6, 8}, la moda es 3 (véase la figura 2.18).

En la muestra 6, 7, 8, 9, 9, 10, la moda es 9. En esta muestra, sólo el 9 ocurre más de una vez; en los datos del ejemplo 2.9, sólo el 3 ocurre más de una vez. Si dos o más valores en una muestra están empatados en la frecuencia más alta (número de ocurrencias), se dice que **no hay moda**. Por ejemplo, en la muestra 3, 3, 4, 5, 5, 7, el 3 y el 5 aparecen igual número de veces. No hay un valor que aparezca con más frecuencia; por tanto, esta muestra no tiene moda.

Medio rango Número exactamente a la mitad entre un dato de valor más bajo, L y un dato de valor más alto, H. Se encuentra al promediar los valores bajo y alto:

$$\text{medio rango} = \frac{\textit{valor bajo} + \textit{valor alto}}{2}$$

$$\text{medio rango} = \frac{L + H}{2} \qquad \textbf{(2.3)}$$

Para el conjunto de datos del ejemplo 2.9, {3, 3, 5, 6, 8}, $L = 3$ y $H = 8$ (observa la figura 2.19).

Por tanto,

$$\textit{medio rango} = \frac{L + H}{2}$$

$$= \frac{3 + 8}{2} = 5.5$$

FIGURA 2.19
Medio rango de {3, 3, 5, 6, 8}

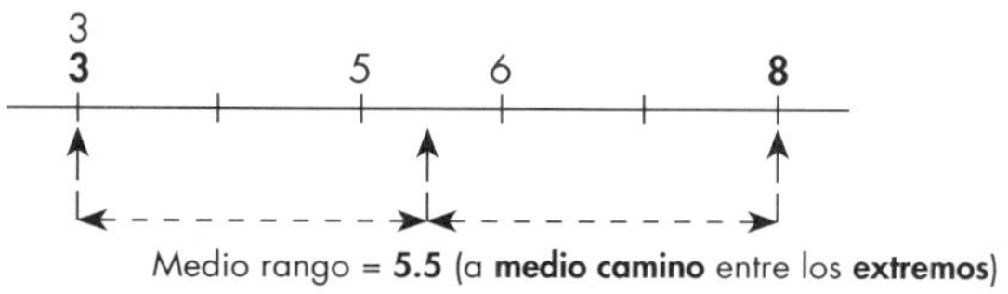

Las cuatro medidas de tendencia central representan cuatro métodos diferentes para describir el medio. Estos cuatro valores pueden ser iguales, pero más probablemente serán diferentes.

Para los datos muestrales del ejemplo 2.10, la media, $\bar{x}$, es 8.2; la mediana, $\tilde{x}$, es 8.5; la moda es 9 y el medio rango es 8. En la figura 2.20 se muestra la relación entre ellos y los datos.

FIGURA 2.20
Medidas de tendencia central para {6, 7, 8, 9, 9, 10}

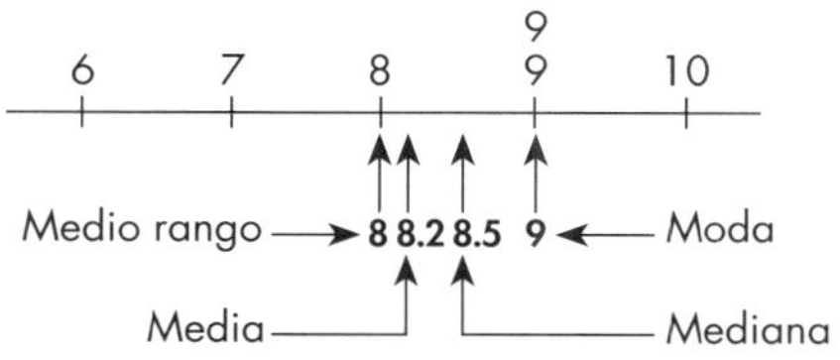

EJEMPLO APLICADO 2.11

"PROMEDIO" SIGNIFICA DIFERENTES COSAS

Cuando se trata de conveniencia, pocas cosas pueden acercarse a ese maravilloso dispositivo matemático llamado promediar. Con un promedio, puedes tomar un puñado de cifras de cualquier tema y calcular una cifra que representará a todo el puñado.

Pero hay una cosa a recordar. Existen varios tipos de medidas que ordinariamente se conocen como *promedios* y cada una ofrece una imagen diferente de las cifras que trata de representar.

Considera un ejemplo. La tabla 2.11 muestra los ingresos anuales de 10 familias.

¿Cuál sería el ingreso "típico" de este grupo? Promediar proporcionaría la respuesta, así que calcula el ingreso típico por los tipos de promediar más simples y más frecuentemente usados.

TABLA 2.11
Ingresos anuales de 10 familias [TA02-11]

$54 000	$39 000	$37 000	$36 750	$35 250	$31 500	$31 500	$31 500	$31 500	$25 500

- *La media aritmética*. Esta es la forma de promedio más común, que se obtiene al sumar los objetos en el conjunto de datos y después dividir por el número de objetos; para dichos datos, la media aritmética es $35 400. La media es representativa del conjunto de datos en el sentido de que la suma de las cantidades en las que las cifras superiores superan la media es exactamente la misma que la suma de las cantidades por las que las cifras inferiores caen abajo de la media.

  Los ingresos superiores superan la media por un total de $25 650. Los ingresos inferiores caen abajo de la media por un total de $25 650.
- *La mediana*. Como lo estudiaste, seis familias ganan menos que la media y cuatro familias ganan más. Tal vez quieras representar este grupo variado por el ingreso de la familia que está exactamente en medio de todo el grupo. La mediana resulta ser $33 375.
- *El medio rango*. Otro número que puede usarse para representar el promedio es el medio rango, que se obtiene al calcular la cifra que yace a la mitad entre los ingresos superior e inferior: $39 750.
- *La moda*. De este modo, tres tipos de promedios y ninguna familia realmente tiene un ingreso que se relacione con alguna de ellas. Supón que quieres representar el grupo al establecer el ingreso que ocurre con más frecuencia. A esto se le llama moda. El ingreso modal sería $31 500.

Están disponibles cuatro diferentes promedios, cada uno válido, correcto e informativo por cuenta propia. ¡Pero cómo difieren!

media aritmética	***mediana***	***medio rango***	***moda***
$35 400	$33 375	$39 750	$31 500

Y diferirían todavía más si sólo una familia en el grupo fuese millonaria, ¡o una fuera desempleada! El valor grande de $54 000 (extremadamente diferente de los otros valores) sesga los datos hacia los valores de datos más grandes. Este sesgo hace que la media y el medio rango se vuelvan mucho más grandes en valor.

Así que hay tres lecciones. Primera, cuando veas o escuches un promedio, descubre de cuál promedio se trata. Entonces sabrás qué tipo de cuadro se te proporciona. Segunda, piensa en las cifras que se promedian, de modo que puedes juzgar si el promedio usado es adecuado. Tercera, no supongas que se pretende una cuantificación matemática literal cada vez que alguien dice "promedio". No lo es. Con frecuencia, todas las personas dicen "la persona promedio" sin pensar en implicaciones de media, mediana o moda. Todo lo que pretenden es transmitir la idea de otras personas que en muchas formas son muy parecidas al resto de los demás.

Ahora que aprendiste cómo calcular varios estadísticos muestrales, se plantea la siguiente pregunta: ¿cómo expresas tu respuesta final?

Regla de redondeo Cuando se redondea una respuesta, se tiene el acuerdo de conservar en la respuesta un lugar decimal más del que estaba presente en la información original. Para evitar acumulación de redondeo, redondea sólo la respuesta final, no los pasos intermedios. Esto es: evita usar un valor redondeado para realizar cálculos posteriores. En los ejemplos previos, los datos estaban compuestos de números enteros; por tanto, aquellas respuestas que tenían valores decimales debían redondearse a la décima más cercana. Consulta el *Manual de soluciones del estudiante* para instrucciones específicas acerca de cómo realizar el redondeo.

[EX00-000] identifica el nombre de archivo de una base de datos en línea de un ejercicio; bases de datos y Applets Skillbuilder disponibles a través de cengagebrain.com

EJERCICIOS SECCIÓN 2.3

2.59 Explica por qué es posible encontrar la media para los datos de una variable cuantitativa, mas no para una variable cualitativa.

2.60 El número de hijos, x, que pertenecen a cada una de ocho familias registradas para nadar fue 1, 2, 1, 3, 2, 1, 5, 3. Encuentra la media, $\bar{x}$.

2.61 [EX02-061] El costo de llevar contigo a tu mascota a bordo de un avión austero en Estados Unidos varía de acuerdo con la aerolínea. Los precios para 14 de las principales aerolíneas estadounidenses en junio de 2009 fueron (en dólares):

69	100	100	100	125	150	100	60	100	125	75	100	125	100

Encuentre el costo medio para volar junto con tu mascota.

2.62 Ejercicio Applet Skillbuilder Demuestra el efecto de equilibrio de la media. Se proporciona una gráfica con un punto de datos en 10. Agrega más bloques al apuntar y hacer clic sobre la ubicación deseada de la gráfica hasta lograr una media de 1.

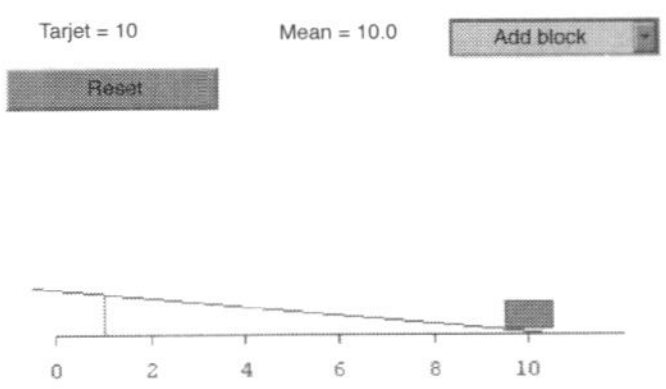

a. ¿Cuántos bloques se requieren para equilibrar una media de 1?

b. ¿En qué valor se ubican dichos bloques?

2.63 La interestatal 64 de Estados Unidos corre entre St. Louis, MO, en I-270 en el extremo oeste, hacia Portsmouth, VA, en I-264 en el extremo este, mientras pasa a través de seis estados. El número de millas en cada estado es: Missouri, 16 millas; Illinois, 132 millas; Indiana, 124 millas; Kentucky, 191 millas; West Virginia, 183 millas; Virginia, 299 millas.

Fuente: http://www.ihoz.com/

a. Encuentre el número medio de millas en cada estado a lo largo de I-64.

I-64 interseca con otras nueve autopistas interestatales, además de I-264 e I-270 en sus puntos extremos.

b. Encuentra la distancia media entre intercambios con otras autopistas interestatales a lo largo de I-64.

(**Sugerencia:** por ejemplo, si hubiera 5 intercambios para un tramo de autopista, habría sólo 4 secciones de autopista entre dichas intersecciones.)

2.64 La interestatal 29 interseca con muchas otras autopistas mientras cruza cuatro estados en medio de Estados Unidos y corre desde el extremo sur en Kansas City, MO, a la I-35 en el extremo norte en Pembina, ND, en la frontera canadiense.

Interestatal 29 de EUA

Estado	Millas	Número de intersecciones
Missouri	123	37
Iowa	161	32
Dakota del Sur	252	44
Dakota del Norte	217	40

Fuente: Rand McNally y http://www.ihoz.com/

Considera la variable "distancia entre intersecciones".

a. Encuentra la distancia media entre intercambios en Missouri.

b. Encuentra la distancia media entre intercambios en Iowa.

c. Encuentra la distancia media entre intercambios en Dakota del Norte.

d. Encuentra la distancia media entre intercambios en Dakota del Sur.

e. Encuentra la distancia media entre intercambios a lo largo de la I-29.

f. Encuentra la media de las cuatro medias que encontraste al responder los incisos a al d.

g. Compara las respuestas que encontraste en los incisos e y f. ¿Esperabas que fueran iguales? Explica por qué son diferentes.

(**Sugerencia:** por ejemplo, si hubiera 5 intercambios para un tramo de autopista, sólo habría 4 secciones de autopista entre dichas intersecciones.)

2.65 ¿Cuál es la paga semanal media si 5 empleados ganan \$425 por semana, 3 ganan \$750 por semana y 1 gana \$1 340?

2.66 ¿Es posible que ocho empleados ganen entre 300 y 350 dólares, mientras que un noveno gane 1 250 dólares por semana y la media sea 430 dólares? Verifica tu respuesta.

2.67 Encuentra la altura mediana de un equipo de baloncesto: 73, 76, 72, 70 y 74 pulgadas.

2.68 Encuentra la tasa mediana pagada en Jim's Burgers si los salarios horarios de los trabajadores son \$4.25, \$4.15, \$4.90, \$4.25, \$4.60, \$4.50, \$4.60, \$4.75.

2.69 Para los estudiantes de séptimo grado con teléfonos celulares, la cantidad de números programados en sus teléfonos son:

100	37	12	20	53	10	20	50	35	30

a. Encuentra la cantidad media de números programados en un teléfono celular de un estudiante de séptimo grado.

b. Encuentra la cantidad mediana de números programados en un teléfono celular de un estudiante de séptimo grado.

c. Explica la diferencia en valores de la media y la mediana.

d. Remueve el valor más extremo y responde nuevamente los incisos a al c.

e. ¿Remover el valor extremo tiene más efecto sobre la media o la mediana? Explica por qué.

2.70 Ejercicio Applet Skillbuilder Demuestra el efecto que un valor de datos puede tener sobre la media y la mediana.

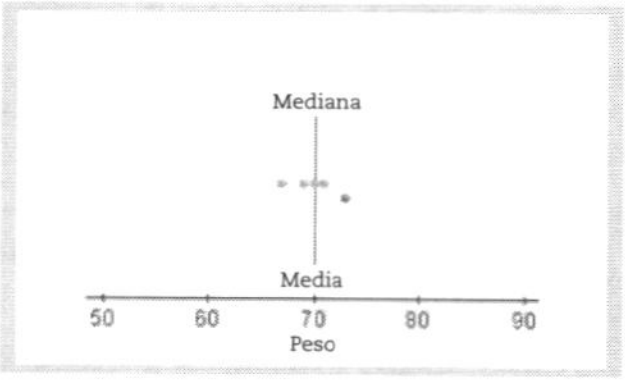

a. Mueve el punto oscuro hacia la extrema derecha. ¿Qué ocurre con la media? ¿Qué ocurre con la mediana?

b. Mueve el punto oscuro hacia la extrema izquierda. ¿Qué ocurre con la media? ¿Qué ocurre con la mediana?

c. ¿Cuál medida de tendencia central, la media o la mediana, brinda un mejor sentido del centro cuando se presenta un valor errático (o valor extremo) en los datos?

2.71 El número de automóviles por apartamento, propiedad de una muestra de residentes en un gran complejo, es 1, 2, 1, 2, 2, 2, 1, 2, 3, 2. ¿Cuál es la moda?

2.72 Cada año, alrededor de 160 colegios participan en la Competencia de Canoa de Concreto de la American Society of Civil Engineer's. Cada equipo debe diseñar una canoa apta para la navegación marina a partir de concreto, una sustancia no conocida por su capacidad para flotar. Las canoas deben pesar entre 100 y 350 libras. Cuando se pesaron las canoas del último año, los pesos variaron de 138 a 349 libras.

a. Encuentra el rango medio.

b. La información dada contiene 4 valores de peso; explica por qué usaste dos de ellos en el inciso a y no usaste los otros dos.

2.73 a. Encuentra la media, mediana, moda y medio rango para los datos muestrales 9, 6, 7, 9, 10, 8.

b. Verifica y discute la relación entre las respuestas en el inciso a, como se muestra en la figura 2.20 de la página 67.

2.74 Considera la muestra 2, 4, 7, 8, 9. Encuentra lo siguiente:

a. media, $\bar{x}$

b. mediana, $\tilde{x}$

c. moda

d. rango medio

2.75 Considera la muestra 6, 8, 7, 5, 3, 7. Encuentra lo siguiente:

a. media, $\bar{x}$

b. mediana, $\tilde{x}$

c. moda

d. rango medio

2.76 A 15 estudiantes universitarios seleccionados al azar se les pidió mencionar el número de horas que durmió la noche anterior. Los valores de datos resultantes son 5, 6, 6, 8, 7, 7, 9, 5, 4, 8, 11, 6, 7, 8, 7. Encuentra lo siguiente:

a. media, $\bar{x}$

b. mediana, $\tilde{x}$

c. moda

d. rango medio

2.77 [EX02-077] Una muestra aleatoria de 10 de los conductores de la NASCAR 2007 produjo las siguientes edades:

36	26	48	28	45	21	21	38	27	32

a. Encuentra la edad media para los 10 conductores de la NASCAR 2007.

b. Encuentra la edad mediana para los 10 conductores de la NASCAR 2007.

c. Encuentra el rango medio de edad para los 10 conductores de la NASCAR 2007.

d. Encuentra la moda, si existe, para la edad de los 10 conductores de la NASCAR 2007.

2.78 En enero de 2009, la tasa de desempleo en la ciudad de Nueva York fue 7.3. Las tasas de desempleo para los cinco condados que forman la ciudad de Nueva York fueron: 9.7, 7.7, 6.7, 6.6, 6.5.

a. ¿Crees que la tasa de desempleo para toda la ciudad y la tasa de desempleo media para los cinco condados son iguales? Explica con detalles.

b. Encuentra la media de las tasas de desempleo para los cinco condados de la ciudad de Nueva York.

c. Explica con detalles por qué la media de los cinco condados no es la misma que la tasa para toda la ciudad.

d. ¿Qué condiciones deberían existir para que la media de los cinco condados fuera igual al valor para toda la ciudad?

2.79 [EX02-079] Un objetivo constante en la fabricación de lentes de contacto es mejorar aquellas características que afecten el poder de los lentes y la agudeza visual. Una de tales características involucra las herramientas donde a final de cuentas se fabrican los lentes. Los resultados de las pruebas iniciales del proceso de desarrollo se examinaron para la característica crucial *X*. Los datos resultantes se mencionan a continuación:

0.026	0.027	0.024	0.023	0.034	0.035	0.035	0.033	0.034
0.033	0.032	0.038	0.041	0.041	0.021	0.022	0.027	0.032
0.023	0.023	0.024	0.017	0.023	0.019	0.027		

Fuente: Cortesía de Bausch & Lomb (variable no mencionada y datos codificados a petición de B&L)

a. Dibuja tanto un diagrama de puntos como un histograma de los datos de la característica crucial *X*.

b. Encuentra la media para la característica crucial *X*.

c. Encuentra la mediana para la característica crucial *X*.

d. Encuentra el rango medio para la característica crucial *X*.

e. Encuentra la moda, si existe, para la característica crucial *X*.

f. ¿Qué característica de la distribución, como muestran las gráficas que encontraste en el inciso a, parece inusual? ¿Dónde caen las respuestas que encontraste en los incisos b, c y d en relación con la distribución? Explica.

g. Identifica al menos una causa posible para esta situación aparentemente inusual.

2.80 Buick y Jaguar empataron en el primer lugar en el Estudio de Confiabilidad Vehicular 2009 de J.D. Power & Associates. Se trata de una encuesta anual de automóviles de tres años de antigüedad donde los consumidores indican todos los problemas que tuvieron con sus vehículos modelo 2006.

Fuente: J.D. Power & Assoc. 2009 Vehicle Dependability Study

Una muestra aleatoria de los datos de J.D. Power produjeron los siguientes números de problemas:

148 263 147 159 222 150

a. Calcula la media.

b. Con base en la información proporcionada, explica qué te dice la media. ¿Esto tiene sentido?

c. Al leer más el estudio, descubres que los datos del "número de problemas" son un total para 100 automóviles de dicha marca de vehículo. Divide entre 100 cada uno de los valores de datos en el inciso a y vuelve a calcular la media.

d. ¿Existe una forma más rápida en la que puedas calcular la media para el inciso c?

e. Explica qué te dice esta nueva media.

f. ¿Cuál media sería más útil tanto para el fabricante como para el consumidor? ¿Por qué?

2.81 [EX02-081] El equipo profesional de Soccer Rochester Raging Rhinos espera una buena temporada 2010. La mezcla de experiencia y juventud en los enérgicos jugadores, debe constituir un equipo sólido. Las edades actuales del equipo son:

23	24	25	32	30	20	31	24	30	24
33	36	30	20	25	26	30	31	23	24

a. Construye un histograma de frecuencias agrupadas con las clases 19-21, 21-23, etcétera.

b. Describe la distribución que se muestra en el histograma.

c. Con base en el histograma y su forma, ¿qué predecirías para la media y la mediana? ¿Cuál sería más alta? ¿Por qué?

d. Calcula la media y la mediana. Compara las respuestas a tus valores predichos en el inciso c.

e. ¿Cuál medida de tendencia central proporciona la mejor medida del centro? ¿Por qué?

2.82 El "promedio" es un estadístico comúnmente reportado. Este único trozo de información puede ser muy informativo o muy engañoso, donde media y mediana son los dos más comúnmente reportados.

a. La media es una medida útil, pero puede ser engañosa. Describe una circunstancia cuando la media es muy útil como el promedio y una circunstancia cuando la media es muy engañosa como el promedio.

b. La mediana es una medida útil, pero puede ser engañosa. Describe una circunstancia cuando la mediana sea muy útil como el promedio y una circunstancia cuando la media sea muy engañosa como el promedio.

2.83 [EX02-047] A todos los estudiantes de tercer grado en la Escuela Elemental Roth se les aplicó un examen de fortaleza en acondicionamiento físico. Resultaron los siguientes datos:

12	22	6	9	2	9	5	9	3	5	16	1	22
18	6	12	21	23	9	10	24	21	17	11	18	19
17	5	14	16	19	19	18	3	4	21	16	20	15
14	17	4	5	22	12	15	18	20	8	10	13	20
6	9	2	17	15	9	4	15	14	19	3	24	

a. Construye un diagrama de puntos.

b. Encuentra la moda.

(continúa en la página 72)

c. Prepara una distribución de frecuencias agrupadas con clases 1-4, 4-7, etc. y dibuja un histograma de la distribución.

d. Describe la distribución; específicamente, ¿la distribución es bimodal (en torno a cuáles valores)?

e. Compara tus respuestas a los incisos a y c; comenta acerca de la relación entre la moda y los valores modales en dichos datos.

f. ¿La discrepancia que encontraste en la comparación del inciso e podría ocurrir cuando usas una distribución de frecuencias no agrupadas? Explica.

g. Explica por qué, en general, la moda de un conjunto de datos no necesariamente brinda la misma información que los valores modales.

2.84 [EX02-084] Con frecuencia se advierte a los consumidores contra comer demasiado alimento que sea alto en calorías, grasas y sodio, por numerosas razones de salud y de condición física. *Nutrition in Action* publicó una lista de marcas populares bajas en grasa de hot dogs usualmente etiquetadas "libre en grasas", "reducido en grasas", "bajo en grasas", "light", etc., junto con sus calorías, contenido de grasas y sodio. Todas las cantidades medidas son para un hot dog:

Marca de hot dog	Calorías	Grasa (g)	Sodio (mg)
Ball Park Fat Free Beef Franks	50	0	460
Butterball Fat Free Franks	40	0	490
*** Para el resto de los datos, ingresa a cengagebrain.com			

Fuente: *Nutrition Action HealthLetter*, "On the Links", julio-agosto de 1998

a. Encuentra la media, mediana, moda y rango medio del contenido de calorías, grasas y sodio de todas las salchichas mencionadas. Usa una tabla para resumir tus resultados.

b. Construye una gráfica de puntos del contenido de grasa. Ubica la media, mediana, moda y rango medio en la gráfica.

c. En el verano de 2009, el ganador del famoso concurso Nathan's de comer hot dogs el cuatro de julio, consumió 68 hot dogs en 10 minutos. Si se le sirvió el hot dog de la mediana, ¿cuántas calorías, gramos de grasa y miligramos de sodio consumiría en esa sola sentada? Si la recomendación diaria de ingesta de sodio es 2 400 mg, ¿la habrá excedido? Explica.

2.85 [EX02-085] El número de carreras anotadas por los equipos de las grandes ligas es probable que esté influido por si el juego se realiza en casa o en el campo del oponente. Con la intención de medir las diferencias entre jugar en casa o de visita, se calculó el número promedio de carreras anotadas por juego por cada equipo de la MLB mientras jugaba en su casa y mientras jugaba en gira (en campos de los oponentes). La siguiente tabla resume los datos:

Equipo	Carreras prom., casa	Carreras prom., visita
Angels	4.73	4.72
Astros	4.59	4.26
***Para el resto de los datos, ingresa a cengagebrain.com		

Fuente: *MajorLeagueBaseball.com*

a. Encuentra la media, mediana, máximo, mínimo y rango medio de las carreras anotadas por los equipos mientras jugaron en casa.

b. Encuentra la media, mediana, máximo, mínimo y rango medio de las carreras anotadas por los equipos mientras jugaban en gira.

c. Compara cada una de las medidas que encontraste en los incisos a y b. ¿Qué puedes concluir?

2.86 [EX02-086] ¿Todo aumenta cada año? ¡En ocasiones parece que sí! La tasa de aumento porcentual anual 2007 en el consumo de carburantes por estados de EUA, se reportó en la Highway Statistics, noviembre de 2008 y se menciona en la tabla. Observa que el consumo no aumenta en todos los estados.

Cambio porcentual en consumo de carburantes de 2006 a 2007 por estado

2.4	−0.4	0.3	6.8	0.5	1.3	0.3	1.5	1.3
−2.1	−0.7	−1.5	4.9	−0.4	−0.8	0.1	3.3	−0.3
−10.2	−1.6	1.0	3.0	−2.7	−0.3	−2.9	0.9	0.6
3.4	−0.5	1.9	2.2	−1.3	−0.4	1.2	4.3	0.1
4.4	0.3	−0.4	−0.9	0.1	3.4	1.4	2.6	3.9
−1.1	2.1	0.6	−0.6	2.1	5.2			

Fuente: U.S. Department of Transportation: Federal Highway Administration

a. Explica el significado de: valores negativos y positivos, valores grandes y pequeños, valores cercanos a cero, valores no cercanos a cero.

b. Examina los datos de la tabla. ¿Qué distribución anticipas para el "cambio porcentual"? ¿Cuál crees será el "cambio porcentual" medio? Justifica tus estimaciones, sin algún trabajo de cálculo preliminar.

c. Si esperas muy poco o ningún cambio, ¿qué valor tendrá la media? Explica.

d. Construye un histograma del porcentaje de cambio.

e. Calcula el porcentaje medio de cambios en el consumo de 2006 a 2007.

f. La Federal Highway Administration reportó el aumento porcentual para todo Estados Unidos como 0.4 de 1%. El valor calculado para la media en el inciso e no es el mismo. Explica cómo es posible esto.

2.87 [EX02-087] A los estudiantes les gusta involucrarse en la "batalla de los sexos" cuando se trata de quién es mejor conductor. Pero, ¿cuál género supera al otro en el camino? Los números pueden sorprenderte. A continuación se menciona el número de conductores hombres y mujeres con licencia en cada uno de los 18 estados seleccionados al azar.

Número de conductores con licencia por género y estado

Estado	Hombre	Mujer
KY	1 451 596	1 481 670
DE	304 455	320 017

*** Para el resto de los datos, ingresa a cengagebrain.com

Fuente: Federal Highway Administration, U.S. Dep:. of Transportation

a. ¿Las conductoras superan a los conductores? Estudia la tabla y ve si los datos parecen apoyar tus suposiciones. Explica tu respuesta inicial.

b. Define la variable "razón H/M" como el número de conductores hombres con licencia dividido por el número de conductores mujeres con licencia en cada estado. Calcula la "razón H/M" para los estados de la muestra.

c. Si un valor de la razón H/M es cercano a 1.0, ¿qué significa? ¿Mayor que 1.0? ¿Menor que 1.0? Explica.

d. Construye un histograma.

e. Describe la distribución que se muestra en el histograma que encontraste en el inciso d.

f. Calcula el valor medio de la razón H/M.

g. Explica el significado de los valores en cada una de las colas del histograma.

h. Menciona dos estados, no en la tabla anterior, que esperes encontrar cerca de cada cola de la distribución de H/M. Explica por qué crees que dichos estados tendrán razones altas o bajas.

i. Responde las preguntas d y f con los 51 valores de datos.

j. Compara los resultados que encontraste en el inciso i con los que encontraste en los incisos d y f.

k. ¿Cómo te fue con tu respuesta al inciso h? Explica.

2.88 Tú eres el responsable de planear las necesidades de estacionamiento para un nuevo complejo de 256 apartamentos y te piden basar las necesidades en el estadístico "número promedio de vehículos por vivienda: 1.9".

a. ¿Cuál promedio (media, mediana, moda, rango medio) te será útil? Explica.

b. Explica por qué "1.9" no puede ser la mediana, la moda o el rango medio para la variable "número de vehículos".

c. Si el propietario quiere un estacionamiento que alojara 90% de todos los inquilinos que posean vehículos, ¿cuántos espacios debes planear?

2.89 ¿En cuáles estados los residentes pagan más impuestos? ¿En cuál pagan menos? Quizá depende de la variable usada para medir la cantidad de impuestos pagados. En 2008 el Centro de Política Fiscal reportó los siguientes estadísticos acerca del promedio de impuestos anuales 2006 y porcentaje de ingreso personal pagado por persona por estado.

Ingresos fiscales 2006

	Impuestos per cápita	Clasificación	Porcentaje de ingreso personal	Clasificación
DISTRITO DE COLUMBIA	$7 764	1	14.1	4
ALABAMA	$2 782	51	9.6	48
WYOMING	$6 116	3	16.6	1
DAKOTA DEL SUR	$2 842	48	9.1	51

Fuente: Federation of Tax Administrators (2007) and U.S. Bureau of the Census and Bureau of Economic Analysis. http://taxpolicycenter.org/

a. Compara y contrasta las variables "impuestos per cápita" y "porcentaje de ingreso personal". ¿Cómo explicas las diferencias en clasificación para el Distrito de Columbia y Wyoming?

b. Con base en esta información y el importe de impuestos pagados por persona más alto y más bajo por estado, ¿cuál fue el porcentaje "promedio" pagado por persona?

c. Con base en esta información y el porcentaje de ingreso por estado más alto y más bajo pagado por persona, ¿cuál fue el porcentaje "promedio" pagado por persona?

d. Explica por qué tus respuestas en los incisos b y c sólo son el valor promedio que puedes determinar a partir de la información dada. ¿Cuál es su nombre?

2.90 Tu profesor y tu clase hicieron un trato acerca del examen recién aplicado y que se califica en la actualidad. Si la clase logra una calificación media de 74 o mejor, no habrá tarea el siguiente fin de semana. Si la media de la clase es 72 o menos, entonces no sólo habrá tarea como siempre, sino que todos los miembros de la clase tendrán que presentarse el sábado y hacer dos horas de limpieza general alrededor de los patios de la escuela como un proyecto de servicio comunitario. En tu clase hay 15 estudiantes. Tu profesor calificó los primeros 14 exámenes y su calificación media es 73.5. Tu examen es el único que falta por calificar.

a. ¿Qué calificación debes obtener para que la clase gane el trato?

b. ¿Qué calificación debes obtener para que la clase no haga el trabajo de servicio comunitario?

2.91 A partir de los valores de datos 70 y 100, suma tres valores de datos a la muestra de modo que la muestra tenga lo siguiente: (Justifica tu respuesta en cada caso.)

a. Media de 100.

b. Mediana de 70.

c. Moda de 87.

d. Medio rango de 70.

e. Media de 100 y mediana de 70.

f. Media de 100 y moda de 87.

(continúa en la página 74)

g. Media de 100 y medio rango de 70.

h. Media de 100, mediana de 70 y moda de 87.

2.92 Ejercicio Applet Skillbuilder Relaciona medias con histogramas correspondientes. Después de varias rondas de práctica con "New Plots" (nuevas gráficas), explica tu método de relacionar.

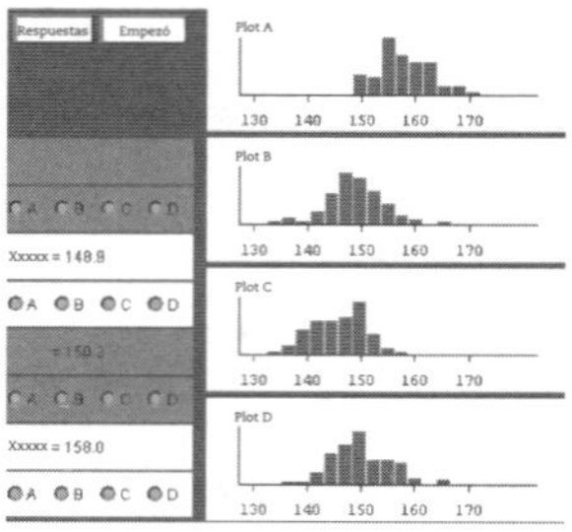

2.4 Medidas de dispersión

Al haber localizado la parte "media" con las medidas de tendencia central, la búsqueda de información a partir de los conjuntos de datos ahora se dirige hacia las medidas de dispersión. Las **medidas de dispersión** incluyen *rango*, *varianza* y *desviación estándar*. Dichos valores numéricos describen la cantidad de dispersión o variabilidad, que se encuentra entre los datos: los datos estrechamente agrupados tienen valores relativamente pequeños y los datos más ampliamente dispersos tienen valores más grandes. El agrupamiento más cercanamente posible ocurre cuando los datos no tienen dispersión (todos los datos son del mismo valor); en esta situación, la medida de dispersión será cero. No hay límite acerca de cuán ampliamente dispersos pueden estar los datos; por tanto, las medidas de dispersión pueden ser muy grandes. La medida de dispersión más simple es el rango.

Rango Diferencia en valor entre los datos con valor más alto, *H* y los datos con valor más bajo, *L*:

$$\text{rango} = \textit{valor alto} - \textit{valor bajo}$$

$$\text{rango} = H - L \qquad \textbf{(2.4)}$$

La muestra 3, 3, 5, 6, 8 tiene un rango de $H - L = 8 - 3 = 5$. El rango de 5 dice que estos datos caen todos dentro de un intervalo de 5 unidades (véase la figura 2.21).

FIGURA 2.21
Rango de {3, 3, 5, 6, 8}

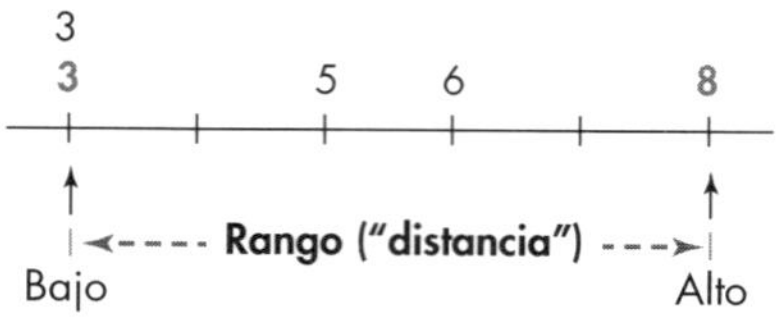

Las otras medidas de dispersión a estudiar en este capítulo son medidas de dispersión en torno a la media. Para desarrollar una medida de dispersión en torno a la media, primero responde la pregunta: ¿cuán lejos está cada x de la media?

Desviación de la media Una desviación de la media, $x - \bar{x}$, es la diferencia entre el valor de x y la media, $\bar{x}$.

Cada valor individual de x se desvía de la media por una cantidad igual a $(x - \bar{x})$. Esta desviación $(x - \bar{x})$ es cero cuando x es igual a la media, $\bar{x}$. La desviación $(x - \bar{x})$ es positiva cuando x es más grande que $\bar{x}$ y negativa cuando x es menor que $\bar{x}$.

Considera la muestra 6, 3, 8, 5, 3. Con la fórmula (2.1), $\bar{x} = \frac{\Sigma x}{n}$, encuentras que la media es 5. Cada desviación, $(x - \bar{x})$, se encuentra entonces al restar 5 de cada valor x:

Datos x	**6**	**3**	**8**	**5**	**3**
Desviación $x - \bar{x}$	1	−2	3	0	−2

La figura 2.22 muestra las cuatro desviaciones distintas de cero desde la media.

FIGURA 2.22
Desviaciones de la media

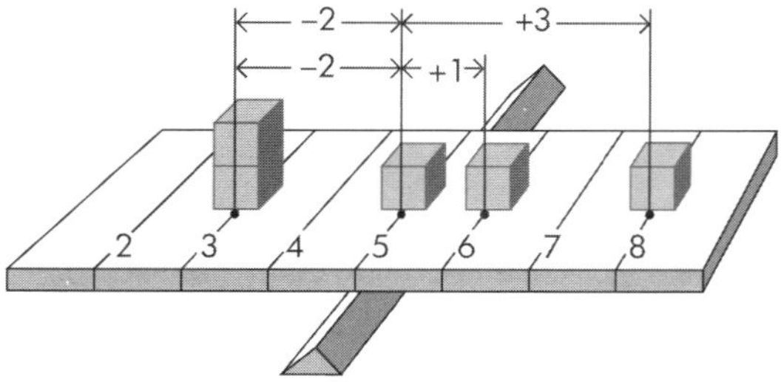

Para describir el valor "promedio" de dichas desviaciones, puedes usar la desviación media, la suma de las desviaciones dividida entre n, $\frac{\Sigma(x-\bar{x})}{n}$. Sin embargo, dado que la suma de las desviaciones, $\Sigma(x - \bar{x})$, es exactamente cero, la desviación media también será cero. De hecho, siempre será cero, lo que significa que no es un estadístico útil. ¿Cómo y por qué ocurre esto?

La suma de las desviaciones, $\Sigma(x - \bar{x})$, siempre es cero porque las desviaciones de los valores x menores que la media (que son negativos) cancelan a aquellos valores x mayores que la media (que son positivos). Este efecto neutralizador puede removerse si haces algo para volver positivas todas las desviaciones. Puedes lograr esto al elevar al cuadrado cada una de las desviaciones; las desviaciones al cuadrado siempre serán valores no negativos (positivos o cero). Las desviaciones al cuadrado se usan para encontrar la varianza.

Varianza muestral La varianza muestral, s^2, es la media de las desviaciones al cuadrado, calculada con $n - 1$ como el divisor:

varianza muestral: *s al cuadrado* = $\frac{\textit{suma de (desviaciones al cuadrado)}}{\textit{número} - 1}$

$$s^2 = \frac{\Sigma(x - \bar{x})^2}{n - 1} \quad \textbf{(2.5)}$$

donde n es el tamaño muestral; esto es: el número de datos en la muestra.

La varianza de la muestra 6, 3, 8, 5, 3 se calcula en la tabla 2.12 con la fórmula (2.5).

Notas:

1. La suma de todos los valores x se usa para encontrar $\bar{x}$.
2. La suma de las desviaciones, $\Sigma(x - \bar{x})$, siempre es cero, siempre que se use el valor exacto de $\bar{x}$. Usa este hecho como comprobación en tus cálculos, como se hizo en la tabla 2.12 (denotado con ⓒⓚ).

3. Si se usa un valor redondeado de $\bar{x}$, entonces $\Sigma(x - \bar{x})$ no siempre será exactamente cero. Sin embargo, estará razonablemente cercano a cero.
4. La suma de las desviaciones al cuadrado se encuentra al elevar al cuadrado cada desviación y después sumar los valores al cuadrado.

TABLA 2.12 Cálculo de varianza con la fórmula (2.5)

Paso 1. Encuentra Σx	Paso 2. Encuentra $\bar{x}$	Paso 3. Encuentra cada $x - \bar{x}$	Paso 4. Encuentra $\Sigma(x - \bar{x})^2$	Paso 5. Encuentra s^2
6	$\bar{x} = \frac{\Sigma x}{n}$	$6 - 5 = 1$	$(1)^2 = 1$	$s^2 = \frac{\Sigma(x - \bar{x})}{n-1}$
3		$3 - 5 = -2$	$(-2)^2 = 4$	
8		$8 - 5 = 3$	$(3)^2 = 9$	
5	$\bar{x} = \frac{25}{5}$	$5 - 5 = 0$	$(0)^2 = 0$	$s^2 = \frac{18}{4}$
3		$3 - 5 = -2$	$(-2)^2 = 4$	
$\Sigma x = 25$	$\bar{x} = 5$	$\Sigma(x - \bar{x}) = 0$ (ck)	$\Sigma(x - \bar{x})^2 = 18$	$s^2 = 4.5$

Para demostrar gráficamente lo que dicen las varianzas de conjuntos de datos, considera un segundo conjunto de datos: {1, 3, 5, 6, 10}. Nota que los valores de datos están más dispersos que los valores de datos en la tabla 2.12. En concordancia, su varianza calculada es mayor en $s^2 = 11.5$. En la figura 2.23 se muestra una ilustrativa comparación gráfica, lado a lado, de estas dos muestras y sus varianzas.

FIGURA 2.23
Comparación de datos

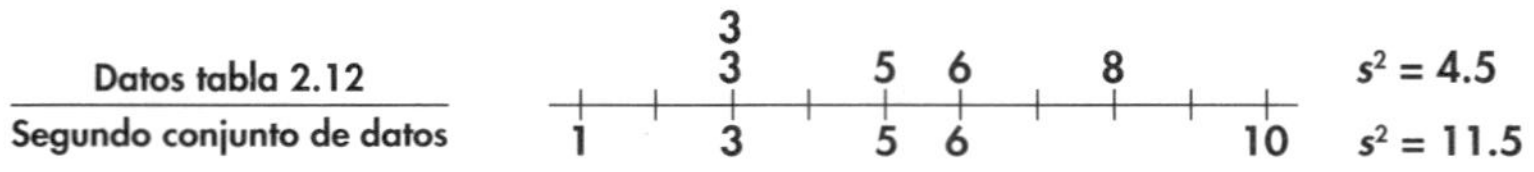

Desviación estándar muestral La desviación estándar de una muestra, *s*, es la raíz cuadrada positiva de la varianza:

desviación estándar muestral: *s* = *raíz cuadrada de varianza muestral*

$$s = \sqrt{s^2} \qquad \textbf{(2.6)}$$

Para las muestras que se presentan en la figura 2.23, las desviaciones estándar son $\sqrt{4.5}$ o **2.1** y $\sqrt{11.5}$ o **3.4**.

El numerador para la varianza muestral, $\Sigma(x - \bar{x})^2$ con frecuencia se llama *suma de cuadrados para x* y se simboliza mediante SS(x). Por tanto, la fórmula (2.5) puede expresarse como

$$\text{varianza muestral: } s^2 = \frac{SS(x)}{n - 1} \qquad \textbf{(2.27)}$$

donde $SS(x) = \Sigma(x - \bar{x})^2$.

Las fórmulas para varianza pueden modificarse en otras formas para facilitar su uso en varias situaciones. Por ejemplo, supón que tienes la muestra 6, 3, 8, 5, 2. La varianza para esta muestra se calcula en la tabla 2.13.

Tutorial animado disponible; ingresa y aprende más en cengagebrain.com

TABLA 2.13 Cómo calcular la varianza con la fórmula (2.5)

Paso 1. Encuentra Σx	Paso 2. Encuentra $\bar{x}$	Paso 3. Encuentra cada $x - \bar{x}$	Paso 4. Encuentra $\Sigma(x - \bar{x})^2$	Paso 5. Encuentra s^2
6	$\bar{x} = \frac{\Sigma x}{n}$	$6 - 4.8 = 1.2$	$(1.2)^2 = 1.44$	$s^2 = \frac{\Sigma(x - \bar{x})}{n-1}$
3		$3 - 4.8 = 1.8$	$(-1.8)^2 = 3.24$	
8		$8 - 4.8 = 3.2$	$(3.2)^2 = 10.24$	
5	$\bar{x} = \frac{24}{5}$	$5 - 4.8 = 0.2$	$(0.2)^2 = 0.04$	$s^2 = \frac{22.80}{4}$
3		$2 - 4.8 = -2.8$	$(-2.8)^2 = 7.84$	
$\Sigma x = 24$	$\bar{x} = 4.8$	$\Sigma(x - \bar{x}) = 0$ (ck)	$\Sigma(x - \bar{x})^2 = 22.80$	$s^2 = 5.7$

La aritmética para este ejemplo se volvió más complicada porque la media contiene dígitos distintos de cero a la derecha del punto decimal. Sin embargo, la "suma de cuadrados para x", el numerador de la fórmula (2.5), puede rescribirse de modo que no se incluya $\bar{x}$:

Suma de cuadrados para x

$$SS(x) = \Sigma x^2 - \frac{(\Sigma x)^2}{n} \tag{2.8}$$

Al combinar las fórmulas (2.7) y (2.8) se produce la "fórmula atajo" para la varianza muestral:

Varianza muestral, "fórmula atajo"

$$s\ cuadrado = \frac{(suma\ de\ x^2) - \left[\frac{(suma\ de\ x^2)}{número}\right]}{número - 1}$$

$$\text{varianza muestral: } s^2 = \frac{\Sigma x^2 - \frac{(\Sigma x)^2}{n}}{n - 1} \tag{2.9}$$

Las fórmulas (2.8) y (2.9) se llaman *atajos* porque evaden el cálculo de $\bar{x}$. Los cálculos para $SS(x)$, s^2 y s con las fórmulas (2.8), (2.9) y (2.6) se realizan como se muestra en la tabla 2.14.

TABLA 2.14 Cómo calcular desviación estándar con el método de atajo

Paso 1. Encuentra Σx	Paso 2. Encuentra Σx^2	Paso 3. Encuentra cada SS(x)	Paso 4. Encuentra s^2	Paso 5. Encuentra s
6	$6^2 = 36$	$SS(x) = \Sigma x^2 - \frac{(\Sigma x)^2}{n}$		$s = \sqrt{s^2}$
3	$3^2 = 9$		$s^2 = \frac{\Sigma x^2 - \frac{(\Sigma x)^2}{n}}{n - 1}$	$s = \sqrt{5.7}$
8	$8^2 = 64$	$SS(x) = 138 - \frac{(24)^2}{5}$		$s = 2.4$
5	$5^2 = 25$		$s^2 = \frac{22.8}{4}$	
2	$2^2 = 4$	$SS(x) = 138 - 115.2$		
$\Sigma x = 24$	$\Sigma x^2 = 138$	$SS(x) = 22.8$	$s^2 = 5.7$	

La unidad de medida para la desviación estándar es la misma que la unidad de medida para los datos. Por ejemplo, si los datos están en libras, entonces la desviación estándar, s, también estará en libras. La unidad de medida para la varianza puede considerarse entonces como *unidades al cuadrado*. En el ejemplo de libras, esto sería *libras al cuadrado*. Como puedes ver, la unidad tiene muy poco significado.

Tutorial animado disponible; ingresa y aprende más en cengagebrain.com

INSTRUCCIONES DE TECNOLOGÍA: DESVIACIÓN ESTÁNDAR

MINITAB

Escribe los datos en C1; después continúa con:

Elige:	**Calc > Column Statistics**
Selecciona:	**Standard deviation**
Escribe:	Input variable **C1 > OK**

Excel

Escribe los datos en la columna A y activa una celda para la respuesta; después continúa con:

Elige:	**Insert Function, f_x > Statistical > STDEV > OK**
Escribe:	Number 1: **(A2:A6 o selecciona celdas) > OK**

TI-83/84 Plus

Escribe los datos en L1; después continúa con:

Elige:	**2nd > LIST > Math > 7:StdDev(**
Escribe:	L1

INSTRUCCIONES DE TECNOLOGÍA: ESTADÍSTICOS ADICIONALES

MINITAB

Escribe los datos en C1; después continúa con:

Elige:	**Calc > Column Statistics**	
	Luego, uno a la vez, selecciona el estadístico deseado	
Selecciona:	**N total**	Número de datos en columna
	Sum	Suma de los datos en columna
	Minimum	Valor más pequeño en columna
	Maximun	Valor más grande en columna
	Range	Rango de valores en columna
	Suma de valores	Suma de valores x al cuadrado, Σx^2
Escribe:	Input variable: **C1 > OK**	

Excel

Escribe los datos en la columna A y activa una celda para la respuesta; después continúa con:

Elige:	**Insert Function, f_x > Statistical > COUNT**
	> MIN
	> MAX
	O **> All > SUM**
	>SUMSQ
Escribe:	Number 1: **(A2:A6 o selecciona celdas)**

Para el rango, escribe una fórmula: **Máx ( ) – Mín ( )**

TI-83/84 Plus

Escribe los datos en L1; después continúa con:

Elige:	**2nd > LIST > Math > 5:sum(**
	> 1:min(
	> 2:max(
Escribe:	L1

Desviación estándar en tu calculadora La mayoría de las calculadoras tienen dos fórmulas para encontrar la desviación estándar y descuidadamente calcular ambas y se espera totalmente que el usuario decida cuál es la correcta para los datos obtenidos. ¿Cómo lo decides?

La desviación estándar muestral se denota s y usa la fórmula "divide entre $n - 1$".

La desviación estándar poblacional se denota σ y usa la fórmula "divide entre n".

Cuando tienes datos muestrales, siempre usa la s o la fórmula que "divide entre $n - 1$". Tener los datos de la población es una situación que probablemente nunca ocurrirá, aparte de en un ejercicio del texto. Si al no saber si tienes datos muestrales o datos poblacionales, un "cinturón de seguridad" es que son datos muestrales: ¡usa la s o la fórmula que "divide entre $n - 1$"!

Fórmulas múltiples Los estadísticos tienen múltiples fórmulas por conveniencia; esto es: conveniencia relativa a la situación. Los siguientes enunciados te ayudarán a decidir cuál fórmula usar:

1. Cuando trabajes en una computadora y uses software estadístico, por lo general primero almacenarás todos los valores de datos. La computadora maneja con facilidad operaciones repetidas y puede "revisitar" los datos almacenados con tanta frecuencia como sea necesario para completar un procedimiento. Los cálculos para varianza muestral se realizarán con la fórmula (2.5) y seguirán el proceso que se presenta en la tabla 2.12.
2. Cuando trabajes con una calculadora con funciones estadísticas incorporadas, la calculadora debe realizar todas las operaciones necesarias sobre cada valor de datos conforme los valores se ingresan (la mayoría de las calculadoras portátiles no graficadoras no tienen la habilidad de almacenar datos). Después puedes ingresar todos los datos, los cálculos se completarán con las sumas apropiadas. Los cálculos para varianza muestral se realizarán con la fórmula (2.9) y seguirán el procedimiento que se presenta en la tabla 2.14.
3. Si realizas cálculos a mano o con la ayuda de una calculadora, mas no con funciones estadísticas, la fórmula más conveniente a usar dependerá de cuántos datos hay y cuán conveniente es trabajar los valores numéricos.

EJERCICIOS SECCIÓN 2.4

2.93 En 2008, el Centro de Política Fiscal reportó los siguientes estadísticos acerca de los impuestos anuales promedio 2006 y el porcentaje de ingreso personal pagado por persona por estado.

a. Encuentra el rango para la cantidad de impuestos pagados por persona.

b. Encuentra el rango para el porcentaje de ingreso personal pagado en impuestos por persona.

Ingresos fiscales 2006

	Impuestos per cápita	Rango	Porcentaje de ingreso personal	Rango
DISTRITO DE COLUMBIA	$7 764	1	14.4	4
ALABAMA	$2 782	51	9.6	48
WYOMING	$6 116	3	16.6	1
DAKOTA DEL SUR	$2 842	48	9.1	51

Fuente: Federation of Tax Administrators (2007) y U.S. Bureau of the Census and Bureau of Economic Analysis. http://taxpolicycenter.org/

2.94 a. El valor de datos $x = 45$ tiene un valor de desviación de 12. Explica el significado de esto.

b. El valor de datos $x = 84$ tiene un valor de desviación de –20. Explica el significado de esto.

2.95 La sumatoria $\Sigma(x - \bar{x})$ siempre es cero. ¿Por qué? Piensa de nuevo en la definición de la media (p. 63) y observa si puedes justificar esta afirmación.

2.96 Todas las medidas de variación son no negativas en valor para todos los conjuntos de datos.

a. ¿Qué significa que un valor sea "no negativo"?

b. Describe las condiciones necesarias para que una medida de variación tenga el valor cero.

(continúa en la página 80)

c. Describe las condiciones necesarias para que una medida de variación tenga un valor positivo.

2.97 Una muestra contiene los datos {1, 3, 5, 6, 10}.

a. Usa la fórmula (2.5) para encontrar la varianza.

b. Usa la fórmula (2.9) para encontrar la varianza.

c. Compara los resultados de los incisos a y b.

2.98 Considera la muestra 2, 4, 7, 8, 9. Encuentra lo siguiente:

a. Rango

b. Varianza s^2, con la fórmula (2.5)

c. Desviación estándar, s

2.99 Considera la muestra 6, 8, 7, 5, 3, 7. Encuentra lo siguiente:

a. Rango

b. Varianza s^2, con la fórmula (2.5)

c. Desviación estándar, s

2.100 Dada la muestra 7, 6, 10, 7, 5, 9, 3, 7, 5, 13. Encuentra lo siguiente:

a. Varianza s^2, con la fórmula (2.5)

b. Varianza s^2, con la fórmula (2.9)

c. Desviación estándar, s

2.101 A 15 estudiantes universitarios seleccionados al azar se les preguntó el número de horas que durmieron la noche anterior. Los datos resultantes son: 5, 6, 6, 8, 7, 7, 9, 5, 4, 8, 11, 6, 7, 8, 7. Encuentra lo siguiente:

a. Varianza s^2, con la fórmula (2.5)

b. Varianza s^2, con la fórmula (2.9)

c. Desviación estándar, s

2.102 [EX02-102] Una muestra aleatoria de 10 de los conductores NASCAR 2007 produjo las siguientes edades:

36	26	48	28	45	21	21	38	27	32

a. Encuentra el rango.

b. Encuentra la varianza.

c. Encuentra la desviación estándar.

2.103 El sumar (o restar) el mismo número de cada valor en un conjunto de datos no afecta las medidas de variabilidad para dicho conjunto de datos.

a. Encuentra la varianza de este conjunto de datos anuales de grado día de calefacción: 6 017, 6 173, 6 275, 6 350, 6 001, 6 300.

b. Encuentra la varianza de este conjunto de datos (que se obtiene al restar 6 000 de cada valor en el inciso a): 17, 173, 275, 350, 1, 300.

[EX00-000] identifica el nombre de archivo de una base de datos en línea de un ejercicio; bases de datos y Applets Skillbuilder disponibles a través de cengagebrain.com

2.104 [EX02-104] Un aspecto de la belleza de los paisajes panorámicos es su variabilidad. Las elevaciones (pies sobre el nivel del mar) de 12 ciudades seleccionadas al azar en las regiones Finger Lakes del Nueva York septentrional se registraron aquí.

559	815	767	668	651	895
1 106	1 375	861	1 559	888	1 106

Fuente: http://www.city-data.com

a. Encuentra la media.

b. Encuentra la desviación estándar.

2.105 [EX02-105] A los reclutas para una academia de policía se les pidió realizar un examen que mide su capacidad de ejercicio. La capacidad de ejercicio (en minutos) se obtuvo para cada uno de 20 reclutas:

25	27	30	33	30	32	30	34	30	27
26	25	29	31	31	32	34	32	33	30

a. Dibuja un diagrama de puntos de los datos.

b. Encuentra la media.

c. Encuentra el rango.

d. Encuentra la varianza.

e. Encuentra la desviación estándar.

f. Con el diagrama de puntos del inciso a, dibuja una línea que represente el rango. Después dibuja una línea que comience en la media, con una longitud que represente el valor de la desviación estándar.

g. Describe cómo se relacionan la distribución de datos, el rango y la desviación estándar.

2.106 [EX02-106] Jackson quiere comprar un nuevo palo de golf, en particular, un driver. Se imagina que comprar en línea le ahorrará tiempo y dinero. Selecciona al azar una muestra de 10 *drivers* del sitio web Golflink.com. Sus precios se mencionan a continuación (en dólares):

Precios de *driver*

149.99	299.99	49.99	499.99	167.97	299.99	399.99
199.99	99.99	149.99				

Fuente: http://www.golflink.com/

a. Construye un histograma y determina la forma.

b. Con base en el histograma, ¿qué sabes acerca de la media y la mediana?

c. Calcula la media y la mediana. ¿Los resultados coinciden con tu respuesta en el inciso b?

d. Calcula el rango.

e. Calcula la desviación estándar.

f. Describe qué le dicen a Jackson el rango y la desviación estándar acerca de comprar un *driver* en línea a través de Golflink.com.

2.107 [EX02-107] La revista *Better Roads* reportó el porcentaje de puentes interestatales y propiedad del estado que eran estructuralmente deficientes o funcionalmente obsoletos (%SD/FO) para cada estado de EUA en 2003. (Los porcentajes se expresan en forma decimal [por ejemplo, 0.20 = 20%].)

Estado	SD/FO*	Estado	SD/FO*	Estado	SD/FO*
AK	0.20	AL	0.22	AR	0.20

*** Para el resto de los datos, ingresa a cengagebrain.com

Fuente: *Better Roads*, noviembre de 2003
*SD/FO = estructuralmente deficiente o funcionalmente obsoleto.

a. Construye un histograma.

b. ¿La variable "%SD/FO" parece tener una distribución normal aproximada?

c. Calcula la media.

d. Encuentra la mediana.

e. Encuentra el rango.

f. Encuentra la desviación estándar.

(Conserva estas soluciones para usarlas en el ejercicio 2.135 de la p. 94.)

2.108 [EX02-108] Una medida de desempeño de aerolíneas es la tasa de llegada a tiempo. Para mayo de 2009, las tasas de llegada a tiempo de vuelos domésticos para las 19 aerolíneas estadounidenses más grandes fueron las siguientes:

Aerolínea	% Llegada a tiempo
Hawaiian	90.26
SkyWest	86.84
Pinnacle	86.81

*** Para el resto de los datos, ingresa a cengagebrain.com

Fuente: U.S. Department of Transportation

a. Encuentra el rango y la desviación estándar para las tasas de llegada a tiempo.

b. Describe la relación entre la distribución de los datos, el rango y la desviación estándar.

2.109 Considera estos dos conjuntos de datos:

Conjunto 1	46	55	50	47	52
Conjunto 2	30	55	65	47	53

Ambos conjuntos tienen la misma media, 50. Compara estas medidas para ambos conjuntos: $\Sigma(x - \bar{x})$, $SS(x)$ y rango. Comenta acerca del significado de estas comparaciones.

2.110 Considera los siguientes dos conjuntos de datos:

Conjunto 1	45	80	50	45	30
Conjunto 2	30	80	35	30	75

Ambos conjuntos tienen la misma media, 50. Compara estas medidas para ambos conjuntos: $\Sigma(x - \bar{x})$, $SS(x)$ y rango. Comenta acerca del significado de estas comparaciones en relación con la distribución.

2.111 Comenta acerca del enunciado: "La pérdida media para los consumidores en el Primer Banco Estatal (que no estaba asegurado) fue de $150. La desviación estándar de las pérdidas fue –$125".

2.112 Comienza con $x = 100$ y suma cuatro valores x para hacer una muestra de cinco datos tales que:

a. $s = 0$

b. $0 < s < 1$

c. $5 < s < 10$

d. $20 < s < 30$

2.113 Cada una de dos muestras tiene una desviación estándar de 5. Si los dos conjuntos de datos se convierten en un conjunto de 10 valores de datos, ¿la nueva muestra tendrá una desviación estándar que sea menor que, aproximadamente la misma que o mayor que la desviación estándar original de 5? Construye dos conjuntos de cinco valores de datos, cada uno con una desviación estándar de 5, para justificar tu respuesta. Incluye los cálculos.

2.114 Ejercicio Applet Skillbuilder Relaciona medias y desviaciones estándar con los histogramas correspondientes. Después de varias rondas de práctica con "Start Over", explica tu método de relacionar.

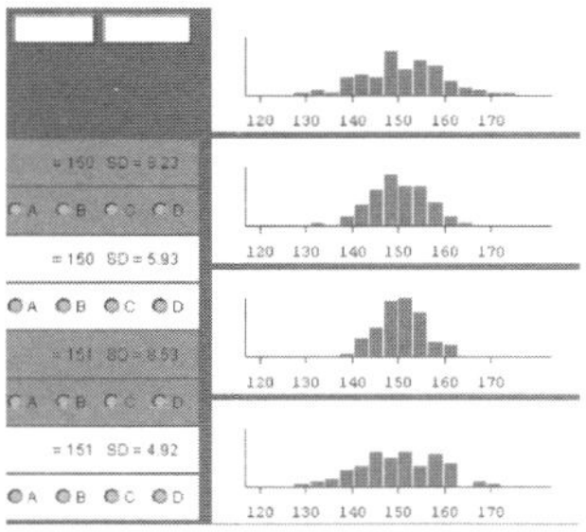

2.5 Medidas de posición

Las **medidas de posición** se usan para describir la posición que un valor de datos específico posee en relación con el resto de los datos cuando están en orden clasificado. *Cuartiles* y *percentiles* son dos de las medidas de posición más populares.

> **Cuartiles** Valores de la variable que dividen los datos clasificados en cuartos; cada conjunto de datos tiene tres cuartiles. El *primer cuartil*, Q_1, es un número tal que cuando mucho 25% de los datos son menores en valor que Q_1 y cuando mucho 75% son mayores. El *segundo cuartil* es la mediana. El *tercer cuartil*, Q_3, es un número tal que cuando mucho 75% de los datos son menores en valor que Q_3 y cuando mucho 25% son mayores. (Observa la figura 2.24.)

FIGURA 2.24
Cuartiles

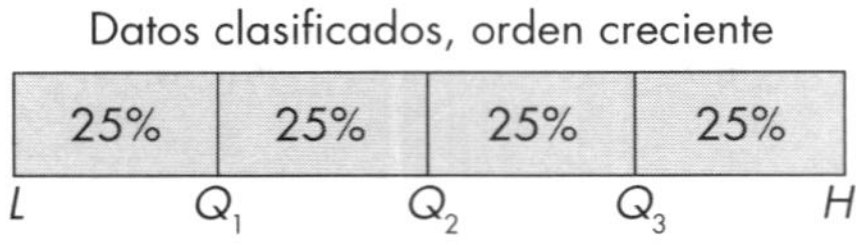

El procedimiento para determinar los valores de los cuartiles es el mismo que para los percentiles y se muestra en la siguiente descripción de los *percentiles*.

Recuerda que tus datos deben estar clasificados de bajo (*L*) a alto (*H*).

> **Percentiles** Valores de la variable que dividen un conjunto de datos en 100 subconjuntos iguales; cada conjunto de datos tiene 99 percentiles (observa la figura 2.25). El *k*-ésimo percentil, P_k, es un valor tal que cuando mucho *k*% de los datos son menores en valor que P_k y cuando mucho (100 – *k*)% de los datos son mayores (observa la figura 2.26).

FIGURA 2.25
Percentiles

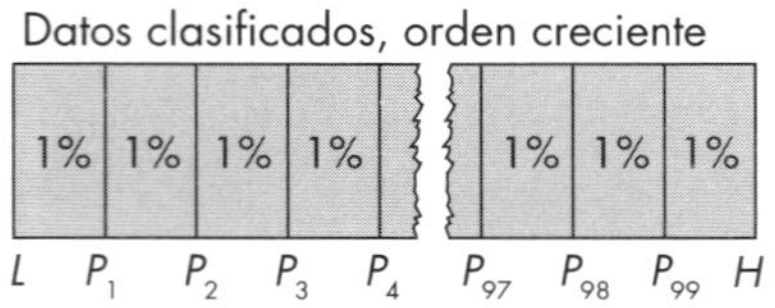

FIGURA 2.26
k-ésimo percentil

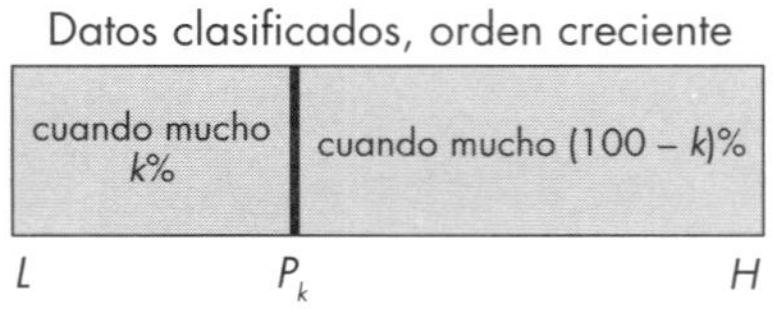

Notas:

1. El primer cuartil y el percentil 25 son el mismo; esto es: $Q_1 = P_{25}$. Además, $Q_3 = P_{75}$.
2. La mediana, el segundo cuartil y el percentil 50 son el mismo: $\tilde{x} = Q_1 = P_{50}$. Por tanto, cuando se pida encontrar P_{50} o Q_2, usa el procedimiento para encontrar la mediana.

El procedimiento para determinar el valor de cualquier *k*-ésimo percentil (o cuartil) involucra cuatro pasos básicos, como se destaca en el diagrama de la figura 2.27. El ejemplo 2.12 demuestra el procedimiento.

FIGURA 2.27
Procedimiento para encontrar P_k

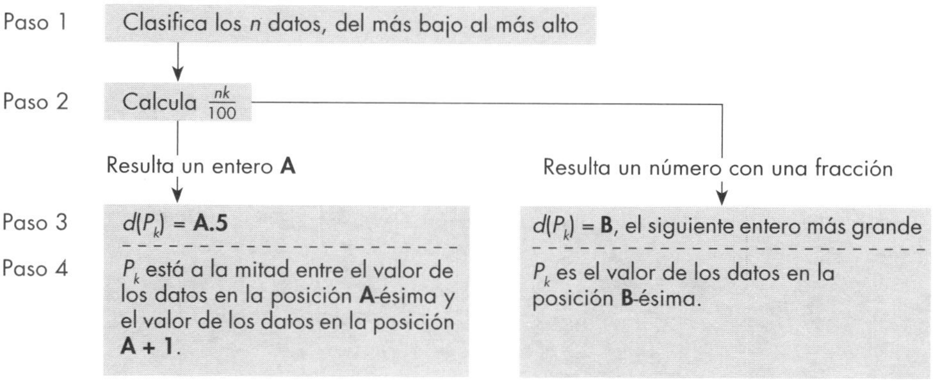

PTI $d(P_k)$ = profundidad o ubicación del k-ésimo percentil

EJEMPLO 2.12

CÓMO ENCONTRAR CUARTILES Y PERCENTILES

Con la muestra de 50 calificaciones del examen final de estadística elemental que se mencionan en la tabla 2.15, encuentra el primer cuartil, Q_1; el percentil 58, P_{58}; y el tercer cuartil, Q_3.

TABLA 2.15 [TA02-06]
Calificaciones brutas para el examen de estadística elemental

60	47	82	95	88	72	67	66	68	98	90	77	86
58	64	95	74	72	88	74	77	39	90	63	68	97
70	64	70	70	58	78	89	44	55	85	82	83	
72	77	72	86	50	94	92	80	91	75	76	78	

Solución

Paso 1 Clasifica los datos: puedes formular una lista clasificada (observa la tabla 2.16) o puedes usar una presentación gráfica que muestre los datos clasificados. El diagrama de puntos y el de tallo y hojas son adecuados para este propósito. El diagrama de tallo y hojas es especialmente útil, porque proporciona números de profundidad contados desde ambos extremos cuando se genera por computadora (véase la figura 2.28). El paso 1 es el mismo para los tres estadísticos.

Encuentra Q_1:

Paso 2 Encuentra $\frac{nk}{100}$: $\frac{nk}{100} = \frac{(50)(25)}{100} = \mathbf{12.5}$

(n = 50 y k = 25, dado que $Q_1 = P_{25}$.)

Paso 3 Encuentra la profundidad de Q_1: $d(Q_1)$ = **13** (dado que 12.5 contiene una fracción, **B** es el siguiente entero más grande, 13).

Paso 4 Encuentra Q_1: Q_1 es el 13º valor, al contar desde L (véase la tabla 2.16 o la figura 2.28), Q_1 = **67**

Tutorial en video disponible; ingresa y aprende más en cengagebrain.com

TABLA 2.16
Datos clasificados: Calificaciones de examen

39	64	72	78	89
44	66	72	80	90
47	67	74	82	90
50	68	74	82	91
55	68	75	83	92
58	70	76	85	94
58	70	77	86	95
60	70	77	86	95
63	72	77	88	97
64	72	78	88	98

13º posición desde *L*

29º y 30º posiciones desde *L*

13º posición desde *H*

FIGURA 2.28
Calificaciones del examen final

Tallo y hojas de calificación $N = 50$
Unidad de hoja = 1.0

1	3	9
2	4	4
3	4	7
4	5	0
7	5	588
11	6	0344
15	6	6788
24	7	000222244
(7)	7	5677788
19	8	0223
15	8	566889
9	9	00124
4	9	5578

Encuentra P_{58}:

Paso 2 Encuentra $\frac{nk}{100}$: $\frac{nk}{100} = \frac{(50)(58)}{100} = \mathbf{29}$: ($n = 50$ y $k = 58$ para P_{58}).

Paso 3 Encuentra la profundidad de P_{58}: $d(P_{58}) = \mathbf{29.5}$ (dado que **A** = 29, un entero, suma 0.5 y usa 29.5).

Paso 4 Encuentra P_{58}: P_{58} es el valor a la mitad entre los valores de las piezas de datos 29a. y 30a., al contar desde *L* (observa la tabla 2.16 o la figura 2.28), de modo que

$$P_{58} = \frac{77 + 78}{2} = 77.5$$

PTI Una ojiva de estas calificaciones de examen determinaría gráficamente estos mismos percentiles sin el uso de fórmulas.

En consecuencia, se puede afirmar que "cuando mucho, 58% de las calificaciones del examen son menores en valor que 77.5". Esto también es equivalente a afirmar que "cuando mucho, 42% de las calificaciones del examen fueron mayores en valor que 77.5".

Técnica opcional: Cuando *k* es mayor que 50, resta *k* de 100 y usa (100 − *k*) en lugar de *k* en el paso 2. Entonces la profundidad se cuenta desde el dato de valor más alto, *H*.

Encuentra Q_3 con la técnica opcional:

Paso 2 Encuentra $\frac{nk}{100}$: $\frac{nk}{100} = \frac{(50)(25)}{100} = \mathbf{12.5}$ ($n = 50$ y $k = 75$ dado que

$Q_3 = P_{75}$ y $k > 50$; usa $100 - k = 100 - 75 = 25$).

Paso 3 Encuentra la profundidad de Q_3 desde *H*: $d(Q_3) = 13$

Paso 4 Encuentra Q_3: Q_3 es el 13o. valor; al contar desde *H* (véase la tabla 2.16 o la figura 2.28), $Q_3 = \mathbf{86}$

Por tanto, se puede afirmar que "cuando mucho, 75% de las calificaciones de examen son menores en valor que 86". Esto también es equivalente a afirmar que "cuando mucho, 25% de las calificaciones del examen son mayores en valores que 86".

Ahora se puede definir una medida adicional de tendencia central: el *cuartil medio*.

Tutorial animado disponible; ingresa y aprende más en cengagebrain.com

Cuartil medio Valor numérico a la mitad entre el primer cuartil y el tercer cuartil.

$$\text{cuartil medio} = \frac{Q_1 + Q_3}{2} \qquad \textbf{(2.10)}$$

EJEMPLO 2.13

CÓMO ENCONTRAR EL CUARTIL MEDIO

Encuentra el cuartil medio para el conjunto de 50 calificaciones de examen dado en el ejemplo 2.12.

Solución

$Q_1 = 67$ y $Q_3 = 86$, como se encontró en el ejemplo 2.12. Por tanto,

$$\text{cuartil medio} = \frac{Q_1 + Q_3}{2} = \frac{67 + 86}{2} = 76.5$$

La mediana, el medio rango y el cuartil medio no necesariamente son el mismo valor. Cada uno es el valor medio, pero por diferentes definiciones de "medio". La figura 2.29 resume la relación de estos tres estadísticos como se aplica a las 50 calificaciones del examen del ejemplo 2.12.

FIGURA 2.29
Calificaciones del examen final

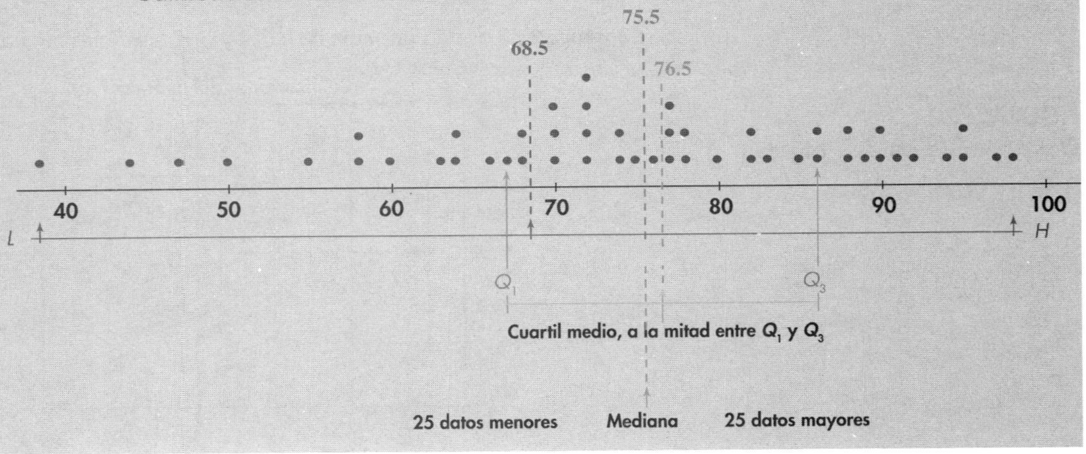

Un *resumen de 5 números* es muy efectivo para describir un conjunto de datos. Es información fácil de obtener y es muy ilustrativo para el lector.

Resumen de 5 números El resumen de 5 números está compuesto de lo siguiente:

1. L, el valor más pequeño en el conjunto de datos.
2. Q_1, el primer cuartil (también llamado P_{25}, el percentil 25).
3. $\tilde{x}$, la mediana.
4. Q_3, el tercer cuartil (también llamado P_{75}, el percentil 75).
5. H, el valor más grande en el conjunto de datos.

El resumen de 5 números para el conjunto de 50 calificaciones del examen del ejemplo 2.12 es

39	67	75.5	86	98
L	Q_1	$\tilde{x}$	Q_3	H

Observa que estos cinco valores numéricos dividen el conjunto de datos en cuatro subconjuntos, con un cuarto de los datos en cada subconjunto. A partir del resumen de 5 números, puedes observar cuánto están dispersos los datos en cada uno de los cuartos. Ahora puedes definir una medida adicional de dispersión.

Rango intercuartílico La diferencia entre el primero y el tercer cuartiles. Es el rango de 50% medio de los datos.

El resumen de 5 números es incluso más informativo cuando se despliega en un diagrama dibujado a escala. Una presentación gráfica que logra esto se conoce como *diagrama de cajas y bigotes*.

Diagrama de cajas y bigotes Representación gráfica del resumen de 5 números. Los cinco valores numéricos (más pequeño, primer cuartil, mediana, tercer cuartil y más grande) se ubican en una escala, vertical u horizontal. La caja se usa para mostrar la mitad media de los datos que yacen entre los dos cuartiles. Los bigotes son segmentos de línea que se usan para mostrar la otra mitad de los datos: un segmento de línea representa el cuarto de los datos que son menores en valor que el primer cuartil y un segundo segmento de línea representa el cuarto de los datos que son mayores en valor que el tercer cuartil.

La figura 2.30 es un diagrama de cajas y bigotes de las 50 calificaciones del examen.

FIGURA 2.30
Diagrama de cajas y bigotes

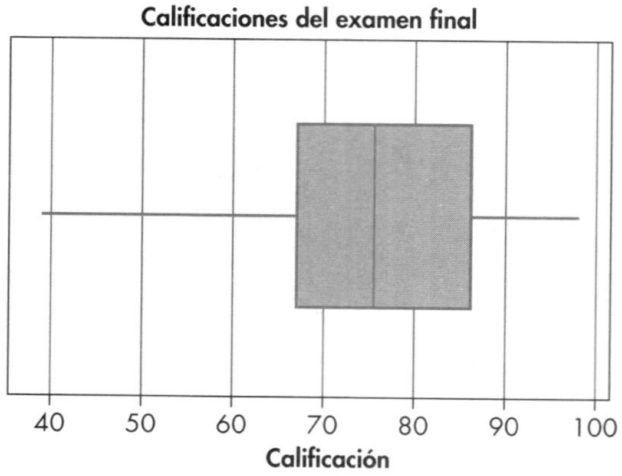

INSTRUCCIONES DE TECNOLOGÍA: PERCENTILES

MINITAB

Escribe los datos en C1; después continúa con:

Elige:	**Data > Sort . . .**
Escribe:	Sort column(s): **C1** By column: **C1**
Selecciona:	Store sorted data in: **Columns(s) of current worksheet**
Escribe:	**C2 > OK**

En C2 se obtendrá una lista clasificada de datos. Determina la posición profunda y localiza el percentil deseado.

Excel

Escribe los datos en la columna A y activa una celda para la respuesta; después continúa con:

Elige: **Formulas > Insert Function, f_x > Statistical > PERCENTILE > OK**
Escribe: Array: **(A2:A6 o selecciona celdas)**
k: **K** (percentil deseado; ej. .95, .47) > **OK**

TI-83/84 Plus

Escribe los datos en L1; después continúa con:

Elige: **STAT > EDIT > 2:SortA(**
Escribe: **L1**
Escribe: **percentile 3 sample size** (ej. .25 × 100)
Con base en el producto, determina la posición de la profundidad; despues continúa con
Escribe: **L1(deph position) > Enter**

INSTRUCCIONES DE TECNOLOGÍA: RESUMEN DE 5 NÚMEROS

MINITAB

Escribe los datos en C1; después continúa con:

Elige: **Stat > Basic Statistics > Display Descriptive Satatistics . . .**
Escribe: Variables: **C1 > OK**

Excel

Escribe los datos en la columna A; después continúa con:

Elige: **Data > Data Analysis* > Descriptive Statistics > OK**
Escribe: Input Range: **(A2:A6 o selecciona celdas)**
Selecciona: **Labels in First Row** (si es necesario)
Output Range
Enter: **(B1 o selecciona celdas)**
Selecciona: **Summary Statistics > OK**
Para hacer legible la salida:
Elige: **Home > Cells > Format > AutoFit Column Width**

*Si Data Analysis no aparece en el menú Data, consulta la página 53.

TI-83/84 Plus

Escribe los datos en L1; después continúa con:

Elige: **STAT > CALC > 1:1-VAR STATS**
Escribe: **L1**

INSTRUCCIONES DE TECNOLOGÍA: DIAGRAMA DE CAJAS Y BIGOTES

MINITAB

Escribe los datos en C1; después continúa con:

Elige: **Graph > Boxplot . . . > One Y, Simple > OK**
Escribe: Graph variables: **C1**
Opcional:
Selecciona: **Labels > Tu Título, notas al pie**
Escribe: **tu título, notas al pie > OK**
Selecciona: **Scale > Axes and Ticks**
Selecciona: **Transpose value and category scales > OK > OK**

Para diagramas de cajas múltiples, escribe los conjuntos de datos adicionales en C2; después haz lo recién descrito más:

Elige:	**Graph > Boxplot. . . > Multiple Y's, Simple > OK**
Escribe:	Graph variables: **C1 C2 > OK**
Opcional:	Ve arriba.

Excel

Escribe los datos en la columna A; después continúa con:

Elige:	**Add-Ins > Data Analysis Plus* > BoxPlot > OK**
Escribe:	**(A2:A6 o selecciona celdas)**

Para editar el diagrama de caja, revisa las opciones que se muestran con la edición de histogramas en la página 53.

*Si Data Analysis Plus no aparece en el menú Data, consulta la página 39.

TI-83/84 Plus

Escribe los datos en L1; después continúa con:

Elige:	**2nd > STAT PLOT > 1:Plot1 . . .**
Elige:	**ZOOM > 9:ZoomStat > TRACE > > >**

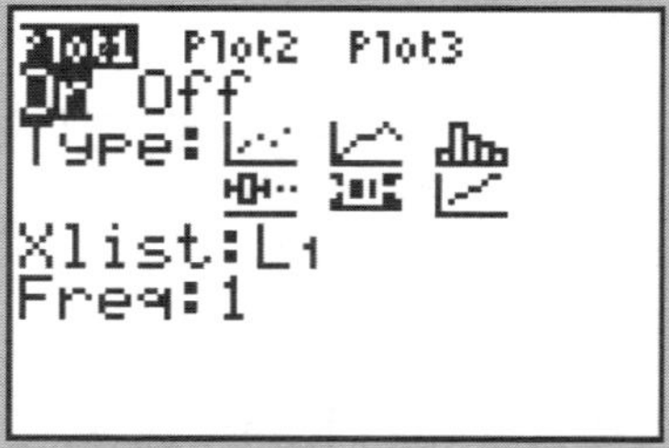

Si los puntos medios de clase están en L1 y las frecuencias están en L2, haz lo recién descrito excepto:

Escribe:	Freq: **L2**

Para diagramas de caja múltiples, escribe los conjuntos de datos adicionales en L2 o L3; haz lo recién descrito adicional:

Elige:	**2nd > STAT PLOT > 2:Plot2. . .**

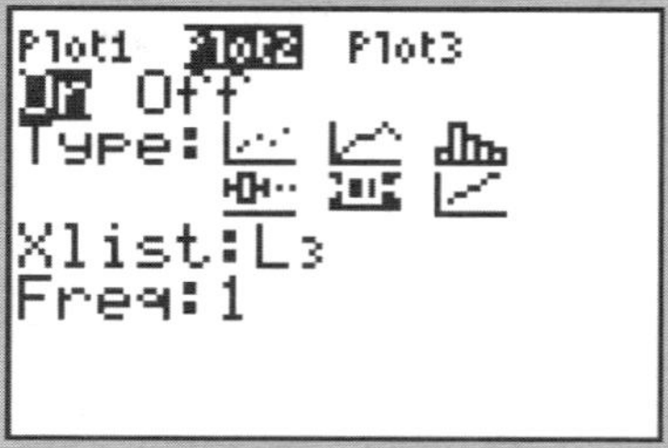

La posición de un valor específico también puede medirse en términos de la media y la desviación estándar usando el *valor estándar*, comúnmente llamada *valor z*.

Valor estándar o valor *z* La posición que un valor particular de *x* tiene en relación con la media, medido en desviaciones estándar. El valor *z* se encuentra con la fórmula

$$z = \frac{\text{valor} - \text{media}}{\text{desv. est.}} = \frac{x - \bar{x}}{s} \qquad \textbf{(2.11)}$$

EJEMPLO 2.14

CÓMO ENCONTRAR VALORES *z*

Encuentra los valores estándar para a) 92 y b) 72 con respecto a una muestra de calificaciones del examen que tengan una calificación media de 74.92 y una desviación estándar de 14.20.

Solución

a. $x = 92$, $\bar{x} = 74.92$, $s = 14.20$. Por tanto

$$z = \frac{x - \bar{x}}{s} = \frac{92 - 74.92}{14.20} = \frac{17.08}{14.20} = 1.20.$$

b. $x = 72$, $\bar{x} = 74.92$, $s = 14.20$. Por tanto

$$z = \frac{x - \bar{x}}{s} = \frac{72 - 74.92}{14.20} = \frac{-2.92}{14.20} = -0.21.$$

Esto significa que la calificación 92 está aproximadamente 1.2 desviaciones estándar arriba de la media y que la calificación 72 está aproximadamente a un quinto de desviación estándar por abajo de la media.

Notas:

1. Por lo general, el valor calculado de z se redondea a la centésima más cercana.
2. Normalmente, los valores z varían en valor desde aproximadamente –3.00 hasta +3.00.

Puesto que los valores z son una medida de la posición relativa respecto a la media, pueden usarse para ayudarte a comparar dos valores brutos que provengan de poblaciones separadas. Por ejemplo, supón que quieres comparar una calificación que recibiste en un examen con la calificación de una amiga en un examen comparable en su curso. Tú recibiste una calificación bruta de 45 puntos; ella obtuvo 72 puntos. ¿Su calificación es mejor? Necesitas más información antes de poder extraer una conclusión. Supón que la media en el examen que tomaste fue 38 y la media en su examen fue 65. Sus calificaciones están ambas 7 puntos arriba de la media, pero todavía no puedes extraer una conclusión definitiva. La desviación estándar en el examen que aplicaste fue de 7 puntos y de 14 puntos en el examen de tu amiga. Esto significa que tu calificación está 1 desviación estándar arriba de la media ($z = 1.0$), mientras que la calificación de tu amiga está sólo a 0.5 desviaciones estándar arriba de la media ($z = 0.5$). Tu calificación tiene la "mejor" posición relativa, así que concluyes que tu calificación es ligeramente mejor que la calificación de tu amiga. (Nuevamente, esto es desde un punto de vista relativo.)

INSTRUCCIONES DE TECNOLOGÍA: COMANDOS ADICIONALES

MINITAB

Escribe los datos en C1; después:
Para ordenar los datos en orden ascendente y almacenarlos en C2, continúa con:

Elige:	**Data > Sort . . .**
Escribe:	Sort column(s): **C1** By column: **C1**
Selecciona:	Store sorted data in: **Column(s) of current worksheet**
Escribe:	**C2 > OK**

Para formar una distribución de frecuencias no agrupadas, continúa con:

Elige:	**Stat > Tables > Tally Individual Variables**
Escribe:	Variables: **C1**
Selecciona:	**Counts > OK**

Para imprimir los datos en la ventana de sesión, continúa con:

Elige: **Data > Display Data**
Escribe: Columnas a mostrar: **C1** o **C1 C2** o **C1-C2 > OK**

Excel

Escribe los datos en la columna A; activa los datos, después continúa con lo siguiente para ordenar los datos:

Elige: **Data > AZ ↓ (Sort)**

TI-83/84 Plus

Escribe los datos en L1; después continúa con lo siguiente para ordenar los datos:

Elige: **2nd > STAT > OPS > 1:SortA(**
Escribe: **L1**

Para formar una distribución de frecuencias de los datos en L1, continúa con:

Elige: **PRGM > EXEC > FREQDIST***
Escribe: **L1 > ENTER**
LW BOUND = **primer límite de clase inferior**
UP BOUND = **último límite de clase superior**
WIDTH = **ancho de clase** (usa 1 para distribución no agrupada)

*El programa "FREQDIST" está entre los disponibles para descargar. Consulta la página 35 para detalles.

INSTRUCCIONES DE TECNOLOGÍA: GENERACIÓN DE MUESTRAS ALEATORIAS

MINITAB

Los datos se colocarán en C1:

Elige: **Calc > Random Data > {Normal, Uniform, Integer, etc.}**
Escribe: Número de filas de datos a generar: **K**
Almacenar en columna(s): **C1**
Parámetros de población necesarios: (μ, σ, L, H, A o B) > OK
(Los parámetros requeridos variarán dependiendo de la distribución.)

Excel

Elige: **Data > Data Analysis* > Random Number Generation > OK**
Escribe: Numero de variables: **1**
Número de números aleatorios: **(cantidad deseada)**
Selecciona: Distribución: **Normal, Discreta u otras**
Escribe: Parámetros: **(μ, σ, L, H, A o B)**
(Los parámetros requeridos variarán dependiendo de la distribución.)
Selecciona: **Output Range**
Escribe: **(A1 o selecciona celdas) > OK**

*Si Data Analysis no aparece en el menú Data, consulta la página 53.

TI-83/84 Plus

Elige: **STAT > 1:EDIT**
Selecciona: **L1**
Destaca: **MATH > PRB > 6:randNorm(or 5:randInt(**
Escribe: **μ, σ, # de intentos o L, H, # de intentos**

INSTRUCCIONES DE TECNOLOGÍA: SELECCIÓN DE MUESTRAS ALEATORIAS

MINITAB

Los datos existentes a seleccionar deben estar en C1; después continúa con:

Elige:	**Calc > Random Data > Sample from Columns**
Escribe:	Número de filas a muestrear: **K**
	De columnas: **C1**
	Almacenar muestras en: **C2**
Selecciona:	**Sample with replacement (opcional) > OK**

Excel

Los datos existentes a seleccionar deben estar en la columna A; después continúa con:

Elige:	**Data > Data Analysis* > Sampling > OK**
Escribe:	Input range: **(A2:A10 o selecciona celdas)**
Selecciona:	**Labels** (opcional)
	Random
Escribe:	Number of Samples: **K**
	Output range:
Escribe:	**(B1 o selecciona celdas) > OK**

*Si Data Analysis no aparece en el menú Data, consulta la página 53.

EJEMPLO APLICADO 2.15

TABLA DE CRECIMIENTO PARA HOMBRES DE 2 A 20 AÑOS DE EDAD

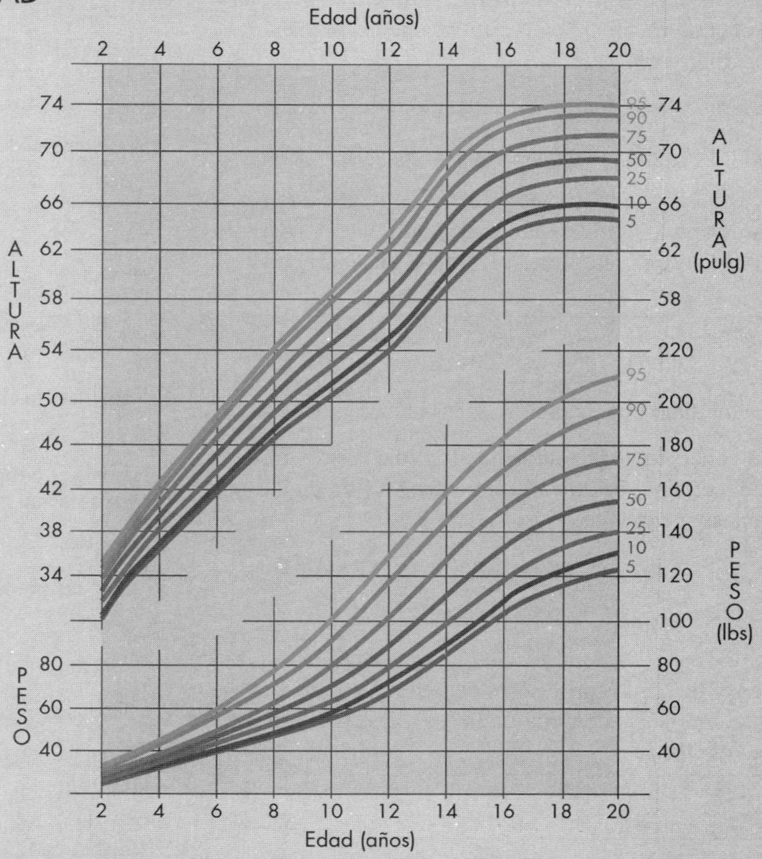

Tablas de crecimiento clínico que muestra los percentiles 5, 10, 25, 50, 75, 90, 95 para hombres de 2 a 20 años.

Fuente: http://www.cdc.gov/

Un uso muy importante de las tablas de crecimiento es dar seguimiento al patrón de crecimiento de un niño. Si de niño, la altura y el peso están aproximadamente en el percentil 40, el niño es más grande que aproximadamente el 40% y más pequeño que el otro 60% de los de la misma edad. El médico comprobará esta información periódicamente y, si el percentil de clasificación cambia dramáticamente de un año al siguiente, puede haber una razón para preocuparse.

Considera esto: si tú eres uno del 5% más alto que el percentil 95 o uno del 5% que son más bajos que el percentil 5, es casi seguro que algún objeto cotidiano no es del tamaño correcto para ti. Altura y peso no son las únicas dimensiones que pueden compararse; es posible comparar otras características físicas como tamaño del pie, longitud del antebrazo, altura sentado, etc. A quienes su constitución los coloca cerca de uno de los extremos, están familiarizados con los problemas asociados con un tamaño extremo.

EJERCICIOS SECCIÓN 2.5

[EX00-000] identifica el nombre de archivo de una base de datos en línea de un ejercicio, disponible a través de cengagebrain.com

2.115 Consulta lo siguiente en la tabla de las calificaciones de examen en la tabla 2.16 de la página 84:

a. Con el concepto de profundidad, describe la posición de 91 en el conjunto de 50 calificaciones de examen en dos formas diferentes.

b. Encuentra P_{20} y P_{35} para las calificaciones del examen.

c. Encuentra P_{80} y P_{95} para las calificaciones del examen.

2.116 [EX02-116] A continuación están las calificaciones del ACT (examen para ingreso a la universidad) obtenidas por los 25 miembros de una clase que se gradúa en un bachillerato local:

21	24	23	17	31	19	19	20	19	25	17	23	16
21	20	28	25	25	21	14	19	17	18	28	20	

a. Dibuja un diagrama de puntos de las calificaciones ACT.

b. Con el concepto de profundidad, describe la posición de 24 en el conjunto de 25 calificaciones ACT en dos formas diferentes.

c. Encuentra P_5, P_{10} y P_{20} para las calificaciones ACT.

d. Encuentra P_{99}, P_{90} y P_{80} para las calificaciones ACT.

2.117 [EX02-117] A continuación se presentan los salarios anuales (en $100) de los profesores de jardín de niños y escuela elemental empleados en una de las escuelas públicas en el distrito escolar local:

574	434	455	413	391	471	458	269	501
326	367	433	367	495	376	371	295	317

a. Dibuja un diagrama de puntos de los salarios.

b. Con el concepto de profundidad, describe la posición de 295 en el conjunto de 18 salarios en dos formas diferentes.

c. Encuentra Q_1 para dichos salarios.

d. Encuentra Q_3 para dichos salarios.

2.118 [EX02-118] Quince países se seleccionaron al azar de la lista de países del mundo en el *World Factbook 2009* y se registró su tasa de mortalidad infantil estimada por 1 000 nacimientos vivos.

Tasa de mortalidad infantil por 1 000 nacidos vivos

151.95	180.21	13.79	15.25	23.07
9.10	17.87	63.34	98.69	18.9
15.96	49.45	12.70	45.36	5.35

Fuente: *The World Factbook 2009*

a. Encuentra el primero y tercer cuartiles para la tasa de mortalidad por 1 000.

b. Encuentra el cuartil medio.

2.119 [EX02-119] Los siguientes datos son las producciones (en libras) de lúpulo:

3.9	3.4	5.1	2.7	4.4	7.0	5.6	2.6	4.8	5.6
7.0	4.8	5.0	6.8	4.8	3.7	5.8	3.6	4.0	5.6

a. Encuentra el primero y tercer cuartiles de las producciones.

b. Encuentra el cuartil medio.

c. Encuentra y explica los percentiles P_{15}, P_{35} y P_{90}.

2.120 [EX02-120] Un estudio de investigación de destreza manual involucró el determinar el tiempo requerido para completar una tarea. A continuación se muestra el tiempo requerido para cada uno de 40 individuos con discapacidades (los datos están clasificados):

7.1	7.2	7.2	7.6	7.6	7.9	8.1	8.1	8.1	8.3	8.3
8.4	8.4	8.9	9.0	9.1	9.1	9.1	9.1	9.1	9.4	9.6
9.9	10.9	10.1	10.1	10.2	10.3	10.5	10.7	11.0	11.1	11.2
11.2	11.2	12.0	13.6	14.7	14.9	15.5				

a. Encuentra Q_1. b. Encuentra Q_2.

c. Encuentra Q_3. d. Encuentra P_{95}.

e. Encuentra el resumen de 5 números.

f. Dibuja un diagrama de cajas y bigotes.

2.121 Dibuja un diagrama de cajas y bigotes para el conjunto de datos con el resumen de 5 números 42-62-72-82-97.

2.122 [EX02-122] La U.S. Geological Survey recolectó datos de deposición atmosférica en las montañas Rocosas. Parte del proceso de muestreo consistió en determinar la concentración de iones amonio (en porcentajes). He aquí los resultados de las 52 muestras:

2.9	4.1	2.7	3.5	1.4	5.6	12.3	3.9	4.0
2.9	7.0	4.2	4.9	4.6	3.5	3.7	3.3	5.7
3.2	4.2	4.4	6.5	3.1	5.2	2.6	2.4	5.2
4.8	4.8	3.9	3.7	2.8	4.8	2.7	4.2	2.9
2.8	3.4	4.0	4.6	3.0	2.3	4.4	3.1	5.5
4.1	4.5	4.6	4.7	3.6	2.6	4.0		

a. Encuentra Q_1. b. Encuentra Q_2.

c. Encuentra Q_3. d. Encuentra el cuartil medio.

e. Encuentra P_{30}. f. Encuentra el resumen de 5 números.

g. Dibuja el diagrama de cajas y bigotes.

2.123 [EX02-123] El "Gran Baile" del baloncesto de la NCAA para hombres comienza plenamente cada marzo. Pero, si observas la tasa de graduación de dichos atletas, descubrirás que muchos equipos no obtienen la calificación, de acuerdo con un estudio liberado en marzo de 2009. A continuación se presentan las tasas de graduación para 63 de los 209 equipos del torneo.

Tasas de graduación (porcentajes), equipos varoniles 2009, Torneo de Baloncesto NCAA División I

63	100	8	89	80	10	53	67	17	37	31	89	100
56	70	34	89	64	55	36	53	77	42	47	53	86
31	91	29	60	40	46	57	55	80	50	46	100	82
20	92	71	100	42	60	45	92	100	57	67	50	
38	30	33	67	100	36	86	69	86	38	100	41	

Fuente: Instituto para la Diversidad y Ética en los Deportes

a. Dibuja un diagrama de puntos de los datos de la tasa de graduación.

b. Dibuja un diagrama de tallos y hojas de dichos datos.

c. Encuentra el resumen de 5 números y dibuja un diagrama de cajas y bigotes.

d. Encuentra P_5 y P_{95}.

e. Describe la distribución de las tasas de graduación y asegúrate de incluir la información que aprendiste en los incisos a al d.

f. ¿Existen equipos cuyas tasas de graduación parezcan ser muy diferentes de las del resto? ¿Cuántos? ¿Cuáles? Explica.

2.124 [EX02-124] La tasa de mortalidad en las autopistas estadounidenses en 2007 fue la más baja desde 1994, pero dichas cifras todavía son sorprendentes. A continuación se presenta el número de personas muertas en accidentes automovilísticos, por estado, incluido el Distrito de Columbia, en 2007.

1 110	84	1 066	650	3 974	554	277	117	44	3 214	1 641
138	252	1 249	898	445	416	864	985	183	614	417
1 088	504	884	992	277	256	373	129	724	413	1 333
1 675	111	1 257	754	455	1 491	69	1 066	146	1 210	3 363
299	66	1 027	568	431	756	150				

Fuente: http://www-fars.nhtsa.dot.gov/

a. Dibuja un diagrama de puntos de datos de mortalidad.

b. Dibuja un diagrama de tallo y hojas de dichos datos. Describe cómo se manejan los tres datos con valor grande.

c. Encuentra el resumen de 5 números y dibuja un diagrama de cajas y bigotes.

d. Encuentra P_{10} y P_{90}.

e. Describe la distribución del número de decesos por estado y asegúrate de incluir la información que aprendiste en los incisos a al d.

f. ¿Por qué puede no ser justo extraer conclusiones acerca del nivel de seguridad relativo de las autopistas en los 51 estados, con base en dichos datos?

2.125 [EX02-125] ¿Las llegadas de los vuelos alguna vez están en tiempo? El público en general piensa que siempre están demorados, ¿pero lo están? El Bureau of Transportation mantiene registros y reporta periódicamente los hallazgos. A continuación se presentan los porcentajes de las llegadas a tiempo en los 31 principales aeropuertos estadounidenses durante el mes de abril de 2009.

ATL 71.2	BOS 77.7	BWI 83.9

***Para el resto de los datos, ingresa a cengagebrain.com

Fuente: U.S. Department of Transportation, Bureau of Transportation Statistics

a. Dibuja un diagrama de puntos de los datos de desempeño en tiempo.

b. Dibuja un diagrama de tallo y hojas de dichos datos.

c. Encuentra el resumen de 5 números y dibuja un diagrama de cajas y bigotes.

d. Encuentra P_{10} y P_{20}.

e. Describe la distribución de porcentaje en tiempo y asegúrate de incluir la información que aprendiste en los incisos a al d.

f. ¿Por qué es más probable que hables de porcentajes de desempeño superiores a 80 o 90% que de porcentajes en medio de 80 o 90%?

(continúa en la página 94)

g. ¿Hay aeropuertos cuyos porcentajes en tiempo parezcan ser muy diferentes de los del resto? ¿Cuántos? ¿Cuáles? Explica.

2.126 [EX02-126] Los estadios de las Grandes Ligas de Béisbol varían en edad, estilo, número de asientos y muchas otras cosas. Pero, para los jugadores de béisbol, el tamaño del campo es lo de mayor importancia. Supón que estás de acuerdo en medir el tamaño del campo usando la distancia desde el plato de *home* hasta la barda del jardín central. A continuación se presenta la distancia hasta el jardín central en los 30 estadios de las Grandes Ligas en 2009.

Distancia: plato de *home* hasta barda del jardín central

420	400	400	400	400	400	408	400	400	406
434	405	400	415	400	404	407	405	422	404
435	400	400	404	401	396	400	403	408	408

Fuente: http://mlb.com

a. Construye un histograma.

b. El rango intercuartílico se describe mediante las cotas de 50% central de los datos, Q_1 y Q_3. Encuentra el rango intercuartílico.

c. ¿Hay campos que parezcan ser considerablemente más pequeños o más grandes que los otros?

d. ¿Existe una gran diferencia en el tamaño de estos 30 campos, según la distancia medida hasta el jardín central? Justifica tu respuesta con evidencia estadística.

2.127 ¿Qué propiedad necesita la distribución para que mediana, rango medio y cuartil medio tengan todos el mismo valor?

2.128 [EX02-128] Henry Cavendish, químico y físico inglés (1731-1810), abordó muchos de sus experimentos con mediciones cuantitativas. Fue el primero en medir con precisión la densidad de la Tierra. A continuación se presentan 29 mediciones (clasificadas para tu conveniencia) de la densidad de la Tierra realizados por Cavendish en 1798 usando una balanza de torsión. La densidad se presenta como un múltiplo de la densidad del agua. (Mediciones en g/cm^3.)

4.88	5.07	5.10	5.26	5.27	5.29	5.29	5.30	5.34	5.34
5.36	5.39	5.42	5.44	5.46	5.47	5.50	5.53	5.55	5.57
5.58	5.61	5.62	5.63	5.65	5.68	5.75	5.79	5.85	

Fuente: Los datos y la información descriptiva se basan en material de "Do robust estimators work with real data? de Stephen M. Stigler, *Annals of Statistics* 5 (1977), 1055-1098.

a. Describe el conjunto de datos al calcular la media, mediana y desviación estándar.

b. Construye un histograma y explica cómo demuestra los valores de los estadísticos descriptivos del inciso a.

c. Encuentra el resumen de 5 números.

d. Construye un diagrama de cajas y bigotes y explica cómo demuestra los valores de los estadísticos descriptivos del inciso c.

e. Con base en los dos gráficos, ¿qué "forma" tiene la distribución de mediciones?

f. Si supones que las mediciones de la densidad de la Tierra tienen aproximadamente una distribución normal, más o menos 95% de los datos debe caer dentro de 2 desviaciones estándar de la media. ¿Es cierto?

2.129 Encuentra el valor z para las calificaciones de examen de 92 y 63 en una prueba que tiene una media de 72 y una desviación estándar de 12.

2.130 Una muestra tiene una media de 50 y una desviación estándar de 4.0. Encuentra el valor z para cada valor de x:

a. $x = 54$ b. $x = 50$

c. $x = 59$ d. $x = 45$

2.131 Un examen produjo calificaciones con una calificación media de 74.2 y una desviación estándar de 11.5. Encuentra el valor z para cada calificación de examen x:

a. $x = 54$ b. $x = 68$

c. $x = 79$ d. $x = 93$

2.132 Un examen aplicado en la nación tiene una media de 500 y una desviación estándar de 100. Si tu valor estándar en este examen fue 1.8, ¿cuál fue tu calificación de examen?

2.133 Una muestra tiene una media de 120 y una desviación estándar de 20.0. Encuentra el valor de x que corresponda a cada uno de estos valores estándar:

a. $z = 0.0$ b. $z = 1.2$

c. $z = -1.4$ d. $z = 2.05$

2.134 a. ¿Qué significa decir que $x = 152$ tiene un valor estándar de +1.5?

b. ¿Qué significa decir que un valor particular de x tiene un valor z de –2.1?

c. En general, ¿el valor estándar es una medida de qué?

2.135 [EX02-107] Considera el porcentaje de puentes interestatales y propiedad del Estado que eran estructuralmente deficientes o funcionalmente obsoletos (SD/FO) que se mencionó en el ejercicio 2.107 de la página 81.

a. Omite los nombres de los estados y clasifica los valores SD/FO en orden ascendente, con lectura horizontal en cada fila.

b. Construye una tabla de resumen de 5 números y el correspondiente diagrama de cajas y bigotes.

c. Encuentra el porcentaje de cuartil medio y el rango intercuartílico.

d. ¿Cuáles son los valores z para California, Hawai, Nebraska, Oklahoma y Rhode Island?

2.136 El ACT Assessment® está diseñado para valorar el desarrollo educativo general de los estudiantes de bachillerato y su habilidad para completar el trabajo de nivel universitario. La tabla menciona la media y la desviación estándar de las calificaciones obtenidas por los 3 908 557 estudiantes de bachillerato de las clases en que se graduaron de 2006 a 2008 y que aplicaron el examen ACT.

2006-2008	Inglés	Matemáticas	Lectura	Ciencia	Composición
Media	20.6	21.0	21.4	20.9	21.1
Desviación estándar	6.0	5.1	6.1	4.8	4.9

Fuente: American College Testing

Convierte las siguientes calificaciones de examen ACT en valores z para inglés y matemáticas. Compara la colocación entre los dos exámenes.

a. $x = 30$ b. $x = 23$ c. $x = 12$

d. Explica por qué las posiciones relativas en inglés y matemáticas cambiaron para las calificaciones ACT de 30 y 12.

e. Si Jessica tuvo un 26 en uno de los exámenes ACT, ¿en cuál de los exámenes tendría la mejor calificación relativa posible? Explica por qué.

2.137 ¿Cuál valor x tiene la mayor posición relativa al conjunto de datos de los que proviene?

A: $x = 85$, donde media = 72 y desviación estándar = 8

B: $x = 93$, donde media = 87 y desviación estándar = 5

2.138 ¿Cuál valor x tiene la menor posición relativa al conjunto de datos de los que proviene?

A: $x = 28.1$, donde $\bar{x} = 25.7$ y $s = 1.8$

B: $x = 39.2$, donde $\bar{x} = 34.1$ y $s = 4.3$

2.6 Interpretación y comprensión de la desviación estándar

La desviación estándar es una medida de variación (dispersión) en los datos. Se define como un valor calculado con el uso de fórmulas. Aún así, puedes preguntarte qué cosa es en realidad y cómo se relaciona con los datos. Es un tipo de vara de medir con la que se puede comparar la variabilidad de un conjunto de datos con la de otro. Esta "medida" particular puede entenderse aún más al examinar dos enunciados que digan cómo la desviación estándar se relaciona con los datos: la *regla empírica* y el *teorema de Chebyshev*.

La regla empírica y la prueba de normalidad

Regla empírica Si una variable tiene distribución normal, entonces: 1) dentro de 1 desviación estándar de la media, habrá aproximadamente 68% de los datos; 2) dentro de 2 desviaciones estándar de la media, habrá aproximadamente 95% de los datos; y 3) dentro de 3 desviaciones estándar de la media, habrá aproximadamente 99.7% de los datos. (Esta regla se aplica específicamente a una **distribución** normal **[con forma de campana]**, pero se aplica con frecuencia como una guía interpretativa a cualquier distribución montada.)

La figura 2.31 muestra los intervalos de 1, 2 y 3 desviaciones estándar en torno a la media de una distribución aproximadamente normal. Por lo general, estas proporciones no ocurren con exactitud en una muestra, pero tus valores observados estarán cerca cuando se extraiga una gran muestra de una población con distribución normal.

Si una distribución es aproximadamente normal, será casi simétrica y la media dividirá la distribución a la mitad (la media y la mediana son las mismas en una distribución simétrica). Esto permite refinar la regla empírica, como se muestra en la figura 2.32.

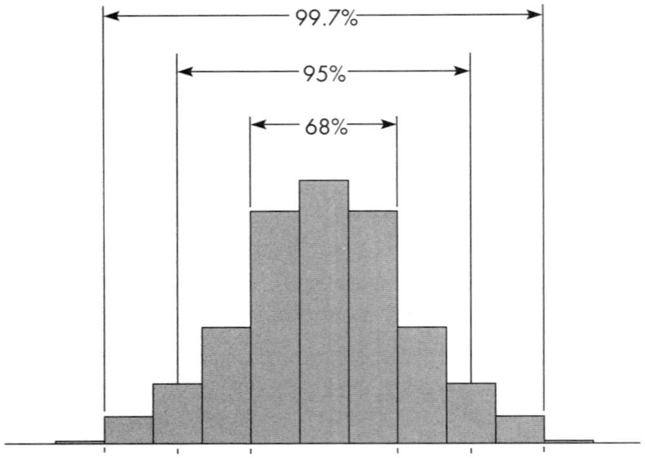

FIGURA 2.31
Regla empírica

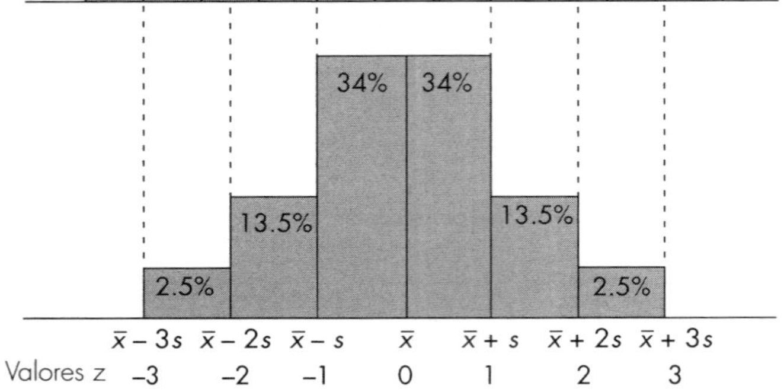

FIGURA 2.32
Refinamiento de la regla empírica

La regla empírica puede usarse para determinar si un conjunto de datos tiene una distribución aproximadamente normal. A continuación se demostrará esta aplicación al trabajar con la distribución de calificaciones del examen final que se ha usado a lo largo de este capítulo. Se encontró que la media, $\bar{x}$, es 74.92 y que la desviación estándar, s, era 14.20. El intervalo desde 1 desviación estándar por abajo de la media, $\bar{x} - s$, hasta 1 desviación estándar por arriba de la media, $\bar{x} + s$, es 74.92 – 14.20 = 60.72 hasta 74.92 + 14.20 = 89.12. Este intervalo (60.72 a 89.12) incluye 61, 62, 63,..., 89. Al inspeccionar los datos clasificados (tabla 2.16, p. 84), puedes ver que 34 de los 50 datos, o 68% yacen dentro de 1 desviación estándar de la media. Más aún, $\bar{x} - 2s$ = 74.92 – (2)(14.20) = 74.92 – 28.40 = 46.52 hasta $\bar{x} - 2s$ = 74.92 + 28.40 = 103.32 produce el intervalo de 46.52 a 103.32. De los 50 datos, 48, o 96% yacen dentro de 2 desviaciones estándar de la media. Los 50 datos, o 100%, se incluyen dentro de 3 desviaciones estándar de la media (desde 32.32 hasta 117.52). Esta información puede colocarse en una tabla para comparación con los valores dados por la regla empírica (consulta la tabla 2.17).

TABLA 2.17 Porcentajes observados frente a la regla empírica

Intervalo	Porcentaje regla empírica	Porcentaje encontrado
$\bar{x} - s$ hasta $\bar{x} + s$	≈68	68
$\bar{x} - 2s$ hasta $\bar{x} + 2s$	≈95	96
$\bar{x} - 3s$ hasta $\bar{x} + 3s$	≈99.7	100

Los porcentajes encontrados están razonablemente cerca de los predichos por la regla empírica. Al combinar esta evidencia con la forma del histograma (consulta la figura 2.10, p. 51), puedes decir con seguridad que los datos del examen final tienen una distribución aproximadamente normal.

Existe otra forma de poner a prueba la normalidad: al dibujar una gráfica de probabilidad (una ojiva que se dibuja sobre papel de probabilidad*) con una computadora o calculadora graficadora. Para ilustración, en la figura 2.33 se muestra una gráfica de probabilidad de los estadísticos de las calificaciones del examen final. La prueba de normalidad, en este punto del estudio de la estadística, es simplemente comparar la gráfica de los datos (la ojiva) con la línea recta que se dibuja desde la esquina inferior izquierda hasta la esquina superior derecha de la gráfica. Si la ojiva se encuentra cerca de esta línea recta se dice que la distribución es aproximadamente normal. La escala vertical que se usa para construir la gráfica de probabilidad se ajusta de modo que la ojiva para una distribución exactamente normal trazará la línea recta. La ojiva de las calificaciones del examen sigue la línea recta muy de cerca, lo que sugiere que la distribución de las calificaciones del examen es aproximadamente normal.

FIGURA 2.33
Gráfica de probabilidad de calificaciones del examen de estadística

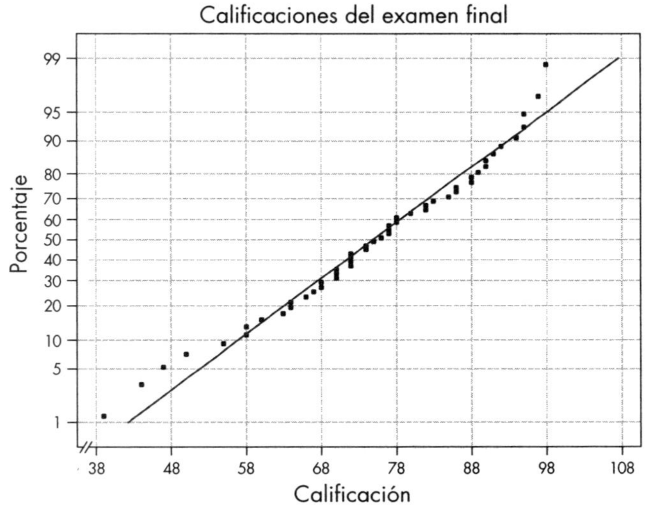

PTI *En papel de probabilidad la escala vertical no es uniforme; se ajustó para explicar la forma montada de una distribución normal y sus porcentajes acumulados.

Si usas computadora obtendrás una pieza adicional de información al determinar la normalidad. Esta pieza de información viene en la forma de un valor p y si su valor es mayor que 0.05, puedes suponer que la muestra se extrajo de una distribución aproximadamente normal (si el valor $p \leq 0.05$, no es normal). (El valor p se definirá de manera más completa en el capítulo 8, sección 8.4.)

INSTRUCCIONES DE TECNOLOGÍA: PRUEBAS DE NORMALIDAD

MINITAB

Escribe los datos en C1; después continúa con:

Elige: **Stat > Basic Statistics > Normality Test**
Escribe: Variable: **C1**
Título: **tu título > OK**

Excel

Excel usa una prueba de normalidad, no la gráfica de probabilidad.
Escribe los datos en la columna A; después continúa con:

Elige: **Add-Ins > Data Analysis Plus* > Chi-Squared Test of Normality > OK**
Escribe: Rango de entrada: **data (A1:A6 o selecciona celdas)**
Selecciona: **Labels** (si usas encabezados de columna) > **OK**

Los valores esperados para una distribución normal se proporcionan frente a la distribución dada. Si el valor p es mayor que 0.05, entonces la distribución dada es aproximadamente normal.

*Si Data Analysis Plus no aparece en el menú Data, consulta la página 39.

TI-83/84 Plus

Escribe los datos en L1; después continúa con:

Elige: **Window**
Escribe: **cuando mucho el valor de datos más pequeño, al menos el valor de datos más grande, escala x, -5, 5, 1, 1**
Selecciona: **2nd > STAT PLOT > 1:Plot**

Teorema de Chebyshev

En el caso de que los datos no se desplieguen en una distribución aproximadamente normal, el teorema de Chebyshev proporciona información acerca de cuánto de los datos caerá dentro de intervalos con centro en la media para todas las distribuciones.

Teorema de Chebyshev La proporción de cualquier distribución que yazca dentro de k desviaciones estándar de la media es al menos $1 - \frac{1}{k^2}$, donde k es cualquier número positivo mayor que 1. Este teorema se aplica a todas las distribuciones de datos.

Este teorema dice que, dentro de 2 desviaciones estándar de la media ($k = 2$), siempre encontrarás al menos 75% (esto es: 75% o más) de los datos:

$$1 - \frac{1}{k^2} = 1 - \frac{1}{2^2} = 1 - \frac{1}{4} = \frac{3}{4} = 0.75 \quad \textbf{al menos 75\%}$$

La figura 2.34 muestra una distribución montada que ilustra al menos 75%.

Si consideras el intervalo encerrado por 3 desviaciones estándar en cualquier lado de la media ($k = 3$), el teorema dice que siempre encontrarás al menos 89% (esto es: 89% o más) de los datos:

$$1 - \frac{1}{k^2} = 1 - \frac{1}{3^2} = 1 - \frac{1}{9} = \frac{8}{9} = 0.89 \quad \textbf{al menos 89\%}$$

La figura 2.35 muestra una distribución amontonada que ilustra al menos 89%.

FIGURA 2.34
Teorema de Chebyshev con $k = 2$

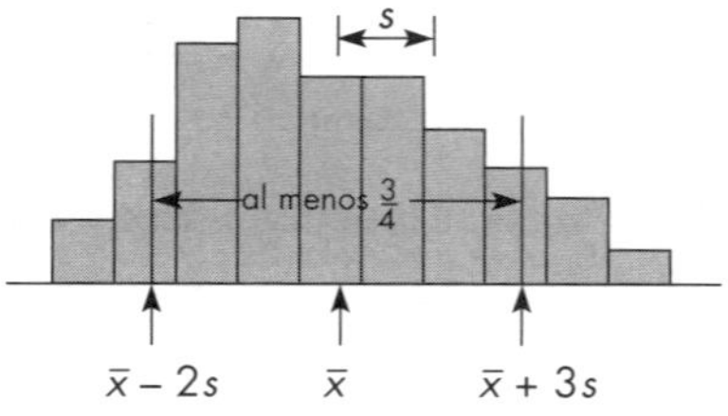

FIGURA 2.35
Teorema de Chebyshev con $k = 3$

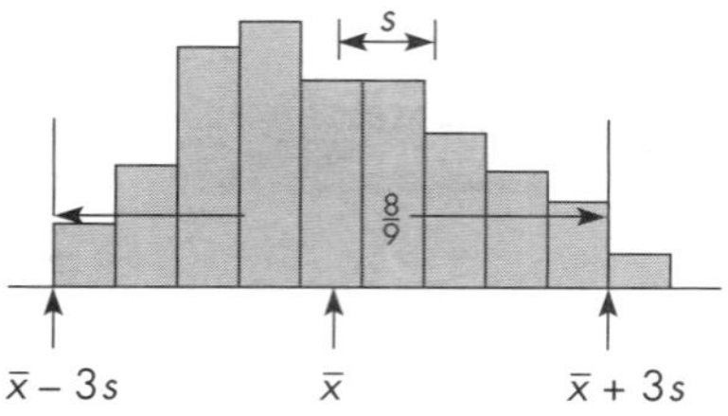

Vuelve a revisar los resultados de la prueba de fuerza en acondicionamiento físico que se aplicó a los alumnos de tercer año en el ejercicio 2.47 de la página 60. A continuación se presentan los resultados de sus exámenes en orden ascendente y se muestran en el histograma.

1	2	2	3	3	3	4	4	4	5	5	5	5	6	6	6
8	9	9	9	9	9	9	10	10	11	12	12	12	13	14	14
14	15	15	15	15	16	16	16	17	17	17	17	18	18	18	18
19	19	19	19	20	20	20	21	21	21	22	22	22	23	24	24

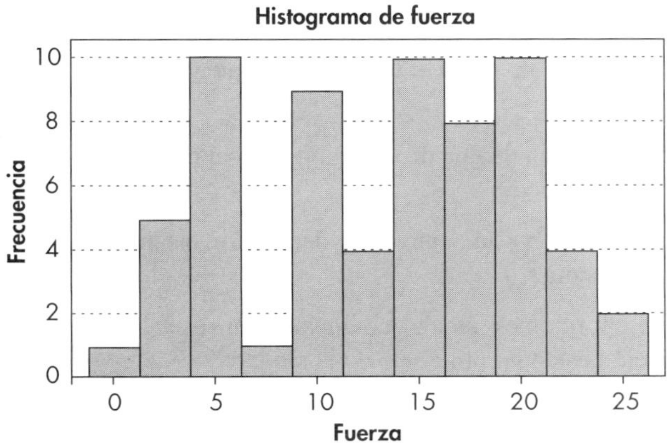

Algunas preguntas de interés son: ¿esta distribución satisface la regla empírica? ¿El teorema de Chebyshev continúa siendo válido? ¿La distribución es aproximadamente normal?

Para responder las primeras dos preguntas, necesitas encontrar el porcentaje de datos en cada uno de los tres intervalos en torno a la media. La media es 13.0 y la desviación estándar es 6.6.

media ± k (Desv. est.)	Intervalo	Porcentaje encontrado	Empírica	Al menos
13.0 ± **1**(6.6)	6.4 a 19.6	36/64 = 56.3%	68%	–
13.0 ± **2** (6.6)	–0.2 a 26.2	64/64 = 100%	95%	al menos 75%
13.0 ± **3**(6.6)	–6.8 a 32.8	64/64 = 100%	99.70%	al menos 89%

Tú debes verificar los valores de la media, desviación estándar, los intervalos y los porcentajes.

Los tres porcentajes encontrados (56.3, 100 y 100) no se aproximan a los porcentajes de 68, 95 y 99.7 establecidos en la regla empírica. Los dos porcentajes encontrados (100 y 100) concuerdan con el teorema de Chebyshev en que son mayores que 75 y 89%. Recuerda: el teorema de Chebyshev se mantiene para todas las distribuciones.

La prueba de normalidad, que se introdujo en la página 97, produce un valor p de 0.009 y junto con la distribución vista en el histograma y los tres porcentajes encontrados, es razonable concluir que estos resultados de prueba no tienen distribución normal.

EJERCICIOS SECCIÓN 2.6

2.139 Las instrucciones para la asignación de un ensayo incluyen el enunciado "La longitud debe ser estar dentro de 25 palabras de 200". ¿Qué valores de x, número de palabras, satisfacen estas instrucciones?

2.140 La regla empírica indica que se puede esperar encontrar qué proporción de la muestra incluida entre lo siguiente:

a. $\bar{x} - s$ y $\bar{x} + s$

b. $\bar{x} - 2s$ y $\bar{x} + 2s$

c. $\bar{x} - 3s$ y $\bar{x} + 3s$

2.141 ¿Por qué es que el valor z para un valor que pertenece a una distribución normal por lo general yace entre –3 y +3?

2.142 La vida media de cierto neumático es 30 000 millas y la desviación estándar es 2 500 millas.

a. Si supones que el millaje tiene distribución normal, ¿aproximadamente qué porcentaje de todos esos neumáticos durará entre 22 500 y 37 500 millas?

(continúa en la página 100)

b. Si no supones nada acerca de la forma de la distribución, ¿aproximadamente qué porcentaje de todos esos neumáticos durará entre 22 500 y 37 500 millas?

2.143 El tiempo de limpieza promedio para un equipo de una empresa de tamaño medio es 84.0 horas y la desviación estándar es 6.8 horas. Supón que la regla empírica es adecuada.

a. ¿Qué proporción del tiempo tomará al equipo de limpieza 97.6 horas o más para limpiar la planta?

b. ¿Dentro de qué intervalo caerá el tiempo de limpieza total 95% de las veces?

2.144 a. ¿Qué proporción de una distribución normal es mayor que la media?

b. ¿Qué proporción está dentro de 1 desviación estándar de la media?

c. ¿Qué proporción es mayor que un valor que está 1 desviación estándar por abajo de la media?

2.145 Con la regla empírica, determina el porcentaje aproximado de una distribución normal que se espera caiga dentro del intervalo descrito.

a. Menos que la media

b. Mayor que 1 desviación estándar por arriba de la media

c. Menos que 1 desviación estándar por arriba de la media

d. Entre 1 desviación estándar por abajo de la media y 2 desviaciones estándar por arriba de la media

2.146 De acuerdo con la regla empírica, casi todos los datos deben encontrarse entre $(\bar{x} - 3s)$ y $(\bar{x} + 3s)$. El rango cuenta para todos los datos.

a. ¿Qué relación debe mantenerse (aproximadamente) entre la desviación estándar y el rango?

b. ¿Cómo puedes usar los resultados del inciso a para estimar la desviación estándar en situaciones cuando se conoce el rango?

2.147 El teorema de Chebyshev garantiza qué proporción de una distribución se incluirá de entre lo siguiente:

a. $\bar{x} - 2s$ y $\bar{x} + 2s$ b. $\bar{x} - 3s$ y $\bar{x} + 3s$

2.148 De acuerdo con el teorema de Chebyshev, ¿qué proporción de una distribución estará dentro de $k = 4$ desviaciones estándar de la media?

2.149 El teorema de Chebyshev puede enunciarse en una forma equivalente a la dada en la página 98. Por ejemplo, decir "al menos 75% de los datos caen dentro de 2 desviaciones estándar de la media" es equivalente a afirmar "cuando mucho, 25% estará a más de 2 desviaciones estándar de distancia de la media".

a. Cuando mucho, ¿qué porcentaje de una distribución estará a 3 o más desviaciones estándar de la media?

b. Cuando mucho, ¿qué porcentaje de una distribución estará a 4 o más desviaciones estándar de la media?

2.150 Las calificaciones obtenidas por los estudiantes en Estados Unidos con frecuencia dan de qué hablar y con base en dichas calificaciones se extrae todo tipo de conclusiones. El ACT Assessment® está diseñado para valorar el desarrollo educativo general de los estudiantes de bachillerato y su habilidad para completar el trabajo de nivel universitario. Una de las categorías que se pone a prueba es el razonamiento científico. La calificación media del examen ACT para todos los graduados de bachillerato en 2008 en razonamiento científico fue 20.8, con una desviación estándar de 4.6.

a. De acuerdo con el teorema de Chebyshev, ¿al menos qué porcentaje de calificaciones ACT de graduados de bachillerato en razonamiento científico estuvieron entre 11.6 y 30.0?

b. Si sabes que las calificaciones ACT tienen una distribución normal, ¿qué porcentaje de calificaciones de razonamiento científico ACT estuvieron entre 11.6 y 30.0?

2.151 De acuerdo con la US Census Bureau, aproximadamente 45% de los 29 millones de los habitantes de 18 a 24 años de edad en Estados Unidos están inscritos en educación superior. Para sondear con más precisión a estos jóvenes votantes, un profesor de Edgewood College, Madison, WI, realizó una encuesta nacional en campus universitarios de 945 personas de 18 a 24 años de edad en 29 universidades del 19 al 21 de octubre de 2004. La encuesta analizó cuáles fuentes de información influyeron más los votos de los estudiantes. Con base en una escala de 0 a 100, con 100 como más influyente, los estudiantes dijeron que las más influyentes fueron los debates presidenciales (media = 69.05, desviación estándar = 31.65).

a. De acuerdo con el teorema de Chebyshev, ¿al menos qué porcentaje de las calificaciones están entre 5.75 y 132.35?

b. Si sabes que dichas calificaciones tienen distribución normal, ¿qué porcentaje de dichas calificaciones están entre 5.75 y 132.35?

c. Explica por qué la relación entre las cotas de intervalo de los incisos a y b, la media y la desviación estándar dadas en la pregunta, sugieren que la distribución de calificaciones no tiene distribución normal. Incluye especificidades.

2.152 [EX02-152] El primer día de clases del último semestre, se preguntó a 50 estudiantes por la distancia de una vía desde su casa hasta la universidad (a la milla más cercana). Los datos resultantes son los siguientes:

6	5	3	24	15	15	6	2	1	3
5	10	9	21	8	10	9	14	16	16
10	21	20	15	9	4	12	27	10	10
3	9	17	6	11	10	12	5	7	11
5	8	22	20	13	1	8	13	4	18

a. Construye una distribución de frecuencia agrupada de los datos, con 1-4 el primer día de clases.

[EX00-000] identifica el nombre de archivo de una base de datos en línea de un ejercicio; disponible a través de cengagebrain.com

b. Calcula la media y la desviación estándar.

c. Determina los valores de $\bar{x} \pm 2s$ y determina el porcentaje de datos dentro de 2 desviaciones estándar de la media.

2.153 [EX02-153] El Departamento de Trabajo emitió el reporte de desempeño estado por estado de febrero de 2009 y mostró declive continuo en el mercado laboral. Las siguientes son las tasas de desempleo en febrero de 2009 para los 50 estados y DC.

Tasas de desempleo estatal, febrero 2009

8.4	8.0	7.4	6.6	10.5

***Para el resto de los datos, ingresa en cengagebrain.com

Fuente: http://blog.wsj.com/

a. Construye un histograma.

b. ¿El histograma sugiere una distribución aproximadamente normal?

c. Encuentra la media y la desviación estándar.

d. Encuentra el porcentaje de datos que cae dentro de los tres diferentes intervalos en torno a la media y compáralos con la regla empírica. ¿Los porcentajes y la regla empírica concuerdan con tu respuesta al inciso b? Explica.

e. Utiliza una de las Instrucciones de Tecnología "pruebas de normalidad" de las páginas 97-98. Compara los resultados con tu respuesta al inciso d.

2.154 [EX02-154] Una de las muchas cosas que reporta al público la U.S. Census Bureau es el aumento de la población para varias áreas geográficas dentro del país. En la siguiente tabla se citan los porcentajes de aumento de la población para los 100 condados de más rápido crecimiento con 10 000 o más habitantes en 2008 en Estados Unidos, del 1 de abril de 2008 al 1 de julio de 2008.

Porcentaje de aumento de la población

89.6	83.1	82.1	80.2	71.0	70.8	64.5	63.2	60.5	59.7	58.9
57.7	56.1	55.0	53.7	53.2	52.9	52.3	51.9	50.1	50.0	48.4
48.2	47.7	47.6	47.5	47.4	47.0	47.0	45.4	46.0	44.4	44.1
44.1	44.0	41.4	41.0	41.0	40.5	40.1	40.0	39.9	39.8	39.0
38.7	38.7	38.5	38.5	38.1	38.0	37.9	37.8	37.7	37.6	37.5
37.3	36.9	36.8	36.6	36.4	36.4	36.1	36.0	35.9	35.6	35.6
35.6	35.6	35.5	35.4	35.0	34.8	34.7	34.5	34.4	34.2	34.0
34.0	33.1	33.1	33.0	32.9	32.9	32.8	32.7	32.6	32.6	32.4
32.4	32.1	32.0	31.9	31.8	31.7	31.6	31.3	31.2	31.1	31.0
30.9										

Fuente: http://www.census.gov/

a. Calcula la media y la desviación estándar.

b. Determina los valores de $\bar{x} \pm 2s$ y $\bar{x} \pm 3s$ y determina el porcentaje de datos dentro de 2 y 3 desviaciones estándar de la media.

c. ¿Los porcentajes encontrados en el inciso b concuerdan con la regla empírica? ¿Qué significa esto?

d. ¿Los porcentajes encontrados en el inciso b concuerdan con el teorema de Chebyshev? ¿Qué significa esto?

e. Construye un histograma y otra gráfica de tu elección. ¿La gráfica muestra una distribución que concuerde con tus respuestas a los incisos c y d? Explica.

f. Utiliza una de las Instrucciones de Tecnología de las "pruebas de normalidad" de las páginas 97-98. Compara los resultados con tu respuesta al inciso c.

2.155 [EX02-155] Cada año, a los fanáticos del fútbol colegial NCAA les gusta saber acerca de la próxima clase de jugadores de primer año. A continuación se presentan las estaturas (en pulgadas) de los 100 mejores jugadores de fútbol de bachillerato en todo el país para 2009.

73	75	71	76	74	77	74	72	73	72	74	72	74	72	72
78	73	76	75	72	77	76	73	72	76	72	73	70	75	72
71	74	77	78	74	75	71	75	71	76	70	76	72	71	74
74	71	72	76	71	75	79	78	79	74	76	76	76	75	73
74	70	74	74	75	75	75	75	76	71	74	75	74	78	72
73	71	72	73	72	74	75	77	73	77	75	77	71	72	70
74	76	71	73	76	76	79	77	74	78					

Fuente: http://www.takkle.com/

a. Construye un histograma y otra gráfica de tu elección que muestre la distribución de estaturas.

b. Calcula la media y la desviación estándar.

c. Ordena los datos en una lista clasificada.

d. Determina los valores de $\bar{x} \pm s$, $\bar{x} \pm 2s$ y $\bar{x} \pm 3s$ y determina el porcentaje de datos dentro de 1, 2 y 3 desviaciones estándar de la media.

e. ¿Los porcentajes que encontraste en el inciso d concuerdan con la regla empírica? ¿Qué implica esto? Explica.

f. ¿Los porcentajes encontrados en el inciso d concuerdan con el teorema de Chebyshev? ¿Qué significa esto?

g. ¿La gráfica muestra una distribución que concuerde con tus respuestas al inciso e? Explica.

h. Utiliza una de las Instrucciones de Tecnología "pruebas de normalidad" de las páginas 97-98. Compara los resultados con tu respuesta al inciso e.

2.156 [EX02-156] Cada año, a los fanáticos del fútbol colegial NCAA les gusta saber acerca de la talla de los jugadores en la clase de reclutamiento del año en curso. A continuación se presentan los pesos (en libras) de los 100 mejores jugadores de fútbol de bachillerato en todo el país para 2009.

Pesos en libras

176	226	210	205	225

***Para el resto de los datos, ingresa a cengagebrain.com

Fuente: http: //www.takkle.com/

(continúa en la página 102)

a. Construye un histograma y otra gráfica de tu elección que muestre la distribución de pesos.

b. Calcula la media y la desviación estándar.

c. Ordena los datos en una lista clasificada.

d. Determina los valores de $\bar{x} \pm s$, $\bar{x} \pm 2s$ y $\bar{x} \pm 3s$ y determina el porcentaje de datos dentro de 1, 2 y 3 desviaciones estándar desde la media.

e. ¿Los porcentajes que encontraste en el inciso d concuerdan con la regla empírica? ¿Qué implica esto? Explica.

f. ¿Los porcentajes que encontraste en el inciso d concuerdan con el teorema de Chebyshev? ¿Qué significa?.

g. ¿Las gráficas muestran una distribución que concuerda con tus respuestas al inciso e? Explica.

h. Utiliza una de las Instrucciones de Tecnología "pruebas de normalidad" de las páginas 97-98. Compara los resultados con tu respuesta al inciso e.

2.157 La regla empírica afirma que los intervalos de 1, 2 y 3 desviaciones estándar en torno a la media contendrán 68, 95 y 99.75% respectivamente.

a. Usa los comandos de computadora o calculadora de la página 90 para generar aleatoriamente una muestra de 100 datos de una distribución normal con media 50 y desviación estándar 10. Construye un histograma con límites de clase que sean múltiplos de la desviación estándar 10; esto es: usa límites desde 10 hasta 90 en intervalos de 10 (consulta los comandos de las pp. 52-54). Calcula la media y la desviación estándar con los comandos que se encuentran en las páginas 64 y 78; después revisa el histograma para determinar el porcentaje de los datos que caen dentro de cada uno de los intervalos de 1, 2 y 3 desviaciones estándar. ¿Cuán cercanamente se comparan los tres porcentajes con los porcentajes que afirma la regla empírica?

b. Repite el inciso a. ¿Obtuviste resultados similares a los del inciso a? Explica.

c. Considera repetir el inciso a varias veces más. ¿Los resultados son similares cada vez? Si es así, ¿en qué forma?

d. ¿Qué concluyes acerca de la verdad de la regla empírica?

2.158 El teorema de Chebyshev afirma que "al menos $1 - \frac{1}{k^2}$" de los datos de una distribución caerán dentro de k desviaciones estándar de la media.

a. Usa los comandos de computadora de la página 90 para generar aleatoriamente una muestra de 100 datos a partir de una distribución uniforme (no normal) que tenga un valor bajo de 1 y un valor alto de 10. Construye un histograma con límites de clase de 0 a 11 en incrementos de 1 (consulta los comandos de las pp. 52-54). Calcula la media y la desviación estándar con los comandos que se encuentran en las páginas 64 y 78; después inspecciona el histograma para determinar el porcentaje de los datos que caen dentro de cada uno de los intervalos de 1, 2, 3 y 4 desviaciones estándar. ¿Cuán cercanamente se comparan los tres porcentajes con los porcentajes que afirman el teorema de Chebyshev y la regla empírica?

b. Repite el inciso a. ¿Obtuviste resultados similares a los del inciso a? Explica.

c. Considera repetir el inciso a varias veces más. ¿Los resultados son similares cada vez? Si es así, ¿en qué forma?

d. ¿Qué concluyes acerca de la verdad del teorema de Chebyshev y de la regla empírica?

2.7 El arte del engaño estadístico

"Existen tres tipos de mentiras: las mentiras, las malditas mentiras y la estadística." Estas notables palabras, pronunciadas por Benjamin Disraeli (primer ministro británico en el siglo XIX) representan la visión cínica de la estadística que sostienen muchas personas. La mayoría de las personas están en el extremo consumidor de la estadística y por tanto tienen que "tragarlas".

Buena aritmética, mala estadística

Explora una mentira estadística rotunda. Supón que una pequeña empresa emplea a ocho personas que ganan entre \$300 y \$350 a la semana. El dueño de la empresa se paga a sí mismo \$1 250 a la semana. Él reporta al público general que el salario promedio pagado a los empleados de su empresa es de \$430 a la semana. Este puede ser un ejemplo de buena aritmética, pero es mala estadística. Es una falacia de la situación porque sólo un empleado, el propietario, recibe más del salario medio. El público pensará que la mayoría de los empleados ganan alrededor de $430 a la semana.

Engaño gráfico

Las representaciones gráficas pueden ser truculentas y engañosas. La escala de frecuencia (que por lo general es el eje vertical) debe comenzar en cero con la finalidad de presentar una imagen total. Por lo general, las gráficas que no comienzan en cero se usan para ahorrar espacio. No obstante, esto puede ser engañoso. Las gráficas en las que la escala de frecuencia comienza en cero tienden a enfatizar el tamaño de los números involucrados, mientras que las gráficas que se recortan pueden tender a enfatizar la variación en los números sin importar el tamaño real de los números. Las etiquetas de la escala horizontal también pueden ser engañosas. Necesitas inspeccionar las representaciones gráficas con mucho cuidado antes de extraer alguna conclusión a partir de "la historia que se cuenta".

Considera el siguiente ejemplo aplicado.

EJEMPLO APLICADO 2.16

Cortesía del *Ithaca Times*

Fuente: http: //www.math.yorku.ca/SCS/Gallery/context.html

AFIRMAR LO QUE EL LECTOR ESPERA/MALAS NOTICIAS ANTICIPADAS

Esta "astuta" superposición gráfica, del *Ithaca Times* (7 de diciembre de 2000), debe ser la peor gráfica alguna vez publicada en una portada. La historia de portada, "¿Por qué la universidad debe costar tanto?", presenta dos gráficas superpuestas en una escena del campus de la Cornell University. Las dos líneas quebradas representan "Colegiatura de Cornell" y "Clasificación de Cornell", donde la colegiatura aumenta de manera constante y la clasificación se estanca y cae. Se crea una imagen muy clara: los estudiantes obtienen menos y ¡pagan más!

Ahora observa las dos gráficas por separado. Observa: 1) Las gráficas cubren dos periodos diferentes. 2) Las escalas verticales difieren. 3) El "mejor" engaño proviene de la impresión de que una "caída en la clasificación" representa una menor calidad de la educación. ¿No sería mejor un lugar 6 que un lugar 15?

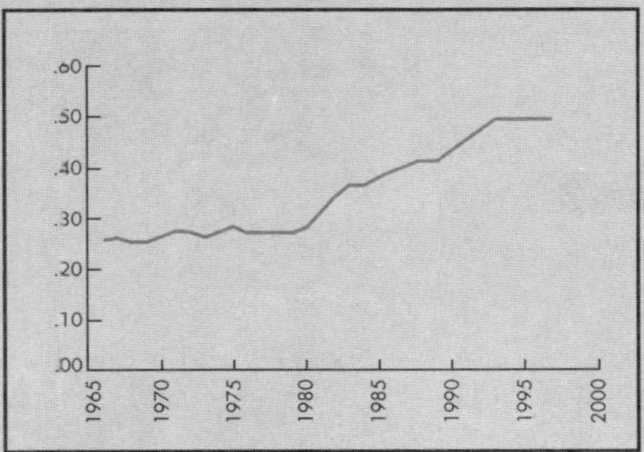

SEGÚN LAS CIFRAS: DURANTE 35 AÑOS, LA COLEGIATURA DE CORNELL HA TOMADO UNA PARTE CADA VEZ MÁS GRANDE DE LA MEDIANA DEL INGRESO FAMILIAR DEL ESTUDIANTE.

Fuente: http: //www.math.yorku.ca/SCS/Gallery/context.html

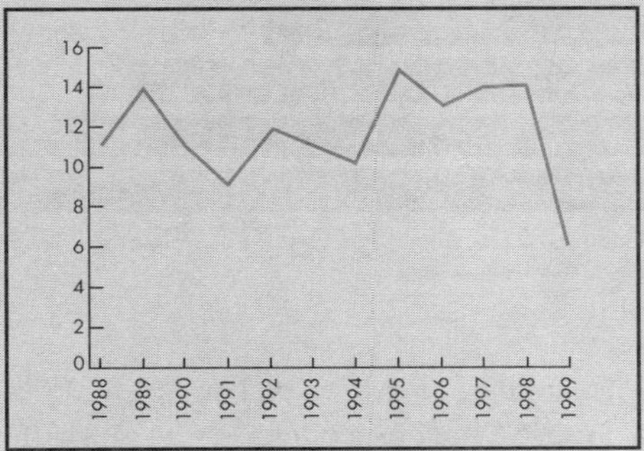

JERARQUÍA: DURANTE 12 AÑOS, LA CLASIFICACIÓN DE CORNELL EN *US NEWS & WORLD REPORT* HA SUBIDO Y CAÍDO ERRÁTICAMENTE.

Todo esto se reduce a que, con la estadística, como con todos los lenguajes, se puede abusar. En manos de descuidados, inexpertos o inescrupulosos, la información estadística puede ser tan falsa como las "malditas mentiras".

EJERCICIOS SECCIÓN 2.7

2.159 a. ¿La siguiente figura es una gráfica de barras o un histograma? Explica cómo determinas la respuesta.

Recorte de cupones

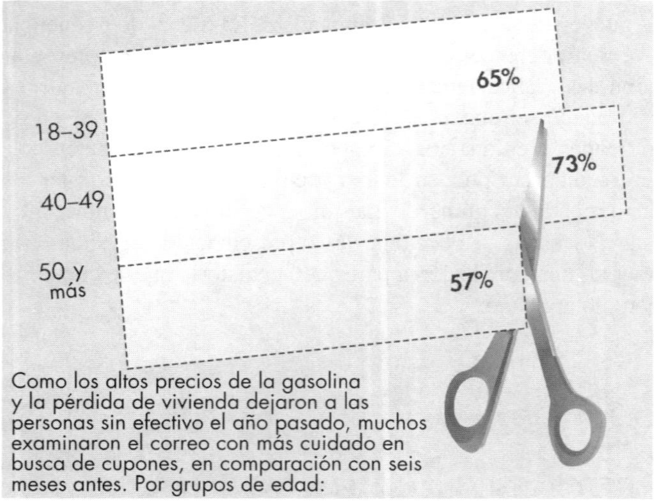

Fuente: DMNews para Pitney Bowes; encuesta realizada en línea entre 1 003 adultos, 9-16 de septiembre de 2008.

b. El agrupamiento por edades que se usó en la gráfica de "Recorte de cupones" no conduce a una gráfica muy informativa. Describe cómo pudieron formarse los grupos de edad y cómo sugieres que el agrupamiento daría significado adicional a la gráfica.

2.160 ¿Sabías que...? Mientras más aprendes, más ganas.

- No renuncies a tu trabajo.
- Obtén tu grado en línea según tu calendario.
- Gana más dinero.

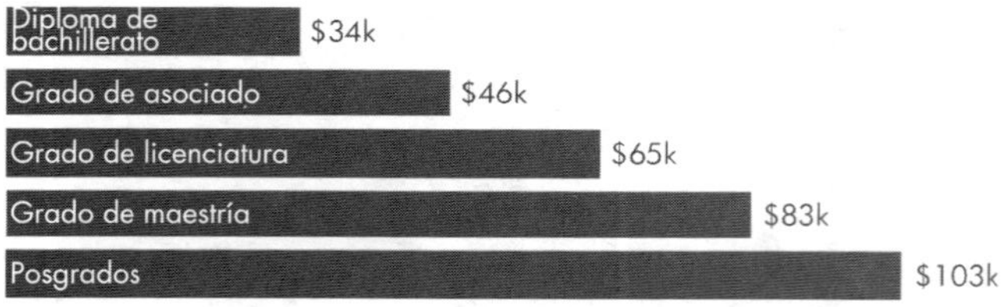

** Ingreso Nacional Promedio con Base en Nivel Educativo; Fuente: U.S. Census Bureau Population Survey 2004

a. Examina esta gráfica de barras y describe cómo es engañosa. Sé muy específico.

b. Vuelve a dibujar la gráfica de barras y corrige las propiedades engañosas.

2.161 "¿Qué está mal en esta imagen?" Ésa es la pregunta que debes plantearte cuando observes las gráficas del Ejemplo Aplicado 2.16 de la página 103.

a. Encuentra y describe al menos cuatro características de la gráfica de la portada que se usen de manera incorrecta.

b. Encuentra y describe al menos dos características acerca de la gráfica "Jerarquía" que sean engañosas.

2.162 ¿Sabías que 17.1% es más del doble que 15.6%? "¡Ridículo!", dirás.

Tasa de mortalidad de acuerdo con la mediana de ingreso doméstico

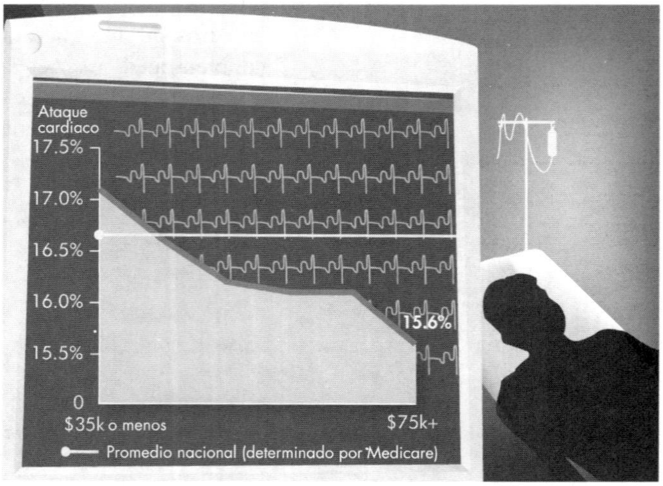

Fuente: Análisis de centros federales de los servicios Medicare y Medicaid

a. Explica cómo la gráfica sugiere tal relación.

b. ¿Cómo podría corregirse esta falacia?

c. Vuelve a dibujar esta gráfica para mostrar correctamente la relación entre 17.1% y 15.6%.

2.163 La gráfica de pastel se dibuja correctamente, pero ofrece una impresión incorrecta.

Trabajar años adicionales para el retiro

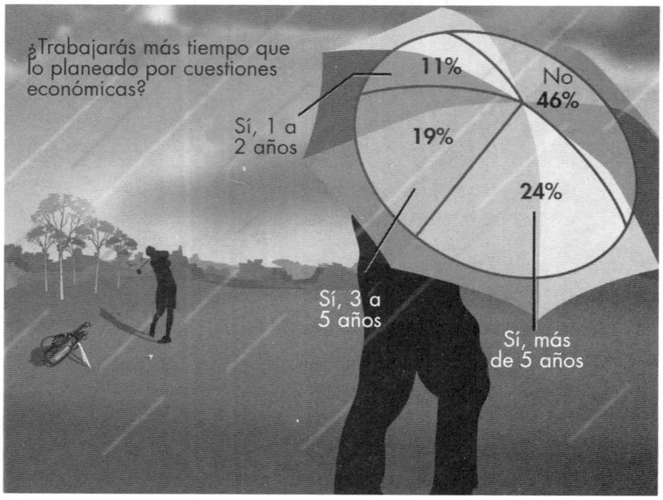

Fuente: Encuesta Sun Life de 1 200 adultos de 30 a 66 años de edad. Margen de error: ±3 puntos porcentuales.

a. El área de cada segmento circular debe ser proporcional al porcentaje que representa. Explica cómo puedes usar las varillas de la sombrilla para verificar que los segmentos están dibujados de manera correcta.

b. Explica por qué y cómo es engañosa la gráfica.

2.164 Esta oferta estadística es una gráfica más bien ingeniosa que usa licencia artística con billetes como las barras de una gráfica de barras. Un "10 por el esfuerzo", como habrás escuchado antes, pero los aspectos de la escala de la gráfica fueron comprometidos.

¿En qué piensas gastar tu devolución de impuestos?

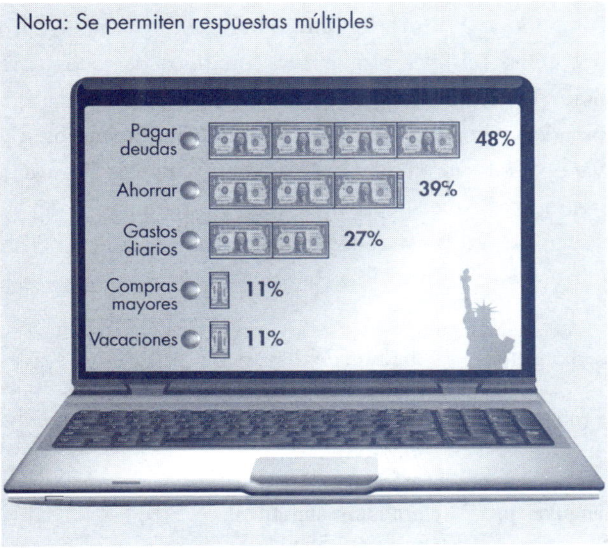

Fuente: National Retail Federation 2009; encuesta de devoluciones de impuestos e intenciones y acciones del consumidor de 8 426 consumidores. Margen de error: ±1 punto porcentual

a. Identifica cómo y dónde la escala de porcentaje está mal representada.

b. Si aconsejaras al dibujante, ¿cómo harías para ajustar los billetes y corregir el problema descrito en la respuesta al inciso a?

2.165 ¿Qué tipos de transacciones financieras haces en línea? ¿Estás preocupado por tu seguridad? De acuerdo con Consumer Internet Barometer, la fuente del *USA Today* Sanpshot del 25 de marzo de 2009, titulada "Seguridad de cuentas en línea", se reportaron las siguientes transacciones y porcentajes de personas preocupadas por su seguridad en línea.

Qué	Porcentaje
Banca	72
Pagar cuentas	70
Comprar acciones, bonos	62
Pagar impuestos	62

Fuente: *USA Today* y Consumer Internet Barometer

Prepara dos gráficas de barras para mostrar los datos porcentuales. Escala el eje vertical de la primera gráfica de 50 a 80. Escala la segunda gráfica de 0 a 100. ¿Cuál es tu conclusión acerca de cómo los porcentajes de las cuatro respuestas se acumulan con base en las dos gráficas de barras y qué recomendarías, si hay algo, para mejorar las presentaciones?

2.166 Encuentra un artículo o un anuncio publicitario que contenga una gráfica que en alguna forma presente mal la información o los estadísticos.

a. Describe cómo dicha gráfica representa mal los hechos.

b. Vuelve a dibujar la gráfica en forma que sea más representativa de la situación. Describe cómo tu nueva gráfica es una gráfica mejorada.

Repaso del capítulo

En retrospectiva

Se introdujeron algunas de las técnicas más comunes de la estadística descriptiva. Existen muchos más tipos específicos de estadísticos usados en casi todo campo de estudio especializado como para revisar aquí. Sólo se destacaron los usos de los estadísticos más universales. Específicamente, conociste varias técnicas gráficas básicas (gráficas de pastel y gráficas de barras, diagramas de Pareto, gráficas de puntos, diagramas de tallo y hojas, histogramas y gráficas de cajas y bigotes) que se usan para presentar datos muestrales en forma gráfica. También se introdujeron algunas de las medidas más comunes de tendencia central (media, mediana, moda, rango medio y cuartil medio), medidas de dispersión (rango, varianza y desviación estándar) y medidas de posición (cuartiles, percentiles y valores z).

Ahora debes estar al tanto de que un promedio puede ser cualquiera de cinco diferentes estadísticos y debes comprender las distinciones entre los diferentes tipos de promedios. El artículo "'Promedio' significa diferentes cosas" del ejemplo aplicado 2.11 (pp. 67-68) discute cuatro de los promedios que estudiaste en este capítulo. Puedes volver a leerlo ahora y descubrirás que tiene más significado y es de más interés. ¡Será tiempo bien empleado!

También debes intuir y comprender, el concepto de desviación estándar. Para este propósito se introdujeron la regla empírica y el teorema de Chebyshev.

Los ejercicios del capítulo (como en otros) son extremadamente importantes: ellos reforzarán los conceptos estudiados antes de que continúes para aprender cómo usar dichas ideas en capítulos posteriores. Una buena comprensión de las técnicas descriptivas presentadas en este capítulo es fundamental para tu éxito en capítulos posteriores.

CourseMate El sitio **Statistics CourseMate** para este libro lleva a la vida los temas del capítulo, con herramientas interactivas de aprendizaje, estudio y preparación de exámenes, incluidas preguntas rápidas y tarjetas de estudio para el vocabulario y los conceptos clave que aparecen a continuación. El sitio también ofrece una versión **eBook** del texto, con capacidades de subrayado y toma de notas. A lo largo de los capítulos, el icono CourseMate señala los conceptos y ejemplos que tienen sus correspondientes recursos interactivos como **video** y **tutoriales animados** que demuestran, paso a paso, cómo resolver problemas; conjuntos de datos para ejercicios y ejemplos; **Applets Skillbuilder** para ayudarte a comprender mejor los conceptos; **manuales de tecnología** y software para descargar que incluye **Data Analysis Plus** (una suite de macros estadísticos para Excel) y programas **TI-83/84 Plus**; regístrate en **www.cengagebrain.com**

Vocabulario y conceptos clave

ancho de clase (p. 48)
clase (p. 47)
clase modal (p. 55)
conteo y clasificación (p. 49)
cuartil (p. 82)
cuartil medio (p. 85)
datos cualitativos (p. 33)
datos cuantitativos (p. 36)
desviación de la media (p. 74)
desviación estándar (pp. 76, 79)
diagrama de cajas y bigotes (p. 86)
diagrama de Pareto (p. 35)
gráfica de puntos (p. 37)
distribución (pp. 36, 95)
distribución bimodal (p. 55)
distribución con forma de campana (p. 95)
distribución con forma de J (p. 55)
distribución de frecuencias (p. 47)
distribución de frecuencias acumuladas (p. 55)
distribución de frecuencias agrupadas (p. 47)
distribución de frecuencias no agrupadas (p. 47)
distribución de frecuencias relativa (p. 50)
distribución normal (p. 55)
distribución uniforme o rectangular (p. 55)
distribución sesgada (p. 55)
distribución simétrica (p. 55)
distribución uniforme (p. 55)
fórmulas múltiples (p. 79)
frecuencia (p. 47)
frecuencia acumulada (p. 55)
frecuencia relativa (p. 51)
gráfica circular (p. 33)
gráfica de barras (p. 33)
gráfica de pastel (p. 33)
histograma (p. 51)
histograma de frecuencia relativa (p. 51)
límite de clase (p. 48)
lineamientos básicos (p. 49)
media (p. 63)
media aritmética (p. 63)
mediana (p. 64)
medida de dispersión (p. 74)
medida de posición (p. 82)
medida de tendencia central (p. 63)
medio rango (p. 66)
moda (pp. 55, 66)
notación sumatoria (p. 50)
ojiva (p. 56)
percentil (p. 82)
presentación de tallo y hojas (p. 38)
profundidad (p. 64)
punto medio de clase (marca de clase) (p. 51)
rango (p. 74)
rango intercuartílico (p. 86)
regla de redondeo (p. 69)
regla empírica (p. 95)
resumen de 5 números (p. 85)
teorema de Chebyshev (p. 98)
valor estándar (p. 88)
valor *z* (p. 88)
varianza (pp. 75, 77)
x barra (p. 63)

Resultados del aprendizaje

- Crear e interpretar presentaciones gráficas, incluidas gráficas de pastel, gráficas de barras, diagramas de Pareto, gráficas de puntos y diagramas de tallo y hojas. — EJ. 2.4, Ej. 2.5, 2.13, 2.15, 2.21, 2.27, 2.29
- Comprender y poder describir la diferencia entre distribución de frecuencia agrupada y no agrupada, frecuencia y frecuencia relativa, frecuencia relativa y frecuencia relativa acumulada. — pp. 47-48, 51, 55-56

• Identificar y describir las partes de una distribución de frecuencias: límites de clase, ancho de clase y punto medio de clase.	EJ. 2.6, Ej. 2.35, 2.45,
• Crear e interpretar histogramas de frecuencias, histogramas de frecuencias relativas y ojivas.	pp. 49-52, 55-56, Ej. 2.35, 2.38, 2.40, 2.54
• Identificar las formas de las distribuciones.	pp. 54-55
• Calcular, describir y comparar las cuatro medidas de tendencia central: media, mediana, moda y rango medio.	EJ. 2.11, Ej. 2.73
• Comprender el efecto de los puntos extremos sobre cada una de las cuatro medidas de tendencia central.	Ej. 2.175, 2.176, 2.205
• Calcular, describir, comparar e interpretar las dos medidas de dispersión: rango y desviación estándar (varianza).	pp.74-76, Ej. 2.99, 2.105
• Calcular, describir e interpretar las medidas de posición: cuartiles, percentiles y valores z.	EJ. 2.12, 2.14, Ej. 2.119 2.129, 2.192
• Crear e interpretar diagramas de puntos.	Ej. 2.124
• Entender la regla empírica y el teorema de Chebyshev y poder valorar el cumplimiento de un conjunto de datos con dichas reglas.	Ej. 2.140, 2.147, 2.155
• Saber cuándo sí y cuándo no usar ciertos estadísticos: gráficos y numéricos.	pp. 102-103, Ej. 2.159, 2.161

Ejercicios del capítulo

2.167 "¿Quién cree en la regla de 5 segundos?". La mayoría de las personas dicen que el alimento que cae al suelo no es seguro de comer.

¿Quién cree en la regla de 5 segundos?

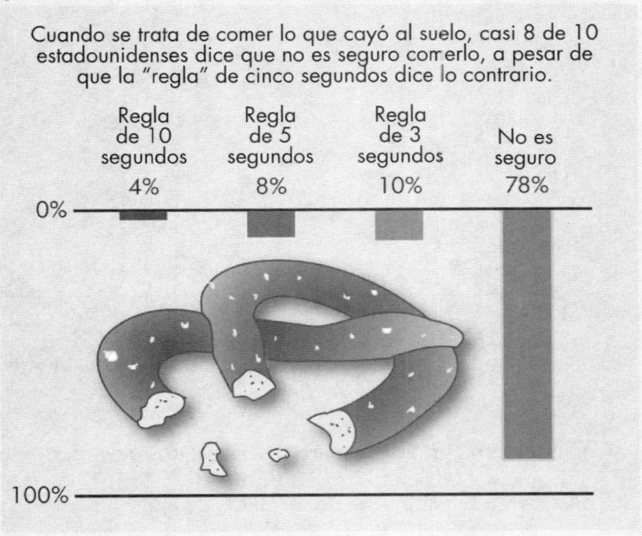

Fuente: Datos de Anne R. Carey y Juan Thomassie, *USA Today.*

a. Dibuja una gráfica circular que muestre los porcentajes de los adultos para cada respuesta.

b. Si se encuesta a 300 adultos, ¿qué frecuencias esperarías para cada respuesta en la gráfica anterior?

2.168 Los suministros necesarios para un bebé durante su primer año pueden ser costosos: en promedio, $5 000, como muestra la siguiente gráfica de barras dividida.

Presupuesto para bebé

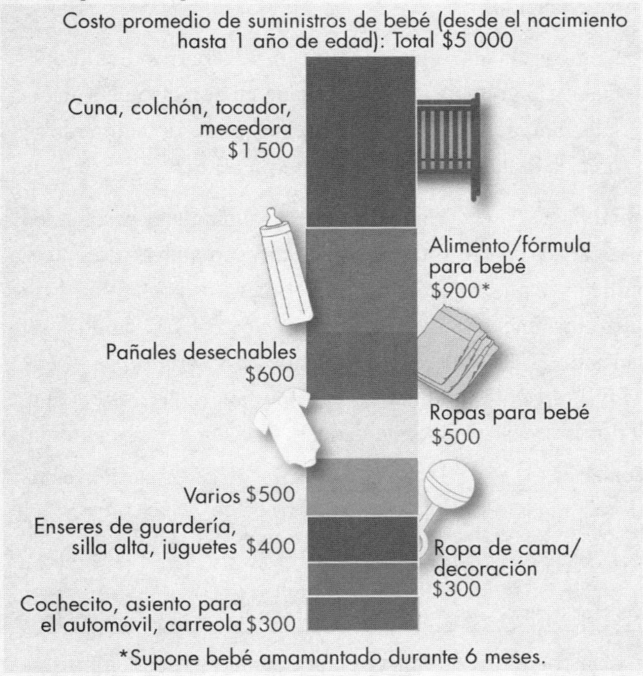

Fuente: Datos de Julie Snider, © 2005 *USA Today*

a. Construye una gráfica circular que muestre esta misma información.

b. Construye una gráfica de barras que muestre esta misma información.

c. Compara la apariencia de la gráfica de barras dividida dada con la gráfica circular que dibujaste en el inciso a y la gráfica de barras que dibujaste en el inciso b. ¿Cuál representa mejor la relación entre los diferentes costos de los suministros para el bebé?

2.169 Existen muchos tipos de gráficas estadísticas de donde uno puede elegir cuando se representa un conjunto de datos. La "gráfica de barras dividida" que se muestra en la siguiente página es una alternativa a la gráfica circular.

Y si ganas $1 millón...

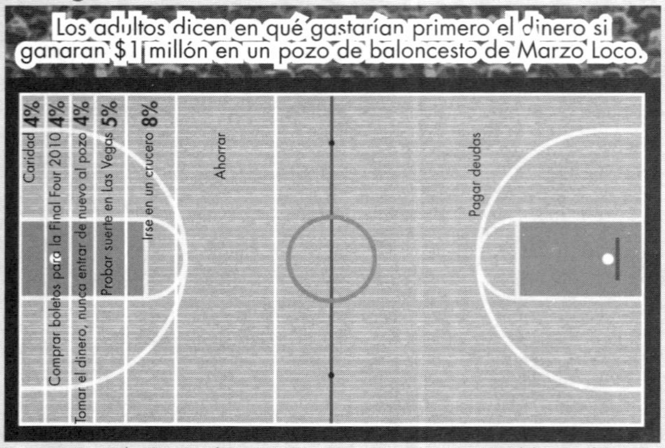

Fuente: Impulse Research para MSN; encuesta de 1 078 adultos en febrero.

a. Construir una gráfica circular que muestre esta misma información.

b. Compara la apariencia de la gráfica de barras dividida dada y la gráfica circular dibujada en el inciso a. ¿Cuál es más fácil de leer? ¿Cuál brinda una representación más precisa de la información que se presenta?

2.170 [EX02-170] Una vez que un estudiante se gradúa de la universidad, parece entrar en juego todo un nuevo conjunto de conflictos y preocupaciones. Lieberman Research Worldwide realizó una encuesta de Charles Schwab de 1 252 adultos, con edades de 22-28 años. Los resultados se reportaron en el *USA Today Snapshot* "Conflictos más importantes que enfrentan los adultos jóvenes" el 5 de mayo de 2009 y son los siguientes:

Conflictos	Porcentaje
Hacer mejores elecciones en administración de dinero	52%
Fortalecer las relaciones familiares	18%
Proteger el ambiente	11%
Equilibrar trabajo y vida personal	10%
Mejorar nutrición/salud	9%

a. Construye una gráfica circular que muestre esta información.

b. Construye una gráfica de barras que muestre esta información.

c. Compara la apariencia de la gráfica circular dibujada en el inciso a con la gráfica de barras dibujada en el inciso b. ¿Cuál representa mejor la relación entre los diversos conflictos?

2.171 [EX02-171] En el sitio web de los Centros para el Control y la Prevención de Enfermedades (CDC) se citaron las 10 principales causas de muerte en Estados Unidos durante 2006. Se registró un total de 1 855 610 muertes.

Causa de muerte	Número (×10 000)
Alzheimer	7.2
Enfermedad respiratoria crónica	12.5
Diabetes	7.2
Cardiopatía	63.2
Influenza/neumonía	5.6
Neoplasmas malignos	56.0
Accidentes	12.2
Nefritis/nefrosis	4.5
Septicemia	3.4
Ictus	13.7

Fuente: CDC, Center for Disease Control and Prevention

a. Construye un diagrama de Pareto de esta información.

b. Escribe un párrafo que describa lo que el diagrama de Pareto muestra de manera trágica a su lector.

2.172 [EX02-172] La U.S. Census Bureau publicó la siguiente distribución de edades 2007 para las personas de Rhode Island. El universo de la American Community Survey 2005-2007 está limitado a la población doméstica y excluye a la población que vive en instituciones, dormitorios universitarios y otras viviendas grupales.

Distribución de género y edad	
Hombre	513 051
Mujer	549 014
Abajo de 5 años	61 570
5 a 14 años	131 509
15 a 24 años	157 149
25 a 34 años	131 265
35 a 44 años	158 549
45 a 54 años	159 317
55 a 64 años	115 381
65 a 74 años	67 936
75 a 84 años	56 573
85 años y más	22 816

Fuente: U.S. Census Bureau, American Community Survey

a. Construye una distribución de frecuencias relativas de los datos de género y edad.

b. Construye una gráfica de barras de los datos de género.

c. Construye un histograma de los datos de edad.

d. Explica por qué la gráfica dibujada en el inciso b no es un histograma y la gráfica dibujada en el inciso c es un histograma.

2.173 Identifica cada uno de los siguientes ejemplos de variable: 1) atributo (cualitativa) o 2) numéricas (cuantitativas).

a. Las calificaciones registradas por las personas que aplicaron su examen estatal escrito para su licencia de conducir.

b. Si un motociclista posee o no una licencia de operador de motociclista válida.

[EX00-000] identifica el nombre de archivo de una base de datos en línea de un ejercicio; disponible a través de cengagebrain.com

c. El número de televisores instalados en una casa.

d. La marca del jabón de barra que se usa en un baño.

e. El valor de un cupón de centavos utilizado en la compra de una caja de cereal.

2.174 Identifica cada uno de los siguientes como ejemplo de variable: 1) atributo (cualitativa) o 2) numérica (cuantitativa).

a. La cantidad de pérdida de peso el mes pasado por una persona que sigue una dieta estricta.

b. Promedios de bateo de jugadores de las grandes ligas.

c. Decisiones del jurado en juicios criminales.

d. Uso de protector solar antes de ir al Sol (siempre, con frecuencia, en ocasiones, rara vez, nunca).

e. Razón por la que un gerente fracasó para actuar contra el pobre rendimiento de un empleado.

2.175 Considera la muestra A y B. Observa que las dos muestras son la misma, excepto que el 8 en A fue sustituido por un 9 en B.

A	2	4	5	5	7	8
B	2	4	5	5	7	9

¿Qué efecto tiene cambiar el 8 por un 9 sobre cada uno de los siguientes estadísticos?

a. Media b. Mediana c. Moda d. Rango medio

e. Rango f. Varianza g. Desviación estándar

2.176 Considera las muestras C y D. Observa que las dos muestras son la misma, excepto por dos valores.

C	20	60	60	70	90
D	20	30	70	70	90

¿Qué efecto tiene cambiar los dos 60 a 30 y 70 sobre cada uno de los siguientes estadísticos?

a. Media b. Mediana c. Moda d. Rango medio

e. Rango f. Varianza g. Desviación estándar

2.177 [EX02-177] Se afirma que la adición de un nuevo acelerador disminuye el tiempo de secado de la pintura látex en más de 4%. Se realizan varias muestras de prueba con los siguientes porcentajes de reducción en tiempo de secado:

5.2 6.4 3.8 6.3 4.1 2.8 3.2 4.7

a. Encuentra la media muestral.

b. Encuentra la desviación estándar de la muestra.

c. ¿Crees que estos porcentajes promedian 4 o más? Explica.

(Conserva estas soluciones para usarlas en el ejercicio 9.29, p. 428.)

2.178 [EX02-178] Se supone que la gasolina bombeada desde la tubería de un proveedor tiene una clasificación de octanaje de 87.5. En 13 días consecutivos, se tomó y analizó una muestra de clasificaciones de octanaje, con los siguientes resultados:

88.6	86.4	87.2	88.4	87.2	87.6	86.8
86.1	87.4	87.3	86.4	86.6	87.1	

a. Encuentra la media muestral.

b. Encuentra la desviación estándar de la muestra.

c. ¿Crees que estas lecturas promedian 87.5? Explica.

(Conserva estas soluciones para usarlas en el ejercicio 9.56, p. 431.)

2.179 [EX02-179] Los siguientes son datos de las edades de 118 ofensores conocidos que cometieron un autorrobo el año pasado en Garden City, Michigan:

11	14	15	15	16	16	17	18	19	21	25	36
12	14	15	15	16	16	17	18	19	21	25	39
13	14	15	15	16	17	17	18	29	22	26	43
13	14	15	15	16	17	17	18	29	22	26	46
13	14	15	16	16	17	17	18	20	22	27	50
13	14	15	16	16	17	18	19	20	23	27	54
13	15	15	16	16	17	18	19	20	23	30	67
14	15	15	16	16	17	18	19	21	24	31	
14	15	15	16	16	17	18	19	21	24	34	

a. Encuentra la media. b. Encuentra la mediana.

c. Encuentra la moda. d. Encuentra Q_1 y Q_3.

e. Encuentra P_{10} y P_{95}.

2.180 [EX02-180] En mayo pasado se encuestó a 32 trabajadores del edificio 815 de Eastman Kodak Company. A cada trabajador se le preguntó: "¿cuántas horas de televisión vio ayer?". Los resultados fueron los siguientes:

0	0	$\frac{1}{2}$	1	2	0	3	$2\frac{1}{2}$	0	0	1
$1\frac{1}{2}$	5	$2\frac{1}{2}$	0	2	$2\frac{1}{2}$	1	0	2	0	$2\frac{1}{2}$
4	0	6	$2\frac{1}{2}$	0	$\frac{1}{2}$	1	$1\frac{1}{2}$	0	2	

a. Construye un diagrama de tallo y hojas.

b. Encuentra la media.

c. Encuentra la mediana.

d. Encuentra la moda.

e. Encuentra el rango medio.

(continúa en la página 110)

f. ¿Cuál medida de tendencia central representaría mejor al observador promedio si trataras de retratar al televidente típico? Explica.

g. ¿Cuál medida de tendencia central describiría mejor la cantidad de televisión observada? Explica.

h. Encuentra el rango.

i. Encuentra la varianza.

j. Encuentra la desviación estándar.

2.181 [EX02-181] La distancia de frenado en una superficie húmeda se determinó para 25 automóviles, cada uno viajando a 30 millas por hora. Los datos (en pies) se muestran en el siguiente diagrama de tallo y hojas:

6	3 7 6 3 9
7	4 2 0 1 1 2 0 5
8	5 4 5 5 6
9	4 1 0 0 5
10	5 4

Encuentra la media y la desviación estándar de dichas distancias de frenado.

2.182 [EX02-182] Cada año, Sports Illustrated clasifica a los atletas con mayores ganancias en Estados Unidos. Sus ganancias incluyen su salario, así como patrocinios. Con frecuencia, los patrocinios son más lucrativos que sus ganancias.

Las 20 mejores ganancias para 2008 se presentan en la siguiente tabla (en millones de dólares).

128	62	40	40	35	35	35	31
31	30	27	27	26	26	25	25
25	23	23	23				

a. Encuentra las ganancias medias para los 20 atletas mejor pagados.

b. Encuentra las ganancias medianas para los 20 atletas mejor pagados.

c. Encuentra el rango medio de las ganancias para los 20 atletas mejor pagados.

d. Escribe una discusión que compare los resultados de los incisos a, b y c.

e. Encuentra la desviación estándar de dichas ganancias.

f. Encuentra el porcentaje de datos que está dentro de 1 desviación estándar de la media.

g. Encuentra el porcentaje de datos que está dentro de 2 desviaciones estándar de la media.

h. Con base en dichos resultados, discute por qué sí o por qué no consideras que los datos tienen distribución normal.

2.183 [EX02-183] La Office of Aviation Enforcement and Proceedings del U.S. Department of Transportation, informó el número de reportes de mal manejo de equipaje presentados por 1 000 pasajeros de la aerolínea durante octubre de 2007. El promedio de la industria fue 5.36.

Aerolínea	Reportes	Pasajeros	Reportes/1000
JETBLUE AIRWAYS	5 345	1 641 382	3.26
HAWAIIAN AIRLINES	2 069	613 250	3.37
***Para el resto de los datos, ingresa a cengagebrain.com			

Fuente: Office of Aviation Enforcement and Proceedings, U.S. Department of Transportation

a. Define los términos *población* y *variable* respecto a esta información.

b. ¿Los números reportados (3.26, 3.37,..., 9.57) son datos o estadísticos? Explica.

c. ¿El promedio, 5.36, es un valor de datos, un estadístico o un valor de parámetro? Explica por qué.

d. ¿El "promedio de la industria" es la media de las tasas de aerolínea de reportes por 1 000? Si no lo es, explica con detalle cómo se relacionan los 20 valores de aerolínea con el promedio de la industria.

2.184 [EX02-184] Uno de los primeros científicos en estudiar la densidad del nitrógeno fue lord Raleigh. Él observó que la densidad del nitrógeno producido a partir de aire parecía ser mayor que la densidad del nitrógeno producido a partir de compuestos químicos. ¿Sus conclusiones parecen justificadas aun cuando tuvo pocos datos?

Las mediciones de lord Raleigh, que aparecieron por primera vez en *Proceedings, Royal Society* (Londres, 55, 1894, pp. 340-344), se presentan a continuación. Los datos son la masa de nitrógeno que llena cierto matraz bajo presión y temperatura específicos.

Atmosférica		Química	
2.31017	2.31010	2.30143	2.29940
2.30986	2.31028	2.29890	2.29849
2.31010	2.31163	2.29816	2.29889
2.31001	2.30956	2.30182	2.30074
2.31024		2.29869	2.30054

Fuente: http://exploringdata.cqu.edu.au/datasets/nitrogen.xls

a. Construye gráficas de puntos lado a lado de los dos conjuntos de datos, con una escala común.

b. Calcula media, mediana, desviación estándar, primero y tercer cuartiles para cada conjunto de datos.

c. Construye diagramas de caja lado a lado de los dos conjuntos de datos, con una escala común.

d. Discute cómo se comparan estos dos conjuntos de datos. ¿Estos dos conjuntos de datos tan pequeños muestran evidencia convincente de una diferencia?

PTI Las diferencias entre estos conjuntos de datos condujeron al descubrimiento del argón.

2.185 [EX02-185] Las longitudes (en milímetros) de 100 truchas comunes en el estanque 2-B en Happy Acres Fish Hatchery el 15 de junio del año pasado fueron las siguientes:

15.0	15.3	14.4	10.4

***Para el resto de los datos, ingresa a cengagebrain.com

a. Encuentra la media.
b. Encuentra la mediana.
c. Encuentra la moda.
d. Encuentra el rango medio.
e. Encuentra el rango.
f. Encuentra Q_1 y Q_3.
g. Encuentra el cuartil medio.
h. Encuentra P_{35} y P_{64}.
i. Construye una distribución de frecuencias agrupadas que use 10.0-10.5 como la primera clase.
j. Construye un histograma de la distribución de frecuencias.
k. Construye una distribución de frecuencias relativas acumuladas.
l. Construye una ojiva de la distribución de frecuencias relativas acumuladas.

2.186 [EX02-186] El sistema nacional de autopistas está constituido por autopistas interestatales y no interestatales. La Federal Highway Administration reportó el número de millas de cada tipo en cada estado. A continuación se presenta una lista de una muestra aleatoria de 20.

Millas de autopistas interestatales y no interestatales por estado

Estado	Interestatal	No interestatal	Estado	Interestatal	No interestatal
NH	235	589	TN	1 073	2 172
FL	1 471	2 896	NM	1 000	1 935
ME	367	922	LA	904	1 701
HI	55	292	TX	3 233	10 157
MT	1 192	2 683	OH	1 574	2 812
MN	912	3 060	IA	782	2 433
GA	1 245	3 384	NY	1 674	3 476
OK	930	2 431	NE	482	2 476
NC	1 019	2 742	AR	1 167	1 565
RI	71	197	DC	13	70

Fuente: Federal Highway Administration, U.S. Department of Transportation

Define "razón I/N" como el número de millas interestatales divididas entre el número de millas no interestatales.

a. Inspecciona los datos. ¿Cuál estimas que será la razón I/N "promedio"?

b. Calcula la "razón I/N" para cada uno de los 20 estados mencionados.

c. Dibuja un histograma de la "razón I/N".

d. Calcula la media "razón I/N" para los 20 estados mencionados.

e. Usa el número total de millas interestatales y no interestatales de 20 estados para calcular la "razón I/N" para los 20 estados combinados.

f. Explica por qué las respuestas a los incisos d y e no son iguales.

g. Calcula la desviación estándar para la "razón I/N" para los 20 estados mencionados.

h. Usa el conjunto de datos indicados para responder las preguntas de los incisos b al g usando los 51 valores.

2.187 [EX02-187] El National Environmental Satellite, Data, and Information Service del Departamento de Comercio estadounidense publicó el área (millas cuadradas) y la población para los 48 estados estadounidenses contiguos en 2000.

Estado	Área (millas cuad.)	Población
AL	51 610	4 447 100
AZ	113 909	5 130 632

***Para el resto de los datos, ingresa a cengagebrain.com

Fuente: U.S. Department of Commerce, http://www5.ncdc.noaa.gov

Cuando se estudia cuánta gente vive en un país tan grande y diverso como Estados Unidos, acaso una variable más interesante de estudiar que la población de cada estado pueda ser la densidad de población de cada estado, pues los 48 estados contiguos varían mucho en área. Define "densidad" de un estado como la población del estado dividida entre su área.

a. Menciona tres estados que consideres estarán entre aquellos con la densidad más alta. Justifica tu elección.

b. Menciona tres estados que consideres estarán entre aquellos con la densidad más baja. Justifica tu elección.

c. Describe cómo crees que será la distribución de densidad. Incluye ideas de la forma de la distribución (normal, sesgada, etcétera).

d. Con los totales de los 48 estados, calcula la densidad global para los 48 estados estadounidenses contiguos. Con la

(continúa en la página 112)

población y el área de cada estado, calcula las densidades individuales para los 48 estados estadounidenses contiguos.

e. Calcula las medidas de tendencia central.

f. Construye un histograma.

g. Clasifica los valores de densidad. Identifica los cinco estados con la densidad más alta y los cinco con la densidad más baja.

h. Compara la distribución de la información de densidad (respuestas a los incisos e al g) con tu expectativa (respuestas a los incisos a al c). ¿Cómo lo hiciste?

2.188 [EX02-188] El volumen de árboles de Navidad vendidos anualmente en Estados Unidos declinó en décadas recientes de acuerdo con un reporte del USDA National Agricultural Statistics Service. Los 50 estados reportan aportaciones a la venta estadounidense total de aproximadamente 25 millones de árboles de Navidad al año. Más aún, cada estado reporta su cultivo por contado. Los 17 mejores condados productores en Estados Unidos provienen de sietes estados. El número de árboles vendidos por los 17 principales condados en 2007 se menciona en la siguiente tabla. Esta encuesta se realiza cada 5 años.

Número de árboles de Navidad cortados por estado (10 000)

12.0	11.4	11.3	20.2	12.7
157.2	20.2	34.8	309.5	27.3
685.1	118.0	16.7	16.8	31.4
78.5	95.0			

Fuente: USDA National Agricultural Statistics Service

a. Calcula la media, mediana y rango medio para el número de árboles de Navidad vendidos anualmente por los 17 principales condados productores.

b. Calcula la desviación estándar.

c. ¿Qué te dicen las respuestas a los incisos a y b acerca de la distribución para el número de árboles? Explica.

d. Observa que la desviación estándar es un número más grande que la media. ¿Qué significa eso en esta situación?

e. Dibuja un diagrama de puntos de los datos.

f. Localiza los valores de las respuestas a los incisos a y b en el diagrama de puntos dibujado para el inciso e.

g. Responde nuevamente los incisos c y d; usa la información aprendida del diagrama de puntos.

2.189 [EX02-189] ¿Quién se comió los M&M? La siguiente tabla proporciona los conteos de color y peso neto (en gramos) para una muestra de 30 bolsas de M&M. El peso neto publicitado es de 47.9 gramos por bolsa.

Caso	Rojo	Verde	Azul	Naranja	Amarillo	Café	Peso
1	15	9	3	3	9	19	49.79
2	9	17	19	3	3	8	48.98

***Para el resto de los datos, ingresa a cengagebrain.com

Fuente: http://www.math.uah.edu/stat/
Christine Nickel y Jason York, proyecto ST 687, otoño de 1998

Hay algo en un caso de este conjunto de datos que es sospechosamente inconsistente con el resto de los datos. Encuentra la inconsistencia.

a. Construye dos diferentes gráficas para los pesos.

b. Calcula varios estadísticos numéricos para los datos de peso.

c. ¿Encontraste algunas potenciales inconsistencias en los incisos a y b? Explica.

d. Encuentra el número de M&M en cada bolsa.

e. Construye dos diferentes gráficas para el número de M&M por bolsa.

f. Calcula varios estadísticos numéricos para el número de M&M por bolsa.

g. ¿Qué inconsistencia encontraste en los incisos e y f? Explica.

h. Ofrece una posible explicación acerca de por qué la inconsistencia no se muestra en los datos de peso, pero sí se muestra en los datos numéricos.

2.190 Para una distribución normal (con forma de campana), encuentra el rango de percentiles que corresponda a:

a. $z = 2$ b. $z = -1$

c. Dibuja la curva normal y muestra la relación entre el valor z y los percentiles de los incisos a y b.

2.191 Para una distribución normal (con forma de campana), encuentra el valor z que corresponda al k-ésimo percentil:

a. $k = 20$ b. $k = 95$

c. Dibuja la curva normal y muestra la relación entre el valor z y los percentiles para los incisos a y b.

2.192 Bill y Rob son buenos amigos, aunque asisten a diferentes bachilleratos en su ciudad. El sistema de escuelas públicas usa una batería de pruebas de acondicionamiento físico para poner a prueba a todos los estudiantes de bachillerato. Después de completar los exámenes de acondicionamiento físico, Bill y Rob comparan sus calificaciones para ver quién se desempeñó mejor en cada evento. Necesitan ayuda.

	Abdominales	Flexiones	Carrera progresiva	Arrancada 50 yardas	Lanzamiento softball
Bill	$z = -1$	$z = -1.3$	$z = 0.0$	$z = 1.0$	$z = 0.5$
Rob	61	17	9.6	6.0	179 pies
Media	70	8	9.8	6.6	173 pies
Desv. est.	12	6	0.6	0.3	16 pies

Bill recibió los resultados de su prueba en valores z, mientras que a Rob le dieron puntajes brutos. Dado que ambos chicos entienden los puntajes brutos, convierte los valores z de Bill en valores brutos con la finalidad de hacer una comparación precisa.

2.193 Las gemelas Jean y Joan Wong están en quinto grado (diferentes secciones) y a la clase se le entregó una serie de pruebas de habilidad. Si las calificaciones para dichas pruebas de habilidad tienen una distribución aproximadamente normal, ¿cuál chica tiene la mayor calificación relativa en cada una de las habilidades mencionadas? Explica tus respuestas.

Habilidad	Jean: valor z	Joan: percentil
Condición física	2.0	99
Postura	1.0	69
Agilidad	1.0	88
Flexibilidad	−1.0	35
Fuerza	0.0	50

2.194 Las calificaciones obtenidas por los estudiantes en Estados Unidos con frecuencia dan de qué hablar y con base en dichas calificaciones se extraen todo tipo de conclusiones. El ACT Assessment está diseñado para valorar el desarrollo educativo general de los estudiantes de bachillerato y su habilidad para completar el trabajo de nivel universitario. La siguiente tabla menciona la media y la desviación estándar de las calificaciones de todos los graduados de bachillerato en 2004 y 2008 en las cuatro pruebas ACT y su compuesto.

	Inglés	Matemáticas	Lectura	Razonamiento científico	Compuesto
2004					
Media	20.4	20.7	21.3	20.9	20.9
Desv. est.	5.9	5.0	6.0	4.6	4.8
2008					
Media	20.6	21.0	21.4	20.8	21.1
Desv. est.	6.1	5.2	6.1	4.9	5.0

Fuente: American Collage Testing, Digest of Education Statistics

Con base en la información de la tabla:

a. Discute cómo las cinco distribuciones son similares y diferentes una de otra, en cuanto a valor central y dispersión.

b. Discute cualquier corrimiento en las calificaciones entre 2004 y 2008. Incluye en tu respuesta especificidades acerca de cómo cada distribución de examen cambió, o no, de acuerdo con el valor central y la dispersión.

2.195 [EX02-195] Las especificaciones de fabricación con frecuencia se apoyan en los resultados de muestras tomadas de pruebas piloto satisfactorias. Los siguientes datos resultaron sólo de tal situación, en la que ocho lotes piloto se completaron y muestrearon. Los tamaños de partícula resultantes están en angstroms (donde 1 Å = 10^{-8} cm):

3 923 3 807 3 786 3 710 4 010 4 230 4 226 4 133

a. Encuentra la media muestral.

b. Encuentra la desviación estándar muestral.

c. Si supones que el tamaño de partícula tiene una distribución aproximadamente normal, determina la especificación de fabricación que acota 95% de los tamaños de partícula (esto es: encuentra el intervalo de 95%, $\bar{x} \pm 2s$).

2.196 [EX02-196] Delco Productos, una división de General Motors, produce una ménsula que se usa como parte de un ensamble de cerradura eléctrica. La longitud de esta ménsula se monitorea constantemente. Una muestra de 30 ménsulas de puerta eléctrica tiene las siguientes longitudes (en milímetros):

11.86	11.88	11.88	11.91	11.88	11.88	11.88	11.88	11.88	11.86
11.88	11.88	11.88	11.88	11.86	11.83	11.86	11.86	11.88	11.88
11.88	11.83	11.86	11.86	11.86	11.88	11.88	11.86	11.88	11.83

Fuente: Con permiso de Delco Products Division, GMC

a. Sin hacer cálculos, ¿qué estimarías para la media muestral?

b. Construye una distribución de frecuencias no agrupadas.

c. Dibuja un histograma de esta distribución de frecuencias.

d. Usa la distribución de frecuencias; calcula la media muestral y la desviación estándar.

e. Determina los límites del intervalo $\bar{x} \pm 3s$ y marca este intervalo en el histograma.

f. Los límites de especificación del producto son 11.7–12.3. ¿La muestra indica que la producción está dentro de dichos requerimientos? Justifica tu respuesta.

2.197 [EX02-197] El gerente de la barbería de Jerry recientemente pidió a sus últimos 50 clientes perforar una tarjeta de control cuando llegaran al local y perforarla justo después de pagar su corte de cabello. Después usó los datos de las tarjetas para medir cuánto tiempo tardan Jerry y sus barberos en cortar el cabello y usó dicha información para programar sus intervalos de citas. Tabuló los siguientes tiempos (en minutos):

(continúa en la página 114)

50	21	36	35	35	27	38	51	28	35
32	32	27	25	24	38	43	46	29	45
40	27	36	38	35	31	28	38	33	46
35	31	38	48	23	35	43	31	32	38
43	32	18	43	52	52	49	53	46	19

a. Construye un diagrama de tallo y hojas de dichos datos.

b. Calcula media, mediana, moda, rango, rango medio, varianza y desviación estándar de los tiempos de corte de cabello.

c. Construye una tabla de resumen de 5 números.

d. De acuerdo con el teorema de Chebyshev, al menos 75% de los tiempos de corte de cabello caerán ¿entre cuáles dos valores? ¿Esto es cierto? Explica por qué sí o por qué no.

e. ¿Con cuánta separación recomendarías a Jerry programar sus citas para mantener la operación de su negocio a un ritmo confortable?

2.198 El siguiente diagrama de puntos muestra el número de intentos de pase lanzados por los mariscales de campo de 22 de los equipos de la NFL que jugaron en una tarde de domingo particular.

a. Describe la distribución e incluye cómo los puntos A y B se relacionan con los otros.

b. Si quitas el punto A y acaso el punto B, ¿dirías que los datos restantes tienen una distribución aproximadamente normal? Explica.

c. Con base en la información acerca de las distribuciones que proporcionan el teorema de Chebyshev y la regla empírica, ¿cuán típico consideras sea el evento que representa el punto A? Explica.

2.199 A partir de los valores de datos de 70 y 85, agrega otros tres valores de datos a tu muestra, de modo que la muestra tenga lo siguiente: (Justifica tu respuesta en cada caso.)

a. Una desviación estándar de 5

b. Una desviación estándar de 10

c. Una desviación estándar de 15

d. Compara tus tres muestras y la variedad de valores necesarios para obtener cada una de las desviaciones estándar requeridas.

2.200 Construye un conjunto de 18 datos (piensa en ellos como en calificaciones de examen) de modo que la muestra satisfaga cada uno de estos conjuntos de criterios:

a. Media 75 y desviación estándar 10.

b. Media 75, máximo 98, mínimo 40 y desviación estándar 10.

c. Media 75, máximo 98, mínimo 40 y desviación estándar 15.

d. ¿En qué difieren los datos de la muestra para el inciso b y los del inciso c?

2.201 Construye dos diferentes gráficas de los puntos (62, 2), (74, 14), (80, 20) y (94, 34).

a. En la primera gráfica, a lo largo del eje horizontal, coloca intervalos iguales y etiquétalos 62, 74, 80 y 94; coloca intervalos iguales a lo largo del eje vertical y etiquétalos 0, 10, 20, 30 y 40. Grafica los puntos y conéctalos con segmentos de recta.

b. En la segunda gráfica, a lo largo del eje horizontal, coloca intervalos igualmente espaciados y etiquétalos 60, 65, 70, 75, 80, 85, 90 y 95; marca el eje vertical en intervalos iguales y etiquétalos 0, 10, 20, 30 y 40. Grafica los puntos y conéctalos con segmentos de recta.

Figura para el ejercicio 2.198

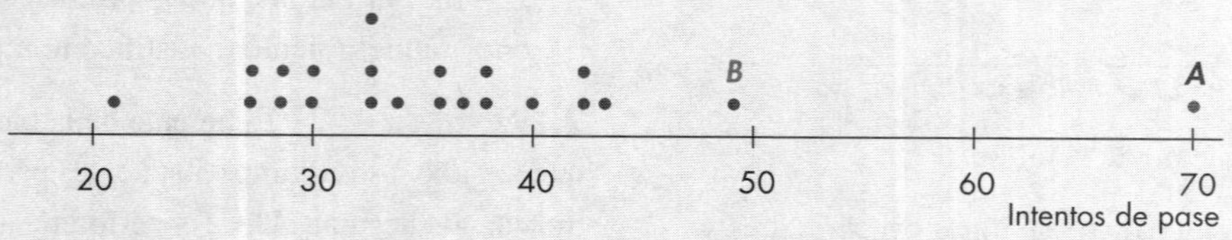

c. Compara el efecto que tiene la escala sobre la apariencia de las gráficas en los incisos a y b. Explica la impresión que presenta cada gráfica.

2.202 Usa una computadora para generar una muestra aleatoria de 500 valores de una variable x con distribución normal y media de 100 y desviación estándar de 20. Construye un histograma de los 500 valores.

a. Usa los comandos de computadora de la página 90 para generar aleatoriamente una muestra de 500 datos de una distribución normal con media 100 y desviación estándar 20. Construye un histograma con límites de clase que sean múltiplos de la desviación estándar 20; esto es: usa límites de 20 a 180 en intervalos de 20 (consulta los comandos de las pp. 52-54).

Considera como población los 500 valores x que encontraste en el inciso a.

b. Usa los comandos de computadora de la página 91 para seleccionar aleatoriamente una muestra de 30 valores de la población que encontraste en el inciso a. Construye un histograma de la muestra con los mismos intervalos de clase usados en el inciso a.

c. Repite tres veces el inciso b.

d. Calcula varios valores (media, mediana, máximo, mínimo, desviación estándar, etc.) que describa la población y cada una de las cuatro muestras. (Consulta los comandos de la p. 87.)

e. ¿Crees que una muestra de 30 datos representa de manera adecuada una población? (Compara cada una de las cuatro muestras que encontraste en los incisos b y c con la población.)

2.203 Repite el ejercicio 2.202 con un tamaño de muestra diferente. Puedes tratar algunos diferentes tamaños de muestra: $n = 10$, $n = 15$, $n = 20$, $n = 40$, $n = 50$, $n = 75$. ¿Qué efecto tiene el tamaño de la muestra sobre la efectividad de la muestra para representar a la población? Explica.

2.204 Repite el ejercicio 2.202 con poblaciones con distribuciones de diferentes formas.

a. Usa una distribución uniforme o rectangular. (Sustituye los subcomandos usados en el ejercicio 2.202; en lugar de NORMAL usa: UNIFORME con un bajo de 50 y un alto de 150 y usa límites de clase de 50 a 150 en incrementos de 10.)

b. Usa una distribución sesgada. (Sustituye los subcomandos usados en el ejercicio 2.202; en lugar de NORMAL usa: POISSON 50 y usa límites de clase de 20 a 90 en incrementos de 5.)

c. Usa una distribución con forma de J. (Sustituye los subcomandos usados en el ejercicio 2.202; en lugar de NORMAL usa: EXPONENCIAL 50 y usa límites de clase de 0 a 250 en incrementos de 10.)

d. ¿La forma de la distribución de la población tiene un efecto sobre cuán bien una muestra de tamaño 30 representa la población? Explica.

e. ¿Qué efecto crees que tenga que cambiar el tamaño de la muestra sobre la efectividad de la muestra para representar la población? Intenta diferentes tamaños de muestra. ¿Los resultados concuerdan con tus expectativas? Explica.

2.205 [EX02-205] *¡Valores atípicos!* ¿Con cuánta frecuencia ocurren? ¿Qué hacer con ellos? Completa el inciso a para ver con cuánta frecuencia ocurren los valores extremos. Luego completa el inciso b para decidir qué hacer con los valores atípicos.

a. Usa la tecnología de tu elección para tomar muestras de varios tamaños (10, 30, 100, 300 serían buenas opciones) de una distribución normal (media de 100 y desviación estándar de 20 funcionarán muy bien) y observa cuántos valores extremos contiene una muestra generada al azar. Probablemente estarás sorprendido. Genera 10 muestras de cada tamaño para un resultado más representativo. Describe tus resultados, en particular, comenta acerca de la frecuencia de los valores atípicos en tus muestras.

MINITAB

Elige:	**Calc > Random Data > Normal**
Escribe:	Generate **10** rows of data
	(Use n = 10, 30, 100, 300)
	Store in column(s): **C1-C10**
	Mean: **100**
	Stand. Dev.: **20**
Elige:	**Graph > Boxplot > Multiple Y's Simple > OK**
Escribe:	Graph variables: **C1-C10**
Elige:	**Data View**
Selecciona:	**Interquartile range box**
	Outlier symbols

En la práctica, se quiere hacer algo con los puntos de datos que se descubren como valores atípicos. Primero, el valor atípico debe inspeccionarse: si hay alguna razón obvia por la que sea incorrecto, debe corregirse. (Por ejemplo, la altura de una mujer de 59 pulgadas bien puede ingresarse de manera incorrecta como 95 pulgadas, lo que sería casi 8 pies de alto y es una estatura muy improbable.) Si los

(continúa en la página 116)

valores de los datos pueden corregirse, ¡corrígelos! De otro modo, debes sopesar la opción entre descartar datos buenos (incluso si son diferentes) y conservar los datos erróneos. En este nivel, probablemente es mejor tomar una nota acerca del valor atípico y continuar con la solución. Para ayudar a entender el efecto de remover un valor atípico, observa el siguiente conjunto de datos, generado al azar de una distribución normal N (100, 20).

74.2	84.5	88.5	110.8	97.6
110.6	93.7	113.3	96.1	86.7
102.8	82.5	107.6	91.1	95.7
100.2	116.4	78.3	154.8	144.7
97.3	102.8	91.8	58.5	120.1
98.0	98.4	81.9	58.5	118.1

b. Construye un diagrama de cajas e identifica cualquier valor extremo.

c. Remueve el valor extremo y construye un nuevo diagrama de cajas.

d. Describe tus hallazgos y comenta acerca de por qué puede ser mejor y menos confuso mientras estudias estadística introductoria, no descartar los valores extremos.

Examen de práctica del capítulo

PARTE I: Conocimiento de las definiciones

Responde "verdadero" si el enunciado siempre es verdadero. Si el enunciado no siempre es verdadero, sustituye las palabras en negrillas con las palabras que hagan al enunciado siempre verdadero.

2.1 La **media** de una muestra siempre divide los datos en dos mitades (la mitad más grande y la mitad más pequeña en valor que ella misma).

2.2 Una medida de **tendencia central** es un valor cuantitativo que describe cuán ampliamente están dispersos los datos en torno a un valor central.

2.3 La suma de los cuadrados de las desviaciones de la media, $\Sigma(x - \bar{x})^2$, en **ocasiones** será negativa.

2.4 Para cualquier distribución, la suma de las desviaciones de la media es igual a **cero**.

2.5 La desviación estándar para el conjunto de valores 2, 2, 2, 2 y 2 es **2**.

2.6 En un examen, John calificó en el percentil 50 y Jorge calificó en el percentil 25; por tanto, la calificación del examen de John era el **doble** la calificación del examen de Jorge.

2.7 La frecuencia de una clase es el número de piezas de datos cuyos valores caen dentro de los **límites** de dicha clase.

2.8 Las **distribuciones de frecuencias** se usan en estadística para presentar grandes cantidades de valores repetitivos en una forma concisa.

2.9 La unidad de medida para el valor estándar siempre es **desviaciones estándar**.

2.10 Para una distribución con forma de campana, el rango será aproximadamente igual a **6 desviaciones estándar**.

PARTE II: Aplicación de los conceptos

2.11 Los resultados de un estudio del consumidor completados en "La Tiendita de la Esquina" se reportan en el siguiente histograma. Responde cada pregunta.

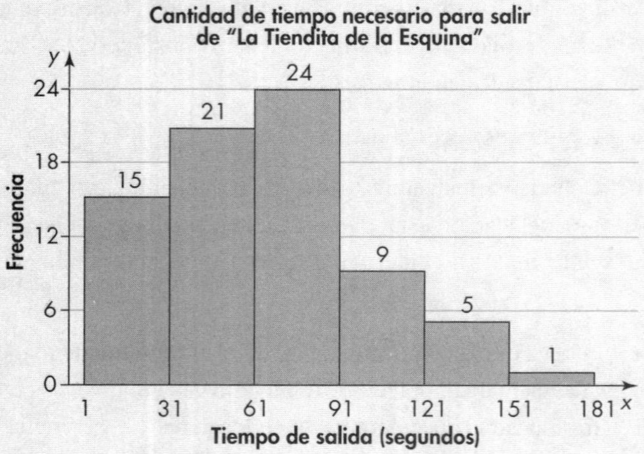

a. ¿Cuál es el ancho de clase?

b. ¿Cuál es el punto medio de clase para la clase 31-61?

c. ¿Cuál es el límite superior para la clase 61-91?

d. ¿Cuál es la frecuencia de la clase 1-31?

e. ¿Cuál es la frecuencia de la clase que contiene el valor observado más grande de x?

f. ¿Cuál es el límite inferior de la clase con la frecuencia más grande?

g. ¿Cuántas piezas de datos se muestran en este histograma?

h. ¿Cuál es el valor de la moda?

i. ¿Cuál es el valor del rango medio?

j. Estima el valor del percentil 90, P_{90}.

2.12 Una muestra de las compras de varios clientes de "La Tiendita de la Esquina" resultó en los siguientes datos muestrales (x = número de artículos comprados por cliente):

x	1	2	3	4	5
f	6	10	9	8	7

a. ¿Qué representa el 2?

b. ¿Qué representa el 9?

c. ¿Cuántos clientes se usaron para formar esta muestra?

d. ¿Cuántos artículos compraron los clientes en esta muestra?

e. ¿Cuál es el número más grande de artículos comprados por un cliente?

Encuentra cada uno de lo siguiente (muestra las fórmulas y el trabajo):

f. Moda g. Mediana h. Rango medio

i. Media j. Varianza k. Desviación estándar

2.13 Dado el conjunto de datos 4, 8, 9, 8, 6, 5, 7, 5, 8, encuentra cada uno de los siguientes estadísticos muestrales:

a. Media b. Mediana c. Moda

d. Rango medio e. Primer cuartil f. P_{40}

g. Varianza h. Desviación estándar

i. Rango

2.14 a. Encuentra el valor estándar para el valor $x = 452$ relativo a su muestra, donde la media muestral es 500 y la desviación estándar es 32.

b. Encuentra el valor de x que corresponda al valor estándar de 1.2, donde la media es 135 y la desviación estándar es 15.

PARTE III: Comprender los conceptos

Responde todas las preguntas.

2.15 "La Tiendita de la Esquina" sigue la pista del número de clientes pagadores que tuvo durante el mediodía de cada día durante 100 días. Los estadísticos resultantes se redondean al entero más cercano:

media = 95 mediana = 97

moda = 98 primer cuartil = 85

tercer cuartil = 107 rango medio = 93

rango = 56 desviación estándar = 12

a. "La Tiendita de la Esquina" atendió ¿a qué número de clientes pagadores durante el mediodía con más frecuencia que cualquier otro número? Explica cómo determinaste tu respuesta.

b. ¿En cuántos días hubo entre 85 y 107 clientes pagadores durante el mediodía? Explica cómo determinaste tu respuesta.

c. ¿Cuál fue el número más grande de clientes pagadores durante cualquier mediodía? Explica cómo determinaste tu respuesta.

d. ¿Para cuántos de los 100 días el número de clientes pagadores estuvo dentro de 3 desviaciones estándar de la media ($\bar{x} \pm 3s$)? Explica cómo determinaste tu respuesta.

2.16 El Sr. VanCott inició su propio negocio de máquinas hace varios años. Su negocio creció y se volvió muy exitoso en años recientes. En la actualidad emplea a 14 personas, incluido él y paga los siguientes salarios anuales:

Propietario, presidente	$80 000	Trabajador	$25 000
Gerente comercial	50 000	Trabajador	25 000
Gerente de producción	40 000	Trabajador	25 000
Supervisor de ventas	35 000	Trabajador	20 000
Trabajador	30 000	Trabajador	20 000
Trabajador	30 000	Trabajador	20 000
Trabajador	28 000	Trabajador	20 000

a. Calcula los cuatro "promedios": media, mediana, moda y rango medio.

b. Dibuja un diagrama de puntos de los salarios y ubica cada uno de los cuatro promedios en él.

c. Supón que tú eres el investigador asignado para escribir la crónica de esta semana acerca de la tienda de máquinas del Sr. VanCott, una de una serie acerca de pequeños negocios locales que están prosperando. Tú planeas entrevistar al Sr. VanCott, a su gerente comercial, al supervisor de ventas y a uno de sus trabajadores más recientes. ¿Cuál promedio estadístico crees que dará cada uno de ellos cuando les preguntes: "¿cuál es el salario anual promedio que pagan a los empleados aquí, en VanCott?"? Explica por qué cada persona entrevistada tendría una perspectiva diferente y por qué este punto de vista puede hacer que cada uno cite un diferente promedio estadístico.

d. ¿Qué hay acerca de la distribución de dichos salarios que hace que los cuatro "valores promedio" sean tan diferentes?

2.17 Crea un conjunto de datos que contenga tres o más valores en los siguientes casos:

a. Donde la media es 12 y la desviación estándar es 0.

b. Donde la media es 20 y el rango es 10.

c. Donde media, mediana y moda son todas iguales.

d. Donde media, mediana y moda son todas diferentes

e. Donde media, mediana y moda son todas diferentes y la mediana es la más grande y la moda es la más pequeña.

f. Donde media, mediana y moda son todas diferentes y la media es la más grande y la mediana es la más pequeña.

2.18 Un conjunto de exámenes fue calificado por una máquina. Más tarde se descubrió que debían agregarse 2 puntos a cada calificación. El estudiante A dijo: "la calificación media también debe aumentarse por 2 puntos". El estudiante B agregó: "también la desviación estándar debe aumentarse en 2 puntos". ¿Quién tiene la razón? Justifica tu respuesta.

2.19 El estudiante A afirma: "tanto la desviación estándar como la varianza conservan la misma unidad de medición que los datos". El estudiante B no está de acuerdo y argumenta: "la unidad de medición para la varianza es una unidad de medición sin significado". ¿Quién tiene la razón? Justifica tu respuesta.

3 Análisis descriptivo y presentación de datos bivariados

Imagen copyright Dec Hogan, 2010. Usada bajo licencia de Shutterstock.com

3.1 Datos bivariados

Pesa tu pez con una regla

¿Alguna vez quisiste conocer el peso de tu pescado, pero no tenías báscula? Mide la longitud de una trucha arco iris desde la boca hasta la punta de la cola y consulta la tabla. Dichos pesos son promedios tomados de peces recolectados por grupos de gestión de peces del DEC (Departamento de Conservación Ambiental, por sus siglas en inglés) a lo largo del estado de Nueva York. **[EX03-001]**

Longitud, pulgadas	12	13	14	15	16	17	18	19	20	21	22	23	24	25	26	27	28	29	30
Peso, libras-onza	0-10	0-12	1-0	1-3	1-7	1-12	2-1	2-7	2-14	3-5	3-13	4-6	5-0	5-11	6-6	7-2	8-0	8-14	9-14

Fuente: NYS DEC 2008-2009 *Freshwater Fishing Guide*

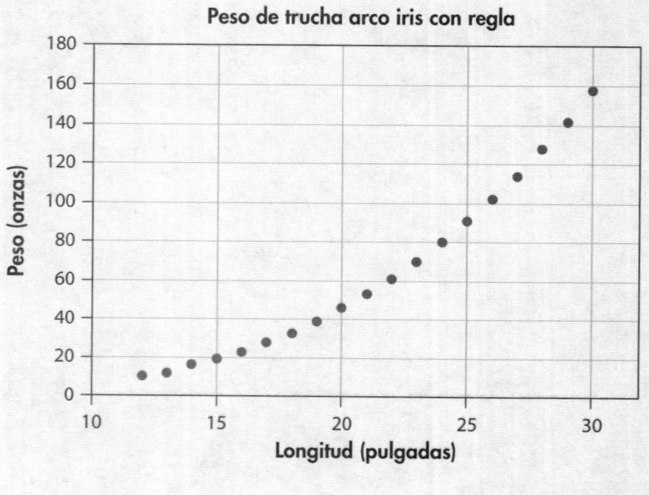

En el capítulo 2 aprendiste cómo mostrar gráficamente y describir de manera numérica, datos muestrales para una variable. Ahora extenderás dichas técnicas para cubrir datos muestrales que involucran dos variables emparejadas. En particular, la longitud y el peso de la trucha arco iris, que se muestran en la página 120, son dos variables cuantitativas (numéricas) emparejadas.

Datos bivariados Valores de dos diferentes variables que se obtienen a partir del mismo elemento de población.

Cada una de las dos variables pueden ser o *cualitativas* o *cuantitativas*. Como resultado, los datos bivariados pueden formar tres combinaciones de tipos de variable:

1. Ambas variables son cualitativas (ambos atributos).
2. Una variable es cualitativa (atributo) y la otra es cuantitativa (numérica).
3. Ambas variables son cuantitativas (ambas numéricas).

En esta sección se presentan los métodos tabular y gráfico para mostrar cada una de dichas combinaciones de datos bivariados.

Dos variables cualitativas

Cuando los datos bivariados resultan de dos variables cualitativas (atributo o categórica), con frecuencia los datos se ordenan en una **tabla cruzada** o **de contingencia**. Observa un ejemplo.

EJEMPLO 3.1

CÓMO CONSTRUIR TABLAS CRUZADAS

Treinta estudiantes de tu escuela fueron identificados al azar y clasificados de acuerdo con dos variables: género (M/F) y especialización (humanidades, administración de empresas, tecnología), como se muestra en la tabla 3.1. Esos 30 datos bivariados pueden resumirse en una tabla cruzada 2×3, donde las dos filas representan los dos géneros, masculino y femenino y las tres columnas representan las tres principales categorías de humanidades (LA), administración de empresas (BA) y tecnología (T). La entrada en cada celda se encuentra al determinar cuántos estudiantes encajan en cada categoría. Adams es masculino (M) y humanidades (LA) y se clasifica en la celda de la primera fila, primera columna. Observa la marca de conteo en la tabla 3.2. Los otros 29 estudiantes se clasifican (cuentan, se muestran en azul claro) en forma similar.

PTI $m = n$ (filas) $n = n$ (columnas) para una tabla de contingencia $m \times n$.

TABLA 3.1 Géneros y especializaciones de 30 estudiantes universitarios [TA03-01]

Nombre	Género	Esp.	Nombre	Género	Esp.	Nombre	Género	Esp.
Adams	M	LA	Feeney	M	T	McGowan	M	BA
Argento	F	BA	Flanigan	M	LA	Mowers	F	BA
Baker	M	LA	Hodge	F	LA	Ornt	M	T
Benett	F	LA	Holmes	M	T	Palmer	F	LA
Brand	M	T	Jopson	F	T	Pullen	M	T
Brock	M	BA	Kee	M	BA	Rattan	M	BA
Chun	F	LA	Kleeberg	M	LA	Sherman	F	LA
Crain	M	T	Light	M	BA	Small	F	T
Cross	F	BA	Linton	F	LA	Tate	M	BA
Ellis	F	BA	López	M	T	Yamamoto	M	LA

Tutorial en video disponible; ingresa y aprende más en cengagebrain.com

La tabla cruzada (de contingencia) 2 × 3 resultante, tabla 3.3, muestra la frecuencia para cada categoría cruzada de las dos variables junto con los totales de fila y columna, llamados *totales marginales* (o *marginales*). El total de los totales marginales es el *gran total* y es igual a *n*, el *tamaño muestral.*

TABLA 3.2 Tabla cruzada de género y especialización (conteo)

Género	Especialización LA	BA	T
M	||||| (5)	|||||	(6)	||||| || (7)
F	|||||	(6)	|||| (4)	|| (2)

TABLA 3.3 Tabla cruzada de género y especialización (frecuencias)

Género	Especialización LA	BA	T	Total fila
M	5	6	7	18
F	6	4	2	12
Total col.	11	10	9	30

Con frecuencia, las tablas de contingencia muestran porcentajes (frecuencias relativas). Dichos porcentajes pueden basarse en toda la muestra o en las clasificaciones de la submuestra (fila o columna).

Porcentajes basados en el gran total (toda la muestra)

Las frecuencias en la tabla de contingencia que se muestran en la tabla 3.3 pueden convertirse fácilmente a porcentajes del gran total al dividir cada frecuencia por el gran total y multiplicar el resultado por 100. Por ejemplo, 6 se convierte en 20% $\left[\left(\frac{6}{30}\right) \times 100 = 20\right]$. Consulta la tabla 3.4.

A partir de la tabla de porcentajes del gran total, fácilmente puedes ver que 60% de la muestra es masculina, 40% es femenina, 30% tienen especialización en tecnología, etc. Estos mismos estadísticos (valores numéricos que describen resultados muestrales) pueden mostrarse en una gráfica de barras (véase la figura 3.1).

La tabla 3.4 y la figura 3.1 muestran la distribución de estudiantes de humanidades masculinos, estudiantes de humanidades femeninos, estudiantes de administración de empresas masculinos, etc., en relación con toda la muestra.

TABLA 3.4 Tabla cruzada de género y especialización (frecuencias relativas; % de gran total)

Género	Especialización LA	BA	T	Total fila
M	17%	20%	23%	60%
F	20%	13%	7%	40%
Total col.	37%	33%	30%	100%

FIGURA 3.1
Gráfica de barras

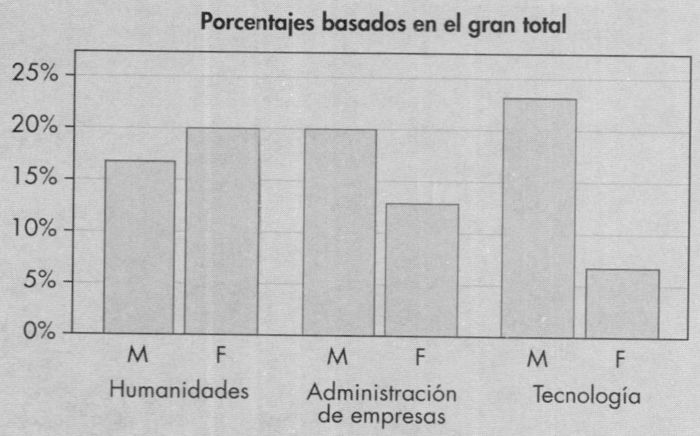

Porcentajes basados en totales de fila

Las frecuencias en la misma tabla de contingencia, tabla 3.3, pueden expresarse como porcentajes de los totales de fila (o género) al dividir cada entrada de fila por el total de dicha fila y multiplicar los resultados por 100. La tabla 3.5 se basa en totales de fila.

A partir de la tabla 3.5 puedes ver que 28% de los estudiantes hombres tienen especialización en humanidades, mientras que 50% de las mujeres tienen especialización en humanidades. Estos mismos estadísticos se muestran en la gráfica de barras de la figura 3.2.

TABLA 3.5 Tabla cruzada de género y especialización (% de totales de fila)

	Especialización			
Género	**LA**	**BA**	**T**	**Total fila**
M	28%	33%	39%	100%
F	50%	33%	17%	100%
Total col.	37%	33%	30%	100%

FIGURA 3.2
Gráfica de barras

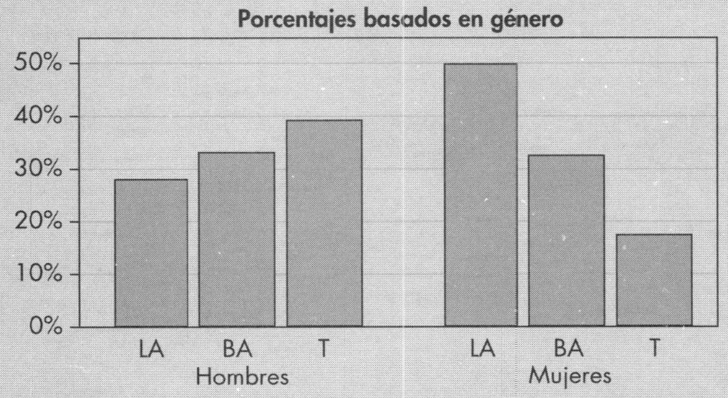

La tabla 3.5 y la figura 3.2 muestran por separado la distribución de las tres especializaciones para estudiantes hombres y mujeres.

Porcentajes basados en totales de columna

Las frecuencias en la tabla de contingencia, tabla 3.3, pueden expresarse como porcentajes de los totales de columna (o especialización) al dividir cada entrada de columna por el total de dicha columna y multiplicar el resultado por 100. La tabla 3.6 se basa en totales de columna.

A partir de la tabla 3.6 puedes ver que 45% de los estudiantes de humanidades son hombres, mientras que 55% de los estudiantes de humanidades son mujeres. Estos mismos estadísticos se muestran en la gráfica de barras de la figura 3.3.

TABLA 3.6 Tabla cruzada de género y especialización (% de totales de columna)

	Especialización			
Género	**LA**	**BA**	**T**	**Total fila**
M	45%	60%	78%	60%
F	55%	40%	22%	40%
Total col.	100%	100%	100%	100%

FIGURA 3.3
Gráfica de barras

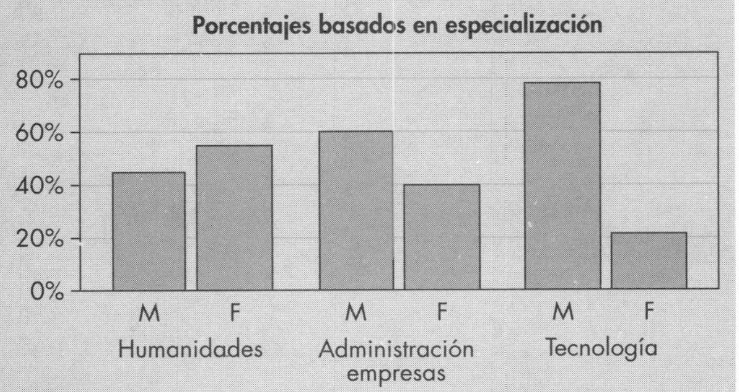

La tabla 3.6 y la figura 3.3 muestran por separado la distribución de estudiantes hombres y mujeres para cada especialización.

INSTRUCCIONES DE TECNOLOGÍA: TABLAS CRUZADAS

MINITAB

Escribe los valores categóricos de la variable de fila en C1 y los correspondientes valores categóricos de variable de columna en C2; después continúa con:

Elige:	**Stat > Tables > Cross Tabulation and Chi-Square**
Escribe:	Variables categóricas: Para filas: C1 Para columnas: **C2**
Selecciona:	**Counts**
	Row Percents
	Column Percents
	Total Percents > OK

Sugerencia: los cuatro subcomandos que están disponibles para "Display" pueden usarse en conjunto; sin embargo, la tabla resultante será mucho más sencilla de leer si se usa un subcomando a la vez.

Excel

Con encabezados o títulos de columna, escribe los valores categóricos de variable fila en la columna A y los correspondientes valores categóricos de variable de columna en la columna B; después continúa con:

Elige:	**Insert > Tables > Pivot Table pulldown > Pivot Chart**
Selecciona:	**Selecciona una tabla o rango**
Escribe:	Rango: **(A1:B5 o selecciona celdas)**
Selecciona:	**Hoja de trabajo existente**
Escribe:	**(C1 o selecciona celdas) > OK**
Arrastra:	**Encabezados a fila o columna** (depende de la preferencia) **en el cuadro de gráfica formado**
	Un encabezado hacia el área de datos*

*Para otras sumas, haz doble clic en "Count of" en el recuadro del área de datos; después continúa con:

Elige:	Resumir por: Conteo
	Mostrar valores como: **% de fila** o **% de columna** o **% de total > OK**

TI-83/84 Plus

Primero debes codificar numéricamente los datos categóricos; usa 1, 2, 3, . . . , para las diversas variables de fila y 1, 2, 3, . . . , para las diversas variables de columna. Escribe los valores numéricos de variable fila en L1 y los correspondientes valores numéricos de variable columna en L2; después continúa con:

Elige:	PGRM > EXEC > CROSSTAB*
Escribe:	ROWS: L1 > ENTER
	COLS: L2 > ENTER

La tabla cruzada que muestre las frecuencias se almacena en la matriz [A], la tabla cruzada que muestra los porcentajes de fila está en la matriz [B], los porcentajes de columna en la matriz [C] y los porcentajes basados en el gran total en la matriz [D]. Todas las matrices contienen totales marginales. Para ver las matrices, continúa con:

Elige:	MATRX > NAMES
Escribe:	1:{A} o 2:{B} o 3:{C} o 4:{D} > ENTER

*El programa "CROSSTAB" es uno de muchos programas que están disponibles para descargar. Consulta la página 35 para instrucciones específicas.

Una variable cualitativa y una cuantitativa

Cuando los datos bivariados resultan de una variable cualitativa y una cuantitativa, los valores cuantitativos se ven como muestras separadas y cada conjunto se identifica mediante etiquetas de la variable cualitativa. Cada muestra se describe con las técnicas del capítulo 2 y los resultados se presentan lado a lado para fácil comparación.

EJEMPLO 3.2

CÓMO CONSTRUIR COMPARACIONES LADO A LADO

La distancia requerida para detener un automóvil de 3 000 libras en pavimento húmedo se midió para comparar las capacidades de frenado de tres diseños de banda de rodamiento de neumático (consulta la tabla 3.7). Neumáticos de cada diseño se pusieron a prueba repetidamente en el mismo automóvil sobre un pavimento húmedo controlado.

TABLA 3.7 Distancias de frenado (en pies) para tres diseños de banda de rodamiento de neumático [TA03-07]

Diseño A (n = 6)	Diseño B (n = 6)	Diseño C (n = 6)
37 36 38	33 35 38	40 39 40
34 40 32	34 42 34	41 41 43

El diseño de la llanta es una variable cualitativa con tres niveles de respuesta y la distancia de frenado es una variable cuantitativa. La distribución de las distancias de frenado para el diseño de la llanta A se comparará con la distribución de las distancias de frenado para cada uno de los otros diseños de la llanta. Esta comparación puede realizarse tanto con técnicas numéricas comc con gráficas. Algunas de las opciones disponibles se muestran en la figura 3.4, y en las tablas 3.8 y 3.9.

FIGURA 3.4
Diagrama de puntos, diagrama de cajas y bigotes con una escala común

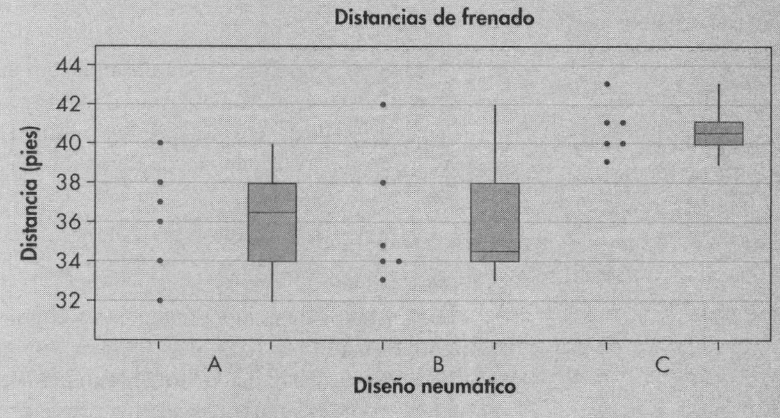

TABLA 3.8 Resumen de 5 números para cada diseño

	Diseño A	Diseño B	Diseño C
Alto	40	42	43
Q_3	38	38	41
Mediano	36.5	34.5	40.5
Q_1	34	34	40
Bajo	32	33	39

TABLA 3.9 Media y desviación estándar para cada diseño

	Diseño A	Diseño B	Diseño C
Media	36.2	36.0	40.7
Desviación estándar	2.9	3.4	1.4

Tutorial en video disponible; ingresa y aprende más en cengagebrain.com

INSTRUCCIONES DE TECNOLOGÍA: DIAGRAMAS DE CAJAS Y DE PUNTOS LADO A LADO

MINITAB

Escribe los valores numéricos en C1 y las correspondientes categorías en C2; después continúa con:

Elige: **Graph > Boxplot. . . > One Y, With Groups > OK**
Escribe: Variables gráficas: C1 Variables categóricas: **C2 > OK**

Los comandos MINITAB para construir diagramas de puntos lado a lado para datos en esta forma se localizan en la página 41.

Si los datos para las diversas categorías están en columnas separadas, usa los comandos MINITAB para múltiples diagramas de caja en la página 88. Si necesitas diagramas de puntos lado a lado para datos en esta forma, continúa con:

Elige: **Graph > Dotplots**
Selecciona: **Multiple Y's, Simple > OK**
Escribe: Variables gráficas: **C1 C2 > OK**

Excel

Los comandos de Excel para construir un diagrama de cajas individual están en la página 88.

TI-83/84 Plus

Los comandos TI-83/84 para construir múltiples diagramas de cajas están en la página 88.
Los comandos TI-83/84 para construir múltiples diagramas de puntos están en la página 42.

Mucha de la información que se presenta aquí también puede demostrarse con otras técnicas estadísticas, como los diagramas de tallo y hojas o los histogramas.

La discusión de este capítulo se restringirá a las técnicas descriptivas para la forma más básica de correlación y análisis de regresión: el caso lineal bivariado.

Dos variables cuantitativas

Cuando los datos bivariados son resultado de dos variables cuantitativas, se acostumbra expresar los datos de manera matemática como **pares ordenados** (x, y), donde x es la **variable de entrada** (en ocasiones llamada **variable independiente**) y y es la **variable de salida** (en ocasiones llamada **variable dependiente**). Se dice que los datos son *ordenados* porque un valor, x, siempre se escribe primero. Se llaman *emparejados* porque, para cada valor x, existe un valor y correspondiente de la misma fuente. Por ejemplo, si x es altura y y es peso, entonces un valor altura y un correspondiente valor peso se registran para cada persona. La variable de entrada, x, se mide o controla con la finalidad de predecir la variable de salida y. Supón que algunos médicos investigadores ponen a prueba un nuevo medicamento al prescribir diferentes dosis y observar la duración de los tiempos de recuperación de sus pacientes. El investigador puede controlar la cantidad de medicamento prescrito, de modo que la cantidad de medicamento se refiere como x. En el caso de altura y peso, cualquier variable podría tratarse como entrada y la otra como salida, dependiendo de la pregunta que se plantee. Sin embargo, se obtendrán diferentes resultados a partir del análisis de regresión, dependiendo de la elección realizada.

En problemas que traten con dos variables cuantitativas, los datos muestrales se presentan visualmente en un *diagrama de dispersión*.

Diagrama de dispersión Gráfica de todos los pares ordenados de datos bivariados sobre un sistema de ejes coordenados. La variable de entrada, *x*, se grafica en el eje horizontal y la variable de salida *y*, se grafica en el eje vertical.

Nota: cuando construyes un diagrama de dispersión, es conveniente elaborar las escalas de modo que el rango de los valores *y* a lo largo del eje vertical sea igual a, o ligeramente más corto que el rango de los valores *x* a lo largo del eje horizontal. Esto crea una "ventana de datos" que es aproximadamente cuadrada.

EJEMPLO 3.3

CÓMO CONSTRUIR UN DIAGRAMA DE DISPERSIÓN

En el curso de acondicionamiento físico del Sr. Chamberlain, se tomaron varios valores de condición física. La siguiente muestra es el número de flexiones de brazos y abdominales realizados por 10 estudiantes seleccionados al azar:

(27, 30) (22, 26) (15, 25) (35, 42) (30, 38)

(52, 40) (35, 32) (55, 54) (40, 50) (40, 43)

La tabla 3.10 muestra estos datos muestrales y la figura 3.5 representa un diagrama de dispersión de los datos.

TABLA 3.10 Datos para flexiones y abdominales [TA03-10]

Estudiante	1	2	3	4	5	6	7	8	9	10
Flexiones, *x*	27	22	15	35	30	52	35	55	40	40
Abdominales, *y*	30	26	25	42	38	40	32	54	50	43

El diagrama de dispersión del curso de acondicionamiento físico del Sr. Chamberlain muestra un patrón definido. Observa que, conforme el número de flexiones aumenta, también lo hace el número de abdominales.

FIGURA 3.5
Diagrama de dispersión

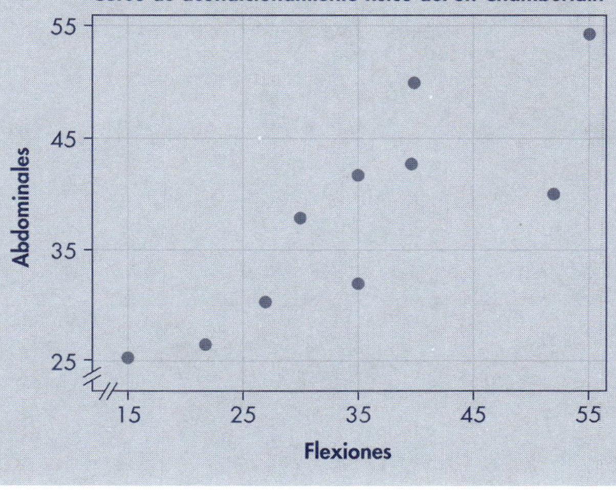

Tutorial en video disponible; ingresa y aprende más en cengagebrain.com

EJEMPLO APLICADO 3.4

LOS ESTADOUNIDENSES AMAN SUS AUTOMÓVILES

El romance de Estados Unidos con los vehículos todoterreno (SUV) comenzó a finales de 1990 y principios de 2000, pero puede declinar un poco recientemente debido a su consumo de gasolina, costo y pobres registros de seguridad. El SUV conjunta la imagen de un automóvil de alto rendimiento, robusto, con tracción en las cuatro ruedas construido sobre un chasis de camión que: puede ir fuera del camino; tiene buenas habilidades para jalar; puede transportar más de cuatro pasajeros; es un vehículo más seguro que un automóvil debido a su construcción más grande y más pesada y sortea mejor la nieve. Sin embargo, si se dice la verdad, la mayoría de las personas compran SUV porque pueden.

La siguiente tabla menciona 16 de las SUV de tracción cuádruple (4WD) y 6 cilindros que ofrecieron los fabricantes de automóviles en 2009 y los valores de cuatro variables para cada vehículo.

© iStockphoto.com/Luis Sandoval Mandujano

Variables:

Fab.	Fabricante del vehículo
Modelo	Modelo del vehículo
Gas.	Gasolina regular o premium
Costo	Costo de gasolina para conducir 25 millas
Llenado	Costo de llenar el tanque
Tanque	Capacidad del tanque de gasolina en galones

TABLA 3.11 SUV 2009 4WD, 6 cil [EX03-022]

Fab.	Modelo	Gas.	Costo	Llenado	Tanque
Buick	Enclave	Reg.	2.51	37.82	22.0
Chevrolet	Trailblazer	Reg.	2.98	37.82	22.0
Chrysler	Aspen	Reg.	3.18	46.41	27.0
Dodge	Durango	Reg.	3.18	46.41	27.0
Ford	Escape	Reg.	2.39	28.36	16.5
GMC	Dnvoy	Reg.	2.98	37.82	22.0
Honda	Pilot	Reg.	2.65	36.10	21.0
Jeep	Grand Cherokee	Reg.	2.81	36.27	21.1
Kia	Sportage	Reg	2.39	29.57	17.2
Lexus	RX 350	Prem.	2.83	37.15	19.2
Lincoln	MKX	Reg.	2.51	32.66	19.0
Mazda	CX-7	Prem.	2.99	35.22	18.2
Mercury	Mountaineer	Reg.	3.18	38.68	22.5
Mitsubishi	Outlander	Reg.	2.15	27.16	15.8
Nissan	Murano	Prem.	2.69	41.99	21.7
Toyota	RAV4	Reg.	2.27	27.33	15.9

http://www.fueleconomy.gov/

Además de mostrar esta información en forma de tabla, los datos se exhiben con alguna de las técnicas de esta sección en combinación con alguna del capítulo 2.

FIGURA 3.6

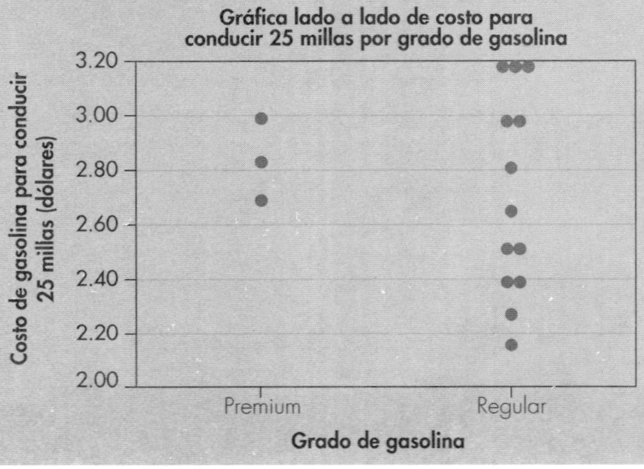

La figura 3.6 muestra que el costo de gasolina para conducir 25 millas es tres veces más para las SUV que usan gasolina regular que para las SUV que usan premium. Muchas de las SUV que usan gasolina regular cuestan menos.

FIGURA 3.7

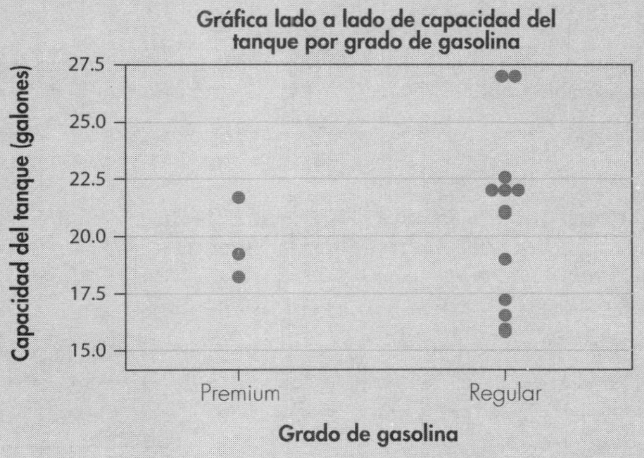

La figura 3.7 muestra que seis de las SUV que usan gasolina regular tienen tanques con mayores capacidades que las tres SUV que usan premium. ¿Por qué algunos vehículos necesitarían tanques de gasolina de 27 galones? Consulta el ejercicio 3.43 para una posible respuesta.

FIGURA 3.8

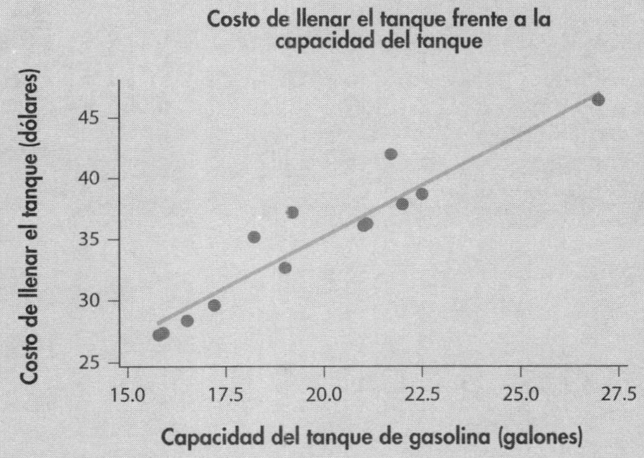

La figura 3.8 probablemente muestra información que ya sabías: mientras más grande sea el tanque de gasolina, más costará llenarlo. ¿Cómo podría ser de otra forma? ¿Observas las tres SUV que usan premium? ¿Cómo aparecen en la figura 3.8 las distribuciones que se muestran en la figura 3.7? Consulta el ejercicio 3.16 para saber más acerca de este tema.

INSTRUCCIONES DE TECNOLOGÍA: DIAGRAMA DE DISPERSIÓN

MINITAB

Escribe los valores de la variable *x* en C1 y los correspondientes valores de la variable *y* en C2; después continúa con:

Elige:	**Graph > Scatter Plot. . . > Simple > OK**
Escribe:	Variables Y: **C2** Variables X: **C1**
Selecciona:	**Labels > Titles/Footnotes**
Escribe:	Título: **tu título > OK > OK**

Excel

Escribe los valores de la variable *x* en la columna A y los correspondientes valores de la variable *y* en la columna B; activa las columnas de datos; después continúa con:

Elige:	**Insert > Scatter > 1st picutre** (usualmente)
Elige:	**Chart Layouts > Layout 1**
Escribe:	Título gráfica: **tu título;** título eje (*x*): **título para eje x;** título eje (*y*): **título para eje y***

*Para quitar cuadrículas:

Elige: **Chart Tools > Layout > Gridlines > Primary Horizontal Gridlines > None**

Para editar el diagrama de dispersión, sigue los comandos de edición básica que se muestran para un histograma en la página 53.

Para cambiar la escala y/o mostrar marcas gruesas, haz doble clic en los ejes; después continúa con:

Elige: **Chart Tools > Layout > Current Selection > Plot A Horiz/Vertical Axes > Format Selection**
Escribe: **nuevos valores**
Selecciona: Principal tipo marca gruesa: **Cross > OK**

TI-83/84 Plus

Escribe los valores de la variable *x* en L1 y los correspondientes valores de la variable *y* en L2; después continúa con:

Elige: **2nd > STATPLOT > 1:Plot1**
Elige: **ZOOM > 9:ZoomStat**
> TRACE > > >
o
WINDOW
Escribe: cuando mucho el valor x más bajo, cuando menos el valor x más alto, escala x, escala –y, al menos valor y más alto, escala y, 1
TRACE > > >

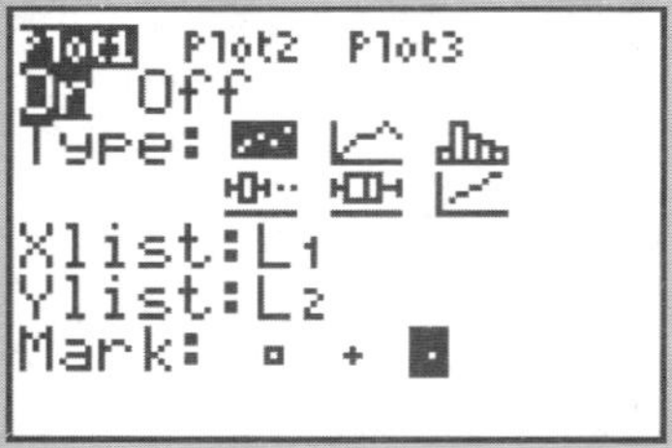

EJERCICIOS SECCIÓN 3.1

3.1 [EX03-001] Consulta el "Pesa tu pez con una regla" de la página 120 para responder las siguientes preguntas:

a. ¿Existe alguna relación (patrón) entre las dos variables: longitud de una trucha arco iris y peso de una trucha arco iris? Explica por qué sí o por qué no.

b. ¿Crees que es razonable (o posible) predecir el peso de una trucha arco iris con base en la longitud de la trucha arco iris? Explica por qué sí o por qué no.

3.2 a. ¿Existe alguna relación entre el peso de una persona y el tamaño de su zapato conforme crece de bebé a 16 años de edad? Conforme una variable se hace más grande, ¿la otra también se vuelve más grande? Explica tus respuestas.

b. ¿Existe alguna relación entre la altura y el tamaño del zapato para las personas que son mayores de 16 años de edad? ¿Las personas más altas usan zapatos más grandes? Explica tus respuestas.

3.3 [EX03-003] En una encuesta nacional de 500 viajeros de negocios y 500 de descanso, a cada uno se le preguntó dónde le gustaría "más espacio".

	En el avión	Cuarto hotel	Todo lo demás
Negocios	355	92	50
Descanso	250	165	85

a. Expresa la tabla como porcentajes del total.

b. Expresa la tabla como porcentajes de los totales de fila. ¿Por qué uno preferiría que la tabla se expresara de esta forma?

c. Expresa la tabla como porcentajes de los totales de columna. ¿Por qué uno preferiría que la tabla se expresara de esta forma?

3.4 La gráfica "En la mirada del observador" muestra dos gráficas circulares, cada una con cuatro secciones. Esta misma información podría representarse en la forma de una tabla de contingencia 2 × 4 de dos variables cualitativas.

a. Identifica la población y menciona las dos variables.

b. Construye la tabla de contingencia usando entradas de porcentajes basadas en totales de fila.

[EX00-000] identifica el nombre de archivo de una base de datos en línea de un ejercicio; disponible a través de cengagebrain.com

Figura para el ejercicio 3.4
En la mirada del observador

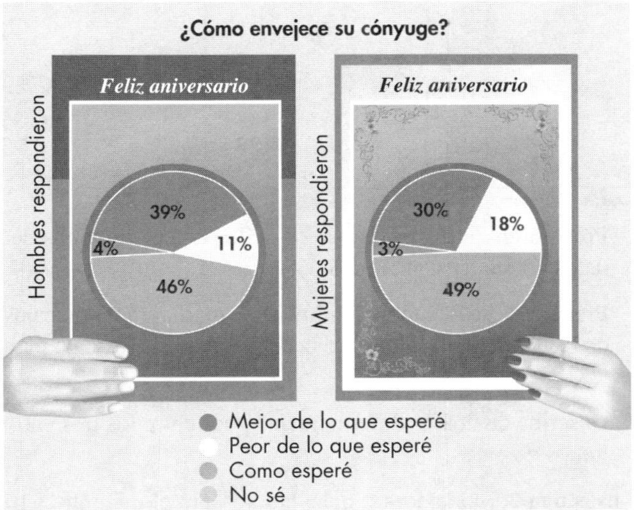

Fuente: Encuesta Energizer en línea de 1 051 adultos casados, edades 44 a 62 años

3.5 La gráfica "La edad perfecta" muestra los resultados de una tabla de contingencia 9 × 2 para una variable cualitativa y una cuantitativa.

"La edad perfecta"

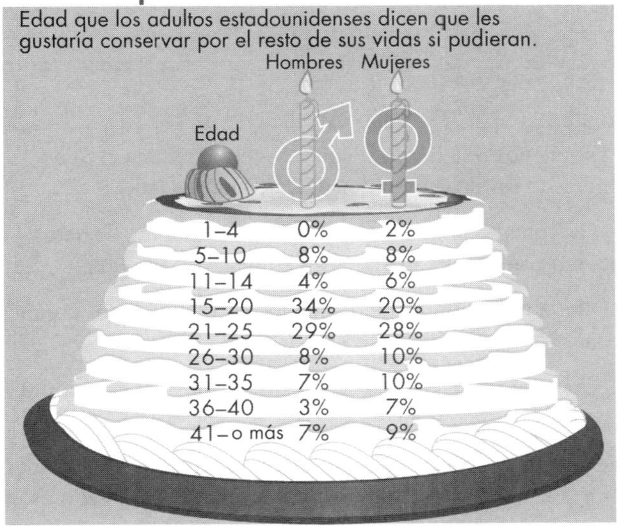

Fuente: Datos de Cindy Hall y Genevieve Lynn, *USA TODAY*; IRC Research para Walt Disney. © 1998 *USA TODAY*, reimpreso con permiso

a. Identifica la población y menciona las variables cualitativa y cuantitativa.

b. Construye una gráfica de barras que muestre las dos distribuciones lado a lado.

c. ¿Parece existir una gran diferencia entre los géneros de esta encuesta?

3.6 [EX03-006] La Ley de Designación del Sistema de Autopistas Nacionales de 1995 permite a los estados establecer sus propios límites de velocidad. La mayoría de los estados elevaron los límites. En la siguiente tabla se proporcionan los límites de velocidad máximos, para noviembre de 2008, en las autopistas interestatales (rurales) para automóviles y camiones por cada estado.

Estado	Automóviles	Camiones	Estado	Automóviles	Camiones
Alabama	70	70	Montana	75	65
Alaska	65	65	Nebraska	75	75
Arizona	75	75	Nevada	75	75
Arkansas	70	65	New Hampshire	65	65
California	70	55	New Jersey	65	65
Colorado	75	75	Nuevo México	75	75
Connecticut	65	65	Nueva York	65	65
Delaware	65	65	Carolina del Norte	70	70
Florida	70	70	Dakota del Norte	75	75
Georgia	70	70	Ohio	65	55
Hawai	60	60	Oklahoma	75	75
Idaho	75	65	Oregon	65	55
Illinois	65	55	Pennsylvania	65	65
Indiana	70	65	Rhode Island	65	65
Iowa	70	70	Carolina del Sur	70	70
Kansas	70	70	Dakota del Sur	75	75
Kentucky	65	65	Tennessee	70	70
Louisiana	70	70	Texas	75	65
Maine	65	65	Utah	75	75
Maryland	65	65	Virginia	65	65
Massachusetts	65	65	Vermont	65	65
Michigan	70	60	Washington	70	60
Minnesota	70	70	West Virginia	70	70
Mississippi	70	70	Wisconsin	65	65
Missouri	70	70	Wyoming	75	75

Fuente: American Trucking Association

a. Construye una tabla cruzada de las dos variables: tipo de vehículo y límite de velocidad máximo en autopistas interestatales. Expresa los resultados en frecuencias y muestra los totales marginales.

b. Expresa la tabla de contingencia que derivaste en el inciso a en porcentajes basados en el gran total.

c. Dibuja una gráfica de barras que muestre los resultados del inciso b.

d. Expresa la tabla de contingencia que dedujiste en el inciso a en porcentajes basados en el total marginal para límite de velocidad.

e. Dibuja una gráfica de barras que muestre los resultados del inciso d.

Si usas una computadora o calculadora, intenta los comandos de la tabla cruzada de la página 124.

3.7 [EX03-007] Una encuesta estatal se llevó a cabo para investigar la relación entre las preferencias de los televidentes por la información noticiosa de ABC, CBS, NBC, PBS o FOX y su afiliación con un partido político. Los resultados se muestran en forma tabular:

Estación de televisión					
Afiliación política	**ABC**	**CBS**	**NBC**	**PBS**	**FOX**
Demócrata	203	218	257	156	226
Republicano	421	350	428	197	174
Otra	156	312	105	57	90

a. ¿A cuántos televidentes se encuestó?

(continúa en la página 132)

b. ¿Por qué éstos son datos bivariados? Menciona las dos variables. ¿Qué tipo de variable es cada una?

c. ¿Cuántos televidentes prefirieron ver CBS?

d. ¿Qué porcentaje de la encuesta fue republicana?

e. ¿Qué porcentaje de los demócratas prefirieron ABC?

f. ¿Qué porcentaje de los televidentes fueron republicanos y prefirieron PBS?

3.8 [EX03-008] Considera la tabla de contingencia siguiente, que presenta los resultados de una encuesta publicitaria acerca del uso de crédito por los clientes de Martan Oil Company.

	Número de compras en estación de gasolina el año pasado					
Método preferido de pago	**0-4**	**5-9**	**10-14**	**15-19**	**≥20**	**Suma**
Efectivo	150	100	25	0	0	275
Tarjeta petrolera	50	35	115	80	70	350
Tarjeta de crédito bancaria	50	60	65	45	5	225
Suma	250	195	205	125	75	850

a. ¿A cuántos clientes se entrevistó?

b. ¿Por qué éstos son datos bivariados? ¿Qué tipo de variable es cada una?

c. ¿Cuántos clientes prefirieron usar una tarjeta petrolera?

d. ¿Cuántos clientes realizaron 20 o más compras el año pasado?

e. ¿Cuántos clientes prefirieron usar una tarjeta petrolera y realizaron entre cinco y nueve compras el año pasado?

f. ¿Qué significa el 80 en la cuarta celda de la segunda fila?

3.9 [EX03-009] Las tasas de desempleo en junio de 2009 para los estados estadounidenses del Este y el Oeste fueron las siguientes:

Tasas de desempleo estatal, junio de 2009

Este	8.0	10.6	10.1	7.3	9.2	11.0	12.1	7.2
Oeste	8.7	11.6	8.4	6.4	12.0	12.2	5.7	9.3

Fuente: U.S. Bureau of Labor Statistics

Muestra estas tasas como dos diagramas de puntos con la misma escala; compara medias y medianas.

3.10 [EX03-010] ¿Qué efecto tiene la cantidad mínima sobre la tasa de interés a ofrecer por los certificados de depósito (CD) a 3 meses? Las siguientes son las tasas de rendimiento publicitadas y, para un depósito mínimo de 500, 1 000, 2 500, 5 000 o 10 000 dólares, x. (Observa que x está en 100 dólares y y es tasa de rendimiento porcentual anual.)

Depósito mín.	Tasa	Depósito mín.	Tasa	Depósito mín.	Tasa
100	0.95	25	1.00	25	0.75
100	1.24	50	1.00	10	0.75
10	1.24	100	1.00	100	0.70
10	1.15	5	1.00	5	0.64
100	1.10	10	1.00	10	0.50
50	1.09	10	0.80	100	0.35
100	1.07	10	0.75	25	0.35
5	1.00	10	0.75	5	0.99
25	0.75				

Fuente: Bankrate.com, 28 de julio de 2009

a. Prepara un diagrama de puntos de los cinco conjuntos de datos con una escala común.

b. Prepara un resumen de 5 números y un diagrama de cajas de los cinco conjuntos de datos. Usa la misma escala para los diagramas de cajas.

c. Describe cualquier diferencia que veas entre los tres conjuntos de datos.

Si usas una computadora o calculadora para el ejemplo 3.10, intenta los comandos de la página 126.

3.11 [EX03-011] ¿Puede predecirse la estatura de una mujer a partir de la estatura de su madre? A continuación se mencionan las estaturas de algunos pares madre-hija; x es la estatura de la madre y y es la estatura de la hija.

x	63	63	67	65	61	63	61	64	62	63	
y	63	65	65	65	64	64	63	62	63	64	
x	64	63	64	64	63	67	61	65	64	65	66
y	64	64	65	65	62	66	62	63	66	66	65

a. Dibuja dos diagramas de puntos con la misma escala y muestra los dos conjuntos de datos lado a lado.

b. ¿Qué puedes concluir al ver los dos conjuntos de datos como conjuntos separados en el inciso a? Explica.

c. Dibuja un diagrama de dispersión de dichos datos como pares ordenados.

d. ¿Qué puedes concluir al ver los datos presentados como pares ordenados? Explica.

3.12 [EX03-012] Las siguientes tablas mencionan las edades, estaturas (en pulgadas) y pesos (en libras) de los jugadores en la plantilla de 2009 para los equipos Boston Bruins y Edmonton Oilers de la National Hockey League.

Boston Bruins			Edmonton Oilers		
Edad	**Estatura**	**Peso**	**Edad**	**Estatura**	**Peso**
31	72	193	22	70	180
24	72	186	22	69	178
23	71	176	19	70	191
32	70	195	24	71	183
22	71	194	24	71	190
32	71	209	24	72	190
35	74	186	24	73	195
34	73	175	23	71	200
21	76	220	30	73	202
30	72	195	24	76	217
25	77	215	28	78	265
25	72	192	33	74	220
21	72	189	26	76	243

Boston Bruins			Edmonton Oilers		
Edad	**Estatura**	**Peso**	**Edad**	**Estatura**	**Peso**
27	72	195	23	71	180
24	75	188	25	72	191
22	75	196	32	73	203
41	70	195	23	75	217
29	72	192	22	72	196
32	73	209	26	75	210
22	75	185	25	73	195
25	74	225	21	74	223
32	81	261	23	75	204
26	73	211	33	76	227
30	70	189	36	73	200
24	70	187	34	76	225
30	72	220	32	70	188
23	73	185	25	76	189
25	74	218	36	73	208
26	72	200			
34	72	207			
22	74	171			
25	73	190			
28	74	200			
35	71	182			

Fuente: http://sports.espn.go.com/

a. Compara cada una de las tres variables (estatura, peso y edad) o con un diagrama de puntos o con un histograma (usa la misma escala).

b. Con base en lo que ves en las gráficas del inciso a, ¿puedes detectar una diferencia sustancial entre los dos equipos en cuanto a estas tres variables? Explica.

c. Explica por qué los datos, como se usaron en el inciso a, no son datos bivariados.

3.13 Considera las dos variables de la estatura y el peso de una persona. ¿Cuál variable, estatura o peso, usarías como la variable de entrada cuando estudies su relación? Explica por qué.

3.14 Dibuja un eje coordenado y grafica los puntos (0, 6), (3, 5), (3, 2) y (5, 0) para formar un diagrama de dispersión. Describe el patrón que muestran los datos en esta presentación.

3.15 ¿Estudiar para que un examen rinda frutos?

a. Dibuja un diagrama de dispersión del número de horas de estudio, x, en comparación con la calificación recibida en el examen y.

x	2	5	1	4	2
y	80	80	70	90	60

b. Explica qué puedes concluir con base en el patrón de datos que se muestra en el diagrama de dispersión que dibujaste en el inciso a. (Conserva estas soluciones para usarlas en el ejercicio 3.55, p. 157.)

3.16 Consulta la figura 3.8 del "Los estadounidenses aman sus automóviles" (Ejemplo aplicado 3.4 de la p. 128) para responder las siguientes preguntas:

a. Menciona las dos variables utilizadas.

b. ¿El diagrama de dispersión sugiere una relación entre las dos variables? Explica.

c. ¿Qué conclusión, si hay alguna, puedes extraer a partir de la apariencia del diagrama de dispersión?

3.17 Las tablas de crecimiento usualmente las usan los pediatras para monitorear el crecimiento de un niño. Considera la siguiente tabla de crecimiento.

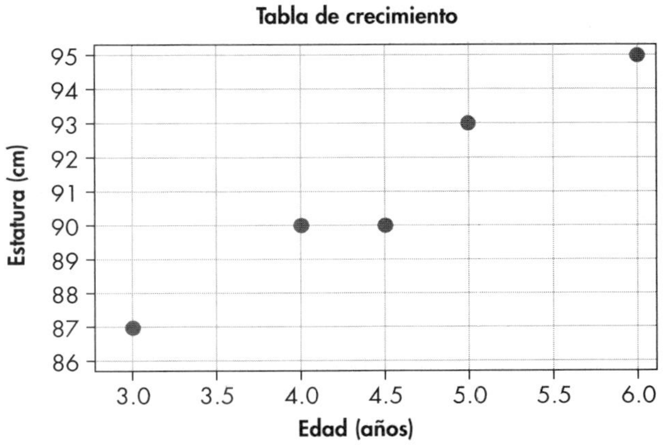

a. ¿Cuáles son las dos variables que se muestran en la gráfica?

b. ¿Qué información representa el par ordenado (3,87)?

c. Describe cómo el pediatra puede usar esta tabla y qué tipos de conclusiones pueden basarse en la información que se muestra en ella.

3.18 [EX03-012] a. Dibuja un diagrama de dispersión que muestre estatura, x y peso y, para el equipo de Boston Bruins, con los datos del ejercicio 3.12.

b. Dibuja un diagrama de dispersión que muestre estatura, x y peso, y, para el equipo de hockey Edmonton Oilers, con los datos del ejercicio 3.12.

c. Explica por qué los datos, como se usaron en los incisos a y b, son datos bivariados.

PTI Si usas una computadora o calculadora, intenta los comandos de las páginas 129-130.

3.19 [EX03-019] Los siguientes datos muestran el número de horas, x, estudiadas para un examen y la calificación recibida, y (y se mide en decenas; esto es: $y = 8$ significa que la calificación, redondeada a los 10 puntos más cercanos, es 80). Dibuja el diagrama de dispersión. (Conserva esta solución para usarla en el ejercicio 3.37, p. 143.)

x	2	3	3	4	4	5	5	6	6	6	7	7	7	8	8
y	5	5	7	5	7	7	8	6	9	8	7	9	10	8	9

3.20 [EX03-020] Un psicólogo experimental afirma que, mientras más edad tenga un niño, son menos las respuestas irrelevantes que dará durante un experimento controlado. Para investigar esta afirmación, se recopilaron los siguientes datos.

(continúa en la página 134)

Dibuja un diagrama de dispersión. (Conserva esta solución para usarla en el ejercicio 3.38, p. 143.)

Edad, *x*	2	4	5	6	6	7	9	9	10	12
Respuestas Irr., *y*	12	13	9	7	12	8	6	9	7	5

3.21 [EX03-021] Se seleccionó una muestra de 15 estudiantes de clase superior que se trasladaban hacia las clases en el registro. Se les pidió estimar la distancia (x) y el tiempo (y) requerido para dirigirse cada día a clase (consulta la siguiente tabla).

Distancia, *x* (milla más cercana)	Tiempo, *y* (5 minutos más cerca)	Distancia, *x* (milla más cercana)	Tiempo, *y* (5 minutos más cerca)
18	20	2	5
8	15	15	25
20	25	16	30
5	20	9	20
5	15	21	30
11	25	5	10
9	20	15	20
10	25		

a. ¿Esperas encontrar una relación lineal entre las dos variables: distancia y tiempo de traslado? Si es así, explica qué relación esperas.

b. Construye un diagrama de dispersión que muestre dichos datos.

c. ¿El diagrama de dispersión en el inciso b refuerza lo que esperas en el inciso a?

3.22 [EX03-022] Consulta la tabla de SUV 2009 tracción cuádruple y 6 cilindros del ejemplo aplicado 3.4 de la página 128 y las dos variables capacidad de tanque de gasolina, x y el costo de llenarlo, y.

a. Si dibujaras diagramas de dispersión de estas dos variables, en la misma gráfica pero separadas, para las SUV que usan gasolina regular y premium, ¿crees que los dos conjuntos de datos serían distinguibles? Explica qué anticipas ver.

b. Construye un diagrama de dispersión de capacidad de tanque, x y costo de llenado de tanque, y, para las SUV que usan gasolina regular.

c. Construye un diagrama de dispersión de capacidad de tanque, x y costo de llenado de tanque, y, para las SUV que usan gasolina premium en el diagrama de dispersión del inciso b.

d. ¿Los dos conjuntos son distinguibles?

e. ¿Cómo se compara tu respuesta al inciso a con tu respuesta al inciso d? Explica cualquier diferencia.

3.23 [EX03-023] Los estadios de béisbol varían en edad, estilo y tamaño y muchas otras formas. Los fanáticos pueden pensar en el tamaño de un estadio en términos del número de asientos, mientras que los jugadores pueden medir el tamaño de un estadio en términos de la distancia desde *home* hasta la cerca del jardín central.

Asientos	CF	Asientos	CF	Asientos	CF
38 805	420	36 331	434	40 950	435
41 118	400	43 405	405	38 496	400
56 000	400	48 911	400	41 900	400
45 030	400	50 449	415	42 271	404
34 077	400	50 091	400	43 647	401
40 793	400	43 772	404	42 600	396
56 144	408	49 033	407	46 200	400
50 516	400	47 447	405	41 222	403
40 615	400	40 120	422	52 355	408
48 190	406	41 503	404	45 000	408

CF = distancia desde *home* hasta la cerca del jardín central
Fuente: http://mlb.mlb.com

¿Existe alguna relación entre estas dos mediciones del "tamaño" de los 30 estadios de la Major League Baseball?

a. ¿Qué crees que encontrarás? ¿Los campos más grandes tienen más asientos? ¿Los campos más pequeños tienen más asientos? ¿No hay relación entre tamaño de campo y número de asientos? ¿Hay una fuerte relación entre tamaño de campo y número de asientos? Explica.

b. Construye un diagrama de dispersión.

c. Describe qué te dice el diagrama de dispersión, e incluye una reacción a tu respuesta al inciso a.

3.24 [EX03-024] La mayoría de los adultos estadounidenses conducen. ¿Pero tienes alguna idea de cuántos conductores con licencia hay en cada estado de Estados Unidos? La siguiente tabla menciona el número de conductores hombres y mujeres con licencia en cada uno de 15 estados estadounidenses seleccionados al azar durante 2007.

Conductores con licencia por estado (× 100 000)

Hombre	Mujer	Hombre	Mujer
17.92	17.10	59.07	54.62
5.18	5.10	2.38	2.33
21.24	21.85	15.01	16.26
10.03	10.15	75.98	75.86
14.52	14.82	8.32	8.20
15.91	15.59	25.26	23.53
3.74	3.62	2.05	1.93
6.77	6.89		

Fuente: Federal Highway Admin., U.S. Dept. of Transportation

a. ¿Esperas encontrar una relación lineal (línea recta) entre el número de conductores hombres y el de conductores mujeres con licencia por estado? ¿Cuán fuerte anticipas que sea esta relación? Describe.

b. Construye un diagrama de dispersión con x como el número de conductores hombres y y para el número de conductores mujeres.

c. Compara el diagrama de dispersión con tus expectativas en el inciso a. ¿Cómo te fue? Explica.

d. ¿Existen puntos de datos que parecen estar separados del patrón creado por el resto de los pares ordenados? Si se quitaran del conjunto de datos, ¿cambiarían los resultados? ¿Qué hace que estos puntos estén separados de los otros, pero aún así sean parte del patrón extendido? Explica.

e. Usa el conjunto de datos para los 51 estados para construir un diagrama de dispersión. Compara el patrón de la muestra de 15 con el patrón que muestran los 51. Describe con detalle.

f. ¿La muestra proporcionó suficiente información para que comprendas la relación entre las dos variables en esta situación? Explica.

3.25 [EX03-025] Ronald Fisher, estadístico inglés (1890-1962), recopiló mediciones para una muestra de 150 irises. Le preocupaban cinco variables: especie, ancho de pétalo (PW), longitud de pétalo (PL), ancho de sépalo (SW) y longitud de sépalo (SL) (todos en mm). Los sépalos son las hojas más externas que encierran la flor antes de que se abra. La meta del experimento de Fisher fue producir una función simple que pudiera usarse para clasificar correctamente las flores. Una muestra aleatoria de este conjunto de datos completo se proporciona en la siguiente tabla.

Tipo	PW	PL	SW	SL	Tipo	PW	PL	SW	SL
0	2	15	35	52	1	24	51	28	58
2	18	48	32	59	1	19	50	25	63
1	19	51	27	58	0	1	15	31	49
0	3	13	35	50	1	23	59	32	68
0	3	15	38	51	2	13	44	23	63
2	12	44	26	55	2	15	42	30	59
1	20	64	38	79	1	25	57	33	67
2	15	49	31	69	1	21	57	33	67
2	15	45	29	60	0	2	15	37	54
2	12	39	27	58	1	13	49	27	63
1	22	56	28	64	1	17	45	25	49
1	13	52	30	67	1	24	56	34	63
0	2	14	29	44	0	2	14	36	50
2	16	51	27	60	2	10	50	22	60
0	5	17	33	51	0	2	12	32	50

a. Construye un diagrama de dispersión de longitud de pétalo, x y ancho de pétalo, y. Usa diferentes símbolos para representar las tres especies.*

b. Construye un diagrama de dispersión de longitud de sépalo, x y ancho de sépalo, y. Usa diferentes símbolos para representar las tres especies.

c. Explica qué retratan los diagramas de dispersión de los incisos a y b.

Observa cuán bien una muestra aleatoria representa los datos de donde se seleccionó.

d. Repite los incisos a y b con el conjunto de datos que contiene los 150 datos de Fisher en [EX03-025].

e. Aparte del hecho de que los diagramas de dispersión de los incisos a y b tienen menos datos, comenta acerca de las similitudes y diferencias entre las distribuciones mostradas para los 150 datos y para los 30 datos seleccionados al azar.

3.26 [EX03-026] Los eclipses totales de Sol en realidad tienen lugar casi con tanta frecuencia que los eclipses de Luna, pero los primeros son visibles en una trayectoria mucho más estrecha. Tanto el ancho de la trayectoria como la duración varían sustancialmente de un eclipse al siguiente. La siguiente tabla muestra la duración (en segundos) y los anchos de trayectoria (en millas) de 44 eclipses totales de Sol medidos en el pasado y los proyectados para el año 2010:

Fecha	Duración (s)	Ancho (mi)	Fecha	Duración (s)	Ancho (mi)
1950	73	83	1983	310	123
1952	189	85	1984	119	53
1954	155	95	1985	118	430
1955	427	157	1986	1	1
1956	284	266	1987	7	3
1958	310	129	1988	216	104
1959	181	75	1990	152	125
1961	165	160	1991	413	160
1962	248	91	1992	320	182
1963	99	63	1994	263	117
1965	315	123	1995	129	48
1966	117	52	1997	170	221
1968	39	64	1998	248	94
1970	207	95	1999	142	69
1972	155	109	2001	296	125
1973	423	159	2002	124	54
1974	308	214	2003	117	338
1976	286	123	2005	42	17
1977	157	61	2006	247	114
1979	169	185	2008	147	144
1980	248	92	2009	399	160
1981	122	67	2010	320	160

Fuente: *The World Almanac and Book of Facts*, 1998.

a. Dibuja un diagrama de dispersión que muestre duración y y ancho de trayectoria x, para los eclipses totales de Sol.

b. ¿Cómo describirías este diagrama?

c. Las duraciones y anchos de trayectoria para los años 2006-2009 fueron proyecciones. Los valores registrados fueron:

Año	Ancho de trayectoria	Duración
2006	65 millas	247 s
2008	147 millas	147 s
2009	160 millas	399 s

Compara los valores registrados con las proyecciones. Comenta acerca de la precisión.

*Además de usar los comandos de las páginas 129-130, usa:

Para MINITAB:	Selecciona:	Scatterplot With Group
	Escribe:	Variables categóricas para agrupamiento: Type
Para TI-83/84:	Escribe diferentes grupos en columnas separadas x y y. Usa una Stat Plot separada y "Mark" para cada grupo	

3.2 Correlación lineal

El principal propósito del **análisis de correlación lineal** es medir la fuerza de una relación lineal entre dos variables. Examina algunos diagramas de dispersión que demuestren diferentes relaciones entre entrada, o variables independientes, x y salida o variables dependientes, y. Si, conforme x aumenta, no hay un desplazamiento definido en los valores de y, se dice que **no hay correlación**, o no hay relación entre x y y. Si, conforme x aumenta, hay un desplazamiento en los valores de y, entonces existe una **correlación**. La correlación es **positiva** cuando y tiende a aumentar, y **negativa** cuando y tiende a disminuir. Si los pares ordenados (x, y) tienden a seguir una trayectoria en línea recta, existe una correlación lineal. La precisión del desplazamiento en y conforme x aumenta determina la fuerza de la **correlación lineal**. Los diagramas de dispersión en la figura 3.9 muestran estas ideas.

FIGURA 3.9
Diagramas de dispersión y correlación

La correlación lineal perfecta ocurre cuando todos los puntos caen exactamente a lo largo de una línea recta, como se muestra en la figura 3.10. La correlación puede ser positiva o negativa, dependiendo de si y aumenta o disminuye conforme x aumenta. Si los datos forman una línea recta horizontal o vertical, no hay correlación, porque una variable no tiene efecto sobre la otra, como también se muestra en la figura 3.7.

FIGURA 3.10
Pares ordenados que forman una línea recta

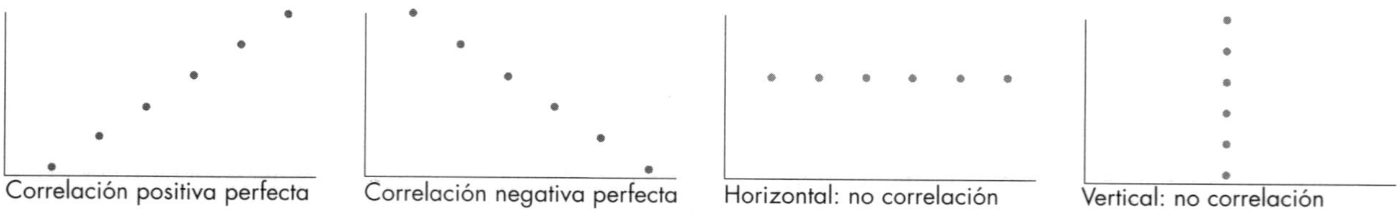

FIGURA 3.11
No correlación lineal

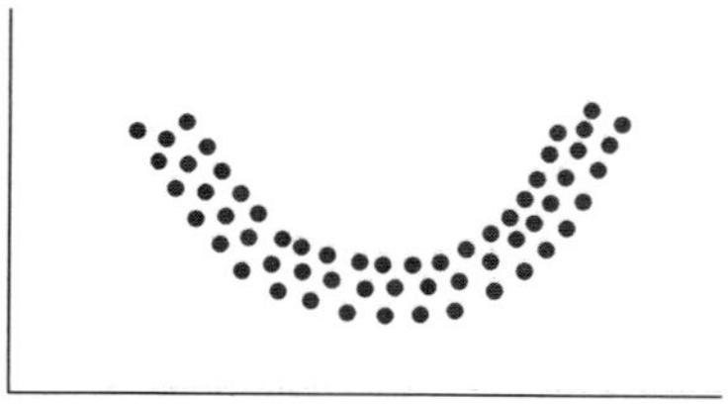

Los diagramas de dispersión no siempre aparecen en una de las formas que se muestran en las figuras 3.9 y 3.10. En ocasiones sugieren relaciones distintas a la lineal, como en la figura 3.11. Parece existir un patrón definido; sin embargo, las dos variables no se relacionan linealmente y por tanto no hay correlación lineal.

El **coeficiente de correlación lineal, *r***, es la medida numérica de la fuerza de la relación lineal entre dos variables. El coeficiente refleja la consistencia del efecto que un cambio en una variable tiene sobre la otra. El valor del coeficiente de correlación lineal ayuda a responder la pregunta: ¿existe una correlación lineal entre las dos variables bajo consideración? El coeficiente de correlación lineal, r, siempre tiene un valor entre -1 y $+1$. Un valor de $+1$ significa una correlación positiva perfecta y un valor de -1 significa una correlación negativa perfecta. Si, conforme x aumenta, existe un aumento general en el valor de y, entonces r será positivo en valor. Por ejemplo, un valor positivo de r se esperaría para la edad y la estatura de los niños, porque, conforme los niños tienen más edad, se vuelven más altos. Además, considera la edad, x y el valor de reventa, y, de un automóvil. Conforme el automóvil envejece, su valor de reventa disminuye. Dado que, conforme x aumenta, y disminuye, la relación resulta en un valor negativo de r.

El valor de r se define mediante la **fórmula producto-momento de Pearson**:

Fórmula para definición

$$r = \frac{\Sigma(x - \bar{x})(y - \bar{y})}{(n - 1)s_x s_y} \quad \textbf{(3.1)}$$

Notas:

1. Las desviaciones estándar de las variables x y y son s_x y s_y.
2. El desarrollo de esta fórmula se estudia en el capítulo 13.

Para calcular r, usarás una fórmula alternativa, la fórmula (3.2), que es equivalente a la fórmula (3.1). Como cálculos preliminares, calcularás por separado tres sumas de cuadrados y después las sustituirás en la fórmula (3.2) para obtener r.

PTI SS(x) es el numerador de la varianza.

Fórmula para cálculo

$$\textit{coeficiente de correlación lineal} = \frac{\textit{suma de cuadrados para xy}}{\sqrt{(\textit{suma de cuadrados para x})\ (\textit{suma de cuadrados para y})}}$$

$$r = \frac{SS(xy)}{\sqrt{SS(x)SS(y)}} \quad \textbf{(3.2)}$$

Recuerda el cálculo de SS(x) de la fórmula (2.8) para la varianza muestral (p. 77):

$$\textit{suma de cuadrados para } x = \textit{suma de } x^2 - \frac{(\textit{suma de } x)^2}{n}$$

$$SS(x) = \sum x^2 - \frac{\left(\sum x\right)^2}{n} \quad \textbf{(2.8)}$$

También puedes calcular:

$$\textit{suma de cuadrados para } y = \textit{suma de } y^2 - \frac{(\textit{suma de } y)^2}{n}$$

$$SS(y) = \sum y^2 - \frac{\left(\sum y\right)^2}{n} \quad \textbf{(3.3)}$$

$$\textit{suma de cuadrados para } xy = \textit{suma de } xy - \frac{(\textit{suma de } x)\ (\textit{suma de } y)}{n}$$

$$SS(xy) = \sum xy - \frac{\sum x \sum y}{n} \quad \textbf{(3.4)}$$

EJEMPLO 3.5

CÓMO CALCULAR EL COEFICIENTE DE CORRELACIÓN LINEAL, r

Encuentra el coeficiente de correlación lineal para los datos de flexiones/abdominales del ejemplo 3.3 (p. 127).

Solución

Primero, construye una tabla de extensiones (tabla 3.12) que mencione todos los pares de valores (x, y) para ayudarte a encontrar x^2, xy y y^2 para cada par y los cinco totales de columna.

TABLA 3.12 Tabla de extensiones para encontrar cinco sumatorias [TA03-10]

Estudiante	Flexiones, x	x^2	Abdominales, y	y^2	xy
1	27	729	30	900	810
2	22	484	26	676	572
3	15	225	25	625	375
4	35	1 225	42	1 764	1 470
5	30	900	38	1 444	1 140
6	52	2 704	40	1 600	2 080
7	35	1 225	32	1 024	1 120
8	55	3 025	54	2 916	2 970
9	40	1 600	50	2 500	2 000
10	40	1 600	43	1 849	1 720
	$\Sigma x = 351$ suma de x	$\Sigma x^2 = 13\,717$ suma de x^2	$\Sigma y = 380$ suma de y	$\Sigma y^2 = 15\,298$ suma de y^2	$\Sigma xy = 14\,257$ suma de xy

Segundo, para completar los cálculos preliminares sustituye las cinco sumatorias (los cinco totales de columna) de la tabla de extensiones en las fórmulas (2.8), (3.3) y (3.4) y calcula las tres sumas de cuadrados:

PTI Los valores Σ y SS se necesitarán para la regresión en la sección 3.3. ¡Asegúrate de guardarlos!

$$SS(x) = \Sigma x^2 - \frac{(\Sigma x)^2}{n} = 13\,717 - \frac{(351)^2}{10} = 1\,396.9$$

$$SS(y) = \Sigma y^2 - \frac{(\Sigma y)^2}{n} = 15\,298 - \frac{(380)^2}{10} = 858.0$$

$$SS(xy) = \Sigma xy - \frac{\Sigma x \Sigma y}{n} = 14\,257 - \frac{(351)(380)}{10} = 919.00$$

Tercero, sustituye las tres sumas de cuadrados en la fórmula (3.2) para encontrar el valor del coeficiente de correlación:

$$r = \frac{SS(xy)}{\sqrt{SS(x)SS(y)}} = \frac{919.0}{(1396.9)(858.0)} = 0.8394 = \mathbf{0.84}$$

Nota: por lo general, r se redondea a la centésima más cercana.

PTI Observa esto en acción con el ejercicio 3.27 de la página 142.

El valor del coeficiente de correlación lineal ayuda a responder la pregunta: ¿existe una correlación lineal entre las dos variables bajo consideración? Cuando el valor calculado de r está cerca de cero, se concluye que existe poca o ninguna correlación lineal. Conforme el valor calculado de r cambia de 0.0 hacia o +1.0 o −1.0, ello incide en una correlación lineal creciente entre las dos variables. Desde un punto de vista gráfico, cuando calculas r,

Tutoriales en video disponibles; ingresa y aprende más en cengagebrain.com lo que haces es medir cuán bien una línea recta describe el diagrama de dispersión como pares ordenados. Conforme el valor de r cambia de 0.0 hacia +1.0 o –1.0, los puntos de datos crean un patrón que se mueve más cerca a una línea recta.

INSTRUCCIONES DE TECNOLOGÍA: COEFICIENTE DE CORRELACIÓN

MINITAB

Escribe los datos de la variable x en C1 y los correspondientes datos de la variable y en C2; después continúa con:

Elige: **Stat > Basic Statistics > Correlation . . .**
Escribe: Variables: **C1 C2 > OK**

Excel

Escribe los datos de la variable x en la columna A y los correspondientes datos de la variable y en la columna B; activa una celda para la respuesta, después continúa con:

Elige: **Insert function fx > Statistical > CORREL > OK**
Escribe: Array 1: **x data range**
Array 2: **y data range > OK**

TI-83/84 Plus

Escribe los datos de la variable x en L1 y los correspondientes datos de la variable y en L2; después continúa con:

Elige: **2nd > CATALOG > DiagnostocOn * > ENTER > ENTER**
Elige: **STAT > CALC > 8: LinReg(a + bx)**
Escribe: **L1, L2**

*Debes seleccionar DiagnosticOn para que se muestren r y r^2. Una vez establecido, omite este paso.

Comprender el coeficiente de correlación lineal

El siguiente método creará: 1) un significado visual para la correlación, 2) un significado visual para lo que mide el coeficiente lineal y 3) una estimación para r. El método es rápido y por lo general produce una estimación razonable cuando la "ventana de datos" es aproximadamente cuadrada.

Nota: esta técnica de estimación no sustituye el cálculo de r. Es muy sensible a la "dispersión" del diagrama. Sin embargo, si la "ventana de datos" es aproximadamente cuadrada, esta aproximación será útil como una estimación o comprobación mental.

FIGURA 3.12
La ventana de datos

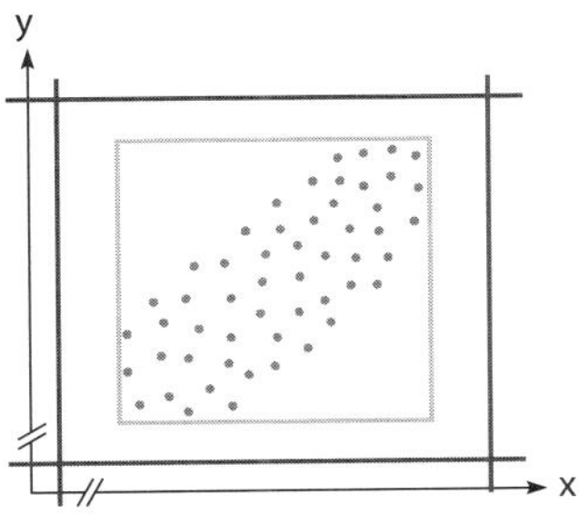

FIGURA 3.13
Enfócate en el patrón

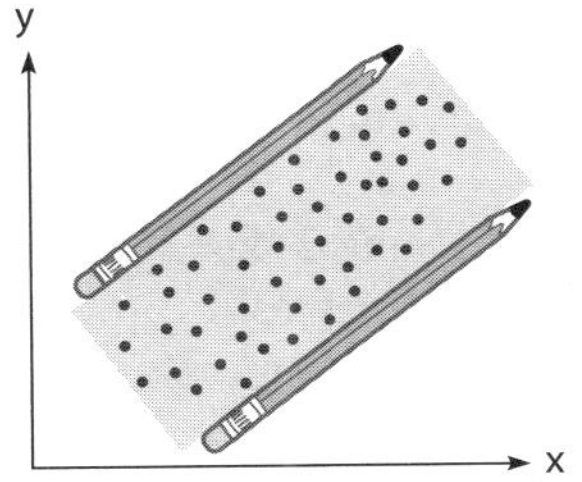

Procedimiento:

1. Construye un diagrama de dispersión de tus datos y asegúrate de que escalas los ejes de modo que la gráfica resultante tenga una "ventana de datos" aproximadamente cuadrada, como se muestra en la figura 3.12 mediante el marco azul claro. La ventana puede no ser la misma región determinada por las cotas de las dos escalas, que se muestran como un rectángulo azul oscuro en la figura 3.12.
2. Tiende dos lápices en tu diagrama de dispersión. Manténlos paralelos y muévelos a una posición de modo que están tan cerca como sea posible mientras encierran entre ellos a todos los puntos del diagrama de dispersión. (Observa la figura 3.13.)
3. Visualiza una región rectangular que esté acotada por los dos lápices y que termina justo más allá de los puntos del diagrama de dispersión. (Observa la porción sombreada de la figura 3.13.)

FIGURA 3.14
Cómo encontrar k

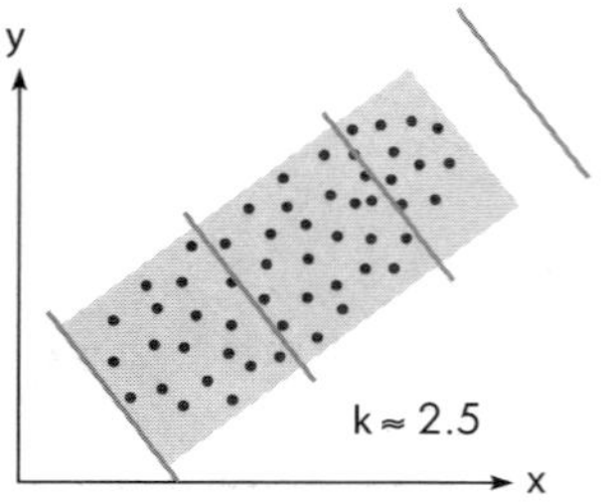

4. Estima el número de veces que el rectángulo es más largo que ancho. Una forma sencilla de hacer esto es marcar mentalmente cuadrados en el rectángulo. (Observa la figura 3.14.) Llama k a este número de múltiplos.
5. El valor de r puede estimarse como $\pm\left(1 - \frac{1}{k}\right)$.
6. El signo asignado a r se determina mediante la posición general de la longitud de la región rectangular. Si se encuentra en una posición creciente, r será positivo; si se encuentra en una posición decreciente, r será negativo (véase la figura 3.15). Si el rectángulo está en una posición horizontal o en una vertical, entonces r será cero, sin importar la razón longitud-ancho.

FIGURA 3.15
a) Posición creciente b) Posición decreciente

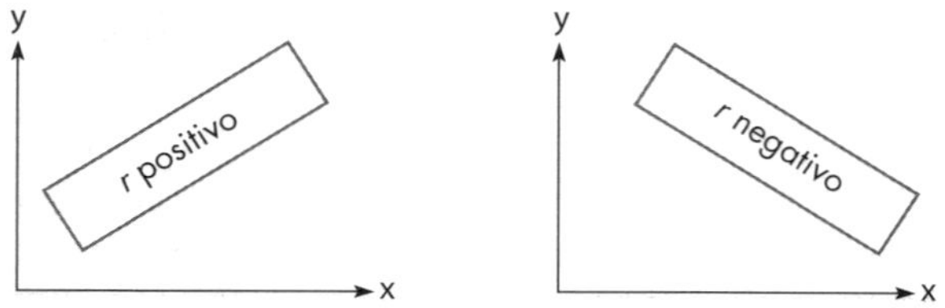

FIGURA 3.16
Flexiones frente a abdominales para 10 estudiantes

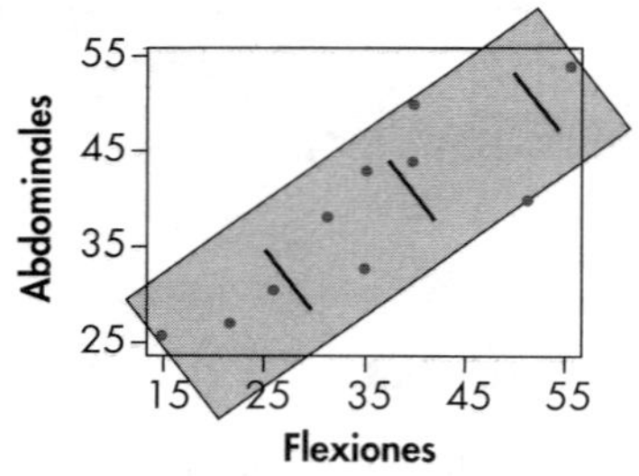

Usa este método para estimar el valor del coeficiente de correlación lineal para la relación entre el número de flexiones y abdominales. Como se muestra en la figura 3.16, se descubre que el rectángulo es aproximadamente 3.5 veces más largo que ancho (esto es: $k \approx 3.5$) y el rectángulo se encuentra en una posición creciente. Por tanto, la estimación para r es

$$r \approx +\left(1 - \frac{1}{35}\right) \approx +0.70$$

Causación y variables ocultas

Conforme uno intenta explicar el pasado, comprender el presente y estimar el futuro, los juicios acerca de causa y efecto son necesarios debido al deseo de imponer orden en el entorno.

La **relación causa y efecto** es bastante directa. Puedes enfocarte en una situación, el *efecto* (por ejemplo, una enfermedad o problema social) y tratar de determinar su *causa(s)*, o puedes comenzar con una *causa* (condiciones insalubres o pobreza) y discutir su(s) *efecto(s)*. Para determinar la causa de algo, pregúntate por qué ocurrió. Para determinar el efecto, pregúntate **qué** ocurrió.

Variable oculta Variable que no está incluida en un estudio, pero que tiene un efecto sobre las variables del estudio y hace parecer que dichas variables están relacionadas.

Un buen ejemplo es la fuerte relación positiva que muestra la cantidad de daño causado por un incendio y el número de bomberos que combaten el incendio. El "tamaño" del incendio es la variable de confusión; "causa" tanto la "cantidad" de daño como el "número" de bomberos.

Si existe una fuerte correlación lineal entre dos variables, entonces una de las siguientes situaciones puede ser verdadera acerca de la relación entre las dos variables:

1. Existe una relación directa causa-efecto entre las dos variables.
2. Existe una relación inversa causa-efecto entre las dos variables.

3. Su relación puede ser provocada por una tercera variable.
4. Su relación puede ser provocada por las interacciones de muchas otras variables.
5. La aparente relación puede ser estrictamente una coincidencia.

Recuerda que una fuerte correlación no necesariamente implica causación. He aquí algunas trampas a evitar:

1. En una relación directa causa-efecto, un aumento (o disminución) en una variable causa un aumento (o disminución) en otra. Supón que hay una fuerte correlación positiva entre peso y estatura. ¿Un aumento en peso *causa* un aumento en estatura? No necesariamente. O, para ponerlo de otra forma: ¿una disminución en peso *causa* una disminución en estatura? Muchas otras posibles variables están involucradas, como género, edad y estructura corporal. Estas otras variables se llaman *variables ocultas*.
2. En el ejemplo aplicado 3.4 (p. 128), existió una correlación positiva entre la capacidad del tanque de gasolina y el costo del llenado del tanque. Si tuvieras una de las SUV con un tanque de gasolina más pequeño que cuesta menos llenar, ¿esto te ahorraría dinero por la gasolina?
3. No razones a partir de la *correlación para la causa*: sólo porque todas las personas que se mueven hacia la ciudad envejecen, no significa que la ciudad *causa* envejecimiento. La ciudad puede ser un factor, pero no puedes basar tu argumento en la correlación.

EJEMPLO APLICADO 3.6

TASAS DE SEGUROS DE VIDA

©iStockphoto.com

¿Un alto coeficiente de correlación lineal, r, implica que los datos son lineales por naturaleza? La edad de emisión del asegurado y la prima de seguro de vida mensual para usuarios no fumadores parece enormemente correlacionada al observar la tabla que se presenta aquí. Conforme aumenta la edad de emisión, la prima mensual para el seguro aumenta para cada uno de los géneros.

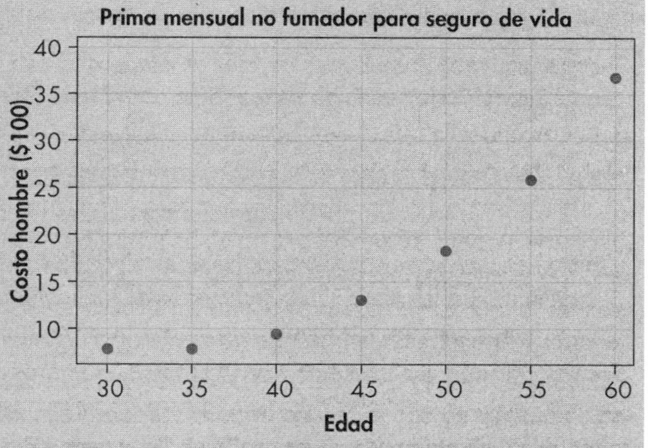

TABLA 3.13 Primas mensuales no fumadores para seguro de vida [TA03-13]

	$100 000		$250 000		$500 000	
Edad emisión	**Hombre ($)**	**Mujer ($)**	**Hombre ($)**	**Mujer ($)**	**Hombre ($)**	**Mujer ($)**
30	7.96	6.59	11.96	9.13	19.25	12.46
35	8.05	6.56	11.96	9.13	19.57	12.46
40	9.63	7.79	15.22	10.89	23.19	16.47
45	13.14	9.80	22.40	15.44	35.87	24.03
50	18.44	12.42	33.69	21.10	53.81	33.38
55	26.01	15.75	49.22	29.37	87.59	48.06
60	37.10	20.83	74.59	42.05	137.38	69.87

Fuente: http://www.reliaquote.com/
Todas las primas mencionadas son las mejores clasificaciones para no fumadores de cada portador.

Considera la edad de emisión del asegurado y la prima mensual masculina para una póliza de $100 000. El coeficiente de correlación calculado para esta clase específica de seguro resulta en un valor de $r = 0.932$. Por lo general, un valor de r así cercano de 1.0 indicaría una relación bastante fuerte en línea recta; pero espera. ¿Tienes una relación lineal? Sólo un diagrama de dispersión puede decírtelo.

El diagrama de dispersión muestra claramente un patrón no en línea recta. Sin embargo, el coeficiente de correlación era muy alto. Es el patrón alargado en los datos el que produce una r calculada tan grande. La lección de este ejemplo es que uno siempre debe comenzar con un diagrama de dispersión cuando considera correlación lineal. ¡El coeficiente de correlación sólo cuenta un lado de la historia!

EJERCICIOS SECCIÓN 3.2

3.27 Ejercicio Applet Skillbuilder Proporciona diagramas de dispersión para varios coeficientes de correlación.

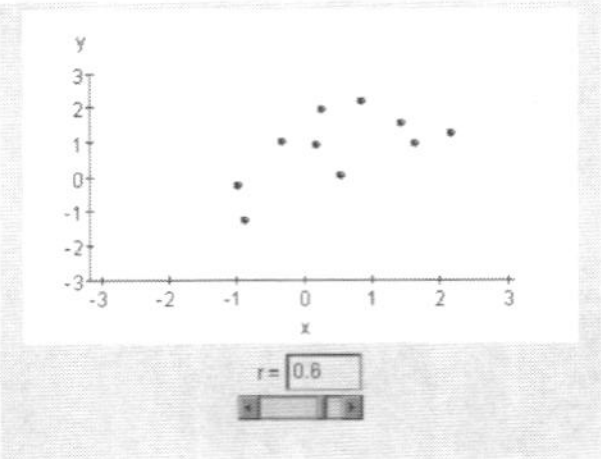

a. A partir de $r = 0$, mueve la barra deslizante hacia la derecha hasta $r = 1$. Explica qué ocurre con los correspondientes diagramas de dispersión.

b. A partir de $r = 0$, mueve la barra deslizante hacia la izquierda hasta $r = -1$. Explica qué ocurre con los correspondientes diagramas de dispersión.

3.28 ¿Cómo interpretarías los hallazgos de un estudio de correlación que reporta un coeficiente de correlación lineal de -1.34?

3.29 ¿Cómo interpretarías los hallazgos de un estudio de correlación que reporta un coeficiente de correlación lineal de $+0.37$?

3.30 Explica por qué tiene sentido que un conjunto de datos tenga un coeficiente de correlación de cero cuando los datos muestran un patrón muy definido, como en la figura 3.11 (p. 136).

3.31 ¿Estudiar para un examen rinde frutos? El número de horas estudiadas, x, se compara con la calificación recibida en el examen, y:

x	2	5	1	4	2
y	80	80	70	90	60

a. Completa los cálculos preliminares: extensiones, cinco sumatorias, SS(x), SS(y) y SS(xy).

b. Encuentra r.

3.32 [EX03-032] Los teléfonos celulares y los iPods son artículos para la generación actual. ¿El uso de uno indica el uso del otro? Siete estudiantes de penúltimo año de bachillerato, que poseían tanto un teléfono celular como un iPod, se seleccionaron al azar, lo que resultó en los siguientes datos:

Celular, *n* (# teléfonos)	42	7	75	78	126	22	23
iPod, *n* (canciones guardadas)	303	212	401	500	536	200	278

a. Completa los cálculos preliminares: extensiones, cinco sumatorias y SS(x), SS(y) y SS(xy).

b. Encuentra r.

3.33 [EX03-033] Muchas organizaciones ofrecen tarifas de revistas "especiales" a sus miembros. La Federación Estadounidense de Profesores (AFT, por sus siglas en inglés) no es diferente, y a continuación se presentan algunas de las tarifas que ofrecen a sus miembros.

Revista	Tarifa usual	Su precio
Cosmopolitan	29.97	18.00
Sports Illustrated	89.04	39.95
Time	59.95	29.95
Rolling Stone	25.94	14.95
Martha Stewart Living	28.00	24.00

Fuente: AFT, febrero de 2009

a. Construye un diagrama de dispersión con "su precio" como la variable dependiente y y "tarifa usual" como la variable independiente, x.

Encuentra:

b. SS(x)

c. SS(y)

d. SS(xy)

e. Coeficiente producto-momento de Pearson, r

3.34 [EX03-034] Una muestra aleatoria de 10 estudiantes de séptimo grado produjo los siguientes datos acerca de x = número de minutos promedio que ven televisión las noches de la semana, frente al número de minutos promedio empleados en hacer la tarea las noches de la semana.

[EX00-000] identifica el nombre de archivo de una base de datos en línea de un ejercicio; bases de datos y Applets Skillbuilder disponibles a través de cengagebrain.com

Fila	Televisión	Tarea	Fila	Televisión	Tarea
1	15	50	6	90	35
2	120	30	7	120	20
3	50	30	8	20	60
4	40	60	9	10	45
5	60	40	10	60	25

a. Construye un diagrama de dispersión con "minutos tarea" como la variable dependiente y y "minutos televisión" como la variable independiente, x.

Encuentra:

b. SS(x)

c. SS(y)

d. SS(xy)

e. Producto-momento de Pearson, r

3.35 Los manatíes nadan cerca de la superficie del agua. Con frecuencia se meten en problemas con los muchos botes de motor en Florida. Considera la siguiente gráfica:

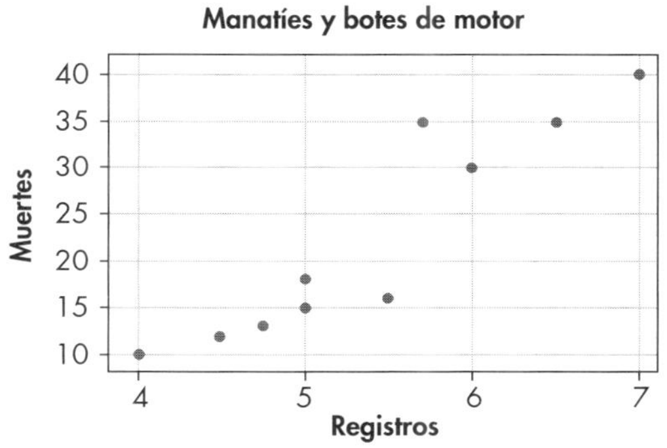

a. ¿Cuáles dos grupos de sujetos se comparan?

b. ¿Cuáles dos variables se usan para realizar la comparación?

c. ¿Qué conclusión puede extraerse con base en esta gráfica de dispersión?

d. ¿Qué podrías hacer si fueras un funcionario de la vida salvaje en Florida?

3.36 Estima el coeficiente de correlación para cada uno de los siguientes datos:

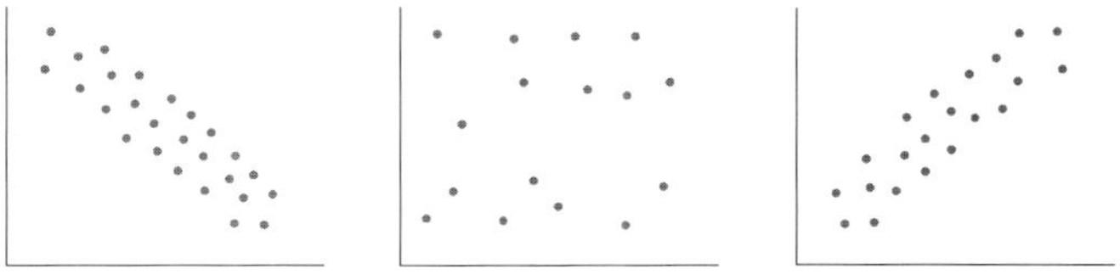

3.37 a. Usa el diagrama de dispersión que dibujaste en el ejercicio 3.19 (p. 133) para estimar r para los datos muestrales acerca del número de horas estudiadas y la calificación del examen.

b. Calcula r.

3.38 a. Usa el diagrama de dispersión que dibujaste en el ejercicio 3.20 (pp. 133-134) para estimar r para los datos muestrales acerca del número de respuestas irrelevantes y la edad del niño.

b. Calcula r.

PTI ¿Alguna vez has intentado usar los comandos de correlación en tu computadora o calculadora?

3.39 [EX03-039] Una empresa de mercadeo quiere determinar si el número de comerciales de televisión transmitidos estaba linealmente correlacionado con las ventas de sus productos. Los datos, obtenidos de cada una de varias ciudades, se muestran en la siguiente tabla.

Ciudad	A	B	C	D	E	F	G	H	I	J
Comerciales, x	12	6	9	15	11	15	8	16	12	6
Unidades vendidas, y	7	5	10	14	12	9	6	11	11	8

a. Dibuja un diagrama de dispersión.

b. Estima r.

c. Calcular r.

3.40 [EX03-040] Las compañías cinematográficas gastan millones de dólares para producir películas, con la gran esperanza de atraer a millones de personas al cine. El éxito de una película puede medirse en muchas formas, dos de las cuales son los boletos de taquilla y el número de nominaciones al Oscar recibidas. A continuación hay una lista de 10 películas de 2008 con sus "libretas de calificaciones". Cada película se midió con su costo presupuestario (en millones de dólares), sus boletos de taquilla (en millones de dólares) y el número de nominaciones al Óscar que recibió.

Película	Presupuesto	Taquilla	Nominaciones
The Curious Case of Benjamin Button	150	127.5	13
Smildogn Millonaire	15	141.3	10
Milk	20	31.8	8
The Dark Knight	185	533.3	8
WALL-E	180	223.8	6
Frost/Nixon	25	18.6	5
The Reader	32	34.2	5
Doubt	20	33.4	5
Changeling	55	35.7	3
The Wrestler	6	26.2	2

Fuente: http://www.boxofficemojo.com/

a. Dibuja un diagrama de dispersión con x = presupuesto y y = taquilla.

b. ¿Parece haber una relación lineal?

c. Calcula el coeficiente de correlación lineal, r.

d. ¿Qué parece decir este valor de correlación? Explica.

e. Repite las preguntas de la a a la d con x = taquilla y y = nominaciones.

3.41 Ejercicio Applet Skillbuilder Relaciona coeficientes de correlación con sus diagramas de dispersión. Después de varias rondas de práctica con "New Plots", explica tu método de relacionar.

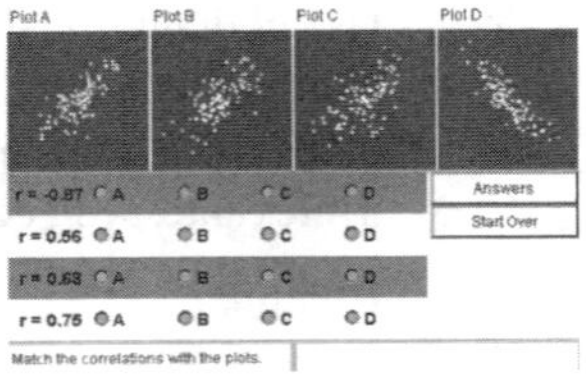

3.42 Ejercicio Applet Skillbuilder Proporciona práctica en la construcción de diagramas de dispersión para relacionar los coeficientes de correlación dados.

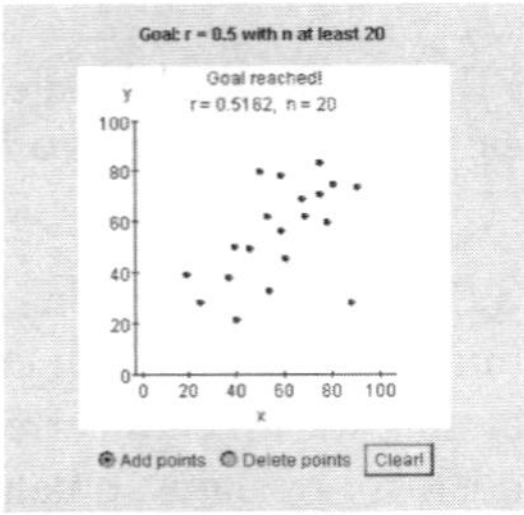

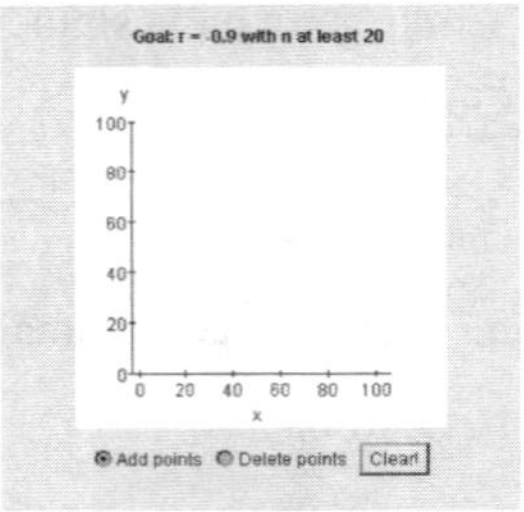

a. Después de colocar sólo 2 puntos, ¿cuál es el valor r calculado para cada diagrama de dispersión? ¿Por qué?

b. ¿Cuál diagrama de dispersión encontraste más fácil de construir?

3.43 [EX04-043] Considera los siguientes datos 2009 de SUV 4WD y 6 cilindros.

SUV 2009, 4WD, 6 cilindros

Fabricante	Modelo	Petro	Tons
Buick	Enclave	18.0	9.6
Chevrolet	Trailblazer	21.4	11.4
Chysler	Aspen	22.8	12.2
Dodge	Durango	22.8	12.2
Ford	Escape	17.1	9.2
GMC	Envoy	21.4	11.4
Honda	Pilot	19.0	10.2
Jeep	Grd Cherokee	20.1	10.8
Kia	Sportage	17.1	9.2
Lexus	RX 350	18.0	9.6
Lincoln	MKX	18.0	9.6
Mazda	CX-7	19.0	10.2
Mercury	Mountaineer	22.8	12.2
Mitsubishi	Outlander	18.0	9.6
Nissan	Murano	17.1	9.2
Toyota	RAV4	16.3	8.7

a. ¿Qué valor anticipas para un coeficiente de correlación de las dos variables: consumo de petróleo anual en barriles, x y toneladas anuales de CO_2 emitidas, y? Explica.

b. Calcula el coeficiente de correlación lineal para las dos variables: consumo de petróleo anual en barriles, x y toneladas anuales de CO_2 emitidas, y.

c. ¿El valor que encontraste en el inciso b es aproximadamente el que anticipaste en el inciso a? Explica por qué sí o por qué no.

d. ¿Tiene sentido que los datos muestren tan alta correlación? Si la cantidad de consumo se duplica, ¿qué crees que ocurrirá con las toneladas de CO_2 emitidas? Sé específico en tu explicación.

3.44 [EX03-044] La Oficina del Niño del Departamento de Salud y Servicios Humanos de Estados Unidos tiene una labor monumental. En 2006, 510 000 niños estuvieron en cuidado sustituto. De ellos, aproximadamente 51 000 fueron adoptados. ¿Usualmente se adoptan más hombres o más mujeres? ¿Existe alguna diferencia? La tabla menciona el número de hombres y mujeres adoptados en cada uno de 16 estados identificados al azar.

Estado	Hombres	Mujeres	Estado	Hombres	Mujeres
Delaware	50	44	Wyoming	27	30
Nevada	231	213	Nueva Jersey	689	636
Alabama	190	197	Arkansas	178	217
Michigan	1 296	1 296	Idaho	580	603
Carolina del Sur	203	220	Hawai	202	195
Iowa	512	472	Washington	586	610
Georgia	660	586	Tennessee	497	497
Vermont	90	74	Alaska	112	100

Fuente: Children's Bureau, Administration for Children and Families, U.S. Department of Health and Human Services, 2006

¿Existe una relación lineal entre el número de hombres y mujeres adoptados del cuidado sustituto durante 2006? Usa gráficas y estadísticos numéricos para apoyar tu respuesta.

3.45 [EX03-045] Las bebidas deportivas son muy populares en la cultura contemporánea alrededor del mundo. La siguiente tabla menciona 10 diferentes productos que puedes comprar en Inglaterra y los valores para tres variables: costo por porción (en peniques), energía por porción (en kilocalorías) y carbohidratos por porción (en gramos).

Bebida deportiva	Costo	Energía	Carbs
Lucozade Sport RTD 330 ml pouch/can	72	92	21.1
Lucozade Sport RTD 500 ml bot.	79	140	32
Lucozade Sport RTD 650 ml sports bot.	119	182	41.6
POWERade 500 ml bot.	119	120	30
Gatorade Sports 750 ml	89	188	45
Science in Sport Go Electrolye (500 ml)	99	160	40
High Five Isotonic electrolyte (750 ml)	99	220	55
Isostar powder (por litro) 5l tub	126	320	77
Isostar RTD 500 ml bot.	99	150	35
Maxim Electrolyte (por litro) 2 kg bag	66	296	75

Nota: el costo está en peniques (p), 0.01 de libra británica, que equivalente a US$0.0187 al 28 de marzo de 2005.
Fuente: http://www.simplyrunning.net

a. Dibuja un diagrama de dispersión con x = carbs/porción y y = energía/porción.

b. ¿Parece haber una relación lineal?

c. Calcula el coeficiente de correlación lineal, r.

d. ¿Qué parece decir este valor de correlación? Explica.

e. Repite los incisos a al d con x = costo/porción y y = energía/porción. (Conserva estas soluciones para usarlas en el ejercicio 3.59, p. 157.)

3.46 [EX03-046] Durante el concurso de cuadrangulares del juego de estrellas de la MLB de 2008, Josh Hamilton presentó un magnífico espectáculo con sus 35 cuadrangulares. A continuación se mencionan el ápice y la distancia registrados para cada cuadrangular:

Ápice (Apex): punto más alto alcanzado por la bola en su vuelo sobre el nivel del campo, en pies.

Distancia estándar (StdDist): distancia estimada, en pies, que el cuadrangular habría recorrido si hubiera volado sin interrupción hasta el nivel del campo. La distancia estándar factoriza las influencias de viento, temperatura, altitud y por tanto es la mejor forma de comparar los cuadrangulares bajo varias condiciones diferentes.

Apex	100	114	145	45	98	130	105	94	59
StdDist	459	474	404	378	479	443	393	410	356
Apex	112	50	144	154	153	132	126	123	118
StdDist	430	390	411	418	423	455	421	464	440
Apex	70	152	95	48	162	117	54	110	88
StdDist	432	435	447	386	364	447	379	423	442
Apex	125	47	119	111	84	155	153	116	
StdDist	428	387	453	401	387	445	426	463	

Fuente: http://www.hitrackeronline.com

a. Construye un diagrama de dispersión con ápice como *x* y distancia estándar como *y*.

b. ¿Los puntos parecen sugerir un patrón lineal? Explica.

c. ¿El ápice para el vuelo de un cuadrangular será útil para predecir la longitud del cuadrangular? Explica y proporciona al menos una razón que no sea estadística y al menos una razón que sea estadística.

d. ¿Qué otro factor acerca del vuelo de un cuadrangular puede causar que el patrón de puntos sea tan variado?

e. Estima el valor del coeficiente de correlación lineal.

f. Calcula el coeficiente de correlación.

3.47 [EX03-047] Los jugadores, equipos y fanáticos de la NBA están interesados en ver a sus jugadores líderes anotar muchos puntos, aunque al mismo tiempo el número de faltas personales que cometen tiende a limitar su tiempo de juego. Para el jugador líder en cada equipo, la tabla menciona el número de minutos por juego, MPG, y el número de faltas personales cometidas por juego, PFPG, durante la temporada NBA 2008/2009.

Equipo	**MPG**	**PFPG**	**Equipo**	**MPG**	**PFPG**
Hawks	39.6	2.23	Bucks	36.4	1.36
Celtics	37.5	2.65	Timberwolves	36.7	2.82
Hornets	37.6	2.96	Nets	36.1	2.38
Bulls	36.6	2.24	Hornets	38.5	2.72
Cavaliers	37.7	1.72	Kniks	29.8	2.78
Mavericks	37.7	2.17	Thunder	39.0	1.81
Nuggets	34.5	2.95	Magic	35.7	3.42
Pistons	34.0	2.63	76ers	39.9	1.85
Warriors	39.6	2.59	Suns	36.8	3.08
Rockets	33.6	3.34	Blazers	37.2	1.63
Pacers	36.2	3.09	Kings	38.2	2.27
Clippers	37.4	3.20	Spurs	34.1	1.53
Lakers	36.1	2.30	Raptors	38.0	2.45
Grizzlies	37.3	2.80	Jazz	36.8	1.97
Heat	38.6	2.25	Wizards	38.2	2.60

Fuente: NBA.com

a. Construye un diagrama de dispersión.

b. Describe el patrón mostrado. ¿Se muestran algunas características inusuales?

c. Calcula el coeficiente de correlación.

d. ¿El valor del coeficiente de correlación parece razonable?

3.48 [EX03-048] ¿Alguna vez quisiste pesar tu pez, pero no tenías báscula? Mide un lucio masquinongy del hocico a la punta de la cola. Los siguientes pesos son promedios tomados de peces recolectados por personal de administración de pesca DEC a través del estado de Nueva York.

Longitud pulg	**Maskinongy lb**	**Maskinongy oz**	**Longitud pulg**	**Maskinongy lb**	**Maskinongy oz**
30	7	4	41	20	7
31	8	1	42	22	2
32	8	15	43	23	15
33	9	15	44	25	14
34	11	0	45	27	14
35	12	1	46	30	0
36	13	4	47	32	3
37	14	8	48	34	8
38	15	14	49	37	0
39	17	5	50	39	9
40	18	13	51	40	4

Fuente: New Cork Freshwater Fishing, 2008-2009 *Official Regulations Guide*

© iStockphoto.com/Andrew Hyslop

a. Examina los datos y encuentra un patrón aproximado para ganancia de peso por pulgada de longitud para cada tipo de pez.

b. Explica por qué los pesos no pueden usarse como están dados, específicamente por qué 9 lb 4 oz no es 9.4 lb. Fija los pesos de modo que se expresen en términos de una unidad de medida.

c. Construye un diagrama de dispersión para longitudes y pesos de lucios masquinongy.

d. ¿Los puntos parecen seguir una línea recta? Explica.

e. ¿Y qué hay del pez que es más largo que hace que la trayectoria de puntos sea cóncava hacia arriba?

f. Calcula el coeficiente de correlación lineal.

(continúa en la página 146)

g. Explica por qué el valor de r es tan cercano a 1.0 y sin embargo, gráficamente, los datos no parecen ser lineales.

3.49 En muchas comunidades existe una fuerte correlación positiva entre la cantidad de helado vendida en un mes dado y el número de ahogamientos que ocurren en dicho mes. ¿Esto significa que el helado causa ahogamiento? Si no, ¿puedes pensar en una explicación alternativa para la fuerte asociación? Escribe algunas oraciones que aborden estas preguntas.

3.50 Explica por qué uno esperaría encontrar una correlación positiva entre el número de camiones de bomberos que responden a un incendio y la cantidad de daño causada por el incendio. ¿Esto significa que el daño sería menos extenso si se despacharan menos camiones de bomberos? Explica.

3.3 Regresión lineal

Aunque el coeficiente de correlación mide la fuerza de una relación lineal, no habla acerca de la relación matemática entre las dos variables. En la sección 3.2, se encontró que el coeficiente de correlación para los datos de flexiones/abdominales es 0.84 (véase la p. 138). Esto, junto con el patrón sobre el diagrama de dispersión implica que existe una relación lineal entre el número de flexiones y el número de abdominales que hace un estudiante. Sin embargo, el coeficiente de correlación no ayuda a predecir el número de abdominales que una persona puede hacer con base en el conocimiento de que puede hacer 28 flexiones. El **análisis de regresión** encuentra la ecuación de la recta que mejor describe la relación entre dos variables. Un uso de esta ecuación es realizar predicciones. Las predicciones se usan regularmente, por ejemplo, para predecir el éxito que un estudiante tendrá en la universidad con base en los resultados del bachillerato y para predecir la distancia requerida para frenar un automóvil con base en su rapidez. Por lo general, el valor exacto de y no es predecible y comúnmente uno está satisfecho si las predicciones son razonablemente cercanas.

La relación entre dos variables será una expresión algebraica que describa la relación matemática entre x y y. He aquí algunos ejemplos de varias posibles relaciones, llamados *modelos* o **ecuaciones de predicción**:

Lineal (línea recta):	$\hat{y} = b_0 + b_1x$
Cuadrático:	$\hat{y} = a + bx + cx^2$
Exponencial:	$\hat{y} = a(b^x)$
Logarítmico:	$\hat{y} = a \log_b x$

Las figuras 3.17, 3.18 y 3.19 muestran patrones de datos bivariados que parecen tener una relación, mientras que en la figura 3.20 las variables no parecen estar relacionadas.

Si un modelo en línea recta parece adecuado, la línea recta de mejor ajuste se encuentra al usar el **método de mínimos cuadrados**. Supón que $\hat{y} = b_0 + b_1x$ es la ecuación de una línea recta, donde $\hat{y}$ (léase "y sombrero") representa el **valor predicho de y** que corresponde a un valor particular de x. El **criterio de mínimos cuadrados** requiere encontrar las constantes b_0 y b_1 tales que $\Sigma(y - \hat{y})^2$ esa tan pequeña como sea posible.

La figura 3.21 muestra la distancia de un valor observado de y desde un **valor predi-**

FIGURA 3.17
Regresión lineal con pendiente positiva

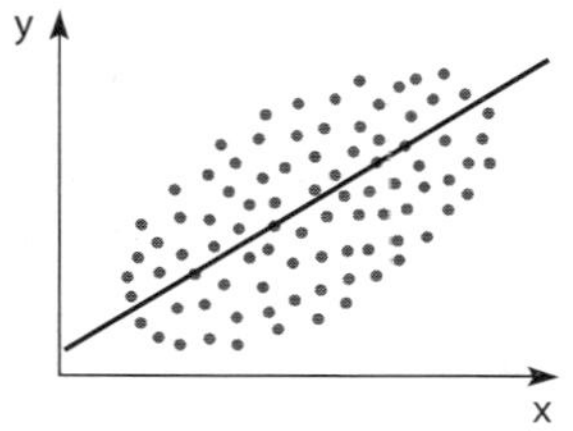

FIGURA 3.18
Regresión lineal con pendiente negativa

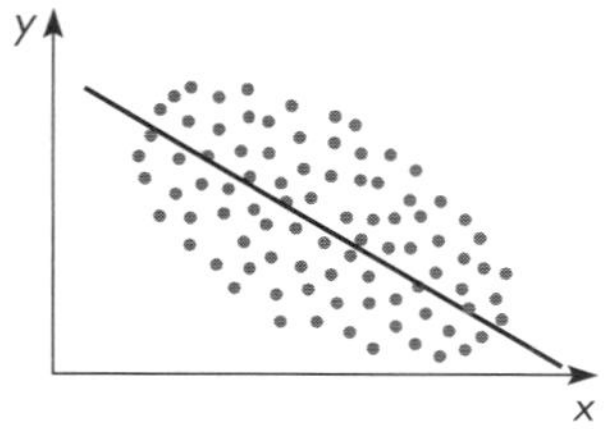

FIGURA 3.19
Regresión curvilínea (cuadrática)

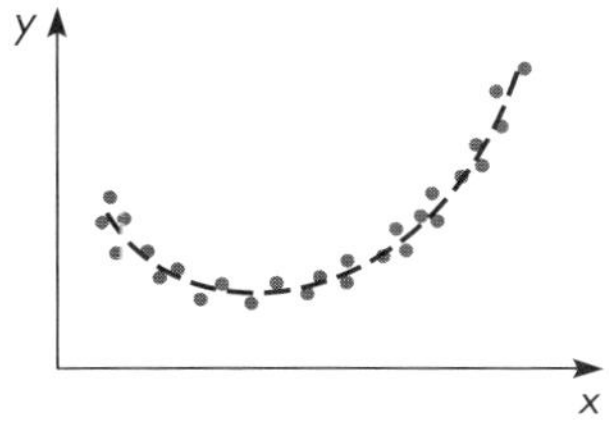

FIGURA 3.20
No relacionada

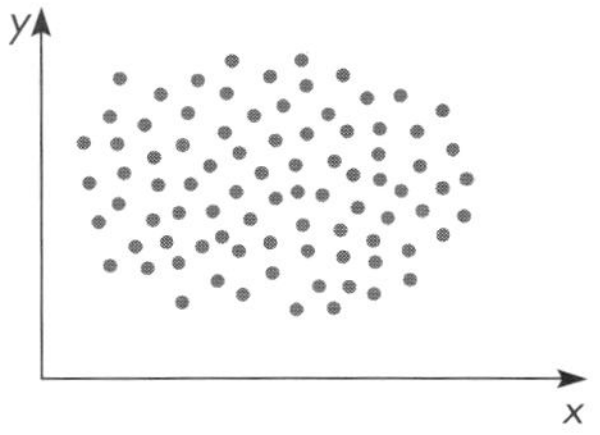

cho de *y*. La longitud de esta distancia representa el valor $(y - \hat{y})$ (que se muestra como el segmento de línea azul oscuro en la figura 3.21). Observa que $(y - \hat{y})$ es positivo cuando el punto (x, y) está por arriba de la recta y negativo cuando (x, y) está por abajo de la recta (como se muestra en la figura).

La figura 3.22 muestra un diagrama de dispersión con lo que parece ser la **recta de mejor ajuste**, junto con 10 valores individuales $(y - \hat{y})$. (Los valores positivos se muestran en azul oscuro; los negativos, en azul medio.) La suma de los cuadrados de dichas diferencias se minimiza (se hace tan pequeña como sea posible) si la recta de hecho es la recta de mejor ajuste.

La figura 3.23 muestra los mismos puntos de datos que la figura 3.22. Los 10 valores individuales de $(y - \hat{y})$ se grafican con una recta que definitivamente no es la recta de mejor ajuste. [El valor de $\Sigma(y - \hat{y})^2$ es 149, mucho mayor que el 23 de la figura 3.22.] Cada recta diferente dibujada a través de este conjunto de 10 puntos resultará en un valor diferente para $\Sigma(y - \hat{y})^2$. Tu labor es encontrar la recta que hará $\Sigma(y - \hat{y})^2$ el valor más pequeño posible.

La ecuación de la recta de mejor ajuste se determina mediante su **pendiente** (b_1) y su

FIGURA 3.21
Valores observado y predicho de *y*

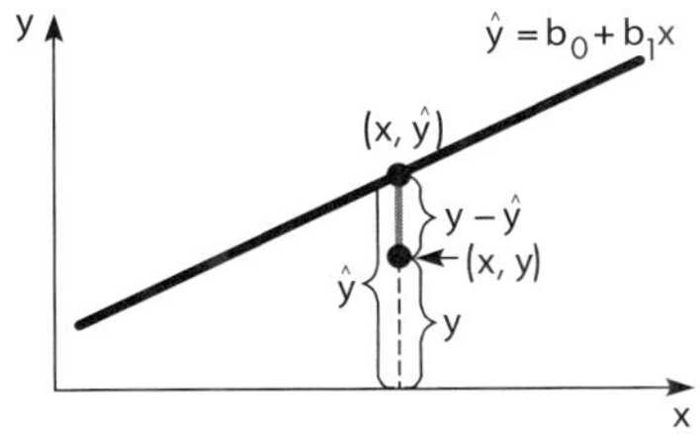

FIGURA 3.22
Recta de mejor ajuste

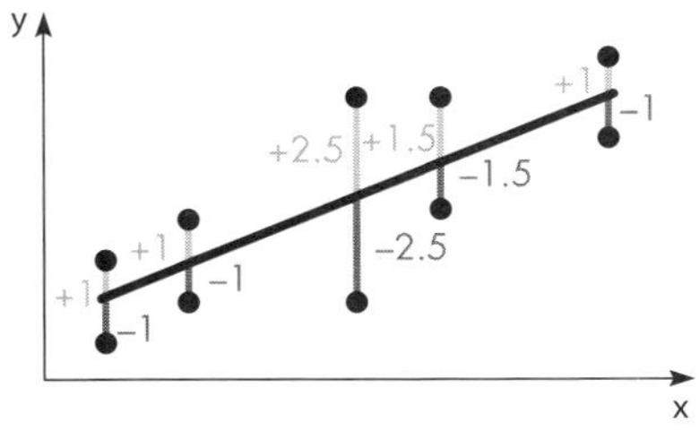

$\Sigma\,(y - \hat{y})^2 = (-1)^2 + (+1)^2 + \ldots + (+1)^2 = 23.0$

FIGURA 3.23
No recta de mejor ajuste

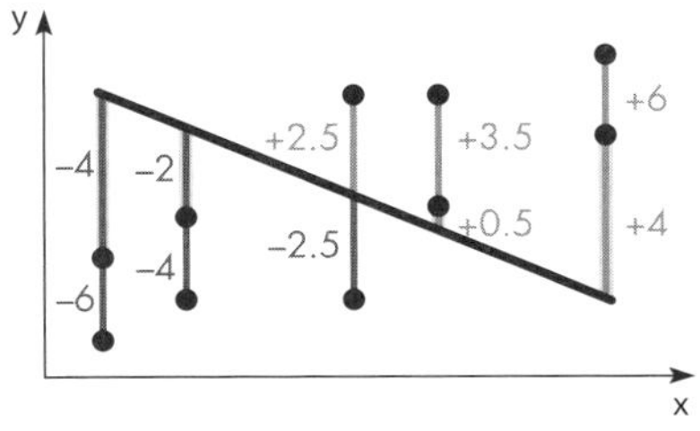

$\Sigma\,(y - \hat{y})^2 = (-6)^2 + (-4)^2 + \ldots + (+6)^2 = 149.0$

ordenada al origen (b_0). (Consulta el *Manual de soluciones del estudiante* para revisar los conceptos de pendiente y ordenada de una línea recta.) Los valores de las constantes (pendiente y ordenada al origen) que satisfacen el criterio de mínimos cuadrados se encuentran al usar las fórmulas que se presentan a continuación:

Fórmula para definición

$$\text{pendiente:} \quad b_1 = \frac{\Sigma(x - \bar{x})(y - \bar{y})}{\Sigma(x - \bar{x})^2} \qquad \textbf{(3.5)}$$

Para la pendiente, b_1, se usará un equivalente matemático de la fórmula (3.5), que usa las sumas de cuadrados que se encontraron en los cálculos preliminares para correlación:

Fórmula para cálculo

$$\text{pendiente:}\quad b_1 = \frac{SS(xy)}{SS(x)} \tag{3.6}$$

Observa que el numerador de la fórmula (3.6) es la fórmula de SS(xy) (3.4) (p. 137) y el denominador es la fórmula (2.8) (p. 77) de los cálculos del coeficiente de correlación. Por tanto, si anteriormente calculaste el coeficiente de correlación lineal con el procedimiento que se destacó en la página 138, fácilmente puedes encontrar la pendiente de la recta de mejor ajuste. Si anteriormente no calculaste r, construye una tabla similar a la tabla 3.12 (p. 138) y completa los cálculos preliminares necesarios.

Para la ordenada al origen se tiene:

Fórmula para cálculo

$$\text{ordenada al origen} = \frac{(\textit{suma de y}) - [(\textit{pendiente})(\textit{suma de x})]}{\textit{número}}$$

$$b_0 = \frac{\Sigma y - (b_1 \cdot \Sigma x)}{n} \tag{3.7}$$

Fórmula alternativa para cálculo

ordenada al origen = *y-barra* – (*pendiente* • *x-barra*)

$$b_0 = \bar{y} - (b_1 \cdot \bar{x}) \tag{3.7a}$$

Ahora considera los datos del ejemplo 3.3 (p. 127) y la cuestión de predecir el número de abdominales de un estudiante con base en el número de flexiones. Se quiere encontrar la recta de mejor ajuste, $\hat{y} = b_0 + b_1x$. Los cálculos preliminares ya se completaron en la tabla 3.12 (p. 138). Para calcular la pendiente, b_1, con la fórmula (3.6), recuerda que SS(xy) = 919.0 y SS(x) = 1 396.9. Por tanto,

$$\text{pendiente:}\quad b_1 = \frac{SS(xy)}{SS(x)} = \frac{919.0}{1\,396.9} = 0.6579 = \mathbf{0.66}$$

Para calcular la ordenada al origen, b_0, con la fórmula (3.7), recuerda que $\Sigma x = 351$ y $\Sigma y = 380$, a partir de la tabla de extensiones. Se tiene

$$\text{ordenada al origen:}\quad b_0 = \frac{\Sigma y - (b_1 \cdot \Sigma x)}{n} = \frac{380 - (0.6579)(351)}{10}$$

$$= \frac{380 - 230.9229}{10} = 14.9077 = \mathbf{14.9}$$

Al colocar los dos valores recién encontrados en el modelo $\hat{y} = b_0 + b_1x$, se obtiene la ecuación de la recta de mejor ajuste:

$$\hat{y} = \mathbf{14.9 + 0.66}x$$

Tutorial animado disponible; ingresa y aprende más en cengagebrain.com

Notas:

1. Recuerda conservar al menos tres lugares decimales adicionales mientras realizas los cálculos, para asegurar una respuesta precisa.
2. Cuando redondees los valores calculados de b_0 y b_1, siempre conserva al menos dos dígitos significativos en la respuesta final.

Ahora que conoces la ecuación para la recta de mejor ajuste, dibuja la recta sobre el diagrama de dispersión, de modo que puedas ver la relación entre la recta y los datos. Necesitas dos puntos con la finalidad de dibujar la línea sobre el diagrama. Selecciona dos valores x convenientes, uno cerca de cada extremo del dominio ($x = 10$ y $x = 60$ son buenas opciones para esta ilustración) y encuentra sus correspondientes valores y.

Para $x = 10$: $\hat{y} = 14.9 + 0.66x = 14.9 + 0.66(10) = 21.5$; **(10, 21.5)**
Para $x = 60$: $\hat{y} = 14.9 + 0.66x = 14.9 + 0.66(60) = 54.5$; **(60, 54.5)**

Entonces, estos dos puntos, (10, 21.5) y (60, 54.5), se ubican sobre el diagrama de dispersión (se usa una + azul oscuro para distinguirlos de los puntos de datos) y se dibuja la recta de mejor ajuste (que se muestra en azul claro en la figura 3.24).

FIGURA 3.24
Recta de mejor ajuste para flexiones frente a abdominales

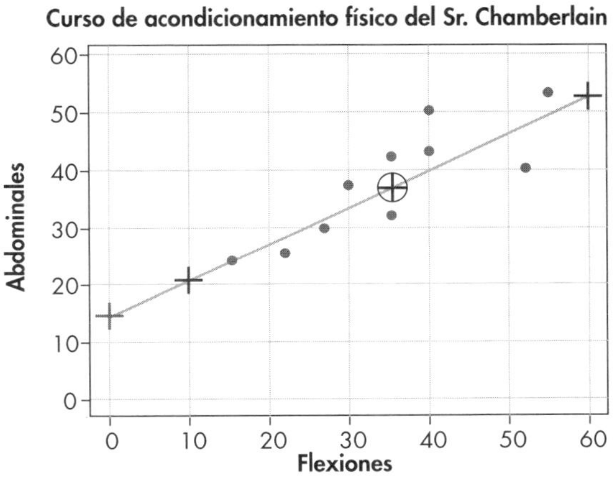

Existen algunos hechos adicionales acerca del método de mínimos cuadrados que es necesario discutir.

1. La pendiente, b_1, representa el cambio predicho en y por aumento unitario en x. En el ejemplo, donde $b_1 = 0.66$, si un estudiante puede hacer 10 flexiones (x) adicionales, se predice que sería capaz de hacer aproximadamente 7 (0.66×10) flexiones (y) adicionales.
2. La ordenada al origen es el valor de y donde la recta de mejor ajuste interseca el eje y. (Cuando la escala vertical se ubica por arriba de $x = 0$, la ordenada al origen se ve fácilmente en el diagrama de dispersión, que se muestra como una + azul medio en la figura 3.24.) Sin embargo, primero, al interpretar b_0, debes considerar si $x = 0$ es un valor x realista antes de poder concluir que predecirías $\hat{y} = b_0$ si $x = 0$. Predecir que, si un estudiante no hace flexiones, todavía haría aproximadamente 15 abdominales ($b_0 = 14.9$), probablemente es incorrecto. Segundo, el valor x de cero puede estar fuera del dominio de los datos sobre los que se basa la recta de regresión. Para predecir y con base en un valor x, comprueba para asegurarte que el valor x está dentro del dominio de los valores x observados.
3. La recta de mejor ajuste siempre pasará a través del *centroide*, el punto $(\bar{x}, \bar{y})$. Cuando dibujes la recta de mejor ajuste sobre tu diagrama de dispersión, usa este punto como comprobación. Para esta ilustración,

$$\bar{x} = \frac{\Sigma x}{n} = \frac{351}{10} = 35.1, \qquad \bar{y} = \frac{\Sigma y}{n} = \frac{380}{10} = 38.0$$

Se ve que la recta de mejor ajuste pasa a través de $(\bar{x}, \bar{y}) = (35.1, 38.0)$, como se muestra con el símbolo ⊕ de la figura 3.24.

Ahora trabaja a través de otro ejemplo para clarificar los pasos involucrados en el análisis de regresión.

EJEMPLO 3.7

CÓMO CALCULAR LA ECUACIÓN DE LA RECTA DE MEJOR AJUSTE

En una muestra aleatoria de ocho mujeres universitarias, a cada mujer se le preguntó su estatura (a la pulgada más cercana) y su peso (a las 5 libras más cercanas). Los datos obtenidos se muestran en la tabla 3.14. Encuentra una ecuación para predecir el peso de una mujer universitaria con base en su estatura (la ecuación de la recta de mejor ajuste) y dibújala sobre el diagrama de dispersión en la figura 3.25.

TABLA 3.14 Estaturas y pesos de mujeres universitarias [TA03-14]

	1	2	3	4	5	6	7	8
Estatura, x	65	65	62	67	69	65	61	67
Peso, y	105	125	110	120	140	135	95	130

Solución

Antes de comenzar a encontrar la ecuación para la recta de mejor ajuste, con frecuencia es útil dibujar el diagrama de dispersión, que ofrece comprensión visual a la relación entre las dos variables. El diagrama de dispersión para los datos acerca de las estaturas y pesos de mujeres universitarias, que se muestra en la figura 3.25, indica que el modelo lineal es apropiado.

FIGURA 3.25
Diagrama de dispersión

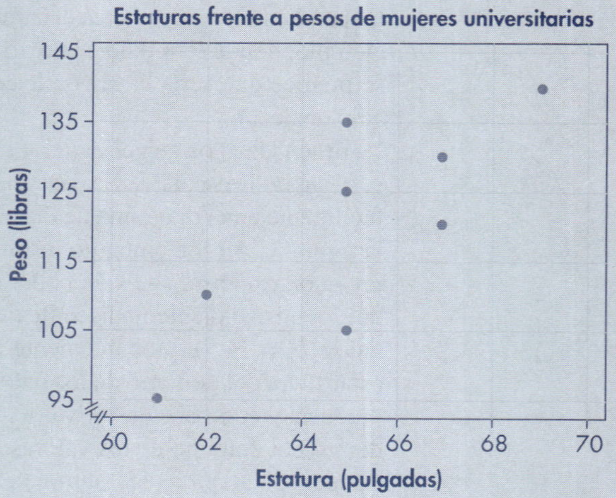

Para encontrar la ecuación para la recta de mejor ajuste, primero necesitas completar los cálculos preliminares, como se muestra en la tabla 3.15. Los otros cálculos preliminares incluyen encontrar SS(x) de la fórmula (2.8) y SS(xy) de la fórmula (3.4):

TABLA 3.15 Cálculos preliminares necesarios para encontrar b_1 y b_0

Estudiante	Estatura, x	x^2	Peso, y	xy
1	65	4 225	105	6 825
2	65	4 225	125	8 125
3	62	3 844	110	6 820
4	67	4 489	120	8 040
5	69	4 761	140	9 660
6	65	4 225	135	8 775
7	61	3 721	96	5 795
8	67	4 489	130	8 710
	$\Sigma x = 521$	$\Sigma x^2 = 33\,979$	$\Sigma y = 960$	$\Sigma xy = 62\,750$

$$SS(x) = \Sigma x^2 - \frac{(\Sigma x^2)}{n} = 33\,979 - \frac{(521)^2}{8} = 48.875$$

$$SS(xy) = \Sigma xy - \frac{\Sigma x \Sigma y}{n} = 62\,750 - \frac{(521)(960)}{8} = 230.0$$

Segundo, necesitas encontrar la pendiente y la ordenada al origen con las fórmulas (3.6) y (3.7):

$$\text{pendiente:} \quad b_1 = \frac{SS(xy)}{SS(x)} = \frac{230.0}{48.875} = 4.706 = \mathbf{4.71}$$

$$\text{ordenada al origen:} \quad b_0 = \frac{\Sigma y - (b_1 \cdot \Sigma x)}{n} = \frac{960 - (4.706)(521)}{8} = -186.478 = \mathbf{-186.5}$$

Por tanto, la ecuación de la recta de mejor ajuste es $\hat{y} = \mathbf{-186.5 + 4.71x}$.

Para dibujar la recta de mejor ajuste sobre el diagrama de dispersión, necesitas ubicar dos puntos. Sustituye dos valores para x (por ejemplo, 60 y 70) en la ecuación para la recta de mejor ajuste para obtener dos valores correspondientes para $\hat{y}$:

$$\hat{y} = -186.5 + 4.71x = -186.5 + (4.71)(60) = -186.5 + 282.6 = 96.1 \approx 96$$
$$\hat{y} = -186.5 + 4.71x = -186.5 + (4.71)(70) = -186.5 + 329.7 = 143.2 \approx 143$$

Los valores (60, 96) y (70, 143) representan dos puntos (designados mediante una + azul claro en la figura 3.26) que te permiten dibujar la recta de mejor ajuste.

FIGURA 3.26
Diagrama de dispersión con la recta de mejor ajuste

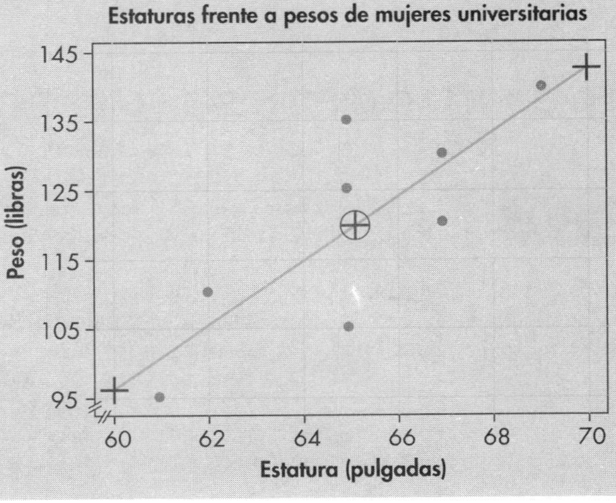

Nota: en la figura 3.26, $(\bar{x}, \bar{y})$ = (65.1, 120) también está sobre la recta de mejor ajuste. Se señala con el símbolo ⊕ . Usa $(\bar{x}, \bar{y})$ como comprobación de tu trabajo.

¿SABÍAS QUE...?

Una recta de regresión

En la Exposición Internacional de Londres, 1884, sir Francis Galton montó un laboratorio en el que pagó a las personas 3 peniques por medir sus cabezas. Galton estaba interesado en predecir la inteligencia humana y daría a la persona que le pagaba su opinión acerca de su inteligencia. Después de la exposición, el laboratorio se mudó al Museo de Londres, donde Galton siguió recolectando datos acerca de características humanas, como estatura, peso y fuerza. Galton elaboró gráficas de dos factores de estaturas para padres e hijos, que eventualmente condujeron a la pendiente de la recta de regresión.

Realización de predicciones

Una de las principales razones para encontrar una ecuación de regresión es realizar predicciones. Una vez establecida una relación lineal y conocido el valor de la variable de entrada x, puedes predecir un valor de y, $\hat{y}$. Considera la ecuación $\hat{y} = -186.5 + 4.71x$ que relaciona la estatura y el peso de las mujeres universitarias. Si una estudiante universitaria particular mide 66 pulgadas de alto, ¿cuál predices que será su peso? El valor predicho es

$$\hat{y} = -186.5 + 4.71x = -186.5 + (4.71)(66) = -186.5 + 310.86$$
$$= 124.36 \approx 124 \text{ lb}$$

No debes esperar que este valor predicho ocurra con exactitud; más bien, se trata del peso promedio que esperarías para todas las estudiantes universitarias que miden 66 pulgadas de alto.

Cuando realices predicciones con base en la recta de mejor ajuste, observa las siguientes restricciones:

1. La ecuación debe usarse para realizar predicciones solamente acerca de la población de la que se tomó la muestra. Por ejemplo, usar la relación entre la estatura y el peso de las mujeres universitarias para predecir el peso de atletas profesionales dada su estatura sería cuestionable.
2. La ecuación debe usarse solamente dentro del dominio muestral de la variable de entrada. Se sabe que los datos demuestran una tendencia lineal dentro del dominio de los datos x, pero no se sabe cuál es la tendencia afuera de este intervalo. Por tanto, las predicciones pueden ser muy peligrosas afuera del dominio de los datos x. Por ejemplo, en el ejemplo 3.7 no tiene sentido predecir que una mujer universitaria de estatura cero pesará –186.5 libras. No uses una estatura afuera del dominio muestral de 61 a 69 pulgadas para predecir peso. En alguna ocasión tal vez quieras usar la recta de mejor ajuste para estimar valores afuera del intervalo de dominio de la muestra. Puedes hacer esto, pero debes hacerlo con precaución y sólo para valores cercanos al intervalo de dominio.
3. Si la muestra se tomó en 2010, no esperes que los resultados sean válidos en 1929 o se sostengan en 2020. Las mujeres de hoy pueden ser diferentes de las mujeres de 1929 y a las de 2020.

INSTRUCCIONES DE TECNOLOGÍA: RECTA DE MEJOR AJUSTE

MINITAB

Escribe los valores x en C1 y los correspondientes valores y en C2; luego, para obtener la ecuación para la recta de mejor ajuste, continúa con:

Method 1–

Elige: **Stat > Regression > Regression . . .**
Escribe: Respuesta (y): **C2**
Predictors (x): **C1 > OK**

Para dibujar el diagrama de dispersión con la recta de mejor ajuste superpuesta sobre los puntos de datos, continúa con:

Elige: **Graph > Scatterplot**
Selecciona: **With Regression > OK**
Escribe: Y variable: **C2** X variable: **C1**
Selecciona: **Labels > Titles / Footnotes**
Escribe: Título: **tu título > OK > OK**

O
Método 2:

Elige: **Stat > Regression > Fitted Line Plot**
Escribe: Respuesta (Y): **C2**
Respuesta (X): **C1**
Selecciona: **Linear**
Selecciona: **Options**
Escribe: Título: **tu título > OK > OK**

Excel

Escribe los datos de la variable *x* en la columna A y los correspondientes datos de la variable *y* en la columna B; después continúa con:

Elige: **Data > Data Analysis* > Regression > OK**
Escribe: Rango entrada Y: **(B1:B10 o selecciona celdas)**
Rango entrada X: **(A1:A10 o selecciona celdas)**
Selecciona: **Labels** (si es necesario)
Output Range
Escribe: **(C1 o selecciona celdas)**
Line Fits Plots > OK

Para hacer legible la salida, continúa con:

Elige: **Home > Cells > Format > AutoFit Column Width**

Para formar la ecuación de regresión, la ordenada al origen se ubica en la intersección de la ordenada y las columnas de coeficientes, mientras que la pendiente se ubica en la intersección de la variable *x* y las columnas de coeficientes.

Para dibujar la recta de mejor ajuste sobre el diagrama de dispersión, activa el gráfico; después continúa con:

Elige: **Chart Tools > Layout > Analysis – Trendline > Linear Trendline**
O
Elige: **Chart Tools > Design > Chart Layouts – Layout 9**

(Este comando también funciona con los comandos Excel del diagrama de dispersión de las pp. 129-130).

*Si Data Analysis no se muestra en el menú Data, consulta la página 53.

TI-83/84 Plus

Escribe los datos de la variable *x* en L1 y los correspondientes datos de la variable *y* en L2; después continúa con:
Si sólo quieres la ecuación:

Elige: **STAT > CALC > 8: LinReg(a + bx)**
Escribe: **L1, L2***

*Si quieres la ecuación y la gráfica sobre el diagrama de dispersión, usa:

Escribe: **L1, L2, Y1**†

después continúa con los mismos comandos para un diagrama de dispersión, como se muestra en la página 130.

†Para ingresar Y1, usa:

Elige: **VARS > Y- VARS > 1: Function > 1: Y1 > ENTER**

Para comprender la recta de mejor ajuste

El siguiente método creará: 1) un significado visual para la recta de mejor ajuste, 2) un significado visual para lo que describe la línea de mejor ajuste y 3) una estimación para la pendiente y la ordenada al origen de la recta de mejor ajuste. Como con la aproximación de r, las estimaciones de la pendiente y la ordenada al origen de la recta de mejor ajuste deben usarse solamente como una estimación mental o comprobación.

Nota: esta técnica de estimación no sustituye los cálculos para b_1 y b_0.

Procedimiento

1. Sobre el diagrama de dispersión de los datos, dibuja la línea recta que parece ser la recta de mejor ajuste. (*Sugerencia:* si dibujas una recta paralela y a la mitad entre los dos lápices descritos en la sección 3.2 de la página 139 [figura 3.13], tendrás una estimación razonable para la recta de mejor ajuste.) Los dos lápices señalan la "trayectoria" mostrada por los pares ordenados y la recta bajo el centro de esta trayectoria estima la recta de mejor ajuste. La figura 3.27 muestra los lápices y la recta estimada resultante para el ejemplo 3.7.

FIGURA 3.27
Estimación de la recta de mejor ajuste para los datos de mujeres universitarias

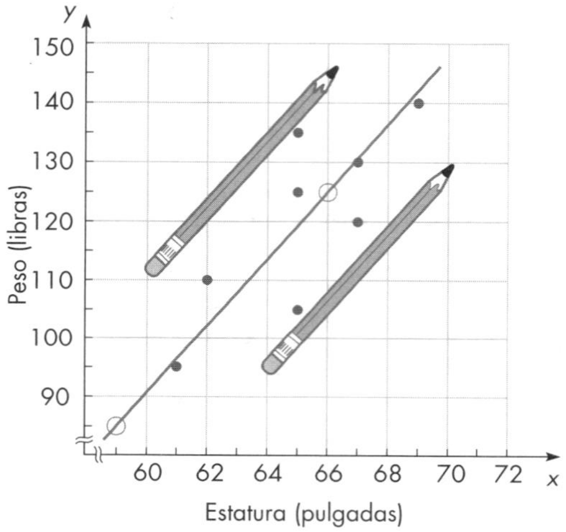

2. Esta recta puede usarse ahora para aproximar la ecuación. Primero, ubica cualesquiera dos puntos (x_1, y_1) y (x_2, y_2) a lo largo de la recta y determina sus coordenadas. Dos de tales puntos, encerrados en círculos en la figura 3.27, tienen las coordenadas (59, 85) y (66, 125). Estos dos pares de coordenadas pueden usarse ahora en la siguiente fórmula para estimar la pendiente b_1:

$$\text{estimación de la pendiente, } b_1\text{:}\quad b_1 \approx \frac{y_2 - y_1}{x_2 - x_1} = \frac{125 - 85}{66 - 59} = \frac{40}{7} = 5.7$$

3. Con este resultado, las coordenadas de uno de los puntos y la fórmula siguiente, puedes determinar una estimación para la ordenada al origen, b_0:

   estimación de la ordenada al origen, b_0:

$$b_0 \approx y - b_1 \cdot x = 85 - (5.7)(59) = 85 - 336.3 = -251.3$$

   Por tanto, b_0 es aproximadamente -250.

4. Ahora puedes escribir la ecuación estimada para la recta de mejor ajuste:

$$\hat{y} = -250 + 5.7x$$

Esto debe servir como una estimación rigurosa. La ecuación real calculada con todos los pares ordenados fue $\hat{y} = -186.5 + 4.71x$.

EJEMPLO APLICADO 3.8

VER UNA ERUPCIÓN DE "EL VIEJO FIEL"

© iStockphoto.com/Sascha Burkard

"El Viejo Fiel" tiene erupciones muy constantes durante un corto periodo (1.5 a 5 minutos) regularmente todos los días (cada 35 a 120 minutos) y lo ha hecho desde 1870, cuando comenzaron a conservarse tales registros; de ahí su nombre. No es el más común, no es el más grande, pero es el géiser regular más grande en Yellowstone.

Si tu suerte es como la de muchos y viajas para ver una de dichas famosas erupciones, probablemente llegarás minutos después de que una erupción se haya detenido. ¿Cuándo hará erupción nuevamente? y ¿cuánto tiempo durará?, son preguntas comunes. Lo que en realidad preguntas es: ¿cuánto tengo que esperar para el próximo espectáculo? y ¿valdrá la pena esperar? Dado que "El Viejo Fiel" es uno de los géiseres más estudiados, los guardias del parque pueden predecir la siguiente erupción con razonable precisión (±10 minutos). Sólo pueden predecir la siguiente erupción, así que será mejor que esperes por ahí.

El tiempo hasta la siguiente erupción, el intervalo, se predice con base en la longitud de la erupción anterior, la duración. No es posible predecir el tiempo de ocurrencia para más de una erupción por adelantado. He aquí una tabla que resume el intervalo predicho con base en la duración anterior.

TABLA 3.16

Duración	1.5 min	2.0 min	2.5 min	3.0 min	3.5 min	4.0 min	4.5 min	5.0 min
Intervalo	50 min	57 min	65 min	71 min	76 min	82 min	89 min	95 min

FIGURA 3.28

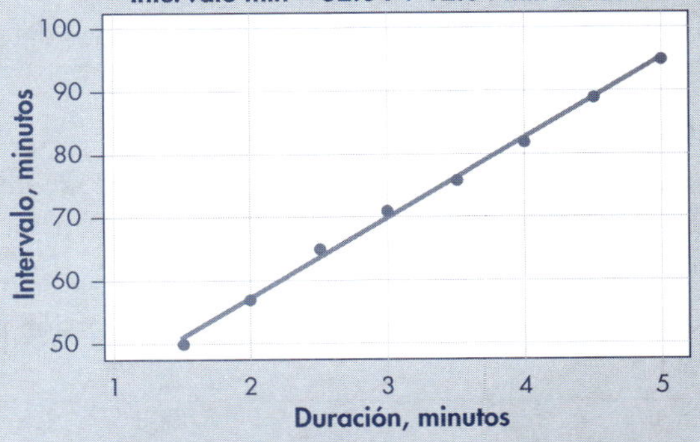

Al observar la tabla parece que el intervalo de tiempo para el siguiente espectáculo aumenta de 5 a 7 minutos para cada medio minuto adicional de erupción. La información de la tabla también se puede observar sobre el diagrama de dispersión con la recta de mejor ajuste. La pendiente para la recta de mejor ajuste es 12.64, lo que implica que cada minuto adicional de erupción resulta en unos 12.6 minutos adicionales de tiempo de espera para la siguiente erupción, o aproximadamente 6.3 minutos por cada medio minuto de erupción, como en la información dada.

Los pares ordenados de la tabla 3.16 y sobre el diagrama de dispersión, figura 3.28, no son valores de datos; son el resultado de un efecto de promediado pues se resumieron cientos de valores registrados. Los datos de "El Viejo

Fiel" no resultarán en puntos exactamente distribuidos a lo largo de la recta de mejor ajuste como los que se muestran en la figura 3.28; en vez de ello, mostrarán una cantidad sustancial de variabilidad.

La tabla 3.17 contiene datos recolectados por un visitante durante un fin de semana. Están ordenados en orden secuencial.

¿SABÍAS QUE..?

Yellowstone contiene aproximadamente la mitad de las particularidades hidrotérmicas del mundo. En el parque existen más de 10 000 particularidades hidrotérmicas, incluidos más de 300 géiseres.

TABLA 3.17

Duración, min	1.7	1.9	2.0	2.3	3.1	3.4	3.5	4.0	4.3	4.5	4.7	4.9
Intervalo, min	55	49	51	53	57	75	80	76	84	76	93	76

Los 12 tiempos de duración e intervalo que se citan en la tabla 3.17 y se muestran en la figura 3.29, ofrecen una impresión diferente de la de los ocho puntos mencionados en la tabla 3.16 de la página anterior. Dichos datos parecen más realistas, con puntos dispersos arriba y abajo de la recta de mejor ajuste. Una comparación de las dos rectas de mejor ajuste muestra resultados muy similares.

FIGURA 3.29

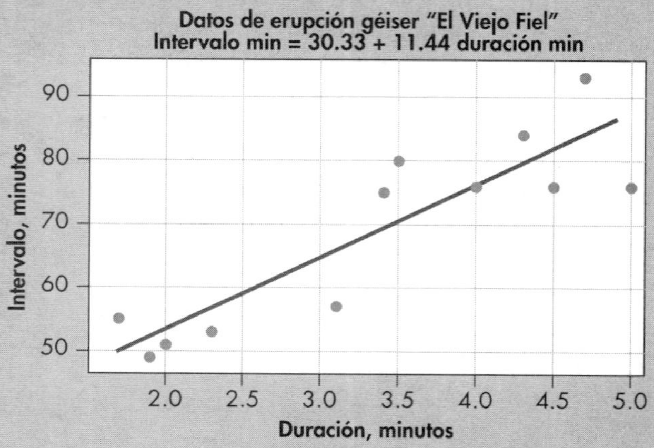

EJERCICIOS SECCIÓN 3.3

3.51 Dibuja un diagrama de dispersión para estos datos:

x	1	2.5	3	4	5	1.5
y	1.5	2.2	3.5	3	4	2.5

¿Tendrías justificación para usar las técnicas de regresión lineal sobre dichos datos para encontrar la recta de mejor ajuste? Explica.

3.52 [EX03-052] Dibuja un diagrama de dispersión para estos datos:

x	2	12	4	6	9	4	11	3	10	11	3	1	13	12	14	7	2	8
y	4	8	10	9	10	8	8	5	10	9	8	3	9	8	8	11	6	9

¿Tendrías justificación para usar las técnicas de regresión lineal sobre dichos datos para encontrar la recta de mejor ajuste? Explica.

3.53 [EX03-053] La Oficina del Niño del Departamento de Salud y Servicios Humanos de Estados Unidos tiene una labor monumental. En 2006, 510 000 niños estuvieron en cuidado sustituto. De ellos, aproximadamente 303 000 entraron durante el año 2006 (1/10/05-20/9/06). La siguiente tabla menciona las edades de los niños que entraron a cuidado sustituto durante el año 2006 y el número en cada grupo de edad.

Edad	Número	Edad	Número	Edad	Número
0	47 536	7	12 380	14	18 981
1	20 646	8	11 312	15	22 729
2	18 234	9	10 649	16	21 062
3	16 145	10	10 136	17	12 829
4	14 919	11	10 316	18	702
5	14 159	12	11 910	19	154
6	13 196	13	14 944	20	62

Fuente: U.S. Department of Health and Human Services

a. Construye un diagrama de dispersión de las edades cuando los niños entraron a cuidado sustituto, x y el número de niños en cada grupo de edad, y.

b. ¿Qué crees que provoque el inusual patrón que se muestra en el diagrama de dispersión?

c. ¿Parece que estas dos variables están correlacionadas?

d. ¿Estás justificado para usar las técnicas de la regresión lineal sobre estos datos? Explica.

e. ¿Existen grupos de edades particulares donde las técnicas de la regresión lineal puedan estar justificadas?

3.54 Las fórmulas para encontrar la pendiente y la ordenada al origen de la recta de mejor ajuste usa tanto sumatorias, Σ, como sumas de cuadrados, SS( ). Es importante conocer la diferencia. Con referencia al ejemplo 3.5 (p. 138):

a. Encuentra tres pares de valores: Σx^2, SS(x); Σy^2, SS(y) y Σxy, SS(xy).

b. Explica la diferencia entre los números para cada par de números.

3.55 ¿Rinde frutos estudiar para un examen? El número de horas estudiadas, x, se compara con la calificación recibida en el examen, y:

x	2	5	1	4	2
y	80	80	70	90	60

a. Encuentra la ecuación para la recta de mejor ajuste.

b. Dibuja la recta de mejor ajuste sobre el diagrama de dispersión de los datos dibujados en el ejercicio 3.15 (p. 133).

c. Con base en lo que ves en tus respuestas a los incisos a y b, ¿rinde frutos estudiar para un examen? Explica.

3.56 [EX03-056] ¿Cuán vieja es mi lubina? ¿Alguna vez te has preguntado la edad de la lubina que acabas de pescar? Mide a tu lubina desde el hocico hasta la punta de la cola. Las siguientes son edades promedio para longitud de lubina negra y lubina boca pequeña en el estado de Nueva York.

Longitud (pulg)	Edad lubina boca pequeña (años)	Edad lubina negra (años)
8	2	2
9	2	2
10	3	3
11	4	4
12	4	4
13	5	5
14	5	6
15	6	6
16	7	7
17	7	8
18	8	8
19	8	9
20	9	10
21	10	10
22	10	11

Fuente: New York Freshwater Fishing, 2008-2009 *Official Regulations Guide*

a. Examina los datos y encuentra un patrón aproximado para aumento de edad por longitud en pulgadas para cada tipo de pez.

b. Construye un diagrama de dispersión para las lubinas boca pequeña y negra sobre la misma gráfica.

c. ¿Los puntos para ambos peces parecen seguir una línea recta? Explica.

d. ¿Los puntos para ambos peces siguen la misma línea? Explica.

e. Calcula ambas rectas de mejor ajuste.

3.57 Los valores de x usados para encontrar puntos para graficar la recta $\hat{y} = 14.9 + 0.66x$ en la figura 3.24 (p. 149) son arbitrarios. Supón que eliges usar $x = 20$ y $x = 50$.

a. ¿Cuáles son los correspondientes valores $\hat{y}$?

b. Ubica estos dos puntos sobre la figura 3.24. ¿Estos puntos están sobre la línea de mejor ajuste? Explica por qué sí o por qué no.

3.58 Si a todos los estudiantes del curso de acondicionamiento físico del Sr. Chamberlain de la página 127, que pueden hacer 40 flexiones, se les pide hacer tantas abdominales como sea posible:

a. ¿Cuántas abdominales esperas que pueda hacer cada uno?

b. ¿Podrán hacer el mismo número?

c. Explica el significado de la respuesta al inciso a.

3.59 [EX03-045] ¿Cuál es la relación entre los carbohidratos consumidos y la energía liberada en una bebida deportiva? Usa los datos de bebida deportiva mencionados en el ejercicio 3.45 de la página 144 para investigar la relación.

a. En el ejercicio 3.45, se dibujó un diagrama de dispersión con x = carbs/porción y y = energía/porción. Revisa el diagrama de dispersión (si no lo dibujaste antes, hazlo ahora) y describe por qué crees que hay o no hay una relación lineal.

b. Encuentra la ecuación para la recta de mejor ajuste.

c. Con la ecuación que encontraste en el inciso b, estima la cantidad de energía que uno puede esperar obtener al consumir 40 gramos de carbohidratos.

d. Con la ecuación que encontraste en el inciso b, estima la cantidad de energía que uno puede esperar obtener al consumir 65 gramos de carbohidratos.

3.60 Con referencia al ejemplo aplicado 3.8 (p. 155):

a. Explica (en 25 palabras o más) qué crees que dice el enunciado: "Los pares ordenados de la tabla 3.16 y sobre el diagrama de dispersión, figura 3.28, no son valores de datos; son el resultado de un efecto de promediado, pues se resumieron cientos de valores registrados".

b. Con la ecuación que se muestra en la figura 3.28, ¿cuál es el intervalo anticipado hasta la siguiente erupción después de una erupción de 4.0 minutos?

(continúa en la página 158)

c. Con la ecuación que se muestra en la figura 3.29, ¿cuál es el intervalo anticipado hasta la siguiente erupción después de una erupción de 4.0 minutos?

d. Las dos ecuaciones dan como resultado aproximadamente el mismo tiempo de espera anticipado para la siguiente erupción. ¿Verdadero o falso? Explica tu respuesta.

3.61 A. J. usó regresión lineal para ayudarse a entender su factura telefónica mensual. La recta de mejor ajuste fue $\hat{y} = 23.65 + 1.28x$, donde x es el número de llamadas de larga distancia realizadas durante un mes y y es el costo telefónico total por un mes. En términos del número de llamadas de larga distancia y costo:

a. Explica el significado de la ordenada al origen, 23.65.

b. Explica el significado de la pendiente, 1.28.

3.62 Geoff está interesado en comprar una SUV de precio accesible. Se da cuenta de que un automóvil o camión pierden su valor tan pronto como se conducen afuera del lote del vendedor. Geoff usa regresión lineal para obtener un mejor sentido de cómo funciona este declive. La recta de regresión es $\hat{y} = 34.03 - 3.04x$, donde x es la edad del automóvil en años y y es el valor del automóvil ($\times$ \$1 000). En términos de edad y valor:

a. Explica el significado de la ordenada al origen, 34.03.

b. Explica el significado de la pendiente, –3.04.

3.63 Para el ejemplo 3.7 (p. 150) y el diagrama de dispersión en la figura 3.26 de la página 151:

a. Explica cómo puede verse la pendiente de 4.71.

b. Explica por qué la ordenada al origen de –186.5 no puede verse.

3.64 Para cualquier jugador de básquetbol, son de interés el número de puntos anotados por juego y el número de faltas personales cometidas. Los datos tomados para un equipo la temporada pasada resultaron en la ecuación $\hat{y} = 1.122 + 3.394x$, donde x es el número de faltas personales cometidas por juego y y es el número de puntos anotados por juego.

a. Si uno de los jugadores cometió dos faltas en un juego, ¿cuántos puntos esperaría anotar?

b. ¿Cuál es el número promedio de puntos que un jugador puede esperar si comete tres faltas en un juego?

3.65 Se realizó un estudio para investigar la relación entre el costo y (en términos de miles de dólares), por unidad de equipo fabricado y el número de unidades producidas por turno, x. la ecuación resultante para la recta de mejor ajuste fue $\hat{y} = 7.31 - 0.01x$, con x como los valores observados entre 10 y 200. Si un turno de producción tiene programado producir 50 unidades, ¿qué costo predecirías por unidad?

3.66 Se realizó un estudio para investigar la relación entre el precio de reventa, y (en cientos de dólares) y la edad, x (en años), de automóviles estadounidenses de lujo de tamaño mediano. La ecuación de la recta de mejor ajuste se determinó que era $\hat{y} = 185.7 - 21.52x$.

a. Encuentra el valor de reventa de tal automóvil cuando tiene 3 años de antigüedad.

b. Encuentra el valor de reventa de tal automóvil cuando tiene 6 años de antigüedad.

c. ¿Cuál es la reducción anual promedio en el precio de reventa de dichos automóviles?

3.67 La Administración Federal de Autopistas reporta anualmente los impuestos estatales para combustibles. Con base en el más reciente reporte, el importe de recibos, en miles de dólares, puede estimarse con la ecuación: recibos = –5 359 + 0.9956 recaudaciones.

a. Si un estado recaudó \$500 000, ¿de cuánto estimarías fueron los recibos?

b. Si un estado recaudó \$1 000 000, ¿de cuánto estimarías fueron los recibos?

c. Si un estado recaudó \$1 500 000, ¿de cuánto estimarías fueron los recibos?

3.68 Se completó un estudio de los hábitos de dejar propinas de los comensales en restaurantes. Los datos para dos de las variables (x, el importe de la cuenta del restaurante y y, el importe dejado como propina por los clientes) se usaron para construir un diagrama de dispersión.

a. ¿Esperas que las dos variables muestren una relación lineal? Explica.

b. ¿Qué sugiere el diagrama de dispersión acerca de la relación lineal? Explica.

c. ¿Qué valor esperas para la pendiente de la recta de mejor ajuste? Explica.

d. ¿Qué valor esperas para la ordenada al origen de la recta de mejor ajuste? Explica.

Los datos se usan para determinar la ecuación para la recta de mejor ajuste: $\hat{y} = 0.02 + 0.177x$.

e. ¿Qué representa la pendiente de esta recta, cómo se aplica a la situación real? ¿El valor 0.177 tiene sentido? Explica.

f. ¿Qué representa la ordenada al origen de esta recta, cómo se aplica a la situación real? ¿El valor 0.02 tiene sentido? Explica.

g. Si la siguiente cuenta de restaurante fue por \$30, ¿qué predeciría la recta de mejor ajuste para la propina?

h. Con la recta de mejor ajuste, predice la propina para una cuenta de \$31. ¿Cuál es la diferencia entre este importe y el importe en el inciso g para una cuenta de \$30? ¿Esta diferencia tiene sentido? ¿Dónde la ves en la ecuación para la recta de mejor ajuste?

3.69 Considera la figura 3.27 de la página 154. La ordenada al origen de la gráfica es –250, no aproximadamente 80, como puede leerse a partir de la figura. Explica por qué.

3.70 Considera los datos de mujeres universitarias presentados en el ejemplo 3.7 y la recta de mejor ajuste. Cuando se estima la recta de mejor ajuste a partir de un diagrama de dispersión, la selección de los dos puntos (x_1, y_1) y (x_2, y_2) a usar es un poco arbitraria. Cuando se usan diferentes puntos, resultarán valores ligeramente diferentes para b_0 y b_1, pero deben ser aproximadamente iguales.

a. ¿Qué puntos sobre el diagrama de dispersión (figura 3.27, p. 154) se usaron para estimar la pendiente y la ordenada al origen en el ejemplo de la página 150? ¿Cuáles fueron las estimaciones resultantes?

b. Usa los puntos (61, 95) y (67, 130) y encuentra los valores aproximados de pendiente y ordenada al origen.

c. Compara los valores que encontraste en el inciso b con los descritos en el inciso a. ¿Cuán similares son?

d. Compara ambos conjuntos de estimaciones con los valores reales de pendiente y ordenada al origen que encontraste en el ejemplo 3.7 de las páginas 150-151. Dibuja ambas rectas estimadas de mejor ajuste sobre el diagrama de dispersión que se muestra en la figura 3.26. ¿Cuán útiles crees que puedan ser los valores estimados? Explica.

3.71 Phi (Φ = 1.618033988749895...), es simplemente un número irracional como pi (π = 3.14159265358979...), pero con muchas propiedades matemáticas inusuales. Phi es la base para la proporción áurea. (Visita http://goldennumber.net/ para aprender otras interesantes cosas acerca de phi.)

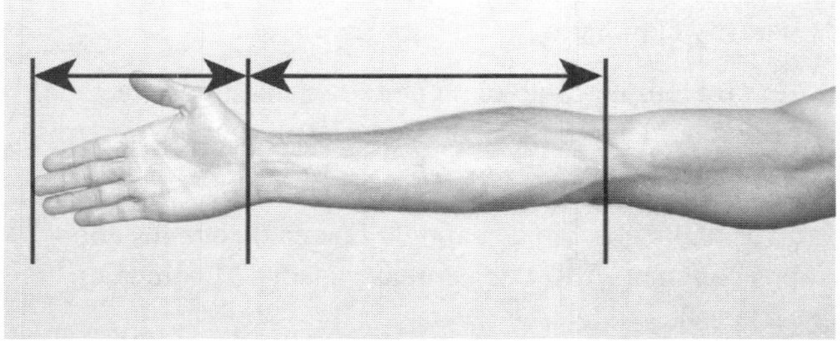

Imagestate/PhotoLibrary

a. Si el brazo de toda persona muestra la proporción áurea exacta, describe la apariencia de un diagrama de dispersión donde se grafiquen la longitud del antebrazo, y, y la longitud de la mano, x.

b. Dado que las proporciones corporales varían de persona a persona, describe la apariencia de un diagrama de dispersión donde se grafiquen la longitud del antebrazo, y, y la longitud de la mano, x, para 25 personas cuyas dos longitudes se midan.

3.72 Otra interesante proporción que usa la longitud del antebrazo de una persona (como se muestra en el ejercicio 3.71) es la proporción de la longitud del antebrazo a la longitud del pie de una persona (en pulgadas). Esta proporción es 1 a 1.

a. Describe la apariencia de un diagrama de dispersión donde se grafiquen la longitud del pie, y, y la longitud del antebrazo, x.

b. ¿Qué valor esperarías para la pendiente de la recta de regresión?

3.73 Recolecta las longitudes del antebrazo (y) y la mano (x) de 15 o más personas y sigue la imagen del ejercicio 3.71.

a. Grafica los datos recopilados como un diagrama de dispersión; asegúrate de etiquetar completamente.

b. Encuentra la ecuación para la recta de mejor ajuste.

c. ¿Cuál es la pendiente? ¿Cómo se compara este valor con phi? Explica las similitudes o diferencias encontradas.

3.74 Recolecta las longitudes del pie (y) y el antebrazo (x) de 15 o más personas.

a. Grafica los datos recopilados como un diagrama de dispersión; asegúrate de etiquetar completamente.

b. Encuentra la ecuación para la recta de mejor ajuste.

c. ¿Cuál es la pendiente? ¿Cómo se compara este valor con tu respuesta al inciso b del ejercicio 3.72? Explica las similitudes o diferencias encontradas.

3.75 [EX03-075] "Ahora más que nunca, un grado importa", de acuerdo con un anuncio publicitario de una universidad al norte de Nueva York publicado en el *Democrat and Chronicle* del 31 de mayo de 2009. Los siguientes estadísticos del U.S. Bureau of Labor Statistics se presentaron como mediana de ganancias semanales usuales.

Nivel de escolaridad	Mediana ganancias semanales usuales	Años de escolaridad
Menos que un diploma de bachillerato	\$453	10
Graduado bachillerato, no universitario	\$618	12
Grado licenciatura	\$1 115	16
Grado avanzado	\$1 287	18

a. Construye un diagrama de dispersión con los años de escolaridad como la variable independiente, x y la mediana de las ganancias semanales usuales como la variable dependiente, y.

b. ¿Parece haber una relación lineal? ¿Por qué?

c. Calcula el coeficiente de correlación lineal.

d. ¿El valor de r parece razonable en comparación con el patrón demostrado en el diagrama de dispersión? Explica.

e. Encuentra la ecuación de la recta de mejor ajuste.

(continúa en la página 160)

f. Interpreta la pendiente de la ecuación.

g. Grafica la línea de mejor ajuste sobre el diagrama de dispersión.

h. ¿Cuál es la ordenada al origen para la ecuación? Interpreta su significado en esta aplicación.

3.76 [EX03-076] El consumo estadounidense per cápita de agua embotellada creció de manera continua desde 1997, en más de 1 galón al año.

a. Inspecciona los datos en la siguiente tabla y explica cómo los datos muestran crecimiento de más de 1 galón al año.

b. Construye un diagrama de dispersión con años después de 1997, x y consumo, y.

c. Encuentra la ecuación de la recta de mejor ajuste.

d. Explica cómo la ecuación en el inciso c muestra que el consumo anual creció de manera sostenida durante 10 años a una tasa de más de 1 galón por año. Sé específico.

3.77 [EX03-077] El agua embotellada es un gran negocio en Estados Unidos y también en todo el mundo. A continuación se proporciona números anuales que indican cuán grande es el mercado estadounidense de agua embotellada (el volumen está en galones y los ingresos del productor en dólares estadounidenses).

2000-2008 (proyección)

Año	Millones de galones	Millones de dólares
2000	4 725.10	$6 113.00
2001	5 185.30	$6 880.60
2002	5 795.70	$7 901.40
2003	6 269.80	$8 526.40
2004	6 806.70	$9 169.50
2005	7 538.90	$10 007.40
2006	8 253.50	$10 857.80
2007	8 823.00	$11 705.90
2008	9 418.00	$12 573.50

Fuente: Beverage Marketing Corporation

a. Inspecciona los datos en la tabla y explica cómo los números muestran gran y sostenido crecimiento anual.

b. Construye un diagrama de dispersión con galones, x y dólares, y.

c. ¿El diagrama de dispersión muestra el mismo crecimiento estable que se estudió en el inciso a? Explica cualquier diferencia.

d. Encuentra la ecuación para la recta de mejor ajuste.

e. ¿Qué representa la pendiente que encontraste en el inciso d?

3.78 [EX03-078] Los equipos de béisbol ganan y pierden juegos. Muchos fanáticos creen que el promedio de carreras limpias permitidas (ERA) de un equipo tiene un gran efecto sobre los ganados de dicho equipo. Durante la temporada 2008, los 30 equipos de la Major League Baseball registraron los siguientes números de ganados mientras generaban dichos promedios de carreras limpias permitidas:

Ganados	ERA	Ganados	ERA	Ganados	ERA
89	4.07	92	3.88	89	4.28
88	4.16	84	3.68	72	4.46
63	4.41	86	3.49	81	4.45
89	4.06	95	4.01	84	4.43
97	3.82	74	4.77	61	4.73
90	3.85	75	4.48	75	4.01
67	5.08	74	4.90	82	3.98
86	4.19	74	4.55	59	4.66
100	3.99	72	4.38	86	4.36
97	3.87	79	5.37	68	5.13

Fuente: http://mlb.mlb.com

a. ¿Qué piensas: los equipos con los mejores ERA tienen más ganados? (Mientras más bajo sea el ERA, menos carreras limpias anotó el otro equipo.)

b. Si esto es verdadero, ¿cómo se verá el patrón sobre el diagrama de dispersión? Sé específico.

c. Construye un diagrama de dispersión de dichos datos.

d. ¿El diagrama de dispersión sugiere que los equipos tienden a ganar más juegos cuando el ERA de su equipo es más bajo? Explica cómo sí o cómo no.

e. Calcula la ecuación para la recta de mejor ajuste con ERA para x y el número de ganados para y.

f. En promedio, ¿cómo el número de ganados es afectado por un aumento de 1 en el ERA? Explica cómo determinaste este número.

g. ¿Tus hallazgos parecen apoyar la idea de que los equipos con mejor ERA tienen más ganados? Justifica tu respuesta.

3.79 [EX03-079] Considera el dicho "constrúyelo y ellos vendrán". Este notable dicho de una película puede muy bien aplicarse a los centros comerciales. Sólo asegúrate de que,

Tabla para el ejercicio 3.76

Año	1997	1998	1999	2000	2001	2002	2003	2004	2005	2006	2007
Años después de 1997	0	1	2	3	4	5	6	7	8	9	10
Galones per cápita	13.5	14.7	16.2	16.7	18.2	20.1	21.6	23.2	25.4	27.6	29.3

Fuente: Beverage Marketing Corporation

cuando lo construyas, no sólo haya espacio para el centro comercial, sino también para quienes vendrán y por tanto incluye suficiente espacio para estacionamiento. Considera la muestra aleatoria de los grandes centros comerciales en Irvine, California.

Pies cuadrados	Espacios estacionamiento	Número de tiendas
270 987	3 128	65
258 761	1 500	43
1 600 350	8 572	120
210 743	793	59
880 000	7 100	95
2 700 000	15 000	300

a. Dibuja un diagrama de dispersión con "espacios estacionamiento" como la variable dependiente, y, y "pies cuadrados" como la variable independiente, x. (*Sugerencia:* usa miles de pies cuadrados.)

b. ¿El diagrama de dispersión del inciso a sugiere que será útil una regresión lineal? Explica.

c. Calcula la ecuación para la recta de mejor ajuste.

d. Dibuja la recta de mejor ajuste sobre el diagrama de dispersión que obtuviste en el inciso a. Explica el papel de una pendiente positiva para este par de variables.

e. ¿Ves una potencial variable de confusión? Explica su posible papel.

f. Dibuja un diagrama de dispersión con "espacios de estacionamiento" como la variable dependiente, y, y "número de tiendas" como la variable independiente, x.

g. ¿El diagrama de dispersión en el inciso e sugiere que será útil una regresión lineal? Explica.

h. Calcula la ecuación para la recta de mejor ajuste.

i. Dibuja la recta de mejor ajuste sobre el diagrama de dispersión que obtuviste en el inciso e.

j. ¿Ves una potencial variable oculta? Explica su posible papel.

k. Dibuja un diagrama de dispersión con "número de tiendas" como la variable dependiente, y, y "pies cuadrados" como la variable predictora, x.

l. ¿El diagrama de dispersión en el inciso k sugiere que será útil una regresión lineal? Explica.

m. Calcula la ecuación para la recta de mejor ajuste.

n. Dibuja la recta de mejor ajuste sobre el diagrama de dispersión que obtuviste en el inciso k.

3.80 [EX03-080] La regla empírica dada es que las mascotas envejecen siete veces más rápido que las personas. Las mascotas más comunes son perros y gatos.

a. Considera los siguientes datos acerca de edades de gato frente a edades humanas. ¿Existe una relación entre edades de gato y edades humanas? Comenta acerca de la fuerza. Calcula la ecuación para la recta de mejor ajuste. ¿Cuál es la tasa promedio de cambio para gatos?

b. Considera los siguientes datos acerca de edades de perro frente a edades humanas. ¿Existe una relación entre las edades de perros y las edades humanas? Comenta acerca de la fuerza. Calcula la ecuación para la recta de mejor ajuste. ¿Cuál es la tasa promedio de cambio para perros?

c. Hacia los 7 años de edad, la mayoría de los perros, en particular las razas más grandes, entran a los años de vejez. ¿Los datos apoyan esta afirmación? ¿Por qué y cómo?

Edad humana	Edad gato	Edad humana	Edad perro
23	1	14	1
35	2	23	2
40	3	29	3
45	4	34	4
47	5	38	5
50	6	41	6
53	7	47	7
56	8	50	8
59	9	55	9
61	10	60	10
65	11	64	11
69	12	68	12
72	13	74	13
75	14	78	14
78	15	84	15

3.81 La gráfica de la página 162 muestra la relación entre tres variables: número de conductores con licencia, número de vehículos registrados y el tamaño de la población residente en Estados Unidos de 1960 a 2007. Estudia la gráfica y responde las preguntas.

a. ¿Parece razonable que la recta de población y la recta de conductores sean en esencia mutuamente paralelas, con la recta de población arriba de la recta de conductores? Explica qué significa que sean paralelas. ¿Qué significaría si no fueran paralelas?

b. ¿Qué significa que se crucen las rectas de conductores y de vehículos? ¿Cuándo y qué representa el punto de intersección?

c. Explica la relación entre vehículos y conductores antes de 1973.

d. Explica la relación entre vehículos y conductores después de 1973.

e. ¿Predices que los conductores alguna vez sobrepasarán los vehículos después de 2007? ¿Por qué sí o por qué no?

(continúa en la página 162)

f. Con los años 1990 y 2002, estima las pendientes de la recta de vehículos y la recta de conductores. Compara y contrasta las pendientes que encontraste.

Conductores con licencia, vehículos registrados y población residente

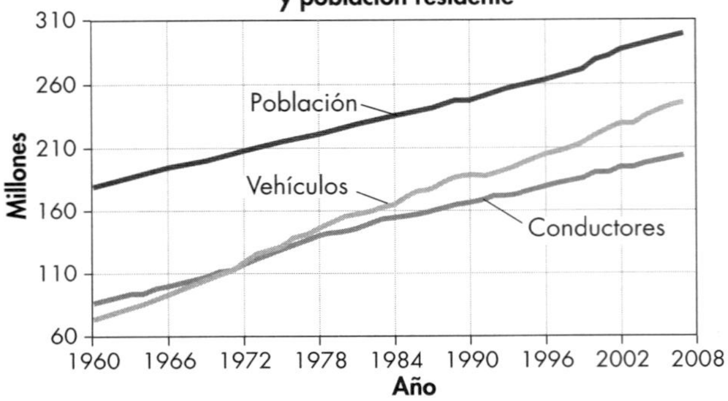

Fuente: U.S. Dept. of Transportation: Federal Highway Administration

3.82 El coeficiente de correlación y la pendiente de la recta de mejor ajuste se relacionan por definición.

a. Verifica esta afirmación.

b. Describe cómo puede verse, en los estadísticos que describen un conjunto de datos particular, la relación entre coeficiente de correlación y pendiente.

c. Demuestra que $b_1 = r(s_y/s_x)$. Comenta acerca de esta relación.

Repaso del capítulo

En retrospectiva

Para resumir lo que acabas de aprender: hay una diferencia distintiva entre el propósito del análisis de regresión y el propósito de la correlación. En el análisis de regresión se busca una relación entre las variables. La ecuación que representa esta relación puede ser la respuesta que se desea o puede ser el medio para la predicción que se desea. En el análisis de correlación se mide la fuerza de la relación lineal entre las dos variables.

Los ejemplos aplicados en el texto muestran varios usos para las técnicas de correlación y regresión. Vale la pena leer de nuevo dichos ejemplos. Cuando los datos bivariados parecen caer a lo largo de una línea recta sobre el diagrama de dispersión, sugieren una relación lineal. Pero esto no es prueba de causa y efecto. Claramente, si un jugador de básquetbol comete muchas faltas, no anotará más puntos. Los jugadores con problemas de faltas "montan el pino" sin posibilidad de anotar. También parece razonable que, mientras más tiempo de juego tengan, más puntos anotarán y más faltas cometerán. Por tanto, existirá una correlación positiva y una regresión positiva entre estas dos variables. Aquí el tiempo es una variable oculta.

En consecuencia, los métodos lineales bivariados estudiados se presentaron como un primer vistazo descriptivo. Por necesidad, más detalles deben esperar hasta que hayas efectuado trabajo de desarrollo adicional. Después de completar este capítulo debes tener una comprensión básica de los datos bivariados, cómo son diferentes de sólo dos conjuntos de datos, cómo se presentan, qué son los análisis de correlación y de regresión y cómo se usa cada uno.

CourseMate El sitio **Statistics CourseMate** para este libro lleva a la vida los temas del capítulo, con herramientas interactivas de aprendizaje, estudio y preparación de exámenes, incluidas preguntas rápidas y tarjetas de estudio para el vocabulario y los conceptos clave que aparecen a continuación. El sitio también ofrece una versión **eBook** del texto, con capacidades de subrayado y toma de notas. A lo largo de los capítulos, el icono CourseMate señala los conceptos y ejemplos que tienen sus correspondientes recursos interactivos como **video** y **tutoriales animados** que demuestran, paso a paso, cómo resolver problemas; conjuntos de datos para ejercicios y ejemplos; **Applets Skillbuilder** para ayudarte a comprender mejor los conceptos; **manuales de tecnología** y software para descargar que incluye **Data Analysis Plus** (una suite de macros estadísticos para Excel) y programas **TI-83/84 Plus**; regístrate en **www.cengagebrain.com**

Vocabulario y conceptos clave

análisis de correlación lineal (p. 136)
análisis de regresión (p. 146)
coeficiente de correlación lineal r (p. 136)
correlación (p. 136)
correlación lineal (p. 136)
correlación negativa (p. 136)
correlación positiva (p. 136)
criterio de mínimos cuadrados (p. 146)
datos bivariados (p. 121)
diagrama de dispersión (p. 127)
ecuación de predicción (p. 146)
fórmula producto-momento de Pearson, r (p. 137)
recta de mejor ajuste (p. 147)
método de mínimos cuadrados (p. 146)
no correlación (p. 136)
ordenada al origen, b_0 (p. 147)
par ordenado (p. 126)
pendiente, b_1 (p. 147)
regresión (p. 146)
relación lineal (p. 146)
relación causa y efecto (p. 140)
tabla de contingencia (p. 121)
tabla cruzada (p. 121)
valor predicho (p. 146)
valor predicho de $\hat{y}$ (p. 147)
variable oculta (p. 140)
variable de entrada (p. 126)
variable de salida (p. 126)
variable dependiente (p. 126)
variable independiente (p. 126)

Resultados del aprendizaje

• Comprender, poder presentar y describir datos en forma de dos variables cualitativas, tanto en formato de tabla de contingencia como en gráficas adecuadas.	EJ. 3.1, pp. 121-123, Ej. 3.85
• Comprender, poder presentar y describir datos en forma de una variable cualitativa y una variable cuantitativa, tanto en formato de tabla como en gráficas adecuadas.	EJ. 3.2, p. 125, Ej. 3.9, 3.10
• Comprender, poder presentar y describir la relación entre dos variables cuantitativas con un diagrama de dispersión.	EJ. 3.3, EjA Ej. 3.4, pp. 127-129 Ej. 3.15
• Comprender y poder explicar una relación lineal.	p. 136
• Calcular, describir e interpretar un coeficiente de correlación.	pp. 136-138, EJ. 3.5, Ej. 3.31
• Calcular, describir e interpretar una recta de mejor ajuste.	EJ. 3.7
• Definir y comprender las diferencias entre correlación y causación.	pp. 140-141, Ej. 3.49, 3.50
• Determinar y explicar posibles variables ocultas y sus efectos sobre una relación lineal.	pp. 140-141, Ej. 3.49, 3.50
• Comprender y poder explicar la pendiente de la recta de mejor ajuste respecto al contexto donde se presenta.	Ej. 3.61, 3.68
• Comprender y poder explicar la ordenada al origen de la recta de mejor ajuste respecto al contexto donde se presenta.	Ej. 3.61, 3.68
• Crear un diagrama de dispersión con la recta de mejor ajuste dibujada sobre él.	Ej. 3.55
• Calcular valores de predicción con base en la recta de mejor ajuste.	p. 152, Ej. 3.66
• Comprender y poder explicar qué son los valores de predicción.	pp. 146, 152
• Comprender que las predicciones deben hacerse sólo para valores dentro del dominio muestral y que debe tener cuidado con valores afuera de dicho dominio.	p. 152

Ejercicios del capítulo

[EX00-000] identifica el nombre de archivo de una base de datos en línea de un ejercicio; disponible a través de cengagebrain.com

3.83 [EX03-083] El miedo al dentista (o a la silla del dentista) es una emoción que sienten muchas personas de todas las edades. Se llevó a cabo una encuesta de 100 individuos en cinco grupos de edad acerca de este miedo y éstos fueron los resultados:

	Elemental	Secundaria	Bachillerato	Universidad	Adulto
Miedo	37	28	25	27	21
No miedo	63	72	75	73	79

a. Encuentra los totales marginales.

b. Expresa las frecuencias como porcentajes del gran total.

c. Expresa las frecuencias como porcentajes de los totales marginales de cada grupo de edad.

(continúa en la página 164)

d. Expresa las frecuencias como porcentajes de quienes tienen miedo y de quienes no tienen miedo.

e. Dibuja una gráfica de barras con base en los grupos de edad.

3.84 Conforme el verano se calienta, los estadounidenses voltean al helado como una forma de enfriarse. Una de las preguntas que se planteó como parte de una Encuesta Harris en julio de 2009 fue: ¿cuál es tu forma favorita de comer helado? El estudio incluyó a 2 177 adultos estadounidenses.

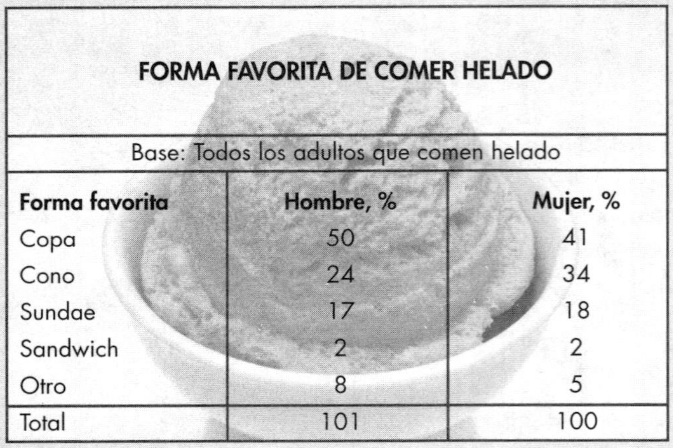

FORMA FAVORITA DE COMER HELADO

Base: Todos los adultos que comen helado

Forma favorita	Hombre, %	Mujer, %
Copa	50	41
Cono	24	34
Sundae	17	18
Sandwich	2	2
Otro	8	5
Total	101	100

Imagen copyright © M. Unal Ozmen. Usada bajo licencia de Shutterstock.com

La gráfica "Forma favorita de comer helado" menciona, en porcentajes, la distribución de las formas en que ambos géneros prefieren comer su helado.

a. Identifica la población, las variables y el tipo de variables.

b. Construye una gráfica de barras que muestre las dos distribuciones lado a lado.

c. ¿Las distribuciones parecen ser diferentes para los géneros? Explica.

3.85 [EX03-085] Seis razas de perros han sido populares en Estados Unidos durante los últimos años. La siguiente tabla presenta las razas junto con el número de registros de cada una llenados por el American Kennel Club en 2004 y 2005:

Razas	2004	2005
Cobrador (Labrador)	146 692	137 867
Cobrador (Dorado)	52 550	48 509
Pastor alemán	46 046	45 014
Sabuesos pequeños	44 555	42 592
Salchichas	40 770	38 566

Fuente: American Kennel Club

a. Se proporciona una tabla cruzada de las dos variables, año (columnas) y raza de perro (filas). Determina los totales marginales.

b. Expresa la tabla de contingencia del inciso a en porcentajes con base en el gran total.

c. Dibuja una gráfica de barras que muestre los resultados del inciso b.

d. Expresa la tabla de contingencia del inciso a en porcentajes con base en los totales marginales para cada año.

e. Dibuja una gráfica de barras que muestre los resultados del inciso d.

3.86 [EX03-086] ¿Cuándo fue la última vez que visitaste a tu médico? Esta pregunta se planteó para la encuesta que se resume en la siguiente tabla.

		Tiempo desde última consulta		
		Menos de 6 meses	6 meses a menos de 1 año	1 año o más
	Menor a 18 años	413	192	295
Edad	28-40	574	208	218
	Mayor a 40	653	288	259

a. Encuentra los totales marginales.

b. Expresa las frecuencias como porcentajes del gran total.

c. Expresa las frecuencias como porcentajes de los totales marginales de cada grupo de edad.

d. Expresa las frecuencias como porcentajes de cada periodo.

e. Dibuja una gráfica de barras con base en el gran total.

3.87 [EX03-087] Parte del control de calidad es seguir la huella de lo que ocurre. La siguiente tabla de contingencias muestra el número de moldes rechazados el mes pasado, categorizados por su causa y el turno de trabajo durante el que ocurrió.

	1er turno	2o turno	3er turno
Arena	87	110	72
Falla	16	17	4
Caída	12	17	16
Centro roto	18	16	33
Roto	17	12	20
Otro	8	18	22

a. Encuentra los totales marginales.

b. Expresa los números como porcentajes del gran total.

c. Expresa los números como porcentajes del total marginal de cada turno.

d. Expresa los números como porcentajes de cada tipo de rechazo.

e. Dibuja una gráfica de barras con base en los turnos.

3.88 Determina si cada una de las siguientes preguntas requiere análisis de correlación o análisis de regresión para obtener una respuesta.

a. ¿Existe una correlación entre las calificaciones que obtiene un estudiante en el bachillerato y las calificaciones que obtiene en la universidad?

b. ¿Cuál es la relación entre el peso de un paquete y el costo de enviarlo por correo en primera clase?

c. ¿Existe una relación lineal entre la estatura de una persona y el tamaño de sus zapatos?

d. ¿Cuál es la relación entre el número de horas-hombre y el número de unidades de producción completadas?

e. ¿La calificación obtenida en cierta prueba de aptitud se relaciona linealmente con la habilidad de una persona para realizar cierta tarea?

3.89 El dueño de un automóvil registra el número de galones de gasolina, x, requeridos para llenar el tanque de gasolina y el número de millas recorridas, y, entre llenados de tanque.

a. Si realiza un análisis de correlación sobre los datos, ¿cuál sería el propósito y cuál sería la naturaleza de sus resultados?

b. Si realiza un análisis de regresión sobre los datos, ¿cuál sería el propósito y cuál sería la naturaleza de los resultados?

3.90 Los siguientes datos se generaron con la ecuación $y = 2x + 1$.

x	0	1	2	3	4
y	1	3	5	7	9

Un diagrama de dispersión de los datos resulta en cinco puntos que caen perfectamente sobre una línea recta. Encuentra el coeficiente de correlación y la ecuación de la recta de mejor ajuste.

3.91 Considera el siguiente conjunto de datos bivariados:

x	1	1	3	3
y	1	3	1	3

a. Dibuja un diagrama de dispersión.

b. Calcula el coeficiente de correlación.

c. Calcula la recta de mejor ajuste.

3.92 Comienza con el punto (5, 5) y agrega al menos cuatro pares ordenados (x, y), para hacer un conjunto de pares ordenados que muestre las siguientes propiedades. Demuestra que tu muestra satisface los requisitos.

a. La correlación de x y y es 0.0.

b. La correlación de x y y es +1.0.

c. La correlación de x y y es –1.0.

d. La correlación de x y y está entre –0.2 y 0.0.

e. La correlación de x y y está entre +0.5 y +0.7.

3.93 Se dibuja un diagrama de dispersión que muestra los datos para x y y, dos variables con distribución normal. Los datos cae dentro de los intervalos $20 \leq x \leq 40$ y $60 \leq y \leq 100$. ¿Dónde esperas encontrar los datos sobre el diagrama de dispersión si?:

a. El coeficiente de correlación es 0.0.

b. El coeficiente de correlación es 0.3.

c. El coeficiente de correlación es 0.8.

d. El coeficiente de correlación es –0.3.

e. El coeficiente de correlación es –0.8.

3.94 Comienza con el punto (5, 5) y agrega al menos cuatro pares ordenados (x, y), para hacer un conjunto de pares ordenados que muestre las siguientes propiedades. Demuestra que tu muestra satisface los requisitos.

a. La correlación de x y y está entre +0.9 y +1.0 y la pendiente de la recta de mejor ajuste es 0.5.

b. La correlación de x y y está entre +0.5 y +0.7 y la pendiente de la recta de mejor ajuste es 0.5.

c. La correlación de x y y está entre –0.7 y –0.9 y la pendiente de la recta de mejor ajuste es –0.5.

d. La correlación de x y y está entre +0.5 y +0.7 y la pendiente de la recta de mejor ajuste es – 1.0.

3.95 [EX03-095] Se llevó a cabo un estudio biológico de un pececillo llamado leucisco nariz negra.* Se registraron la longitud, y (en milímetros) y la edad, x (al año más cercano).

*Visita: http://www.dnr.state.oh.us/

x	0	3	2	2	1	3	2	4	1	1
y	25	80	45	40	36	75	50	95	30	15

a. Dibuja un diagrama de dispersión de estos datos.

b. Calcula el coeficiente de correlación.

c. Encuentra la ecuación de la recta de mejor ajuste.

d. Explica el significado de las respuestas a los incisos a al c.

3.96 [EX03-096] Los siguientes datos son una muestra de las edades y los precios de venta para Honda Accord usados que se citaron en AutoTrader.com el 10 de marzo de 2005:

Edad *x* (años)	Precio *y* (× $1 000)	Edad *x* (años)	Precio *y* (× $1 000)
3	24.9	2	26.9
7	9.0	4	23.8
5	17.8	5	19.3
4	29.2	4	21.9
6	15.7	6	16.4
3	24.9	4	21.2
2	25.7	3	24.9
7	11.9	5	20.0
6	15.2	7	13.6
2	25.9	5	18.8

Fuente: http://autotrader.com/

a. Dibuja un diagrama de dispersión.

b. Calcula la ecuación de la recta de mejor ajuste.

c. Grafica la recta de mejor ajuste sobre el diagrama de dispersión.

d. Predice el precio de venta promedio para todos los Honda Accord que tienen 5 años de edad. Obtén esta respuesta de dos formas: usa la ecuación del inciso b y usa la recta dibujada en el inciso c.

e. ¿Puedes pensar en alguna potencial variable oculta para esta situación? Explica cualquier posible papel que pueda tener.

3.97 [EX03-097] El canto de los grillos que chirrían es un agradable sonido en las noches de verano. De hecho, el chirrido de esos grillos bien pueden decirte la temperatura. En el libro *The Song of Insects* (El canto de los insectos), George W. Pierce, profesor de física en Harvard, presentó datos reales que relacionan el número de chirridos por segundo, *x*, de los grillos rayados con la temperatura en ºF, *y*. La siguiente tabla proporciona datos reales de grillos y temperatura. Parece que el número de chirridos representa un promedio, porque está dado a la décima más cercana.

x	*y*	*x*	*y*	*x*	*y*
20.2	88.6	15.5	75.2	15.0	79.6
16.0	71.6	14.7	69.7	17.2	82.6
19.8	93.3	17.1	82.0	16.0	80.6
18.4	84.3	15.4	69.4	17.0	83.5
17.1	80.6	16.2	83.3	14.4	76.3

Fuente: George W. Pierce, *The Songs of Insects*, Harvard University Press, 1948

a. Dibuja un diagrama de dispersión del número de chirridos por segundo, *x* y la temperatura del aire, *y*.

b. Describe el patrón mostrado.

c. Encuentra la ecuación para la recta de mejor ajuste.

d. Con la ecuación del inciso c, encuentra las temperaturas que corresponden a 14 y 20 chirridos, las cotas aproximadas para el dominio del estudio.

e. ¿El rango de valores de temperaturas acotado por los valores de temperatura que encontraste en el inciso d parece razonable para el estudio? Explica.

f. La próxima vez que estés fuera, donde chirríen grillos en una noche de verano y te encuentres sin termómetro, sólo cuenta los chirridos y podrás decir la temperatura. Si la cuenta es 16, ¿qué temperatura supondrías que es?

3.98 [EX03-098] Los lagos son cuerpos de agua rodeados por tierra y pueden incluir mares. La siguiente tabla menciona las áreas y profundidades máximas de 32 lagos a lo largo del mundo.

a. Dibuja un diagrama de dispersión que muestre el área, *x* y la profundidad máxima, *y*, para los lagos.

b. Encuentra el coeficiente de correlación lineal entre área y profundidad máxima. ¿Qué implica el valor de esta correlación lineal?

Lago	Área (mi cuadradas)	Profundidad máx. (ft)
Mar Caspio	143 244	3 363
Superior	31 700	1 330

***Para el resto de los datos, ingresa a cengagebrain.com

Fuente: Geological Survey, U.S. Department of the Interior

3.99 [EX03-099] Las poblaciones de la vida salvaje se monitorean con fotografías aéreas. El número de animales y sus ubicaciones relativas a las áreas habitadas por la población humana, son información útil. En ocasiones es posible monitorear las características físicas de los animales. La longitud de un cocodrilo puede estimarse con bastante precisión a partir de fotografías aéreas, pero no su peso. Los siguientes datos son las longitudes, *x* (en pulgadas) y pesos, *y* (en libras), de cocodrilos capturados en Florida central y pueden usarse para predecir el peso de un cocodrilo con base en su longitud.

Peso	Longitud	Peso	Longitud	Peso	Longitud
130	94	38	72	44	61
51	74	366	128	106	90
640	147	84	85	84	89
28	58	80	82	39	68
80	86	83	86	42	76
110	94	70	88	197	114
33	63	61	72	102	90
90	86	54	74	57	78
36	69				

Fuente: http;//exploringdata.cqu.edu.au/

a. Construye un diagrama de dispersión para longitud, *x* y peso, *y*.

b. ¿Parece que el peso de un cocodrilo es predecible a partir de su longitud? Explica.

c. ¿La relación es lineal?

d. Explica por qué la recta de mejor ajuste, como se describe en este capítulo, no es adecuada para estimar el peso con base en la longitud.

e. Encuentra el valor del coeficiente de correlación lineal.

f. Explica por qué el valor de r puede ser tan alto para un conjunto de datos que tan obviamente no es lineal por naturaleza.

3.100 [EX03-100] Los productores de caña de azúcar están preocupados por la relación entre los acres totales de caña de azúcar cosechados y la producción total de caña de azúcar (toneladas) de dichos acres. Los siguientes datos son para la cosecha 2007 de 14 condados de Louisiana productores de caña de azúcar seleccionados al azar.

Acres	Producción	Acres	Producción
2 600	70 000	10 100	300 000
28 900	825 000	12 300	375 000
13 600	470 000	25 100	730 000
9 600	295 000	51 000	1 530 000
26 400	800 000	11 100	335 000
39 400	1 220 000	26 500	770 000
30 000	910 000	1 700	55 000

Fuente: http://www.nass.usda.gov/

a. Estos valores de datos tienen muchos ceros que estarán en el camino. Cambia los acres cosechados a cientos de acres y la producción a miles de toneladas de producción antes de continuar.

b. Construye un diagrama de dispersión de acres cosechados, x y toneladas de producción, y.

c. ¿La relación entre las variables parece ser lineal? Explica.

d. Encuentra la ecuación para la recta de mejor ajuste.

e. ¿Cuál es la pendiente para la recta de mejor ajuste? ¿Qué representa la pendiente? Explica qué significa para el productor de caña de azúcar.

3.101 [EX03-101] Relativamente pocos viajeros de negocios usan sistemas de transporte masivo cuando visitan grandes ciudades. Los frutos podrían ser sustanciales, tanto en tiempo como en dinero, si aprendieran cómo usar los sistemas, como se apunta en el artículo "Mass transit could serve business travelers big bucks" (El transporte masivo podría ahorrar grandes cantidades a los viajeros de negocios) del *USA Today* del 28 de diciembre de 2004. El *USA Today* recopiló la siguiente información acerca de los sistemas ferroviarios estadounidenses más ocupados.

Ciudad	Estaciones	Vehículos	Vía (millas)
Atlanta	38	252	193
Baltimore	14	100	34
Boston	53	408	108
Chicago	144	1 190	288
Cleveland	18	60	42
Los Ángeles	16	102	34
Miami	22	136	57
Nueva York	468	6 333	835
Filadelfia	53	371	102
San Francisco	43	669	246
Washington	86	950	226

Fuente: *USA Today*, 28 de diciembre de 2004

Supón que un sistema de transporte masivo se propone para una ciudad y tú eres el encargado de preparar la información estadística (tanto gráfica como numérica) acerca de la relación entre las siguientes tras variables: número de estaciones, número de vehículos y número de millas de vía. Te proporcionan los datos anteriores.

a. Comienza por inspeccionar los datos dados. ¿Observas algo inusual acerca de los datos? ¿Existen algunos valores que parezcan muy diferentes del resto? Explica.

b. Tu supervisor sugiere que quites los datos para Nueva York. Defiende el punto de que eso es aceptable. Incluye algunas gráficas preliminares y estadísticas calculadas para justificar el quitar dichos valores.

Con los datos de las otras 10 ciudades:

c. Construye un diagrama de dispersión con millas de vía como la variable independiente, x y el número de estaciones como la variable dependiente, y.

d. ¿Hay evidencia de una relación lineal entre estas dos variables? Justifica tu respuesta.

e. Encuentra la ecuación de la recta de mejor ajuste para el inciso c.

f. Interpreta el significado de la ecuación para la recta de mejor ajuste. ¿Qué te dice?

g. Construye un diagrama de dispersión con millas de vía como la variable independiente, x y el número de vehículos como la variable dependiente, y.

h. ¿Hay evidencia de una relación lineal entre estas dos variables? Justifica tu respuesta.

i. Encuentra la ecuación de la recta de mejor ajuste para el inciso g.

(continúa en la página 168)

j. Interpreta el significado de la ecuación para la recta de mejor ajuste. ¿Qué te dice?

k. Construye un diagrama de dispersión con el número de estaciones como la variable independiente, x y el número de vehículos como la variable dependiente, y.

l. ¿Hay evidencia de una relación lineal entre estas dos variables? Justifica tu respuesta.

m. Encuentra la ecuación de la recta de mejor ajuste para el inciso k.

n. Interpreta el significado de la ecuación para la recta de mejor ajuste. ¿Qué te dice?

o. La ciudad sopesa las propuestas iniciales para un sistema de transporte masivo de 50 millas de vía. Con base en las respuestas que encontraste en los incisos del c al n, ¿cuántas estaciones y cuántos vehículos se necesitarán para el sistema? Justifica tus respuestas.

p. Si alguien quiere estimar el número de estaciones y vehículos necesarios para un sistema de 100 millas, no sólo debe duplicar los resultados encontrados en el inciso o. Explica por qué no.

q. Con base en las respuestas encontradas en los incisos c al n, ¿cuántas estaciones y cuántos vehículos se necesitarán para un sistema de 100 millas? Justifica tus respuestas.

3.102 [EX03-102] Las cigarras son insectos voladores herbívoros. Una especie particular, las cigarras de 13 años (*Magicicada*), pasan cinco etapas juveniles en madrigueras subterráneas. Durante los 13 años bajo tierra las cigarras crecen desde aproximadamente el tamaño de una pequeña hormiga, hasta casi el tamaño de una cigarra adulta. Cada 13 años los animales salen de sus madrigueras como adultos. La siguiente tabla presenta tres diferentes especies de estas cigarras de 13 años y sus correspondientes: peso corporal adulto (BW), en gramos y longitud de alas (WL), en milímetros.

Especies	BW	WL	Especies	BW	WL
tredecula	0.15	28	*tredecula*	0.18	29
tredecim	0.29	32	*tredecassini*	0.21	27
tredecim	0.17	27	*tredecula*	0.15	30
tredecula	0.18	30	*tredecula*	0.17	27
tredecim	0.39	35	*tredecassini*	0.13	27
tredecim	0.26	31	*tredecassini*	0.17	29
tredecassini	0.17	29	*tredecassini*	0.23	30
tredecassini	0.16	28	*tredecim*	0.12	22
tredecassini	0.14	25	*tredecula*	0.26	30
tredecassini	0.14	28	*tredecula*	0.19	30
tredecassini	0.28	25	*tredecassini*	0.20	30
tredecim	0.12	28	*tredecula*	0.14	23

Fuente: http://insects/ummz.lsa.umich.edu

a. Construye un diagrama de dispersión del peso corporal, x y la correspondiente longitud de alas, y. Usa un símbolo diferente para representar los pares ordenados para cada especie.

b. Describe qué muestra el diagrama de dispersión respecto a la relación y las especies.

c. Calcula el coeficiente de correlación, r.

d. Encuentra la ecuación para la recta de mejor ajuste.

e. Supón que el peso corporal de una cigarra es 0.20 gramos. ¿Qué longitud de ala predecirías? ¿De cuál especie crees que pueda ser la cigarra?

3.103 [EX03-103] "El Viejo Fiel" del Parque Nacional Yellowstone ha sido un gran atractivo turístico durante mucho tiempo. Entender la duración de las erupciones y el tiempo entre erupciones es necesario para predecir el momento de la próxima erupción. Las variables del conjunto de datos de "El Viejo Fiel" son las siguientes: fecha: indica la fecha en que se tomó la observación; duración: duración de una erupción del géiser, en minutos; e interrupción: tiempo hasta la siguiente erupción, en minutos.

Día 1		Día 2		Día 3	
Duración	**Interrupción**	**Duración**	**Interrupción**	**Duración**	**Interrupción**
4.4	78	4.3	80	4.5	76
3.9	74	1.7	56	3.9	82
4.0	68	3.9	80	4.3	84
4.0	76	3.7	69	2.3	53
3.5	80	3.1	57	3.8	86
4.1	84	4.0	90	1.9	51
2.3	50	1.8	42	4.6	85
4.7	93	4.1	91	1.8	45
1.7	55	1.8	51	4.7	88
4.9	76	3.2	79	1.8	51
1.7	58	1.9	53	4.6	80
4.6	74	4.6	82	1.9	49
3.4	75	2.0	51	3.5	82

Fuente: http://comp.uark.edu/

a. Construye un diagrama de dispersión de las 39 duraciones, x, e interrupciones, y. Usa un símbolo diferente para representar los pares ordenados para cada día.

b. Describe el patrón mostrado por los 39 pares ordenados.

c. ¿Los datos para los días individuales muestran el mismo patrón que otro y como el conjunto de datos total?

d. Con base en la información del diagrama de dispersión, si la última erupción de "El Viejo Fiel" duró 4 minutos, ¿cuánto tiempo predices habrá que esperar hasta que comience la siguiente erupción?

e. Encuentra la recta de mejor ajuste para los datos mencionados en la tabla.

f. Con base en la línea de mejor ajuste, si la última erupción de "El Viejo Fiel" duró 4 minutos, ¿cuánto tiempo predices habrá que esperar hasta que comience la siguiente erupción?

g. ¿Qué efecto crees que tenga, sobre la recta de mejor ajuste, el patrón distintivo que se muestra en el diagrama de dispersión?

h. Repite los incisos a al g con el conjunto de datos para 16 días de observaciones.

i. Compara los resultados que encontraste en el inciso h con los resultados en los incisos a al g. Discute tus conclusiones.

3.104 a. Verifica, algebraicamente, que la fórmula (3.2) para calcular r es equivalente a la fórmula para definición (3.1).

b. Verifica, algebraicamente, que la fórmula (3.6) es equivalente a la fórmula (3.5).

3.105 Esta ecuación proporciona una relación que existe entre b_1 y r:

$$r = b_1\sqrt{\frac{SS(x)}{SS\,(y)}}$$

a. Verifica la ecuación para los siguientes datos:

x	4	3	2	3	0
y	11	8	6	7	4

b. Verifica esta ecuación con las fórmulas (3.2) y (3.6).

3.106 Demuestra que la fórmula (3.7a) es equivalente a la fórmula (3.7) (p. 148).

Examen de práctica del capítulo

PARTE I: Conocimiento de las definiciones

Responde "verdadero" si el enunciado siempre es verdadero. Si el enunciado no siempre es verdadero, sustituye las palabras en negrillas con las palabras que hagan al enunciado siempre verdadero.

3.1 El análisis de **correlación** es el método para obtener la ecuación que representa la relación entre dos variables.

3.2 El coeficiente de correlación lineal se usa para determinar la **ecuación que representa** la relación entre dos variables.

3.3 Un coeficiente de correlación de **cero** significa que las dos variables están perfectamente correlacionadas.

3.4 Siempre que la pendiente de la recta de regresión sea cero, el **coeficiente de correlación** también será cero.

3.5 Cuando r es positivo, b_1 siempre será **negativo**.

3.6 La **pendiente** de la recta de regresión representa la cantidad de cambio que se espera tenga lugar en y cuando x aumente por una unidad.

3.7 Cuando el valor calculado de r es positivo, el valor calculado de b_1 será **negativo**.

3.8 Los coeficientes de correlación varían entre **0 y +1**.

3.9 El valor predicho se llama **variable de entrada**.

3.10 La recta de mejor ajuste se usa para predecir el **valor promedio** de y que se puede esperar ocurra en un valor dado de x.

PARTE II: Aplicación de los conceptos

3.11 Consulta el siguiente diagrama de dispersión.

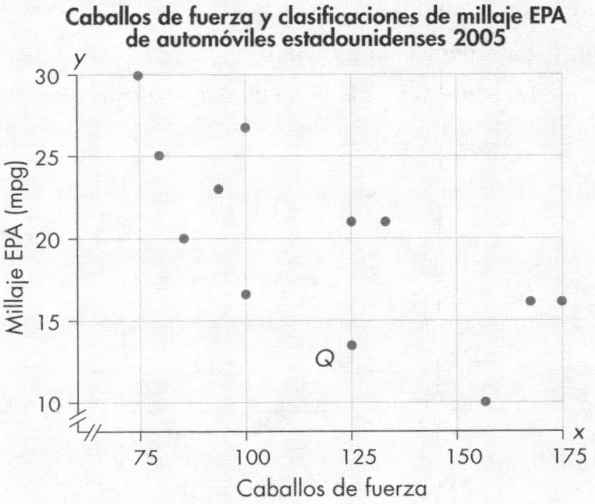

a. Relaciona las descripciones en la columna 2 con los términos en la columna 1.

___población	a)	clasificación de caballos de fuerza para un automóvil
___muestra	b)	todos los automóviles 2005 fabricados en EUA
___variable de entrada	c)	la clasificación de millaje EPA para un automóvil
___variable de salida	d)	los automóviles 2005 con clasificaciones mostradas en el diagrama de dispersión

(continúa en la página 170)

b. Encuentra el tamaño de la muestra.
c. ¿Cuál es el valor más pequeño reportado para la variable de salida?
d. ¿Cuál es el valor más grande reportado para la variable de entrada?
e. ¿El diagrama de dispersión sugiere un coeficiente de correlación lineal positivo, negativo o cero?
f. ¿Cuáles son las coordenadas del punto Q?
g. ¿La pendiente para la recta de mejor ajuste será positiva, negativa o cero?
h. ¿La ordenada para la recta de mejor ajuste será positiva, negativa o cero?

3.12 Un grupo de investigación reporta un coeficiente de correlación 2.3 para dos variables. ¿Qué puedes concluir a partir de esta información?

3.13 Para los datos bivariados, las extensiones y los totales que se muestran en la tabla, encuentra lo siguiente:

a. SS(x)
b. SS(y)
c. SS(xy)
d. El coeficiente de correlación lineal, r
e. La pendiente, b_1
f. La ordenada al origen, b_0
g. La ecuación de la recta de mejor ajuste

x	y	x^2	xy	y^2
2	6	4	12	36
3	5	9	15	25
3	7	9	21	49
4	7	16	28	49
5	7	25	35	49
5	9	25	45	81
6	8	36	48	64
28	49	124	204	353

PARTE III: Comprende los conceptos

3.14 Se aplica un examen para medir la habilidad matemática de las personas en cierta ciudad. Algunos de los habitantes se sorprendieron al descubrir que los resultados de sus exámenes y tamaños de zapatos se correlacionaban fuertemente. Explica por qué no debería sorprender una fuerte correlación positiva.

3.15 El estudiante A recolectó un conjunto de datos bivariados y calculó r, el coeficiente de correlación lineal. Su valor fue –1.78. El estudiante A afirma que no existe correlación entre las dos variables, porque el valor de r no está entre –1.0 y +1.0. El estudiante B argumenta que –1.78 era imposible y que sólo los valores de r cercanos a cero implicaban no correlación. ¿Quién está en lo correcto? Justifica tu respuesta.

3.16 El coeficiente de correlación lineal, r, es un valor numérico que varía de –1.0 a +1.0. Escribe un enunciado o dos que describan el significado de r para cada uno de estos valores:

a. −0.93
b. +0.89
c. −0.03
d. +0.08
e. −2.3

3.17 Configura un conjunto de tres o más pares ordenados tales que:

a. $r = 0.0$
b. $r = +1.0$
c. $r = -1.0$
d. $b_1 = 0.0$

4 Probabilidad

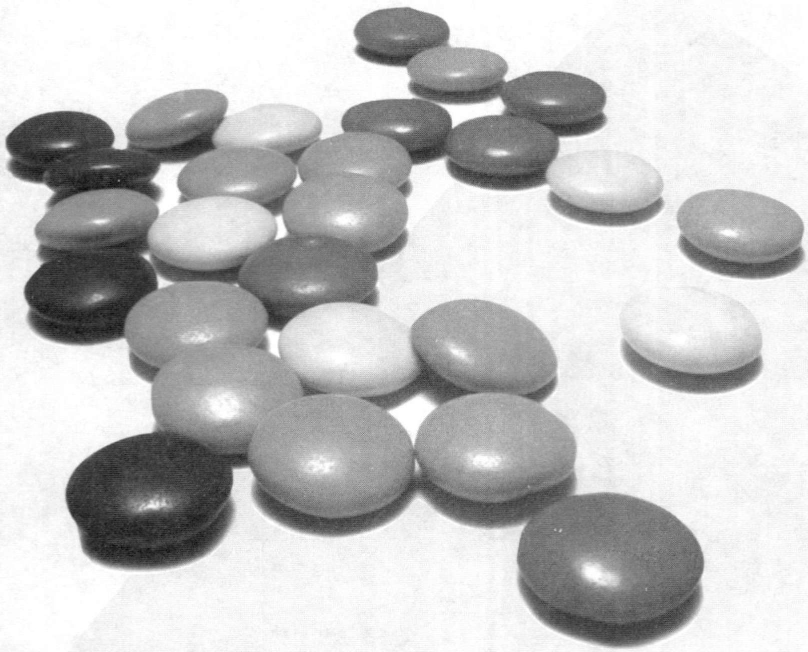

Imagen copyright Pablo Eder, 2012. Usada bajo licencia de Shutterstock.com

4.1 Probabilidad de eventos

Dulces estadísticas

¿Esta "dulce" imagen súbitamente te hace sentir hambre por algún dulce? Es muy difícil resistirse a un M&M. Seguramente tienes un color favorito. Fíjate si tu color favorito puede cambiar, ¡dependiendo de cuán hambriento estás!

Supón que abres una gran bolsa de M&M y que la distribución resultante del conteo de colores es como se muestra en la tabla 4.1.

Si te dicen que puedes tener todos los M&M de **un color** de esta bolsa, ¿cuál color elegirías? ¡Recuerda que estás muy hambriento!

¡Parece que el "azul" es la elección! Tiene el mayor conteo para esta bolsa, con 692 M&M. Pero, ¿cómo se compara con el resto de los colores? Una forma conveniente para hacer la comparación es usar porcentajes. Si divides 151/692, obtienes $0.218 \approx 0.22$ o 22%. Por tanto, 22% de los M&M en esta bolsa son "azules". Otra forma de considerar este evento es que, si seleccionaras sin mirar un M&M de un contenedor bastante mezclado, existe una posibilidad de 22% de sacar un M&M azul.

TABLA 4.1
Colores de M&M por conteo

Color	Conteo
Café	91
Amarillo	112
Rojo	102
Azul	151
Naranja	137
Verde	99
	692

TABLA 4.2
Colores de M&M por porcentaje

Color	Porcentaje
Café	13.2
Amarillo	16.2
Rojo	14.7
Azul	21.8
Naranja	19.8
Verde	14.3
	100.0

PTI La idea de los M&M's® Plain Chocolate Candies (dulces de chocolate M&M) nació en el trasfondo de la guerra civil española. Dice la leyenda que, en un viaje por España, Forrest Mars Sr. Encontró soldados que comían bolitas de chocolate encapsuladas en un duro recubrimiento de azúcar para evitar que se derritieran. Inspirado por esta idea, Mars regresó a su cocina e inventó la receta para los M&M's® Plain Chocolate Candies.

¡Acabas de completar tu primer experimento de probabilidad! (Cierto: en realidad, hacer el experimento y comerse los M&M, ¡habría sido más divertido!)

Ahora estás listo para definir lo que se entiende por probabilidad. Específicamente, se habla de "la probabilidad de que cierto evento ocurrirá".

Probabilidad de un evento La frecuencia relativa con la que puede esperarse la ocurrencia de dicho evento.

La probabilidad de un evento puede obtenerse en tres formas diferentes: 1) *empíricamente*, 2) *teóricamente* o 3) *subjetivamente*.

El método **empírico** recién se ilustró con los M&M y sus porcentajes, además puede llamarse **probabilidad experimental** o **empírica**. Esta probabilidad es la **frecuencia relativa observada** con la que un evento ocurre. En el ejemplo de los M&M, se observó que 137 de los 692 M&M fueron anaranjados. La probabilidad empírica observada para la ocurrencia de anaranjado fue 137/692 o 0.198.

El valor asignado a la probabilidad del evento A como resultado de la experimentación puede encontrarse mediante la fórmula:

Probabilidad empírica (observada) $P'(\text{A})$

En palabras: $\textit{probabilidad empírica de A} = \dfrac{\textit{número de veces que ocurrió A}}{\textit{número de ensayos}}$

En álgebra:

$$P'(\text{A}) = \frac{n(\text{A})}{n} \qquad \textbf{(4.1)}$$

Notación para probabilidad empírica: cuando el valor asignado a la probabilidad de un evento resulta de datos experimentales o empíricos, se identificará la probabilidad del evento con el símbolo $P'(\;)$.

El método **teórico** para obtener la probabilidad de un evento usa un *espacio muestral*. Un **espacio muestral** es una lista de todos los posibles resultados del experimento a considerar (que se denota con la letra S mayúscula). Cuando se usa este método, el espacio muestral debe contener puntos muestrales **igualmente probables**. Por ejemplo, el espacio muestral para la rodadura de un dado es S = {1, 2, 3, 4, 5, 6}.

Los seis posibles resultados de una rodadura

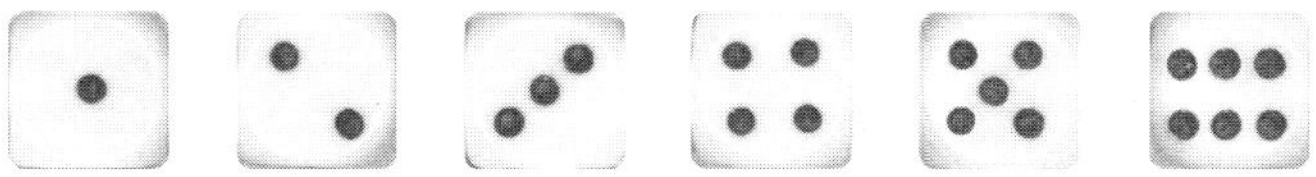

Cada **resultado** (es decir, número) es igualmente probable. Un **evento** es un subconjunto del espacio muestral (denotado con una letra mayúscula distinta de S; usualmente se usa A para el primer evento). Por tanto, la *probabilidad de un evento* A, $P(\text{A})$, es la razón del número de puntos que satisfacen la definición del evento A, $n(\text{A})$, al número de **puntos muestrales** en todo el espacio muestral, $n(\text{S})$.

Probabilidad teórica (esperada) *P*(A)

En palabras:

$$\textit{probabilidad teórica de A} = \frac{\textit{número de veces que ocurre A en el espacio muestral}}{\textit{número de elementos en el espacio muestral}}$$

En álgebra: $P(\text{A}) = \dfrac{n(\text{A})}{n(\text{S})}$, cuando los elementos de S son igualmente probables **(4.2)**

Notas:

1. Cuando el valor asignado a la probabilidad de un evento resulta de una fuente teórica, la probabilidad del evento se identificará con el símbolo *P*( ).
2. El símbolo prima *no se usa* con probabilidades teóricas; sólo se usa para probabilidades empíricas.

EJEMPLO 4.1

UN DADO

Considera una rodadura de un dado. Define el evento A como la ocurrencia de un número "mayor que 4". En una sola rodadura de un dado, existen seis posibles resultados, lo que constituye $n(\text{S}) = 6$. El evento "mayor que 4" se satisface con la ocurrencia de un 5 o un 6; por tanto, $n(\text{A}) = 2$. Si supones que el dado es simétrico y que cada número tiene una igual probabilidad de ocurrir, la probabilidad de A es $\frac{2}{6}$ o $\frac{1}{3}$.

EJEMPLO 4.2

BOLAS DE GOLF

En una exposición de golf, conforme cada visitante ingresa, se le permite llegar a un gran barril y seleccionar, sin mirar, una bola de golf como premio de entrada. El barril contiene una mezcla de tres marcas, Titleist, Callaway y Bridgestone, en la razón de 2 a 1 a 1. El espacio muestral para este experimento simple de probabilidad es S = {Titleist, Callaway, Bridgestone}. Sin embargo, el espacio muestral expresado de esta forma no está constituido con elementos igualmente probables y por tanto no es útil para asignar probabilidades a los tres eventos de la bola seleccionada como una Titleist (T), Callaway (C) o Bridgestone (B). Con la finalidad de usar el espacio muestral para asignar probabilidades, debe modificarse para tener puntos muestrales igualmente probables. Esto se logra fácilmente al mencionar algunos de los elementos repetidamente, según sea necesario, para establecer la razón correcta de elementos. Dado que existen dos Titleist por una Callaway y una Bridgestone, el espacio muestral puede considerarse como aquel donde los elementos ahora son igualmente probables.

S = { 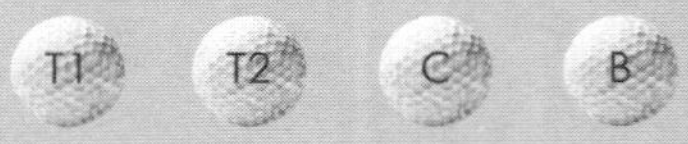 }

La probabilidad de que la bola seleccionada sea Titleist, Callaway o Bridgestone ahora puede encontrarse usando el espacio muestral y la fórmula (4.2): $P(\text{T}) = 2/4 = 1/2 = 0.5$, $P(\text{C}) = 1/4 = 0.25$ y $P(\text{B}) = 1/4 = 0.25$.

EJEMPLO 4.3

UN PAR DE DADOS

Un par de dados (uno blanco, uno negro) se ruedan una vez y se observa el número de puntos que muestra cada dado. El espacio muestral se presenta en formato de cuadro:

Representación en cuadro

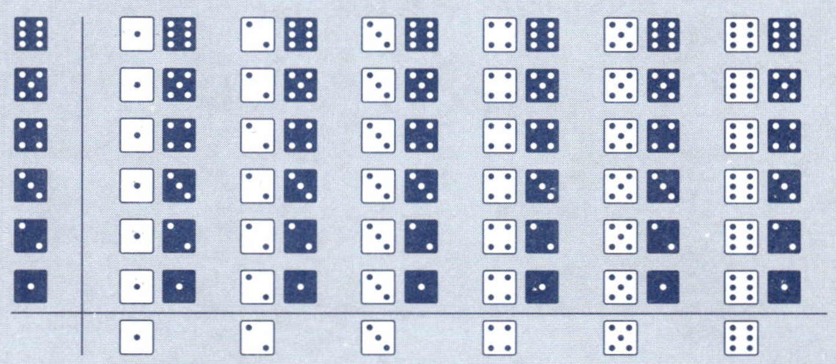

$n(S) = 36$

Considera la suma de sus puntos. Una lista de las posibles "sumas" forma un espacio muestral, S = {2, 3, 4, 5, 6, 7, 8, 9, 10, 11, 12} y $n(S) = 11$. Sin embargo, los elementos de este espacio muestral no son igualmente probables; por tanto, este espacio muestral no puede usarse para encontrar probabilidades teóricas: debes usar el espacio muestral de 36 puntos que se presentan en el cuadro anterior. Al usar el espacio muestral de 36 puntos, el espacio muestral está totalmente constituido con puntos muestrales igualmente probables y las probabilidades para las sumas de 2, 3, 4, etc., pueden encontrarse con mucha facilidad. La suma de 2 representa {(1, 1)}, donde el primer elemento del **par ordenado** es el resultado del dado blanco y el segundo elemento del par ordenado es el resultado del dado negro. La suma de 3 representa {(2, 1), (1, 2)} y la suma de 4 representa {(1, 3), (3, 1), (2, 2)}, etc. Por tanto, puedes usar la fórmula (4.2) y el espacio muestral de 36 puntos para obtener las probabilidades para las 11 sumas.

$$P(2) = \frac{n(2)}{n(S)} = \frac{1}{36},\ P(3) = \frac{n(3)}{n(S)} = \frac{2}{36},\ P(4) = \frac{n(4)}{n(S)} = \frac{3}{36}$$

etcétera.

Cuando un experimento de probabilidad puede considerarse como una secuencia de eventos, con frecuencia es muy útil un **diagrama de árbol** como una forma de presentar el espacio muestral.

EJEMPLO 4.4

USO DE DIAGRAMAS DE ÁRBOL

Una familia con dos hijos se seleccionará al azar y se quiere encontrar la probabilidad de que la familia elegida tenga un hijo de cada género. Puesto que siempre habrá un hijo que nació primero y uno que nació segundo, se usará un diagrama de árbol para mostrar los posibles arreglos de género, lo que entonces hará posible la determinación de la probabilidad. Comienza por determinar la secuencia de eventos involucrados: en este caso, nacidos en primero y segundo lugar. Usa el árbol para mostrar los posibles resultados del primer evento (se muestra en azul oscuro en la figura 4.1) y después agrega segmentos de rama para mostrar los posibles resultados para el segundo evento (que se muestra en azul claro en la figura 4.1).

FIGURA 4.1
Representación en diagrama de árbol* de una familia con dos hijos

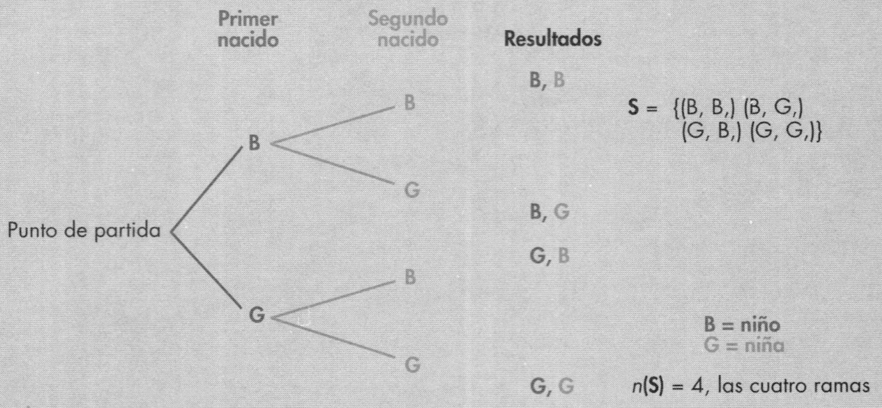

*Consulta el *Manual de soluciones del estudiante* para información acerca de los diagramas de árbol.

Notas:

1. Los dos segmentos de rama que representan B y G para el hijo nacido en segundo lugar debe dibujarse desde cada resultado para el hijo nacido en primer lugar, lo que por tanto crea la apariencia de "árbol".
2. Existen cuatro ramas; cada rama comienza en la "raíz del árbol" y continúa hasta un "extremo" (constituido por dos segmentos de rama cada uno) y muestra un posible resultado.

Puesto que los segmentos de rama son igualmente probables y si supones igual probabilidad de género, las cuatro ramas son entonces igualmente probables. Esto significa que sólo necesitas el conteo de ramas para usar la fórmula (4.2) para encontrar la probabilidad de la familia que tiene un hijo de cada género. Las dos ramas de en medio, (B, G) y (G, B), representan el evento de interés, de modo que $n(A) = n(\text{uno de cada uno}) = 2$, mientras que $n(S) = 4$, porque existe un total de cuatro ramas. En consecuencia,

$$P(\text{uno de cada género en familia de dos hijos}) = \frac{2}{4} = \frac{1}{2} = 0.5$$

Ahora considera la selección de una familia de tres hijos y encuentra la probabilidad de "al menos un niño" en dicha familia. Nuevamente, la familia puede considerarse como una secuencia de tres eventos: nacidos en primero, segundo y tercer lugares. Para crear un diagrama de árbol de esta familia, necesitas agregar un tercer conjunto de segmentos de rama al diagrama de árbol de la familia con dos hijos. Los segmentos de rama azul medio representan al tercer hijo (observa la figura 4.2).

De nuevo, dado que los segmentos de rama son igualmente probables y si supones igual probabilidad de género, las ocho ramas son entonces igualmente probables. Esto significa que sólo necesitas el conteo de ramas para

FIGURA 4.2

Representación en diagrama de árbol* de familia con tres hijos

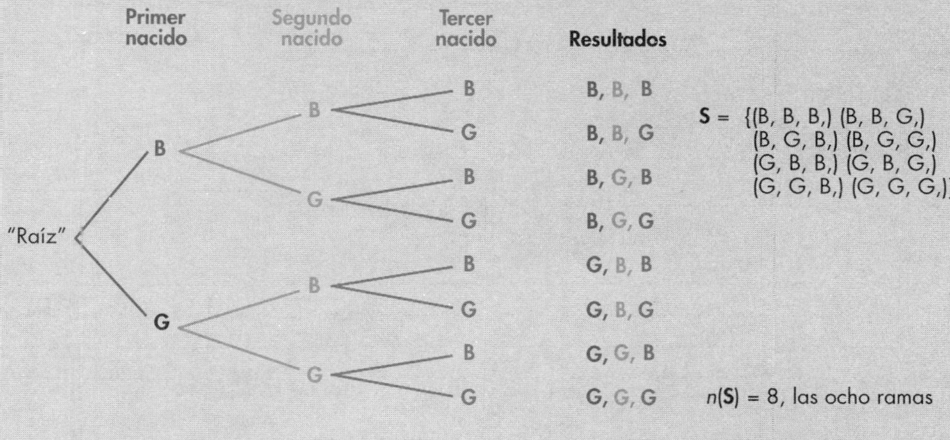

*Consulta el *Manual de soluciones del estudiante* para información acerca de los diagramas de árbol.

usar la fórmula (4.2) para encontrar la probabilidad de la familia que tiene al menos un varón. Las siete ramas superiores tienen todas uno o más varones, el equivalente de "al menos uno".

$$P(\text{al menos un niño en una familia de tres hijos}) = \frac{7}{8} = 0.875$$

Considera otra pregunta antes de dejar este ejemplo. ¿Cuál es la probabilidad de que el tercer hijo en esta familia de tres hijos sea una niña? La pregunta en realidad es sencilla; la respuesta es 0.5, porque supusiste igual probabilidad de cualquier género. Sin embargo, si observas el diagrama de árbol de la figura 4.2, existen dos formas de ver la respuesta. Primera, si observas sólo los segmentos de rama del tercer hijo, ves que en cada conjunto uno de los dos es una niña, por tanto $\frac{1}{2}$, o 0.5. Además, si observas el diagrama de árbol completo, el último hijo es una niña en cuatro de las ocho ramas; por tanto $\frac{4}{8}$, o 0.5.

Cuando una pregunta de probabilidad proporciona información acerca de los eventos en la forma de la probabilidad de los diferentes eventos, el número de objetos por conjunto, o el porcentaje de cada conjunto, con frecuencia un **diagrama de Venn** es una forma muy útil de mostrar el espacio muestral o la información. Los diagramas de Venn pueden usarse para encontrar tanto probabilidades teóricas como empíricas.

EJEMPLO 4.5

USO DE DIAGRAMAS DE VENN

En el lote de automóviles usados de Charlie, un cliente afortunado tendrá la oportunidad de seleccionar al azar una llave de un barril lleno de llaves. El barril contiene las llaves de todos los autos del lote de Charlie. El inventario de Charlie menciona 80 automóviles, de los cuales 38 son modelos extranjeros, 50 son modelos compactos y 22 son modelos compactos extranjeros. El diagrama de Venn que se muestra en la figura 4.3 resume el inventario de Charlie. Observa que algunos de los 38 modelos extranjeros son compactos y algunos no lo son. Lo mismo es cierto de los modelos compactos; algunos

FIGURA 4.3
Representación en diagrama de Venn* del inventario de automóviles usados de Charlie

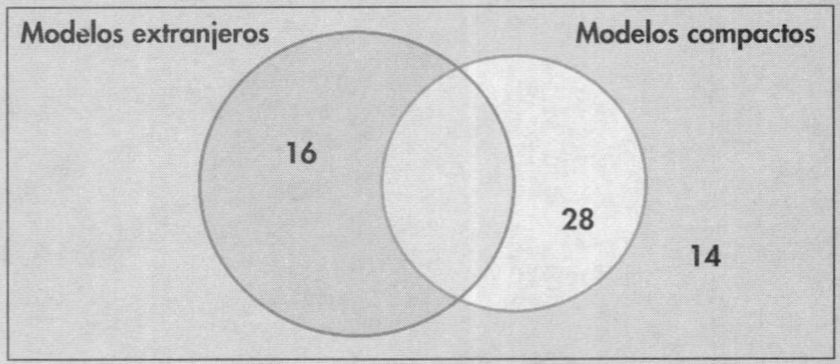

*Consulta el *Manual de soluciones del estudiante* para información acerca de los diagramas de Venn.

son extranjeros y algunos no lo son. Por tanto, cuando se descompone este tipo de información, debes comenzar con lo más específico. En este caso, 22 automóviles son extranjeros y compactos; ellos se representan con la región central del diagrama de Venn. A partir de ahí, puedes determinar cuántos automóviles son extranjeros pero no compactos y cuántos son compactos pero no extranjeros. Consulta la figura 4.3.

Tú eres el afortunado cliente que ganó la oportunidad de conseguir un automóvil gratis en el lote de automóviles usados de Charlie y estás a punto de sacar 1 de las 80 llaves. ¿Cuál es la probabilidad de que ganes un automóvil compacto no extranjero? Al observar el diagrama de Venn, ves que los automóviles extranjeros están dentro del círculo azul claro; en consecuencia, los automóviles no extranjeros están afuera del círculo azul claro. El evento de interés junto con no extranjero es compacto (dentro del círculo azul oscuro), que, con base en la figura 4.3, puede determinarse es 28 de dichos automóviles. Al usar la fórmula (4.2), se encuentra

$$P(\text{compactos no extranjeros}) = \frac{28}{80} = 0.35$$

Convenientemente, el diagrama de Venn funcionaría igualmente bien si la información se diera en porcentajes o probabilidades. El diagrama se vería igual, excepto que los valores serían, o probabilidades o porcentajes. Para estar seguro de que se cubrió todo el espacio muestral, la suma de todas las regiones debe ser exactamente 1.0 con la finalidad de que el etiquetado sea correcto.

Nota: en ocasiones es útil colocar una moneda sobre el círculo que representa un evento cuando observas un evento que "no" ocurrió. En el diagrama de Venn que se muestra en la figura 4.3, una moneda colocada sobre el círculo "modelos extranjeros" dejaría visibles todos los modelos no extranjeros.

Siempre debes poner especial atención al espacio muestral. Como la población estadística, el espacio muestral debe estar bien definido. Una vez definido el espacio muestral, encontrarás el trabajo restante mucho más sencillo.

Una **probabilidad subjetiva** generalmente resulta del juicio personal. El comentarista local del clima con frecuencia asigna una probabilidad al evento "precipitación". Por ejemplo: "hoy existe un 20% de probabilidad de lluvia" o "mañana existe una probabilidad del 70% de nieve". En tales casos, el único método disponible para asignar probabilidades es el juicio personal. Tales asignaciones de probabilidad se llaman *probabilidades subjetivas*. La precisión de las probabilidades subjetivas depende de la habilidad de un individuo para valorar correctamente la situación.

¿SABÍAS QUE...?

¿Leche en tu té?

A finales de los veinte, en una fiesta de té una tarde de verano en Cambridge, Inglaterra, una invitada afirmó que el té sabe diferente dependiendo de si el té se vierte en la leche o la leche se vierte en el té. Su afirmación se recibió con mucha burla. Después de mucha algarabía, un hombre, Ronald A. Fisher, propuso una forma científica de poner a prueba su hipótesis: combinar la leche y el té en ambas formas, después ofrecerle una de cada una, dos a la vez en orden aleatorio, para su identificación. Rápidamente, otros se unieron a él y lo ayudaron con el experimento: ella identificó correctamente 10 en fila. ¿Qué opinas? ¿Podría decir ella la diferencia?

Propiedades de los números de probabilidad

Ya sea que la probabilidad sea *empírica*, *teórica* o *subjetiva*, deben sostenerse las siguientes propiedades.

Propiedad 1

En palabras: "Una probabilidad siempre es un valor numérico entre cero y uno."

En álgebra: $0 \leq$ cada $P(A)$ o $0 \leq$ cada $P'(A) \leq 1$

Notas acerca de la propiedad 1:

1. La probabilidad es 0 si el evento no puede ocurrir.
2. La probabilidad es 1 si el evento ocurre todas las veces.
3. De otro modo, la probabilidad es un número fraccionario entre 0 y 1.

Propiedad 2

En palabras: "La suma de las probabilidades para todos los resultados de un experimento es igual a exactamente uno."

En álgebra: $\sum_{\text{todos los resultados}} P(A) = 1$ o $\sum_{\text{todos los resultados}} P'(A) = 1$

Nota acerca de la propiedad 2: La lista de "todos los resultados" debe ser un conjunto no traslapante de eventos que incluya todas las posibilidades (**todos incluidos**).

Notas acerca de los números de probabilidad:

1. La probabilidad representa una frecuencia relativa, ya sea de un espacio muestral o una muestra.
2. $P(A)$ es la razón del número de veces que puede esperarse ocurra un evento, dividida por el número de posibilidades. $P'(A)$ es la razón del número de veces que un evento no ocurrió, dividido entre el número de datos.
3. El numerador de la razón de probabilidad debe ser un número positivo o cero.
4. El denominador de la razón de probabilidad debe ser un número positivo (mayor que cero).
5. Como resultado de las anteriores notas de la 1 a la 4, la probabilidad de un evento, ya sea empírica, teórica o subjetiva, siempre será un valor numérico entre cero y uno, inclusive.
6. Las reglas de la probabilidad son las mismas para los tres tipos de probabilidad: empírica, teórica y subjetiva.

¿Cómo se relacionan las probabilidades empírica y teórica?

Considera la rodadura de un dado y define el evento A como la ocurrencia de un "1". Un dado ordinario tiene seis lados igualmente probables, de modo que la probabilidad teórica del evento A es $P(A) = \frac{1}{6}$.

¿Qué significa esto?

¿Esperas ver un "1" en cada ensayo de seis rodaduras? Explica. Si no, ¿qué resultados esperas? Si rodaras el dado varias veces y sigues la pista de la proporción del tiempo que ocurre el evento A, observarías una probabilidad empírica para el evento A. ¿Qué valor esperarías observar para $P'(A)$? Explica. ¿Cómo se relacionan las dos probabilidades: $P(A)$ y $P'(A)$? Explica.

Para conseguir alguna comprensión de esta relación, realiza un experimento.

EJEMPLO 4.6

DEMOSTRACIÓN: LEY DE GRANDES NÚMEROS

El experimento consistirá de 20 ensayos. Cada ensayo del experimento consistirá de rodar un dado seis veces y registrar el número de veces que ocurre el "1". Realiza 20 ensayos.

Cada fila de la tabla 4.3 muestra los resultados de un ensayo; realiza 20 ensayos, de modo que existan 20 filas. La columna 1 menciona el número de 1 observada en cada ensayo (conjunto de seis rodaduras); la columna 2 menciona la frecuencia relativa observada para cada ensayo y la columna 3 menciona la frecuencia relativa acumulada conforme se completó cada ensayo.

TABLA 4.3 Resultados experimentales de rodar un dado seis veces en cada ensayo

Ensayo	Columna 1: Número de 1 observados	Columna 2: Frecuencia relativa	Columna 3: Frecuencia relativa acumulada	Ensayo	Columna 1: Número de 1 observados	Columna 2: Frecuencia relativa	Columna 3: Frecuencia relativa acumulada
1	1	1/6	1/6 = 0.17	11	1	1/6	10/66 = 0.15
2	2	2/6	3/12 = 0.25	12	0	0/6	10/72 = 0.14
3	0	0/6	3/18 = 0.17	13	2	2/6	12/78 = 0.15
4	1	1/6	4/24 = 0.17	14	1	1/6	13/84 = 0.15
5	0	0/6	4/30 = 0.13	15	1	1/6	14/90 = 0.16
6	1	1/6	5/36 = 0.14	16	3	3/6	17/96 = 0.18
7	2	2/6	7/42 = 0.17	17	0	0/6	17/102 = 0.17
8	2	2/6	9/48 = 0.19	18	1	1/6	18/108 = 0.17
9	0	0/6	9/54 = 0.17	19	0	0/6	18/114 = 0.16
10	0	0/6	9/60 = 0.15	20	1	1/6	19/120 = 0.16

La figura 4.4a muestra la fluctuación (arriba y abajo) de la probabilidad observada, $P'(A)$ (tabla 4.3, columna 2), en torno a la probabilidad teórica, $P(A) = \frac{1}{6}$, mientras que la figura 4.4b muestra la fluctuación de la frecuencia relativa acumulada (tabla 4.3, columna 3) y cómo se vuelve más estable. De hecho, la frecuencia relativa acumulada se vuelve relativamente cercana a la probabilidad teórica o esperada $\frac{1}{6}$ o $0.166\overline{6} = 0.167$.

FIGURA 4.4
Fluctuaciones encontradas en el experimento de lanzamiento del dado

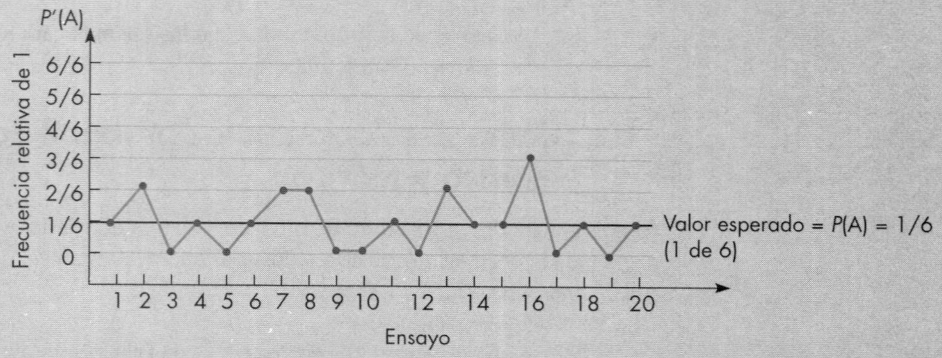

b) Frecuencia relativa acumulada

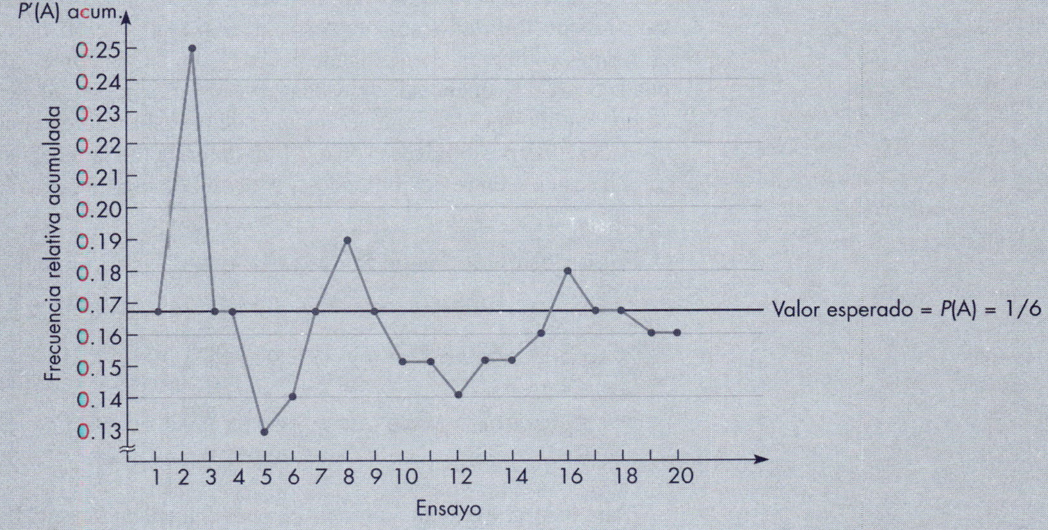

Una gráfica acumulada, como la que se muestra en la figura 4.4b, demuestra la idea de un **promedio a largo plazo** y con frecuencia se conoce como la *ley de los grandes números*.

Ley de los grandes números Conforme aumenta el número de veces que un experimento se repite, la razón del número de ocurrencias exitosas al número de ensayos tenderá a aproximarse a la probabilidad teórica del resultado para un ensayo individual.

La ley de los grandes números dice que, mientras más grande sea el número de ensayos experimentales, n, se espera que la probabilidad empírica, $P'(A)$, esté más cerca de la probabilidad verdadera o teórica, $P(A)$. Este concepto tiene muchas aplicaciones. El anterior experimento de lanzamiento de dados es un ejemplo donde se pueden comparar con facilidad los resultados reales contra lo que se esperaba ocurriera; te dio la oportunidad de verificar la afirmación de la ley de los grandes números.

El ejemplo 4.7 es una ilustración en la que se vive con los resultados obtenidos a partir de grandes conjuntos de datos, cuando se desconoce la expectativa teórica.

EJEMPLO 4.7

USOS DE PROBABILIDADES EMPÍRICAS

La clave para establecer primas de seguros de vida adecuados, es usar la probabilidad de que los asegurados vivirán 1, 2 o 3 años, etc., desde el momento en que compran sus pólizas. Dichas probabilidades se deducen de estadísticas reales de vida y muerte; por tanto son probabilidades empíricas. El gobierno las publica y son extremadamente importantes para la industria de seguros de vida.

Probabilidades como posibilidades

Las probabilidades pueden y se expresan en muchas formas; muchas de ellas se ven y escuchan en las noticias casi todos los días (la mayoría de las veces, son probabilidades subjetivas). Las **posibilidades** son una forma de expresar las probabilidades al expresar el número de formas en que un evento puede ocurrir, comparado con el número de formas en que no puede ocurrir. El enunciado "hay cuatro veces más probabilidades de que mañana llueva (R) de que no llueva (NR)" es un enunciado de probabilidad que puede expresarse como posibilidades: "las posibilidades son 4 a 1 en favor de lluvia mañana" (también se escribe 4:1).

La relación entre posibilidades y probabilidad se muestra a continuación:

Si las posibilidades en favor de un evento A son ***a* a *b*** (o ***a*:*b***), entonces

1. Las posibilidades en contra del evento A son ***b* a *a*** (o ***b*:a**).
2. La probabilidad del evento A es $\boldsymbol{P(A) = \frac{a}{a+b}}$.
3. La probabilidad de que el evento A no ocurrirá es $\boldsymbol{P(\text{A no}) = \frac{b}{a+b}}$.

Para ilustrar esta relación, considera el enunciado "las posibilidades en favor de lluvia mañana son 4 a 1". Con la notación precedente, $a = 4$ y $b = 1$. Por tanto, la probabilidad de lluvia mañana es $\frac{4}{4+1}$, o $\frac{4}{5} = 0.8$. Las posibilidades en contra de lluvia mañana son 1 a 4 (o 1:4) y la probabilidad de que no habrá lluvia mañana es $\frac{1}{4+1}$, o $\frac{1}{5} = 0.2$.

EJEMPLO APLICADO 4.8

Llegar al siguiente nivel

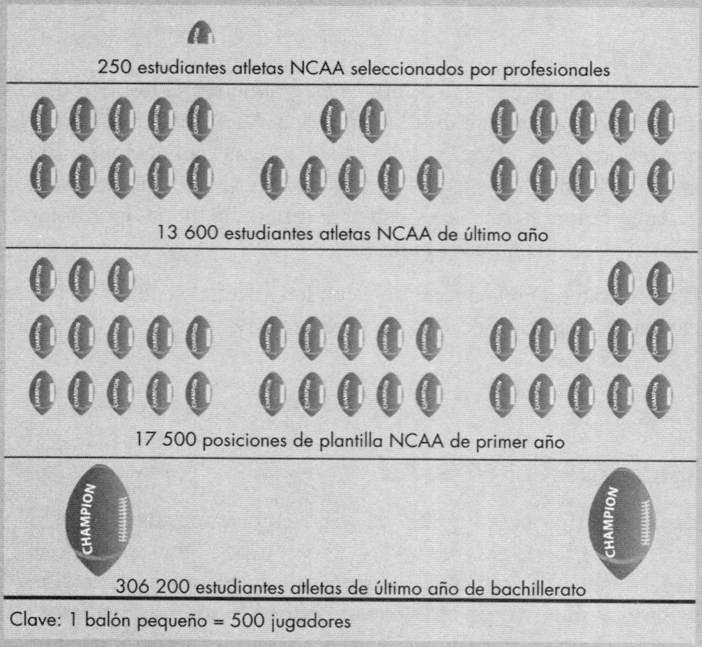

LLEGAR AL SIGUIENTE NIVEL

Muchos jóvenes aspiran a convertirse en atletas profesionales. Sólo pocos lo consiguen, como se indica en la siguiente gráfica. Por cada 13 600 jugadores de fútbol de último año universitario, sólo 250 son seleccionados por un equipo profesional; ello se traduce en una probabilidad de sólo 0.018 (250/13 600).

Estudiantes atletas	Fútbol
Estudiantes atletas de último año de bachillerato	306 200
Posiciones de plantilla NCAA de primer año	17 500
Estudiantes atletas NCAA de último año	13 600
Estudiantes atletas NCAA seleccionados	250

Fuente: http://www.ncaa.org/

Existen muchas otras interesantes particularidades ocultas en esta información. Por ejemplo, muchos jóvenes de bachillerato sueñan con ser jugadores profesionales de fútbol, pero, de acuerdo con estos números, la probabilidad de que un estudiante de último año de bachillerato sea seleccionado alguna vez por los profesionales sólo es de 0.000816 (250/306 200).

Una vez que un jugador llega a un equipo de fútbol universitario, puede estar muy interesado en las posibilidades que jugará como estudiante de último año. De los 17 500 jugadores que llegan a un equipo universitario el primer año, 13 600 juegan como estudiantes de último año, mientras que 3 900 no lo hacen. Por tanto, si un jugador entra en un equipo universitario, las posibilidades que jugará como estudiante de último año son 13 600 a 3 900, lo que se reduce de 136 a 39. El estudiante de último año universitario que juega, está interesado en sus posibilidades de pasar al siguiente nivel. Observa que, de los 13 600 estudiantes universitarios de último año, sólo 250 son seleccionados por los profesionales, mientras que 13 350 no lo son; por tanto, las posibilidades en contra de que pase al siguiente nivel son de 13 350 a 250, lo que se reduce de 267 a 5. Las posibilidades están fuertemente en contra de que sea seleccionado y las posibilidades en contra de que entre al equipo son un poco más fuertes.

Comparación de probabilidad y estadística

Probabilidad y **estadística** son dos campos de la matemática, separados pero relacionados. Se ha dicho que "la probabilidad es el vehículo de la estadística". Esto es: si no fuera por las leyes de la probabilidad, la teoría de la estadística no sería posible.

La relación y la diferencia entre estas dos ramas de las matemáticas se ilustran al observar dos cajas. Se sabe que la caja de probabilidad contiene cinco fichas de póquer azules, cinco rojas y cinco blancas. La probabilidad trata de responder preguntas como: "si una ficha se saca al azar de esta caja, ¿cuál es la posibilidad de que será azul?". Por otra parte, en la caja de estadística no se sabe cuál es la combinación de fichas. Se extrae una muestra y, con base en los hallazgos en la muestra, se hacen conjeturas acerca de lo que se cree hay en la caja. Nota la diferencia: la probabilidad te pregunta acerca de la posibilidad de que algo específico, como extraer una ficha azul, ocurrirá cuando conozcas las posibilidades (esto es: conoces la población). La estadística, por otra parte, te pide extraer una muestra, describir la muestra (estadística descriptiva) y después hacer inferencias acerca de la población con base en la información encontrada en la muestra (estadística inferencial).

EJERCICIOS SECCIÓN 4.1

4.1 a. Si compras una bolsa de M&M, ¿cuál color esperarías ver más? ¿Cuál color menos? ¿Por qué?

b. Si compras una bolsa de M&M, ¿esperarías encontrar los porcentajes mencionados anteriormente en la tabla 4.2 (p. 172)? Si no, ¿por qué y qué esperarías?

4.2 a. Construye una gráfica de barras que muestre los porcentajes de la tabla 4.2 (p. 172) obtenidos de los 692 M&M.

b. Con base en tu gráfica, ¿cuál color de M&M ocurrió con más frecuencia? ¿Cómo se muestra esto en tu gráfica?

c. Con base en tu gráfica, ¿cuál color de M&M ocurrió menos? ¿Cómo se muestra esto en tu gráfica?

4.3 Si te dieran una bolsa pequeña de M&M con 40 dulces en ella, con los porcentajes de la tabla 4.2 (p. 172), ¿cuántos de cada color "esperarías" encontrar?

4.4 ¿Cuadros malos? Tal como hay gráficas malas (como viste en la sección 2.7), existen cuadros malos, cuadros que son confusos y difíciles de leer. MADD reportó los siguientes datos acerca de las 6 764 muertes por accidentes de tráfico en días festivos que ocurrieron en 2002. ¿Qué está mal con los números de este cuadro?

Día festivo 2002	Muertes de tráfico	Muertes relacionadas con alcohol
Víspera de Año Nuevo (2001)	118	45
Día de Año Nuevo	165	94
Fiesta de Año Nuevo	575	301
Domingo de Super Tazón	147	86
Día de san Patricio	158	72
Día de los Caídos	491	237
Cuatro de Julio	683	330
Fin de semana Día del Trabajo	541	300
Halloween	268	109
Acción de Gracias	543	255
Acción de Gracias; Año Nuevo	4 019	1 561
Navidad	130	68
Víspera de Año Nuevo (2002)	123	57

Fuente: Madres Contra Conducir Alcoholizados (MADD, por sus siglas en inglés). http://www.infoplease.com/

a. Los totales de columna no están incluidos porque serían valores insignificantes. Examina la tabla y explica por qué.

b. ¿Cuál es el número total de muertes en accidentes de tráfico relacionados con alcohol los días festivos para 2002?

c. Describe cómo organizarías este cuadro para hacerlo más significativo.

4.5 Si ruedas un dado 40 veces y 9 de las rodaduras resultan en un "5", ¿qué probabilidad empírica observas para el evento?

4.6 Explica por qué una probabilidad empírica, una proporción observada y una frecuencia relativa en realidad son tres nombres diferentes para la misma cosa.

4.7 ¿Mi clase observa demasiada televisión las noches de escuela? Ésta fue una pregunta que la Sra. Gordon planteó respecto a sus estudiantes de séptimo grado. Ella realizó una encuesta rápida en clase y descubrió los siguientes resultados:

Horas	Número
0	2
1	3
2	2
3	0
4	3
5	2
6	1

a. ¿Qué porcentaje de la clase no observa televisión las noches de escuela?

b. ¿Qué porcentaje de la clase observa cuando mucho 2 horas de televisión las noches de escuela?

c. ¿Qué porcentaje de la clase observa al menos 4 horas de televisión las noches de escuela?

4.8 Webster Aquatic Center ofrece varios niveles de lecciones de natación todo el año. Las lecciones vespertinas de lunes y miércoles en septiembre de 2008 incluyeron clases desde Bebés acuáticos hasta Adultos. El número en cada clasificación se proporciona en la siguiente tabla.

Tipos de clase natación	Núm. de participantes
Bebés acuáticos	9
Bucitos	7
Renacuajos	6
Nivel 2	11
Nivel 3	10
Nivel 4	9
Nivel 5	3
Adultos	2
Total	57

Si un participante se selecciona al azar, encuentra la probabilidad de lo siguiente:

a. El participante está en Bucitos.

b. El participante está en la lección de Adultos.

c. El participante está en una lección del Nivel 2 al Nivel 5.

4.9 La siguiente tabla muestra el número promedio de nacimientos por día en Estados Unidos, según reporta el CDC (Centros para Control de Enfermedades, por sus siglas en inglés).

Con base en esta información, ¿cuál es la probabilidad de que un bebé identificado al azar:

a. Naciera en lunes?

b. Naciera en fin de semana?

c. Naciera en martes o miércoles?

d. Naciera en miércoles, jueves o viernes?

Día	Número
Domingo	7 563
Lunes	11 733
Martes	13 001
Miércoles	12 598
Jueves	12 514
Viernes	12 396
Sábado	8 605
Total	78 410

4.10 La Encuesta de Población Actual 2007 reportó los siguientes resultados en el ingreso doméstico anual estadounidense (en miles). La encuesta es un esfuerzo conjunto entre la oficina del censo y el departamento de estadísticas laborales.

Ingreso doméstico anual	Número
Menos que \$15 000	15 506
\$15 000-\$29 999	19 842
\$30 000-\$49 999	22 739
\$50 000-\$74 999	21 268
\$75 000-\$99 999	13 841
\$100 000 o más	23 586
Total	116 782

Fuente: http://www.census.gov/

Supón que un hogar se selecciona al azar para una entrevista de seguimiento.

Encuentra la probabilidad de los siguientes eventos:

a. El ingreso doméstico anual es \$49 999 o menos.

b. El ingreso doméstico anual es $75 000 o más.

c. El ingreso doméstico anual está entre $30 000 y $99 999.

d. El ingreso doméstico anual es al menos $100 000.

4.11 Existe una gran variación en precio para universidades privadas de cuatro años en Estados Unidos. Las matrículas promedio y las tarifas 2007-2008 variaron de $3 000 a más de $36 000 al año, de acuerdo con CollegeBoard (www.collegeboard.com/). La distribución de estudiantes de pregrado de tiempo completo en instituciones privadas de cuatro años es:

Matrícula y tarifas	Porcentaje de estudiantes pregrado tiempo completo
$36 000 y más	5
$33 000 a $35 999	14
$30 000 a $32 999	8
$27 000 a $29 999	8
$24 000 a $26 999	17
$21 000 a $23 999	12
$18 000 a $20 999	11
$15 000 a $17 999	9
$12 000 a $14 999	6
$9 000 a $11 999	2
$6 000 a $8 999	2
$3 000 a $5 999	6
	100 %

Si supones que un estudiante universitario en una institución privada de cuatro años se selecciona al azar para participar en una encuesta, ¿cuál es la probabilidad de que el estudiante:

a. Asista a una universidad que cuesta menos de $12 000 al año?

b. Asista a una universidad que cuesta $30 000 o más al año?

c. Asista a una universidad que cuesta entre $15 000 y $26 999 al año?

d. Asista a una universidad que cuesta menos de $3 000 al año?

4.12 Una caja contiene uno de cada billete de $1, $5, $10 y $20.

a. Un billete se selecciona al azar; menciona el espacio muestral.

b. Dos billetes se extraen al azar (sin sustitución); menciona el espacio muestral como un diagrama de árbol.

4.13 Un número de un solo dígito se selecciona al azar.

a. Menciona el espacio muestral.

b. ¿Cuál es la probabilidad de cada dígito solo?

c. ¿Cuál es la probabilidad de un número par?

4.14 Se rueda un solo dado. ¿Cuál es la probabilidad de que el número en la parte superior sea el siguiente?

a. Un 3

b. Un número impar

c. Un número menor que 5

d. Un número no mayor que 3

4.15 Un tazón contiene dos tipos de huevos de chocolate de apariencia idéntica, envueltos en aluminio. Todos menos 42 son chocolates de leche y todos menos 35 son de chocolate oscuro.

a. ¿Cuántos de cada tipo hay en el tazón?

b. ¿Cuántos chocolates hay en el tazón?

c. Si un chocolate se selecciona al azar, ¿cuál es la probabilidad de que sea chocolate de leche?

d. Si un chocolate se selecciona al azar, ¿cuál es la probabilidad de que sea chocolate de leche u oscuro?

e. Si un chocolate se selecciona al azar, ¿cuál es la probabilidad de que sea chocolate de leche y oscuro?

4.16 Un tazón contiene tres tipos de huevos de chocolate de apariencia idéntica, envueltos en aluminio. Todos menos 50 son chocolate de leche, todos menos 50 son de chocolate oscuro y todos menos 50 son de chocolate semiamargo.

a. ¿Cuántos chocolates hay en el tazón?

b. ¿Cuántos de cada tipo hay en el tazón?

c. Si un chocolate se selecciona al azar, ¿cuál es la probabilidad de que sea chocolate de leche?

d. Si un chocolate se selecciona al azar, ¿cuál es la probabilidad de que sea chocolate de leche u oscuro?

e. Si un chocolate se selecciona al azar, ¿cuál es la probabilidad de que sea chocolate de leche y oscuro?

4.17 Usa la tabla de números aleatorios (apéndice B), una calculadora o una computadora (véase la p. 90) para simular lo siguiente:

a. La rodadura de un dado 50 veces; expresa tus resultados como frecuencias relativas.

b. El lanzamiento de una moneda 100 veces; expresa tus resultados como frecuencias relativas.

4.18 Usa la tabla de números aleatorios (apéndice B), una calculadora o una computadora (véase la p. 90), para simular la selección aleatoria de 100 números de un solo dígito, del 0 al 9.

a. Menciona los 100 dígitos.

b. Prepara una distribución de frecuencias relativas de los 100 dígitos.

c. Prepara un histograma de frecuencias relativas de la distribución del inciso b.

4.19 Rueda un par de dados. En el ejemplo 4.3 se discutió la probabilidad para cada una de las posibles sumas y se encontraron tres de las probabilidades, $P(2)$, $P(3)$ y $P(4)$. Encuentra la probabilidad para cada una de las sumas restantes de los dos dados: $P(5)$, $P(6)$, $P(7)$, $P(8)$, $P(9)$, $P(10)$, $P(11)$ y $P(12)$.

4.20 Rueda dos dados. Encuentra las probabilidades en los incisos b-e. Usa el espacio muestral dado en el ejemplo 4.3 (p. 175).

a. ¿Por qué el conjunto $\{2, 3, 4, \ldots, 12\}$ no es un espacio muestral útil?

b. P(dado blanco es número impar)

c. P(suma es 6)

d. P(ambos dados muestran números impares)

e. P(número en dado negro es mayor que número en dado blanco)

4.21 Toma dos dados (uno blanco y uno de color) y ruédalos 50 veces; registra los resultados como pares ordenados [(blanco, color); por ejemplo (3, 5), representa 3 en el dado blanco y 5 en el dado de color]. (Podrías simular estas 50 rodaduras con una tabla de números aleatorios o una computadora.) Después calcula cada probabilidad observada:

a. P'(dado blanco es número impar)

b. P'(suma es 6)

c. P'(ambos dados muestran números impares)

d. P'(número en dado de color es mayor que número en dado blanco)

e. Explica por qué dichas respuestas y las que encontraste en el ejercicio 4.20 no son exactamente iguales.

4.22 Usa una tabla de números aleatorios o una computadora para simular la rodadura de un par de dados 100 veces.

a. Menciona los resultados de cada rodadura como un par ordenado y una suma.

b. Prepara una distribución de frecuencias no agrupadas y un histograma de las sumas.

c. Describe cómo dichos resultados se comparan con lo que esperas ocurra cuando dos dados se ruedan.

MINITAB

Elige:	**Calc > Random Data > Integer**
Escribe:	Número de filas a generar: **100**
	Almacenar en columna(s): **C1 C2**
	Valor mínimo: **1**
	Valor máximo: **6 > OK**
Elige:	**Calc > Calculator**
Escribe:	Almacenar resultado en variable: **C3**
	Expresión: **C1 + C2 > OK**
Elige:	**Stat > Tables > Tally Individual Variables**
Escribe:	Variable: **C3**
Selecciona:	**Counts > OK**

Usa los comandos MINITAB de la página 52 para construir un histograma de frecuencias de los datos en C3. (Usa Binning > midpoint y posiciones de punto medio 2:12/1 si es necesario.)

Excel

Escribe 1, 2, 3, 4, 5, 6 en la columna A, etiqueta C1: **Dado1**; D1: **Dado2**; E1: **Rodar** y activa B1.

Elige:	**Home > Number pulldown >**
	Number > Category: Number
Escribe:	Lugares decimales: **8 > OK**
Escribe:	1/6 en B1
Arrastra:	**Esquina inferior derecha de B1 abajo para 6 entradas**
Elige:	**Data > Data Analysis > Random**
	Number Generation > OK
Escribe:	Número de variables: **2**
	Número de números aleatorios: **100**
	Distribución: **Discrete**
	Valor y rango de entrada de probabilidad:
	(A1:B6 o selecciona celdas)
Selecciona:	**Output Range**
Escribe:	**(C2 o selecciona celdas) > OK**

Activa la celda **E2**.

Escribe:	= C2 + D2 > **Enter**
Arrastra:	**Esquina inferior derecha de E2 abajo para 100 entradas**
Elige:	**Insert > Tables > Pivot Table**
	pulldown > Pivot Chart
Selecciona:	**Selecciona una tabla o rango**
Escribe:	Rango: **(E1:E101 o selecciona celdas) > Next**
Selecciona:	**Hoja de cálculo existente**
Escribe:	(F1 o **selecciona celdas) > OK**

En tabla pivote

Arrastra:	**Encabezado "Rueda" en ambos Campos Eje y Σ área de valores**
Selecciona:	**Defer Layout Update > Update**

Haz doble clic en "suma de rueda" en el recuadro del área de datos; después continúa con:

Selecciona:	Resumir por: **Count**

Etiqueta la columna J "sumas" e ingresa los números 2, 3, 4,..., 12 en ella. Usa los comandos de histograma de Excel de la página 53 con la columna E como el rango de entrada y la columna J como el rango de caja, o usa el cuadro dado.

TI-83/84 Plus

Elige:	**MATH > PRB > 5:randInt(**
Escribe:	**1,6, 100)**
Elige:	**STO → > 2nd L1**

Repite lo anterior para L2.

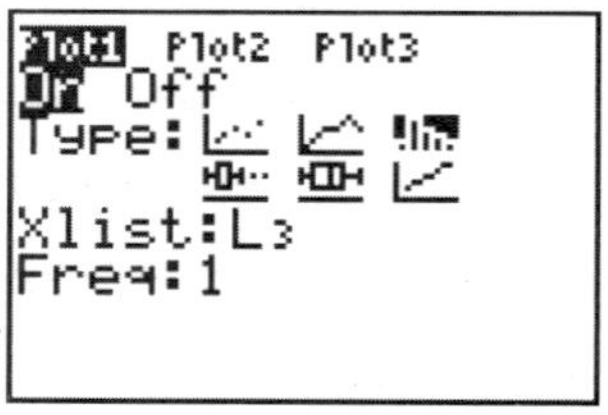

Elige:	STAT > EDIT >
	1:Edit
Resalta:	L3
Escribe:	L3 = L1 + L2
Elige:	2nd > STAT PLOT >
	1:Plot1
Elige:	WINDOW
Escribe:	–.5, 12.5, 1, –10, 40, 10, 1
Elige:	TRACE > > >

4.23 Sea x la clasificación de éxito de un nuevo programa de televisión. La siguiente tabla menciona las probabilidades subjetivas asignadas a cada x para un nuevo programa particular por tres diferentes críticos de medios. ¿Cuál de estos conjuntos de probabilidades son inadecuados porque violan una regla básica de probabilidad? Explica.

	Crítico		
	A	**B**	**C**
Enormemente exitoso	0.5	0.6	0.3
Exitoso	0.4	0.5	0.3
No exitoso	0.3	−0.1	0.3

4.24 a. Una moneda equilibrada se lanza dos veces. Menciona un espacio muestral que presente los posibles resultados.

b. Una moneda con truco (favorece las caras en una razón de 3 a 1) se lanza dos veces. Menciona un espacio muestral que presente los posibles resultados.

4.25 Un grupo de archivos en una clínica médica clasifica a los pacientes por género y por tipo de diabetes (tipo 1 o tipo 2). Los agrupamientos pueden mostrarse del modo siguiente. La tabla proporciona el número en cada clasificación.

	Tipo de Diabetes	
Género	**1**	**2**
Hombre	30	15
Mujer	35	20

a. Muestra la información en esta tabla 2 × 2 como un diagrama de Venn usando "tipo 1" y "hombre" como los dos eventos mostrados como círculos. Explica cómo el diagrama de Venn y la tabla dada 2 × 2 muestran la misma información.

Si un archivo se selecciona al azar, encuentra la probabilidad de lo siguiente:

b. El individuo seleccionado es mujer.

c. El individuo seleccionado tiene diabetes tipo 2.

4.26 Los investigadores han estado interesados desde hace mucho tiempo en la relación entre tabaquismo y cáncer pulmonar. La siguiente tabla muestra los porcentajes de mujeres adultas observadas en un estudio reciente.

	Fuma	**No fuma**
Tiene cáncer	0.06	0.03
No tiene cáncer	0.15	0.76

a. Muestra la información en esta tabla 2 × 2 como un diagrama de Venn usando "fuma" y "tiene cáncer" como los dos eventos mostrados como círculos. Explica cómo el diagrama de Venn y la tabla dada 2 × 2 muestran la misma información.

Supón que una mujer adulta se selecciona al azar de esta población particular. ¿Cuál es la probabilidad de lo siguiente?

b. Fuma y tiene cáncer.

c. Fuma.

d. No tiene cáncer.

e. No fuma o no tiene cáncer.

f. Tiene cáncer si fuma.

g. No tiene cáncer y se sabe que no fuma.

4.27 Una tienda de autopartes vende partes tanto nuevas como usadas. Sesenta por ciento de las partes en el almacén son usadas. Sesenta y uno por ciento son usadas o defectuosas. Si 5% de las partes de la tienda son defectuosas, ¿qué porcentaje es tanto usado como defectuoso? Resuelve usando un diagrama de Venn.

4.28 Funcionarios sindicales reportan que 60% de los trabajadores en una gran fábrica pertenecen al sindicato, 90% ganan más de \$12 por hora y 40% pertenecen al sindicado y ganan más de \$12 por hora. ¿Son creíbles estos porcentajes? Explica. Resuelve usando un diagrama de Venn.

4.29 a. Explica qué se entiende por el enunciado: "Cuando se rueda un solo dado, la probabilidad de un 1 es $\frac{1}{6}$".

b. Explica qué se entiende por el enunciado: "Cuando se lanza una moneda una vez, hay una posibilidad de 50-50 de obtener cara".

4.30 Ejercicio Applet Skillbuilder Demuestra la ley de grandes números y también te permite ver si tienes poderes psíquicos. Repite las simulaciones al menos 50 veces y adivina entre elegir una carta roja o una carta negra de un mazo de cartas.

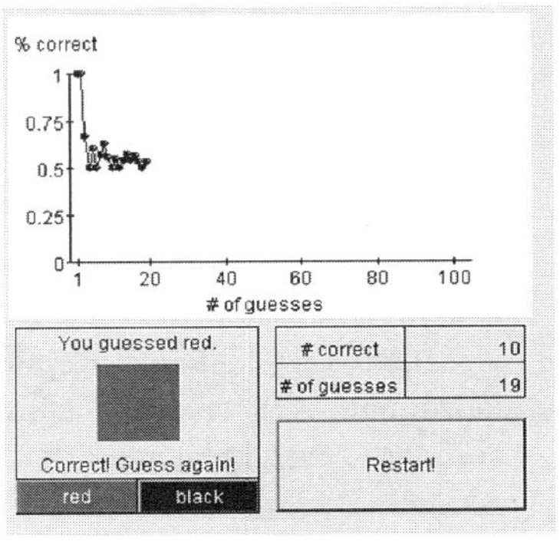

a. ¿Qué proporción del tiempo adivinas correctamente?

b. Conforme realizas más pronósticos, ¿tus proporciones comienzan a estabilizarse? Si es así, ¿en qué valor? ¿Este valor tiene sentido para el experimento? ¿Por qué?

c. ¿Cómo puedes saber si tienes PES (percepción extrasensorial)?

4.31 Un experimento consiste en dos ensayos. El primero es lanzar una moneda y observar si aterriza con cara o cruz hacia

Applets Skillbuilder disponibles en línea a través de cengagebrain.com.

arriba; el segundo es rodar un dado y observar 1, 2, 3, 4, 5 o 6.

a. Construye el espacio muestral con un diagrama de árbol.

b. Menciona tus resultados como pares ordenados, con el primer elemento que representa la moneda y el segundo, el dado.

4.32 Usa una computadora (o una tabla de números aleatorios) para simular 200 ensayos del experimento descrito en el ejercicio 4.31: el lanzamiento de una moneda y la rodadura de un dado. Sea 1 = H (cara) y 2 = T (cruz) para la moneda y 1, 2, 3, 4, 5, 6 para el dado. Reporta tus resultados con una tabla cruzada que muestre la frecuencia de cada resultado.

a. Encuentra la frecuencia relativa para cara.

b. Encuentra la frecuencia relativa para 3.

c. Encuentra la frecuencia relativa para (H, 3).

4.33 Con una moneda, realiza el experimento discutido en las páginas 180-181. Lanza una moneda 10 veces, observa el número de caras (o coloca 10 monedas en una taza, agítala y vacíala en una caja; usa cada lanzamiento para un bloque de 10) y registra los resultados. Repite hasta que tengas 200 lanzamientos. Forma un cuadro y grafica los datos como conjuntos individuales de 10 y como frecuencias relativas acumuladas. ¿Tus datos tienden a apoyar la afirmación de que $P(\text{cara}) = \frac{1}{2}$? Explica.

4.34 Un *kiss* de chocolate se lanzará al aire y aterrizará sobre una superficie lisa dura (similar a lanzar una moneda o rodar un dado).

a. ¿Qué proporción del tiempo crees que el *kiss* aterrizará "punta arriba"  (en oposición a "punta abajo" ?

b. Estima la probabilidad de que un *kiss* de chocolate aterrice "punta arriba" cuando aterrice sobre una superficie lisa dura después de lanzarlo. Con un *kiss* de chocolate, todavía con la envoltura, realiza el experimento de dados discutido en las páginas 180-181. Lanza el *kiss* 10 veces, registra el número de aterrizajes "punta arriba" (o coloca 10 *kisses* en una taza, agítala y vacíala en una superficie lisa dura; usa cada lanzamiento para un bloque de 10) y registra los resultados. Repite hasta que tengas 200 lanzamientos. Forma una tabla y grafica los datos como conjuntos individuales de 10 y como frecuencias relativas acumuladas.

c. ¿Cuál es tu mejor estimación para la verdadera *P*()? Explica.

d. Si se lanzaran *kisses* sin envoltura, ¿cuál crees que sería la probabilidad de los aterrizajes "punta arriba"? ¿Sería diferente? Explica.

e. Desenvuelve los *kisses* de chocolate del inciso b y repite el experimento.

f. ¿Los resultados del inciso e son lo que anticipaste? Explica.

4.35 Una caja contiene canicas de cinco colores diferentes: rojo, verde, azul, amarillo y morado. Hay un número igual de cada color. Asigna probabilidades a cada color en el espacio muestral.

4.36 Supón que una caja de canicas contiene igual número de canicas rojas y amarillas, pero el doble de canicas verdes que de canicas rojas. Saca una canica de la caja y observa su color. Asigna probabilidades a los elementos en el espacio muestral.

4.37 Si cuatro veces más estudiantes aprueban un curso de estadística que los que reprueban y un estudiante de estadística se selecciona al azar, ¿cuál es la probabilidad de que el estudiante aprobará estadística?

4.38 Los eventos A, B y C se definen en el espacio muestral S. Sus correspondientes conjuntos de puntos muestrales no intersecan y su unión es S. Más aún, el evento B es dos veces más probable que ocurra que el evento A y el evento C es dos veces más probable que ocurra que el evento B. Determina la probabilidad de cada uno de los tres eventos.

4.39 Las posibilidades para que los Santos ganen el Super Tazón del próximo año son de 1 a 6.

a. ¿Cuál es la probabilidad de que los Santos ganen el Super Tazón del próximo año?

b. ¿Cuáles son las posibilidades en contra de que los Santos ganen el Super Tazón del próximo año?

4.40 La temporada varonil de básquetbol NCAA comienza con 327 equipos universitarios, todos soñando en llegar a "el gran baile" y lograr el campeonato nacional. Para el torneo se seleccionan 65 equipos y sólo uno gana todo.

a. ¿Cuáles son las posibilidades en contra de que un equipo se seleccione para el torneo?

b. ¿Cuáles son las posibilidades de un equipo que está en el torneo de ganar el campeonato nacional?

c. ¡Espera un minuto! ¿Qué suposición hiciste para responder las preguntas anteriores? ¿Esto parece real?

4.41 Alan Garole fue un *jockey* en la carrera Saratoga Springs durante la temporada del 23/7/08 al 1/9/08. Tuvo 195 arrancadas, con 39 primeros lugares, 17 segundos lugares y 28 terceros lugares. Si todas las condiciones de la temporada de carreras 2008 se mantuvieran para Alan Garole al inicio de la temporada 2009, ¿cuáles habrían sido:

a. Las posibilidades en favor de que Alan Garole termine en primer lugar durante la temporada de carreras 2009 en Saratoga?

b. La probabilidad de que Alan Garole llegue en primer lugar durante la temporada de carreras 2009 en Saratoga?

c. Las posibilidades en favor de la clasificación de Alan Garole (que termine en primer, segundo o tercer lugar) durante la temporada de carreras 2009 en Saratoga?

d. Las probabilidades de la clasificación de Alan Garole durante la temporada de carreras 2009 en Saratoga?

e. Con base en los estadísticos anteriores, ¿apostarías que Alan Garole llegará en primero o se clasificará? ¿Por qué?

4.42 El ejemplo aplicado 4.8, "Llegar al siguiente nivel", de la página 182, usa dos grandes balones de fútbol en el fondo de la gráfica. Si la escala usada para la parte superior de la gráfica se usara para los estudiantes de último año de bachillerato, ¿cuántos balones de fútbol pequeños se necesitarían?

4.43 Muchos jóvenes aspiran a convertirse en atletas profesionales. Sólo algunos lo consiguen, como se indica en la tabla.

Estudiantes atletas	Béisbol
Estudiantes atletas de bachillerato	470 671
Estudiantes atletas último año de bachillerato	134 477
Estudiantes atletas NCAA	28 767
Posiciones de plantilla NCAA de primer año	8 219
Estudiantes atletas NCAA de último año	6 393
Estudiantes atletas NCAA seleccionados	600

a. ¿Cuáles son las posibilidades en favor de que un atleta de bachillerato juegue como estudiante de último año NCAA?

b. ¿Cuáles son las posibilidades en contra de que un jugador varonil de béisbol, que llegue a posición de primer año NCAA, sea seleccionado por un equipo profesional?

c. ¿Cuál es la probabilidad de que un estudiante atleta de último año de bachillerato sea seleccionado por un equipo profesional de béisbol?

d. ¿Cuál es la probabilidad de que un estudiante atleta de último año de bachillerato, todavía juegue béisbol como estudiante atleta de último año NCAA?

4.44 Muchas mujeres jóvenes aspiran a convertirse en atletas profesionales. Sólo algunas lo consiguen, como se indica en la tabla.

Estudiantes atletas	Básquetbol femenil
Estudiantes atletas de bachillerato	452 929
Estudiantes atletas último año bachillerato	129 408
Estudiantes atletas NCAA	15 096
Posiciones de plantilla NCAA de primer año	4 313
Estudiantes atletas NCAA de último año	3 355
Estudiantes atletas NCAA seleccionadas	32

a. ¿Cuáles son las posibilidades en favor de que una atleta de bachillerato sea seleccionada por un equipo de básquetbol profesional?

b. ¿Cuáles son las posibilidades en contra de que una jugadora de básquetbol, que esté en la plantilla universitaria de primer año, juegue como estudiante de último año?

c. ¿Cuál es la probabilidad de que una estudiante atleta de último año de bachillerato sea seleccionada por un equipo profesional de básquetbol?

d. ¿Cuál es la probabilidad de que una estudiante atleta de último año NCAA sea seleccionada por un equipo de básquetbol profesional?

4.45 Un tazón contiene cuatro tipos de huevos de chocolate de apariencia idéntica, envueltos en aluminio. Todos menos 50 de ellos son de chocolate de leche, todos menos 50 son de chocolate oscuro, todos menos 50 son de chocolate semiamargo y todos menos 60 son de chocolate blanco.

a. ¿Cuántos huevos de chocolate hay en el tazón?

b. ¿Cuántos de cada tipo de chocolate hay en el tazón?

c. Si un chocolate se selecciona al azar, ¿cuál es la probabilidad de que sea chocolate blanco?

d. Si un chocolate se selecciona al azar, ¿cuál es la probabilidad de que sea chocolate blanco o de leche?

e. Si un chocolate se selecciona al azar, ¿cuál es la probabilidad de que sea chocolate de leche y oscuro?

f. Si dos chocolates se seleccionan al azar, ¿cuál es la probabilidad de que ambos sean de chocolate blanco?

g. Si dos chocolates se seleccionan al azar, ¿cuál es la probabilidad de que uno sea de chocolate oscuro y uno sea de chocolate semiamargo?

h. Si dos chocolates se seleccionan al azar, ¿cuál es la probabilidad de que ninguno sea de chocolate de leche?

4.46 Un tazón contiene 100 huevos de chocolate de apariencia idéntica, envueltos en aluminio. Los huevos son de chocolate de leche, de chocolate oscuro; con relleno, o de nuez, o de pasas. Todos menos 40 de ellos son de chocolate de leche, todos menos 56 son de nuez y todos menos 29 están llenos de nuez o son de chocolate de leche.

a. ¿Cuántos de cada tipo de chocolate hay en el tazón?

b. Si un chocolate se selecciona al azar, ¿cuál es la probabilidad de que sea chocolate de leche?

c. Si un chocolate se selecciona al azar, ¿cuál es la probabilidad de que sea oscuro o con pasas?

(continúa en la página 190)

d. Si un chocolate se selecciona al azar, ¿cuál es la probabilidad de que sea oscuro o con pasas?

e. Si un chocolate se selecciona al azar, ¿cuál es la probabilidad de que no sea oscuro ni con pasas?

f. Si un chocolate se selecciona al azar, ¿cuál es la probabilidad de que no sea oscuro pero sí de nuez?

g. Si un chocolate se selecciona al azar, ¿cuál es la probabilidad de que sea de leche o de nuez?

4.47 ¿Cuál de los siguientes ilustra la probabilidad? ¿La estadística?

a. Determinar cuán probable es que un "6" resulte cuando se ruede un dado.

b. Estudiar los pesos de 35 bebés para estimar la ganancia de peso en el primer mes después del nacimiento.

4.48 ¿Cuál de los siguientes ilustra la probabilidad? ¿La estadística?

a. Recolectar el número de horas crédito de 100 estudiantes para estimar el número promedio de horas crédito por estudiante en una universidad pública particular.

b. Determinar cuán probable es ganar la lotería de Nueva York.

4.49 Clasifica cada uno de los siguientes como un problema de probabilidad o uno de estadística:

a. Determinar si un nuevo medicamento reduce el tiempo de recuperación de cierta enfermedad.

b. Determinar la posibilidad de que resulte cara cuando se lance una moneda.

c. Determinar la cantidad de tiempo de espera requerido para salir de cierta tienda.

d. Determinar la posibilidad de que te repartan un "black jack".

4.50 Clasifica cada uno de los siguientes como un problema de probabilidad o uno de estadística:

a. Determinar cuánto tiempo tarda en responderse una consulta telefónica típica en una oficina de bienes raíces.

b. Determinar la esperanza de vida de una bombilla de 100 watts producida por una compañía.

c. Determinar la posibilidad de sacar una bola azul de un tazón que contiene 15 bolas, de las cuales 5 son azules.

d. Determinar la resistencia al corte de los remaches que tu compañía recién compró para construir aviones.

e. Determinar la posibilidad de sacar "dobles" cuando ruedas un par de dados

4.2 Probabilidad condicional de eventos

Muchas de las probabilidades que ves o escuchas diariamente son resultado de condiciones existentes en el momento. En esta sección aprenderás acerca de las *probabilidades condicionales*.

Probabilidad condicional de que un evento ocurrirá Una probabilidad condicional es la frecuencia relativa con la que puede esperarse que ocurra un evento bajo la condición de que se conoce información adicional preexistente acerca de algún otro evento. $P(A \mid B)$ se usa para simbolizar la probabilidad de que el evento A ocurre bajo la condición de que ya se conoce la existencia del evento B.

Algunas formas de decir o expresar la probabilidad condicional, $P(A \mid B)$, son:

1. La *"probabilidad de* A, *dado* B"
2. La *"probabilidad de* A, *con* B *conocido"*
3. La *"probabilidad de que ocurra* A, *sabiendo que* B *ya ocurrió"*

El concepto de probabilidad condicional en realidad es muy familiar y ocurre con mucha frecuencia sin que incluso uno esté consciente de ello. Las noticias en los medios de comunicación con frecuencia reportan muchos valores de probabilidad condicional. Sin embargo, no aclaran que se trata de una probabilidad condicional y simplemente pasa como aritmética cotidiana, como ilustra el siguiente ejemplo.

EJEMPLO 4.9

CÓMO ENCONTRAR PROBABILIDADES A PARTIR DE UNA TABLA DE PORCENTAJES

A partir de una encuesta de salida nacional de 13 660 votantes en 250 distritos a lo largo del país durante la elección presidencial de 2008, se tiene lo siguiente:

Género	Porcentaje de votantes	Porcentaje para Obama	Porcentaje para McCain	Porcentaje para otros
Hombres	**48**	44	54	2
Mujeres	52	56	**46**	1
Edad				
18 a 29	**14**	63	36	1
30 a 44	27	44	55	1
45 a 64	39	45	44	1
65 y más	20	**52**	48	0

Todos los porcentajes de la tabla anterior están al entero más cercano.

Una persona se selecciona al azar de la muestra de 13 660 votantes. Con la tabla, encuentra las respuestas a las siguientes preguntas de probabilidad.

1. ¿Cuál es la probabilidad de que la persona seleccionada sea hombre?
   Respuesta: **0.48**.
   Expresado en forma de ecuación:
   P(votante seleccionado es hombre) = 0.48
2. ¿Cuál es la probabilidad de que la persona seleccionada sea de edad 18 a 29?
   Respuesta: **0.14**.
   Expresado en forma de ecuación:
   P(votante seleccionado es de edad 18 a 29) = 0.14
3. ¿Cuál es la probabilidad de que la persona seleccionada votó por McCain, sabiendo que el votante era mujer? Respuesta: **0.46**.
   Expresado en forma de ecuación: $P(\text{McCain} \mid \text{mujer}) = 0.46$
4. ¿Cuál es la probabilidad de que la persona seleccionada votó por Obama, si el votante tenía 65 o más? Respuesta: **0.52**.
   Expresado en forma de ecuación: $P(\text{Obama} \mid 65 \text{ o más}) = 0.52$

Nota: las primeras dos son probabilidades simples, mientras que las últimas dos son probabilidades condicionales.

EJEMPLO 4.10

CÓMO ENCONTRAR PROBABILIDADES A PARTIR DE UNA TABLA DE CONTEO DE DATOS

A partir de una encuesta de salida nacional de 1 000 votantes en 25 distritos en todo el país durante la elección presidencial 2008, se tiene lo siguiente:

Educación	Número por Obama	Número por McCain	Número por otros	Número de votantes
No bachillerato	19	20	1	40
Grado bachillerato	114	103	3	220
Universidad incompleta	172	147	1	320
Título universitario	135	119	6	260
Posgrado	70	88	2	160
	510	477	13	1000

Una persona se selecciona al azar de la muestra anterior de 1 000 votantes. Con la tabla, encuentra las respuestas a las siguientes preguntas de probabilidad.

1. ¿Cuál es la probabilidad de que la persona seleccionada haya votado por McCain, sabiendo que el votante es graduado de bachillerato?
   Respuesta: **103/220** = 0.46818 = 0.47.
   Expresado en forma de ecuación:
   P(McCain | grado bachillerato) = 103/220 = 0.46818 = 0.47
2. ¿Cuál es la probabilidad de que la persona seleccionada haya votado por Obama, dado que el votante tiene alguna educación universitaria?
   Respuesta: **172/320** = 0.5375 = 0.54.
   Expresado en forma de ecuación:
   P(Obama | universidad incompleta) = 172/320 = 0.5375 = 0.54
3. Si sabes que la persona seleccionada votó por McCain, ¿cuál es la probabilidad de que el votante tenga una educación de posgrado?
   Respuesta: **88/477** = 0.1844 = 0.18.
   Expresado en forma de ecuación:
   P(posgrado | McCain) = 88/477 = 0.1844 = 0.18
4. Dado que la persona seleccionada votó por Obama, ¿cuál es la probabilidad de que el votante no tenga educación de bachillerato?
   Respuesta: **19/510** = 0.0372 = 0.04.
   Expresado en forma de ecuación:
   P(no bachillerato | Obama) = 19/510 = 0.0372 = 0.04

Notas:

1. La notación de probabilidad condicional es muy informativa y útil. Cuando expresas una probabilidad condicional en forma de ecuación, tienes la ventaja de usar la notación más completa; de esa forma, cuando leas nuevamente la información, toda la información estará ahí.
2. Cuando encuentres una probabilidad condicional, algunas de las posibilidades se eliminarán tan pronto como la condición se conozca. Considera la pregunta 4 del ejemplo 4.10. Tan pronto como se enuncia el condicional "dado que la persona seleccionada votó por Obama", se eliminan los 447 que votaron por McCain y los 13 que votaron por otros, lo que deja los 510 posibles resultados.

EJERCICIOS SECCIÓN 4.2

4.51 A 300 televidentes se les pregunta si estuvieron satisfechos con la cobertura de televisión de un desastre reciente.

	Mujer	Hombre
Satisfecho	80	55
No satisfecho	120	45

Un televidente se selecciona al azar de dicha encuesta.

a. Encuentra P(satisfecho) c. Encuentra $P(S \mid \text{hombre})$

b. Encuentra $P(S \mid \text{mujer})$

4.52 Las mañanas de sábado son momentos atareados en el Centro Acuático Webster. Las lecciones de natación, que van desde Nivel 2 de Cruz Roja, habilidades acuáticas fundamentales, hasta Nivel 6 de Cruz Roja, pericia en natación y habilidades, se ofrecen durante dos sesiones.

Nivel	Número de personas en clase de 10 a.m.	Número de personas en clase de 11 a.m.
2	12	12
3	15	10
4	8	8
5	2	0
6	2	0

Lauren, la coordinadora del programa, seleccionará al azar a un nadador para entrevistarlo para un anuncio publicitario en la televisión local acerca del centro y de su programa de natación. ¿Cuál es la probabilidad de que el nadador seleccionado esté en las siguientes?

a. Una clase de nivel 3.

b. La clase de 10 a.m.

c. Una clase de nivel 2, dado que es la sesión de 10 a.m.

d. La sesión de 11 a.m., dado que es la clase de nivel 6.

4.53 *The World Factbook,* 2008, reporta que los aeropuertos estadounidenses tienen los siguientes números de metros de pistas de aterrizaje que están pavimentadas, o no están pavimentadas.

	Número de aeropuertos	
Pista aterrizaje total (metros)	**Pavimentado**	**No pavimentado**
Más de 3 047 m	190	0
2 438 a 3 047 m	227	6
1 524 a 2 437 m	1 464	156
914 a 1 523 m	2 307	1 734
Abajo de 914 m	958	7 909
Total	5 146	9 805

Fuente: *The World Factbook*, enero de 2008. https://www.cia.gov/

Si uno de dichos aeropuertos se selecciona al azar para inspección, ¿cuál es la probabilidad de que tendrá

a. pistas de aterrizaje pavimentadas?

b. 914 a 2 437 metros de pista de aterrizaje?

c. menos de 1 524 metros de pistas de aterrizaje y no estén pavimentadas?

d. más de 2 437 metros de pista de aterrizaje y estén pavimentadas?

e. pista de aterrizaje pavimentada, dado que tiene más de 1 523 metros de pista de aterrizaje?

f. pista de aterrizaje no pavimentada, si sabes que tiene menos de 1 524 metros de pista de aterrizaje?

g. menos de 1 524 metros de pista de aterrizaje, dado que no está pavimentada?

4.54 Durante el semestre de primavera 2009 en Monroe Community College, a una muestra aleatoria de estudiantes se le preguntó acerca de su conocimiento del significado de "sostenibilidad". La principal motivación para la encuesta fue investigar cómo los estudiantes interesados pueden estar en un certificado de sostenibilidad y descubrir el mejor medio de informarles dicha opción. La siguiente tabla menciona cuántos de los 224 estudiantes estuvieron de acuerdo con el enunciado "La sostenibilidad es importante para mí".

Nivel de acuerdo con el enunciado "La sostenibilidad es importante para mí"

Generación (edades)	Totalmente de acuerdo	De acuerdo	Desacuerdo	Fuertemente en desacuerdo	Total
Milenio Y (18 a 29)	74	109	11	1	195
Generación X (30 a 44)	14	8	1	0	23
Baby boomers (45+)	2	3	0	1	6
Todos los entrevistados	90	120	12	2	224

Fuente: Monroe Community College, encuesta de certificado de sostenibilidad

Encuentra la probabilidad de que una estudiante seleccionada al azar:

a. esté "totalmente de acuerdo" en que la sostenibilidad es importante para ella.

b. pertenezca a la Generación X.

c. esté en "descuerdo" con la importancia de la sostenibilidad para ella, dado que pertenece a la generación Milenio Y.

d. pertenezca a los *baby boomers*, dado que ella está de "acuerdo" con la importancia de la sostenibilidad.

4.55 Un artículo del *USA Today*, "Yum Brands construye dinastía en China" (7 de febrero de 2005), reporta acerca de cómo Yum Brands, la compañía restaurantera más grande del mundo, lleva la industria de la comida rápida a China, India y otros grandes países. Yum Brands, una derivada de PepsiCo, tuvo un crecimiento con ganancias de dos dígitos el año pasado.

Ubicación y número de tiendas de comida rápida Yum Brands

Tienda	EUA	Extranjero	Total
KFC	5 450	7 676	13 126
Pizza Hut	6 306	4 680	10 986
Taco Bell	5 030	193	5 223
Long John Silver's	1 200	33	1 233
A&W All-American	485	209	694
Total	18 471	12 791	31 262

Fuente: *USA Today*, 7 de febrero de 2005 y Yum Brands

(continúa en la página 194)

Supón que, cuando el CEO de Yum Brands fue entrevistado para este artículo, se le plantearon las siguientes preguntas. ¿Cómo podría responder con base en el cuadro?

a. ¿Qué porcentaje de sus ubicaciones están en Estados Unidos?

b. ¿Qué porcentaje de sus ubicaciones están en el extranjero?

c. ¿Qué porcentaje de sus tiendas son Pizza Hut?

d. ¿Qué porcentaje de sus tiendas son Taco Bell, dado que la ubicación es Estados Unidos?

e. ¿Qué porcentaje de sus tiendas están en el extranjero, dado que la tienda es un A&W All-American?

f. ¿Qué porcentaje de sus tiendas son KFC, dado que la ubicación está en el extranjero?

g. ¿Qué percibes acerca de sus respuestas a los incisos f y g? ¿Por qué ocurre esto?

4.56 En 2007, datos de dos encuestas de comportamiento riesgoso juvenil, se analizaron para investigar el uso del cinturón de seguridad entre estudiantes de bachillerato con edades de 16 o más. Los resultados se publicaron en el número de septiembre 2008 del *American Journal of Preventive Medicine*. Los resultados (en porcentajes) incluyen la tabla que se presenta a continuación:

Si un estudiante se selecciona al azar de esta población, ¿cuál es la probabilidad de que el estudiante seleccionado:

a. siempre use cinturón de seguridad cuando conduzca y siempre use cinturón de seguridad cuando es pasajero?

b. siempre use cinturón de seguridad cuando conduce mas no siempre cuando es pasajero, dado que tiene 18 años o más?

c. no siempre use cinturón de seguridad cuando conduce pero siempre lo hace cuando es pasajero, si sabes que tiene 16?

d. siempre use cinturón de seguridad cuando conduce?

e. no siempre use cinturón de seguridad cuando conduce y tiene 17 años de edad?

4.57 La American Community Survey reportó sus hallazgos acerca de los principales medios de transporte de los trabajadores para ir al trabajo durante 2007.

Medios de transporte	Número (miles)
Todos los trabajadores	139 260
Automóvil	120 442
Conduce él mismo	105 955
Auto compartido	14 487
2 personas	11 139
3 personas	1 963
4+ personas	1 385
Transporte público[1]	6 801
Taxi	179
Bicicleta o motocicleta	949
Sólo camina	3 954
Otros medios[2]	1 258
Trabaja en casa	5 677

NOTA: principales medios de transporte se refiere al modo que usa con más frecuencia un individuo.
[1] Transporte público se refiere a autobús, tranvía, subterráneo o tren elevado.
[2] Otros medios incluyen transbordadores, trenes de superficie y servicio de camioneta.

Fuente: U.S. Census Bureau, Bureau of Transportation Statistics, 2007 American Community Survey, http://factfinder.census.gov/

a. El total de columna no se incluye porque sería un valor insignificante. Examina la tabla y explica por qué.

Una persona se selecciona y se le hacen preguntas adicionales como parte de este sondeo. Si dicha persona se selecciona al azar, encuentra la probabilidad para cada uno de los siguientes eventos.

b. La persona seleccionada es miembro de un automóvil compartido.

c. La persona seleccionada es miembro de un automóvil compartido de 2 personas, dado que tiene automóvil compartido.

d. La persona seleccionada no llega en automóvil.

e. La persona seleccionada usa transporte público, si sabes que no usa automóvil.

4.58 Los cinco colores más populares para automóviless deportivos/compactos fabricados durante el año de modelo 2006 en Norteamérica se reportan aquí en porcentajes.

Deportivo/compacto	Porcentaje
1. Plata	18
2. Negro	15
3. Gris	15
4. Rojo	15
5. Azul	13

Fuente: DuPont Herberts Automotive Systems, Troy, Mich. 2006 DuPont Automotive Color Popularity Survey Results. http://www.infoplease.cpm/

Tabla para el ejercicio 4.56

	Siempre usa cuando conduce		No siempre usa cuando conduce	
Característica	**Siempre usa cuando es pasajero**	**No siempre usa cuando es pasajero**	**Siempre usa cuando es pasajero**	**No siempre usa cuando es pasajero**
Total	38.4	20.6	3.4	37.6
Edad (años)				
16	38.2	22.5	3.2	36.1
17	38.1	19.9	3.6	38.4
≥18	39.4	18.4	3.6	38.6

Fuente: http://www.ajpm-online.net/

a. ¿Por qué la columna de porcentajes no totaliza 100%?

b. ¿Por qué todas las probabilidades se basan en esta tabla condicional? ¿Cuál es dicha condición?

c. ¿Tu color favorito aparece en la lista?

Si eliges al azar un automóvil deportivo/compacto 2006 de entre todos los automóviles deportivos/compactos fabricados en Estados Unidos en 2006, ¿cuál es la probabilidad de que su color sea

d. negro, plata, gris, rojo o azul?

e. no plata?

f. negro, si sabes que el automóvil deportivo/compacto tiene uno de los cinco colores más populares?

g. negro, si sabes que el automóvil deportivo/compacto tiene uno de los cinco colores más populares, mas no rojo?

4.3 Reglas de probabilidad

Con frecuencia, uno quiere conocer la probabilidad de un **evento compuesto**, pero los únicos datos disponibles son las probabilidades de los eventos simples relacionados. (Los eventos compuestos son combinaciones de más de un evento simple.) En los siguientes párrafos se resume la relación entre dichas probabilidades.

Cómo encontrar la probabilidad de "no A"

El concepto de eventos complementarios es fundamental para encontrar la probabilidad de "no A".

Eventos complementarios El *complemento de un evento A, $\bar{A}$,* es el conjunto de todos los puntos muestrales en el espacio muestral que no pertenecen al evento A.

Nota: el complemento del evento A se denota $\bar{A}$ (léase "A complemento").

Algunos ejemplos de eventos complementarios son: 1) el complemento del evento "éxito" es "fracaso", 2) el complemento de "votante seleccionado es republicano" es "votante seleccionado no es republicano" y 3) el complemento de "no cara" en 10 lanzamientos de una moneda es "al menos una cara".

Al combinar la información en la definición de complemento con la propiedad 2 (p. 179), puedes decir que

$$P(\text{A}) + P(\bar{\text{A}}) = 1.0 \text{ para cualquier evento A}$$

Como resultado de esta relación se tiene la regla del complemento:

Regla del complemento

En palabras: *probabilidad de A complemento = uno – probabilidad de A*

En álgebra: $P(\bar{\text{A}}) = 1 - P(\text{A})$ **(4.3)**

Nota: todo evento A tiene un evento complementario $\bar{\text{A}}$. Las probabilidades complementarias son muy útiles cuando la pregunta pide la probabilidad de "al menos uno". Por lo general, esto representa una combinación de varios eventos, pero el evento complementario "ninguno" es un solo resultado. Es más fácil resolver para el evento complementario y obtener la respuesta al usar la fórmula (4.3).

EJEMPLO 4.11

CÓMO USAR COMPLEMENTOS PARA ENCONTRAR PROBABILIDADES

Rueda dos dados. ¿Cuál es la probabilidad de que la suma sea al menos 3 (esto es: 3, 4, 5, ..., 12)?

Solución

Supón que uno de los dados es negro y el otro es blanco. (Consulta el cuadro del ejemplo 4.3 en la página 175; muestra los 36 posibles pares de resultados cuando ruedas un par de dados.)

En lugar de encontrar la probabilidad para cada una de las sumas 3, 4, 5, ..., 12 por separado y sumar, es mucho más simple encontrar la probabilidad de que la suma sea 2 ("menos que 3") y después usar la fórmula (4.3) para encontrar la probabilidad de "al menos 3", porque "menos que 3" y "al menos 3" son eventos complementarios.

$P(\text{suma de 2}) = P(A) = \frac{1}{36}$ ("2" ocurre sólo una vez en el espacio muestral de 36 puntos)

$P(\text{suma es al menos 3}) = P(A) = 1 - P(A) = 1 - \frac{1}{36} = \frac{35}{36}$ [con la fórmula (4.3)]

Cómo encontrar la probabilidad de "A o B"

Un trabajador con salario por hora quiere estimar las posibilidades de "recibir una promoción u obtener un aumento de salario". El trabajador estaría feliz con cualquier resultado. Hay información histórica disponible que permitirá al trabajador estimar la probabilidad de "recibir una promoción" y "obtener un aumento de salario" por separado. En esta sección aprenderás cómo aplicar la **regla de la suma** para encontrar la probabilidad compuesta de interés.

Regla general de la suma

Sean A y B dos eventos definidos en un espacio muestral, *S*.

En palabras: *probabilidad de A o B =*

probabilidad de A + probabilidad de B – probabilidad de A y B

En álgebra: $P(A \text{ o } B) = P(A) + P(B) - P(A \text{ y } B)$ **(4.4)**

Para ver si funciona la relación expresada por la regla general de la suma, observa el ejemplo 4.12.

EJEMPLO 4.12

COMPRENSIÓN DE LA REGLA DE LA SUMA

Se realiza una encuesta estatal de 800 votantes registrados en 25 distritos en el estado de Nueva York. Cada votante se identifica como republicano, demócrata, u otro registrado, y después se le pregunta "¿está a favor o en contra de la actual propuesta presupuestal que espera la firma del gobernador?". A continuación se muestran los conteos resultantes.

	Número a favor	**Número en contra**	**Número de votantes**
Republicano	136	88	224
Demócrata	314	212	526
Otros	14	36	50
Totales	464	336	800

Supón que un votante se selecciona al azar de los 800 votantes resumidos en la tabla anterior. Considera los dos eventos: "el votante seleccionado está a favor" y "el votante es republicano". Encuentra las cuatro probabilidades: *P*(a favor), *P*(republicano), *P*(a favor o republicano) y *P*(a favor y republicano). Después usa los resultados para comprobar la veracidad de la regla de la suma.

Solución

Probabilidad de que el votante seleccionado esté "a favor" = *P*(a favor) = **464/800** = 0.58.

Probabilidad de que el votante seleccionado sea "republicano" = *P*(republicano) = **224/800** = 0.28.

Probabilidad de que el votante seleccionado sea "a favor o republicano" = *P*(a favor o republicano) = (**136** + **314** + **14** + **88**)/**800** = 552/800 = 0.69.

Probabilidad de que el votante seleccionado esté "a favor" y sea "republicano" = *P*(a favor y republicano) = **136/800** = 0.17.

Notas acerca de cómo encontrar las probabilidades anteriores:

1. El conectivo "o" significa "uno o el otro o ambos"; por tanto, "a favor o republicano" significa todos los votantes que satisfacen cualquier evento.
2. El conectivo "y" significa "ambos" o "en común"; por tanto, "a favor y republicano" significa todos los votantes que satisfacen ambos eventos.

Ahora usa las probabilidades anteriores para demostrar la veracidad de la regla de la suma.

Sea A = "a favor" y B = "republicano". La regla general de la suma se convierte entonces en:

P(a favor o republicano) = *P*(a favor) + *P*(republicano) – *P*(a favor y republicano)

Recuerda: anteriormente se encontró: *P*(a favor o republicano) = 0.69.

Con las otras tres probabilidades, se ve:

P(a favor) + *P*(republicano) – *P*(a favor y republicano)
= 0.58 + 0.28 – 0.17 = 0.69.

En consecuencia, obtienes respuestas idénticas al aplicar la regla de la suma y al referirse a las celdas relevantes en la tabla. Usualmente no tienes la opción de encontrar *P*(A o B) de dos formas, como se hizo aquí. En vez de ello, te pedirán encontrar *P*(A o B) a partir de *P*(A) o *P*(B). Sin embargo, necesitarás un tercer trozo de información. En la situación previa, necesitas *P*(A y B). Necesitarás conocer o *P*(A y B) o alguna información que te permita encontrarla.

Cómo encontrar la probabilidad de "A y B"

Supón que un profesor de justicia criminal quiere que su clase determine la probabilidad del evento "un conductor recibe infracción por violación de velocidad y el conductor anteriormente asistió a una clase de conducción defensiva". Los estudiantes están seguros de que pueden encontrar las probabilidades de "un conductor recibe infracción por violación de velocidad" y "un conductor que asistió a una clase de conducción defensiva" por separado. En esta sección aprenderás cómo aplicar la **regla de la multiplicación** para encontrar la probabilidad compuesta de interés.

Regla general de la multiplicación

Sean A y B dos eventos definidos en el espacio muestral S.

En palabras: *probabilidad de* A *y* B = *probabilidad de* A × *probabilidad de* B, *si conoces* A

En álgebra: $P(\text{A y B}) = P(\text{A}) \cdot P(\text{B} \mid \text{A})$ **(4.5)**

Nota: cuando están involucrados dos eventos, cualquier evento se puede identificar como A y el otro se identifica como B. La regla general de la multiplicación también podría escribirse como $P(\text{B y A}) = P(\text{B}) \cdot P(\text{A} \mid \text{B})$

EJEMPLO 4.13

COMPRENSIÓN DE LA REGLA DE LA MULTIPLICACIÓN

Se realiza una encuesta estatal de 800 votantes registrados en 25 distritos en el estado de Nueva York. Cada votante se identificó como republicano, demócrata u otro registrado y después se le preguntó: ¿está a favor o en contra de la actual propuesta presupuestal que espera la firma del gobernador? A continuación se presentan los conteos resultantes.

	Número a favor	Número en contra	Número de votantes
Republicano	136	88	224
Demócrata	314	212	526
Otros	14	36	50
Totales	464	336	800

Supón que un votante se selecciona al azar de los 800 votantes resumidos en la tabla anterior. Considera los dos eventos: "el votante seleccionado está a favor" y "el votante es republicano". Encuentra las tres probabilidades: *P*(a favor), *P*(republicano | a favor) y *P*(a favor y republicano). Después usa los resultados para comprobar la veracidad de la regla de la multiplicación.

Solución

Probabilidad de que el votante seleccionado esté "a favor" = *P*(a favor) = **464/800** = <u>0.58</u>.

Probabilidad de que el votante seleccionado sea "republicano, dado a favor" = *P*(republicano | a favor) = 136/464 = <u>0.29</u>.

Probabilidad de que el votante seleccionado esté "a favor" y sea "republicano"

$= P(\text{a favor y republicano}) = \mathbf{136/800} = \frac{136}{800} = \underline{0.17}.$

Notas acerca de cómo encontrar las probabilidades anteriores:

1. El condicional "dado" significa que existe una restricción; por tanto, "republicano | a favor" significa que comienzas sólo con aquellos votantes que están "a favor". En este caso, esto significa que solamente observas a 464 votantes cuando determinas esta probabilidad.
2. El conectivo "y" significa "ambos" o "en común"; por tanto, "en favor y republicano" significa todos los votantes que satisfacen ambos eventos.

Ahora usa las probabilidades anteriores para demostrar la veracidad de la regla de la multiplicación.

Sea A = "a favor" y B = "republicano". La regla general de la multiplicación se convierte entonces en:

$P(\text{a favor y republicano}) = P(\text{a favor}) \cdot P(\text{republicano} \mid \text{a favor})$

Anteriormente se encontró: $P(\text{a favor y republicano}) = \frac{136}{800.} = \underline{0.17}.$

Al usar las otras dos probabilidades, se ve que:

$P(\text{a favor}) \cdot P(\text{republicano} \mid \text{a favor}) = \frac{464}{800} \cdot \frac{136}{464} = \frac{136}{800} = \underline{0.17}.$

Usualmente no tienes la opción de encontrar $P(\text{A y B})$ de dos formas, como se hizo aquí. Cuando se te pide encontrar $P(\text{A y B})$, con frecuencia se proporciona $P(\text{A})$ y $P(\text{B})$. Sin embargo, no siempre obtendrás la respuesta correcta con sólo multiplicar dichas dos probabilidades. Necesitarás un tercer trozo de información: la probabilidad condicional de uno de los dos eventos o información que te permitirá encontrarla.

EJEMPLO 4.14

CÓMO EXTRAER SIN REEMPLAZO

En un juego de feria, el jugador extrae a ciegas una canica de color a la vez de una caja que contiene dos canicas rojas y cuatro azules. La canica elegida no se regresa a la caja después de seleccionarla; esto es: cada extracción se realiza sin reemplazo. Las canicas se mezclan antes de cada extracción. Cuesta \$1 jugar y si las primeras dos canicas extraídas son rojas, el jugador recibe un premio de \$2. Si las primeras cuatro canicas extraídas son azules, el jugador recibe un premio de \$5. De otro modo, no recibe premio. Para encontrar la probabilidad de ganar un premio, observa primero la probabilidad de extraer rojo o azul en extracciones consecutivas y organiza la información en un diagrama de árbol.

En la primera extracción (representada por los segmentos de rama azul oscuro en la figura 4.5), la probabilidad de rojo es dos oportunidades de seis, 2/6 o 1/3, mientras que la probabilidad de azul es 4/6 o 2/3. Puesto que las canicas no se sustituyen, sólo cinco canicas quedan en la caja; el número de cada color restante depende del color de la primera canica extraída. Si la primera canica fue roja, entonces las probabilidades son 1/5 y 4/5, como se muestra en el diagrama de árbol (segmentos de rama azul claro en la figura 4.5). Si la primera canica fue azul, entonces las probabilidades son 2/5 y 3/5, como se muestra en el diagrama de árbol (segmentos de rama azul medio en la figura 4.5). Las probabilidades cambian con cada extracción, porque el número de canicas disponibles sigue disminuyendo con cada extracción que tiene lugar. El diagrama de árbol es un maravilloso auxiliar visual para seguir el avance.

FIGURA 4.5
Diagrama de árbol: primeras dos extracciones, juego de feria

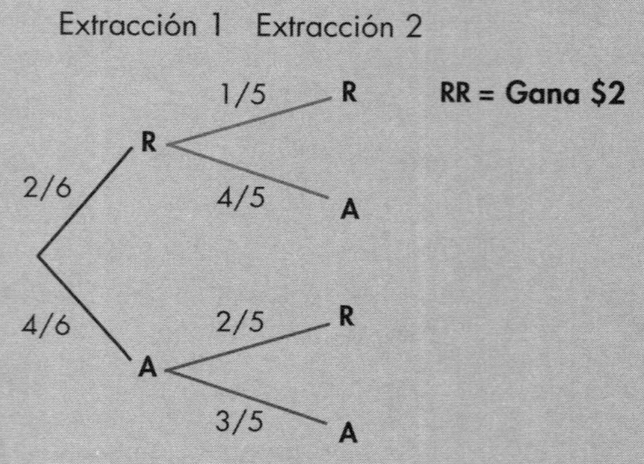

Ahora puedes encontrar la probabilidad de ganar el premio de $2 con la fórmula (4.5):

$$P(\text{A y B}) = P(\text{A}) \cdot P(\text{B} \mid \text{A})$$

$$P(\text{gana \$2}) = P(\text{R}_1 \text{ y } \text{R}_2) = P(\text{R}_1) \cdot P(\text{R}_2 \mid \text{R}_1) = \frac{2}{6} \cdot \frac{1}{5} = \frac{1}{15} = 0.067$$

(Ganar el premio de $5 se deja como ejercicio 4.79.)

Nota: el diagrama de árbol, cuando se etiqueta, tiene las probabilidades necesarias para multiplicar junto con la rama que representa el esfuerzo ganador.

EJERCICIOS SECCIÓN 4.3

4.59 a. Si la probabilidad de que el evento A ocurra durante un experimento es 0.7, ¿cuál es la probabilidad de que el evento A no ocurra durante dicho experimento?

b. Si los resultados de un experimento de probabilidad pueden ser cualquier entero de 16 a 28 y la probabilidad de que el entero sea menor que 20 es 0.78, ¿cuál es la probabilidad de que el entero sea 20 o más?

4.60 a. Si la probabilidad de que apruebes el siguiente examen de estadística se valora precisamente en 0.75, ¿cuál es la probabilidad de que no apruebes el siguiente examen de estadística?

b. El anunciador del clima predice que hay un "70 por ciento" de posibilidad de menos de 1 pulgada de lluvia durante el próximo periodo de 30 días. ¿Cuál es la probabilidad de al menos 1 pulgada de lluvia en los próximos 30 días?

4.61 De acuerdo con la Encuesta Nacional 2007-2008 de propietarios de Mascotas de la Asociación Estadounidense de Fabricantes de Productos para Mascotas, aproximadamente 63% de todos los propietarios estadounidenses de perros (alrededor de 60 millones) son dueños de un perro. Con base en esta información, encuentra la probabilidad de que un propietario estadounidense de perro sea dueño de más de un perro.

4.62 De acuerdo con Sleep Channel (http://www.sleepdisorderchannel.com/, julio de 2009), la apnea de sueño afecta a 18 millones de individuos en Estados Unidos. El trastorno del sueño interrumpe la respiración y puede despertar a quien la padece hasta cinco veces por hora. Muchas personas no reconocen el padecimiento aun cuando provoca fuertes ronquidos. Si supones que existen 304 millones de personas en Estados Unidos, ¿cuál es la probabilidad de que un individuo elegido al azar no padezca apnea de sueño?

4.63 Si $P(\text{A}) = 0.4$, $P(\text{B}) = 0.5$ y $P(\text{A y B}) = 0.1$, encuentra $P(\text{A o B})$.

4.64 Si $P(\text{A}) = 0.5$, $P(\text{B}) = 0.3$ y $P(\text{A y B}) = 0.2$, encuentra $P(\text{A o B})$.

4.65 Si $P(\text{A}) = 0.4$, $P(\text{B}) = 0.5$ y $P(\text{A o B}) = 0.7$, encuentra $P(\text{A y B})$.

4.66 Si $P(\text{A}) = 0.4$, $P(\text{A o B}) = 0.9$ y $P(\text{A y B}) = 0.1$, encuentra $P(\text{B})$.

4.67 La industria de los deportes de entretenimiento emplea atletas, entrenadores, árbitros y trabajadores relacionados. De ellos, 0.37 trabajan tiempo parcial y 0.50 ganan más de $20 540 al año. Si 0.32 de dichos empleados trabajan tiempo completo y ganan más de $20 540, ¿qué proporción de los empleados de la industria son de tiempo completo o ganan más de $20 540?

4.68 Jason asiste a la reunión de su bachillerato. De los asistentes, 50% son mujeres. El conocimiento común reconoce que 88% de las personas son diestras. Al ser hombre zurdo, Jason sabe que, de una multitud dada, sólo aproximadamente 6% son hombres zurdos. Si Jason habla con la primera persona que encuentra en la reunión, ¿cuál es la probabilidad de que la persona sea hombre o zurda?

4.69 Una tienda de partes automotrices vende partes tanto nuevas como usadas. Sesenta por ciento de las partes en el almacén son usadas. Sesenta y un por ciento son usadas o defectuosas. Si 5% de las partes de la tienda son defectuosas, ¿qué porcentaje es tanto usada como defectuosa? Resuelve con las fórmulas. Compara tu solución con tu respuesta al ejercicio 4.27.

4.70 Oficiales sindicales reportan que 60% de los trabajadores en una gran fábrica pertenecen al sindicato, 90% ganan más de $12 por hora y 40% pertenecen al sindicato y ganan más de $12 por hora. ¿Crees en estos porcentajes? Explica. Resuelve con las fórmulas. Compara tu solución con tu repuesta al ejercicio 4.28.

4.71 A y B son eventos definidos en un espacio muestral, con $P(\text{A}) = 0.7$ y $P(\text{B} \mid \text{A}) = 0.4$. Encuentra $P(\text{A y B})$.

4.72 A y B son eventos definidos en un espacio muestral, con $P(\text{A} \mid \text{B}) = 0.5$ y $P(\text{B}) = 0.8$. Encuentra $P(\text{A y B})$.

4.73 A y B son eventos definidos en un espacio muestral, con $P(\text{A}) = 0.6$ y $P(\text{A y B}) = 0.3$. Encuentra $P(\text{A} \mid \text{B})$.

4.74 A y B son eventos definidos en un espacio muestral, con $P(\text{B}) = 0.5$ y $P(\text{A y B}) = 0.4$. Encuentra $P(\text{A} \mid \text{B})$.

4.75 Se sabe que los esteroides brindan a los usuarios una ventaja en las competencias atléticas, pero también se sabe que el uso de esteroides está prohibido en los atletas. Como resultado, se instituye un programa de pruebas de esteroides y los atletas se ponen a prueba al azar. Los procedimientos de prueba se consideran igualmente efectivos tanto en usuarios como en no usuarios y afirman ser 98% precisos. Si 90% de los atletas afectados por este programa de pruebas está limpio, ¿cuál es la probabilidad de que el siguiente atleta puesto a prueba sea un usuario y falle la prueba?

4.76 Juan vive en una gran ciudad y viaja al trabajo diariamente en subterráneo o en taxi. Aborda el subterráneo 80% del tiempo porque cuesta menos y toma un taxi el otro 20% del tiempo. Cuando toma el subterráneo, llega al trabajo a tiempo 70% de las veces, mientras que llega a tiempo 90% de las veces cuando viaja en taxi.

a. ¿Cuál es la probabilidad de que Juan tome el subterráneo y llegue a tiempo al trabajo en cualquier día dado?

b. ¿Cuál es la probabilidad de que Juan tome un taxi y llegue a tiempo al trabajo en cualquier día dado?

4.77 A nadie le gusta pagar impuestos, ¡pero el engaño no es la forma de librarse de ellos! Se considera que 10% de todos los contribuyentes intencionalmente declaran algunas deducciones a las que no están autorizados. Si 9% de todos los contribuyentes intencionalmente declaran deducciones adicionales tanto como niegan hacerlo cuando son auditados, encuentra la probabilidad de que un contribuyente que realiza deducciones adicionales intencionalmente, las niegue.

4.78 Casey ama su café de media mañana y siempre se detiene en una de sus cafeterías favoritas por una taza. Cuando consigue comida para llevar, existe una posibilidad de 0.6 de que también conseguirá un pastel. Lleva un café y un pastel con una probabilidad de 0.48. ¿Cuál es la probabilidad de que sí lleve comida?

4.79 Encuentra la probabilidad de ganar $5 si juegas el juego de feria descrito en el ejemplo 4.14.

a. Completa las ramas del diagrama de árbol iniciado en la figura 4.5 y menciona las probabilidades de todas las posibles extracciones.

b. ¿Cuál es la probabilidad de extraer una canica roja en la segunda extracción? ¿Qué información adicional se necesita para encontrar la probabilidad? ¿Qué "condiciones" podrían existir?

c. Calcula la probabilidad de ganar el premio de $5.

d. ¿Cuál es más difícil de ganar, el premio de $2 o el de $5? ¿Cuál es más probable? Justifica tu respuesta.

4.80 Supón que las reglas para el juego de feria del ejemplo 4.14 se modifican de modo que la canica extraída cada vez se regresa a la caja antes de la siguiente extracción.

a. Vuelve a dibujar el diagrama de árbol del ejercicio 4.79 y menciona las probabilidades para el juego cuando juega "con reemplazo".

b. ¿Cuál es la probabilidad de extraer una canica roja en la segunda extracción? ¿Qué información adicional se necesita para encontrar la probabilidad? ¿Qué efecto tiene esto sobre $P(\text{rojo en la segunda extracción})$?

(continúa en la página 202)

c. Calcula la probabilidad de ganar el premio de $2.

d. Calcula la probabilidad de ganar el premio de $5.

e. Cuando el juego se juega con reemplazo, ¿cuál es más difícil de ganar, el premio de $2 o el de $5? ¿Cuál es más probable? Justifica tu respuesta.

4.81 Supón que A y B son eventos definidos en un espacio muestral común y que se conocen las siguientes probabilidades: $P(\text{A}) = 0.3$, $P(\text{B}) = 0.4$ y $P(\text{A} \mid \text{B}) = 0.2$. Encuentra $P(\text{A o B})$.

4.82 Supón que A y B son eventos definidos en un espacio muestral común y que se conocen las siguientes probabilidades: $P(\text{A o B}) = 0.7$, $P(\text{B}) = 0.5$ y $P(\text{A} \mid \text{B}) = 0.2$. Encuentra $P(\text{A})$.

4.83 Supón que A y B son eventos definidos en un espacio muestral común y que se conocen las siguientes probabilidades: $P(\text{A}) = 0.4$, $P(\text{B}) = 0.3$ y $P(\text{A o B}) = 0.66$. Encuentra $P(\text{A} \mid \text{B})$.

4.84 Supón que A y B son eventos definidos en un espacio muestral común y que se conocen las siguientes probabilidades: $P(\text{A}) = 0.5$, $P(\text{A y B}) = 0.24$ y $P(\text{A}|\text{B}) = 0.4$. Encuentra $P(\text{A o B})$.

4.85 Dado $P(\text{A o B}) = 1.0$, $P(\overline{\text{A y B}}) = 0.7$ y $P(\overline{\text{B}}) = 0.4$, encuentra:

a. $P(\text{B})$ b. $P(\text{A})$ c. $P(\text{A} \mid \text{B})$

4.86 Dado $P(\text{A o B}) = 1.0$, $P(\overline{\text{A y B}}) = 0.3$ y $P(\overline{\text{B}}) = 0.4$, encuentra:

a. $P(\text{B})$ b. $P(\text{A})$ c. $P(\text{A} \mid \text{B})$

4.87 La probabilidad de A es 0.5. La probabilidad condicional de que A ocurra dado que B ocurre es 0.25. La probabilidad condicional de que B ocurra dado que A ocurre es 0.2.

a. ¿Cuál es la probabilidad de que B ocurra?

b. ¿Cuál es la probabilidad condicional de que B no ocurra dado que A no ocurre?

4.88 La probabilidad de C es 0.4. La probabilidad condicional de que C ocurra dado que D ocurre es 0.5. La probabilidad condicional de que C ocurra dado que D no ocurre es 0.25.

a. ¿Cuál es la probabilidad de que D ocurra?

b. ¿Cuál es la probabilidad condicional de que D ocurra dado que C ocurre?

4.4 Eventos mutuamente excluyentes

Para impulsar el estudio de los eventos compuestos, debe introducirse el concepto de "mutuamente excluyente".

Eventos mutuamente excluyentes Eventos no vacíos definidos en el mismo espacio muestral, donde cada evento excluye la ocurrencia del otro. En otras palabras, son eventos que no comparten elementos comunes.

En álgebra: $P(\text{A y B}) = 0$

En palabras: Existen muchas formas equivalentes de expresar el concepto de mutuamente excluyente:

1. Si sabes que alguno de los eventos ocurrió, entonces el otro evento se excluye o no puede ocurrir.
2. Si observas las listas de los elementos que constituyen cada evento, ninguno de los elementos mencionados para algún evento aparecerán en la lista del otro evento; "no hay elementos compartidos".
3. Si observas un diagrama de Venn, las áreas cerradas que representan cada evento "no se intersecan"; esto es: "no hay elementos compartidos", o, dicho de otra forma, "son disjuntos".
4. La ecuación dice: "la **intersección** de los dos eventos tiene una probabilidad de cero", lo que significa "la intersección es un conjunto vacío" o "no hay intersección".

Nota: el concepto de eventos mutuamente excluyentes se basa en la relación entre los conjuntos de elementos que satisfacen los eventos. Mutuamente excluyente no es un concepto de probabilidad por definición; sólo resulta ser útil para expresar el concepto usando un enunciado de probabilidad.

Observa algunos ejemplos.

EJEMPLO 4.15

COMPRENSIÓN DE LOS EVENTOS MUTUAMENTE EXCLUYENTES

A partir de una encuesta de salida nacional de 1 000 votantes en 25 distritos en el país el 4 de noviembre de 2008, se tiene lo siguiente:

Educación	Número por McCain	Número por Obama	Número por otros	Número de votantes
No bachillerato	19	20	1	40
Grado bachillerato	114	103	3	220
Universidad incompleta	172	147	1	320
Título universitario	135	119	6	260
Posgrado	70	88	2	160
Total	510	477	13	1 000

Considera los dos eventos: "el votante seleccionado votó por McCain" y "el votante seleccionado votó por Obama". Supón que un votante se selecciona al azar de los 1 000 votantes resumidos en la tabla. Con la finalidad de que ocurra el evento "el votante seleccionado votó por McCain", el votante seleccionado debe ser 1 de los 510 votantes mencionados en la columna "Número por McCain". Con la finalidad de que ocurra el evento "el votante seleccionado votó por Obama", el votante seleccionado debe ser 1 de los 477 votantes mencionados en la columna "Número por Obama". Puesto que ningún votante mencionado en la columna McCain se menciona también en la columna Obama y dado que ningún votante mencionado en la columna Obama se menciona también en la columna McCain, estos dos eventos son mutuamente excluyentes.

En forma de ecuación: P(votó por McCain y votó por Obama) = 0.

EJEMPLO 4.16

COMPRENSIÓN DE EVENTOS NO MUTUAMENTE EXCLUYENTES

A partir de una encuesta de salida nacional de 1 000 votantes en 25 distritos en el país, el 4 de noviembre de 2008, se tiene lo siguiente:

Educación	Número por McCain	Número por Obama	Número por otros	Número de votantes
No bachillerato	19	20	1	40
Grado bachillerato	114	103	3	220
Universidad incompleta	172	147	1	320
Título universitario	135	119	6	260
Posgrado	70	88	2	160
Total	510	477	13	1 000

Considera los dos eventos: "el votante seleccionado votó por McCain" y "el votante seleccionado tiene universidad incompleta". Supón que un votante se selecciona al azar de los 1 000 votantes resumidos en la tabla. Con la finalidad de que ocurra el evento "el votante seleccionado votó por

McCain", el votante seleccionado debe ser 1 de los 510 votantes mencionados en la columna "Número por McCain". Con la finalidad de que ocurra el evento "el votante seleccionado tiene universidad incompleta", el votante seleccionado debe ser 1 de los 320 votantes mencionados en la fila "Universidad incompleta". Puesto que los 172 votantes que se muestran en la intersección de la columna "Número por McCain" y la fila "Universidad incompleta" pertenecen a ambos eventos ("el votante seleccionado votó por McCain" y "el votante seleccionado tiene universidad incompleta"), estos dos eventos NO son mutuamente excluyentes.

En forma de ecuación: *P*(votó por McCain y universidad incompleta) = **172**/1 000 = 0.172, que no es igual a cero.

EJEMPLO 4.17

EVENTOS DE NAIPES MUTUAMENTE EXCLUYENTES

Considera un mazo regular de naipes y los dos eventos "naipe extraído es reina" y "naipe extraído es as". El mazo se baraja y un naipe se extrae al azar. Con la finalidad de que ocurra el evento "naipe extraído es reina", el naipe extraído debe ser una de las cuatro reinas: reina de corazones, reina de diamantes, reina de espadas o reina de tréboles. Con la finalidad de que ocurra el evento "naipe extraído es as", el naipe extraído debe ser uno de los cuatro ases: as de corazones, as de diamantes, as de espadas o as de tréboles. Observa que no hay un naipe que sea tanto reina como as. Por tanto, estos dos eventos, "naipe extraído es reina" y "naipe extraído es as", son eventos mutuamente excluyentes.

En forma de ecuación: *P*(reina y as) = 0.

EJEMPLO 4.18

EVENTOS DE NAIPES NO MUTUAMENTE EXCLUYENTES

Considera un mazo regular de naipes y los dos eventos "naipe extraído es reina" y "naipe extraído es corazón". El mazo se baraja y un naipe se extrae al azar. ¿Los eventos "reina" y "corazón" son mutuamente excluyentes? El evento "naipe extraído es reina" está constituido por las cuatro reinas: reina de corazones, reina de diamantes, reina de espadas y reina de tréboles. El evento "naipe extraído es corazón" está constituido por los 13 corazones: as de corazones, rey de corazones, reina de corazones, sota de corazones y los otros nueve corazones. Observa que "reina de corazones" está en ambas listas, lo que en consecuencia hace posible que ambos eventos, "naipe extraído es reina" y "naipe extraído es corazón", ocurran simultáneamente. Esto significa: cuando uno de estos dos eventos ocurre, no excluye la posibilidad de la ocurrencia del otro. Estos eventos no son mutuamente excluyentes.

En forma de ecuación: *P*(reina y corazón) = 1/52, que no es igual a cero.

EJEMPLO 4.19

PRESENTACIÓN VISUAL Y COMPRENSIÓN DE EVENTOS MUTUAMENTE EXCLUYENTES

Considera un experimento donde se ruedan dos dados. Tres eventos se definen del modo siguiente:

A: La suma de los números en los dos dados es 7.
B: La suma de los números en los dos dados es 10.
C: Cada uno de los dos dados muestra el mismo número.

Determina si estos tres eventos son mutuamente excluyentes.

Es posible demostrar que tres eventos son mutuamente excluyentes al demostrar que cada par de eventos son mutuamente excluyentes. ¿Los eventos A y B son mutuamente excluyentes? Sí, lo son, porque la suma en los dos dados no puede ser tanto 7 como 10 al mismo tiempo. Si ocurre una suma de 7, es imposible que la suma sea 10.

La figura 4.6 presenta el espacio muestral para este experimento. Éste es el mismo espacio muestral que se presenta en el ejemplo 4.3, excepto que, en lugar de las imágenes, se usan pares ordenados. Los óvalos, diamantes y rectángulos muestran los pares ordenados que están en los eventos A, B y C, respectivamente. Puedes ver que los eventos A y B no intersecan. Por tanto, son mutuamente excluyentes. El punto (5, 5) en la figura 4.6 satisface los eventos B y C. En consecuencia, B y C no son mutuamente excluyentes. Dos dados pueden mostrar cada uno 5, lo que satisface C y el total satisface B. Puesto que se encuentra un par de eventos que no son mutuamente excluyentes, los eventos A, B y C no son mutuamente excluyentes.

FIGURA 4.6
Espacio muestral para la rodadura de dos dados

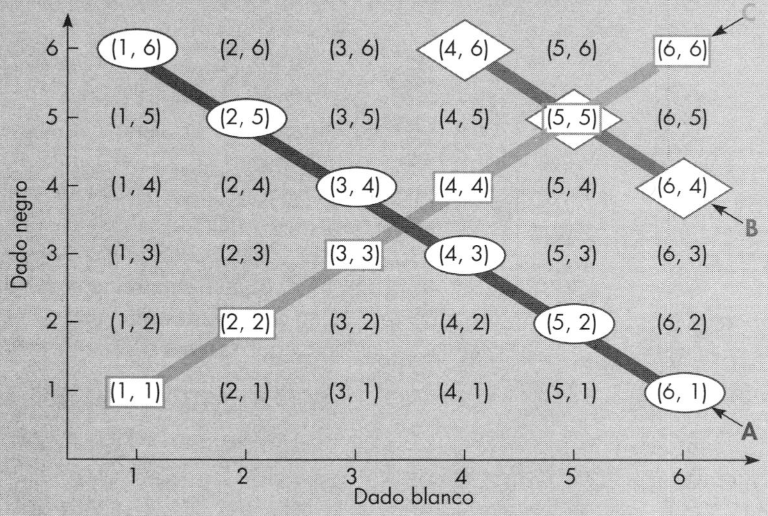

Regla especial de la suma

La regla de la suma se simplifica cuando los eventos involucrados son mutuamente excluyentes.

Si se sabe que dos eventos son mutuamente excluyentes, entonces, al aplicar $P(\text{A y B}) = 0$, a la regla de la suma para probabilidades, se sigue que

$P(\text{A o B}) = P(\text{A}) + P(\text{B}) - P(\text{A y B})$ se convierte en

$P(\text{A o B}) = P(\text{A}) + P(\text{B})$.

Tutorial en video disponible; ingresa y aprende más en cengagebrain.com

Regla especial de la suma

Sean A y B dos eventos mutuamente excluyentes definidos en un espacio muestral *S*.

En palabras: *Probabilidad de* A *o* B = *probabilidad de* A + *probabilidad de* B

En álgebra: $P(\text{A o B}) = P(\text{A}) + P(\text{B})$ **(4.6)**

Esta fórmula puede expandirse para considerar más de dos eventos mutuamente excluyentes:

$$P(\text{A o B o C o} \ldots \text{o E}) = P(\text{A}) + P(\text{B}) + P(\text{C}) + \ldots + P(\text{E})$$

Con frecuencia esta ecuación es conveniente para calcular probabilidades, pero no ayuda a entender la relación entre los eventos A y B. Es la *definición* la que nos dice cómo debes pensar acerca de los eventos mutuamente excluyentes. Los estudiantes que entienden la exclusividad mutua de esta forma obtienen comprensión de lo que trata la exclusividad mutua. Esto debe conducirte a pensar con más claridad acerca de situaciones que tratan con eventos mutuamente excluyentes y en consecuencia hacen que tengas menos probabilidad de confundir el concepto de eventos mutuamente excluyentes con eventos independientes (que se definirán en la sección 4.5) o a cometer otros errores comunes concernientes al concepto de mutuamente excluyentes.

Notas:

1. Define los eventos mutuamente excluyentes en términos de los conjuntos de elementos que satisfacen los eventos y pon a prueba la exclusividad mutua de esa manera.
2. No uses $P(\text{A y B}) = 0$ como la definición de eventos mutuamente excluyentes. Es una propiedad que resulta de la definición. Puede usarse como una prueba para los eventos mutuamente excluyentes; sin embargo, como enunciado, no muestra significado o comprensión del concepto de eventos mutuamente excluyentes.
3. En forma de ecuación, la *definición* de eventos mutuamente excluyentes afirma:

   $P(\text{A y B}) = 0$ (Ambos no pueden ocurrir al mismo tiempo.)
   $P(\text{A} \mid \text{B}) = 0$ y $P(\text{B} \mid \text{A}) = 0$
   (Si sabes que ocurrió uno, entonces el otro no ocurrió.)

Vuelve a considerar el ejemplo 4.17, con los dos eventos "naipe extraído es reina" y "naipe extraído es as" cuando se extrae exactamente un naipe de un mazo de naipes regulares. El naipe extraído es una reina, o el naipe extraído es un as. Dicho naipe no puede ser al mismo tiempo tanto una reina como un as y por tanto hace que estos dos eventos sean mutuamente excluyentes. En consecuencia, la regla especial de la suma se aplica a la situación de encontrar $P(\text{reina o as})$.

$$P(\text{reina o as}) = P(\text{reina}) + P(\text{as}) = \frac{4}{52} + \frac{4}{52} = \frac{8}{52} = \frac{2}{13}$$

EJERCICIOS SECCIÓN 4.4

4.89 Determina si cada uno de los siguientes pares de eventos es mutuamente excluyente.

a. Cinco monedas se lanzan: "se observa una cara", "se observa al menos una cara".

b. Un vendedor llama a un cliente y realiza una venta: "la venta supera \$100", "la venta supera \$1 000".

c. Un estudiante es seleccionado al azar de un cuerpo estudiantil: la persona seleccionada es "hombre", la persona seleccionada tiene "más de 21 años de edad".

d. Dos dados se ruedan: el total que muestran es "menor que 7", el total que muestran es "más que 9".

4.90 Determina si cada uno de los siguientes conjuntos de eventos es mutuamente excluyente.

a. Cinco monedas se lanzan: "no se observa más de una cara", "se observan dos caras", "se observan tres o más caras".

b. Un vendedor llama a un cliente y realiza una venta: el importe de la venta es "menor que \$100", está "entre \$100 y \$1 000", es "mayor que \$500".

c. Un estudiante es seleccionado al azar de un cuerpo estudiantil: la persona seleccionada es "mujer", es "hombre", tiene "más de 21 años de edad".

d. Dos dados se ruedan: los números de puntos que muestran los dados son "ambos impares", "ambos pares", "total 7", "total 11".

4.91 Explica por qué $P(\text{A y B}) = 0$ cuando los eventos A y B son mutuamente excluyentes.

4.92 Explica por qué $P(\text{A ocurre cuando B ocurre}) = 0$ cuando los eventos A y B son mutuamente excluyentes.

4.93 Si $P(\text{A}) = 0.3$ y $P(\text{B}) = 0.4$, y si A y B son eventos mutuamente excluyentes, encuentra:

a. $P(\overline{\text{A}})$

b. $P(\overline{\text{B}})$

c. $P(\text{A o B})$

d. $P(\text{A y B})$

4.94 Si $P(\text{A}) = 0.4$ y $P(\text{B}) = 0.5$ y si A y B son eventos mutuamente excluyentes, encuentra $P(\text{A o B})$.

4.95 Un estudiante se selecciona al azar del cuerpo estudiantil de tu universidad. Define los siguientes eventos: M: el estudiante seleccionado es hombre; F: el estudiante seleccionado es mujer; S: el estudiante seleccionado está registrado en estadística.

a. ¿Los eventos M y F son mutuamente excluyentes? Explica.

b. ¿Los eventos M y S son mutuamente excluyentes? Explica.

c. ¿Los eventos F y S son mutuamente excluyentes? Explica.

d. ¿Los eventos M y F son complementarios? Explica.

e. ¿Los eventos M y S son complementarios? Explica.

f. ¿Los eventos complementarios también son mutuamente excluyentes? Explica.

g. ¿Los eventos mutuamente excluyentes también son eventos complementarios? Explica.

4.96 Un estudiante se selecciona al azar de un cuerpo estudiantil. Supón que la probabilidad de que este estudiante sea mujer es 0.5 y la probabilidad de que este estudiante trabaje tiempo parcial es 0.6. ¿Los dos eventos "mujer" y "trabajar tiempo parcial" son mutuamente excluyentes? Explica.

4.97 Dos dados se ruedan. Define los eventos del modo siguiente: A: suma de 7; C: dobles; E: suma de 8.

a. ¿Cuáles pares de eventos, A y C, A y E, o C y E, son mutuamente excluyentes? Explica.

b. Encuentra las probabilidades $P(\text{A o C})$, $P(\text{A o E})$, y $P(\text{C o E})$.

4.98 Un acuario en una tienda de mascotas contiene 40 peces espada anaranjados (22 hembras y 18 machos) y 28 espadas verdes (12 hembras y 16 machos). Al azar, atrapas uno de los peces.

58 peces total

a. ¿Cuál es la probabilidad de que sea un espada anaranjado?

b. ¿Cuál es la probabilidad de que sea un macho?

c. ¿Cuál es la probabilidad de que sea un espada anaranjado hembra?

d. ¿Cuál es la probabilidad de que sea una hembra o un espada verde?

e. ¿Los eventos "macho" y "hembra" son mutuamente excluyentes?

f. ¿Los eventos "macho" y "espada" son mutuamente excluyentes? Explica.

4.99 ¿Las personas toman clases de natación en interiores a mediados del cálido verano? En el Centro Acuático Webster aseguran que sí. Sólo durante el mes de julio de 2009, 283 personas participaron en varias formas de lecciones.

Categorías de natación	Diurno	Nocturno
Preescolar	66	80
Niveles	69	56
Adulto y buceo	10	2
Total	145	138

Si un nadador se selecciona al azar de los participantes de julio:

a. ¿En los eventos el participante seleccionado es "diurno" y "nocturno" son mutuamente excluyentes? Explica.

b. ¿En los eventos el participante seleccionado es "preescolar" y "niveles" son mutuamente excluyentes? Explica.

c. ¿En los eventos el participante seleccionado es "diurno" y "preescolar" son mutuamente excluyentes? Explica.

d. Encuentra $P(\text{preescolar})$.

e. Encuentra $P(\text{diurno})$.

f. Encuentra $P(\text{no niveles})$.

g. Encuentra $P(\text{preescolar o nocturno})$.

h. Encuentra $P(\text{preescolar y diurno})$.

i. Encuentra $P(\text{diurno} \mid \text{niveles})$.

j. Encuentra $P(\text{adulto y buceo} \mid \text{nocturno})$.

4.100 Las lesiones son parte desafortunada de todos los deportes. El básquetbol de bachillerato no es la excepción, como muestra la tabla siguiente. Los porcentajes mencionados son el porcentaje de lesiones reportadas que ocurren a hombres y

(continúa en la página 208)

mujeres de bachillerato que juegan básquetbol y la ubicación de la lesión en sus cuerpos.

Ubicación de la lesión	Hombres	Mujeres
Tobillo/pie	38.3%	36.0%
Cadera/muslo/pierna	14.7%	16.6%
Rodilla	10.3%	13.0%
Antebrazo/muñeca/mano	11.5%	11.2%
Rostro/cuero cabelludo	12.2%	8.8%
Otro	13.0%	14.4%
Total	100.0%	100.0%

Si un jugador se selecciona al azar de los incluidos en la tabla:

a. ¿En los eventos el jugador seleccionado era "hombre" y "mujer" son mutuamente excluyentes? Explica.

b. ¿En los eventos la lesión del jugador seleccionado fue "tobillo/pie" y "rodilla" son mutuamente excluyentes? Explica.

c. ¿En los eventos "mujer" y "rostro/cuero cabelludo" son mutuamente excluyentes? Explica.

d. Encuentra P(tobillo/pie | hombre).

e. Encuentra P(tobillo/pie | mujer).

f. Encuentra P(no pierna relacionada | hombre).

g. Encuentra P(rodilla o rostro/cuero cabelludo | hombre).

h. Encuentra P(rodilla o rostro/cuero cabelludo | mujer).

i. Explica por qué P(rodilla) para todos los jugadores de básquetbol de bachillerato no puede encontrarse al usar la información de la tabla. ¿Qué información adicional se necesita?

4.101 La mayoría de los estadounidenses, 70% de hecho, dicen que lavarse frecuentemente las manos es la mejor forma de defenderse contra la influenza. A pesar de ello, cuando usan baños públicos, las mujeres se lavan las manos sólo 62% de las veces y los hombres sólo 43% del tiempo. De los adultos que usan los baños públicos en una gran cadena de supermercados, 58% son mujeres. ¿Cuál es la probabilidad de que la siguiente persona en entrar al baño en esta tienda se lave las manos?

4.102 Él es la última persona que quieres ver en tu espejo retrovisor cuando aceleras por la autopista, pero la investigación muestra que una infracción de tránsito reduce la posibilidad de un conductor de involucrarse en un accidente mortal, al menos durante algunas semanas. Por grupos de edad, 13.3% de todos los conductores son más jóvenes que 25 años, 58.6% están entre las edades de 25 y 54, y 28.1% tienen 55 años o más. Las estadísticas muestran que 1.6% de los conductores menores de 25 años, 2.2% de los que tienen entre 25 y 54 y 0.5% de los de 55 o más tendrán un accidente en el siguiente mes. ¿Cuál es la probabilidad de que un conductor identificado al azar tenga un accidente el siguiente mes?

4.5 Eventos independientes

El concepto de eventos independientes es necesario para continuar el estudio de los eventos compuestos.

Eventos independientes Dos eventos son *independientes* si la ocurrencia (o no ocurrencia) de uno no proporciona información acerca de la probabilidad de ocurrencia del otro. En otras palabras, si la probabilidad de A permanece invariable después de saber que B ocurre (o no ocurre), los eventos son independientes.

En álgebra: $P(A) = P(A \mid B) = P(A \mid \text{no } B)$

En palabras: Existen muchas formas equivalentes de expresar el concepto de independencia:

1. La probabilidad del evento A no es afectada por el conocimiento de que un segundo evento, B, ocurrió, el conocimiento de que B no ocurrió o ningún conocimiento acerca del evento B.
2. La probabilidad del evento A no es afectada por el conocimiento, o no conocimiento, acerca de un segundo evento, B, que ocurrió o no ocurrió.
3. La probabilidad del evento A (sin conocimiento acerca del evento B) es la misma que la probabilidad del evento A, como conocimiento de que ocurrió el evento B y ambas son la misma que la probabilidad del evento A, con conocimiento de que el evento B no ocurrió.

No todos los eventos son independientes.

Eventos dependientes Eventos que no son independientes. Esto es: la ocurrencia de un evento tiene efecto sobre la probabilidad de ocurrencia del otro evento.

Observa algunos ejemplos.

EJEMPLO 4.20

COMPRENSIÓN DE LOS EVENTOS INDEPENDIENTES

Se realizó una encuesta estatal de 750 republicanos y demócratas registrados en 25 distritos del estado de Nueva York. Cada votante se identificó como republicano o demócrata registrado y después se le preguntó: ¿está a favor o en contra de la actual propuesta presupuestal que espera la firma del gobernador? A continuación se presentan los conteos resultantes.

	Número a favor	Número en contra	Número de votantes
Republicano	135	90	225
Demócrata	315	210	525
Totales	450	300	750

Supón que un votante se selecciona al azar de los 750 votantes resumidos en la tabla anterior. Considera los dos eventos: "el votante seleccionado está a favor" y "el votante es republicano". ¿Estos dos eventos son independientes?

Para responder esto considera las siguientes tres probabilidades: 1) probabilidad de que el votante seleccionado esté a favor; 2) probabilidad de que el votante seleccionado esté a favor, si sabes que el votante es republicano, y 3) probabilidad de que el votante seleccionado esté a favor, si sabes que el votante no es republicano.

Probabilidad de que el votante seleccionado esté a favor $P = P(\text{a favor}) = \mathbf{450/750} = \underline{0.60}$.

Probabilidad de que el votante seleccionado esté a favor, si sabes que el votante es republicano = $P(\text{en favor} \mid \text{republicano}) = \mathbf{135/225} = \underline{0.60}$.

Probabilidad de que el votante seleccionado esté a favor, si sabes que el votante no es republicano = Probabilidad de que el votante seleccionado esté a favor, si sabes que el votante es demócrata = $P(\text{a favor} \mid \text{no republicano}) = P(\text{a favor} \mid \text{demócrata}) = \mathbf{315/525} = \underline{0.60}$.

¿Saber que la afiliación política del votante tiene un efecto influyente sobre la probabilidad de que el votante esté a favor de la propuesta presupuestal? Sin información acerca de la afiliación política, la probabilidad de estar a favor es 0.60. La información acerca del evento "republicano" no altera la probabilidad de "a favor". Todas tienen el valor 0.60. En consecuencia, se dice que estos dos eventos son *eventos independientes*.

Cuando compruebas las tres probabilidades, $P(A)$, $P(A \mid B)$, y $P(A \mid \text{no } B)$, es necesario comparar sólo dos de ellas. Si dos de las tres probabilidades son iguales, la tercera tendrá el mismo valor. Más aún, si dos de las tres probabilidades son distintas, entonces las tres tendrán diferente valor.

Nota: determina los tres valores y usa el tercero como comprobación. Todos serán iguales o todos serán diferentes; no hay otro posible resultado.

EJEMPLO 4.21

COMPRENSIÓN DE LOS EVENTOS NO INDEPENDIENTES

A partir de una encuesta de salida nacional de 13 660 votantes en 250 distritos a lo largo del país, el 4 de noviembre de 2008, se tiene lo siguiente:

	Porcentaje de votantes	Porcentaje por Obama	Porcentaje por McCain	Porcentaje por otros
Hombre	48	44	54	2
Mujer	52	56	43	1

Supón que un votante se selecciona al azar de los 13 660 resumidos en la tabla. Considera los dos eventos: "el votante es mujer" y "el votante votó por Obama". ¿Estos dos eventos son independientes? Para responder esto, considera la pregunta: ¿saber que el votante es mujer tiene un efecto influyente sobre la probabilidad de que el votante votó por Obama? ¿Cuál es la probabilidad de votar por Obama, si el votante es mujer? Tú dices: "0.56". Ahora compara esto con la probabilidad de votar por Obama, si el votante no es mujer. Tú dices que la probabilidad es **0.44**. Así que te preguntan: ¿saber que el votante fue mujer influyó en la probabilidad de votar por Obama? Sí, así es; es **0.56** cuando el votante es mujer y 0.44 cuando el votante no es mujer. La información acerca del evento "mujer" altera la probabilidad de "votó por Obama". Por tanto, estos dos eventos no son independientes y se dice que son *eventos dependientes*.

En forma de ecuación:

P(votó por Obama | se sabe que el votante es mujer) = $P(O \mid W) = 0.56$ y

P(votó por Obama | se sabe que el votante no es mujer) = $P(O \mid \overline{W}) = 0.44$.

Por tanto, $P(O \mid W) \neq P(O \mid \overline{W})$ y los dos eventos no son independientes.

EJEMPLO 4.22

Cengage Learning

EVENTOS DE NAIPES INDEPENDIENTES

Considera un mazo regular de naipes y los dos eventos: "naipe extraído es reina" y "naipe extraído es corazón". Supón que el mazo se baraja, al azar se extrae un naipe y, antes de mirar el naipe, te preguntan la probabilidad de que sea "reina". Tú dices 4/52, o 1/13. Después observan el naipe y te dicen que es un "corazón". Ahora: ¿cuál es la probabilidad de que el naipe sea una "reina"? Tú dices que es 1/13, la misma que antes de saber que el naipe era un "corazón".

La pista de que el naipe era un corazón te ofreció información adicional, pero dicha información no cambió la probabilidad de que el naipe fuera una reina. Por tanto, "reina" y "corazón" son independientes. Más aún, supón que, después de extraer el naipe y mirarlo, te dicen que el naipe "no era un corazón". ¿Cuál sería la probabilidad de que el naipe sea una "reina"? Tú dices 3/39, o 1/13. Nuevamente, observa que saber que el naipe "no es un corazón" proporciona información adicional, pero dicha información no cambió la probabilidad de que fuera una "reina". Esto es lo que significa que los dos eventos, "naipe es una reina" y "naipe es un corazón", sean independientes.

En forma de ecuación:

$$P(\text{reina} \mid \text{naipe es corazón}) = P(\text{Q} \mid \text{H}) = P(\text{Q})$$

$$P(\text{reina} \mid \text{naipe no es corazón}) = P(\text{Q} \mid \text{no H}) = P(\text{Q})$$

Por tanto, $P(\text{Q}) = P(\text{Q} \mid \text{H}) = P(\text{Q} \mid \text{no H})$ y los dos eventos son independientes.

EJEMPLO 4.23

EVENTOS DE NAIPES NO INDEPENDIENTES

Ahora, considera los dos eventos: "naipe extraído es corazón" y "naipe extraído es rojo". ¿Los eventos "corazón" y "rojo" son independientes? Al seguir el mismo escenario que en el ejemplo 4.22, se baraja el mazo de 52 naipes, se extrae un naipe al azar y, antes de mirarlo, dices que la probabilidad de que el naipe desconocido sea "rojo" es 26/52 = 1/2. Sin embargo, cuando te dicen la información adicional de que el naipe es un "corazón", cambias tu probabilidad de que el naipe sea "rojo" a 13/13, o 1. Esta información adicional resulta en una probabilidad diferente de "rojo".

$P(\text{rojo} \mid \text{naipe es corazón}) = P(\text{R} \mid \text{H}) = 13/13 = 1$, y $P(\text{rojo}) = P(\text{rojo} \mid \text{no tienes información adicional}) = 26/52 = 1/2$. Por tanto, la información adicional cambió la probabilidad del evento "rojo". Estos dos eventos no son independientes y en consecuencia se dice que son eventos dependientes.

En forma de ecuación, la definición establece:

$$\text{A y B son independientes si y sólo si } P(\text{A} \mid \text{B}) = P(\text{A})$$

Nota: define **independencia** en términos de probabilidad condicional y pon a prueba la independencia de esa manera.

Regla especial de la multiplicación

La regla de la multiplicación se simplifica cuando los eventos involucrados son independientes.

Si sabes que dos eventos son independientes, entonces, al aplicar la definición de independencia, $P(\text{B} \mid \text{A}) = P(\text{B})$, a la regla de la multiplicación, se sigue que:

$$P(\text{A y B}) = P(\text{A}) \cdot P(\text{B} \mid \text{A}) \text{ se convierte en } P(\text{A y B}) = P(\text{A}) \times P(\text{B})$$

Regla especial de la multiplicación

Sean A y B dos eventos independientes definidos en un espacio muestral S.

En palabras: *probabilidad de* A y B = *probabilidad de* A × *probabilidad de* B

En álgebra: $P(\text{A y B}) = P(\text{A}) \cdot P(\text{B})$ **(4.7)**

Esta fórmula puede expandirse para considerar más de dos eventos independientes:

$$P(\text{A y B y C y} \ldots \text{y E}) = P(\text{A}) \cdot P(\text{B}) \cdot P(\text{C}) \cdot \ldots \cdot P(\text{E})$$

Con frecuencia, esta ecuación es conveniente para calcular probabilidades, pero no ayuda a entender la relación entre los eventos A y B. Es la *definición* la que te dice cómo debes pensar acerca de los eventos independientes. Los estudiantes que entienden la independencia de esta forma obtienen comprensión de lo que trata la independencia. Esto debe conducirte a pensar con más claridad acerca de situaciones que tratan con eventos independientes y en consecuencia hacen que tengas menos probabilidad de confundir el concepto de eventos independientes con eventos mutuamente excluyentes o a cometer otros errores comunes concernientes a la independencia.

Nota: no uses $P(\text{A y B}) = P(\text{A}) \cdot P(\text{B})$ como la definición de independencia. Es una propiedad que resulta de la definición. Puede usarse como una prueba de independencia pero, como enunciado, no muestra significado o comprensión por el concepto de eventos independientes.

EJERCICIOS SECCIÓN 4.5

4.103 Determina si cada uno de los siguientes pares de eventos es independiente:

a. La rodadura de un par de dados y observar un "1" en el primer dado y un "1" en el segundo dado

b. Extraer una "espada" de un mazo regular de naipes y después extraer otra "espada" del mismo mazo sin sustituir el primer naipe

c. Igual que el inciso b, excepto que el primer naipe se devuelve al mazo antes de extraer el segundo

d. Poseer un automóvil rojo y tener cabello rubio

e. Poseer un automóvil rojo y que se ponche un neumático hoy

f. Estudiar para un examen y aprobar el examen

4.104 Determina si cada uno de los siguientes pares de eventos es independiente:

a. La rodadura de un par de dados y observar un "2" en un dado y tener un "total de 10" No

b. Extraer un naipe de un mazo regular de naipes y tener un naipe "rojo" y tener un "as"

c. Que llueva hoy y aprobar el examen de hoy Si

d. Que llueva hoy y jugar golf hoy No

e. Completar la tarea de hoy y llegar a tiempo a clase

4.105 A y B son eventos independientes y $P(\text{A}) = 0.7$ y $P(\text{B}) = 0.4$. Encuentra $P(\text{A y B})$.

4.106 A y B son eventos independientes y $P(\text{A}) = 0.5$ y $P(\text{B}) = 0.8$. Encuentra $P(\text{A y B})$.

4.107 A y B son eventos independientes y $P(\text{A}) = 0.6$ y $P(\text{A y B}) = 0.3$. Encuentra $P(\text{B})$.

4.108 A y B son eventos independientes y $P(\text{A}) = 0.4$ y $P(\text{A y B}) = 0.5$. Encuentra $P(\text{B})$.

4.109 Si $P(\text{A}) = 0.3$ y $P(\text{B}) = 0.4$ y A y B son eventos independientes, ¿cuál es la probabilidad de cada uno de los siguientes?

a. $P(\text{A y B})$ b. $P(\text{B} \mid \text{A})$ c. $P(\text{A} \mid \text{B})$

4.110 Supón que Si $P(\text{A}) = 0.3$, $P(\text{B}) = 0.4$. y $P(\text{A y B}) = 0.12$.

a. ¿Cuál es $P(\text{A} \mid \text{B})$?

b. ¿Cuál es $P(\text{B} \mid \text{A})$?

c. ¿Son A y B independientes?

4.111 Supón que Si $P(\text{A}) = 0.3$, $P(\text{B}) = 0.4$ y $P(\text{A y B}) = 0.20$.

a. ¿Cuál es $P(\text{A} \mid \text{B})$?

b. ¿Cuál es $P(\text{B} \mid \text{A})$?

c. ¿A y B son independientes?

4.112 Un estudiante se selecciona al azar de un grupo de 200 estudiantes que se sabe consiste en 140 estudiantes de tiempo completo (80 mujeres y 60 hombres) y 60 estudiantes de tiempo parcial(40 mujeres y 20 hombres). El evento A es "el estudiante seleccionado es de tiempo completo" y el evento C es "el estudiante seleccionado es mujer".

a. ¿Los eventos A y C son independientes? Justifica tu respuesta.

b. Encuentra la probabilidad $P(\text{A y C})$.

4.113 Se extrae un solo naipe de un mazo estándar. Sea A el evento de que "el naipe es un naipe cara" (sota, reina o rey), B es un "naipe rojo" y C es "el naipe es un corazón". Determina si los siguientes pares de eventos son independientes o dependientes:

a. A y B b. A y C c. B y C

4.114 Una caja contiene cuatro fichas de póquer rojas y tres azules. Se seleccionarán tres fichas de póquer al azar, una a la vez.

a. ¿Cuál es la probabilidad de que las tres fichas serán rojas, si la selección se hace con reemplazo?

b. ¿Cuál es la probabilidad de que las tres fichas sean rojas, si la selección se hace sin reemplazo?

c. ¿Las extracciones son independientes en el inciso a o en el b? Justifica tu respuesta.

4.115 Si se excluye la cobertura por prestaciones laborales, aproximadamente 49% de los adultos compran seguros de vida. La probabilidad de que quienes tienen edad entre 18 y 24 años, sin seguro de vida, comprarán seguro de vida el próximo año es de 15% y para quienes tienen edades de 25 a 34, es de 25%. (Opinion Research)

a. Encuentra la probabilidad de que un adulto seleccionado al azar no compre seguro de vida.

b. ¿Cuál es la probabilidad de que un adulto de 18 a 24 años compre seguro de vida dentro del siguiente año?

c. Encuentra la probabilidad de que un adulto seleccionado al azar esté entre 25 y 34 años de edad, no tenga en la actualidad seguro de vida y compre uno dentro del próximo año.

4.116 El programa espacial estadounidense tiene una historia de muchos éxitos y muchos fracasos. La fiabilidad de los vuelos espaciales es de la mayor importancia en el lanzamiento de transbordadores espaciales. La fiabilidad de la misión completa se apoya en la fiabilidad de todos sus componentes. Cada una de las seis juntas en el cohete propulsor del transbordador espacial *Challenger* tiene una fiabilidad de 0.977. Las seis uniones funcionan de manera independiente.

a. ¿Qué significa decir que las seis uniones funcionan de manera independiente?

b. ¿Cuál fue la fiabilidad (probabilidad) de las seis uniones al trabajar en conjunto?

4.117 En un estudio de 2008 de Experian Automotive, se descubrió que el número promedio de vehículos por hogar en Estados Unidos es de 2.28 vehículos. Los resultados también mostraron que casi 35% de los hogares tienen tres o más vehículos. http://www.autospies.com/

a. Si dos hogares estadounidenses se seleccionan al azar, encuentra la probabilidad de que ambos tendrán tres o más vehículos.

b. Si dos hogares estadounidenses se seleccionan al azar, encuentra la probabilidad de que ninguno de los dos tenga tres o más vehículos.

c. Si cuatro hogares estadounidenses se seleccionan al azar, encuentra la probabilidad de que los cuatro tendrán tres o más vehículos.

4.118 Un artículo del *USA Today* titulado "Peso excesivo" (5 de febrero de 2009) proporciona los resultados del resumen web de la Valoración Nacional de Salud en Escuelas de Educación Superior 2007, en la que 34% de los estudiantes dijo que el "estrés" era el problema de salud física y mental que con más frecuencia dificultaba su desempeño académico. Si cinco estudiantes universitarios se seleccionan al azar, ¿cuál es la probabilidad de que los cinco digan que el "estrés" es el problema de salud física y mental que con más frecuencia dificulta su desempeño académico?

4.119 El número del 16 de junio de 2009 del *Democrat and Chronicle* presentó el artículo "La mayoría de las veces, los niños tienen la razón". De acuerdo con información de CDC (Centros para el Control de Enfermedades) y Safe Kids USA, un grupo de consultoría no lucrativo, 77% de los niños, con edades de 19 a 35 meses, reciben todas las vacunas recomendadas. Si tres niños, con edades de 19 a 35 meses, se seleccionan al azar, ¿cuál es la probabilidad de que los tres hayan recibido todas las vacunas recomendadas?

4.120 Tú solicitas dos becas: una beca al mérito (M) y una beca atlética (A). Supón que la probabilidad de que recibas la beca atlética es 0.25, la probabilidad de que recibas ambas becas es 0.15 y la probabilidad de que consigas al menos una de las becas es 0.37. Usa un diagrama de Venn para responder estas preguntas:

a. ¿Cuál es la probabilidad de que recibas la beca al mérito?

b. ¿Cuál es la probabilidad de que no recibas ninguna de las dos becas?

c. ¿Cuál es la probabilidad de que recibas la beca al mérito, dado que te otorgaron la beca atlética?

d. ¿Cuál es la probabilidad de que recibas la beca atlética, dado que recibiste la beca al mérito?

e. ¿Los eventos "recibir una beca atlética" y "recibir una beca al mérito" son eventos independientes? Explica.

4.121 Los dueños de un negocio de dos personas toman sus decisiones independientemente una de otra y después comparan sus decisiones. Si están de acuerdo, la decisión se realiza; si no están de acuerdo, entonces es necesaria una mayor consideración antes de alcanzar una decisión. Si cada persona tiene el historial de tomar la decisión correcta 60% de las veces, ¿cuál es la probabilidad de que, en conjunto, ellas:

a. Tomen la decisión correcta en el primer intento?

b. Tomen la decisión equivocada en el primer intento?

c. Demoren la decisión para estudio posterior?

4.122 Las posibilidades en contra de rodar un par de dados y obtener un total de 5, son 8 a 1. Las posibilidades en contra de rodar un par de dados y obtener un total de 10, son 11 a 1. ¿Cuál es la probabilidad de rodar los dados dos veces y obtener un total de 5 en la primera rodadura y 10 en la segunda rodadura?

4.123 Considera el conjunto de enteros 1, 2, 3, 4 y 5.

a. Un entero se selecciona al azar. ¿Cuál es la probabilidad de que sea impar?

b. Dos enteros se seleccionan al azar (uno a la vez, con reemplazo, de modo que cada uno de los cinco está disponible para una segunda selección). Encuentra la probabilidad de que ninguno sea impar; exactamente uno de ellos sea impar; ambos sean impar.

4.124 Una caja contiene 25 partes, de las cuales 3 son defectuosas y 22 no son defectuosas. Si 2 partes se seleccionan sin reemplazo, encuentra las siguientes probabilidades:

a. *P*(ambas defectuosas)

b. *P*(exactamente una es defectuosa)

c. *P*(ninguna es defectuosa)

4.125 De acuerdo con el Departamento de Educación de Estados Unidos, el porcentaje de estudiantes universitarios que se gradúan en un periodo de 4 años de una institución privada es 79%. Dicho porcentaje cae a 49% para instituciones públicas. Una de las razones para esto puede ser que 38% de los estudiantes universitarios asiste sólo tiempo parcial.

Fuente: http://www.naicu.edu/

¿Qué información adicional necesitas para determinar la probabilidad de que un estudiante seleccionado al azar sea de tiempo parcial y se gradúe dentro de 4 años?

4.126 A partir de una encuesta de adultos, 48% planean comprar dulces este año en Pascua. Los tipos de dulces que comprarán se describen en la tabla siguiente.

¿Qué información adicional necesitas para determinar la probabilidad de que un cliente seleccionado al azar comprará dulces y serán de chocolate?

Tabla para el ejercicio 4.126

Chocolate	No de chocolate	Llenos de crema	Malvaviscos con licor	Melcocha	Malteada	No sabe
30%	25%	13%	11%	8%	7%	6%

Fuente: International Mass Retail Association

4.6 Mutuamente excluyentes e independientes, ¿están relacionados?

Los eventos mutuamente excluyentes y los eventos independientes son dos conceptos muy diferentes con base en definiciones que parten de orientaciones muy diferentes. Los dos conceptos pueden confundirse con facilidad porque interactúan mutuamente y están entrelazados por los enunciados de probabilidad que se usan para describir dichos conceptos.

Para describir estos dos conceptos y eventualmente comprender la distinción entre ellos, así como la relación entre ellos, es necesario acordar que los eventos a considerar sean dos eventos no vacíos definidos en el mismo espacio muestral y por tanto cada uno tiene probabilidades distintas de cero.

Nota: con frecuencia, los estudiantes tienen momentos difíciles al darse cuenta de que, cuando dicen "el evento A es un evento no vacío" y escriben "$P(A) > 0$", describen la misma situación. Las palabras y el álgebra con frecuencia parecen no tener el mismo significado. En este caso las palabras y el enunciado de probabilidad dicen ambos que el evento A existe dentro del espacio muestral.

Mutuamente excluyentes

Los eventos mutuamente excluyentes son dos eventos no vacíos definidos en el mismo espacio muestral y que no comparten elementos comunes.

Diagrama de Venn que representa la población

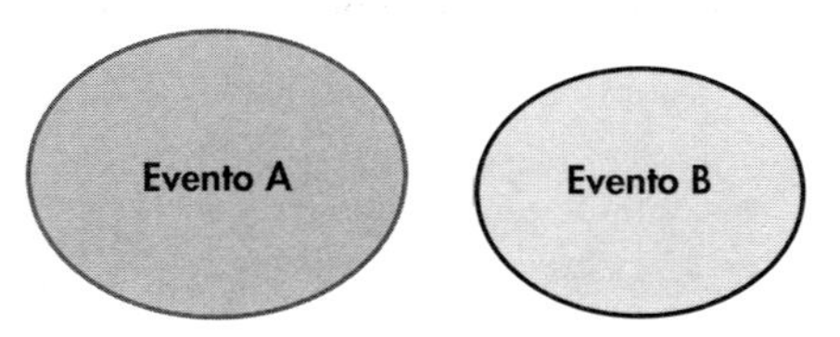

Esto significa:

1. En palabras: en este diagrama de Venn, las áreas cerradas que representan cada evento "no intersecan"; en otras palabras: son conjuntos disjuntos, o no ocurre intersección entre sus respectivos conjuntos.
2. En álgebra: $P(\text{A y B}) = 0$, que dice: "la intersección de los dos eventos es un conjunto vacío"; en otras palabras: no hay intersección entre sus respectivos conjuntos.

Nota que el concepto de mutuamente excluyente se basa en la relación de los elementos que satisfacen los eventos. Mutuamente excluyente no es un concepto de probabilidad por definición; sólo resulta ser útil para expresar el concepto usando un enunciado de probabilidad.

Independencia

Los eventos independientes son dos eventos no vacíos definidos en el mismo espacio muestral que se relacionan en tal forma que la ocurrencia de algún evento no afecta la probabilidad del otro evento.

Esto significa que:

1. En palabras: si el evento A ya ocurrió (o se sabe que ocurrirá), la probabilidad del evento B no se afecta (esto es: la probabilidad de B después de saber que ocurrió el evento A permanece igual que antes de saber que ocurrió el evento A).

   Además, también es el caso cuando A y B intercambian papeles que si el evento B ya ocurrió (o se sabe que ocurrirá), la probabilidad del evento A no es afectada (es decir: la probabilidad de A todavía es la misma de antes, después de saber que el evento B ocurrió).

   Ésta es una "relación mutua"; funciona en ambas vías.

2. En álgebra: $P(\text{B} \mid \text{A}) = P(\text{B} \mid \text{no A}) = P(\text{B})$ y
   $P(\text{A} \mid \text{B}) = P(\text{A} \mid \text{no B}) = P(\text{A})$

   O con algunas palabras para ayudar a interpretar el álgebra, P(B, si sabes que A ocurrió) = P(B, si sabes que A no ocurrió) = P(B) y P(A, si sabes que B ocurrió) = P(A, si sabes que B no ocurrió) = P(A).

   Observa que el concepto de independencia se basa en el efecto que un evento (en este caso, la falta de efecto) tiene sobre la probabilidad del otro evento.

Observa las siguientes cuatro demostraciones que relacionan los eventos mutuamente excluyentes con los independientes:

Demostración I

Dados: $P(\text{A}) = 0.4$, $P(\text{B}) = 0.5$, A y B son mutuamente excluyentes; ¿son independientes?

Respuesta: si A y B son eventos mutuamente excluyentes $P(\text{A} \mid \text{B}) = 0.0$ y dado que se proporciona $P(\text{A}) = 0.4$, se ve que la ocurrencia de B tiene un efecto sobre la probabilidad de A. Por tanto, A y B no son eventos independientes.

Conclusión I: si los eventos son mutuamente excluyentes, NO son independientes.

Demostración II

Dados: $P(\text{A}) = 0.4$, $P(\text{B}) = 0.5$, y A y B son independientes; ¿los eventos A y B son mutuamente excluyentes?

Respuesta: si A y B son eventos independientes, entonces $P(\text{A y B}) = P(\text{A}) \cdot P(\text{B}) = 0.4 \cdot 0.5 = 0.20$, y puesto que $P(\text{A y B})$ es mayor que cero, los eventos A y B deben intersecar, lo que significa que los eventos no son mutuamente excluyentes.

Conclusión II: si los eventos son independientes, NO son mutuamente excluyentes.

Demostración III

Dados: $P(\text{A}) = 0.4$, $P(\text{B}) = 0.5$, A y B no son mutuamente excluyentes; ¿los eventos A y B son independientes?

Respuesta: puesto que A y B no son eventos mutuamente excluyentes, debe ser que $P(\text{A y B})$ es mayor que cero. Ahora, si $P(\text{A y B})$ son exactamente 0.20, entonces A y B son independientes $[P(\text{A}) \cdot P(\text{B}) = 0.4 \cdot 0.5 = 0.20]$, pero si $P(\text{A y B})$ es cualquier otro valor positivo, por decir, 0.1, entonces los eventos A y B no son independientes. Por tanto, los eventos A y B podrían ser independientes o dependientes; se necesita alguna otra información para hacer dicha determinación.

Conclusión III: si los eventos no son mutuamente excluyentes, PUEDEN ser independientes o dependientes; se necesita información adicional para determinar cuál.

Demostración IV

Dados: $P(\text{A}) = 0.4$, $P(\text{B}) = 0.5$, A y B no son independientes; ¿los eventos A y B son mutuamente excluyentes?

Respuesta: dado que A y B no son eventos independientes, debe ser que $P(\text{A y B})$ es diferente de 0.20, el valor que sería si fueran independientes $[P(\text{A}) \cdot P(\text{B}) = 0.4 \cdot 0.5 = 0.20]$. Ahora, si $P(\text{A y B})$ son exactamente 0.00, entonces los eventos A y B son mutuamente excluyentes, pero si $P(\text{A y B})$ es cualquier otro valor positivo, por decir, 0.1, entonces los eventos A y B no son mutuamente excluyentes. Por tanto, los eventos A y B podrían no ser mutuamente excluyentes; se necesita alguna otra información para hacer dicha determinación.

Conclusión IV: si los eventos NO son independientes, PUEDEN ser mutuamente excluyentes o no mutuamente excluyentes; se necesita información adicional para determinar cuál.

Consejo

Trabaja con mucho cuidado, a partir de la información que se proporciona y las definiciones de los conceptos involucrados.

Qué no hacer

No te apoyes en el primer ejemplo "de arriba" que pienses te conducirá a la respuesta correcta. ¡Por lo general no lo hará!

Los siguientes ejemplos ofrecen mayor práctica con estos conceptos de probabilidad.

EJEMPLO 4.24

CÓMO CALCULAR PROBABILIDADES Y LA REGLA DE LA SUMA

Se rueda un par de dados. El evento T se define como la ocurrencia de un "total de 10 u 11" y el evento D es la ocurrencia de "dobles". Encuentra la probabilidad $P(\text{T o D})$.

Tutorial en video disponible; ingresa y aprende más en cengagebrain.com

Solución

Observa el espacio muestral de 36 pares ordenados para la rodadura de dos dados en la figura 4.6 (p. 205). El evento T ocurre si ocurre alguno de 5 pares ordenados: (4, 6), (5, 5), (6, 4), (5, 6) (6, 5). Por tanto, $P(\text{T}) = \frac{5}{36}$. El evento D ocurre si ocurre alguno de 6 pares ordenados: (1, 1), (2, 2), (3, 3), (4, 4), (5, 5), (6, 6). Por tanto, $P(\text{D}) = \frac{6}{36}$. Sin embargo, observa que estos dos eventos no son mutuamente excluyentes.

Los dos eventos "comparten" el par ordenado (5, 5). Por tanto, la probabilidad $P(\text{T y D}) = \frac{1}{36}$. Como resultado, la probabilidad $P(\text{T o D})$ se encontrará con la fórmula (4.4).

$$P(\text{T o D}) = P(\text{T}) + P(\text{D}) - P(\text{T y D})$$

$$= \frac{5}{36} + \frac{6}{36} - \frac{1}{36} = \frac{10}{36} = \mathbf{\frac{5}{18}}$$

Observa el espacio muestral de la figura 4.6 y verifica $P(\text{T o D}) = \frac{5}{18}$.

EJEMPLO 4.25

USO DE PROBABILIDADES CONDICIONALES PARA DETERMINAR INDEPENDENCIA

En una muestra de 150 residentes, a cada persona se le pregunta si favorece el concepto de tener una sola agencia policiaca en el condado. El condado está compuesto de una gran ciudad y muchos suburbios. La residencia (ciudad o fuera de la ciudad) y las respuestas de los residentes se resumen en la tabla 4.4. Si uno de tales residentes se selecciona al azar, ¿cuál es la probabilidad de que la persona: a) favorecerá el concepto, b) favorecerá el concepto si la persona seleccionada es un residente de la ciudad, c) favorecerá el concepto si la persona seleccionada es un residente de fuera de la ciudad? y d) ¿Los eventos F (favorece el concepto) y C (reside en la ciudad) son independientes?

TABLA 4.4
Resultados muestrales para el ejemplo 4.25

Residencia	A favor (F)	Se opone ($\bar{F}$)	Total
En ciudad (C)	80	40	120
Fuera de la ciudad ($\bar{C}$)	20	10	30
Total	100	50	150

Solución

a) $P(\text{F})$ es la proporción de la muestra total que favorece el concepto. Por tanto,

$$P(\text{F}) = \frac{n(\text{F})}{n(\text{S})} = \frac{100}{150} = \mathbf{\frac{2}{3}}$$

(continúa en la página 218)

Tutorial en video disponible; ingresa y aprende más en cengagebrain.com

b) $P(\text{F} \mid \text{C})$ es la probabilidad de que la persona seleccionada favorezca el concepto, dado que vive en la ciudad. La condición, "es residente de la ciudad", reduce el espacio muestral a los 120 residentes de la ciudad en la muestra. De ellos, 80 favorecen el concepto; por tanto,

$$P(\text{F} \mid \text{C}) = \frac{n(\text{F y C})}{n(\text{C})} = \frac{80}{120} = \mathbf{\frac{2}{3}}$$

c) $P(\text{F} \mid \overline{\text{C}})$ es la probabilidad de que la persona seleccionada favorezca el concepto, si se sabe que la persona vive fuera de la ciudad. La condición, "vive fuera de la ciudad", reduce el espacio muestral a los 30 que no residen en la ciudad; por tanto,

$$P(\text{F} \mid \overline{\text{C}}) = \frac{n(\text{F y } \overline{\text{C}})}{n(\overline{\text{C}})} = \frac{20}{30} = \mathbf{\frac{2}{3}}$$

d) Las tres probabilidades tienen el mismo valor, $\frac{2}{3}$. En consecuencia, es posible decir que los eventos F (favor) y C (reside en la ciudad) son independientes. La ubicación de residencia no afecta $P(\text{F})$.

EJEMPLO 4.26

DETERMINACIÓN DE INDEPENDENCIA Y USO DE LA REGLA DE LA MULTIPLICACIÓN

Un estudiante se selecciona al azar de un grupo de 200 que se sabe consisten en 140 estudiantes de tiempo completo (80 mujeres y 60 hombres) y 60 estudiantes de tiempo parcial (40 mujeres y 20 hombres). El evento A es "el estudiante seleccionado es de tiempo completo" y el evento C es "el estudiante seleccionado es mujer".

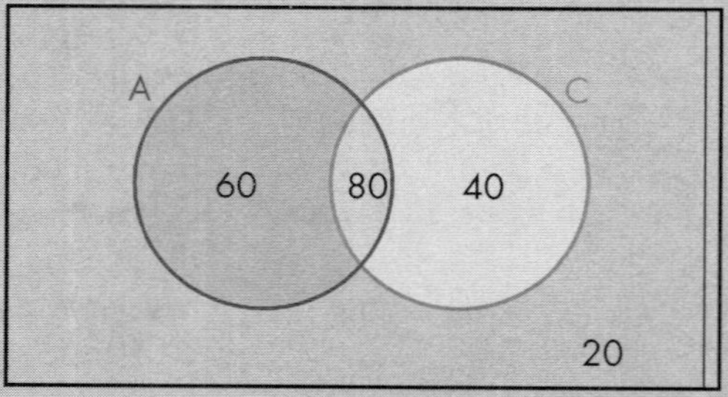

a) ¿Los eventos A y C son independientes?

b) Encuentra la probabilidad $P(\text{A y C})$ con la regla de la multiplicación.

Solución 1

a) Primero encuentra las probabilidades $P(\text{A})$, $P(\text{C})$, y $P(\text{A} \mid \text{C})$:

$$P(\text{A}) = \frac{n(\text{A})}{n(\text{S})} = \frac{140}{200} = 0.7$$

$$P(\text{C}) = \frac{n(\text{C})}{n(\text{S})} = \frac{120}{200} = 0.6$$

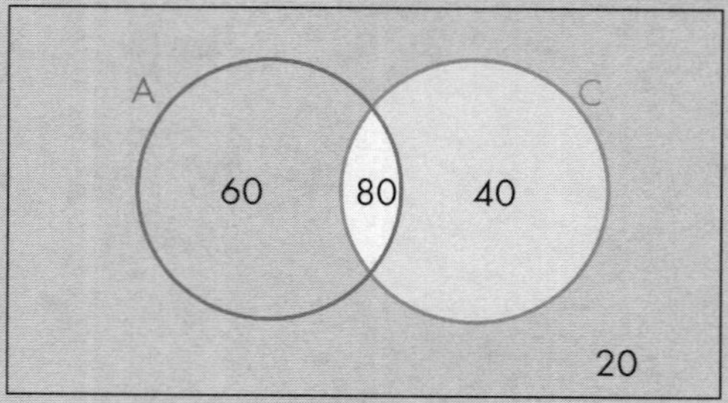

Tutorial en video disponible; ingresa y aprende más en cengagebrain.com

$$P(A \mid C) = \frac{n(A \text{ y } C)}{n(C)} = \frac{80}{120} \neq 0.67$$

A y C son eventos dependientes porque $P(A) \neq P(A \mid C)$

b) $P(A \text{ y } C) = P(C) \cdot P(A \mid C) = \frac{120}{200} \cdot \frac{80}{120} = \frac{80}{200} = \mathbf{0.4}$

Solución 2

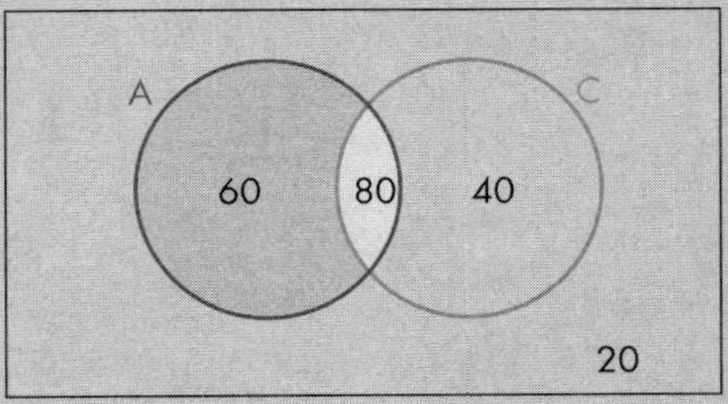

a) Primero encuentra las probabilidades $P(A)$, $P(C)$ y $P(C \mid A)$:

$$P(A) = \frac{n(A)}{n(S)} = \frac{140}{200} = 0.7$$

$$P(C) = \frac{n(C)}{n(S)} = \frac{120}{200} = 0.6$$

$$P(C \mid A) = \frac{n(C \text{ y } A)}{n(A)} = \frac{80}{140} = 0.57$$

A y C son eventos dependientes porque $P(C) \neq P(C \mid A)$.

b) $P(C \text{ y } A) = P(A) \cdot P(C \mid A) = \frac{140}{200} \cdot \frac{80}{140} = \frac{80}{200} = \mathbf{0.4}$

EJEMPLO 4.27

CÓMO USAR VARIAS REGLAS DE PROBABILIDAD

Un proceso de producción produce miles de artículos. En promedio, 20% de todos los artículos producidos son defectuosos. Cada artículo se inspecciona antes de embarcarlo. El inspector clasifica mal un artículo 10% de las veces; esto es,

P(clasificado bien | artículo defectuoso) = P(clasificado defectuoso | artículo bien) = 0.10

¿Qué proporción de los artículos será "clasificado bien"?

PTI ¡La mala clasificación puede ocurrir de dos formas!

Solución

¿Qué se entiende por el evento "clasificado bien"?

G: El artículo es bueno.
D: El artículo es defectuoso.
CG: El artículo se clasifica bien por el inspector.
CD: El artículo se clasifica defectuoso por el inspector.

(continúa en la página 220)

Tutorial en video disponible; ingresa y aprende más en cengagebrain.com

FIGURA 4.7
Cómo usar varias reglas de probabilidad

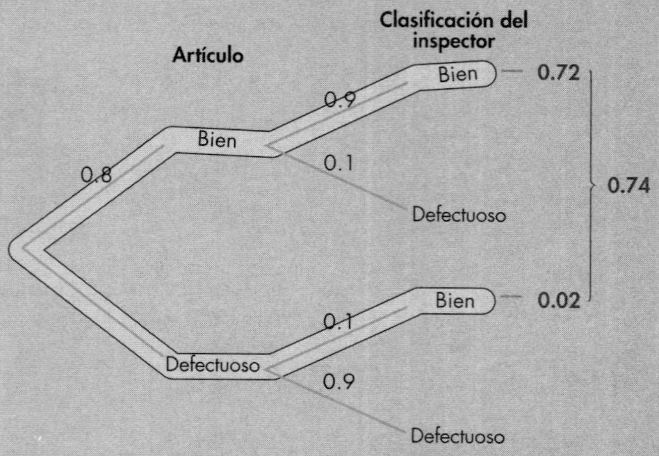

CG consiste en dos posibilidades: "el artículo es bueno y está correctamente clasificado como bien" y "el artículo es defectuoso y está mal clasificado como bien". Por tanto,

$$P(CG) = P[(CG \text{ y } G) \text{ o } (CG \text{ y } D)]$$

Dado que las dos posibilidades son mutuamente excluyentes, puedes comenzar usando la regla de la suma, fórmula (4.6):

$$P(CG) = P(CG \text{ y } G) + P(CG \text{ y } D)$$

La condición de un artículo y su clasificación por el inspector no son independientes. Debes usar la regla de la multiplicación para eventos dependientes. Por tanto,

$$P(CG) = P[(G) \cdot P(CG \mid G)] + [P(D) \cdot P(CG \mid D)]$$

Al sustituir las probabilidades conocidas en la figura 4.7, se obtiene

$$\begin{aligned} P(CG) &= [(0.8)(0.9)] + [(0.2)(0.1)] \\ &= 0.72 + 0.02 \\ &= \mathbf{0.74} \end{aligned}$$

Esto es: 74% de los artículos se clasifican bien.

EJERCICIOS SECCIÓN 4.6

4.127 a. Describe con tus palabras qué entiendes por dos eventos que son mutuamente excluyentes.

b. Describe con tus palabras qué entiendes por dos eventos que son independientes.

c. Explica cómo mutuamente excluyente e independiente son dos propiedades muy diferentes.

4.128 a. Describe con tus palabras por qué dos eventos no pueden ser independientes si ya se sabe que son mutuamente excluyentes.

b. Describe con tus palabras por qué dos eventos no pueden ser mutuamente excluyentes si ya se sabe que son independientes.

4.129 $P(G) = 0.5$, $P(H) = 0.4$, y $P(G \text{ y } H) = 0.1$ (consulta el diagrama).

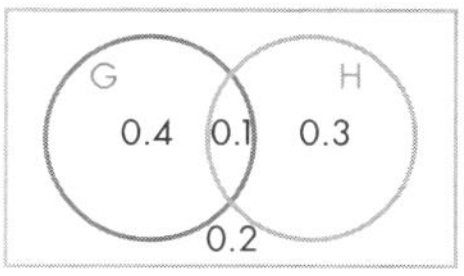

a. Encuentra $P(G \mid H)$.

b. Encuentra $P(H \mid G)$.

c. Encuentra $P(\overline{H})$.

d. Encuentra $P(G \text{ o } H)$.

e. Encuentra $P(G \text{ o } \overline{H})$.

f. ¿Los eventos G y H son mutuamente excluyentes? Explica.

g. ¿Los eventos G y H son independientes? Explica.

4.130 $P(R) = 0.5$, $P(S) = 0.3$ y los eventos R y S son independientes.

a. Encuentra $P(R \text{ y } S)$.

b. Encuentra $P(R \text{ o } S)$.

c. Encuentra $P(\overline{S})$.

d. Encuentra $P(R \mid S)$.

e. Encuentra $P(S \mid R)$.

f. ¿Los eventos R y S son mutuamente excluyentes? Explica.

4.131 $P(M) = 0.3$, $P(N) = 0.4$ y los eventos M y N son mutuamente excluyentes.

a. Encuentra $P(M \text{ y } N)$.

b. Encuentra $P(M \text{ o } N)$.

c. Encuentra $P(M \text{ o } \overline{N})$.

d. Encuentra $P(M \mid N$.

e. Encuentra $P(M \mid \overline{N})$.

f. ¿Los eventos M y N son independientes? Explica.

4.132 Dos semillas de flores se seleccionan al azar de un paquete que contiene cinco semillas para flores rojas y tres semillas para flores blancas.

a. ¿Cuál es la probabilidad de que ambas semillas resultarán en flores rojas?

b. ¿Cuál es la probabilidad de que se seleccione una de cada color?

c. ¿Cuál es la probabilidad de que ambas semillas sean para flores blancas?

PTI Dibuja un diagrama de árbol.

4.133 Se entrevistaron a 1 000 empleados en la Russell Microprocessor Company acerca de la satisfacción laboral. Un empleado se selecciona al azar.

	Hombre		Mujer		
	Calificado	No calificado	Calificado	No calificado	Total
Satisfecho	350	150	25	100	625
Insatisfecho	150	100	75	50	375
Total	500	250	100	150	1 000

a. Encuentra la probabilidad de que un trabajador no calificado esté satisfecho con el trabajo.

b. Encuentra la probabilidad de que una empleada mujer calificada esté satisfecha con el trabajo.

c. ¿La satisfacción para las empleadas mujeres es independiente de que sean calificadas o no calificadas?

4.134 Una compañía que fabrica zapatos tiene tres fábricas. La fábrica 1 produce 25% de los zapatos de la compañía, la fábrica 2 produce 60% y la fábrica 3 produce 15%. Un porcentaje de los zapatos producidos por la fábrica 1 están mal etiquetados, 0.5% de los producidos por la fábrica 2 están también mal etiquetados y 2% de los producidos por la fábrica 3 igualmente están mal etiquetados. Si compras un par de zapatos fabricados por esta compañía, ¿cuál es la probabilidad de que los zapatos estén mal etiquetados?

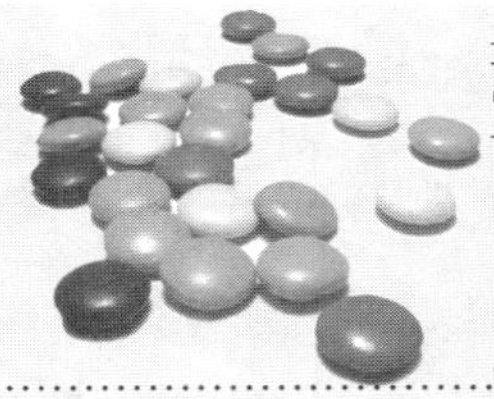

Repaso del capítulo

En retrospectiva

Estudiaste los conceptos básicos de probabilidad. Necesitas dominar estos fundamentos antes de continuar con el estudio de la estadística. La probabilidad es el vehículo de la estadística y comienzas a ver cómo ocurren los eventos probabilísticos. Exploraste probabilidades teóricas y experimentales para el mismo evento. ¿La probabilidad experimental resulta tener el mismo valor que la teórica? No exactamente, pero viste que, a largo plazo, tiene aproximadamente el mismo valor.

Al completar este capítulo, debes comprender las propiedades de la exclusividad mutua y la independencia y poder aplicar las reglas de la multiplicación a eventos compuestos "y" y "o". También debes poder calcular probabilidades condicionales.

En los siguientes tres capítulos observarás distribuciones asociadas con eventos probabilísticos. Esto te preparará para los estadísticos que siguen. Debes poder predecir la variabilidad que presentará la muestra respecto a la población antes de poder tener éxito en la "estadística inferencial", donde la población se describe con base en los estadísticos muestrales disponibles.

CourseMate El sitio **Statistics CourseMate** para este libro lleva a la vida los temas del capítulo, con herramientas interactivas de aprendizaje, estudio y preparación de exámenes, incluidas preguntas rápidas y tarjetas de estudio para el vocabulario y los conceptos clave que aparecen a continuación. El sitio también ofrece una versión **eBook** del texto, con capacidades de subrayado y toma de notas. A lo largo de los capítulos, el icono CourseMate señala los conceptos y ejemplos que tienen sus correspondientes recursos interactivos como **video** y **tutoriales animados** que demuestran, paso a paso, cómo resolver problemas; conjuntos de datos para ejercicios y ejemplos; **Applets Skillbuilder** para ayudarte a comprender mejor los conceptos; **manuales de tecnología** y software para descargar que incluye **Data Analysis Plus** (una suite de macros estadísticos para Excel) y programas **TI-83/84 Plus**; regístrate en **www.cengagebrain.com**

Vocabulario y conceptos clave

posibilidades (p. 182)
diagrama de árbol (p. 175)
diagrama de Venn (p. 177)
espacio muestral (p. 173)
estadística (p. 183)
evento (p. 173)
evento complementario (p. 195)
evento compuesto (p. 195)
eventos dependientes (p. 209)
eventos igualmente probables (p. 173)
eventos independientes (p. 208)
eventos mutuamente excluyentes (p. 202)
eventos todos incluidos (p. 179)
frecuencia relativa observada (p. 173)
independencia (p. 211)
intersección (p. 202)
ley de los grandes números (p. 181)
par ordenado (p. 175)
probabilidad condicional (p. 190)
probabilidad de un evento (p. 173)
probabilidad empírica (p. 173)
probabilidad experimental (p. 173)
probabilidad subjetiva (p. 178)
probabilidad teórica (p. 174)
promedio a largo plazo (p. 181)
puntos muestrales (p. 173)
regla de la multiplicación (p. 198)
regla de la suma (p. 196)
regla del complemento (p. 195)
regla especial de la multiplicación (p. 211)
regla especial de la suma (p. 206)
regla general de la multiplicación (p. 198)
regla general de la suma (p. 196)
resultado (p. 173)

Resultados del aprendizaje

- Comprender y poder describir el concepto básico de probabilidad. — pp. 172-174
- Comprender y describir un evento simple. — EJ. 4.1
- Comprender y poder describir las diferencias entre probabilidades empírica, teórica y subjetiva. — pp. 173-175, 178
- Calcular e interpretar frecuencias relativas. — Ej. 4.5, 4.8, 4.9, 4.135
- Identificar y describir un espacio muestral para un experimento. — pp. 173-174; Ej. 4.13, 4.31
- Construir tablas, diagramas de árbol y/o diagramas de Venn para ayudar en el cálculo y la interpretación de probabilidades. — EJ. 4.3, 4.4, 4.5, Ej. 4.12, 4.25
- Comprender las propiedades de los números de probabilidad: — p. 179; Ej. 4.23, 4.37
  1. $0 \leq \text{Cada } P(\text{A}) \leq 1$
  2. $\sum_{\text{todos los resultados}} P(\text{A}) = 1$
- Comprender, describir y usar la ley de los grandes números para determinar probabilidades. — EJ. 4.6, p. 180; Ej. 4.30, 4.32
- Comprender, calcular e interpretar cuotas de un evento. — EJ. 4.8; Ej. 4.39, 4.41, 4.122
- Comprender que los eventos compuestos involucran la ocurrencia de más de un evento. — Ex. 4.31, 4.53
- Construir, describir, calcular e interpretar una probabilidad condicional. — EJ. 4.10, Ej. 4.51, Ej, 4.55, 4.152

- Comprender y poder utilizar la regla del complemento. EJ. 4.11, Ej. 4.61, 4.62
- Calcular probabilidades de eventos compuestos con la regla de la suma. EJ. 4.12, Ej. 4.67, EJ. 4.24
- Calcular probabilidades de eventos compuestos con la regla de la multiplicación. EJ. 4.13, Ej. 4.76
- Comprender, describir y determinar eventos mutuamente excluyentes. p. 202, EJ. 4.15, 4.16, Ej. 4.89, 4.95
- Calcular probabilidades de eventos compuestos con la regla de la suma para eventos mutuamente excluyentes. EJ. 4.19, Ej. 4.99
- Comprender, describir y determinar eventos independientes. p. 208, EJ 4.20, 4.21, Ej. 4.103
- Calcular probabilidades de eventos compuestos con la regla de la multiplicación para los eventos independientes. EJ. 4.25, 4.26, Ej. 4.116, 4.117
- Reconocer y comparar las diferencias entre eventos mutuamente excluyentes y eventos independientes. pp. 214-216, Ej. 4.129, 4.129, 4.157

Ejercicios del capítulo

4.135 El Departamento de Transportes de Estados Unidos y la Federal Motor Carrier Safety Administration producen un reporte anual acerca de varias violaciones de tráfico. En 2008 hubo 2 092 "violaciones de movimiento" en el estado de Nueva York, según describe la siguiente tabla.

Violaciones de movimiento	Números 2008
No obedecer el dispositivo de control de tráfico	1 050
Seguir muy de cerca	37
Cambio de carril inadecuado	67
Paso inadecuado	9
Conducir imprudentemente	4
Acelerar	857
Vueltas prohibidas	33
No respetar derecho de paso	13
Operar un vehículo de motor mientras se está enfermo o fatigado	22
Total	2 092

Si una violación se selecciona al azar para revisión, ¿cuál es la probabilidad de que la violación de movimiento se deba a:

a. Acelerar?

b. Conducir imprudentemente?

c. Paso o vueltas prohibidas?

d. Si dos violaciones se seleccionan para revisión, ¿éste sería un ejemplo de muestreo con o sin reemplazo? Explica por qué.

4.136 [EX04-136] El número de personas que vivían en los 50 estados de Estados Unidos y el Distrito de Columbia en septiembre de 2004 se reportó por grupos etáreos en la siguiente tabla.

Grupo etáreo	Porcentaje	Número (miles)
0-17	25%	73 447.7
18-24	10%	28 855.7
25-34	13%	39 892.5
34-49	23%	66 620.3
50	29%	84 119.8

Fuente: Encuesta de poder adquisitivo de EUA de Sales & Marketing Management, septiembre de 2004, para los 50 estados de EUA y el Distrito de Columbia.

a. Verifica los porcentajes reportados en la tabla.

Si una persona se selecciona al azar de todas las personas representadas en la tabla, ¿cuál es la probabilidad de los siguientes eventos?

b. "Entre 18 y 24." ¿Cómo se relaciona con el 10% mencionado en la tabla?

c. "Mayor que 17"

d. "Entre 18 y 24" y "mayor que 17"

e. "Entre 18 y 24" o "mayor que 17"

f. "Al menos 25"

g. "No más de 24"

4.137 A 1 000 personas tamizadas por cierta enfermedad se les practica un examen clínico. Como resultado del examen, la muestra de 1 000 personas se clasifica de acuerdo con estatura y estado de enfermedad.

	Estado de enfermedad				
Estatura	Ninguno	Leve	Moderado	Severo	Total
Alto	122	78	139	61	400
Mediano	74	51	90	35	250
Bajo	104	71	121	54	350
Total	300	200	350	150	1 000

Usa la información de la tabla para estimar la probabilidad de ser mediano o bajo y de tener un estado de enfermedad moderado o severo.

4.138 [EX04-138] La Federal Highway Administration rastrea periódicamente el número de los conductores con licencia por sexo y por edad. La siguiente tabla muestra los resultados de los hallazgos de la administración en 2007:

(continúa en la página 224)

[EX00-000] identifica el nombre de archivo de una base de datos en línea de un ejercicio; bases de datos disponibles a través de cengagebrain.com

Grupo edad (años)	Hombre	Mujer
19 y menos	5 077 141	4 843 033
20-24	8 669 114	8,520 482
25-29	9 072 595	9 077 275
30-34	8 852 063	8 766 584
35-39	9 762 966	9 935 291
40-44	10 117 084	10 041 634
45-49	10 583 203	10 641 856
50-54	9 869 590	9 994 330
55-59	8 581 110	8 723 673
60-64	6 891 032	6 976 462
65-69	4 981 745	5 095 436
70-74	3 733 751	3 877 392
75-79	2 933 321	3 187 834
80-84	1 999 765	2 305 836
85 y más	1 340 456	1 589 791
Total	102 464 936	103 576 909

Fuente: U.S Department of Transportation, Federal Highway Administration. *Highway Statistics 2007*

Supón que encuentras un conductor de un vehículo al azar. Encuentra las probabilidades de los siguientes eventos:

a. El conductor es hombre y mayor de 59 años de edad.

b. El conductor es mujer o menor de 30.

c. El conductor es menor de 25.

d. El conductor es mujer.

e. El conductor es hombre entre las edades de 35 y 49.

f. El conductor es mayor de 69.

g. El conductor es mujer, dado que el conductor está entre las edades de 25 y 44.

h. El conductor está entre las edades de 25 y 44, dado que el conductor es mujer.

4.139 Supón que existen tres semáforos entre tu casa y la casa de un amigo. Conforme llegas a cada semáforo, puede ser rojo (R) o verde (V).

a. Menciona el espacio muestral que presente todas las posibles secuencias de luces rojas y verdes que pudieran ocurrir en un viaje desde tu casa hasta la casa de tu amigo. (RVV representa rojo en la primera luz y verde en las otras dos.) Supón que cada elemento del espacio muestral es igualmente probable que ocurra.

b. ¿Cuál es la probabilidad de que, en tu siguiente viaje a la casa de tu amigo, tengas que detenerte exactamente en una luz roja?

c. ¿Cuál es la probabilidad de que tengas que detenerte durante al menos una luz roja?

4.140 Si supones que es igualmente probable que una mujer dé a luz un niño o una niña, usa un diagrama de árbol para calcular la probabilidad de que una familia de cuatro hijos consista en un niño y tres niñas.

4.141 Ejercicio Applet Skillbuilder Simula la generación de una familia. La "familia" dejará de tener hijos cuando tenga un niño o tres niñas, lo que suceda primero. Si supones que una mujer tiene igual probabilidad de dar a luz un niño o una niña, realiza la simulación 24 veces. ¿Cuál es la probabilidad de que la familia tenga un niño?

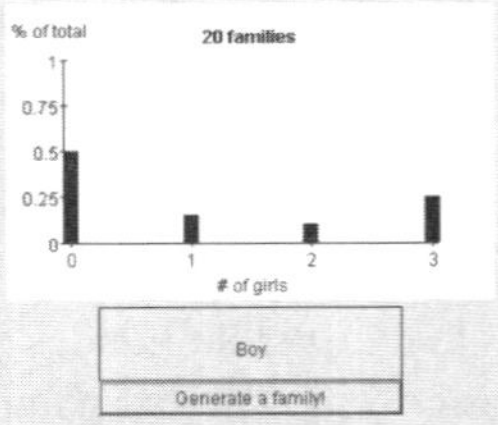

4.142 Una moneda se lanza tres veces.

a. Dibuja un diagrama de árbol que represente todos los posibles resultados.

b. Identifica todas las ramas que representan el evento "ocurre exactamente una cara".

c. Encuentra la probabilidad de "ocurre exactamente una cara".

4.143 Una encuesta reciente de familias del estado de Nueva York preguntó acerca de los hábitos de vacaciones. La siguiente tabla de dos vías muestra el número de familias de acuerdo con dónde viven (rural, suburbana, urbana) y la duración de sus últimas vacaciones (1 a 7 días, 8 días o más).

	Rural	Suburbana	Urbana	Total
1 a 7 días	90	57	52	199
8 días o más	74	38	21	133
Total	164	95	73	332

Si una familia se selecciona al azar de estas 332 familias, ¿cuál es la probabilidad de lo siguiente?

a. Pasan 8 días o más de vacaciones.

b. Es una familia rural.

c. Es una familia urbana y pasa 8 días o más de vacaciones.

d. Es una familia rural o pasa de 1 a 7 días de vacaciones.

e. Pasan 8 días o más de vacaciones, dado que es una familia suburbana.

f. Es una familia rural, dado que pasan 1 a 7 días de vacaciones.

4.144 La demografía de edad y género para los estudiantes de tiempo completo del Monroe Community College en otoño de 2008 se destacan en la tabla siguiente.

	19 y menos	20-24	25-29	30 y más
Mujer	2 928	1 658	420	649
Hombre	2 883	1 705	377	438
Total	5 811	3 363	797	1 087

Si uno de dichos estudiantes se selecciona al azar, ¿cuál es la probabilidad de que el estudiante

a. sea hombre?

b. tenga entre 20 y 24 años de edad?

c. sea mujer y de 30 o más?

d. sea hombre o tenga 19 años y menos?

e. tenga entre 25 y 29 años de edad, dado que el estudiante es mujer?

f. sea estudiante hombre, dado que el estudiante tiene 20 o más?

4.145 Esta gráfica de barras muestra el número de automóviles registrados en cada uno de varios países.

a. Menciona al menos dos países no incluidos en la información.

b. ¿Por qué todas las probabilidades resultantes de esta información son probabilidades condicionales?

Con base en la información de la gráfica:

c. ¿Qué porcentaje de todos los automóviles en dichos países está registrado en Estados Unidos?

Número de automóviles

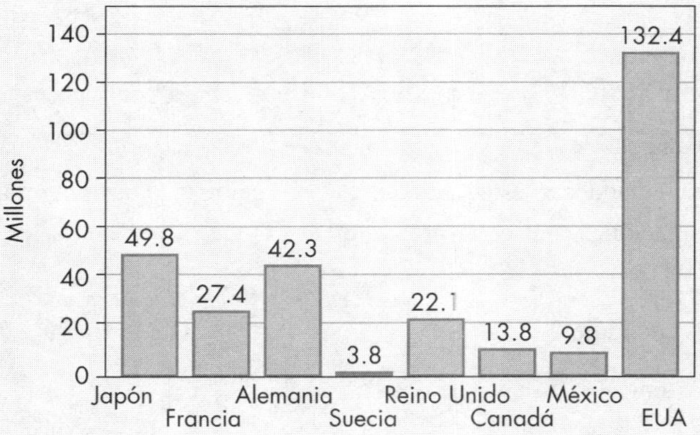

d. Si un automóvil registrado se selecciona al azar de entre todos estos automóviles, ¿cuál es la probabilidad de que esté registrado en Estados Unidos?

e. Explica la relación entre tus respuestas a los incisos c y d.

4.146 Las probabilidades para los eventos A, B y C se distribuyen como se muestra en la figura. Encuentra:

a. $P(\text{A y B})$ b. $P(\text{A o C})$ c. $P(\text{A} \mid \text{C})$

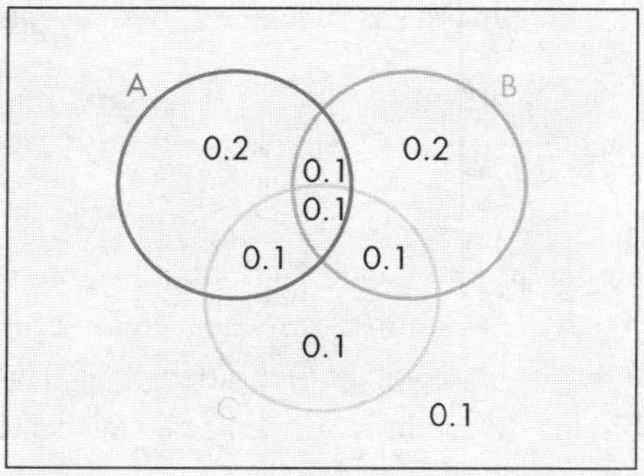

4.147 Demuestra que, si el evento A es un subconjunto del evento B, entonces $P(\text{A o B}) = P(\text{B})$.

4.148 Explica por qué estas probabilidades no pueden ser legítimas: $P(\text{A}) = 0.6$, $P(\text{B}) = 0.4$, $P(\text{A y B}) = 0.7$.

4.149 Llega un embarque de uvas que contiene las siguientes proporciones de tipos: 10% sin semilla rosa, 20% sin semilla blanca, 30% con semilla rosa y 40% con semilla blanca. Una uva se selecciona al azar del embarque. Encuentra la probabilidad de estos eventos:

a. No tiene semillas.

b. Es blanca.

c. Es rosa y sin semillas.

d Es rosa o sin semillas.

e. Es rosa, dado que no tiene semillas.

f. Es sin semillas, dado que es rosa.

4.150 Un análisis de tráfico en una transitada glorieta en Washington, DC, mostró que 0.8 de los automóviles que usan la glorieta entran desde Connecticut Avenue. De los que entran a la glorieta desde Connecticut Avenue, 0.7 siguieron sobre Connecticut Avenue en el lado opuesto de la glorieta. ¿Cuál es la probabilidad de que un automóvil seleccionado al azar observado en la glorieta entre desde Connecticut y continúe sobre Connecticut?

4.151 Supón que, cuando un candidato a un empleo se entrevista en RJB Enterprises, la probabilidad de que querrá el puesto (A) después de la entrevista es 0.68. Además, la probabilidad de que RJB querrá al candidato (B) es 0.36. La probabilidad $P(\text{A} \mid \text{B})$ es 0.88.

a Encuentra $P(\text{A y B})$.

b. Encuentra $P(\text{B} \mid \text{A})$.

c. ¿Los eventos A y B son independientes? Explica.

(continúa en la página 226)

d. ¿Los eventos A y B son mutuamente excluyentes? Explica.

e. ¿Qué significaría decir que A y B son eventos mutuamente excluyentes en este ejercicio?

4.152 La probabilidad de que haya tormentas en la vecindad de un aeropuerto particular en el medio oeste en un día de agosto es 0.70. Cuando hay tormentas en la vecindad, la probabilidad de que un avión aterrice a tiempo es 0.80. Encuentra la probabilidad de que haya tormentas en la vecindad y que el avión aterrice a tiempo.

4.153 Llantas rescatadas de un choque de trenes están a la venta en Getrich Tire Company. De las 15 llantas ofrecidas en venta, 5 sufrieron daño interno y las 10 restantes están libres de daño. Tú seleccionas al azar y compras dos de las llantas.

a. ¿Cuál es la probabilidad de que ambas llantas que compraste estén libres de daño?

b. ¿Cuál es la probabilidad de que exactamente una de las llantas que compraste esté libre de daño?

c. ¿Cuál es la probabilidad de que al menos una de las llantas que compraste esté libre de daño?

4.154 De acuerdo con estadísticas de accidentes automovilísticos, uno de cada seis accidentes resulta en un reclamo de seguro de $100 o menos en daño a la propiedad. Tres automóviles asegurados por una compañía aseguradora se involucran en diferentes accidentes. Considera estos dos eventos:

A: La mayoría de las reclamaciones supera $100.

B: Exactamente dos reclamaciones son de $100 o menos.

a. Menciona los puntos muestrales para este experimento.

b. ¿Los puntos muestrales son igualmente probables?

c. Encuentra $P(\text{A})$ y $P(\text{B})$.

d. ¿Los eventos A y B son independientes? Justifica tu respuesta.

4.155 Una organización de pruebas quiere calificar una marca particular de televisores. Se seleccionan al azar seis televisores del inventario. Si nada se encuentra defectuoso con alguno de los seis, la marca se juzga satisfactoria.

a. ¿Cuál es la probabilidad de que la marca se califique satisfactoria si 10% de los televisores realmente son defectuosos?

b. ¿Cuál es la probabilidad de que la marca se califique satisfactoria si 20% de los televisores realmente son defectuosos?

c. ¿Cuál es la probabilidad de que la marca se califique satisfactoria si 40% de los televisores realmente son defectuosos?

4.156 Supón que cierto rasgo oftálmico se asocia con el color de ojos. Se estudian 300 individuos seleccionados al azar, con los resultados dados en la siguiente tabla.

	Color de ojos			
Rasgo	Azul	Café	Otro	Total
Sí	70	30	20	120
No	20	110	50	180
Total	90	140	70	300

a. ¿Cuál es la probabilidad de que una persona seleccionada al azar tenga ojos azules?

b. ¿Cuál es la probabilidad de que una persona seleccionada al azar tenga el rasgo?

c. ¿Los eventos A (tiene ojos azules) y B (tiene el rasgo) son independientes? Justifica tu respuesta.

d. ¿Cómo se relacionan los dos eventos, A (tiene ojos azules) y C (tiene ojos cafés): independientes, mutuamente excluyentes, complementarios o todos incluidos? Explica por qué sí o por qué no se aplica cada término.

4.157 Como se menciona en *The World Factbook*, 2009, la estructura etárea de la población estadounidense se muestra en la tabla.

	Hombre	Mujer
0 a 14 años	31 639 127	30 305 704
15 a 64 años	102 665 043	103 129 321
65 años y más	16 901 232	22 571 696

Fuente: *The World Factbook*, julio de 2009. https://www.cia.gov/

Si un ciudadano estadounidense se seleccionara al azar de esta población, ¿cuál es la probabilidad de que la persona seleccionada

a. sea mujer?

b. tenga 0 a 14 años de edad?

c. sea hombre y tenga 15 a 64 años de edad?

d. sea mujer o tenga 65 años y más?

e. tenga menos de 15 años de edad, si sabes que la persona es mujer?

f. sea hombre, dado que la persona tiene 15 a 64 años de edad?

g. ¿Los eventos "persona seleccionada es hombre" y "persona seleccionada es mujer" son eventos independientes? Justifica tu respuesta. ¿Cuál es la relación entre mujer y hombre en esta situación?

4.158 La siguiente tabla muestra los sentimientos de 2 500 empleados asalariados en la Spruce Company acerca de una propuesta para enfatizar las prestaciones complementarias en lugar del aumento salarial durante las inminentes discusiones de contrato.

	Opinión			
Empleado	Favor	Neutral	Opone	Total
Hombre	800	200	500	1 500
Mujer	400	100	500	1 000
Total	1 200	300	1 000	2 500

a. Calcula la probabilidad de que un empleado seleccionado al azar de este grupo se oponga.

b. Calcula la probabilidad de que un empleado seleccionado al azar de este grupo sea mujer.

c. Calcula la probabilidad de que un empleado seleccionado al azar de este grupo se oponga, dado que la persona es mujer.

d. ¿Los eventos "opone" y "mujer" son independientes? Explica.

4.159 Los eventos R y S se definen en un espacio muestral. Si $P(\text{R}) = 0.2$ y $P(\text{S}) = 0.5$, explica por qué cada uno de los siguientes enunciados es o verdadero o falso:

a. Si R y S son mutuamente excluyentes, entonces $P(\text{R o S}) = 0.10$.

b. Si R y S son independientes, entonces $P(\text{R o S}) = 0.6$.

c. Si R y S son mutuamente excluyentes, entonces $P(\text{R y S}) = 0.7$.

d. Si R y S son mutuamente excluyentes, entonces $P(\text{R o S}) = 0.6$.

4.160 Se considera que 3% de los pacientes de una clínica tienen cáncer. Una prueba de sangre particular produce un resultado positivo para 98% de los pacientes con cáncer, pero también muestra positivo para 4% de los pacientes que no tienen cáncer. Un paciente se elige al azar de la lista de pacientes de la clínica y se somete a la prueba. ¿Cuál es la probabilidad de que, si la prueba resulta positiva, la persona realmente tenga cáncer?

4.161 La caja 1 contiene dos bolas rojas y tres bolas verdes y la caja 2 contiene cuatro bolas rojas y una bola verde. Una bola se selecciona al azar de la caja 1 y se coloca en la caja 2. Después una bola se selecciona al azar de la caja 2. ¿Cuál es la probabilidad de que la bola seleccionada de la caja 2 sea verde?

4.162 Los vendedores Adams y Jones llaman a tres y cuatro clientes, respectivamente, un día dado. Adams podría hacer 0, 1, 2 o 3 ventas, mientras que Jones podría hacer 0, 1, 2, 3 o 4 ventas. En la tabla se presenta el espacio muestral que menciona el número de posibles ventas para cada persona en un día dado. (3, 1 representa 3 ventas de Jones y 1 venta de Adams.)

	Jones				
Adams	0	1	2	3	4
0	0, 0	1, 0	2, 0	3, 0	4, 0
1	0, 1	1, 1	2, 1	3, 1	4, 1
2	0, 2	1, 2	2, 2	3, 2	4, 2
3	0, 3	1, 3	2, 3	3, 3	4, 3

Supón que cada punto muestral es igualmente probable. Considera estos eventos:

A: Al menos uno de los vendedores no realiza ventas.
B. En conjunto hacen exactamente tres ventas.
C: Cada uno hace el mismo número de ventas.
D: Adams hace exactamente una venta.

Encuentra las probabilidades al contar los puntos muestrales:

a. $P(\text{A})$ b. $P(\text{B})$ c. $P(\text{C})$
d. $P(\text{D})$ e. $P(\text{A y B})$ f. $P(\text{B y C})$
g. $P(\text{A o B})$ h. $P(\text{B o C})$ i. $P(\text{A} \mid \text{B})$
j. $P(\text{B} \mid \text{D})$ k. $P(\text{C} \mid \text{B})$ l. $P(\text{B} \mid \overline{\text{A}})$
m. $P(\text{C} \mid \overline{\text{A}})$ n. $P(\text{A o B o C})$

¿Los siguientes pares de eventos son mutuamente excluyentes? Explica.

o. A y B p. B y C q. B y D

¿Los siguientes pares de eventos son independientes? Explica.

r. A y B s. B y C t. B y D

4.163 Alex, Bill y Chen, cada uno, a la vez, lanzan una moneda balanceada. Gana el primero en lanzar una cara.

a. ¿Cuáles son sus respectivas probabilidades de ganar si cada uno lanza una sola vez?

b. ¿Cuáles son sus respectivas probabilidades de ganar si continúan lanzando un máximo de dos veces cada uno?

PTI Dibuja un diagrama de árbol.

4.164 La moneda A está cargada en tal forma que $P(\text{caras})$ es 0.6. La moneda B es una moneda equilibrada. Ambas monedas se lanzan. Encuentra:

a. El espacio muestral que representa este experimento; asigna una medida de probabilidad a cada resultado.

b. $P(\text{ambas muestran caras})$.

(continúa en la página 228)

c. P(muestra exactamente una cara).

d. P(ninguna moneda muestra una cara).

e. P(ambas muestran caras | moneda A muestra cara).

f. P(ambas muestran caras | moneda B muestra cara).

g. P(caras en moneda A | muestra exactamente una cara).

4.165 El profesor French olvida fijar su alarma con una probabilidad de 0.3. Si fija la alarma, suena con una probabilidad de 0.8. Si la alarma suena, se despierta a tiempo para dar su primera clase con una probabilidad de 0.9. Si la alarma no suena, se despierta a tiempo para su primera clase con una probabilidad de 0.2. ¿Cuál es la probabilidad de que el profesor French despierte a tiempo para impartir su primera clase mañana?

4.166 La probabilidad de que cierta puerta se cierre es 0.6. La llave para la puerta es una de cinco llaves no identificadas que cuelgan de un llavero. Tú seleccionas dos llaves antes de aproximarte a la puerta. ¿Cuál es la probabilidad de que puedas abrir la puerta sin regresar por otra llave?

4.167 Tu museo de arte local planeó el calendario de 52 semanas del próximo año al programar una mezcla de exposiciones de 1 y 2 semanas que presentan las obras de 22 pintores y 20 escultores. Hay una exposición programada para cada semana del año y sólo un artista se presenta a la vez. Hay 42 diferentes exposiciones programadas para el próximo año. Tú eliges una semana al azar para asistir y te dicen que la probabilidad de que sea una exposición de escultura de 2 semanas es 3/13.

a. ¿Cuál es la probabilidad de que la exposición que seleccionaste sea la exposición de un pintor?

b. ¿Cuál es la probabilidad de que la exposición que seleccionaste sea la exposición de un escultor?

c. ¿Cuál es la probabilidad de que la exposición que seleccionaste sea una exposición de una semana?

d. ¿Cuál es la probabilidad de que la exposición que seleccionaste sea una exposición de 2 semanas?

4.168 Un reporte escrito de dos páginas contiene un error en una de las páginas. Dos lectores de pruebas revisan el escrito. Cada uno tiene una oportunidad de 80% de pescar el error. ¿Cuál es la probabilidad de que el error se identifique en los siguientes casos?

a. Cada uno lee una página diferente.

b. Cada uno lee ambas páginas.

c. El primer lector selecciona al azar una página para leer y después el segundo lector selecciona al azar una página, sin estar al tanto de cuál página se seleccionó primero.

4.169 En deportes, los campeonatos con frecuencia se deciden entre dos equipos que juegan una serie de campeonato. Con frecuencia los fanáticos del equipo perdedor afirman que no tuvieron suerte y su equipo en realidad es el mejor equipo. Supón que el equipo A es el mejor equipo y la probabilidad de que vencerá al equipo B en cualquier juego es 0.6.

a. ¿Cuál es la probabilidad de que el mejor equipo, el equipo A, gane la serie, si es una serie de un juego?

b. ¿Cuál es la probabilidad de que el mejor equipo, el equipo A, gane la serie, si es el mejor en una serie de tres?

c. ¿Cuál es la probabilidad de que el mejor equipo, el equipo A, gane la serie, si es una serie de siete?

d. Supón que la probabilidad de que A derrote a B en cualquier juego en realidad es 0.7. Vuelve a calcular los incisos a-c.

e. Supón que la probabilidad de que A venza a B en cualquier juego dado en realidad es 0.9. Vuelve a calcular los incisos a-c.

f. ¿Cuál es la relación entre el "mejor" equipo que gana y el número de juegos jugados? ¿El mejor equipo que gana y las probabilidades de que cada uno gane?

4.170 Una mujer y un hombre (no relacionados) cada uno tienen dos hijos. Al menos uno de los hijos de la mujer es un niño y el hijo mayor del hombre es niño. ¿La probabilidad de que la mujer tenga dos niños es mayor que, igual a o menor que la probabilidad de que el hombre tenga dos niños?

a. Demuestra la veracidad de tu respuesta usando una muestra simple para representar a cada familia.

b. Demuestra la veracidad de tu respuesta al tomar dos muestras, una de hombres con familias de dos hijos y una de mujeres con familias de dos hijos.

c. Demuestra la veracidad de tu respuesta usando simulación por computadora. Con la función de probabilidad de Bernoulli, con $p = 0.5$ (sea 0 = niña y 1 = niño), genera 500 "familias de dos hijos" para el hombre y la mujer. Determina cuál de las 500 satisface la condición para cada una y determina la proporción observada con dos niños.

d. Demuestra la veracidad de tu respuesta al repetir la simulación por computadora varias veces. Repite la simulación del inciso c varias veces.

e. ¿Los procedimientos anteriores parecen producir los mismos resultados? Explica.

4.171 Tres monedas equilibradas se lanzan simultáneamente. Encuentra la probabilidad de obtener tres caras, dado que al menos una de las monedas muestra caras.

a. Resuelve usando un espacio muestral igualmente probable.

b. Resuelve usando la fórmula para probabilidad condicional.

Examen de práctica del capítulo

PARTE I: Conocimiento de las definiciones

Responde "verdadero" si el enunciado siempre es verdadero. Si el enunciado no siempre es verdadero, sustituye las palabras en negrillas con las palabras que hagan al enunciado siempre verdadero.

4.1 La probabilidad de un evento es un **número entero**.

4.2 Los conceptos de probabilidad y frecuencia relativa, como se relacionan con un evento, son **muy similares**.

4.3 El **espacio muestral** es la población teórica para problemas de probabilidad.

4.4 Los puntos muestrales de un espacio muestral son eventos **igualmente probables**.

4.5 El valor que se encuentra para la probabilidad experimental **siempre será** exactamente igual a la probabilidad teórica asignada al mismo evento.

4.6 Las probabilidades de los eventos complementarios siempre son **iguales**.

4.7 Si dos eventos son mutuamente excluyentes, también son **independientes**.

4.8 Si los eventos A y B son **mutuamente excluyentes**, la suma de sus probabilidades debe ser exactamente 1.

4.9 Si los conjuntos de puntos muestrales que pertenecen a dos diferentes eventos no se intersecan, los eventos son **independientes**.

4.10 Un evento compuesto, formado con la palabra "y", requiere el uso de la **regla de la suma**.

PARTE II: Aplicación de los conceptos

4.11 Una computadora se programa para generar los ocho enteros de un solo dígito 1, 2, 3, 4, 5, 6, 7 y 8, con igual frecuencia. Considera el experimento "el siguiente entero generado" y estos eventos:

A: número impar, $\{1, 3, 5, 7\}$

B: número mayor que 4, $\{5, 6, 7, 8\}$

C: 1 o 2, $\{1, 2\}$

a. Encuentra $P(\text{A})$.
b. Encuentra $P(\text{B})$.
c. Encuentra $P(\text{C})$.
d. Encuentra $P(\text{C})$.
e. Encuentra $P(\text{A y B})$.
f. Encuentra $P(\text{A o B})$.
g. Encuentra $P(\text{B y C})$.
h. Encuentra $P(\text{B o C})$.
i. Encuentra $P(\text{A y C})$.
j. Encuentra $P(\text{A o C})$.
k. Encuentra $P(\text{A} \mid \text{B})$.
l. Encuentra $P(\text{B} \mid \text{C})$.
m. Encuentra $P(\text{A} \mid \text{C})$
n. ¿Los eventos A y B son mutuamente excluyentes? Explica.
o. ¿Los eventos B y C son mutuamente excluyentes? Explica.
p. ¿Los eventos A y C son mutuamente excluyentes? Explica.
q. ¿Los eventos A y B son independientes? Explica.
r. ¿Los eventos B y C son independientes? Explica.
s. ¿Los eventos A y C son independientes? Explica.

4.12 Los eventos A y B son mutuamente excluyentes y $P(\text{A}) = 0.4$ y $P(\text{B}) = 0.3$

a. Encuentra $P(\text{A y B})$.
b. Encuentra $P(\text{A o B})$.
c. Encuentra $P(\text{A} \mid \text{B})$.
d. ¿Los eventos A y B son independientes? Explica.

4.13 Los eventos E y F tienen probabilidades $P(\text{E}) = 0.5$, $P(\text{F}) = 0.4$ y $P(\text{E y F}) = 0.2$.

a. Encuentra $P(\text{E o F})$.
b. Encuentra $P(\text{E} \mid \text{F})$.
c. ¿Los eventos E y F son mutuamente excluyentes? Explica.
d ¿Los eventos E y F son independientes? Explica.
e. ¿Los eventos G y H son independientes? Explica.

4.14 Janice quiere convertirse en oficial de policía. Ella debe aprobar un examen físico y después un examen escrito. Los registros muestran que la probabilidad de aprobar el examen físico es 0.85 y que, una vez aprobado el examen físico, la probabilidad de aprobar el examen escrito es 0.60. ¿Cuál es la probabilidad de que Janice apruebe ambos exámenes?

PARTE III: Comprender los conceptos

4.15 El estudiante A dice que independientes y mutuamente excluyentes básicamente son la misma cosa; a saber: ambos significan que ningún evento tiene que ver con el otro. El estudiante B argumenta que, aunque la afirmación del estudiante A tiene cierta verdad, el estudiante A no comprende el punto principal de estas dos propiedades. El estudiante B tiene la razón. Explica cuidadosamente por qué.

4.16 Con oraciones completas, describe lo siguiente con tus palabras:

a. Eventos mutuamente excluyentes
b. Eventos independientes
c. La probabilidad de un evento
d. Una probabilidad condicional

5 Distribuciones de probabilidad (variables discretas)

Imagen copyright Michael Shake, 2012. Usada bajo licencia de Shutterstock.com

5.1 Variables aleatorias

EUA y sus automóviles

Los estadounidenses están muy enamorados del automóvil y muchos tienen más de uno disponible para ellos. El promedio nacional es 2.28 vehículos por hogar, con casi 34% con un solo vehículo y 31% con dos vehículos en el hogar. Sin embargo, casi 35% de todos los hogares tienen tres o más vehículos.

Vehículos, x	1	2	3	4	5	6	7	8
***P*(*x*)**	0.34	0.31	0.22	0.06	0.03	0.02	0.01	0.01

Al aparear el número de vehículos por hogar como la variable x, con la probabilidad para cada valor de x, se crea una distribución de probabilidad. Esto es muy parecido a la distribución de frecuencias relativas que estudiaste en el capítulo 2.

Si a cada resultado de un **experimento** de probabilidad se le asigna un valor numérico, entonces, cuando revisas los resultados del experimento, observas los valores de una variable aleatoria. Este valor numérico es el *valor de la variable aleatoria*.

> **Variable aleatoria** Variable que asume un valor numérico único para cada uno de los resultados en el espacio muestral de un experimento de probabilidad.

En otras palabras, una variable aleatoria se usa para denotar los resultados de un experimento de probabilidad. La variable aleatoria puede tomar cualquier valor numérico que pertenezca al conjunto de todos los posibles resultados del experimento. (Se le llama "aleatoria" porque el valor que asume es resultado de un evento de posibilidad o aleatorio.) Cada evento en un experimento de probabilidad también debe definirse en tal forma que sólo se le asigne un valor de la variable aleatoria (**eventos mutuamente excluyentes**) y cada evento debe tener un valor asignado (**eventos todo incluido**).

El siguiente ejemplo muestra variables aleatorias.

EJEMPLO 5.1

VARIABLES ALEATORIAS

a. Lanza cinco monedas y observa el "número de caras" visibles. La variable aleatoria x es el número de caras observadas y puede tomar valores enteros de 0 a 5.
b. Sea "número de llamadas telefónicas recibidas" por día por una compañía la variable aleatoria. Valores enteros que varían de cero a algún número muy grande son posibles valores.
c. Sea "longitud del cordón" en un electrodoméstico una variable aleatoria. La variable aleatoria es un valor numérico entre 12 y 72 pulgadas para la mayoría de los electrodomésticos.
d. Sea "velocidad de calificación" para automóviles de carreras que tratan de calificar para Indianápolis 500 una variable aleatoria. Dependiendo de cuán rápido vaya el conductor, las velocidades son aproximadamente 220 y más rápido y se miden en millas por hora (hasta la milésima más cercana).

Las variables aleatorias numéricas pueden subdividirse en dos clasificaciones: *variables aleatorias discretas* y *variables aleatorias continuas*.

PTI Las variables discretas y continuas se definieron en la página 8.

Variable aleatoria discreta Variable aleatoria cuantitativa que puede asumir un número contable de valores.

Variable aleatoria continua Variable aleatoria cuantitativa que puede asumir un número incontable de valores.

Las variables aleatorias "número de caras" y "número de llamadas telefónicas recibidas" en el ejemplo 5.1 incisos a y b son discretas. Cada una representa un conteo y por tanto existe un número contable de posibles valores. Las variables aleatorias "longitud del cordón" y "velocidad de calificación" en el ejemplo 5.1 incisos c y d son continuas. Cada una representa mediciones que pueden asumir cualquier valor a lo largo de un intervalo y por tanto existe un número infinito de posibles valores.

EJERCICIOS SECCIÓN 5.1

5.1 Consulta la tabla que acompaña a "EUA y sus automóviles" en la página 230.

a. ¿Qué porcentaje de hogares tiene tres vehículos?
b. ¿Qué número de vehículos por hogar tiene la mayor probabilidad?
c. ¿Qué variable podría usarse para describir los ocho eventos que se muestran en la tabla?
d. ¿Los eventos son mutuamente excluyentes? Explica.

5.2 Con base en la información que se muestra en "EUA y sus automóviles" de la página 230,

a. ¿qué gráfica estadística podría usarse para mostrar esta información? Dibújala.
b. ¿qué otros métodos estadísticos podrían usarse para describir esta información?

5.3 Encuesta a tus compañeros de clase acerca del número de hermanos que tienen y la duración de la última conversación que tuvieron con su madre. Identifica las dos variables aleatorias de interés y menciona sus posibles valores.

[EX00-000] identifica el nombre de archivo de una base de datos en línea de un ejercicio; disponible a través de cengagebrain.com

5.4 a. Explica por qué la variable "cantidad de números telefónicos guardados en el teléfono celular de una persona" es discreta.

b. Explica por qué la variable "peso de un libro de texto de estadística" es continua.

5.5 a. Las variables del ejercicio 5.3 son o discretas o continuas. ¿Cuáles son y por qué?

b. Explica por qué la variable "número de invitados a cenar el Día de Acción de Gracias" es discreta.

c. Explica por qué la variable "número de millas hasta la casa de tu abuela" es continua.

5.6 Una trabajadora social está involucrada en un estudio acerca de estructura familiar. Ella obtiene información concerniente al número de hijos por familia en cierta comunidad a partir de datos censales. Identifica la variable aleatoria de interés, determina si es discreta o continua y menciona sus posibles valores.

5.7 La bolsa de trabajo de una universidad dio a conocer su lista de las 100 mejores compañías para trabajar de febrero de 2011. Muchas de las empresas de la lista planean contratar personal este año. Dentro de las que planean contratar más empleados se encuentran:

Número	Compañía	Nuevos empleos
51.	Ropa para jóvenes	2 800
5.	Juegos sanos	2 000
2.	Grupo banquero	1 040

Fuente: http://money.cnn.com

a. ¿Cuál es la variable aleatoria que participa en este estudio?

b. ¿Es la variable aleatoria discreta o continua? Explica.

5.8 Un clima cálido por arriba del promedio se extendió sobre el noroeste el 3 de agosto de 2009. Las altas temperaturas predichas para el día en cuatro ciudades del área afectada fueron:

Ciudad	Temperatura
Boise, ID	100°
Spokane, WA	95°
Portland, OR	91°
Helena, MT	91°

a. ¿Cuál es la variable aleatoria involucrada en este estudio?

b. ¿La variable aleatoria es discreta o continua? Explica.

5.9 Un arquero dispara flechas a la diana de un blanco y mide la distancia desde el centro del blanco hasta la flecha. Identifica la variable aleatoria de interés, determina si es discreta o continua y menciona sus posibles valores.

5.10 Un artículo del *USA Today* titulado "En qué 'malgastan' las mujeres" (21 de julio de 2009) reportó que 34% de las mujeres dicen "zapatos"; 22% dicen "bolsas de mano"; 15% dicen "ropa de trabajo"; 12% dicen "vestir formal" y 10% dicen "joyería".

a. ¿Cuál es la variable involucrada y cuáles son los posibles valores?

b. ¿Por qué esta variable no es una variable aleatoria?

5.11 Un artículo del *USA Today* del 11 de marzo de 2009, titulado "Estudiantes de primer año de universidad estudian borracheras más que libros", presenta el siguiente cuadro que muestra horas promedio por semana empleadas en varias actividades por estudiantes de primer año de universidad. El patrocinador del estudio, Outside the Classroom, entrevistó a más de 30 000 estudiantes de primer año de 76 campus.

Actividad	Cantidad promedio de tiempo/semana
Fiestas	10.2 horas
Estudiar	8.4 horas
Ejercicio	5.0 horas
Red social en línea o jugar videojuegos	4.1 horas
Red social	2.5 horas
Trabajar por paga	2.2 horas

a. ¿Cuál es la variable aleatoria involucrada en este estudio?

b. ¿La variable aleatoria es discreta o continua? Explica.

5.12 [EX05-012] Si pudieras detener el tiempo y vivir por siempre con buena salud, ¿qué edad elegirías? Las respuestas a esta pregunta se reportaron en un artículo del *USA Today*. La edad ideal promedio para cada grupo etáreo se menciona en la siguiente tabla; se descubrió que la edad ideal promedio para todos los adultos era de 41 años. Curiosamente, los menores a 30 años de edad querían ser más viejos, mientras que los mayores a 30 años querían ser más jóvenes.

Grupo etáreo	18-24	25-29	30-39	40-49	50-64	65+
Edad ideal	27	31	37	40	44	59

La edad se usa como una variable dos veces en esta aplicación.

a. La edad de la persona entrevistada no es la variable aleatoria en esta situación. Explica por qué y describe cómo la "edad" se usa respecto al grupo etáreo.

b. ¿Cuál es la variable aleatoria involucrada en este estudio? Describe su papel en esta situación.

c. ¿La variable aleatoria es discreta o continua? Explica.

5.2 Distribuciones de probabilidad de una variable aleatoria discreta

Considera un experimento de lanzamiento de monedas, donde dos monedas se lanzan y se observan no caras, una cara o dos caras. Si defines la variable aleatoria x como el número de caras observadas cuando se lanzan dos monedas, x puede tomar el valor 0, 1 o 2. La probabilidad de cada uno de estos tres eventos puede calcularse con las técnicas del capítulo 4:

$$P(x = 0) = P(0\text{H}) = P(\text{TT}) = \frac{1}{2} \cdot \frac{1}{2} = \frac{1}{4} = 0.25$$

$$P(x = 1) = P(1\text{H}) = P(\text{HT o TH}) = \frac{1}{2} \cdot \frac{1}{2} + \frac{1}{2} \cdot \frac{1}{2} = \frac{1}{2} = 0.50$$

$$P(x = 2) = P(2\text{H}) = P(\text{HH}) = \frac{1}{2} \cdot \frac{1}{2} = \frac{1}{4} = 0.25$$

TABLA 5.1
Distribución de probabilidad: lanzamiento de dos monedas

x	$P(x)$
0	0.25
1	0.50
2	0.25

Dichas probabilidades pueden citarse en cualquier número de formas. Una de las más convenientes es un formato de tabla conocido como *distribución de probabilidad* (véase la tabla 5.1).

Distribución de probabilidad Una distribución de las probabilidades asociadas con cada uno de los valores de una variable aleatoria. La distribución de probabilidad es una distribución teórica; se usa para representar poblaciones.

En un experimento en el que se rueda un solo dado y se observa el número de puntos en la superficie, la variable aleatoria es el número observado. La distribución de probabilidad para esta variable aleatoria se muestra en la tabla 5.2.

PTI ¿Puedes ver por qué se usa el nombre "distribución de probabilidad"?

TABLA 5.2
Distribución de probabilidad: rodadura de un dado

x	1	2	3	4	5	6
$P(x)$	$\frac{1}{6}$	$\frac{1}{6}$	$\frac{1}{6}$	$\frac{1}{6}$	$\frac{1}{6}$	$\frac{1}{6}$

En ocasiones es conveniente escribir una regla que exprese algebraicamente la probabilidad de un evento en términos del valor de la variable aleatoria. Esta expresión se escribe usualmente en forma de fórmula y se llama *función de probabilidad*.

Función de probabilidad Regla que asigna probabilidades a los valores de las variables aleatorias.

Una función de probabilidad puede ser tan simple como una lista que empareje los valores de una variable aleatoria con sus probabilidades. Las tablas 5.1 y 5.2 muestran dos de tales listas. Sin embargo, una función de probabilidad se expresa con más frecuencia en forma de fórmula.

Considera un dado que se modificó de modo que tenga una cara con un punto, dos caras con dos puntos y tres caras con tres puntos. Sea x el número de puntos observados cuando este dado se rueda. La distribución de probabilidad para este experimento se presenta en la tabla 5.3.

TABLA 5.3
Distribución de probabilidad: rodadura de dado modificado

x	$P(x)$
1	$\frac{1}{6}$
2	$\frac{2}{6}$
3	$\frac{3}{6}$

Cada una de las probabilidades pueden representarse mediante el valor de x dividido entre 6; esto es: cada $P(x)$ es igual al valor de x dividido entre 6, donde $x = 1, 2$ o 3. Por tanto,

$$P(x) = \frac{x}{6} \qquad \text{para} \qquad x = 1, 2, 3$$

es la fórmula para la función de probabilidad de este experimento.

La función de probabilidad para el experimento de rodar un dado ordinario es

$$P(x) = \frac{1}{6} \qquad \text{para} \qquad x = 1, 2, 3, 4, 5, 6$$

Esta función particular se llama **función constante** porque el valor de $P(x)$ no cambia conforme x cambia.

Toda función de probabilidad debe mostrar las dos propiedades básicas de la probabilidad (véase la p. 179). Estas dos propiedades son: 1) la probabilidad asignada a cada valor de la variable aleatoria debe estar entre cero y uno, inclusive y 2) la suma de las probabilidades asignadas a todos los valores de la variable aleatoria debe ser igual a uno; esto es,

PTI Estas propiedades se presentaron en el capítulo 4.

Propiedad 1 $0 \leq \text{cada } P(x) \leq 1$

Propiedad 2 $\sum_{\text{toda } x} P(x) = 1$

EJEMPLO 5.2

DETERMINACIÓN DE UNA FUNCIÓN DE PROBABILIDAD

¿$P(x) = \frac{x}{10}$ para $x = 1, 2, 3, 4$ es una función de probabilidad?

TABLA 5.4
Distribución de probabilidad para $P(x) = \frac{x}{10}$ para $x = 1, 2, 3, 4$

x	$P(x)$
1	$\frac{1}{10} = 0.1$ ✔
2	$\frac{2}{10} = 0.2$ ✔
3	$\frac{3}{10} = 0.3$ ✔
4	$\frac{4}{10} = 0.4$ ✔
	$\frac{10}{10} = 0.1$ ⓒⓚ

Solución

Para responder esta pregunta sólo es necesario poner a prueba la función en términos de las dos propiedades básicas. La distribución de probabilidad se muestra en la tabla 5.4.

La propiedad 1 se satisface, porque 0.1, 0.2, 0.3 y 0.4, son todos valores numéricos entre cero y uno. (Observa la ✔ que indica que cada valor se comprobó.) La propiedad 2 también se satisface porque la suma de las cuatro probabilidades es exactamente uno. (Observa el ⓒⓚ que indica que la suma se comprobó.) Dado que ambas propiedades se satisfacen, es posible concluir que $P(x) = \frac{x}{10}$ para $x = 1, 2, 3, 4$ es una función de probabilidad.

¿Y qué hay de $P(x = 5)$ (o cualquier otro valor distinto de $x = 1, 2, 3$ o 4) para la función $P(x) = \frac{x}{10}$ para $x = 1, 2, 3, 4$? $P(x = 5)$ se considera que es cero. Esto es: la función de probabilidad proporciona una probabilidad de cero para todos los valores de x distintos de los valores especificados como parte del dominio.

Las distribuciones de probabilidad pueden presentarse gráficamente. Sin importar la representación gráfica específica usada, los valores de la variable aleatoria se grafican en la escala horizontal y la probabilidad asociada con cada valor de la variable aleatoria se grafica sobre la escala vertical. La distribución de probabilidad de una variable aleatoria discreta podría presentarse mediante un conjunto de segmentos de recta dibujados en los valores de x con longitudes que representan la probabilidad de cada x. La figura 5.1 muestra la distribución de probabilidad de $P(x) = \frac{x}{10}$ para $x = 1, 2, 3, 4$.

Se utiliza un histograma regular con más frecuencia para presentar las distribuciones de probabilidad. La figura 5.2 muestra la distribución de

FIGURA 5.1
Representación lineal: Distribución de probabilidad para $P(x) = \frac{x}{10}$ para $x = 1, 2, 3, 4$

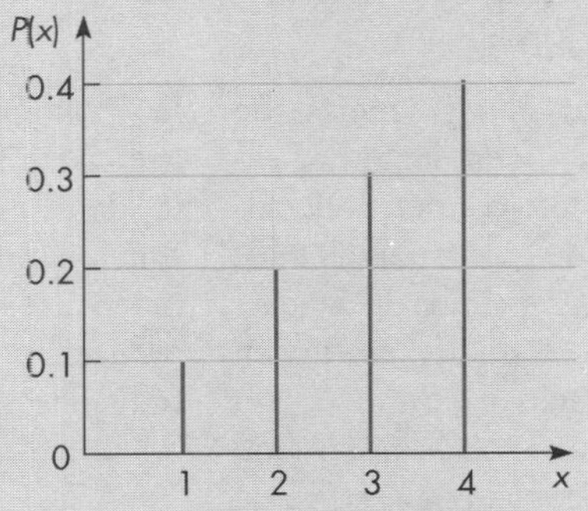

FIGURA 5.2
Histograma: Distribución de probabilidad para $P(x) = \frac{x}{10}$ para $x = 1, 2, 3, 4$

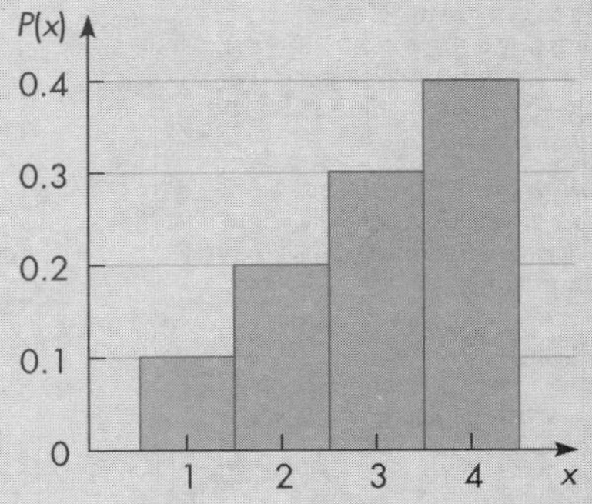

PTI La gráfica en la figura 5.1 en ocasiones se llama gráfica de aguja.

probabilidad de la figura 5.1 como **histograma de probabilidad**. El histograma de una distribución de probabilidad usa el área física de cada barra para representar su probabilidad asignada. La barra para $x = 2$ tiene 1 unidad de ancho (de 1.5 a 2.5) y 0.2 unidad de alto. Por tanto, su área (longitud × ancho) es $(0.2)(1) = 0.2$, la probabilidad asignada a $x = 2$. Las áreas de las otras barras pueden determinarse en forma similar. Esta representación de área será un concepto importante en el capítulo 6, cuando comiences a trabajar con variables aleatorias continuas.

INSTRUCCIONES DE TECNOLOGÍA: GENERAR DATOS ALEATORIOS

MINITAB

Escribe los posibles valores de la variable aleatoria en C1 y las correspondientes probabilidades en C2; luego continúa con:

Elige:	**Calc > Random Data > Discrete**
Escribe:	Número de filas de datos a generar: **25** (número deseado) Almacenar en columna(s): **C3** Valores (de *x*) en: **C1** Probabilidades en: **C2 > OK**

Excel

Escribe los posibles valores de la variable aleatoria en la columna A y las correspondientes probabilidades en la columna B; luego continúa con:

Elige:	**Data > Data Analysis > Random number Generation > OK**
Escribe:	Número de variables: **1** Número de números aleatorios: **25** (número deseado) Distribución: **Discreta** Rango entrada. Valor y Prob.: **(A2:B5 selecciona celdas de datos, no etiquetas)**
Seleciona:	**Output Range**
Escribe:	**(C1 o selecciona celdas)**

Tutorial en video disponible; ingresa y aprende más en cengagebrain.com

EJEMPLO APLICADO 5.3

SOLICITUD DE ADMISIÓN

Estudiantes hacen sus apuestas

La mayoría de los estudiantes solicitan más de una escuela, lo que dificulta a las universidades predecir cuántos realmente se inscribirán. A la clase de primer año del otoño pasado se le preguntó:

¿A cuántas universidades, además de en donde se inscribió, solicitó admisión este año?

Fuente: The American Freshman: normas nacionales para otoño de 2001; encuesta de 281 064 estudiantes de primer año que ingresan a 421 universidades y escuelas de cuatro años.

Datos de Julie Snider, © 2002 USA Today

UNIVERSIDADES LUCHAN POR LLENAR DORMITORIOS

Por Mary Beth Marklein, *USA Today*

Universidades y escuelas de educación superior enviarán por correo su último lote de ofertas de admisión dentro de los próximos días, pero el proceso está lejos de acabar.

Ahora, los estudiantes tienen hasta el 1 de mayo para decidir a dónde emigrarán este otoño. Y con duraderas preocupaciones acerca de la economía y temores residuales acerca de los viajes y la seguridad desde el 11 de septiembre, muchos funcionarios de admisiones tienen menos posibilidades este año de predecir cómo responderán los estudiantes.

Observa la distribución que se muestra en la gráfica de barras. Tiene las hechuras de una distribución de probabilidad discreta. La variable aleatoria, "número de universidades solicitadas", es una variable aleatoria discreta con valores de cero a 11 o más. Cada uno de los valores tiene una probabilidad correspondiente y la suma de las probabilidades es igual a 1.

Media y varianza de una distribución de probabilidad discreta

Recuerda que, en el capítulo 2 se calcularon varios estadísticos muestrales numéricos (media, varianza, desviación estándar y otros) para describir conjuntos de datos empíricos. Las distribuciones de probabilidad pueden usarse para representar poblaciones teóricas, la contraparte a las muestras. Los **parámetros poblacionales** (media, varianza y desviación estándar) se usan para describir dichas distribuciones de probabilidad tal como se usan los **estadísticos muestrales** para describir muestras.

Notas:

1. $\bar{x}$ es la media de la muestra.
2. s^2 y s son la varianza y la desviación estándar de la muestra, respectivamente.
3. $\bar{x}$, s^2 y s se llaman *estadísticos muestrales*.
4. μ (letra griega mu minúscula) es la media de la población.
5. σ^2 (sigma al cuadrado) es la varianza de la población.
6. σ (letra griega sigma minúscula) es la desviación estándar de la población.
7. μ, σ^2 y σ se llaman *parámetros poblacionales*. (Un parámetro es una constante; μ, σ^2 y σ por lo general son valores desconocidos en problemas estadísticos reales. Más o menos la única vez en que se conoce es en problemas de libro de texto configurados con el propósito de aprendizaje y comprensión.)

La *media de la distribución de probabilidad* de una variable aleatoria discreta, o la *media de una variable aleatoria discreta*, se encuentra en una forma que saca plena ventaja del formato de tabla de una distribución de probabilidad discreta. La media de una variable aleatoria discreta con frecuencia se conoce como *valor esperado*.

Media de una variable aleatoria discreta (valor esperado) La media, μ, de una variable aleatoria discreta x se encuentra al multiplicar cada posible valor de x por su propia probabilidad y luego sumar todos los productos:

media de x: mu = suma de (cada x multiplicada por su propia probabilidad)

$$\mu = \Sigma[xP(x)] \tag{5.1}$$

La varianza de una variable aleatoria discreta se define en gran forma de la misma manera que la varianza de los datos muestrales, la media de las desviaciones de la media al cuadrado.

Varianza de una variable aleatoria discreta La varianza, σ^2, de una variable aleatoria discreta x se encuentra al multiplicar cada posible valor de la desviación de la media al cuadrado, $(x - \mu)^2$, por su propia probabilidad y luego sumar todos los productos:

varianza: sigma al cuadrado = suma de (desviación al cuadrado por probabilidad)

$$\sigma^2 = \Sigma[(x - \mu)^2 P(x)] \tag{5.2}$$

Con frecuencia no es conveniente usar la fórmula (5.2); puede reformularse de las siguientes maneras:

varianza: sigma al cuadrado = suma de (x^2 por probabilidad)
– [*suma de* (*x por probabilidad*)]^2

$$\sigma^2 = \Sigma[x^2P(x)] - \{\Sigma[xP(x)]\}^2 \tag{5.3a}$$

o

$$\sigma^2 = \Sigma[x^2P(x)] - \mu^2 \tag{5.3b}$$

Del mismo modo, la desviación estándar de una variable aleatoria se calcula en la misma forma que la desviación estándar de datos muestrales.

Desviación estándar de una variable aleatoria discreta La raíz cuadrada positiva de la varianza.

$$\text{desviación estándar: } \sigma = \sqrt{\sigma^2} \tag{5.4}$$

EJEMPLO 5.4

ESTADÍSTICOS PARA UNA FUNCIÓN DE PROBABILIDAD (DISTRIBUCIÓN)

Encuentra la media, varianza y desviación estándar de la función de probabilidad

$$P(x) = \frac{x}{10} \text{ para } x = 1, 2, 3, 4$$

Solución

La media se encuentra con la fórmula (5.1), la varianza con la fórmula (5.3a) y la desviación estándar con la fórmula (5.4). La forma más conveniente de organizar los productos y encontrar los totales necesarios es expandir la distribución de probabilidad en una tabla de extensiones (véase la tabla 5.5).

TABLA 5.5
Tabla de extensiones: distribución de probabilidad, $P(x) = \frac{x}{10}$ para $x = 1, 2, 3, 4$

x	$P(x)$	$xP(x)$	x^2	$x^2P(x)$
1	$\frac{1}{10} = 0.1$ ✔	0.1	1	0.1
2	$\frac{2}{10} = 0.2$ ✔	0.4	4	0.8
3	$\frac{3}{10} = 0.3$ ✔	0.9	9	2.7
4	$\frac{4}{10} = 0.4$ ✔	1.6	16	6.4
	$\frac{10}{10} = 1.0$ (ck)	$\Sigma[xP(x)] = 3.0$		$\Sigma[x^2P(x)] = 10.0$

Encuentra la media de x: la columna $xP(x)$ contiene cada valor de x multiplicado por su correspondiente probabilidad y la suma en el fondo es el valor necesario en la fórmula (5.1):

$$\mu = \Sigma[xP(x)] = \mathbf{3.0}$$

Encuentra la varianza de x: los totales en el fondo de las columnas $xP(x)$ y $x^2P(x)$ se sustituyen en la fórmula (5.3a):

$$\sigma^2 = \Sigma[x^2P(x)] - \{\Sigma[xP(x)]\}^2$$
$$= 10.0 - \{3.0\}^2 = \mathbf{1.0}$$

Encuentra la desviación estándar de x: usa la fórmula (5.4):

$$\sigma = \sqrt{\sigma^2} = \sqrt{1.0} = \mathbf{1.0}$$

Notas:

1. El propósito de la tabla de extensiones es organizar el proceso de encontrar los totales de las tres columnas: $\Sigma[P(x)]$, $\Sigma[xP(x)]$ y $\Sigma[x^2P(x)]$.
2. Las otras columnas, x y x^2, no deben totalizarse; no se usan.
3. $\Sigma[P(x)]$ siempre será 1.0; usa esto sólo como comprobación.
4. $\Sigma[xP(x)]$ y $\Sigma[x^2P(x)]$ se usan para encontrar la media y la varianza de x.

EJEMPLO 5.5

MEDIA, VARIANZA Y DESVIACIÓN ESTÁNDAR DE UNA VARIABLE ALEATORIA DISCRETA

Una moneda se lanza tres veces. Sea "número de caras (H)" que ocurren en dichos tres lanzamientos la variable aleatoria, x. Encuentra la media, varianza y desviación estándar de x.

Tutorial en video disponible; ingresa y aprende más en cengagebrain.com

Solución

Existen ocho posibles resultados (todos igualmente probables) a este experimento (H = cara; T = cruz): {HHH, HHT, HTH, HTT, THH, THT, TTH, TTT}. Un resultado es $x = 0$, tres en $x = 1$, tres en $x = 2$ y uno en $x = 3$. Por tanto, las probabilidades para esta variable aleatoria son $\frac{1}{8}$, $\frac{3}{8}$, $\frac{3}{8}$ y $\frac{1}{8}$. La distribución de probabilidad asociada con este experimento se muestra en la figura 5.3 y en la tabla 5.6. Las extensiones y sumas necesarias para el cálculo de media, varianza y desviación también se muestran en la tabla 5.6.

FIGURA 5.3
Distribución de probabilidad: número de caras en tres lanzamientos de moneda

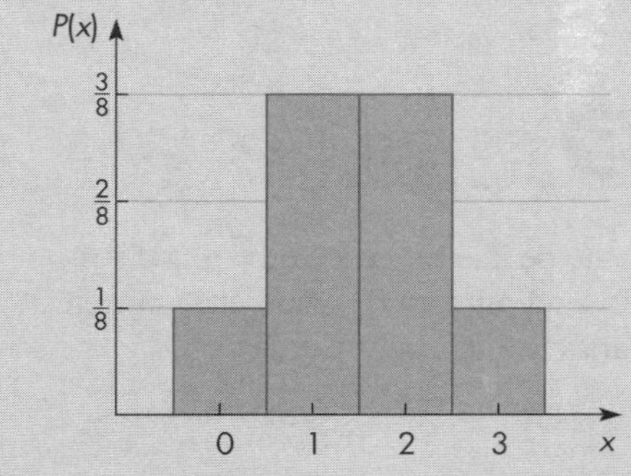

TABLA 5.6 Tabla de extensiones de distribución de probabilidad del número de caras en tres lanzamientos de moneda

x	$P(x)$	$xP(x)$	x^2	$x^2P(x)$
0	$\frac{1}{8}$ ✔	$\frac{0}{8}$	0	$\frac{0}{8}$
1	$\frac{3}{8}$ ✔	$\frac{3}{8}$	1	$\frac{3}{8}$
2	$\frac{3}{8}$ ✔	$\frac{6}{8}$	4	$\frac{12}{8}$
3	$\frac{1}{8}$ ✔	$\frac{3}{8}$	9	$\frac{9}{8}$
	$\Sigma[P(x)]\ \frac{8}{8} = 1.0$ ⓒⓚ	$\Sigma[xP(x)] = \frac{12}{8} = 1.5$		$\Sigma[x^2P(x)] = \frac{24}{8} = 3.0$

La media se encuentra con la fórmula (5.1):

$$\mu = \Sigma[xP(x)] = \mathbf{1.5}$$

Este resultado, 1.5, es la media de la distribución teórica para la variable aleatoria "número de caras" observado por conjunto de tres lanzamientos de moneda. Se espera que la media para muchos valores observados de la variable aleatoria también sea aproximadamente igual a este valor.

La varianza se encuentra con la fórmula (5.3a):

$$\sigma^2 = \Sigma[x^2P(x)] - \{\Sigma[xP(x)]\}^2$$
$$= 3.0 - (1.5)^2 = 3.0 - 2.25 = \mathbf{0.75}$$

La desviación estándar se encuentra con la fórmula (5.4):

$$\sigma = \sqrt{\sigma^2} = \sqrt{0.75} = 0.866 = \mathbf{0.87}$$

Esto es, 0.87 es la desviación estándar de la distribución teórica para la variable aleatoria "número de caras" observado por el conjunto de tres monedas lanzadas. Se espera que la desviación estándar para muchos valores observados de la variable aleatoria también sea aproximadamente igual a este valor.

EJERCICIOS SECCIÓN 5.2

5.13 Expresa el lanzamiento de una moneda como una distribución de probabilidad de x, el número de caras que ocurren (esto es: $x = 1$ si ocurre cara y $x = 0$ si ocurre cruz).

5.14 a. Expresa $P(x) = \frac{1}{6}$, para $x = 1, 2, 3, 4, 5, 6$, en forma de distribución.

b. Construye un histograma de la distribución de probabilidad $P(x) = \frac{1}{6}$, para $x = 1, 2, 3, 4, 5, 6$.

c. Describe la forma del histograma en el inciso b.

5.15 a. Explica cómo los diversos valores de x en una distribución de probabilidad forman un conjunto de eventos mutuamente excluyentes.

b. Explica cómo los diversos valores de x en una distribución de probabilidad forman un conjunto de eventos "todo incluido".

5.16 Pon a prueba la siguiente función para determinar si es una función de probabilidad. Si no lo es, trata de convertirla en una función de probabilidad.

$$R(x) = 0.2, \text{ para } x = 0, 1, 2, 3, 4$$

a. Menciona la distribución de probabilidades.

b. Bosqueja un histograma.

5.17 Pon a prueba la siguiente función para determinar si es una función de probabilidad.

$$P(x) = \frac{x^2 + 5}{50}, \text{ para } x = 1, 2, 3, 4$$

a. Menciona la distribución de probabilidad.

b. Bosqueja un histograma.

5.18 Pon a prueba la siguiente función para determinar si es una función de probabilidad. Si no lo es, trata de convertirla en una función de probabilidad.

$$S(x) = \frac{6 - |x - 7|}{36}, \text{ para } x = 2, 3, 4, 5, 6, 7, ..., 11, 12$$

a. Menciona la distribución de probabilidades y bosqueja un histograma.

b. ¿Reconoces $S(x)$? Si sí, identifícala.

5.19 Con frecuencia, los datos censales se usan para obtener distribuciones de probabilidad para varias variables aleatorias. Los datos censales para familias en un estado particular con un ingreso combinado de $50 000 o más muestran que 20% de dichas familias no tienen hijos, 30% tienen un hijo, 40% tienen dos hijos y 10% tienen tres hijos. A partir de esta información, construye la distribución de probabilidad para x, donde x representa el número de hijos por familia para este grupo de ingreso.

5.20 En un artículo del *USA Today* (1 de junio de 2009), se reportaron las siguientes estadísticas acerca del número de horas de sueño que tienen los adultos.

Número de horas	Porcentaje
5 o menos	12%
6	29%
7	37%
8 o más	24%

Fuente: Encuesta de StrategyOne para Tempur-Pedic, de 1 004 adultos en abril

a. ¿Existen otros valores que pueda adquirir el número de horas?

b. Explica por qué el total de los porcentajes no es 100%.

c. ¿Ésta es una distribución de probabilidad discreta? ¿Es una distribución de probabilidad? Explica.

5.21 Verifica que las fórmulas (5.3a) y (5.3b) son equivalentes a la fórmula (5.2).

5.22 a. Forma la tabla de distribución de probabilidad para $P(x) = \frac{x}{6}$ para $x = 1, 2, 3$.

b. Encuentra las extensiones $xP(x)$ y $x^2P(x)$ para cada x.

c. Encuentra $\Sigma[xP(x)]$ y $\Sigma[x^2P(x)]$.

d. Encuentra la media para $P(x) = \frac{x}{6}$ para $x = 1, 2, 3$.

e. Encuentra la varianza para $P(x) = \frac{x}{6}$ para $x = 1, 2, 3$.

f. Encuentra la desviación estándar para $P(x) = \frac{x}{6}$ para $x = 1, 2, 3$.

5.23 Si encuentras la suma de las columnas x y x^2 en la tabla de extensiones, ¿exactamente qué encontraste?

5.24 Dada la función de probabilidad $P(x) = \frac{5-x}{10}$ para $x = 1, 2, 3, 4$, encuentra la media y la desviación estándar.

5.25 Dada la función de probabilidad $R(x) = 0.2$ para $x = 0, 1, 2, 3, 4$, encuentra la media y la desviación estándar.

5.26 El número de embarcaciones por llegar a un muelle en cualquier día dado, es una variable aleatoria representada por x. La distribución de probabilidad para x es la siguiente:

x	10	11	12	13	14
P(x)	0.4	0.2	0.2	0.1	0.1

Encuentra la media y la desviación estándar del número de embarcaciones que llegan a un muelle en un día dado.

5.27 El sitio web del College Board ofrece mucha información a estudiantes, padres y profesionales respecto a los muchos aspectos involucrados en los cursos y exámenes Advanced Placement (AP). Un reporte anual particular proporciona el porcentaje de estudiantes que obtienen cada una de las posibles calificaciones AP (del 1 al 5). La distribución de calificaciones 2008 para todas las materias fue la siguiente:

Calificación AP	Porcentaje
1	20.9
2	21.3
3	24.1
4	19.4
5	14.3

a. Expresa esta distribución como una distribución de probabilidad discreta.

b. Encuentra la media y la desviación estándar de las calificaciones del examen AP para 2008.

5.28 El número de hijos por hogar, x, en Estados Unidos en 2008 se expresa aquí como una distribución de probabilidad.

x	0	1	2	3	4	5+
P(x)	0.290	0.384	0.249	0.106	0.032	0.020

Fuente: U.S. Census Bureau

a. ¿La distribución de probabilidad es discreta? Explica.

b. Dibuja un histograma para la distribución de x, el número de hijos por hogar.

c. Al sustituir "5+" con exactamente "5", encuentra la media y la desviación estándar.

5.29 ¿Un perro es "el mejor amigo del hombre"? Uno pensaría que sí, con 60 millones de perros mascota en toda la nación. Pero, ¿cuántos amigos se necesitan? En la National Pet Owners Survey (Encuesta Nacional de Dueños de Mascotas) 2007-2008 de la American Pet Products Association (Asociación Estadounidense de Productos para Mascotas), se reportaron las siguientes estadísticas.

Número de perros mascota	Porcentaje
Uno	63
Dos	25
Tres o más	12

Fuente: APPMA 2007-2008 National Pet Owners Survey

a. ¿La distribución de probabilidad es discreta? Explica.

b. Dibuja un histograma de frecuencias relativas para mostrar los resultados que se citan en la tabla.

c. Al sustituir la categoría "3 o más" con exactamente "3", encuentra la media y la desviación estándar del número de perros mascota por hogar.

d. ¿Cómo interpretas la media?

e. Explica el efecto que tiene sobre la media y la desviación estándar el cambiar la categoría "3 o más" con "3".

5.30 Como se reportó en el inicio del capítulo "EUA y sus automóviles", los estadounidenses están enamorados del automóvil y la mayoría tienen más de un vehículo por hogar. De hecho, el promedio nacional es 2.28 vehículos por hogar. El número de vehículos por hogar en Estados Unidos puede describirse del modo siguiente:

Vehículos, x	P(x)
1	0.34
2	0.31
3	0.22
4	0.06
5	0.03
6	0.02
7	0.01
8 o más	0.01

a. Al sustituir la categoría "8 o más" con exactamente "8", encuentra la media y la desviación estándar del número de vehículos por hogar en Estados Unidos.

b. ¿Cómo la media calculada en el inciso a corresponde al promedio nacional de 2.28?

(continúa en la página 242)

c. Explica el efecto que tiene sobre la media y la desviación estándar el sustituir la categoría "8 o más" con "8".

5.31 La variable aleatoria *A* tiene la siguiente distribución de probabilidad:

A	1	2	3	4	5
P(A)	0.6	0.1	0.1	0.1	0.1

a. Encuentra la media y la desviación estándar de *A*.

b. ¿Cuánto de la distribución de probabilidad está dentro de 2 desviaciones estándar de la media?

c. ¿Cuál es la probabilidad de que *A* esté entre $\mu - 2\sigma$ y $\mu + 2\sigma$?

5.32 La variable aleatoria $\bar{x}$ tiene la siguiente distribución de probabilidad:

x	1	2	3	4	5
P(x)	0.6	0.1	0.1	0.1	0.1

a. Encuentra la media y la desviación estándar de ($\bar{x}$).

b. ¿Cuál es la probabilidad de que esté $\bar{x}$ entre $\mu - \sigma$ y $\mu + \sigma$?

5.33 a. Dibuja un histograma de la distribución de probabilidad para los números aleatorios de un solo dígito 0, 1, 2, ..., 9.

b. Calcula la media y la desviación media asociadas con la población de números aleatorios de un dígito.

c. Representa: 1) la ubicación de la media en el histograma con una recta vertical y 2) la magnitud de la desviación estándar con un segmento de recta.

d. ¿Cuánto de esta distribución de probabilidad está dentro de 2 desviaciones estándar de la media?

Applets Skillbuilder disponibles en línea a través de cengagebrain.com.

5.34 **Ejercicio Applet Skillbuilder** Simula el juego donde un jugador tiene una probabilidad de 0.2 de ganar $3 y una probabilidad de 0.8 de perder $1. Repite las simulaciones para varios conjuntos de 100 juegos con el botón "Play 25 times" (jugar 25 veces).

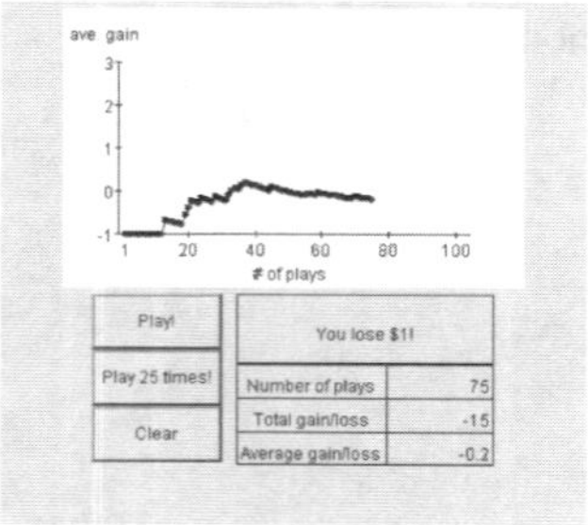

a. ¿Qué estimarías para tu valor esperado (ganancia o pérdida promedio) a partir de los resultados?

b. Con la siguiente distribución de probabilidad calcula la media.

x	*P(x)*
$3	0.2
−$1	0.8

c. ¿Cómo se comparan tus respuestas a los incisos a y b? ¿Considerarías éste un juego justo? ¿Por qué?

5.35 Un artículo del *USA Today* (4 de marzo de 2009) presentó una gráfica de pastel que muestra cómo los trabajadores dañan sus laptops. Los estadísticos se derivaron de una encuesta realizada por Ponemon Institute para Dell, de 714 gerentes de TI. ¿Ésta es una distribución de probabilidad? Explica.

Razón de daño a laptop	**Porcentaje (%)**
Derramar alimento o líquido	34
Dejarla caer	28
No protegerla durante viaje	25
Trabajador enojado	13

5.36 a. Usa una computadora (o tabla de números aleatorios) para generar una muestra aleatoria de 25 observaciones extraídas de la siguiente distribución de probabilidad discreta.

x	1	2	3	4	5
P(x)	0.2	0.3	0.3	0.1	0.1

Compara los datos resultantes con tus expectativas.

b. Forma una distribución de frecuencias relativas de los datos aleatorios.

c. Construye un histograma de probabilidad de la distribución dada y un histograma de frecuencias relativas de los datos observados usando puntos medios de clase de 1, 2, 3, 4 y 5.

d. Compara los datos observados con la distribución teórica. Describe tus conclusiones.

e. Repite los incisos a al d varias veces, con $n = 25$. Describe la variabilidad que observas entre las muestras.

f. Repite los incisos a al d varias veces, con $n = 250$. Describe la variabilidad que observas entre las muestras de este tamaño mucho más grande.

MINITAB

a. Escribe los valores *x* de la variable aleatoria en C1 y sus correspondientes probabilidades, *P*(*x*), en C2; luego continúa con los comandos MINITAB de generación de datos aleatorios de la página 235.

b. Para obtener la distribución de frecuencias, continúa con:

Elige:	**Stat > Tables > Cross Tabulation**
Escribe:	Variables categóricas: Para filas: **C3**
Selecciona:	Display: **Total percents > OK**

c. Para construir el histograma de los datos generados en C3, continúa con los comandos MINITAB de histograma de la página 53 y selecciona scale > Y-Scale Type > Percent. (Usa Binning seguido por punto medio y posiciones de punto medio 1:5/1 si es necesario.)

Para construir una gráfica de barras de la distribución dada:

Elige:	**Graph** > **Bar Chart** > Bars represent: **Values from a table** > One Column of values: **Simple** > **OK**
Escribe:	Variables gráficas: **C2** Variables categóricas: **C1**
Selecciona:	**Labels** > **Data Labels** > Label Type: **Use y-value labels** > **OK**
Selecciona:	**Data View** > Data Display: **Bars** > **OK** > **OK**

Excel

a. Escribe los valores *x* de la variable aleatoria en la columna A y sus correspondientes probabilidades, *P*(*x*), en la columna B; luego continúa con los comandos Excel para generación de datos aleatorios de la página 235, para *n* = 25.

b. y c. La distribución de frecuencias está dada con el histograma de los datos generados. Usa los comandos Excel de histograma de la página 53 y usa los datos en la columna C y el rango de caja en la columna A.

Para construir un histograma de la distribución dada, activa A1:B6 o selecciona celdas y continúa con:

Elige:	**Insert** > **Column** > **1st picture** (por lo general) **Chart Layouts** > **Layout 9**
Elige:	**Selct Data** > **Series 1** > **Remove** > **OK**
Escribe:	**Chart and axes titles** (Edita según necesites)

5.37 a. Usa una computadora (o tabla de números aleatorios) y genera una muestra aleatoria de 100 observaciones extraídas de la población de probabilidad discreta $P(x) = \frac{5-x}{10}$ para $x = 1, 2, 3, 4$. Menciona la muestra resultante. (Usa los comandos de computadora del ejercicio 5.36; sólo cambia los argumentos.)

b. Forma una distribución de frecuencias relativas de los datos aleatorios.

c. Forma una distribución de probabilidad de la distribución de probabilidad esperada. Compara los datos resultantes con tus expectativas.

d. Construye un histograma de probabilidad de la distribución dada y un histograma de frecuencias relativas de los datos observados usando puntos medios de clase de 1, 2, 3 y 4.

e. Compara los datos observados con la distribución teórica. Describe tus conclusiones.

f. Repite los incisos a-d varias veces con $n = 100$. Describe la variabilidad que observas entre las muestras.

5.38 Todos los martes, Jason's Video tiene días de "rueda el dado". Un cliente puede rodar dos dados equilibrados y rentar una segunda película por un importe (en centavos) determinado por los números que muestre el dado, el número mayor primero. Por ejemplo, si el cliente rueda un uno y un cinco, una segunda película puede rentarse por $0.51. Sea *x* el importe pagado por una segunda película el martes de "rodar el dado".

a. Usa el espacio muestral para la rodadura de un par de dados y expresa el costo de renta de la segunda película, *x*, como una distribución de probabilidad.

b. ¿Cuál es la media del costo de renta esperado (media de *x*) de la segunda película los martes de "rodar el dado"?

c. ¿Cuál es la desviación estándar de *x*?

d. Con una computadora y la distribución de probabilidad que encontraste en el inciso a, genera una muestra aleatoria de 30 valores para *x* y determina el costo total de rentar la segunda película para 30 rentas.

e. Con una computadora obtén una estimación para la probabilidad de que el importe total pagado por 30 segundas películas superará $15.00 al repetir el inciso d 500 veces y usar los 500 resultados.

5.3 Distribución de probabilidad binomial

Considera el siguiente experimento de probabilidad. Tu profesor aplica un examen sorpresa de cuatro preguntas de opción múltiple. Tú no estudiaste el material y por tanto decides responder las cuatro preguntas al suponer al azar las respuestas sin leer las preguntas o las respuestas.

Página de respuestas al examen

Instrucciones: encierra en un círculo la mejor respuesta a cada pregunta.

1. a b c
2. a b c
3. a b c
4. a b c

PTI Es correcto: ¡adivina!

Encierra en un círculo tus respuestas antes de continuar.

Antes de mirar las respuestas correctas al examen y descubrir cómo te fue, piensa en algunas de las cosas que pueden suceder si respondes un examen de esta forma.

1. ¿Cuántas de las cuatro preguntas es probable que respondas correctamente?
2. ¿Cuán probable es que tengas más de la mitad de las respuestas correctas?
3. ¿Cuál es la probabilidad de que selecciones las respuestas correctas a las cuatro preguntas?
4. ¿Cuál es la probabilidad de que selecciones las respuestas equivocadas a las cuatro preguntas?
5. Si toda una clase responde las preguntas mediante "adivinación", ¿cuál crees que sea el número "promedio" de respuestas correctas de la clase?

Para encontrar las respuestas a estas preguntas, comienza con un diagrama de árbol del espacio muestral y presenta las 16 posibles formas de responder el examen de cuatro preguntas. Cada una de las cuatro preguntas se responde con la respuesta correcta (C) o con una respuesta equivocada (E). Observa la figura 5.4.

FIGURA 5.4
Diagrama de árbol: posibles respuestas a un examen de cuatro preguntas

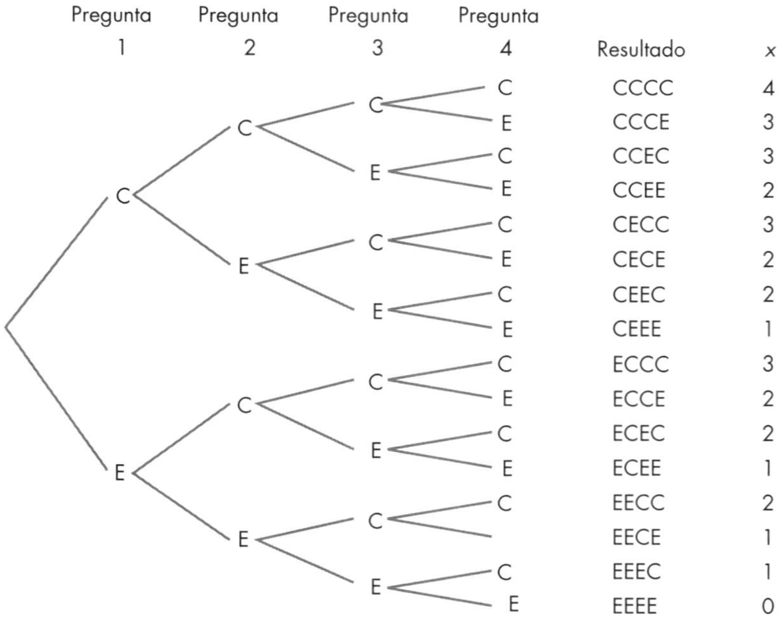

PTI ¿EEEE? representa equivocado en 1, equivocado en 2, equivocado en 3 y equivocado en 4; por tanto, su probabilidad se encuentra al usar la regla de la multiplicación, fórmula (4.7).

Puedes convertir la información del diagrama de árbol en una distribución de probabilidad. Sea x el "número de respuestas correctas" en el examen de una persona cuando el examen se resuelve mediante adivinación aleatoria. La variable aleatoria x puede tomar cualquiera de los valores 0, 1, 2, 3 o 4 para cada pregunta. La figura 5.4 muestra 16 ramas que representan cinco diferentes valores de x. Observa que el evento $x = 4$, "cuatro respuestas correctas", se representa mediante la rama superior del diagrama de árbol y el evento $x = 0$, "cero respuestas correctas", se muestra en la rama inferior. Los otros eventos, "una respuesta correcta", "dos respuestas correctas" y "tres respuestas correctas", se representan cada uno mediante varias ramas del árbol. Se descubre que el evento $x = 1$ ocu rre en cuatro diferentes ramas, el evento $x = 2$ ocurre en seis ramas y el evento $x = 3$ ocurre en cuatro ramas.

Cada pregunta individual tiene sólo una respuesta correcta entre las tres respuestas posibles, de modo que la probabilidad de seleccionar la respuesta correcta a una pregunta adicional es 1/3. La probabilidad de que una respuesta equivocada sea seleccionada en una pregunta adicional es 2/3. La probabilidad de cada valor de x puede encontrarse al calcular las probabilidades de todas las ramas y luego combinar las probabilidades para las ramas que tienen los mismos valores x. Los cálculos continúan y la distribución de probabilidad resultante aparece en la tabla 5.7.

TABLA 5.7
Distribución de probabilidad para el examen de cuatro preguntas

x	P(x)
0	0.198
1	0.395
2	0.296
3	0.099
4	0.012
	1.000 ck

$P(x = 0)$ es la probabilidad de que cero preguntas reciban respuestas correctas y para cuatro preguntas se den respuestas equivocadas (sólo hay una rama en la figura 5.4 donde las cuatro son equivocadas: EEEE):

$$P(x=0) = \frac{2}{3} \times \frac{2}{3} \times \frac{2}{3} \times \frac{2}{3} = \left(\frac{2}{3}\right)^4 = \frac{16}{81} = \mathbf{0.198}$$

Nota: responder cada pregunta individual es un evento separado e independiente, lo que por tanto permite usar la fórmula (4.7), lo que afirma que debes multiplicar las probabilidades.

$P(x = 1)$ es la probabilidad de que la respuesta correcta sea dada para exactamente una pregunta y las otras tres reciban respuestas equivocadas (existen cuatro ramas en la figura 5.4 donde esto ocurre, a saber: –CEEE, ECEE, EECE, EEEC– y cada una tiene la misma probabilidad):

$$P(x=1) = (4) \times \frac{1}{3} \times \frac{2}{3} \times \frac{2}{3} \times \frac{2}{3} = (4)\left(\frac{1}{3}\right)^1 \left(\frac{2}{3}\right)^3 = \mathbf{0.395}$$

$P(x = 2)$ es la probabilidad de que exactamente dos preguntas reciban respuestas correctas y las otras dos reciban respuestas equivocadas (en la figura 5.4 existen seis ramas donde esto ocurre –CCEE, CECE, CEEC, ECCE, ECEC, EECC– y cada una tiene la misma probabilidad):

$$P(x=2) = (6) \times \frac{1}{3} \times \frac{1}{3} \times \frac{2}{3} \times \frac{2}{3} = (6)\left(\frac{1}{3}\right)^2 \left(\frac{2}{3}\right)^2 = \mathbf{0.296}$$

$P(x = 3)$ es la probabilidad de que exactamente tres preguntas reciban respuestas correctas y la otra pregunta reciba una respuesta equivocada (en la figura 5.4 existen cuatro ramas donde esto ocurre –CCCE, CCEC, CECC, ECCC– y cada una tiene la misma probabilidad):

$$P(x=3) = (4) \times \frac{1}{3} \times \frac{1}{3} \times \frac{1}{3} \times \frac{2}{3} = (4)\left(\frac{1}{3}\right)^3 \left(\frac{2}{3}\right)^1 = \mathbf{0.099}$$

$P(x = 4)$ es la probabilidad de que las cuatro preguntas reciban respuestas correctas (en la figura 5.4 sólo hay una rama donde las cuatro son correctas: CCCC):

$$P(x=4) = \frac{1}{3} \times \frac{1}{3} \times \frac{1}{3} \times \frac{1}{3} = \left(\frac{1}{3}\right)^4 = \frac{1}{81} = \mathbf{0.012}$$

Ahora puedes responder las cinco preguntas que se plantearon acerca del examen de cuatro preguntas (p. 244).

Respuesta 1: La ocurrencia más probable sería obtener una respuesta correcta; tiene una probabilidad de 0.395. Cero, una o dos respuestas correctas se espera que resulten aproximadamente 89% de las veces (0.198 + 0.395 + 0.296 = 0.889).

Respuesta 2: Tener más de las respuestas correctas se representa $x = 3$ o 4; su probabilidad total es $0.099 + 0.012 = 0.111$. (Sólo aprobarás este examen 11% de las veces al adivinar al azar.)
Respuesta 3: P(cuatro correctas) = $P(x = 4) = 0.012$. (Todas correctas sólo ocurre 1% de las veces.)
Respuesta 4: P(todas equivocadas) = $P(x = 0) = 0.198$. (Esto es casi 20% de las veces.)
Respuesta 5: Se espera que el promedio de la clase sea 1/3 de 4, o 1.33 respuestas correctas.

Las respuestas correctas al examen son b, c, b, a. ¿Cuántas respuestas correctas tuviste? ¿Cuál rama de las tres, en la figura 5.4, representa los resultados de tu examen? Puedes pedir a varias personas que respondan este mismo examen al adivinar las respuestas. Luego construye una distribución de frecuencias relativas observadas y compárala con la distribución que se muestra en la tabla 5.7.

Muchos experimentos se componen con ensayos repetidos cuyos resultados pueden clasificarse en una de dos categorías: **éxito** o **fracaso**. Los ejemplos de tales experimentos son lanzamientos de monedas, respuestas de examen correcto/equivocado y otros experimentos más prácticos, como determinar si un producto hace o no su labor prescrita y si un candidato es electo o no. Existen experimentos en los que los ensayos tienen muchos resultados que, bajo las condiciones correctas, pueden encajar en esta descripción general de clasificarse en una de dos categorías. Por ejemplo, cuando ruedas un solo dado, por lo general consideras seis posibles resultados. Sin embargo, si sólo estás interesado en saber si se muestra o no un "uno", en realidad sólo existen dos resultados: el "uno" que se muestra o el "algo más" que se muestra. Los experimentos recién descritos se llaman *experimentos de probabilidad binomial*.

Experimento de probabilidad binomial Un experimento que se construye con ensayos repetidos que posee las siguientes propiedades: 1. Existen n ensayos independientes idénticos repetidos.

2. Cada ensayo tiene dos posibles resultados (éxito o fracaso).
3. P(éxito) = p, P(fracaso) = q y $p + q = 1$.
4. La **variable aleatoria binomial** x es el conteo del número de ensayos exitosos que ocurren; x puede tomar cualquier valor entero desde cero hasta n.

Notas:

1. Las propiedades 1 y 2 describen las dos características básicas de cualquier experimento binomial.
2. **Ensayos independientes** significan que el resultado de un ensayo no afecta la probabilidad de éxito en cualquier otro ensayo en el experimento. En otras palabras: la probabilidad de éxito permanece constante a lo largo de todo el experimento.
3. La propiedad 3 ofrece la notación algebraica para cada ensayo.
4. La propiedad 4 tiene que ver con la notación algebraica para el experimento completo.
5. Es de suma importancia que tanto x como p se asocien con "éxito".

El examen de cuatro preguntas califica como experimento binomial constituido de cuatro ensayos cuando las cuatro respuestas se obtienen por adivinación al azar.

Propiedad 1: Un **ensayo** es la **respuesta de una pregunta** y se repite $\boldsymbol{n = 4}$ veces. Los ensayos son **independientes** porque la probabilidad de una respuesta correcta a cualquier pregunta no es afectada por las respuestas a otras preguntas.
Propiedad 2: Los dos posibles resultados en cada ensayo son **éxito = C**, respuesta correcta y **fracaso = E**, respuesta equivocada.

Propiedad 3: Para cada ensayo (cada pregunta): $\boldsymbol{p = P(correcta)} = \frac{1}{3}$ y $\boldsymbol{q = P(incorrecta)} = \frac{2}{3}$ • $[p + q = 1$ ⓒⓚ$]$
Propiedad 4: Para el experimento total (el examen): **x = número de respuestas correctas** y puede ser cualquier valor entero entre cero hasta $n = 4$.

EJEMPLO 5.6

DEMOSTRACIÓN DE LAS PROPIEDADES DE UN EXPERIMENTO DE PROBABILIDAD BINOMIAL

Considera el experimento de rodar un dado 12 veces y observar un "uno" o "algo más". Al final de las 12 rodaduras, reportas el número de "unos". La variable aleatoria x es el número de veces que se observa un "uno" en los n = 12 ensayos. Dado que "uno" es el resultado de interés, se considera "éxito"; por tanto, $p = P(\text{uno}) = \frac{1}{6}$ y $q = P(\text{no uno}) = \frac{5}{6}$. Este experimento es binomial.

EJEMPLO 5.7

DEMOSTRACIÓN DE LAS PROPIEDADES DE UN EXPERIMENTO DE PROBABILIDAD BINOMIAL

Si fueras inspector en una línea de producción en una planta donde se fabrican televisores, estarías preocupado por identificar el número de televisores defectuosos. Probablemente definirías "éxito" como la ocurrencia de un televisor defectuoso. Esto no es lo que usualmente se considera un éxito, pero, si cuentas televisores "defectuosos" en un experimento binomial, debes definir "éxito" como un "defectuoso". La variable aleatoria x indica el número de televisores defectuosos encontrados por lote de n televisores; $p = P(\text{televisor defectuoso})$ y $q = P(\text{televisor bueno})$.

La clave para trabajar con cualquier experimento de probabilidad es su distribución de probabilidad. Todos los experimentos de probabilidad binomial tienen las mismas propiedades y por tanto puedes usar el mismo esquema de organización para representarlos todos. La *función de probabilidad binomial* permite encontrar la probabilidad para cada posible valor de x.

Función de probabilidad binomial Para un experimento binomial, sea p la probabilidad de un "éxito" y q la probabilidad de un "fracaso" en un solo ensayo. Entonces $P(x)$, la probabilidad de que habrá exactamente x éxitos en n ensayos es

$$P(x) = \binom{n}{x}(p^x)(q^{n-x}) \quad \text{para } x = 0, 1, 2, \ldots, n \qquad \textbf{(5.5)}$$

Cuando observas la función de probabilidad, notas que es el producto de tres factores básicos:

1. El número de formas en que exactamente pueden ocurrir x éxitos en n ensayos, $\binom{n}{x}$
2. La probabilidad de exactamente x éxitos, p^x
3. La probabilidad de que el fracaso ocurra en los restantes $(n - x)$ ensayos, q^{n-x}

El número de formas en que exactamente pueden ocurrir x éxitos en un conjunto de n ensayos se representa mediante el símbolo $\binom{n}{x}$, que siempre debe ser un entero positivo. Este término se llama **coeficiente binomial** y se encuentra al usar la fórmula

$$\binom{n}{x} = \frac{n!}{x!(n-x)!} \quad \textbf{(5.6)}$$

Notas:

1. $n!$ ("*n factorial*") es una abreviatura para el producto de la secuencia de enteros que comienza con n y termina con uno. Por ejemplo, $3! = 3 \cdot 2 \cdot 1 = 6$ y $5! = 5 \cdot 4 \cdot 3 \cdot 2 \cdot 1 = 120$. Existe un caso especial, $0!$, que por definición es 1. Para más información acerca de la **notación factorial**, consulta el *Manual de soluciones del estudiante*.
2. Los valores para $n!$ y $\binom{n}{x}$ pueden encontrarse fácilmente con la mayoría de las calculadoras científicas.
3. El coeficiente binomial $\binom{n}{x}$ es equivalente al número de combinaciones ${}_nC_x$, el símbolo que más probablemente se encuentra en tu calculadora.
4. Consulta el *Manual de soluciones del estudiante* para información general acerca del coeficiente binomial.

Vuelve a considerar el ejemplo 5.5 (pp. 238-240): una moneda se lanza tres veces y se observa el número de caras que ocurre en los tres lanzamientos. Éste es un experimento binomial porque muestra todas las propiedades de un experimento binomial:

1. Existen $\boldsymbol{n = 3}$ ensayos **independientes** repetidos (cada lanzamiento de moneda es un ensayo separado y el resultado de cualquier ensayo no tiene efecto sobre la probabilidad de otro ensayo).
2. Cada ensayo (cada lanzamiento de la moneda) resulta en uno de dos posibles resultados: éxito = **caras** (las que se cuentan) o fracaso = **ensayos**.
3. La probabilidad de éxito es $p = P(\text{H}) = \mathbf{0.5}$ y la probabilidad de fracaso es $q = P(\text{T}) = \mathbf{0.5}$. [$p + q = 0.5 + 0.5 = 1$ ⓒⓚ]
4. La variable aleatoria x es el **número de caras** que ocurren en los tres ensayos, x asumirá exactamente uno de los valores **0, 1, 2 o 3** cuando el experimento esté completo.

La función de probabilidad binomial para el lanzamiento de tres monedas es

$$P(x) = \binom{n}{x}(p^x)(q^{n-x}) = \binom{3}{x}(0.5)^x(0.5)^{3-x} \text{ para } x = 0, 1, 2, 3$$

Encuentra la probabilidad de $x = 1$ con la función de probabilidad binomial anterior:

$$P(x = 1) = \binom{3}{1}(0.5)^1(0.5)^2 = 3(0.5)(0.25) = \mathbf{0.375}$$

PTI En la tabla 5.6 (p. 239), $P(1) = \frac{3}{8}$. Aquí, $P(1) = 0.375$ y $\frac{3}{8} = 0.375$.

Nota que éste es el mismo valor que encontraste en el ejemplo 5.5 (p. 238).

EJEMPLO 5.8

DETERMINACIÓN DE UN EXPERIMENTO BINOMIAL Y SUS PROBABILIDADES

Considera un experimento que te pide extraer cinco naipes, uno a la vez con reemplazo, de un mazo de naipes bien barajado. El naipe extraído se identifica como espada o no espada, se regresa al mazo, el mazo se vuelve a barajar, etcétera. La variable aleatoria x es el número de espadas observadas en el conjunto de cinco extracciones. ¿Se trata de un experimento binomial? Identifica las cuatro propiedades.

1. Existen **cinco extracciones repartidas**; $n = 5$. Estos ensayos individuales son **independientes** porque el naipe extraído se devuelve al mazo y el mazo se vuelve a barajar antes de la siguiente extracción.
2. Cada extracción es un ensayo y cada extracción tiene dos resultados: **espada** o **no espada**.
3. $p = P(\textbf{espada}) = \frac{13}{52}$ y $q = P(\textbf{no espada}) = \frac{39}{52}$
4. x es el **número de espadas** registradas al completar los cinco ensayos; los posibles valores son **0, 1, 2, ..., 5**.

La función de probabilidad binomial es

$$P(x) = \binom{5}{x}\left(\frac{13}{52}\right)^x\left(\frac{39}{52}\right)^{5-x} = \binom{5}{x}\left(\frac{1}{4}\right)^x\left(\frac{3}{4}\right)^{5-x} = \binom{5}{x}(0.25)^x(0.75)^{5-x} \quad \text{para } x = 0, 1, \ldots, 5$$

$$P(0) = \binom{5}{0}(0.25)^0(0.75)^5 = (1)(1)(0.2373) = \mathbf{0.2373}$$

$$P(1) = \binom{5}{1}(0.25)^1(0.75)^4 = (5)(0.25)(0.3164) = \mathbf{0.3955}$$

$$P(2) = \binom{5}{2}(0.25)^2(0.75)^3 = (10)(0.625)(0.421875) = \mathbf{0.2637}$$

$$P(3) = \binom{5}{3}(0.25)^3(0.75)^2 = (10)(0.15625)(0.5625) = \mathbf{0.0879}$$

Las dos probabilidades restantes se dejan para que las calcules en el ejercicio 5.52.

PTI Respuesta: cinco

La anterior distribución de probabilidades indica que el valor individual más probable de x es uno, el evento de observar exactamente una espada en una mano de cinco naipes. ¿Cuál es el número menos probable que observarías?

EJEMPLO 5.9

PROBABILIDAD BINOMIAL DE "HUEVOS MALOS"

El gerente de Steve's Food Market garantiza que ninguno de sus cartones de una docena de huevos contendrá más de un huevo malo. Si un cartón contiene más de un huevo malo, reemplazará toda la docena y permitirá que el cliente conserve los huevos originales. Si la probabilidad de que un huevo individual sea malo es 0.05, ¿cuál es la probabilidad de que el gerente tendrá que reemplazar un cartón de huevos dado?

Tutorial en video disponible; ingresa y aprende más en cengagebrain.com

Solución

A primera vista, la situación del gerente parece encajar en las propiedades de un experimento binomial si se hace x el número de huevos malos encontrados en un cartón de una docena de huevos, sea $p = P(malo) = 0.05$ y sea la inspección de cada huevo un ensayo que resulta en encontrar un huevo "malo" o "no malo". Habrá $n = 12$ ensayos para contar los 12 huevos en un cartón. Sin embargo, los ensayos de un experimento binomial deben ser independientes; por tanto, se supondrá que la calidad de un huevo en un cartón es independiente de la calidad de alguno de los otros huevos. (¡Ésta puede ser una gran suposición! Pero con esta suposición podrás usar la distribución de probabilidad binomial como modelo.) Ahora, con base en esta suposición podrás encontrar/estimar la probabilidad de que el gerente tenga que hacer efectiva su garantía. La función de probabilidad asociada con este experimento será:

$$P(x) = \binom{12}{x}(0.05)^x(0.95)^{12-x} \qquad \text{para } x = 0, 1, 2, \ldots, 12$$

La probabilidad de que el gerente sustituya una docena de huevos es la probabilidad de que $x = 2, 3, 4, \ldots, 12$. Recuerda que $\Sigma P(x) = 1$; esto es:

$$\boldsymbol{P(0)} + \boldsymbol{P(1)} + P(2) + \cdots + P(12) = 1$$

$$P(\text{reemplazo}) = P(2) + P(3) + \cdots + P(12) = 1 - [\boldsymbol{P(0)} + \boldsymbol{P(1)}]$$

Es más fácil encontrar la probabilidad de reemplazo al encontrar $P(x = 0)$ y $P(x = 1)$ y restar su total de 1, que encontrar todas las otras probabilidades. Se tiene

$$P(x) = \binom{12}{x}(0.05)^x(0.95)^{12-x}$$

$$P(0) = \binom{12}{0}(0.05)^0(0.95)^{12} = \mathbf{0.540}$$

$$P(1) = \binom{12}{1}(0.05)^1(0.95)^{11} = \mathbf{0.341}$$

$$P(\text{reemplazo}) = 1 - (0.540 + 0.341) = \mathbf{0.119}$$

Si $p = 0.05$ es correcto, entonces el gerente estará ocupado en reemplazar cartones de huevos. Si él reemplaza 11.9% de todos los cartones de huevos que vende, ciertamente tendrá que deshacerse de una proporción sustancial de sus huevos. Esto sugiere que debe ajustar su garantía (o vender mejores huevos). Por ejemplo, si tuviera que sustituir un cartón de huevos sólo cuando cuatro o más se encuentren malos, esperaría sustituir sólo 3 de cada 1 000 cartones [1.0 − (0.540 + 0.341 + 0.099 + 0.017)], o 0.3% de los cartones vendidos. Observa que el gerente podrá controlar su "riesgo" (probabilidad de reemplazo) si ajusta el valor de la variable aleatoria que postula en su garantía.

Nota: el valor de muchas probabilidades binomiales para valores de $n \leq 15$ y valores comunes de p, se encuentran en la tabla 2 del apéndice B. En este ejemplo, se tiene $n = 12$ y $p = 0.05$ y se quieren las probabilidades para $x = 0$ y 1. Es necesario ubicar la sección de la tabla 2 donde $n = 12$, encontrar la columna encabezada $p = 0.05$ y leer los números a través de $x = 0$ y $x = 1$. Se encuentra .540 y .341, como se muestra en la tabla 5.8. (Busca estos valores en la tabla 2 del apéndice B.)

TABLA 5.8
Extracto de la tabla 2 del apéndice B, probabilidades binomiales

		p													
n	*x*	0.01	0.05	0.10	0.20	0.30	0.40	0.50	0.60	0.70	0.80	0.90	0.95	0.99	*x*
	⋮														
12	0	.886	.540	.282	.069	.014	.002	0+	0+	0+	0+	0+	0+	0+	0
	1	.107	.341	.377	.206	.071	.017	.003	0+	0+	0+	0+	0+	0+	1
	2	.006	.099	.230	.283	.168	.064	.016	.002	0+	0+	0+	0+	0+	2
	3	0+	.017	.085	.236	.240	.142	.054	.012	.001	0+	0+	0+	0+	3
	4	0+	.002	.021	.133	.231	.213	.121	.042	.008	.001	0+	0+	0+	4
	⋮														

Nota: una notación conveniente para identificar la distribución de probabilidad binomial para un experimento binomial con $n = 12$ y $p = 0.05$ es $B(12, 0.05)$. $B(12, 0.05)$, léase "*distribución binomial para* $n = 12$ *y* $p = 0.05$", representa la distribución completa o "bloque" de probabilidades que se muestran en azul oscuro en la tabla 5.8. Cuando se usa en combinación con la notación $P(x)$, $P(x = 1|B(12, 0.05))$ indica la probabilidad de $x = 1$ a partir de esta distribución o 0.341, como se muestra en la tabla 5.8.

INSTRUCCIONES DE TECNOLOGÍA: PROBABILIDADES BINOMIAL Y BINOMIAL ACUMULADA

MINITAB

Para probabilidades binomiales, escribe los valores *x* en C1; luego continúa con:

Elige: **Calc > Probability Distributions > Binomial**
Selecciona: **Probability***
Escribe: Número de ensayos: **n**
Probabilidad del evento: **p**
Selecciona: **Input column**
Escribe: **C1**
Almacenamiento opcional: **C2 (no necesario) > OK**
O
Selecciona: **Input constant**
Escribe: **One single x value > OK**

*Para probabilidades binomiales acumuladas, repite los comandos anteriores pero sustituye la selección de probabilidad con:

Selecciona: **Cumulative Probability**

Excel

Para probabilidades binomiales, escribe los valores *x* en la columna A y activa la celda de la columna B a través del primer valor *x*; luego continúa con:

Elige: **Insert function, f_x > Statistical > BINOMDIST > OK**
Escribe: Número_s: **(A1:A4 o selecciona celdas "valor x")**
Ensayos: **n**
Probabilidad: **p**
Acumulada: **falso* (proporciona probabilidades individuales) > OK**

Arrastra: **Esquina inferior derecha de la celda del valor de probabilidad en la columna B para obtener las otras probabilidades**

*Para probabilidades binomiales acumuladas, repite los comandos anteriores pero sustituye el acumulado falso con:
Acumulada: **true (proporciona probabilidades acumuladas) > OK**

TI-83/84 Plus

Para obtener una lista completa de probabilidades para *n* y *p* particulares, continúa con

Elige: **2nd > DISTR > 0:binompdf(**
Escribe: **n, p)**

Usa la tecla de flecha derecha para navegar a través de las probabilidades.
Para navegar a través de una lista vertical en L1:

Elige: **STO ⟶ >L1 > ENTER**
STAT > EDIT > 1:Edit

Para obtener probabilidades individuales para *n*, *p* y *x* particulares, continúa con:

Elige: **2nd > DISTR > A:binomcdf(**
Escribe: **n, p, x)**

Para obtener probabilidades acumuladas para $x = 0$ y $x = n$ para *n* y *p* particulares, continúa con:

Elige: **2nd > DISTR > A:binomcdf(**
Escribe: **n, p)* (consulta líneas arriba para navegar a través de probabilidades)**

*Para obtener probabilidades acumuladas individuales para *n*, *p* y *x* particulares, repite los comandos anteriores pero sustituye el escribir con:
Escribe: **n, p, x**

EJEMPLO APLICADO 5.10

VIVIR CON LA LEY

¿QUÉ ES UN PROGRAMA DE ACCIÓN AFIRMATIVA (AAP)?

Como condición para realizar negocios con el gobierno federal, los contratistas del gobierno que se reúnen para cierto contrato y emplean niveles de población acuerdan en preparar, en concordancia con las regulaciones federales 41 CFR 60-1, 60-2, etcétera, un Programa de Acción Afirmativa (AAP, por sus siglas en inglés). El AAP de un contratista es una combinación de reportes numéricos, compromisos de acción y descripción de políticas. Un panorama rápido de un AAP con base en las regulaciones federales (41 CFR 60-2.10), es el siguiente:

Los AAP deben desarrollarse para

- Minorías y mujeres (41 CFR 60-1 y 60-2)
- Veteranos con discapacidades especiales, veteranos de la era de Vietnam y otros veteranos cubiertos (41 CFR 60-250)
- Individuos con discapacidades (41 CFR 60-741)

Fuente: http://eeosource.peopleclick.com/aap/

Las regulaciones AAP no justifican el uso de una prueba específica para determinar si el porcentaje de minorías o mujeres es menor del que se esperaría razonablemente. Sin embargo, usualmente se utilizan muchas pruebas. Una de las pruebas se llama *prueba binomial exacta*, como se define a continuación.

PRUEBA BINOMIAL EXACTA

Las variables usadas son:

T = Número total de empleados en el grupo de trabajo

M = Número de mujeres o minorías en el grupo de trabajo

A = Porcentaje disponible de mujeres o minorías para el grupo de trabajo

Esta prueba involucra el cálculo de una probabilidad, denotada como P y la comparación de dicha probabilidad con 0.05. Si P es menor que o igual a 0.05, el porcentaje de minorías o mujeres se considera "menor del que se esperaría razonablemente". La fórmula para calcular P es la siguiente:

1. Calcula la probabilidad, Q, la probabilidad binomial acumulada para la distribución de probabilidad binomial con n = T, x = M y p = A/100.
2. Si Q es menor que o igual a 0.05, entonces $P = 2Q$; de otro modo, $P = Q$.

Por ejemplo, si T = 50 empleados y M = 2 mujeres, A = 6% disponibilidad femenina.

Con una computadora, encuentra el valor Q: $Q = 0.41625$. Dado que Q es menor que 0.5, $P = 2Q = 0.8325$. P, 0.8325, es mayor que 0.05, de modo que el porcentaje de mujeres "**no** es el que se esperaría razonablemente".

¿SABÍAS QUE...?

Huellas digitales

A sir Francis Galton se le acredita el "descubrimiento" de las huellas digitales (es decir que las huellas digitales son únicas para cada individuo) y fue Galton quien desarrolló los métodos usados para identificarlas. Es la ocurrencia de marcas irregulares y cortes en los patrones del dedo lo que hace única a cada huella. Dichas marcas se conocen como Marcas de Galton. El sistema Galton-Henry de clasificación de huellas digitales se publicó en junio de 1900 y comenzó a

(continúa)

Media y desviación estándar de la distribución binomial

La media y la desviación estándar de una distribución de probabilidad binomial teórica pueden encontrarse al usar estas dos fórmulas:

Media de distribución binomial

$$\mu = np \tag{5.7}$$

y

Desviación estándar de distribución binomial

$$\sigma = \sqrt{npq} \tag{5.8}$$

La fórmula para la media, μ, parece adecuada: el número de ensayos multiplicado por la probabilidad de "éxito". [Recuerda que el número medio de respuestas correctas en el examen binomial (respuesta 5, p. 246) se esperaba que fuera 1/3 de 4, 4(1/3) o np.] La fórmula para la desviación estándar, σ, no se entiende tan fácilmente. Por tanto, en este punto es adecuado observar un ejemplo que demuestre que las fórmulas (5.7) y (5.8) producen los mismos resultados que las fórmulas (5.1), (5.3a) y (5.4).

En el ejemplo 5.5 (pp. 236-238), x es el número de caras en tres lanzamientos de moneda, $n = 3$ y $p = \frac{1}{2} = 0.5$. Al usar la fórmula (5.7), se encuentra que la media de x es

$$\mu = np = (3)(0.5) = 1.5$$

(continuación)
usarse en Scotland Yard en 1901 y pronto se usó en todo el mundo como un identificador en investigaciones criminales.

Al usar la fórmula (5.8), se encuentra que la desviación estándar de x es

$$\sigma = \sqrt{npq} = \sqrt{(3)(0.5)(0.5)} = \sqrt{0.75} = 0.866 = 0.87$$

Ahora observa nuevamente la solución para el ejemplo 5.5 (p. 237). Nota que los resultados son iguales, sin importar cuál fórmula uses. Sin embargo, las fórmulas (5.7) y (5.8) son mucho más fáciles de usar cuando x es una variable aleatoria binomial.

EJEMPLO 5.11

CÁLCULO DE LA MEDIA Y DE LA DESVIACIÓN ESTÁNDAR DE UNA DISTRIBUCIÓN BINOMIAL

Encuentra la media y la desviación estándar de la distribución binomial cuando $n = 20$ y $p = \frac{1}{5}$ (o 0.2, en forma decimal). Recuerda que la "distribución binomial donde $n = 20$ y $p = 0.2$" tiene la función de probabilidad

$$P(x) = \binom{20}{x}(0.2)^x(0.8)^{20-x} \qquad \text{para} \quad x = 0, 1, 2, \ldots, 20$$

y una distribución correspondiente con 21 valores x y 21 probabilidades, como se muestra en el cuadro de distribución, tabla 5.9 y en el histograma de la figura 5.5.

TABLA 5.9
Distribución binomial: $n = 20$, $p = 0.2$

x	$P(x)$
0	0.012
1	0.058
2	0.137
3	0.205
4	0.218
5	0.175
6	0.109
7	0.055
8	0.022
9	0.007
10	0.002
11	0+
12	0+
13	0+
.	.
:	:
20	0+

FIGURA 5.5
Histograma de distribución binomial $B(20, 0.2)$

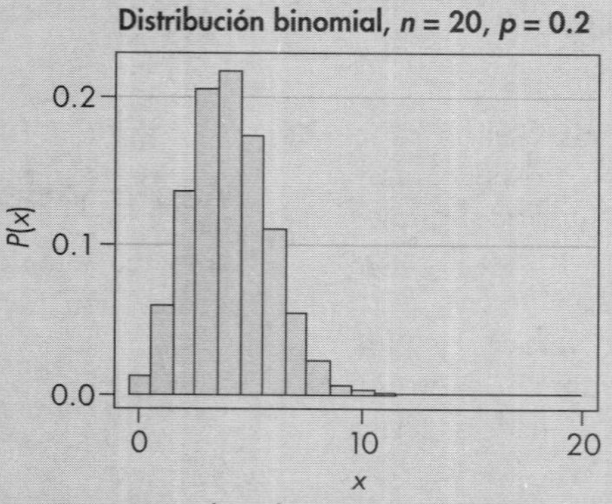

Encuentra la media y la desviación estándar de esta distribución de x con las fórmulas (5.7) y (5.8):

$$\mu = np = (20)(0.2) = \mathbf{4.0}$$

$$\sigma = \sqrt{npq} = \sqrt{(20)(0.2)(0.8)} = \sqrt{3.2} = \mathbf{1.79}$$

FIGURA 5.6
Histograma de distribución binomial $B(20, 0.2)$

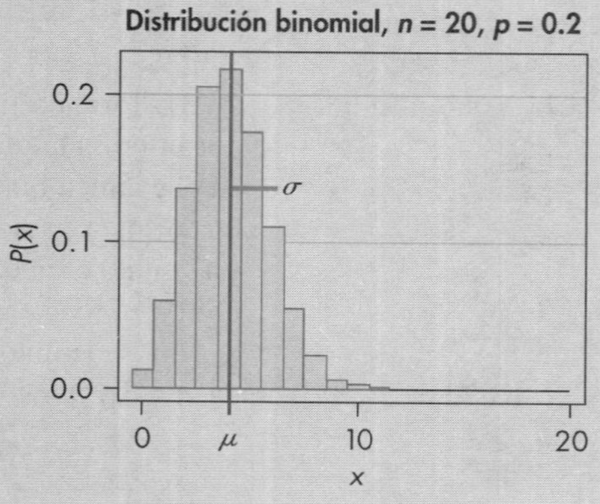

Tutorial en video disponible; ingresa y aprende más en cengagebrain.com

La figura 5.6 muestra la media, $\mu = 4$ (que se muestra con la ubicación de la recta vertical azul claro a lo largo del eje x), en relación con la variable x. Este 4.0 es el valor medio esperado para x, el número de éxitos en cada muestra aleatoria de tamaño 20 extraída de una población con $p = 0.2$. La figura 5.6 también muestra el tamaño de la desviación estándar, $\sigma = 1.79$ (como se enseña por la longitud del segmento de la recta horizontal azul oscuro). Es la desviación estándar esperada para los valores de la variable aleatoria x que ocurren en muestras de tamaño 20 extraídas de esta misma población.

EJERCICIOS SECCIÓN 5.3

5.39 Considera el examen de cuatro preguntas de opción múltiple que se presentó al inicio de esta sección (pp. 244-246).

a. Explica por qué las cuatro preguntas representan cuatro ensayos independientes.

b. Explica por qué el número 4 se multiplica en $P(x = 1)$.

c. En la respuesta 5 de la página 246, ¿de dónde provienen 1/3 y 4? ¿Por qué multiplicarlos para encontrar un promedio esperado?

5.40 Identifica las propiedades que hacen de lanzar una moneda 50 veces y guardar el registro de las caras un experimento binomial.

5.41 Enuncia una razón muy práctica de por qué el artículo defectuoso en una situación industrial puede definirse como el "éxito" en un experimento binomial.

5.42 ¿Qué significa que los ensayos sean independientes en un experimento binomial?

5.43 Evalúa cada uno de los siguientes.

a. $4!$ b. $7!$ c. $0!$ d. $\frac{6!}{2!}$

e. $\frac{5!}{2!3!}$ f. $\frac{6!}{4!(6-4)!}$ g. $(0.3)^4$ h. $\binom{7}{3}$

i. $\binom{5}{2}$ j. $\binom{3}{0}$ k. $\binom{4}{1}(0.2)^1(0.8)^3$

l. $\binom{5}{0}(0.3)^0(0.7)^5$

5.44 Demuestra que cada uno de los siguientes es verdadero para cualquier valor de n y k. Usa dos conjuntos específicos de valores para n y k para mostrar que cada uno es verdadero.

a. $\binom{n}{0} = 1$ y $\binom{n}{n} = 1$

b. $\binom{n}{1} = n$ y $\binom{n}{n-1} = n$ c. $\binom{n}{k} = \binom{n}{n-k}$

5.45 Se revisa una caja que contiene 100 camisetas. Cada camiseta se califica "primera calidad" o "irregular". Después de inspeccionar las 100 camisetas, el número de irregulares se reporta como una variable aleatoria. Explica por qué x es una variable aleatoria binomial.

5.46 Un dado rueda 20 veces y el número de "cincos" que ocurren se reporta como la variable aleatoria. Explica por qué x es una variable aleatoria binomial.

5.47 Cuatro naipes se seleccionan, uno a la vez, de un mazo estándar de 52 naipes. Sea x el número de ases extraídos en el conjunto de cuatro naipes.

a. Si este experimento se completa sin reemplazo, explica por qué x no es una variable aleatoria binomial.

b. Si este experimento se completa con reemplazo, explica por qué x es una variable aleatoria binomial.

5.48 Una planta de ensamblado de General Motors entrevista a los empleados conforme salen del trabajo. A cada uno se le pregunta: ¿En qué marca de automóvil conduce a casa? La variable aleatoria a reportar es el número de cada marca mencionada, ¿x es una variable aleatoria binomial? Justifica tu respuesta.

5.49 Considera un experimento binomial constituido de tres ensayos con resultados de éxito, E y fracaso, F, donde $P(E) = p$ y $P(F) = q$.

a. Completa el diagrama de árbol. Etiqueta por completo todas las ramas.

b. En la columna b) del diagrama de árbol, expresa la probabilidad de cada resultado representado por las ramas como un producto de potencias de p y q.

(continúa en la página 256)

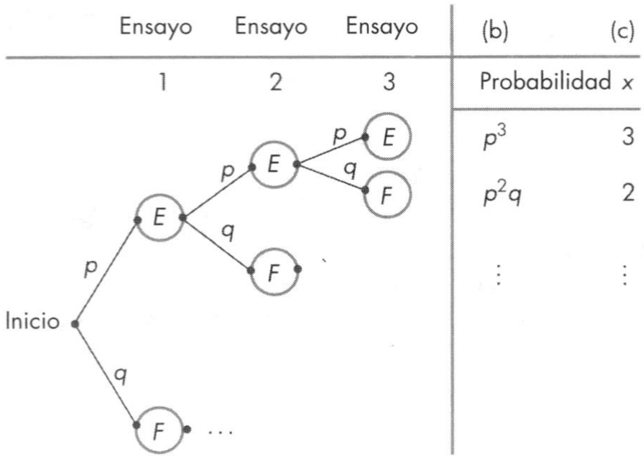

c. Sea x la variable aleatoria, el número de éxitos observados. En la columna c), identifica el valor de x para cada rama del diagrama de árbol.

d. Observa que todos los productos en la columna b) están constituidos por tres factores y que el valor de la variable aleatoria es la misma que el exponente para el número p. Escribe la ecuación para la función de probabilidad binomial para esta situación.

5.50 Dibuja un diagrama de árbol que muestre un experimento binomial de cuatro ensayos.

5.51 Usa la función de probabilidad para lanzamientos de tres monedas, como se demostró en la página 239 y verifica las probabilidades para $x = 0, 2$ y 3.

5.52 a. Calcula $P(4)$ y $P(5)$ para el ejemplo 5.8 de la página 249.

b. Verifica que las seis probabilidades $P(0), P(1), P(2), ..., P(5)$ forman una distribución de probabilidad.

Applets Skillbuilder disponibles en línea a través de cengagebrain.com.

5.53 Ejercicio Applet Skillbuilder Demuestra cómo calcular una probabilidad binomial junto con una interpretación visual. Supón que compras 20 plantas de un criadero y el criadero afirma que 95% de sus plantas sobreviven cuando se plantan. Al escribir $n = 20$ y $p = 0.95$, calcula lo siguiente:

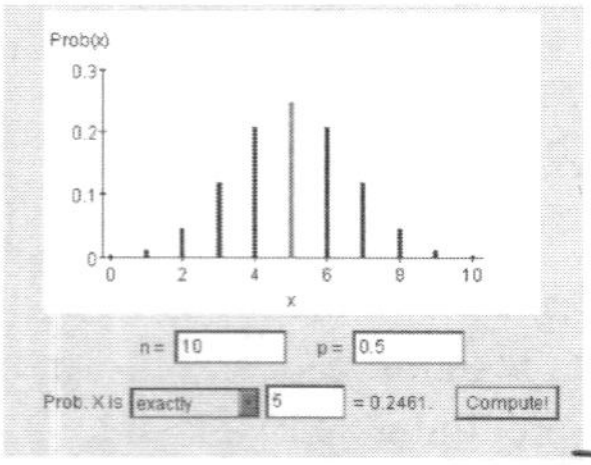

a. La probabilidad de que las 20 sobrevivirán

b. La probabilidad de que cuando mucho sobreviven 16

c. La probabilidad de que al menos sobreviven 18

5.54 Ejercicio Applet Skillbuilder Demuestra cómo calcular una probabilidad binomial junto con una interpretación visual. Supón que estás en una clase de 30 estudiantes y se supone que aproximadamente 11% de la población es zurda. Al escribir $n = 30$ y $p = 0.11$, calcula lo siguiente:

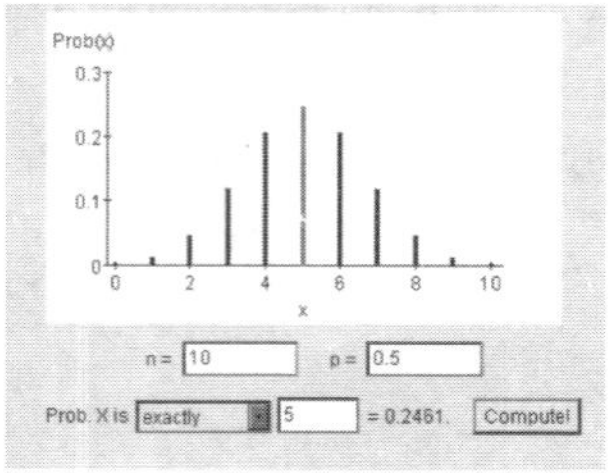

a. La probabilidad de que exactamente cinco estudiantes sean zurdos

b. La probabilidad de que cuando mucho cuatro estudiantes sean zurdos

c. La probabilidad de que al menos seis estudiantes sean zurdos

5.55 Si x es una variable aleatoria binomial, calcula la probabilidad de x para cada caso.

a. $n = 4, x = 1, p = 0.3$ b. $n = 3, x = 2, p = 0.8$

c. $n = 2, x = 0, p = \frac{1}{4}$ d. $n = 5, x = 2, p = \frac{1}{3}$

e. $n = 4, x = 2, p = 0.5$ f. $n = 3, x = 3, p = \frac{1}{6}$

5.56 Si x es una variable aleatoria binomial, usa la tabla 2 del apéndice B para determinar la probabilidad de x para cada uno de los siguientes:

a. $n = 10, x = 8, p = 0.3$ b. $n = 8, x = 7, p = 0.95$

c. $n = 15, x = 3, p = 0.05$ d. $n = 12, x = 12, p = 0.99$

e. $n = 9, x = 0, p = 0.5$ f. $n = 6, x = 1, p = 0.01$

g. Explica el significado del símbolo 0+ que aparece en la tabla 2.

5.57 Pon a prueba la siguiente función para determinar si se trata o no de una función de probabilidad binomial. Menciona la distribución de probabilidades y bosqueja un histograma.

$$T(x) = \binom{5}{x}\left(\frac{1}{2}\right)^x \left(\frac{1}{2}\right)^{5-x} \quad \text{para} \quad x = 0, 1, 2, 3, 4, 5$$

5.58 Sea x una variable aleatoria con la siguiente distribución de probabilidad:

x	0	1	2	3
P(x)	0.4	0.3	0.2	0.1

¿x tiene una distribución binomial? Justifica tu respuesta.

5.59 De acuerdo con una encuesta en línea de la revista *Self*, en diciembre de 2008, 66% respondieron "sí" a: "¿quieres revivir tus días de universidad?". ¿Cuál es la probabilidad de que exactamente la mitad de los próximos 10 participantes en la encuesta, seleccionados al azar, responderán "sí" a esta pregunta?

5.60 De acuerdo con un reporte del Consejo de Seguridad Nacional, hasta 78% de las colisiones automovilísticas son resultado de distracciones como enviar mensajes de texto, llamar por teléfono o rebuscar en el estéreo. Considera un grupo seleccionado al azar de 18 colisiones reportadas.

Fuente: Revista *Self*, diciembre de 2008, "Cruise Control"

a. ¿Cuál es la probabilidad de que todas las colisiones se deban a las distracciones mencionadas?

b. ¿Cuál es la probabilidad de que 15 de las colisiones se deban a las distracciones mencionadas?

5.61 De acuerdo con el artículo "Season's Cleaning", el Departamento de Energía de EUA reporta que 25% de los hogares con garaje para dos autos no tienen espacio para estacionar ningún auto adentro.

Fuente: 1 de enero de 2009, Rochester D&C

Si supones que esto es verdadero, ¿cuál es la probabilidad de lo siguiente?

a. Exactamente 3 hogares con garaje para dos autos, de una muestra aleatoria de 5 hogares con garaje para dos autos, no tienen espacio para estacionar ningún auto adentro.

b. Exactamente 7 hogares con garaje para dos autos, de una muestra aleatoria de 15 hogares con garaje para dos autos, no tienen espacio para estacionar ningún auto adentro.

c. Exactamente 20 hogares con garaje de dos autos, de una muestra aleatoria de 30 hogares con garaje de dos autos, no tienen espacio para estacionar ningún auto adentro.

5.62 ¿Jugar videojuegos como niño o adolescente puede conducir a una adicción por el juego o por sustancias? De acuerdo con el artículo del *USA Today* del 11 de abril de 2009, "Niños muestran síntomas de adicción", la investigación publicada en *Psychological Science* descubrió que 8.5% de los niños y adolescentes que juegan videojuegos muestran signos de comportamiento que pueden indicar adicción. Supón que se selecciona al azar un grupo de 30 videojugadores de octavo grado.

a. ¿Cuál es la probabilidad de que exactamente 2 muestren síntomas de adicción?

b. Si el estudio también indica que 12% de los niños videojugadores muestran síntomas de adicción, ¿cuál es la probabilidad de que exactamente 2 de los 17 niños en el grupo muestren síntomas de adicción?

c. Si el estudio también indica que 3% de las niñas videojugadoras muestran síntomas de adicción, ¿cuál es la probabilidad de que exactamente 2 de las 13 niñas en el grupo muestren síntomas de adicción?

5.63 De las partes producidas por una máquina particular, 0.5% son defectuosas. Si una muestra aleatoria de 10 partes producidas por esta máquina contiene 2 o más partes defectuosas, la máquina se desconecta para su reparación. Encuentra la probabilidad de que la máquina se desconectará para reparaciones con base en este plan de muestreo.

5.64 Como inspector de control de calidad de camiones de juguete, observas que 3% de las veces, las ruedas de madera se perforan fuera del centro. Si en cada camión se usan seis ruedas de madera, ¿cuál es la probabilidad de que un camión de juguete seleccionado al azar tenga ruedas no fuera del centro?

5.65 La tasa de supervivencia durante una operación riesgosa para pacientes sin otra esperanza de sobrevivencia es 80%. ¿Cuál es la probabilidad de que exactamente cuatro de los próximos cinco pacientes sobrevivan a esta operación?

5.66 De todos los árboles plantados por una empresa de paisajismo, 90% sobreviven. ¿Cuál es la probabilidad de que 8 o más de los 10 árboles que plantan sobrevivirá? (Encuentra la respuesta al usar una tabla.)

5.67 En el evento de biatlón de los Juegos Olímpicos, un participante de esquí a campo traviesa y en cuatro ocasiones intermitentes se detiene en un coto de tiro y dispara un conjunto de cinco municiones. Si golpea el centro del blanco, no se asignan puntos de penalización. Si un hombre particular tiene una historia de acertar al centro del blanco con 90% de sus disparos, ¿cuál es la probabilidad de lo siguiente?

a. Golpeará el centro del blanco con los cinco de su siguiente conjunto de cinco disparos.

b. Golpeará el centro del blanco con al menos cuatro de su siguiente conjunto de cinco disparos. (Supón independencia.)

5.68 El artículo del *USA Today* del 26 de mayo de 2009, "Superar el robo de identidad", reportó los resultados de una encuesta de víctimas de robo de identidad. De acuerdo con la fuente, Affinion Security Center, 20% de las víctimas afirmó que le tomó "de una semana a un mes" recuperarse del robo de identidad. Un grupo de 14 víctimas de robo de identidad se seleccionan al azar en tu ciudad.

a. ¿Cuál es la probabilidad de que ninguna de ellas pueda recuperarse del robo de identidad en una semana a un mes?

b. ¿Cuál es la probabilidad de que exactamente 3 puedan recuperarse del robo de identidad en una semana a un mes?

c. ¿Cuál es la probabilidad de que al menos 5 puedan recuperarse del robo en una semana a un mes?

d. ¿Cuál es la probabilidad de que no más de 4 puedan recuperarse del robo en una semana a un mes?

5.69 Una encuesta de motociclistas en enero de 2005, comisionada por el Grupo Progresivo de Compañías Aseguradoras, demostró que 40% de los motociclistas tienen arte corporal, como tatuajes y perforaciones. Un grupo de 10 motociclistas están en el proceso de comprar un seguro para motocicleta.

Fuente: http://www.syracuse.com/

a. ¿Cuál es la probabilidad de que ninguno de los 10 tenga algún arte corporal?

b. ¿Cuál es la probabilidad de que exactamente 3 tengan algún arte corporal?

c. ¿Cuál es la probabilidad de que al menos 4 tengan algún arte corporal?

(continúa en la página 258)

d. ¿Cuál es la probabilidad de que no más de 2 tengan algún arte corporal?

5.70 Considera al gerente de Steve's Food Market que se presentó en el ejemplo 5.9. ¿Cuál sería el "riesgo" del gerente si comprara "mejores" huevos, por decir con $P(\text{malo}) = 0.01$, con la garantía "más de uno"?

5.71 Si niños y niñas tienen igual probabilidad de nacer, ¿cuál es la probabilidad de que, en una familia seleccionada al azar de seis hijos, habrá al menos un niño? (Encuentra la respuesta usando una fórmula.)

5.72 Un cuarto de cierta raza de conejos nace con pelo largo. ¿Cuál es la probabilidad de que en una camada de seis conejos, exactamente tres tendrán pelo largo? (Encuentra la respuesta usando una fórmula.)

5.73 Encuentra la media y la desviación estándar para la variable aleatoria binomial x con $n = 30$ y $p = 0.6$, con las fórmulas (5.7) y (5.8).

5.74 Considera la distribución binomial donde $n = 11$ y $p = 0.05$.

a. Encuentra la media y la desviación estándar con las fórmulas (5.7) y (5.8).

b. Con la tabla 2 del apéndice B, menciona la distribución de probabilidad y dibuja un histograma.

c. Ubica μ y σ en el histograma.

5.75 Considera la distribución binomial donde $n = 11$ y $p = 0.05$ (consulta el ejercicio 5.74).

a. Usa la distribución [ejercicio 5.74b o la tabla 2] y encuentra la media y la desviación estándar con las fórmulas (5.1), (5.3a) y (5.4).

b. Compara los resultados del inciso a con las respuestas que encontraste en el ejercicio 5.74a.

5.76 Dada la función de probabilidad binomial

$$P(x) = \binom{5}{x} \cdot \left(\tfrac{1}{2}\right)^x \cdot \left(\tfrac{1}{2}\right)^{5-x} \quad \text{para } x = 0, 1, 2, 3, 4, 5$$

a. Calcula la media y la desviación estándar de la variable aleatoria con las fórmulas (5.1), (5.3a) y (5.4).

b. Calcula la media y la desviación estándar con las fórmulas (5.7) y (5.8).

c. Compara los resultados de los incisos a y b.

5.77 Encuentra la media y la desviación estándar de x para cada una de las siguientes variables aleatorias binomiales:

a. El número de cruces que se ven en 50 lanzamientos de una moneda.

b. El número de estudiantes zurdos en un salón con 40 estudiantes (supón que 11% de la población es zurda).

c. El número de automóviles que tienen neumáticos no seguros entre los 400 automóviles detenidos en un control vial para inspección (supón que 6% de todos los automóviles tienen uno o más neumáticos no seguros).

d. El número de semillas de melón que germinan cuando se planta un paquete de 50 semillas (el paquete afirma que la probabilidad de germinación es 0.88).

5.78 Encuentra la media y la desviación estándar para cada una de las siguientes variables aleatorias binomiales en los incisos a-c:

a. El número de seises vistos en 50 rodaduras de un dado.

b. El número de televisores defectuosos en un embarque de 125 (el fabricante afirma que 98% de los televisores son operativos).

c. El número de televisores operativos en un embarque de 125 (el fabricante afirma que 98% de los televisores son operativos).

d. ¿Cómo se relacionan los incisos b y c? Explica.

5.79 De acuerdo con United Mileage Plus Visa (22 de noviembre de 2004), 41% de los pasajeros dicen que se "ponen los audífonos" para evitar ser molestados por sus compañeros de asiento durante los vuelos. Para mostrar cuán importantes, o no, son los audífonos para las personas, considera la variable x como el número de personas en una muestra de 12 que dice se "ponen los audífonos" para evitar a sus compañeros de asiento. Supón que 41% es verdadero para toda la población de viajeros de avión y que se selecciona una muestra aleatoria.

a. ¿x es una variable aleatoria binomial? Justifica tu respuesta.

b. Encuentra la probabilidad de que $x = 4$ o 5.

c. Encuentra la media y la desviación estándar de x.

d. Dibuja un histograma de la distribución de x: etiquétala por completo, destaca el área que representa $x = 4$ y $x = 5$, dibuja una recta vertical en el valor de la media y marca la ubicación de x que sea 1 desviación estándar más larga que la media.

5.80 De acuerdo con el artículo del *USA Today* titulado "Adictos a la droga conocidos", 45% de los estadounidenses conocen a alguien que se volvió adicto a una droga distinta del alcohol. Si supones que esto es verdadero, ¿cuál es la probabilidad de lo siguiente?

a. Exactamente 3 personas de una muestra aleatoria de 5 conocen a alguien que se volvió adicto. Calcula el valor.

b. Exactamente 7 personas de una muestra aleatoria de 15 conocen a alguien que se volvió adicto. Estima a partir de la tabla 2 del apéndice B.

c. Al menos 7 personas de una muestra aleatoria de 15 conocen a alguien que se volvió adicto. Estima a partir de la tabla 2.

d. No más de 7 personas de una muestra aleatoria de 15 conocen a alguien que se volvió adicto. Estima a partir de la tabla 2.

5.81 a. Usa una calculadora o computadora para encontrar la probabilidad de que $x = 3$ en un experimento binomial donde $n = 12$ y $p = 0.30$: $P(x = 3 \mid B(12, 0.30))$. (Consulta la Nota acerca de esta notación en la p. 251.)

b. Usa la tabla 5.8 para verificar la respuesta en el inciso a.

5.82 Si el binomio $(q + p)$ se eleva al cuadrado, el resultado es $(q + p)^2 = q^2 + 2qp + p^2$. Para el experimento binomial con $n = 2$, la probabilidad de no éxitos en dos ensayos es q^2 (el primer término en la expansión), la probabilidad de un éxito en dos ensayos es $2qp$ (el segundo término en la expansión) y la probabilidad de dos éxitos en dos ensayos es p^2 (el tercer término en la expansión). Encuentra $(q + p)^3$ y compara sus términos con las probabilidades binomiales para $n = 3$ ensayos.

5.83 Usa una computadora para encontrar las probabilidades para todos los posibles valores x para un experimento binomial donde $n = 30$ y $p = 0.35$.

MINITAB

Elige: **Calc > Make Patterned Data > Simple Set of Numbers**

Escribe: Almacenar patrón datos en: **C1**
Desde primer valor: **0**
Hasta último valor: **30**
En pasos de: **1 > OK**

Continúa con los comandos MINITAB de probabilidad binomial de la página 251 y usa $n = 30$, $p = 0.35$ y C2 para almacenamiento opcional.

Excel

Escribe: **0, 1, 2, . . . , 30** en la columna A

Continúa con los comandos Excel de probabilidad binomial de las páginas 251-252 y usa $n = 30$ y $p = 0.35$.

TI-83/84 Plus

Usa los comandos TI-83 de probabilidad binomial en la página 252 y usa $n = 30$ y $p = 0.35$.

5.84 Usa una computadora para encontrar las probabilidades acumuladas para todos los posibles valores x para un experimento binomial donde $n = 45$ y $p = 0.125$.

a. Explica por qué existen tantos 1.000 citados.

b. Explica qué representa cada número en la lista.

MINITAB

Elige: **Calc > Make Patterned Data > Simple Set of Numbers . . .**

Escribe: Almacenar patrón datos en: **C1**
Desde primer valor: **0**
Hasta último valor: **45**
En pasos de: **1 > OK**

Continúa con los comandos MINITAB de probabilidad binomial **acumulada** en la página 251 y usa $n = 45$, $p = 0.125$ y C2 como almacenamiento opcional.

Excel

Escribe: **0, 1, 2, . . . , 45** en la columna A

Continúa con los comandos Excel de probabilidad binomial **acumulada** de las páginas 251-252 y usa $n = 45$ y $p = 0.125$.

TI-83/84 Plus

Usa los comandos TI-83 de probabilidad binomial **acumulada** en la página 252 y usa $n = 45$ y $p = 0.125$.

5.85 ¿A dónde van todos los dulces de Halloween? El número de octubre de 2004 del *Readers' Digest* cita que "90% de los padres admiten tomar dulces de Halloween de las bolsas de sus hijos". La fuente de información fue la National Confectioners Association. Supón que entrevistas a 25 padres. ¿Cuál es la probabilidad de que 20 o más tomen dulces de Halloween de las bolsas de sus hijos?

5.86 Harris Interactive realizó una encuesta para Tylenol PM en la que preguntaba a conductores estadounidenses qué hacen si conducen estando somnolientos. Los resultados se reportaron en un artículo del *USA Today* el 18 de enero de 2005, donde 40% de los respondientes dicen que "abren las ventanas" para combatir el sueño. Supón que entrevistas a 35 conductores estadounidenses. ¿Cuál es la probabilidad de que entre 10 y 20 de los conductores diga que "abre las ventanas" para combatir el sueño?

5.87 De todas las hipotecas vencidas en Estados Unidos, 48% son causadas por discapacidad: personas lesionadas o que no pueden trabajar, entonces pierden sus empleos y por tanto sus ingresos. Sin ingresos, no pueden pagar sus hipotecas y el banco extingue el derecho de propiedad.

Fuente: http://www.ricedelman.com

Dado que una gran institución de préstamo audita 20 hipotecas vencidas, encuentra la probabilidad de lo siguiente:

a. Cinco o menos de las hipotecas vencidas se deben a discapacidad.

b. Al menos tres hipotecas vencidas se deben a discapacidad.

5.88 El aumento en el uso de internet durante los últimos años ha sido fenomenal, como demuestra el reporte de febrero de 2004 del Pew Internet & American Life Project. La encuesta de estadounidenses de 65 años de edad o más (aproximadamente 8 millones de adultos) reportó que 22% tienen acceso a internet. En contraste, 58% de los de 50 a 64 años de edad, 75% de los de 30 a 49 años de edad y 77% de los de 18 a 29 años de edad, actualmente se conectan en línea.

Fuente: http://www.suddenlysenior.com/

Supón que entrevistas a 50 adultos en cada grupo etáreo.

a. ¿Cuál es la probabilidad de que "tiene acceso a internet" sea la respuesta de 10 a 20 adultos en el grupo de 65 años o más?

b. ¿Cuál es la probabilidad de que "tiene acceso a internet" sea la respuesta de 30 a 40 adultos en el grupo de 50 a 64 años de edad?

c. ¿Cuál es la probabilidad de que "tiene acceso a internet" sea la respuesta de 30 a 40 adultos en el grupo de 30 a 49 años de edad?

d. ¿Cuál es la probabilidad de que "tiene acceso a internet" sea la respuesta de 30 a 40 adultos en el grupo de 18 a 29 años de edad?

e. ¿Por qué las respuestas a los incisos a y d son casi iguales? Explica.

f. ¿Qué efecto tienen los diversos valores de p sobre las probabilidades? Explica.

5.89 Una variable aleatoria binomial tiene una media igual a 200 y una desviación estándar de 10. Encuentra los valores de n y p.

5.90 Se sabe que la probabilidad de éxito en un solo ensayo de un experimento binomial es de 1/4. La variable aleatoria x, número de éxitos, tiene un valor medio de 80. Encuentra el número de ensayos involucrado en este experimento y la desviación estándar de x.

5.91 Una variable aleatoria binomial x se basa en 15 ensayos con la probabilidad de éxito igual a 0.4. Encuentra la probabilidad de que esta variable tome un valor de más de 2 desviaciones estándar arriba de la media.

5.92 Una variable aleatoria binomial x se basa en 15 ensayos con la probabilidad de éxito igual a 0.2. Encuentra la probabilidad de que esta variable tome un valor de más de 2 desviaciones estándar arriba de la media.

5.93 a. Cuando se usa la prueba binomial exacta (ejemplo aplicado 5.10, pp. 252-253), ¿cuál es la interpretación de la situación cuando el valor calculado de P es menor que o igual a 0.05?

b. Cuando se usa la prueba binomial exacta, ¿cuál es la interpretación cuando el valor calculado de P es mayor que 0.05?

c. Un empresario tiene 15 empleados en un grupo de trabajo muy especializado, de los cuales 2 son minorías. Con base en la información censal de 2000, la proporción de las minorías disponibles para este tipo de trabajo es 5%. Con la prueba binomial, ¿el porcentaje de minorías es el que se esperaría razonablemente?

d. Para este mismo empresario y el mismo grupo de trabajo, existen tres empleadas. El porcentaje de disponibilidad femenina para esta posición es 50%. ¿Parece que el porcentaje de mujeres es el que se esperaría razonablemente?

5.94 Llevado a tiempo extra en el juego 7 de gira en los juegos de postemporada de la NBA 2002, el dos veces campeón defensor, Los Angeles Lakers, hizo lo que hace mejor: luchar cuando la presión está en su apogeo. Los dos jugadores estrella de los Lakers tuvieron su oportunidad en la línea de falta más tarde en el tiempo extra.

a. Con 1:27 minutos restantes en el tiempo extra y el juego empatado a 106, Shaquille (Shaq) O'Neal estuvo en la línea por dos intentos de tiro libre. Él tiene un historial de anotar 0.555 de sus intentos de tiro libre y, durante este juego, antes de estos dos tiros, anotó 9 de sus 13 intentos. Justifica el enunciado "la ley de promedios funciona contra él".

b. Con 0:06 segundos restantes en el tiempo extra y el juego en 110-106, Kobe Bryant estuvo en la línea por dos tiros libres. Él tiene un historial de anotar 0.829 de sus tiros libres y durante este juego, antes de estos dos tiros, anotó 6 de sus 8 intentos. Justifica el enunciado "la ley de los promedios funciona a favor de él".

Ambos jugadores anotaron los dos tiros y la serie con los Sacramento Kings terminó.

5.95 Imprints Galore compra camisetas (para imprimir con un objeto de la elección del cliente) de un fabricante que garantiza que las camisetas fueron inspeccionadas y que no más de 1% son defectuosas en forma alguna. Las camisetas llegan en cajas de 12. Sea x el número de camisetas defectuosas en cualquiera de las cajas.

a. Presenta la distribución de probabilidad y dibuja el histograma de x.

b. ¿Cuál es la probabilidad de que alguna caja no tenga camisetas defectuosas?

c. ¿Cuál es la probabilidad de que alguna caja no tenga más de una camiseta imperfecta?

d. Encuentra la media y la desviación estándar de x.

e. ¿Qué proporción de la distribución está entre $\mu - \sigma$ y $\mu + \sigma$?

f. ¿Qué proporción de la distribución está entre $\mu - 2\sigma$ y $\mu + 2\sigma$?

g. ¿Cómo se relaciona esta información con la regla empírica y el teorema de Chebyshev? Explica.

h. Usa una computadora para simular las compras de Imprints Galore de 200 cajas de camisetas y observar x, el número de camisetas defectuosas por caja de 12. Describe cómo se compara la información de la simulación con lo que esperabas (las respuestas a los incisos a-g describen los resultados esperados).

i. Repite el inciso h varias veces. Describe cómo se comparan estos resultados con los de los incisos a-g y con el inciso h.

MINITAB

a.

Elige: **Calc > Make Patterned Data > Simple Set of Numbers . . .**

Escribe: Almacenar patrón datos en: **C1**
Desde primer valor: **–1** (véase la nota)
Hasta último valor: **12**
En pasos de: **1 > OK**

c. Continúa con los comandos MINITAB de probabilidad binomial de la página 251 y usa $n = 12$, $p = 0.01$ y C2 para almacenamiento opcional.

Elige: **Graph > Scatterplot > Simple > OK**
Escribe: Variables Y: **C2** variables X: C1
Selecciona: Data view: Data Display: **Area > OK**

La gráfica no es un histograma, pero puede convertirse en un histograma al hacer doble clic en "área" de la gráfica.

Selecciona: **Options** Select: Step > OK > OK

h. Continúa con los comandos MINITAB de probabilidad binomial **acumulada** de la página 251 y usa $n = 12$, $p = 0.01$ y C3 para almacenamiento opcional.

Elige: **Calc > Random Data > Binominal**
Escribe: Número de filas de datos a generar: **200** filas de datos
Almacenar en columna **C4**
Número de ensayos: **12**
Probabilidad: **.01 > OK**
Elige: **Stat > Tables > Cross Tabulation**
Escribe: Variables categóricas: Por filas: **C4**
Selecciona: Display: **Total percents > OK**
Elige: **Calc > Column Statistics**
Selecciona: Statistic: **Mean**
Escribe: Variable entrada: **C4 > OK**
Elige: **Calc > Column Statistics**
Selecciona: Statististic: **Standard deviation**
Escribe: Variable entrada: **C4 > OK**

Continúa con los comandos MINITAB de histograma en la página 53, usa los datos en C4 y selecciona las opciones: porcentaje y punto medio con intervalos 0:12/1.

Nota: la variable binomial x no puede tomar el valor –1. El uso de –1 (el siguiente sería punto medio de clase a la izquierda de 0) permite a MINITAB dibujar el histograma de una distribución de probabilidad. Sin –1, PLOT dibujará sólo la mitad de la barra que representa $x = 0$.

Excel

a.

Escribe: **0, 1, 2, . . . , 12 en la columna A**

Continúa con los comandos Excel de probabilidad binomial en las páginas 251-252 y usa $n = 12$ y $p = 0.01$. Activa las columnas A y B; luego continúa con:

Elige: **Inset > Column > 1st picture** (por lo general)
Elige: **Select Data > Series 1 > Remove > OK**

Si es necesario:

Haz clic en: **Cualquier parte para limpiar el cuadro –usa los asideros para redimensionar, de modo que los valores x caigan bajo las barras correspondientes**

Continúa con los comandos Excel de probabilidad binomial **acumulada** de las páginas 251-252 y usa $n = 12$, $p = 0.01$ y la columna C para la celda activada.

h.

Elige: **Data > Data analysis > Random Number Generation > OK**
Escribe: Número de variables: **1**
Número de números aleatorios: **200**
Distribución: **Binomial**
Valor p = **0.01**
Número de ensayos = **12**
Selecciona: Output Options: **Output Range**
Escribe: **(D1 o selecciona celdas) > OK**
Activa la celda E1, luego:
Elige: **Insert function, fx > Statistical > AVERAGE > OK**
Escribe: Número 1: **D1:D200 > OK**
Activa la celda E2, luego:
Elige: **Insert function fx > Statistical > STDEV > OK**
Escribe: Número 1: **D1:D200 > OK**

Continúa con los comandos Excel de histograma de las páginas 53-54, usa los datos en la columna D y el rango de cajas en la columna A.

TI-83/84 Plus

a.

Elige: **STAT > EDIT > 1:Edit**
Escribe: L1: **0,1,2,3,4,5,6,7,8,9,10,11,12**
Elige: **2nd QUIT > 2nd DISTR > 0:binompdf(**
Escribe: **12, 0.01) > ENTER**
Elige: **STO ⟶ > L2 > ENTER**
Elige: **2nd > STAT PLOT > 1:Plot1**
Elige: **WINDOW**
Escribe: **0, 13, 1, – .1, .9, .1, 1**
Elige: **TRACE > > >**

c.

Elige: **2nd > DISTR > A:binomcdf(**
Escribe: **12, 0.01)**
Elige: **STO ⟶ L3 > ENTER**
STAT > EDIT > 1:Edit

h.

Elige: **MATH > PRB > 7:randBin(**
Escribe: **12, .01, 200)** (tarda un poco en procesar)
Elige: **STO ⟶ > L4 > ENTER**

(continúa en la página 262)

Elige:	2nd LIST > Math > 3:mean(
Escribe:	L4
Elige:	2nd LIST > Math > 7:StdDev(
Escribe:	L4

Continúa con los comandos TI-83/84 de histograma en la página 54, usa los datos en la columna L4 y ajusta la ventana después del vistazo inicial usando ZoomStat.

5.96 ¿Alguna vez has comprado una bombilla incandescente que falla (o se quema o no funciona) la primera vez que enciendes el interruptor? Cuando colocas una nueva bombilla en una lámpara, esperas que encienda y la mayoría de las veces lo hace. Considera paquetes de 8 bombillas de 60 watts y sea x el número de bombillas en un paquete que "fallan" la primera vez que se usan. Si 0.02 de todas las bombillas de este tipo fallan en su primer uso y cada paquete de 8 se considera una muestra aleatoria,

a. Menciona la distribución de probabilidad y dibuja el histograma de x.

b. ¿Cuál es la probabilidad de que cualquier paquete de 8 no tenga bombillas que fallen al primer uso?

c. ¿Cuál es la probabilidad de que cualquier paquete de 8 no tenga más de una bombilla que falle en el primer uso?

d. Encuentra la media y la desviación estándar de x.

e. ¿Qué proporción de la distribución está entre $\mu - \sigma$ y $\mu + \sigma$?

f. ¿Qué proporción de la distribución está entre $\mu - 2\sigma$ y $\mu + 2\sigma$?

g. ¿Cómo se relaciona esta información con la regla empírica y el teorema de Chebyshev? Explica.

h. Usa una computadora para simular 100 pruebas de paquetes de 8 bombillas y observar x, el número de fallas por paquete de 8. Describe cómo la información de la simulación se compara con lo que esperabas (las respuestas a los incisos a-g describen los resultados esperados).

i. Repite el inciso h varias veces. Describe cómo se comparan estos resultados con los de los incisos a-g y con el inciso h.

Repaso del capítulo

En retrospectiva

En este capítulo se combinaron conceptos de probabilidad con algunas de las ideas presentadas en el capítulo 2. Ahora puedes lidiar con distribuciones de valores de probabilidad y encontrar medias, desviaciones estándar y otros estadísticos.

En el capítulo 4 exploraste los conceptos de eventos mutuamente excluyentes y eventos independientes. Usaste las reglas de la suma y de la multiplicación en varias ocasiones de este capítulo, pero se dijo muy poco acerca de la exclusividad mutua o la independencia. Recuerda que cada vez que se suman probabilidades, como hiciste en cada una de las distribuciones de probabilidad, es necesario saber que los eventos asociados son mutuamente excluyentes. Si observas de vuelta el capítulo, notarás que la variable aleatoria en realidad requiere eventos que sean mutuamente excluyentes; por tanto, no se puso real énfasis en este concepto. El mismo comentario básico puede hacerse con referencia a la multiplicación de probabilidades y al concepto de eventos independientes. A lo largo de este capítulo, las probabilidades se multiplicaron y ocasionalmente se mencionó la independencia. La independencia, desde luego, es necesaria para poder multiplicar probabilidades.

Ahora, después de completar el capítulo 5, si tuvieras que echar un vistazo cercano a alguno de los conjuntos de datos del capítulo 2, verías que muchos problemas podrían reorganizarse a formas de distribucion de probabilidad. He aquí algunos ejemplos: 1) Sea x el número de horas crédito a las que está registrado un estudiante este semestre, apareadas con el porcentaje de todo el cuerpo estudiantil reportado para cada valor de x. 2) Sea x el número de pasajes correctos a través de los cuales pasa un animal de laboratorio experimental antes de tomar uno equivocado, apareado con la probabilidad de cada valor x. 3) Sea x el número de solicitudes hechas a universidades distintas de aquella en la que te inscribiste (ejemplo aplicado 5.3), apareado con la probabilidad de cada valor . La lista de ejemplos es interminable.

Ahora estás listo para extender estos conceptos a variables aleatorias continuas en el capítulo 6.

CourseMate El sitio **Statistics CourseMate** para este libro lleva a la vida los temas del capítulo, con herramientas interactivas de aprendizaje, estudio y preparación de exámenes, incluidas preguntas rápidas y tarjetas de estudio para el vocabulario y los conceptos clave que aparecen a continuación. El sitio también ofrece una versión **eBook** del texto, con capacidades de subrayado y toma de notas. A lo largo de los capítulos, el icono CourseMate señala los conceptos y ejemplos que tienen sus correspondientes recursos interactivos como **video** y **tutoriales animados** que demuestran, paso a paso, cómo resolver problemas; conjuntos de datos para ejercicios y ejemplos; **Applets Skillbuilder** para ayudarte a comprender mejor los conceptos; **manuales de tecnología** y software para descargar que incluye **Data Analysis Plus** (una suite de macros estadísticos para Excel) y programas **TI-83/84 Plus**; regístrate en **www.cengagebrain.com**

Vocabulario y conceptos clave

coeficiente binomial (p. 248)
desviación estándar de una variable aleatoria discreta (p. 237)
distribución de probabilidad (p. 233)
ensayo (p. 246)
ensayos independientes (p. 246)
estadístico muestral (p. 236)
eventos mutuamente excluyentes (p. 230)
eventos todo incluido (p. 230)
éxito (p. 246)
experimento (p. 230)
experimento de probabilidad binomial (p. 246)
fracaso (p. 246)
función constante (p. 234)
función de probabilidad (p. 233)
función de probabilidad binomial (p. 247)
histograma de probabilidad (p. 235)
media de una variable aleatoria discreta (p. 237)
notación factorial (p. 248)
parámetro poblacional (p. 236)
variable aleatoria (p. 230)
variable aleatoria binomial (p. 246)
variable aleatoria continua (p. 231)
variable aleatoria discreta (p. 231)
varianza de una variable aleatoria discreta (p. 237)

Resultados del aprendizaje

- Comprender que una variable aleatoria es una cantidad numérica cuyo valor depende de las condiciones y probabilidades asociadas con un experimento. — pp. 230-231, EJ. 5.1
- Comprender la diferencia entre una variable aleatoria discreta y una continua. — Ej. 5.4, 5.5, 5.9
- Poder construir una distribución de probabilidad discreta con base en un experimento o función dada. — pp. 233-234, Ej. 5.13, 5.19
- Comprender los términos *mutuamente excluyente* y *todo incluido* como se aplican a las variables para distribuciones de probabilidad. — p. 231, Ej. 5.15
- Comprender las similitudes y diferencias entre distribuciones de frecuencia y distribuciones de probabilidad. — p. 231, Ej. 5.98
- Comprender y poder utilizar las dos principales propiedades de las distribuciones de probabilidad para verificar el cumplimiento. — p. 234, EJ. 5.2, Ej. 5.17, 5.97, 5.99
- Comprender que una distribución de probabilidad es una distribución de probabilidad teórica y que la media y la desviación estándar (μ y σ, respectivamente) son parámetros. — pp. 236-238, Ej. 5.98
- Calcular, describir e interpretar la media y la desviación estándar de una distribución de probabilidad. — EJ. 5.5, Ej. 5.26, 5.27
- Comprender los elementos clave de un experimento binomial y poder definir x, n, p y q. — p. 246, EJ. 5.6, 5.7
- Conocer y poder calcular probabilidades binomiales usando la función de probabilidad binomial. — EJ. 5.8, Ej. 5.55, 5.61
- Comprender y poder usar la tabla 2 del apéndice B, Probabilidades binomiales, para determinar probabilidades binomiales. — p. 251, Ej. 5.56, 5.111
- Calcular, describir e interpretar la media y la desviación estándar de una distribución de probabilidad binomial. — EJ. 5.11, Ej. 5.77, 5.79

Ejercicios del capítulo

5.97 ¿Cuáles son las dos propiedades básicas de toda distribución de probabilidad?

5.98 a. Explica la diferencia y la relación entre una distribución de probabilidad y una función de probabilidad.

b. Explica la diferencia y la relación entre una distribución de probabilidad y una distribución de frecuencias y explica cómo se relacionan con una población y una muestra.

5.99 Verifica si cada una de las siguientes es o no es una función de probabilidad. Enuncia tu conclusión y explica.

a. $f(x) = \dfrac{\frac{3}{4}}{x!(3-x)!}$, para $x = 0, 1, 2, 3,$

b. $f(x) = 0.25$, para $x = 9, 10, 11, 12$

c. $f(x) = (3 - x)/2$, para $x = 1, 2, 3, 4$

d. $f(x) = (x^2 + x + 1)/25$, para $x = 0, 1, 2, 3$

5.100 Verifica si cada una de las siguientes es o no es una función de probabilidad. Enuncia tu conclusión y explica.

a. $f(x) = \dfrac{3x}{8x!}$, para $x = 1, 2, 3, 4$

b. $f(x) = 0.125$, para $x = 0, 1, 2, 3$, y $f(x) = 0.25$, para $x = 4, 5$

c. $f(x) = (7 - x)/28$, para $x = 0, 1, 2, 3, 4, 5, 6, 7$

d. $f(x) = (x^2 + 1)/60$, para $x = 0, 1, 2, 3, 4, 5$

5.101 El número de embarcaciones que llegan a un puerto en cualquier día dado es una variable aleatoria representada por x. La distribución de probabilidad para x es la siguiente:

x	10	11	12	13	14
P(x)	0.4	0.2	0.2	0.1	0.1

Encuentra la probabilidad de lo siguiente para cualquier día dado:

a. Llegan exactamente 14 embarcaciones.

b. Llegan al menos 12 embarcaciones.

c. Llegan cuando mucho 11 embarcaciones.

5.102 "¿Cuántos televisores hay en su hogar?", fue una de las preguntas en un cuestionario que se envió a 5 000 personas en Japón. Los datos recopilados resultaron en la siguiente distribución:

Número TV/hogar	0	1	2	3	4	5 o más
Porcentaje	1.9	31.4	23.0	24.4	13.0	6.3

Fuente: http://www.japanguide.com/

a. ¿Qué porcentaje de los hogares tienen al menos un televisor?

b. ¿Qué porcentaje de los hogares tienen cuando mucho tres televisores?

c. ¿Qué porcentaje de los hogares tienen tres o más televisores?

d. ¿Éste es un experimento de probabilidad binomial? Justifica tu respuesta.

e. Sea x el número de televisores por hogar. ¿Ésta es una distribución de probabilidad? Explica.

f. Asigna $x = 5$ para "5 o más" y encuentra la media y la desviación estándar de x.

5.103 Los pacientes que tienen cirugía de reemplazo de cadera experimentan dolor el primer día después de la cirugía. Por lo general, el dolor se mide en una escala subjetiva que usa valores del 1 al 5. Sea x la variable aleatoria, la calificación de dolor determinada por un paciente. La distribución de probabilidad para x se considera que es:

x	1	2	3	4	5
P(x)	0.10	0.15	0.25	0.35	0.15

a. Encuentra la media de x.

b. Encuentra la desviación estándar de x.

5.104 El consumo de café per cápita en Estados Unidos es aproximadamente 1.9 tazas al día para hombres y 1.4 tazas para mujeres. El número de tazas consumidas por día, x, por mujeres bebedoras de café se expresa como la siguiente distribución.

x	1	2	3	4	5	6	7
P(x)	0.20	0.33	0.28	0.10	0.05	0.02	0.02

a. ¿Ésta es una distribución de probabilidad discreta? Explica.

b. Dibuja un histograma de la distribución.

c. Encuentra la media y la desviación estándar de x.

5.105 Imagina que estás a punto de comprar un boleto de lotería y la persona detrás del mostrador imprime demasiados boletos con tus números. ¿Qué harías? Los resultados de una encuesta en línea fueron los siguientes:

Permitirle conservar los boletos	30.77%
Confiar que la persona los borrará	15.38%
Comprar los adicionales y confiar en que ganen	30.77%
Otro	23.08%

¿Ésta es una distribución de probabilidad? Explica.

5.106 "Sostenibilidad" es la palabra de moda para los ambientalistas. Cuando piensan en sostenibilidad, la palabra que usualmente llega a la mente para la mayoría de los estadounidenses es "reciclar". Una encuesta Harris, en mayo de 2008, a 2 602 adultos estadounidenses encuestados en línea planteó la pregunta: "¿Ha escuchado el uso de la frase sostenibilidad ambiental?". El porcentaje de adultos que respondió "sí" para cada grupo etáreo se reportó del modo siguiente:

Grupo etáreo	18-31	32-43	44-62	63+
Porcentaje	46%	47%	42%	30%

¿Ésta es una distribución de probabilidad? Explica.

5.107 Una doctora sabe por experiencia que 10% de los pacientes a quienes da cierto medicamento tendrán efectos colaterales indeseables. Encuentra las probabilidades de que entre los 10 pacientes a quienes les dio el medicamento:

a. Cuando mucho dos tendrán efectos colaterales indeseables.

b. Al menos dos tendrán efectos colaterales indeseables.

5.108 En una encuesta reciente de mujeres, 90% admitió que nunca había leído un ejemplar de la revista *Vogue*. Si supones que ésta es información precisa, ¿cuál es la probabilidad de que una muestra al azar de tres mujeres mostrará que menos de dos han leído la revista?

5.109 De quienes buscan una licencia de conducir, 70% admitió que no reportaría a alguien si copiaba algunas respuestas durante el examen escrito. Tú acabas de entrar en la habitación y ves que 10 personas esperan tomar el examen escrito. ¿Cuál es la probabilidad de que, si alguien copia, 5 de los 10 no reporten lo que vieron?

5.110 Los motores de un avión operan de manera independiente. La probabilidad de que un motor individual opere para un viaje dado es 0.95. Un avión podrá completar un viaje exitosamente si al menos la mitad de sus motores opera durante todo el viaje. Determina si un avión de cuatro motores o uno de dos motores tiene mayor probabilidad de un viaje exitoso.

5.111 El Pew Internet & American Life Project descubrió que casi 70% de los ciudadanos adultos mayores "conectados" están en línea todos los días. En un grupo seleccionado al azar, de 15 ciudadanos adultos mayores "conectados":

a. ¿Cuál es la probabilidad de que más de cuatro digan que están en línea todos los días?

b. ¿Cuál es la probabilidad de que exactamente 10 digan que están en línea todos los días?

c. ¿Cuál es la probabilidad de que menos de 10 digan que están en línea todos los días?

5.112 Existen 750 jugadores en las plantillas activas de los 30 equipos de béisbol de las grandes ligas. Se selecciona una muestra aleatoria de 15 jugadores y se ponen a prueba por uso de drogas ilegales.

a. Si 5% de todos los jugadores usan drogas ilegales al momento de la prueba, ¿cuál es la probabilidad de que 1 o más jugadores dé positivo y falle en la prueba?

b. Si 10% de todos los jugadores usan drogas ilegales al momento de la prueba, ¿cuál es la probabilidad de que 1 o más jugadores dé positivo y falle en la prueba?

c. Si 20% de todos los jugadores usan drogas ilegales al momento de la prueba, ¿cuál es la probabilidad que 1 o más jugadores dé positivo y falle en la prueba?

5.113 Una caja contiene 10 artículos, de los cuales 3 son defectuosos y 7 no son defectuosos. Dos artículos se seleccionan sin reemplazo y x es el número de artículos defectuosos en la muestra de dos. Explica por qué x no es una variable aleatoria binomial.

5.114 Una caja contiene 10 artículos, de los cuales 3 son defectuosos y 7 no son defectuosos. Dos artículos se seleccionan al azar, uno a la vez, con reemplazo y x es el número de artículos defectuosos en la muestra de dos. Explica por qué x es una variable aleatoria binomial.

5.115 Un gran embarque de radios se acepta en la entrega si una inspección de 10 radios seleccionados al azar produce no más de 1 radio defectuoso.

a. Encuentra la probabilidad de que este embarque se acepte, si 5% del embarque total es defectuoso.

b. Encuentra la probabilidad de que este embarque no se acepte, si 20% de este embarque es defectuoso.

c. La distribución de probabilidad binomial con frecuencia se usa en situaciones similares a ésta, a saber, grandes poblaciones muestreadas sin reemplazo. Explica por qué la binomial produce una buena estimación.

5.116 El consejo de la ciudad tiene nueve miembros. Se considera una propuesta para establecer una nueva industria en esta ciudad y todas las propuestas deben tener al menos dos tercios de los votos para ser aceptada. Si se sabe que dos miembros del consejo de la ciudad se oponen y que los otros votan al azar "a favor" y "en contra", ¿cuál es la probabilidad de que la propuesta se acepte?

5.117 El ingeniero de diseño del puente estatal concibe un plan para reparar los 4 706 puentes de Carolina del Norte que actualmente se mencionan en condición pobre o en condición aceptable. El estado tiene un total de 13 268 puentes. Antes de que el gobernador incluya el costo de este plan en su presupuesto, decidió visitar personalmente e inspeccionar cinco puentes, que se seleccionan al azar. ¿Cuál es la probabilidad de que en la muestra de cinco puentes, el gobernador visite los siguientes?

a. Ningún puente calificado como pobre o aceptable

b. Uno o dos puentes calificados como pobres o aceptables

c. Cinco puentes calificados como pobres o aceptables

5.118 Una variable aleatoria discreta tiene una desviación estándar igual a 10 y una media igual a 50. Encuentra $\Sigma x^2 P(x)$.

5.119 Una variable aleatoria binomial se basa en $n = 20$ y $p = 0.4$. Encuentra $\Sigma x^2 P(x)$.

5.120 [EX05-120] En un ensayo de germinación, 50 semillas se plantan en cada una de 40 filas. El número de semillas germinadas en cada fila se registra como se menciona en la siguiente tabla.

Número que germina	Número de filas	Número que germina	Número de filas
39	1	45	8
40	2	46	4
41	3	47	3
42	4	48	1
43	6	49	1
44	7		

a. Usa la tabla de distribución de frecuencias anterior para determinar la tasa de germinación observada para dichas semillas.

b. El experimento de probabilidad binomial con su correspondiente distribución de probabilidad puede usarse con la variable "número de semillas que germinan por fila" cuando 50 semillas se plantan en cada fila. Identifica la función binomial específica y menciona su distribución usando la tasa de germinación que encontraste en el inciso a. Justifica tu respuesta.

c. Supón que planeas repetir este experimento al plantar 40 filas de dichas semillas, con 50 semillas en cada fila. Usa tu modelo de probabilidad del inciso b para encontrar la distribución de frecuencias para x que esperarías resulte de tu experimento planeado.

d. Compara tu respuesta al inciso c con los resultados proporcionados en la tabla anterior. Describe cualquier similitud y diferencia.

5.121 En otro experimento de germinación que involucra semillas viejas se plantan 50 filas de semillas. El número de semillas que germinan en cada fila se registra en la siguiente tabla (cada fila contenía el mismo número de semillas).

Número que germina	Número de filas	Número que germina	Número de filas
0	17	3	2
1	20	4	1
2	10	5 o más	0

a. ¿Qué distribución de probabilidad (o función) sería útil para modelar la variable "número de semillas que germinan por fila"? Justifica tu elección.

b. ¿Qué información se necesita con la finalidad de aplicar la distribución de probabilidad que elegiste en el inciso a?

c. Con base en la información que tienes, ¿cuál es la tasa de germinación más alta o más baja que puedes estimar para estas semillas? Explica.

5.122 Una empresa comercial considera dos inversiones. Elegirá aquella que prometa el mayor rendimiento. ¿Cuál de las inversiones debería aceptar? (Sea la medida del beneficio medio la utilidad.)

Inversión en tienda herramientas		Inversión en librería	
Beneficio	Probabilidad	Beneficio	Probabilidad
$100 000	0.10	$400 000	0.20
50 000	0.30	90 000	0.10
20 000	0.30	−20 000	0.40
−80 000	0.30	−250 000	0.30
	Total 1.00		Total 1.00

5.123 Bill completó un examen de 10 preguntas de opción múltiple en el que respondió 7 preguntas correctamente. Cada pregunta tiene una respuesta correcta a elegir de cinco alternativas. Bill dice que respondió el examen al adivinar al azar las respuestas sin leer las preguntas o respuestas.

a. Define la variable aleatoria x como el número de respuestas correctas en este examen y construye la distribución de probabilidad si las respuestas se obtuvieron por adivinación al azar.

b. ¿Cuál es la probabilidad de que Bill adivine 7 de las 10 respuestas correctamente?

[EX00-000] identifica el nombre de archivo de una base de datos en línea de un ejercicio; bases de datos disponibles a través de cengagebrain.com

c. ¿Cuál es la probabilidad de que alguien pueda adivinar seis o más respuestas correctamente?

d. ¿Crees que Bill realmente adivinó al azar como lo afirma? Explica.

5.124 Una variable aleatoria que puede asumir cualquiera de valores enteros $1, 2, \ldots, n$ con iguales probabilidades de $\frac{1}{n}$ se dice que tiene una distribución uniforme. La función de probabilidad se escribe $P(x) = \frac{1}{n}$, para $x = 1, 2, 3, \ldots, n$. Demuestra que $\mu = \frac{n+1}{2}$.

(*Sugerencia*: $1 + 2 + 3 + \cdots + n = [n(n + 1)]/2$)

Examen de práctica del capítulo

PARTE I: Conocimiento de las definiciones

Responde “verdadero” si el enunciado siempre es verdadero. Si el enunciado no siempre es verdadero, sustituye las palabras en negrillas con las palabras que hagan al enunciado siempre verdadero.

5.1 El número de horas que esperas en línea para registrar este semestre es un ejemplo de una variable aleatoria **discreta**.

5.2 El número de accidentes automovilísticos en los que estuviste involucrado como conductor el año pasado es un ejemplo de una variable aleatoria **discreta**.

5.3 La suma de todas las probabilidades en cualquier distribución de probabilidad siempre es exactamente **dos**.

5.4 Los diversos valores de una variable aleatoria forman una lista de **eventos mutuamente excluyentes**.

5.5 Un experimento binomial siempre tiene **tres o más** posibles resultados en casa ensayo.

5.6 La fórmula $\mu = np$ puede usarse para calcular la media de una población **discreta**.

5.7 El parámetro binomial p es la probabilidad de **un éxito que ocurre en n** ensayos cuando se realiza un experimento binomial.

5.8 Un parámetro es una medida estadística de algún aspecto de una **muestra**.

5.9 Los **estadísticos muestrales** se representan mediante letras del alfabeto griego.

5.10 La probabilidad del evento A o B es igual a la suma de la probabilidad del evento A y la probabilidad del evento B cuando A y B son **eventos mutuamente excluyentes**.

PARTE II: Aplicación de los conceptos

5.11 a. Demuestra que la siguiente es una distribución de probabilidad:

x	1	3	4	5
$P(x)$	0.2	0.3	0.4	0.1

b. Encuentra $P(x = 1)$.
c. Encuentra $P(x = 2)$.
d. Encuentra $P(x > 1)$.
e. Encuentra la media de x.
f. Encuentra la desviación estándar de x.

5.12 Una compañía fabricante de camisetas anuncia que la probabilidad de que una camiseta individual sea irregular es 0.1. Una caja de 12 de tales camisetas se selecciona e inspecciona al azar.

a. ¿Cuál es la probabilidad de que exactamente 2 de dichas 12 camisetas sean irregulares?
b. ¿Cuál es la probabilidad de que exactamente 9 de dichas 12 camisetas sean irregulares?

Sea x el número de camisetas que son irregulares en todas dichas cajas de 12 camisetas.

c. Encuentra la media de x.
d. Encuentra la desviación estándar de x.

PARTE III: Comprender los conceptos

5.13 ¿Qué propiedades debe poseer un experimento con la finalidad de que sea un experimento de probabilidad binomial?

5.14 El estudiante A usa una distribución de frecuencias relativas para un conjunto de datos muestrales y calcula la media y la desviación estándar con las fórmulas del capítulo 5. El estudiante A justifica su elección de fórmulas al decir que, dado que las frecuencias relativas son probabilidades empíricas, su muestra se representa mediante una distribución de probabilidad y en consecuencia su elección de las fórmulas fue correcta. El estudiante B argumenta que, dado que la distribución representa una muestra, la media y la desviación estándar involucradas se conocen como x y s y deben calcularse con la correspondiente distribución de frecuencias y fórmulas del capítulo 2. ¿Quién está en lo correcto, A o B? Justifica tu elección.

5.15 El estudiante A y el estudiante B discuten acerca de una entrada en un cuadro de distribución de probabilidad:

x	$P(x)$
−2	0.1

El estudiante B piensa que esta entrada estaba bien, porque $P(x)$ es un valor entre 0.0 y 1.0. El estudiante A argumenta que esta entrada era imposible para una distribución de probabilidad porque x es −2 y no son posibles los negativos. ¿Quién está en lo correcto, A o B? Justifica tu elección.

6 Distribuciones de probabilidad normal

6.1 Distribución de probabilidad normal
El dominio de las ***distribuciones con forma de campana*** *es el conjunto de todos los números reales.*

6.2 La distribución normal estándar
Para trabajar con distribuciones normales, es necesario el ***valor estándar****.*

6.3 Aplicaciones de las distribuciones normales
La distribución normal puede ayudar a determinar ***probabilidades****.*

6.4 Notación
La notación z es crucial en el uso de distribuciones normales.

6.5 Aproximación normal de la binomial
Las ***probabilidades binomiales*** *pueden* ***estimarse*** *al usar una distribución normal.*

6.1 Distribución de probabilidad normal

Calificaciones de inteligencia

La distribución de probabilidad normal se considera la distribución de probabilidad individual más importante. Un número ilimitado de **variables aleatorias continuas** tiene una **distribución normal** o aproximadamente normal.

Todo mundo está familiarizado con los puntajes de CI (*cociente de inteligencia*) y/o SAT (*Scholastic Aptitude Test*: Examen de Aptitud Académica). Los puntajes CI tienen una media de 100 y una desviación estándar de 16. Las calificaciones SAT tienen una media de 500, con una desviación estándar de 100. Pero, ¿sabías que estas variables aleatorias continuas también siguen una distribución normal?

La figura A muestra la comparación de varias calificaciones de desviación y la distribución normal: las calificaciones estándar tienen una media de cero y una desviación estándar de 1.0. Las calificaciones del *Scholastic Aptitude Test* tienen una media de 500 y una desviación estándar de 100.

Las calificaciones de la escala de inteligencia de Binet tienen una media de 100 y una desviación estándar de 16. En cada caso existe 34% de las calificaciones entre la media y una desviación estándar, 14% entre una y dos desviaciones estándar y 2% más allá de dos desviaciones estándar.

FIGURA A

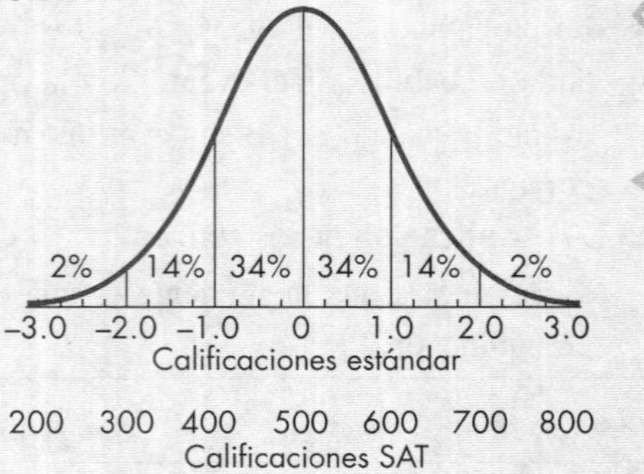

Fuente: Beck, *Applying Psychology: Critical and Creative Thinking*, figura 6.2, "Pictures the Comparison of Several Deviation Scores and the Normal Distribution", © 1992 Prentice-Hall, Inc. Reproducido con permiso de Pearson Education, Inc.

PTI La escala de inteligencia de Binet. Alfred Binet, quien diseñó el primer examen general de aptitud a principios del siglo XX, definió la inteligencia como la *habilidad para hacer adaptaciones*. El propósito general del examen era determinar cuáles niños en París podían beneficiarse de la escuela. El examen de Binet, como sus revisiones posteriores, consiste en una serie de tareas progresivamente más difíciles que los niños de diferentes edades pueden completar exitosamente. Un niño que puede resolver problemas usualmente resueltos por niños en un nivel de edad particular, se dice que tiene dicha edad mental. Por ejemplo, si un niño puede hacer exitosamente las mismas tareas que un niño promedio de 8 años puede hacer, se dice que tiene una edad mental de 8. El *cociente de inteligencia*, o CI, se define mediante la fórmula:

cociente de inteligencia = 100 × (edad mental/edad cronológica)

En años recientes se ha presentado mucha controversia acerca de qué miden los exámenes de inteligencia. Muchos de los ítems del examen dependen del idioma o de otras experiencias culturales específicas para responderse de manera correcta. No obstante, tales exámenes pueden predecir de manera más bien efectiva el éxito escolar. Si la escuela requiere idioma y los exámenes miden la habilidad con el idioma, en un punto particular del tiempo en la vida de un niño, entonces el examen es un predictor más que casual del desempeño escolar.

Fuente: Beck, *Applying Psychology: Critical and Creative Thinking.*

La regla empírica del capítulo 2 de este texto (véase la página 96) refuerza la figura A en el extracto anterior y lo que ya sabes acerca de una forma simétrica que se amontona en el centro. Los porcentajes dentro de tantas desviaciones se presentaron y aceptaron en el capítulo 2. Pero, ¿de dónde provienen?

Recuerda que, en el capítulo 5, aprendiste cómo usar una función de probabilidad para calcular probabilidades asociadas con **variables aleatorias discretas**. La distribución de probabilidad normal tiene una **variable aleatoria continua** y usa dos funciones: una función para determinar las ordenadas (valores y) de la gráfica que muestra la distribución y una segunda función para determinar probabilidades.

Distribución de probabilidad, variable continua Fórmula o lista que proporciona la probabilidad para que una variable aleatoria continua tenga un valor que esté dentro de un intervalo específico. La distribución de probabilidad es una distribución teórica; se usa para representar poblaciones.

PTI La fórmula (6.1) expresa la ordenada (valor y) que corresponde a cada abscisa (valor x).

Función de distribución de probabilidad normal

$$y = f(x) = \frac{e^{-\frac{1}{2}\left(\frac{x-\mu}{\sigma}\right)^2}}{\sigma\sqrt{2\pi}} \quad \text{para todo } x \text{ real} \qquad \textbf{(6.1)}$$

Nota: cada diferente par de valores para media (μ) y desviación estándar (σ) resultará en una función de distribución de probabilidad normal diferente.

Cuando se dibuja una gráfica de tales puntos, la curva normal (con forma de campana) aparecerá como se muestra en la figura 6.1.

FIGURA 6.1
La distribución de probabilidad normal

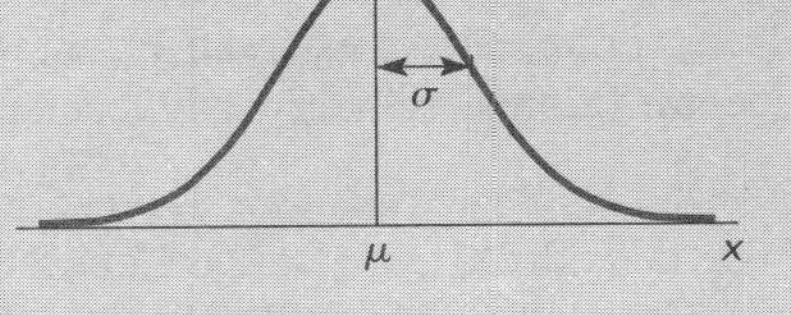

La fórmula (6.2) produce la probabilidad asociada con el intervalo de $x = a$ a $x = b$. Al usar cálculo para encontrar probabilidad,

$$P(a \le x \le b) = \int_a^b f(x)dx \qquad \textbf{(6.2)}$$

La probabilidad de que x esté dentro del intervalo de $x = a$ a $x = b$ se muestra como el área sombreada en la figura 6.2.

FIGURA 6.2
Área sombreada: $P(a \leq x \leq b)$

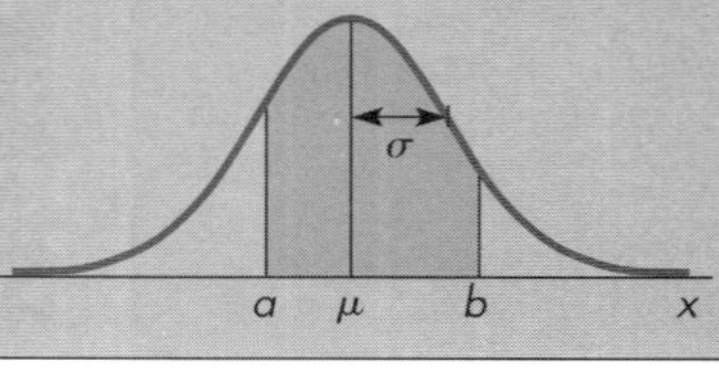

La integral definida de la fórmula (6.2) es un tema de cálculo y matemáticamente está más allá de lo que se espera en estadística elemental. En lugar de usar las fórmulas (6.1) y (6.2), usarás una tabla para encontrar probabilidades para distribuciones normales. Sin embargo, antes de aprender a usar la tabla, debe apuntarse que la tabla se expresa en forma "estandarizada". Es estandarizada, de modo que esta tabla puede usarse para encontrar probabilidades para todas las combinaciones de valores de media μ y desviación estándar σ. Esto es: la distribución de probabilidad normal con media 38 y desviación estándar 7 es muy similar a la distribución de probabilidad normal con media 123 y desviación estándar 32. Recuerda la regla empírica y el porcentaje de la distribución que cae dentro de ciertos intervalos de la media (véase la página 96). Los mismos tres porcentajes se mantienen verdaderos para todas las distribuciones normales.

PTI **Porcentaje, proporción** y **probabilidad** básicamente son los mismos conceptos. Por lo general, el porcentaje (25%) se usa cuando se habla acerca de una proporción (1/4) de una población. Por lo general, la probabilidad se usa cuando se habla de la posibilidad de que el siguiente ítem individual posea cierta propiedad. El área es la representación gráfica de los tres cuando se dibuja una imagen para ilustrar la situación.

La regla empírica es un dispositivo de medición bastante burdo; con él es posible encontrar probabilidades asociadas sólo con múltiplos de números enteros de la desviación estándar (dentro de 1, 2 o 3 desviaciones estándar de la media). Con frecuencia uno está interesado en las probabilidades asociadas con partes fraccionarias de la desviación estándar. Por ejemplo, tal vez quieras saber la probabilidad de que x está dentro de 1.37 desviaciones estándar de la media. Por tanto, debes refinar la regla empírica de modo que puedas lidiar con mediciones más precisas. Este refinamiento se estudia en la siguiente sección.

EJERCICIOS SECCIÓN 6.1

6.1 a. Explica por qué el puntaje CI es una variable continua.

b. ¿Cuáles son la media y la desviación estándar para la distribución de: ¿los puntajes CI?, ¿las calificaciones SAT?, ¿valores estándar?

c. Expresa, algebraicamente o como ecuación, la relación entre valores estándar y puntajes CI y la relación entre valores estándar y calificaciones SAT.

d. ¿Qué valor estándar es 2 desviaciones estándar arriba de la media? ¿Qué puntaje CI es 2 desviaciones estándar arriba de la media? ¿Qué calificación SAT es 2 desviaciones estándar arriba de la media?

e. Compara la información acerca del porcentaje de distribución, en la figura A de la página 268, con la regla empírica estudiada en el capítulo 2. Explica las similitudes.

6.2 Examina el cociente de inteligencia, o CI, como se define por la fórmula:

$$\text{cociente de inteligencia} = 100 \times (\text{edad mental}/\text{edad cronológica})$$

Justifica por qué es razonable que la media sea 100.

6.3 Porcentaje, proporción o probabilidad: identifica cuál se ilustra mediante cada uno de los siguientes enunciados.

a. Un tercio de la multitud tenía una clara visión del evento.

b. Quince por ciento de los votantes fueron encuestados conforme salían de la caseta de votación.

c. La posibilidad de que llueva durante el día de mañana es 0.2.

6.4 Porcentaje, proporción o probabilidad: con tus palabras, usa entre 25 y 50 palabras para cada uno y describe cómo:

a. el porcentaje es diferente de las otras dos.

b. la proporción es diferente de las otras dos.

c. la probabilidad es diferente de las otras dos.

d. los tres son básicamente la misma cosa.

6.2 La distribución normal estándar

Existe un número ilimitado de distribuciones de probabilidad normal, pero por fortuna todas se relacionan con una distribución: la **distribución normal estándar**. La distribución normal estándar es la distribución normal de la variable estándar z (llamada "**valor estándar**" o "***valor*** z").

Propiedades de la distribución normal estándar

1. El área total bajo la **curva normal** es igual a 1.
2. La distribución es amontonada y simétrica; se extiende indefinidamente en ambas direcciones y tiende a, pero nunca toca, el eje horizontal.
3. La distribución tiene una media de 0 y una desviación estándar de 1.
4. La media divide el área a la mitad, 0.50 a cada lado.
5. Casi toda el área está entre $z = -3.00$ y $z = 3.00$.

La tabla 3 del apéndice B lista las probabilidades asociadas con el **área acumulada** a la izquierda de un valor específico de z. Las probabilidades asociadas con otros intervalos pueden definirse al usar las entradas de la tabla junto con las operaciones de suma y resta, en concordancia con las propiedades anteriores. Observa varios ejemplos que demuestran cómo usar la tabla 3 para encontrar probabilidades del valor nor mal estándar, z.

Recuerda que en capítulos anteriores estudiaste la **distribución normal estándar**, donde aparecía como la regla empírica. Cuando se usa la regla empírica, los valores de z

PTI Las ojivas son la representación gráfica de las distribuciones de frecuencia relativa acumulada, como aprendiste en el capítulo 2. La tabla 3 del apéndice B es un listado de la distribución de probabilidad normal estándar acumulada. La siguiente gráfica muestra la relación entre la curva de probabilidad normal estándar (en azul oscuro) y la distribución normal estándar acumulada (en azul claro). Aun cuando se use una sola escala vertical, las unidades de medida para las dos curvas son totalmente diferentes: la escala vertical para la distribución acumulada es probabilidad, mientras que la escala para la curva normal (azul oscuro) es densidad de probabilidad.

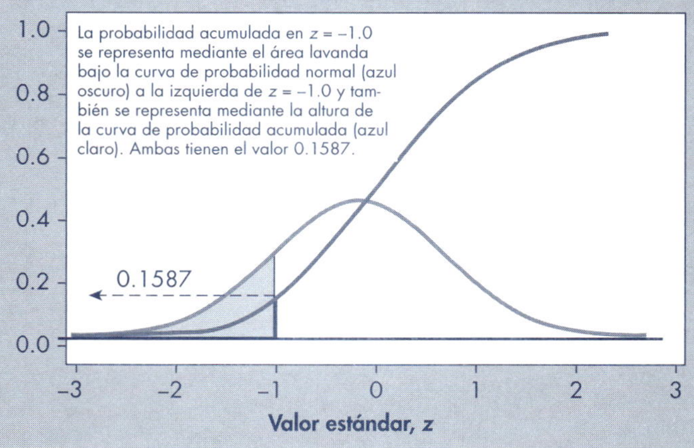

por lo general eran valores enteros; consulta la figura 6.3. Al usar la tabla 3, el valor z se medirá al centésimo más cercano y permitirá precisión creciente.

FIGURA 6.3
Distribución normal estándar de acuerdo con la regla empírica

Recuerda también que una de las propiedades básicas de una distribución de probabilidad es que la suma de todas las probabilidades es exactamente 1.0. Dado que el área bajo la curva normal representa la medida de probabilidad, el área total bajo la curva con forma de campana es exactamente 1. Observa en la figura 6.3 que la distribución también es simétrica respecto a una recta vertical dibujada a través de $z = 0$. Esto es: el área bajo la curva a la izquierda de la media es un medio, 0.5, y el área a la derecha también es un medio, 0.5. Nota $z = 0.00$ en la tabla 3 del apéndice B. Las áreas (probabilidades, porcentajes) no dadas directamente por la tabla pueden encontrarse con la ayuda de dichas propiedades.

Ahora observa algunos ejemplos.

EJEMPLO 6.1

CÓMO ENCONTRAR EL ÁREA A LA IZQUIERDA DE UN VALOR *z* NEGATIVO

Encuentra el área bajo la curva normal estándar a la izquierda de $z = -1.52$ (consulta la figura 6.4).

FIGURA 6.4
Área a la izquierda de $z = -1.52$

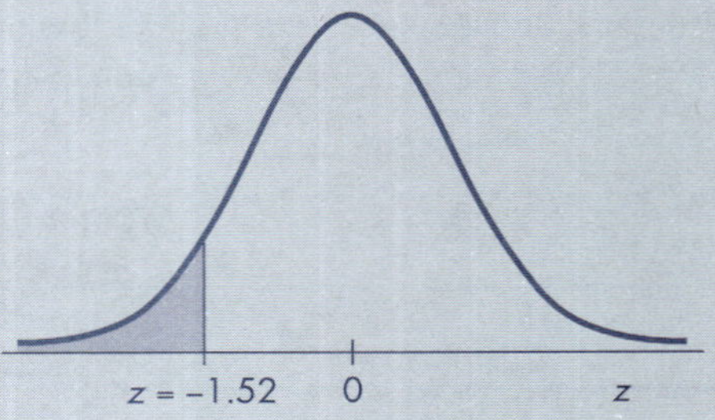

Solución

La tabla 3 del apéndice B está diseñada para proporcionar directamente el área a la izquierda de −1.52. El valor z se ubica en los márgenes, con las unidades y dígitos de décimos a lo largo del lado izquierda y los dígitos de centésimos a lo largo de la parte superior. Para $z = -1.52$, ubica la fila marcada −1.5 y la columna marcada 0.02; en su intersección encontrarás 0.0643, la medida del área acumulada a la izquierda de $z = -1.52$ (consulta la tabla 6.1). Expresada como probabilidad: $P(z < -1.52) = 0.0643$.

TABLA 6.1 Una parte de la tabla 3

z	0.00	0.01	0.02	...
⋮				
−1.5			0.0643	...
⋮				

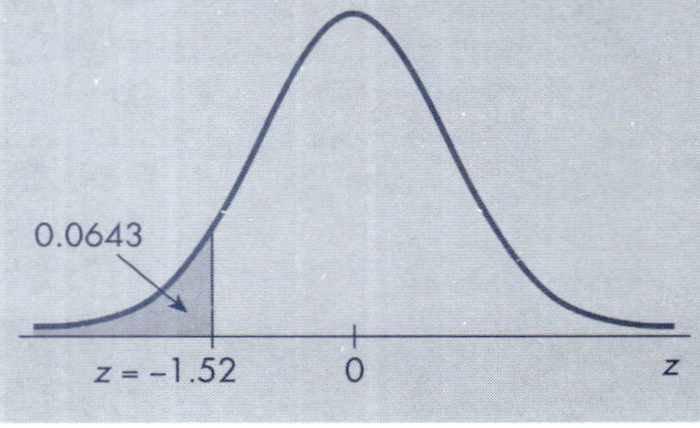

EJEMPLO 6.2

CÓMO ENCONTRAR EL ÁREA A LA IZQUIERDA DE UN VALOR z POSITIVO

Encuentra el área bajo la curva normal a la izquierda de $z = 1.52$: $P(z < 1.52)$.

Solución

La tabla 3 está diseñada para también proporcionar directamente el área a la izquierda de valores positivos z. Observa la parte derecha de la tabla 3, que muestra los valores positivos z. Del mismo modo, el valor z se ubica en los márgenes, con las unidades y dígitos de décimos a lo largo del lado izquierdo y los dígitos de centésimos a lo largo de la parte superior. Para $z = 1.52$, ubica la fila marcada 1.5 y la columna marcada 0.02; en su intersección encontrarás 0.9357, la medida del área acumulada a la izquierda de $z = +1.52$.

TABLA 6.2 Una parte de la tabla 3

z	0.00	0.01	0.02	...
⋮				
1.5			0.9357	...
⋮				

$P(z < 1.52) = \mathbf{0.9357}$

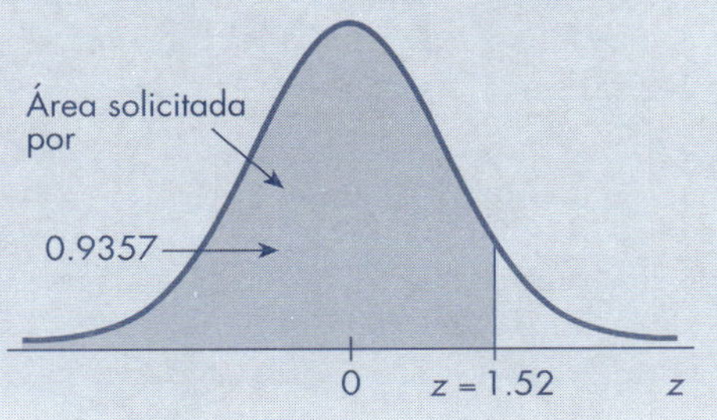

Notas:

1. Las probabilidades asociadas con valores positivos z son mayores que 0.5000, pues incluyen toda la mitad izquierda de la curva normal.
2. Como se hizo en los ejemplos 6.1 y 6.2, siempre dibuja y etiqueta un bosquejo. Es más útil.
3. Adopta el hábito de escribir el valor z con dos lugares decimales y las áreas (probabilidades, porcentajes) con cuatro lugares decimales, como en la tabla 3. Esto ayudará a distinguir entre los dos conceptos.

"El área bajo toda la curva de distribución normal es igual a 1" es el factor clave para determinar las probabilidades asociadas con los valores a la derecha de un valor z.

EJEMPLO 6.3

CÓMO ENCONTRAR EL ÁREA A LA DERECHA DE UN VALOR z

Encuentra el área bajo la curva normal a la derecha de $z = -1.52$: $P(z > -1.52)$.

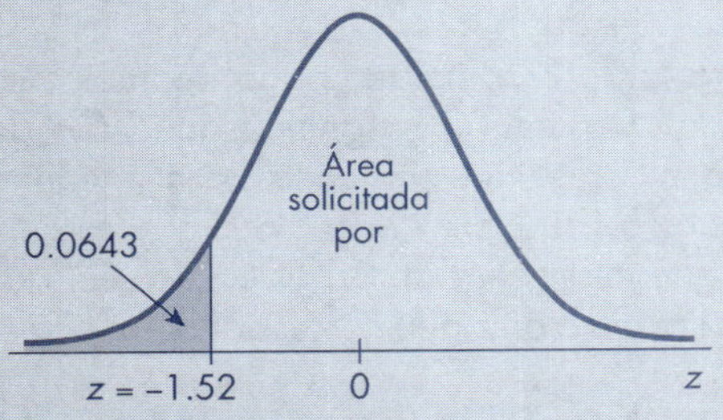

Solución

El problema solicita el área que no está incluida en el área sombreada 0.0643. Dado que el área bajo toda la curva normal es 1, resta 0.0643 de 1:

$$P(z > -1.52) = 1.000 - 0.0643 = 0.9357$$

Cuando encuentras el área a la derecha de cualquier valor z, el método es el mismo que el demostrado en el ejemplo 6.3: buscar el área a la izquierda y restar el valor de la tabla de 1.0. El total del área a la izquierda (valor de la tabla 3) y el área a la derecha siempre serán 1.0.

En ocasiones se necesita el área entre dos valores z. El siguiente ejemplo demuestra este caso.

EJEMPLO 6.4

CÓMO ENCONTRAR EL ÁREA ENTRE CUALESQUIERA DOS VALORES z

Encuentra el área bajo la curva normal entre $z = -1.36$ y $z = 2.14$: $P(-1.36 < z < 2.14)$

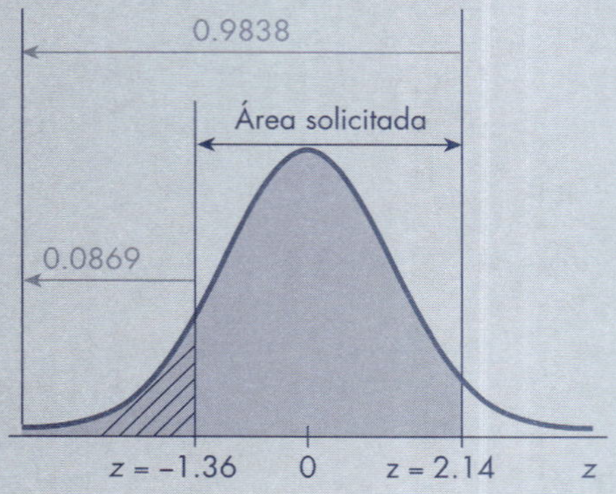

Solución

El área entre $z = -1.36$ y $z = 2.14$ se encuentra usando resta. El área acumulada a la izquierda del z más grande, $z = 2.14$, incluye tanto el área solicitada como el área a la izquierda del z más pequeño, $z = -1.36$. Por tanto, resta el área a la izquierda del z más pequeño, $z = -1.36$, del área a la izquierda del z más grande, $z = 2.14$:

$$P(-1.36 < z < 2.14) = 0.9838 - 0.0869 = \mathbf{0.8969}$$

Nota: existen muchas situaciones que son similares al ejemplo 6.4. Como en el ejemplo 6.4, un valor z puede ser negativo mientras que el otro es positivo o ambos pueden ser negativos o ambos pueden ser positivos. En los tres casos, uno de los valores z es más grande (a la derecha de la figura), el otro es más pequeño (a la izquierda de la figura) y el área en medio se encuentra como se mostró en el ejemplo anterior.

La tabla 3 también puede usarse para encontrar el valor z que acota un área específica. Al encontrar el área o probabilidad dentro de la tabla, el valor z puede leerse a lo largo del lado izquierdo y en los márgenes superiores.

EJEMPLO 6.5

CÓMO ENCONTRAR EL VALOR z ASOCIADO CON UN PERCENTIL

¿Cuál es el valor z asociado con el percentil 75 de una distribución normal?

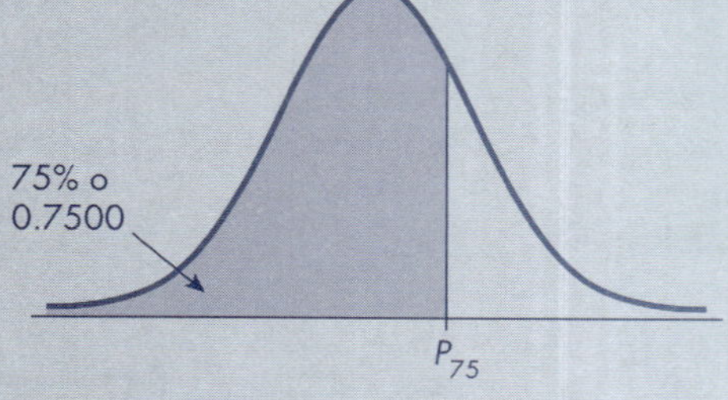

Solución

El área acumulada de la tabla 3 coincide con la definición de un percentil. Recuerda que el percentil 75 significa que 75% de los datos son menores que el valor del percentil. Para encontrar el valor z para el percentil 75, busca en la tabla 3 y encuentra la entrada de "área" que esté más cerca de 0.7500; esta entrada de área es 0.7486. Ahora lee el valor z que corresponda a esta área.

TABLA 6.3 Una parte de la tabla 3

z	...	0.07		0.08
⋮				
0.6	...	0.7486	***0.7500***	0.7518
⋮				

A partir de la tabla, se encuentra que el valor z es $\mathbf{z = 0.67}$. Esto dice que el percentil 75 en una distribución normal está 0.67 (aproximadamente 2/3) desviaciones estándar arriba de la media.

EJEMPLO 6.6

CÓMO ENCONTRAR EL VALOR z QUE ACOTA UN ÁREA

¿Qué valor z forma la frontera inferior para el 14% superior de una distribución normal?

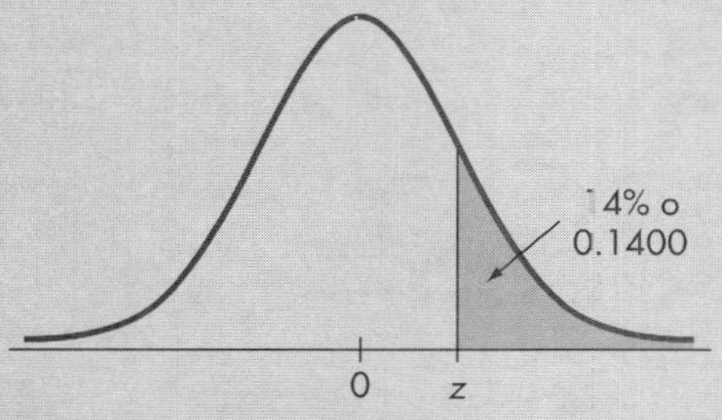

TABLA 6.4 Una parte de la tabla 3

z	...	0.08		0.09
⋮				
1.0	...	0.8599	***0.8600***	0.8621
⋮				

Solución

La tabla 3 menciona el área acumulada. Con la finalidad de relacionar la tabla, el área a la izquierda debe determinarse al restar 0.1400 de 1.0, el área total.

1.0000 – 0.1400 = 0.86000, el valor a buscar en la tabla 3.

En la tabla 3, la entrada de "área" que está más cerca de 0.8600 es 0.8599. Ahora lee el valor z que corresponda a esta área.

A partir de la tabla, se encuentra que el valor z es $\mathbf{z = 1.08}$. Esto dice que z = 1.08 es la frontera inferior para 14% superior de la distribución normal estándar.

EJEMPLO 6.7

CÓMO ENCONTRAR DOS VALORES z QUE ACOTAN UN ÁREA

¿Qué valores z acotan el 95% medio de una distribución normal?

Solución

El 95% se divide en dos partes iguales por la media, de modo que 0.4750 es el área (porcentaje) entre el valor z en la frontera izquierda y z = 0, la media (así como el área entre z = 0, la media y la frontera derecha). Consulta la figura 6.5.

FIGURA 6.5

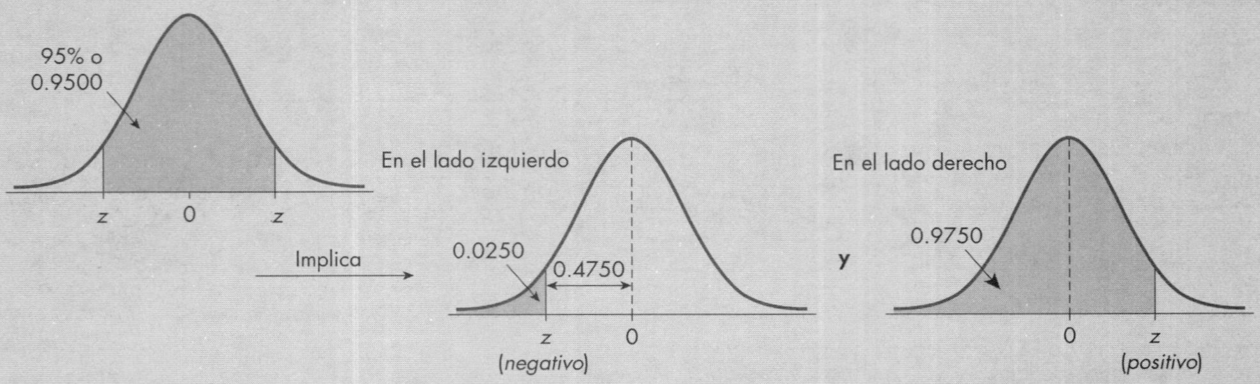

El área que no se incluye en alguna cola puede encontrarse al recordar que el área para cada mitad de la curva normal es igual a 0.5000 y que la curva es simétrica. Por tanto, en el lado izquierdo, se necesita 0.5000 − 0.4750 = 0.0250; y en el lado derecho se necesita 0.5000 + 0.4750 = 0.9750. Para encontrar el valor z frontera izquierda, usa el área 0.0250 en la tabla 3 y encuentra la entrada de "área" que esté más cerca de 0.0250; esta entrada es exactamente 0.0250.

TABLA 6.5 Una parte de la tabla 3 (lado z negativo)

z		0.06
⋮		
−1.9		0.0250
⋮		

y Una parte de la tabla 3 (lado z positivo)

z		0.06
⋮		
1.9		0.9750
⋮		

Al leer la tabla, se encuentra que el valor z que corresponde a esta área es $z = -1.96$. Del mismo modo, para encontrar el valor z de frontera derecha, usa el área 0.9750 en la tabla 3 y encuentra la entrada de "área" que esté más cerca de 0.9750; esta entrada es exactamente 0.9750. Al leer este valor z se obtiene $z = +1.96$.

Por tanto, puedes buscar cualquiera y utilizar la simetría de la distribución normal. $\mathbf{z = -1.96}$ y $\mathbf{z = 1.96}$ acotan el 95% medio de una distribución normal.

Como verificación, considera hacerlo de una forma y luego comprueba el resultado usando la otra forma.

EJERCICIOS SECCIÓN 6.2

6.5 a. Describe la distribución del valor normal estándar, z.

b. ¿Por qué esta distribución se llama normal estándar?

6.6 Encuentra el área bajo la curva normal estándar a la izquierda de $z = -1.37$.

6.7 Encuentra el área bajo la curva normal que se encuentra a la izquierda de los siguientes valores z.

a. $z = -1.30$ b. $z = -2.56$

c. $z = -3.20$ d. $z = -0.64$

6.8 Encuentra el área bajo la curva normal estándar a la izquierda de $z = 2.13$.

6.9 Encuentra la probabilidad de que un trozo de datos elegido al azar de una población normal tenga un valor estándar (z) que se encuentre a la izquierda de los siguientes valores z.

a. $z = 2.10$
b. $z = 1.20$
c. $z = 3.26$
d. $z = 0.71$

6.10 Encuentra el área bajo la curva normal estándar a la derecha de $z = -2.35$, $P(z > -2.35)$.

6.11 Encuentra las siguientes áreas bajo la curva normal estándar.

a. A la derecha de $z = -0.47$, $P(z > -0.47)$
b. A la derecha de $z = -1.01$, $P(z > -1.01)$
c. A la derecha de $z = -3.39$, $P(z > -3.39)$

6.12 Encuentra el área bajo la curva normal estándar a la derecha de $z = 2.03$, $P(z > 2.03)$.

6.13 Encuentra las siguientes áreas bajo la curva normal estándar.

a. A la derecha de $z = 3.18$, $P(z > 3.18)$
b. A la derecha de $z = 1.84$, $P(z > 1.84)$
c. A la derecha de $z = 0.75$, $P(z > 0.75)$

6.14 a. Encuentra el área bajo la curva normal estándar a la izquierda de $z = 0$, $P(z < 0)$.
b. Encuentra el área bajo la curva normal estándar a la derecha de $z = 0$, $P(z > 0)$.

6.15 Encuentra el área bajo la curva normal estándar entre -1.39 y la media, $P(-1.39 < z < 0.00)$.

6.16 Encuentra el área bajo la curva normal estándar entre $z = -3.01$ y la media, $P(-3.01 < z < 0)$.

6.17 Encuentra el área bajo la curva normal estándar entre $z = -1.83$ y $z = 1.23$, $P(-1.83 < z < 1.23)$.

6.18 Encuentra el área bajo la curva normal estándar entre $z = -2.46$ y $z = 1.46$, $P(-2.46 < z < 1.46)$.

6.19 Encuentra el área bajo la curva normal estándar que corresponde a los siguientes valores z.

a. Entre 0 y 1.55
b. A la derecha de 1.55
c. A la izquierda de 1.55
d. Entre -1.55 y 1.55

6.20 Encuentra la probabilidad de que una parte de datos elegida al azar de una población normal tenga un valor estándar (z) que se encuentre

a. entre 0 y 0.74.
b. a la derecha de 0.74.
c. a la izquierda de 0.74.
d. entre -0.74 y 0.74.

6.21 Encuentra las siguientes áreas bajo la curva normal.

a. A la derecha de $z = 0.00$
b. A la derecha de $z = 1.05$
c. A la derecha de $z = -2.30$
d. A la izquierda de $z = 1.60$
e. A la izquierda de $z = -1.60$

6.22 Encuentra la probabilidad de que una parte de datos elegida al azar de una población con distribución normal tendrá un valor estándar que sea

a. menor que 3.00.
b. mayor que -1.55.
c. menor que -0.75.
d. menor que 1.24.
e. mayor que -1.24.

6.23 Encuentra lo siguiente:

a. $P(0.00 < z < 2.35)$
b. $P(-2.10 < z < 2.34)$
c. $P(z > 0.13)$
d. $P(z < 1.48)$

6.24 Encuentra lo siguiente:

a. $P(-2.05 < z < 0.00)$
b. $P(-1.83 < z < 2.07)$
c. $P(z < -1.52)$
d. $P(z < -0.43)$

6.25 Encuentra lo siguiente:

a. $P(0.00 < z < 0.74)$
b. $P(-1.17 < z < 1.94)$
c. $P(z > 1.25)$
d. $P(z < 1.75)$

6.26 Encuentra lo siguiente:

a. $P(-3.05 < z < 0.00)$

b. $P(-2.43 < z < 1.37)$

c. $P(z < -2.17)$

d. $P(z > 2.43)$

6.27 Encuentra el área bajo la curva normal estándar entre $z =$ 0.75 y $z = 2.25$, $P(0.75 < z < 2.25)$.

6.28 Encuentra el área bajo la curva normal estándar entre $z =$ -2.75 y $z = -1.28$, $P(-2.75 < z < -1.28)$.

6.29 Encuentra el área bajo la curva normal que se encuentra entre los siguientes pares de valores z:

a. $z = -1.20$ a $z = -0.22$

b. $z = -1.75$ a $z = -1.54$

c. $z = 1.30$ a $z = 2.58$

d $z = 0.35$ a $z = 3.50$

6.30 Encuentra la probabilidad de que una parte de datos elegida al azar de una población normal tenga un valor estándar (z) que se encuentra entre los siguientes pares de valores z:

a. $z = -2.75$ a $z = -1.38$

b. $z = 0.67$ a $z = 2.95$

c. $z = -2.95$ a $z = -1.18$

6.31 Encuentra el valor z para la distribución normal estándar que se muestra en cada uno de los siguientes diagramas.

a.

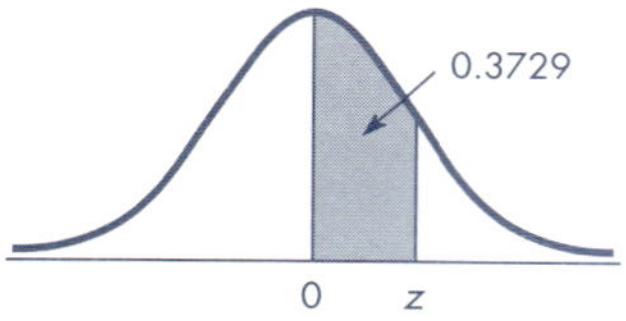

b.

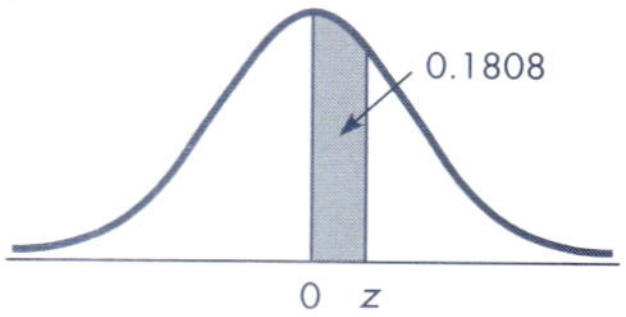

c.

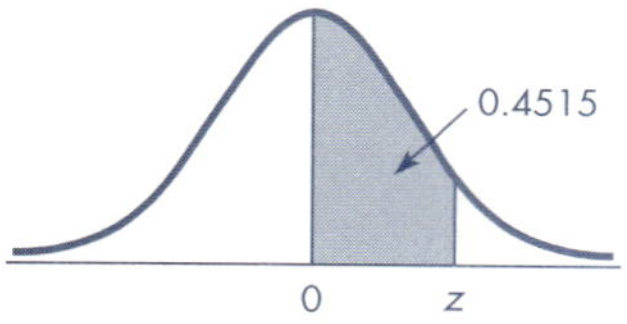

d.

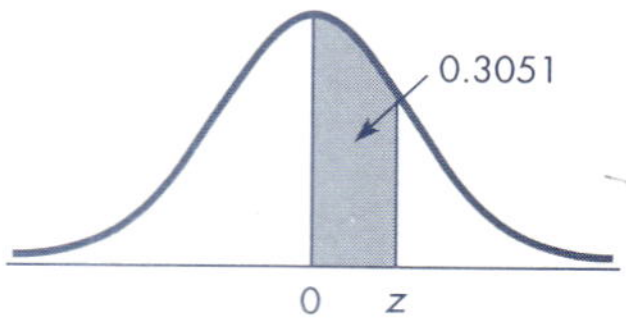

e.

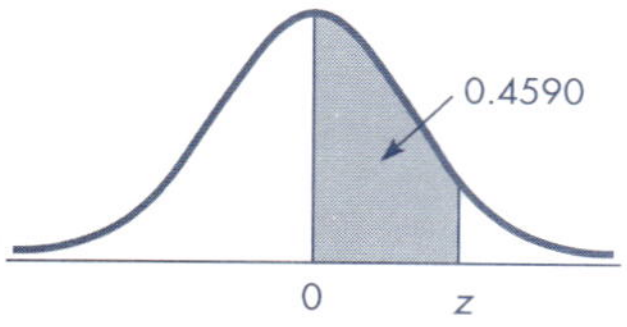

f.

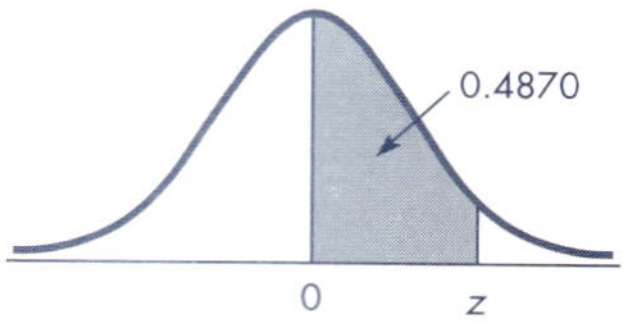

6.32 Encuentra el valor z para la distribución normal estándar que se muestra en cada uno de los siguientes diagramas.

a.

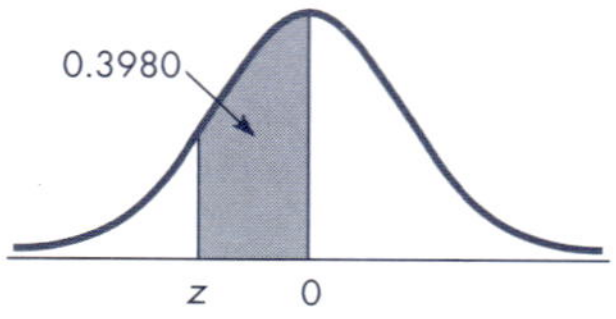

b.

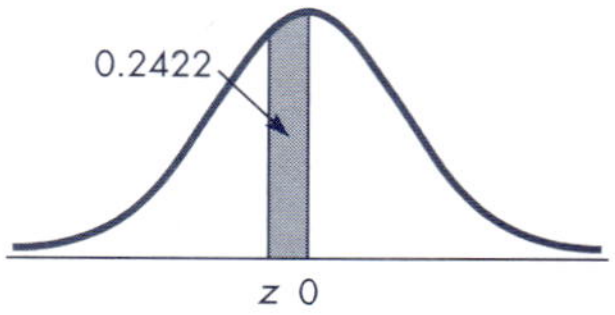

c.

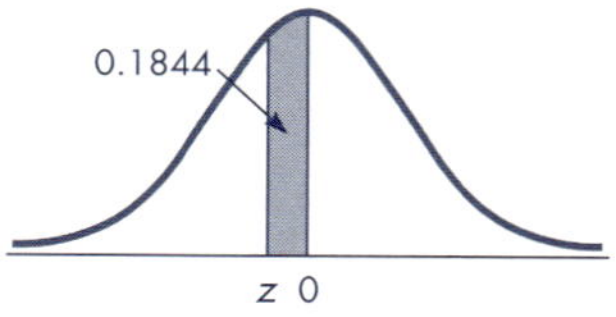

d.

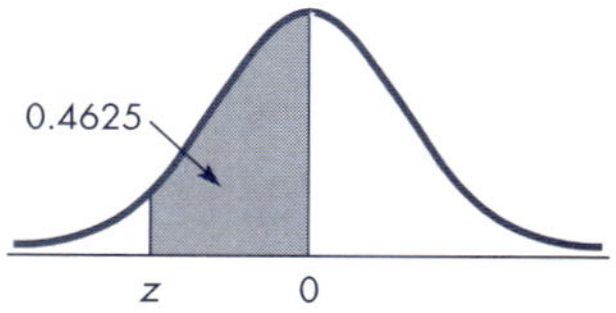

e.

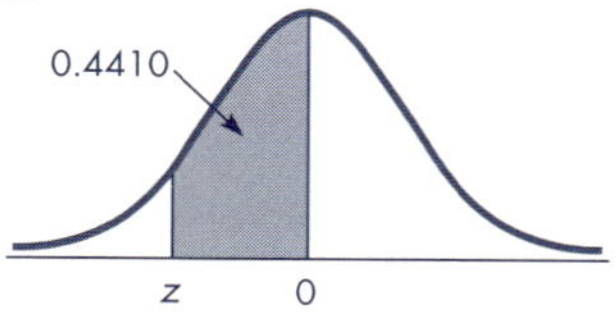

f.

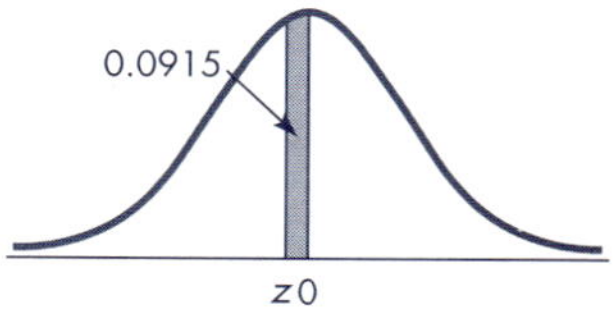

6.33 Encuentra el valor estándar, z, que se muestra en cada uno de los siguientes diagramas.

a.

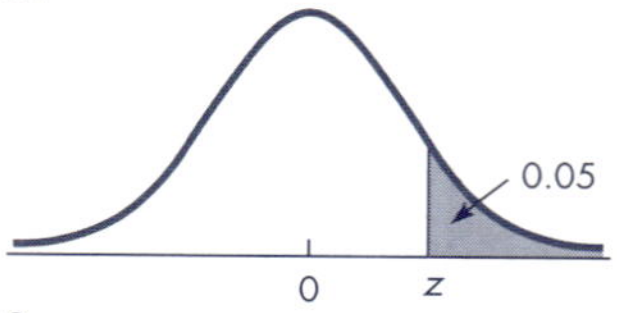

b.

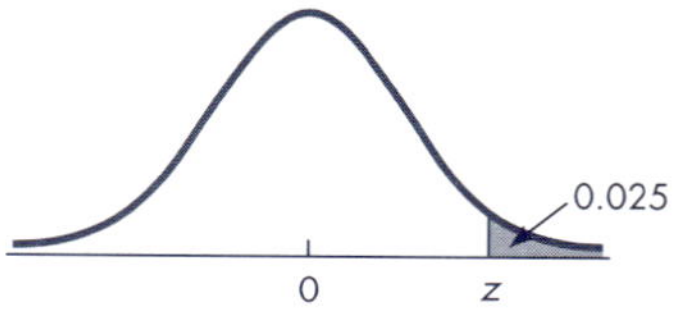

c.

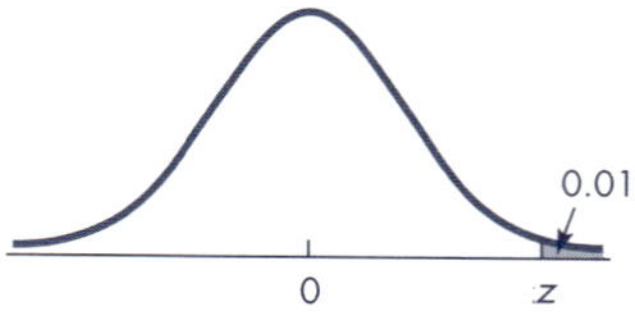

6.34 Encuentra el valor estándar, z, que se muestra en cada uno de los siguientes diagramas.

a.

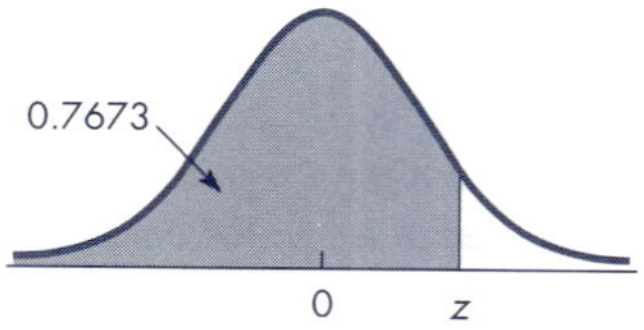

b.

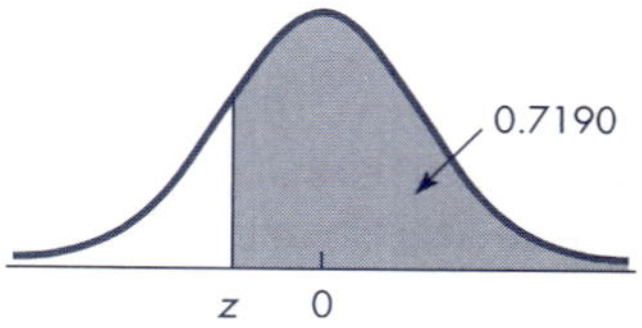

Diagrama para el ejercicio 6.34

c.

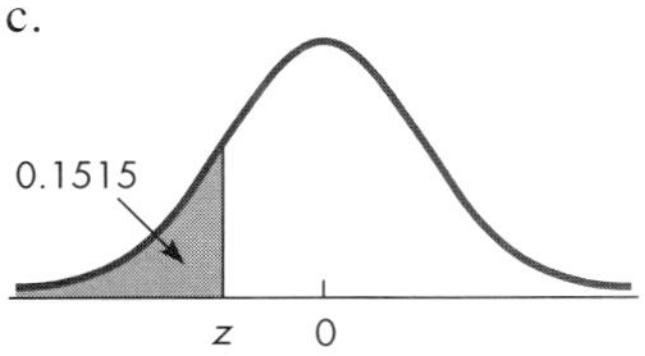

6.35 Si supones una distribución normal, ¿cuál es el valor z asociado con el percentil 90?, ¿el percentil 95?, ¿el percentil 99?

6.36 Si supones una distribución normal, ¿cuál es el valor z asociado con el primer cuartil?, ¿el segundo cuartil?, ¿el tercer cuartil?

6.37 Encuentra el valor z que forma la frontera superior para el 20% inferior de una distribución normal.

6.38 Encuentra un valor de z tal que 40% de la distribución se encuentre entre él y la media. (Existen dos posibles respuestas.)

6.39 a. Encuentra el valor z estándar tal que 80% de la distribución esté por bajo (a la izquierda) de este valor.

b. Encuentra el valor z estándar tal que el área a la derecha de este valor sea 0.15.

c. Encuentra los dos valores z que acotan el 50% medio de una distribución normal.

6.40 Encuentra dos valores z estándar tales que

a. el 90% medio de una distribución normal esté acotado por ellos.

b. el 98% medio de una distribución normal esté acotado por ellos.

6.41 a. Encuentra el valor z para el percentil 80 de la distribución normal estándar.

b. Encuentra los valores z que acotan el 75% medio de la distribución normal estándar.

6.42 a. Encuentra el valor z para el percentil 33 de la distribución normal estándar.

b. Encuentra los valores z que acotan el 40% medio de la distribución normal estándar.

6.3 Aplicaciones de las distribuciones normales

En la sección 6.2 aprendiste cómo usar la tabla 3 del apéndice B para convertir en probabilidad información acerca de la variable normal estándar z, o lo opuesto, convertir información de probabilidad acerca de la distribución normal estándar en valores z. Ahora estás listo para aplicar esta metodología a todas las distribuciones normales. La clave es el valor estándar z. La información asociada con una distribución normal será en términos de valores x o probabilidades. Se usarán el valor z y la tabla 3 como las herramientas para "pasar entre" la información dada y la respuesta deseada.

Recuerda que el valor estándar z, se definió en el capítulo 2.

PTI Cuando $x = \mu$, el valor estándar $z = 0$.

Valor estándar z

$$z = \frac{x - (\text{media de } x)}{(\text{desviación estándar de } x)}$$

$$z = \frac{x - \mu}{\sigma} \qquad \textbf{(6.3)}$$

EJEMPLO 6.8

CÓMO CONVERTIR UNA CURVA NORMAL ESTÁNDAR PARA ENCONTRAR PROBABILIDADES

PTI Recuerda: cuando busques el área entre dos valores *z*, resta el área que corresponda al *z* más pequeño del área que corresponde al *z* más grande.

Considera los puntajes de cociente de inteligencia (CI) para personas. Los puntajes CI tienen distribución normal, con una media de 100 y una desviación estándar de 16. Si una persona se elige al azar, ¿cuál es la probabilidad de que su CI esté entre 100 y 115? Esto es: ¿cuál es $P(100 < x < 115)$?

Solución

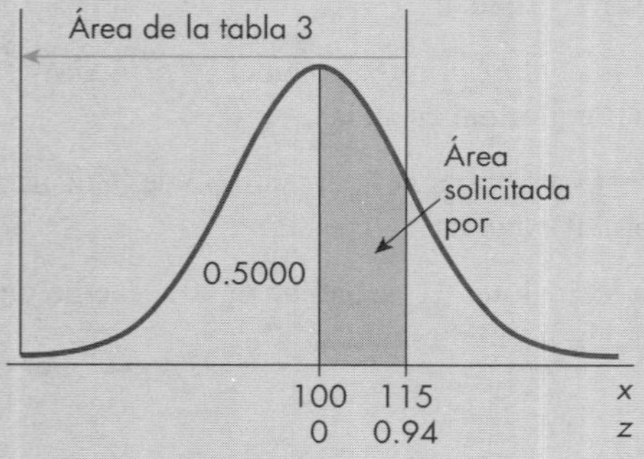

$P(100 < x < 115)$ se representa mediante el área sombreada en la figura.

La variable *x* debe estandarizarse con la fórmula (6.3). Los valores *z* se muestran en la figura a la izquierda.

$$z = \frac{x - \mu}{\sigma}$$

$$\text{Cuando } x = 100\text{: } z = \frac{100 - 100}{16} = \mathbf{0.00}$$

$$\text{Cuando } x = 115\text{: } z = \frac{115 - 100}{16} = \mathbf{0.94}$$

Por tanto,

$$P(100 < x < 115) = P(0.00 < z < 0.94) = 0.8264 - 0.5000 = \mathbf{0.3264}$$

En consecuencia, la probabilidad es 0.3264 de que una persona elegida al azar tenga un CI entre 100 y 115.

EJEMPLO 6.9

CÓMO CALCULAR LA PROBABILIDAD BAJO "CUALQUIER" CURVA NORMAL

Encuentra la probabilidad de que una persona seleccionada al azar tenga un CI mayor que 90 ($\mu = 100.\ \sigma = 16$).

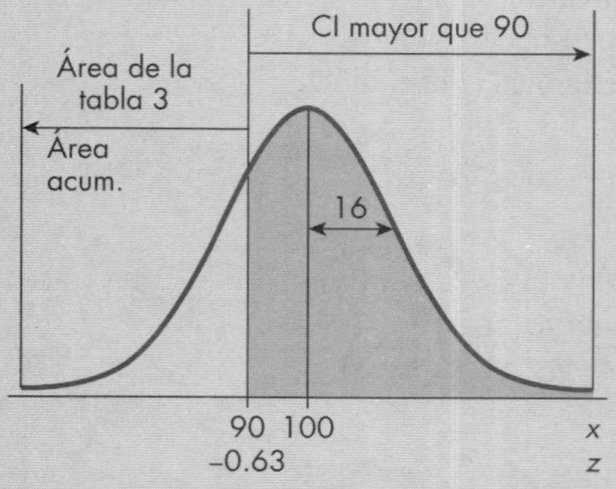

Solución

$$z = \frac{x - \mu}{\sigma} = \frac{90 - 100}{16} = \frac{-10}{16} = -0.625 = -0.63$$

$$P(x > 90) = P(z > -0.63)$$
$$= 1.0000 - 0.2643 = \mathbf{0.7357}$$

Por tanto, la probabilidad es 0.7357 de que una persona seleccionada al azar tenga un CI mayor que 90.

Tutorial en video disponible; ingresa y aprende más en cengagebrain.com

La tabla normal, tabla 3, puede usarse para responder muchos tipos de preguntas que involucran una distribución normal. Muchas veces un problema solicitará la ubicación de un "punto de corte"; esto es: un valor particular de x tal que exista exactamente cierto porcentaje en un área específica. Los siguientes ejemplos tienen que ver con algunos de estos problemas.

EJEMPLO 6.10

CÓMO USAR LA CURVA NORMAL Y z PARA DETERMINAR PERCENTILES

Encuentra el percentil 33 para valores CI (μ = 100. σ = 16; del ejemplo 6.8, p. 280).

Solución

z		0.04	...
⋮			
−0.4	...	0.3300	...

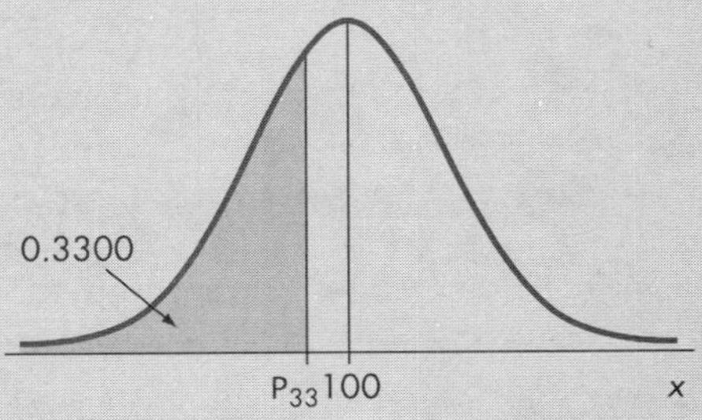

$$P(z < P_{33}) = 0.3300$$

El percentil 33 está en $z = -0.44$

Ahora convierte el percentil 33 de los valores z, −0.44, a un valor x:

$$\text{Fórmula (6.3)}, \; z = \frac{x - \mu}{\sigma}: \quad -0.44 = \frac{x - 100}{16}$$

$$x - 100 = 16(-0.44)$$

$$x = 100 - 7.04 = \mathbf{92.96}$$

Por tanto, 92.96 es el percentil 33 para puntajes CI.

EJEMPLO 6.11

CÓMO USAR LA CURVA NORMAL Y z PARA DETERMINAR VALORES DE DATOS

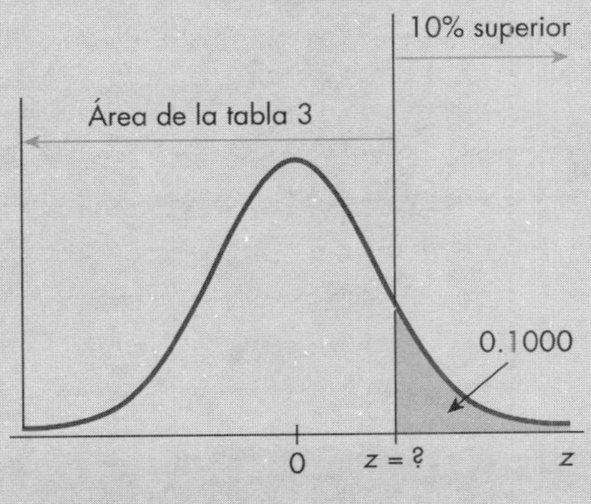

En una gran clase, supón que tu instructor te dice que necesitas obtener una calificación en el 10% superior de tu clase para conseguir una A en un examen particular. A partir de experiencias pasadas, puedes estimar que la media y la desviación estándar en este examen serán 72 y 13, respectivamente. ¿Cuál será la calificación mínima necesaria para obtener una A? (Supón que las calificaciones tendrán una distribución aproximadamente normal.)

Solución

Comienza por convertir el 10% a información que sea compatible con la tabla 3 al restar:

$$10\% = 0.1000; \; 1.0000 - 0.1000 = 0.9000$$

Busca en la tabla 3 para encontrar el valor de z asociado con la entrada de área más cercana a 0.9000; es $z = 1.28$. Por tanto, $P(z > 1.28) = 0.10$.

Ahora encuentra el valor x que corresponda a $z = 1.28$ con la fórmula (6.3):

$$z = \frac{x - \mu}{\sigma}: \quad 1.28 = \frac{x - 72}{13}$$

$$x - 72 = (13)(1.28)$$

$$x = 72 + (13)(1.28) = 72 + 16.64 = 88.64, \text{ u } \mathbf{89}$$

En consecuencia, si recibes un 89 o superior, puedes esperar estar en el 10% superior (lo que significa que obtienes una A).

El ejemplo 6.12 trata con una distribución normal en la que se te pide encontrar la desviación estándar σ cuando se proporciona información relacionada.

EJEMPLO 6.12

CÓMO USAR LA CURVA NORMAL Y z PARA DETERMINAR PARÁMETROS POBLACIONALES

Los ingresos de los ejecutivos *junior* en una gran corporación tienen una distribución aproximadamente normal. Un recorte pendiente no descartará a aquellos ejecutivos *junior* con ganancias dentro de \$4 900 de la media. Si esto representa el 80% medio de los ingresos, ¿cuál es la desviación estándar para los salarios de este grupo de ejecutivos *junior*?

PTI Recuerda que el valor z es el número de múltiplos de la desviación estándar al que se encuentra de la media un valor x.

Solución

La tabla 3 indica que el 80% medio o 0.8000, de una distribución normal está acotado por −1.28 y 1.28. Considera el punto B que se muestra en la figura: 4 900 es la diferencia entre el valor x en B y el valor de la media, el numerador de la fórmula (6.3): $x - \mu = 4\,900$.

Al usar la fórmula (6.3) puedes encontrar el valor de σ:

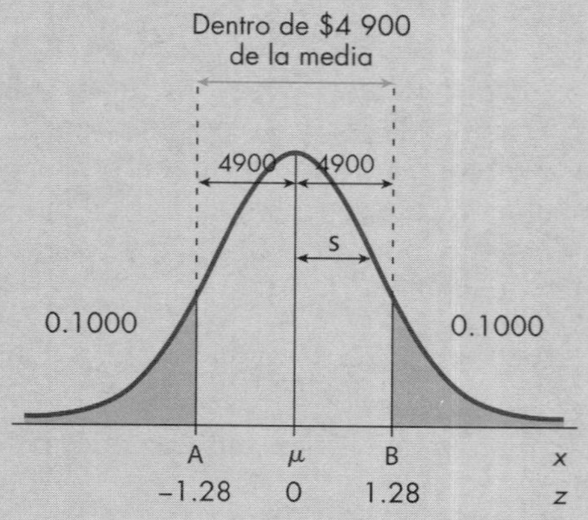

$$z = \frac{x - \mu}{\sigma}: \; 1.28 = \frac{4\,900}{\sigma}$$

$$\sigma = \frac{4\,900}{1.28}$$

$$\sigma = 3\,828.125 = \mathbf{\$3\,828}$$

Esto es, la desviación estándar actual para los salarios de ejecutivos *junior* es \$3 828.

Comprensión adicional

En referencia nuevamente a los puntajes de CI, ¿cuál es la probabilidad de que una persona elegida al azar tenga un CI de 125, $P(x = 125)$? (Los puntajes CI tienen distribución normal, con una media de 100 y una desviación estándar de 16.) Esta situación tiene dos interpretaciones: 1) teórica y 2) práctica. Observa primero la interpretación teórica. Recuerda que la probabilidad asociada con un intervalo para una variable aleatoria continua se representa mediante el área bajo la curva. Esto es: $P(a \leq x \leq b)$ es igual al área entre a y b bajo la curva. $P(x = 125)$ (esto es: x es exactamente 125) es entonces $P(125 \leq x \leq 125)$, o el área del segmento de recta vertical en $x = 125$. Esta área es cero. Sin embargo, este no es el significado práctico de $x = 125$, que por lo general significa 125 al valor entero más cercano. Por tanto, $P(x = 125)$ sería más probablemente interpretado como

$$P(124.5 < x < 125.5)$$

El intervalo desde 124.5 hasta 125.5 bajo la curva tiene una área mensurable y entonces es distinta de cero. En situaciones de esta naturaleza, debes asegurarte del significado a usar.

PTI Una notación estándar usada para abreviar "distribución normal con media μ y desviación estándar σ" es $N(\mu, \sigma)$. Esto es: $N(58, 7)$ representa "distribución normal, media = 58 y desviación estándar = 7".

INSTRUCCIONES DE TECNOLOGÍA: GENERACIÓN DE DATOS ALEATORIOS A PARTIR DE UNA DISTRIBUCIÓN NORMAL BÁSICA

MINITAB

Elige: **Calc > Random Data > Normal**
Escriba: Número de filas de datos a generar: **n**
Almacenar en columna(s): **C1**
Media: μ
Desviación Est.: σ > **OK**

Si quieres muestras múltiples (por decir, 12), todas del mismo tamaño, modifica los comandos anteriores: almacenar en columna(s): C1-C12.

Nota: para encontrar estadísticos descriptivos para cada una de dichas muestras, usa los comandos: **Stat > Basic Statistics > Display Descriptive Statistics** para C1-C12

Excel

Elige: **Data > Data Analysis > Random Number Generation > OK**
Escribe: Número de variables: **1**
Número de números aleatorios: **n**
Distribución: **Normal**
Media: μ
Desviación Est.: σ
Selecciona: Opciones de salida: **Output Range**
Escribe: **(A1 o selecciona celdas) > OK**

Si quieres muestras múltiples (por decir, 12), todas del mismo tamaño, modifica los comandos anteriores: Número de variables: 12.

Nota: para encontrar estadísticos descriptivos para cada una de dichas muestras, usa los comandos: **Data > Analysis > Descriptive Statistics** para columnas A-L.

TI-83/84 Plus

Elige: **MATH > PRB > 6:randNorm(**
Escribe: **μ, σ, # of trails)**
Elige: **STO ⟶ >L1 > ENTER**

Si quieres muestras múltiples (por decir, 6), todas del mismo tamaño, repite los comandos anteriores seis veces y almacena en L1-L6.

Nota: para encontrar estadísticos descriptivos para cada una de dichas muestras, usa los comandos: **STAT > CALC > 1:1-Var Stats** para L1-L6.

INSTRUCCIONES DE TECNOLOGÍA: CÓMO CALCULAR VALORES DE ORDENADA (y) PARA UNA CURVA DE DISTRIBUCIÓN NORMAL

MINITAB

Escribe las abscisas deseadas (x) en C1; luego continúa con:

Elige: **Calc > Probability Distributions > Normal**
Selecciona: **Probability Density**
Escribe: Media: μ
Desviación Est.: σ
Columna entrada: **C1**
Almacenamiento opcional: **C2 > OK**

Para dibujar la gráfica de una curva de probabilidad normal con los valores x en C1 y los valores y en C2, continúa con:

Elige: **Graph > Scatterplot**
Selecciona: **With Connect Line > OK**
Escribe: Variables Y: **C2** Variables X: **C1 > OK**

Excel

Escribe las abscisas deseadas (x) en la columna A y activa B1; luego continúa con:

Elige: **Insert function f_x > Statistical > NORMDIST > OK**
Escribe: **X: (A1:A100 o selecciona celdas "valor x")**
Media: μ
Desviación Est.: σ
Acumulado: **Falso > OK**
Arrastra: **Esquina inferior izquierda del recuadro de valor ordenada hacia abajo para dar otras ordenadas**

Para dibujar la gráfica de una curva de probabilidad normal con los valores x en la columna A y los valores y en la columna B, activa ambas columnas y continúa con:

Elige: **Insert > Scatter > 1st picture**

TI-83/84 Plus

Los valores de ordenada pueden calcularse para valores de abscisa individuales, "x".

Elige: **2nd > DISTR > 1:normalpdf(**
Escribe: **x, μ, σ)**

Para dibujar la gráfica de la curva de probabilidad normal para μ y σ particulares, continúa con:

Elige: **WINDOW**
Escribe: **$\mu - 3\sigma$, $\mu + 3\sigma$, σ, −.05, 1, .1, 0)**
Elige: **Y = > 2nd > DISTR > 1:normalpdf(**
Escribe: **x, μ, σ)**

Después de una gráfica inicial, ajusta con 0:ZoomFit del menú ZOOM.

INSTRUCCIONES DE TECNOLOGÍA: PROBABILIDAD ACUMULADA PARA DISTRIBUCIONES NORMALES

MINITAB

Escribe las abscisas deseadas (*x*) en C1; luego continúa con:

Elige:	**Calc > Probability Distributions > Normal**	
Selecciona:	**Cumulative probability**	
Escribe:	Media:	μ
	Desviación Est.:	σ
	Columna entrada:	**C1**
	Almacenamiento opcional:	**C3 > OK**

Notas:

1. Para encontrar la probabilidad entre dos valores *x*, escribe los dos valores en C1, usa los comandos anteriores y resta usando los números en C3.
2. Para dibujar una gráfica de la distribución de probabilidad acumulada (ojiva), usa los comandos Scaterrplot de la página 284, con C3 como la variable *y*.

Excel

Escribe las abscisas deseadas (*x*) en la columna A y activa C1; luego continúa con:

Elige:	**Insert function f_x > Statistical > NORMDIST > OK**
Escribe:	**X: (A1:A100 o selecciona celdas "valor x")**
	Media: μ
	Desviación Est.: σ
	Acumulada: **Verdadero > OK**
Arrastra:	**Esquina inferior derecha del recuadro de probabilidad acumulada hacia abajo para proporcionar otras probabilidades acumuladas**

Notas:

1. Para encontrar la probabilidad entre dos valores *x*, escribe los dos valores en la columna A, usa los comandos anteriores y resta usando los números en la columna C.
2. Para dibujar una gráfica de la distribución de probabilidad acumulada (ojiva), usa los comandos Insert de la página 284, elige el subcomando Select Data para remover la serie 1.

TI-83/84 Plus

Las probabilidades acumuladas se pueden calcular para valores de abscisa individuales, "*x*".

Elige:	**2nd > DISTR > 2:normalcdf(**
Escribe:	**–1 EE 99, x, μ, σ)**

Notas:

1. Para encontrar la probabilidad entre dos valores *x*, escribe los dos valores en lugar de –1 EE 99 y la *x*.
2. Para dibujar una gráfica de la distribución de probabilidad acumulada (ojiva), usa o los comandos Scatter debajo de STATPLOTS, con los valores *x* y sus probabilidades acumuladas en un par de listas, o normalcdf(–1EE99, x, μ, σ) en el Y = editor.

EJEMPLO APLICADO 6.13

FABRICACIÓN DE JABONES

Ya que los jabones artesanales en el baño se han convertido en una muestra más del retorno a lo natural, y sin duda son un excelente negocio para nuevos emprendedores.

Una maestra de química que tiene 250 alumnos en una escuela preparatoria les indica realizar en su casa una práctica de química para elaborar jabón y les da las siguientes instrucciones:

1. Construye un molde de madera con las dimensiones siguientes 50 mm de largo por 30 mm de ancho por 24 mm de altura.
2. Compra una base de jabón de glicerina, esencia y colorante.
3. Funda la base: Ya sea en microondas, o a baño María. La clave para un buen jabón es calentarlo justo hasta que se funda. No dejes que tu base de jabón supere temperaturas de más de 60 a 65°C (utiliza un termómetro). No dejes que la base de jabón hierva ya que perderá toda la humedad
4. Añade la esencia, si usaste baño María retira del fuego, añade la esencia antes del color ya que todas las esencias, en mayor o menor grado, tiñen ligeramente la base. De esa manera, cuando añadas el color vas a hacerte una idea exacta del color final.
5. Añade el color poco a poco, ya que siempre puedes añadir un poco más.
6. Añade aceites para hacer un jabón más hidratante, como aceite de almendras dulces, aceite de germen de trigo (vitamina E). Nunca agregues más de una cucharada sopera por 500 gramos de base de jabón. Si añades demasiada cantidad de aceite tu jabón será blando y húmedo en exceso, y no cuajará bien.
7. Engrasa el molde, con una ligerísima capa de aceite de maíz o de vaselina líquida.
8. Una vez vertido el jabón en el molde se pueden formar burbujas de aire en la superficie. Ten siempre a mano un rociador con alcohol rebajado. Con una rociada las burbujas desaparecen instantáneamente.
9. Desmolda, recuerda que la base se vuelve líquida y luego, al cuajar, de nuevo se hace sólida. Por tanto, el jabón está adherido al molde. Cinco minutos en el congelador y un poco de agua caliente en la parte exterior del molde harán un buen trabajo a la hora de desmoldar tu jabón.
10. Envuelve tu jabón completamente con una película de plástico transparente, para evitar que se deshidrate.

Una vez que todos los alumnos han terminado y presentado su jabón, ya que se les ha dado la misma indicación respecto a las dimensiones del molde, las variables largo, ancho y altura tienen distribuciones normales. Una muestra de 250 jabones da como resultado el resumen siguiente

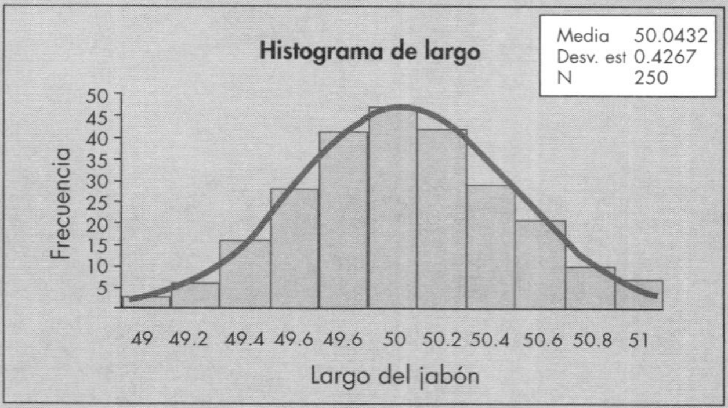

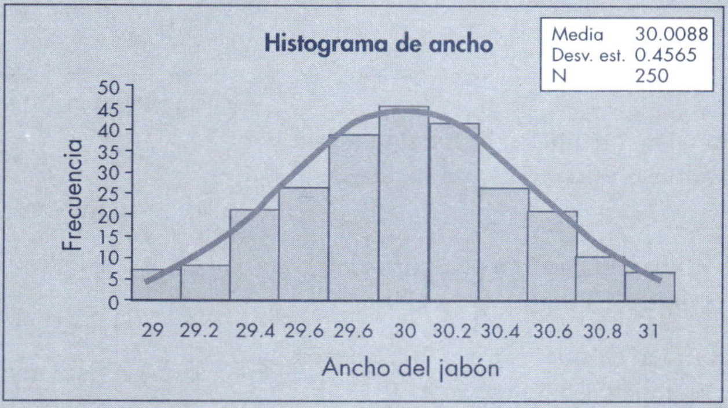

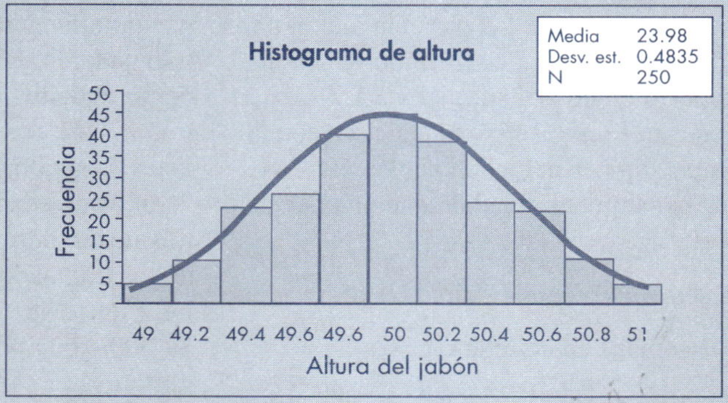

EJERCICIOS SECCIÓN 6.3

6.43 **Ejercicio Applet Skillbuilder** Demuestra que la probabilidad es igual al área bajo una curva. Dado que los estudiantes universitarios duermen un promedio de 7 horas por noche, con una desviación estándar igual a 1.7 horas, usa la barra de desplazamiento en el applet para encontrar:

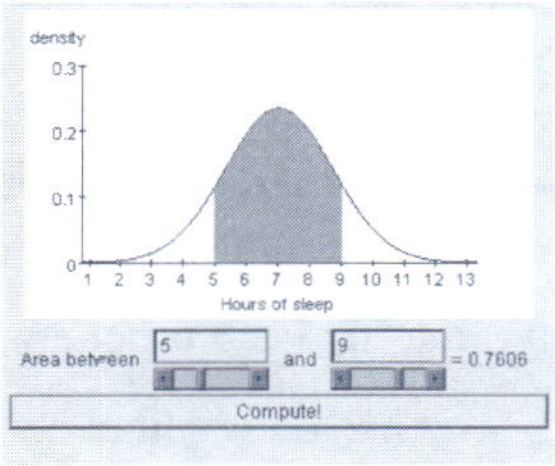

a. *P*(un estudiante duerme entre 5 y 9 horas)

b. *P*(un estudiante duerme entre 2 y 4 horas)

c. *P*(un estudiante duerme entre 8 y 11 horas)

6.44 **Ejercicio Applet Skillbuilder** Demuestra los efectos que tienen la media y la desviación estándar sobre una curva normal.

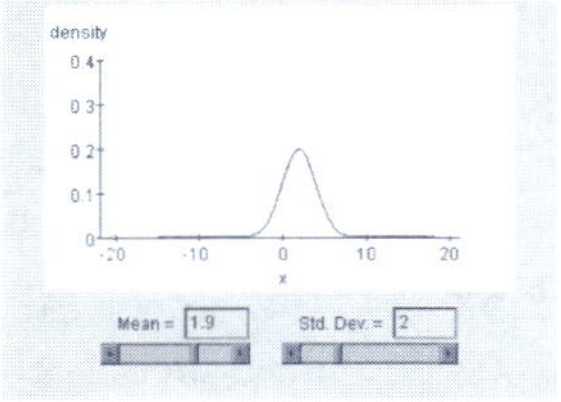

a. Al dejar la desviación estándar en 1, aumenta la media a 3. ¿Qué pasa con la curva?

b. Restablece la media a 0 y aumenta la desviación estándar a 2. ¿Qué ocurre con la curva?

c. Si pudieras disminuir la desviación estándar a 0.5, ¿qué crees que sucedería con la curva normal?

6.45 Dado $x = 58$, $\mu = 43$ y $\sigma = 5.2$ encuentra z.

6.46 Dado $x = 237$, $\mu = 220$ y $\sigma = 12.3$ encuentra z.

6.47 Dado que x es una variable aleatoria con distribución normal, con una media de 60 y desviación estándar de 10, encuentra las siguientes probabilidades.

a. $P(x > 60)$

b. $P(60 < x < 72)$

c. $P(57 < x < 83)$

d. $P(65 < x < 82)$

e. $P(38 < x < 78)$

f. $P(x < 83)$

6.48 Dado que x es una variable aleatoria con distribución normal, con una media de 28 y desviación estándar de 7, encuentra las siguientes probabilidades.

(continúa en la página 288)

[EX00-000] identifica el nombre de archivo de una base de datos en línea de un ejercicio; bases de datos y Applets Skillbuilder disponibles a través de cengagebrain.com

a. $P(x < 28)$ b. $P(28 < x < 38)$

c. $P(24 < x < 40)$ d. $P(30 < x < 45)$

e. $P(19 < x < 35)$ f. $P(x < 48)$

6.49 Como se muestra en el ejemplo 6.8, los puntajes CI se consideran con distribución normal, con una media de 100 y una desviación estándar de 16.

a. Encuentra la probabilidad de que una persona seleccionada al azar tenga un puntaje CI entre 100 y 120.

b. Encuentra la probabilidad de que una persona seleccionada al azar tenga un puntaje CI por arriba de 80.

6.50 Con base en una encuesta realizada por Greenfield Online, las personas de 25 a 34 años de edad pasan la mayor parte de cada semana en la comida rápida. El importe semanal promedio de \$44 se reportó en un artículo del *USA Today* en mayo de 2009. Si supones que los gastos semanales en comida rápida tienen una distribución normal, con una desviación estándar de \$14.50, ¿cuál es la probabilidad de que una persona de 25 a 34 años de edad gaste:

a. menos de \$25 a la semana en comida rápida?

b. entre \$30 y \$50 a la semana en comida rápida?

c. más de \$75 a la semana en comida rápida?

6.51 Dependiendo de dónde vivas y de la calidad de la guardería, los costos de guardería pueden variar de \$3 000 a \$15 000 al año (o \$250 a \$1 250 al mes) por un niño, de acuerdo con el Baby Center. Los centros de guardería en las grandes ciudades como Nueva York y San Francisco son notablemente costosos. Supón que los costos de guardería tienen una distribución normal, con una media igual a \$9 000 y una desviación estándar igual a \$1 800. *Fuente:* http://www.babycenter.com/

a. ¿Qué porcentaje de los centros de guardería cuestan entre \$7 200 y \$10 800?

b. ¿Qué porcentaje de los centros de guardería cuestan entre \$5 400 y \$12 600?

c. ¿Qué porcentaje de los centros de guardería cuestan entre \$3 600 y \$14 400?

d. Compara los resultados de a a c con la regla empírica. Explica la relación.

6.52 De acuerdo con Collegeboard.com [http://www.collegeboard.com/], el salario nacional promedio para un plomero a 2007 es \$47 350. Si supones que los salarios anuales para plomeros tienen una distribución normal, con una desviación estándar de \$5 250, encuentra lo siguiente:

a. ¿Qué porcentaje gana por abajo de \$30 000?

b. ¿Qué porcentaje gana por arriba de \$63 000?

6.53 De acuerdo con las estadísticas de autopistas 2006 de la Federal Highway Administration, la distribución de edades para conductores con licencia tiene una media de 47.5 años y una desviación estándar de 16.6 años [www.fhwa.dot.gov]. Si supones que la distribución de edades tiene una distribución normal, ¿qué porcentaje de los conductores:

a. están entre las edades de 17 y 22 años?

b. son más jóvenes de 25 años de edad?

c. son mayores de 21 años de edad?

d. están entre las edades de 48 y 68 años?

e. son mayores de 75 años de edad?

6.54 Existe una nueva clase trabajadora con dinero para gastar, de acuerdo con el artículo del 1 de marzo de 2005 del *USA Today*, "Nuevos trabajadores jóvenes 'cuello dorado' ganan influencia". "Cuello dorado" es un subconjunto de los trabajadores de cuello azul, definido por los investigadores como aquellos que trabajan en empleos de comida rápida y minoristas, o como guardias de seguridad, oficinistas o estilistas. Los trabajadores de "cuello dorado" que tienen de 18 a 25 años de edad gastan un promedio de \$729 al mes en ellos mismos (contra \$267 de los estudiantes universitarios y \$609 de los trabajadores de cuello azul). Si supones que este gasto tiene una distribución normal, con una desviación estándar de \$92.00, ¿qué porcentaje de los trabajadores de cuello dorado gastan:

a. entre \$600 y \$900 al mes en ellos mismos?

b. entre \$400 y \$1 000 al mes en ellos mismos?

c. más de \$1 050 al mes en ellos mismos?

d. menos de \$500 al mes en ellos mismos?

6.55 Los hallazgos de una encuesta de adultos estadounidenses realizada por Yankelovich Partners para la International Bottled Water Association, indican que los estadounidenses beben en promedio 6.1 partes de 8 onzas de agua al día [http://www.pangaeawater.com/]. Si supones que el número de porciones de 8 onzas de agua tiene una distribución aproximadamente normal, con una desviación estándar de 1.4 porciones, ¿qué proporción de los estadounidenses bebe

a. más de las 8 porciones recomendadas?

b. menos de la mitad de las 8 porciones recomendadas?

6.56 Como se muestra en el ejemplo 6.12, los ingresos de los ejecutivos *junior* tienen una distribución normal con una desviación estándar de \$3 828.

a. ¿Cuál es la media para los salarios de los ejecutivos *junior*, si un salario de \$62 900 está en el extremo superior del 80% medio de ingresos?

b. Con la información adicional aprendida en el inciso a, ¿cuál es la probabilidad de que un ejecutivo *junior* seleccionado al azar gane menos de \$50 000?

6.57 De acuerdo con ACT, los resultados del examen ACT 2008 descubrieron que los estudiantes tienen una calificación de lectura media de 21.4, con una desviación estándar de 6.0. Si supones que las calificaciones tienen una distribución normal,

a. encuentra la probabilidad de que un estudiante seleccionado al azar tenga una calificación ACT de lectura menor que 20.

b. encuentra la probabilidad de que un estudiante seleccionado al azar tenga una calificación ACT de lectura entre 18 y 24.

c. encuentra la probabilidad de que un estudiante seleccionado al azar tenga una calificación ACT de lectura mayor que 30.

d. encuentra el valor del percentil 75 para las calificaciones ACT.

6.58 En un día dado, el número de pies cuadrados de espacio de oficina disponible para renta en una pequeña ciudad es una variable aleatoria que tiene una distribución normal, con una media de 750 000 pies cuadrados y desviación estándar de 60 000 pies cuadrados. El número de pies cuadrados disponibles en una segunda ciudad pequeña tiene distribución normal, con una media de 800 000 pies cuadrados y desviación estándar de 60 000 pies cuadrados.

a. Bosqueja la distribución de espacio de oficina en renta para ambas ciudades sobre la misma gráfica.

b. ¿Cuál es la probabilidad de que el número de pies cuadrados disponibles en la primera ciudad sea menor que 800 000?

c. ¿Cuál es la probabilidad de que el número de pies cuadrados disponibles en la segunda ciudad sea más de 750 000?

6.59 Una máquina de llenado de una cervecería se ajusta para llenar botellas de cuarto con una media de 32.0 oz de cerveza y una varianza de 0.003. Periódicamente, una botella se verifica y se anota la cantidad de cerveza.

a. Si supones que la cantidad de llenado tiene una distribución normal, ¿cuál es la probabilidad de que la siguiente botella verificada al azar contenga más de 32.02 oz?

b. Supón que compras 100 botellas de cuarto de esta cerveza para una fiesta; ¿cuántas botellas que contengan más de 32.02 oz de cerveza esperarías encontrar?

6.60 Con la curva normal estándar y z:

a. Encuentra la calificación mínima necesaria para recibir una A, si el instructor del ejemplo 6.11 dice que el 15% superior es para obtener A.

b. Encuentra el percentil 25 para puntajes CI del ejemplo 6.10.

c. Si las calificaciones SAT tienen distribución normal, con una media de 500 y una desviación estándar de 100, ¿qué calificación necesita un estudiante para al menos ser considerado por una universidad que sólo recibe estudiantes con calificaciones dentro del 7% superior?

6.61 Los promedios finales por lo general tienen una distribución aproximadamente normal, con una media de 72 y una desviación estándar de 12.5. Tu profesor dice que el 8% superior de la clase recibirá A; el siguiente 20%, B; el siguiente 42%, C; el siguiente 18%, D, y el 12% inferior, F.

a. ¿Qué promedio debes superar para obtener A?

b. ¿Qué promedio debes superar para recibir una calificación mejor que C?

c. ¿Qué promedio debes obtener para aprobar el curso? (Necesitarás D o mejor.)

6.62 Una unidad de radar se usa para medir la velocidad de los automóviles en una vía exprés durante horas pico de tráfico. Las velocidades de automóviles individuales tienen una distribución normal, con una media de 62 mph.

a. Encuentra la desviación estándar de todas las velocidades, si 3% de los automóviles viajan más rápido que 72 mph.

b. Con la desviación estándar que encontraste en el inciso a, encuentra el porcentaje de aquellos automóviles que viajan a menos de 55 mph.

c. Con la desviación estándar que encontraste en el inciso a, encuentra el percentil 95 para la variable "velocidad".

6.63 Los pesos de sandías maduras cosechadas en la granja del Sr. Smith tienen una distribución normal, con una desviación estándar de 2.8 lb. Encuentra el peso medio de las sandías maduras del Sr. Smith, si sólo 3% pesan menos que 15 lb.

6.64 Una máquina llena contenedores con un peso medio por contenedor de 16.0 oz. Si no más de 5% de los contenedores deben pesar menos de 15.8 oz, ¿a qué debe ser igual la desviación estándar de los pesos? (Supón normalidad.)

6.65 Se sabe que los tiempos de "espera" para quienes llaman a una compañía de televisión por cable local tienen una distribución normal, con una desviación estándar de 1.3 minutos. Encuentra el promedio de tiempo de "espera" del solicitante, si la compañía sostiene que no más de 10% de quienes llaman deben esperar más de 6 minutos.

6.66 [EX06-066] Los siguientes datos son los pesos netos (en gramos) para una muestra de 30 bolsas de M&M. El peso neto publicitado es de 47.9 gramos por bolsa.

46.22	46.72	46.94	47.61	47.67	47.70
47.98	48.28	48.33	48.45	48.49	48.72
48.74	48.95	48.98	49.16	49.40	49.69
49.79	49.80	49.80	50.01	50.23	50.40
50.43	50.97	51.53	51.68	51.71	52.06

Fuente: http://www.math.uah.edu/

La FDA requiere que (casi) toda bolsa contenga el peso publicitado; de otro modo, las violaciones (menores a 47.9 gramos por bolsa) producirán multas obligatorias. (Los M&M se fabrican y distribuyen por parte de Mars Inc.)

(continúa en la página 290)

a. ¿Qué porcentaje de las bolsas en la muestra están en violación?

b. Si el peso de las bolsas llenas tienen una distribución normal, con un peso medio de 47.9 g, ¿qué porcentaje de las bolsas estará en violación?

c. Si supones que los pesos de las bolsas tienen una distribución normal, con una desviación estándar de 1.5 g, ¿qué valor medio dejaría 5% de los pesos por abajo de 47.9 g?

d. Si supones que los pesos de las bolsas tienen una distribución normal, con una desviación estándar de 1.0 g, ¿qué valor medio dejaría 5% de los pesos por abajo de 47.9 g?

e. Si supones que los pesos de las bolsas tienen una distribución normal, con una desviación estándar de 1.5 g, ¿qué valor medio dejaría 1% de los pesos por abajo de 47.9 g?

f. ¿Por qué es importante que Mars mantenga bajo el porcentaje de violaciones?

g. Para Mars es importante mantener la desviación estándar tan baja como sea posible, de modo que a su vez la media pueda ser tan pequeña como sea posible, para mantener el peso neto. Explica la relación entre la desviación estándar y la media. Explica por qué esto es importante para Mars.

6.67 Se mide el largo de cada jabón según se describe en el ejemplo aplicado 6.13 y se reporta un promedio para el jabón. El largo promedio tiene una distribución normal con una media de 50.0432 mm y una desviación de 0.4267 mm.

a. Si las especificaciones para esta variable fueran "50 mm + 0.5 mm / – 0.6 mm, expresa dichas variables como un intervalo.

b. ¿Qué porcentaje de los jabones se espera que estén dentro de las especificaciones?

c. ¿Qué porcentaje de los jabones tendrá un largo promedio de más de 50.2 mm?

d. ¿Qué porcentaje de los jabones tendrá una altura promedio dentro de 0.35 mm de 50?

6.68 Se mide la altura de cada jabón según se describe en el ejemplo aplicado 6.13 y se reporta una altura promedio para el jabón. La altura promedio tiene una distribución normal con una media de 23.98 mm y una desviación de 0.4835 mm.

a. Si las especificaciones para esta variable fueran "24 mm + 0.6 mm / – 0.4 mm", expresa dichas variables como un intervalo.

b. ¿Qué porcentaje de los jabones se espera que esté dentro de las especificaciones?

c. ¿Qué porcentaje de los jabones tendrá una altura promedio de más de 24.5 mm?

d. ¿Qué porcentaje de los jabones tendrá una altura promedio dentro de 0.35 mm de 24?

6.69 a. Genera una muestra aleatoria de 100 datos de una distribución normal con una media 50 y desviación estándar 12.

b. Con la muestra aleatoria de 100 datos que encontraste en el inciso a y los comandos de tecnología para calcular valores de ordenadas de la página 284, encuentra los correspondientes 100 valores y para la curva de distribución normal con media 50 y desviación estándar 12.

c. Usa los 100 pares ordenados que encontraste en el inciso b para dibujar la curva para la distribución normal con media 50 y desviación estándar 12. (Los comandos de tecnología se incluyen con los comandos del inciso b en la p. 284.)

d. Con los comandos de tecnología para la probabilidad acumulada de la página 285, encuentra la probabilidad de que un valor seleccionado al azar de una distribución normal con media 50 y desviación estándar 12, esté entre 55 y 65. Verifica tus resultados con la tabla 3.

6.70 Usa una computadora o calculadora para encontrar la probabilidad de que un valor x seleccionado al azar de una distribución normal, con media 584.2 y desviación estándar 37.3, tenga un valor

a. menor que 525.

b. entre 525 y 590.

c. de al menos 590.

d. Verifica el resultado con la tabla 3.

e. Explica cualquier diferencia que puedas encontrar.

MINITAB

Escribe 525 y 590 en C1; luego continúa con los comandos de probabilidad acumulada de la página 285 y usa 584.2 como μ, 37.3 como σ y C2 como almacenamiento opcional.

Excel

Escribe 525 y 590 en la columna A y activa la celda B1; luego continúa con los comandos de probabilidad acumulada de la página 285 y usa 584.2 como μ y 37.3 como σ.

TI-83/84 Plus

Escribe 525 y 590 en L1; luego continúa con los comandos de probabilidad acumulada de la página 285 en L2 y usa 584.2 como μ y 37.3 como σ.

6.71 Usa una computadora para comparar una muestra aleatoria con la población de la que se extrajo la muestra. Considera la población normal con media 100 y desviación estándar 16.

a. Lista los valores desde $\mu - 4\sigma$ hasta $\mu + 4\sigma$, en incrementos de media desviación estándar y almacénalos en una columna.

b. Encuentra la ordenada (valor *y*) correspondiente a cada abscisa (valor *x*) para la curva de distribución normal para *N*(100, 16) y almacénalos en una columna.

c. Grafica la curva de distribución de probabilidad normal para *N*(100, 16).

d. Genera 100 valores de datos aleatorios de la distribución *N*(100, 16) y almacénalos en una columna.

e. Grafica el histograma de los 100 datos obtenidos en el inciso d y usa los números mencionados en el inciso a como límites de clase.

f. Calcula otros estadísticos descriptivos útiles de los 100 valores de datos y compara los datos con la distribución esperada. Comenta acerca de las similitudes y las diferencias que observes.

MINITAB

a. Elige: **Calc > Make Patterned Data > Simple Set of Numbers**
   Escribe: Almacenar patrón datos en: **C1**
   Desde primer valor: **36**
   Hasta último valor: **164**
   En pasos de: **8 > OK**

b. Elige: **Calc > Prob. Dist. > Normal**
   Selecciona: **Probability density**
   Escribe: Media: **100**
   Desviación Est.: **16**
   Columna entrada: **C1**
   Almacenamiento opcional: **C2 > OK**

c. Usa los comandos Scatterplot de la página 284 para los datos en C1 y C2.

d. Usa los comandos Calculate RANDOM DATA de la página 283 y sustituye *n* con 100, almacenar con C3, media con 100 y desviación estándar con 16.

e. Usa los comandos HISTOGRAM With Fits de la página 53 para los datos en C3. Para ajustar el histograma, selecciona Binning con cutpoint y cutpoint positions 36:148/8

f. Usa los comandos MEAN y STANDARD DEVIATION de las páginas 65 y 79 para los datos en C3.

Excel

a. Elige: **Data > Data Analysis > Random Number Generation > OK**
   Escribe: Número de variables: **1**
   Distribución: **Patterned**
   Desde: **36** hasta **172** en pasos de **8**
   Repite cada número: **1 vez**
   Selecciona: **Output Range**
   Escribe: **(A1 o selecciona celdas)**

b. Activa B1; luego continúa con:
   Escribe: **Insert function f_x > Statistical > NORMDIST > OK**
   Escribe: X: **(A1:A? o selecciona celdas "valor x",**
   Media: **100**
   Desviación Est.: **16**
   Acumulado: **Falso > OK**
   Arrastra: **Esquina inferior derecha del recuadro de valor ordenada hacia abajo para proporcionar otras ordenadas**

c. Usa los comandos Insert > Scatter de la página 284 para los datos en las columnas A y B.

d. Activa la celda C1; luego usa los comandos Normal RANDOM NUMBER GENERATION de la página 283 y sustituye el número de números aleatorios con 100, media con 100 y desviación estándar con 16.

e. Usa los comandos HISTOGRAM de las páginas 53-54 con columna C como el rango de entrada y columna A como el rango bin.

f. Usa los comandos MEAN y STANDARD DEVIATION de las páginas 65 y 79 para los datos en la columna C.

6.72 Usa una computadora para comparar una muestra aleatoria con la población de donde se extrajo la muestra. Considera la población normal con media 75 y desviación estándar 14. Responde las preguntas a a f del ejercicio 6.71 con *N*(75, 14).

6.73 Supón que quieres generar varias muestras aleatorias, todas del mismo tamaño, todas de la misma distribución de probabilidad normal. ¿Todas serán iguales? ¿Cómo diferirán? ¿Por cuánto diferirán?

a. Usa una computadora o calculadora para generar 10 diferentes muestras, todas de tamaño 100, todas de la misma distribución de probabilidad normal, con media 200 y desviación estándar 25.

b. Dibuja histogramas de las 10 muestras usando los mismos límites de clase.

c. Calcula varios estadísticos descriptivos para las 10 muestras, por separado.

d. Comenta acerca de las similitudes y diferencias que observes.

MINITAB

a. Usa los comandos Generate RANDOM DATA de la página 283 y sustituye *n* con 100, almacenar en C1-C10, media con 200 y desviación estándar con 25.

b. Usa los comandos HISTOGRAM de la página 53 para los datos en C1-C10. Para ajustar el histograma, selecciona Binning con cutpoint y cutpoint positions 36:148/8.

c. Usa el comando DISPLAY DESCRIPTIVE STATISTICS de la página 88 para los datos en C1-C10.

Excel

a. Usa los comandos Normal RANDOM NUMBER GENERATION de la página 283 y sustituye el número de variables con 10, cantidad de números aleatorios con 100, media con 200 y desviación estándar con 25.

b. Usa los comandos RANDOM NUMBER GENERATION Patterned Distribution del ejercicio 6.71 y sustituye el primer valor con 100, el último valor con 300, los pasos con 25 y el rango de salida con K1. Usa los comandos HISTOGRAM de las páginas 53-54 para cada una de las columnas de la A a la J (rango de entrada), con columna K como el rango bin.

(continúa en la página 292)

c. Usa los comandos DESCRIPTIVE STATISTICS de la página 88 para los datos en las columnas de la A a la J.

TI-83/84 Plus

a. Usa los comandos 6:randNorm de las páginas 283-284 y sustituye la media con 200, la desviación estándar con 25 y el número de ensayos con 100. Repite 6 veces y usa L1–L6 para almacenamiento.

b. Usa los comandos HISTOGRAM de la página 54 para los datos en L1-L6 y escribe valores WINDOW: 100, 300, 25, –10, 60, 10, 1. Ajusta con ZoomStat.

c. Usa el comando 1-Var Stats de la página 88 para los datos en L1-L6.

6.74 Genera 10 muestras aleatorias, cada una de tamaño 25, a partir de una distribución normal con media 75 y desviación estándar 14. Responde las preguntas b a d del ejercicio 6.73.

6.4 Notación

El valor z se usa a lo largo de la estadística en varias formas; sin embargo, la relación entre el valor numérico de z y el área bajo la curva de distribución normal estándar no cambia. Dado que z se usa con gran frecuencia, se desea una notación conveniente para identificar la información necesaria. La convención que se usará como "nombre algebraico" para un valor z específico es $z(\alpha)$, donde α representa el "área a la derecha" del z a nombrar.

EJEMPLO 6.14

INTERPRETACIÓN VISUAL DE $z(\alpha)$

$z(0.05)$ (léase "z de 0.05") es el nombre algebraico para el z tal que el área a la derecha y abajo de la curva normal estándar es exactamente 0.05, como se muestra en al figura 6.6.

FIGURA 6.6
Área asociada con $z(0.05)$

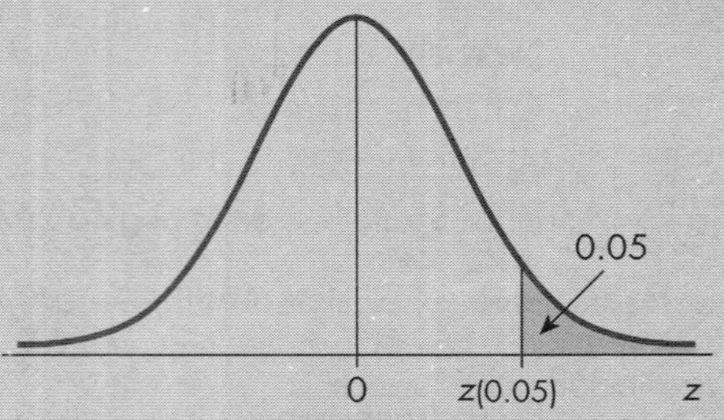

EJEMPLO 6.15

INTERPRETACIÓN VISUAL DE $z(\alpha)$

$z(0.90)$ (léase "z de 0.90") es aquel valor de z tal que 0.90 del área se encuentra a su derecha, como se muestra en la figura 6.7.

FIGURA 6.7
Área asociada con $z(0.90)$

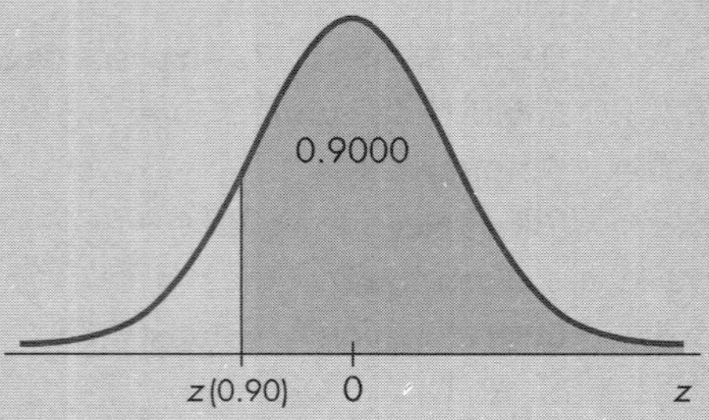

Ahora encuentra los valores numéricos de $z(0.05)$ y $z(0.90)$.

EJEMPLO 6.16

CÓMO DETERMINAR LOS CORRESPONDIENTES VALORES z PARA z (α)

Encuentra el valor numérico de $z(0.05)$.

Solución

FIGURA 6.8
Encuentra el valor de $z(0.05)$

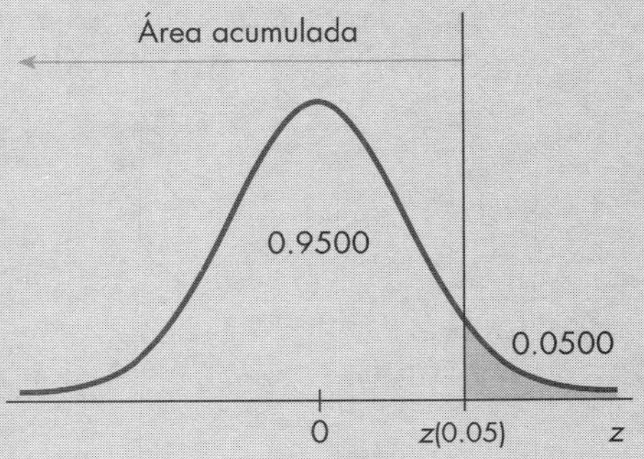

Recuerda que el área bajo la curva normal total es 1. Por tanto, al restar 0.05 de 1 produce 0.95, el área a la izquierda de $z(0.05)$. El área 0.9500 es el área que puede usar con la tabla 3 del apéndice B, o con la función acumulada en una calculadora o computadora; ve las áreas que se muestran en la figura 6.8.

Cuando examinas en la tabla 3, buscas una área tan cercana como sea posible a 0.9500.

z	...	0.04		0.05	...
⋮					
1.6	...	0.9495	0.9500	0.9505	...
⋮					

PTI Se acostumbra redondear al siguiente valor más grande debido al uso común de valores críticos, como verás en el capítulo 8.

Usa el z que corresponda al área más cercana en valor. Cuando el valor está exactamente a la mitad entre las entradas de la tabla, como arriba, siempre usa el valor más grande de z.

Por tanto, $z(0.05) = \mathbf{1.65}$.

EJEMPLO 6.17

CÓMO DETERMINAR LOS CORRESPONDIENTES VALORES z PARA z (α)

Encuentra el valor de $z(0.90)$.

Solución

Como en el ejemplo 6.16, el área 0.90 necesita restarse de 1, lo que por tanto da una área de 0.10 a la izquierda de $z(0.90)$. El área 0.1000 es el área que puedes usar con la tabla 3 del apéndice B, como se muestra en el siguiente diagrama.

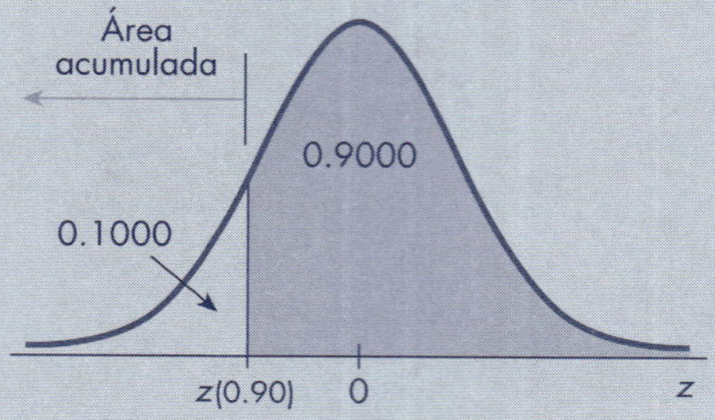

Los valores más cercanos en la tabla 3 son 0.1003 y 0.0985, siendo 0.1003 el más cercano a 0.1000.

z	...	0.08		0.09
⋮				
−1.2	...	0.1003	0.1000	0.0985
⋮				

Por tanto, $z(0.90)$ se relaciona con −1.28. Dado que $z(0.90)$ está por abajo de la media, tiene sentido que $z(0.90) = \mathbf{-1.28}$.

La notación $z(\alpha)$ se usa de manera regular en conexión con situaciones inferenciales que involucran el área de una región de cola (extremos finales de una curva de distribución, o a la izquierda o a la derecha). En capítulos posteriores esta notación se usará de manera regular. Los valores de z que se usarán regularmente provienen de una de las siguientes situaciones: 1) el valor z tal que existe una área específica en una cola de la distribución normal, o 2) los valores z que acotan una proporción media específica de la distribución normal.

El ejemplo 6.16 mostró una situación de una cola de uso común; $z(0.05) = 1.65$ se ubica de modo que 0.05 del área bajo la curva de distribución normal está en la cola a la derecha. El ejemplo 6.17 también mostró una situación de una cola de uso común; $z(0.90) = -1.28$ se ubica de modo que 0.10 del área bajo la curva de distribución normal está en la cola a la izquierda.

Debido a la naturaleza simétrica de la distribución normal, $z(\alpha)$ y $z(1 - \alpha)$ están estrechamente relacionados y la única diferencia es que uno es positivo y el otro es negativo. Observa un ejemplo que demuestra esto.

EJEMPLO 6.18

CÓMO DEMOSTRAR LA RELACIÓN ENTRE $z(\alpha)$ Y $z(1 - \alpha)$

En el ejemplo 6.16 (p. 293) se encontró que el valor de $z(0.05)$ es 1.65. Encuentra $z(0.95)$.

Solución

$z(0.95)$ se ubica en el lado izquierdo de la distribución normal, pues el área a la derecha es 0.95. El área en la cola a la izquierda contiene entonces el otro 0.05, como se muestra en la figura 6.9.

FIGURA 6.9
Área asociada con $z(0.95)$

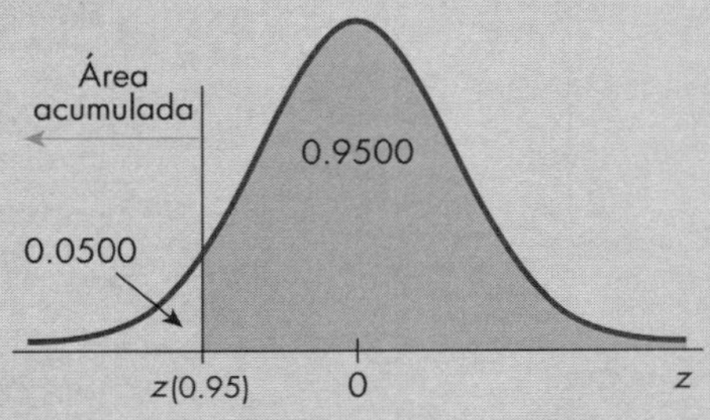

Con la tabla 3, $z(0.95) = \mathbf{-1.65}$.

Debido a la naturaleza simétrica de la distribución normal, $z(0.95) = -1.65$ y $z(0.05)) = 1.65$ sólo difieren en signo y el lado de la distribución a la que pertenecen.

Por tanto, $z(0.95) = -z(0.05) = \mathbf{-1.65}$.

En muchas situaciones, será más conveniente referirse al área de la cola que al área acumulada o al área a la derecha; por tanto, se introduce un nombre algebraico alternativo para los valores z que acotan una situación de cola izquierda. Por ejemplo, dado que $z(0.95)$ y $z(0.05)$ tienen el mismo valor numérico y sólo difieren en signo, se vio que es posible identificar $z(0.95)$ como $-z(0.05)$.

En general, cuando $1 - \alpha$ es mayor que 0.5000, la convención de notación que se usará es $z(1 - \alpha) = -z(\alpha)$.

EJEMPLO 6.19

CÓMO USAR LA TABLA 4 PARA DETERMINAR $z(\alpha)$ Y $z(1 - \alpha)$

Encuentra los valores de $z(0.05)$ y $z(0.95)$ con la tabla 4 del apéndice B.

Solución

La tabla 4, Valores críticos de distribución normal estándar, se diseñó para proporcionar sólo los valores de z de uso más común, cuando se proporciona el área de las regiones de cola. La parte A, Situaciones de una cola, se usa cuando se proporciona el área de una cola.

Una parte de la tabla 4A, Situaciones de una cola

Cantidad de α en una cola

α	...	0.10	0.05	0.025	...
$z(\alpha)$	...	1.28	**1.65**	1.96	...

$\mathbf{z(0.05) = 1.65}$ y dado que la distribución normal estándar es simétrica, el valor de $\mathbf{z(0.95) = -z(0.05)}$ $\mathbf{-1.65}$.

Cuando se especifica la proporción media de una distribución normal, también se puede usar la notación "área a la derecha" para identificar el valor z específico involucrado.

EJEMPLO 6.20

CÓMO DETERMINAR VALORES *z* PARA ÁREAS ACOTADAS

Encuentra los valores *z* que acotan el 0.95 medio de la distribución normal.

Solución 1: Uso de una cola

Dado 0.95 como el área en el medio (figura 6.10), las dos colas deben contener un total de 0.05. Por tanto, cada cola contiene $\frac{1}{2}$ de 0.05, o 0.025, como se muestra en la figura 6.11.

FIGURA 6.10
Área asociada con 0.95 medio

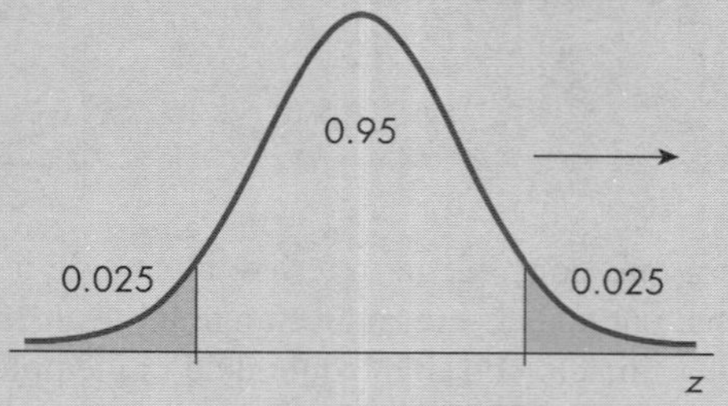

FIGURA 6.11
Cómo encontrar valores *z* para 0.95 medio

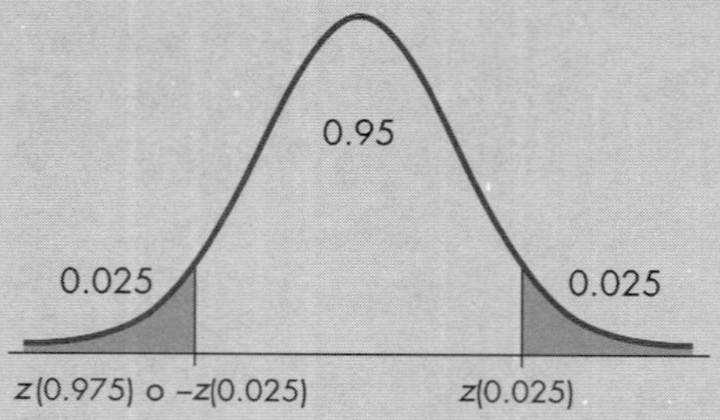

El valor de la cola derecha, $z(0.025)$, se encuentra al usar la tabla 4, para A, Situaciones de una cola, como se demostró en el ejemplo 6.19.

Una parte de la tabla 4A, Situaciones de una cola

	Cantidad de α en una cola				
α	...	0.05	0.025	0.02	...
$z(\alpha)$	...	1.65	**1.96**	2.05	...

$\mathbf{z(0.025) = 1.96}$ y dado que la distribución normal estándar es simétrica, el valor de $\mathbf{z(0.975) = -z(0.025) = -1.96}$.

Solución 2: Uso de dos colas

Dado 0.95 como el área en el medio (figura 6.12), las dos colas deben contener un total de 0.05. La tabla 4, parte B, Situaciones de dos colas, puede usarse cuando se proporciona el área combinada de ambas colas (o el área en el centro). Ubica la columna que corresponde a $\alpha = 0.05$ o $(1 - \alpha) = 0.95$.

FIGURA 6.12
Cómo encontrar valores *z* para 0.95 medio

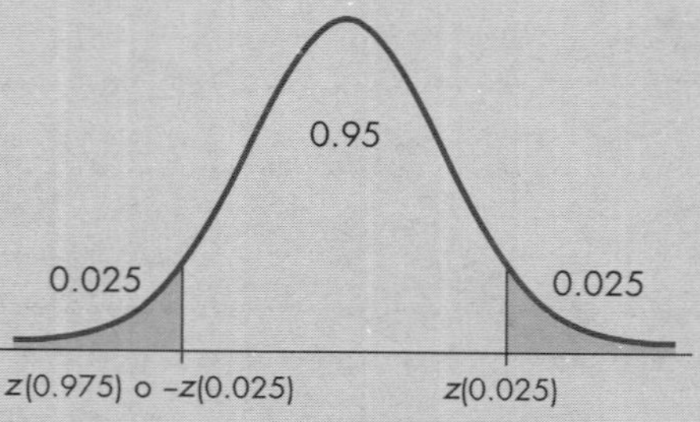

PTI Existe otra opción para encontrar valores de $z(\alpha)$: usa la función acumulada inversa de tu calculadora o computadora. Para instrucciones específicas, consulta la página 285.

Una parte de la tabla 4B, Situaciones de dos colas

Cantidad de α en dos colas

α	...	0.10	0.05	0.02	...
$z(\alpha/2)$	...	1.65	**1.96**	2.33	...
$1-\alpha$	...	0.90	0.95	0.98	...

Área en el "centro"

A partir de la tabla 4B se encuentra $z(0.05/2) = z(0.025) = 1.96$. Al usar la propiedad de simetría de la distribución, se encuentra $z(0.975) = -z(0.025) = -1.96$.
El 0.95 medio de la distribución normal está acotado por **−1.96** y **1.96**.

EJERCICIOS SECCIÓN 6.4

6.75 Con la notación $z(\alpha)$ (identifica el valor de α usado dentro de los paréntesis), nombra cada una de las variables normales estándar z que se muestran en los siguientes diagramas.

a.
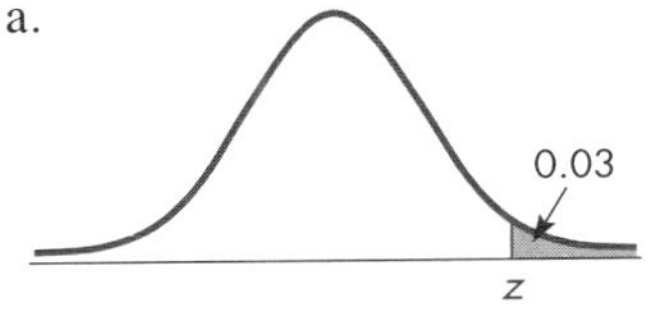

b.
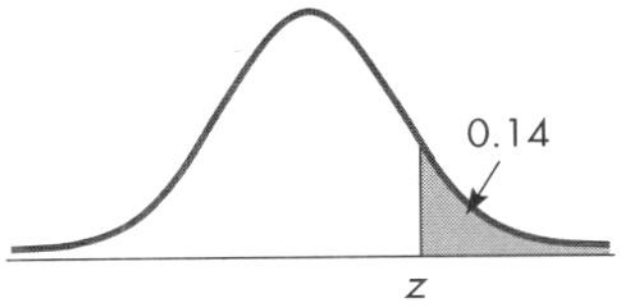

c.
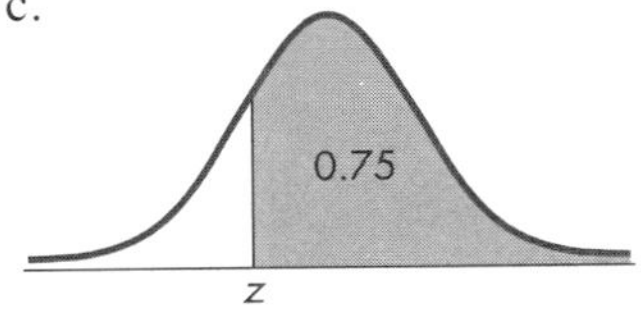

d.
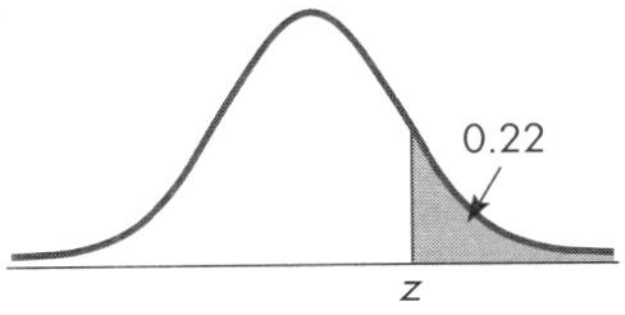

e.
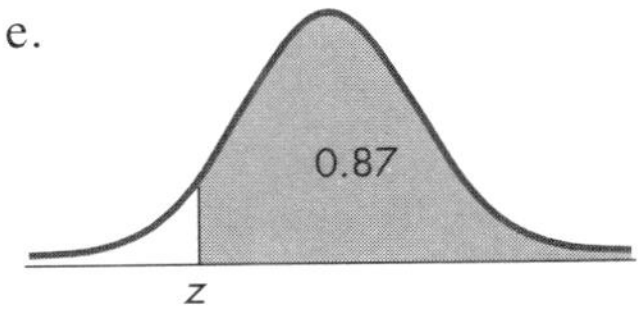

f.
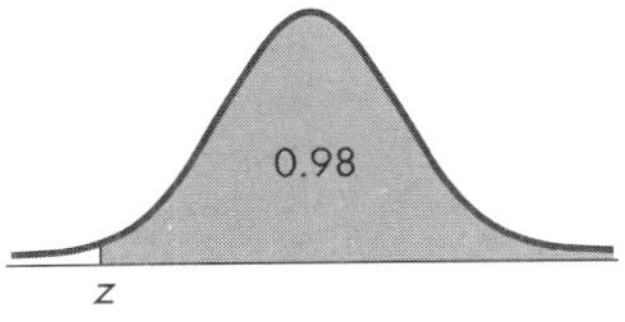

6.76 Con la notación $z(\alpha)$ (identifica el valor de α usado dentro de los paréntesis), nombra cada una de las variables normales estándar z que se muestran en los siguientes diagramas.

a.
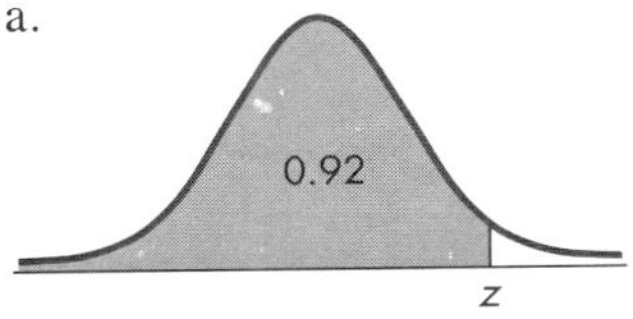

b.
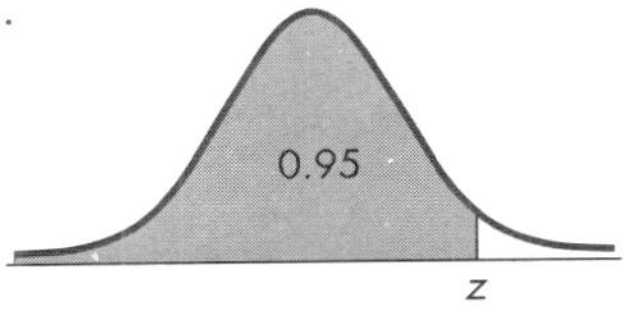

c.
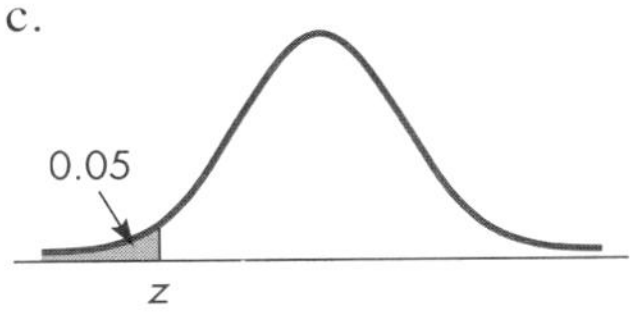

d.
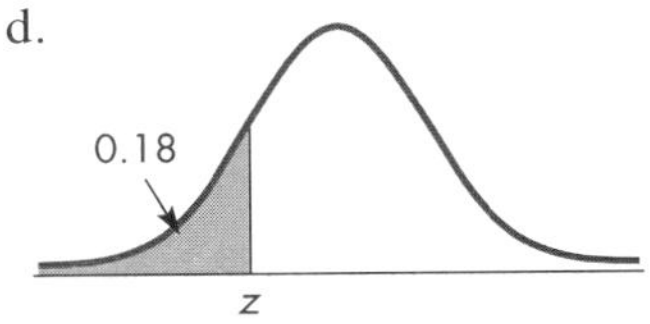

e.
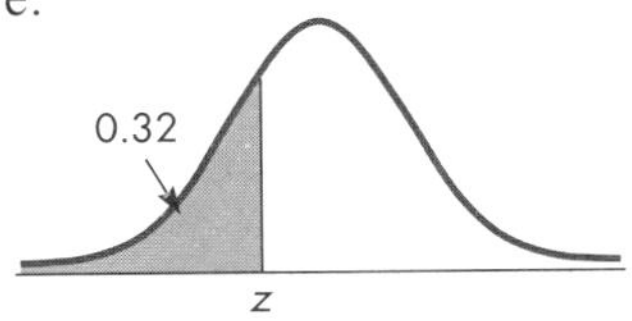

f.
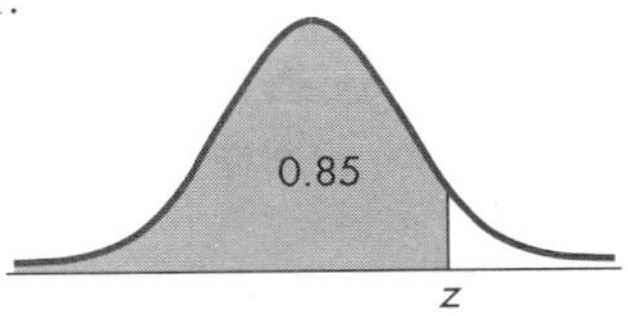

6.77 Con la notación $z(\alpha)$ (identifica el valor de α usado dentro de los paréntesis), nombra cada una de las variables normales estándar z que se muestran en los siguientes diagramas.

a.
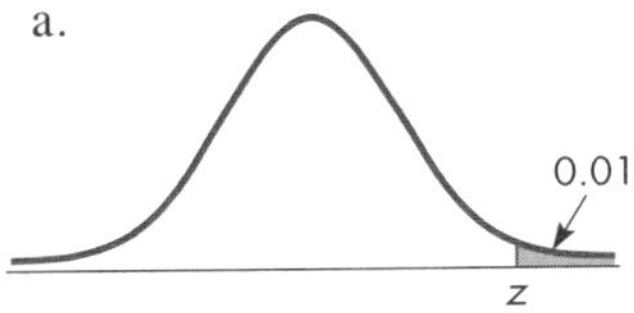

b.
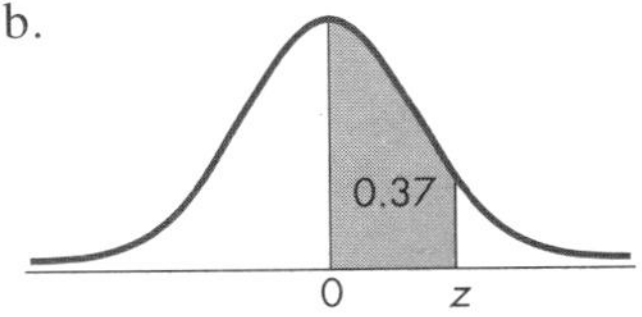

c.
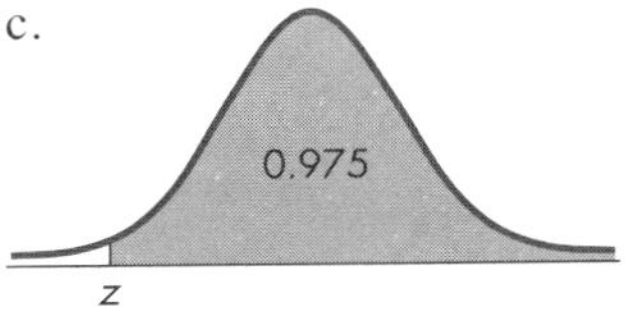

d.
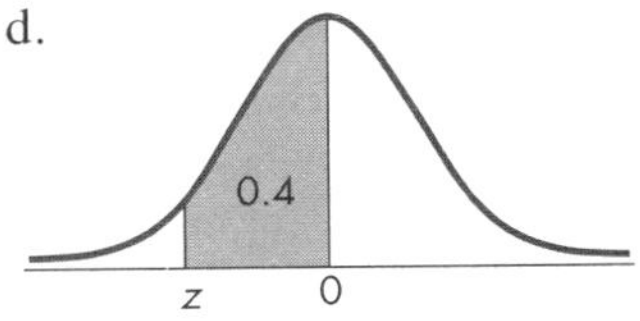

6.78 Con la notación $z(\alpha)$ (identifica el valor de α usado dentro de los paréntesis), nombra cada una de las variables normales estándar z que se muestran en los siguientes diagramas.

(continúa en la página 298)

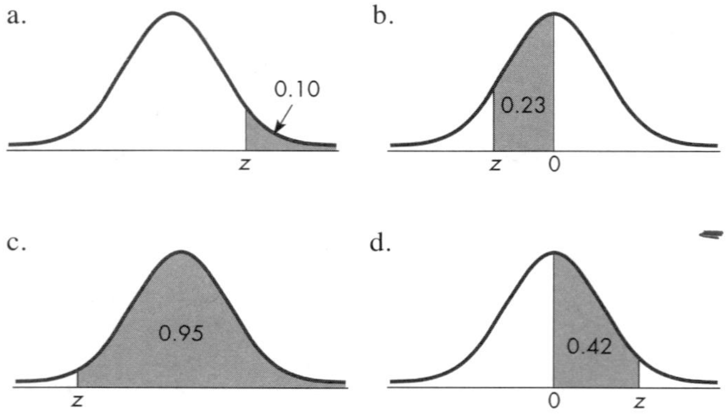

6.79 Dibuja una figura de la curva normal estándar y muestra:

a. $z = (0.15)$ b. $z(0.82)$

6.80 Dibuja una figura de la curva normal estándar y muestra:

a. $z = (0.04)$ b. $z(0.94)$

6.81 Con frecuencia uno está interesado en encontrar el valor de z que acota una área dada en la cola derecha de la distribución normal, como se muestra en la figura siguiente. La notación $z(\alpha)$ representa el valor de z tal que $P(z > z(\alpha)) = \alpha$.

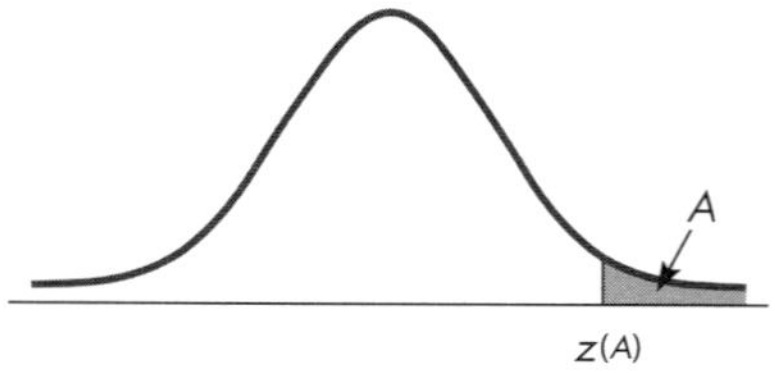

Encuentra lo siguiente:

a. $z = (0.025)$ b. $z(0.05)$ c. $z(0.01)$

6.82 Con frecuencia uno está interesado en encontrar el valor de z que acota un área dada en la cola izquierda de la distribución normal, como se muestra en la figura siguiente. La notación $z(\alpha)$ representa el valor de z tal que $P(z > z(\alpha)) = \alpha$.

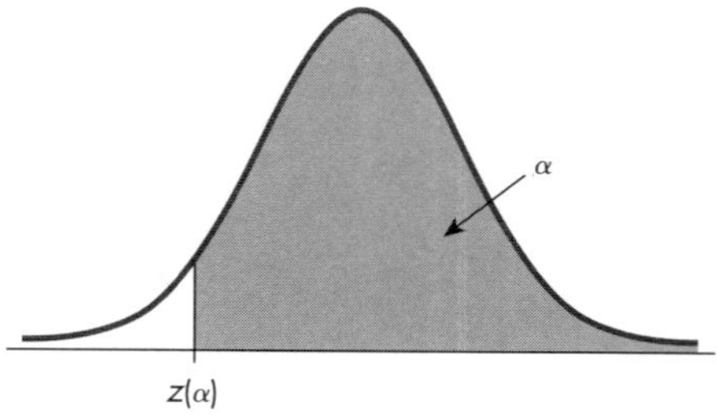

Encuentra lo siguiente:

a. $z = (0.98)$ b. $z(0.80)$ c. $z(0.70)$

6.83 Usa la tabla 4A, apéndice B y la propiedad de simetría de las distribuciones normales para encontrar los siguientes valores de z:

a. $z = (0.025)$ b. $z(0.01)$ c. $z(0.025)$

d. $z = (0.975)$ e. $z(0.98)$

6.84 Usa la tabla 4A y la propiedad de simetría de la distribución normal, completa el siguiente cuadro de valores z. El área dada en las tablas es el área a la derecha bajo la distribución normal en las figuras.

a. Valores z asociados con la cola derecha: dada el área A, encuentra $z(A)$.

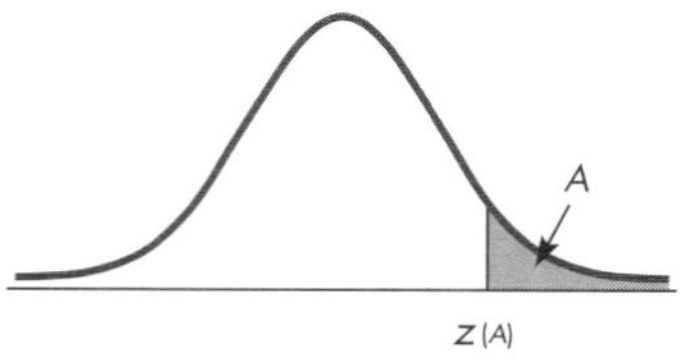

A	0.10	0.05	0.025	0.02	0.01	0.005
z(A)	-1.28					

b. Valores z asociados con la cola izquierda: dada el área B, encuentra $z(B)$.

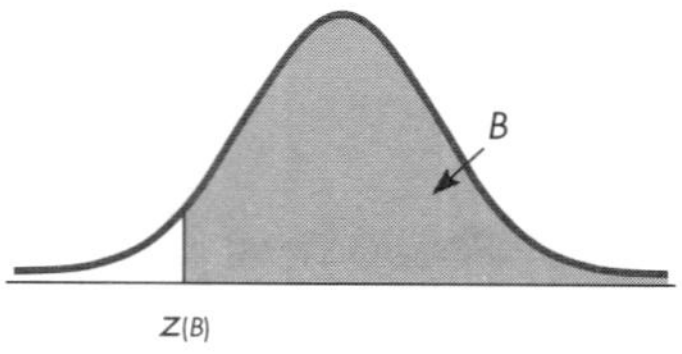

B	0.995	0.99	0.98	0.975	0.95	0.090
z(B)						

6.85 Con la tabla 4B, encuentra los valores z que acotan el 0.80 medio de la distribución normal.

Verifica los valores z con la tabla 4A.

6.86 Usa la tabla 4B, encuentra los valores z que acotan el 0.98 medio de la distribución normal.

Verifica los valores z con la tabla 4A.

6.87 Con la tabla 4B, completa el siguiente cuadro de valores z que acotan una área media de una distribución normal.

Media	0.75	0.90	0.95	0.99
±z				

6.88 a. Encuentra el área bajo la curva normal para z entre $z(0.95)$ y $z(0.025)$.

b. Encuentra $z(0.025) - z(0.95)$.

6.89 La notación z, $z(\alpha)$, combina dos conceptos relacionados, el valor z y el área a la derecha, en un símbolo matemático. Identifica la letra en cada una de las siguientes como un valor

z o una área y luego con la ayuda de un diagrama explica qué representan, tanto el número como la letra dados, sobre la curva estándar.

a. $z(A) = 0.10$ b. $z(0.10) = B$

c. $z(C) = -0.05$ d. $-z(0.05) = D$

6.90 Comprender la notación z, $z(\alpha)$, requiere saber si se tiene un valor z o un área. Cada una de las siguientes expresiones usa la notación z en varias formas, algunas usuales y algunas no tan usuales. Encuentra el valor pedido en cada una de las siguientes expresiones y después con la ayuda de un diagrama explica qué representa tu respuesta.

a. $z(0.08)$ b. el área entre $z(0.98)$ y $z(0.02)$

c. $z(1.00 - 0.01)$ d. $z(0.025) - z(0.975)$

6.5 Aproximación normal de la binomial

En el capítulo 5 se introdujo la **distribución binomial**. Recuerda que la distribución binomial es una distribución de probabilidad de la variable aleatoria discreta, x, el número de éxitos observados en n ensayos independientes repetidos. Ahora verás cómo las **probabilidades binomiales** (esto es: las probabilidades asociadas con una distribución binomial) pueden aproximarse razonablemente con el uso de la distribución de probabilidad normal.

Observa primero algunas distribuciones binomiales específicas. La figura 6.13 muestra las probabilidades de x para 0 a n en tres situaciones: $n = 4$, $n = 8$ y $n = 24$. Para cada una de dichas distribuciones, la probabilidad de éxito para un ensayo es 0.5. Nota que, conforme n se vuelve más grande, la distribución parece cada vez más como la distribución normal.

FIGURA 6.13
Distribuciones binomiales

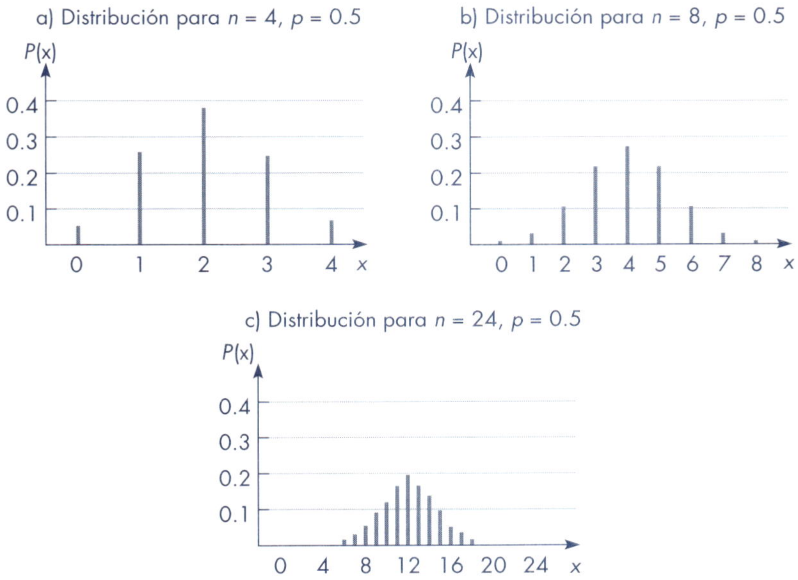

Para hacer la aproximación deseada es necesario tomar en cuenta una gran diferencia entre la distribución binomial y la de probabilidad normal. La variable aleatoria binomial es **discreta**, mientras que la variable aleatoria normal es **continua**. Recuerda que en el capítulo 5 se mostró que la probabilidad asignada a un valor particular de x debe presentarse en un diagrama mediante un segmento de línea recta cuya longitud representa la probabilidad (como en la figura 6.13). Sin embargo, en el capítulo 5 se sugiere que también puede usarse un histograma donde el área de cada barra es igual a la probabilidad de x.

Observa la distribución de la variable binomial x, cuando $n = 14$ y $p = 0.5$. Las probabilidades para cada valor x pueden obtenerse a partir de la tabla 2 en el apéndice B. Esta distribución de x se muestra en la figura 6.14. Se ve la misma distribución en la figura 6.15 en forma de histograma.

FIGURA 6.14
La distribución de x cuando $n = 14$, $p = 0.5$

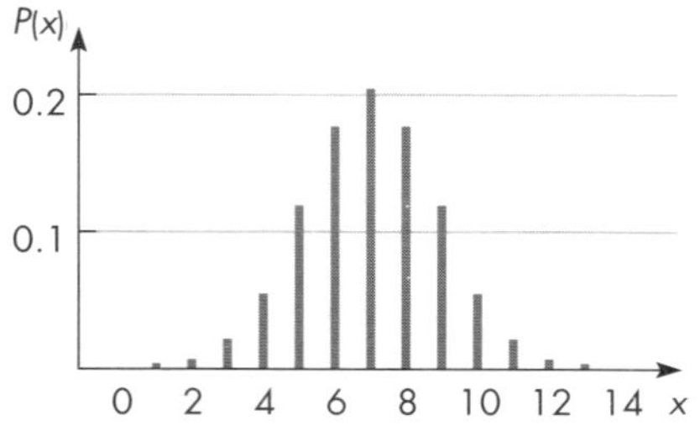

FIGURA 6.15
Histograma para la distribución de x cuando $n = 14$, $p = 0.5$

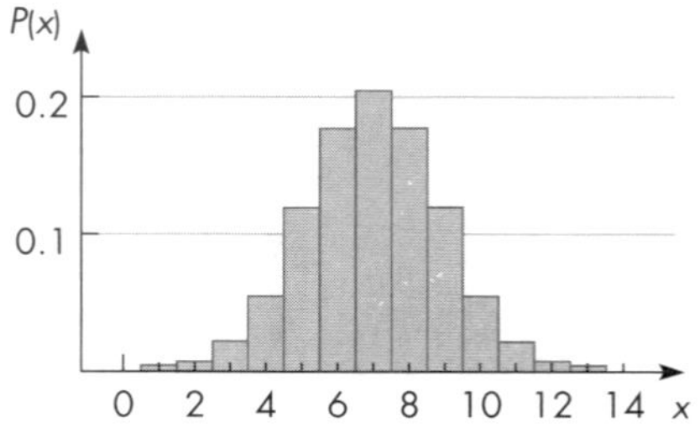

Examina $P(x = 4)$ para $n = 14$ y $p = 0.5$ para estudiar la técnica de aproximación. $P(x = 4)$ es igual a 0.061 (consulta la tabla 2 en el apéndice B), el área de la barra (rectángulo) arriba de $x = 4$ en la figura 6.16.

FIGURA 6.16
El área de la barra arriba de $x = 4$ es 0.061, para $B(n = 14\ p = 0.5)$

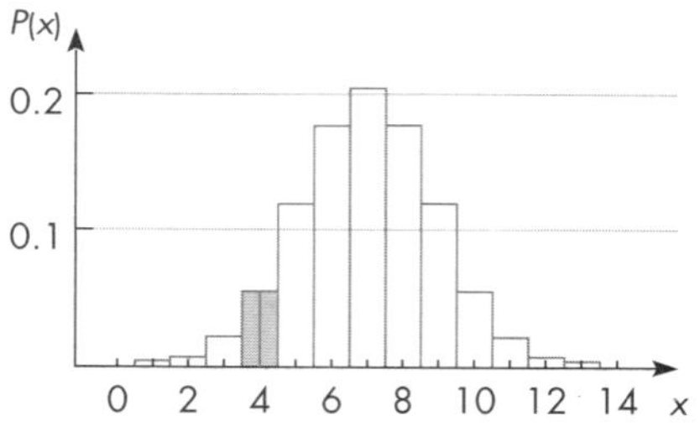

El área de un rectángulo es el producto de su ancho y su altura. En este caso, la altura es 0.061 y el ancho es 1.0, de modo que el área es 0.061. Echa un vistazo más cercano al ancho. Para $x = 4$, la barra comienza en 3.5 y termina en 4.5, de modo que miras un área acotada por $x = 3.5$ y $x = 4.5$. La suma y resta de 0.5 al valor x comúnmente se llama **factor de corrección de continuidad**. Es el método para convertir una variable discreta en una variable continua.

Ahora observa la distribución normal relacionada con esta situación. Primero necesitarás una distribución normal con una media y una desviación estándar igual a las de la distribución binomial que se estudia. Las fórmulas (5.7) y (5.8) producen estos valores:

$$\mu = np = (14)(0.5) = \mathbf{7.0}$$

$$\sigma = \sqrt{npq} = \sqrt{(14)(0.5)(0.5)} = \sqrt{3.5} = \mathbf{1.87}$$

La probabilidad de que $x = 4$ se aproxime mediante el área bajo la curva normal entre $x = 3.5$ y $x = 4.5$ se muestra en la figura 6.17. La figura 6.18 muestra toda la distribución de la variable binomial x con una distribución normal de la misma media y desviación estándar superpuestas. Observa que las barras y los intervalos de áreas bajo la curva cubren casi la misma área.

FIGURA 6.17
Probabilidad de que $x = 4$ se aproxime mediante el área sombreada

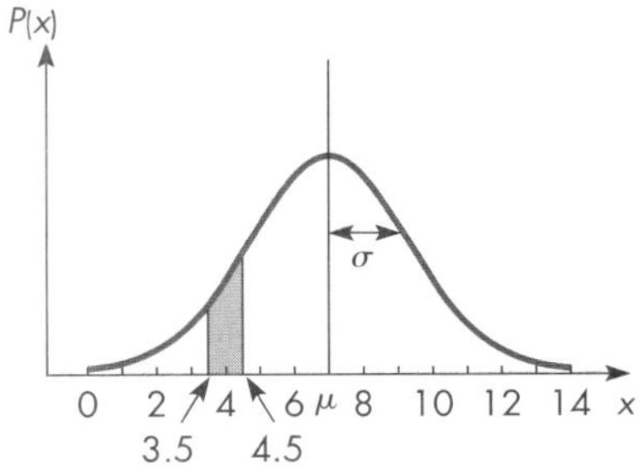

FIGURA 6.18
Distribución normal superpuesta sobre la distribución para la variable binomial x

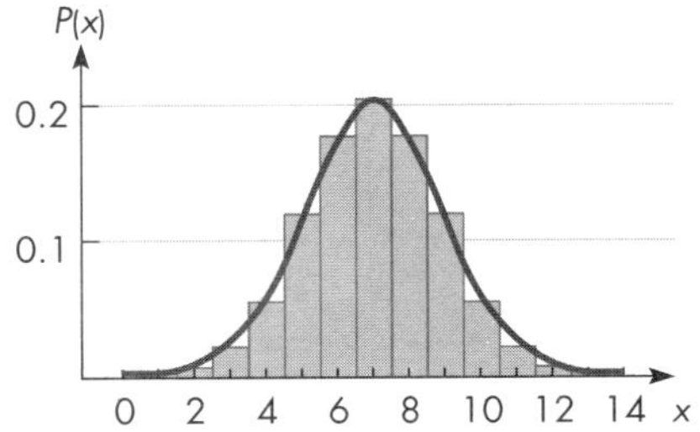

La probabilidad de que x esté entre 3.5 y 4.5 bajo esta curva normal se encuentra al usar la fórmula (6.3), tabla 3 y los métodos destacados en la sección 6.3:

$$z = \frac{x - \mu}{\sigma}: \quad P(3.5 < x < 4.5) = P\left(\frac{3.5 - 7.0}{1.87} < z < \frac{4.5 - 7.0}{1.87}\right)$$

$$= P(1.87 < z < -1.34)$$

$$= 0.0901 - 0.0307 = \mathbf{0.0594}$$

Dado que la probabilidad binomial de 0.061 y la probabilidad normal de 0.0594 están razonablemente cerca, la distribución de probabilidad normal parece ser una aproximación razonable de la distribución binomial.

La **aproximación normal de la distribución binomial** también es útil para valores de p que no están cerca de 0.5. Las distribuciones de probabilidad binomial que se muestran en las figuras 6.19 y 6.20 sugieren que las probabilidades binomiales pueden aproximarse con la distribución normal. Observa que, conforme n aumenta, la distribución binomial

FIGURA 6.19 Distribuciones binomiales

a) Distribución para $n = 4$, $p = 0.3$ b) Distribución para $n = 8$, $p = 0.3$ c) Distribución para $n = 24$, $p = 0.3$

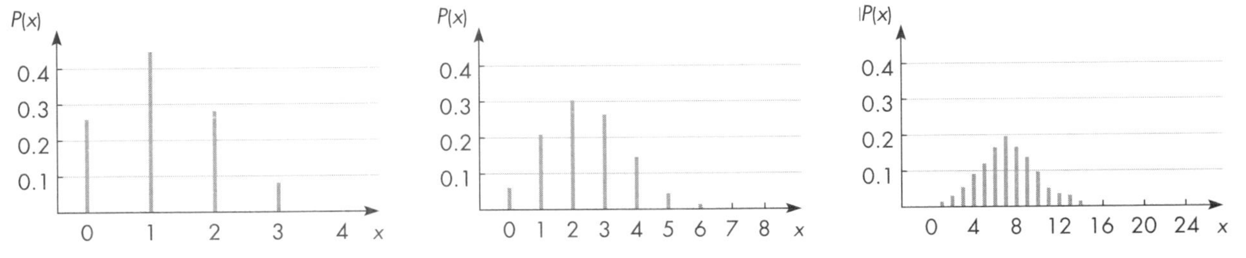

FIGURA 6.20 Distribuciones binomiales

a) Distribución para $n = 4$, $p = 0.1$ b) Distribución para $n = 8$, $p = 0.1$ c) Distribución para $n = 50$, $p = 0.1$

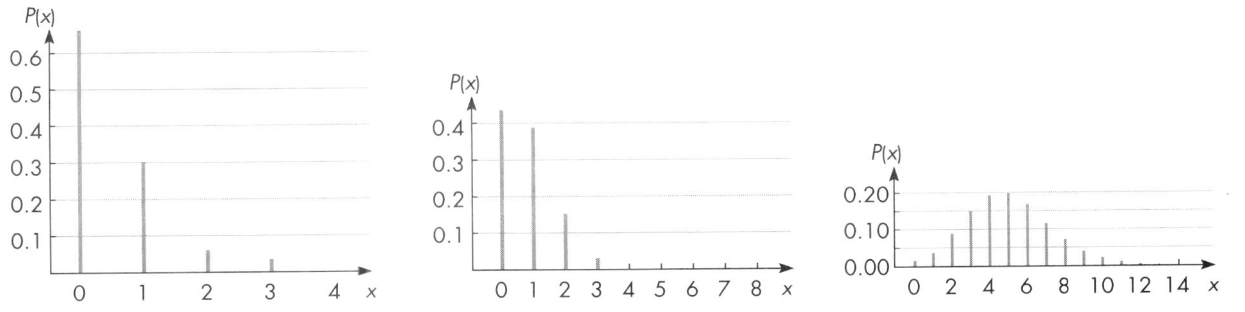

comienza a parecerse a la distribución normal. Conforme el valor de p se aleja de 0.5, se necesita una n más grande con la finalidad de que la aproximación normal sea razonable. La siguiente *regla empírica* usualmente se usa como lineamiento:

Regla La distribución normal ofrece una aproximación razonable a una distribución de probabilidad binomial siempre que los valores de np y $n(1 - p)$ son iguales o superan 5.

Por ahora puedes pensar: "¿Y eso qué? Sólo usaré la tabla binomial y encontraré la distribución de probabilidad directamente y evitará todo el trabajo adicional." Pero considera por un momento la situación que se presentó en el ejemplo 6.21.

EJEMPLO 6.21

CÓMO RESOLVER UN PROBLEMA DE PROBABILIDAD BINOMIAL CON LA DISTRIBUCIÓN NORMAL

Una falla mecánica no apreciada causó que $\frac{1}{3}$ de la producción de una tienda mecánica de 5 000 pistolas que disparan remaches sea defectuosa. ¿Cuál es la probabilidad de que un inspector descubra no más de 3 remachadoras defectuosas en una muestra aleatoria de 25?

Solución

En este ejemplo de un experimento binomial, x es el número de defectuosos que se encontró en la muestra, $n = 25$ y $p = P(\text{defectuoso}) = \frac{1}{3}$. Para responder la pregunta con la distribución binomial, necesitarás usar la función de probabilidad binomial, fórmula (5.5):

$$P(x) = \binom{25}{x}\left(\frac{1}{3}\right)^{x}\left(\frac{2}{3}\right)^{25-x} \quad \text{para } x = 0, 1, 2, \ldots, 25$$

Debes calcular los valores para $P(0)$, $P(1)$, $P(2)$ y $P(3)$, porque no aparecen en la tabla 2. Ésta es una labor bastante tediosa debido al tamaño del exponente. En situaciones como ésta, puedes usar el método de aproximación normal.

Ahora encuentra $P(x \le 3)$ usando el método de aproximación normal. Primero necesitas encontrar la media y la desviación estándar de x, fórmulas (5.7) y (5.8):

$$\mu = np = (25)\ \frac{1}{3} = \mathbf{8.333}$$

$$\sigma = \sqrt{npq} = \sqrt{(25)\left(\frac{1}{3}\right)\left(\frac{2}{3}\right)} = \sqrt{5.55556} = \mathbf{2.357}$$

Dichos valores se muestran en la figura. El área de la región sombreada ($x < 3.5$) representa la probabilidad de $x = 0, 1, 2$ o 3. Recuerda que $x = 3$, la variable binomial discreta, cubre el intervalo continuo desde 2.5 hasta 3.5.

$$P(x \text{ no es más que } 3) = P(x \le 3) \text{ (para una variable discreta } x)$$
$$= P(x < 3.5) \text{ (para una variable continua } x)$$

Tutorial en video disponible; ingresa y aprende más en cengagebrain.com

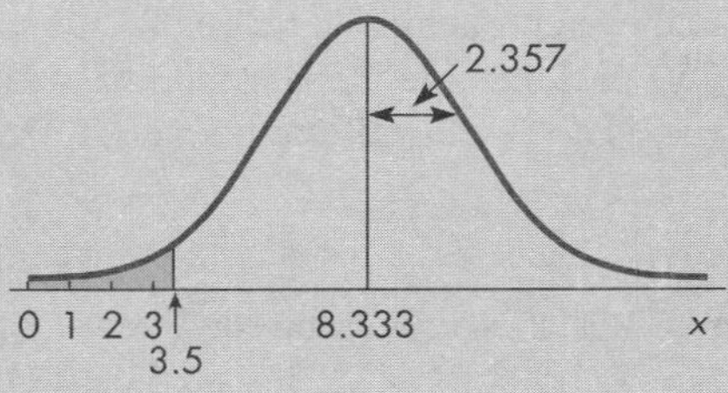

$$z = \frac{x - \mu}{\sigma}: \quad P(x < 3.5) = P\left(z < \frac{3.5 - 8.333}{2.357}\right) = P(z < -2.05)$$

$$= \mathbf{0.0202}$$

Por tanto, P(no más que tres defectuosas) es aproximadamente 0.02.

EJERCICIOS SECCIÓN 6.5

6.91 Encuentra los valores np y nq (recuerda: $q = 1 - p$) para un experimento binomial con $n = 100$ y $p = 0.02$. ¿Esta distribución binomial satisface la regla para aproximación normal? Explica.

6.92 ¿En cuál de las siguientes distribuciones binomiales la distribución normal proporciona una aproximación razonable? Usa comandos de computadora para generar una gráfica de la distribución y compara los resultados con la "regla empírica". Expresa tus conclusiones.

a. $n = 10, p = 0.3$
b. $n = 100, p = 0.005$
c. $n = 500, p = 0.1$
d. $n = 50, p = 0.2$

MINITAB

Inserta n y p específicos según requieras en el procedimiento siguiente. Usa los comandos Make Patterned Data del ejercicio 6.71 y sustituye el primer valor con 0, el último valor con n y los pasos con 1.
Usa los comandos de Binomial Probability Distribution de la página 251, usa C2 como almacenamiento opcional.
Usa los comandos Scatterplot Simple para los datos en C1 y C2. Selecciona Data View, Data Display, Project Lines para completar la gráfica

Excel

Inserta n y p específicos según requieras en el procedimiento siguiente. Usa los comandos RANDOM NUMBER GENERATION del ejercicio 6.71 y sustituye el primer valor con 0, el último valor con n, los pasos con 1 y el rango de salida con A1.
Activa la celda B1; luego usa los comandos de Binomial Probability Distribution de las páginas 251-252.
Usa los comandos Insert > para los datos en las columnas A y B. Elegir el subcomando Select Data remueve la serie 1.

6.93 Con la finalidad de ver qué sucede cuando la aproximación normal se usa de manera inadecuada, considera la distribución binomial con $n = 15$ y $p = 0.05$. Dado que $np = 0.75$, la regla empírica ($np > 5$ y $nq > 5$) no se satisface. Con las tablas binomiales, encuentra la probabilidad de uno o menos éxitos y compara esto con la aproximación normal.

6.94 Encuentra la aproximación normal para la probabilidad binomial $P(x = 6)$, donde $n = 12$ y $p = 0.6$. Compara esto con el valor de $P(x = 6)$ que obtuviste de la tabla 2.

6.95 Encuentra la aproximación normal para la probabilidad binomial $P(x = 4, 5)$, donde $n = 14$ y $p = 0.5$. Compara esto con el valor de $P(x = 4, 5)$ que obtuviste de la tabla 2.

6.96 Encuentra la aproximación normal para la probabilidad binomial $P(x \leq 8)$, donde $n = 14$ y $p = 0.4$. Compara esto con el valor de $P(x \leq 8)$ que obtuviste de la tabla 2.

6.97 Encuentra la aproximación normal para la probabilidad binomial $P(x \geq 9)$, donde $n = 13$ y $p = 0.7$. Compara esto con el valor de $P(x \geq 9)$ que obtuviste de la tabla 2.

6.98 Consulta al ejemplo 6.21 (p. 302):

a. Calcula $P(x \leq 3 | B(25, \frac{1}{3}))$.

b. ¿Cuán buena fue la aproximación normal? Explica. (*Sugerencia*: si usas una computadora o calculadora, utiliza los comandos de las pp. 251-252.)

6.99 El melanoma es la forma más seria de cáncer de piel y aumenta a una tasa mayor que la de cualquier otro cáncer en Estados Unidos. Si se detecta en su etapa temprana, la tasa

(continúa en la página 304)

de supervivencia de 5 años para los pacientes es en promedio 98% en Estados Unidos. ¿Cuál es la probabilidad de que 235 o más de cierto grupo de 250 pacientes de etapa temprana sobrevivan 5 años o más después de su diagnóstico de melanoma?

Fuente: http://www.health.com/

6.100 De acuerdo con una encuesta de septiembre de 2008 y el reporte realizado por Pew/Internet, 62% de los adultos usan internet o correo electrónico en sus trabajos. ¿Cuál es la probabilidad de que más de 180 de 250 adultos usen internet o correo electrónico en sus labores?

Fuente: http://www.pewinternet.org

6.101 De acuerdo con las estadísticas 2007 de la Federal Highway Administration, el porcentaje de conductores mujeres con licencia apenas sobrepasó el porcentaje de conductores varones con licencia. De los conductores en Estados Unidos, 50.2% son mujeres. Si una muestra aleatoria de 50 conductores se selecciona para una encuesta,

a. ¿cuál es la probabilidad de que no más de la mitad (25) de los conductores sean mujeres?

b. ¿cuál es la probabilidad de que al menos tres cuartos (38) de los conductores sean mujeres?

6.102 De acuerdo con una encuesta de noviembre de 2008 completada por la Pew Internet & American Life Project [http://www.pewinternet.org], aproximadamente 74% de todos los usuarios de internet dicen que estuvieron en línea por noticias e información acerca de la elección 2008 o para comunicarse con otros acerca de la carrera electoral. Si supones que el porcentaje es correcto, usa la aproximación normal a la binomial para encontrar la probabilidad de que, en una encuesta de 2000 adultos estadounidenses usuarios de internet

a. al menos 1 400 usaron internet por información acerca de la elección 2008.

b. al menos 1 565 usaron internet por información acerca de la elección 2008.

c. al menos 1 500 usaron internet por información acerca de la elección 2008.

d. al menos 1 425 usaron internet por información acerca de la elección 2008.

6.103 No todos los entrenadores de la NBA que gozan de carreras prolongadas, reúnen consistentemente temporadas ganadoras con los equipos que dirigen. Por ejemplo, Bill Fitch, quien entrenó 25 temporadas de básquetbol profesional después de iniciar su carrera de entrenador en la Universidad de Minnesota, ganó 944 juegos, pero perdió 1 106 mientras trabajó con los Cavaliers, Celtics, Rockets, Nets y Clippers. Si seleccionaras aleatoriamente 60 tarjetas de los registros históricos de juegos en los que Bill Fitch entrenó uno de los equipos, ¿cuál es la probabilidad de que menos de la mitad de ellas mostren que su equipo ganó? Para obtener tu respuesta, usa la aproximación normal a la distribución binomial.

Fuente: basketball-reference.com

6.104 Una encuesta descubrió que 88% de los electores votarían por una candidata presidencial si estuviera calificada. La encuesta fue realizada en febrero de 2007 por Gallup y reportada por el Pew Research Center [http://pewresearch.org]. Sólo 53% de los votantes se sentían de esta manera en 1969. Si supones que 88% es la proporción actual verdadera, ¿cuál es la probabilidad de que otra encuesta realizada al azar de 1 125 votantes registrados resulte en

a. más de 8/9 que digan que votarían por una candidata presidencial, si estuviera calificada?

b. menos de 85% digan que votarían por una candidata presidencial, si estuviera calificada?

6.105 De acuerdo con un reporte de diciembre de 2008 del sitio web Join Together de la Boston University School of Public Health, aproximadamente la mitad (42%) de los niños estadounidenses están expuestos a humo de segunda mano semanalmente, con más de 25% de padres que reportan que su hijo fue expuesto a humo en sus hogares. Este estadístico fue uno de muchos resultados de la *Social Climate Survey of Tobacco Control* [http://www.socialclimate.org/]. Usa la aproximación normal a la distribución binomial para encontrar la probabilidad de que, en una encuesta de 1 200 padres seleccionados al azar, entre 450 y 500 inclusive reportarán que sus hijos estuvieron expuestos a humo semanalmente.

Fuente: http://www.jointogether.org

a. Resuelve usando aproximación normal y la tabla 3 del apéndice B.

b. Resuelve usando una computadora o calculadora y el método de aproximación normal.

c. Resuelve usando una computadora o calculadora y la función de probabilidad binomial.

6.106 Tú no estás solo si tu garaje está tan atiborrado que no puedes meter tu automóvil en él. De acuerdo con el artículo del *Democrat & Chronicle* titulado "Limpieza general" (1 de enero de 2009), el Departamento de Energía de Estados Unidos reporta que 25% de las personas con garaje para dos automóviles no tienen espacio para estacionar ningún automóvil en su interior. Usa la aproximación normal a la distribución binomial para encontrar la probabilidad de que, en una encuesta de 1 200 propietarios con garaje para dos automóviles, entre 250 y 340 inclusive no pueden estacionar sus automóviles dentro de su garaje.

a. Resuelve usando la aproximación normal y la tabla 3.

b. Resuelve usando una computadora o calculadora y el método de aproximación normal.

6.107 La tecnología es la clave para el futuro. Aparentemente, los estudiantes creen esto también. De acuerdo con una encuesta de estudiantes universitarios realizada por Ridgid en abril de 2009, la opción profesional más seleccionada por estudiantes de bachillerato fue tecnología de la información, elegida por 25% de los estudiantes entrevistados. Supón que seleccionas al azar 200 estudiantes de tu bachillerato local. Usa la aproximación normal a la distribución binomial para encontrar la probabilidad de que, dentro de tu muestra:

a. más de 65 de los estudiantes eligieron tecnología de la información como su opción de carrera.

b. menos de 27 de los estudiantes eligieron tecnología de la información como su opción de carrera.

c. entre 45 y 60 de los estudiantes eligieron tecnología de la información como su opción de carrera.

Repaso del capítulo

En retrospectiva

Aprendiste acerca de la distribución de probabilidad normal estándar, la familia más importante de variables aleatorias continuas. Aprendiste a aplicarla a todas las demás distribuciones de probabilidad normal y cómo usarla para estimar probabilidades de distribuciones binomiales. Viste una gran variedad de variables que tienen esta distribución normal o que se aproximan razonablemente bien por ella.

En el siguiente capítulo examinarás distribuciones de muestreo y aprenderás a usar la probabilidad normal estándar para resolver aplicaciones adicionales.

CourseMate El sitio **Statistics CourseMate** para este libro lleva a la vida los temas del capítulo, con herramientas interactivas de aprendizaje, estudio y preparación de exámenes, incluidas preguntas rápidas y tarjetas de estudio para el vocabulario y los conceptos clave que aparecen a continuación. El sitio también ofrece una versión **eBook** del texto, con capacidades de subrayado y toma de notas. A lo largo de los capítulos, el icono CourseMate señala los conceptos y ejemplos que tienen sus correspondientes recursos interactivos como **video** y **tutoriales animados** que demuestran, paso a paso, cómo resolver problemas; conjuntos de datos para ejercicios y ejemplos; **Applets Skillbuilder** para ayudarte a comprender mejor los conceptos; **manuales de tecnología** y software para descargar que incluye **Data Analysis Plus** (una suite de macros estadísticos para Excel) y programas **TI-83/84 Plus**; regístrate en **www.cengagebrain.com**

Vocabulario y conceptos clave

aproximación normal de la binomial (p. 301)
área acumulada (p. 271)
curva normal (p. 271)
distribución binomial (p. 299)
distribución con forma de campana (p. 268)
distribución de probabilidad, variable continua (p. 269)
distribución normal (p. 268)
distribución normal estándar (p. 271)
factor de corrección de continuidad (p. 300)
notación z (p. 292)
porcentaje (p. 270)
probabilidad (p. 270)
probabilidad binomial (p. 299)
proporción (p. 270)
representación de área para probabilidad (p. 270)
valor estándar (p. 271)
valor z (p. 271)
variable aleatoria (p. 269)
variable aleatoria continua (p. 268, 269)
variable aleatoria discreta (p. 269)

Resultados del aprendizaje

• Comprender la diferencia entre una variable aleatoria discreta y una continua.	p. 269
• Comprender la relación entre la regla empírica y la curva normal.	pp. 268-269, Ej. 6.1
• Comprender que una curva normal es una curva con forma de campana, con área total bajo la curva igual a 1.	pp. 269-271 Ej. 6.44
• Comprender que la curva normal es simétrica en torno a la media, con un área de 0.5000 a cada lado de la media.	pp. 268-271, Ej. 6.39
• Poder dibujar una curva normal y marcar la media y varios valores z.	p. 268
• Comprender y poder usar la tabla 3, Áreas de la distribución normal estándar, del apéndice B.	EJ. 6.1-6.4
• Calcular probabilidades para intervalos definidos en la distribución normal estándar.	Ej. 6.7, 6.13, 6.23, 6.29
• Determinar valores z para intervalos correspondientes en la distribución normal estándar.	EJ. 6.5-6.7 Ej. 6.31, 6.34, 6.35, 6.110
• Calcular, describir e interpretar un valor z para un valor de datos de una distribución normal.	EJ. 6.8, 6.9, Ej. 6.47
• Calcular valores z y probabilidades para aplicaciones de la distribución normal.	Ej. 6.47, 6.49, 6.59
• Dibujar, calcular e interpretar z de notación alfa, $z(\alpha)$.	EJ. 6.16, 6.17, Ej. 6.76, 6.83, 6.84
• Comprender los elementos clave de un experimento binomial: x, n, p, q. Conocer las fórmulas de su media y desviación estándar.	pp. 299-300
• Comprender que la distribución normal puede usarse para calcular probabilidades binomiales, siempre que se satisfagan ciertas condiciones.	pp. 300-301, Ej. 6.91
• Comprender y poder usar el factor de corrección de continuidad cuando se calculan valores z.	p. 301, Ej. 6.95, 6.96
• Calcular valores z y probabilidades para aproximaciones normales a la binomial.	EJ. 6.21, Ej. 6.99, 6.117

Ejercicios del capítulo

6.108 De acuerdo con el teorema de Chebyshev, ¿al menos cuánta área hay bajo la distribución normal estándar entre $z = -2$ y $z = +2$? ¿Cuál es el área real bajo la distribución normal estándar entre $z = -2$ y $z = +2$?

6.109 El 60% medio de una población con distribución normal se encuentra ¿entre cuáles dos valores estándar?

6.110 Encuentra el valor estándar z tal que el área arriba de la media y abajo de z bajo la curva normal sea

a. 0.3962. b. 0.4846. c. 0.3712.

6.111 Encuentra el valor estándar z tal que el área abajo de la media y arriba de z bajo la curva normal sea

a. 0.3212. b. 0.4788. c. 0.2700.

6.112 Dado que z es la variable normal estándar, encuentra el valor k tal que

a. $P(|z| > 1.68) = k$. b. $P(|z| < 2.15) = k$.

6.113 Dado que z es la variable normal estándar, encuentra el valor c tal que

a. $P(|z| > c) = 0.0384$. b. $P(|z| < c) = 0.8740$.

6.114 Encuentra los siguientes valores de z:

a. $z(0.12)$. b. $z(0.28)$. c. $z(0.85)$. d. $z(0.99)$.

6.115 Encuentra el área bajo la curva normal que se encuentra entre los siguientes pares de valores z:

a. $z = -3.00$ y $z = 3.00$

b. $z(0.975)$ y $z(0.025)$

c. $z(0.10)$ y $z(0.01)$

6.116 Con base en datos de ACT en 2008, la calificación promedio del examen de razonamiento científico fue 20.8, con una desviación estándar de 4.6. Si supones que las calificaciones tienen distribución normal,

a. encuentra la probabilidad de que un estudiante seleccionado al azar tenga una calificación ACT de razonamiento científico de al menos 25.

b. encuentra la probabilidad de que un estudiante seleccionado al azar tenga una calificación ACT de razonamiento científico entre 20 y 26.

c. encuentra la probabilidad de que un estudiante seleccionado al azar tenga una calificación ACT de razonamiento científico menor que 16.

6.117 El registro de 70 años de duración para el clima muestra que, para el estado de Nueva York, la precipitación anual tiene una media de 39.67 pulgadas y una desviación estándar de 4.38 pulgadas [Departamento de Comercio; Reporte de Precipitación Mensual Estatal, Regional y Nacional]. Si la cantidad de precipitación anual tiene una distribución normal, ¿cuál es la probabilidad de que el próximo año la precipitación total sea:

a. más de 50.0 pulgadas?

b. entre 42.0 y 48.0 pulgadas?

c. entre 30.0 y 37.5 pulgadas?

d. más de 35.0 pulgadas?

e. menor que 45.0 pulgadas?

f. menor que 32.0 pulgadas?

6.118 Una compañía que fabrica remaches utilizados por los fabricantes de aviones comerciales, sabe que la resistencia al corte (fuerza requerida para romper) de sus remaches es de gran preocupación. Consideran que la resistencia al corte de sus remaches tiene distribución normal, con una media de 925 libras y una desviación estándar de 18 libras.

a. Si están en lo correcto, ¿qué porcentaje de sus remaches tiene una resistencia al corte mayor que 900 libras?

b. ¿Cuál es la cota superior para la resistencia al corte del 1% más débil de los remaches?

c. Si un remache se selecciona al azar de entre todos los remaches, ¿cuál es la probabilidad de que requiera una fuerza de al menos 920 libras para romperse?

d. Con la probabilidad que encontraste en el inciso c, ¿cuál es la probabilidad, redondeada a la decena más cercana, de que 3 remaches en una muestra aleatoria de 10, se romperá con una fuerza menor que 920 libras?

6.119 En un estudio de la duración de tiempo que tardó en jugarse un juego de béisbol de grandes ligas durante el inicio de la temporada 2008, la variable "tiempo de juego" apareció con una distribución normal, con una media de 2 horas 49 minutos y una desviación estándar de 21 minutos.

Fuente: http://mlb.com/

a. Algunos fanáticos describen un juego como "incontrolablemente largo" si tarda más de 3 horas. ¿Cuál es la probabilidad de que un juego identificado al azar sea incontrolablemente largo?

b. Muchos fanáticos describen un juego que dura menos de 2 horas 30 minutos como "rápido". ¿Cuál es la probabilidad de que un juego seleccionado al azar sea rápido?

c. ¿Cuáles son las cotas del rango intercuartílico para la variable tiempo de juego?

d. ¿Cuáles son las cotas para el 90% medio de la variable tiempo de juego?

6.120 La duración de la vida de cierto tipo de refrigerador tiene una distribución aproximadamente normal, con una media de 4.8 años y una desviación estándar de 1.3 años.

a. Si esta máquina está garantizada para 2 años, ¿cuál es la probabilidad de que la máquina que compres requerirá sustitución bajo la garantía?

b. ¿Qué periodo debe ofrecer el fabricante como garantía si quiere sustituir sólo el 0.5% de las máquinas?

6.121 Una máquina se programa para llenar contenedores de 10 oz con un limpiador. Sin embargo, la variabilidad inherente en cualquier máquina hace que las cantidades reales de llenado varíen. La distribución es normal, con una desviación estándar de 0.02 oz. ¿Cuál debe ser la media μ para que sólo 5% de los contenedores reciban menos de 10 oz?

6.122 En un gran complejo industrial, al departamento de mantenimiento se le instruyó sustituir las bombillas antes de que se quemen. Se sabe que la vida de las bombillas tiene distribución normal, con una vida media de 900 horas de uso y una desviación estándar de 75 horas. ¿Cuándo deben sustituirse las bombillas, de modo que no más de 10% de ellas se quemen mientras están en uso?

6.123 Las calificaciones en un examen, cuya media es 525 y cuya desviación estándar es 80, tienen distribución normal.

a. Alguien que califica por abajo de 350 volverá a examinarse. ¿Qué porcentaje representa esto?

b. El 12% superior recibirá un elogio especial. ¿Qué calificación debe sobrepasar para recibir este elogio especial?

c. El rango intercuartílico de una distribución es la diferencia entre Q_1 y Q_3, $Q_3 - Q_1$. Encuentra el rango intercuartílico para las calificaciones en este examen.

d. Encuentra la calificación tal que sólo 1 de cada 500 calificará por arriba de ella.

6.124 Una máquina expendedora de gaseosas puede regularse de modo que entregue un promedio de μ oz de gaseosa por recipiente.

a. Si las onzas entregadas por recipiente tienen una distribución normal, con una desviación estándar de 0.2 oz, encuentra la configuración de μ que permitirá que un vaso de 6 oz (sin derramarse) contenga la cantidad entregada 99% de las veces.

b. Usa una computadora o calculadora para simular la extracción de una muestra de 40 recipientes de gaseosa de la máquina (configura con tu respuesta al inciso a).

MINITAB

Usa los comandos Calculate RANDOM DATA de la página 283 y sustituye *n* con 40, almacenar con C1, media con el valor calculado en el inciso a y la desviación estándar con 0.2.
Usa los comandos HISTOGRAM de la página 53 para los datos en C1. Para ajustar el histograma, selecciona Binning con cutpoint y cutpoint positions 5:6.2/0.05.

Excel

Usa los comandos Normal RANDOM NUMBER GENERATION de la página 283 y sustituye *n* con 40, la media con el valor calculado en el inciso a, la desviación estándar con 0.2 y el rango de salida con A1.
Usa la distribución con patrón RANDOM NUMBER GENERATION de la página 291 y sustituye el primer valor con 5, el último valor con 6.2, los pasos con 0.05 y el rango de salida con B1.
Usa los comandos de histograma de las páginas 53-54, con columna A como el rango de entrada y la columna B como el rango de caja.

TI-83/84 Plus

Usa los comandos 6:randNorm de la página 283 y sustituye la media con el valor calculado en el inciso a, la desviación estándar con 0.2 y el número de ensayos con 40. Almacenar con L1. Usa los comandos HISTOGRAM de la página 54 para los datos en L1 y escribe WINDOW VALUES: 5, 6.2, 0.05, –1, 10, 1, 1.

c. ¿Qué porcentaje de tu muestra desbordaría el recipiente?

d. ¿Tu muestra parece indicar que la configuración para μ funcionará? Explica.

PTI Repite el inciso b algunas veces. Intenta un valor diferente para el inciso a y repite el inciso b. Observa cuántos recipientes se desbordarían en cada conjunto de 40.

6.125 Supón que x tiene una distribución binomial, con $n = 25$ y $p = 0.3$.

a. Explica por qué la aproximación normal es razonable.

b. Encuentra la media y la desviación estándar de la distribución normal que se usa en la aproximación.

6.126 Sea x una variable aleatoria binomial para $n = 30$ y $p = 0.1$.

a. Explica por qué la aproximación normal no es razonable.

b. Encuentra la función usada para calcular la probabilidad de cualquier x, desde $x = 0$ hasta $x = 30$.

c. Usa una computadora o calculadora para mencionar la distribución de probabilidad.

6.127 a. Usa una computadora o calculadora para mencionar las probabilidades binomiales para la distribución, donde $n = 50$ y $p = 0.1$.

b. Usa los resultados del inciso a para encontrar $P(x \leq 6)$.

c. Encuentra la aproximación normal para $P(x \leq 6)$ y compara los resultados con los del inciso b.

6.128 a. Usa una computadora o calculadora para mencionar tanto la distribución de probabilidad como la distribución de probabilidad acumulada para el experimento de probabilidad binomial, con $n = 40$ y $p = 0.4$.

b. Explica la relación entre las dos distribuciones que encontraste en el inciso a.

c. Si pudieras usar sólo una de dichas listas cuando resuelves problemas, ¿cuál usarías y por qué?

6.129 Considera el experimento binomial con $n = 300$ y $p = 0.2$.

a. Establece, pero no evalúes, la expresión de probabilidad para 75 o menos éxitos en los 300 ensayos.

b. Usa una computadora o calculadora para encontrar $P(x \leq 75)$ utilizando la función de probabilidad binomial.

c. Usa una computadora o calculadora para encontrar $P(x \leq 75)$ utilizando la aproximación normal.

d. Compara las respuestas de los incisos b y c.

PTI Usa los comandos de probabilidad acumulada.

6.130 Se sabe que una máquina que califica exámenes registra una calificación incorrecta en 5% de los exámenes que evalúa. Encuentra, por el método adecuado, la probabilidad de que la máquina registre

a. exactamente 3 calificaciones equivocadas en un conjunto de 5 exámenes.

b. no más de 3 calificaciones equivocadas en un conjunto de 5 exámenes.

c. no más de 3 calificaciones equivocadas en un conjunto de 15 exámenes.

d. no más de 3 calificaciones equivocadas en un conjunto de 150 exámenes.

6.131 Una compañía afirma que 80% de los clientes que compran su podadora especial no tendrán reparaciones durante los primeros dos años de propiedad. Tu estudio personal demuestra que sólo 70 de las 100 podadoras en tu muestra durarán los dos años sin gastos de reparación. ¿Cuál es la probabilidad de que tu muestra suba o baje si el porcentaje real de gastos gratuitos es 80%?

6.132 Se cree que 58% de las parejas casadas con hijos están de acuerdo acerca de los métodos para disciplinar a sus hijos. Si supones que éste es el caso, ¿cuál es la probabilidad de que, en una encuesta aleatoria de 200 parejas casadas, encuentres

a. exactamente 110 parejas que están de acuerdo?

b. menos de 110 parejas que están de acuerdo?

c. más de 100 parejas que están de acuerdo?

6.133 Es evidente que tener mucho dinero no necesariamente te hace sexy. En una encuesta realizada por salary.com, los bomberos arrasaron la competencia y ganaron el título de "empleo más sexy" con 16% de los votos.

Fuente: http://salary.com/

Supón que seleccionas al azar 50 adultos. Usa la aproximación normal a la distribución binomial para encontrar la probabilidad de que, dentro de tu selección,

a. más de 12 de los adultos escojan bombero como el empleo más sexy.

b. menos de 8 de los adultos escoja bombero como el empleo más sexy.

c. de 7 a 14 de los adultos escojan bombero como el empleo más sexy.

6.134 *National Coffee Drinking Trends* es "la publicación" en la industria del café. Cada año, rastrea los patrones de consumo en una gran variedad de situaciones y categorías y lo ha hecho así durante más de cinco décadas. Una edición reciente dice que 39% del total de bebedores de café, con edades de 18 años y más, compraron café cultivado a la sombra el año pasado.

Si este porcentaje es verdadero para los bebedores de café en la cafetería Crimson Light's, ¿cuál es la probabilidad de que, de los siguientes 50 clientes que compren café en Crimson Light's,

a. más de 20 pidan una variedad cultivada a la sombra?

b. menos de 15 pidan una variedad cultivada a la sombra?

6.135 Aparentemente jugar videojuegos, mirar TV y la mensajería instantánea con amigos no es suficientemente relajante. En una encuesta de Yesawich, Pepperdine, Brown y Russell, se descubrió que la gran mayoría de los niños dicen que "necesitan" vacaciones. Un tercio de los niños encuestados dijo que ayudaban a investigar algún aspecto de las vacaciones de sus familias en internet. Si se toma una encuesta de seguimiento de 100 de dichos niños, ¿cuál es la probabilidad de que

a. menos de 25% de la nueva muestra digan que ayudan a investigar las vacaciones de la familia en internet?

b. más de 40% de la nueva muestra digan que ayudan a investigar las vacaciones de la familia en internet?

6.136 [EX06-136] Las tasas de mortalidad infantil se usan frecuentemente para valorar la calidad de vida y lo adecuado de la atención a la salud. La tasa se basa en el número de muertes de infantes menores a 1 año de edad en un año dado por 1 000 nacimientos vivos en el mismo año. A continuación se presentan las tasas de mortalidad infantil, al entero más cercano, en ocho naciones del mundo, como se encontró en *The World Factbook*.

(continúa en la página 310)

[EX00-000] identifica el nombre de archivo de una base de datos en línea de un ejercicio; disponibles a través de cengagebrain.com

Nación	Mortalidad infantil
China	25
Alemania	4
India	58
Japón	3
México	22
Rusia	17
Sudáfrica	62
Estados Unidos	7

Fuente: http://www.cia.gov

Supón que los siguientes 2 000 nacimientos dentro de cada nación se rastrean para la ocurrencia de muertes infantiles.

a. Construye una tabla que muestre la media y la desviación estándar de las distribuciones binomiales asociadas.

b. En la columna final de la tabla, encuentra la probabilidad de que al menos 70 infantes de las muestras dentro de cada nación se convertirán en muertes que contribuyan a la tasa de mortalidad de la nación. Muestra todo tu trabajo.

6.137 [EX06-137] Una gran muestra de lentes se selecciona al azar y se evalúa para una dimensión particular de lentes. Luego se compara con su rango de especificación de (0.000) ± 0.030 unidades. Se evaluaron 110 lentes. Los datos se codificaron en dos formas y se muestran a continuación:

−0.020	−0.043	−0.002	0.002	−0.018
−0.016	−0.051	−0.024	−0.024	−0.032
−0.002	0.003	−0.014	0.022	0.000
−0.004	0.035	−0.006	−0.004	0.000
−0.014	−0.017	0.014	−0.008	−0.002
−0.006	0.032	0.034	−0.004	−0.012
−0.006	0.034	−0.032	0.012	−0.016
0.004	0.029	−0.030	0.026	−0.028
0.024	−0.016	−0.014	−0.040	−0.010
0.000	−0.020	−0.016	0.008	0.026
−0.008	−0.019	−0.018	0.012	0.014
−0.014	−0.026	−0.028	−0.032	0.010
0.010	−0.065	0.016	0.010	0.010
0.010	−0.011	0.008	0.000	0.006
0.004	−0.018	0.026	0.044	−0.006
0.014	−0.036	0.002	0.001	−0.008
0.004	−0.022	−0.012	0.014	−0.024
0.078	−0.005	0.000	0.006	−0.016
0.012	0.000	−0.010	−0.002	−0.018
0.006	0.029	−0.20	−0.024	−0.002
0.006	0.018	−0.022	−0.018	−0.014
−0.010	0.010	−0.016	−0.018	−0.016

Fuente: Cortesía de Bausch & Lomb [variable no mencionada y datos codificados a petición de B&L]

a. Calcula la media y la desviación estándar de los datos.

b. Crea un histograma y comenta acerca del patrón de variabilidad de los datos.

c. Usa pruebas de normalidad y/o la regla empírica como confirmación de la apariencia normal. Explica tus hallazgos.

d. Determina el porcentaje observado de conformidad con la especificación. Esto es: ¿qué porcentaje de las mediciones caen dentro del rango de especificación de 0.00 ± 0.030 unidades?

6.138 Supón que la distribución de datos en el ejercicio 6.137 tiene una distribución exactamente normal, con una media de 0.00 y una desviación estándar de 0.020.

a. Encuentra las cotas del 95% medio de la distribución.

b. ¿Qué porcentaje de los datos está realmente dentro del intervalo que encontraste en el inciso a?

c. Con valores z, determina el porcentaje de conformidad estimada con la especificación. Esto es: ¿qué porcentaje de las mediciones se esperaría estén dentro del rango de especificación de 0.000 ± 0.030 unidades?

Examen de práctica del capítulo

PARTE I: Conocimiento de las definiciones

Responde "verdadero" si el enunciado siempre es verdadero. Si el enunciado no siempre es verdadero, sustituye las palabras en negrillas con las palabras que hagan al enunciado siempre verdadero.

6.1 La distribución de probabilidad normal es simétrica en torno a **cero**.

6.2 El área total bajo la curva de cualquier distribución normal es **1.0**.

6.3 La probabilidad teórica de que ocurrirá un valor particular de una variable aleatoria **continua** es exactamente cero.

6.4 La unidad de medida para el valor estándar es el **mismo que la unidad de medida de los datos**.

6.5 Todas las distribuciones **normales** tienen la misma función y distribución de probabilidad general.

6.6 En la notación $z(0.05)$, el número entre paréntesis es la medida del área a la **izquierda** del valor z.

6.7 Los valores normales estándar tienen una media de **uno** y una desviación estándar de **cero**.

6.8 Las distribuciones de probabilidad de **todas** las variables aleatorias continuas tienen distribución normal.

6.9 Es posible sumar y restar las áreas bajo la curva de una distribución continua porque dichas áreas representan probabilidades de eventos **independientes**.

6.10 La distribución más común de una variable aleatoria común es la probabilidad **binomial**.

PARTE II: Aplicación de los conceptos

6.11 Encuentra las siguientes probabilidades para z, el valor normal estándar:

a. $P(0 < z < 2.42)$ b. $P(z < 1.38)$
c. $P(z < -1.27)$ d. $P(-1.35 < z < 2.72)$

6.12 Encuentra el valor de cada valor z:

a. $P(z > ?) = 0.2643$ b. $P(z < ?) = 0.17$
c. $z(0.04)$

6.13 Usa la notación simbólica $z(\alpha)$ para dar el nombre simbólico para cada valor z que se muestra en la siguiente figura.

a.

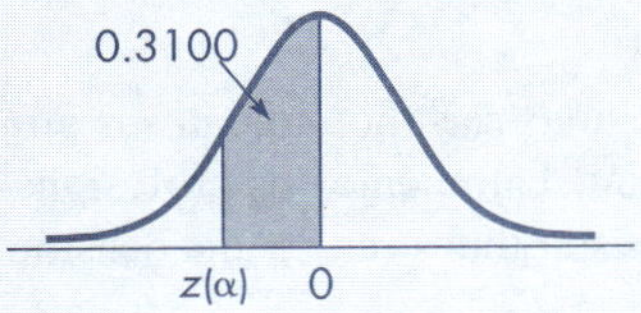

b.

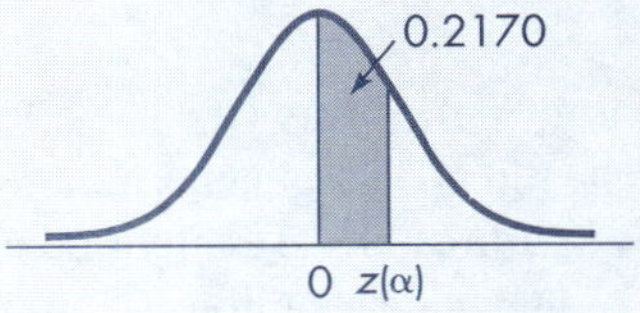

6.14 La vida de las baterías para lámpara tienen distribución normal en torno a una media de 35.6 hr, con una desviación estándar de 5.4 hr. Kevin seleccionó una de dichas baterías al azar y la puso a prueba. ¿Cuál es la probabilidad de que esta batería dure menos de 40.0 hr?

6.15 Se cree que el tiempo, x, que emplean los estudiantes en viajar diariamente, en un sentido, hacia la universidad, tiene una media de 22 min, con una desviación estándar de 9 min. Si el tiempo que emplean en viajar tiene una distribución aproximadamente normal, encuentra el tiempo, x, que separa a 25% de quienes pasan más tiempo viajando del resto de los otros viajeros.

6.16 Miles de estudiantes de bachillerato aplican el SAT cada año. Las calificaciones que logran los estudiantes en cierta ciudad tienen una distribución aproximadamente normal, con una media de 490 y una desviación estándar de 70. Encuentra:

a. el porcentaje de estudiantes que califican entre 600 y 700
b. el porcentaje de estudiantes que califican menos de 650
c. el tercer cuartil
d. el percentil 15, P_{15}
e. el percentil 95, P_{95}

PARTE III: Comprender los conceptos

6.17 En 50 palabras describe la distribución normal estándar.

6.18 Describe el significado del símbolo $z(\alpha)$.

6.19 Explica por qué la distribución normal estándar, como se calcula en la tabla 3 del apéndice B, puede usarse para encontrar probabilidades para todas las distribuciones normales.

7 Variabilidad muestral

7.1 Distribuciones muestrales

Muestreo cotidiano

Las muestras se toman todos los días por muchas razones. Las industrias monitorean sus productos continuamente para asegurarse de su calidad, las agencias monitorean el ambiente, los profesionales médicos monitorean la salud; la lista es interminable. Bastantes de ésas son muestras de una ocasión, mientras que muchas son muestras que se repiten para monitoreo continuo.

Muestreo poblacional

En Estados Unidos sólo se realiza un censo, una encuesta o muestreo de 100%, cada 10 años. Se trata de una labor enorme y abrumadora, pero la información que se obtiene es vital para la organización y la estructura del país. Los conflictos se presentan y los tiempos cambian; la información es necesaria y un censo no es práctico. Es aquí donde entran las muestras representativas y cotidianas.

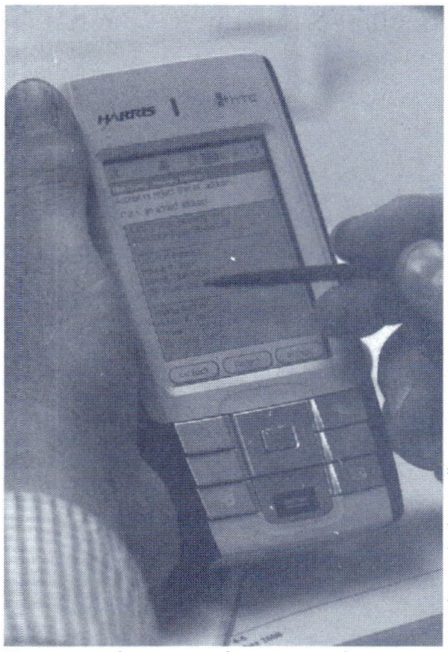

AP Photo/Toby Talbot

Enumerador censal comprueba datos en una computadora de mano completa con capacidades GPS para registrar datos

©The JerseyJournal/Landov

Trabajador censal haciendo seguimiento

Por tanto, para hacer inferencias acerca de una población, es necesario estudiar los resultados muestrales un poco más. Una media muestral, $\bar{x}$, se obtiene a partir de una muestra. ¿Esperas que este valor, $\bar{x}$, sea exactamente igual al valor de la media poblacional, μ? La respuesta debe ser no. Uno no espera que las medias sean idénticas, pero estará satisfecho con los resultados muestrales si la media muestral está "cerca" del valor de la media poblacional. Considera una segunda pregunta: si se toma una segunda muestra, ¿la segunda muestra tendrá una media igual a la media poblacional? ¿Igual a la media de la primera muestra? Nuevamente, no, no se espera que la media muestral sea igual a la media poblacional, ni se espera que la segunda media muestral sea una repetición de la primera. Sin embargo, nuevamente se espera que los valores sean "cercanos". (Este argumento debe sostenerse para cualquier otro estadístico muestral y su correspondiente valor poblacional.)

Las siguientes preguntas ya deben haber llegado a tu mente: ¿qué es "cerca"? ¿Cómo determino (y mido) esta cercanía? ¿Cómo se distribuirán los **estadísticos muestrales repetidos**? Para responder estas preguntas, debes observar una *distribución muestral*.

Distribución muestral de un estadístico muestral Distribución de valores para un estadístico muestral obtenido a partir de muestras repetidas, todas del mismo tamaño y extraídas de la misma población.

EL PROBLEMA DEL MUESTREO

La meta fundamental de una encuesta es encontrar los mismos resultados que se habrían obtenido de entrevistar a cada miembro individual de una población. Para las encuestas nacionales Gallup, el objetivo es presentar las opiniones de una muestra de personas que sean exactamente las mismas opiniones que se habrían obtenido, de ser posible, al entrevistar a todos los adultos estadounidenses en el país.

La clave para alcanzar esta meta es un principio fundamental llamado *igual probabilidad de selección*, que afirma que, si todo miembro de una población tuviera una igual probabilidad de ser seleccionado en una muestra, entonces dicha muestra será representativa de la población. Así de directo.

Por tanto, la meta de Gallup al seleccionar muestras es permitir que todo adulto estadounidense tenga igual oportunidad de caer en la muestra. Cómo se hace esto, por supuesto es la clave para el éxito o fracaso del proceso.

Fuente: Reimpreso con permiso de Gallup Organization, http://www.gallup.com/

Comienza por investigar dos pequeñas distribuciones muestrales teóricas diferentes.

EJEMPLO 7.1

FORMACIÓN DE UNA DISTRIBUCIÓN MUESTRAL DE MEDIAS Y RANGOS

Considera como una población el conjunto de enteros pares de un dígito {0, 2, 4, 6, 8}. Además, considera todas las posibles muestras de tamaño 2. Observa dos diferentes distribuciones muestrales que pueden formarse: la distribución muestral de medias muestrales y la distribución muestral de rangos muestrales.

Primero, necesitas mencionar todas las posibles muestras de tamaño 2; existen 25 posibles muestras:

{0, 0}	{2, 0}	{4, 0}	{6, 0}	{8, 0}
{0, 2}	{2, 2}	{4, 2}	{6, 2}	{8, 2}
{0, 4}	{2, 4}	{4, 4}	{6, 4}	{8, 4}
{0, 6}	{2, 6}	{4, 6}	{6, 6}	{8, 6}
{0, 8}	{2, 8}	{4, 8}	{6, 8}	{8, 8}

PTI Las muestras se extraen con reemplazo.

Cada una de dichas muestras tiene una media $\bar{x}$. Dichas muestras son, respectivamente:

0	1	2	3	4
1	2	3	4	5
2	3	4	5	6
3	4	5	6	7
4	5	6	7	8

TABLA 7.1 Distribución de probabilidad: distribución muestral de medias muestrales

x	$P(x)$
0	0.04
1	0.08
2	0.12
3	0.16
4	0.20
5	0.16
6	0.12
7	0.08
8	0.04

Cada una de dichas muestras es igualmente probable y por tanto a cada una de las 25 medias muestrales puede asignarse una probabilidad de $\frac{1}{25} = 0.04$. La **distribución muestral de medias muestrales** se muestra en la tabla 7.1 como una **distribución de probabilidad** y se muestra en la figura 7.1 como un histograma.

FIGURA 7.1
Histograma: distribución muestral de medias muestrales

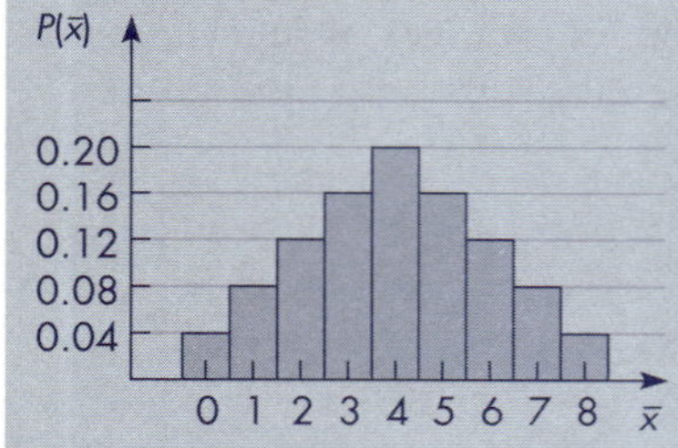

Para el mismo conjunto de todas las posibles muestras de tamaño 2, encuentra la distribución muestral de rangos muestrales. Cada muestra tiene un rango R. Los rangos son:

0	2	4	6	8
2	0	2	4	6
4	2	0	2	4
6	4	2	0	2
8	6	4	2	0

Nuevamente, cada uno de esos 25 rangos muestrales tiene una probabilidad de 0.04. La tabla 7.2 presenta la distribución muestral de rangos muestrales como una distribución de probabilidad y la figura 7.2 muestra la distribución muestral como un histograma.

TABLA 7.2 Distribución de probabilidad: distribución muestral de rangos muestrales

R	$P(R)$
0	0.20
2	0.32
4	0.24
6	0.16
8	0.08

FIGURA 7.2
Histograma: distribución muestral de rangos muestrales

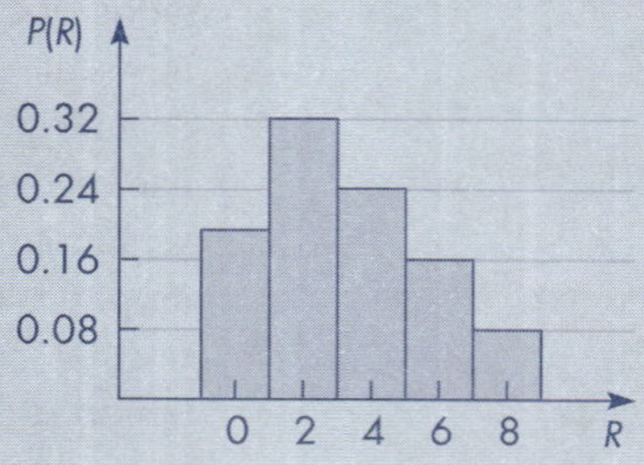

El ejemplo 7.1 es teórico en naturaleza y por tanto se expresa en probabilidades. Dado que esta población es pequeña, es fácil citar las 25 posibles muestras de tamaño 2 (un espacio muestral) y asignar probabilidades. Sin embargo, no siempre es posible hacer esto.

Ahora, investiga empíricamente (esto es, por experimentación) otra distribución muestral.

EJEMPLO 7.2

CREACIÓN DE UNA DISTRIBUCIÓN MUESTRAL DE MEDIAS MUESTRALES

Considera una población que consiste en cinco enteros igualmente probables: 1, 2, 3, 4 y 5. La figura 7.3 presenta una representación en histograma de la población. Puedes observar una porción de la distribución muestral de medias muestrales cuando 30 muestras de tamaño 5 se seleccionan al azar.

La tabla 7.3 presenta 30 muestras y sus medias. En la figura 7.4 se presenta la distribución muestral resultante, una **distribución de frecuencias** de medias muestrales. Observa que esta distribución de medias muestrales no se parece a la población. En vez de ello, parece mostrar las características de una distribución normal: es amontonada y casi simétrica en torno a su media (aproximadamente 3.0).

FIGURA 7.3
La población: distribución de probabilidad teórica

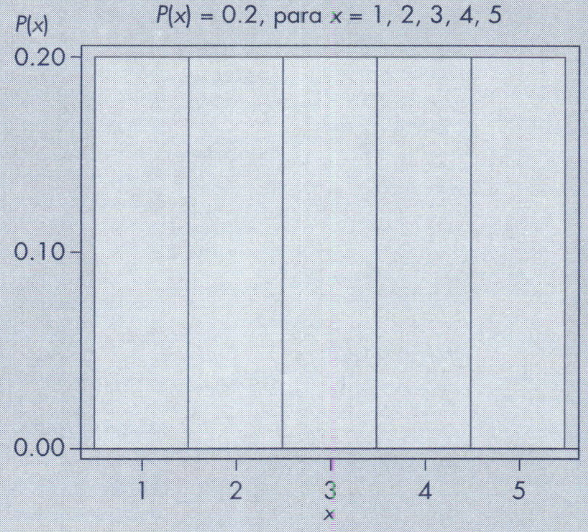

extraer muestras

$\mu = 3.0$
$\sigma = 1.41$

TABLA 7.3
30 muestras de 5 medidas [TA07-03]

Núm.	Muestra	$\bar{x}$	Núm.	Muestra	$\bar{x}$
1	4,5,1,4,5	3.8	16	4,5,5,3,5	4.4
2	1,1,3,5,1	2.2	17	3,3,1,2,1	2.0
3	2,5,1,5,1	2.8	18	2,1,3,2,2	2.0
4	4,3,3,1,1	2.4	19	4,3,4,2,1	2.8
5	1,2,5,2,4	2.8	20	5,3,1,4,2	3.0
6	4,2,2,5,4	3.4	21	4,4,2,2,5	3.4
7	1,4,5,5,2	3.4	22	3,3,5,3,5	3.8
8	4,5,3,1,2	3.0	23	3,4,4,2,2	3.0
9	5,3,3,3,5	3.8	24	3,3,4,5,3	3.6
10	5,2,1,1,2	2.2	25	5,1,5,2,3	3.2
11	2,1,4,1,3	2.2	26	3,3,3,5,2	3.2
12	5,4,3,1,1	2.8	27	3,4,4,4,4	3.8
13	1,3,1,5,5	3.0	28	2,3,2,4,1	2.4
14	3,4,5,1,1	2.8	29	2,1,1,2,4	2.0
15	3,1,5,3,1	2.6	30	5,3,3,2,5	3.6

usar las 30 medias

FIGURA 7.4
Distribución empírica de medias muestrales

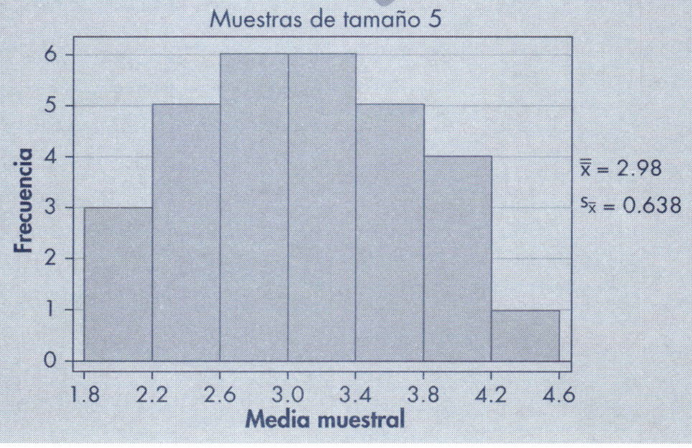

Tutorial en video disponible; ingresa y aprende más en cengagebrain.com

Nota: la variable para la distribución muestral es $\bar{x}$; por tanto, la media de las $\bar{x}$ es $\bar{\bar{x}}$ y la desviación estándar de $\bar{x}$ es $s_{\bar{x}}$.

La teoría involucrada con las distribuciones muestrales que se describirá en el resto de este capítulo requiere *muestreo aleatorio*.

Muestra aleatoria Es la que se obtiene de tal forma que cada posible muestra de tamaño fijo n tiene igual probabilidad de ser seleccionada (consulta la p. 20).

La figura 7.5 presenta cómo se forma la distribución muestral de las medias muestrales.

FIGURA 7.5 La distribución muestral de medias muestrales

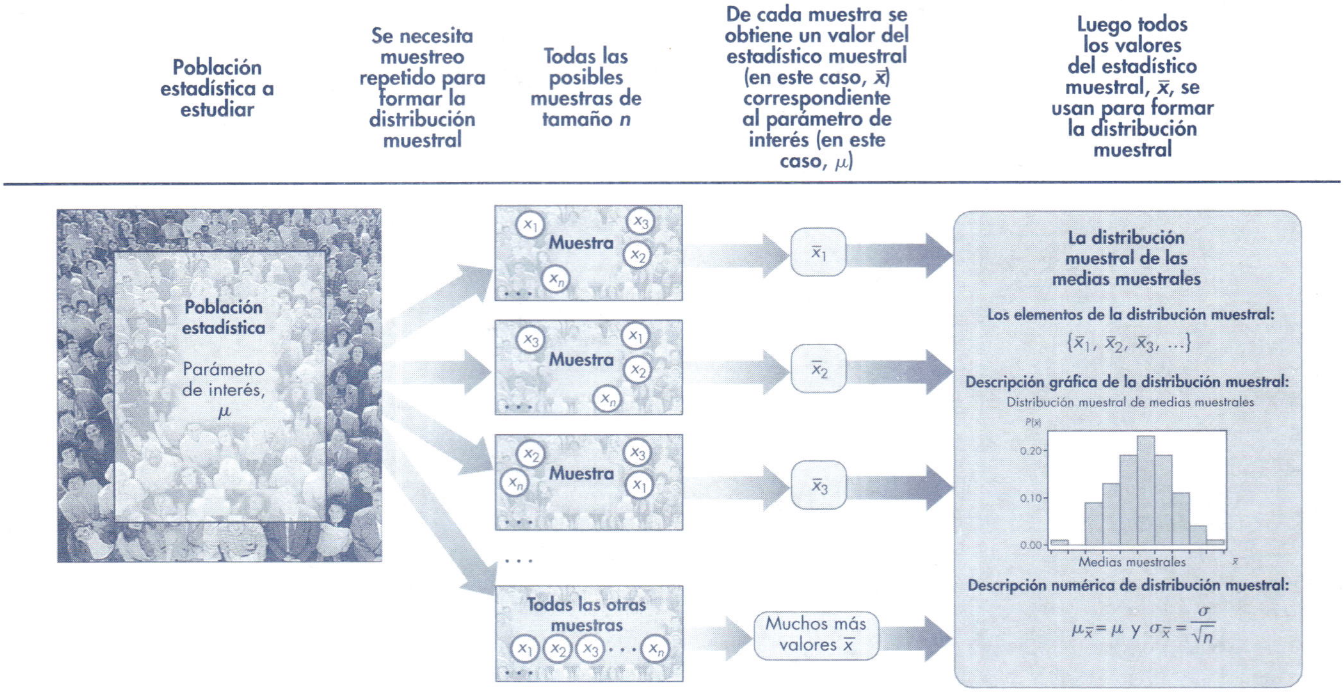

EJEMPLO APLICADO 7.3

EDAD PROMEDIO DE VEHÍCULOS FÉRREOS DE TRÁNSITO URBANO

Existen muchas razones para recolectar datos de manera repetida. No todas las colecciones de datos repetidos se realizan con la finalidad de formar una distribución muestral. Considera las siguientes estadísticas de "Edad promedio de los vehículos férreos del tránsito urbano (años)" del Departamento de Transportes de EUA. La tabla muestra la edad promedio para cuatro diferentes clasificaciones de vehículos férreos rastreados durante varios años. Al estudiar el patrón de cambio en la edad promedio para cada clase de vehículo, una persona puede extraer conclusiones acerca de lo que le ha ocurrido a la flotilla durante varios años. Hay posibilidades de que las personas involucradas en mantener cada flotilla también pueden detectar cuándo se necesita un cambio en las políticas concernientes a la sustitución de vehículos viejos. Sin embargo, por útil que sea esta información, no existe distribución muestral involucrada.

Edad promedio de vehículos férreos del tránsito urbano (años)

	1985	1990	1995	2000	2003	2007
Tránsito férreo						
Locomotoras[a]	16.3	15.7	15.9	13.4	16.6	18.4
Coches de viajeros	19.1	17.6	21.4	16.9	20.5	18.9
Ferrocarril metropolitano	17.1	16.2	19.3	22.9	19.0	21.6
Vehículos ligeros (tranvías)	20.6	15.2	16.8	16.1	15.6	16.1

[a]No se incluyen las locomotoras usadas en los servicios de pasajeros Amtrak entre ciudades.
Fuente: U.S. Departament of Transportation, Federal Transit Administration

EJERCICIOS SECCIÓN 7.1

7.1 [EX07-01] Supón que se toma una muestra aleatoria de 100 edades de la distribución censal 2000.

45	78	55	15	47	85	93	46	13	41
87	78	7	7	94	48	11	41	81	32
59	8	15	20	49	66	11	61	16	19
39	74	34	6	46	8	46	21	44	41
52	84	27	53	33	48	80	6	62	21
47	11	17	3	31	43	46	23	52	20
35	24	30	37	54	90	26	55	89	2
58	44	30	45	15	25	47	13	28	10
80	41	30	57	63	79	75	7	26	4
2	10	21	19	5	62	32	59	40	16

a. ¿Cómo describirías gráficamente los anteriores datos muestrales "edades"? Construye la gráfica.

b. Con la gráfica que construiste en el inciso a, describe la forma de la distribución de los datos muestrales.

c. Si se recolectara otra muestra, ¿esperarías los mismos resultados? Explica.

7.2 a. ¿Qué estadísticos numéricos usarías para describir los datos muestrales "edades" del ejercicio 7.1? Calcula dichos estadísticos.

De acuerdo con el censo 2000 (el censo 2010 no está completo), 275 millones de estadounidenses tienen una edad media de 36.5 años y una desviación estándar de 22.5 años.

b. ¿Cuán bien los estadísticos calculados en el inciso a se comparan con los parámetros del censo 2000? Sé específico.

c. Si se recolectara otra muestra, ¿esperarías los mismos resultados? Explica.

7.3 Los fabricantes usan muestras aleatorias para poner a prueba si sus productos cumplen o no las especificaciones. Dichas muestras podrían ser personas, partes fabricadas o incluso muestras durante la fabricación de papas fritas.

a. ¿Crees que todas las muestras aleatorias tomadas de la misma población conducirán al mismo resultado?

b. ¿Qué característica (o propiedad) de las muestras aleatorias podría observarse durante el proceso de muestreo?

7.4 Consulta la tabla 7.1 del ejemplo 7.1 (p. 314) y explica por qué las muestras son igualmente probables; esto es: por qué $P(0) = 0.04$ y por qué $P(2) = 0.12$.

7.5 a. ¿Cuál es la distribución muestral de medias muestrales?

b. Una muestra de tamaño 3 se toma de una población y se encuentra la media muestral. Describe cómo esta media muestral se relaciona con la distribución muestral de medias muestrales.

7.6 Considera el conjunto de enteros impares de un solo dígito $\{1, 3, 5, 7, 9\}$.

a. Elabora una lista de todas las muestras de tamaño 2 que puedan extraerse de este conjunto de enteros. (Muestra con reemplazo; esto es: se extrae el primer número, se observa y después se sustituye [regresa al conjunto muestral] antes de la siguiente extracción.)

b. Construye la distribución muestral de medias muestrales para muestras de tamaño 2 seleccionadas de este conjunto.

c. Construye las distribuciones muestrales de rangos muestrales para muestras de tamaño 2.

7.7 Considera el conjunto de enteros pares de un solo dígito $\{0, 2, 4, 6, 8\}$.

[EX00-000] identifica el nombre de archivo de una base de datos en línea de un ejercicio; disponibles a través de cengagebrain.com

a. Elabora una lista de todas las posibles muestras de tamaño 3 que puedan extraerse de este conjunto de enteros. (Muestra con reemplazo; esto es: se extrae el primer número, se observa y después se sustituye [regresa al conjunto muestral] antes de la siguiente extracción.)

b. Construye la distribución muestral de las medianas muestrales para muestras de tamaño 3.

c. Construye la distribución muestral de las medias muestrales para muestras de tamaño 3.

7.8 Usando los números telefónicos de tu directorio telefónico como tu población, obtén al azar 20 muestras de tamaño 3. A partir de cada número telefónico identificado como fuente, toma el cuarto, quinto y sexto dígitos. (Por ejemplo, para 245-8268, tomarías el 8, el 2 y el 6 como tu muestra de tamaño 3.)

a. Calcula la media de las 20 muestras.

b. Dibuja un histograma que muestre las 20 medias muestrales. (Usa las clases –0.5 a 0.5, 0.5 a 1.5, 1.5 a 2.5, etcétera.)

c. Describe la distribución de $\bar{x}$ que veas en el inciso b (forma de distribución, centro y cantidad de dispersión).

d. Extrae 20 muestras más y agrega las 20 nuevas x al histograma en el inciso b. Describe la distribución que parezca desarrollarse.

7.9 Con un conjunto de cinco dados, rueda el dado y determina el número medio de puntos que muestren los cinco dados. Repite el experimento hasta que tengas 25 medias muestrales.

a. Dibuja un diagrama de puntos que muestre la distribución de las 25 medias muestrales. (Consulta el ejemplo 7.2, p. 315.)

b. Describe la distribución de $\bar{x}$ en el inciso a.

c. Repite el experimento para obtener 25 medias muestrales más y agrega estas 25 $\bar{x}$ a tu diagrama de puntos. Describe la distribución de 50 medias.

7.10 Considera la población de cinco enteros igualmente probables del ejemplo 7.2:

a. Verifica μ y σ para la población del ejemplo 7.2.

b. La tabla 7.3 menciona 30 valores $\bar{x}$. Construye una distribución de frecuencias agrupadas para verificar la distribución de frecuencia que se muestra en la figura 7.4.

c. Encuentra la media y la desviación estándar de los 30 valores $\bar{x}$ de la tabla 7.3 para verificar los valores para $\bar{\bar{x}}$ y $s_{\bar{x}}$. Explica el significado de los dos símbolos $\bar{\bar{x}}$ y $s_{\bar{x}}$.

7.11 Con referencia al ejemplo aplicado 7.3 de la página 316:

a. Explica por qué los valores numéricos en esta tabla no forman una distribución muestral.

b. Explica cómo esta recolección repetida de datos difiere de la idea de muestreo repetido para recopilar información acerca de una distribución muestral.

7.12 A partir de la tabla de números aleatorios de la tabla 1 del apéndice B, construye otra tabla que muestre 20 conjuntos de 5 enteros de un solo dígito seleccionados al azar. Encuentra la media de cada conjunto (la gran media) y compara este valor con la media poblacional teórica, μ y usa la diferencia absoluta y el % de error. Presenta todo tu trabajo.

7.13 a. Con una computadora o una tabla de números aleatorios, simula la extracción de 100 muestras, cada una de tamaño 5, a partir de la distribución de probabilidad uniforme de enteros de un solo dígito, 0 a 9.

b. Encuentra la media para cada muestra.

c. Construye un histograma de las medias muestrales. (Usa valores enteros como puntos medios de clase.)

d. Describe la distribución muestral que se presenta en el histograma del inciso c.

MINITAB

a. Usa los comandos Integer RANDOM DATA de la página 91, sustituye generar con 100, almacenar en C1-C5, valor mínimo con 0 y valor máximo con 9.

b. Elige: **Calc > Row Statistics**
Selecciona: **Mean**
Escribe: Variables entrada: **C1-C5**
Almacenar resultado en: **C6 > OK**

c. Usa los comandos HISTOGRAM de la página 53 para los datos en C6. Para ajustar el histograma, selecciona Binning con punto medio y posiciones de punto medio 0:9/1.

Excel

a. Escribe del 0 al 9 en la columna A y los correspondientes 0.1 en la columna B; después continúa con:

Elige: **Data > Data Analysis >**
Selecciona: **Random Number Generation > OK**
Escribe: Número de variables: **5**
Número de números aleatorios: **100**
Distribución: **Discrete**
Valor y rango entrada probabilidad: **(A1:B10 o selecciona celdas)**
Selecciona: **Output Range:**
Escribe: **(C1 o selecciona celdas) > OK**

b. Activa la celda H1.

Elige: **Insert function, f_x > Statistical > AVERAGE > OK**
Escribe: Number1: **(C1:G1 o selecciona celdas)**
Arrastra: **Esquina inferior derecha del recuadro valor promedio hacia abajo para obtener otros promedios**

c. Usa los comandos HISTOGRAM de las páginas 53-54 con la columna H como el rango de entrada y la columna A como el rango de caja.

TI-83/84 Plus

a. Usa los comandos Integer RANDOM DATA y STO de la página 91, sustituye el Enter con 0, 9, 100). Repite los comandos anteriores cuatro veces más y almacena los datos en L2, L3, L4 y L5, respectivamente.

b. Elige: **STAT > EDIT > 1: Edit**
   Resalta: L6 (encabezado columna)
   Escribe: (L1 + L2 + L3 + L4 + L5)/5

c. Elige: **2nd > STAT PLOT > 1: Plot1**
   Elige: **Window**
   Escribe: 0, 9, 1, 0, 30, 5, 1
   Elige: **Trace >>>**

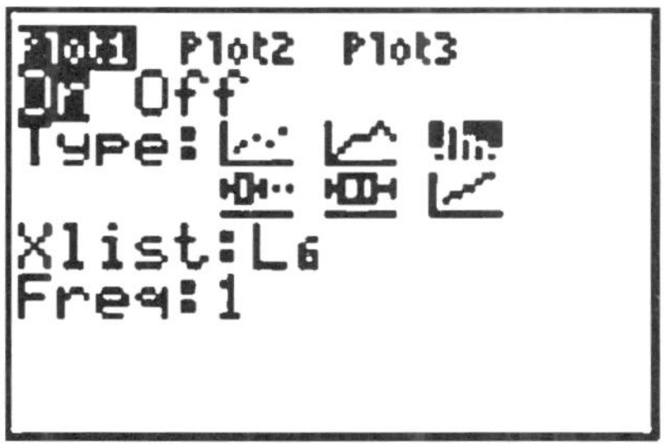

MINITAB

a. Usa los comandos Normal RANDOM DATA de la página 91, sustituye generar con 200, almacenar en C1-C10, media con 100 y desviación estándar con 20.

b. Elige: **Calc > Row Statistics**
   Selecciona: **Mean**
   Escribe: Variables entrada: **C1-C10**
   Almacenar resultado en: **C11 > OK**

c. Usa los comandos HISTOGRAM de la página 53 para los datos en C11. Para ajustar el histograma, selecciona Binning con punto medio y posiciones de punto medio 74.8:125.2/6.3.

Excel

a. Usa los comandos Normal RANDOM NUMBER GENERATION de la página 91, sustituye número de variables con 10, número de números aleatorios con 200, media con 100 y desviación estándar con 20.

b. Activa la celda K1.
   Elige: **Insert function f_x > Statistical > AVERAGE > OK**
   Escribe: **Number1: (A1:J1 o selecciona celdas)**
   Arrastra: **Esquina inferior derecha del recuadro valor promedio para obtener otros promedios**

c. Usa los comandos RANDOM NUMBER GENERATION Patterned Distribution del ejercicio 6.71a de la página 290, sustituye el primer valor con 74.8, el último valor con 125.2, los pasos con 6.3 y el rango de salida con L1. Usa los comandos HISTOGRAM de las páginas 53-54 con la columna K como el rango de entrada y la columna L como el rango de caja.

7.14 a. Con una computadora o tabla de números aleatorios, simula la extracción de 250 muestras, cada una de tamaño 18, a partir de la distribución de probabilidad uniforme de enteros de un solo dígito, 0 a 9.

b. Encuentra la media para cada muestra.

c. Construye un histograma de las medias muestrales.

d. Describe la distribución muestral que se presenta en el histograma del inciso c.

7.15 a. Usa una computadora para extraer 200 muestras aleatorias, cada una de tamaño 10, de la distribución de probabilidad normal con media 100 y desviación estándar 20.

b. Encuentra la media para cada muestra.

c. Construye un histograma de frecuencia de las 200 medias muestrales.

d. Describe la distribución muestral que se presenta en el histograma del inciso c.

7.16 a. Usa una computadora para extraer 500 muestras aleatorias, cada una de tamaño 20, de la distribución de probabilidad normal con media 80 y desviación estándar 15.

b. Encuentra la media para cada muestra.

c. Construye un histograma de frecuencias de las 500 medias muestrales.

d. Describe la distribución muestral que se presenta en el histograma del inciso c, e incluye la media y la desviación estándar.

7.2 La distribución muestral de medias muestrales

En las páginas anteriores estudiaste las distribuciones muestrales de dos estadísticos: medias muestrales y rangos muestrales. Muchos otros podrían discutirse; sin embargo, la única distribución muestral de atención en este momento es la distribución muestral de medias muestrales.

PTI ¡esta es información muy útil!

Distribución muestral de medias muestrales (DMMM) Si todas las posibles muestras aleatorias, cada una de tamaño n, se toman de cualquier población con media μ y desviación estándar σ, entonces la distribución muestral de las medias muestrales tendrá lo siguiente:

1. Una media $\mu_{\bar{x}}$ es igual a μ
2. Una desviación estándar $\sigma_{\bar{x}}$ es igual a $\frac{\sigma}{\sqrt{n}}$

Más aún, si la población muestreada tiene una distribución normal, entonces la distribución muestral de $\bar{x}$ también será normal para muestras de todos los tamaños.

Éste es un muy interesante enunciado en dos partes. La primera parte habla acerca de la relación entre la media poblacional y la desviación estándar, y la media de la distribución muestral y la desviación estándar para todas las distribuciones muestrales de las medias muestrales. La desviación estándar de la distribución muestral se denota con $\sigma_{\bar{x}}$ y se le da un nombre específico para evitar confusión con la desviación estándar poblacional, σ.

Error estándar de la media ($\sigma_{\bar{x}}$) La desviación estándar de la distribución muestral de las medias muestrales.

La segunda parte indica que esta información no siempre es útil. Dicho de una manera diferente, dice que el valor medio de sólo algunas observaciones tendrá una distribución normal cuando las muestras se extraigan de una población con distribución normal, pero no tendrá distribución normal cuando la población muestreada sea uniforme, sesgada o de alguna otra forma no normal. Sin embargo, el *teorema central del límite* proporciona cierta información adicional y muy importante acerca de la distribución muestral de las medias muestrales.

PTI Verdaderamente sorprendente: $\bar{x}$ tiene distribución normal cuando n es suficientemente grande, ¡sin importar la forma de la población!

Teorema central del límite (TCL) La distribución muestral de las medias muestrales recordará más estrechamente la distribución normal conforme aumente el tamaño de la muestra.

Si la distribución muestreada es normal, entonces la distribución muestral de las medias muestrales (DMMM) es normal, como se enunció anteriormente y no se necesita el teorema central del límite (TCL). Pero, si la población muestreada no es normal, el TCL dice que la distribución muestral todavía tendrá una distribución aproximadamente normal bajo las condiciones correctas. Si la distribución de la población muestreada es casi normal, la distribución $\bar{x}$ es aproximadamente normal para n bastante pequeña (posiblemente tan pequeña como 15). Cuando la distribución de la población muestreada carece de simetría, es posible que n deba ser muy grande (acaso 50 o más) antes de que la distribución normal ofrezca una aproximación satisfactoria.

Al combinar la información precedente, puede describir la distribución muestral de $\bar{x}$ completamente: 1) la ubicación del centro (media), 2) una medida de dispersión que indica cuán ampliamente se dispersa la distribución (error estándar de la media) y 3) un indicio de cómo se distribuye.

1. $\mu_{\bar{x}} = \mu$; la media de la distribución muestral ($\mu_{\bar{x}}$) es igual a la media de la población (μ).
2. $\sigma_{\bar{x}} = \frac{\sigma}{\sqrt{n}}$; el error estándar de la media ($\sigma_{\bar{x}}$) es igual a la desviación estándar de la población (σ) dividida por la raíz cuadrada del tamaño muestral, n.
3. La distribución de medias muestrales es normal cuando la población padre tiene distribución normal y el TCL dice que la distribución de las medias muestrales se vuelve aproximadamente normal (sin importar la forma de la población padre) cuando el tamaño de la muestra es suficientemente grande.

Nota: la n a la que se hace referencia es el tamaño de cada muestra en la distribución muestral. (El número de muestras repetidas usadas en una situación empírica no tiene efecto sobre el error estándar.)

En este texto no se muestra la prueba para los tres hechos precedentes; sin embargo, su validez se demostrará al examinar dos ejemplos. Para el primer ejemplo, considera una población para la que se puede construir la distribución muestral teórica de todas las posibles muestras.

EJEMPLO 7.4

CONSTRUCCIÓN DE UNA DISTRIBUCIÓN MUESTRAL DE MEDIAS MUESTRALES

Considera todas las posibles muestras de tamaño 2 que podrían extraerse de una población que contiene los tres números 2, 4 y 6. Primero observa la población en sí. Construye un histograma para representar su distribución, figura 7.6; calcula la media, μ y la desviación estándar, σ, tabla 7.4. (Recuerda: debes usar las técnicas del capítulo 5 para distribuciones de probabilidad discretas.)

FIGURA 7.6
Población

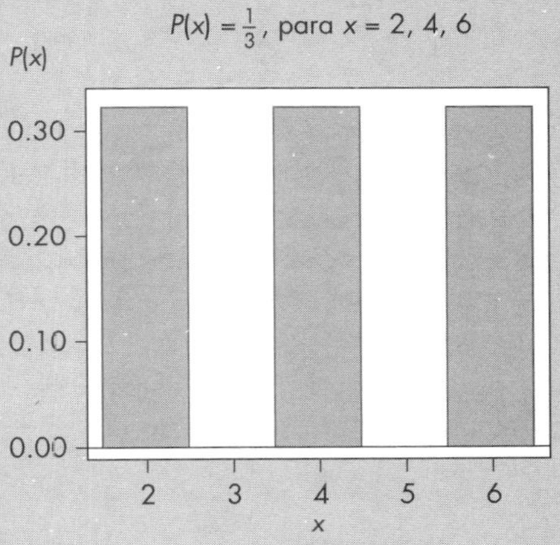

TABLA 7.4
Tabla de extensiones para x

x	$P(x)$	$xP(x)$	$x^2P(x)$
2	$\frac{1}{3}$	$\frac{2}{3}$	$\frac{4}{3}$
4	$\frac{1}{3}$	$\frac{4}{3}$	$\frac{16}{3}$
6	$\frac{1}{3}$	$\frac{6}{3}$	$\frac{36}{3}$
Σ	$\frac{3}{3}$ ⓒⓚ	$\frac{12}{3}$	$\frac{56}{3}$
	1.0	4.0	$18.6\overline{6}$

$\mu = \mathbf{4.0}$

$\sigma = \sqrt{18.6\overline{6} - (4.0)^2} = \sqrt{2.6\overline{6}} = \mathbf{1.63}$

La tabla 7.5 menciona todas las posibles muestras de tamaño 2 que pueden extraerse de esta población. (Se extrae un número, se observa y después regresa a la población antes de extraer el segundo número.) La tabla 7.5 también menciona las medias de dichas muestras. Las medias muestrales se recolectan entonces para formar la distribución muestral. La distribución para dichas medias y las extensiones se proporcionan en la tabla 7.6 (p. 322), junto con el cálculo de la media y el error estándar de la media para la distribución muestral. El histograma para la distribución muestral de las medias muestrales se muestra en la figura 7.7 (p. 322).

TABLA 7.5
Las nueve posibles muestras de tamaño 2

Muestra	$\bar{x}$	Muestra	$\bar{x}$	Muestra	$\bar{x}$
2,2	2	4,2	3	6,2	4
2,4	3	4,4	4	6,4	5
2,6	4	4,6	5	6,6	6

Tutorial en video disponible; ingresa y aprende más en cengagebrain.com

TABLA 7.6
Tabla de extensiones para $\bar{x}$

$\bar{x}$	$P(\bar{x})$	$xP(\bar{x})$	$\bar{x}^2P(\bar{x})$
2	$\frac{1}{9}$	$\frac{2}{9}$	$\frac{4}{9}$
3	$\frac{2}{9}$	$\frac{6}{9}$	$\frac{18}{9}$
4	$\frac{3}{9}$	$\frac{12}{9}$	$\frac{48}{9}$
5	$\frac{2}{9}$	$\frac{10}{9}$	$\frac{50}{9}$
6	$\frac{1}{9}$	$\frac{6}{9}$	$\frac{36}{9}$
Σ	$\frac{9}{9}$ ⓒⓚ	$\frac{36}{9}$	$\frac{156}{9}$
	1.0	4.0	$17.3\bar{3}$

$\mu_{\bar{x}} = \mathbf{4.0}$
$\sigma_{\bar{x}} = \sqrt{17.3\bar{3} - (4.0)^2} = \sqrt{1.3\bar{3}} = \mathbf{1.15}$

FIGURA 7.7
Distribución muestral de medias muestrales

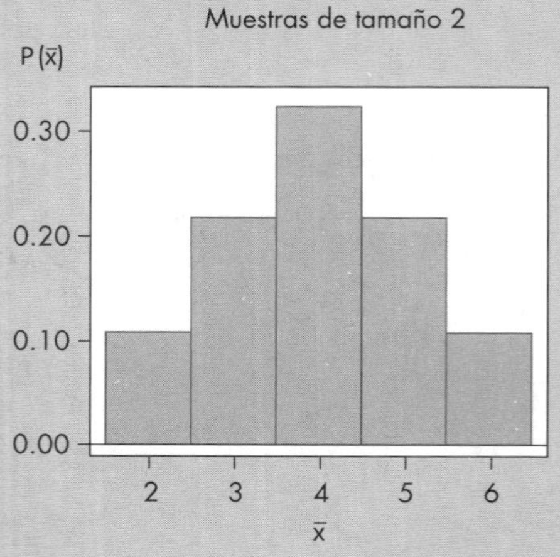

Ahora comprueba la veracidad de los tres hechos acerca de la distribución muestral de las medias muestrales:

1. La media $\mu_{\bar{x}}$ de la distribución muestral será igual a la media μ de la población: tanto μ como $\mu_{\bar{x}}$ tienen el valor **4.0**.
2. El error estándar de la media $\sigma_{\bar{x}}$ para la distribución muestral igualará a la desviación estándar σ de la población dividida por la raíz cuadrada del tamaño muestral, n: $\sigma_{\bar{x}} = \mathbf{1.15}$ y $\sigma = 1.63$, $n = 2$, $\frac{\sigma}{\sqrt{n}} = \frac{1.63}{\sqrt{2}} = \mathbf{1.15}$; son iguales: $\sigma_{\bar{x}} = \frac{\sigma}{\sqrt{n}}$.
3. La distribución tendrá una distribución aproximadamente normal: el histograma en la figura 7.7 sugiere con mucha fuerza la normalidad.

¿SABÍAS QUE...?

Teorema central del límite

Abraham de Moivre fue un pionero en la teoría de probabilidad y publicó la *Doctrine of Chance*, primero en latín en 1711 y después en ediciones extendidas en 1718, 1738 y 1756. La edición de 1756 contenía su más importante contribución: la aproximación de las distribuciones binomiales para un número grande de

(*continúa*)

El ejemplo 7.4, una situación teórica, sugiere que los tres hechos parecen mantenerse verdaderos. ¿Estos tres hechos se sostienen cuando se recolectan datos reales? Observa nuevamente el ejemplo 7.2 (p. 315) y ve si los tres hechos apoyan ahí la distribución muestral empírica.

Primero, observa la población: la distribución de probabilidad teórica de la que se tomaron las muestras del ejemplo 7.2. La figura 7.3 es un histograma que muestra la distribución de probabilidad para datos seleccionados al azar de la población de enteros igualmente probables 1, 2, 3, 4, 5. La media poblacional μ es igual a 3.0. La desviación estándar poblacional σ es $\sqrt{2}$, o 1.41. La población tiene una distribución uniforme.

Ahora observa la distribución empírica de las 30 medias muestrales que encontraste en el ejemplo 7.2. A partir de los 30 valores de $\bar{x}$ en la tabla 7.3, la media observada de las $\bar{x}$, $\bar{\bar{x}}$, es 2.98 y el error estándar observado de la media, $s_{\bar{x}}$, es 0.638. El histograma de la distribución muestral en la figura 7.4 parece ser amontonado, aproximadamente simétrico y con centro cerca del valor 3.0.

Ahora comprueba la veracidad de las tres propiedades específicas:

1. $\mu_{\bar{x}}$ y μ serán iguales. La media de la población μ es 3.0 y la media de la distribución muestral observada $\bar{\bar{x}}$ es 2.98; están muy cerca en valor.

(*continuación*)
ensayos usando la distribución normal. La definición de independencia estadística también hizo su debut junto con muchos dados y otros juegos. De Moivre probó que el teorema central del límite se sostiene para números que resultan de juegos de azar. Con el uso de matemáticas, también tuvo éxito al predecir la fecha de su propia muerte.

2. $\sigma_{\bar{x}}$ es igual a $\frac{\sigma}{\sqrt{n}}$. $\sigma = 1.41$ y $n = 5$; por tanto, $\frac{\sigma}{\sqrt{n}} = \frac{1.41}{\sqrt{5}} = \mathbf{0.632}$ y $s_{\bar{x}} = \mathbf{0.638}$ están muy cerca en valor. (Recuerda que sólo se tomaron 30 muestras, no todas las posibles muestras, de tamaño 5.)
3. La **distribución muestral** de $\bar{x}$ tendrá una distribución aproximadamente normal. Aun cuando la población tenga una distribución rectangular, el histograma de la figura 7.4 sugiere que la distribución $\bar{x}$ tiene algunas de las propiedades de normalidad (montada, simétrica).

Aunque los ejemplos 7.2 y 7.4 no constituyen una prueba, la evidencia parece sugerir fuertemente que ambos enunciados, la distribución muestral de medias muestrales y el TCL, son verdaderos.

Luego de dar un vistazo a estos dos ejemplos específicos, ahora observa cuatro ilustraciones gráficas que presentan la información de la distribución muestral y el TCL en una forma ligeramente diferente. Cada una de dichas ilustraciones tiene cuatro distribuciones. La primera gráfica muestra la distribución de la población padre, la distribución de los valores x individuales. Cada una de las otras tres gráficas presenta una distribución muestral de medias muestrales, $\bar{x}$, usando tres diferentes tamaños de muestra.

En la figura 7.8 se tiene una distribución uniforme, muy parecida a la figura 7.3 para la ilustración entera y las distribuciones resultantes de las medias muestrales para muestras de tamaños 2, 5 y 30.

FIGURA 7.8
Distribución uniforme

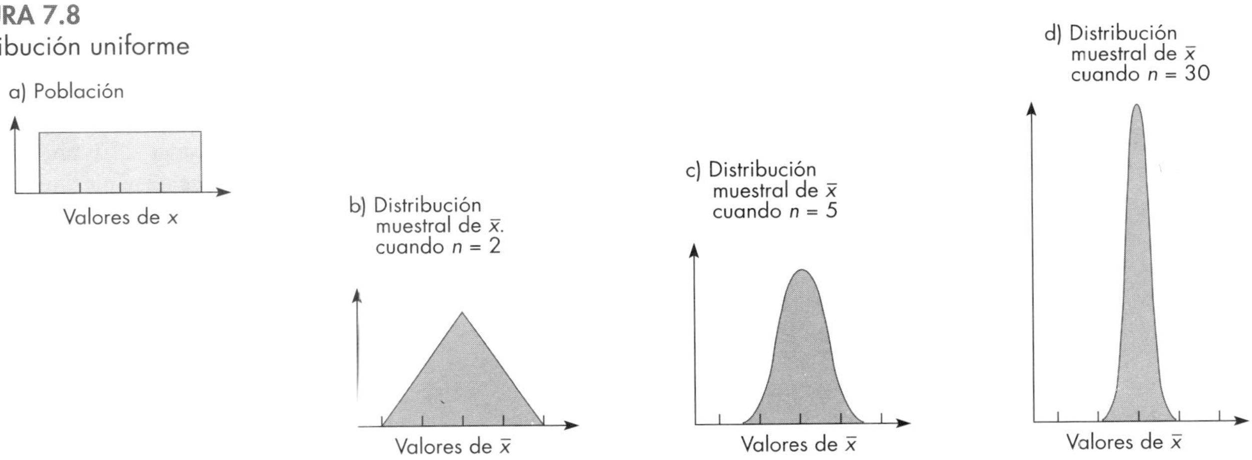

La figura 7.9 muestra una población con forma de U y las tres distribuciones muestrales.

FIGURA 7.9
Distribución con forma de U

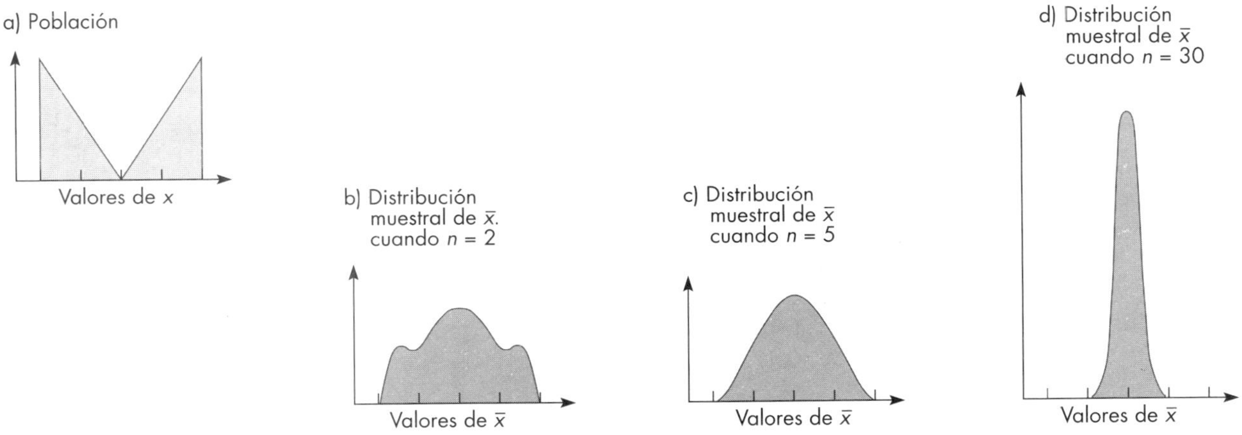

La figura 7.10 muestra una población con forma de J y las tres distribuciones muestrales.

FIGURA 7.10
Distribución con forma de J

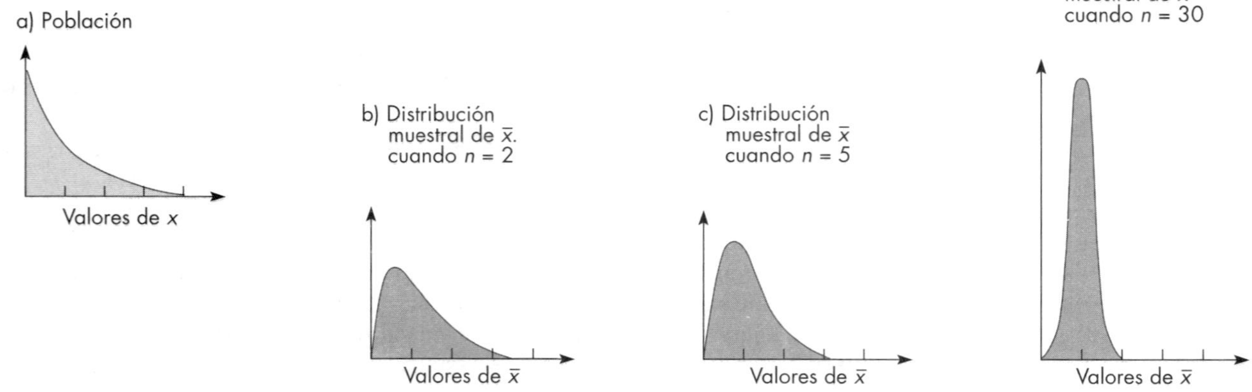

Las tres distribuciones poblacionales no normales parecen verificar el TCL; las distribuciones muestrales de las medias muestrales parecen ser aproximadamente normales para las tres cuando se usan las muestras de tamaño 30. Ahora considera la figura 7.11, que muestra una población con distribución normal y las tres distribuciones muestrales. Con la población normal, las distribuciones muestrales de las medias muestrales para todos los tamaños de muestra parecen ser normales. Por tanto, has visto un fenómeno sorprendente: sin importar cuál sea la forma de una población, la distribución muestral de las medias muestrales o es normal o se vuelve aproximadamente normal cuando n se vuelve suficientemente grande.

FIGURA 7.11
Distribución normal

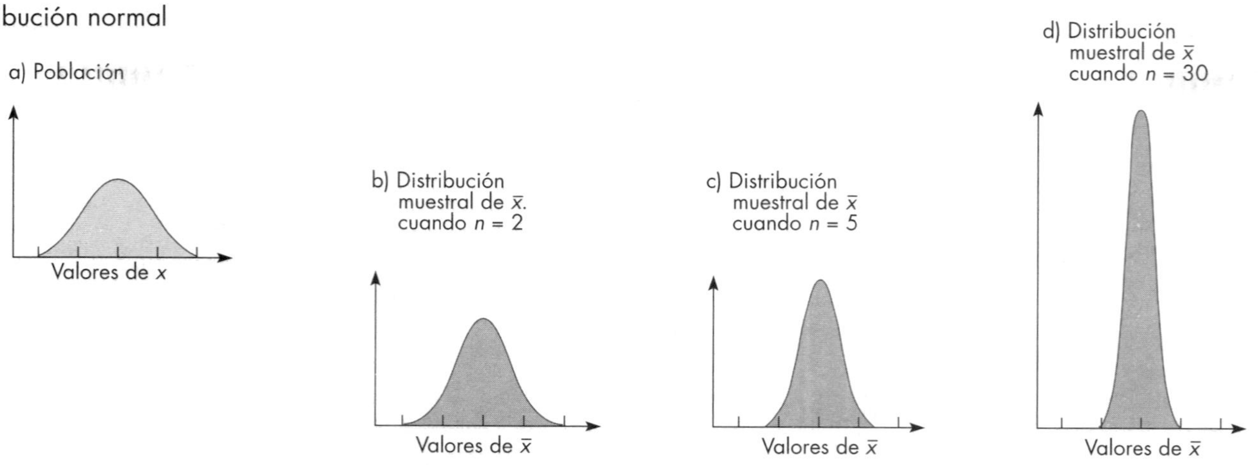

Debes notar otro punto: la media muestral se vuelve menos variable conforme aumenta el tamaño de la muestra. Observa que, conforme n aumenta de 2 a 30, todas las distribuciones se vuelven más estrechas y más altas.

EJERCICIOS SECCIÓN 7.2

7.17 **Ejercicio Applet Skillbuilder** Simula la toma de muestras de tamaño 4 de una población aproximadamente normal, donde $\mu = 65.15$ y $\sigma = 2.754$.

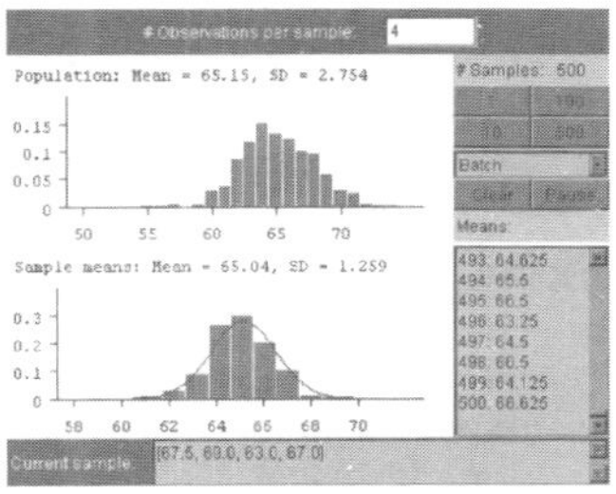

a. Haz clic en "1" para "# Samples" (número de muestras). Observa los cuatro valores de datos y su media. Cambia "slow" por "batch" y toma al menos 1 000 muestras usando "500" para "# Samples".

b. ¿Cuál es la media para las medias de las 1 001 muestras? ¿Cuán cerca está a la media poblacional, μ?

c. Compara la desviación estándar muestral con la desviación estándar poblacional, σ. ¿Qué ocurre con la desviación estándar muestral? Compárala con $\sigma/\sqrt{n}$ que es $2.754/\sqrt{4}$.

d. ¿El histograma de las medias muestrales tiene una forma aproximadamente normal?

e. Relaciona tus hallazgos con el DMMM.

7.18 **Ejercicio Applet Skillbuilder** Simula el muestreo de una población sesgada, donde $\mu = 6.029$ y $\sigma = 10.79$.

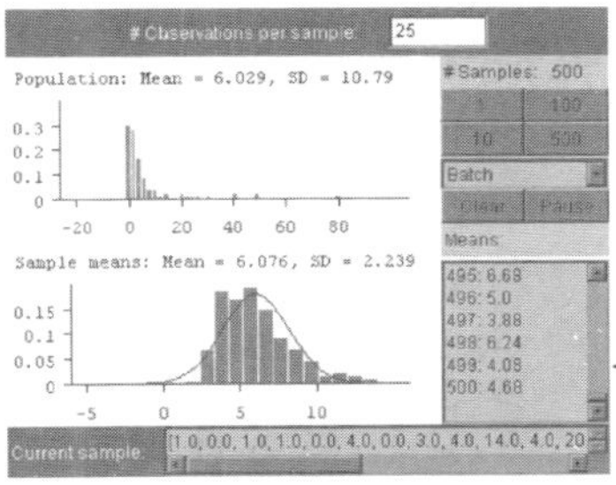

a. Cambia "# Obsrevations per sample" a "4". Usa batch (lote) y 500 y toma 1 000 muestras de tamaño 4.

b. Compara la media y la desviación estándar para las medias muestrales con μ y σ. Compara la desviación estándar muestral con $\sigma/\sqrt{n}$, que es $10.79/\sqrt{4}$. ¿El histograma tiene una forma aproximadamente normal? Si no, ¿qué forma tiene?

c. Con el botón "clear" cada vez, repite las instrucciones de los incisos a y b para muestras de tamaño 25, 100 y 1 000. Tabula tus hallazgos para cada tamaño de muestra.

d. Relaciona tus hallazgos con DMMM y el TCL.

7.19 a. ¿Cuál es la medida total del área para cualquier distribución de probabilidad?

b. Justifica el enunciado "$\bar{x}$ se vuelve menos variable conforme n aumenta".

7.20 Si una población tiene una desviación estándar σ de 25 unidades, ¿cuál es el error estándar de la media si se seleccionan muestras de tamaño 16? ¿Muestras de tamaño 36? ¿Muestras de tamaño 100?

7.21 Cierta población tiene una media de 500 y una desviación estándar de 30. Muchas muestras de tamaño 36 se seleccionan al azar y se calculan las medias.

a. ¿Qué valor esperarías encontrar para la media de todas estas medias muestrales?

b. ¿Qué valor esperarías encontrar para la desviación estándar de todas estas medias muestrales?

c. ¿Qué forma esperarías que tuviera la distribución de todas estas medias muestrales?

7.22 De acuerdo con el *Nielsen's Television Audience Report*, en 2009 el promedio de hogares estadounidenses tiene 2.86 televisores (más del número promedio de personas por hogar, a 2.5 personas). Si la desviación estándar para el número de televisores en un hogar estadounidense es 1.2 y se selecciona una muestra aleatoria de 80 hogares estadounidenses, la media de esta muestra pertenece a una distribución muestral.

a. ¿Cuál es la forma de esta distribución muestral?

b. ¿Cuál es la media de esta distribución muestral?

c. ¿Cuál es la desviación estándar de esta distribución muestral?

7.23 El artículo del *USA Today* del 21 de septiembre de 2006, "Hogar promedio tiene más TV que personas", afirma que los estadounidenses observan un promedio de 4.58 horas de televisión por persona por día.

Fuente: Nielsen Media Research

Si la desviación estándar para el número de horas de televisión que observan por día es 2.1 y se selecciona una muestra aleatoria de 250 estadounidenses, la media de esta muestra pertenece a una distribución muestral.

a. ¿Cuál es la forma de esta distribución muestral?

b. ¿Cuál es la media de esta distribución muestral?

c. ¿Cuál es la desviación estándar de esta distribución muestral?

7.24 De acuerdo con *The World Factbook*, 2009, la tasa de fertilidad total (número medio estimado de hijos nacidos por mujer) para Uganda es 6.77. Supón que la desviación estándar de la tasa de fertilidad total es 2.6. El número medio de hijos para una muestra de 200 mujeres seleccionadas al azar es un

(continúa en la página 326)

Applets Skillbuilder disponibles en línea a través de cengagebrain.com.

valor de muchos que forman la distribución muestral de medias muestrales.

a. ¿Cuál es el valor medio para esta distribución muestral?

b. ¿Cuál es la desviación estándar de esta distribución muestral?

c. Describe la forma de esta distribución muestral.

7.25 El American Meat Institute publicó el reporte 2007 "Producción y consumo de carne y pollo en EUA: Un panorama". La hoja descriptiva de 2007 menciona el consumo anual de pollo como 86.5 libras por persona. Supón que la desviación estándar para el consumo de pollo por persona es 29.3 libras. El peso medio del pollo consumido por una muestra de 150 personas seleccionadas al azar es un valor de muchos que forman la distribución muestral de las medias muestrales.

a. ¿Cuál es el valor medio para esta distribución muestral?

b. ¿Cuál es la desviación estándar de esta distribución muestral?

c. Describe la forma de esta distribución muestral.

7.26 Un investigador quiere tomar una muestra aleatoria simple de aproximadamente 5% del cuerpo estudiantil de cada una de dos escuelas. La universidad tiene aproximadamente 20 000 estudiantes y el colegio tiene aproximadamente 5 000. Identifica cada uno de los siguientes como verdadero o falso y justifica tu respuesta.

a. La variabilidad muestral es la misma para ambas escuelas.

b. La variabilidad muestral para la universidad es mayor que la del colegio.

c. La variabilidad muestral para la universidad es menor que para el colegio.

d. No puede enunciarse conclusión acerca de la variabilidad muestral sin conocer los resultados del estudio.

7.27 a. Usa una computadora para seleccionar al azar 100 muestras de tamaño 6 de una población normal con media $\mu = 20$ y desviación estándar $\sigma = 4.5$.

b. Encuentra la media $\bar{x}$ para cada una de las 100 muestras.

c. Con las 100 medias muestrales, construye un histograma, encuentra la media $\bar{\bar{x}}$ y encuentra la desviación estándar $s_{\bar{x}}$.

MINITAB

a. Usa los comandos Normal RANDOM DATA de la página 91, sustituye generar con 100, almacenar en C1-C6, media con 20 y desviación estándar con 4.5.

b. Usa los comandos ROW STATISTICS de la página 318, sustituye variables de entrada con C1-C6 y almacenar resultado en C7.

c. Usa los comandos HISTOGRAM de la página 53 para los datos en C7. Para ajustar el histograma, selecciona Binning con punto medio y posiciones de punto medio 12.8:27.2/1.8. Usa los comandos MEAN y STANDARD DEVIATION de las páginas 65 y 79 para los datos en C7.

Excel

a. Usa los comandos Normal RANDOM NUMBER GENERATION de la página 91, sustituye el número de variables con 6, número de números aleatorios con 100, media con 20 y desviación estándar con 4.5.

b. Activa la celda G1.

Elige:	**Insert function, f_x > Statistical > AVERAGE > OK**
Escribe:	**Number1: (A1:F1 o selecciona celdas)**
Arrastra:	**Esquina inferior derecha del recuadro valor promedio hacia abajo para obtener otros promedios**

c. Usa los comandos RANDOM NUMBER GENERATION Patterned Distribution del ejercicio 6.71a de la página 291 y sustituye el primer valor con 12.8, el último valor con 27.2, los pasos con 1.8 y el rango de salida con H1. Usa los comandos HISTOGRAM de las páginas 53-54 con columna G como el rango de entrada y columna H como el rango de caja. Usa los comandos MEAN y STANDARD DEVIATION de las páginas 65 y 79 para los datos en la columna G.

TI-83/84 Plus

a. Usa los comandos Normal RANDOM DATA y STO de la página 91, sustituye Enter con 20, 4.5, 100). Repite los comandos anteriores cinco veces más, almacenar datos en L2, L3, L4, L5 y L6, respectivamente.

b. Elige: **(L1 + L2 + L3 + L4 + L5 + L6)/6**
Escribe: **STO ⟶ L7** (usa la tecla ALPHA para "L" o usa "MEAN")

c. Escribe: **2nd > STAT PLOT > 1: Plot1**
Escribe: **Window**
Elige: **12.8, 27.2, 1.8, 0, 40, 5, 1**
Escribe: **Trace > > >**
Escribe: **STAT > CALC > 1.1-VAR STATS > 2nd > LIST**
Selecciona: **L7**

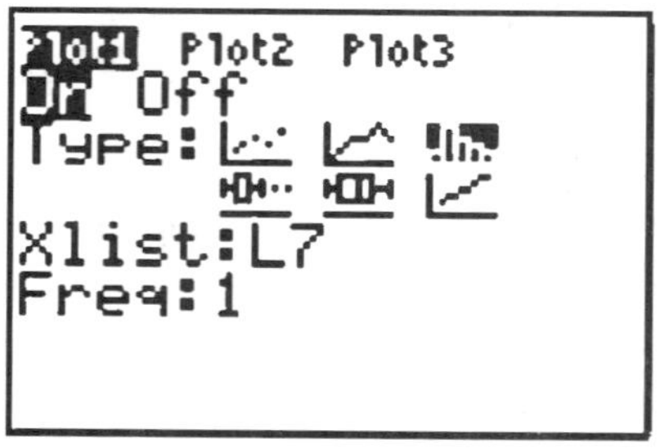

d. Compara los resultados del inciso c con los tres enunciados hechos en la DMMM.

7.28 a. Usa una computadora para seleccionar al azar 200 muestras de tamaño 24 de una población normal con media $\mu = 20$ y desviación estándar $\sigma = 4.5$.

b. Encuentra la media $\bar{x}$ para cada una de las 200 muestras.

c. Con las 200 medias muestrales, construye un histograma, encuentra la media $\bar{\bar{x}}$ y encuentra la desviación estándar $s_{\bar{x}}$.

d. Compara los resultados del inciso c con los tres enunciados hechos para la DMMM y el TCL de la página 320.

e. Compara estos resultados con los resultados obtenidos en el ejercicio 7.27. Específicamente, ¿qué efecto tuvo el incremento en tamaño muestral de 6 a 24? ¿Qué efecto tuvo el incremento de 100 a 200 muestras?

PTI Si usas una computadora, consulta el ejercicio 7.27.

7.3 Aplicación de la distribución muestral de medias muestrales

Cuando la distribución muestral de medias muestrales tiene distribución normal o aproximadamente normal, es posible responder preguntas de probabilidad con la ayuda de la distribución normal estándar (tabla 3 del apéndice B).

EJEMPLO 7.5

CÓMO CONVERTIR INFORMACIÓN DE $\bar{x}$ EN VALORES z

Considera una población normal con $\mu = 100$ y $\sigma = 20$. Si se selecciona una muestra aleatoria de tamaño 16, ¿cuál es la probabilidad de que esta muestra tenga un valor medio entre 90 y 110? Esto es: ¿cuál es $P(90 < \bar{x} < 110)$?

Solución

Dado que la población tiene distribución normal, la distribución muestral de $\bar{x}$ tiene distribución normal. Para determinar las probabilidades asociadas con una distribución normal, necesitarás convertir el enunciado $P(90 < \bar{x} < 110)$ a un enunciado de probabilidad que involucre el **valor z**. Esto te permitirá usar la tabla 3 del apéndice B, la tabla de distribución normal estándar. La distribución muestral se presenta en la figura, donde el área sombreada representa $P(90 < \bar{x} < 110)$.

La fórmula para encontrar el valor z correspondiente a un valor conocido de $\bar{x}$ es

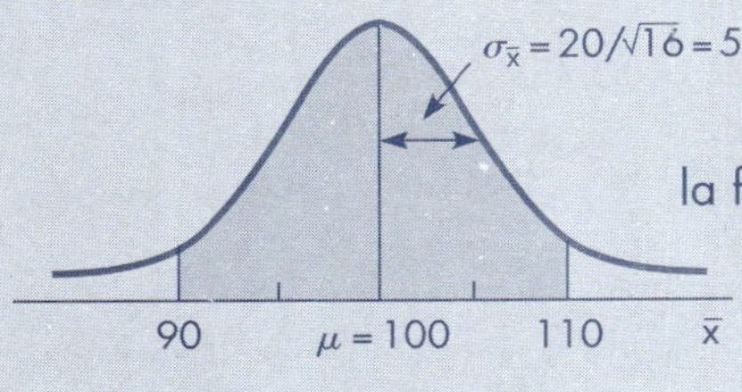

$$z = \frac{\bar{x} - \mu_{\bar{x}}}{\sigma_{\bar{x}}} \quad \textbf{(7.1)}$$

La media y el error estándar de la media son $\mu_{\bar{x}} = \mu$ y $\sigma_{\bar{x}} = \frac{\sigma}{\sqrt{n}}$. Por tanto, la fórmula (7.1) se reescribe en términos de μ, σ y n:

$$z = \frac{\bar{x} - \mu}{\sigma/\sqrt{n}} \quad \textbf{(7.2)}$$

De regreso al ejemplo y al aplicar la fórmula (7.2), se tiene:

$$\text{valor } z \text{ para } \bar{x} = 90: \quad z = \frac{\bar{x} - \mu}{\sigma/\sqrt{n}} = \frac{90 - 100}{20/\sqrt{16}} = \frac{-10}{5} = \mathbf{-2.00}$$

$$\text{valor } z \text{ para } \bar{x} = 110: \quad z = \frac{\bar{x} - \mu}{\sigma/\sqrt{n}} = \frac{110 - 100}{20/\sqrt{16}} = \frac{10}{5} = \mathbf{2.00}$$

Por tanto,

$$P(90 < \bar{x} < 110) = P(-2.00 < z < 2.00) = 0.9773 - 0.0228 = \mathbf{0.9545}$$

Antes de estudiar ejemplos adicionales, considera qué se implica con $\sigma_{\bar{x}} = \frac{\sigma}{\sqrt{n}}$. Para demostrar, supón que $\sigma = 20$ y usa una distribución muestral de muestras con tamaño 4. Ahora $\sigma_{\bar{x}}$ es $20/\sqrt{4}$ o 10 y aproximadamente 95% (0.9545) de todas dichas medias muestrales deben estar dentro del intervalo de 20 abajo a 20 arriba de la media poblacional (dentro de 2 desviaciones estándar de la media poblacional). Sin embargo, si el tamaño de la muestra aumenta a 16, $\sigma_{\bar{x}}$ se convierte en $20/\sqrt{16} = 5$ y aproximadamente 95% de la distribución muestral debe estar dentro de 10 unidades de la media, etc. Conforme aumenta el tamaño de la muestra, el tamaño de $\sigma_{\bar{x}}$ se vuelve más pequeño y la distribución de medias muestrales se vuelve mucho más estrecha. La figura 7.12 ilustra lo que ocurre a la distribución de $\bar{x}$ conforme el tamaño de las muestras individuales aumenta.

FIGURA 7.12
Distribuciones de medias muestrales

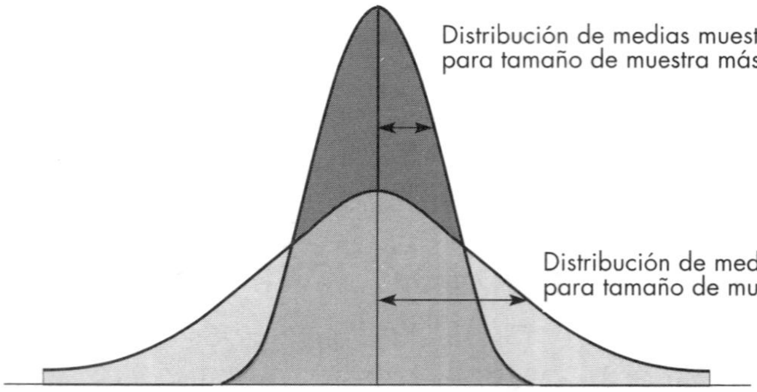

Recuerda que el área (probabilidad) bajo la curva normal siempre es exactamente 1. De modo que, conforme el ancho de la curva se estrecha, la altura tiene que aumentar para mantener esta área.

EJEMPLO 7.6

CÓMO CALCULAR PROBABILIDADES PARA LA ESTATURA MEDIA DE INFANTES DE JARDÍN DE NIÑOS

Los infantes de jardín de niños tienen estaturas que poseen una distribución aproximadamente normal en torno a una media de 39 pulgadas y una desviación estándar de 2 pulgadas. Se toma una muestra aleatoria de tamaño 25 y se calcula la media $\bar{x}$. ¿Cuál es la probabilidad de que este valor medio esté entre 38.5 y 40.0 pulgadas?

Solución

Se quiere encontrar $P(38.5 < \bar{x} < 40.0)$. Los valores de $\bar{x}$, 38.5 y 40.0, deben convertirse a valores z (necesarios para usar la tabla 3 del apéndice B) usando $z = \frac{\bar{x} - \mu}{\sigma/\sqrt{n}}$:

$$\bar{x} = 38.5: \quad z = \frac{\bar{x} - \mu}{\sigma/\sqrt{n}} = \frac{38.5 - 39.0}{2/\sqrt{25}} = \frac{-0.5}{0.4} = \mathbf{-1.25}$$

Tutorial en video disponible; ingresa y aprende más en cengagebrain.com

$\bar{x} = 40.0$: $\quad z = \dfrac{\bar{x} - \mu}{\sigma/\sqrt{n}} = \dfrac{40.0 - 39.0}{2/\sqrt{25}} = \dfrac{1.0}{0.4} = \mathbf{2.50}$

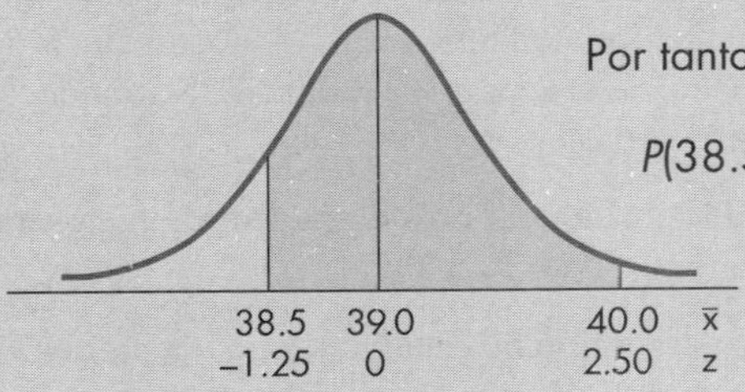

Por tanto,

$$P(38.5 < \bar{x} < 40.0) = P(-1.25 < z < 2.50) = 0.9938 - 0.1057 = \mathbf{0.8881}$$

EJEMPLO 7.7

CÓMO CALCULAR LOS LÍMITES DE ESTATURA MEDIA PARA EL 90% MEDIO DE INFANTES DE JARDÍN DE NIÑOS

Usa las estaturas de infantes de jardín de niños dadas en el ejemplo 7.6. ¿Dentro de qué límites cae el 90% medio de la distribución muestral de medias muestrales para muestras de tamaño 100?

Solución

Las dos herramientas con las que debes trabajar son la fórmula (7.2) y la tabla 3 del apéndice B. La fórmula relaciona los valores clave de la población con los valores clave de la distribución muestral y la tabla 3 relaciona áreas con valores z. Primero, con la tabla 3, encuentra que el 0.9000 medio está acotado por $z = \pm 1.65$.

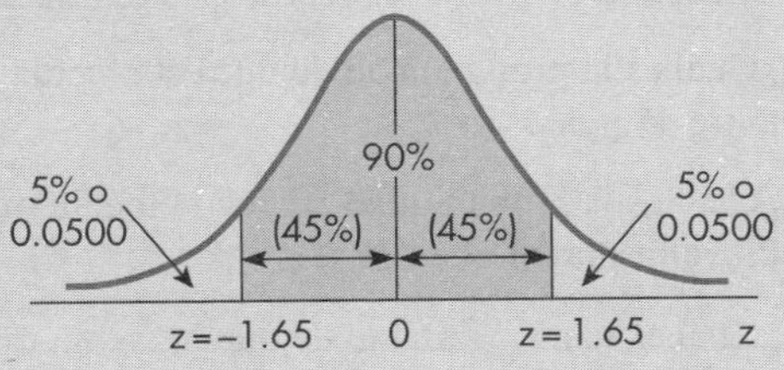

PTI Recuerda: si el valor está exactamente a la mitad, usa el z más grande

z	…	0.04		0.05	…
⋮					…
−1.6	…	0.0505	**0.0500**	0.0495	…
⋮					

Segundo, usa la fórmula (7.2), $z = \dfrac{\bar{x} - \mu}{\sigma/\sqrt{n}}$:

$z = -1.65$: $\quad -1.65 = \dfrac{\bar{x} - 39.0}{2/\sqrt{100}}$

$$\bar{x} - 39 = (-1.65)(0.2)$$
$$\bar{x} = 39 - 0.33$$
$$= \mathbf{38.67}$$

$z = 1.65$: $\quad 1.65 = \dfrac{\bar{x} - 39.0}{2/\sqrt{100}}$

$$\bar{x} - 39 = (1.65)(0.2)$$
$$\bar{x} = 39 + 0.33$$
$$= \mathbf{39.33}$$

Por tanto,

$$\mathbf{P(38.67 < \bar{x} < 39.33) = 0.90}$$

En consecuencia, 38.67 pulgadas y 39.33 pulgadas son los límites que capturan el 90% medio de las medias muestrales.

EJERCICIOS SECCIÓN 7.3

7.29 Considera una población normal con $\mu = 43$ y $\sigma = 5.2$. Calcula el valor z para una $\bar{x}$ de 46.5 de una muestra de tamaño 16.

7.30 Considera una población con $\mu = 43$ y $\sigma = 5.2$.

a. Calcula el valor z para una $\bar{x}$ de 46.5 de una muestra de tamaño 35.

b. ¿Este valor z podría usarse para calcular probabilidades con la tabla 3 del apéndice B? ¿Por qué sí o por qué no?

7.31 En el ejemplo 7.5, explica cómo se obtuvieron el 0.9773 y el 0.0228 y para qué se utilizan.

7.32 ¿Cuál es la probabilidad de que la muestra de infantes de jardín de niños del ejemplo 7.6 tenga una estatura media de menos de 39.75 pulgadas?

7.33 Una muestra aleatoria de tamaño 36 se seleccionará de una población que tiene una media $\mu = 50$ y una desviación estándar σ de 10.

a. Esta muestra de 36 tiene un valor medio de $\bar{x}$, que pertenece a una distribución muestral. Encuentra la forma de esta distribución muestral.

b. Encuentra la media de esta distribución muestral.

c. Encuentra el error estándar de esta distribución muestral.

d. ¿Cuál es la probabilidad de que esta media muestral esté entre 45 y 55?

e. ¿Cuál es la probabilidad de que la media muestral tenga un valor mayor que 48?

f. ¿Cuál es la probabilidad de que la media muestral esté dentro de 3 unidades de la media?

7.34 La pastelería local cocina más de mil barras de pan de 1 libra todo los días y los pesos de dichas barras varían. El peso medio es 1 lb y 1 oz o 482 gramos. Supón que la desviación estándar de los pesos es 18 gramos y que una muestra de 40 barras se selecciona al azar.

a. Esta muestra de 40 tiene un valor medio de $\bar{x}$, que pertenece a una distribución muestral. Encuentra la forma de esta distribución muestral.

b. Encuentra la media de esta distribución muestral.

c. Encuentra el error estándar de esta distribución muestral.

d. ¿Cuál es la probabilidad de que esta media muestral esté entre 475 y 495?

e. ¿Cuál es la probabilidad de que la media muestral tenga un valor menor que 478?

f. ¿Cuál es la probabilidad de que la media muestral esté dentro de 5 gramos de la media?

7.35 Considera la población aproximadamente normal de estaturas de estudiantes universitarios varones con media $\mu = 69$ pulgadas y desviación estándar $\sigma = 4$ pulgadas. Se obtiene una muestra aleatoria de 16 estaturas.

a. Describe la distribución de x, estatura de estudiantes universitarios varones.

b. Encuentra la proporción de estudiantes universitarios varones cuya estatura es mayor que 70 pulgadas.

c. Describe la distribución de $\bar{x}$, la media de las muestras de tamaño 16.

d. Encuentra la media y el error estándar de la distribución $\bar{x}$.

e. Encuentra $P(\bar{x} > 70)$.

f. Encuentra $P(\bar{x} < 67)$.

7.36 La cantidad de llenado (peso de contenido) que se pone en un frasco de vidrio de salsa de espagueti tiene distribución normal con media $\mu = 850$ gramos y desviación estándar $\sigma = 8$ gramos.

a. Describe la distribución de x, la cantidad de llenado por frasco.

b. Encuentra la probabilidad de que un frasco seleccionado al azar contenga entre 848 y 855 gramos.

c. Describe la distribución de $\bar{x}$, el peso medio para una muestra de 24 de tales frascos de salsa.

d. Encuentra la probabilidad de que una muestra aleatoria de 24 frascos tenga un peso medio entre 848 y 855 gramos.

7.37 Las estaturas de los infantes de jardín de niños mencionados en el ejemplo 7.6 (p. 328) tienen distribución aproximadamente normal con $\mu = 39$ y $\sigma = 2$.

a. Si un niño individual de dicho jardín de niños se selecciona al azar, ¿cuál es la probabilidad de que tenga una estatura entre 38 y 40 pulgadas?

b. Un salón de clase de 30 de dichos niños se usa como muestra. ¿Cuál es la probabilidad de que la media de la clase $\bar{x}$ esté entre 38 y 40 pulgadas?

c. Si un niño individual de ese jardín de niños se selecciona al azar, ¿cuál es la probabilidad de que sea más alto que 40 pulgadas?

d. Un salón de clase de 30 de dichos niños de ese jardín de niños se utiliza como muestra. ¿Cuál es la probabilidad de que la media de la clase $\bar{x}$ sea mayor que 40 pulgadas?

7.38 Los salarios para varias posiciones pueden variar significativamente, dependiendo de si la compañía está o no en el sector público o privado. El Departamento de Trabajo de EUA publicó el salario promedio en 2007 para gerentes de recursos humanos empleados por el gobierno federal como 76 503 dólares. Supón que los salarios anuales para este tipo de empleo tienen una distribución normal y una desviación estándar de 8 850 dólares.

a. ¿Cuál es la probabilidad de que un gerente de recursos humanos seleccionado al azar recibiera más de 100 000 dólares en 2007?

b. Se toma una muestra de 20 gerentes de recursos humanos y se reportan sus salarios anuales. ¿Cuál es la probabilidad de que la media muestral del salario anual esté entre 70 000 y 80 000 dólares?

7.39 Con base en datos desde 1996 hasta 2006 del Western Regional Climate Center, la velocidad promedio de los vientos en Honolulú, Hawai, es igual a 10.6 millas por hora. Supón que las velocidades de los vientos tienen una distribución aproximadamente normal con una desviación estándar de 3.5 millas por hora.

a. Encuentra la probabilidad de que la velocidad del viento en cualquier lectura superará 13.5 millas por hora.

b. Encuentra la probabilidad de que la media de una muestra aleatoria de 9 lecturas supere 13.5 millas por hora.

c. ¿Crees que la suposición de normalidad es razonable?

d. ¿Qué efecto crees que tenga la suposición de normalidad sobre las respuestas a los incisos a y b? Explica.

7.40 TIMSS 2007 (estudio internacional de tendencias en matemáticas y ciencias) se enfocó en el logro matemático y científico de estudiantes de octavo grado en todo el mundo. Un total de 8 países (incluido Estados Unidos) participó en el estudio. La media de la calificación en el examen de matemáticas para estudiantes estadounidenses fue 509, con una desviación estándar de 88.

Fuente: http://nces.ed.gov/

Si supones que las calificaciones tienen distribución normal, encuentra lo siguiente para una muestra de 150 estudiantes.

a. Encuentra la probabilidad de que la calificación TIMSS media para un grupo seleccionado al azar de estudiantes de octavo grado esté entre 495 y 515.

b. Encuentra la probabilidad de que la calificación TIMSS para un grupo seleccionado al azar de estudiantes de octavo grado sea menor a 520.

c. ¿Crees que la suposición de normalidad es razonable? Explica.

7.41 De acuerdo con el artículo "Sólo en Estados Unidos", del *Readers' Digest* de junio de 2004, la cantidad promedio que un joven de 17 años gasta en su fiesta de graduación de bachillerato es 638 dólares. Supón que las cantidades gastadas tienen una distribución normal, con una desviación estándar de 175 dólares.

a. Encuentra la probabilidad de que el costo medio por asistir a una fiesta de graduación de bachillerato para 36 jóvenes de 17 años seleccionados al azar está entre 550 y 700 dólares.

b. Encuentra la probabilidad de que el costo medio por asistir a una fiesta de graduación de bachillerato para 36 jóvenes de 17 años seleccionados al azar sea mayor que 750 dólares.

c. ¿Crees que la suposición de normalidad es razonable? Explica.

7.42 La oficina de estadísticas laborales ofrece información de prestaciones y servicios para varias posiciones. A mayo de 2008, el salario nacional promedio para una RN (enfermera registrada) fue de 65 130 dólares. Supón que la desviación estándar es 9 385 dólares. Encuentra lo siguiente para la media de una muestra aleatoria de 100 de tales enfermeras.

a. La probabilidad de que la media de la muestra sea menor a 62 500 dólares.

b. La probabilidad de que la media muestral esté entre 64 000 y 67 500 dólares.

c. La probabilidad de que la media muestral sea mayor que$66 000 dólares.

d. Explica por qué la suposición de normalidad acerca de la distribución de salarios no estuvo involucrada en las soluciones a los incisos a, b y c.

7.43 Con referencia al ejemplo 7.6 (p. 328), ¿qué estatura acotaría el 25% inferior de todas las muestras de tamaño 25?

7.44 Se selecciona una popular linterna que usa dos baterías tamaño D, y se compran varias del mismo modelo para poner a prueba la "vida de uso continuo" de las baterías D. Conforme se instalan baterías frescas, cada linterna se enciende y se anota el tiempo. Cuando la linterna ya no produce luz, se anota nuevamente el tiempo. Los datos de la "vida" resultante de baterías Rayovac tiene una media de 21.0 horas.

Fuente: http://www.rayovac.com.

Supón que dichos valores tienen una distribución normal, con una desviación estándar de 1.38 horas.

a. ¿Cuál es la probabilidad de que una batería Rayovac seleccionada al azar tenga una vida de prueba de entre 20.5 y 21.5 horas?

b. ¿Cuál es la probabilidad de que una muestra de 4 baterías Rayovac seleccionadas al azar tenga una vida de prueba media de entre 20.5 y 21.5 horas?

c. ¿Cuál es la probabilidad de que una muestra de 16 baterías Rayovac seleccionadas al azar tenga una vida de prueba media de entre 20.5 y 21.5 horas?

d. ¿Cuál es la probabilidad de que una muestra de 64 baterías Rayovac seleccionadas al azar tenga una vida de prueba media de entre 20.5 y 21.5 horas?

e. Describe el efecto que tiene el aumento en el tamaño de la muestra sobre las respuestas a los incisos b-d.

7.45 a. Encuentra $P(4 < \bar{x} < 6)$ para una muestra aleatoria de tamaño 4 extraída de una población normal con $\mu = 5$ y $\sigma = 2$.

b. Usa una computadora para generar al azar 100 muestras, cada una de tamaño 4, de una distribución de probabilidad normal con $\mu = 5$ y $\sigma = 2$. Calcula la media, $\bar{x}$, para cada muestra.

c. ¿Cuántas de las medias muestrales en el inciso b tienen valores entre 4 y 6? ¿Qué porcentaje es ese?

d. Compara las respuestas a los incisos a y c; explica cualquier diferencia que ocurra.

MINITAB

a. Escribe los números 4 y 6 en C1. Usa los comandos CUMULATIVE NORMAL PROBABILITY DISTRIBUTION de la página 285, sustituye la media con 5, la desviación estándar con 1 $(2\sqrt{4})$, la columna de entrada con C1 y el almacenamiento temporal en C2. Encuentra CDF(6) – CDF(4).

b. Usa los comandos Normal RANDOM DATA de la página 91, sustituye generar con 100, almacenar en C3-C6, media con 5 y desviación estándar con 2. Usa los comandos ROW STATISTICS de la página 318, sustituye variables de entrada con C3-C6 y almacenar resultado en C7.

c. Usa los comandos HISTOGRAM de la página 53 para los datos en C7. Selecciona Labels, Data Labels, Label Type; usa niveles de valor *y*. Para ajustar el histograma, selecciona Binning con punto medio y posiciones de punto medio 0:10/1.

Excel

a. Escribe los números 4 y 6 en la columna A. Activa la celda B1. Usa los comandos CUMULATIVE NORMAL DISTRIBUTION de la página 285, sustituye X con A1:A2. Encuentra CDF(6) – CDF(4).

b. Usa los comandos Normal RANDOM NUMBER GENERATION de la página 91, sustituye el número de variables con 4, número de números aleatorios con 100, media con 5, desviación estándar con 2 y rango de salida con C1. Activa la celda G1. Usa los comandos AVERAGE INSERT FUNCTION del ejercicio 7.13b de la página 318, sustituye Number1 con C1:F1.

c. Usa los comandos RANDOM NUMBER GENERATION Patterned Distribution del ejercicio 6.71a de la página 291, sustituye el primer valor con 0, el último valor con 9, los pasos con 1 y el rango de salida con H1. Usa los comandos HISTOGRAM de las páginas 53-54 con la columna G como el rango de entrada, columna H como el rango de caja y la columna I como el rango de salida.

TI-83/84 Plus

a. Usa los comandos CUMULATIVE NORMAL PROBABILITY de la página 285, sustituye el Enter con 4, 6, 5, 1). (La desviación estándar es 1; de $2\sqrt{4}$.)

b. Usa los comandos Normal RANDOM DATA y STO de la página 91, sustituye el Enter con 5, 2, 100). Repite dichos comandos tres veces más, almacenar datos en L2, L3 y L4, respectivamente.

Elige:	**STAT > EDIT > 1: Edit**
Resalta:	**L5** (encabezado columna)
Escribe:	**(L1 + L2 + L3 + L4)/4**

c. Usa los comandos HISTOGRAM y TRACE de la página 54 para contar. Escribe 0, 9, 1, 0, 45, 1 para la Ventana.

7.46 a. Encuentra $P(46 < \bar{x} < 55)$ para una muestra aleatoria de tamaño 16 extraída de una población normal con media $\mu = 50$ y desviación estándar $\sigma = 10$.

b. Usa una computadora para generar al azar 200 muestras, cada una de tamaño 16, de una distribución de probabilidad normal con media $\mu = 50$ y desviación estándar $\sigma = 10$. Calcula la media, $\bar{x}$, para cada muestra.

c. ¿Cuántas de las medias muestrales del inciso b tienen valores entre 46 y 55? ¿Qué porcentaje es ése?

d. Compara las respuestas a los incisos a y c; explica cualquier diferencia que ocurra.

PTI Si usas computadora, consulta el ejercicio 7.45.

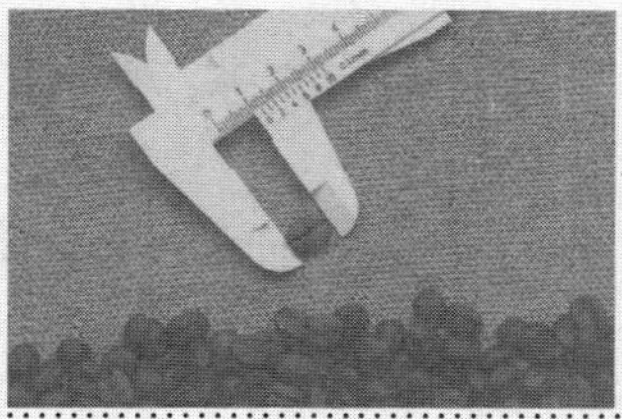

Repaso del capítulo

En retrospectiva

En los capítulos 6 y 7 aprendiste a usar la distribución de probabilidad normal estándar. Ahora tienes dos fórmulas para calcular un valor z:

$$z = \frac{x - \mu}{\sqrt{\sigma}} \quad \text{y} \quad z = \frac{\bar{x} - \mu}{\sigma / \sqrt{n}}$$

Debes tener cuidado para distinguir entre estas dos fórmulas. La primera proporciona el valor estándar cuando se tienen valores individuales de una distribución normal (valores x). La segunda fórmula trata con una media muestral (valor $\bar{x}$). La clave para distinguir entre las fórmulas es decidir si el problema trata con un individuo x o con una media muestral $\bar{x}$. Si trata con los valores individuales de x, usa la primera fórmula como se presentó en el capítulo 6. Si el problema trata con una media muestral, $\bar{x}$, usa la segunda fórmula y procede como se ilustró en este capítulo.

El propósito básico para considerar qué ocurre cuando una población se muestrea de manera repetida, como se estudió en este capítulo, es formar distribuciones muestrales. La distribución muestral se usa entonces para describir la variabilidad que ocurre de una muestra a la siguiente. Una vez conocido y comprendido este patrón de variabilidad para un estadístico muestral específico, es posible hacer predicciones acerca del correspondiente parámetro poblacional con una medida de cuán precisa es la predicción. La DMMM y el teorema central del límite ayudan a describir la distribución para medias muestrales. En el capítulo 8 comenzarás a hacer inferencias acerca de medias poblacionales.

Existen otras razones para el muestreo repetido. Las muestras repetidas usualmente se utilizan en el campo del control de producción, en el que las muestras se toman para determinar si un producto es del tamaño o la cantidad adecuados. Cuando el estadístico muestral no encaja en los estándares, es necesario un ajuste mecánico de la maquinaria. Entonces el ajuste es seguido por otro muestreo para asegurarse de que el proceso de producción está bajo control.

El "error estándar de ___________" es el nombre que se usa para la desviación estándar de la distribución muestral para cualquier estadístico que se mencione en el espacio. En este capítulo se consideró el error estándar de la media. Sin embargo, también podrías trabajar con el error estándar de la proporción, la mediana o cualquier otro estadístico.

Ahora debes estar familiarizado con el concepto de distribución muestral y, en particular, con la distribución muestral de las medias muestrales. En el capítulo 8 comenzarás a realizar predicciones acerca de los valores de parámetros poblacionales.

CourseMate El sitio **Statistics CourseMate** para este libro lleva a la vida los temas del capítulo, con herramientas interactivas de aprendizaje, estudio y preparación de exámenes, incluidas preguntas rápidas y tarjetas de estudio para el vocabulario y los conceptos clave que aparecen a continuación. El sitio también ofrece una versión **eBook** del texto, con capacidades de subrayado y toma de notas. A lo largo de los capítulos, el icono CourseMate señala los conceptos y ejemplos que tienen sus correspondientes recursos interactivos como **video** y **tutoriales animados** que demuestran, paso a paso, cómo resolver problemas; conjuntos de datos para ejercicios y ejemplos; **Applets Skillbuilder** para ayudarte a comprender mejor los conceptos; **manuales de tecnología** y software para descargar que incluye **Data Analysis Plus** (una suite de macros estadísticos para Excel) y programas **TI-83/84 Plus**; regístrate en **www.cengagebrain.com**

Vocabulario y conceptos clave

distribución de frecuencias (p. 315)
distribución de probabilidad (p. 314)
distribución muestral (p. 323)
distribución muestral de medias muestrales (pp. 314, 320)
error estándar de la media (p. 320)
estadístico muestral repetido (p. 313)
muestra aleatoria (p. 316)
teorema central del límite (p. 320)
valor z (p. 327)

Resultados del aprendizaje

• Comprender qué es una distribución muestral de medias muestrales y que la distribución se obtiene a partir de muestras repetidas, todas del mismo tamaño.	pp. 313-314, EJ. 7.1
• Poder formar una distribución muestral para una media, media o rango con base en una pequeña población finita.	EJ. 7.1, Ej. 76, 7.7
• Comprender que una distribución muestral es una distribución de probabilidad para un estadístico muestral.	EJ. 7.2
• Comprender y poder presentar y describir la distribución muestral de medias muestrales y el teorema central del límite.	pp. 319-321, Ej. 7.4
• Comprender y poder explicar la relación entre la distribución muestral de una media de la muestra y del teorema del límite central.	pp. 319-321, Ej. 7.17, 7.18, 7.21
• Determinar y poder explicar el efecto del tamaño de la muestra sobre el error estándar de la media.	pp. 323-324, Ej. 7.20, 7.26, 7.47
• Entender cuándo y cómo puede usarse la distribución normal para encontrar probabilidades correspondientes a medias muestrales.	EJ. 7.5
• Calcular, describir e interpretar valores z correspondientes a valores conocidos de $\bar{x}$.	EJ. 7.6, EJ. 7.7 Ej. 7.29, 7.30, 7.48
• Calcular valores z y probabilidades para aplicaciones de la distribución muestral de medias muestrales.	Ej. 7.33, 7.35

Ejercicios del capítulo

7.47 Si una población tiene una desviación estándar σ de 18.2 unidades, ¿cuál es el error estándar de la media si se seleccionan muestras de tamaño 9? ¿Muestras de tamaño 25? ¿Muestras de tamaño 49? ¿Muestras de tamaño 100?

7.48 Considera una población normal con $\mu = 24.7$ y $\sigma = 4.5$.

a. Calcula el valor z para una x de 21.5.

b. Calcula el valor z para una $\bar{x}$ de 21.5 de una muestra de tamaño 25.

c. Explica cómo 21.5 puede tener valores z tan diferentes.

7.49 La directora de enfermería dice a los estudiantes a inscribir para la próxima clase que los graduados de la escuela pueden esperar ganar un ingreso semanal medio de 775 dólares un año después de la graduación. Supón que la afirmación de la directora es verdadera y que los salarios semanales un año después de la graduación tienen una distribución normal con una desviación estándar de 115 dólares.

Si se selecciona un graduado al azar:

a. Describe la distribución del salario semanal a obtener un año después de la graduación.

b. ¿Cuál es la probabilidad de que el graduado seleccionado gane entre 625 y 825?

Si se selecciona una muestra al azar de 25 graduados:

c. Describe el salario semanal medio a obtener un año después de la graduación.

d. ¿Cuál es la probabilidad de que la media muestral esté entre 710 y 785 dólares?

e. ¿Por qué se usa el valor z para responder los incisos b y d?

f. ¿Por qué la fórmula para z usada en el inciso d es diferente del que usaste en el inciso b?

7.50 Los diámetros de las manzanas Red Delicious en cierto huerto tienen distribución normal, con una media de 2.63 pulgadas y una desviación estándar de 0.25 pulgada.

a. ¿Qué porcentaje de las manzanas en este huerto tienen diámetros menores a 2.25 pulgadas?

b. ¿Qué porcentaje de las manzanas en el huerto son mayores que 2.56 pulgadas de diámetro?

Se recolecta una muestra de 100 manzanas y el diámetro medio obtenido es $\bar{x} = 2.56$.

c. Si se toma otra muestra de tamaño 100, ¿cuál es la probabilidad de que su media muestral sea mayor que 2.56 pulgadas?

d. ¿Por qué se usa el valor z para responder los incisos a-c?

e. ¿Por qué la fórmula para z usada en el inciso d es diferente del que usaste en los incisos a y b?

7.51 a. Encuentra un valor para e tal que 95% de las manzanas en el ejercicio 7.50 estén dentro de e unidades de la media, 2.63. Esto es: encuentra e tal que $P(2.63 - e < x < 2.63 + e) = 0.95$.

b. Encuentra un valor para E tal que 95% de las muestras de 100 manzanas tomadas del huerto del ejercicio 7.50 tendrán valores medios dentro de E unidades de la media, 2.63. Esto es: encuentra E tal que $P(2.63 - E < \bar{x} < 2.63 + E) = 0.95$.

7.52 Los estadounidenses gastan miles de millones en atención veterinaria cada año. De acuerdo con la APPA National Pet Owners Survey, los ciudadanos estadounidenses gastaron 10.1 mil millones de dólares en cuidado de mascotas en 2007. Los servicios de atención a la salud ofrecidos para los animales rivalizan con los proporcionados a los humanos, siendo el costo usual de cirugía de entre 1 700 y 3 000 dólares o más. En promedio, el dueño de un perro gastó un estimado de 670 dólares en gastos relacionados con veterinario dicho año.

Fuente: American Pet Products Manufacturers Association

Supón que el gasto anual en atención a la salud por parte del dueño de un perro tiene una distribución normal, con una media de 670 dólares y una desviación estándar de 290 dólares.

a. ¿Cuál es la probabilidad de que el dueño de un perro, seleccionado al azar de la población, haya gastado más de 1 000 dólares en atención a la salud durante 2007?

b. Supón que se realiza una encuesta de 300 dueños de perros y a cada uno se le pide reportar el total de su factura de atención veterinaria durante 2007. ¿Cuál es la probabilidad de que el gasto anual medio de esta muestra caiga entre 700 y 750 dólares?

c. La suposición de distribución normal en esta situación probablemente desorienta. Explica por qué y qué efecto tiene esto sobre las respuestas a los incisos a y b.

7.53 El gerente de almacén en Marketview, consciente de la estadística, registra el número de clientes que pasan por la puerta cada día. Años de registros muestran que el número de clientes por día es de 586, con una desviación estándar de 165. Supón que el número de clientes tiene una distribución normal.

a. ¿Cuál es la probabilidad de que, en un día dado, el número de clientes supere 1 000?

b. Si se seleccionan 20 días al azar, ¿cuál es la probabilidad de que la media de esta muestra sea menor que 550?

c. La suposición de normalidad te permitió calcular las probabilidades; sin embargo, ésta puede no ser una suposición razonable. Explica por qué y cómo afecta esto a las probabilidades que encontraste en los incisos a y b.

7.54 Todos necesitan recortar costos, incluso quienes planean una boda, de acuerdo con el artículo del *USA Today* del 8 de julio de 2009, "La novia de hoy 'definitivamente es lo opuesto a bridezilla'". El artículo cita el gasto promedio del vestido de novia, con base en información de la The Knot Real Wedding Survey de 2008, como 1 032 dólares. Si supones que el costo de los vestidos de novia tiene una distribución normal, con una desviación estándar de 550 dólares, ¿cuál es la probabilidad de que el costo medio de los vestidos de novia, para una muestra de 20 futuras novias seleccionadas al azar, esté entre 800 y 1 200 dólares?

7.55 Un embarque de barras de acero se acepte si la resistencia a la rotura media de una muestra al azar de 10 barras de acero es mayor que 250 libras por pulgada cuadrada. En el pasado, la resistencia a la rotura de tales barras tenía una media de 235 y una varianza de 400.

a. Si supones que las resistencias a la rotura tienen una distribución normal, ¿cuál es la probabilidad de que una barra de acero seleccionada al azar tenga una resistencia a la rotura en el rango de 245 a 255 libras por pulgada cuadrada?

b. ¿Cuál es la probabilidad de que se acepte el embarque?

7.56 Un reporte en *The Washington Post* (26 de abril de 2009) afirma que la edad promedio para que los hombres se casen en Estados Unidos es ahora de 28 años de edad. Si se supone que la desviación estándar es de 3.2 años, encuentra la probabilidad de que una muestra al azar de 40 hombres estadounidenses muestre una edad media menor que o igual a 27 años.

7.57 Un fabricante de focos afirma que sus focos tienen una vida media de 700 horas y una desviación estándar de 120 horas. Tú compras 144 de dichas lámparas y decides que comprarías más si la vida media de tu muestra actual superara las 680 horas. ¿Cuál es la probabilidad de que no compres nuevamente a este fabricante?

7.58 Un fabricante de neumáticos afirma (con base en años de experiencia con sus neumáticos) que el millaje medio de sus neumáticos es 35 000 millas y la desviación estándar es de 5 000 millas. Una agencia del consumidor selecciona al azar 100 de dichos neumáticos y encuentra una media muestral de 31 000. ¿La agencia del consumidor debe dudar de la afirmación del fabricante? //

7.59 Para muestras grandes, la suma muestral (Σx) tiene una distribución aproximadamente normal. La media de la suma muestral es $n \cdot \mu$ y la desviación estándar es $\sqrt{n} \cdot \sigma$. La distribución de ahorros por cuenta para una institución de ahorro y préstamo tiene una media igual a 750 y una desviación estándar igual a 25 dólares. Para una muestra de 50 de tales cuentas, encuentra la probabilidad de que la suma en las 50 cuentas supere 38 000 dólares.

7.60 Los pesos de equipaje para los pasajeros que usan una aerolínea particular tienen una distribución normal, con una media de 20 lb y una desviación estándar de 4 lb. Si el límite de peso del equipaje total es de 2 125 lb, ¿cuál es la probabilidad de que el límite se superará para 100 pasajeros?

7.61 Una empresa de camiones entrega electrodomésticos en una gran operación minorista. Los paquetes (o cajas) tienen un peso medio de 300 lb y una varianza de 2 500.

a. Si un camión puede transportar 4 000 lb y es necesario transportar 25 electrodomésticos, ¿cuál es la probabilidad de que los 25 aparatos tengan un peso agregado mayor que la capacidad del camión? Supón que los 25 aparatos representan una muestra al azar.

b. Si el camión tiene una capacidad de 8 000 lb, ¿cuál es la probabilidad de que pueda transportar todo el lote de 25 electrodomésticos?

7.62 Una compañía de discos de música pop quiere que la distribución de las duraciones de las pistas en sus discos tengan un promedio de 2 minutos y 15 segundos (135 segundos) y una desviación estándar de 10 segundos, de modo que los *disc jockeys* tengan mucho tiempo para comerciales dentro de cada periodo de 5 minutos. La población de tiempos para pistas tiene una distribución aproximadamente normal, sólo con un sesgo despreciable hacia la derecha. Acabas de contar el tiempo de las pistas en una nueva producción y descubres que las 10 pistas promedian 140 segundos.

a. ¿Qué porcentaje del tiempo el promedio será de 140 segundos o más, si la nueva producción se selecciona al azar?

b. Si la compañía musical quiere que las 10 pistas promedien no más de 140 segundos menos de 5% de las veces, ¿cuál debe ser la media poblacional, dado que la desviación estándar sigue siendo de 10 segundos?

7.63 Simula la distribución muestral relacionada con la preocupación de los *disc jockeys* por la "duración de la pista" del ejercicio 7.62.

a. Usa una computadora para generar al azar 50 muestras, cada una de tamaño 10, de una distribución normal con media 135 y desviación estándar 10. Encuentra el "total muestral" y la media muestral para cada muestra.

b. Con 50 medias muestrales, construye un histograma y encuentra su media y desviación estándar.

c. Con 50 "totales" muestrales, construye un histograma y encuentra su media y desviación estándar.

d. Compara los resultados obtenidos en los incisos b y c. Explica cualquier similitud y cualquier diferencia que observes.

MINITAB

a. Usa los comandos Normal RANDOM DATA de la página 91, sustituye generar con 50, almacenar en C1-C10, media con 135 y desviación estándar con 10. Usa los comandos ROW STATISTICS de la página 318, selecciona Sum y sustituye variables de entrada con C1-C10 y almacenar resultado en C11. Usa los comandos ROW STATISTICS, selecciona nuevamente Mean y después sustituye variables de entrada con C1-C10 y almacenar el resultado en C12.

b. Usa los comandos HISTOGRAM de la página 53 para los datos en C12. Para ajustar el histograma, selecciona Binning con punto medio. Usa los comandos MEAN y STANDARD DEVIATION de las páginas 65 y 79 para los datos en C12.

c. Usa los comandos HISTOGRAM de la página 53 para los datos en C11. Para ajustar el histograma, selecciona Binning con puntos medios. Usa los comandos MEAN y STANDARD DEVIATION de las páginas 65 y 79 para los datos en C11.

d. Usa los comandos DISPLAY DESCRIPTIVE STATISTICS de la página 88 para los datos en C11 y C12.

Excel

a. Usa los comandos Normal RANDOM NUMBER GENERATION de la página 91, sustituye número de variables con 10, número de números aleatorios con 50, media con 135 y desviación estándar con 10.

Activa la celda K1.

Elige:	**Insert function f_x > All > SUM > OK**
Escribe:	Number1: **(A1:J1 o selecciona celdas)**
Arrastra:	**Esquina inferior derecha del recuadro valor suma hacia abajo para obtener otras sumas**

Activa la celda L1. Usa los comandos AVERAGE INSERT FUNCTION del ejercicio 7.13b de la página 318, sustituye Number1 con A1:J1.

b. Usa los comandos RANDOM NUMBER GENERATION Patterned Distribution del ejercicio 6.71a de la página 291, sustituye el primer valor con 125.4, el último valor con 144.6, los pasos con 3.2 y el rango de salida con M1. Usa los comandos HISTOGRAM de las páginas 53-54 con columna L como rango de entrada y columna M como rango de caja. Usa los comandos MEAN y STANDARD DEVIATION de las páginas 65 y 79 para los datos en la columna L.

c. Usa los comandos RANDOM NUMBER GENERATION Patterned Distribution del ejercicio 6.71a de la página 291, sustituye el primer valor con 1254, el último valor con 1446, los pasos con 32 y el rango de salida con M20. Usa los comandos HISTOGRAM de las páginas 53-54 con columna L como rango inicial y celdas M20-? como el rango de caja. Usa los comandos MEAN y STANDARD DEVIATION de las páginas 65 y 79 para los datos en la columna K.
d. Usa los comandos DESCRIPTIVE STATISTICS de la página 88 para los datos en las columnas K y L.

7.64 a. Encuentra la media y la desviación estándar de x para una distribución de probabilidad normal con $n = 16$ y $p = 0.5$.

b. Usa una computadora para construir la distribución de probabilidad y el histograma para el experimento de probabilidad binomial con $n = 16$ y $p = 0.5$.

c. Usa una computadora para generar al azar 200 muestras de tamaño 25 de una distribución de probabilidad binomial, con $n = 16$ y $p = 0.5$. Calcula la media de cada muestra.

d. Construye un histograma y encuentra la media y la desviación estándar de las 200 medias muestrales.

e. Compara la distribución de probabilidad de x que encontraste en el inciso b y la distribución de frecuencias de $\bar{x}$ del inciso d. ¿Tu información apoya el TCL? Explica.

MINITAB

a. Usa los comandos MAKE PATTERNED DATA del ejercicio 6.71a de la página 291, sustituye el primer valor con 0, el último valor con 16 y los pasos con 1. Usa los comandos BINOMIAL PROBABILITY DISTRIBUTIONS de la página 251, sustituye n con 16, p con 0.5, columna de entrada con C1 y almacenamiento opcional en C2. Usa los comandos Scatterplot with Connect Line de la página 129, sustituye Y con C2 y X con C1.
b. Usa los comandos BINOMIAL RANDOM DATA de la página 261, sustituye generar con 200, almacenar en C3-C27, número de ensayos con 16 y probabilidad con 0.5. Usa los comandos ROW STATISTICS para una media de la página 318 y sustituye variables de entrada con C3-C27 y almacenar resultado en C28. Usa los comandos HISTOGRAM de la página 53 para los datos en C28. Para ajustar el histograma, selecciona Binning with midpoints. Usa los comandos MEAN y STANDARD DEVIATION de las páginas 65 y 79 para los datos en C28.

Excel

a. Escribe del 0 al 16 en la columna A. Continúa con los comandos de probabilidad binomial de las páginas 251-252 y usa $n = 16$ y $p = 0.5$. Activa las columnas A y B; después continúa con:

Elige: **Insert > Column > 1st picture > Next > Series**

Elige: **Select Data > Series1 > Remove > OK**

b. Usa los comandos Binomial RANDOM NUMBER GENERATION del ejercicio 5.95 de la página 261, sustituye número de variables con 25, número de números aleatorios con 200, valor p con 0.05, número de ensayos con 16 y rango de salida con C1. Activa la celda BB1. Usa los comandos AVERAGE INSERT FUNCTION del ejercicio 7.13b en la página 318, sustituye Number1 con C1:AA1.
c. Usa los comandos RANDOM NUMBER GENERATION Patterned Distribution del ejercicio 6.71a en la página 291, sustituye el primer valor con 6.8, el último valor con 9.2, los pasos con 0.4 y el rango de salida con CC1. Usa los comandos HISTOGRAM de las páginas 53-54 con columna BB como rango de entrada y columna CC como en rango de caja. Usa los comandos MEAN y STANDARD DEVIATION de las páginas 65 y 79 para los datos en la columna BB.

7.65 a. Encuentra la media y la desviación estándar de x para una distribución de probabilidad binomial, con $n = 200$ y $p = 0.3$.

b. Usa una computadora para construir la distribución de probabilidad y el histograma para la variable aleatoria x del experimento de probabilidad binomial con $n = 200$ y $p = 0.3$.

c. Usa una computadora para generar al azar 200 muestras de tamaño 25 de una distribución de probabilidad binomial con $n = 200$ y $p = 0.3$. Calcula la media $\bar{x}$ de cada muestra.

d. Construye un histograma y encuentra la media y la desviación estándar de las 200 medias muestrales.

e. Compara la distribución de probabilidad de x que encontraste en el inciso b y la distribución de frecuencias de $\bar{x}$ que encontraste en el inciso d. ¿Tu información apoya el TCL? Explica.

PTI Usa los comandos del ejercicio 7.64 y haz los ajustes necesarios.

7.66 Una muestra de 144 valores se selecciona al azar de una población con media, μ, igual a 45 y desviación estándar, σ, igual a 18.

a. Determina el intervalo (del valor más pequeño al valor más grande) dentro del cual esperarías que se encuentre la media muestral.

(continúa en la página 338)

b. ¿Cuál es la cantidad de desviación desde la media para una media muestral de 45.3?

c. ¿Cuál es la desviación máxima que permitiste en tu respuesta al inciso a?

d. ¿Cómo se relaciona la desviación máxima con el error estándar de la media?

Examen de práctica del capítulo

PARTE I: Conocimiento de las definiciones

Responde "verdadero" si el enunciado siempre es verdadero. Si el enunciado no siempre es verdadero, sustituye las palabras en negrillas con las palabras que hagan al enunciado siempre verdadero.

7.1 Una distribución muestral **es** una distribución que menciona todos los estadísticos muestrales que describen una muestra particular.

7.2 Los histogramas de **todas** las distribuciones muestrales son simétricos.

7.3 La media de la distribución muestral de $\bar{x}$ es igual a la media de la **muestra**.

7.4 El error estándar de la media es la desviación estándar de la población **de donde se tomaron las muestras**.

7.5 El error estándar de la media **aumenta** conforme se incrementa el tamaño de la muestra.

7.6 La forma de la distribución de medias muestrales siempre es el de una distribución **normal**.

7.7 Una distribución de **probabilidad** de un estadístico muestral es una distribución de todos los valores de dicho estadístico que se obtuvieron a partir de todas las muestras posibles.

7.8 La distribución muestral de medias muestrales ofrece una descripción de las tres características de una distribución muestral de **medianas** muestrales.

7.9 Una muestra **de frecuencias** se obtiene en tal forma que todas las posibles muestras de un tamaño dado tienen igual posibilidad de ser seleccionadas.

7.10 **No es necesario** tomar muestras repetidas con la finalidad de usar el concepto de distribución muestral.

PARTE II: Aplicación de los conceptos

7.11 Se cree que las longitudes de la trucha de lago en Conesus Lake tienen una distribución normal con una media de 15.6 pulgadas y una desviación estándar de 3.8 pulgadas.

a. Kevin va a pescar a Conesus Lake mañana. Si captura una trucha de lago, ¿cuál es la probabilidad de que sea menor a 15.0 pulgadas de largo?

b. Si mañana el bote de pesca del capitán Brian lleva a 10 personas a pescar a Conesus Lake y capturan una muestra al azar de 16 truchas de lago, ¿cuál es la probabilidad de que la longitud media de su captura total sea menor a 15 pulgadas?

7.12 Se afirma que los encendedores fabricados por EasyVice Company tienen una vida media de 20 meses, con una desviación estándar de 6 meses. La garantía de devolución de dinero te permite regresar el encendedor si no dura al menos 12 meses desde la fecha de compra.

a. Si las vidas de dichos encendedores tienen una distribución normal, ¿qué porcentaje de los encendedores se devolverán a la compañía?

b. Si se pone a prueba una muestra al azar de 25 encendedores, ¿cuál es la probabilidad de que la vida media muestral sea de más de 18 meses?

7.13 Se considera que los remaches de aluminio producidos por Rivets Forever, Inc., tienen resistencias al corte que se distribuyen en torno a una media de 13.75, con una desviación estándar de 2.4. Si esta información es verdadera y se pone a prueba la resistencia al corte de una muestra de 64 de dichos remaches, ¿cuál es la probabilidad de que la resistencia media esté entre 13.6 y 14.2?

PARTE III: Comprender los conceptos

7.14 "Dos cabezas son mejor que una." Si esto es verdadero, ¿entonces qué tan buenas serían muchas cabezas? Para descubrirlo, una profesora de estadística dibujó una recta a través del pizarrón y pidió a su clase estimar su longitud hasta la pulgada más cercana. Ella recopiló sus estimaciones, que variaron desde 33 hasta 61 pulgadas y calculó el valor medio. Después reportó que dicha media fue de 42.25 pulgadas. Entonces midió la recta y descubrió que medía 41.75 pulgadas. ¿Esto demuestra que "muchas cabezas son mejor que una"? ¿Cuál teoría estadística apoya esta ocurrencia? Explica cómo.

7.15 La distribución muestral de medias muestrales es más que sólo una distribución de los valores medios que ocurren a partir de muchas muestras repetidas tomadas de la misma población. Describe qué otra condición específica debe satisfacerse con la finalidad de tener una distribución muestral de medias muestrales.

7.16 El estudiante A afirma: "una distribución muestral de las desviaciones estándar te dice cómo varía la desviación estándar de muestra a muestra". El estudiante B argumenta: "una distribución poblacional te dice eso". ¿Quién tiene la razón? Justifica tu respuesta.

7.17 El estudiante A dice que es "el tamaño de cada muestra utilizada" y el estudiante B dice que es "el número de muestras utilizadas" el que determina la dispersión de una distribución muestral empírica. ¿Quién tiene la razón? Justifica tu elección.

8 Introducción a la inferencia estadística

8.1 La naturaleza de la estimación

¿Somos más altos o más bajos ahora?

La estatura promedio de un inglés del siglo XVII era de aproximadamente 5 pies 6 pulgadas. Para las inglesas del siglo XVII, era de aproximadamente 5 pies $\frac{1}{2}$ pulgada. Aunque las estaturas promedio en Inglaterra virtualmente permanecieron invariables en los siglos XVII y XVIII, los colonizadores americanos crecieron más altos. Los promedios para los estadounidenses modernos están apenas por arriba de 5 pies 9 pulgadas para hombres y aproximadamente 5 pies $3\frac{3}{4}$ pulgadas para mujeres.

Fuente: http://www.plimoth.org/

El Centro Nacional para Estadísticas de Salud (NCHS) proporciona información estadística que guiará acciones y políticas para mejorar la salud del pueblo estadounidense. Datos recientes del NCHS dan la estatura promedio de las mujeres en Estados Unidos en 63.7 pulgadas, con una desviación estándar de 2.75 pulgadas.

Supón que se recopila una muestra de estaturas de 50 mujeres profesionales de la salud estadounidenses seleccionadas al azar. ¿Esperas que la media de esta muestra aleatoria de 50 estaturas de mujeres sea exactamente igual a la media poblacional de 63.7 pulgadas dadas por NCHS (una **pregunta de estimación**)? Si la media muestral es mayor que 63.7 pulgadas, ¿ello significa que las profesionales de la salud mujeres sean más altas que las mujeres estadounidenses (una **pregunta de prueba de hipótesis**)? Éstas son preguntas inferenciales respecto a si "¿somos más altos o más bajos ahora?".

Como recordarás, el teorema central del límite te da cierta información muy importante acerca de la distribución muestral de las medias muestrales (DMMM). Específicamente, afirma que, en muchos casos realistas (cuando la muestra aleatoria es suficientemente grande), una distribución de medias muestrales tiene una distribución normal o aproximadamente normal en torno a la media de la población. Con esta información es posible hacer enunciados de probabilidad acerca de la posibilidad de que ocurran ciertos valores de medias muestrales cuando las muestras se extraen de una población con una media conocida y una desviación estándar conocida. Ahora estás listo para dar un giro a esta situación hacia el caso donde la media poblacional no es conocida. Extraerás una muestra, calcularás su valor medio y luego harás una inferencia acerca del valor de la media poblacional con base en el valor de la media muestral.

El objetivo de las estadísticas inferenciales es usar la información contenida en los datos muestrales para aumentar el conocimiento de la población muestreada. Aprenderás acerca de la realización de dos tipos de inferencias: 1) estimación del valor de un parámetro poblacional y 2) poner a prueba la hipótesis. La distribución muestral de medias muestrales (DMMM) es la clave para hacer dichas inferencias, como se muestra en la figura 8.1.

FIGURA 8.1
Dónde entra la distribución muestral en el proceso estadístico

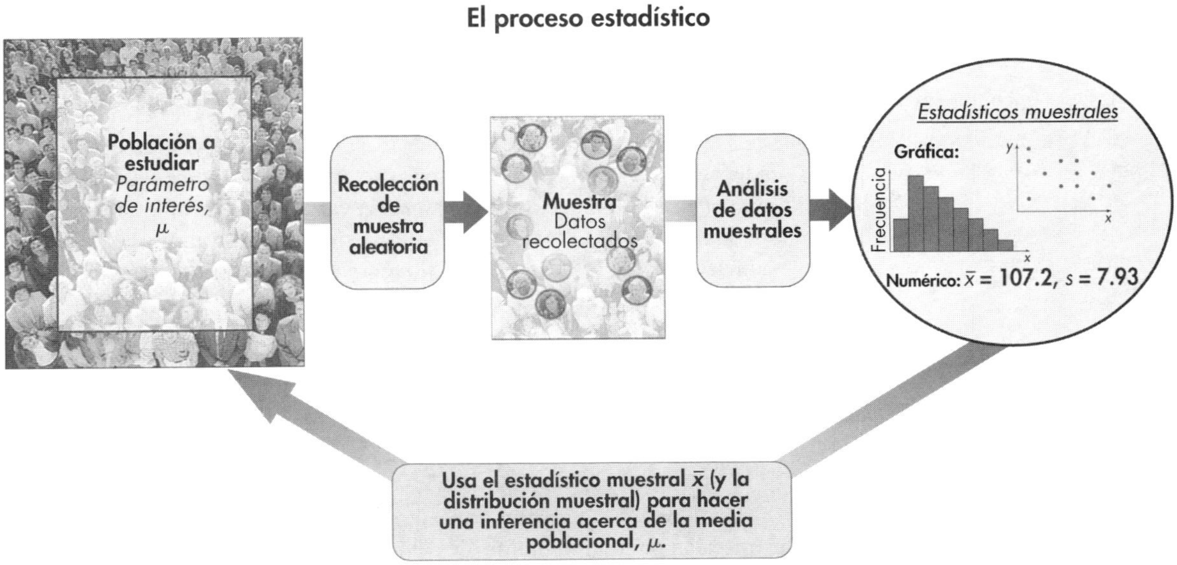

¿SABÍAS QUE...?

Adictos al chocolate

El chocolate se obtiene del árbol de cacao. Cada fruto con forma de melón contiene de 20 a 50 granos. Para elaborar una libra de chocolate se necesitan aproximadamente 400 granos. Estados Unidos es un país de adictos al chocolate: los estadounidenses consumen 11.6 lb por persona cada año.

En este capítulo tratarás con preguntas acerca de la media poblacional usando dos métodos que suponen que el valor de la desviación estándar poblacional es una cantidad conocida. Esta suposición rara vez se observa en problemas de la vida real, pero será el primer contacto con técnicas de inferencia mucho más simples.

A partir del concepto de **estimación**, considera una compañía que fabrica remaches para usar en la construcción de aeronaves. Una característica de importancia extrema es la "resistencia al corte" de cada remache. Los ingenieros de la compañía deben monitorear la producción para asegurarse de que la resistencia al corte de los remaches satisface las especificaciones requeridas. Para lograr esto, toman una muestra y determinan la resistencia al corte media de la muestra. Con base en esta información muestral, la compañía puede estimar la resistencia al corte media para todos los remaches que fabrica.

Se selecciona una muestra de 36 remaches y cada remache se pone a prueba para resistencia al corte. La media muestral resultante es $\bar{x} = 924.23$ lb. Con base en esta muestra, se dice: "se considera que la resistencia al corte media de todos los remaches es de 924.23 lb".

Notas:

1. La resistencia al corte es la fuerza requerida para romper un material en una acción "de corte". Obviamente, el fabricante no pondrá a prueba todos los remaches, porque la prueba destruye cada remache puesto a prueba. Por tanto, se ponen a prueba muestras y la información acerca de cada muestra debe usarse para realizar inferencias acerca de la población de todos los remaches.
2. A lo largo del capítulo 8 tratarás la desviación estándar, σ, como una cantidad conocida o dada y te concentrarás en el aprendizaje de los procedimientos para realizar inferencias estadísticas en torno a la media poblacional, μ. En consecuencia, para continuar con la explicación de las inferencias estadísticas, supondrás $\sigma = 18$ para los remaches específicos descritos en el ejemplo.

Estimación puntual para un parámetro Un solo número designado para estimar un parámetro cuantitativo de una población, por lo general el valor del correspondiente **estadístico muestral**.

Esto es: la media muestral, $\bar{x}$, es la estimación puntual (valor de un solo número) para la media, μ, de la población muestreada. Para el ejemplo de los remaches, 924.23 es la estimación puntual para μ, la resistencia al corte media de todos los remaches.

La calidad de esta estimación puntual debe cuestionarse. ¿La estimación es exacta? ¿Es probable que la estimación sea alta? ¿O baja? ¿Otra muestra produciría el mismo resultado? ¿Otra muestra produciría una estimación casi del mismo valor? ¿O un valor que sea diferente? ¿Cómo se miden "casi igual" o "muy diferente"?, la calidad de un procedimiento de estimación (o método) se mejora enormemente si el estadístico muestral es tanto *menos variable* como *sin sesgo*. La variabilidad de un estadístico se mide por el error estándar de su distribución muestral. La media muestral puede hacerse menos variable al reducir su error estándar, $\sigma/\sqrt{n}$. Ello requiere usar una muestra más grande porque, conforme n aumenta, el error estándar disminuye.

Estadístico sin sesgo Estadístico muestral cuya distribución muestral tiene un valor medio igual al valor del parámetro poblacional a estimar. Un estadístico que no es no sesgado es un **estadístico sesgado**.

La figura 8.2 ilustra el concepto de no sesgado y el efecto de variabilidad sobre la estimación puntual. El valor A es el parámetro a estimar y los puntos representan posibles valores de estadístico muestral a partir de la distribución muestral del estadístico. Si A representa la verdadera media poblacional, μ, entonces los puntos representan posibles medias muestrales de la distribución muestral $\bar{x}$.

FIGURA 8.2
Efectos de variabilidad y sesgo

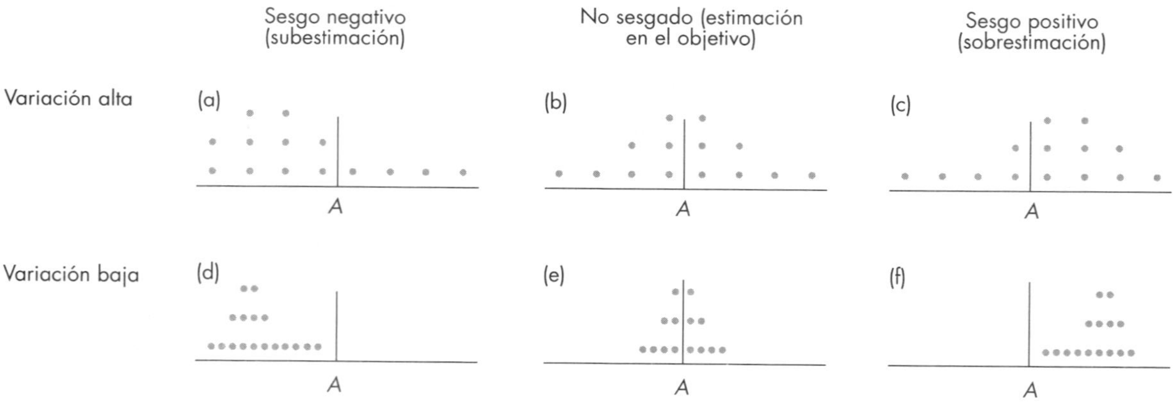

Las figuras 8.2a), c), d) y f) muestran estadísticos sesgados; a) y d) muestran distribuciones muestrales cuyos valores medios son menores que el valor del parámetro, mientras que c) y f) muestran distribuciones muestrales cuyos valores medios son mayores que el parámetro. Las figuras 8.2b) y e) muestran distribuciones muestrales que parecen tener un valor medio igual al valor del parámetro; por tanto, no son sesgadas. Las figuras 8.2a), b) y c) muestran más variabilidad, mientras que d), e) y f) muestran menos variabilidad en las distribuciones muestrales. El diagrama e) representa la mejor situación, un estimador que no es sesgado (en el objetivo) y tiene baja variabilidad (todos los valores cercanos al objetivo).

La media muestral, $\bar{x}$, es un estadístico no sesgado porque el valor medio de la distribución muestral de medias muestrales, $\mu_{\bar{x}}$, es igual a la media poblacional, μ. (Recuerda que la distribución muestral de las medias muestrales tiene una media $\mu_{\bar{x}} = \mu$.) Por tanto, el estadístico muestral $\bar{x} = 924.23$ es una estimación puntual no sesgada para la resistencia media de todos los remaches a fabricar en el ejemplo.

Las medias muestrales varían en valor y forman una distribución muestral en la que no todas las muestras resulten en valores $\bar{x}$ iguales a la media poblacional. Por tanto, no debes esperar que esta muestra de 36 remaches produzca una estimación puntual (media muestral) que sea exactamente igual a la media μ de la población muestreada. Sin embargo, debes esperar que la estimación puntual esté bastante cerca en valor a la media poblacional. La distribución muestral de medias muestrales (DMMM) y el teorema central del límite (TCL) proporcionan la información necesaria para describir cuán cerca la estimación puntual, $\bar{x}$, se espera que esté de la media poblacional, μ.

Recuerda que aproximadamente 95% de una distribución normal está dentro de 2 desviaciones estándar de la media y que el TCL describe la distribución muestral de medias muestrales como casi normales cuando las muestras son suficientemente grandes. Las muestras de tamaño 36 de las poblaciones de variables como las resistencias de remaches por lo general se consideran suficientemente grandes. Por tanto, debes anticipar que 95% de todas las muestras aleatorias seleccionadas de una población con media desconocida μ y desviación estándar $\sigma = 18$ tendrán medias $\bar{x}$ entre

PTI $\sigma = 18$ se dio en la nota 2 de la página 341.

$$\mu - 2(\sigma_{\bar{x}}) \quad \text{y} \quad \mu + 2(\sigma_{\bar{x}})$$

$$\mu - 2\left(\frac{\sigma}{\sqrt{n}}\right) \quad \text{y} \quad \mu + 2\left(\frac{\sigma}{\sqrt{n}}\right)$$

$$\mu - 2\left(\frac{18}{\sqrt{36}}\right) \quad \text{y} \quad \mu + 2\left(\frac{18}{\sqrt{36}}\right)$$

$$\mu - 6 \quad \text{y} \quad \mu + 6$$

Esto sugiere que 95% de todas las muestras aleatorias de tamaño 36 seleccionadas de la población de remaches debe tener una media $\bar{x}$ entre $\mu - 6$ y $\mu + 6$. La figura 8.3 muestra 95% medio de la distribución, las cotas del intervalo que cubren 95% y la media μ.

FIGURA 8.3
Distribución muestral de $\bar{x}$, μ desconocida

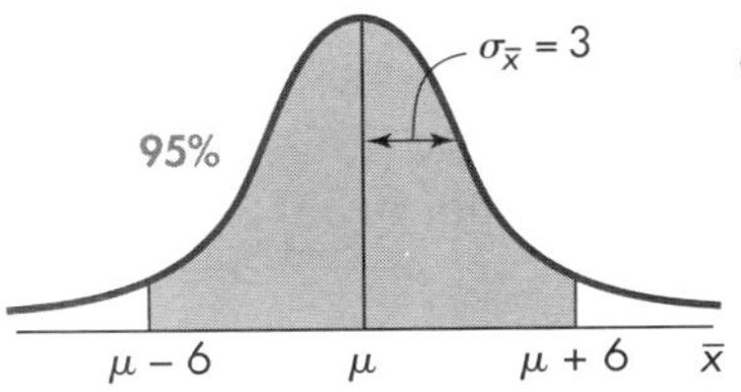

o expresado algebraicamente
$P(\mu - 6 < \bar{x} < \mu + 6) = \mathbf{0.95}$

Ahora reúne toda esta información en la forma de un *intervalo de confianza*.

Estimación por intervalo Un intervalo acotado por dos valores y usado para estimar el valor de un parámetro poblacional. Los valores que acotan este intervalo son estadísticos calculados a partir de la muestra que se usará como la base para la estimación.

Nivel de confianza $1 - \alpha$ Parte de todas las estimaciones de intervalo que incluyen el parámetro a estimar.

Intervalo de confianza Estimación por intervalo con un nivel específico de confianza.

Para construir el intervalo de confianza, usarás la estimación puntual $\bar{x}$ como el valor central de un intervalo en gran forma como usaste la media μ como el valor central para encontrar el intervalo que captura el 95% medio de la distribución $\bar{x}$ en la figura 8.3.

Para el ejemplo de remaches, es posible encontrar las cotas a un intervalo con centro en $\bar{x}$.

$$\bar{x} - 2(\sigma_{\bar{x}}) \quad \text{a} \quad \bar{x} + 2(\sigma_{\bar{x}})$$
$$924.23 - 6 \quad \text{a} \quad 924.23 + 6$$

El intervalo resultante es 918.23 a 930.23

El nivel de confianza asignado a este intervalo es aproximadamente 95%, o 0.95. Las cotas del intervalo son dos múltiplos ($z = 2.0$) del error estándar de la media muestral y al observar la tabla 3 del apéndice B, puedes determinar con más precisión el nivel de confianza como 0.9545. Al juntar toda esta información, la estimación se expresa como un intervalo de confianza: **918.23 a 930.23** *es el intervalo de confianza de 95.45% para la resistencia al corte medio de los remaches*. O, en forma abreviada: **918.23 a 930.23**, *el intervalo de confianza de 95.45% para* μ.

[EX00-000] identifica el nombre de archivo de una base de datos en línea de un ejercicio; disponible a través de cengagebrain.com

EJEMPLO APLICADO 8.1

PTI Visita la WebCam de "El Viejo Fiel". ¿Cuándo se predice que ocurra la siguiente erupción?

"EL VIEJO FIEL" DEL PARQUE YELLOWSTONE

Bienvenido a la WebCam de "El Viejo Fiel".

Las predicciones del momento de la siguiente erupción de "El Viejo Fiel" las hacen los guardianes del parque mediante una fórmula que toma en cuenta la duración de la erupción anterior. La fórmula usada resulta ser precisa, más o menos 10 minutos, 90% de las veces. A las 3:05 p.m. del 14 de agosto de 2009, la predicción del momento de la siguiente erupción fue:

Siguiente predicción:
3:19 p.m. ±10 min.

Fuente: http://www.nps.gov/yell/oldfaithfulcam.htm

Observa el momento en que se tomó la fotografía: 3:25:19 p.m. ¡Justo a tiempo!

© SCPhotos/Alamy

¿SABÍAS QUE...?

Yellowstone contiene aproximadamente la mitad de las particularidades hidrotérmicas del mundo. En el parque existen más de 10 000 particularidades hidrotérmicas, incluidos más de 300 géiseres.

EJERCICIOS SECCIÓN 8.1

8.1 [EX08-001] Una muestra aleatoria de 50 mujeres estadounidenses profesionales de la salud produjo los siguientes datos de estatura.

65	66	64	67	59	69	66	69	64	62
63	62	63	64	72	66	65	64	67	68
70	63	63	68	58	60	64	66	64	62
65	69	64	69	62	58	66	68	59	56
64	66	65	69	67	67	68	62	70	62

a. ¿Qué población se muestreó para obtener los datos de estatura que se mencionan arriba?

b. Describe los datos muestrales usando la media y la desviación estándar, más algún otro estadístico numérico que ayude a describir la muestra.

c. Construye un histograma y comenta acerca de la forma de la distribución. Construye cualquier otro gráfico que ayude a describir la muestra.

d. Usa los estadísticos que encontraste en los incisos b y c, estima la estatura media de todas las mujeres estadounidenses profesionales de la salud usando un solo valor. Usa un intervalo.

e. ¿Qué calidad de la estimación por intervalos mejoraría la valía del intervalo?

8.2 Con referencia al ejercicio 8.1:

a. ¿Cómo la distribución de los datos de estatura muestrales de la p. 344 se relaciona con: 1) la distribución de la población? 2) ¿La distribución muestral de las medias muestrales?

b. Con las técnicas del capítulo 7, encuentra los límites que acotarían 90% medio de la distribución muestral de medias muestrales para muestras de tamaño 50 seleccionadas al azar de la población de estaturas de mujeres con una media conocida de 63.7 pulgadas y una desviación estándar de 2.75 pulgadas.

c. En el histograma dibujado en el ejercicio 8.1: 1) Dibuja una recta vertical a la media poblacional de 63.7. 2) Dibuja un segmento de recta horizontal que muestre el intervalo que encontraste en el inciso b. ¿La media muestral que encontraste en el ejercicio 8.1b cae en el intervalo? Responde sí o no y explica qué significa.

d. Usa las técnicas del capítulo 7 y encuentra $P(\bar{x} \geq 64.7)$ para una muestra aleatoria de 50, extraída de una población con una media conocida de 63.7 pulgadas y una desviación estándar de 2.75 pulgadas. Explica el significado del valor resultante.

e. ¿La muestra de 50 valores de datos de estatura parecen pertenecer a la población descrita por el NCHS? Explica.

f. Revisa las respuestas anteriores y considera cómo pueden usarse la DMMM y el TCL del capítulo 7 para hacer un mejoramiento en la estimación por intervalos.

8.3 Explica la diferencia entre una estimación puntual y una estimación por intervalos.

8.4 Identifica cada valor numérico por "nombre" (por ejemplo, *media*, *varianza*) y por símbolo (por ejemplo, $\bar{x}$):

a. La estatura media de 24 chicas de secundaria es 4 pies 11 pulgadas.

b. La desviación estándar para puntajes CI es 16.

c. La varianza entre las calificaciones del examen de la semana pasada fue 190.

d. La estatura media de todos los cadetes que alguna vez ingresaron a West Point es 69 pulgadas.

8.5 [EX08-005] Se obtuvo una muestra aleatoria de la cantidad pagada (en dólares) para un taxi desde el centro hasta el aeropuerto:

15	19	17	23	21	17	16	18	12	13	20	22	15	18	20

Usa los datos para encontrar una estimación puntual para cada uno de los siguientes parámetros.

a. Media

b. Varianza

c. Desviación estándar

8.6 [EX08-006] El número de camiones propiedad del departamento de bomberos se obtuvo de una muestra aleatoria tomada de los perfiles de los departamentos de bomberos a través de Estados Unidos (*Firehouse*/junio de 2003).

29	8	7	33	21	26	6	11	4	54	7	4

Usa los datos para encontrar una estimación puntual para cada uno de los siguientes parámetros:

a. Media

b. Varianza

c. Desviación estándar

8.7 En cada uno de los siguientes diagramas, I y II representan distribuciones muestrales de dos estadísticos que pueden usarse para estimar un parámetro. En cada caso, identifica el estadístico que consideres que sería el mejor estimador, o ninguno, y describe por qué es ésa tu elección.

a.

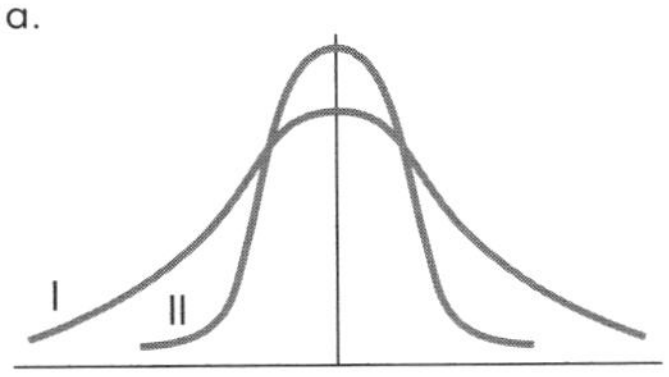

b.

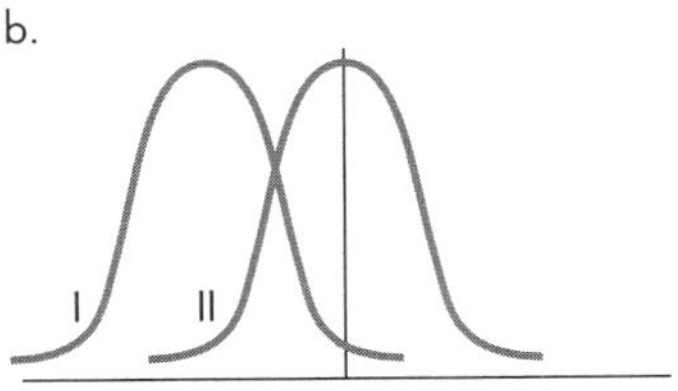

c.

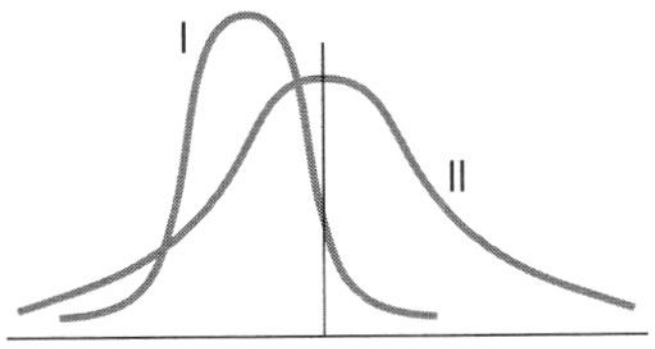

8.8 Supón que existen dos estadísticos que servirán como estimador para el mismo parámetro. Uno de ellos es sesgado y el otro es no sesgado.

a. Si todo se mantiene igual, explica por qué usualmente preferirías un estimador no sesgado a un estimador sesgado.

b. Si un estadístico es no sesgado, ¿ello asegura que sea un buen estimador? ¿Por qué sí o por qué no? ¿Qué otras consideraciones deben tomarse en cuenta?

c. Describe una situación que pueda ocurrir en la que el estadístico sesgado pueda ser una mejor elección como estimador que el estadístico no sesgado.

8.9 El uso de una muestra tremendamente grande no garantiza la calidad en un estimador. ¿Qué problemas anticipas con muestras muy grandes?

8.10 Ser no sesgadas y tener una variabilidad pequeña son dos características deseables de un estadístico si se usará como estimador. Describe cómo la DMMM aborda ambas propiedades cuando se estima la media de una población.

8.11 La Oficina de Censos de Estados Unidos reporta que la media estimada del ingreso familiar estadounidense de parejas casadas es \$90 835 ± \$101. La oficina describe el margen de error como uno que ofrece una probabilidad de 90% de que el intervalo definido por la estimación menos el margen de error y la estimación más el margen de error (las cotas de confianza inferior y superior) contienen el valor verdadero.

Fuente: U.S. Census Bureau, 2005-2007 American Community Survey

a. ¿Cuál es la población y la variable de interés?

b. ¿Qué parámetro se estima? ¿Cuál es su valor estimado?

c. ¿Cómo se relaciona el margen de error con el error máximo de estimación?

d. ¿Qué valor se reporta como el margen de error?

e. ¿Qué nivel de confianza se reporta?

f. Encuentra el intervalo de confianza y enuncia con exactitud qué representa.

8.12 *Reportes del consumidor* El Centro Nacional de Investigación reportó que 76% de las mujeres responde "diariamente o con mucha frecuencia" cuando se les pregunta: ¿con qué frecuencia hace su cama? Como nota al pie se incluye esta información adicional: margen de error ±3.2 puntos porcentuales.

a. ¿Cuál es la población y la variable de interés?

b. ¿Qué parámetro se estima? ¿Cuál es su valor estimado?

c. ¿Qué valor se reporta como el margen de error?

d. Encuentra el intervalo y enuncia con exactitud qué representa.

e. ¿Qué información adicional desearías para saber acerca de este intervalo de confianza?

8.13 Explica por qué el error estándar de las medias muestrales es 3 para el ejemplo de los remaches de la página 343.

8.14 a. Verifica que un nivel de confianza de 95% requiere un intervalo de 1.96 desviaciones estándar.

b. Verifica que el nivel de confianza para un intervalo de 2 desviaciones estándar es 95.45%.

8.15 Encuentra el nivel de confianza asignado a una estimación por intervalos de la media formada usando los siguientes intervalos:

a. $\bar{x} - 1.28 \cdot \sigma_{\bar{x}}$ a $\bar{x} + 1.28 \cdot \sigma_{\bar{x}}$

b. $\bar{x} - 1.44 \cdot \sigma_{\bar{x}}$ a $\bar{x} + 1.44 \cdot \sigma_{\bar{x}}$

c. $\bar{x} - 1.96 \cdot \sigma_{\bar{x}}$ a $\bar{x} + 1.96 \cdot \sigma_{\bar{x}}$

d. $\bar{x} - 2.33 \cdot \sigma_{\bar{x}}$ a $\bar{x} + 2.33 \cdot \sigma_{\bar{x}}$

8.16 Encuentra el nivel de confianza asignado a una estimación por intervalos de la media formada usando los siguientes intervalos:

a. $\bar{x} - 1.15 \cdot \sigma_{\bar{x}}$ a $\bar{x} + 1.15 \cdot \sigma_{\bar{x}}$

b. $\bar{x} - 1.65 \cdot \sigma_{\bar{x}}$ a $\bar{x} + 1.65 \cdot \sigma_{\bar{x}}$

c. $\bar{x} - 2.17 \cdot \sigma_{\bar{x}}$ a $\bar{x} + 2.17 \cdot \sigma_{\bar{x}}$

d. $\bar{x} - 2.58 \cdot \sigma_{\bar{x}}$ a $\bar{x} + 2.58 \cdot \sigma_{\bar{x}}$

8.17 La Universidad de Bristol, en el Reino Unido, llevó a cabo el "Requerimiento poblacional para cirugía primaria de reemplazo de cadera: un estudio transversal". Los hallazgos resultaron en el siguiente enunciado: "La prevalencia de dolor de cadera autorreportado fue de 107 por 1 000 (95% IC 101-113) para hombres y 173 por 1 000 (166-180) para mujeres".

a. Explica el significado del intervalo de confianza, 95% IC 101-113.

b. Encuentra el error estándar para el intervalo de confianza de 95% para dolor de cadera autorreportado de hombres.

c. Si supones que los datos de las mujeres también tienen un intervalo de confianza de 95%, encuentra el error estándar.

8.18 Una muestra de 25 de 174 proyectos patrocinados reveló que 19 estaban valuados en \$17 320 cada uno y 6 estaban valuados en \$20 200 cada uno. A partir de los datos muestrales, estima el valor total del patrocinio para todos los proyectos.

8.19 Con la información de erupciones de "El Viejo Fiel" del ejemplo aplicado 8.1 en la página 344:

a. ¿Qué significa "3:19 p.m. ±10 min"? Explica.

b. ¿Esta erupción ocurrió durante el intervalo de tiempo predicho?

c. ¿Qué significa "90% de las veces"? Explica.

8.20 Un reclutador estima que, si te contrata para trabajar en su compañía y laboras toda una semana en el puesto de representante de ventas comisionado te ofrece que ganarás "\$525 más o menos \$250, 80% de las veces". Y agrega: "¡todo depende de ti!".

a. ¿Qué significa "\$525 más o menos \$250"?

b. ¿Qué significa "80% de las veces"?

c. Si ganas \$300 al \$10 más cercano la mayoría de las semanas, ¿te habrá dicho la verdad? Explica.

8.2 Estimación de media μ (σ conocida)

En la sección 8.1 se sondearon las ideas básicas de la estimación: estimación puntual, estimación por intervalos, nivel de confianza e intervalo de confianza. Dichas ideas básicas están interrelacionadas y se usan a lo largo de la estadística cuando una inferencia necesita una estimación. En esta sección se formaliza el proceso de estimación por intervalos como se aplica a la estimación de la media poblacional μ con base en una muestra aleatoria bajo la restricción de que la desviación estándar poblacional σ es un valor conocido.

La distribución muestral de las medias muestrales y el TCL ofrecen la información que necesitas para garantizar que se satisfacen las *suposiciones* necesarias para estimar una media poblacional.

La suposición para estimar la media μ con el uso de una σ conocida La distribución muestral de $\bar{x}$ tiene una distribución normal.

Nota: la palabra *suposición* es una denominación un poco equivocada. No significa que "supones" que algo es la situación y continúas, sino más bien que debes asegurarte de que existen las condiciones expresadas por las suposiciones antes de aplicar un método estadístico particular.

La información necesaria para asegurarte de que esta suposición (o condición) se satisface está contenida en la DMMM y en el TCL (consulta el capítulo 7, pp. 319-320):

La distribución muestral de medias muestrales $\bar{x}$ se distribuye en torno a una media igual a μ, con un error estándar igual a $\sigma/\sqrt{n}$ y 1) si la población muestreada al azar tiene distribución normal, entonces $\bar{x}$ tiene distribución normal para todos los tamaños de muestra, o 2) si la población muestreada al azar no tiene distribución normal, entonces $\bar{x}$ tiene distribución aproximadamente normal para tamaños de muestra suficientemente grandes.

PTI Si las suposiciones no se satisfacen para estimar la media μ con una σ conocida, muy probablemente el nivel de confianza será más bajo que lo enunciado.

PTI Debes buscar la ayuda de un estadístico profesional cuando tratas con datos extremadamente sesgados.

Por tanto, es posible satisfacer la **suposición** requerida al 1) saber que la población muestreada tiene distribución normal o 2) al usar una muestra aleatoria que contenga una cantidad suficientemente grande de datos. La primera posibilidad es obvia. O sabes lo suficiente acerca de la población para saber que tiene distribución normal o no lo sabes. La segunda forma de satisfacer la suposición es aplicar el TCL. La inspección de varias presentaciones gráficas de los datos muestrales debe producir un indicio del tipo de distribución que posee la población. El TCL puede aplicarse a muestras más pequeñas (por decir, $n = 15$ o más grandes) cuando los datos proporcionan un fuerte indicio de una distribución unimodal que es aproximadamente simétrica. Si existe evidencia de cierto sesgo en los datos, entonces el tamaño de la muestra necesita ser mucho más grande (acaso $n \geq 50$). Si los datos proporcionan evidencia de una distribución extremadamente sesgada o con forma de J, el TCL todavía se aplicará si la muestra es suficientemente grande. En casos extremos, "suficientemente grande" puede ser irreal o impracticablemente grande.

Nota: no existe una regla inflexible que defina "suficientemente grande"; el tamaño de la muestra que es "suficientemente grande" varía bastante de acuerdo con la distribución de la población.

El intervalo de confianza $1 - \alpha$ para la estimación de la media μ se encuentra con la fórmula (8.1).

Intervalo de confianza para media

$$\bar{x} - z(\alpha/2)\left(\frac{\sigma}{\sqrt{n}}\right) \quad \text{a} \quad \bar{x} + z(\alpha/2)\left(\frac{\sigma}{\sqrt{n}}\right) \qquad (8.1)$$

FIGURA 8.4
Coeficiente de confianza
$z(\alpha/2)$

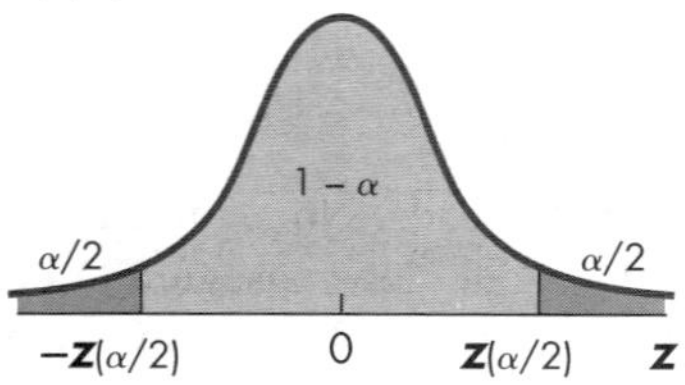

He aquí las partes de la fórmula de intervalo de confianza:

1. $\bar{x}$ es la estimación puntual y el punto central del intervalo de confianza.
2. $z(\alpha/2)$ es el **coeficiente de confianza**. Es el número de múltiplos del error estándar necesario para formular una estimación por intervalos del ancho correcto para tener un nivel de confianza de $1 - \alpha$. La figura 8.4 muestra la relación entre el nivel de confianza $1 - \alpha$ (la parte media de la distribución), $\alpha/2$ (el "área a la derecha" usada con la notación de valor crítico) y el coeficiente de confianza $z(\alpha/2)$ (cuyo valor se encuentra con la tabla 4B del apéndice B). Alfa, α, es la primera letra del alfabeto griego y representa la parte asociada con las colas de la distribución.
3. $\sigma/\sqrt{n}$ es el **error estándar de la media** o la desviación estándar de la distribución muestral de medias muestrales.
4. $z(\alpha/2)\left(\frac{\sigma}{\sqrt{n}}\right)$ es la mitad del ancho del intervalo de confianza (el producto del coeficiente de confianza por el error estándar) y se llama **error máximo de estimación, *E***.
5. $\bar{x} - z(\alpha/2)\left(\frac{\sigma}{\sqrt{n}}\right)$ se llama **límite de confianza inferior** (LCI) y $\bar{x} + z(\alpha/2)\left(\frac{\sigma}{\sqrt{n}}\right)$ se llama **límite de confianza superior** (LCS) para el intervalo de confianza.

PTI Básicamente, el intervalo de confianza es "estimación puntual ± error máximo".

El procedimiento de estimación se organiza en un proceso de cinco pasos que tomarán en cuenta toda la información precedente y producirá tanto la estimación puntual como el intervalo de confianza.

EL INTERVALO DE CONFIANZA: UN PROCEDIMIENTO EN CINCO PASOS

Paso 1 La preparación:
Describe el parámetro poblacional de interés.

Paso 2 Criterios del intervalo de confianza:
a. Verifica las suposiciones.
b. Identifica la distribución de probabilidad y la fórmula a usar.
c. Establece el nivel de confianza, $1 - \alpha$.

Paso 3 La evidencia muestral:
Recolecta la información muestral.

Paso 4 El intervalo de confianza:
a. Determina el coeficiente de confianza.
b. Encuentra el error máximo de estimación.
c. Encuentra los límites de confianza inferior y superior.

Paso 5 Los resultados:
Establece el intervalo de confianza.

El ejemplo 8.2 ilustrará este procedimiento de intervalo de confianza en cinco pasos.

EJEMPLO 8.2

CONSTRUCCIÓN DE UN INTERVALO DE CONFIANZA PARA UNA MEDIA DE LA DISTANCIA DE VIAJE EN UN SENTIDO

El cuerpo estudiantil de muchas universidades comunitarias se considera una "población viajera". La oficina de actividades estudiantiles quiere obtener una respuesta a la pregunta: ¿qué distancia (en un sentido) viaja todos los días un estudiante promedio de universidad comunitaria para llegar a la escuela? (Por lo general, la "distancia de viaje del estudiante promedio" significa la "distancia media" que recorren todos los estudiantes que viajan.) Se identificó una muestra aleatoria de 100 estudiantes viajeros y se obtuvo la distancia en un sentido que cada uno recorre. La resultante distancia media muestral fue de 10.22 millas.

Estima la distancia media en un sentido que recorren todos los estudiantes viajeros a partir de a) una estimación puntual y b) un intervalo de confianza de 95%. (Usa $\sigma = 6$ millas.)

Solución

a) La estimación puntual para la distancia media en un sentido es **10.22** millas (la media muestral).

b) Usa el procedimiento de cinco pasos para encontrar el intervalo de confianza de 95%.

Paso 1 La preparación:

Describe el parámetro poblacional de interés.

El parámetro de interés es la media μ de las distancias en un sentido recorridas por todos los estudiantes viajeros de la universidad comunitaria.

Paso 2 Los criterios del intervalo de confianza:

a. **Verificar las suposiciones.**
Se conoce σ. Es muy probable que la variable "distancia recorrida" tenga una distribución sesgada porque la gran mayoría de los estudiantes recorre entre 0 y 25 millas y pocos recorren más de 25 millas. Un tamaño de muestra de 100 debe ser suficientemente grande para que el TCL satisfaga la suposición; la distribución muestral $\bar{x}$ es aproximadamente normal.

b. **Identifica la distribución de probabilidad y la fórmula a utilizar.**
La distribución normal estándar, z, se usará para determinar el coeficiente de confianza y la fórmula (8.1) con $\sigma = 6$.

c. **Establece el nivel de confianza, $1 - \alpha$.**
La pregunta pide confianza de 95%, o $1 - \alpha = 0.95$.

Paso 3 La evidencia muestral:

Recolectar la información muestral.

La información muestral está dada en el enunciado del problema: $n = 100$, $\bar{x} = 10.22$.

Paso 4 El intervalo de confianza:

a. **Determina el coeficiente de confianza.**
El coeficiente de confianza se encuentra con la tabla 4B:

Una parte de la tabla 4B

α	...	0.05
$z(\alpha/2)$	...	**1.96**
$1-\alpha$	...	0.95

Entrada de tabla con nivel de confianza: $1 - \alpha = 0.95$ → ; → Salida de tabla con coeficiente de confianza: $z(\alpha/2) = \mathbf{1.96}$

b. **Encuentra el máximo error de estimación.**
Usa la parte del máximo error de la fórmula (8.1):

$$E = z(\alpha/2)\left(\frac{\sigma}{\sqrt{n}}\right) = 1.96\left(\frac{6}{\sqrt{100}}\right) = (1.96)(0.6) = 1.176$$

c. **Encuentra los límites de confianza inferior y superior.**
Con la estimación puntual, $\bar{x}$, del paso 3 y el error máximo, E, del paso 4b, encuentra los límites del intervalo de confianza:

$$\bar{x} - z(\alpha/2)\left(\frac{\sigma}{\sqrt{n}}\right) \quad \text{a} \quad \bar{x} + z(\alpha/2)\left(\frac{\sigma}{\sqrt{n}}\right)$$

$$10.22 - 1.176 \quad \text{a} \quad 10.22 + 1.176$$

$$9.044 \quad \text{a} \quad 11.396$$

$$9.04 \quad \text{a} \quad 11.40$$

Paso 5 Los resultados:

Establece el intervalo de confianza.

9.04 a 11.40 es el intervalo de confianza de 95% para μ. Esto es, con 95% de confianza es posible decir: "La distancia media en un sentido está entre 9.04 y 11.40 millas".

Observa otro ejemplo del procedimiento de estimación.

EJEMPLO 8.3

CONSTRUCCIÓN DE UN INTERVALO DE CONFIANZA PARA TAMAÑO DE PARTÍCULA MEDIO

El "tamaño de partícula" es una importante propiedad de la pintura látex y se monitorea durante la producción como parte del proceso de control de calidad. Se tomaron 13 mediciones de tamaño de partícula usando el Dwight P. Joyce Disc y la media muestral fue 3 978.1 angstroms (donde 1 angstrom [1Å] = 10^{-8} cm). El tamaño de partícula, x, tiene distribución normal con una desviación estándar $\sigma = 200$ angstroms. Encuentra el intervalo de confianza de 98% para el tamaño de partícula medio para este lote de pintura.

Tutorial en video disponible; ingresa y aprende más en cengagebrain.com

Solución

Paso 1 La preparación:

Describe el parámetro poblacional de interés.
El tamaño de partícula medio, μ, para el lote de pintura del que se extrajo la muestra.

Paso 2 Los criterios del intervalo de confianza:

a. **Verifica las suposiciones.**
Se conoce σ. La variable "tamaño de partícula" tiene distribución normal; por tanto, la distribución muestral de medias muestrales es normal para todos los tamaños de muestra.

b. **Identifica la distribución de probabilidad y la fórmula a utilizar.**
La variable normal estándar, z y la fórmula (8.1) con $\sigma = 200$

c. **Establece el nivel de confianza, $1 - \alpha$.**
98%, o $1 - \alpha = 0.98$

Paso 3 La evidencia muestral:

Recolecta la información muestral: $n = 13$ y $\bar{x} = 3\,978.1$.

Paso 4 El intervalo de confianza:

a. **Determina el coeficiente de confianza.**
El coeficiente de confianza se encuentra con la tabla 4B:
$z(\alpha/2) = z(0.01) = 2.33$

Una parte de la tabla 4B

α	...	**0.02**
$z(\alpha/2)$	...	**2.33**
$1 - \alpha$	...	0.98

Entrada de tabla con nivel de confianza: $1 - \alpha = 0.95$ →

→ Salida de tabla con coeficiente de confianza: $z(\alpha/2) =$ **2.33**

b. **Encuentra el error máximo de estimación.**

$$E = z(\alpha/2)\left(\frac{\sigma}{\sqrt{n}}\right) = 2.33\left(\frac{200}{\sqrt{13}}\right) = (2.33)(55.47) = 129.2$$

c. **Encuentra los límites de confianza inferior y superior.**
Con la estimación puntual, $\bar{x}$, del paso 3 y el error máximo, E, del paso 4b, encuentra los límites del intervalo de confianza:

$$\bar{x} - z(\alpha/2)\left(\frac{\sigma}{\sqrt{n}}\right) \quad \text{a} \quad \bar{x} + z(\alpha/2)\left(\frac{\sigma}{\sqrt{n}}\right)$$

$$3\,978.1 - 129.2 = 3\,848.9 \quad \text{a} \quad 3\,978.1 + 129.2 = 4\,107.3$$

Paso 5 Los resultados:

Establece el intervalo de confianza.
3 848.9 a 4 107.3 es el intervalo de confianza de 98% para μ. Con 98% de confianza es posible decir: "El tamaño de partícula medio está entre 3 848.9 y 4 107.3 angstroms".

Dale otro vistazo al concepto de "nivel de confianza". Se definió como la probabilidad de que la muestra a seleccionar producirá cotas de intervalo que contengan al parámetro.

EJEMPLO 8.4

DEMOSTRACIÓN DEL SIGNIFICADO DE UN INTERVALO DE CONFIANZA

Los números aleatorios de un solo dígito, como los de la tabla 1 del apéndice B, tienen un valor medio $\mu = 4.5$ y una desviación estándar $\sigma = 2.87$ (consulta el ejercicio 5.33, p. 242). Extrae una muestra de 40 números de un solo dígito de la tabla 1 y construye el intervalo de confianza de 90% para la media. ¿El intervalo resultante contiene el valor esperado de μ, 4.5? Si de la tabla 1 seleccionaras otra muestra de 40 números de un solo dígito, ¿obtendrías el mismo resultado? ¿Qué sucedería si seleccionaras un total de 15 muestras diferentes y construyeras el intervalo de confianza de 90% para cada uno? ¿El valor esperado para μ (a saber, 4.5) estaría contenido en todas ellas? ¿Debes esperar que los 15 intervalos de confianza contengan 4.5? Piensa en la definición de "nivel de confianza"; dice que, a largo plazo, 90% de las muestras resultarán en cotas que contengan μ. En otras palabras: 10% de las muestras no contendrán μ. Observa lo que ocurre.

Primero es necesario abordar las suposiciones; si las suposiciones no se satisfacen, no puedes esperar que ocurran 90% y 10%. Sabes que: 1) la distribución de números aleatorios de un solo dígito es rectangular (definitivamente no normal), 2) la distribución de números aleatorios de un solo dígito es simétrica en torno a su media, 3) la distribución $\bar{x}$ para muestras muy pequeñas ($n = 5$) en el ejemplo 7.2 (p. 315) mostró una distribución que parecía ser aproximadamente normal y 4) no debe haber sesgo involucrado. Por tanto, parece razonable suponer que $n = 40$ es suficientemente grande para aplicar el TCL.

La primera muestra aleatoria se extrajo de la tabla 1 del apéndice B:

TABLA 8.1 Muestra aleatoria de números de un solo dígito [TA08-01]

2	8	2	1	5	5	4	0	9	1
0	4	6	1	5	1	1	3	8	0
3	6	8	4	8	6	8	9	5	0
1	4	1	2	1	7	1	7	9	3

Los estadísticos muestrales son $n = 40$, $\Sigma x = 159$, y $\bar{x} = 3.98$. He aquí el resultante intervalo de confianza de 90%:

$$\bar{x} \pm z(\alpha/2)\left(\frac{\sigma}{\sqrt{n}}\right): \quad 3.98 \pm 1.65\left(\frac{2.87}{\sqrt{40}}\right)$$

$$3.98 \pm (1.65)(0.454)$$

$$3.98 \pm 0.75$$

$$3.98 - 0.75 = 3.23 \quad \text{a} \quad 3.98 + 0.75 = 4.73$$

3.23 a 4.73 es el intervalo de confianza de 90% para μ.

La figura 8.5 muestra este intervalo de confianza, sus cotas y la media esperada μ.

FIGURA 8.5
El intervalo de confianza de 90%

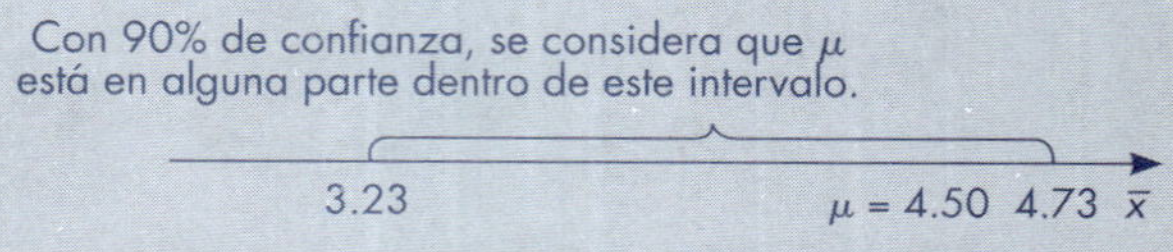

El valor esperado para la media, 4.5, cae dentro de las cotas del intervalo de confianza para esta muestra. Ahora selecciona 14 muestras aleatorias más de la tabla 1 del apéndice B, cada una de tamaño 40.

La tabla 8.2 menciona la media de la primera muestra y las medias obtenidas de las 14 muestras aleatorias adicionales de tamaño 40. Los intervalos de confianza de 90% para la estimación de μ con base en cada una de las 15 muestras se mencionan en la tabla 8.2 y se muestran en la figura 8.6.

TABLA 8.2 Quince muestras de tamaño 40 [TA08-02]

Número de muestra	Media muestral $\bar{x}$	Estimación de intervalo de confianza de 90% para μ	Número de muestra	Media muestral $\bar{x}$	Estimación de intervalo de confianza de 90% para μ
1	3.98	3.23 a 4.73	9	4.08	3.33 a 4.83
2	4.64	3.89 a 5.39	10	5.20	4.45 a 5.95
3	4.56	3.81 a 5.31	11	4.88	4.13 a 5.63
4	3.96	3.21 a 4.71	12	5.36	4.61 a 6.11
5	5.12	4.37 a 5.87	13	4.18	3.43 a 4.93
6	4.24	3.49 a 4.99	14	4.90	4.15 a 5.65
7	3.44	2.69 a 4.19	15	4.48	3.73 a 5.23
8	4.60	3.85 a 5.35			

FIGURA 8.6
Intervalos de confianza de la tabla 8.2

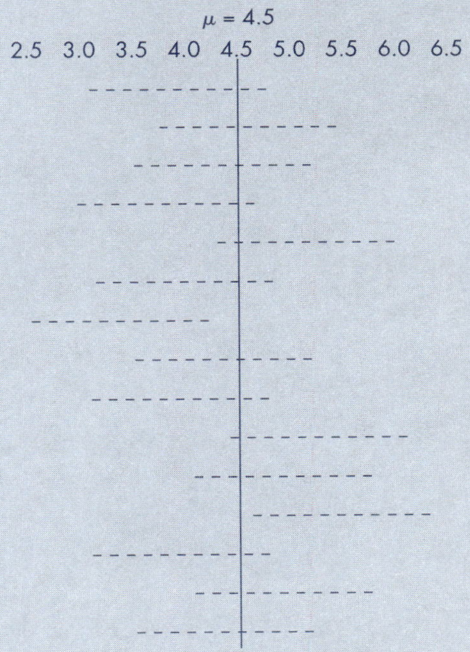

Puedes ver que 86.7% (13 de los 15) de los intervalos contienen μ y 2 de las 15 muestras (muestra 7 y muestra 12) no contienen μ. Estos resultados son "típicos"; la experimentación repetida puede resultar en cualquier número de intervalos que contenga 4.5. Sin embargo, a largo plazo, debes esperar que aproximadamente $1 - \alpha = 0.90$ (o 90%) de las muestras resulten en cotas que contengan 4.5 y aproximadamente 10% que no contengan 4.5.

EJEMPLO APLICADO 8.5

TIEMPO DE VIAJE MEDIO AL TRABAJO

AP Photo/Mary Altaffer

Los estadounidenses emplean más de 100 horas para viajar al trabajo cada año, de acuerdo con datos de la American Community Survey (ACS) presentados por la oficina de censos de Estados Unidos. Esto supera las dos semanas de tiempo de vacaciones (80 horas) que los trabajadores usualmente toman durante el curso de un año. Para la nación como un todo, el viaje diario promedio al trabajo duró aproximadamente 24.3 minutos en 2003.

He aquí los tiempos de viaje medios para algunas ciudades y estados y los respectivos intervalos de confianza de 90%:

Clasificación	Lugar	Media	Cota inferior	Cota superior
	Estados Unidos	24.4	24.2	24.6
Ciudades				
1	Nueva York, NY	38.4	37.9	38.9
2	Chicago, IL	32.7	31.9	33.5
4	Riverside, CA	29.8	26.7	32.9
66	Cd. de Oklahoma, OK	17.8	17.0	18.6
Estados				
1	Nueva York	30.8	30.5	31.1
2	Maryland	30.0	29.5	30.5
26	Kentucky	22.7	21.7	23.7
51	Dakota del Norte	14.8	14.0	15.6

Fuente: U.S. Census Bureau

La tabla anterior muestra las cotas (límites) inferior y superior del intervalo de confianza de 90%, un intervalo que proporciona un rango de probables valores para incluir el verdadero valor poblacional.

Nota: Definición de la U.S. Census Bureau: **Tiempo de viaje** al trabajo se refiere al número total de minutos que usualmente tarda una persona para ir de su casa al trabajo cada día durante la semana de referencia. El tiempo transcurrido incluye tiempo empleado en espera del transporte público, tiempo empleado en recoger a los pasajeros en transporte colectivo y el tiempo empleado en otras actividades relacionadas con ir al trabajo.

INSTRUCCIONES DE TECNOLOGÍA: INTERVALO DE CONFIANZA PARA MEDIA μ CON σ DADA

MINITAB

Escribe los datos en C1; luego continúa con:

Elige:	**Stat > Basic Statistics > 1-Sample Z**
Escribe:	Muestras en columnas: **C1**
	Desviación estándar: σ
Selecciona:	**Options**
Escribe:	Intervalo confianza: **1 –** α (ej.: 0.95 o 95.0)
Selecciona:	**Alternative: not equal > OK > OK**

Excel

Escribe los datos en la columna A; luego continúa con:

Elige: **Add-Ins > Data Analysis Plus > Z-Estimate: Mean > OK**
Escribe: Rango entrada: **(A1:A20 o selecciona celdas) > OK**
Desviación estándar (SIGMA): σ > **OK**
Alfa: α (ej.: 0.05) > **OK**

TI-83/84 Plus

Escribe los datos en L1; luego continúa con lo siguiente y escribe los valores apropiados y resalta Calcular:

Elige: **STAT > TESTS > 7:Zinterval**

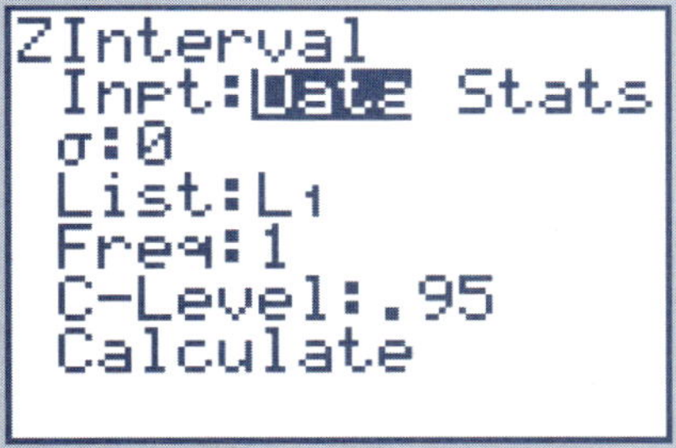

Tamaño de muestra

El intervalo de confianza tiene dos características básicas que determinan su calidad: su nivel de confianza y su ancho. Es preferible que el intervalo tenga un alto nivel de confianza y sea preciso (estrecho) al mismo tiempo. Mientras más alto sea el nivel de confianza, es más probable que el intervalo contenga el parámetro y mientras más estrecho sea el intervalo, más precisa será la estimación. Sin embargo, estas dos propiedades parecen funcionar una contra la otra, porque parecería que un intervalo más estrecho tendería a poseer una probabilidad más baja, y un intervalo más ancho sería menos preciso. La parte de error máximo de la fórmula de intervalo de confianza especifica la relación involucrada.

Error máximo de estimación

$$E = z(\alpha/2)\left(\frac{\sigma}{\sqrt{n}}\right) \tag{8.2}$$

Esta fórmula tiene cuatro componentes: 1) el error máximo E, la mitad del ancho del intervalo de confianza; 2) el coeficiente de confianza, $z(\alpha/2)$, que está determinado por el nivel de confianza; 3) el tamaño de la muestra, n, y 4) la desviación estándar, σ. La desviación estándar σ no es una preocupación en esta discusión, porque es una constante (la desviación estándar de una población no cambia de valor). Esto deja tres factores. La inspección de la fórmula (8.2) indica lo siguiente: aumentar el nivel de confianza hace más grande el coeficiente de confianza y en consecuencia requiere o que aumente el error máximo o que disminuya el tamaño de la muestra; reducir el error máximo requerirá que el nivel de confianza disminuya o que el tamaño de la muestra aumente y reducir el tamaño de la muestra forzará a que el error máximo se vuelva más grande o el nivel de confianza disminuya. Por tanto, tienes una "competencia tripartita", como se representa en la figura 8.7. Un aumento o disminución en alguno de los tres factores tiene un efecto sobre uno o ambos de los otros dos factores. La labor del estadístico es "equilibrar" el nivel de confianza, el tamaño de la muestra y el error máximo, de modo que resulte un intervalo aceptable.

PTI Cuando aumenta el denominador, disminuye el valor de la fracción.

FIGURA 8.7
La "competencia tripartita" entre $1 - \alpha$, n y E

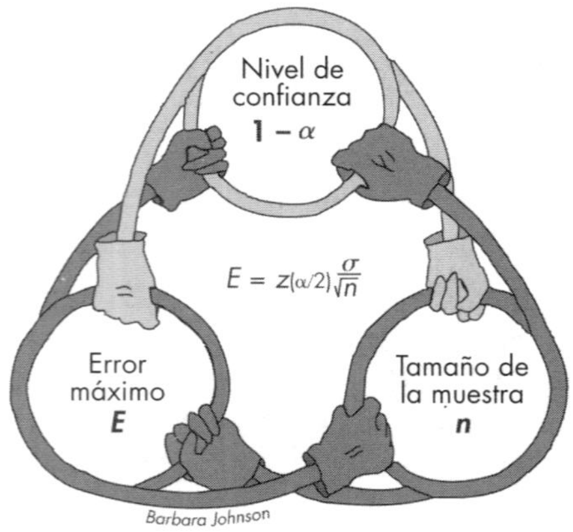

Observa en acción un ejemplo de esta relación.

EJEMPLO 8.6

DETERMINACIÓN DEL TAMAÑO DE LA MUESTRA PARA UN INTERVALO DE CONFIANZA

Determina el tamaño de la muestra necesario para estimar el peso medio de todos los niños de segundo grado, si quieres estar preciso dentro de 1 lb, con una confianza de 95%. Supón una distribución normal y que la desviación estándar de los pesos de los niños es 3 lb.

Solución

PTI Las instrucciones para usar la tabla 4B se proporcionan en la página 350.

El nivel de confianza deseado determina el coeficiente de confianza; el coeficiente de confianza se encuentra con la tabla 4B: $z(\alpha/2) = z(0.025) = \mathbf{1.96}$.

El error máximo deseado es $E = 1.0$. Ahora estás listo para usar la fórmula del error máximo:

$$E = z(\alpha/2)\left(\frac{\sigma}{\sqrt{n}}\right): \quad 1.0 = 1.96\left(\frac{3}{\sqrt{n}}\right)$$

$$\text{Resuelve para } n{:}\ 1.0 = \frac{5.88}{\sqrt{n}}$$

$$\sqrt{n} = 5.88$$

$$n = (5.88)^2 = 34.57 = \mathbf{35}$$

Por tanto, $\mathbf{n = 35}$ es el tamaño de muestra necesario si quieres un intervalo de confianza de 95% con un error máximo no mayor que 1 lb.

Nota: cuando resuelvas para el tamaño de la muestra n, se acostumbra redondear al siguiente entero más grande, sin importar qué fracción (o decimal) resulte.

El uso de la fórmula de error máximo (8.2) puede hacerse un poco más sencillo al rescribir la fórmula en una forma que exprese n en términos de los otros valores.

Tamaño de la muestra

$$n = \left(\frac{z(\alpha/2) \cdot \sigma}{E}\right)^2 \qquad \textbf{(8.3)}$$

Tutorial en video disponible; ingresa y aprende más en cengagebrain.com

Si el error máximo se expresa como un múltiplo de la desviación estándar σ, entonces el valor real de σ no es necesario con la finalidad de calcular el tamaño de la muestra.

EJEMPLO 8.7

DETERMINACIÓN DEL TAMAÑO MUESTRAL SIN UN VALOR CONOCIDO DE SIGMA (σ)

Encuentra el tamaño de la muestra necesario para estimar la media poblacional hasta dentro de $\frac{1}{5}$ de una desviación estándar con 99% de confianza.

Solución

Determina el coeficiente de confianza (con la tabla 4B): $1 - \alpha = 0.99$, $z(\alpha/2) = 2.58$. El error máximo deseado $E = \frac{\sigma}{5}$. Ahora estás listo para usar la fórmula de tamaño muestral (8.3):

$$n = \left(\frac{z(\alpha/2) \cdot \sigma}{E}\right)^2: \quad n = \left(\frac{(2.58) \cdot \sigma}{\sigma/5}\right)^2 = \left(\frac{(2.58\sigma)(5)}{\sigma}\right)^2 = [(2.58)(5)]^2$$

$$= (12.90)^2 = 166.41 = \mathbf{167}$$

EJERCICIOS SECCIÓN 8.2

8.21 Discute las condiciones que deben existir antes de poder estimar la media poblacional con las técnicas de intervalo de la fórmula (8.1).

8.22 Determina el valor del coeficiente de confianza $z(\alpha/2)$ para cada situación descrita:

a. $1 - \alpha = 0.90$

b. $1 - \alpha = 0.95$

8.23 Determina el valor del coeficiente de confianza $z(\alpha/2)$ para cada situación descrita:

a. 98% de confianza

b. 99% de confianza

8.24 Determina el nivel de la confianza dado el coeficiente de confianza $z(\alpha/2)$ para cada situación:

a. $z(\alpha/2) = 1.645$ b. $z(\alpha/2) = 1.96$

c. $z(\alpha/2) = 2.575$ d. $z(\alpha/2) = 2.05$

8.25 Dada la información, la población muestreada tiene distribución normal, $n = 16$, $\bar{x} = 28.7$ y $\sigma = 6$:

a. Encuentra el intervalo de confianza de 0.95 para μ.

b. ¿Se satisfacen las suposiciones? Explica.

8.26 Dada la información, la población muestreada tiene distribución normal, $n = 55$, $\bar{x} = 78.2$ y $\sigma = 12$:

a. Encuentra el intervalo de confianza de 0.98 para μ.

b. ¿Se satisfacen las suposiciones? Explica.

8.27 Dada la información, $n = 86$, $\bar{x} = 128.5$ y $\sigma = 16.4$:

a. Encuentra el intervalo de confianza de 0.90 para μ.

b. ¿Se satisfacen las suposiciones? Explica.

8.28 Dada la información, $n = 22$, $\bar{x} = 72.3$ y $\sigma = 6.4$:

a. Encuentra el intervalo de confianza de 0.99 para μ.

b. ¿Se satisfacen las suposiciones? Explica.

8.29 Con base en el intervalo de confianza formado en el ejercicio 8.27, proporciona el valor para cada uno de los siguientes:

a. Estimación puntual

b. Coeficiente de confianza

c. Error estándar de la media

d. Error máximo de estimación, E

(continúa en la página 358)

Tutorial en video disponible; ingresa y aprende más en cengagebrain.com

e. Límite de confianza inferior

f. Límite de confianza superior

8.30 Con base en el intervalo de confianza formado en el ejercicio 8.26, proporciona el valor para cada uno de los siguientes:

a. Estimación puntual

b. Coeficiente de confianza

c. Error estándar de la media

d. Error máximo de estimación, E

e. Límite de confianza inferior

f. Límite de confianza superior

8.31 Con tus palabras, describe la relación entre los siguientes:

a. Media muestral y estimación puntual

b. Tamaño de la muestra, desviación estándar muestral y error estándar

c. Error estándar y error máximo

8.32 "Tiempo de viaje medio al trabajo" (ejemplo aplicado 8.5) ofrece información de traslado para varias ciudades y estados en Estados Unidos. Si consideras la ciudad de Chicago y la información del intervalo de confianza dada:

a. ¿Qué término del intervalo de confianza es 32.7?

b. ¿Qué término del intervalo de confianza es 31.9? ¿El 33.5?

c. ¿Qué término del intervalo de confianza es 90%?

d. ¿Cuál es el error máximo?

e. Calcula el error estándar.

8.33 Ejercicio Applet Skillbuilder Demuestra el efecto que el nivel de confianza $(1 - \alpha)$ tiene sobre el ancho de un intervalo de confianza. Considera el muestreo de una población donde $\mu = 300$ y $\sigma = 80$.

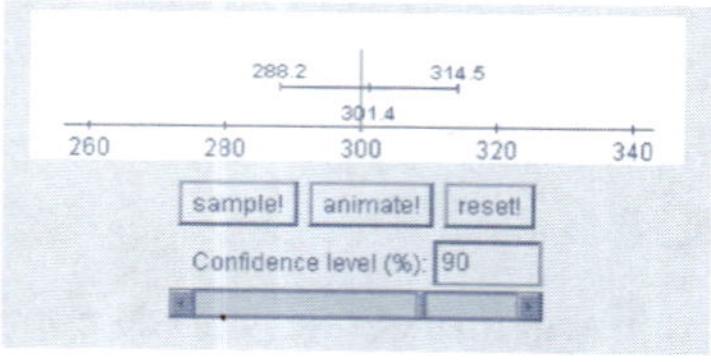

a. Mueve el deslizador para el nivel de confianza a 68%. Haz clic en "sample!" para construir un intervalo de confianza de 68%. Observa los límites de confianza superior e inferior y calcula el ancho del intervalo. Con "anímate!" construye muchas muestras y anota el porcentaje de intervalos que contienen la media verdadera de 300. Haz clic en "stop" y "reset".

b. Mueve el deslizador para el nivel de confianza a 95%. Haz clic en "sample!" para construir un intervalo de confianza de 95%. Observa los límites de confianza superior e inferior y calcula el ancho del intervalo. Con "anímate!" construye muchas muestras y anota el porcentaje de intervalos que contienen la media verdadera de 300. Haz clic en "stop" y "reset".

c. Mueve el deslizador para el nivel de confianza a 99%. Haz clic en "sample!" para construir un intervalo de confianza de 99%. Observa los límites de confianza superior e inferior y calcula el ancho del intervalo. Con "animate!" construye muchas muestras y anota el porcentaje de intervalos que contienen la media verdadera de 300. Haz clic en "stop" y "reset".

d. Con la información recolectada en los incisos a-c, ¿qué efecto tiene el nivel de confianza sobre el ancho del intervalo? ¿Por qué ocurre esto?

8.34 Discute el efecto que cada uno de los siguientes tiene sobre el intervalo de confianza:

a. Estimación puntual

b. Nivel de confianza

c. Tamaño de la muestra

d. Variabilidad de la característica a medir

8.35 Una máquina produce partes con longitudes que tienen distribución normal, con $\sigma = 0.5$. Una muestra de 10 partes tiene una longitud media de 75.92.

a. Encuentra la estimación puntual para μ.

b. Encuentra el error máximo de estimación de μ para 98% de confianza.

c. Encuentra el intervalo de confianza de 98% para μ.

8.36 Una muestra de las edades de 60 estudiantes de la escuela nocturna es obtenida con el fin de estimar la edad media de los estudiantes de las escuelas nocturnas. $\bar{x} = 23.5$ años. La varianza poblacional es 16.

a) Dar una estimación puntual para μ.

b) Determine el intervalo de confianza de 95% para μ.

c) Determine el intervalo de confianza de 99% para μ.

8.37 Doscientos peces capturados en Cayuga Lake tienen una longitud media de 14.3 pulgadas. La desviación estándar poblacional es 2.5 pulgadas.

a. Encuentra el intervalo de confianza de 90% para la longitud media poblacional.

b. Encuentra el intervalo de confianza de 98% para la longitud media poblacional.

8.38 Con base en una encuesta realizada por Greenfield Online, las personas de 25 a 34 años de edad gastan más cada semana en comida rápida. La cantidad semanal promedio de $44 (con base en 115 respuestas) se reportó en la Snapshot del *USA Today* en mayo de 2009. Si supones que los gastos en comida rápida semanales tienen distribución normal, con una

[EX00-000] identifica el nombre de archivo de una base de datos en línea de un ejercicio; bases de datos y Applets Skillbuilder disponibles a través de cengagebrain.com

desviación estándar conocida de \$14.50, construye un intervalo de confianza de 90% para la cantidad semanal media que gastan en comida rápida cada semana las personas de 25 a 34 años de edad.

8.39 El Eurostar fue el primer tren internacional europeo diseñado para sacar ventaja del Túnel del Canal que conecta Inglaterra con la Europa continental. Transporta a casi 800 pasajeros y ocasionalmente alcanza una velocidad pico de más de 190 mph [http://www.o-keating.com/]. Supón que la desviación estándar de la velocidad del tren es 19 mph en el curso de todos los viajes de ida y vuelta y que la velocidad del tren tiene distribución normal. Supón que durante los siguientes 20 viajes del Eurostar se realizan lecturas de velocidad y que la velocidad media de dichas mediciones es de 184 mph.

a. ¿Cuál es la variable a estudiar?

b. Encuentra la estimación del intervalo de confianza de 90% para la velocidad media.

c. Encuentra la estimación del intervalo de confianza de 95% para la velocidad media.

8.40 El Estudio de Tendencias en Matemáticas y Ciencias Internacionales (TIMSS) de 2007 examinó la habilidad de estudiantes de octavo grado en matemáticas y ciencias. La calificación media en la escala de matemáticas para la muestra de estudiantes de octavo grado en Estados Unidos fue de 508.5, con un error estándar de 2.83. Construye un intervalo de confianza de 95% para la calificación media en matemáticas para todos los estudiantes de octavo grado en Estados Unidos.

8.41 [EX08-041] Cierto ajuste a una máquina cambiará la longitud de las partes que elabora, mas no afectará la desviación estándar. La longitud de las partes tiene distribución normal y la desviación estándar es 0.5 mm. Después de realizar el ajuste, se toma una muestra aleatoria para determinar la longitud media de las partes ahora producidas. Las longitudes resultantes son las siguientes:

75.3	76.0	75.0	77.0	75.4	76.3	77.0	74.9	76.5	75.8

a. ¿Cuál es el parámetro de interés?

b. Encuentra la estimación puntual para la longitud media de todas las partes ahora producidas.

c. Encuentra el intervalo de confianza de 0.99 para μ.

8.42 "Niños mayores o adolescentes" se refiera al grupo de edad de los estudiantes de séptimo grado. El estirón de crecimiento es muy común en esta edad. Una muestra de 12 mujeres de séptimo grado seleccionadas al azar en una escuela de la ciudad de Nueva York resultó en las siguientes estaturas:

67	63	65	64	63	64	63	57	67	68	63	65

Si supones que las estaturas de las mujeres en el grupo de 12 a 13 años de edad tienen distribución normal con una desviación estándar de 2.56 pulgadas:

a. ¿Cuál es el parámetro de interés?

b. Encuentra la estimación puntual para la estatura media poblacional de las mujeres de séptimo grado.

c. Encuentra el intervalo de confianza de 0.95 para la estatura media poblacional de las mujeres de séptimo grado.

8.43 [EX08-043] El peso atómico de una muestra de referencia de plata se midió en el Instituto Nacional de Estándares y Tecnología (NIST) y usó dos espectrómetros de masa casi idénticos. Este proyecto se realizó en conjunto con la redeterminación de la constante de Faraday. A continuación se presentan 48 observaciones:

107.8681568	107.8681465	107.8681572
***Para el resto de los datos, ingresa a cengagebrain.com		

Fuente: StatLib, http://lib. Stat.cmu.edu/

Observa que los datos sólo difieren en el quinto, sexto y séptimo lugares decimales. La mayoría de las computadoras redondearán los datos y sus resultados calculados; por tanto, la variación aparentemente se pierde. Los estadísticos pueden calcularse usando sólo los tres últimos dígitos de cada valor de datos (es decir: 107.8681568 se convertirá en 568). Algebraicamente, esta codificación se parece a lo siguiente:

$$\text{Peso atómico codificado} = (\text{peso atómico} - 107.8681000) \times 10\,000\,000$$

Los datos se mencionan tanto en formatos original como codificado en cengagebrain.com.

a. Construye una gráfica de los datos codificados. ¿Cómo aparece la codificación en la gráfica?

b. Encuentra la media y la desviación estándar de los datos codificados.

c. Convierte las respuestas que encontraste en el inciso b a unidades originales.

d. Determina si los datos tienen una distribución aproximadamente normal. Presenta tu caso.

e. ¿Se aplican DMMM y TCL? Explica.

f. ¿Se conoce sigma?

g. Si la meta es encontrar el intervalo de confianza de 95% para el valor medio de todas las observaciones, ¿qué harías?

h. Encuentra el intervalo de confianza de 95% para el valor medio de tales observaciones. Justifica tu método.

8.44 [EX08-044] La fuerza requerida para extraer un corcho de una botella de vino es una propiedad importante del corcho. Si la fuerza es muy pequeña, probablemente el corcho no es un buen protector del vino en su interior. Si la fuerza es muy grande, será difícil de quitar. Ninguno de los dos es deseable. Se considera que los corchos del número 9 en el ejemplo aplicado 6.13 (p. 285) tienen una fuerza de extracción que tiene distribución normal, con una desviación estándar de 36 Newtons.

a. Una muestra de 20 botellas elegidas al azar se seleccionan para ponerse a prueba.

(continúa en la página 360)

Fuerza de extracción en Newtons

296	338	341	261	250	347	336	297	279	297
259	334	281	284	279	266	300	305	310	253

Encuentra el intervalo de confianza de 98% para la fuerza de extracción media.

b. Durante una prueba diferente, una muestra de ocho botellas se selecciona al azar y se pone a prueba.

Fuerza de extracción en Newtons

331.9	312.0	289.4	303.6	346.9	308.1	346.9	276.0

Encuentra el intervalo de confianza de 98% para la fuerza de extracción media.

c. ¿Qué efecto tienen las dos diferentes medias muestrales sobre las respuestas a los incisos a y b? Explica.

d. ¿Qué efecto tienen los dos diferentes tamaños de muestra sobre las respuestas a los incisos a y b? Explica.

e. Se afirma que la fuerza de extracción media es de 310 Newtons. ¿Alguna muestra exhibe suficiente razón para dudar de la veracidad de la afirmación? Explica.

8.45 "Suben costos universitarios" (29 de octubre de 2008), un artículo en el sitio web CNN Money proporcionó las últimas cifras del College Board acerca de matrícula anual, colegiaturas y alojamiento y comidas. Las cifras totales promedio son 34 132 dólares para universidades privadas y 14 333 dólares para universidades públicas.

Fuente: http://money.cnn.com/

En un esfuerzo por comparar estos mismos costos en el estado de Nueva York, en todo el estado se selecciona una muestra de 32 estudiantes de tercer año en universidades privadas y 32 más de universidades públicas. La muestra de universidades privadas resultó en una media de 34 020 dólares y la media muestral de universidades públicas fue de 14 045 dólares.

a. Si supones que las matrículas universitarias anuales para universidades privadas tienen una distribución amontonada y la desviación estándar es de 2 200 dólares, encuentra el intervalo de confianza de 95% para los costos universitarios medios.

b. Si supones que las matrículas universitarias anuales para universidades públicas tienen una distribución amontonada y la desviación estándar es de 1 500 dólares, encuentra el intervalo de confianza de 95% para los costos universitarios medios.

c. ¿Cómo se comparan los costos universitarios del estado de Nueva York con los valores del College Board? Explica.

d. Compara los intervalos de confianza que encontraste en los incisos a y b; describe el efecto que tienen las dos diferentes medias muestrales sobre las respuestas resultantes.

e. Compara los intervalos de confianza que encontraste en los incisos a y b; describe el efecto que tienen las dos diferentes desviaciones estándar muestrales sobre las respuestas resultantes.

8.46 Con una computadora o calculadora, selecciona al azar una muestra de 40 números de un solo dígito y encuentra el intervalo de confianza de 90% para μ. Repite muchas veces y observa si 4.5 está o no está en el intervalo cada vez. Consulta el ejemplo 8.4, página 352. Describe tus resultados.

PTI Usa los comandos para generar datos enteros de la página 91; luego continúa con los comandos de intervalo de confianza de las páginas 354-355.

8.47 Encuentra el tamaño de muestra necesario para estimar μ de una población normal con $\sigma = 3$ hasta dentro de 1 unidad en el nivel de confianza de 98 por ciento.

8.48 ¿Cuán grande debe ser una muestra si la media poblacional debe estimarse con una confianza de 99% hasta dentro de $75? La población tiene una desviación estándar de $900.

8.49 Una compañía de alta tecnología quiere estimar el número medio de años de educación universitaria que completaron sus empleados. Una buena estimación de la desviación estándar para el número de años de universidad es 1.0. ¿Cuán grande debe ser una muestra para estimar μ hasta dentro de 0.5 de un año con 99% de confianza?

8.50 Al medir la cantidad de tiempo que tarda un componente de un producto en moverse de una estación de trabajo a la siguiente, un ingeniero estimó que la desviación estándar es de 5 segundos.

a. ¿Cuántas mediciones deben hacerse para estar 95% seguro de que el error máximo de estimación no superará 1 segundo?

b. ¿Qué tamaño de muestra se requiere para un error máximo de 2 segundos?

8.51 Las nuevas computadoras mini-laptop pueden entregar tanto poder de computación como las máquinas varias veces más grandes, pero pesan menos de 3 lb. ¿Cuán grande se requeriría una muestra para estimar el peso medio poblacional, si el error máximo de estimación debe ser 0.4 de 1 desviación estándar, con 95% de confianza?

8.52 De acuerdo con el artículo del *USA Today* (11 de marzo de 2009), "Estudiantes universitarios estudian más fiestas que libros", los estudiantes de primer año estudian un promedio de 8.4 horas a la semana. Una gran universidad en el norte del estado está interesada en estimar este estadístico respecto a sus alumnos de tercer año. ¿Cuán grande será la muestra para estimar la media dentro de 1/8 de 1 desviación estándar, con 0.98 de confianza?

8.3 La naturaleza de la prueba de hipótesis

Todos los días de la vida se toman decisiones. Algunas de dichas decisiones son de gran importancia; otras son aparentemente insignificantes. Todas las decisiones siguen el mismo patrón básico. Se sopesan las alternativas; luego, con base en las creencias y preferencias y cualquier evidencia disponible, se llega a una decisión y se toma la acción adecuada. La prueba de hipótesis estadística sigue en gran parte el mismo proceso, excepto que involucra información estadística. En esta sección se desarrollan muchos de los conceptos y actitudes de la prueba de hipótesis mientras se observan varias situaciones de toma de decisiones sin usar ningún estadístico.

Un amigo hará una fiesta (el Súper Tazón, regreso a casa; tú sabrás, cualquier ocasión es buena) y te invitó. Debes tomar una decisión: asistir o no asistir. Así de simple... bueno, excepto que quieres ir sólo si puedes convencerte de que la fiesta será más divertida de lo que son las fiestas usuales de tu amigo. Más aún, definitivamente *no* querrás ir si la fiesta definitivamente será otro fiasco. Tomas la posición de que "la fiesta será un fiasco" y no irás a menos que te convenzan de lo contrario. Tu amigo te asegura: "Garantizado: ¡la fiesta será grandiosa!". ¿Irás o no?

El proceso de toma de decisiones comienza por identificar *algo de interés* y luego formula *dos hipótesis* acerca de ello.

Hipótesis Enunciado de que algo es verdadero.

El enunciado de tu amigo, "La fiesta será grandiosa", es una hipótesis. Tu posición, "La fiesta será un fiasco", también es una hipótesis.

Prueba estadística de hipótesis Proceso mediante el cual se toma una decisión entre dos hipótesis opuestas. Las dos hipótesis opuestas se formulan de modo que cada hipótesis es la negación de la otra. (De esta forma, una de ellas siempre es verdadera y la otra siempre es falsa.) Entonces se pone a prueba una hipótesis con la esperanza de que se pueda demostrar que es una ocurrencia muy improbable y por tanto implica que la otra hipótesis probablemente es verdadera.

Las dos hipótesis involucradas en la toma de decisiones se conocen como *hipótesis nula* e *hipótesis alternativa*.

Hipótesis nula,* H_o La hipótesis que se pondrá a prueba. Por lo general, éste es un enunciado de que un parámetro poblacional tiene un valor específico. La hipótesis nula se llama así porque es el "punto de partida" para la investigación. (Con frecuencia se usa la frase "no hay diferencia" en su interpretación.)

Hipótesis alternativa, H_a Enunciado acerca del mismo parámetro poblacional que se usa en la hipótesis nula. Por lo general, se trata de un enunciado que especifica que el parámetro poblacional tiene un valor diferente, en alguna forma, al valor dado en la hipótesis nula. El rechazo de la hipótesis nula implicará la probable veracidad de esta hipótesis alternativa.

Respecto a la fiesta de tu amigo, los dos puntos de vista en oposición o hipótesis son "La fiesta será grandiosa" y "La fiesta será un fiasco". ¿Cuál enunciado se convierte en hipótesis nula y cuál en hipótesis alternativa?

---

*Se usa la notación H_o para la hipótesis nula para contrastarla con H_a para la hipótesis alternativa. Otros textos pueden usar H_0 (subíndice cero) en lugar de H_o y H_1 en lugar de H_a.

Determinar el enunciado de la hipótesis nula y el enunciado de la hipótesis alternativa es un paso muy importante. La *idea básica* de la prueba de hipótesis es que la evidencia tenga posibilidad de "desaprobar" la hipótesis nula. La hipótesis nula es el enunciado de que la evidencia puede desaprobarse. *Tu preocupación* (creencia o resultado deseado), como la persona que hace la prueba, se expresa en la hipótesis alternativa. Como la persona que toma la decisión, tú crees que la evidencia demostrará la factibilidad de tu "teoría" al demostrar la *improbabilidad* de la verdad de la hipótesis nula. La hipótesis alternativa en ocasiones se conoce como *hipótesis de investigación* porque representa lo que el investigador espera descubrir que es la "verdad".

Puesto que la "evidencia" (quién va a la fiesta, qué se servirá, etc.) puede demostrar sólo la improbabilidad de que la fiesta sea un fiasco, tu posición inicial, "La fiesta será un fiasco", se convierte en la hipótesis nula. La afirmación de tu amigo, "La fiesta será grandiosa", se convierte entonces en la hipótesis alternativa.

H_o: "La fiesta será un fiasco" frente a H_a: "La fiesta será grandiosa"

Los siguientes ejemplos ilustrarán la formación de y la relación entre las hipótesis nula y alternativa.

EJEMPLO 8.8

ESCRIBIR HIPÓTESIS

Tú pones a prueba un nuevo diseño de bolsas de aire usadas en automóviles y estás preocupado de que puedan no abrir de manera adecuada. Enuncia las hipótesis nula y alternativa.

Solución

Las dos posibilidades en oposición son "las bolsas abren de manera adecuada" y "las bolsas no abren de manera adecuada". Poner a prueba podría producir evidencia que desacredite la hipótesis "las bolsas abren de manera adecuada"; mas tu preocupación es que "las bolsas no abren de manera adecuada". Por tanto, "las bolsas no abren de manera adecuada" se convertiría en la hipótesis alternativa y "las bolsas abren de manera adecuada" sería la hipótesis nula.

La hipótesis alternativa también puede ser el enunciado que el experimentador quiere demostrar que es verdadero.

EJEMPLO 8.9

ESCRIBIR HIPÓTESIS

Un ingeniero quiere demostrar que la nueva fórmula que acaba de desarrollar resulta en una pintura de secado más rápido. Enuncia las hipótesis nula y alternativa.

Solución

Las dos posibilidades en oposición son "sí seca más rápido" y "no seca más rápido". Puesto que el ingeniero quiere demostrar "sí seca más rápido", la hipótesis alternativa es "la pintura hecha con la nueva fórmula sí seca más rápido" y la hipótesis nula es "la pintura hecha con la nueva fórmula no seca más rápido".

En ocasiones puede ser razonable esperar que la evidencia no conduzca a un rechazo de la hipótesis nula. Tal es el caso en el ejemplo 8.10.

EJEMPLO 8.10

ESCRIBIR HIPÓTESIS

Tú sospechas que un detergente de marca supera a la marca de detergente de la tienda y quieres poner a prueba los dos detergentes porque preferirías comprar la marca de la tienda, que es más barata. Enuncia las hipótesis nula y alternativa.

Solución

Tu sospecha, "el detergente de marca supera la marca de la tienda" es la razón para la prueba y por tanto se convierte en la hipótesis alternativa.

H_o: "no hay diferencia en el rendimiento del detergen"
H_a: "el detergente de marca tiene mejor rendimiento que la marca del almacén"

Sin embargo, como consumidor, esperas no rechazar la hipótesis nula por razones de presupuesto.

EJEMPLO APLICADO 8.11

EVALUACIÓN DE TÉCNICAS DE ENSEÑANZA

RESUMEN: ESTE ESTUDIO PONE A PRUEBA EL EFECTO DE LA COLECCIÓN DE TAREAS Y PREGUNTAS RÁPIDAS SOBRE LAS CALIFICACIONES DE EXAMEN

La hipótesis para este estudio es que un profesor puede mejorar el desempeño de un estudiante (calificaciones de examen) a través de influir sobre la probabilidad esfuerzo-recompensa percibida por el estudiante. Un profesor logra esto al asignar tareas (técnicas de enseñanza) que son parte de la calificación del estudiante y el estudiante las percibe como un medio para mejorar su calificación en clase. El estudiante está motivado para aumentar el esfuerzo para completar aquellas tareas que también deben mejorar la comprensión del material del curso. El resultado final esperado es mejorar las calificaciones del examen. La hipótesis nula para este estudio es:

H_o: Las técnicas de enseñanza no tienen efecto significativo sobre las calificaciones de examen de los estudiantes...

Fuente: "Evaluation of Teaching Techniques" por David R. Vruwink y Janon R. Otto, publicado en *The Accounting Review*, Vol. LXII, núm. 2, abril de 1987. Reimpreso con permiso.

Antes de regresar al ejemplo acerca de la fiesta, es necesario observar los cuatro posibles resultados que podrían resultar en caso de que la hipótesis nula fuera verdadera o falsa y que la decisión fuera o "rechazar H_o" o "fracasar en rechazar H_o". La tabla 8.3 muestra estos cuatro posibles resultados.

Una **decisión correcta tipo A** ocurre cuando la hipótesis nula es verdadera y decides en su favor. Una **decisión correcta tipo B** ocurre cuando la hipótesis nula es falsa y la decisión está en oposición a la hipótesis nula. Un **error tipo I** se comete cuando se rechaza

Tutorial en video disponible; ingresa y aprende más en cengagebrain.com

una hipótesis nula verdadera; esto es: cuando la hipótesis nula es verdadera pero se decide contra ella. Un **error tipo II** se comete cuando se decide en favor de una hipótesis nula que en realidad es falsa.

TABLA 8.3 Cuatro posibles resultados en una prueba de hipótesis

	Hipótesis nula	
Decisión	Verdadera	Falsa
Fracasar en rechazar H_o	Decisión correcta tipo A	Error tipo II
Rechazar H_o	Error tipo I	Decisión correcta tipo B

EJEMPLO APLICADO 8.12

DESCRIPCIÓN DE POSIBLES RESULTADOS Y ACCIONES RESULTANTES (ACERCA DE PRUEBAS DE HIPÓTESIS)

Describe los cuatro posibles resultados y las acciones resultantes que ocurrirían para la prueba de hipótesis en el ejemplo 8.10.

Solución

Recuerda: H_o: "No hay diferencia en rendimiento del detergente"
H_a: "El detergente de marca tiene mejor rendimiento que la marca del almacén"

	Hipótesis nula es verdadera	**Hipótesis nula es falsa**
Fracasar para rechazar H_o	Decisión correcta tipo A Verdad de la situación: no hay diferencia entre los detergentes. Conclusión: se determina que no hay diferencia. Acción: el consumidor compra el detergente más barato, ahorra dinero y obtiene los mismos resultados.	Error tipo II Verdad de la situación: el detergente de marca es mejor. Conclusión: se determina que no hay diferencia. Acción: el consumidor compra el detergente más barato, ahorra dinero pero obtiene resultados inferiores.
Rechazar H_o	Error tipo I Verdad de la situación: no hay diferencia entre los detergentes. Conclusión: se determina que el detergente de marca es mejor. Acción: el consumidor compra el detergente de marca, gasta dinero adicional para no lograr mejores resultados.	Decisión correcta tipo B Verdad de la situación: el detergente de marca es mejor. Conclusión: se determina que el detergente de marca es mejor. Acción: el consumidor compra el detergente de marca, gasta más y obtiene mejores resultados.

Notas:

1. La verdad de la situación no se conoce antes de tomar la decisión, alcanzar la conclusión y de que tengan lugar las acciones resultantes. La verdad de H_o puede nunca conocerse.
2. El error tipo II con frecuencia resulta en que representa una "pérdida de oportunidad"; en esta situación se pierde la posibilidad de usar un producto que produce mejores resultados.

Cuando se toma una decisión, sería bueno siempre tomar la decisión correcta. Sin embargo, esto no es posible en estadística porque las decisiones se toman sobre la base de información muestral. Lo mejor que se puede esperar es controlar la probabilidad con la

Tutorial en video disponible; ingresa y aprende más en cengagebrain.com

que ocurre un error. La probabilidad asignada al error tipo I es α (llamada "**alfa**"). La probabilidad del error tipo II es β (llamada "**beta**"; β es la segunda letra del alfabeto griego). Consulta la tabla 8.4.

TABLA 8.4 Probabilidad con la que ocurren las decisiones

Error en decisión	Tipo	Probabilidad	Decisión correcta	Tipo	Probabilidad
Rechazo de una H_o verdadera	I	α	Fracaso para rechazar una H_o verdadera	A	$1-\alpha$
Fracaso para rechazar una H_o falsa	II	β	Rechazo de una H_o falsa	B	$1-\beta$

Para controlar estos errores se asigna una pequeña probabilidad a cada una de ellas. Los valores de probabilidad usados con más frecuencia para α y β son 0.01 y 0.05. La probabilidad asignada a cada error depende de su seriedad. Mientras más serio sea el error, menos deseos se tienen de que ocurra; por tanto, se asignará una probabilidad más pequeña. α y β son probabilidades de errores, cada uno bajo condiciones separadas y no pueden combinarse. En consecuencia, no es posible determinar una probabilidad sencilla para tomar una decisión incorrecta. Del mismo modo, las dos decisiones correctas están distintivamente separadas y cada una tiene su propia probabilidad; $1-\alpha$ es la probabilidad de una decisión correcta cuando la hipótesis nula es verdadera y $1-\beta$ es la probabilidad de una decisión correcta cuando la hipótesis nula es falsa. $1-\beta$ se llama *potencia de la prueba estadística* porque es la medida de la capacidad de una prueba de hipótesis para rechazar una hipótesis nula falsa, una característica muy importante.

Nota: sin importar el resultado de una prueba de hipótesis, nunca puedes estar seguro de que se haya alcanzado una decisión correcta.

Observa nuevamente los dos posibles errores en la decisión que podrían ocurrir en el ejemplo 8.10. La mayoría de las personas se molestarían si descubren que gastaron dinero adicional por un detergente que no tiene mejor rendimiento que la marca más barata. Del mismo modo, muchas personas se molestarían si descubren que podrían haber comprado un mejor detergente. Para evaluar la seriedad relativa de dichos errores se requiere saber si se trata de tu lavandería personal o de un negocio de lavandería profesional, cuánto más cuesta el detergente de marca, etcétera.

Existe una interrelación entre la probabilidad del error tipo I (α), la probabilidad del error tipo II (β) y el tamaño de la muestra (n). Esto es muy parecido a la interrelación entre el nivel de confianza, error máximo y tamaño de muestra que se estudió en las páginas 355-356. La figura 8.8 muestra la "competencia tripartita" entre α, β y n. Si alguno de los tres aumenta o disminuye, tiene un efecto sobre uno o ambos de los otros. Por tanto, la labor del estadístico es "equilibrar" los tres valores de α, β y n para lograr una situación de prueba aceptable.

FIGURA 8.8
La "competencia tripartita" entre α, β y n

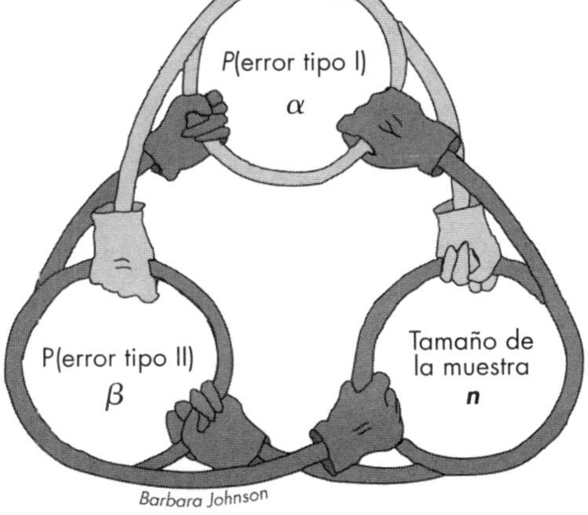

Si α se reduce, entonces o β debe aumentar o n debe aumentar; si β disminuye, entonces α aumenta o n debe aumentar; si n disminuye, entonces α aumenta o β aumenta. Las opciones para α, β y n definitivamente no son arbitrarias. A esta altura de tu estudio de la estadística, sólo se proporcionarán y usarán el tamaño de la muestra, n y α, P(error tipo I), para completar una prueba de hipótesis. β, P(error tipo II), se investigará con más detalle en los ejercicios de sección, pero no se utilizará en esta introducción a la prueba de hipótesis.

¿SABÍAS QUE...?

¿El gusto de la dama puede ser la diferencia?

A finales de 1920, se planteó la pregunta: ¿el gusto de la dama puede ser la diferencia entre verter leche en una taza de té, frente a verter té en una taza de leche? A la dama se le presentaron al azar dos tazas, una de cada una en pares y ella identificó correctamente todas ellas. Si ella adivinó, su probabilidad de adivinar correctamente fue 0.5. De modo que se plantea la hipótesis de que adivinó y observó la evidencia muestral. Ella identificó correctamente las 10 tazas ofrecidas. ¿Cuál es la probabilidad de adivinar correctamente 10 veces en fila? Este es el valor *p* de Fisher. ¿Es probable que haya adivinado e identificado correctamente 10 veces en fila? (1 en 1 024 = 0.00098)

El tamaño de la muestra, n, se explica por sí mismo, así que observa el papel de α.

Nivel de significancia α probabilidad de cometer un error de tipo I.

Establecer el nivel de significancia puede considerarse como una "decisión gerencial". Por lo general, alguien a cargo determina el nivel de probabilidad con el que quiere arriesgar un error de tipo I.

En este punto del procedimiento de la prueba de hipótesis, la evidencia se recolecta, se resume y se calcula el valor de un *estadístico de prueba*.

Estadístico de prueba Variable aleatoria cuyo valor se calcula a partir de los datos muestrales y se usa para tomar la decisión "rechazar H_o" o "fracasar para rechazar H_o".

El valor del estadístico de prueba calculado se usa en conjunto con una regla de decisión para determinar si se "rechaza H_o" o se "fracasa para rechazar H_o". Esta **regla de decisión** debe establecerse antes de recolectar los datos; ella específica cómo se llegará a la decisión.

De vuelta a la fiesta de tu amigo: tienes que sopesar la historia de fiestas de tu amigo, el tiempo y el lugar, quiénes acuden más, etc., contra tu propio criterio y después tomar tu decisión. Como resultado de la decisión acerca de la hipótesis nula ("la fiesta será un fiasco"), tomarás la acción adecuada; o irás o no irás a la fiesta.

Para completar una prueba de hipótesis, necesitarás escribir una conclusión que describa cuidadosamente el significado de la decisión en relación con el intención de la prueba de hipótesis.

La conclusión

a. Si la decisión es "rechazar H_o", entonces la conclusión debe enunciarse más o menos como: "existe suficiente evidencia en el nivel de significancia para demostrar que... [el significado de la hipótesis alternativa]".
b. Si la decisión es "fracasar para rechazar H_o", entonces la conclusión debe enunciarse algo parecido a: "no hay suficiente evidencia en el nivel de significancia α para demostrar que... [el significado de la hipótesis alternativa]".

Cuando escribas la decisión y la conclusión, recuerda que: 1) la decisión es acerca de H_o y 2) la conclusión es un enunciado acerca de si se apoya la argumentación de H_a. Esto es consistente con la "actitud" de todo el procedimiento de prueba de hipótesis. La hipótesis nula es el enunciado que está "en juicio" y por tanto la decisión debe ser acerca de ella. La argumentación de la hipótesis alternativa es el concepto que da pie a la necesidad de la decisión. Por tanto, la pregunta que conduce a la hipótesis alternativa debe responderse cuando escribas la conclusión.

Siempre debes recordar que, cuando tomas la decisión, nada se ha probado. Ambas decisiones pueden conducir a errores: "fracasar para rechazar H_o" podría ser un error del tipo II (la falta de suficiente evidencia conduce a que grandes fiestas se pierdan más de una vez) y "rechazar H_o" podría ser un error del tipo I (más de una persona decidió ir a una fiesta que fue un fiasco).

EJERCICIOS SECCIÓN 8.3

8.53 "Positivamente el sistema de alivio más efectivo del planeta para ciática y dolor de espalda...", de acuerdo con el Dr. Craig Mueller. Esta afirmación apareció en www.EraseYourBackPain.com.

a. ¿Cómo tratarías de demostrar que el enunciado anterior es verdadero? ¿Qué evidencia necesitarías recolectar?

b. ¿Cómo tratarías de desaprobar el enunciado anterior? ¿Qué evidencia necesitarías recolectar?

c. ¿Tendría más sentido tratar de probar que el enunciado anterior es verdadero o desaprobarlo? Explica.

8.54 Alguna vez has escuchado que el varón estadounidense promedio mide 69.7 pulgadas de alto. Sin embargo, casi todos los varones adultos en tu mundo personal parecen estar entre 5 y 6 pies de alto, con unos pocos apenas arriba de 6 pies. Así que, ¿cómo es que el promedio es casi de 6 pies? De hecho, tú estás bastante convencido de que la estatura promedio puede ser algo menor que 69.7 pulgadas.

a. ¿Cómo tratarías de demostrar que el enunciado anterior de "menos de 69.7 pulgadas" es verdadero? ¿Qué evidencia recolectarías? ¿Qué necesitaría mostrar la evidencia recolectada para convencerte de la verdad del enunciado?

b. ¿Cómo tratarías de desaprobar el enunciado anterior de "menos de 69.7 pulgadas"? ¿Qué evidencia recolectarías? ¿Qué necesitaría mostrar la evidencia recolectada para desaprobar el enunciado?

c. ¿Sería más fácil probar que "menos de 69.7 pulgadas" es verdadero o desaprobarlo? Explica.

8.55 Tú pones a prueba un nuevo sistema de detonación para explosivos y estás preocupado de que el sistema no sea confiable. Enuncia las hipótesis nula y alternativa.

8.56 Con referencia al ejemplo aplicado 8.11, enuncia la hipótesis del instructor, la hipótesis alternativa.

8.57 Enuncia las hipótesis nula y alternativa para cada uno de los siguientes:

a. Investigas una queja de que "el correo de entrega especial tarda demasiado tiempo" en distribuirse.

b. Quieres demostrar que las personas encuentran el nuevo diseño de una silla reclinable más cómodo que el diseño anterior.

c. Tratas de demostrar que el humo del cigarrillo afecta la calidad de vida de una persona.

d. Pones a prueba una nueva fórmula para acondicionador de cabello y esperas demostrar que es efectivo para "puntas quemadas".

8.58 Enuncia las hipótesis nula y alternativa para cada uno de los siguientes:

a. Quieres demostrar un aumento en compra y venta de casas unifamiliares este año cuando se comparan con la tasa del año pasado.

b. Pones a prueba una nueva receta para pastel de queso "bajo en grasas" y esperas encontrar que su sabor no es tan bueno como el pastel de queso tradicional.

c. Tratas de demostrar que las lecciones de música tienen un efecto positivo sobre la autoestima de un niño.

d. Investigas la relación entre el género de una persona y el automóvil que conduce; específicamente, quieres demostrar que los varones tienden a conducir vehículos tipo camioneta más que las mujeres.

8.59 Con el ejemplo de la fiesta de tu amigo (pp. 361 y 366), con H_o: "la fiesta será un fiasco" frente a H_a: "la fiesta será grandiosa", describe las cuatro posibles decisiones y las acciones resultantes según describe el ejemplo 8.12.

8.60 Cuando se inspecciona un paracaídas, el inspector busca algo que pueda indicar que el paracaídas pueda no abrir.

a. Enuncia las hipótesis nula y alternativa.

b. Describe los cuatro posibles resultados que pueden resultar dependiendo de la verdad de la hipótesis nula y la decisión alcanzada.

c. Describe la seriedad de los dos posibles errores.

8.61 Cuando un médico en la escena de un accidente serio inspecciona a cada víctima, administra la asistencia médica adecuada a todos los heridos, a menos que esté seguro de que la víctima esté muerta.

a. Enuncia las hipótesis nula y alternativa.

b. Describe los cuatro posibles resultados que puedan resultar dependiendo de la verdad de la hipótesis nula y la decisión alcanzada.

c. Describe la seriedad de los dos posibles errores.

8.62 Un proveedor de materiales de construcción para autopistas afirma que puede suministrar una mezcla de asfalto que hará que los caminos pavimentados con este material sean menos resbalosos cuando estén húmedos. Un contratista general que construye caminos quiere poner a prueba la afirmación del proveedor. La hipótesis nula es "los caminos pavimentados con esta mezcla de asfalto no son menos resbalosos que los caminos pavimentados con otro asfalto". La hipótesis alternativa es "los caminos pavimentados con esta mezcla de asfalto son menos resbalosos que los caminos pavimentados con otro asfalto".

(continúa en la página 368)

a. Describe el significado de los dos posibles tipos de errores que pueden ocurrir en la decisión cuando se completa esta prueba de hipótesis.

b. Describe cómo la hipótesis nula, como se enunció anteriormente, es un "punto de partida" para la decisión a tomar acerca del asfalto.

8.63 Con la información del ejercicio 8.59, describe cómo el error de tipo II en el ejemplo de la fiesta representa una "oportunidad perdida".

8.64 Describe las acciones que resultarían en un error de tipo I y un error de tipo II si se ponen a prueba cada una de las siguientes hipótesis nulas. (Recuerda: la hipótesis alternativa es la negación de la hipótesis nula.)

a. H_o: La mayoría de los estadounidenses favorece las leyes contra las armas de asalto.

b. H_o: Las opciones en el menú de comida rápida no son bajas en sal.

c. H_o: Este edificio no debe demolerse.

d. H_o: No hay desperdicio en los gastos del gobierno.

8.65 Describe la acción que resultaría en una decisión correcta tipo A y una decisión correcta tipo B si se pone a prueba cada una de las hipótesis nulas del ejercicio 8.64.

8.66 Describe la acción que resultaría en una decisión correcta tipo A y una decisión correcta tipo B si se ponen a prueba las hipótesis para el nuevo sistema de detonación para explosivos del ejercicio 8.55.

8.67 Considera la hipótesis nula del ejemplo aplicado 8.11, "H_o: las técnicas de enseñanza no tienen efecto significativo sobre las calificaciones de examen de los estudiantes". Describe las acciones que resultarían en errores tipo I y tipo II si H_o se pone a prueba.

8.68 Considera la hipótesis nula del ejemplo aplicado 8.11, "H_o: las técnicas de enseñanza no tienen efecto significativo sobre las calificaciones de examen de los estudiantes". Describe las acciones que resultarían en una decisión correcta tipo A y una decisión correcta tipo B si H_o se pone a prueba.

8.69 a. Si la hipótesis nula es verdadera, ¿qué error de decisión podría cometerse?

b. Si la hipótesis nula es falsa, ¿qué error de decisión podría cometerse?

c. Si se toma la decisión "rechazar H_o", ¿qué error de decisión podría cometerse?

d. Si se toma la decisión "fracasar para rechazar H_o", ¿qué error de decisión podría cometerse?

8.70 El director de una agencia de publicidad está preocupado por la efectividad de un comercial de televisión.

a. ¿Qué hipótesis nula pone a prueba si comete un error de tipo I cuando erróneamente dice que el comercial es efectivo?

b. ¿Qué hipótesis nula pone a prueba si comete un error de tipo II cuando erróneamente dice que el comercial es efectivo?

8.71 El director de una agencia de publicidad está preocupado por la efectividad de un comercial de televisión.

a. ¿Qué hipótesis nula pone a prueba si toma una decisión correcta de tipo A cuando dice correctamente que el comercial no es efectivo?

b. ¿Qué hipótesis nula pone a prueba si toma una decisión correcta de tipo B cuando dice correctamente que el comercial no es efectivo?

8.72 Un político está preocupado por ganar una elección venidera.

a. ¿Qué hipótesis nula pone a prueba si comete un error de tipo I cuando erróneamente dice que ganará la elección?

b. ¿Qué hipótesis nula pone a prueba si comete un error tipo II cuando erróneamente dice que ganará la elección?

8.73 a. Si a α se le asigna el valor 0.001, ¿qué se dice acerca del error tipo I?

b. Si a α se le asigna el valor 0.05, ¿qué se dice acerca del error tipo I?

c. Si a α se le asigna el valor 0.10, ¿qué se dice acerca del error tipo I?

8.74 a. Si a β se le asigna el valor 0.001, ¿qué se dice acerca del error tipo II?

b. Si a β se le asigna el valor 0.05, ¿qué se dice acerca del error tipo II?

c. Si a β se le asigna el valor 0.10, ¿qué se dice acerca del error tipo II?

8.75 a. Si la hipótesis nula es verdadera, la probabilidad de un error de decisión se identifica, ¿con qué nombre?

b. Si la hipótesis nula es falsa, la probabilidad de un error de decisión se identifica, ¿con qué nombre?

8.76 Supón que una prueba de hipótesis se realiza con el uso de $\alpha = 0.05$. ¿Cuál es la probabilidad de cometer un error de tipo I?

8.77 Explica por qué α no siempre es la probabilidad de rechazar la hipótesis nula.

8.78 Explica cómo asignar una probabilidad pequeña a un error controla la probabilidad de su ocurrencia.

8.79 La conclusión es la parte de la prueba de hipótesis que comunica los hallazgos de la prueba al lector. Como tal, necesita atención especial, de modo que el lector reciba una imagen precisa de los hallazgos.

a. Describe cuidadosamente la "actitud" del estadístico y el enunciado de la conclusión cuando la decisión es "rechazar H_o".

b. Describe cuidadosamente la "actitud" del estadístico y el enunciado de la conclusión cuando la decisión es "fracasar en rechazar H_o".

8.80 Encuentra la potencia de una prueba cuando la probabilidad del error tipo II es:

a. 0.01 b. 0.05 c. 0.10

8.81 Se sabe que una población con distribución normal tiene una desviación estándar de 5, pero su media está en cuestión. Se argumenta que es $\mu = 80$ o $\mu = 90$, y se diseña la siguiente prueba de hipótesis para resolver el argumento. La hipótesis nula, H_o: $\mu = 80$, se pondrá a prueba al usar un valor de datos seleccionado al azar y compararlo con el valor crítico de 86. Si el valor de datos es mayor que o igual a 86, se rechazará la hipótesis nula.

a. Encuentra α, la probabilidad del error tipo I.

b. Encuentra β, la probabilidad del error tipo II.

8.82 Supón que el argumento del ejercicio 8.81 se estableció usando una muestra de tamaño 4; encuentra α y β.

8.83 [EX08-083] Tú eres inspector de control de calidad y estás en una posición para tomar la decisión de si un gran embarque de tapones de corcho para usar en embotellado de vino no espumoso (frente a efervescente) pasa la inspección. Una vez que inspecciones el número obligatorio de la forma aprobada, tomarás una decisión para aceptar o rechazar el lote.

La parte 1 de la inspección requiere que selecciones al azar 32 corchos y midas tres dimensiones físicas del tapón cilíndrico de acuerdo con los procedimientos definidos.

Límites de especificación

Diámetro	24 mm ± 0.5 mm
Ovalización	≤ 0.7 mm
Longitud	45 mm ± 0.7 mm

Niveles de calidad de aceptación (NCA)

El lote se acepta si no más de dos corchos presentan un resultado inferior o superior a los límites de especificación.

El lote puede rechazarse si tres o más corchos presentan un resultado inferior o superior a los límites de especificación.

Fuente: http://www.codiliege.org

A continuación se presentan los resultados de inspeccionar la muestra obligada. (Todas las mediciones están en milímetros.)

a. Determina el número de corchos que pasan la parte 1 de la inspección.

b. Enuncia la decisión y explica cómo llegaste a ella.

c. Prepara un breve reporte escrito que resuma los requisitos y tus hallazgos y decisión.

8.84 [EX08-084] Como inspector de control de calidad en el ejercicio 8.83, estás listo para la segunda fase de la inspección.

(continúa en la página 370)

[EX00-000] identifica el nombre de archivo de una base de datos en línea de un ejercicio; disponible a través de cengagebrain.com

Tabla para el ejercicio 8.83

Corcho	1	2	3	4	5	6	7	8
Diámetro	24.51	24.13	24.28	24.27	23.79	24.11	24.08	23.66
Ovalización	0.20	0.88	0.38	0.20	0.29	0.14	0.20	0.32
Longitud	44.89	44.69	45.36	44.94	44.65	45.50	44.86	44.67
Corcho	9	10	11	12	13	14	15	16
Diámetro	24.41	24.08	24.02	23.94	23.71	24.18	24.13	24.30
Ovalización	0.03	0.43	0.50	0.43	0.51	0.46	0.53	0.14
Longitud	45.13	44.92	44.88	45.14	44.87	44.67	45.01	44.86
Corcho	17	18	19	20	21	22	23	24
Diámetro	23.78	24.01	24.03	24.10	23.77	24.28	23.85	24.39
Ovalización	0.07	0.32	0.34	0.23	.076	0.39	0.47	0.43
Longitud	45.12	45.21	45.70	44.95	44.27	45.23	45.29	44.98
Corcho	25	26	27	28	29	30	31	32
Diámetro	24.27	23.92	24.23	24.17	23.77	24.40	24.31	23.85
Ovalización	0.20	0.47	0.23	0.23	0.28	0.34	0.56	0.05
Longitud	44.80	45.06	45.38	45.11	44.75	45.42	45.04	44.53

La parte 2 requiere la determinación del porcentaje de humedad de 20 tapones de corcho mientras se sigue el procedimiento prescrito.

Límites de especificación

Valor nominal: 6%

Límites de especificación: ± 2% (es decir, de 4 a 8%)

Niveles de calidad de aceptación (NCA)

El lote se acepta si no más de dos corchos presentan un resultado inferior o superior a los límites de especificación.

El lote puede rechazarse si tres o más corchos presentan un resultado inferior o superior a los límites de especificación.

Fuente: http://www.codiliege.org

A continuación se mencionan tres diferentes muestras, cada una tomada de diferentes lotes. Revisa los resultados de la muestra y responde estas preguntas para cada una de las muestras por separado.

Muestra 1	5	5	6	3	7	6	6	7	8	6
	6	7	5	7	6	6	7	6	4	5
Muestra 2	1	6	6	8	6	5	7	6	10	6
	7	5	7	6	5	6	6	8	5	9
Muestra 3	5	7	3	5	5	5	6	5	9	3
	5	7	7	9	7	8	5	10	8	9

a. Construye un diagrama de puntos de los datos.

b. Etiqueta por completo el diagrama de puntos y encierra en un círculo los puntos que representen porcentajes de corcho inferiores o superiores a los límites de especificación.

c. Enuncia la decisión y explica cómo llegaste a ella.

d. Prepara un breve reporte escrito que resuma los requisitos y tus hallazgos y decisión para cada muestra.

8.4 Prueba de hipótesis de media μ (σ conocida): Un método de valor de probabilidad

En la sección 8.3 se estudiaron los conceptos y gran parte del razonamiento detrás de una prueba de hipótesis mientras observabas ejemplos no estadísticos. En esta sección se formalizará el procedimiento de prueba de hipótesis como se aplica a enunciados concernientes a la media μ de una población bajo la restricción de que σ, la desviación estándar poblacional, es un valor conocido.

La suposición para las pruebas de hipótesis en torno a la media μ con una σ conocida La distribución muestral de $\bar{x}$ tiene una distribución normal.

La información que necesitas para asegurar que esta suposición se satisfaga está contenida en la distribución muestral de las medias muestrales y en el TLC:

La distribución muestral de medias muestrales $\bar{x}$ se distribuye en torno a una media igual a μ con un error estándar igual a $\sigma\sqrt{n}$; y 1) si la población muestreada al azar tiene distribución normal, entonces $\bar{x}$ tiene distribución normal para todos los tamaños de muestra, o 2) si la población muestreada al azar no tiene distribución normal, entonces $\bar{x}$ tiene distribución aproximadamente normal para tamaños de muestra suficientemente grandes.

PTI Si las suposiciones no se satisfacen para las pruebas de hipótesis en torno a la media μ con una σ conocida, el valor p calculado podría causar una decisión equivocada en torno a H_o.

La prueba de hipótesis es un procedimiento paso a paso bien organizado que se usa para tomar una decisión. Usualmente se usan dos formatos diferentes para la prueba de hipótesis. El *método de valor de probabilidad* o simplemente *método valor p*, es el proceso de prueba de hipótesis que ganó popularidad en años recientes, principalmente como resultado de la conveniencia y la habilidad de las computadoras para "hacer cuentas". Este método se organiza como un procedimiento de cinco pasos.

LA PRUEBA DE HIPÓTESIS MEDIANTE VALOR DE PROBABILIDAD: UN PROCEDIMIENTO DE CINCO PASOS

Paso 1 La preparación:

a. Describe el parámetro poblacional de interés.
b. Enuncia la hipótesis nula (H_o) y la hipótesis alternativa (H_a).

Paso 2 Criterios de la prueba de hipótesis:

a. Verifica las suposiciones.
b. Identifica la distribución de probabilidad y el estadístico de prueba a usar.
c. Determina el nivel de significancia, α.

Paso 3 La evidencia muestral:

a. Recolecta la información muestral.
b. Calcula el valor del estadístico de prueba.

Paso 4 La distribución de probabilidad:

a. Calcula el valor p para el estadístico de prueba.
b. Determina si el valor p es o no es menor que α.

Paso 5 Los resultados:

a. Enuncia la decisión en torno a H_o.
b. Enuncia la conclusión en torno a H_a.

PTI Piensa en las consecuencias de usar remaches débiles.

Un fabricante de aeronaves comerciales compra remaches para usar en el ensamblado de aviones. Cada proveedor de remaches que quiere vender remaches al fabricante de aeronaves debe demostrar que sus remaches cumplen con las especificaciones requeridas. Una de las especificaciones es: "la resistencia media al corte de todos los remaches, μ, es al menos 925 lb". Cada vez que el fabricante de aeronaves compra remaches, está preocupado porque la resistencia media pueda ser menor que la especificación de 925 lb.

Nota: cada remache individual tiene una resistencia al corte, que se determina al medir la fuerza requerida para cortar ("romper") el remache. Claramente, no todos los remaches pueden ponerse a prueba. por tanto, se pondrá a prueba una muestra de remaches, y una decisión acerca de la resistencia media de todos los remaches sin probar se basará en la media de los que se muestrearon y pusieron a prueba.

PASO 1 La preparación:

a. **Describe el parámetro poblacional de interés.**
   El parámetro poblacional de interés es la media μ, la resistencia al corte media de (o fuerza media requerida para cortar) los remaches a considerar para la compra.
b. **Enuncia la hipótesis nula (H_o) y la hipótesis alternativa (H_a).**
   La hipótesis nula y la hipótesis alternativa se formulan mediante inspección del problema o enunciado a investigar y primero formulando dos enunciados opuestos acerca de la media μ. Para el ejemplo, estos dos enunciados en oposición son: (A) "la resistencia media al corte es menor que 925" ($\mu < 925$, la preocupación del fabricante de aeronaves) y (B) "la resistencia media al corte es al menos 925" ($\mu = 925$, la afirmación del proveedor de remaches y la especificación del fabricante de aeronaves).

PTI En las páginas 361-363 se dan instrucciones más específicas.

Nota: la ley de tricotomía del álgebra afirma que dos valores numéricos deben relacionarse en exactamente una de tres relaciones posibles: <, = o >. Estas tres posibilidades deben representarse en las dos hipótesis opuestas con la finalidad de que las dos hipótesis sean negaciones una de la otra. Las tres posibles combinaciones de signos e hipótesis se muestran en la tabla 8.5. Recuerda que la hipótesis nula asigna un valor específico al parámetro en cuestión y por tanto "igual" siempre será parte de la hipótesis nula.

TABLA 8.5 Los tres posibles enunciados de las hipótesis nula y alternativa

Hipótesis nula	Hipótesis alternativa
1. Mayor que o igual a (≥)	Menor que (<)
2. Menor que o igual a (≤)	Mayor que (>)
3. Igual a (=)	No igual a (≠)

El parámetro de interés, la media poblacional μ, se relaciona con el valor 925. El enunciado (A) se convierte en la hipótesis alternativa:

$$H_a\text{: } \mu < 925 \text{ (la media es menor que 925)}$$

Este enunciado representa la preocupación del fabricante de aeronaves y dice: "los remaches no satisfacen las especificaciones requeridas". El enunciado (B) se convierte en la hipótesis nula:

$$H_o\text{: } \mu = 925\ (\geq) \text{ (la media es al menos 925)}$$

Esta hipótesis representa la negación de la preocupación del fabricante de aeronaves y dice: "los remaches sí satisfacen las especificaciones requeridas".

Nota: la hipótesis nula se escribirá sólo con el signo igual, lo que por tanto afirma el valor exacto asignado. Cuando "igual" se empareja con "menor que" o con "mayor que", el símbolo combinado se escribe al lado de la hipótesis nula como recordatorio de que los tres signos se representan en estos dos enunciados en oposición.

Antes de continuar con el ejemplo, observa los tres ejemplos que demuestran la formulación de las hipótesis estadísticas nula y alternativa que involucran la media poblacional μ. Los ejemplos 8.13 y 8.14 demuestran cada uno una hipótesis alternativa de "una cola".

EJEMPLO 8.13

CÓMO ESCRIBIR LAS HIPÓTESIS NULA Y ALTERNATIVA (SITUACIÓN DE UNA COLA)

Supón que la Agencia de Protección Ambiental enjuiciará a la ciudad de Rochester por no cumplir con los estándares de monóxido de carbono. En específico, la EPA querría demostrar que el nivel medio de monóxido de carbono en el aire del centro de Rochester es peligrosamente elevado, mayor a 4.9 partes por millón. Enuncia las hipótesis nula y alternativa.

Solución

Para enunciar las dos hipótesis, primero necesitas identificar el parámetro poblacional en cuestión: el "nivel medio de monóxido de carbono en Rochester". El parámetro μ se comparará con el valor 4.9 partes por millón, el valor específico de interés. La EPA cuestiona el valor μ y desea demostrar que es mayor a 4.9 (p.ej., $\mu > 4.9$). Las tres posibles relaciones —1) $\mu < 4.9$, 2) $\mu = 4.9$ y 3) $\mu > 4.9$— deben ordenarse para formar dos enunciados opuestos: uno que enuncie la posición de la EPA, "el nivel medio es mayor a 4.9 ($\mu > 4.9$)", y el otro que enuncie la negación, "el nivel medio no es mayor a 4.9 ($\mu \leq 4.9$)". Uno de estos dos enunciados se convertirá en la hipótesis nula, H_o y el otro se convertirá en la hipótesis alternativa, H_a.

Tutorial en video disponible; ingresa y aprende más en cengagebrain.com

Recuerda que existen dos reglas para formar las hipótesis: 1) la hipótesis nula afirma que el parámetro en cuestión tiene un valor específico ("H_o debe contener el signo igual") y 2) la argumentación de la EPA se convierte en la hipótesis alternativa ("mayor que"). Ambas reglas indican:

$$H_o\text{: } \mu = 4.9 \ (\leq) \quad \text{y} \quad H_a\text{: } \mu > 4.9$$

EJEMPLO 8.14

CÓMO ESCRIBIR LAS HIPÓTESIS NULA Y ALTERNATIVA (SITUACIÓN DE UNA COLA)

Un ingeniero quiere demostrar que las aplicaciones de pintura hechas con la nueva fórmula secan y están listas para la siguiente capa en un tiempo medio de menos de 30 minutos. Enuncia las hipótesis nula y alternativa para esta situación de prueba.

Solución

El parámetro de interés es el tiempo de secado medio por aplicación y 30 minutos es el valor especificado. $\mu < 30$ corresponde a "el tiempo medio es menor que 30", mientras que $\mu \geq 30$ corresponde a la negación, "el tiempo medio no es menor que 30". Por tanto, las hipótesis son

$$H_o\text{: } \mu = 30 \ (\geq) \quad \text{y} \quad H_a\text{: } \mu < 30$$

El ejemplo 8.15 demuestra una hipótesis alternativa de "dos colas".

EJEMPLO 8.15

CÓMO ESCRIBIR LAS HIPÓTESIS NULA Y ALTERNATIVA (SITUACIÓN DE DOS COLAS)

La satisfacción en el empleo es muy importante para la productividad de los trabajadores. Funcionarios sindicales aplicaron un cuestionario estándar de satisfacción en el trabajo a una muestra de trabajadores de línea de ensamblado en una gran planta, con la esperanza de demostrar que la calificación media en este cuestionario para los trabajadores de ensamblado sería diferente de la media establecida de 68. Enuncia las hipótesis nula y alternativa.

Solución

O la calificación media de satisfacción laboral es diferente de 68 ($\mu \neq 68$) o la media es igual a 68 ($\mu = 68$). Por tanto,

$$H_o\text{: } \mu = 68 \quad \text{y} \quad H_a\text{: } \mu \neq 68$$

Tutorial en video disponible; ingresa y aprende más en cengagebrain.com

Notas:

1. La hipótesis alternativa se refiere como de "dos colas" cuando H_a "no es igual".
2. Cuando "menor que" se combina con "mayor que", se convierten en "no igual a".

El punto de vista del experimentador afecta enormemente la manera en que se forman las hipótesis. Por lo general, el experimentador trata de demostrar que el valor de parámetro es diferente del valor especificado. Por tanto, el experimentador con frecuencia espera poder rechazar la hipótesis nula, de modo que la teoría del experimentador pueda sostenerse. Los ejemplos 8.13, 8.14 y 8.15 también representan los tres posibles arreglos para las relaciones <, = y > entre el parámetro μ y un valor específico.

La tabla 8.6 menciona algunas frases comunes adicionales usadas en afirmaciones e indica sus negaciones y las hipótesis en las que se usará cada frase. Nuevamente, observa que "igual" siempre está en la hipótesis nula. Nota también que la negación de "menor que" es "mayor que o igual a". Piensa en la negación como "todos los otros" del conjunto de tres signos.

TABLA 8.6 Frases comunes y sus negaciones

H_o: (≥) frente a	H_a: (<)	H_o: (≤) frente a	H_a: (>)	H_o: (=) frente a	H_a: (≠)
Al menos	Menor que	Cuando mucho	Más que	Es	No es
No menos que	Menor que	No más que	Más que	No diferente de	Diferente de
No menor que	Menor que	No mayor que	Mayor que	Igual que	No igual que

Después de establecer las hipótesis nula y alternativa, trabajarás bajo la suposición de que la hipótesis nula es un enunciado verdadero hasta que haya suficiente evidencia para rechazarla. Esta situación debe compararse con un juicio en una sala de justicia, donde se supone que el acusado es inocente (H_o: el acusado es inocente frente a H_a: el acusado no es inocente) hasta que se haya presentado suficiente evidencia para demostrar que la inocencia es totalmente increíble ("más allá de toda duda razonable"). En la conclusión de la prueba de hipótesis, se tomará una de dos posibles decisiones. Se decidirá en oposición a la hipótesis nula y se dirá que se "rechaza H_o" (esto corresponde a "condena" del acusado en un juicio), o se decidirá en concordancia con la hipótesis nula y se dirá que se "fracasa para rechazar H_o" (esto corresponde a "fracaso para condenar" o una "absolución" del acusado en un juicio).

Regresa al ejemplo de remaches que se interrumpió en la página 371 y continúa con el paso 2. Recuerda que

H_o: $\mu = 925$ (≥) (al menos 925) $\qquad$ H_a: $\mu < 925$ (menos que 925)

PASO 2 Los criterios de la prueba de hipótesis:

a. **Verifica las suposiciones.**
Supón que, de experiencias pasadas, se sabe que la desviación estándar de la resistencia al corte de los remaches es $\sigma = 18$. Las variables como la resistencia al corte por lo general tienen una distribución amontonada; por tanto, una muestra de tamaño 50 debe ser suficientemente grande para aplicar el TLC y garantizar que la DMMM tendrá una distribución muestral.

b. **Identifica la distribución de probabilidad y el estadístico de prueba a usar.**
La distribución de probabilidad normal estándar se usa porque $\bar{x}$ se espera que tenga una distribución normal.

Para una prueba de hipótesis de μ, se quiere comparar el valor de la media muestral con el valor de la media de población como se enuncia en la hipótesis nula. Esta comparación se logra con el estadístico de prueba de la fórmula (8.4):

Estadístico de prueba para la media

$$z\bigstar = \frac{\bar{x} - \mu}{\sigma/\sqrt{n}} \qquad \textbf{(8.4)}$$

El valor calculado resultante se identifica como $z\bigstar$ ("z estrella") porque se espera que tenga una distribución normal estándar cuando la hipótesis nula es verdadera y las suposiciones se satisfacen. La ★ ("estrella") es para recordar que éste es el valor calculado del estadístico de prueba:

$$\text{El estadístico de prueba a usar es } z\bigstar = \frac{\bar{x} - \mu}{\sigma/\sqrt{n}} \text{ con } \sigma = 18.$$

c. **Determina el nivel de significancia, α.**

En la sección 8.3 se describió el establecimiento de α como una decisión gerencial. Para ver qué se involucra en la determinación de α, la probabilidad del error tipo I, para el ejemplo de los remaches, comienza por identificar los cuatro posibles resultados, sus significados y la acción relacionada con cada uno.

PTI Hay más en este escenario, pero se espera que captes la idea.

PTI α se asignará en el enunciado de los ejercicios.

El error tipo I ocurre cuando se rechaza una hipótesis nula verdadera. Esto ocurriría cuando el fabricante pone a prueba remaches que satisfacen las especificaciones y los rechaza. Indudablemente esto conduciría a que los remaches no se compraran aun cuando satisfacieran las especificaciones. Con la finalidad de que el gerente establezca un nivel de significancia, se necesita información relacionada: a saber, ¿cuán pronto se necesita el nuevo suministro de remaches? Si se necesitan mañana y éste es el único proveedor con un suministro disponible, esperar una semana para encontrar remaches aceptables podría ser muy costoso; por tanto, rechazar remaches buenos podría considerarse un serio error. Por otra parte, si los remaches no se necesitan sino hasta el próximo mes, entonces este error puede no ser muy serio. Sólo el gerente conocerá todas las ramificaciones y, en consecuencia, aquí son importantes los comentarios del gerente.

Después de mucha consideración, el gerente asigna el nivel de significancia: $\alpha = 0.05$.

PASO 3 La evidencia muestral:

a. **Recolecta la información muestral.**
La muestra debe ser una muestra aleatoria extraída de la población cuya media μ se cuestionará. Se selecciona una muestra aleatoria de 50 remaches, se pone a prueba cada remache y se calcula la media muestral de la resistencia al corte: $\bar{x} = 921.18$ y $n = 50$.

b. **Calcula el valor del estadístico de prueba.**
La evidencia muestral (x y n se encontraron en el paso 3a) se convierte a continuación en el **valor calculado del estadístico de prueba**, $z\bigstar$, con la fórmula (8.4). (μ es 925 de H_o y $\sigma = 18$ es una cantidad conocida.) Se tiene

$$z\bigstar = \frac{\bar{x} - \mu}{\sigma/\sqrt{n}}: \qquad z\bigstar = \frac{921.18 - 925.0}{18/\sqrt{50}} = \frac{-3.82}{2.5456} = -1.50$$

PASO 4 La distribución de probabilidad:

a. **Calcula el valor p para el estadístico de prueba.**

Valor de probabilidad, o valor *p* La probabilidad de que el estadístico de prueba pueda ser el valor que es o un valor más extremo (en la dirección de la hipótesis alternativa) cuando la hipótesis nula es verdadera. (*Nota:* se usará el símbolo **P** para representar el valor p, especialmente en situaciones algebraicas.)

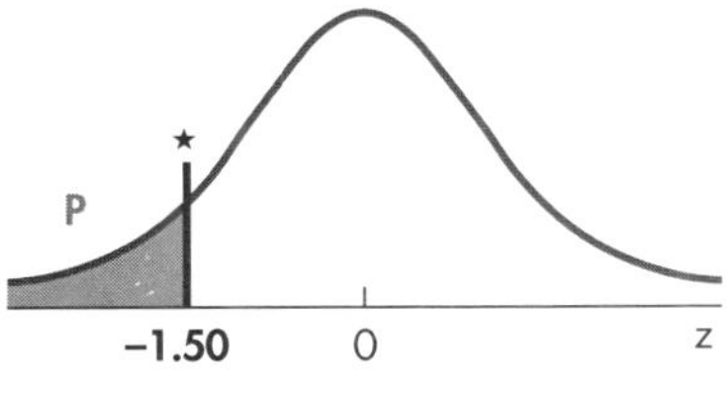

Dibuja un esquema de la distribución normal estándar y ubica en ella $z\bigstar$ (que se encontró en el paso 3b). Para identificar el área que representa el valor p, observa el signo en la hipótesis alternativa. Para esta prueba, la hipótesis alternativa indica que uno está interesado en aquella parte de la distribución muestral que es "*menor que*" $z\bigstar$. En consecuencia, el valor p es el área que yace a la *izquierda* de $z\bigstar$. Sombrea esta área.

Para encontrar el valor p, puedes usar cualquiera de los tres métodos resaltados aquí. El método que uses no es lo importante, porque cada método sólo es la herramienta de elección para ayudarte a encontrar el valor p.

PTI En las páginas 272-276 se proporcionan instrucciones completas para usar la tabla 3.

Método 1. Usa la tabla 3 del apéndice B para determinar el área tabulada relacionada a la izquierda de $z = -1.50$:

$$\text{valor } p = P(z < z\bigstar) = P(z < -1.50) = \mathbf{0.0668}$$

PTI Sólo usarás uno de estos tres métodos equivalentes.

Método 2. Usa la tabla 5 del apéndice B y la propiedad de simetría: la tabla 5 está configurada para permitirte leer el valor p directamente de la tabla. Dado que $P(z < -1.50) = P(z > 1.50)$, simplemente localiza $z\bigstar = 1.50$ en la tabla 5 y lee el valor p:

$$P(z < -1.50) = \mathbf{0.0668}$$

PTI En la página 285 se proporcionan instrucciones para usar este comando de computadora. ¡Inténtalo! Observa si obtienes la misma respuesta.

Método 3. Usa la función de probabilidad acumulada en una computadora o calculadora para encontrar el valor p:

$$P(z < -1.50) = \mathbf{0.0668}$$

b. **Determina si el valor p es o no menor que α.**
El valor p (0.0668) no es menor que α (0.05).

PASO 5 Los resultados:

a. **Enuncia la decisión acerca de H_o.**
¿El valor p es suficientemente pequeño para indicar que la evidencia muestral es enormemente improbable en el evento de que la hipótesis nula sea verdadera? Con la finalidad de tomar la decisión, necesitas conocer la *regla de decisión*.

Regla de decisión

a. Si el valor p es *menor que* o *igual a* el nivel de significancia, entonces la decisión debe ser **rechazar H_o**.
b. Si el valor p es *mayor que* el nivel de significancia, entonces la decisión debe ser **fracasar para rechazar H_o**.

La decisión acerca de H_o: fracasar para rechazar H_o.

PTI En la página 366 se proporciona información específica acerca de escribir la conclusión.

b. **Enuncia la conclusión acerca de H_a.**
No hay suficiente evidencia, en el nivel de significancia 0.05, para demostrar que la resistencia media al corte de los remaches sea menor que 925. "Se fracasa para condenar" la hipótesis nula. En otras palabras, una media muestral tan pequeña como 921.18 es probable que ocurra (como se define con α) cuando el verdadero valor de la media poblacional es 925.0 y x tiene distribución normal. La acción resultante del gerente sería comprar los remaches.

Nota: cuando la decisión alcanzada es "fracasar para rechazar H_o" simplemente significa "por falta de mejor información, actúo como si la hipótesis nula fuera verdadera" (esto es: "aceptar H_o" es una denominación equivocada).

Antes de observar otro ejemplo, repasa los procedimientos para encontrar el valor p. El valor p se representa por el área bajo la curva de la distribución de probabilidad para el estadístico de prueba que es más extremo que el valor calculado del estadístico de prueba. Existen tres casos separados y la dirección (o signo) de la hipótesis alternativa es la clave. La tabla 8.7 destaca el procedimiento para los tres casos.

TABLA 8.7 Cómo encontrar valores p con la distribución acumulada

Caso 1 H_a contiene ">" "Cola derecha"	El valor p es el área a la derecha de $z\bigstar$ Valor $p = P(z > z\bigstar)$	Valor p en cola derecha 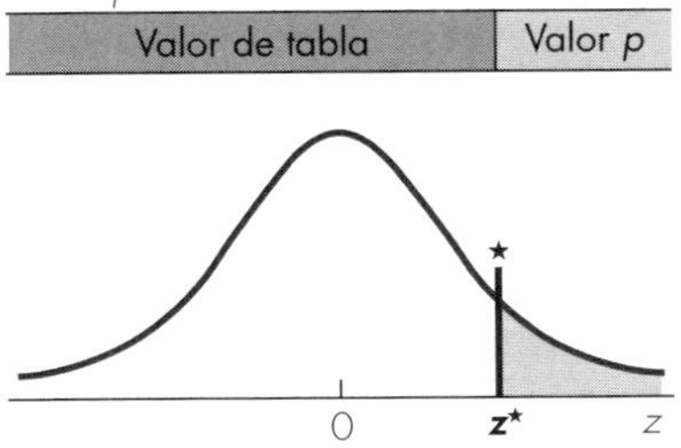
Caso 2 H_a contiene "<" "Cola izquierda"	El valor p es el área a la izquierda de $z\bigstar$ Valor $p = P(z < z\bigstar)$	Valor p en cola izquierda 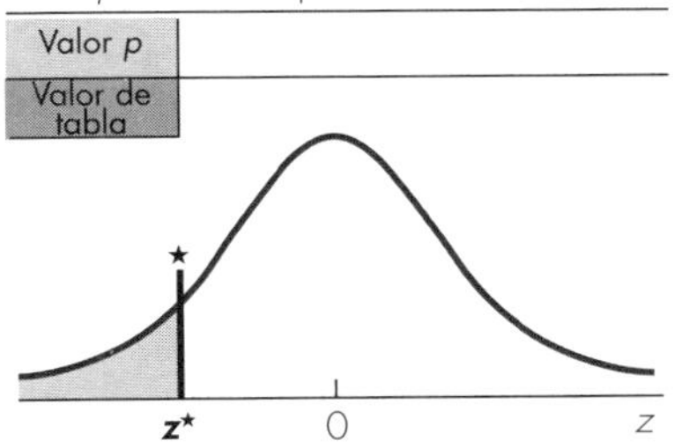
Caso 3 H_a contiene "≠" "Dos colas"	El valor p es el área total de ambas colas Valor $p = P(z < -\lvert z\bigstar\rvert) + P(z > \lvert z\bigstar\rvert)$ $z\bigstar$ puede estar en cualquier cola y dado que ambas áreas son iguales, encuentra la probabilidad de una cola y duplícala. En consecuencia, valor $p = 2 \times P(z < -\lvert z\bigstar\rvert)$	Valor p en dos colas 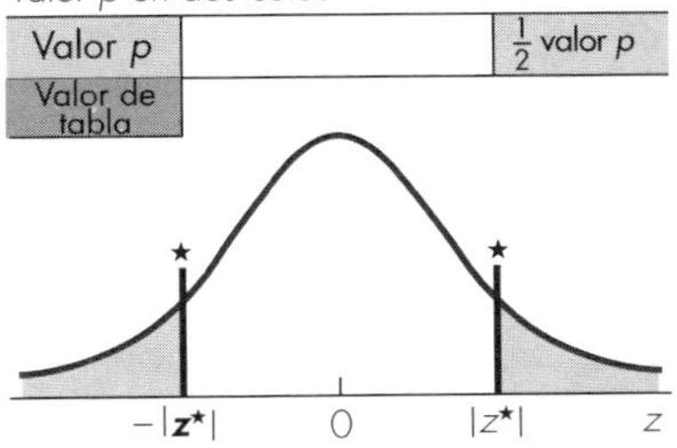

Observa un ejemplo que involucra el procedimiento de dos colas.

EJEMPLO 8.16

PRUEBA DE HIPÓTESIS DE DOS COLAS

Durante años, muchas grandes compañías en cierta ciudad han usado la Agencia de Empleo Kelley para poner a prueba empleados potenciales. El test de selección de empleo que se utiliza resultó históricamente en calificaciones con distribución normal en torno a una media de 82, con una desviación estándar de 8. La Agencia Brown ha desarrollado un nuevo test que es más rápido y más fácil de administrar y por tanto menos costoso. Brown afirma que los resultados de su test son los mismos que los obtenidos del test Kelley. Muchas de las compañías consideran un cambio de la Agencia Kelley a la Agencia Brown para recortar costos. Sin embargo, no quieren realizar el cambio si los resultados del test Brown tienen un valor medio diferente. Una empresa de pruebas independiente puso a análisis a 36 empleados potenciales con el test Brown. Resultó una media muestral de 79. Determina el valor p asociado con esta prueba de hipótesis. (Supón $\sigma = 8$.)

Tutorial en video disponible; ingresa y aprende más en cengagebrain.com

¿SABÍAS QUE...?

El conflicto Fisher y Neyman

Su diferencia se centró en sus enfoques a las pruebas de hipótesis. Ambos métodos comienzan con una hipótesis nula y usan el mismo estadístico de prueba; sin embargo, Neyman y Pearson usan un riesgo de error establecido y Fisher no lo usa. El enfoque Neyman/Pearson sigue un método lógico deductivo básico de suponer que la hipótesis es verdadera y luego buscan evidencia que contradiga las suposiciones. El enfoque Fisher determina la probabilidad de la ocurrencia para los datos que resultan y usa dicho valor de probabilidad para valorar los datos. Una probabilidad pequeña muestra "improbabilidad" para que los datos hayan ocurrido bajo una hipótesis nula verdadera. La probabilidad de que la hipótesis nula sea correcta es otra historia: ello requiere un enfoque bayesiano y conduce todavía a otra disputa académica.

Solución

Paso 1 La preparación:

a. **Describe el parámetro poblacional de interés.**

La media poblacional μ, la media de todas las calificaciones de test usando el test de la Agencia Brown.

b. **Enuncia la hipótesis nula (H_o) y la hipótesis alternativa (H_a).**

Los resultados del test de la Agencia Brown "serán diferentes" (la preocupación) si la calificación de test media no es igual a 82. Serán "iguales" si la media es igual a 82. Por tanto,

H_o: $\mu = 82$ (resultados de test tienen la misma media)
H_o: $\mu \neq 82$ (resultados de test tienen diferente media)

Paso 2 Los criterios de la prueba de hipótesis:

a. **Verifica las suposiciones.**

Se conoce σ. Si las calificaciones del test se distribuyen igual que las calificaciones del test Kelley, tendrán una distribución normal y la distribución muestral será normal para todos los tamaños de muestra.

b. **Identifica la distribución de probabilidad y el estadístico de prueba a usar.**

La distribución de probabilidad normal estándar y el estadístico de prueba

$$z\star = \frac{\bar{x} - \mu}{\sigma/\sqrt{n}} \text{ se usará con } \sigma = 8$$

c. **Determina el nivel de significancia, α.**

Se omite el nivel de significancia porque la pregunta pide el valor p y no una decisión.

Paso 3 La evidencia muestral:

a. **Recolecta información muestral:** $n = 36$, $\bar{x} = 79$.

b. **Calcula el valor del estadístico de prueba.**

μ es 82 de H_o; $\sigma = 8$ es una cantidad conocida. Se tiene

$$z\star = \frac{\bar{x} - \mu}{\sigma/\sqrt{n}} : \quad z\star = \frac{79 - 82}{8/\sqrt{36}} = \frac{-3}{1.3333} = -2.25$$

Paso 4 La distribución de probabilidad:

a. **Calcula el valor *p* para el estadístico de prueba.**

Dado que la hipótesis alternativa indica un test de dos colas, debes encontrar la probabilidad asociada con ambas colas. El valor p se encuentra al duplicar el área de una cola (consulta la tabla 8.7, p. 377).

$z\star = -2.25$
De la tabla 3: valor $p = 2 \times P(z < -2.25) = 2(0.0122) = 0.0244$.
o
De la tabla 5: valor $p = 2 \times P(z > 2.25) = 2(0.0122) = 0.0244$.
o
Usa la función de probabilidad acumulada en una computadora o calculadora: valor $p = 2 \times P(z < -2.25) = 0.0244$.

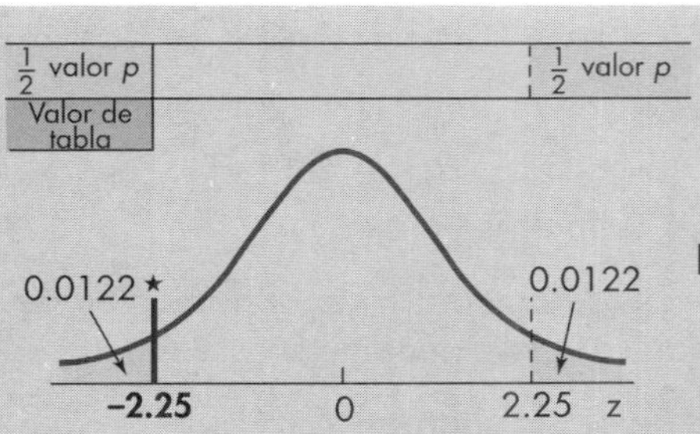

b. **Determina si el valor p es o no es menor que α.**

No es posible una comparación; en el enunciado de la pregunta no se proporciona un valor α.

Paso 5 Los resultados:

El valor p para esta prueba de hipótesis es 0.0244. Ahora cada compañía individual decidirá si continúa con los servicios de la Agencia Kelley o cambia a la Agencia Brown. Cada una necesitará establecer el nivel de significancia que mejor se ajuste a su propia situación y después tomar una decisión usando la regla de decisión descrita anteriormente.

PTI Consulta las instrucciones en las páginas 375-376.

La *idea fundamental del valor p* es expresar el grado de creencia en la hipótesis nula:

- Cuando el valor p es minúsculo (algo como 0.0003), la hipótesis nula la rechazarían todos porque los resultados muestrales son muy improbables para una H_o verdadera.
- Cuando el valor p es bastante pequeño (como 0.012), la evidencia contra H_o es muy fuerte y H_o la rechazarán muchos.
- Cuando el valor p comienza a volverse más grande (por decir, 0.02 a 0.08), existe mucha probabilidad de que datos como la muestra involucrada pudieran haber ocurrido incluso si H_o fuese verdadera y el rechazo de H_o no es una decisión sencilla.
- Cuando el valor p se vuelve grande (como 0.15 o más), los datos no son en absoluto improbables si H_o es verdadera y nadie rechazara H_o.

Las *ventajas del métido del valor p* son las siguientes: 1) Los resultados del procedimiento de prueba se expresan en términos de una escala de probabilidad continua desde 0.0 hasta 1.0, en lugar de simplemente sobre la base de "rechazar" o "fracaso para rechazar". 2) Puede reportarse un valor p y el usuario de la información puede decidir acerca de la fuerza de la evidencia como se aplica a su propia situación. 3) Las computadoras pueden hacer todos los cálculos y reportar el valor p, lo que por tanto elimina la necesidad de tablas.

La *desventaja del método del valor p* es la tendencia de las personas a posponer la determinación del nivel de significancia. No debes permitir que esto ocurra, porque entonces es posible que alguien establezca el nivel de significancia después del hecho, lo que deja abierta la posibilidad de que resultará la decisión "preferida". Sin embargo, probablemente esto es importante sólo cuando el valor p reportado cae en el rango de "elección difícil" (por decir, 0.02 a 0.08), como se describió anteriormente.

PTI ¿Tus oponentes muestran sus manos de póquer antes de tu apuesta?

EJEMPLO 8.17

PRUEBA DE HIPÓTESIS DE DOS COLAS CON DATOS MUESTRALES

De acuerdo con los resultados del ejercicio 5.33 (p. 242), la media de números aleatorios de un solo dígito es 4.5 y la desviación estándar es σ = 2.87. Extrae una muestra aleatoria de 40 números de un solo dígito de la tabla 1 del apéndice B y pon a prueba la hipótesis "la media de los números de un solo dígito de la tabla 1 es 4.5". Usa α = 0.10.

Solución

Paso 1 La preparación:

a. **Describe el parámetro poblacional de interés.**

El parámetro poblacional de interés es la media μ de la población de números de un solo dígito de la tabla 1 del apéndice B.

b. **Enuncia la hipótesis nula (H_o) y la hipótesis alternativa (H_a).**

H_o: $\mu = 4.5$ (media es 4.5)
H_a: $\mu \neq 4.5$ (media no es 4.5)

Paso 2 Los criterios de la prueba de hipótesis:

a. **Verifica las suposiciones.**
Se conoce σ. Las muestras de tamaño 40 deben ser suficientemente grandes para satisfacer el TLC; consulta la discusión de este tema en la página 370.

b. **Identifica la distribución de probabilidad y el estadístico de prueba a usar.**
Usa la distribución de probabilidad normal estándar y el estadístico de prueba es $z\bigstar = \dfrac{\bar{x} - \mu}{\sigma/\sqrt{n}}$; $\sigma = 2.87$.

c. **Determina el nivel de significancia, α.**
$\alpha = 0.10$ (dado en el enunciado del problema)

Paso 3 La evidencia muestral:

a. **Recolecta información muestral.**
Esta muestra aleatoria se extrajo de la tabla 1 del apéndice B [TA08-01]:

2	8	2	1	5	5	4	0	9	1	0	4	6	1
5	1	1	3	8	0	3	6	8	4	8	6	8	
9	5	0	1	4	1	2	1	7	1	7	9	3	

A partir de la muestra: $\bar{x} = 3.975$ y $n = 40$.

b. **Calcula el valor del estadístico de prueba.**
Usa la fórmula (8.4) y μ es 4.5 a partir de H_o y $\sigma = 2.87$:

$$z\bigstar = \frac{\bar{x} - \mu}{\sigma/\sqrt{n}}: \quad z\bigstar = \frac{3.975 - 4.50}{2.87/\sqrt{40}} = \frac{-0.525}{0.454} = -1.156 = -1.16$$

Paso 4 La distribución de probabilidad:

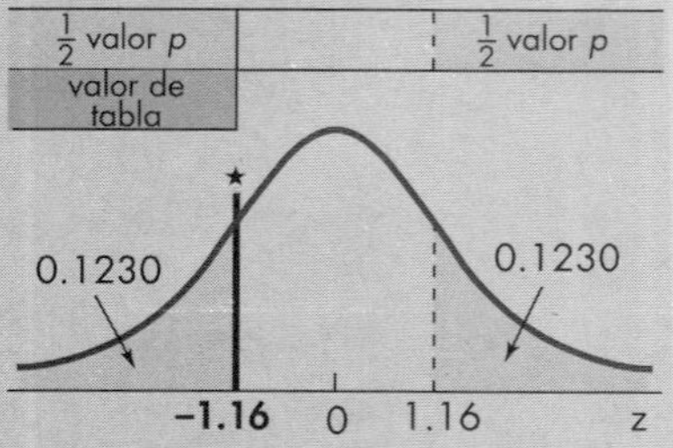

a. **Calcula el valor p para el estadístico de prueba.**
Dado que la hipótesis alternativa indica una prueba de dos colas, debes encontrar la probabilidad asociada con ambas colas. El valor p se encuentra al duplicar el área de una cola. $z\bigstar = -1.16$.
El valor $p = \mathbf{P} = 2 \times P(z < -1.16)$
$= 2(0.1230) = 0.2460$

b. **Determina si el valor p es o no es menor que α.**
El valor p (0.2460) es mayor que α (0.10).

Paso 5 Los resultados:

a. **Enuncia la decisión acerca de H_o:** fracaso para rechazar H_o.

b. **Enuncia la conclusión acerca de H_a.**
La media muestral observada no es significativamente diferente de 4.5 en el nivel de significancia 0.10.

Supón que tomas otra muestra de tamaño 40 de la tabla 1. ¿Obtendrías los mismos resultados? Supón que tomas una tercera muestra y una cuarta. ¿Qué resultados puedes esperar? ¿Qué mide el valor p del ejemplo 8.17? La tabla 8.8 menciona 1) las medias obtenidas de 50 muestras diferentes de tamaño 40 que se tomaron de la tabla 1 del apéndice B, 2) los 50 valores de $z\bigstar$ correspondientes a las 50 $\bar{x}$ y 3) sus 50 valores p correspondientes. La figura 8.9 muestra un histograma de los 50 valores $z\bigstar$.

TABLA 8.8

a. Las medias de 50 muestras aleatorias tomadas de la tabla 1 del apéndice B [TA08-08]

3.850	5.075	4.375	4.675	5.200	4.250	3.775	4.075	5.800	4.975
4.225	4.125	4.350	4.925	5.100	4.175	4.300	4.400	4.775	4.525
4.225	5.075	4.325	5.025	4.725	4.600	4.525	4.800	4.550	3.875
4.750	4.675	4.700	4.400	5.150	4.725	4.350	3.950	4.300	4.725
4.975	4.325	4.700	4.325	4.175	3.800	3.775	4.525	5.375	4.225

b. Los valores $z\bigstar$ correspondientes a las 50 medias

−1.432	1.267	−0.275	0.386	1.543	−0.551	−1.598	−0.937	2.865	1.047
−0.606	−0.826	−0.331	0.937	1.322	−0.716	−0.441	−0.220	0.606	0.055
−0.606	1.267	−0.386	1.157	0.496	0.220	0.055	0.661	0.110	−1.377
0.551	0.386	0.441	−0.220	1.432	0.496	−0.331	−1.212	−0.441	0.496
1.047	−0.386	0.441	−0.386	−0.716	−1.543	−1.598	0.055	1.928	−0.606

c. Los valores p correspondientes a las 50 medias

0.152	0.205	0.783	0.700	0.123	0.582	0.110	0.349	0.004	0.295
0.545	0.409	0.741	0.349	0.186	0.474	0.659	0.826	0.545	0.956
0.545	0.205	0.700	0.247	0.620	0.826	0.956	0.509	0.912	0.168
0.582	0.700	0.659	0.826	0.152	0.620	0.741	0.226	0.659	0.620
0.295	0.700	0.659	0.700	0.474	0.123	0.110	0.956	0.054	0.545

FIGURA 8.9
Los 50 valores de $z\bigstar$ de la tabla 8.8

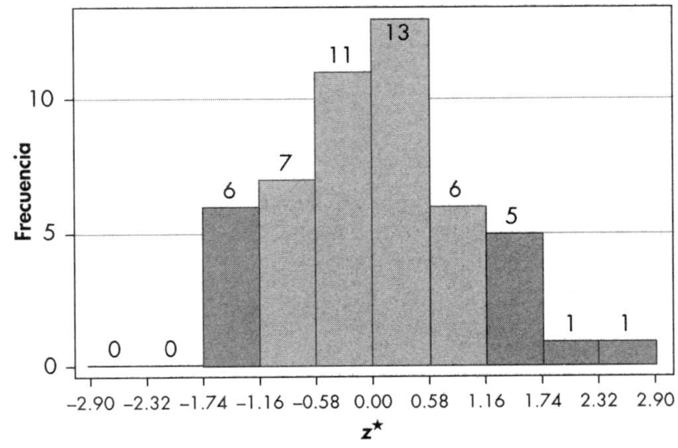

El histograma muestra que seis valores de $z\bigstar$ fueron menores que −1.16 y siete valores fueron mayores que 1.16. Eso significa que 13 de las 50 muestras, o 26%, tienen valores medios más extremos que la media ($\bar{x} = 3.975$) del ejemplo 8.17. Esta frecuencia relativa observada de 0.26 representa un vistazo empírico al valor p. Observa que el valor empírico para el valor p (0.26) es muy similar al valor p calculado de 0.2460. Verifica la lista de valores p; ¿encuentras que 13 de los 50 valores p son menores que 0.2460? ¿Cuáles muestras resultaron en $|\, z\bigstar \,| > 1.16$? ¿Cuáles muestras resultaron en un valor p mayor que 0.2460? ¿Cómo se comparan?

INSTRUCCIONES DE TECNOLOGÍA: PRUEBA DE HIPÓTESIS PARA MEDIA μ CON σ DADA

MINITAB

Escribe los datos en C1; luego continúa con:

Elige: **Stat > Basic Statistics > 1-Sample Z**
Escribe: Muestras en columnas: **C1**
Desviación estándar: σ
Selecciona: **Perform hypothesis test**
Escribe: Media hipotetizada: μ
Selecciona: **Options**
Selecciona: Alternative: **less than o not equal to o greater than > OK > OK**

Excel

Escribe los datos en la columna A; luego continúa con:

Elige: **Add-Ins > Data Analysis Plus > Z-Test: Mean > OK**
Escribe: Rango entrada: **(A1:A20 o selecciona celdas)**
Media hipotetizada: μ
Desviación estándar (SIGMA): σ **> OK**
Proporciona valores *p* para pruebas de una cola y de dos colas.

TI-83/84 Plus

Escribe los datos en L1; luego continúa con lo siguiente y escribe los valores apropiados y resalta Calculate:

Elige: **STAT > TESTS > 1:Z-Test**

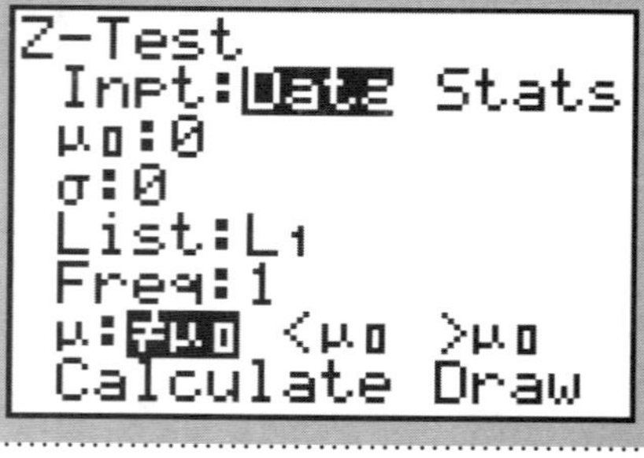

PTI ¡El método de valor *p* se "hizo" para la computadora!

La solución MINITAB al ejemplo de remaches que se usó en esta sección (pp. 371-372, 374-376), se muestra a continuación:

One-sample Z C1:
Test of mu = 925.00 vs < 925.00
The assumed standard deviation = 18.0

N	Mean	StDev	SE Mean	Z	P
50	921.18	17.58	2.546	−1.50	0.0668

Cuando se usa computadora, todo lo que queda por hacer es tomar la decisión y escribir la conclusión.

EJERCICIOS SECCIÓN 8.4

8.85 En el ejemplo que comienza en la página 371, el constructor de aeronaves que compra los remaches está preocupado de que los remaches no puedan satisfacer la especificación de resistencia media. Enuncia las hipótesis nula y alternativa del fabricante de aeronaves.

8.86 El profesor Hart no cree una afirmación que escuchó: "el peso medio de las mujeres universitarias es de 54.4 kg". Enuncia las hipótesis nula y alternativa que él usaría para desafiar dicha afirmación.

8.87 Enuncia las hipótesis nula y alternativa utilizadas para poner a prueba cada una de las siguientes afirmaciones.

a. El tiempo de reacción medio es mayor que 1.25 segundos.

b. La calificación media en ese examen de calificación es menor que 335.

c. El precio de venta medio de las viviendas en el área no es $230 000.

d. El peso medio de los jugadores de fútbol colegial no es mayor que 260 lb.

e. El salario medio por hora para un prestador de cuidado infantil es cuando mucho de $15.00.

8.88 Enuncia la hipótesis nula H_o y la hipótesis alternativa H_a que se usaría para una prueba de hipótesis relacionada con cada uno de los siguientes enunciados:

a. La edad media de los estudiantes inscritos en clases vespertinas en cierta universidad es mayor que 26 años.

b. El peso medio de los paquetes embarcados en Air Express durante el mes pasado fue de menos de 36.7 lb.

c. La vida media de las lámparas fluorescentes es al menos de 1 600 horas.

d. La resistencia media de las soldaduras para un nuevo proceso es diferente de 570 lb por área unitaria, la resistencia media de las soldaduras mediante el proceso anterior.

8.89 Identifica los cuatro posibles resultados y describe la situación involucrada con cada una en cuanto a las pruebas y compra de remaches del fabricante de aeronaves. ¿Cuál es el error más serio: el error de tipo I o el error de tipo II? Explica.

8.90 Un fabricante quiere poner a prueba la hipótesis de que "al cambiar la fórmula de su dentífrico, dará a sus usuarios mayor protección". La hipótesis nula representa la idea de que "el cambio no mejorará la protección" y la hipótesis alternativa es "el cambio mejorará la protección". Describe el significado de los dos posibles tipos de errores que pueden ocurrir en la decisión cuando se realiza la prueba de la hipótesis.

8.91 Supón que quieres poner a prueba la hipótesis de que el cobro medio para reparaciones automotrices es al menos \$60 por hora en los talleres de una ciudad cercana. Explica las condiciones que existirían si cometieras un error de decisión al realizar un error de tipo I. ¿Y qué hay del error tipo II?

8.92 Describe cómo la hipótesis nula, enunciada en el ejemplo 8.14 (p. 373), es un "punto de partida" para la decisión a tomar acerca del tiempo de secado para la pintura fabricada con la nueva fórmula.

8.93 Supón que z es el estadístico de prueba y calcula el valor de $z\bigstar$ para cada uno de los siguientes:

a. H_o: $\mu = 10, \sigma = 3, n = 40, \bar{x} = 10.6$

b. H_o: $\mu = 120, \sigma = 23, n = 25, \bar{x} = 126.2$

c. H_o: $\mu = 18.2, \sigma = 3.7, n = 140, \bar{x} = 18.93$

d. H_o: $\mu = 81, \sigma = 13.3, n = 50, \bar{x} = 79.6$

8.94 Supón que z es el estadístico de prueba y calcula el valor de $z\bigstar$ para cada uno de los siguientes:

a. H_o: $\mu = 51, \sigma = 4.5, n = 40, \bar{x} = 49.6$

b. H_o: $\mu = 20, \sigma = 4.3, n = 75, \bar{x} = 21.2$

c. H_o: $\mu = 138.5, \sigma = 3.7, n = 14, \bar{x} = 142.93$

d. H_o: $\mu = 815, \sigma = 43.3, n = 60, \bar{x} = 799.6$

8.95 Sólo existen dos posibles decisiones que pueden resultar de una prueba de hipótesis.

a. Enuncia las dos posibles decisiones.

b. Describe las condiciones que conducirán a cada una de las dos decisiones identificadas en el inciso a.

8.96 a. ¿A qué decisión se llega cuando el valor p es mayor que α?

b. ¿A qué decisión se llega cuando α es mayor que el valor p?

8.97 Para cada uno de los siguientes pares de valores, enuncia la decisión que ocurrirá y por qué.

a. Valor $p = 0.014$, $\alpha = 0.02$

b. Valor $p = 0.118$, $\alpha = 0.05$

c. Valor $p = 0.048$, $\alpha = 0.05$

d. Valor $p = 0.064$, $\alpha = 0.10$

8.98 Para cada uno de los siguientes pares de valores, enuncia la decisión que ocurrirá y por qué.

a. Valor $p = 0.018$, $\alpha = 0.01$

b. Valor $p = 0.033$, $\alpha = 0.05$

c. Valor $p = 0.078$, $\alpha = 0.05$

d. Valor $p = 0.235$, $\alpha = 0.10$

8.99 El valor p calculado para una prueba de hipótesis es 0.084. ¿Qué decisión acerca de la hipótesis nula ocurriría en los siguientes?

a. La prueba de hipótesis se completa en el nivel de significancia 0.05.

b. La prueba de hipótesis se completa en el nivel de significancia 0.10.

8.100 a. Una prueba de hipótesis de una cola se completará en el nivel de significancia 0.05. ¿Que valores calculados de p causarán un rechazo de H_o?

b. Una prueba de hipótesis de dos colas se completará en el nivel de significancia 0.02. ¿Qué valores calculados de p causarán una decisión de "fracaso para rechazar H_o"?

8.101 Ejercicio Applet Skillbuilder Estima el valor p para una prueba de hipótesis de una cola al simular la toma de muchas

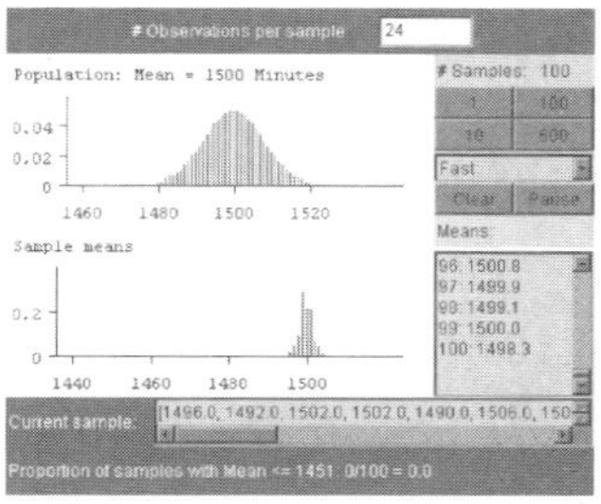

(continúa en la página 384)

[EX00-000] identifica el nombre de archivo de una base de datos en línea de un ejercicio; bases de datos y Applets Skillbuilder disponibles a través de cengagebrain.com

muestras. La prueba de hipótesis dada es para una H_o: μ = 1500 frente a H_o: μ < 1500. Se toma una muestra de 24 y la media muestral es 1 451.

a. Haz clic en "10" para "# of samples". Observa las medias muestrales y la probabilidad de ser menores que 1 451 si la media verdadera realmente es 1 500.

b. Cambia a "Batch" y simula 1 000 muestras más. ¿Cuál es la probabilidad de que sean menores que 1 451? Éste es tu valor *p* estimado.

c. ¿Cómo se muestra tu valor *p* estimado en el histograma formado de la toma de muchas muestras? Explica qué significa este valor *p* respecto a la prueba.

d. Si el nivel de significancia fuese 0.01, ¿cuál sería tu decisión?

8.102 **Ejercicio Applet Skillbuilder** Estima el valor *p* para una prueba de hipótesis de dos colas al simular la toma de muchas muestras. La prueba de hipótesis dada es para H_o: $\mu = 4$ frente a H_o: $\mu \neq 4$. Se toma una muestra de 100 y la media muestral es 3.6.

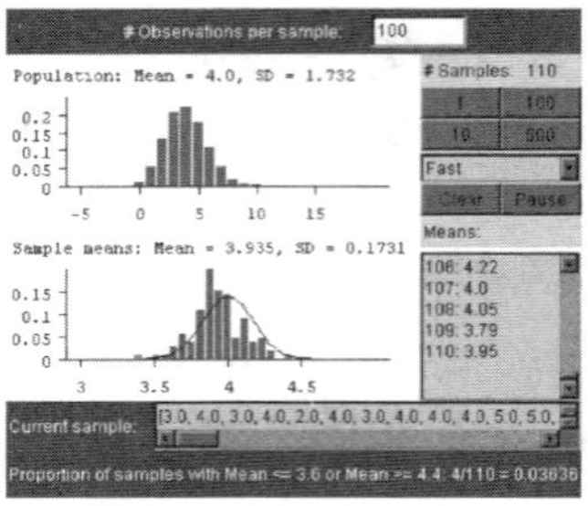

a. Haz clic en "10" para "# of samples". Observa las medias muestrales y la probabilidad de ser menores que 3.6 o mayores que 4.4. ¿Por qué se incluye el "mayor que 4.4"?

b. Cambia a "Batch" y simula 1 000 muestras más. ¿Cuál es la probabilidad de que sean menores que 3.6 o mayores que 4.4? Éste es tu valor *p* estimado.

c. ¿Cómo se muestra tu valor *p* estimado en el histograma formado de la toma de muchas muestras? Explica qué significa este valor *p* con respecto a la prueba.

d. Si el nivel de significancia fuese 0.05, ¿cuál sería tu decisión?

8.103 Describe con tus palabras qué mide el valor *p*.

8.104 a. Calcula el valor *p*, dado H_o: $\mu < 45$ y $z\bigstar = -2.3$.

b. Calcula el valor *p*, dado H_o: $\mu > 58$ y $z\bigstar = 1.8$.

8.105 Calcula el valor *p*, dado H_a: $\mu \neq 245$ y $z\bigstar = 1.1$.

8.106 Encuentra el estadístico de prueba $z\bigstar$ y el valor *p* para cada una de las siguientes situaciones.

a. H_o: $\mu = 22.5$, H_a: $\mu > 22.5$, $\bar{x} = 24.5$, $\sigma = 6$, $n = 36$

b. H_o: $\mu = 200$, H_a: $\mu < 200$, $\bar{x} = 192.5$, $\sigma = 40$, $n = 50$

c. H_o: $\mu = 12.4$, H_a: $\mu \neq 2.4$, $\bar{x} = 11.52$, $\sigma = 2.2$, $n = 16$

8.107 Calcula el valor *p* para cada uno de los siguientes:

a. H_o: $\mu = 10$, H_a: $\mu > 10$, $z\bigstar = 1.48$

b. H_o: $\mu = 105$, H_a: $\mu < 105$, $z\bigstar = -0.85$

c. H_o: $\mu = 13.4$, H_a: $\mu \neq 13.4$, $z\bigstar = 1.17$

d. H_o: $\mu = 8.56$, H_a: $\mu < 8.56$, $z\bigstar = -2.11$

e. H_o: $\mu = 110$, H_a: $\mu \neq 110$, $z\bigstar = -0.93$

8.108 Calcula el valor *p* para cada uno de los siguientes:

a. H_o: $\mu = 20$, H_a: $\mu < 20$; $\bar{x} = 17.8$, $\sigma = 9$, $n = 36$

b. H_o: $\mu = 78.5$, H_a: $\mu > 78.5$; $\bar{x} = 79.8$, $\sigma = 15$, $n = 100$

c. H_o: $\mu = 1.587$, H_a: $\mu \neq 1.587$; $\bar{x} = 1.602$, $\sigma = 0.15$; $n = 50$

8.109 Encuentra el valor de $z\bigstar$ para cada uno de los siguientes:

a. H_o: $\mu = 35$ frente a H_a: $\mu > 35$ cuando valor $p = 0.0582$

b. H_o: $\mu = 35$ frente a H_a: $\mu < 35$ cuando valor $p = 0.0166$

c. H_o: $\mu = 35$ frente a H_a: $\mu \neq 35$ cuando valor $p = 0.0042$

8.110 La hipótesis nula, H_o: $\mu = 48$, se puso a prueba contra la hipótesis alternativa, H_a: $\mu > 48$. Una muestra de 75 resultó en un valor *p* calculado de 0.102. Si $\sigma = 3.5$, encuentra el valor de la media muestral, $\bar{x}$.

8.111 La hipótesis nula, H_o: $\mu = 16$, se puso a prueba contra la hipótesis alternativa, H_a: $\mu < 16$. Una muestra de 50 resultó en un valor *p* calculado de 0.017. Si $\bar{x} = 14$, encuentra el valor de la desviación estándar poblacional.

8.112 Con la solución MINITAB al ejemplo de remaches que se muestra en la página 382, describe cómo MINITAB encontró cada uno de los seis valores numéricos que reportó como resultados.

8.113 La siguiente salida de computadora se usó para completar una prueba de hipótesis.

```
TEST OF MU = 525.00 VS MU<525.00
THE ASSUMED SIGMA = 60.0
N    MEAN     STDEV    SE MEAN    Z       P VALUE
38   512.14   64.78    9.733      –1.32   0.093
```

a. Enuncia las hipótesis nula y alternativa.

b. Si la prueba se completa con $\alpha = 0.05$, ¿a qué decisión y conclusión se llega?

c. Verifica el valor del error estándar de la media.

8.114 Con la salida de computadora y la información en el ejercicio 8.113, determina el valor de lo siguiente:

a. Valor hipotético de media poblacional

b. Media muestral

c. Desviación estándar poblacional

d. Estadístico de prueba

8.115 La siguiente salida de computadora se usó para completar una prueba de hipótesis.

```
TEST OF MU = 6.250 VS MU NOT = 6.250
THE ASSUMED SIGMA = 1.40
N   MEAN    STDEV   SE MEAN   Z      P VALUE
78  6.596   1.273   0.1585    2.18   0.029
```

a. Enuncia las hipótesis nula y alternativa.

b. Si la prueba se completa con $\alpha = 0.05$, ¿a qué decisión y conclusión se llega?

c. Verifica el valor del error estándar de la media.

d. Encuentra los valores para Σx y Σx^2.

8.116 Con la salida de computadora y la información del ejercicio 8.115, determina el valor de lo siguiente:

a. Valor hipotético de media poblacional

b. Media muestral

c. Desviación estándar poblacional

d. Estadístico de prueba

8.117 Ponemon Institute, junto con Intel, publicaron en abril de 2009 el estudio "El costo de una laptop perdida". Con una fuerza laboral cada vez más móvil, que transporta datos más sensibles en sus laptops, la pérdida involucra mucho más que la laptop en sí. El costo promedio de una laptop perdida, con base en casos de varias industrias, es de 49 246 dólares. Esta cifra incluye el reemplazo de la laptop, costo de violación de datos, costo de pérdida de productividad, otros costos legales y forenses. Un estudio separado realizado respecto a 30 casos de industrias de atención a la salud produjo una media de 67 873 dólares. Si supones que $\alpha = 25\,000$ dólares, ¿existe suficiente evidencia para apoyar la afirmación de que los costos de sustitución de una laptop de atención a la salud son mayores en general? Usa un nivel de significancia de 0.001.

Fuente: http://communities.intel.com/

8.118 Uno de los mejores indicadores de la salud de un bebé es su peso al nacer. En Estados Unidos, las madres que viven en pobreza por lo general tienen bebés con peso al nacer más bajo que quienes no viven en pobreza. Aunque el peso promedio al nacer para bebés nacidos en Estados Unidos es de aproximadamente 3 300 gramos, el peso al nacer para los bebés de mujeres que viven en pobreza es de 2 800 gramos, con una desviación estándar de 500 gramos. Recientemente, un hospital local introdujo un nuevo programa innovador para atención prenatal, para reducir el número de bebés con bajo peso nacidos en el hospital. Al final del primer año, se recolectaron los pesos al nacer de 25 bebés seleccionados al azar; todos los bebés nacieron de mujeres que vivían en pobreza y participaron en el programa. Su peso medio al nacer fue de 3 075 gramos. La pregunta que te plantean como investigador es: "¿existe una mejora significativa en los pesos al nacer de los bebés de mujeres pobres?" Usa $\alpha = 0.02$.

Fuente: http://www.ccnmtl.columbia.edu/

a. Define el parámetro.

b. Enuncia las hipótesis nula y alternativa.

c. Especifica los criterios de prueba de hipótesis.

d. Presenta la evidencia muestral.

e. Encuentra la información de la distribución muestral.

f. Determina los resultados.

8.119 La dueña de una cadena local de almacenes siempre trata de minimizar el tiempo que tardan sus clientes en salir. En el pasado, realizó muchos estudios de los tiempos de salida y mostraron una distribución normal con un tiempo medio de 12 minutos y una desviación estándar de 2.3 minutos. Ella implementó un nuevo programa para los cajeros con la esperanza de reducir el tiempo medio de salida. Una muestra aleatoria de 28 clientes que visitaron su tienda esta semana resultó en una media de 10.9 minutos. ¿Ella tiene suficiente evidencia para afirmar que el tiempo de salida medio esta semana fue de menos de 12 minutos? Usa $\alpha = 0.02$.

8.120 El tamaño promedio de una casa en 2008 cayó a 2 343 pies cuadrados, de acuerdo con la National Association of Home Builders y reportado en el *USA Today* (11 de enero de 2009). Los constructores de vivienda de una ciudad al noreste creen que el tamaño promedio de las casas sigue creciendo cada año. Para poner a prueba su afirmación, se seleccionó una muestra aleatoria de 45 casas nuevas, que revelaron un promedio de 2 490 pies cuadrados. Si supones que la desviación estándar poblacional es de aproximadamente 450 pies cuadrados, ¿existe evidencia de que el tamaño promedio sea más grande en el noreste en comparación con la cifra nacional para 2008? Usa un nivel de significancia de 0.05.

8.121 Desde dulces hasta joyería y flores, se esperaba que el consumidor promedio gastara 123.89 dólares el Día de las Madres de 2009, de acuerdo con una encuesta de la National Retail Federation para abril de 2009. Los comerciantes locales creyeron que este promedio era muy alto para su área y contrataron una agencia para realizar un estudio. Se tomó una muestra aleatoria de 60 consumidores en un comercio local el sábado previo al Día de las Madres y produjo un importe medio muestral de 106.27 dólares. Si $\sigma = 39.50$ dólares, ¿la muestra proporciona suficiente evidencia para apoyar la afirmación de los comerciantes, en el nivel de significancia 0.05?

Fuente: http://www.marketingcharts.com

8.122 Imagina que eres un cliente que vive en el área de compras descrita en el ejercicio 8.121 y necesitas comprar un regalo del Día de las Madres. Identifica los cuatro posibles resultados y describe la situación involucrada con cada resultado

(continúa en la página 386)

en cuanto al importe promedio gastado en un regalo del Día de las Madres. ¿Cuál es el error más serio: el error tipo I o el error tipo II? Explica.

8.123 ¿Quién dice que, mientras más gastas en un reloj de pulsera, el reloj dará la hora con más precisión? Algunos dicen que ahora puedes comprar un reloj de cuarzo por menos de 25 dólares que da la hora con una precisión igual a la de los relojes que cuestan cuatro veces más. Supón que la precisión promedio para todos los relojes vendidos hoy, sin importar su precio, está dentro de 19.8 segundos al mes, con una desviación estándar de 9.1 segundos. Se toma una muestra aleatoria de 36 relojes de cuarzo, con precio menor a 25 dólares y la comprobación de su precisión revela un error muestral medio de 22.7 segundos al mes. Con base en esta evidencia, completa la prueba de hipótesis de H_o: $\mu = 20$ frente a H_a: $\mu > 20$ en el nivel de significancia 0.05, usando el método de valor de probabilidad.

a. Define el parámetro.

b. Enuncia las hipótesis nula y alternativa.

c. Especifica los criterios de prueba de hipótesis.

d. Presenta la evidencia muestral.

e. Encuentra la información de distribución de probabilidad.

f. Determina los resultados.

8.124 [EX08-124] Los juegos de las grandes ligas de béisbol promedian 2 horas 50.1 minutos, con una desviación estándar de 21.0 minutos. Se afirma que los juegos de los Cardenales de St. Louis duran, en promedio, más tiempo que los juegos de los otros equipos de las grandes ligas. Para poner a prueba la verdad de este enunciado, se identifican al azar 12 juegos de los Cardenales y se obtiene el "tiempo de juego" para cada uno.

140	208	187	173	164	195	170	163	187	150	170	208

Fuente: http://mlb.com/

En el nivel de significancia 0.05, ¿estos datos muestran suficiente evidencia para concluir que el tiempo medio de los juegos de béisbol de los Cardenales es más largo que el de los otros equipos de las grandes ligas?

a. Define el parámetro.

b. Enuncia las hipótesis nula y alternativa.

c. Especifica los criterios de prueba de hipótesis.

d. Presenta la evidencia muestral.

e. Encuentra la información de distribución de probabilidad.

f. Determina los resultados.

8.125 [EX08-125] Nacionalmente, la razón de enfermeras a estudiantes queda abajo del estándar federal recomendado, de acuerdo con el artículo del *USA Today* "Enfermeras escolares en suministro bajo" (11 de agosto de 2009). La recomendación de los Centros para el Control y Prevención de Enfermedades (CDC) es de 1 enfermera por 750 estudiantes. Usa la siguiente muestra de 38 escuelas seleccionadas al azar en el estado de Nueva York para poner a prueba el enunciado "el número medio de estudiantes por enfermera escolar en Nueva York es significativamente mayor que el estándar CDC de 750". Supón $\sigma = 540$.

1062	1070	353	675	1557	1374	459	302	1946	487	295
1047	1751	784	480	377	883	1035	332	330	989	1098
1241	778	1691	963	1645	1594	2125	338	1380	885	707
1267	1412	1037	1603	915						

a. Describe el parámetro de interés.

b. Enuncia las hipótesis nula y alternativa.

c. Calcula el valor para $z\bigstar$ y encuentra el valor p.

d. Enuncia tu decisión y conclusión con $\alpha = 0.01$.

8.126 [EX08-126] La Encuesta Nacional de Valoración de Salud y Nutrición (NHANES, por sus siglas en inglés) indica que más adultos estadounidenses tienen o sobrepeso u obesidad, que se define como tener un índice de masa corporal (IMC) de 25 o más. Los datos de los Centros para el Control y Prevención de Enfermedades (CDC) indican que, para las mujeres con edades de 35 a 55, el IMC medio es 25.12, con una desviación estándar de 5.3. En un estudio similar que examinó a mujeres técnicas cardiovasculares registradas en Estados Unidos y dentro del mismo rango de edad, resultaron los siguientes IMC:

22	28	26	19

***Para el resto de los datos, ingresa a cengagebrain.com

Fuente: "An Assessment of Cardiovascular Risk Behaviors of Registered Cardiovascular Technologists", conferencia de la Dra. Susan Wambold, Universidad de Toledo, 2002. Reimpresa con permiso.

Pon a prueba la afirmación de que las técnicas cardiovasculares tienen un IMC promedio más bajo que la población general. Usa $\alpha = 0.05$.

a. Describe el parámetro de interés.

b. Enuncia las hipótesis nula y alternativa.

c. Calcula el valor para $z\bigstar$ y encuentra el valor p.

d. Enuncia tu decisión y conclusión con $\alpha = 0.05$.

8.127 [EX08-001] En el ejercicio 8.1, página 344, se proporcionaron las estaturas para una muestra aleatoria de 50 mujeres estadounidenses profesionales de la salud.

a. Determina un intervalo de confianza de 95% para la estatura media de todas las mujeres estadounidenses profesionales de la salud. Supón que la desviación estándar para las estaturas femeninas es 2.75 pulgadas.

b. La estatura promedio de las mujeres en Estados Unidos es 63.7 pulgadas, de acuerdo con el Centro Nacional de Estadísticas de Salud. ¿El intervalo para las profesionales de la salud contiene la media para todas las mujeres?

8.128 [EX08-001] De acuerdo con el Centro Nacional de Estadísticas de Salud, la estatura promedio de las mujeres en Estados Unidos es de 63.7 pulgadas, con una desviación estándar de 2.75 pulgadas. Con las estaturas de la muestra aleatoria de 50 mujeres estadounidenses profesionales de la salud del ejercicio 8.1, página 344:

a. Pon a prueba la afirmación de que la estatura media de las mujeres en la profesión de salud es diferente de las 63.7 pulgadas, la estatura media de todas las mujeres en Estados Unidos. Usa un nivel de significancia de 0.05.

b. ¿Cómo se revela "hay una diferencia significativa" (rechazo de la hipótesis nula) en el intervalo de confianza formado en el ejercicio 8.127a?

c. Explica cómo el intervalo de confianza formado en el ejercicio 8.127a podría usarse para poner a prueba la afirmación (prueba de hipótesis) del inciso a de que la estatura media de las mujeres en la profesión de salud es diferente.

d. ¿Cómo se revelaría "no hay una diferencia significativa" (fracaso para rechazar la hipótesis nula) con un intervalo de confianza?

8.129 Usa una computadora o calculadora para seleccionar 40 números aleatorios de un solo dígito. Encuentra la media muestral, $z\bigstar$ y el valor p para poner a prueba H_o: $\mu = 4.5$ contra una alternativa de dos colas. Repite varias veces como en la tabla 8.8. Describe tus hallazgos.

PTI Usa comandos para generar datos enteros de la página 91, luego continúa con los comandos de prueba de hipótesis de la página 382.

8.130 Usa una computadora o calculadora para seleccionar 36 números aleatorios de una distribución normal con media 100 y desviación estándar 15. Encuentra la media muestral, $z\bigstar$ y el valor p para poner a prueba una hipótesis de dos colas de $\mu = 100$. Repite varias veces como en la tabla 8.8. Describe tus hallazgos.

PTI Usa comandos para generar datos de las páginas 283-284, luego continúa con los comandos de prueba de hipótesis de la página 382.

8.5 Prueba de hipótesis de media μ (σ conocida): Un método clásico (opcional)

En la sección 8.3 se sondearon los conceptos y gran parte del razonamiento detrás de una prueba de hipótesis mientras considerabas ejemplos no estadísticos. En esta sección se formalizará el procedimiento de prueba de hipótesis como se aplica a enunciados concernientes a la media μ de una población bajo la restricción de que σ, la desviación estándar poblacional, es un valor conocido.

Suposición para las pruebas de hipótesis acerca de la media μ usando una σ conocida La distribución muestral de $\bar{x}$ tiene una distribución normal.

La información que necesitas para garantizar que esta suposición se satisface, está contenida en la distribución muestral de medias muestrales y en el teorema del límite central.

La distribución muestral de medias muestrales $\bar{x}$ se distribuye en torno a una media igual a μ, con un error estándar igual a $\sigma/\sqrt{n}$; y 1) si la población muestreada al azar tiene distribución normal, entonces $\bar{x}$ tiene distribución normal para todos los tamaños de muestra, o 2) si la población muestreada al azar no tiene distribución normal, entonces $\bar{x}$ tiene distribución aproximadamente normal para tamaños de muestra suficientemente grandes.

La prueba de hipótesis es un procedimiento paso a paso bien organizado que se usa para tomar una decisión. Usualmente se usan dos formatos diferentes para la prueba de hipótesis. El *enfoque clásico* es el proceso de prueba de hipótesis que ha gozado de popularidad durante muchos años. Este enfoque se organiza como un procedimiento de cinco pasos.

La prueba de hipótesis clásica: un procedimiento de cinco pasos

PASO 1 La preparación:

a. Describe el parámetro poblacional de interés.
b. Enuncia la hipótesis nula (H_o) y la hipótesis alternativa (H_a).

PASO 2 Criterios de la prueba de hipótesis:

a. Verifica las suposiciones.
b. Identifica la distribución de probabilidad y el estadístico de prueba a usar.
c. Determina el nivel de significancia, α.

PASO 3 La evidencia muestral:

a. Recolecta la información muestral.
b. Calcula el valor del estadístico de prueba.

PASO 4 La distribución de probabilidad:

a. Determina la región crítica y el (los) valor(es) crítico(s).
b. Determina si el estadístico de prueba está o no está en la región crítica.

PASO 5 Los resultados:

a. Enuncia la decisión en torno a H_o.
b. Enuncia la conclusión en torno a H_a.

Un fabricante de aeronaves comerciales compra remaches para usar en el ensamblado de aviones. Cada proveedor de remaches que quiere vender remaches al fabricante de aeronaves debe demostrar que sus remaches cumplen con las especificaciones requeridas. Una de las especificaciones es: "la resistencia media al corte de todos los remaches, μ, es al menos 925 lb". Cada vez que el fabricante de aeronaves compra remaches, está preocupado porque la resistencia media pueda ser menor que la especificación de 925 lb.

Nota: cada remache individual tiene una resistencia al corte, que se determina al medir la fuerza requerida para cortar ("romper") el remache. Claramente, no todos los remaches pueden ponerse a prueba. Por tanto, se pondrá a prueba una muestra de remaches y una decisión acerca de la resistencia media de todos los remaches sin probar se basará en la media de los que se muestrearon y pusieron a prueba.

PASO 1 La preparación:

a. **Describe el parámetro poblacional de interés.**
El parámetro poblacional de interés es la media μ, la resistencia media al corte de (o fuerza media requerida para cortar) los remaches a considerar para compra.

b. **Enuncia la hipótesis nula (H_o) y la hipótesis alternativa (H_a).**
La hipótesis nula y la hipótesis alternativa se formulan mediante inspección del problema o enunciado a investigar y primero formular dos enunciados opuestos acerca de la media μ. Para el ejemplo, estos dos enunciados en oposición son A) "la resistencia al corte media es menor que 925" ($\mu < 925$, la preocupación del fabricante de aeronaves) y B) "la resistencia al corte media es al menos 925" ($\mu = 925$, la afirmación del proveedor de remaches y la especificación del fabricante de aeronaves).

PTI En las páginas 361-363 se dan instrucciones más específicas.

Nota: la ley de tricotomía del álgebra afirma que dos valores numéricos deben relacionarse en exactamente una de tres relaciones posibles: <, = o >. Estas tres posibilidades deben representarse en las dos hipótesis opuestas con la finalidad de que las dos hipótesis sean negaciones una de la otra. Las tres posibles combinaciones de signos e hipótesis se muestran en la tabla 8.9. Recuerda que la hipótesis nula asigna un valor específico al parámetro en cuestión y por tanto "igual" siempre será parte de la hipótesis nula.

TABLA 8.9 Los tres posibles enunciados de las hipótesis nula y alternativa

Hipótesis nula	Hipótesis alternativa
1. Mayor que o igual a (≥)	Menor que (<)
2. Menor que o igual a (≤)	Mayor que (>)
3. Igual a (=)	No igual a (≠)

El parámetro de interés, la media poblacional μ, se relaciona con el valor 925. El enunciado (A) se convierte en la hipótesis alternativa:

$$H_a\text{: } \mu < 925 \text{ (la media es menor que 925)}$$

Este enunciado representa la preocupación del fabricante de aeronaves y dice: "los remaches no satisfacen las especificaciones requeridas". El enunciado (B) se convierte en la hipótesis nula:

$$H_o\text{: } \mu = 925\ (\geq) \text{ (la media es al menos 925)}$$

Esta hipótesis representa la negación de la preocupación del fabricante de aeronaves y dice: "los remaches sí satisfacen las especificaciones requeridas".

Nota: la hipótesis nula se escribirá sólo con el signo igual, lo que por tanto afirma el valor exacto asignado. Cuando "igual" se empareja con "menor que" o con "mayor que", el símbolo combinado se escribe al lado de la hipótesis nula como recordatorio de que los tres signos se representan en estos dos enunciados en oposición.

Antes de continuar con el ejemplo, observa los tres ejemplos que demuestran la formulación de las hipótesis estadísticas nula y alternativa que involucran la media poblacional μ. Los ejemplos 8.18 y 8.19 demuestran cada uno una hipótesis alternativa de "una cola".

EJEMPLO 8.18

CÓMO ESCRIBIR LAS HIPÓTESIS NULA Y ALTERNATIVA (SITUACIÓN DE UNA COLA)

Un grupo de defensa del consumidor quiere desaprobar la afirmación de un fabricante de automóviles de que un modelo específico promediará 24 millas por galón de gasolina. Específicamente, el grupo quisiera demostrar que las millas medias por galón es considerablemente inferior a 24. Enuncia las hipótesis nula y alternativa.

Solución

Para enunciar las dos hipótesis, primero necesitas identificar el parámetro poblacional en cuestión: "millaje medio logrado por este modelo de automóvil". El parámetro μ se comparará con el valor 24 millas por galón, el valor específico de interés. Los defensores cuestionan el valor de μ y quieren demostrar que es menor que 24 (p.ej., $\mu < 24$). Existen tres posibles relaciones: 1) $\mu < 24$, 2) $\mu = 24$ y 3) $\mu > 24$. Estos tres casos deben ordenarse para formar dos enunciados en oposición: uno enuncia lo que los defensores tratan de demostrar, "el nivel medio es menor que 24 ($\mu < 24$)", mientras que la "negación" es "el nivel medio no es menor que 24 ($\mu \geq 24$)". Uno de estos dos enunciados se convertirá en la hipótesis nula H_o y el otro se convertirá en la hipótesis alternativa H_a.

Nota: recuerda que existen dos reglas para formar las hipótesis: 1) la hipótesis nula afirma que el parámetro en cuestión tiene un valor específico ("H_o debe contener el signo igual") y 2) la argumentación del grupo de defensa del consumidor se convierte en la hipótesis alternativa ("menor que"). Ambas reglas indican:

$$H_o\text{: } \mu = 24 \ (\geq) \text{ y } H_a\text{: } \mu < 24$$

EJEMPLO 8.19

CÓMO ESCRIBIR LAS HIPÓTESIS NULA Y ALTERNATIVA (SITUACIÓN DE UNA COLA)

Supón que la EPA demandará a una gran compañía manufacturera por no cumplir los lineamientos federales de emisiones. Específicamente, la EPA afirma que la cantidad media de dióxido de azufre en el aire es peligrosamente alta, mayor que 0.09 partes por millón. Enuncia las hipótesis nula y alternativa para esta situación de prueba.

Solución

El parámetro de interés es la cantidad media de dióxido de azufre en el aire y 0.09 partes por millón es el valor especificado. $\mu > 0.09$ corresponde a "la cantidad media es mayor que 0.09", mientras que $\mu \leq 0.09$ corresponde a la negación, "la cantidad media no es mayor que 0.09". Por tanto, las hipótesis son

$$H_o\text{: } \mu = 0.09 \ (\leq) \text{ y } H_a\text{: } \mu > 0.09$$

El ejemplo 8.20 demuestra una hipótesis alternativa de "dos colas".

EJEMPLO 8.20

CÓMO ESCRIBIR LAS HIPÓTESIS NULA Y ALTERNATIVA (SITUACIÓN DE DOS COLAS)

La satisfacción en el empleo es muy importante para la productividad de los trabajadores. Funcionarios sindicales aplicaron un cuestionario estándar de satisfacción en el trabajo a una muestra de trabajadores de línea de ensamblado en una gran planta, con la esperanza de demostrar que la calificación media en este cuestionario para los trabajadores de ensamblado sería diferente de la media establecida de 68. Enuncia las hipótesis nula y alternativa.

Solución

O la calificación media de satisfacción laboral es diferente de 68 ($\mu \neq 68$) o la media es igual a 68 ($\mu = 68$). Por tanto,

$$H_o\text{: } \mu = 68 \text{ y } H_a\text{: } \mu \neq 68$$

Notas:

1. La hipótesis alternativa se refiere como de "dos colas" cuando H_a "no es igual".
2. Cuando "menor que" se combina con "mayor que", se convierten en "no igual a".

El punto de vista del experimentador afecta enormemente la manera en que se forman las hipótesis. Por lo general, el experimentador trata de demostrar que el valor del parámetro es diferente del valor especificado. Por tanto, el experimentador con frecuencia espera poder rechazar la hipótesis nula, de modo que la teoría del experimentador pueda sostenerse. Los ejemplos 8.18, 8.19 y 8.20 también representan los tres posibles arreglos para las relaciones <, = y > entre el parámetro μ y un valor específico.

La tabla 8.10 menciona algunas frases comunes adicionales usadas en afirmaciones e indica sus negaciones y las hipótesis en las que se usará cada frase. Nuevamente, observa que "igual" siempre está en la hipótesis nula. Observa también que la negación de "menor que" es "no menor que", que es equivalente a "mayor que o igual a". Piensa en la negación de un signo como en los otros dos signos combinados.

TABLA 8.10 Frases comunes y sus negaciones

H_o: (≥) frente a	H_a: (<)	H_o: (≤) frente a	H_a: (>)	H_o: (=) frente a	H_a: (≠)
Al menos	Menor que	Cuando mucho	Más que	Es	No es
No menos que	Menor que	No más que	Más que	No diferente de	Diferente de
No menor que	Menor que	No mayor que	Mayor que	Igual como	No igual como

Después de establecer las hipótesis nula y alternativa, trabajarás bajo la suposición de que la hipótesis nula es un enunciado verdadero hasta que haya suficiente evidencia para rechazarla. Esta situación debe compararse con un juicio en una sala de justicia, donde se supone que el acusado es inocente (H_o: el acusado es inocente frente a H_a: el acusado no es inocente) hasta que se haya presentado suficiente evidencia para demostrar que la inocencia es totalmente increíble ("más allá de toda duda razonable"). En la conclusión de la prueba de hipótesis, se tomará una de dos posibles decisiones. Se decidirá en oposición a la hipótesis nula y se dirá que se "rechaza H_o" (esto corresponde a "condena" del acusado en un juicio), o se decidirá en concordancia con la hipótesis nula y se dirá que se "fracasa para rechazar H_o" (esto corresponde a "fracaso para condenar" o una "absolución" del acusado en un juicio).

Regresa al ejemplo de los remaches que se interrumpió en la página 388 y continúa con el paso 2. Recuerda que

$$H_o: \mu = 925 \ (\geq) \text{ (al menos 925)} \qquad H_a: \mu < 925 \text{ (menos que 925)}$$

PASO 2 Los criterios de la prueba de hipótesis:

a. Verifica las suposiciones.

Supón que, de experiencias pasadas, se sabe que la desviación estándar de la resistencia al corte de los remaches es $\sigma = 18$. Las variables como la resistencia al corte por lo general tienen una distribución amontonada; por tanto, una muestra de tamaño 50 debe ser suficientemente grande para aplicar el TLC y garantizar que la DMMM tendrá una distribución muestral.

b. Identifica la distribución de probabilidad y el estadístico de prueba a usar.

La distribución de probabilidad normal estándar se usa porque $\bar{x}$ se espera que tenga una distribución normal o aproximadamente normal.

Para una prueba de hipótesis de μ, se quiere comparar el valor de la media muestral con el valor de la media población como se enuncia en la hipótesis nula. Esta comparación se logra con el estadístico de prueba de la fórmula (8.4):

Estadístico de prueba para la media

$$z\bigstar = \frac{\bar{x} - \mu}{\sigma/\sqrt{n}} \quad \textbf{(8.4)}$$

El valor calculado resultante se identifica como $z\bigstar$ ("z estrella") porque se espera que tenga una distribución normal estándar cuando la hipótesis nula es verdadera y las suposiciones se satisfacen. La ★ ("estrella") es para recordar que éste es el valor calculado del estadístico de prueba:

El estadístico de prueba a usar es $z\bigstar = \dfrac{\bar{x} - \mu}{\sigma/\sqrt{n}}$.

c. Determina el nivel de significancia, α.

En la sección 8.3 se describió el establecimiento de α como una decisión gerencial. Para ver qué se involucra en la determinación de α, la probabilidad del error tipo I, para el ejemplo de los remaches, comienza por identificar los cuatro posibles resultados, sus significados y la acción relacionada con cada uno.

El error tipo I ocurre cuando se rechaza una hipótesis nula verdadera. Esto ocurriría cuando el fabricante pone a prueba remaches que satisfacen las especificaciones y los rechaza. Indudablemente esto conduciría a que los remaches no se comprarán aun cuando satisfagan las especificaciones. Con la finalidad de que el gerente establezca un nivel de significancia, necesita información relacionada, a saber: ¿cuán pronto se necesita el nuevo suministro de remaches? Si se necesitan mañana y éste es el único proveedor con un suministro disponible, esperar una semana para encontrar remaches aceptables podría ser muy costoso; por tanto, rechazar remaches buenos podría considerarse un serio error. Por otra parte, si los remaches no se necesitan sino hasta el próximo mes, entonces este error puede no ser muy serio. Sólo el gerente conocerá todas las ramificaciones y, en consecuencia, aquí son importantes los comentarios del gerente.

PTI Hay más en este escenario, pero se espera que captes la idea.

PTI α se asignará en el enunciado de los ejercicios.

Después de mucha consideración, el gerente asigna el nivel de significancia: $\alpha = 0.05$.

PASO 3 La evidencia muestral:

a. Recolecta la información muestral.

La muestra debe ser una muestra aleatoria extraída de la población cuya media μ se cuestionará. Se selecciona una muestra aleatoria de 50 remaches, se pone a prueba cada remache y se calcula la media muestral de la resistencia al corte: $\bar{x} = 921.18$ y $n = 50$.

b. Calcula el valor del estadístico de prueba.

La evidencia muestral ($\bar{x}$ y n se encontraron en el paso 3a) se convierte a continuación en el valor calculado del estadístico de prueba, $z\bigstar$, con la fórmula (8.4). (μ es 925 de H_o y $\sigma = 18$ es una cantidad conocida.) Se tiene

$$z\bigstar = \frac{\bar{x} - \mu}{\sigma/\sqrt{n}}: \quad z\bigstar = \frac{921.18 - 925.0}{18/\sqrt{50}} = \frac{-3.82}{2.5456} = -1.50$$

PASO 4 La distribución de probabilidad:

a. Determina la región crítica y el (los) valor(es) crítico(s).

La variable normal estándar z es el estadístico de prueba para esta prueba de hipótesis.

Región crítica Conjunto de valores para el estadístico de prueba que causarán el rechazo de la hipótesis nula. El conjunto de valores que no están en la región crítica se llama **región no crítica** (en ocasiones llamada *región de aceptación*).

¿SABÍAS QUE...?

Disputas en enfoque

La estadística no es sólo matemática. Existen diferentes formas de enfocar las inferencias estadísticas y diferentes formas de interpretar lo que dicen los datos. Mientras más significativas sean las diferencias, más probable es que existan desacuerdos acalorados entre esos puntos de vista opuestos. Como una disputa que surgió en 1935 en una discusión de la Real Sociedad Estadística, cuando R.A. Fisher desafió a Jerzy Neyman en cuanto a si estaba completamente familiarizado con el tema a discutir. La disputa se centró en el uso de intervalos de confianza y el enfoque a la prueba de hipótesis de Pearson y Neyman, frente a los intervalos y concepto de valores *p* de Fisher en las pruebas de significancia. La disputa duró hasta la muerte de Fisher, en 1962.

PTI En las páginas 292-297 se proporciona información acerca de la notación de valor crítico, $z(\alpha)$.

PTI El sombreado se usará para identificar la región crítica.

Recuerda que trabajas bajo la suposición de que la hipótesis nula es verdadera. Por tanto, supones que la resistencia media al corte de todos los remaches en la población muestreada es 925. Si éste es el caso, entonces, cuando selecciones una muestra aleatoria de 50 remaches, puedes esperar que esta media muestral, $\bar{x}$, sea parte de una distribución normal con centro en 925 y que tenga un error estándar de $\sigma/\sqrt{n} = 18\sqrt{50}$, o aproximadamente 2.55. Aproximadamente 95% de los valores de media muestral serán mayores que 920.8 [un valor 1.65 errores estándar por abajo de la media: 925 – (1.65)(2.55) = 920.8]. Por tanto, si H_o es verdadera y $\mu = 925$, entonces se espera que $\bar{x}$ sea mayor que 920.8 aproximadamente 95% de las veces y menor que 920.8 sólo 5% de las veces.

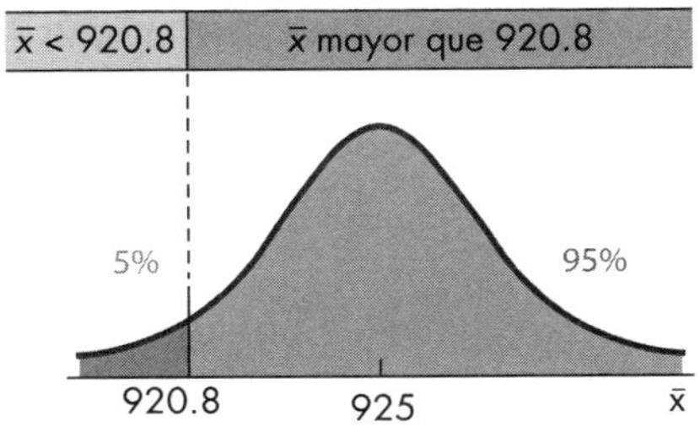

Sin embargo, si el valor de $\bar{x}$ que se obtiene de la muestra es menor que 920.8 (por decir, 919.5) tendrás que hacer una elección. Podría ser que: (A) tal valor $\bar{x}$ (919.5) es miembro de la distribución muestral con media 925 aunque tenga una muy baja probabilidad de ocurrencia (menos que 0.05), o (B) $\bar{x} = 919.5$ es miembro de una distribución muestral cuya media es menor que 925, lo que la haría un valor que sería más probable de ocurriera.

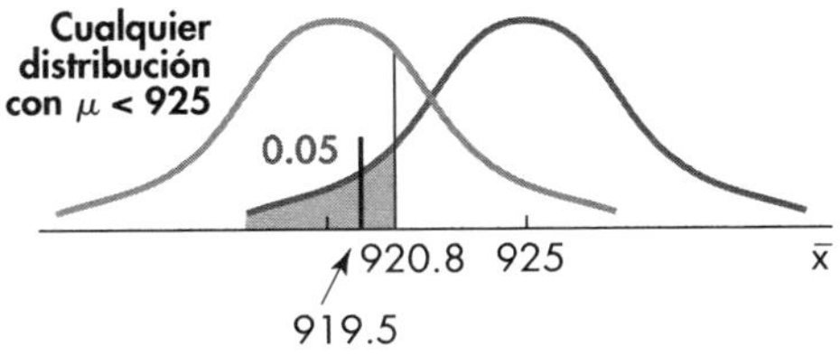

En estadística, se "apuesta" sobre lo "más probable que ocurra" y se considera la segunda opción (B) como la correcta. Por tanto, la cola izquierda de la distribución z se convierte en la región crítica y el nivel de significancia α se convierte en la medida de su área.

Valor(es) crítico(s) El "primer" valor o "frontera" de la región crítica.

El valor crítico para el ejemplo es $-z(0.05)$ y tiene el valor de -1.65, como se encuentra en la tabla 4A del apéndice B.

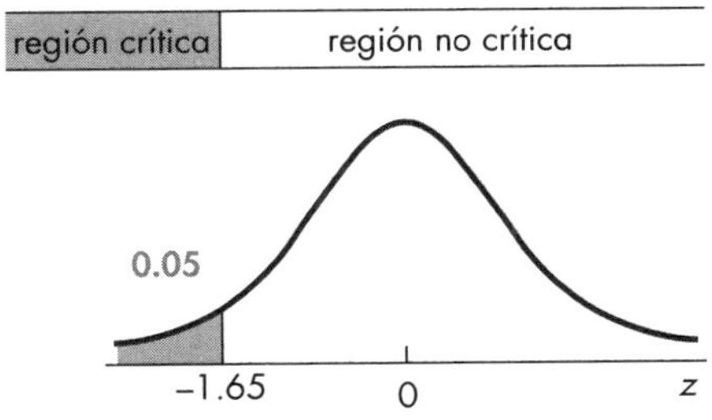

b. Determina si el estadístico de prueba calculado está o no en la región crítica. Gráficamente, esta determinación se muestra al localizar el valor para $z\bigstar$ en el bosquejo del paso 4a.

El valor calculado de z, $z\star = -1.50$, **no está en la región crítica** (está en la porción no sombreada de la figura).

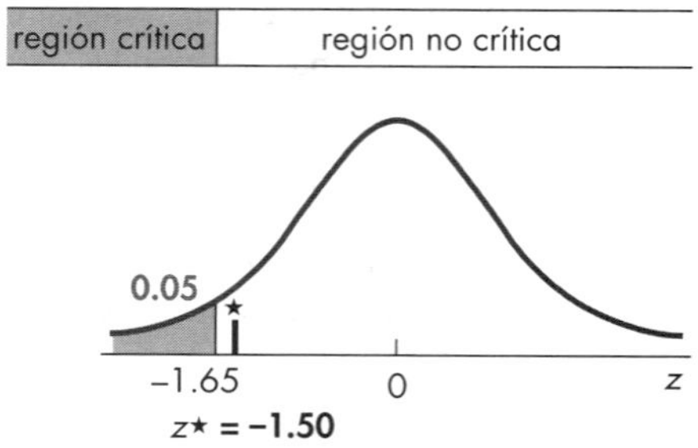

PASO 5 Los resultados:

a. Enuncia la decisión acerca de H_o.

Con la finalidad de tomar la decisión, es necesario conocer la *regla de decisión*.

> **Regla de decisión**
>
> a. Si el estadístico de prueba cae dentro de la región crítica, entonces la decisión debe ser **rechazar H_o**. (El valor crítico es parte de la región crítica.)
>
> b. Si el estadístico de prueba no está en la región crítica, entonces la decisión debe ser **fracasar para rechazar H_o**.

La decisión es: fracaso para rechazar H_o.

b. Enuncia la conclusión acerca de H_a.

No hay suficiente evidencia, en el nivel de significancia 0.05, para demostrar que la resistencia media al corte de los remaches es menor que 925. "Se fracasa para condenar" la hipótesis nula. En otras palabras, una media muestral tan pequeña como 921.18 no es improbable que ocurra (como se define por α) cuando el verdadero valor de la media poblacional es 925.0. En consecuencia, la acción resultante sería comprar los remaches.

PTI En la página 366 se proporciona información específica acerca de cómo escribir la conclusión.

Antes de observar otro ejemplo, se resumen brevemente algunos de los detalles vistos hasta el momento:

1. La hipótesis nula especifica un valor particular de un parámetro poblacional.
2. La hipótesis alternativa puede tomar tres formas. Cada forma dicta una ubicación específica de la región crítica, como se muestra en la tabla siguiente.
3. Para muchas pruebas de hipótesis, el signo en la hipótesis alternativa "apunta" en la dirección en la que se ubica la región crítica. (Piensa en el signo no igual a [≠] como en menos que [<] y en mayor que [>] y por tanto apunta en ambas direcciones.)

	Signo en la hipótesis alternativa		
	<	≠	>
Región crítica	Una región Lado izquierdo **Prueba de una cola**	Dos regiones Mitad en cada lado **Prueba de dos colas**	Una región Lado derecho **Prueba de una cola**

El valor asignado a α se llama *nivel de significancia* de la prueba de hipótesis. Alfa no puede interpretarse como algo más que el riesgo (o probabilidad) de rechazar la hipótesis nula cuando en realidad es verdadera. Rara vez podrás determinar si la hipótesis nula es verdadera o falsa; por tanto sólo decidirás "rechazar H_o" o "fracaso para rechazar H_o". La frecuencia relativa con la que se rechaza una hipótesis verdadera es α, pero nunca se conocerá la frecuencia relativa con la que se comete un error en la decisión. Las dos ideas son muy diferentes; esto es: un error de tipo I y un error en la decisión son dos cosas totalmente diferentes. Recuerda que existen dos tipos de errores: tipo I y tipo II.

Observa otra prueba de hipótesis, una que involucra el procedimiento de dos colas.

EJEMPLO 8.21

PRUEBA DE HIPÓTESIS DE DOS COLAS

Se afirma que el peso medio de las mujeres estudiantes en cierta universidad es de 54.4 kg. El profesor Hart no cree en la afirmación y se prepara para demostrar que el peso medio no es 54.4 kg. Para poner a prueba la afirmación, recolecta una muestra aleatoria de 100 pesos de entre las mujeres estudiantes. Resulta una media muestral de 53.75 kg. ¿Ésta es suficiente evidencia para que el profesor Hart rechace el enunciado? Usa $\alpha = 0.05$ y $\sigma = 5.4$ kg.

Solución

Paso 1 La preparación:

a. **Describe el parámetro poblacional de interés.**
El parámetro poblacional de interés es la media μ, el peso medio de todas las mujeres estudiantes en la universidad.

b. **Enuncia la hipótesis nula (H_o) y la hipótesis alternativa (H_a).**
El peso medio es igual a 54.4 kg o el peso medio no es igual a 54.4 kg.

H_o: $\mu = 54.4$ (peso medio es 54.4)
H_a: $\mu \neq 54.4$ (peso medio no es 54.4)
(Recuerda: $\neq$ es $<$ y $>$ al mismo tiempo.)

Paso 2 Criterios de la prueba de hipótesis:

a. **Verifica las suposiciones.**
Se conoce σ. Los pesos de un grupo de mujeres adultas por lo general tiene distribución aproximadamente normal; por tanto, una muestra de $n = 100$ es suficientemente grande para permitir la aplicación del TLC.

b. **Identifica la distribución de probabilidad y el estadístico de prueba a usar.**
La distribución de probabilidad normal estándar y el estadístico de prueba

$$z\star = \frac{\bar{x} - \mu}{\sigma/\sqrt{n}} \text{ se usará; } \sigma = 5.4.$$

c. **Determina el nivel de significancia, α.**
$\alpha = 0.05$ (dado en el enunciado del problema).

Paso 3 La evidencia muestral:

a. **Recolecta la información muestral:** $\bar{x} = 53.75$ y $n = 100$.

b. **Calcula el valor del estadístico de prueba.**
Usa la fórmula (8.4), información de H_o: $\mu = 54.4$ y $\sigma = 5.4$ (conocido):

$$z\star = \frac{\bar{x} - \mu}{\sigma/\sqrt{n}}: \quad z\star = \frac{53.75 - 54.4}{5.4/\sqrt{100}} = \frac{-0.65}{0.54} = -1.204 = -1.20$$

Paso 4 La distribución de probabilidad:

a. **Determina la región crítica y el (los) valor(es) crítico(s).**
La región crítica es tanto la cola izquierda como la cola derecha, porque tanto valores más pequeños como más grandes de la media muestral sugieren que la hipótesis nula está equivocada. El nivel de significancia se dividirá a la mitad, con 0.025 como la medida en cada

Tutorial en video disponible; ingresa y aprende más en cengagebrain.com

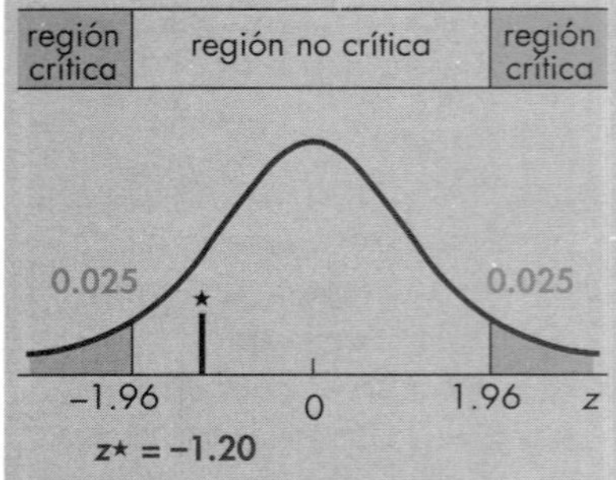

cola. Los valores críticos se encuentran en la tabla 4B del apéndice B: $\pm z(0.025) = \pm 1.96$. (Las instrucciones para la tabla 4B están en la p. 348.)

b. **Determina si el estadístico de prueba está o no en la región crítica.** El valor calculado de z, $z\bigstar = -1.20$, no está en la región crítica (que se muestra en azul claro en la figura adyacente).

Paso 5 Los resultados:

a. **Enuncia la decisión en torno a H_o:** Fracaso para rechazar H_o.

b. **Enuncia la conclusión en torno a H_a.** No hay suficiente evidencia, en el nivel de significancia 0.05, para demostrar que las mujeres estudiantes tienen un peso medio diferente de los 54.4 kg afirmados. En otras palabras: no hay evidencia estadística para apoyar las argumentaciones del profesor Hart.

EJEMPLO 8.22

PRUEBA DE HIPÓTESIS DE DOS COLAS CON DATOS MUESTRALES

De acuerdo con los resultados del ejercicio 5.33 (p. 242), la media de los números aleatorios de un solo dígito es 4.5 y la desviación estándar es σ = 2.87. Extrae una muestra aleatoria de 40 números de un solo dígito de la tabla 1 del apéndice B y pon a prueba la hipótesis "la media de los números de un solo dígito de la tabla 1 es 4.5". Usa $\alpha = 0.10$.

Solución

Paso 1 La preparación:

a. **Describe el parámetro poblacional de interés.** El parámetro de interés es la media μ de la población de números de un solo dígito de la tabla 1 del apéndice B.

b. **Enuncia la hipótesis nula (H_o) y la hipótesis alternativa (H_a).**

$$H_o: \mu = 4.5 \text{ (media es 4.5)}$$
$$H_a: \mu \neq 4.5 \text{ (media no es 4.5)}$$

Paso 2 Criterios de la prueba de hipótesis:

a. **Verifica las suposiciones.** Se conoce σ. Las muestras de tamaño 40 deben ser suficientemente grandes para satisfacer el TLC; consulta la discusión de este tema en la página 387.

b. **Identifica la distribución de probabilidad y el estadístico de prueba a usar.** Usa la distribución de probabilidad normal estándar y el estadístico de prueba $z\bigstar = \dfrac{\bar{x} - \mu}{\sigma/\sqrt{n}}$; $\sigma = 2.87$.

c. **Determina el nivel de significancia, α.** $\alpha = 0.10$ (dado en el enunciado del problema)

Paso 3 La evidencia muestral:

a. **Recolecta la información muestral.**
Esta muestra aleatoria se extrajo de la tabla 1 del apéndice B.

TABLA 8.11 Muestra aleatoria de números de un solo dígito [TA08-01]

2	8	2	1	5	5	4	0	9	1
0	4	6	1	5	1	1	3	8	0
3	6	8	4	8	6	8	9	5	8
1	4	1	2	1	7	1	7	9	3

Los estadísticos muestrales son $\bar{x} = 3.975$ y $n = 40$.

b. **Calcula el valor del estadístico de prueba.**
Usa la fórmula (8.4), información de H_o $\mu = 4.5$ y $\sigma = 2.87$:

$$z\star = \frac{\bar{x} - \mu}{\sigma/\sqrt{n}} : z\star = \frac{3.975 - 4.50}{2.87/\sqrt{40}} = \frac{-0.525}{0.454} = -1.156 = -1.16$$

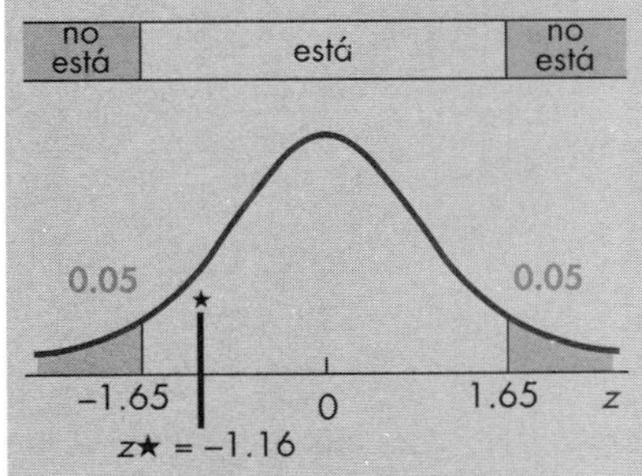

Paso 4 La distribución de probabilidad:

a. **Determina la región crítica y el(los) valor(es) crítico(s).**
Se usará una región de dos colas y 0.05 será el área en cada cola. Los valores críticos son $\pm z(0.05) = \pm 1.65$.

b. Determina si el estadístico de prueba está o no en la región crítica.
El valor calculado de z, $z\star = -1.16$, no está en la región crítica (se muestra en azul claro en la figura).

Paso 5 Los resultados:

a. **Enuncia la decisión en torno a H_o:** Fracaso para rechazar H_o.

b. **Enuncia la conclusión en torno a H_a.**
La media muestral observada no es significativamente diferente de 4.5 en el nivel de significancia 0.10.

Supón que vas a tomar otra muestra de tamaño 40 de la tabla 1. ¿Obtendrías los mismos resultados? Supón que tomas una tercera y una cuarta muestras. ¿Qué resultados puedes esperar? ¿Cuál es el nivel de significancia? Sí, su valor es 0.10, ¿pero qué mide? La tabla 8.12 menciona las medias obtenidas de 20 diferentes muestras aleatorias de tamaño 40 que se tomaron de la tabla 1 del apéndice B.

TABLA 8.12 Veinte muestras aleatorias de tamaño 40 tomadas de la tabla 1 del apéndice B [TA08-12]

Número de muestra	Media muestral $\bar{x}$	z calculada $z\star$	Decisión alcanzada	Número de muestra	Media muestral $\bar{x}$	z calculada $z\star$	Decisión alcanzada
1	4.62	+0.26	Fracaso para rechazar H_o	11	4.70	+0.44	Fracaso para rechazar H_o
2	4.55	+0.11	Fracaso para rechazar H_o	12	4.88	+0.83	Fracaso para rechazar H_o
3	4.08	−0.93	Fracaso para rechazar H_o	13	4.45	−0.11	Fracaso para rechazar H_o
4	5.00	+1.10	Fracaso para rechazar H_o	14	3.93	−1.27	Fracaso para rechazar H_o
5	4.30	−0.44	Fracaso para rechazar H_o	15	5.28	+1.71	Rechazar H_o
6	3.65	−1.87	Rechazar H_o	16	4.20	−0.66	Fracaso para rechazar H_o
7	4.60	+0.22	Fracaso para rechazar H_o	17	3.48	−2.26	Rechazar H_o
8	4.15	−0.77	Fracaso para rechazar H_o	18	4.78	+0.61	Fracaso para rechazar H_o
9	5.05	+1.21	Fracaso para rechazar H_o	19	4.28	−0.50	Fracaso para rechazar H_o
10	4.80	+0.66	Fracaso para rechazar H_o	20	4.23	−0.61	Fracaso para rechazar H_o

También se mencionan el valor calculado de $z\bigstar$ que corresponde a cada $\bar{x}$ y la decisión que cada una dictaría. Las 20 calificaciones z calculadas se muestran en la figura 8.10. Observa que 3 de las 20 muestras (o 15%) causaron el rechazo de la hipótesis nula aun cuando se sabe que la hipótesis nula es verdadera para esta situación. ¿Puedes explicar esto?

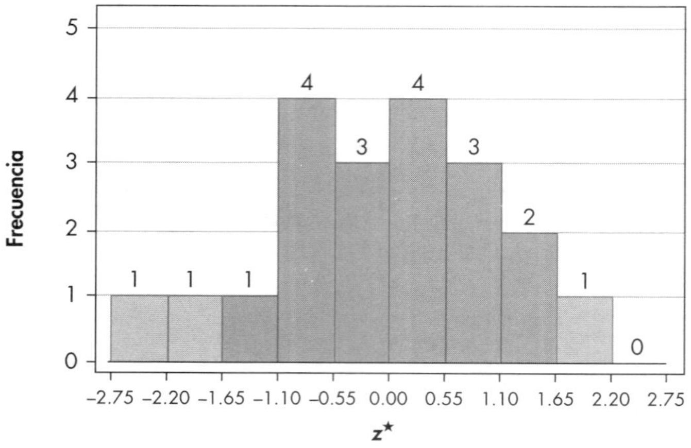

FIGURA 8.10
Valores z de la tabla 8.12

Nota: recuerda que α es la probabilidad de que "rechaces H_o" cuando en realidad es un enunciado verdadero. Por tanto, puedes anticipar que ocurrirán α errores tipo I α del tiempo cuando pruebes una hipótesis nula verdadera. En la situación empírica anterior, observaste una tasa de rechazo de 15%. Si repitieras este experimento muchas veces, la proporción de muestras que conducirían a un rechazo variaría, pero la frecuencia relativa de rechazo observada debería ser aproximadamente α o 10 por ciento.

EJERCICIOS SECCIÓN 8.5

8.131 En el ejemplo de la página 388, el constructor de aeronaves que compra los remaches está preocupado de que los remaches no puedan satisfacer la especificación de resistencia media. Enuncia las hipótesis nula y alternativa del fabricante de aeronaves.

8.132 El profesor Hart no cree que el enunciado "la distancia media recorrida diariamente por los estudiantes no residentes en la universidad no es más de 9 millas". Enuncia las hipótesis nula y alternativa que usarías para desafiar dicho enunciado.

8.133 Establezca las hipótesis nula y alternativa utilizadas para probar cada una de las siguientes afirmaciones:

a) El tiempo medio de reacción es menor que 25 segundos.

b) La puntuación media en ese examen de calificación es diferente de 335.

c) El precio medio de venta de las casas en el área no es mayor que $230 000.

8.134 Enuncia la hipótesis nula, H_o y la hipótesis alternativa, H_a, que usarías para una prueba de hipótesis para cada uno de los siguientes enunciados:

a. La edad media de los jóvenes que pasan el rato en el centro comercial es menor a 16 años.

b. La estatura media de los jugadores profesionales de básquetbol es mayor a 6 pies 6 pulgadas.

c. La caída de elevación media para pistas de esquí en los centros de esquí del Este es de al menos 285 pies.

d. El diámetro medio de los remaches no es más que 0.375 pulgadas.

e. El nivel de colesterol medio de los estudiantes universitarios varones es diferente de 200 mg/dL.

8.135 Supón que quieres poner a prueba la hipótesis de que "el contenido medio de sal de las comidas 'lite' congeladas es más de 350 mg por porción". Un promedio de 350 mg es una cantidad aceptable de sal por porción; por tanto, lo usas como el estándar. La hipótesis nula es "el contenido promedio no es más de 350 mg" ($\mu = 350$). La hipótesis alternativa es "el contenido promedio es más de 350 mg" ($\mu > 350$).

a. Describe las condiciones que existirían si tu decisión resulta en un error tipo I.

b. Describe las condiciones que existirían si tu decisión resulta en un error tipo II.

8.136 Identifica los cuatro posibles resultados y describe la situación involucrada con cada resultado en cuanto a las pruebas y compra de remaches del fabricante de aeronaves. ¿Cuál es el error más serio: el error tipo I o el error tipo II? Explica.

8.137 Supón que quieres poner a prueba la hipótesis de que el cobro mínimo medio de llamada de servicio doméstico para plomeros es cuando mucho \$95 en tu área. Explica las condiciones que existirían si cometes un error en la decisión al cometer un

a. error tipo I. b. error tipo II.

8.138 Describe cómo la hipótesis nula del ejemplo 8.21 es un "punto de partida" para la decisión a tomar acerca del peso medio de todas las mujeres estudiantes en la universidad.

8.139 a. ¿Qué es la región crítica?

b. ¿Qué es el valor crítico?

8.140 a. ¿Qué decisión se alcanza cuando el estadístico de prueba cae en la región crítica?

b. ¿Qué decisión se alcanza cuando el estadístico de prueba cae en la región no crítica?

8.141 Puesto que el tamaño del error de tipo I siempre puede hacerse más pequeño al reducir el tamaño de la región crítica, ¿por qué no siempre eliges regiones críticas que hagan α extremadamente pequeña?

8.142 Calcula el estadístico de prueba $z\bigstar$, dado H_o: $\mu = 356$, $\sigma = 17$, $\bar{x} = 354.3$ y $n = 120$.

8.143 Encuentra la región y valor(es) crítico(s) para H_o: $\mu < 19$ y $\alpha = 0.01$.

8.144 Encuentra la región y valor(es) crítico(s) para H_o: $\mu > 34$ y $\alpha = 0.02$.

8.145 Determina la región y valores críticos para z que usarías para poner a prueba la hipótesis nula en el nivel de significancia dado, como se describe en cada uno de los siguientes:

a. H_o: $\mu = 20$, H_a: $\mu \neq 20$, $\alpha = 0.10$

b. H_o: $\mu = 24$ ($\leq$), H_a: $\mu > 24$, $\alpha = 0.01$

c. H_o: $\mu = 10.5$ ($\geq$), H_a: $\mu < 10.5$, $\alpha = 0.05$

d. H_o: $\mu = 35$, H_a: $\mu \neq 35$, $\alpha = 0.01$

8.146 Determina la región y valores críticos usados para poner a prueba las siguientes hipótesis nulas:

a. H_o: $\mu = 55$ ($\geq$), H_a: $\mu < 55$, $\alpha = 0.02$

b. H_o: $\mu = -86$ ($\geq$), H_a: $\mu < -86$, $\alpha = 0.01$

c. H_o: $\mu = 107$, H_a: $\mu \neq 107$, $\alpha = 0.05$

d. H_o: $\mu = 17.4$ ($\leq$), H_a: $\mu > 17.4$, $\alpha = 0.10$

8.147 La hipótesis nula H_o: $\mu = 250$ se puso a prueba contra la hipótesis alternativa H_a: $\mu < 250$. Una muestra de $n = 85$ resultó en un estadístico de prueba calculado de $z\bigstar = -1.18$. Si $\sigma = 22.6$, encuentra el valor de la media muestral, $\bar{x}$. Encuentra la suma de los datos muestrales, Σx.

8.148 Encuentra el valor de $\bar{x}$ para cada uno de los siguientes:

a. H_o: $\mu = 580$, $z\bigstar = 2.10$, $\sigma = 26$, $n = 55$

b. H_o: $\mu = 75$, $z\bigstar = -0.87$, $\sigma = 9.2$, $n = 35$

8.149 El valor calculado del estadístico de prueba en realidad es el número de errores estándar que difiere de la media muestral del valor hipotético de μ en la hipótesis nula. Supón que la hipótesis nula es H_o: $\mu = 4.5$, se sabe que σ es 1.0 y una muestra de tamaño 100 resulta en $\bar{x} = 4.8$.

a. ¿Cuántos errores estándar $\bar{x}$ está por arriba de 4.5?

b. Si la hipótesis alternativa es H_o: $\mu > 4.5$ y $\alpha = 0.01$, ¿rechazarías H_o?

8.150 Considera la prueba de hipótesis donde las hipótesis son H_o: $\mu = 26.4$ y H_a: $\mu < 26.4$. Se selecciona una muestra aleatoria de tamaño 64 y produce una media muestral de 23.6.

a. Si se sabe que $\sigma = 12$, ¿cuántos errores estándar abajo de $\mu = 26.4$ está la media muestral, $\bar{x} = 23.6$?

b. Si $\alpha = 0.05$, ¿rechazarías H_o? Explica.

8.151 Sólo existen dos posibles decisiones como resultado de una prueba de hipótesis.

a. Enuncia las dos posibles decisiones.

b. Describe las condiciones que conducirán a cada una de las dos decisiones identificadas en el inciso a.

8.152 a. ¿Qué proporción de la distribución de probabilidad está en la región crítica, siempre que la hipótesis nula sea correcta?

b. ¿Qué error podrías cometer si el estadístico de prueba cae en la región crítica?

c. ¿Qué proporción de la distribución de probabilidad está en la región no crítica, siempre que la hipótesis nula no sea correcta?

d. ¿Qué error podrías cometer si el estadístico de prueba cae en la región no crítica?

8.153 La siguiente salida de computadora se usó para completar una prueba de hipótesis.

TEST OF MU = 15.0000 VS MU not = 15.0000
THE ASSUMED SIGMA = 0.50

N	MEAN	STDEV	SE MEAN	Z
30	15.6333	0.4270	0.0913	6.94

a. Enuncia las hipótesis nula y alternativa.

b. Si la prueba se completa con $\alpha = 0.01$, ¿qué decisión y conclusión se alcanzan?

c. Verifica el valor del error estándar de la media.

8.154 Con la salida de computadora y la información del ejercicio 8.153, determina el valor de lo siguiente:

a. Valor hipotético de la media poblacional

b. Media muestral

c. Desviación estándar poblacional

d. Estadístico de prueba

8.155 La siguiente salida de computadora se usó para completar una prueba de hipótesis.

TEST OF MU = 72.00 VS MUnot > 72.00
THE ASSUMED SIGMA = 12.0

N	MEAN	STDEV	SE MEAN	Z
36	75.2	11.87	2.00	1.60

a. Enuncia las hipótesis nula y alternativa.

b. Si la prueba se completa usando $\alpha = 0.05$, ¿qué decisión y conclusión se alcanzan?

c. Verifica el valor del error estándar de la media.

8.156 Con la salida de computadora y la información del ejercicio 8.155, determina el valor de lo siguiente:

a. Valor hipotético de la media poblacional

b. Media muestral

c. Desviación estándar poblacional

d. Estadístico de prueba

8.157 El Departamento de Salud de Texas publicó los resultados estatales para el Examen de Certificación en Servicios Médicos de Emergencia. Los datos de quienes aplicaron el examen paramédico por primera vez dan una calificación promedio de 79.68 (de un posible 100) con una desviación estándar de 9.06. Supón que una muestra aleatoria de 50 individuos que aplicaron el examen produce una calificación media de 81.05. ¿Existe suficiente evidencia para concluir que "la población de donde se tomó esta muestra, en promedio, calificó más alto que el promedio estatal"? Usa $\alpha = 0.05$.

8.158 De acuerdo con el artículo del Centro de Presupuesto y Prioridades Políticas, "Restringir las cuentas de gastos flexibles podría ayudar a pagar la reforma de atención a la salud" (revisado el 10 de junio de 2009), las cuentas de gasto flexible alientan el sobreconsumo de la atención a la salud. Las personas compran cosas que no necesitan; es decir, pierden el dinero. En 2007, para quienes no usaron todas sus cuentas (aproximadamente una de cada 7), el importe promedio perdido fue de 723 dólares.

Fuente: http://www.cbpp.org/

Supón que se toma una muestra aleatoria de 150 empleados que no usaron todos sus fondos en 2009 y se perdió una cantidad promedio de 683 dólares. Pon a prueba la hipótesis de que no hay diferencia significativa en la cantidad promedio perdida. Supón que $\sigma = \$307$ por año. Usa $\alpha = 0.05$.

a. Define el parámetro.

b. Enuncia las hipótesis nula y alternativa.

c. Especifica los criterios de la prueba de hipótesis.

d. Presenta la evidencia muestral.

e. Encuentra la información de distribución de probabilidad.

f. Determina los resultados.

8.159 Las mujeres poseen un promedio de 15 pares de zapatos. Esto se apoya en una encuesta de mujeres adultas de Kelton Research para Eneslow, el Centro de Confort Podal con base en la ciudad de Nueva York. Supón que se toma una muestra aleatoria de 35 mujeres graduadas universitarias recientemente contratadas y la media muestral fue de 18.37 pares de zapatos. Si $\sigma = 6.12$, ¿esta muestra proporciona suficiente evidencia de que el número medio de zapatos de las mujeres jóvenes graduadas universitarias es mayor que el número medio global para todas las mujeres adultas? Usa un nivel de significancia de 0.10.

8.160 Una compañía de seguros contra incendios considera que la distancia media desde una casa hasta la estación de bomberos más cercana en un suburbio de Chicago era de al menos 4.7 millas. La empresa establece las primas de seguro contra incendio en concordancia. Los miembros de la comunidad quieren demostrar que la distancia media era de menos de 4.7 millas. Esto, piensan, convencería a la compañía aseguradora de bajar sus primas. Los habitantes identificaron al azar 64 casas y midieron la distancia desde cada una hasta la estación de bomberos más cercana. La media muestral resultante fue de 4.4. Si $\sigma = 2.4$ millas, ¿la muestra ofrece suficiente evidencia para apoyar la afirmación de la comunidad en el nivel de significancia $\alpha = 0.05$?

8.161 [EX08-161] La duración de los juegos en las grandes ligas de béisbol tiene una distribución aproximadamente normal y promedia 2 horas y 50.1 minutos, con una desviación estándar de 21.0 minutos. Se afirma que los juegos de béisbol de los Yanquis de Nueva York duran, en promedio, más que los juegos de los otros equipos de las ligas mayores. Para poner a prueba la verdad de este enunciado, se identificó al azar una muestra de ocho juegos de los Yanquis y se obtuvo el "tiempo de juego" (en minutos) para cada uno:

199	196	202	213	187	169	169	188

Fuente: http://mlb.com/

En el nivel de significancia 0.05, ¿estos datos muestran suficiente evidencia para concluir que el tiempo medio de los juegos de béisbol de los Yanquis es mayor que el de los otros equipos de béisbol de las grandes ligas?

8.162 [EX08-162] El gerente de Air Express cree que los pesos de los paquetes embarcados recientemente son menores que en el pasado. Los registros muestran que, en el pasado, los paquetes tenían un peso medio de 36.5 lb y una desviación estándar de 14.2 lb. Una muestra aleatoria de los registros de embarque del mes pasado produjo los siguientes 64 valores de datos:

32.1	41.5	16.1	8.9	36.2	12.3	28.4	40.4
45.5	15.2	26.5	13.3	23.5	33.7	18.3	16.3
15.4	39.7	50.3	14.8	44.4	47.7	45.8	52.3
48.4	10.4	59.9	5.5	6.7	17.1	20.0	28.1
48.1	29.5	22.9	47.8	24.8	20.1	40.1	12.6
24.3	43.3	32.4	57.7	42.9	36.7	15.5	46.4
51.3	38.6	39.4	27.1	55.7	37.7	39.4	55.5
26.9	15.7	32.3	47.8	33.2	29.1	31.1	34.5

¿Ésta es suficiente evidencia para rechazar la hipótesis nula en favor de la afirmación del gerente? Usa $\alpha = 0.01$.

8.163 ¿Bebes la cantidad recomendada de agua cada día? ¡La mayoría de los estadounidenses no! En promedio, los estadounidenses beben 4.6 porciones de ocho onzas de agua al día.

Fuente: http://www.bottledwater.org

Una muestra de 42 profesionales de la educación se seleccionó al azar y se monitoreó su consumo de agua para un periodo de 24 horas; la cantidad media consumida fue de 39.3 oz. Si supones que la cantidad de agua consumida diariamente por los adultos tiene una distribución normal y la desviación estándar es 11.2 oz, ¿existe suficiente evidencia para mostrar que los profesionales de la educación consumen, en promedio, más agua diariamente que el promedio nacional? Usa $\alpha = 0.05$.

8.164 La cantidad recomendada de agua que una persona debe beber es de ocho porciones de 8 oz diarias.

a. ¿La muestra de profesionales de la educación del ejercicio 8.163 muestra suficiente evidencia de que los profesionales de la educación consumen, en promedio, significativamente menos agua diariamente que la cantidad recomendada? Usa $\alpha = 0.05$.

b. El valor del valor z calculado en el inciso a es inusual. ¿En qué forma es inusual y qué significa eso?

8.165 Usa una computadora o calculadora para seleccionar 40 números aleatorios de un solo dígito. Encuentra la media muestral y $z\bigstar$. Con $\alpha = 0.05$, enuncia la decisión para poner a prueba H_o: $\mu = 4.5$ contra una alternativa de dos colas. Repite varias veces como en la tabla 8.12. Describe tus hallazgos después de varios intentos.

PTI usa los comandos para generar datos enteros de la página 91; luego continúa con los comandos de prueba de hipótesis de la página 382.

8.166 Usa una computadora o calculadora para seleccionar 36 números aleatorios de una distribución normal con media 100 y desviación estándar 15. Encuentra la media muestral y $z\bigstar$ para poner a prueba una hipótesis de dos colas de $\mu = 100$. Con $\alpha = 0.05$, enuncia la decisión. Repite varias veces como en la tabla 8.12. Describe tus hallazgos.

PTI Usa los comandos para generar datos de las páginas 283-284; luego continúa con los comandos de prueba de hipótesis de la página 382.

[EX00-000] identifica el nombre de archivo de una base de datos en línea de un ejercicio; disponible a través de cengagebrain.com

Repaso del capítulo

En retrospectiva

En este capítulo se presentaron dos formas de inferencia: estimación y prueba de hipótesis. Pueden usarse por separado y con frecuencia se usan así. Sin embargo, parece natural que el rechazo de una hipótesis nula esté seguido por un intervalo de confianza. (Si el valor afirmado está equivocado, con frecuencia se quiere una estimación para el valor verdadero.)

Estas dos formas de inferencia son muy diferentes, pero están relacionadas. Existe cierta cantidad de entrecruzamiento entre el uso de las dos inferencias. Por ejemplo, supón que muestreaste y calculaste un intervalo de confianza de 90% para la media de una población. El intervalo fue de 10.5 a 15.6. Entonces alguien afirma que la media verdadera es 15.2. Tu intervalo de confianza puede compararse con esta afirmación. Si el valor afirmado cae dentro de tu estimación de intervalo, fracasarías para rechazar la hipótesis nula de que $\mu = 15.2$ a un nivel de significancia de 10% en una prueba de dos colas. Si el valor afirmado (por decir, 16.0) cae afuera del intervalo, rechazarías la hipótesis nula de que $\mu = 16.0$ en $\alpha = 0.10$ en una prueba de dos colas. Si se requiere una prueba de una cola, o si prefieres un valor diferente de α, debes usar una hipótesis separada.

Muchos usuarios de la estadística (en especial quienes comercializan un producto) afirmarán que sus resultados estadísticos prueban que su producto es superior. Pero recuerda: la prueba de hipótesis no prueba o desaprueba algo. La decisión a la que se llega en una prueba de hipótesis tiene probabilidades asociadas con las cuatro situaciones diversas. Si la decisión es "fracaso para rechazar H_o", es posible que haya ocurrido un error. Más aún, si la decisión que se alcanza es "rechazar H_o", es posible que esto sea un error. Ambos errores tienen probabilidades mayores que cero.

En este capítulo se restringió la discusión de las inferencias a la media de una población para la cual se conoce la desviación estándar. En los capítulos 9 y 10 se discutirán las inferencias acerca de la media poblacional y se quitará la restricción acerca del valor conocido para la desviación estándar. También se observarán las inferencias acerca de los parámetros proporción, varianza y desviación estándar.

CourseMate El sitio **Statistics CourseMate** para este libro lleva a la vida los temas del capítulo, con herramientas interactivas de aprendizaje, estudio y preparación de exámenes, incluidas preguntas rápidas y tarjetas de estudio para el vocabulario y los conceptos clave que aparecen a continuación. El sitio también ofrece una versión **eBook** del texto, con capacidades de subrayado y toma de notas. A lo largo de los capítulos, el icono CourseMate señala los conceptos y ejemplos que tienen sus correspondientes recursos interactivos como **video** y **tutoriales animados** que demuestran, paso a paso, cómo resolver problemas; conjuntos de datos para ejercicios y ejemplos; **Applets Skillbuilder** para ayudarte a comprender mejor los conceptos; **manuales de tecnología** y software para descargar que incluye **Data Analysis Plus** (una suite de macros estadísticos para Excel) y programas **TI-83/84 Plus**; regístrate en **www.cengagebrain.com**

Vocabulario y conceptos clave

alfa (α) (p. 365)
beta (β) (p. 365)
coeficiente de confianza (p. 348)
conclusión (p. 366)
criterios de la prueba (p. 371)
decisión correcta tipo A (pp. 363, 364)
decisión correcta tipo B (pp. 363, 364)
error estándar de la media (p. 348)
error máximo de estimación (pp. 348, 355)
error tipo I (pp. 363, 364)
error tipo II (p. 364)
estadístico de prueba (pp. 366, 374, 392)
estadístico muestral (p. 342)
estadístico sin sesgo (p. 342)
estadístico sesgado (p. 342)
estimación (p. 341)
estimación por intervalo (p. 343)
estimación puntual para un parámetro (p. 342)
hipótesis (p. 361)
hipótesis alternativa (pp. 361, 371, 388)
hipótesis nula (pp. 361, 371, 388)
intervalo de confianza (pp. 343, 348)
límite de confianza inferior (p. 348)
límite de confianza superior (p. 348)
nivel de confianza (p. 343)
nivel de significancia (p. 366)
parámetro (p. 342)
pregunta de estimación (p. 340)
pregunta de prueba de hipótesis (p. 340)
procedimiento de intervalo de confianza (pp. 348, 349)
prueba estadística de hipótesis (p. 361)

prueba de hipótesis clásica (p. 388)
prueba de hipótesis, procedimiento de valor p (p. 371)
región crítica (p. 392)
región no crítica (p. 392)
regla de decisión (pp. 366, 376, 394)
suposiciones (pp. 347, 370, 387)
tamaño de la muestra (p. 356)
valor calculado $z\star$ (pp. 375, 392)
valor crítico (p. 393)
valor p (p. 375)
$z(\alpha)$ (pp. 348, 393)

Resultados del aprendizaje

• Comprender la diferencia entre estadística descriptiva y estadística inferencial.	p. 1, Ej. 1.8, p. 341
• Comprender que un estadístico no sesgado tiene una distribución muestral con una media que es igual al parámetro poblacional a estimar.	pp. 342-343

Respecto a los intervalos de confianza:

• Comprender que un intervalo de confianza es una estimación de intervalo de un parámetro poblacional, con un grado de certidumbre, que se usa cuando se desconoce el parámetro poblacional.	p. 343
• Comprender que una estimación puntual para un parámetro poblacional es el valor del correspondiente estadístico muestral.	p. 342, Ej. 8.5
• Comprender que el nivel de confianza es la proporción a largo plazo de los intervalos, que contendrá los verdaderos parámetros poblacionales, con base en muestreo repetido.	EJ. 8.4
• Comprender y poder describir los componentes clave para un intervalo de confianza: estimación puntual, nivel de confianza, coeficiente de confianza, error máximo de estimación, límite de confianza inferior y límite de confianza superior.	p. 348, Ej. 8.27, 8.29, 8.171
• Comprender que la suposición para un intervalo de confianza para μ con una σ conocida es que la distribución muestral de x tiene una distribución normal. Con base en esta suposición, se usará la distribución z normal estándar.	pp. 347-348
• Calcular, describir e interpretar un intervalo de confianza para la media poblacional, μ.	EJ. 8.2, Ej. 8.35
• Calcular tamaños de muestra requeridos para construir intervalos de confianza con niveles variados de confianza y errores aceptables.	pp. 355-357 Ej. 8.47, 8.51

Respecto a las pruebas de hipótesis:

• Comprender que una prueba de hipótesis se usa para tomar una decisión acerca del valor de un parámetro poblacional.	p. 361
• Comprender y poder definir hipótesis nulas y alternativas.	p. 361
• Comprender y poder describir los dos tipos de errores en una prueba de hipótesis, tipo I y tipo II. Comprender que la probabilidad de dichos errores son α y β, respectivamente.	pp. 363-365, Ej. 8.61
• Comprender y poder describir los dos tipos de decisiones correctas en una prueba de hipótesis, tipo A y tipo B.	pp. 363-365, Ej. 8.61
• Comprender y poder describir la relación entre los cuatro posibles resultados de una prueba de hipótesis: los dos tipos de errores y los dos tipos de decisiones correctas.	pp. 363-365, Ej. 8.61
• Demostrar y comprender las tres posibles combinaciones para las hipótesis nula y alternativa.	pp. 371-374, Ej. 8.87, pp. 388-391, Ej. 8.133
• Comprender que la suposición para una prueba de hipótesis para μ con una σ conocida es que la distribución muestral de x tiene una distribución normal. Con base en esta suposición, se usará la distribución z normal estándar.	pp. 370, 387
• Calcular y comprender el valor del estadístico de prueba. calcular el valor p para el estadístico de prueba y/o determinar la región crítica y el(los) valor(es) crítico(s).	pp. 375-377, Ej. 8.106 pp. 392-394 Ej. 8.142, 8.145
• Comprender y poder describir qué es un valor p y/o una región crítica respecto a una prueba de hipótesis.	pp. 375-377, 379, 392-394
• Determinar y conocer el formato adecuado para enunciar una decisión en una prueba de hipótesis.	pp. 366, 376, 394
• Comprender y poder enunciar la conclusión para una prueba de hipótesis.	pp. 366, 376, 394, Ej. 8.185, 8.190, 8.191

Ejercicios del capítulo

8.167 Una muestra de 64 mediciones se toma de una población continua y se encuentra que la media muestral es 32.0. Se sabe que la desviación estándar de la población es 2.4. Se hará una estimación de intervalo de la media con un nivel de confianza de 90%. Enuncia o calcula lo siguiente:

a. $\bar{x}$
b. σ
c. n
d. $1 - \alpha$
e. $z(\alpha/2)$
f. $\sigma_{\bar{x}}$
g. E (error máximo de estimación)
h. Límite de confianza superior
i. Límite de confianza inferior

8.168 Supón que a un intervalo de confianza se le asigna un nivel de confianza de $1 - \alpha = 95\%$. ¿Cómo se usa 95% para construir el intervalo de confianza? Si $1 - \alpha$ cambió a 90%, ¿qué efecto tendría esto sobre el intervalo de confianza?

8.169 El miembro voluntario de ambulancia promedio tiene 45 años de edad y 8 años de servicio, de acuerdo con el artículo del *Democrat & Chronicle*, "Trabajadores de ambulancia sin paga podrían obtener 'pensión'" (23 de enero de 2005). El estadístico citado se basa en el Escuadrón de Voluntarios de Ambulancia de Penfield, de 80 miembros. Si el escuadrón se considera representativo de todos los escuadrones de voluntarios de ambulancias en toda la parte norte del estado de Nueva York, determina un intervalo de confianza de 95% para la edad media de todos los miembros voluntarios de ambulancia en la parte norte de Nueva York. Supón que la desviación estándar poblacional es 7.8 años.

8.170 La desviación estándar de una población con distribución normal es igual a 10. Se selecciona un tamaño de muestra de 25 y se encuentra que su media es 95.

a. Encuentra un intervalo de confianza de 80% para μ.
b. ¿Cuál sería el intervalo de confianza de 80% para una muestra de tamaño 100?
c. ¿Cuál sería el intervalo de confianza de 80% para una muestra de tamaño 25 con una desviación estándar de 5 (en lugar de 10)?

8.171 Los pesos de cajas completas de cierto tipo de cereal tienen distribución normal, con una desviación estándar de 0.27 oz. Una muestra de 18 cajas seleccionadas al azar produjo un peso medio de 9.87 oz.

a. Encuentra el intervalo de confianza de 95% para el peso medio verdadero de una caja de este cereal.
b. Encuentra el intervalo de confianza de 99% para el peso medio verdadero de una caja de este cereal.
c. ¿Qué efecto tiene sobre el ancho del intervalo de confianza, el aumentar el nivel de confianza?

8.172 Se cree que los tiempos de espera (en horas) en un popular restaurante tienen una distribución aproximadamente normal, con una varianza de 2.25 durante periodos ocupados.

a. Una muestra de 20 clientes reveló un tiempo de espera medio de 1.52 horas. Construye el intervalo de confianza de 95% para la media poblacional.
b. Supón que la media de 1.52 horas resultó de una muestra de 32 clientes. Encuentra el intervalo de confianza de 95%.
c. ¿Qué efecto tiene un tamaño de muestra más grande sobre el intervalo de confianza?

8.173 Una muestra aleatoria de las calificaciones de 100 solicitantes de puestos de oficina en una gran compañía aseguradora mostró una calificación media de 72.6 El preparador del examen mantuvo que los solicitantes calificados deben promediar 75.0.

a. Determina el intervalo de confianza de 99% para la calificación media de todos los solicitantes en la compañía aseguradora. Supón que la desviación estándar de las calificaciones del examen es 10.5.
b. ¿La compañía aseguradora puede concluir que consigue solicitantes calificados (según mide este examen)?

8.174 El tiempo que tarda en jugarse un partido de béisbol en las grandes ligas es de interés para muchos aficionados. Para estimar el "tiempo de juego" medio, se identificó una muestra aleatoria de 48 juegos de la liga nacional y se obtuvo el "tiempo de juego" para cada uno (en minutos). La media muestral resultante fue de 2 horas y 49.1 minutos y la historia del béisbol indica que la variable del tiempo de juego tiene una desviación estándar de 21 minutos. Construye el intervalo de confianza de 98% para el tiempo medio para todos los juegos de la liga nacional.

8.175 [EX08-175] Un gran pedido de corchos está a punto de embarcarse. La inspección de control de calidad final incluye una estimación de la ovalidad media (ovalización; fuera de redondez) de los corchos. El diámetro de cada corcho se mide en varios lugares y la diferencia entre los diámetros máximo y mínimo es la medida de ovalidad para cada corcho. Después de años de medir corchos, el fabricante está seguro de que la ovalidad tiene una distribución amontonada con una desviación estándar de 0.10 mm. Una muestra aleatoria de 36 corchos se toma del lote y se determina la ovalidad para cada uno.

0.32	0.27	0.24	0.31	0.20	0.38	0.32	0.11	0.25
0.22	0.35	0.20	0.28	0.17	0.36	0.28	0.38	0.17
0.34	0.06	0.43	0.13	0.39	0.15	0.18	0.13	0.25
0.20	0.16	0.26	0.47	0.21	0.19	0.34	0.24	0.20

a. La especificación fuera de redondez es "menor que 1.0 mm". ¿Parece que este pedido satisface la especificación sobre una base de corcho individual? Explica.

b. La hoja de certificación que acompaña al embarque incluye un intervalo de confianza de 95% para la ovalidad media. Construye el intervalo de confianza.

c. Explica qué dice el intervalo de confianza que encontraste en el inciso b acerca de este embarque de corchos.

8.176 Usa una computadora y genera 50 muestras aleatorias, cada una de tamaño $n = 25$, a partir de una distribución de probabilidad normal, con $\mu = 130$ y $\sigma = 10$.

a. Calcula el intervalo de confianza de 95% con base en cada media muestral.

b. ¿Qué proporción de estos intervalos de confianza contiene $\mu = 130$?

c. Explica qué representa la proporción que encontraste en el inciso b.

8.177 Una compañía farmacéutica quiere estimar el tiempo de respuesta medio para que un complemento reduzca la presión sanguínea. Cuán grande debe ser la muestra tomada para estimar el tiempo de respuesta medio hasta dentro 1 semana a 99% de confianza. Supón $\sigma = 3.7$ semanas.

8.178 Un fabricante de automóviles quiere estimar el millaje de gasolina medio de su nuevo modelo compacto. ¿Cuántas carreras de muestra deben realizarse para garantizar que la estimación es precisa hasta dentro de 0.3 mpg a 95% de confianza? supón $\sigma = 1.5$.)

8.179 El gerente de un criadero de peces quiere estimar la longitud media de su trucha de 3 años criada en la incubadora. Quiere hacer un intervalo de confianza de 99% preciso hasta dentro de $\frac{1}{3}$ de una desviación estándar. ¿Cuán grande debe ser la muestra?

8.180 Estás interesado en estimar la vida media de un nuevo producto. ¿Cuán grande debe ser la muestra para estimar la media hasta dentro de $\frac{1}{10}$ de desviación estándar, con 90% de confianza?

8.181 Supón que se realiza una prueba de hipótesis con el método de valor p y se asigna un nivel de significancia de $\alpha = 0.01$.

a. ¿Cómo se usa el 0.01 para completar la prueba de hipótesis?

b. Si α cambia a 0.05, ¿qué efecto tendría esto sobre el procedimiento de prueba?

8.182 Supón que una prueba de hipótesis se realiza con el enfoque clásico y se asigna un nivel de significancia de $\alpha = 0.01$.

a. ¿Cómo se usa el 0.01 para completar la prueba de hipótesis?

b. Si α cambia a 0.05, ¿qué efecto tendría esto sobre el procedimiento de prueba?

8.183 La media esperada de una población continua es 100 y su desviación estándar es 12. Una muestra de 50 mediciones proporciona una media muestral de 96. Con un nivel de significancia de 0.01, se realiza una prueba para decidir entre "la media poblacional es 100" y "la media poblacional es diferente de 100". Enuncia o encuentra cada uno de los siguientes:

a. H_o b. H_a
c. α d. μ (con base en H_o)
e. $\bar{x}$ f. σ
g. $\sigma_{\bar{x}}$ h. $z\bigstar$, valor z para $\bar{x}$
i. valor p j. Decisión
k. Bosqueja la curva normal estándar y ubica $z\bigstar$ y el valor p.

8.184 La media esperada de una población continua es 200 y su desviación estándar es 15. Una muestra de 80 mediciones proporciona una media muestral de 205. Con un nivel de significancia de 0.01, se realiza una prueba para decidir

[EX00-000] identifica el nombre de archivo de una base de datos en línea de un ejercicio; disponible a través de cengagebrain.com

entre “la media poblacional es 200” y “la media poblacional es diferente de 200”. Enuncia o encuentra cada uno de los siguientes:

a. H_o b. H_a
c. α d. $z(\alpha/2)$
e. μ (con base en H_o) f. $\bar{x}$
g. σ h. $\sigma_{\bar{x}}$
i. $z\bigstar$, valor z para x j. Decisión
k. Bosqueja la curva normal estándar y ubica $\alpha/2$, $z(\alpha/2)$, la región crítica y $z\bigstar$.

8.185 Un sistema de podadora y riego de jardín se diseña para tener un inicio demorado; esto es: existe una demora desde el momento en que se enciende hasta que comienza el agua. Los tiempos de demora forman una distribución normal con media de 45 segundos y desviación estándar de 8 segundos. Muchos clientes se han quejado de que el tiempo de demora es considerablemente mayor que lo afirmado. El ingeniero del sistema selecciona una muestra aleatoria de 15 sistemas instalados y obtiene un tiempo de demora de cada sistema. La media muestral es 50.1 segundos. Con $\alpha = 0.02$, ¿existe evidencia significativa para demostrar que los clientes pueden tener razón de que el tiempo de demora medio es más de 45 segundos?

a. Resuelve usando el método de valor p.
b. Resuelve usando el método clásico.

8.186 La librería de la universidad dice a los potenciales estudiantes que el costo promedio de sus libros de texto es de $90 por libro, con una desviación estándar de $15. Los estudiantes de ciencias e ingeniería piensan que el costo promedio de sus libros es mayor que el promedio para todos los estudiantes. Para poner a prueba la afirmación de la librería contra su alternativa, los estudiantes de ingeniería recolectan una muestra aleatoria de tamaño 45.

a. Si usan $\alpha = 0.05$, ¿cuál es el valor crítico del estadístico de prueba?
b. Los datos muestrales de los estudiantes de ingeniería se resumen con $n = 45$ y $\Sigma x = 4\,380.30$. ¿Ésta es suficiente evidencia para apoyar su argumentación?

8.187 Un proceso de fabricación produce cojinetes de bola con diámetros que tienen una distribución normal y una desviación estándar de $\sigma = 0.04$ cm. Los cojinetes de bola que tienen diámetros que son muy pequeños o muy grandes son indeseables. Para poner a prueba la hipótesis nula de que $\mu = 0.50$ cm, se selecciona al azar una muestra de 25 y se encuentra que la media muestral es 0.51.

a. Diseña hipótesis nula y alternativa tales que el rechazo de la hipótesis nula implicará que los cojinetes de bola son indeseables.
b. Con la regla de decisión establecida en el inciso a, ¿cuál es el valor p para los resultados muestrales?
c. Si la regla de decisión del inciso a se usa con $\alpha = 0.02$, ¿cuál es el valor crítico para el estadístico de prueba?

8.188 Después de realizar un gran número de ensayos durante un largo periodo, un fabricante de cuerdas descubre que su cuerda tiene una resistencia media a la rotura de 300 lb y una desviación estándar de 24 lb. Supón que estos valores son μ y σ. Se cree que, al usar un proceso recientemente desarrollo de gran velocidad, la resistencia media a la rotura disminuye.

a. Diseña hipótesis nulas y alternativas tales que el rechazo de la hipótesis nula implicará que la resistencia media a la rotura disminuye.
b. Con la regla de decisión establecida en el inciso a, ¿cuál es el valor p asociado con el rechazo de la hipótesis nula cuando 45 pruebas resultan en una media muestral de 295?
c. Si la regla de decisión en el inciso a se usa con $\alpha = 0.01$, ¿cuál es el valor crítico para el estadístico de prueba y qué valor de $\bar{x}$ le corresponde, si se usa una muestra de tamaño 45?

8.189 Una abeja obrera deja el panal regularmente y viaja a flores y otras fuentes de polen y néctar antes de regresar al panal a entregar su carga. El proceso se repite varias veces cada día con la finalidad de alimentar a las abejas más jóvenes y apoyar la producción de miel y cera del panal. La abeja obrera puede transportar un promedio de 0.0113 gramos de polen y néctar por viaje, con una desviación estándar de 0.0063 gramos. Fuzzy Drone (zángano velludo) entra al negocio de la miel y cera de abeja con una nueva cepa de abejas italianas que supuestamente son capaces de transportar cargas más grandes de polen y néctar que las abejas melíferas comunes. Después de instalar tres panales, Fuzzy aísla 200 abejas antes y después de su viaje de regreso y cuidadosamente pesa las cargas. El peso medio muestral del polen y el néctar fue de 0.0124 gramos. ¿Las abejas de Fuzzy pueden transportar una carga de polen y néctar más grande que el resto de la población de abejas? Completa la prueba de hipótesis adecuada en el nivel de significancia 0.01.

a. Resuelve usando el método de valor p.

b. Resuelve usando el método clásico.

8.190 En un gran supermercado, el tiempo de espera del cliente para salir tiene una distribución aproximadamente normal, con una desviación estándar de 2.5 minutos. Una muestra de 24 tiempos de espera de cliente produjo una media de 10.6 minutos. ¿Ésta es evidencia suficiente para rechazar la afirmación del supermercado de que el tiempo de salida de sus clientes promedia no más de 9 minutos? Completa esta prueba de hipótesis con el nivel de significancia 0.02.

a. Resuelve usando el método de valor p.

b. Resuelve usando el método clásico.

8.191 En una empresa muy grande, se muestreó a los oficinistas para ver si los salarios difieren entre departamentos para trabajadores en categorías similares. En una muestra de 50 de los trabajadores contables de la empresa, el salario anual promedio fue de 16 010 dólares. La oficina de personal de la compañía insiste en que el salario promedio pagado a todos los oficinistas de la empresa es de 15 650 dólares y que la desviación estándar es de 1 800 dólares. En el nivel de significancia 0.05, ¿puedes concluir que los trabajadores contables reciben, en promedio, un salario diferente del de los oficinistas?

a. Resuelve usando el método de valor p.

b. Resuelve usando el método clásico.

8.192 Jack Williams es vicepresidente de marketing para una de las compañías de gas natural más grandes de la nación. Durante los pasados 4 años ha observado dos factores principales que erosionan los beneficios y ventas de la compañía. Primero, el precio promedio del petróleo crudo virtualmente se ha desinflado y muchos de sus clientes en la industria queman crudo pesado en lugar de gas natural para encender sus hornos, sin importar las emisiones de chimenea agregadas. Segundo, tanto los clientes residenciales como los comerciales todavía persiguen técnicas de conservación de energía (por ejemplo, agregar aislamiento adicional, instalar termostatos accionados por reloj y sellar los huecos alrededor de puertas y ventanas para eliminar infiltración de aire frío). En años anteriores, los clientes residenciales compraron un promedio de 129.2 mcf de gas natural de la compañía de Jack ($\sigma = 18$ mcf), con base en registros de facturación internos de la compañía, pero los ambientalistas afirman que la conservación recorta el consumo de combustible hasta en 3% al año. Jack te comisiona para realizar una verificación rápida para ver si se ha realizado algún cambio en el uso anual antes de su próxima reunión con los funcionarios de la corporación. Una muestra de 300 clientes seleccionados al azar de los registros de facturación revela un promedio de 127.1 mcf durante los pasados 12 meses. ¿Existe un declive significativo en el consumo?

a. Completa la prueba de hipótesis apropiada en el nivel de significancia 0.01 con el enfoque de valor p, de modo que puedas aconsejar adecuadamente a Jack antes de su reunión.

b. Dado que eres el asistente de Jack, ¿por qué es mejor que uses el enfoque de valor p?

8.193 Con un tiempo de conducción promedio nacional de aproximadamente 24.3 minutos, los estadounidenses ahora pasan más de 100 horas al año en transporte hacia el trabajo, de acuerdo con la American Community Survey de la Oficina de Censos de Estados Unidos. Sí, eso es más que el tiempo promedio de 2 semanas de vacaciones (80 horas) que toman muchos trabajadores durante un año.

Fuente: http://usgovinfo.about.com/

Se encuestó una muestra aleatoria de 150 trabajadores en una gran industria cercana acerca de sus tiempos de traslado. Si se sabe que la desviación estándar es de 10.7 minutos, ¿la media muestral resultante de 21.7 minutos es significativamente inferior que el promedio nacional? Usa $\alpha = 0.01$.

a. Resuelve usando el método de valor p.

b. Resuelve usando el método clásico.

8.194 Un fabricante de neumáticos para automóviles cree que desarrolló un nuevo compuesto de caucho que tiene cualidades superiores antidesgaste. Produjo un lote de prueba de neumáticos fabricados con este nuevo compuesto y los puso en una prueba de camino. Los valores de datos registrados fueron la cantidad de desgaste de la banda de rodadura por 10 000 millas. En el pasado, la cantidad media de desgaste de la banda de rodadura por 10 000 millas, para neumáticos de esta calidad, fue de 0.0625 pulgadas.

La hipótesis nula a probar aquí es: "la cantidad media de desgaste de los neumáticos fabricados con el nuevo compuesto es la misma cantidad media de desgaste con el compuesto antiguo, 0.0625 pulgadas por 10 000 millas", H_o: $\mu = 0.0625$. Podrían usarse tres posibles hipótesis alternativas: 1) H_a: $\mu < 0.0625$, 2) H_a: $\mu \neq 0.0625$, 3) H_a: $\mu > 0.0625$.

(continúa en la página 408)

a. Explica el significado de cada una de esas tres alternativas.

b. ¿Cuál de las posibles hipótesis alternativas debe usar el fabricante si espera concluir que “usar el nuevo compuesto sí produce desgaste superior”?

8.195 De una población con media desconocida μ y desviación estándar $\sigma = 5.0$, se selecciona una muestra de $n = 100$ y se encuentra la media muestral 40.6. Compara los conceptos de estimación y prueba de hipótesis al completar lo siguiente:

a. Determina el intervalo de confianza de 95% para μ.

b. Completa la prueba de hipótesis que involucra H_a: $\mu \neq 40$ usando el método de valor p y $\alpha = 0.05$.

c. Completa la prueba de hipótesis que involucra H_a: $\mu \neq 40$ usando el método clásico y $\alpha = 0.05$.

d. En un bosquejo de la curva normal estándar, ubica el intervalo que representa el intervalo de confianza del inciso a; $z\bigstar$, valor p y α del inciso b; y $z\bigstar$ y regiones críticas del inciso c. Describe la relación entre estos tres procedimientos separados.

8.196 De una población con media desconocida μ y desviación estándar $\sigma = 5.0$, se selecciona una muestra de $n = 100$ y se encuentra la media muestral 41.5. Compara los conceptos de estimación y prueba de hipótesis al completar lo siguiente:

a. Determina el intervalo de confianza de 95% para μ.

b. Completa la prueba de hipótesis que involucra H_a: $\mu \neq 40$ usando el método de valor p y $\alpha = 0.05$.

c. Completa la prueba de hipótesis que involucra H_a: $\mu \neq 40$ usando el método clásico y $\alpha = 0.05$.

d. En un bosquejo de la curva normal estándar, ubica el intervalo que representa el intervalo de confianza del inciso a; $z\bigstar$, valor p y α del inciso b; y $z\bigstar$ y regiones críticas del inciso c. Describe la relación entre estos tres procedimientos separados.

8.197 De una población con media desconocida μ y desviación estándar $\sigma = 5.0$, se selecciona una muestra de $n = 100$ y se encuentra la media muestral 40.9. Compara los conceptos de estimación y prueba de hipótesis al completar lo siguiente:

a. Determina el intervalo de confianza de 95% para μ.

b. Completa la prueba de hipótesis que involucra H_a: $\mu > 40$ usando el método de valor p y $\alpha = 0.05$.

c. Completa la prueba de hipótesis que involucra H_a: $\mu > 40$ usando el método clásico y $\alpha = 0.05$.

d. En un bosquejo de la curva normal estándar, ubica el intervalo que representa el intervalo de confianza del inciso a; $z\bigstar$, valor p y α del inciso b; y $z\bigstar$ y regiones críticas del inciso c. Describe la relación entre estos tres procedimientos separados.

8.198 Un fabricante de mostaza estilo delicatessen, de molido tradicional, usa una máquina de alta velocidad para llenar frascos. La cantidad de mostaza descargada en los frascos forma una distribución normal con una media de 290 gramos y una desviación estándar de 4 gramos. Cada hora se toma una muestra al azar de 12 frascos de la producción de esa hora. Si la media muestral está entre 287.74 y 292.26, se acepta la producción de esa hora; de otro modo, se rechaza y la máquina se vuelve a calibrar antes de continuar.

a. ¿Cuál es la probabilidad del error de tipo I al rechazar la producción de la hora previa cuando el peso medio de frasco es 290 gramos?

b. ¿Cuál es la probabilidad del error de tipo II al aceptar la producción de la hora previa cuando el peso medio de frasco es en realidad 288 gramos?

8.199 Todos los medicamentos deben ser aprobados por la Food and Drug Administration (FDA) de Estados Unidos antes de poder comercializarse por una compañía farmacéutica. La FDA debe sopesar el error de comercializar un medicamento no efectivo, con los riesgos usuales de efectos colaterales, contra las consecuencias de no permitir la venta de un medicamento efectivo. Supón que, con el tratamiento médico usual, la tasa de mortalidad (r) de cierta enfermedad se sabe es A. Un fabricante envía para su aprobación un medicamento que se supone trata esta enfermedad. La FDA establece la hipótesis para poner a prueba la tasa de mortalidad para el medicamento como 1) H_o: $r = A$, H_a: $r < A$, $\alpha = 0.005$ o 2) H_o: $r = A$, H_a: $r > A$, $\alpha = 0.005$.

a. Si $A = 0.95$, ¿cuál prueba consideras debe usar la FDA? Explica.

b. Si $A = 0.05$, ¿cuál prueba consideras debe usar la FDA? Explica.

8.200 El fabricante de medicamentos del ejercicio 8.199 tiene un punto de vista diferente sobre la materia. Quiere comercializar el nuevo medicamento tan pronto como sea posible, de modo que pueda vencer a sus competidores en el mercado y ganar mucho dinero. Su posición es: “comercializar el medicamento a menos que el medicamento sea totalmente inefectivo”.

a. ¿Cómo la compañía establecería la hipótesis alternativa si fuera a realizar la prueba: H_o: $r < A$, H_a: $r \neq A$ o H_o: $r > A$? Explica.

b. ¿La tasa de mortalidad ($A = 0.95$ o $A = 0.05$) del tratamiento existente afecta la alternativa? Explica.

8.201 [EX08-201] Esta salida de computadora presenta una muestra simulada de tamaño 28 generada al azar de una población normal con $\mu = 18$ y $\sigma = 4$. Luego se usaron los comandos de computadora para completar una prueba de hipótesis para $\mu = 18$ contra una alternativa de dos colas.

a. Enuncia la hipótesis alternativa, la decisión y la conclusión que resultó.

b. Verifica los valores reportados para el error estándar de la media, $z\bigstar$ y el valor p.

18.7734	21.4352	15.5438	20.2764	23.2434	15.7222	13.9368
14.4112	15.7403	19.0970	19.0032	20.0688	12.2466	10.4158
8.9755	18.0094	20.0112	23.2721	16.6458	24.6146	17.8078
16.5922	16.1385	12.3115	12.5674	18.9141	22.9315	13.3658

TEST OF MU = 18.000 VS MU not = 18.000
THE ASSUMED STANDARD DEVIATION = 4.00

N	MEAN	STDEV	SE MEAN	Z	P VALUE
28	17.217	4.053	0.756	−1.04	0.30

8.202 Usa una computadora y genera 50 muestras aleatorias, cada una de tamaño $n = 28$, de una distribución de probabilidad normal con $\mu = 18$ y $\sigma = 4$.

a. Calcula el correspondiente $z\bigstar$ para cada media muestral.

b. En cuanto al método del valor p, encuentra la proporción de 50 valores $z\bigstar$ que son “más extremos” que $z = -1.04$ que ocurrieron en el ejercicio 8.201 (H_a: $\mu \neq 18$). Explica qué representa esta proporción.

c. En cuanto al método clásico, encuentra los valores críticos para una prueba de dos colas usando $\alpha = 0.01$; encuentra la proporción de 50 valores $z\bigstar$ que estén en la región crítica. Explica qué representa esta proporción.

8.203 Usa una computadora y genera 50 muestras aleatorias, cada una de tamaño $n = 28$, de una distribución de probabilidad normal, con $\mu = 19$ y $\sigma = 4$.

a. Calcula el correspondiente $z\bigstar$ para cada media muestral que resultaría cuando se pone a prueba la hipótesis nula $\mu = 18$.

b. En cuanto al método del valor p, encuentra la proporción de 50 valores $z\bigstar$ que son “más extremos” que $z = -1.04$ que ocurrieron en el ejercicio 8.201 (H_a: $\mu \neq 18$). Explica qué representa esta proporción.

c. En cuanto al enfoque clásico, encuentra los valores críticos para una prueba de dos colas usando $\alpha = 0.01$; encuentra la proporción de 50 valores $z\bigstar$ que estén en la región crítica. Explica qué representa esta proporción.

Examen de práctica del capítulo

PARTE I: Conocimiento de las definiciones

Responde “verdadero” si el enunciado siempre es verdadero. Si el enunciado no siempre es verdadero, sustituye las palabras en negritas con las palabras que hagan al enunciado siempre verdadero.

8.1 **Beta** es la probabilidad de un error tipo I.

8.2 **$1 - \alpha$** se conoce como el nivel de significancia de una prueba de hipótesis.

8.3 El error estándar de la media es la desviación estándar de la **muestra seleccionada**.

8.4 El error máximo de estimación está controlado por tres factores: **nivel de confianza**, **tamaño de muestra** y **desviación estándar**.

8.5 Alfa es la medida del área bajo la curva del valor estándar que yace en la **región de rechazo** para H_o.

8.6 El riesgo de cometer un **error tipo I** está directamente controlado en una prueba de hipótesis al establecer un nivel para α.

8.7 Fracasar para rechazar la hipótesis nula cuando es falsa es una **decisión correcta**.

8.8 Si la región no crítica en una prueba de hipótesis se hace más ancha (si supones que σ y n permanecen fijos), **α** se vuelve más grande.

8.9 Rechazar una hipótesis nula que es falsa es un **error de tipo II**.

8.10 Para concluir que la media es mayor (o menor) que un valor afirmado, el valor del estadístico de prueba debe estar en la **región ~~de aceptación~~.** crítica de rechazo falso

PARTE II: Aplicación de los conceptos

Responde todas las preguntas y muestra todas las fórmulas, sustituciones y trabajo.

8.11 Un cliente insatisfecho de la oficina postal está frustrado con el tiempo de espera para comprar estampillas. Al momento de registrar su queja, se le indica: "el tiempo de espera promedio en el pasado fue de aproximadamente 4 minutos, con una desviación estándar de 2 minutos". El cliente recolecta una muestra de $n = 45$ clientes y descubre que el tiempo de espera media es de 5.3 minutos. Encuentra el intervalo de confianza de 95% para el tiempo de espera medio.

8.12 Enuncia las hipótesis nula (H_o) y alternativa (H_a) que usarías para poner a prueba cada una de estas afirmaciones:

a. El peso medio de los jugadores profesionales de fútbol es más de 245 lb.

b. La cantidad mensual media de lluvia en Monroe County es menos que 4.5 pulgadas.

c. El peso medio de los bates de béisbol usados por los jugadores de las grandes ligas no es igual a 35 oz.

8.13 Determina el nivel de significancia, estadístico de prueba, región crítica y valor(es) crítico(s) que usarías para completar cada prueba de hipótesis con $\alpha = 0.05$:

a.	b.	c.
H_o: $\mu = 43$	H_o: $\mu = 80$	H_o: $\mu = 95$
H_o: $\mu < 43$	H_o: $\mu > 80$	H_o: $\mu \neq 95$
(dado $\sigma = 6$)	(dado $\sigma = 0.13$)	(dado $\sigma = 12$)

8.14 Encuentra cada valor:

a. $z(0.05)$ b. $z(0.01)$ c. $z(0.12)$

8.15 En el pasado, las toronjas cosechadas en un huerto particular tenían un diámetro medio de 5.50 pulgadas y una desviación estándar de 0.6 pulgadas. El dueño cree que la cosecha de este año es más grande que en el pasado. Recolectó una muestra aleatoria de 100 toronjas y descubrió un diámetro medio muestral de 5.65 pulgadas.

a. Encuentra el valor del estadístico de prueba, $z\bigstar$, que corresponde a $\bar{x} = 5.65$.

b. Calcula el valor p para la hipótesis del dueño.

8.16 Un fabricante afirma que sus lámparas tienen una vida media de 1 520 horas, con una desviación estándar de 85 horas. Se selecciona una muestra aleatoria de 40 de tales lámparas para ponerlas a prueba. Si la muestra produce un valor medio de 1 498.3 horas, ¿existe suficiente evidencia para afirmar que la vida media es menor que las afirmaciones del fabricante? Usa $\alpha = 0.01$.

PARTE III: Comprender los conceptos

8.17 Las tiendas de conveniencia Sugar Creek comisionaron a una compañía estadística para encuestar a sus clientes con la finalidad de estimar la cantidad media gastada por cliente. A partir de registros previos, se cree que la desviación estándar es $\sigma = \$5$. En su propuesta a Sugar Creek, la compañía estadística afirma que planea apoyar la estimación para la cantidad media gastada en una muestra de tamaño 100 y usar el nivel de confianza 95%. El presidente de Sugar Creek sugiere que el tamaño de la muestra debe aumentarse a 400. Si nada más cambia, ¿qué efecto tendrá este aumento en el tamaño muestral sobre los siguientes?

a. La estimación puntual para la media.

b. El error máximo de estimación.

c. El intervalo de confianza.

El CEO quiere que el nivel de confianza aumente a 99%. Si nada más cambia, ¿qué efecto tendrá este cambio en el nivel de confianza sobre los siguientes?

a. La estimación puntual para la media.

b. El error máximo de estimación.

c. El intervalo de confianza.

8.18 El nivel de ruido en un hospital puede ser un factor crucial que influya en la velocidad de recuperación de los pacientes. Supón, por cuestiones de la discusión, que una comisión de investigación recomienda un nivel de ruido medio máximo de 30 decibeles (db), con una desviación estándar de 10 db. El personal de un hospital tiene la intención de muestrear uno de sus pabellones para determinar si el nivel de ruido es significativamente superior al nivel recomendado. Se completará la siguiente prueba de hipótesis:

H_o: $\mu = 30$ ($\leq$) frente a H_a: $\mu > 30$, $\alpha = 0.05$

a. Identifica la interpretación correcta para cada hipótesis respecto a la recomendación y justifica tu elección.

H_o: 1) Nivel de ruido no es significativamente superior que el nivel recomendado, o 2) el nivel de ruido es significativamente superior al nivel recomendado.

H_a: 1) El nivel de ruido no es significativamente superior al nivel recomendado o 2) el nivel de ruido es significativamente superior al nivel recomendado.

b. ¿Cuál enunciado describe mejor el error tipo I?

i) La decisión alcanzada fue que el nivel de ruido está dentro del nivel recomendado cuando, de hecho, realmente está adentro.

ii) La decisión alcanzada fue que el nivel de ruido está dentro del nivel recomendado cuando, de hecho, realmente lo supera.

iii) La decisión alcanzada fue que el nivel de ruido superó el nivel recomendado cuando, de hecho, en realidad está adentro.

iv) La decisión alcanzada fue que el nivel de ruido está dentro del nivel recomendado cuando, de hecho, en realidad lo supera.

c. ¿Cuál enunciado del inciso b describe mejor el error tipo II?

d. Si α cambiara de 0.05 a 0.01, identifica y justifica el efecto (aumento, disminución o permanece igual) sobre P(error tipo I) y sobre P(error tipo II).

8.19 En ocasiones, la hipótesis alternativa se llama *hipótesis de investigación*. La conclusión es un enunciado escrito acerca de la hipótesis alternativa. Explica por qué son compatibles estos dos enunciados.

9 Inferencias que involucran una población

Cortesía del autor

Cortesía del autor

9.1 Inferencias en torno a la media μ (σ desconocida)

De piso a puerta

Piensa en cuánto tardas para estar listo en la mañana; esto es: desde el momento en que tus pies tocan el piso, hasta que sales por la puerta, después de bañarte, acicalarte, desayunar y vestirte por completo.

Algunos dirán que están listos en tan poco como 5 minutos, pero, cuando se cronometra, es difícil hacer todo en menos de 15 minutos, e incluso en ese caso, sólo si tu rutina está muy bien orquestada. He aquí una rutina matutina: levantarse a las 6:55, en la regadera hacia las 7:05, salir de la regadera a las 7:15, maquillarse y vestirse hacia las 7:30, empacar la mochila y tomar el desayuno a las 7:45, salir de casa a las 7:46 y en clase hacia las 8:00. Esto es un total de 51 minutos "de piso a puerta".

Si te dieran la tarea de estimar el tiempo "de piso a puerta" para la mujer universitaria típica, ¿qué información necesitarías y cómo la usarías para determinar la estimación?

Las inferencias en torno a la media poblacional μ se basan en la media muestral $\bar{x}$ y en la información obtenida de la distribución muestral de medias muestrales. Recuerda que la distribución muestral de medias muestrales tiene una media μ y un **error estándar** de $\sigma/\sqrt{n}$ para todas las muestras de tamaño n y tiene distribución normal cuando la población muestreada tiene una distribución normal o aproximadamente normal cuando el **tamaño muestral** es suficientemente grande. Esto significa que el **estadístico de prueba** $z\star = \frac{\bar{x}-\mu}{\sigma\sqrt{n}}$ tiene una distribución normal estándar. Sin embargo, cuando **se desconoce** σ, el error estándar $\sigma/\sqrt{n}$ también se desconoce. Por tanto, se usará la desviación estándar muestral s como la estimación puntual para σ. Como resultado, se usará un error estándar estimado de la media, $s/\sqrt{n}$ y el estadístico de prueba se convertirá en $\frac{\bar{x}-\mu}{\sigma\sqrt{n}}$.

Cuando se usa una σ **conocida** para realizar una inferencia acerca de la media μ, una muestra proporciona un valor para usar en las fórmulas; dicho valor es $\bar{x}$. Cuando también se usa la desviación estándar muestral s, la muestra proporciona dos valores: la media muestral $\bar{x}$ y el error estándar estimado $s/\sqrt{n}$. Como resultado, el estadístico z se sustituirá con un estadístico que explica el uso de un error estándar estimado. Este nuevo estadístico se conoce como **estadístico *t* de Student**.

En 1908, W.S. Gosset, un empleado de cervecería irlandés, publicó un ensayo acerca de esta distribución t bajo el seudónimo "Student". Para deducir la distribución t, Gosset supuso que las muestras se tomaron de poblaciones normales. Aunque esto puede parecer restrictivo, se obtienen resultados satisfactorios cuando se seleccionan muestras grandes de muchas poblaciones no normales.

La figura 9.1 presenta una organización esquemática para las inferencias en torno a la media población que se estudian en el capítulo 8 y en esta sección del capítulo 9. Existen dos situaciones: se conoce σ, o se desconoce σ. Como se dijo anteriormente, σ casi nunca es una cantidad conocida en problemas del mundo real; por tanto, el error estándar casi siempre se estimará mediante $s/\sqrt{n}$. El uso de un error estándar estimado de la media requiere el uso de la distribución t. Casi todas las inferencias del mundo real acerca de la media poblacional se realizarán con el estadístico t de Student.

FIGURA 9.1

¿Uso el estadístico z o el estadístico t?

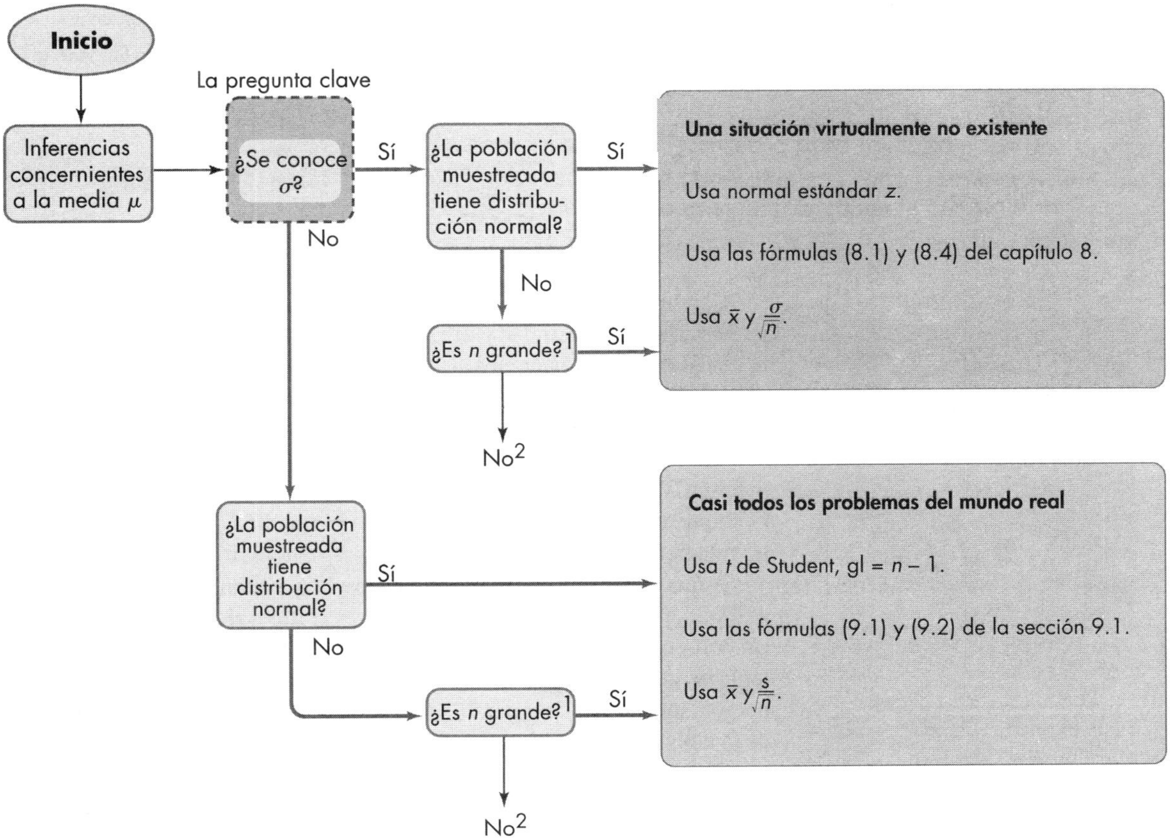

1. ¿Es n grande? Muestras tan pequeñas como n = 15 o 20 pueden considerarse suficientemente grandes para que se sostenga el teorema del límite central si los datos muestrales son unimodales, casi simétricos, de cola corta y sin valores extremos. Las muestras que no son simétricas requieren tamaños muestrales más grandes, con 50 suficientes, excepto para muestras extremadamente sesgadas. Consulta la discusión de la página 347.
2. Requiere el uso de una técnica no paramétrica; consulta el capítulo 14.

¿SABÍAS QUE...?

William Gosset ("Student")

William Gosset estudió matemáticas y química en la Universidad de Oxford y al graduarse ocupó una plaza en la Cervecería Guinness, en Dublín, donde descubrió una masa de datos recolectados relacionados con el proceso cervecero. En 1905, se reunió con Karl Pearson para discutir sus problemas estadísticos y un año después, con la aprobación de Guinness, fue a trabajar al Laboratorio Biométrico de Pearson. Al regresar a Guinness, se puso a cargo de su Cervecería Experimental. Durante esos años escribió muchos ensayos, que Guinness estuvo de acuerdo en publicar, siempre que usara un seudónimo y no incluyera datos de la compañía; por ende usó el seudónimo "Student".

La distribución t tiene las siguientes propiedades (consulta también la figura 9.2):

Propiedades de la distribución t (gl > 2)*

1. t se distribuye con una media de cero.
2. t se distribuye simétricamente en torno a su media.
3. t se distribuye de modo que forma una familia de distribuciones, una distribución separada para cada número diferente de grados de libertad (gl ≥ 1).
4. La distribución t se aproxima a la **distribución normal estándar** conforme aumenta el número de grados de libertad.
5. t se distribuye con una varianza mayor que 1, pero, conforme los grados de libertad aumentan, la varianza tiende a 1.
6. t se distribuye de modo que es menos picuda en la media y más gruesa en las colas que la distribución normal.

Grados de libertad, gl

Un **parámetro** que identifica cada diferente distribución de la distribución t de Student. Para los métodos presentados en este capítulo, el valor de gl será el tamaño muestral menos 1: gl = $n - 1$.

FIGURA 9.2
Distribuciones t de Student

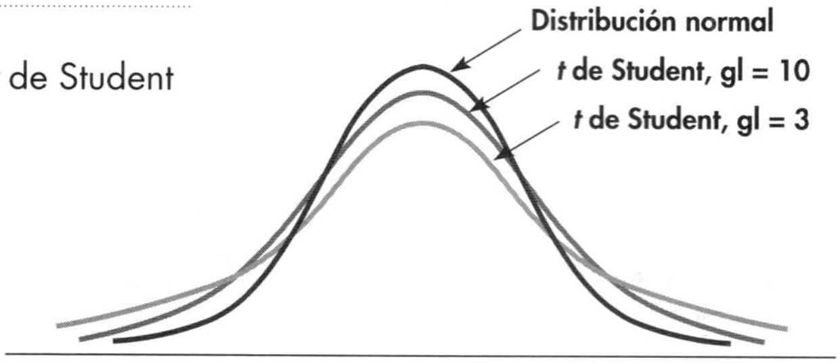

El número de grados de libertad asociados con s^2 es el divisor $(n - 1)$ usado para calcular la varianza muestral s^2 [fórmula 2.5, p. 75]: esto es, gl = $n - 1$. La varianza muestral es la media de las desviaciones al cuadrado. El número de grados de libertad es el "número de desviaciones no relacionadas" disponibles para usar en la estimación de σ^2. Recuerda que la suma de las desviaciones, $\Sigma(x - \bar{x})$, debe ser cero. A partir de una muestra de tamaño n, sólo las primeras $n - 1$ de tales desviaciones tienen libertad de valor. Esto es: el último, o n-ésimo, valor de $(x - \bar{x})$ debe hacer la suma de las n desviaciones totales exactamente cero. Como resultado, se dice que la varianza promedia $n - 1$ valores de desviación al cuadrado no relacionados y a este número, $n - 1$, se le nombró "grados de libertad".

Aunque hay una distribución t separada por cada grado de libertad, gl = 1, gl = 2, ..., gl = 20, ..., gl = 40, etc., sólo ciertos **valores críticos de t** clave se necesitarán para el trabajo. En consecuencia, la tabla para la distribución t de Student (tabla 6 del apéndice B) es una tabla de valores críticos en lugar de una tabla completa, como la tabla 3 lo es para la distribución normal estándar para z. Conforme observas la tabla 6, notarás que el lado izquierdo de la tabla se identifica mediante "df" (gl), grados de libertad. Esta columna de la izquierda comienza en 3 en la parte superior y menciona valores gl consecutivos hasta 30, después salta a 35, ..., a "gl > 100" en la parte inferior. Como se dijo anteriormente, conforme los grados de libertad aumentan, la distribución t se aproxima a las características de la distri-

PTI Explica el Applet Skillbuilder "Properties of t-distribution (Propiedades de la distribución t) disponible en cengagebrain.com

*No todas las propiedades se mantienen para gl = 1 y gl = 2. Dado que no encontrarás una situación donde gl = 1 o 2, estos casos especiales no se discuten más.

bución z normal estándar. Una vez que el gl es "mayor que 100", los valores críticos de la distribución t son los mismos que los correspondientes valores críticos de la distribución normal estándar como se proporciona en la tabla 4A del apéndice B.

Uso de la tabla de distribución t (tabla 6, apéndice B)

FIGURA 9.3
Distribución t que muestra t(gl,α)

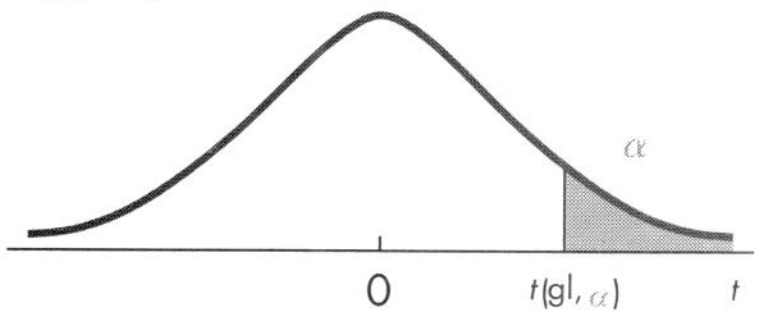

Los valores críticos de la distribución t de Student que se usarán tanto para construir un intervalo de confianza como para la prueba de hipótesis se obtendrán de la tabla 6 del apéndice B. Para encontrar en valor de t, necesitarás conocer dos valores de identificación: 1) gl, el número de grados de libertad (que identifican la distribución de interés) y 2) α, el área bajo la curva a la derecha del valor crítico a la derecha. Una notación muy parecida a la usada con z se utilizará para identificar un valor crítico. $t_{(\text{gl}, \alpha)}$, lee "t de gl, α", es el símbolo para el valor de t con gl grados de libertad y una área de α en la cola derecha, como se muestra en la figura 9.3.

EJEMPLO 9.1

t A LA DERECHA DE LA MEDIA

Encuentra el valor de $t_{(10, 0.05)}$ (observa el diagrama).

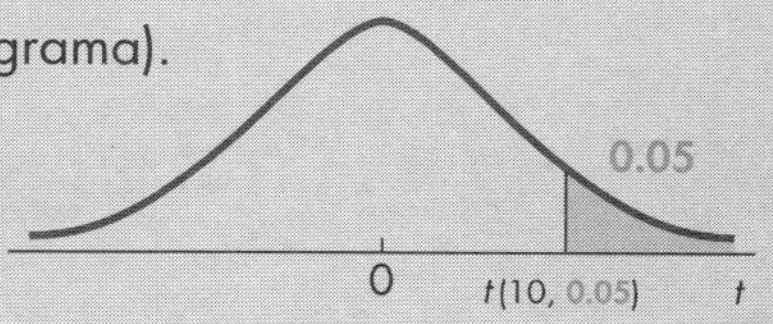

Solución

Existen 10 grados de libertad y 0.05 es el área a la derecha del valor crítico. En la tabla 6 del apéndice B se observa la fila gl = 10 y la columna marcada "Área en una cola", α = 0.05. En su intersección, puedes ver que $t_{(10, 0.05)}$ = **1.81**.

Parte de la tabla 6

	Área en una cola		
gl	...	**0.05**	...
:			
10		**1.81**	→ $t_{(10, 0.05)}$ = **1.81**

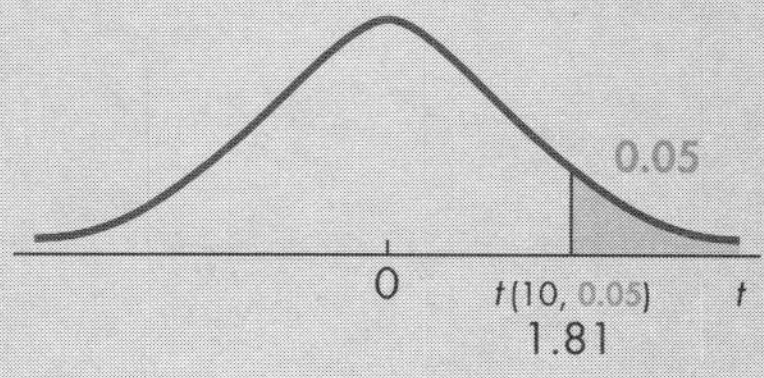

Para los valores de t a la izquierda de la media, puedes usar una de dos notaciones. El valor t que se muestra en la figura 9.4 podría llamarse $t_{(\text{gl}, 0.95)}$, porque el área a la derecha de él es 0.95, o podría identificarse como $-t_{(\text{gl}, 0.05)}$, porque la distribución t es simétrica en torno a su media, cero.

FIGURA 9.4
Valor t del lado izquierdo

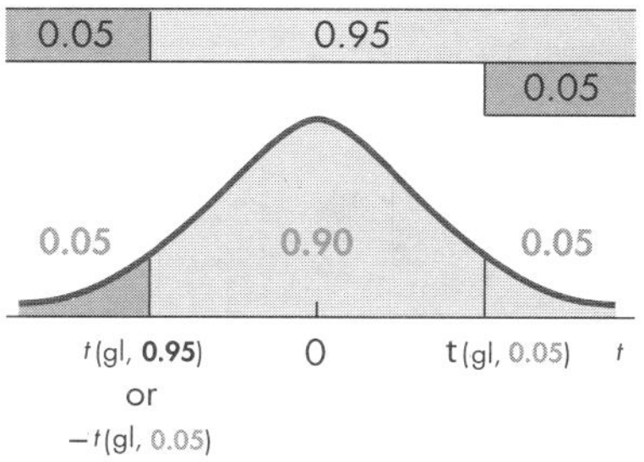

EJEMPLO 9.2

t A LA IZQUIERDA DE LA MEDIA

Encuentra el valor de $t(15, 0.95)$.

Solución

Hay 15 grados de libertad. En la tabla 6 busca la columna marcada $\alpha = 0.05$ (una cola) y su intersección con la fila gl = 15. La tabla proporciona $t(15, 0.95) = 1.75$; por tanto, $t(15, 0.95) = -t(15, 0.05) = -1.75$. El valor es negativo porque está a la izquierda de la media, cero; observa la figura.

Observa otro ejemplo que conecta la distribución t con percentiles.

EJEMPLO 9.3

VALORES t QUE ACOTAN UN PORCENTAJE MEDIO

Encuentra los valores de la distribución t que acotan el 0.90 medio del área bajo la curva para la distribución con gl = 17.

Solución

El 0.90 medio deja 0.05 para el área de cada cola. El valor de t que acota la cola derecha es $t(17, 0.05) =$ **1.74**, como se encontró en la tabla 6. El valor que acota la cola izquierda es −**1.74**, porque la distribución t es simétrica en torno a su media, cero.

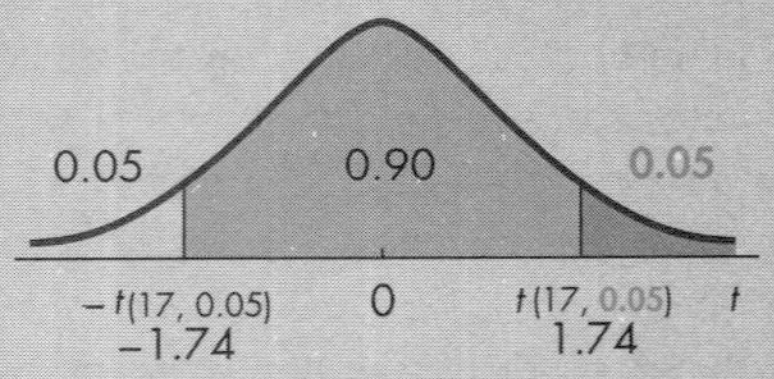

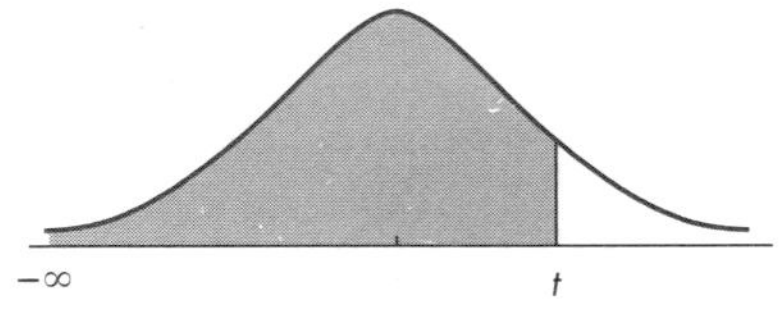

Si el gl necesario no se menciona en la columna izquierda de la tabla 6, entonces usa el siguiente valor más pequeño que se menciona. Por ejemplo, $t(72, 0.05)$ se estima usando $t(70, 0.05) = 1.67$.

La mayoría de los paquetes de software para computadora o calculadoras estadísticas calcularán el área relacionada con un valor t específico. La figura a la izquierda muestra la relación entre la probabilidad acumulada y un valor t específico para una distribución t con gl grados de libertad.

Tutorial en video disponible; ingresa y aprende más en cengagebrain.com

INSTRUCCIONES DE TECNOLOGÍA: PROBABILIDAD ASOCIADA CON UN VALOR ESPECÍFICO DE *t*

MINITAB

Probabilidad acumulada para un valor específico de *t*:

Elige:	**Calc > Probability Distribution > t**
Selecciona:	**Cumulative Probability**
	Parámetro de no centralidad: **0.0**
Escribe:	Grados de libertad: **df**
Selecciona:	**Input constant***
Escribe:	**t-value (ex. 1.74) > OK**

*Selecciona la columna Input si varios valores *t* se almacenan en C1. Usa C2 para almacenamiento opcional. Si necesitas el área en la cola derecha, resta la probabilidad calculada de 1.

Excel

Probabilidad en una o dos colas para un valor dado de *t*:

Si usaras varios valores *t* (no negativos), ingresa los valores en la columna A y activa B1; después continúa con:

Elige:	**Insert function fx > Statistical > TDIST > OK**
Escribe:	**X: individual t-value o (A1:A5 o selecciona celdas "t-value")***
	Grados libertad: **df**
	Colas: **1** o **2** (distribuciones de una o dos colas) **> OK**
Arrastra*:	**Esquina inferior derecha de la celda B1 hacia abajo para obtener otras probabilidades**

*Para encontrar la probabilidad dentro de las dos colas o la probabilidad acumulada para una cola, resta la probabilidad calculada de 1.

TI-83/84 Plus

Probabilidad acumulada para un valor específico de *t*:

Elige:	**2nd > DISTR > 5:tcdf(**†
Escribe:	**–1EE99, t-value, df)**

† Para encontrar la probabilidad entre dos valores *t*, escribe los dos valores en lugar de –1EE99 y valor *t*.

Si necesitas el área en la cola derecha, resta la probabilidad calculada de 1.

Procedimiento de intervalo de confianza

Ahora estás listo para hacer inferencias acerca de la media poblacional μ usando la desviación estándar muestral. Como se mencionó anteriormente, el uso de la distribución *t* tiene una condición.

La suposición para inferencias acerca de la media μ cuando se desconoce σ
La población muestreada tiene distribución normal.

El procedimiento para hacer intervalos de confianza con la desviación estándar muestral es muy similar al utilizado cuando se conoce σ (consulta las pp. 347-351). La diferencia es el uso de la *t* de Student en lugar de la *z* normal estándar y el uso de *s*, la desviación estándar muestral, como estimación de σ. El teorema del límite central (TLC) implica que esta técnica también se puede aplicar a poblaciones no normales cuando el tamaño de la muestra es suficientemente grande.

Intervalo de confianza para media

$$\bar{x} - t(\text{gl}, \alpha/2)\left(\frac{s}{\sqrt{n}}\right) \text{ a } \bar{x} + t(\text{gl}, \alpha/2)\left(\frac{s}{\sqrt{n}}\right), \text{ con gl} = n - 1 \qquad (9.1)$$

El ejemplo 9.4 ilustrará la formación de un intervalo de confianza utilizando la distribución t.

EJEMPLO 9.4

INTERVALO DE CONFIANZA PARA μ CON σ DESCONOCIDA

Se toma una muestra aleatoria de 20 pesos de bebés nacidos en Northside Hospital. Para la muestra se encontraron una media de 6.87 lb y una desviación estándar de 1.76 lb. Estima, con 95% de confianza, el peso medio de todos los bebés nacidos en este hospital. Con base en información pasada, se supone que los pesos de los recién nacidos tienen distribución normal.

Solución

Paso 1 La preparación:
Describe el parámetro poblacional de interés.
μ, el peso medio de los recién nacidos en Northside Hospital.

PTI El procedimiento en cinco pasos para el intervalo de confianza se proporcionó en la página 348.

Paso 2 Criterios del intervalo de confianza:

a. **Verifica las suposiciones.**
Información pasada indica que la población muestreada es normal.

b. **Identifica la distribución de probabilidad y la fórmula a usar.**
Se desconoce el valor de la desviación estándar poblacional, σ. Se usará la distribución t de Student con la fórmula (9.1).

c. **Establece el nivel de confianza:** $1 - \alpha = 0.95$.

PTI Recuerda que los intervalos de confianza son situaciones de dos colas.

Paso 3 La evidencia muestral:
Recolecta la información muestral: $n = 20$, $\bar{x} = 6.87$ y $s = 1.76$.

PTI gl se usa para encontrar el coeficiente de confianza en la tabla 6; n se usa en la fórmula.

Paso 4 El intervalo de confianza:

a. **Determina los coeficientes de confianza.**
Dado que $1 - \alpha = 0.95$, $\alpha = 0.05$ y por tanto $\alpha/2 = 0.025$. Además, puesto que $n = 20$, gl = 19. En la intersección de la fila gl = 19 y la columna de una cola $\alpha = 0.025$ de la tabla 6, se encuentra $t(\text{gl}, \alpha/2) = t(19, 0.025) = 2.09$. Consulta la figura.
La información acerca del coeficiente de confianza y el uso de la tabla 6 está en las páginas 415-416.

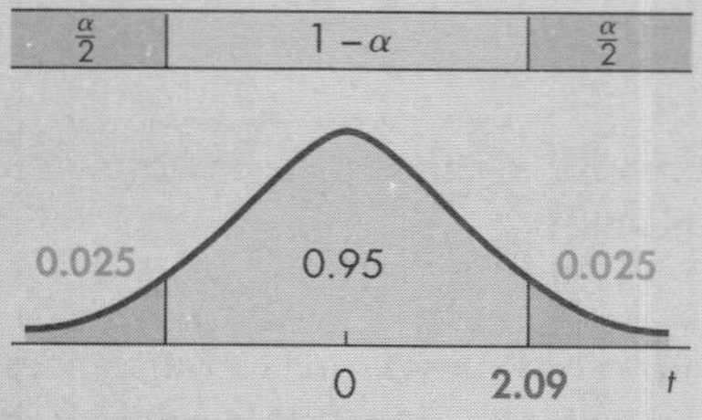

b. **Encuentra el error máximo de estimación.**

$$E = t(\text{df}, \alpha/2)\left(\frac{s}{\sqrt{n}}\right): \quad E = t(19, 0.025)\left(\frac{s}{\sqrt{n}}\right)$$

$$= 20.9\left(\frac{1.76}{\sqrt{20}}\right) = (2.09)(0.394) = 0.82$$

c. **Encuentra los límites de confianza inferior y superior.**

Tutorial en video disponible; ingresa y aprende más en cengagebrain.com

$$\bar{x} - E \text{ a } \bar{x} + E$$
$$6.87 - 0.82 \text{ a } 6.87 + 0.82$$
$$6.05 \text{ a } 7.69$$

Paso 5 Los resultados:
Establece el intervalo de confianza.
6.05 a 7.69 es el intervalo de confianza de 95% para μ. Esto es: con 95% de confianza se estima que el peso medio de los bebés nacidos en el Northside Hospital está entre 6.05 y 7.69 lb.

INSTRUCCIONES DE TECNOLOGÍA: INTERVALO DE CONFIANZA 1 − α PARA MEDIA μ CON σ DESCONOCIDA

MINITAB

Escribe los datos en C1; después continúa con:

Elige:	**Stat > Basic Statistics > 1-Sample t**
Escribe:	Muestras en columnas: **C1**
Selecciona:	**Options**
Escribe:	Nivel de confianza: **1 −** α (ej. 95.0)
Selecciona:	Alternativa: **not equal > OK > OK**

Excel

Escribe los datos en la columna A; después continúa con:

Elige:	**Add-Ins > Data Analysis Plus > t-Estimate: Mean > OK**
Escribe:	Rango entrada: **(A1:A20 o selecciona celdas)**
Escribe:	Alfa: α (ej. 0.05) **> OK**

TI-83/84 Plus

Escribe los datos en L1; después continúa con lo siguiente y escribe los valores adecuados y resalta Calculate:

Elige: **STAT > TESTS > 8:TInterval**

```
TInterval
 Inpt:Data Stats
 List:L1
 Freq:1
 C-Level:.95
 Calculate
```

La solución MINITAB al ejemplo 9.4 se parece a esto:

One-Sample T: C1

Variable	N	Mean	StDev	SE Mean	95% CI
C1	20	6.870	1.760	0.394	(6.047, 7.693)

Procedimiento de prueba de hipótesis

El estadístico t se usa para completar una prueba de hipótesis acerca de la media poblacional μ en forma muy parecida a como se usó z en el capítulo 8. En situaciones de prueba de hipótesis, usa la fórmula (9.2) para calcular el valor del **estadístico de prueba $t\bigstar$**:

Estadístico de prueba para media

$$t\bigstar = \frac{\bar{x} - \mu}{s/\sqrt{n}} \text{ con gl} = n - 1 \quad \textbf{(9.2)}$$

La **t calculada** es el número de errores estándar estimados que $\bar{x}$ está de la media hipotética μ. Como con los intervalos de confianza, el TLC indica que la distribución t también puede aplicarse a poblaciones no normales cuando el **tamaño de la muestra** es suficientemente grande.

EJEMPLO 9.5

PRUEBA DE HIPÓTESIS DE UNA COLA PARA μ CON σ DESCONOCIDA

Ahora regresa a la hipótesis del ejemplo 8.13 (p. 372), donde la Agencia de Protección Ambiental (EPA) quiere demostrar que el nivel medio de monóxido de carbono es mayor a 4.9 partes por millón. ¿Una muestra aleatoria de 22 lecturas (resultados muestrales: $\bar{x} = 5.1$ y $s = 1.17$) presentan suficiente evidencia para apoyar la afirmación de la EPA? Usa $\alpha = 0.05$. Estudios previos indican que tales lecturas tienen una distribución aproximadamente normal.

Solución

PTI El procedimiento en cinco pasos para prueba de hipótesis con valor p se proporcionó en la página 371.

PTI Los procedimientos para escribir H_o y H_a se estudiaron en las páginas 371-373.

Paso 1 La preparación:

a. **Describe el parámetro poblacional de interés.**
μ, el nivel medio de monóxido de carbono en el aire en el centro de Rochester.

b. **Enuncia la hipótesis nula (H_o) y la hipótesis alternativa (H_a).**

H_o: $\mu = 4.9$ ($\leq$) (no mayor que)
H_a: $\mu > 4.9$ (mayor que)

Paso 2 Criterios de la prueba de hipótesis:

a. **Verifica las suposiciones.**
Las suposiciones se satisfacen porque la población muestreada es aproximadamente normal y el tamaño de la muestra es suficientemente grande para aplicar el TLC (consulta la p. 413).

b. **Identifica la distribución de probabilidad y el estadístico de prueba a usar.**
Se desconoce σ; por tanto, se usará la distribución t con gl $= n - 1 = 21$ y el estadístico de prueba es $t\bigstar$, fórmula (9.2).

c. **Determina el nivel de significancia:** $\alpha = 0.05$.

Paso 3 La evidencia muestral:

a. **Recolecta la información muestral:** $n = 22$. $\bar{x} = 5.1$ y $s = 1.17$.

b. Calcula el valor del estadístico de prueba.
Usa la fórmula (9.2):

$$t\bigstar = \frac{\bar{x} - \mu}{s/\sqrt{n}} : \quad t\bigstar = \frac{5.1 - 4.9}{1.17/\sqrt{22}} = \frac{0.20}{0.2494} = 0.8018 = \mathbf{0.80}$$

Paso 4 La distribución de probabilidad:

Uso del procedimiento de valor *p*:

a. Calcula el valor *p* para el estadístico de prueba.
Usa la cola derecha porque H_a expresa preocupación por los valores relacionados con "mayor que". $\mathbf{P} = P(t\bigstar > 0.80$ con gl $= 21)$, como se muestra en la figura.

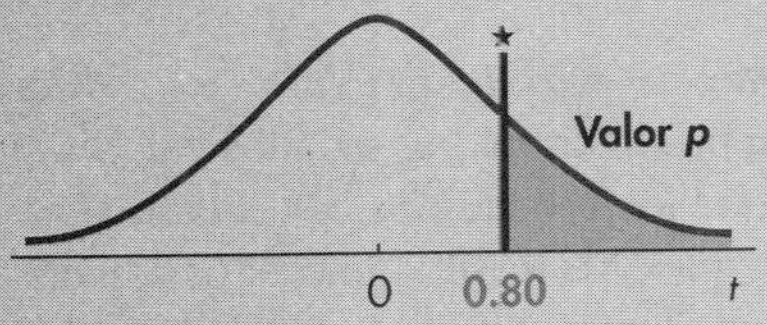

Para encontrar el valor *p*, usa uno de tres métodos:
1. Usa la tabla 6 del apéndice B para colocar cotas sobre el valor *p*: $0.10 < \mathbf{P} < 0.25$.
2. Usa la tabla 7 del apéndice B para leer el valor directamente: $\mathbf{P} = 0.216$.
3. Usa una computadora o calculadora para calcular el valor *p*: $\mathbf{P} = 0.2163$.

Detalles específicos siguen a este ejemplo.

b. Determina si el valor *p* es o no menor que α.
El valor *p* no es menor que α, el nivel de significancia.

Uso del procedimiento clásico:

a. Determina la región crítica y el (los) valor(es) crítico(s).
La región crítica es la cola derecha, porque H_a expresa preocupación por los valores relacionados con "mayor que". El valor crítico se encuentra en la intersección de la fila gl = 21 y la columna 0.05 de una cola de la tabla 6: $t(21, 0.05) = 1.72$.

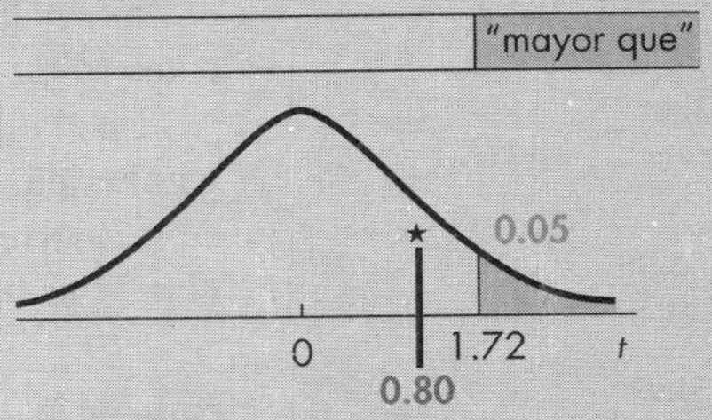

En las páginas 415-417 se proporcionan instrucciones específicas.

b. Determina si el estadístico de prueba está o no en la región crítica.
$t\bigstar$ no está en la región crítica, como se muestra en **azul oscuro** en la figura anterior.

Paso 5 Los resultados:

a. Enuncia la decisión en torno a H_o: Fracaso para rechazar H_o.

b. Enuncia la conclusión en torno a H_a.
En el nivel de significancia 0.05, la EPA no tiene suficiente evidencia para demostrar que el nivel medio de monóxido de carbono es mayor que 4.9.

Cómo calcular el valor *p* cuando se usa la distribución *t*

Método 1. Usa la tabla 6 del apéndice B para colocar cotas sobre el valor p. Al inspeccionar la fila gl = 21 de la tabla 6, puedes determinar un intervalo dentro del cual yace el valor *p*. Ubica $t\bigstar$ a lo largo de la fila etiquetada gl = 21. Si $t\bigstar$ no se menciona, localiza los dos valores de tabla entre los que caiga y lee las cotas para el valor *p* de la parte superior de la tabla. En este caso, $t\bigstar = 0.80$ está entre 0.686 y 1.32; por tanto, **P** está entre 0.10 y 0.25. Usa el encabezado de una cola, pues H_a es de una cola en esta ilustración. (Usa el encabezado de dos colas cuando H_a tenga dos colas.)

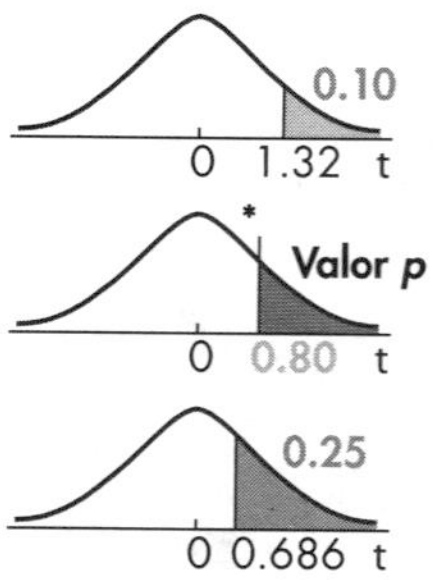

Cómo encontrar P = $P(t\bigstar > 0.80$, con gl = 21)
Porción de la tabla 6

	Área de una cola		
gl	0.25	P	0.10
⋮	⋮	↑	⋮
21	0.686	0.80	1.32

0.10 < P < 0.25

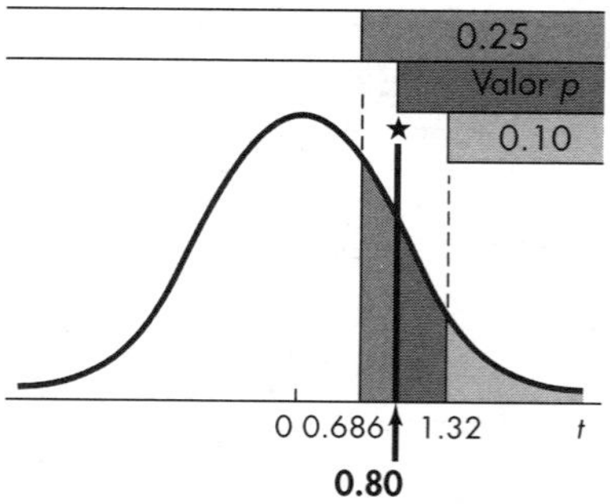

La entrada 0.686 en la tabla manifiesta que $P(t > 0.686) = 0.25$, como se muestra en azul oscuro en la figura. La entrada 1.32 de la tabla manifiesta que $P(t > 1.32) = 0.10$, como se muestra en azul claro. Puedes ver que el valor *p* **P** (que se muestra en azul medio) está entre 0.10 y 0.25. Por tanto, 0.10 < **P** < 0.25 y se dice que 0.10 y 0.25 son las "cotas" para el valor *p*.

Método 2. Usa la tabla 7 del apéndice B para leer el valor p o "colocar cotas" sobre el valor p. La tabla 7 está diseñada para producir valores *p* dados valores $t\bigstar$ y gl o producir cotas sobre **P** que sean más estrechas que los producidos por la tabla 6.

En el ejemplo anterior, $t\bigstar = 0.80$ y gl = 21. Resulta que estos son encabezados de fila y columna, de modo que el valor *p* puede leerse directamente de la tabla. Ubica el valor *p* en la intersección de la fila $t\bigstar = 0.80$ y la columna gl = 21. El valor *p* para $t\bigstar = 0.80$ con gl = 21 es **0.216**.

Parte de la tabla 7

$t\bigstar$	gl . . .	21
⋮		
10		0.216

→ **P** = $P(t\bigstar < 0.80$, con gl = 21) = **0.216**

PTI Necesitarás usar solamente uno de los tres métodos. El método estará determinado por tu profesor: tabla de preferencia, calculadora o computadora. Son equivalentes.

Para ilustrar cómo colocar cotas sobre el valor *p* cuando $t\bigstar$ y gl no son los valores de encabezado, considera la situación donde $t\bigstar = 2.43$ con gl = 16. El $t\bigstar = 2.43$ está entre las filas $t = 2.4$ y $t = 2.5$, mientras que gl = 16 está entre las columnas gl = 15 y gl = 18. Estas dos filas y dos columnas intersecan un total de cuatro veces, a saber, en 0.015 y 0.014 en la fila $t\bigstar = 2.4$ y en 0.012 y 0.011 en la fila $t\bigstar = 2.5$. El valor *p* que buscas está acotado por el más pequeño y el más grande de estos cuatro valores, a saber, 0.011 (inferior derecha) y 0.015 (superior izquierda). Por tanto, las cotas para el valor *p* son 0.011 < **P** < 0.015.

Parte de la tabla 7

$t\bigstar$	gl . . .	15	16	18
⋮				
2.4		0.015		0.014
2.43			P	
2.5		0.012		0.011

→ **P** = $P(t\bigstar > 2.43$, con gl = 16)
0.011 < P < 0.015

Método 3. Si haces la prueba de hipótesis con la ayuda de una computadora o calculadora, muy probablemente calculará el valor *p* por ti o puedes usar los comandos de distribución de probabilidad acumulada que se describen en la página 417.

Observa una situación de prueba de hipótesis de dos colas.

EJEMPLO 9.6

PRUEBA DE HIPÓTESIS DE DOS COLAS PARA μ CON σ DESCONOCIDA

En un popular test de autoimagen que resulta en calificaciones con distribución normal, la calificación media para receptores de asistencia pública se espera que sea 65. A una muestra aleatoria de 28 receptores de asistencia pública en el condado Emerson se les aplica el test. Logran una calificación media de 62.1 y sus calificaciones tienen una desviación estándar de 5.83. ¿Los receptores de asistencia pública del condado Emerson califican diferente, en promedio, de lo que se espera en el nivel de significancia 0.02?

Solución

Paso 1 La preparación:

a. **Describe el parámetro poblacional de interés.**
μ, la calificación media del test de autoimagen para todos los receptores de asistencia pública en el condado Emerson.

b. **Enuncia la hipótesis nula (H_o) y la hipótesis alternativa (H_a).**

$$H_o: \mu = 65 \text{ (media es 65)}$$
$$H_a: \mu \neq 65 \text{ (media no es 65)}$$

Paso 2 Criterios de la prueba de hipótesis:

a. **Verifica las suposiciones.**
Se espera que el test produzca calificaciones con distribución normal; por tanto, la suposición se satisface; σ es desconocida.

b. **Identifica la distribución de probabilidad y el test estadístico a usar.**
La distribución t con gl $= n - 1 = 27$ y el test estadístico es $t\star$, fórmula (9.2).

c. **Determina el nivel de significancia:** $\alpha = 0.02$ (dado en el enunciado del problema).

Paso 3 La evidencia muestral:

a. **Recolecta la información muestral:** $n = 28$, $\bar{x} = 62.1$ y $s = 5.83$.

b. **Calcula el valor del estadístico de prueba.**
Usa la fórmula (9.2):

$$t\star = \frac{\bar{x} - \mu}{s/\sqrt{n}}: \quad t\star = \frac{62.1 - 65.0}{5.83/\sqrt{28}} = \frac{-2.9}{1.1018} = -2.632 = \mathbf{-2.63}$$

Paso 4 La distribución de probabilidad:

Uso del procedimiento de valor p:

a. **Calcula el valor p para el estadístico de prueba.**
Usa ambas colas porque H_a expresa preocupación por valores relacionados con "diferente de".
$\mathbf{P} = P(t < -2.63) + P(t > 2.63) = 2 . P(t > 2.63)$, con gl $= 27$, como se muestra en la figura.

Uso del procedimiento clásico:

a. **Determina la región crítica y el (los) valor(es) crítico(s).**
La región crítica es ambas colas, porque H_a expresa preocupación por valores relacionados con "diferente de". El valor crítico se encuentra en la

Tutorial en video disponible; ingresa y aprende más en cengagebrain.com

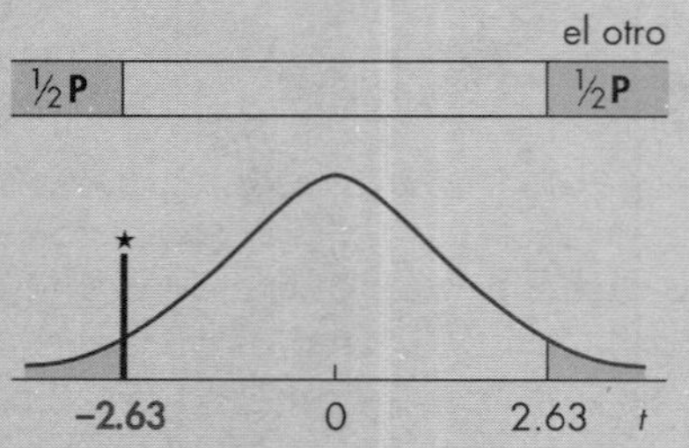

Para encontrar el valor p, usa uno de tres métodos:

1. Usa la tabla 6 del apéndice B para colocar cotas sobre el valor p: $0.01 < \mathbf{P} < 0.02$.
2. Usa la tabla 7 del apéndice B para colocar cotas sobre el valor p: $0.012 < \mathbf{P} < 0.016$.
3. Usa una computadora o calculadora para calcular el valor p: $\mathbf{P} = 0.0140$.

b. Determina si el valor p es o no menor que α.
El valor p es menor que el nivel de significancia, α.

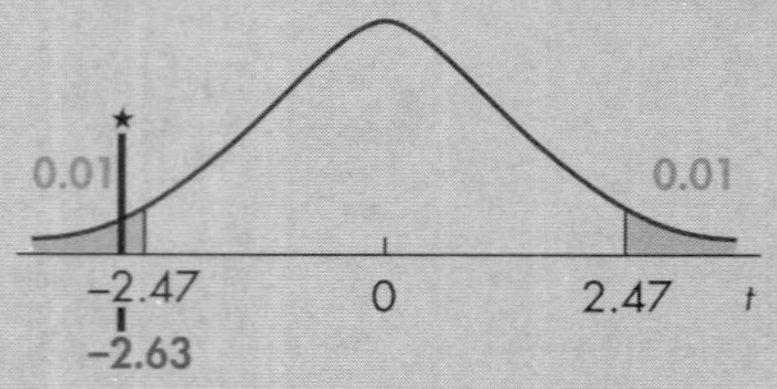

intersección de la fila y la columna 0.01 de una cola de la tabla 6: $t(27, 0.01) = 2.47$.

b. Determina si el estadístico de prueba está o no en la región crítica.
$t\star$ está en la región crítica, como se muestra en **azul oscuro** en la figura precedente.

Paso 5 Los resultados:

a. Enuncia la decisión en torno a H_o: Rechazar H_o.

b. Enuncia la conclusión en torno a H_a.
En el nivel de significancia 0.02, se tiene suficiente evidencia para concluir que los receptores de asistencia del condado Emerson califican significativamente diferente, en promedio, del 65 esperado.

Cómo calcular el valor p cuando se usa la distribución t

Método 1. Usa la tabla 6, encuentra 2.63 entre dos entradas en la fila gl = 27 y lee las cotas para **P** del encabezado de dos colas en la parte superior de la tabla:

$$\mathbf{0.01 < P < 0.02}$$

Método 2. Por lo general, las cotas que se encuentran con la tabla 7 serán más estrechas que las cotas que se encuentran con la tabla 6. La siguiente tabla te muestra cómo leer las cotas de la tabla 7; encuentra $t\star = 2.63$ entre dos filas y gl = 27 entre dos columnas y localiza las cuatro intersecciones de dichas columnas y filas. El valor de $\frac{1}{2}$ **P** se acota mediante la superior izquierda y la inferior derecha de dichas entradas de tabla.

Porción de la tabla 7

	Grados de libertad		
$t\star$	**25**	**27**	**29**
⋮			⋮
2.6	**0.008**		0.007
2.63	⟶	½P	⟶ **$0.006 < ½P < 0.008$**
2.7	0.006		**0.006**

$\mathbf{P} = 2P(t\star > 2.63, \text{ con gl} = 27)$

$\mathbf{0.006 < 1/2P < 0.008}$

$\mathbf{0.012 < P < 0.016}$

Método 3. Si haces la prueba de hipótesis con la ayuda de una computadora o calculadora, muy probablemente ella calculará el valor p por ti (no lo dupliques). O puedes usar los comandos de distribución de probabilidad acumulada descritos en la página 417.

INSTRUCCIONES DE TECNOLOGÍA: PRUEBA DE HIPÓTESIS PARA MEDIA μ CUANDO SE DESCONOCE σ

MINITAB

Escribe los datos en C1; después continúa con:

Elige:	**Stat > Basic Statistics > 1-Sample t**
Escribe:	Muestras en columnas: **C1**
Selecciona:	**Perform hypothesis test**
Escribe:	Media hipotetizada: μ
Selecciona:	**Options**
Selecciona:	Alternative: **less than** o **not equal** o **greater than > OK > OK**

Excel

Escribe los datos en la columna A; después continúa con:

Elige:	**Add-Ins > Data Analysis Plus > t-Test: Mean > OK**
Escribe:	Rango entrada: **(A1:A20 o selecciona celdas)**
	Media hipotetizada: μ
	Alfa: α (ej. 0.05) **> OK**
	Proporciona valores **p** y valores críticos para pruebas de una y dos colas.

TI-83/84 Plus

Escribe los datos en L1; después continúa con lo siguiente y escribe los valores apropiados y resalta Calculate:

Elige: **STAT > TESTS > 2:T-Test**

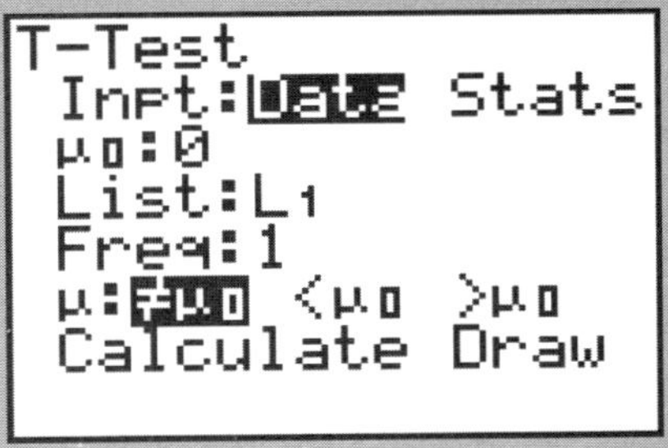

He aquí la solución MINITAB al ejemplo 9.6:

PTI Compara los resultados MINITAB con la solución que encontraste en el ejemplo 9.6.

One-Sample T: C1
Test of mu = 65 vs not = 65

Variable	N	Mean	StDev	SE Mean	T	P
C1	28	62.1	5.83	1.102	–2.63	0.0140

EJEMPLO APLICADO 9.7

EVALUACIÓN DE CONOCIMIENTO DE ÁLGEBRA

En el caso que se analiza en la página siguiente se presentan el valor *F* y el valor de probabilidad calculado para cinco pruebas de hipótesis diferentes. La expresión $t\,(44) = 1.92$ significa $t\star = 1.92$ con gl = 44 y es significativo con valor $p < 0.05$. ¿Puede comprobar los valores *p*? Explique.

Estudio de caso

Examen de álgebra

Se aplicó un examen general de álgebra a un grupo de nivel secundaria (n = 46, 16 mujeres, 30 hombres), los resultados del examen fueron:

1. Los alumnos no manejan adecuadamente las leyes de los exponentes $t(44) = 1.81$, $p < .10$.
2. Los alumnos manejan adecuadamente las reglas de los signos, $t(44) = 1.92$, $p < .05$.
3. Los alumnos saben resolver adecuadamente una ecuación lineal, $t(44) = 2.0$, $p < 0,06$.
4. Los alumnos saben resolver adecuadamente una ecuación de segundo grado, $t(44) = 3.41$, $p < .001$.
5. Los alumnos saben traducir adecuadamente del lenguaje verbal al simbólico, $t(44) = 3.71$, $p < .001$.

[EX00-000] identifica el nombre de archivo de una base de datos en línea de un ejercicio; disponible a través de cengagebrain.com

EJERCICIOS SECCIÓN 9.1

9.1 [EX09-001] A cada una de 81 estudiantes universitarias estadounidenses, que formaron parte de una muestra aleatoria, se le entregó un cronómetro y se le pidió cronometrarse personalmente mientras se preparaban para asistir a clases el siguiente martes en la mañana. Las instrucciones fueron iniciar el cronómetro tan pronto como tocaban el piso al levantarse y apagarlo cuando pasaran a través de la puerta de su vivienda en su camino a clases.

x = tiempo "piso a puerta" redondeado al minuto más cercano.

3	4	12	9	12	23	25	25	26	14	17	14	13	17	18
30	28	37	19	18	20	22	38	38	42	38	41	26	23	29
32	23	25	31	29	35	33	37	33	41	42	42	40	46	46
46	46	45	43	44	46	50	48	51	54	55	53	56	53	62
60	59	62	62	60	58	58	16	63	73	71	70	73	78	91
89	98	83	79	75	76									

a. ¿Cuál es la población de interés?

b. Dibuja un histograma de la variable "piso a puerta" usando múltiplos de 10 para puntos medios de clase. Describe la distribución. ¿Parece ser aproximadamente normal? Explica.

c. Vuelve a dibujar el histograma usando múltiplos de 5 para puntos medios de clase. Describe los patrones visibles que muestre este segundo histograma y que no fueron visibles en el primero. Explica qué causa este extraño patrón.

d. ¿Dirías que el histograma sugiere que la variable, cantidad de tiempo, tiene una distribución aproximadamente normal? ¿Qué evidencia puedes encontrar para apoyar tu respuesta?

9.2 Considera los datos muestrales del ejercicio 9.1.

a. Encuentra la media y la desviación estándar para el tiempo "piso a puerta".

b. ¿Cómo estimarías la media del tiempo "piso a puerta" para todas las estudiantes universitarias?

9.3 Elabora una lista de cuatro números que totalicen "cero". ¿Cuántos números pudiste elegir sin restricción? Explica cómo esto demuestra los grados de libertad.

9.4 Explica la relación entre los valores críticos que encontraste en la fila inferior de la tabla 6 y los valores críticos de z dados en la tabla 4A.

9.5 Encuentra:

a. $t(12, 0.01)$ b. $t(22, 0.025)$

c. $t(50, 0.10)$ d. $t(8, 0.005)$

9.6 Encuentra estos valores críticos con la tabla 6 del apéndice B:

a. $t(25, 0.05)$ b. $t(10, 0.10)$

c. $t(15, 0.01)$ d. $t(21, 0.025)$

9.7 Encuentra:

a. $t(18, 0.90)$ b. $t(9, 0.99)$

c. $t(35, 0.975)$ d. $t(14, 0.98)$

9.8 Encuentra estos valores críticos con la tabla 6 del apéndice B:

a. $t(21, 0.95)$ b. $t(26, 0.975)$

c. $t(27, 0.99)$ d. $t(60, 0.025)$

9.9 Con la notación del ejercicio 9.8, menciona y encuentra los siguientes valores críticos de t:

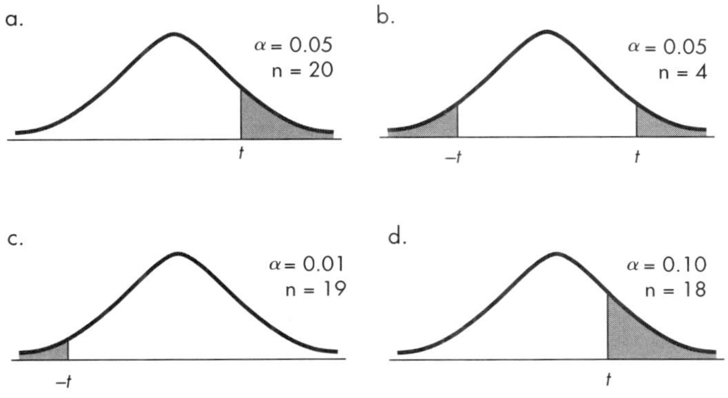

9.10 Con la notación del ejercicio 9.8, menciona y encuentra los siguientes valores críticos de t:

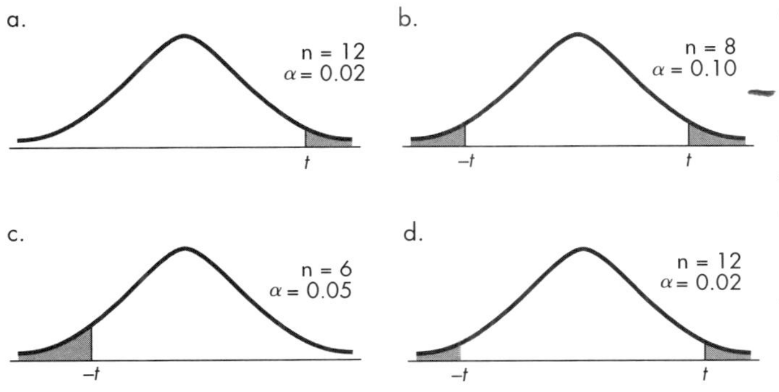

9.11 Encuentra los valores de t que acotan el 0.95 medio de la distribución para gl = 12.

9.12 Encuentra los valores de t que acotan el 0.80 medio de la distribución para gl = 26.

9.13 a. Encuentra el primer percentil de la distribución t de Student con 24 grados de libertad.

b. Encuentra el percentil 95 de la distribución t de Student con 24 grados de libertad.

c. Encuentra el primer cuartil de la distribución t de Student con 24 grados de libertad.

9.14 Encuentra el porcentaje de la distribución t de Student que se encuentra entre los siguientes valores:

a. gl = 12 y rangos t de –1.36 a 2.68

b. gl = 15 y rangos t de –1.75 a 2.95

9.15 Noventa por ciento de la distribución t de Student se encuentra entre $t = -1.89$ y $t = 1.89$, ¿para cuántos grados de libertad?

9.16 Noventa por ciento de la distribución t de Student se encuentra a la derecha de $t = -1.37$, ¿para cuántos grados de libertad?

9.17 Usa una computadora o calculadora para encontrar el área a la derecha de $t = -2.12$, con gl = 18. Dibuja un bosquejo que muestre la pregunta con la respuesta.

9.18 Usa una computadora o calculadora para encontrar el área a la derecha de $t = 1.12$, con gl = 15. Dibuja un bosquejo que muestre la pregunta con la respuesta.

9.19 a. Enuncia dos formas en las que se parecen la distribución normal estándar y la distribución t de Student.

b. Enuncia dos formas en las que son diferentes.

9.20 La varianza para cada distribución t de Student es igual a gl/(gl – 2). Encuentra la desviación estándar para una distribución t de Student con cada uno de los siguientes grados de libertad:

a. 10 b. 20 c. 30

En resumen:

d. Explica cómo esto verifica la propiedad 5 de las distribuciones t mencionados en la página 414.

9.21 Construye una estimación del intervalo de confianza de 95% para la media μ con la información muestral $n = 24$, $\bar{x} = 16.7$ y $s = 2.6$.

9.22 Construye una estimación del intervalo de confianza de 90% para la media μ con la información muestral $n = 53$, $\bar{x} = 87.2$ y $s = 11.9$.

9.23 La National Highway Traffic Safety Administration descubrió que el tiempo de respuesta, SME, promedio estadounidense, desde la notificación a los SME hasta el arribo a la escena del choque en áreas urbanas, era de 6.85 minutos.

Una muestra aleatoria de 20 accidentes mortales reportados en Dakota del Sur tuvo una media de notificación a tiempo de arribo de 5.25 minutos, con una desviación estándar de 2.78 minutos. Encuentra el intervalo de confianza de 98% para la verdadera media notificación-tiempo de arribo en Dakota del Sur, si se considera que los tiempos de respuesta son casi simétricos.

9.24 Con base en una encuesta de 1 000 adultos realizada por Greenfield Online y reportada en mayo de 2009 en el *USA Today Sanpshot*, los adultos de 24 años de edad y menos gastan un promedio semanal de 35 dólares en comida rápida. Si 200 de los 1 000 adultos entrevistados que estuvieron en la categoría de 24 años de edad y menos proporcionaron una desviación estándar de 14.50 dólares, construye un intervalo de confianza de 95% para el gasto promedio semanal en comida rápida para adultos de 24 años de edad y menos. Supón que los gastos semanales en comida rápida tienen distribución normal.

9.25 El destornillador cuadrado Robertson se inventó en 1908, pero ganó popularidad con los madereros estadounidenses y artesanos domésticos sólo durante los últimos 10 años. Las ventajas de los destornilladores cuadrados sobre los convencionales de hecho es notable: la mayoría son notablemente más resistentes, tienen mayor poder de sujeción y reducida resistencia al atornillar y "zafarse". Los resultados de las pruebas de resistencia publicados en el catálogo 2005 de McFeely revelaron que los tornillos de acero y cabeza plana del núm. 8 para el destornillador cuadrado Robertson fallan sólo después de que se aplica un promedio de 46 pulgada-libras de momento de torsión, una resistencia casi 50% mayor que la de los tornillos de madera de cabeza Phillips o ranurados.

Fuente: McFeely's Square Drive Screws, 2005

Supón que un laboratorio de pruebas independiente selecciona al azar 22 tornillos de acero y cabeza plana para destornillador cuadrado de una caja de 1 000 tornillos y obtiene una media del momento de torsión de falla de 45.2 pulgada-libras y una desviación estándar de 5.1 pulgada-libras. Estima, con confianza de 95%, la media del momento de torsión de falla de los tornillos de madera núm. 8 con base en el estudio del laboratorio independiente. Especifica el parámetro poblacional de interés, los criterios, la evidencia muestral y los límites del intervalo.

9.26 Mientras escribía un artículo acerca de los altos costos de la educación universitaria, un reportero tomó una muestra aleatoria del costo de los libros de texto nuevos para un semestre. La variable aleatoria x es el costo de un libro. Sus datos muestrales pueden resumirse mediante $n = 41$, $\Sigma x = 3582.17$ y $\Sigma(x - \bar{x})^2 = 9960.336$.

a. Encuentra la media muestral, $\bar{x}$.

b. Encuentra la desviación estándar muestral, s.

c. Encuentra el intervalo de confianza de 90% para estimar la verdadera media del costo de libro de texto para el semestre con base en esta muestra.

9.27 [EX09-027] Las tasas de pulso para 13 mujeres adultas fueron los siguientes:

83	58	70	56	76	64	80	76	70	97	68	78	108

Verifica los resultados que se muestran en la última línea de la salida MINITAB:

```
MTV > TINTERVAL 90 PERCENT CONFIDENCE
INTERVAL FOR DATA IN C1
      N    MEAN     STDEV    SE MEAN    90% CI
C1    13   75.69    14.54    4.03       (68.50, 82.88)
```

9.28 Con la salida de computadora del ejercicio 9.27, determina el valor para cada uno de los siguientes:

a. Estimación puntual

b. Coeficiente de confianza

c. Error estándar de la media

d. Error máximo de estimación, E

e. Límite de confianza inferior

f. Límite de confianza superior

9.29 [EX02-177] Se afirma que la adición de un nuevo acelerador disminuye el tiempo de secado de la pintura látex en más de 4%. Se realizan varias muestras de prueba con las siguientes reducciones porcentuales en tiempo de secado.

5.2	6.4	3.8	6.3	4.1	2.8	3.2	4.7

Supón que la reducción porcentual en el tiempo de secado tiene una distribución normal.

a. Encuentra el intervalo de confianza de 95% para la verdadera media de reducción en el tiempo de secado con base en esta muestra. (La media muestral y la desviación estándar se encontraron al responder el ejercicio 2.177, p. 110.)

b. ¿La estimación del intervalo a la que llegaste en el inciso a resulta en la misma conclusión que expresaste al responder el inciso c del ejercicio 2.177 para estos mismos datos?

9.30 Usa una computadora o calculadora para construir un intervalo de confianza de 0.98 con los datos muestrales:

6	7	12	9	10	8	5	9	7	9	6	5

9.31 [EX09-031] Los recesos para almorzar con frecuencia se consideran muy cortos y los empleados frecuentemente desarrollan un hábito para "alargarlos". El gerente de Giant Mart identificó al azar a 22 empleados y observó las duraciones de sus recesos para almorzar (en minutos) para un día seleccionado al azar durante la semana:

30	24	38	35	27	35	23	28	28	22	26
34	29	25	28	34	24	26	28	32	29	40

a. Muestra evidencia de que las suposiciones de normalidad se satisfacen.

b. Encuentra el intervalo de confianza de 95% para "duración media de recesos para almorzar" en Giant Mart.

9.32 [EX09-032] Muchos estudios realizados indican que es necesario ejercitarse para reducir varios riesgos a la salud, como presión arterial alta, cardiopatías y colesterol alto. Pero saberlo y hacerlo no son la misma cosa. Las personas en las profesiones de salud incluso deben estar más conscientes de la necesidad de ejercitarse. Los siguientes datos provienen de un estudio que encuestó a técnicos cardiovasculares (individuos que realizan diversos procedimientos de diagnóstico cardiovascular) acerca de su propio ejercicio físico semanal, medido en minutos.

60	40	50	30	60	50	90	30	60	60
60	80	90	90	60	30	20	120	60	50
20	60	30	120	50	30	90	20	30	40
50	40	30	40	20	30	60	50	60	80

a. Determina si una suposición de normalidad es razonable. Explica.

b. Estima la cantidad media de tiempo de ejercicio semanal para todos los técnicos cardiovasculares usando una estimación puntual y un intervalo de confianza de 95%.

9.33 [EX09-033] La información de ahorro de combustible en la pegatina de la ventanilla de una SUV nueva indica que su nuevo propietario puede esperar 16 mpg (millas por galón) en ciudad y 20 mpg en autopista y 18 mpg globales. Para uno de tales vehículos se conservan registros precisos de gasolina y se recolecta una muestra al azar del millaje por tanque de gasolina:

17.6	17.7	18.1	22.0	17.0	19.4	18.9	17.4	21.0	19.2
18.3	19.1	20.7	16.7	19.4	18.2	18.4	17.1	17.4	15.8
17.9	18.0	16.3	17.5	17.3	20.4	19.1	21.0	18.1	19.0
19.6	18.9	16.8	18.2	17.6	19.1	18.0	16.8	20.9	17.9
17.7	20.3	18.6	19.0	16.5	19.4	18.6	18.6	17.3	18.7

a. Determina si una suposición de normalidad es razonable. Explica.

b. Construye un intervalo de confianza de 95% para la estimación del millaje medio por galón.

c. ¿Qué sugiere el intervalo de confianza acerca de las expectativas de ahorro de combustible de la SUV, según se expresa en la pegatina de la ventanilla?

9.34 [EX09-034] James Short (1708-1768), un optometrista escocés, construyó los reflectores de mayor calidad de su época. Fue con estos reflectores que Short obtuvo las siguientes mediciones del paralaje del Sol (en segundos de grado), con base en el tránsito de Venus de 1761. El paralaje del Sol es el ángulo a subtendido por la Tierra, visto desde la superficie del Sol. (Consulta el siguiente diagrama.)

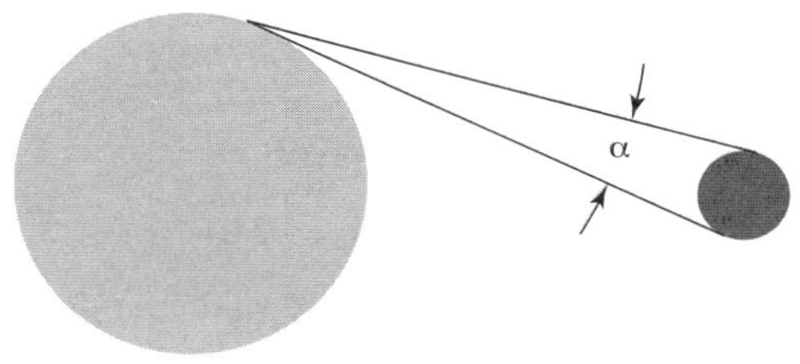

8.50	8.50	7.33	8.64	9.27	9.06	9.25	9.09	8.50
8.06	8.43	8.44	8.14	7.68	10.34	8.07	8.36	9.71
8.65	8.35	8.71	8.31	8.36	8.58	7.80	7.71	8.30
9.71	8.50	8.28	9.87	8.86	5.76	8.44	8.23	8.50
8.80	8.40	8.82	9.02	10.57	9.11	8.66	8.34	8.60
7.99	8.58	8.34	9.64	8.34	8.55	9.54	9.07	

Fuente: Los datos e información descriptiva se basan en material tomado de Stephen M. Stigler (1977). Do robust estimators work with real data? *Annals of Statistics, 5*, 1055-1098.

a. Determina si una suposición de normalidad es razonable. Explica.

b. Construye un intervalo de confianza de 95% para la estimación del paralaje medio del Sol.

c. Si el verdadero valor es 8.798 segundos de grado, ¿qué sugiere el intervalo de confianza acerca de las mediciones de Short?

9.35 Enuncia la hipótesis nula, H_o y la hipótesis alternativa, H_a, que usarías para poner a prueba cada una de las siguientes afirmaciones:

a. El peso medio de las abejas es de al menos 11 gramos.

b. La edad media de los pacientes en el Memorial Hospital es de no más de 54 años.

c. La cantidad media de sal en las barras de granola es diferente de 75 mg.

9.36 Enuncia la hipótesis nula, H_o y la hipótesis alternativa, H_a, que usarías para poner a prueba cada una de las siguientes afirmaciones:

a. Una granja avícola en Best Broilers afirma que sus pollos tienen un peso medio de 56 oz.

b. La edad media de los jets comerciales estadounidenses es de menos de 18 años.

c. La media del saldo insoluto mensual en las cuentas de tarjeta de crédito es de más de 400 dólares.

9.37 Calcula el valor de $t\bigstar$ para la prueba de hipótesis: H_o: $\mu = 32$, H_a: $\mu > 32$, $n = 16$, $\bar{x} = 32.93$, $s = 3.1$.

9.38 Calcula el valor de $t\bigstar$ para la siguiente prueba de hipótesis: H_o: $\mu = 73$, H_a: $\mu \neq 73$, $n = 12$, $\bar{x} = 71.46$, $s = 4.1$.

9.39 Determina el valor p para las siguientes pruebas de hipótesis que involucran la distribución t de Student con 10 grados de libertad.

a. H_o: $\mu = 15.5$, H_a: $\mu < 15.5$, $t\bigstar = -2.01$

b. H_o: $\mu = 15.5$, H_a: $\mu > 15.5$, $t\bigstar = 2.01$

c. H_o: $\mu = 15.5$, H_a: $\mu \neq 15.5$, $t\bigstar = 2.01$

d. H_o: $\mu = 15.5$, H_a: $\mu \neq 15.5$, $t\bigstar = -2.01$

9.40 Determina la región crítica y los valores críticos que usarías en el enfoque clásico a la prueba de las siguientes hipótesis nulas:

a. H_o: $\mu = 10$, H_a: $\mu \neq 10$ ($\alpha = 0.05$, $n = 15$)

b. H_o: $\mu = 37.2$, H_a: $\mu > 37.2$ ($\alpha = 0.01$, $n = 25$)

c. H_o: $\mu = -20.5$, H_a: $\mu < -20.5$ ($\alpha = 0.05$, $n = 18$)

d. H_o: $\mu = 32.0$, H_a: $\mu > 32.0$ ($\alpha = 0.01$, $n = 42$)

9.41 a. Encuentra el valor de **P** y enuncia la decisión para la prueba de hipótesis en el ejercicio 9.37, con $\alpha = 0.05$.

b. Encuentra la región crítica y el valor crítico y enuncia la decisión para la prueba de hipótesis en el ejercicio 9.37, con $\alpha = 0.05$.

9.42 a. Usa la tabla 6 o la tabla 7 del apéndice B para encontrar el valor de **P** para la prueba de hipótesis del ejercicio 9.38; enuncia la decisión usando $\alpha = 0.05$.

b. Encuentra la región crítica y el valor crítico para la prueba de hipótesis del ejercicio 9.38; enuncia la decisión con $\alpha = 0.05$.

9.43 Usa una computadora o calculadora para encontrar el valor p para la siguiente prueba de hipótesis: H_o: $\mu = 32$, H_a: $\mu > 32$, $n = 16$, $\bar{x} = 32.93$, $s = 3.1$.

9.44 Usa una computadora o calculadora para encontrar el valor p para la siguiente prueba de hipótesis: H_o: $\mu = 73$, H_a: $\mu \neq 73$, $n = 12$, $\bar{x} = 71.46$, $s = 4.1$.

9.45 Usa los enfoques del valor p y clásico para poner a prueba la hipótesis y llegar a una decisión para cada una de las siguientes situaciones. Usa $\alpha = 0.05$.

a. H_o: $\mu = 128$, H_a: $\mu \neq 128$, $n = 15$, $t\bigstar = 1.60$

b. H_o: $\mu = 18$, H_a: $\mu > 18$, $n = 25$, $t\bigstar = 2.16$

c. H_o: $\mu = 38$, H_a: $\mu < 38$, $n = 45$, $t\bigstar = -1.73$

d. Compara los resultados de las dos técnicas para cada caso.

9.46 Con referencia al ejemplo aplicado 9.7 (p. 425):

a. Verifica que $t(44) = 1.92$ es significativo en el nivel 0.05.

b. Verifica que $t(44) = 3.41$ es significativo en el nivel 0.01.

c. Explica por qué $t(44) = 1.81$, $p < 0.10$, tiene sentido sólo si la prueba de hipótesis tiene dos colas.

d. Si la prueba es de una cola, ¿qué nivel reportarías?

9.47 Un grupo de estudiantes sostiene que, cada día, el estudiante promedio debe viajar al menos 25 minutos en un sentido para llegar a la universidad. La oficina de admisiones de la universidad obtuvo una muestra aleatoria de 31 tiempos de viaje en un sentido para los estudiantes. La muestra tiene una media de 19.4 minutos y una desviación estándar de 9.6 minutos. ¿La oficina de admisiones tiene suficiente evidencia para rechazar la afirmación de los estudiantes? Usa $\alpha = 0.01$.

a. Resuelve con el método de valor p.

b. Resuelve con el método clásico.

9.48 Las casas en una ciudad universitaria cercana tienen un valor medio de 88 950 dólares. Se supone que las casas en la vecindad de la universidad tienen un valor medio más alto. Para poner a prueba esta teoría, se elige una muestra al azar de 12 casas del área universitaria. Su valuación media es 92 460 dólares y la desviación estándar es 5 200 dólares. Completa una prueba de hipótesis usando $\alpha = 0.05$. Supón que los precios tienen distribución normal.

a. Resuelve con el método de valor p.

b. Resuelve con el método clásico.

9.49 De acuerdo con el artículo "A dónde va la basura", del *Reader's Digest* de agosto de 2009, el estadounidense promedio tira 4.6 libras de basura cada día. Una pequeña ciudad en Vermont inició una campaña Verde y pidió a los residentes trabajar para reciclar más y reducir su generación de basura diaria. Para estimar la cantidad promedio de basura desechada por las personas en su ciudad, se seleccionaron al azar 18 casas y a todas se les pidió pesar cuidadosamente su basura el mismo día. La cantidad promedio de la muestra fue de 3.89 libras, con una desviación estándar de 1.322 libras. ¿Existe suficiente evidencia de que la ciudad de Vermont ahora tiene promedios diarios significativamente más bajos de cantidades de basura que el hogar estadounidense promedio? Usa un nivel de confianza de 0.05 y supón que los pesos tienen distribución normal.

9.50 ¿Despierto toda la noche? Las ansias de cafeína pueden causar problemas de salud a largo plazo. Las tareas, el trabajo y estudio pueden ser causas para que los adolescentes consuman demasiado café en sus vidas cotidianas. Los oficiales de salud advierten que altas dosis de cafeína no son buenas para nadie, pero el beber café sigue siendo cada vez más popular. No obstante, no es el café el que es de preocupación; es la cantidad de cafeína. Un consumo moderado de cafeína no es para preocuparse, dicen los expertos de salud. No hay riesgos para la salud al beber tres tazas de 8 oz de café regular, que es aproximadamente 250 mg de cafeína cada día, de acuerdo con el Henry Ford Health Sytem.

Fuente: New Expressions, http://www.newexpression.org/

Una muestra aleatoria nacional de estudiantes universitarios reveló que 24 estudiantes consumieron un total de 5 428 mg de cafeína cada día, con una desviación estándar de 48 mg. Si supones que la cantidad de cafeína consumida por persona diariamente tiene una distribución normal, ¿existe suficiente evidencia para concluir que la cantidad media de cafeína consumida diariamente por los estudiantes universitarios es menor a 250 mg, con $\alpha = 0.05$?

a. Completa la prueba con el enfoque de valor p. Incluye $t\bigstar$, valor p y tu conclusión.

b. Completa la prueba con el enfoque clásico. Incluye los valores críticos, $t\bigstar$ y tu conclusión.

9.51 [EX09-051] Para poner a prueba la hipótesis nula "el peso medio de los machos adultos es igual a 160 lb" contra la alternativa, "el peso medio de los machos adultos supera las 160 lb", se obtuvieron los pesos de 16 machos:

173	178	145	146	157	175	173	137
152	171	163	170	135	159	199	131

Supón normalidad y verifica los resultados que se muestran en el siguiente análisis MINITAB al calcular los valores tú mismo.

TEST OF MU = 160.00 VS MU > 160.00

	N	MEAN	STDEV	SE MEAN	T	P
C1	16	160.25	18.49	4.62	0.05	0.48

9.52 Con la salida de computadora del ejercicio 9.51, determina los valores de los siguientes términos:

a. Valor hipotético de media poblacional

b. Media muestral

c. Desviación estándar poblacional

d. Desviación estándar muestral

e. Estadístico de prueba

9.53 [EX09-053] Usa una computadora o calculadora para completar la prueba de hipótesis H_o: $\mu = 52$, H_a: $\mu < 52$ $\alpha = 0.01$, con los siguientes datos:

45	47	46	58	59	49	46	54	53	52	47	41

9.54 [EX09-054] El número recomendado de horas de sueño por noche es de 8 horas, pero todo mundo "sabe" que el estudiante universitario promedio duerme menos de 7 horas. A continuación se presenta una lista con el número de horas dormidas la noche anterior por 10 estudiantes universitarios seleccionados al azar:

5.2	6.8	6.2	5.5	7.8	5.8	7.1	8.1	6.9	5.6

Usa una computadora o calculadora para completar la prueba de hipótesis: H_o: $\mu = 7$, H_a: $\mu < 7$ $\alpha = 0.05$.

9.55 Se afirma que los estudiantes de cierta universidad calificarán un promedio de 35 en un examen dado. ¿La afirmación es razonable si una muestra aleatoria de calificaciones de examen de esta universidad produce 33, 42, 38, 37, 30, 42? Completa una prueba de hipótesis con $\alpha = 0.05$. Supón que los resultados del examen tienen distribución normal.

a. Resuelve con el método de valor p.

b. Resuelve con el método clásico.

9.56 [EX02-178] Se supone que la gasolina bombeada de una tubería del proveedor tiene un octanaje de 87.5. En 13 días consecutivos, se toma una muestra y se analiza, con los siguientes resultados:

88.6	86.4	87.2	88.4	87.2	87.6	86.8	86.1	87.4	87.3	86.4	86.6	87.1

a. Si el octanaje tiene una distribución normal, ¿existe suficiente evidencia para demostrar que estas lecturas de octanaje se tomaron de gasolina con un octanaje medio significativamente menor que 87.5 en el nivel 0.05? (La media muestral y la desviación estándar se encontraron al responder el ejercicio 2.178, p. 110.)

b. ¿La decisión estadística a la que llegaste en el inciso a resultó en la misma conclusión que expresaste al responder el inciso c del ejercicio 2.178 para estos mismos datos?

9.57 [EX09-032] De acuerdo con los enunciados del Centro Nacional de Información de Salud de la Mujer y los Centros para el Control y la Prevención de Enfermedades, las personas deben ejercitarse al menos 60 minutos a la semana para reducir varios riesgos a la salud.

a. Con base en los datos del ejercicio 9.32, determina si los técnicos se ejercitan al menos 60 minutos a la semana. Usa un nivel de significancia de 0.05.

b. ¿La decisión estadística a la que llegaste en el inciso a resultó en la misma conclusión que expresaste al responder el inciso b del ejercicio 9.32 para estos mismos datos?

9.58 [EX09-001] Considere el escenario "de piso a puerta" de la página 412, donde una muestra aleatoria de 81 estudiantes universitarias estadounidenses a quienes se les dio un cronómetro y se les pidió cronometrarse personalmente mientras se preparaban para asistir a clases el siguiente martes en la mañana.

Las instrucciones fueron iniciar el cronómetro tan pronto como sus pies tocaran el piso mientras se levantaban y apagarlo cuando pasaran por la puerta de su vivienda en camino a clases. Usa los datos muestrales mencionados y los resultados que encontraste en los ejercicios 9.1 y 9.2 (p. 426).

a. ¿Qué evidencia tienes de que la suposición de normalidad es razonable? Explica.

b. Estima el tiempo medio "de piso a puerta" para todas las estudiantes universitarias estadounidenses, con una estimación puntual y un intervalo de confianza de 95%.

c. Se supone que el tiempo estimado de 51 minutos para una rutina matutina típica, como se destaca en el escenario "de piso a puerta" de la página 412, es una media razonable para todas las estudiantes universitarias estadounidenses. Con base en los datos de este estudio, determina si las estudiantes son significativamente diferentes del posiblemente estudiante típico. Usa un nivel de significancia de 0.05.

d. ¿La decisión estadística alcanzada en el inciso c pudo haber resultado de tu respuesta al inciso b? ¿Cómo?

e. ¿Qué estadístico muestral tiene un efecto inusualmente grande sobre estos resultados? Explica.

9.59 [EX09-059] Se sabe que la densidad de la Tierra en relación con la densidad del agua es de 5.517 g/cm^3. Henry Cavendish, químico y físico inglés (1731-1810), fue el primer científico en medir con precisión la densidad de la Tierra. A continuación se presentan 29 mediciones tomadas por Cavendish en 1798 con una balanza de torsión.

5.50	5.61	4.88	5.07	5.26	5.55	5.36	5.29	5.58	5.65	5.57
5.53	5.62	5.29	5.44	5.34	5.79	5.10	5.27	5.39	5.42	5.47
5.63	5.34	5.46	5.30	5.75	5.68	5.85				

Fuente: Los datos e información descriptiva se basan en material tomado de Do robust estimators work with real data? de Stephen M. Stigler. *Annals of Statistics*, 5 (1977), 1055-1098.

a. ¿Qué evidencia tienes de que la suposición de normalidad es razonable? Explica.

b. ¿La media de los datos de Cavendish es significativamente menor que el estándar reconocido hoy día? Usa un nivel de significancia de 0.05.

9.60 [EX09-060] Usa una computadora o calculadora para completar los cálculos y la prueba de hipótesis para este ejercicio. Delco Products, una división de General Motors, produce conmutadores diseñados para tener 18.810 mm de longitud global. (Un conmutador es un dispositivo usado en el sistema eléctrico de un automóvil.) Los siguientes datos son las longitudes de una muestra de 35 conmutadores tomados mientras se monitoreaba el proceso de fabricación:

18.802	18.810	18.780	18.757	18.824	18.827	18.825
18.809	18.794	18.787	18.844	18.824	18.829	18.817
18.785	18.747	18.802	18.826	18.810	18.802	18.780
18.830	18.874	18.836	18.758	18.813	18.844	18.861
18.824	18.835	18.794	18.853	18.823	18.863	18.808

Fuente: Con permiso de Delco Products Division, GMC

¿Hay suficiente evidencia para rechazar la afirmación de que estas partes satisfacen el requisito de diseño "longitud media es 18.810" en el nivel de significancia $\alpha = 0.01$?

9.61 El acetaminofén es un ingrediente activo que se encuentra en más de 600 medicinas de anaquel y de prescripción, como analgésicos, jarabes para la tos y antigripales. Es seguro y efectivo cuando se usa correctamente, pero tomar demasiado puede conducir a daño hepático.

Fuente: http://www.keepkidshealthy.com/

Un investigador cree que la cantidad media de acetaminofén por tableta en una marca particular de antigripales es diferente de los 600 mg declarados por el fabricante. Una muestra aleatoria de 30 tabletas tuvo un contenido medio de acetaminofén de 596.3 mg, con una desviación estándar de 4.7 mg.

a. ¿La suposición de normalidad es razonable? Explica.

b. Construye un intervalo de confianza de 99% para la estimación del contenido medio de acetaminofén.

c. ¿Qué sugiere el intervalo de confianza encontrado en el inciso b acerca del contenido medio de acetaminofén de una píldora? ¿Crees que haya 600 mg por tableta? Explica.

9.62 [EX09-062] Un fabricante de vinos coloca un gran pedido de corchos del número 9 descritos en el ejemplo aplicado 6.13 (p. 285) y está preocupado por el número de corchos que pueden tener diámetros más pequeños. Durante el proceso de encorchado, los corchos se comprimen hasta 16 o 17 mm de diámetro para su inserción en botellas con una abertura de 18 mm. Entonces el corcho se expande para formar el sello. El fabricante de vinos quiere que los corchos estén tan apretados como sea posible y por tanto está preocupado de que alguno pueda tener menor tamaño. El diámetro de cada corcho se mide en varios lugares y por cada corcho se reporta un diámetro promedio. El fabricante de corchos asegura al fabricante de vinos que cada corcho tiene un diámetro promedio dentro de las especificaciones y que todos los diámetros promedio tienen una distribución normal con una media de 24.0 mm.

a. ¿Por qué tiene sentido que al diámetro del corcho se le asigne el promedio de varias mediciones de diámetro diferentes?

Del lote a embarcar se toma una muestra aleatoria de 18 corchos y se obtienen los diámetros (en milímetros):

23.93	23.91	23.82	24.02	23.93	24.17	23.93	23-84	24.13
24.01	23.83	23.74	23.73	24.10	23.86	23.90	24.32	23.83

b. La especificación de diámetro promedio es "24 mm + 0.6 mm/–0.4 mm". ¿Parece que este pedido cumple con la especificación sobre una base de corcho individual? Explica.

c. ¿La muestra del inciso a muestra suficientes razones para dudar de la veracidad de la afirmación, de que el diámetro promedio medio es 24.0 mm, al nivel de significancia 0.02?

Una muestra diferente de 18 corchos se elige al azar y se obtienen los diámetros (en milímetros):

23.90	23.98	24.28	24.22	24.07	23.87	24.05	24.06	23.82
24.03	23.87	24.08	23.98	24.21	24.08	24.06	23.87	23.95

d. ¿La muestra anterior presenta suficientes razones para dudar de la veracidad de la afirmación, de que el diámetro promedio medio es 24.0 mm, al nivel de significancia 0.02?

e. ¿Qué efecto tienen las dos medias muestrales diferentes sobre el estadístico de prueba calculado en los incisos c y d? Explica.

f. ¿Qué efecto tienen las dos desviaciones estándar muestrales diferentes sobre el estadístico de prueba calculado en los incisos c y d? Explica.

9.63 [EX09-063] La longitud no es muy importante al evaluar la calidad de los corchos, porque tiene poco que ver con la efectividad de un corcho para preservar el vino. Los fabricantes de vinos tienen muchas longitudes de dónde elegir y ordenan la longitud de corcho que prefieren (los corchos largos tienden a hacer un "pop" más sonoro cuando se descorcha la botella). Sin embargo, la longitud se monitorea muy de cerca, porque es una cualidad específica del corcho. Las longitudes de los corchos naturales del número 9 (24 mm de diámetro por 45 mm de longitud) tienen una distribución normal. Se miden 12 corchos seleccionados al azar hasta la centésima de milímetro más cercana.

44.95	44.95	44.80	44.93	45.22	44.82
45.12	44.62	45.17	44.60	44.60	44.75

a. ¿La muestra anterior ofrece suficientes razones para mostrar que la longitud media es diferente de 45.0 mm, en el nivel de significancia de 0.02?

Una muestra aleatoria diferente, de 18 corchos, se toma del mismo lote.

45.17	45.02	45.30	45.14	45.35	45.50	45.26	44.88	44.71
44.07	45.10	45.01	44.83	45.13	44.69	44.89	45.15	45.13

b. ¿La muestra anterior ofrece suficientes razones para mostrar que la longitud media es diferente de 45.0 mm, en el nivel de significancia 0.02?

c. ¿Qué efecto tienen las dos diferentes medias muestrales sobre el estadístico de prueba calculado en los incisos a y b? Explica.

d. ¿Qué efecto tienen los dos diferentes tamaños de muestra sobre el estadístico de prueba calculado en los incisos a y b? Explica.

e. ¿Qué efecto tienen las dos diferentes desviaciones estándar muestrales sobre el estadístico de prueba calculado en los incisos a y b? Explica.

9.64 ¿Cuán importante es la suposición "la población muestreada tiene distribución normal" para el uso de la distribución t de Student? Con una computadora, simula dibujar 100 muestras de tamaño 10 de cada uno de los tres diferentes tipos de distribuciones poblacionales, a saber: normal, uniforme y exponencial. Primero genera 1 000 valores de datos de la población y construye un histograma para ver a qué se parece la población. Después genera 100 muestras de tamaño 10 de la misma población; cada fila representa una muestra. Calcula la media y la desviación estándar para cada una de las 100 muestras. Calcula $t\star$ para cada una de las 100 muestras. Construye histogramas de las 100 medias muestrales y los 100 valores $t\star$. (Puedes encontrar detalles adicionales en el *Manual de soluciones del estudiante*.)

Para las muestras de la población normal:

a. ¿La distribución $\bar{x}$ parece ser normal? Encuentra porcentajes para los intervalos y compáralos con la distribución normal.

b. ¿La distribución de $t\star$ parece tener una distribución t con gl = 9? Encuentra porcentajes para los intervalos y compáralos con la distribución t.

Para las muestras de la población rectangular o uniforme:

c. ¿La distribución $\bar{x}$ parece ser normal? Encuentra porcentajes para los intervalos y compáralos con la distribución normal.

d. ¿La distribución de $t\star$ parece tener una distribución t con gl = 9? Encuentra porcentajes para los intervalos y compáralos con la distribución t.

Para las muestras de la población sesgada (exponencial):

e. ¿La distribución $\bar{x}$ parece ser normal? Encuentra porcentajes para los intervalos y compáralos con la distribución normal.

f. ¿La distribución de $t\star$ parece tener una distribución t con gl = 9? Encuentra porcentajes para los intervalos y compáralos con la distribución t.

En resumen:

g. En cada una de las tres situaciones anteriores, la distribución muestral para $\bar{x}$ parece ser ligeramente diferente de la distribución de $t\star$. Explica por qué.

h. ¿La condición de normalidad parece ser necesaria con la finalidad de que el estadístico de prueba calculado $t\star$ tenga una distribución t de Student? Explica.

9.2 Inferencias en torno a la probabilidad binomial de éxito

Acaso la inferencia más común involucra el **parámetro binomial** ***p***, la "probabilidad de éxito". Sí, todo mundo usa esta inferencia, incluso si es sólo casualmente. En miles de situaciones uno está preocupado de que algo o "pase" o "no pase". Sólo hay dos posibles resultados de preocupación y ésa es una propiedad fundamental de un **experimento binomial**. El otro ingrediente necesario es múltiples ensayos independientes. Al preguntar a cinco personas si están "a favor" o "en contra" de algún tema puede crear cinco ensayos independientes; si a 200 personas les planteas la misma pregunta, pueden involucrarse 200 ensayos independientes; si 30 artículos se inspeccionan para ver si cada uno "muestra una propiedad particular" o "no", habrá 30 ensayos repetidos; estas son las hechuras de una inferencia binomial.

El parámetro binomial p se define como la probabilidad de éxito en un solo ensayo en un experimento binomial.

Probabilidad binomial muestral

$$p' = \frac{x}{n} \qquad \textbf{(9.3)}$$

donde la **variable aleatoria** $\boldsymbol{x}$ representa el número de éxitos que ocurren en una muestra que consiste de n ensayos.

PTI En las páginas 246-249 puedes encontrar detalles completos acerca de la experimentación binomial.

Recuerda que la media y la desviación estándar de la variable aleatoria binomial x se encuentran con la fórmula (5.7), $\mu = np$ y la fórmula (5.8), $\sigma = \sqrt{npq}$, donde $q = 1 - p$. La distribución de x se considera como aproximadamente normal si n es mayor que 20 y si np y nq son ambas mayores que 5. Esta **regla empírica** comúnmente aceptada te permite usar la **distribución normal estándar** para estimar probabilidades para la variable aleatoria binomial, x, el número de éxitos en n ensayos y para hacer inferencias concernientes al parámetro binomial p, la probabilidad de éxito en un ensayo individual.

Por lo general, es más fácil y más significativo trabajar con la distribución de p' (la probabilidad de ocurrencia observada) que con x (el número de ocurrencias). En consecuencia, las fórmulas (5.7) y (5.8) se convertirán de unidades de x (enteras) a unidades de **proporciones** (porcentajes expresados como decimales) al dividir cada fórmula por n, como se muestra en la tabla 9.1.

TABLA 9.1 Fórmulas (9.4) y (9.5)

	Variable	Media	Desviación estándar
	x	$\mu_x = np$ (5.7)	$\sigma_x = \sqrt{npq}$ (5.8)
para cambiar x a p', divide entre n	$\frac{x}{n}$	$\frac{np}{n}$	$\frac{\sqrt{npq}}{n}$
	p'	$\mu_{p'} = p$ **(9.4)**	$\sigma_{p'} = \sqrt{\frac{pq}{n}}$ **(9.5)**

Recuerda que $\mu_{p'} = p$ y que el *estadístico muestral* p' es un **estimador no sesgado para p**. Por tanto, la información acerca de la distribución muestral de p' se resume del siguiente modo:

> Si una muestra aleatoria de tamaño n se selecciona de una gran población con $p = P(\text{éxito})$, entonces la distribución muestral de p' tiene:
> 1. Una media $\mu_{p'}$ igual a p
> 2. Un error estándar $\sigma_{p'}$ igual a $\sqrt{\frac{pq}{n}}$
> 3. Una distribución normal aproximada si n es suficientemente grande

En la práctica, el uso de estos lineamientos garantizará normalidad:

1. El tamaño de la muestra es mayor que 20.
2. Los productos np y nq son ambos mayores que 5.
3. La muestra consiste de menos de 10% de la población.

Ahora estás listo para hacer inferencias acerca del parámetro poblacional p. El uso de la distribución z involucra una suposición.

> **Las suposiciones para inferencias acerca del parámetro binomial p** Las observaciones aleatorias n que forman la muestra, se seleccionan de manera independiente de una población que no cambia durante el muestreo.

Procedimiento de intervalo de confianza

PTI La desviación estándar de una distribución muestral se llama "error estándar".

Las inferencias concernientes al parámetro binomial poblacional p, $P(\text{éxito})$, se hacen con procedimientos que se asemejan muy de cerca a los procedimientos de inferencia usados para la media poblacional μ. Cuando estimas la **proporción poblacional p**, basarás tus estimaciones en el **estimador no sesgado p'**. La estimación puntual, el estadístico muestral p', se convierte en el centro del intervalo de confianza y el error máximo de estimación es un múltiplo del **error estándar**. El **nivel de confianza** determina el coeficiente de confianza, el número de múltiplos del error estándar.

> **Intervalo de confianza para una proporción**
>
> $$p' - z(\alpha/2)\left(\sqrt{\frac{p'q'}{n}}\right) \quad \text{a} \quad p' + z(\alpha/2)\left(\sqrt{\frac{p'q'}{n}}\right) \qquad \textbf{(9.6)}$$
>
> donde $p' = \frac{x}{n}$ y $q' = 1 - p'$

Observa que el error estándar, $\sqrt{\frac{pq}{n}}$, se sustituyó con $\sqrt{\frac{p'q'}{n}}$. Dado que se estima p, no conoces su valor y por tanto debes usar la mejor sustitución disponible. Dicha sustitución es p', el valor observado o la estimación puntual para p. Esta sustitución provocará poco cambio en el error estándar o el ancho del intervalo de confianza siempre que n sea suficientemente grande.

El ejemplo 9.8 ilustrará la formación de un intervalo de confianza para el parámetro binomial, p.

EJEMPLO 9.8

INTERVALO DE CONFIANZA PARA p

En una discusión acerca de los automóviles que conducen los compañeros estudiantes, se hicieron varias declaraciones acerca de los tipos, edades, características, colores, etc. Dana decidió que él quería estimar la proporción de automóviles convertibles que conducen los estudiantes, de modo que identificó al azar 200 automóviles en el estacionamiento de estudiantes y descubrió 17 convertibles. Encuentra el intervalo de confianza de 90% para la proporción de automóviles convertibles conducidos por estudiantes.

Solución

PTI En la página 348 se proporciona el procedimiento en cinco pasos para el intervalo de confianza.

Paso 1 La preparación:
Describe el parámetro poblacional de interés.
p, la proporción (porcentaje) de automóviles convertibles de estudiantes.

Paso 2 Los criterios del intervalo de confianza:

a. Verifica las suposiciones.
La muestra se seleccionó al azar y la respuesta de cada estudiante es independiente de la de los otros encuestados.

b. Identifica la distribución de probabilidad y la prueba a usar.
La distribución normal estándar se usará con la fórmula (9.6) como el estadístico de prueba. Se espera que p' sea aproximadamente normal porque:
1) $n = 200$ es mayor que 20, y
2) tanto np [aproximado mediante $np' = 200(17/200) = 17$] como nq [aproximado mediante $np' = 200(183/200) = 183$] son mayores que 5.

c. Determina el nivel de confianza: $1 - \alpha = 0.90$.

Paso 3 La evidencia muestral:
Recolecta la información muestral.
$n = 200$ automóviles identificados y $x = 17$ fueron convertibles:

$$p' = \frac{x}{n} = \frac{17}{200} = 0.085$$

PTI En las páginas 348-350 se proporcionan instrucciones específicas.

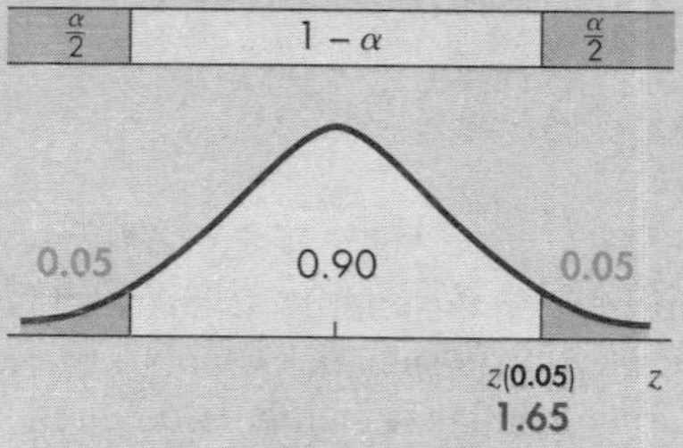

Paso 4 El intervalo de confianza:

a. Determina el coeficiente de confianza.
Éste es el valor z [$z(\alpha/2)$, "z de la mitad de alfa"] que identifica el número de errores estándar necesarios para lograr el nivel de confianza y se encuentra con la tabla 4 del apéndice B; $z(\alpha/2) = z(0.05) = 1.65$ (observa el diagrama).

b. Encuentra el error máximo de estimación.
Usa la parte de error máximo de la fórmula (9.6):

$$E = z(\alpha/2)\left(\sqrt{\frac{p'q'}{n}}\right) = 1.65\left(\sqrt{\frac{(0.085)(0.915)}{200}}\right)$$

$$= (1.65)\sqrt{0.000389} = (1.65)(0.020) = \mathbf{0.033}$$

c. Encuentra los límites de confianza inferior y superior.

$$p' - E \quad \text{a} \quad p' + E$$
$$0.085 - 0.033 \quad \text{a} \quad 0.085 + 0.033$$
$$0.052 \quad \text{a} \quad 0.118$$

Tutorial en video disponible; ingresa y aprende más en cengagebrain.com

PTI Explora el Applet Skillbuilder "$z\bigstar$ & Confidence Level" en cengagebrain.com.

Paso 5 Los resultados:
Enuncia el intervalo de confianza.
0.052 a 0.118 es el intervalo de confianza 90% para $p = P$(conduce convertible).

Esto es: la verdadera proporción de estudiantes que conducen convertibles está entre 0.052 y 0.118, con 90% de confianza.

INSTRUCCIONES DE TECNOLOGÍA: INTERVALO DE CONFIANZA $1 - \alpha$ PARA UNA PROPORCIÓN p

MINITAB

Elige:	**Stat > Basic Statistics > 1 Proportion**
Selecciona:	**Summarized Data**
Escribe:	Número eventos: **x**
	Número ensayos: **n**
Selecciona:	**Options**
Escribe:	Nivel confianza: **1 –** α (ej. 95.0)
Selecciona:	Alternativa: **not equal**
	Use test and interval based on normal distribution. > OK > OK

Excel

Escribe los datos en la columna A con 0 para fallas (o no) y 1 para éxitos (o sí); después continúa con:

Elige:	**Add-Ins > Data Analysis Plus > Z-Estimate: Proportion > OK**
Escribe:	Rango entrada: **(A2:A20 o selecciona celdas)**
	Código para éxito: **1**
	Alfa: α (ej. 0.05) **> OK**

TI-83/84 Plus

Elige: **STAT > TESTS > A:1-PropZint**
Escribe los valores apropiados y resalta Calculate.

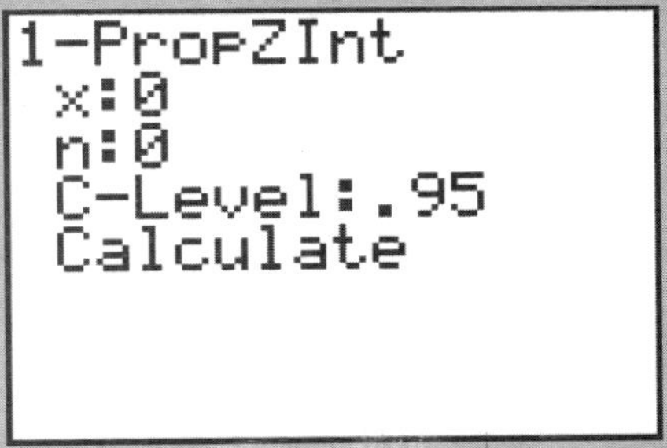

EJEMPLO APLICADO 9.9

MITO Y REALIDAD AL REPORTAR ERROR MUESTRAL

Casi en cualquier ocasión cuando se libera una nueva encuesta, alguien en los medios preguntará: ¿cuál es el margen de error para esta encuesta? Cuando los medios publican oraciones como "el margen de error es más o menos tres puntos porcentuales", sugieren fuertemente que los resultados son precisos hasta dentro del porcentaje establecido. Quieren advertir a las personas acerca del error de muestreo. Pero pueden hacerlo mejor si suponen que todas las encuestas y todos los sondeos de opinión son estimaciones que pueden estar equivocadas.

En el mundo real, "error de muestreo aleatorio" o la probabilidad de que una muestra de probabilidad pura producirá réplicas dentro de cierta banda de porcentajes sólo debido al tamaño muestral, es uno de nuestros últimos problemas de medición.

Por esta razón, nosotros (Harris) incluimos una fuerte advertencia en todas las encuestas que publicamos. Por lo general, es del modo siguiente: en teoría, con una muestra de este tamaño, uno puede decir con 95% de certeza que los resultados tienen una precisión estadística de más o menos, puntos porcentuales de lo que serían si toda la población adulta se hubiera encuestado con completa precisión. Desafortunadamente, existen muchas otras posibles fuentes de error en todos los sondeos o encuestas que probablemente son más serias que los cálculos teóricos del error de muestreo. Ellos incluyen rechazo a ser entrevistado (no respuesta), planteamiento de la pregunta y orden de las preguntas, sesgo del entrevistador, ponderación mediante datos de control demográfico y tamizado. Es difícil o imposible cuantificar los errores que pueden resultar de estos factores.

Si los reporteros son los menos interesados en todo esto, pueden preguntar: "si existen tantas fuentes de error en las encuestas, ¿por qué debemos molestarnos en leer o reportar cualquier resultado de las encuestas?". A lo que yo normalmente replico de dos formas:

1. Las encuestas bien diseñadas y realizadas funcionan. Su registro global es muy bueno. La mayoría de los investigadores sociales y de marketing, estarían muy felices con los errores de predicción promedio de las encuestas. Sin embargo, existen suficientes desastres en la historia de las predicciones electorales como para que los lectores tengan precauciones acerca de la interpretación de los resultados.
2. (Y esto es más efectivo.) Parafraseo las famosas puntualizaciones de Winston Churchill acerca de la democracia y digo: "las encuestas son la peor forma de medir la opinión pública y el comportamiento público o de predecir elecciones... excepto por todas las demás".

Fuente: The Polling Report, 4 de mayo de 1998, de Humprey Taylor, Chairman, Louis Harris & Assoc., Inc. http://www.pollingreport.com/sampling.htm.

Determinación del tamaño de la muestra

Al usar la parte de error máximo de la fórmula de intervalo de confianza, es posible determinar el **tamaño de la muestra** que debe tomarse con la finalidad de estimar p con una precisión deseada. He aquí la fórmula para el **error máximo de estimación para una proporción**:

$$E = z(\alpha/2)\left(\sqrt{\frac{pq}{n}}\right) \tag{9.7}$$

Para determinar el tamaño de la muestra a partir de esta fórmula, debes decidir acerca de la calidad que quieres para el intervalo de confianza final. Esta calidad se mide en dos formas: el nivel de confianza y la precisión (estrechez) del intervalo. El nivel de confianza que establezcas a su vez determinará el coeficiente de confianza, $z(\alpha/2)$. La precisión deseada determinará el error máximo de estimación, E. (Recuerda que estimas p, la probabilidad binomial; por tanto, E por lo general se expresará en centésimas.)

Para facilitar su uso, puedes resolver la fórmula (9.7) para n del modo siguiente:

Tamaño de la muestra para intervalo de confianza $1 - \alpha$ para p

$$n = \frac{[z(\alpha/2)]^2 \cdot p^* \cdot q^*}{E^2} \quad \textbf{(9.8)}$$

donde p^* y q^* son valores provisionales de p y q usados para planificación

PTI Recuerda que $q = 1 - p$.

Al inspeccionar la fórmula (9.8), puedes observar que tres componentes determinan el tamaño de la muestra:

1. El nivel de confianza [$1 - \alpha$, que determina el coeficiente de confianza, $z(\alpha/2)$]
2. El valor provisional de p (p^* determina el valor de q^*)
3. El error máximo, E

Un aumento o disminución en uno de estos tres componentes afecta el tamaño de la muestra. Si el nivel de confianza aumenta o disminuye (mientras los otros componentes se mantienen constantes), entonces el tamaño de la muestra aumentará o disminuirá, respectivamente. Si el producto de p^* y q^* aumenta o disminuye (con los otros componentes que se mantienen constantes), entonces el tamaño de la muestra aumenta o disminuye, respectivamente. (El producto $p^* \cdot q^*$ es más grande cuando $p^* = 0.5$ y disminuye conforme el valor de p^* se aleja más de 0.5.) Un aumento o disminución en el error máximo deseado tendrá el efecto opuesto sobre el tamaño de la muestra, dado que E aparece en el denominador de la fórmula. Si no están disponibles valores provisionales para p y q, entonces usa $p^* = 0.5$ y $q^* = 0.5$. Usar $p^* = 0.5$ es seguro porque proporciona el tamaño de muestras más grande de cualquier posible valor de p. Usar $p^* = 0.5$ funciona razonablemente bien cuando el verdadero valor está "cerca de 0.5" (por decir, entre 0.3 y 0.7); sin embargo, conforme p se acerca cada vez más o a 0 o a 1, ocurrirá una sobrestimación considerable en el tamaño muestral.

EJEMPLO 9.10

TAMAÑO DE LA MUESTRA PARA ESTIMAR p (SIN INFORMACIÓN PREVIA)

Determina el tamaño de la muestra que se requiere para estimar la verdadera proporción de estudiantes de universidad comunitaria que tienen ojos azules, si quieres que tu estimación esté dentro de 0.02 con 90% de confianza.

Solución

Paso 1 El nivel de confianza es $1 - \alpha = 0.90$; por tanto, el coeficiente de confianza es $z(\alpha/2) = z(0.05) = 1.65$, de la tabla 4 del apéndice B; consulta el diagrama.

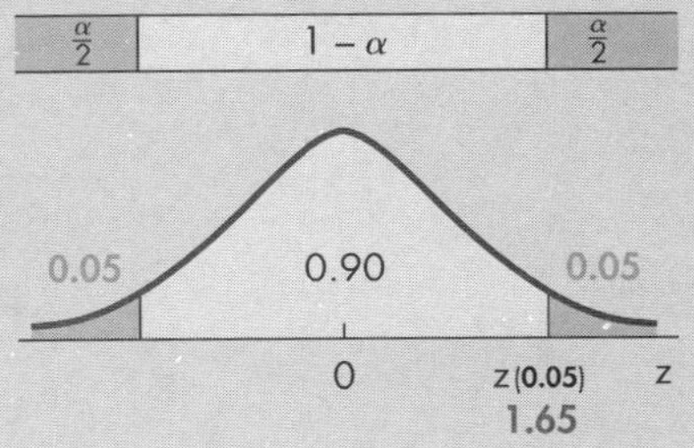

Paso 2 El error máximo deseado es $E = 0.02$.

Paso 3 No se proporciona estimación para p, así que usa $p^* = 0.5$ y $q^* = 1 - p^* = 0.5$

Tutorial en video disponible; ingresa y aprende más en cengagebrain.com

PTI Cuando encuentres el tamaño de la muestra n, siempre redondea al siguiente entero más grande, sin importar cuán pequeño sea el decimal.

Paso 4 Usa la fórmula (9.8) para encontrar n:

$$n = \frac{[z(\alpha/2)]^2 \cdot p^* \cdot q^*}{E^2}: n = \frac{(1.65)^2 \cdot 0.5 \cdot 0.5}{(0.02)^2} = \frac{0.680625}{0.0004} = 1701.56 = \mathbf{1702}$$

EJEMPLO 9.11

TAMAÑO DE MUESTRA PARA ESTIMAR p (INFORMACIÓN PREVIA)

Un fabricante de automóviles compra tuercas de un proveedor que afirma que las tuercas son aproximadamente 5% defectuosas. Determina el tamaño de muestra que se requerirá para estimar la verdadera proporción de tuercas defectuosas si quieres que tu estimación esté dentro de ±0.02 con 90% de confianza.

Solución

Paso 1 El nivel de confianza es $1 - \alpha = 0.90$; el coeficiente de confianza es $z(\alpha/2) = z(0.05) = 1.65$.

Paso 2 El error máximo deseado es $E = 0.02$.

Paso 3 Existe una estimación para p (la afirmación del proveedor es "5% defectuoso"), de modo que usa $p^* = 0.05$ y $q^* = 1 - p^* = 0.95$.

PTI Sí: ¡los cálculos del tamaño de la muestra siempre se redondean al siguiente entero más grande!

Paso 4 Usa la fórmula (9.8) para encontrar n:

$$n = \frac{[z(\alpha/2)]^2 \cdot p^* \cdot q^*}{E^2}: n = \frac{(1.65)^2 \cdot 0.05 \cdot 0.95}{(0.02)^2} = \frac{0.12931875}{0.0004} = 323.3 = \mathbf{324}$$

Observa la diferencia en los tamaños de muestra requeridos en los ejemplos 9.10 y 9.11. La única diferencia matemática entre los problemas es el valor usado para p^*. En el ejemplo 9.10 usaste $p^* = 0.5$ y en el ejemplo 9.11 usaste $p^* = 0.05$. Recuerda que el uso del valor provisional $p^* = 0.5$ proporciona el tamaño de muestra máximo. Como puedes ver, será una ventaja tener cierto indicio del valor esperado para p, especialmente conforme p se aleja cada vez más de 0.5.

Procedimiento de prueba de hipótesis

Cuando el parámetro binomial p se pone a prueba usando un procedimiento de prueba de hipótesis, se usará un estadístico de prueba que represente la diferencia entre la proporción observada y la proporción hipotética, dividida entre el error estándar. Este estadístico de prueba se supone que tiene distribución normal cuando la hipótesis nula es verdadera, cuando las suposiciones para la prueba se satisfacen y cuando n es suficientemente grande ($n > 20$, $np > 5$ y $nq > 5$).

PTI p' es de la muestra, p es de H_o y $q = 1 - p$

Estadístico de prueba para una proporción

$$z\star = \frac{p' - p}{\sqrt{\frac{pq}{n}}} \quad \text{con} \quad p' = \frac{x}{n} \qquad \textbf{(9.9)}$$

EJEMPLO 9.12

PRUEBA DE HIPÓTESIS DE UNA COLA PARA PROPORCIÓN p

Muchas personas duermen hasta tarde los fines de semana para compensar las "noches cortas" durante la semana laboral. El Consejo para Mejor Sueño reporta que 61% de las personas tienen más de 7 horas de sueño por noche los fines de semana. Una muestra aleatoria de 350 adultos descubrió que 235 tuvieron más de 7 horas de sueño cada noche el pasado fin de semana. En el nivel de significancia 0.05, ¿esta evidencia muestra que más de 61% duerme 7 horas o más por noche los fines de semana?

Solución

Paso 1 La preparación:

a. Describe el parámetro poblacional de interés.
p, la proporción de adultos que tienen más de 7 horas de sueño por noche los fines de semana.

b. Enuncia la hipótesis nula (H_o) y la hipótesis alternativa (H_a).
H_o: p = (7 + horas de sueño) = 0.61 (≤) (no más de 61%)
H_a: $p > 0.61$ (más de 61%)

Paso 2 Criterios de la prueba de hipótesis:

a. Verifica las suposiciones.
La muestra aleatoria de 350 adultos se encuestó de manera independiente.

b. Identifica la distribución de probabilidad y el estadístico de prueba a usar.
Se usará la z normal estándar con la fórmula (9.9). Dado que $n = 350$ es mayor que 20 y tanto $np = (350)(0.61) = 213.5$; y $nq = (350)(0.39) = 136.5$ son mayores que 5, se espera que p' tenga una distribución aproximadamente normal.

c. Determina el nivel de significancia: $\alpha = 0.05$.

Paso 3 La evidencia muestral:

a. Recolecta la información muestral: $n = 350$ y $x = 235$:

$$p' = \frac{x}{n} = \frac{235}{350} = 0.671$$

b. Calcula el valor del estadístico de prueba.
Usa la fórmula (9.9):

$$z\star = \frac{p' - p}{\sqrt{\frac{pq}{n}}}: z\star = \frac{0.671 - 0.61}{\sqrt{\frac{(0.61)(0.39)}{350}}} = \frac{0.061}{\sqrt{0.0006797}} = \frac{0.061}{0.0261} = \mathbf{2.34}$$

Tutorial en video disponible; ingresa y aprende más en cengagebrain.com

Paso 4 La distribución de probabilidad:

Uso del procedimiento de valor *p*:

a. Calcula el valor *p* para el estadístico de prueba.
Usa la cola derecha porque H_a expresa preocupación por valores relacionados con "más que".
P = valor $p = P(z > 2.34)$, como se muestra en la figura.

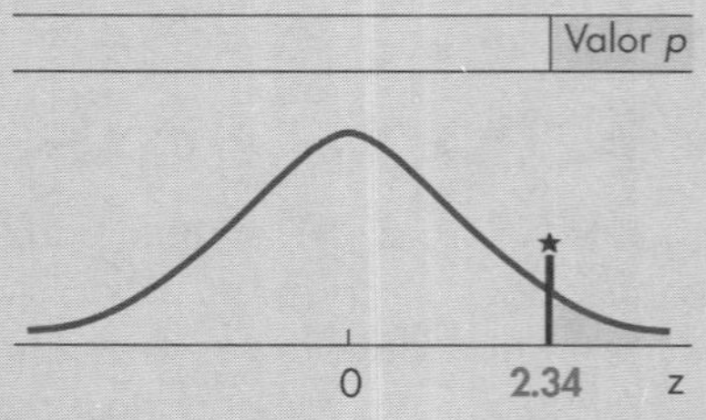

Para encontrar el valor *p*, usa uno de tres métodos:

1. Usa la tabla 3 del apéndice B para calcular el valor *p*: **P** = 1.0000 – 0.9904 = **0.0096**.
2. Usa la tabla 5 del apéndice B para colocar cotas sobre el valor *p*: 0.0094 < **P** < 0.0107.
3. Usa una computadora o calculadora para calcular el valor *p*: **P** = 0.0096.

Para instrucciones específicas, consulta el método 3 más adelante.

b. Determina si el valor *p* es o no menor que α.
El valor *p* es menor que α.

Uso del procedimiento clásico:

a. Determina la región crítica y el (los) valor(es) crítico(s).
La región crítica es la cola derecha porque H_a expresa preocupación por valores relacionados con "más que". El valor crítico se obtiene de la tabla 4A: $z(0.05) =$ **1.65**.

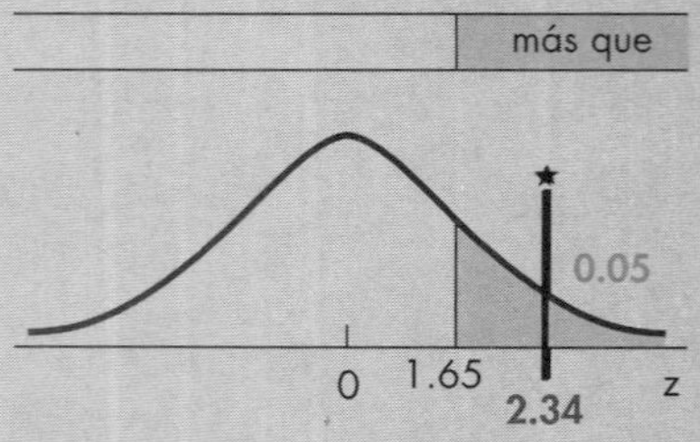

En las páginas 392-394 se proporcionan instrucciones específicas para encontrar valores críticos.

b. Determina si el estadístico de prueba está o no está en la región crítica.
$z\bigstar$ está en la región crítica, como se muestra en **azul oscuro** en la figura anterior.

Paso 5 Los resultados:

a. Enuncia la decisión en torno a H_o: Rechazar H_o.

b. Enuncia la conclusión en torno a H_a.
Existe suficiente razón para concluir que la proporción de adultos en la población muestreada que tiene más de 7 horas de sueño nocturno los fines de semana es significativamente mayor que 61% en el nivel de significancia 0.05.

Método 3. Si haces la prueba de hipótesis con la ayuda de una computadora o calculadora, muy probablemente calculará el valor *p* por ti o puedes usar los comandos de distribución de probabilidad acumulada descritos en la página 285.

EJEMPLO 9.13

PRUEBA DE HIPÓTESIS DE DOS COLAS PARA PROPORCIÓN *p*

Mientras hablaba acerca de los automóviles que conducen tus compañeros estudiantes (consulta el ejemplo 9.8, p. 436), Tom afirmó que 15% de los estudiantes conducen convertibles. Jody encuentra esto difícil de creer y quiere verificar la validez de la afirmación de Tom usando la muestra aleatoria de Dana. En un nivel de significancia de 0.10, ¿existe suficiente evidencia para rechazar la afirmación de Tom, si existen 17 convertibles en su muestra de 200 automóviles?

Solución

Paso 1 La preparación:

a. Describe el parámetro poblacional de interés.

$p = P$(estudiante conduce convertible)

b. Enuncia la hipótesis nula (H_o) y la hipótesis alternativa (H_a).

H_o: $p = 0.15$ (15% sí conduce convertible)

H_a: $p \neq 0.15$ (el porcentaje es diferente de 15%)

Paso 2 Criterios de la prueba de hipótesis:

a. Verifica las suposiciones.
Las muestras se seleccionaron al azar y la respuesta de cada sujeto fue independiente de otras respuestas.

b. Identifica la distribución de probabilidad y el estadístico de prueba a usar.
Se usarán la z normal estándar y la fórmula (9.9). Dado que $n = 200$ es mayor que 20 y tanto np como nq son mayores que 5, se espera que p' tenga una distribución aproximadamente normal.

c. Determina el nivel de significancia: $\alpha = 0.10$.

Paso 3 La evidencia muestral:

a. Recolecta la información muestral: $n = 200$ y $x = 17$.

$$p' = \frac{x}{n} = \frac{17}{200} = 0.085$$

b. Calcula el valor del estadístico de prueba.
Usa la fórmula (9.9):

$$z\star = \frac{p' - p}{\sqrt{\frac{pq}{n}}}: \quad z\star = \frac{0.085 - 0.150}{\sqrt{\frac{(0.15)(0.85)}{200}}} = \frac{-0.065}{\sqrt{0.00064}} = \frac{-0.065}{0.02525} = \mathbf{-2.57}$$

Paso 4 La distribución de probabilidad:

Uso del procedimiento de valor p:

a. Calcula el valor p para el estadístico de prueba.
Usa ambas colas porque H_a expresa preocupación por valores relacionados con "diferente de".
$\mathbf{P}$ = valor $p = P(z < -2.57) + P(z > 2.57) = 2 \times P(z < -2.57)$, como se muestra en la figura.

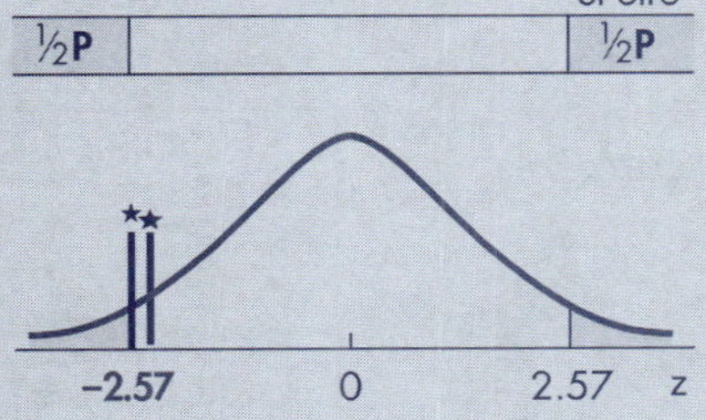

Para encontrar el valor p, usa uno de tres métodos:

1. Usa la tabla 3 del apéndice B para calcular el valor p: $\mathbf{P} = 2 \times 0.0051 = 0.0102$.

Uso del procedimiento clásico:

a. Determina la región crítica y el (los) valor(es) crítico(s).
La región crítica tiene dos colas porque H_a expresa preocupación por valores relacionados con "diferente de". El valor crítico se obtiene de la tabla 4B: $z(0.05) = 1.65$.

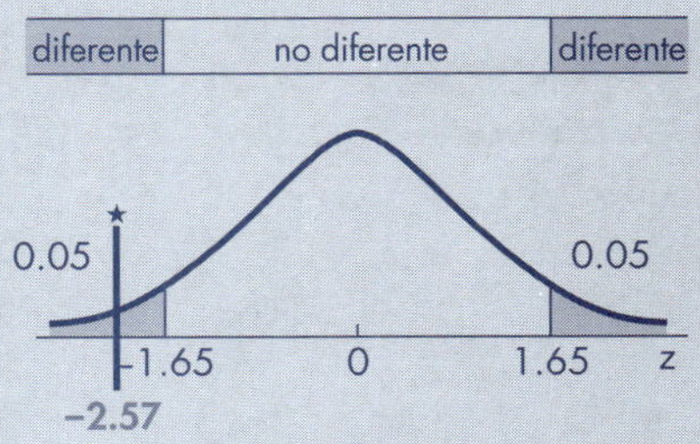

Para instrucciones específicas, consulta las páginas 395-396.

2. Usa la tabla 5 del apéndice B para colocar cotas sobre el valor p: $0.0094 < \mathbf{P} < 0.0108$.
3. Usa una computadora o calculadora para calcular el valor p: $\mathbf{P} = 0.0102$.

Para instrucciones específicas, consulta las páginas 376-377.

b. Determina si el valor p es o no es menor que α.
El valor p es menor que α.

b. Determina si el estadístico de prueba está o no está en la región crítica.
$z\bigstar$ está en la región crítica, como se muestra en azul oscuro en la figura anterior.

Paso 5 Los resultados:

a. Enuncia la decisión en torno a H_o: Rechazar H_o.

b. Enuncia la conclusión en torno a H_a.
Existe suficiente evidencia para rechazar la afirmación de Tom y concluir que el porcentaje de estudiantes que conducen convertibles es diferente de 15% en el nivel de significancia 0.10.

INSTRUCCIONES DE TECNOLOGÍA: PRUEBA DE HIPÓTESIS PARA UNA PROPORCIÓN p

MINITAB

Elige:	**Stat > Basic Statistics > 1 Proportion**
Selecciona:	**Summarized Data**
Escribe:	Número eventos: **x**
	Número ensayos: **n**
Selecciona:	**Perform hypothesis test**
Escribe:	Proporción hipotética: **p**
Selecciona:	**Options**
Selecciona:	Alternative: **less than** o **not equal** o **greater than**
	Use test and interval based on normal distribution > OK > OK

Excel

Escribe los datos en la columna A y usa 0 para fallas (o no) y 1 para éxitos (o sí); después continúa con:

Elige:	**Add-Ins > Data Analysis Plus > Z-Test: Proportion > OK**
Escribe:	Rango entrada: **(A2:A20 o selecciona celdas)**
	Código para éxito: **1**
	Proporción hipotética: **p**
	Alfa: α (ej. 0.05) **> OK**
	Proporciona valores p y valores críticos para pruebas de una y dos colas.

TI-83/84 Plus

Elige: **STAT > TESTS > 5:1-PropZtest**
Escribe los valores apropiados y resalta Calculate.

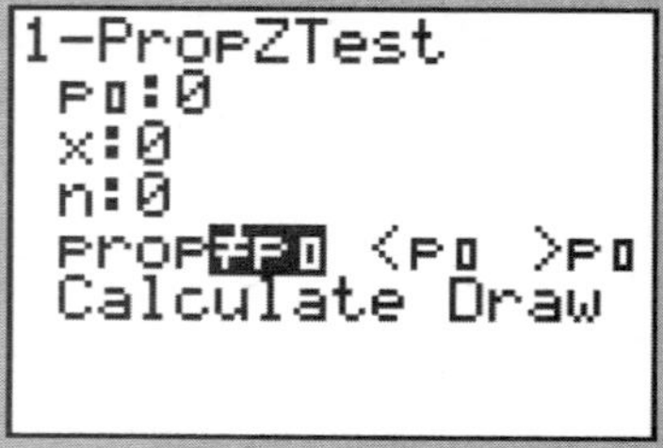

Relación entre intervalos de confianza y pruebas de hipótesis

Existe una relación entre intervalos de confianza y pruebas de hipótesis de dos colas cuando el nivel de confianza y el nivel de significancia suman 1. Los coeficientes de confianza y los valores críticos son iguales, lo que significa que el ancho del intervalo de confianza y el ancho de la región no crítica son iguales. La estimación puntual es el centro del intervalo de confianza y la media hipotético es el centro de la región no crítica. Por tanto, si el valor hipotética de p está contenido en el intervalo de confianza, entonces el estadístico de prueba estará en la región no crítica (consulta la figura 9.5).

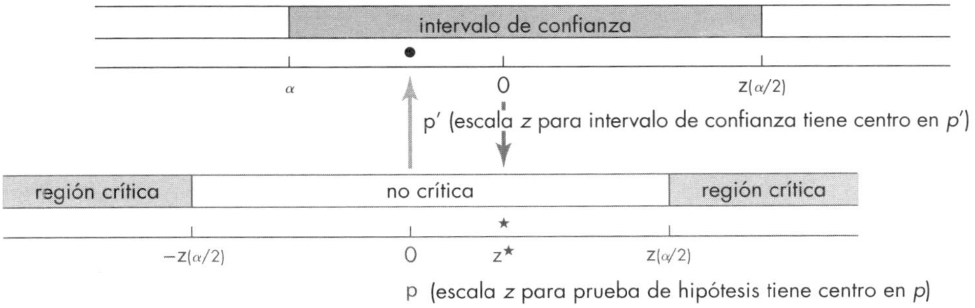

FIGURA 9.5
El intervalo de confianza contiene p

Más aún, si la probabilidad hipotética p no cae dentro del intervalo de confianza, entonces el estadístico de prueba estará en la región crítica (consulta la figura 9.6).

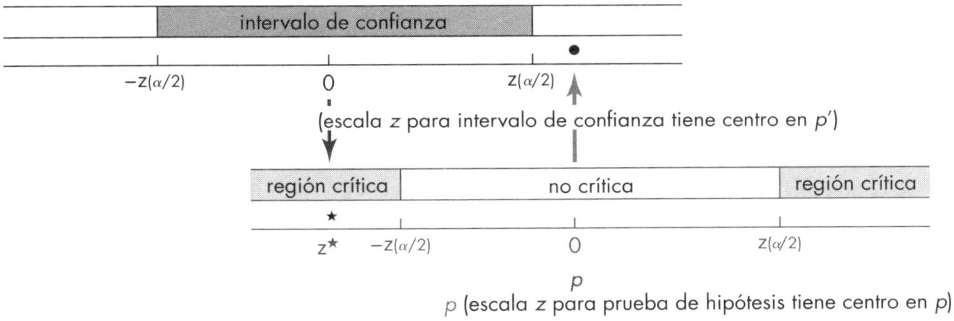

FIGURA 9.6
El intervalo de confianza no contiene p

PTI Explora el Applet Skillbuilder "z★ & Confidence level", disponible en cengagebrain.com

Esta comparación debe usarse solamente cuando la prueba de hipótesis tenga dos colas y cuando el mismo valor de α se use en ambos procedimientos.

EJEMPLO APLICADO 9.14

Se quiere estimar el resultado de una votación electoral con una encuesta. Para ello se realiza un muestreo aleatorio simple con $n = 1\,000$ personas y se obtienen 35% que votarán a favor y 65% que votarán en contra, se supone que no hay abstenciones. Con un nivel de significancia de 5%, calcule un intervalo de confianza para el verdadero resultado de las elecciones.

Solución

El parámetro a estimar en un intervalo de confianza con $\alpha = 0.05$ es p, y tenemos sobre una muestra de tamaño $n = 1\,000$, la siguiente estimación puntual de p:

$$p' = \frac{35}{100} = 0.35 \longrightarrow q' = 0.65$$

Calculamos $z\frac{\alpha}{2} = z\frac{0.5}{2} = z_{0.025}$, usando la función

DISTR.NORM.ESTAND.INV (0.025) de Excel se encuentra que

$z_{0.025} = -1.96$, entonces $E = 1.96\sqrt{\frac{(0.35)(0.65)}{1\,000}} = 0.0296$

Por tanto, con esa muestra se tiene que el máximo error de estimado es 0.0296.

Los límites inferior y superior del intervalo de confianza son

$$(p' - E, p' + E)$$
$$(0.35 - 0.0296, 0.35 + 0.0296)$$
$$(0.3204, 0.3796)$$

EJERCICIOS SECCIÓN 9.2

9.65 De los 150 elementos en una muestra aleatoria, 45 se clasifican como "éxitos".

a. Explica por qué a x y n se les asignan los valores 45 y 150, respectivamente.

b. Determina el valor de p'. Explica cómo se encontró p' y el significado de p'.

Para cada una de las siguientes situaciones, encuentra p'.

c. $x = 24$ y $n = 250$

d. $x = 640$ y $n = 2050$

e. 892 de 1 280 respondió "sí"

9.66 a. ¿Cuál es la relación entre $p = P(\text{éxito})$ y $q = P(\text{falla})$? Explica.

b. Explica por qué la relación entre p y q puede expresarse mediante la fórmula $q = 1 - p$.

c. Si $p = 0.6$, ¿cuál es el valor de q?

d. Si el valor de $q' = 0.273$, ¿cuál es el valor de p'?

9.67 a. ¿Parece razonable que la media de la distribución muestral de valores observados de p' deba ser p, la verdadera proporción? Explica.

b. Explica por qué p' es un estimador no sesgado para la población p.

9.68 Demuestra que $\frac{\sqrt{npq}}{n}$ se simplifica a $\frac{\sqrt{pq}}{n}$.

9.69 Encuentra α, el área de una cola y el coeficiente de confianza de z que se usa con cada uno de los siguientes niveles de confianza.

a. $1 - \alpha = 0.90$ b. $1 - \alpha = 0.95$ c. $1 - \alpha = 0.99$

9.70 Encuentra α, el área de una cola y el coeficiente de confianza de z que se usa con cada uno de los siguientes niveles de confianza.

a. $1 - \alpha = 0.80$ b. $1 - \alpha = 0.98$ c. $1 - \alpha = 0.75$

9.71 Consulta de nuevo el ejemplo 9.8, página 436. Se toma otra muestra para estimar la proporción de convertibles. Los resultados son $n = 400$ y $x = 92$. Encuentra:

a. la estimación para el error estándar.

b. el intervalo de confianza de 95%.

9.72 "Tú dices tomate, ¡los amantes de las hamburguesas dicen catsup!". De acuerdo con una reciente encuesta aleatoria de 1 027 estadounidenses por parte de los restaurantes T.G.I. Friday's, aproximadamente la mitad (47%) dijo que la catsup es su condimento para hamburguesas preferido. La encuesta citó un margen de error de más o menos 3.1%.

Fuente: Harris Interactive/Yankelovich Partners for T.G.I. Friday's restaurants, http://www.knoxville3.com/

a. Describe cómo esta encuesta de 1 027 estadounidenses encaja en las propiedades de un experimento binomial. Específicamente, identifica n, un ensayo, éxito, p y x.

b. ¿Cuál es la estimación puntual para la proporción de todos los estadounidenses que prefieren catsup en su hamburguesa? ¿Es un parámetro o un estadístico?

c. Calcula el error máximo de estimación de confianza de 95% para un experimento binomial de 1 027 ensayos que resulte en una proporción observada de 0.47.

d. ¿Cómo el error máximo, que encontraste en el inciso c, se relaciona con el margen de error de 3.1% citado en el reporte de la encuesta?

e. Encuentra el intervalo de confianza de 95% para la verdadera proporción p, con base en un experimento binomial de 1 027 ensayos que resulten una proporción observada de 0.47.

9.73 Aunque la mayoría de las personas está consciente de los síntomas menores de deshidratación, como piel seca y dolores de cabeza, muchos tienen menos conocimiento de las causas de la deshidratación. De acuerdo con un sondeo realizado por el Centro de Información en Nutrición, los resultados de una muestra aleatoria de 3 003 adultos estadounidenses mostró que 20% no sabía que la cafeína deshidrata. La encuesta mencionó un margen de error de más o menos 1.8%.

Fuente: Yankelovich Partners para el Nutrition Information Center del New York Hospital-Cornell Medical Center y la International Bottled Water Association

a. Describe cómo esta encuesta de 3 003 adultos estadounidenses encaja en las propiedades de una experimento binomial. Específicamente, identifica n, un ensayo, éxito, p y x.

b. ¿Cuál es la estimación puntual para la proporción de todos los estadounidenses que no saben que la cafeína deshidrata? ¿Es un parámetro o un estadístico?

c. Calcula el error máximo de estimación de confianza de 95% para un experimento binomial de 3 003 ensayos que resulte en una proporción observada de 0.20.

d. ¿Cómo el error máximo, que encontraste en el inciso c, se relaciona con el margen de error de 1.8% citado en el reporte de la encuesta?

e. Encuentra el intervalo de confianza de 95% para la verdadera proporción p, con base en un experimento binomial de 3 003 ensayos que resulten una proporción observada de 0.20.

9.74 Un banco selecciona al azar 250 clientes con cuentas de cheques y descubre que 110 de ellos también tienen cuentas de ahorros en el mismo banco. Construye un intervalo de confianza de 95% para la verdadera proporción de clientes con cuenta de cheques que también tengan cuentas de ahorros.

9.75 En una muestra de 60 estudiantes seleccionados al azar, sólo 22 favorecieron el importe presupuestado para los deportes intramuros e interescolares del próximo año. Construye un intervalo de confianza de 99% para la proporción de todos los estudiantes que apoyan la cantidad presupuestada propuesta.

9.76 La National Highway Traffic Safety Administration descubrió que, entre los choques con tiempos registrados, los tiempos de notificación a SME superan los 10 minutos en 19.4% de los choques mortales rurales. Una muestra aleatoria de 500 choques mortales reportados en Kentucky mostró que 21.8% de los tiempos de notificación superaron los 10 minutos. Construye el intervalo de confianza de 95% para la verdadera proporción de choques fatales en Kentucky cuyo tiempo de notificación transcurrido superó los 10 minutos.

9.77 En una encuesta realizada por Harris Interactive de 1 179 jóvenes videojugadores estadounidenses, 8.5% mostraron signos conductuales que pueden indicar adicción. Con un intervalo de confianza de 99% para la verdadera proporción binomial basada sobre esta muestra aleatoria de 1 179 ensayos binomiales y una proporción observada de 0.085, estima la proporción de jóvenes videojugadores que es posible tengan una adicción.

Fuente: *USA Today*, 21 de abril de 2009, "Chicos muestran síntomas de adicción".

9.78 Sólo una porción al mes de coliflor o repollos verdes o más de dos porciones de zanahorias a la semana, pueden reducir el riesgo de glaucoma en más de 60%, de acuerdo con un estudio de la UCLA de 1 000 mujeres. Con un intervalo de confianza de 90% para la verdadera proporción binomial basada sobre esta muestra aleatoria de 1 000 ensayos binomiales y una proporción observada de 0.60, estima la proporción de reducción del riesgo de glaucoma en mujeres que comen las porciones recomendadas de coliflor, repollos verdes o zanahorias.

Fuente: *Reader's Digest*, febrero de 2009, "Sabrosos guardianes de la vista".

9.79 Las reacciones adversas a las medicinas de prescripción legal están entre las principales causas de muertes relacionadas con medicamentos en Estados Unidos. Supón que investigas las muertes relacionadas con medicamentos en tu ciudad y descubres que 223 de 250 incidencias fueron causadas por medicamentos prescritos legalmente y el resto fueron resultado del uso de medicamentos ilícitos. Después usas MINITAB para formar el intervalo de confianza de 98% para la proporción de muertes relacionadas con medicamentos que fueron causadas por medicinas prescritas legalmente. Verifica los siguientes resultados MINITAB.

CI for One Proportion

Sample	X	N	Sample p	98% CI
1	223	250	0.892000	(0.846333, 0.937667

9.80 Con el resultado MINITAB y la información del ejercicio 9.79, determina los valores de los siguientes términos:

a. Estimación puntual

b. Coeficiente de confianza

(continúa en la página 448)

c. Error estándar de la media

d. Error máximo de estimación, E

e. Límite de confianza inferior

f. Límite de confianza superior

9.81 Una encuesta telefónica nacional de 1 000 personas por parte de Cambridge Consumer Credit Index, descubrió que la mayoría de los estadounidenses no son fácilmente influenciados por el atractivo de los puntos de recompensa o rebajas cuando deciden usar una tarjeta de crédito o pagar con efectivo o cheque. La encuesta descubrió que 2 de cada 3 consumidores incluso no tienen tarjetas de crédito que ofrezcan puntos de recompensa o rebajas. Explica por qué tú estarías reticente a usar esta información para construir un intervalo de confianza que estime la verdadera proporción de consumidores que no tienen tarjetas de crédito que ofrezcan puntos de recompensa o rebajas.

9.82 Construye intervalos de confianza de 90% para el parámetro binomial p para cada uno de los siguientes pares de valores. Escribe tus respuestas en el cuadro.

	Proporción observada $p' = x/n$	Tamaño muestral	Límite inferior	Límite superior
a.	$p' = 0.3$	$n = 30$		
b.	$p' = 0.7$	$n = 30$		
c.	$p' = 0.5$	$n = 10$		
d.	$p' = 0.5$	$n = 100$		
e.	$p' = 0.5$	$n = 1000$		

f. Explica la relación entre las respuestas a los incisos a y b.

g. Explica la relación entre las respuestas a los incisos c-e.

9.83 A continuación se describen los resultados de tres encuestas nacionales.

USA Today Sanpshot/Rent.com, 18 de agosto de 2009; N = 1 000 adultos de 18 años y más; MdE ± 3. (MdE es margen de error.)
"¿Qué consideran más los arrendatarios cuando buscan un departamento?:" lavadora/secadora: 39%, acondicionador de aire: 30%, centro de ejercicios: 10%, alberca: 10%.

USA Today/Harris Interactive Poll, 10-15 de febrero de 2009; N = 1 010 adultos; MdE ± 3.
"Estadounidenses que dicen que las personas de Wall Street son 'tan honestas y morales como las demás personas'": desacuerdo: 70%, acuerdo: 26%, no seguro/no contestó: 4%.

Encuesta de la American Association of Retired Persons Bulletin/AARP, 22 de julio al 2 de agosto de 2009; N = 1 006 adultos de 50 años y más; MdE ± 3.
La encuesta del Boletín de la Asociación Estadounidense de Personas Jubiladas reportó que 16% de los adultos de 50 años y más, dice que probablemente regresará a la escuela.

Cada una de las encuestas se basa en aproximadamente 1 005 adultos seleccionados al azar.

a. Calcula el error máximo de estimación de 95% de confianza para la verdadera proporción binomial basada en experimentos binomiales con el mismo tamaño muestral y proporción observada, como se menciona primero en cada artículo.

b. Explica qué causó la variación de los errores máximos.

c. El margen de error reportado por lo general es el valor del error máximo redondeado al siguiente porcentaje entero más grande. ¿Tus resultados en el inciso a verifican esto?

d. Explica por qué la práctica de redondeo se considera "conservadora".

e. ¿Qué valor de p debe usarse para calcular el error estándar si se desea el margen de error más conservador?

9.84 a. Si x éxitos resultan de un experimento binomial con n = 1 000 y $p = P(\text{éxito})$ y el intervalo de 95% de confianza para la verdadera probabilidad de éxito está determinada, ¿cuál es el máximo valor posible para el "error máximo de estimación"?

b. Compara el valor numérico del "error máximo de estimación" que encontraste en el inciso a, con el "margen de error" discutido en el ejemplo aplicado 9.9.

c. ¿Bajo qué condiciones son iguales? ¿No iguales?

d. Explica cómo los resultados de las encuestas nacionales, como las de Harris y Gallup, se relacionan (similitudes y diferencias) con la técnica de intervalo de confianza estudiada en esta sección.

e. El error de muestreo teórico con un nivel de confianza puede calcularse, pero las encuestas usualmente sólo reportan un "margen de error" sin probabilidad (nivel de confianza). ¿Por qué es esto?

9.85 Karl Pearson una vez lanzó una moneda 24 000 veces y registró 12 012 caras.

a. Calcula la estimación puntual para $p = P(\text{cara})$ con base en los resultados de Pearson.

b. Determina el error estándar de proporción.

c. Determina la estimación del intervalo de confianza de 95% para $p = P(\text{cara})$.

d. Al Sr. Pearson debió tomarle varias horas lanzar una moneda 24 000 veces. Tú puedes simular 24 000 lanzamientos de moneda usando los comandos de computadora y calculadora que siguen. (*Nota*: un experimento Bernoulli es como un "solo" ensayo de experimento binomial. Esto es: un lanzamiento de moneda es un experimento Bernoulli con $p = 0.5$; y 24 000 lanzamientos de una moneda o es un experimento binomial con $n = 24\,000$ o es 24 000 experimentos Bernoulli. Código: 0 = cruz, 1 = cara. La suma de los 1 será el número de caras en los 24 000 lanzamientos.)

MINITAB

Elige **Calc > Randon Data > Bernoulli** y escribe 24 000 para generate, C1 para Store in columns(s) y 0.5 para Probability of successs. Suma los datos y divide por 24 000.

Excel

Elige **Data > Data Analysis > Random Number Generation > Bernoulli** y escribe 1 para Number of Variables, 24 000 para Number of Randon Numbers y 0.5 para p Value. Suma los datos y divide entre 24 000.

TI-83/84 Plus

Elige **MATH > PRB > 5:randInt**, después escribe 0, 1, número de ensayos. El número máximo de elementos (ensayos) en una lista es 999 (proceso lento para n grande). Suma los datos y divide entre n.

---

e. ¿Cómo tus resultados simulados se comparan con los de Pearson?

f. Usa los comandos (inciso d) y genera otro conjunto de 24 000 lanzamientos de moneda. Compara estos resultados con los obtenidos por Pearson. Además, compara mutuamente las dos muestras simuladas. Explica qué puedes concluir a partir de estos resultados.

9.86 Cuando se rueda un solo dado, la probabilidad de un uno es 1/6, o 0.167. Simula 3 000 rodaduras de un dado. (*Nota:* un experimento de Bernoulli es como un "solo" ensayo de experimento binomial. Esto es: una rodadura de un dado es un experimento de Bernoulli con $p = 1/6$ y 3 000 rodaduras de un dado o es un experimento binomial con $n = 3\,000$ o es 3 000 experimentos Bernoulli. Código: 0 = 2, 3, 4, 5 o 6 y 1 = 1. La suma de los 1 será el número de unos en los 3 000 lanzamientos.)

a. Usa los comandos dados en el ejercicio 9.85 y una calculadora o computadora para simular la rodadura de un solo dado 3 000 veces.

Con los resultados de la simulación:

b. Suma los datos y divide por 3 000. Explica qué representa este valor.

c. Determina el error estándar de proporción.

d. Determina el intervalo de confianza de 95% para $p = P(\text{uno})$.

e. ¿Cómo se comparan los resultados de la simulación con tus expectativas? Explica.

9.87 La "regla empírica" enunciada en la página 434 indicó que uno esperaría que la distribución muestral de p' fuera aproximadamente normal cuando "$n > 20$ y tanto np como nq son mayores que 5". ¿Qué sucede cuando dichos lineamientos no se siguen?

a. Usa el siguiente conjunto de comandos de computadora o calculadora para ver qué sucede. Intenta $n = 15$ y $p = 0.1$ (K1 = n y K2 = p). ¿Las distribuciones parecen normales? Explica qué causa las "brechas". ¿Por qué los histogramas se parecen? Intenta algunas combinaciones diferentes de$n$ (K1) y p (K2):

MINITAB

Elige **Calc > Random Data > Binomial** para simular 1 000 ensayos para una n de 15 y una p de 0.5. Divide cada valor generado por n y forma una columna de p muestrales. Calcula un valor z para cada p muestral con $z = (p' - p)/\sqrt{p(1-p)/n}$. Construye un histograma para las p muestrales y otro histograma para las z.

Excel

Elige **Data > Data Analysis > Randon Number Generation > Binomial** para simular 1 000 ensayos para una n de 15 y una p de 0.5. Divide cada valor generado por n y forma una columna de p′ muestrales. Calcula un valor z para cada p muestral con $z = (p - p)/\sqrt{p(1-p)/n}$. Construye un histograma para las p muestrales y otro histograma para las z.

TI-83/84 Plus

Elige **MATH > PRB > 7:randBin**, después escribe n, p, número de ensayos. El número máximo de elementos (ensayos) en una lista es 999 (proceso lento para grandes n). Divide cada valor generado por n y forma una lista de p muestrales. Calcula un valor z para cada p muestral con $z = (p' - p)/\sqrt{p(1-p)/n}$. Construye un histograma para las p muestrales y otro histograma para las z.

---

b. Intenta $n = 15$ y $p = 0.01$.

c. Intenta $n = 50$ y $p = 0.03$.

d. Intenta $n = 20$ y $p = 0.2$.

e. Intenta $n = 20$ y $p = 0.8$.

f. ¿Qué sucede cuando la regla empírica no se sigue?

9.88 ¿Ha fracasado la ley que ordena el uso de casco para los ciclistas? Yankelovich Partners realizó una encuesta de ciclistas en Estados Unidos. Sólo 60% de la muestra de representación nacional de 1 020 ciclistas reportó usar casco para ciclistas.

Fuente: http://www.cpsc.gov/

a. Encuentra el intervalo de confianza de 95% para la verdadera proporción p para un experimento binomial de 1 020 ensayos que resultó en una proporción observada de 0.60. Usa esto para estimar el porcentaje de ciclistas que reporta usar casco.

b. Con base en los resultados de la encuesta, ¿dirías que existe cumplimiento de la ley que ordena usar casco para los ciclistas? Explica.

Supón que quieres realizar una encuesta en tu ciudad para determinar qué porcentaje de ciclistas usan casco. Usa la cifra nacional de 60% para tu estimación inicial de p.

c. Encuentra el tamaño muestral si quieres que tu estimación esté dentro de 0.02 con 95% de confianza.

d. Encuentra el tamaño muestral si quieres que tu estimación esté dentro de 0.04 con 95% de confianza.

e. Encuentra el tamaño muestral si quieres que tu estimación esté dentro de 0.02 con 90% de confianza.

f. ¿Qué efecto tiene cambiar el error máximo sobre el tamaño de la muestra? Explica.

g. ¿Qué efecto tiene cambiar nivel de confianza sobre el tamaño muestral? Explica.

9.89 Encuentra el tamaño de la muestra n necesario para una estimación de intervalo de 95% en el ejemplo 9.10.

9.90 Encuentra n para un intervalo de confianza de 90% para p con $E = 0.02$, con una estimación de $p = 0.25$.

9.91 De acuerdo con una encuesta Harris de mayo de 2009, 72% de quienes conducen y poseen teléfonos celulares dice que lo usa para hablar mientras conduce. Tú quieres realizar una encuesta en tu ciudad para determinar qué porcentaje de los conductores con teléfonos celulares los usan para hablar mientras conducen. Usa la cifra nacional de 72% para tu estimación inicial de p.

a. Encuentra el tamaño muestral si quieres que tu estimación esté dentro de 0.02 con 90% de confianza.

b. Encuentra el tamaño muestral si quieres que tu estimación esté dentro de 0.04 con 90% de confianza.

c. Encuentra el tamaño muestral si quieres que tu estimación esté dentro de 0.02 con 98% de confianza.

d. ¿Qué efecto tiene el cambiar el error máximo sobre el tamaño de la muestra? Explica.

e. ¿Qué efecto tiene el cambiar el nivel de confianza sobre el tamaño muestral? Explica.

9.92 El cáncer pulmonar es la principal causa de muertes por cáncer tanto en hombres como en mujeres en Estados Unidos. De acuerdo con estadísticas de 2005 de los Centros para el Control y la Prevención de Enfermedades, el cáncer pulmonar representa más muertes que el cáncer de mama, el cáncer de próstata y el cáncer de colon combinados. De manera global, sólo aproximadamente 16% de todas las personas que desarrollan cáncer pulmonar sobreviven 5 años.

Fuente: http://www.cdc.gov/

Supón que quieres ver si esta tasa de supervivencia todavía es verdadera. ¿Cuán grande necesitarías tomar una muestra para estimar la verdadera proporción de supervivencia de 5 años después del diagnóstico hasta dentro de 1% con 95% de confianza? (Usa el 16% como el valor inicial de p.)

9.93 Enuncia la hipótesis nula, H_o y la hipótesis alternativa, H_a, que usarías para poner a prueba estas afirmaciones:

a. Más de 60% de todos los estudiantes de tu universidad trabajan en empleos de tiempo parcial durante el año académico.

b. No más de un tercio de los fumadores de cigarrillos están interesados en dejarlo.

c. Una mayoría de los electores votará por el presupuesto escolar este año.

d. Al menos tres cuartos de los árboles en el condado fueron severamente dañados por la tormenta.

e. Los resultados muestran que la moneda no se lanzó de manera justa.

9.94 Enuncia la hipótesis nula, H_o y la hipótesis alternativa, H_a, que usarías para poner a prueba estas afirmaciones:

a. La probabilidad de que tu equipo gane hoy en la noche es menor a 0.50.

b. Al menos 50% de todos los padres creen en dar nalgadas a sus hijos cuando es apropiado.

c. Cuando mucho, 80% de los invitados asistirá a la boda.

d. Los números de un solo dígito generados por la computadora no parecen ser igualmente probables respecto a ser impares o pares.

e. A menos de la mitad de los clientes les gusta la nueva pizza.

9.95 Calcula el estadístico de prueba $z\bigstar$ usado para poner a prueba lo siguiente:

a. H_o: $p = 0.70$ frente a H_a: $p > 0.70$, con la muestra $n = 300$ y $x = 224$

b. H_o: $p = 0.50$ frente a H_a: $p < 0.50$, con la muestra $n = 450$ y $x = 207$

c. $H_o: p = 0.35$ frente a $H_a: p \neq 0.35$, con la muestra $n = 280$ y $x = 94$

d. $H_o: p = 0.90$ frente a $H_a: p > 0.90$, con la muestra $n = 550$ y $x = 508$

9.96 Encuentra el valor **P** para cada una de las pruebas de hipótesis del ejercicio 9.95; establece la decisión con $\alpha = 0.05$.

9.97 Determina el valor p para cada una de las siguientes situaciones de prueba de hipótesis.

a. $H_o: p = 0.5, H_a: p \neq 0.5, z\bigstar = 1.48$

b. $H_o: p = 0.7, H_a: p \neq 0.7, z\bigstar = -2.26$

c. $H_o: p = 0.4, H_a: p > 0.4, z\bigstar = 0.98$

d. $H_o: p = 0.2, H_a: p < 0.2, z\bigstar = -1.59$

9.98 Encuentra la región crítica y los valores críticos para cada una de las pruebas de hipótesis del ejercicio 9.95; establece la decisión con $\alpha = 0.05$.

9.99 Determina los criterios de prueba que usarías para poner a prueba las siguientes hipótesis cuando se usa z como el estadístico de prueba y utilizas el método clásico.

a. $H_o: p = 0.5$ y $H_a: p > 0.5$, con $\alpha = 0.05$

b. $H_o: p = 0.5$ y $H_a: p \neq 0.5$, con $\alpha = 0.05$

c. $H_o: p = 0.4$ y $H_a: p < 0.4$, con $\alpha = 0.10$

d. $H_o: p = 0.7$ y $H_a: p > 0.7$, con $\alpha = 0.01$

9.100 La variable aleatoria binomial, x, puede usarse como el estadístico de prueba cuando se prueban hipótesis acerca del parámetro binomial, p, cuando n es pequeño (por decir, 15 o menos). Usa la tabla 2 del apéndice B y determina el valor p para cada una de las siguientes situaciones.

a. $H_o: p = 0.5, H_a: p \neq 0.5$, donde $n = 15$ y $x = 12$

b. $H_o: p = 0.8, H_a: p \neq 0.8$, donde $n = 12$ y $x = 4$

c. $H_o: p = 0.3, H_a: p > 0.3$, donde $n = 14$ y $x = 7$

d. $H_o: p = 0.9, H_a: p < 0.9$, donde $n = 13$ y $x = 9$

9.101 La variable aleatoria binomial, x, puede usarse como el estadístico de prueba cuando se ponen a pruebas hipótesis acerca del parámetro binomial, p. Cuando n es pequeño (por decir, 15 o menos), la tabla 2 del apéndice B proporciona las probabilidades para cada valor de x por separado, lo que en consecuencia hace innecesario estimar probabilidades de la variable aleatoria binomial discreta con la variable normal estándar continua z. Usa la tabla 2 para determinar el valor de α para cada uno de los siguientes:

a. $H_o: p = 0.5$ y $H_a: p > 0.5$, donde $n = 15$ y la región crítica es $x = 12, 13, 14, 15$

b. $H_o: p = 0.3$ y $H_a: p < 0.3$, donde $n = 12$ y la región crítica es $x = 0,1$

c. $H_o: p = 0.6$ y $H_a: p \neq 0.6$, donde $n = 10$ y la región crítica es $x = 0, 1, 2, 3, 9, 10$

d. $H_o: p = 0.05$ y $H_a: p > 0.05$, donde $n = 14$ y la región crítica es $x = 4, 5, 6, 7, \ldots, 14$

9.102 Usa la tabla 2 del apéndice B para determinar la región crítica usada para poner a prueba cada una de las siguientes hipótesis. (*Nota*: dado que x es discreta, elige regiones críticas que no superen el valor de α dado.)

a. $H_o: p = 0.5$ y $H_a: p > 0.5$, donde $n = 15$ y

$\alpha = 0.05$

b. $H_o: p = 0.5$ y $H_a: p \neq 0.5$, donde $n = 14$ y

$\alpha = 0.05$

c. $H_o: p = 0.4$ y $H_a: p < 0.4$, donde $n = 10$ y

$\alpha = 0.10$

d. $H_o: p = 0.7$ y $H_a: p > 0.7$, donde $n = 13$ y

$\alpha = 0.01$

9.103 Pondrás a prueba la hipótesis $p = 0.7$ y decides rechazar esta hipótesis si, después de 15 ensayos, observas 14 o más éxitos.

a. Si la hipótesis nula es verdadera y observas 13 éxitos, ¿cuál de los siguientes harás? 1) Correctamente fallar en rechazar H_o. 2) Correctamente rechazar H_o. 3) Cometer un error de tipo I. 4) Cometer un error de tipo II.

b. Encuentra el nivel de significancia de tu prueba.

c. Si la verdadera probabilidad de éxito es 1/2 y observas 13 éxitos, ¿cuál de los siguientes harás? 1) Correctamente fallar en rechazar H_o. 2) Correctamente rechazar H_o. 3) Cometer un error de tipo I. 4) Cometer un error de tipo II.

d. Calcula el valor p para tu prueba de hipótesis después de observar 13 éxitos.

9.104 Pondrás a prueba la hipótesis $p = 0.4$ y rechazarás esta hipótesis si $z\bigstar$ es menor que -2.05.

a. Si la hipótesis nula es verdadera y observas que $z\bigstar$ es igual a -2.12, ¿cuál de los siguientes harás? 1) Correctamente fallar en rechazar H_o. 2) Correctamente rechazar H_o. 3) Cometer un error de tipo I. 4) Cometer un error de tipo II.

b. ¿Cuál es el nivel de significancia para esta prueba?

c. ¿Cuál es el valor p para $z\bigstar = -2.12$?

9.105 Una compañía aseguradora afirma que 90% de sus reclamaciones se resuelven dentro de 30 días. Un grupo de consumidores selecciona una muestra al azar de 75 de las reclamaciones de la compañía para poner a prueba esta afirmación. Si el grupo de consumidores descubre que 55 de las reclamaciones se resuelve dentro de 30 días, ¿tiene suficiente razón para apoyar la argumentación de que menos de 90% de las reclamaciones se resuelven dentro de 30 días? Usa $\alpha = 0.05$.

a. Resuelve con el método de valor p.

b. Resuelve con el método clásico.

9.106 El cuerpo estudiantil de tiempo completo de una universidad está compuesto de 50% de hombres y 50% de mujeres. ¿Una muestra aleatoria de estudiantes (30 hombres, 20 mujeres) de un curso de química básica muestra suficiente evidencia para rechazar la hipótesis de que la proporción de estudiantes hombres y mujeres que toman este curso es la misma que la de todo el cuerpo estudiantil? Usa $\alpha = 0.05$.

a. Resuelve con el método de valor p.

b. Resuelve con el método clásico.

9.107 Una política afirma que recibirá 60% del voto en una elección venidera. Los resultados de una muestra aleatoria diseñada adecuadamente de 100 electores mostró que 50 de los muestreados votará por ella. ¿Es probable que su afirmación sea correcta en el nivel de significancia 0.05?

a. Resuelve con el método de valor p.

b. Resuelve con el método clásico.

9.108 La popularidad de las motos acuáticas (PWC, también conocidas como jet skis) sigue a la alza, a pesar del aparente peligro asociado con su uso. De hecho, una muestra de 54 accidentes con moto acuática, reportados a la Comisión de Juegos y Parques en el estado de Nebraska, reveló que 85% de los mismos involucró PWC aun cuando sólo 8% de los botes motorizados registrados en el estado son PWC.

Fuente: Nebraskaland, "Officer's Notebook: The Personal Problem"

Supón que la proporción nacional promedio de accidentes con motos acuáticas que involucran PWC fue de 78%. ¿La tasa de accidentes con motos acuáticas para PWC en el estado de Nebraska superó la de la nación como un todo? Usa un nivel de significancia de 0.01.

a. Resuelve con el método de valor p.

b. Resuelve con el método clásico.

9.109 El 21 de abril de 2009, el artículo del *USA Today* titulado "En el camino, haz lo que digo, no lo que hago", reportó que 58% de los adultos estadounidenses aceleran para pasar la luz amarilla. Supón que en tu ciudad realizas una encuesta de 150 adultos seleccionados al azar y descubres que 71 de los 150 admite acelerar para pasar la luz amarilla. ¿Tu ciudad tiene una tasa menor de quienes aceleran para pasar la luz amarilla que la nación como un todo? Usa un nivel de significancia de 0.05.

9.110 Una encuesta reciente realizada por Lieberman Research Worldwide y Charles Schwab reportó que el "alto costo de la vida" era la principal preocupación que más sorprende a los adultos jóvenes cuando comienzan a vivir por su cuenta. Veintiséis por ciento reportó el "alto costo de la vida" como su principal preocupación. Para desacreditar esta información, una persona toma su propia muestra aleatoria de 500 adultos jóvenes que comienzan a vivir por su cuenta con la intención de demostrar que el verdadero porcentaje para esta gran preocupación en realidad es mayor.

a. Encuentra el valor p si 148 de los adultos jóvenes encuestados colocan el "alto costo de la vida" como su principal preocupación.

b. Explica por qué es importante establecer el nivel de significancia antes de conocer los resultados muestrales.

9.111 Septiembre es el mes para renovar la credencial de la biblioteca. De acuerdo con una encuesta nacional Harris durante agosto de 2008, 68% de los adultos estadounidenses tienen una credencial de biblioteca. Supón que realizas una encuesta de 1 000 adultos elegidos al azar con la finalidad de poner a prueba H_o: $p = 0.68$ frente a H_a: $p < 0.68$, donde p representa la proporción de adultos que actualmente tienen una credencial de biblioteca; 651 de los 1 000 muestreados tiene credencial de biblioteca. Usa $\alpha = 0.01$.

a. Calcula el valor del estadístico de prueba.

b. Resuelve con el método de valor p.

c. Resuelve con el método clásico.

9.112 Demuestra que la prueba de hipótesis completada como ejemplo 9.13 era innecesaria porque el intervalo de confianza ya se había completado en el ejemplo 9.8.

9.113 La siguiente salida de computadora se usó para completar una prueba de hipótesis.

Test for One Proportion

Test of p = 0.225 vs p > 0.225

Sample	X	N	Sample p	95% Lower Bound	Z-Value	P-Value
1	61	200	0.305000	0.251451	2.71	0.003

a. Enuncia las hipótesis nula y alternativa.

b. Si la prueba se completa con $\alpha = 0.05$, ¿a qué decisión y conclusión se llega?

c. Verifica la "p muestral".

9.114 Con la salida de computadora y la información del ejercicio 9.113, determina el valor de lo siguiente:

a. Valor hipotético de proporción poblacional

b. Proporción muestral

c. Estadístico de prueba

9.115 Reliable Equipment desarrolló una máquina, *The Flipper* (el lanzador), que lanzará una moneda con resultados predecibles. Afirman que una moneda lanzada por The Flipper lanzará caras al menos 88% de las veces. ¿Qué conclusión resultaría en una prueba de hipótesis, con $\alpha = 0.05$, cuando se lanzan 200 monedas y se logran los siguientes resultados?

a. 181 caras b. 172 caras

c. 168 caras d. 153 caras

9.116 Consulta el ejemplo aplicado 9.14.

a. Enuncia la hipótesis de los estadísticos polacos.

b. ¿Su hipótesis es la nula o la alternativa? Explica.

c. Enuncia la hipótesis nula. Enuncia la hipótesis alternativa.

d. Explica el significado de "6.2 por ciento en cualquier lado de 50 por ciento".

e. ¿Qué término estadístico representa la frase "se esperaría sólo en aproximadamente 7 de cada 100 experimentos con una moneda justa"? Exprésalo con símbolos.

f. Si la hipótesis nula se pone a prueba con $\alpha = 0.05$, ¿a qué conclusión y decisión se llega con los resultados obtenidos por los estudiantes?

g. Cuando New Scientist realizó su propio experimento, ¿qué valor obtuvo para la probabilidad observada de caras?

h. ¿New Scientist tiene evidencia de que la moneda tiene truco? Explica.

i. ¿Deberías estar molesto por el hecho de que los resultados obtenidos por los estudiantes de Gliszczynski y los resultados de New Scientist son muy diferentes, pero conducen a la misma conclusión? Explica.

9.3 Inferencias en torno a la varianza y la desviación estándar

Con frecuencia surgen problemas que requieren realizar inferencias acerca de la variabilidad. Por ejemplo, una compañía embotelladora de gaseosas tiene una máquina que llena botellas de 16 oz. La compañía necesita controlar la desviación estándar σ (o varianza σ^2) en la cantidad de gaseosas, x, que se pone en cada botella. La cantidad media colocada en cada botella es importante, pero una cantidad media correcta no garantiza que la máquina llenadora funcione correctamente. Si la varianza es muy grande, muchas botellas se desbordarán y muchas no estarán llenas. Por tanto, la compañía embotelladora quiere mantener la desviación estándar (o la varianza) tan pequeña como sea posible.

Cuando se estudian las inferencias en torno a la dispersión de datos, por lo general se habla de varianza en lugar de desviación estándar, porque las técnicas (las fórmulas usadas) emplean la varianza muestral en lugar de la desviación estándar. Sin embargo, recuerda que la desviación estándar es la raíz cuadrada positiva de la varianza; por tanto, hablar de varianza de una población es comparable a hablar de la desviación estándar.

Las inferencias en torno a la varianza de una población con distribución normal usan las distribuciones **ji cuadrada**, χ^2 (es la letra griega minúscula ji). Las distribuciones ji cuadrada, como la distribución *t* de Student, son una familia de distribuciones de probabilidad, cada una de las cuales se identifica con el **parámetro** número de **grados de libertad**. Para usar la distribución ji cuadrada, debes estar al tanto de sus propiedades (consulta también la figura 9.7).

Propiedades de la distribución ji cuadrada

1. χ^2 es no negativa en valor; es cero o con valor positivo.
2. χ^2 no es simétrica; está sesgada a la derecha.
3. χ^2 está distribuida de modo que forma una familia de distribuciones, una distribución separada para cada diferente número de grados de libertad.

FIGURA 9.7
Varias distribuciones ji cuadrada

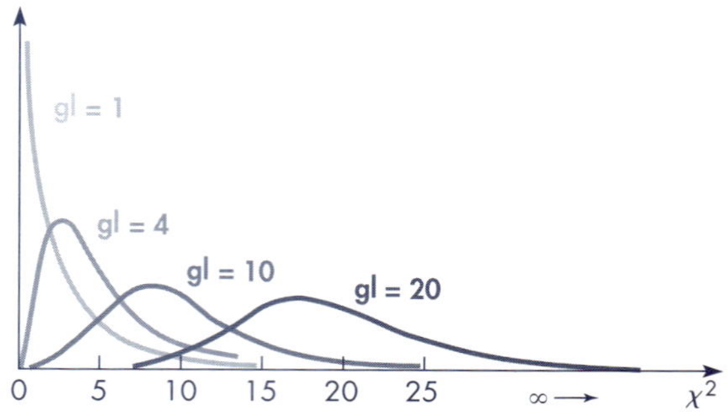

FIGURA 9.8
Ubicación de media, mediana y moda para distribución χ^2

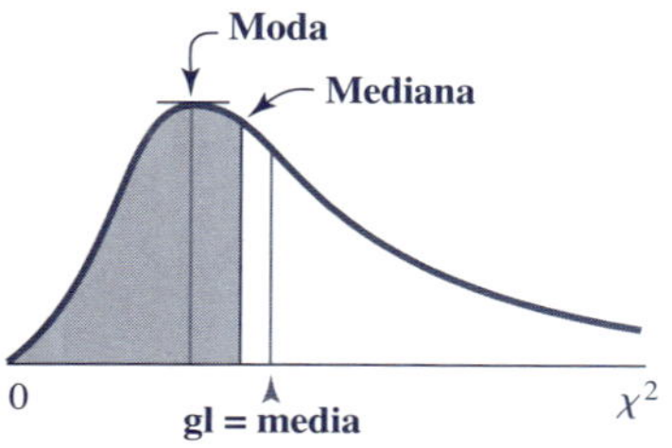

Nota: cuando gl = 2, el valor medio de la distribución ji cuadrada es gl. La media se ubica a la derecha de la moda (el valor donde la curva alcanza su punto más alto) y justo a la derecha de la mediana (el valor que divide la distribución, 50% en cada lado). Al ubicar cero en la extrema izquierda y el valor de gl en tu bosquejo de la distribución χ^2, establecerás una escala aproximada de modo que otros valores puedan ubicarse en sus posiciones respectivas. Consulta la figura 9.8.

FIGURA 9.9
Distribución ji cuadrada que muestra $\chi^2(\text{gl}, \alpha)$

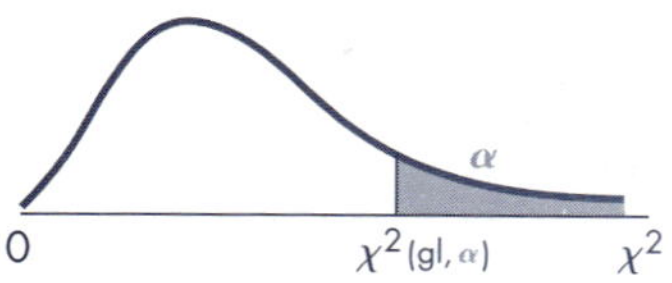

Para valores de χ^2 a la izquierda de la mediana, el área a la derecha será mayor que 0.50.

Los **valores críticos para ji cuadrada** se obtienen de la tabla 8 del apéndice B. Cada valor crítico se identifica mediante dos piezas de información: gl y área bajo la curva a la derecha del valor crítico a buscar. Por tanto, $\chi^2(\text{gl}, \alpha)$ (léase "ji cuadrada de gl, alfa") es el símbolo usado para identificar el valor crítico de ji cuadrada con gl grados de libertad y con área α a la derecha, como se muestra en la figura 9.9. Dado que la distribución ji cuadrada no es simétrica, los valores críticos asociados con las colas derecha e izquierda están dadas por separado en la tabla 8.

EJEMPLO 9.15

χ^2 ASOCIADAS CON LA COLA DERECHA

Encuentra $\chi^2(20, 0.05)$.

Solución

Consulta la figura. Usa la tabla 8 del apéndice B para encontrar el valor de $\chi^2(20, 0.05)$ en la intersección de la fila gl = 20 y la columna para una área de 0.05 a la derecha, como se muestra en la parte de la tabla que sigue:

Parte de la tabla 8

	Área a la derecha	
gl	... 0.05	...
⋮	⋮	
20	31.4	→ $\chi^2(20, 0.05) = \mathbf{31.4}$

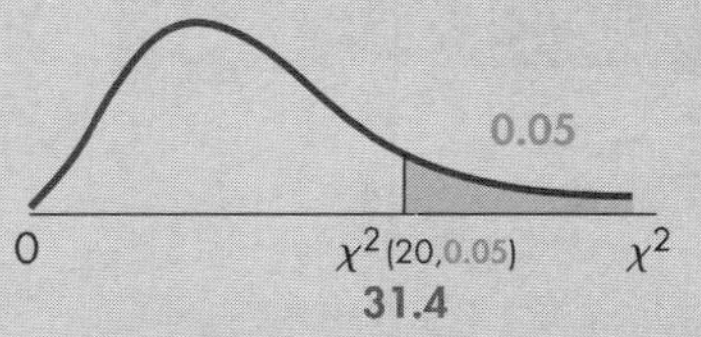

EJEMPLO 9.16

χ^2 ASOCIADA CON LA COLA IZQUIERDA

Encuentra $\chi^2(14, 0.90)$.

Solución

Consulta la figura que sigue. Usa la tabla 8 en el apéndice B para encontrar el valor de $\chi^2(14, 0.90)$ en la intersección de la fila gl = 14 y la columna para un área de 0.90 a la derecha, como se muestra en la parte de la tabla que sigue:

Parte de la tabla 8

	Área a la derecha	
gl	... 0.90	...
⋮		
14	7.79	→ $\chi^2(14, 0.90) = \mathbf{7.79}$

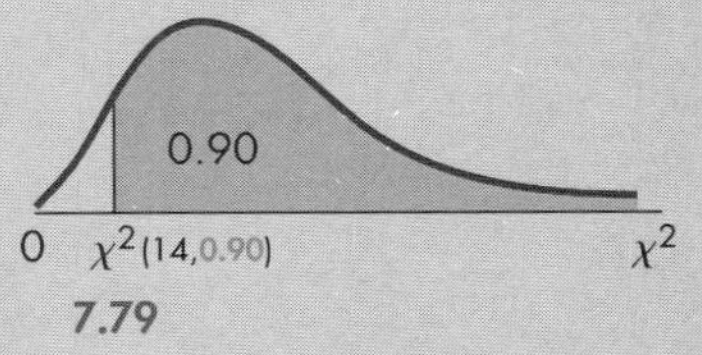

PTI Explica el Applet Skillbuilder "Chi-Square Probabilities", disponible en cengagebrain.com

La mayoría de los paquetes de software de computadora o calculadoras estadísticas calcularán el área relacionada con un valor χ^2 específico. La figura a la derecha muestra la relación entre la probabilidad acumulada y un valor χ^2 específico para una distribución χ^2 con gl grados de libertad.

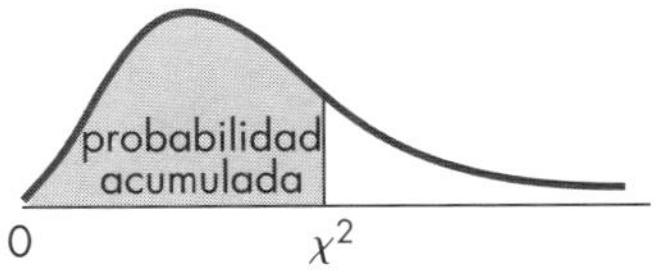

INSTRUCCIONES DE TECNOLOGÍA: PROBABILIDADES ACUMULADAS PARA χ^2

MINITAB

Escribe los datos en C1; después continúa con:

Elige:	**Calc > Probability Distributions > Chi-Square**
Selecciona:	**Cumulative Probability**
	Parámetro de no centralidad: **0.0**
Escribe:	Grados de libertad: **df**
Selecciona:	**Input constant***
Escribe:	χ^2**-value** (ex. 47.25) > **OK**

*Selecciona Input column si en C1 se almacenan varios valores χ^2. Usa C2 para almacenamiento opcional. Si necesitas el área en la cola derecha, resta la probabilidad calculada de 1.

Excel

Si vas a usar varios valores χ^2, escribe los valores en la columna A y activa B1; después continúa con:

Elige:	**Insert function f_x > Statistical > CHIDIST > OK**
Escribe:	**X: individual x2-value o (A1:A5 o selecciona las celdas "χ^2-value"**
	Grados_lib: **df > OK**
Arrastra*:	**Esquina inferior derecha de la celda B1 hacia abajo para obtener otras probabilidades**

TI-83/84 Plus

Elige:	**2nd > DISTR > 7: χ^2 cdf(**
Escribe:	**0, χ^2-value, df)**

Si necesitas el área en la cola derecha, resta la probabilidad calculada de 1.

Ahora estás listo para usar ji cuadrada para hacer inferencias acerca de la varianza o desviación estándar poblacional.

Las suposiciones para inferencias acerca de la varianza σ^2 o desviación estándar σ La población muestreada tiene distribución normal.

Los procedimientos t para inferencias en torno a la media (consulta la sección 9.1) se basaron en la suposición de normalidad, pero los procedimientos t por lo general son útiles aun cuando la población muestreada no sea normal, específicamente para muestras más grandes. Sin embargo, lo mismo no es cierto acerca de los procedimientos de injerencia para la desviación estándar. Los procedimientos estadísticos para la desviación estándar son muy sensibles a las distribuciones no normales (sesgo, en particular) y esto dificulta la determinación de si un resultado aparentemente significativo es resultado de la evidencia muestral o una violación de las suposiciones. Por tanto, el único procedimiento de **inferencia** a presentar aquí es la prueba de hipótesis para la desviación estándar de una población normal.

El **estadístico de prueba** que se usará en las pruebas de hipótesis acerca de varianza o desviación estándar poblacionales se obtiene al usar la siguiente fórmula:

Estadístico de prueba para varianza y desviación estándar

$$\chi^2\bigstar = \frac{(n-1)s^2}{\sigma^2}, \text{ con gl} = n-1 \qquad \textbf{(9.10)}$$

Cuando de una población con varianza conocida σ^2 se extraen muestras aleatorias, la cantidad $\frac{(n-1)s^2}{\sigma^2}$ posee una distribución de probabilidad que se conoce como distribución ji cuadrada con $n - 1$ grados de libertad.

Procedimiento de prueba de hipótesis

Ahora regresa al ejemplo acerca de la compañía embotelladora que quiere detectar cuándo se sale de control la variabilidad en la cantidad de gaseosa que se coloca en cada botella. Una varianza de 0.0004 se considera aceptable y la compañía quiere ajustar la máquina llenadora de botellas cuando la varianza, σ^2, se vuelve mayor que este valor. La decisión se hará usando el procedimiento de prueba de hipótesis.

EJEMPLO 9.17

PRUEBA DE HIPÓTESIS DE UNA COLA PARA VARIANZA, σ^2

La compañía embotelladora de gaseosas quiere controlar la variabilidad en la cantidad de llenado al no permitir que la varianza supere 0.0004. ¿Una muestra de tamaño 28, con una varianza de 0.0007, indica que el proceso de embotellado está fuera de control (respecto a la varianza) en el nivel de significancia 0.05?

Solución

Paso 1 La preparación:

a. Describe el parámetro poblacional de interés.
σ^2, la varianza en la cantidad de llenado de una gaseosa durante un proceso de embotellamiento.

b. Enuncia la hipótesis nula (H_o) y la hipótesis alternativa (H_a).

H_o: $\sigma^2 = 0.0004$ (≤) (varianza no es mayor que 0.0004)
H_a: $\sigma^2 > 0.0004$ (varianza es mayor que 0.0004)

Paso 2 Criterios de la prueba de hipótesis:

a. Verifica las suposiciones.
La cantidad de llenado que se pone en una botella por lo general tiene distribución normal. Al verificar la distribución de la muestra, podrías verificar esto.

b. Identifica la distribución de probabilidad y el estadístico de prueba a usar.
Se usarán la distribución ji cuadrada y la fórmula (9.10), con gl = $n - 1 = 28 - 1 = 27$.

c. Determina el nivel de significancia: $\alpha = 0.05$.

Paso 3 La evidencia muestral:

a. Recolecta la información muestral: $n = 28$ y $s^2 = 0.0007$.

b. Calcula el valor del estadístico de prueba.
Usa la fórmula (9.10):

$$\chi^2\bigstar = \frac{(n-1)s^2}{\sigma^2}: \quad \chi^2\bigstar = \frac{(28-1)(0.0007)}{0.0004} = \frac{(27)(0.0007)}{0.0004} = \mathbf{47.25}$$

Paso 4 La distribución de probabilidad:

Uso del procedimiento de valor *p*:

a. Calcula el valor *p* para el estadístico de prueba.
Usa la cola derecha, porque H_a expresa preocupación por valores relacionados con "mayor que". **P** = $P(\chi^2\bigstar > 47.25$ con gl $= 27)$, como se muestra en la figura.

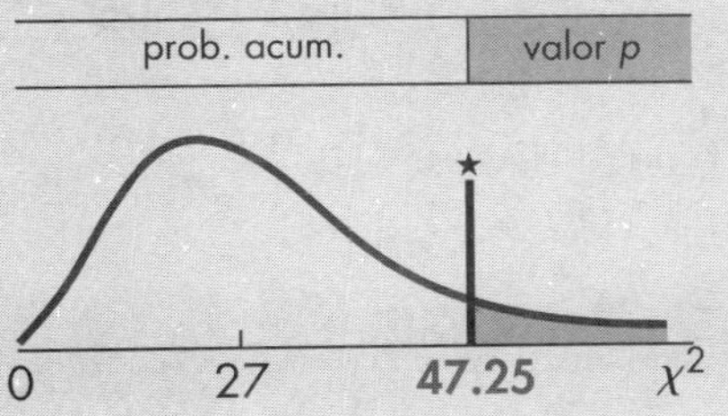

Uso del procedimiento clásico:

a. Determina la región crítica y el (los) valor(es) crítico(s).
La región crítica es la cola derecha, porque H_a expresa preocupación para valores relacionados con "mayor que". El valor crítico se obtiene a partir de

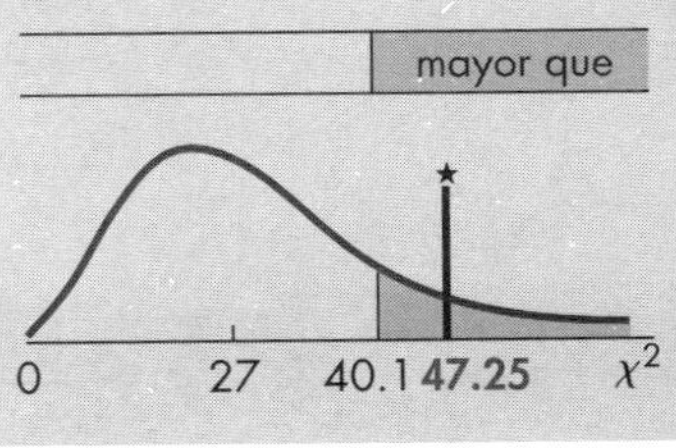

Tutorial en video disponible; ingresa y aprende más en cengagebrain.com

Para encontrar el valor p, usa uno de dos métodos:

1. Usa la tabla 8 del apéndice B para colocar cotas sobre el valor p: $0.005 < \mathbf{P} < 0.01$.
2. Usa una computadora o calculadora para calcular el valor p: $\mathbf{P} = 0.0093$.

Después de este ejemplo vienen instrucciones específicas.

b. Determina si el valor p es o no menor que α.

El valor p es menor que el nivel de significancia, α (0.05).

La tabla 8, en la intersección de la fila gl = 27 y la columna $\alpha = 0.05$: $\chi^2(27, 0.05) = 40.1$.

Para instrucciones específicas véase la página 455

b. Determina si el estadístico de prueba está o no en la región crítica.

$\chi^2\bigstar$ está en la región crítica, como se muestra en **azul oscuro** en la figura anterior.

Paso 5 Los resultados:

a. Enuncia la decisión en torno a H_o: Rechazar H_o.

b. Enuncia la conclusión en torno a H_a.

En el nivel de significancia 0.05, se concluye que el proceso de embotellado está fuera de control respecto a la varianza.

Cómo calcular el valor *p* cuando se usa la distribución χ^2

Método 1. Usa la tabla 8 del apéndice B para colocar cotas sobre el valor p. Al inspeccionar la fila gl = 27 de la tabla 8, puedes determinar un intervalo dentro del cual yace el valor p. Ubica $\chi^2\bigstar$ a lo largo de la fila etiquetada gl = 27. Si no se menciona $\chi^2\bigstar$, ubica los dos valores entre los que cae $\chi^2\bigstar$ y después lee las cotas para el valor p de la parte superior de la tabla. En este caso, $\chi^2\bigstar = 47.25$ está entre 47.0 y 49.6; por tanto, **P** está entre 0.005 y 0.01.

Parte de la tabla 8 **Cómo encontrar $\mathbf{P} = P(\chi^2\bigstar > 47.25$, con gl = 27)**

		Área a la derecha		
gl	...	0.01	P	0.005
⋮		↑		↑
27		47.0	47.25	49.6

→ $0.005 < \mathbf{P} < 0.01$

Método 2. Usa una computadora o calculadora. Usa los comandos de distribución de probabilidad χ^2 de las páginas 455-456 para encontrar el valor p asociado con $\chi^2\bigstar = 47.25$.

EJEMPLO 9.18

PRUEBA DE HIPÓTESIS DE VALOR *p* DE UNA COLA PARA VARIANZA, σ^2

Encuentra el valor p para esta prueba de hipótesis:

H_o: $\sigma^2 = 12$
H_a: $\sigma^2 < 12$ con gl = 15 y $\chi^2\bigstar = 7.88$

Solución

Dado que la preocupación es por valores "más pequeños" (la hipótesis alternativa es "menor que"), el valor *p* es el área a la izquierda de $\chi^2\star = 7.88$, como se muestra en la figura:

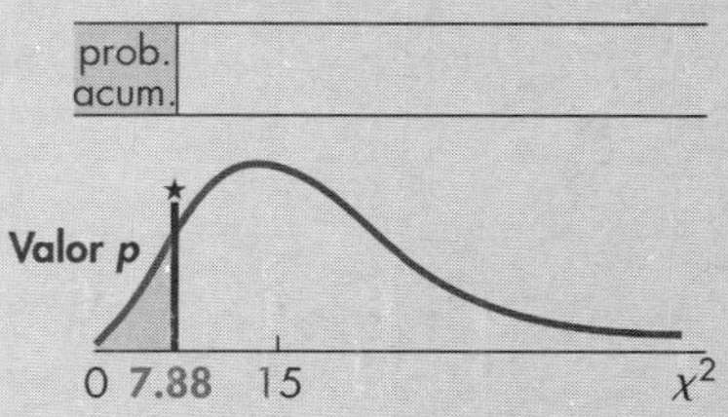

$$\mathbf{P} = P(\chi^2\star < 7.88 \text{ con gl} = 15)$$

Para encontrar el valor *p*, usa uno de dos métodos:

Método 1. Usa la tabla 8 del apéndice B para colocar cotas sobre el valor p. Inspecciona la fila gl = 15 para encontrar $\chi^2\star = 7.88$. El valor $\chi^2\star$ está entre entradas, de modo que el intervalo que acota *P* se lee del encabezado Área a la izquierda en la parte superior de la tabla.

Parte de la tabla 8 **Cómo encontrar P = $P(\chi^2\star > 7.88$, con gl = 15)**

		Área a la derecha		
gl	...	0.05	P	0.10
⋮		↑		↑
15		7.26	7.88	8.55

→ **0.05 < P < 0.10**

Método 2. Usa una computadora o calculadora. Usa los comandos de distribución de probabilidad χ^2 de las páginas 455-456 para encontrar el valor *p* asociado con $\chi^2\star = 7.88$.

EJEMPLO 9.19

PRUEBA DE HIPÓTESIS DE DOS COLAS PARA DESVIACIÓN ESTÁNDAR, σ

Un fabricante afirma que un químico fotográfico tiene una vida en anaquel que cuenta con distribución normal en torno a una media de 180 días, con una desviación estándar de no más de 10 días. Como usuario de este químico, Fast Photo está preocupado de que la desviación estándar pueda ser diferente de 10 días; de otro modo, comprará una cantidad más grande mientras el químico es parte de una promoción especial. Se seleccionan y prueban 12 muestras aleatorias, con una desviación estándar resultante de 14 días. En el nivel de significancia 0.05, ¿esta muestra presenta suficiente evidencia para mostrar que la desviación estándar es diferente de 10 días?

Solución

Paso 1 La preparación:

a. Describe el parámetro poblacional de interés.

σ, la desviación estándar para la vida en anaquel del químico.

b. Enuncia la hipótesis nula (H_o) y la hipótesis alternativa (H_a).

H_o: $\sigma = 10$ (desviación estándar es 10 días)
H_a: $\sigma \neq 10$ (desviación estándar es diferente de 10 días)

Paso 2 Criterios de la prueba de hipótesis:

a. Verifica las suposiciones.
El fabricante afirma que la vida en anaquel tiene distribución normal; esto podría verificarse al comprobar la distribución de la muestra.

b. Identifica la distribución de probabilidad y el estadístico de prueba a usar.
Se usarán la distribución ji cuadrada y la fórmula (9.10), con gl = $n - 1 = 12 - 1 = 11$.

c. Determina el nivel de significancia: $\alpha = 0.05$.

Paso 3 La evidencia muestral:

a. Recolecta la información muestral: $n = 12$ y $s = 14$.

b. Calcula el valor del estadístico de prueba.
Usa la fórmula (9.10):

$$\chi^2\bigstar = \frac{(n-1)s^2}{\sigma^2}:\quad \chi^2\bigstar = \frac{(12-1)(14)^2}{(10)^2} = \frac{2\,156}{100} = \mathbf{21.56}$$

Paso 4 La distribución de probabilidad:

Uso del procedimiento de valor p:

a. Calcula el valor p para el estadístico de prueba.
Dado que la preocupación es por valores "diferentes de" 10, el valor p es el área de ambas colas. El área en cada cola representará $\frac{1}{2}\mathbf{P}$. Dado que $\chi^2\bigstar = 21.56$ está en la cola derecha, el área de la cola derecha es $\frac{1}{2}\mathbf{P}$: $\frac{1}{2}\mathbf{P} = P(\chi^2 > 21.56$ con gl $= 11)$, como se muestra en la figura.

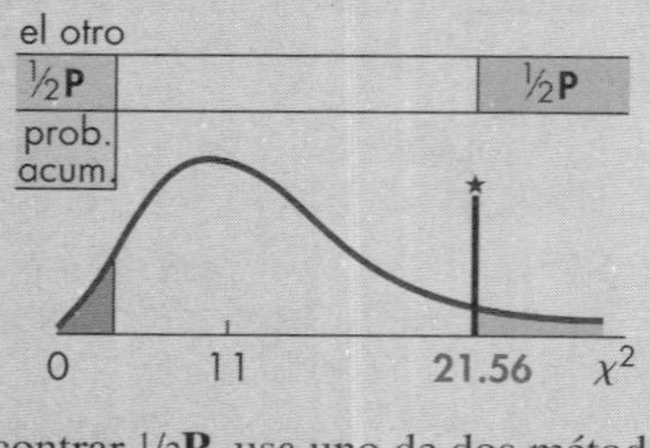

Para encontrar $\frac{1}{2}\mathbf{P}$, usa uno de dos métodos:

1. Usa la tabla 8 del apéndice B para colocar cotas sobre $\frac{1}{2}\mathbf{P}$: $0.025 < \frac{1}{2}\mathbf{P} < 0.05$. Duplicar ambas cotas para encontrar las cotas para $\mathbf{P}$: $2 \times (0.025 < \frac{1}{2}\mathbf{P} < 0.05)$ se convierte en $0.05 < \mathbf{P} < 0.10$.
2. Usa una computadora o calculadora para encontrar $\frac{1}{2}\mathbf{P} = 0.0280$; por tanto $\mathbf{P} = 0.0560$.

b. Determina si el valor p es o no menor que α.
El valor no p es menor que el nivel de significancia, α (0.05).

Uso del procedimiento clásico:

a. Determina la región crítica y el (los) valor(es) crítico(s).
La región crítica se divide en dos partes iguales porque H_a expresa preocupación por valores relacionados con "diferente de". Los valores críticos se obtienen de la tabla 8 en las intersecciones de la fila gl = 11 con las columnas 0.975 y 0.025 para el área a la derecha: $\chi^2(11, 0.975) = 3.82$ y $\chi^2(11, 0.025) = 21.9$.

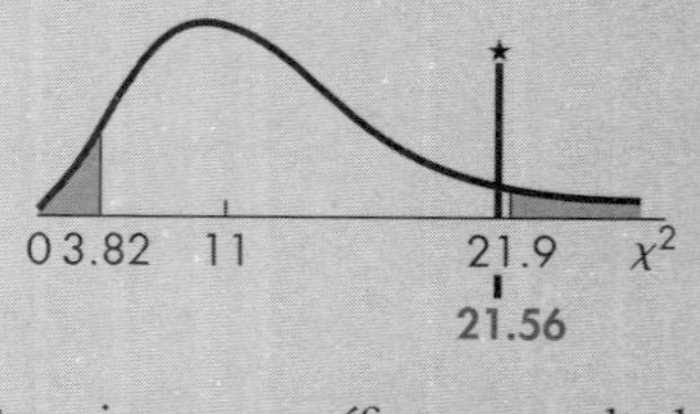

Para instrucciones específicas, consulta la página 455.

b. Determina si el estadístico de prueba calculado está o no en la región crítica.
$\chi^2\bigstar$ no está en la región crítica; observa la figura anterior.

Paso 5 Los resultados:

a. **Enuncia la decisión en torno a H_o:** Fallar para rechazar H_o.

b. **Enuncia la conclusión en torno a H_a.**
No hay suficiente evidencia para concluir que, en el nivel de significancia 0.05, la vida en anaquel de este químico tenga una desviación estándar diferente de 10 días. Por tanto, Fast Photo debe comprar el químico en concordancia.

Cómo calcular el valor *p* cuando se usa la distribución χ^2

Método 1. Usa la tabla 8 del apéndice B para colocar cotas sobre el valor p. Inspecciona la fila gl = 11 para ubicar $\chi^2\bigstar = 21.56$. Observa que 21.56 está entre dos entradas de la tabla. Las cotas para $\frac{1}{2}$**P** se leen del encabezado Área a la derecha en la parte superior de la tabla.

Parte de la tabla 8 **Cómo encontrar P = 2 • *P* ($\chi^2\bigstar$ > 21.56, con gl = 11)**

		Área a la derecha		
gl	. . .	0.05	½P	0.25
⋮		↑		↑
11		19.7	21.56	21.9

→ **0.025 < ½P < 0.05**
0.05 < P < 0.10

Duplicar ambas cotas para encontrar las cotas para **P**: 2 × (0.025 < $\frac{1}{2}$**P** < 0.05) se convierte en **0.05 < P < 0.10**.

Método 2. Usa una computadora o calculadora. Usa los comandos de distribución de probabilidad χ^2 de las páginas 455-456 para encontrar el valor *p* asociado con $\chi^2\bigstar = 21.56$. Recuerda duplicar la probabilidad.

Nota: cuando los datos muestrales están sesgados, un solo valor extremo puede afectar enormemente la desviación estándar. Es muy importante, en especial cuando usas muestras pequeñas, que la población muestreada sea normal; de otro modo, dichos procedimientos no son confiables.

EJEMPLO APLICADO 9.20

Mosaico de piso cerámico texturizado y

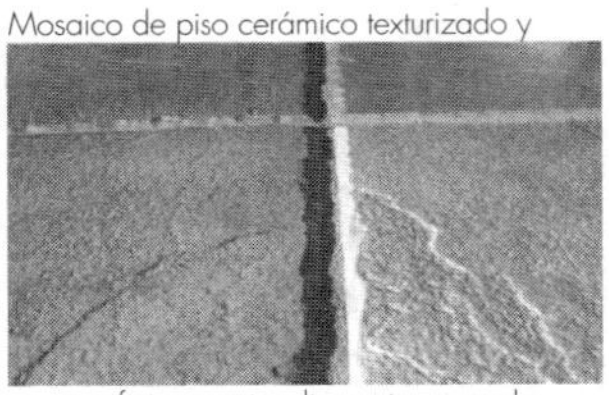

su superficie superior dispareja, como lo muestra la cantidad variable de luz que se ve por abajo de la regla.

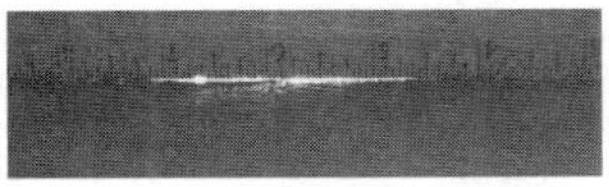

Cortesía del autor

MOSAICO DE PISO CERÁMICO

Los mosaicos de piso cerámico vienen en todos los colores, acabados y texturas. Una razón para hacer la superficie texturizada es crear una apariencia de piedra natural. Por naturaleza, las capas dentro de la piedra varían enormemente. Los mosaicos cerámicos deben tener suficiente variación para que parezcan piedra real, aunque no tanta como para crear un problema de seguridad.

Esta variación puede medirse como altura superficial, *x*, la distancia entre la superficie y el plano de los puntos "más altos" de la superficie. Observa la siguiente figura.

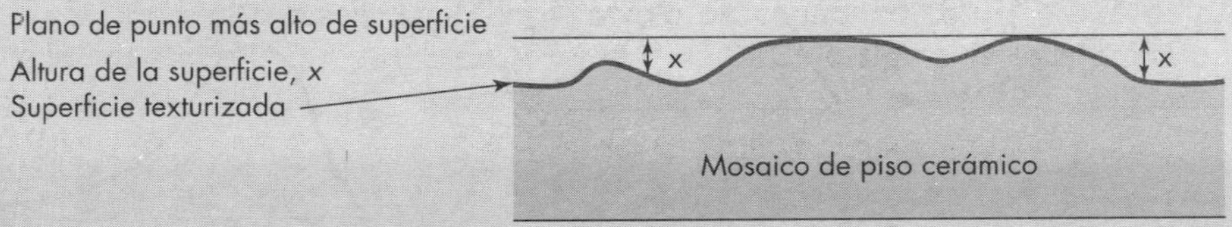

La especificación del fabricante pide que la altura superficial media sea no mayor a 0.025 de pulgada. El proceso de fabricación está bajo control cuando la desviación estándar no es mayor que 0.01 pulgada.

Se midieron 26 puntos ubicados al azar y resultaron los datos siguientes:

Altura superficial, x [EX09-145]

0.000	0.017	0.007	0.011	0.027	0.041	0.010	0.033	0.023
0.008	0.004	0.026	0.025	0.025	0.028	0.017	0.025	0.042
0.015	0.020	0.012	0.024	0.019	0.028	0.022	0.006	

EJERCICIOS SECCIÓN 9.3

9.117 a. Calcula la desviación estándar para cada conjunto.

A: 5, 6, 7, 7, 8, 10 **B:** 5, 6, 7, 7, 8, 15

b. ¿Qué efecto tiene sobre la desviación estándar cambiar el valor más grande, de 10 a 15?

c. ¿Por qué crees que 15 debe llamarse valor extremo?

9.118 La varianza de los tamaños de zapato para todos los fabricantes es 0.1024. ¿Cuál es la desviación estándar?

9.119 Encuentra:

a. $\chi^2(10, 0.01)$ b. $\chi^2(10, 0.025)$

c. $\chi^2(10, 0.095)$ d. $\chi^2(22, 0.995)$

9.120 Encuentra los valores críticos con la tabla 8 del apéndice B.

a. $\chi^2(18, 0.01)$ b. $\chi^2(16, 0.025)$

c. $\chi^2(8, 0.10)$ d. $\chi^2(28, 0.01)$

e. $\chi^2(22, 0.95)$ f. $\chi^2(10, 0.975)$

g. $\chi^2(50, 0.90)$ h. $\chi^2(24, 0.99)$

9.121 Con la notación del ejercicio 9.120, menciona y encuentra los valores críticos de χ^2.

a.

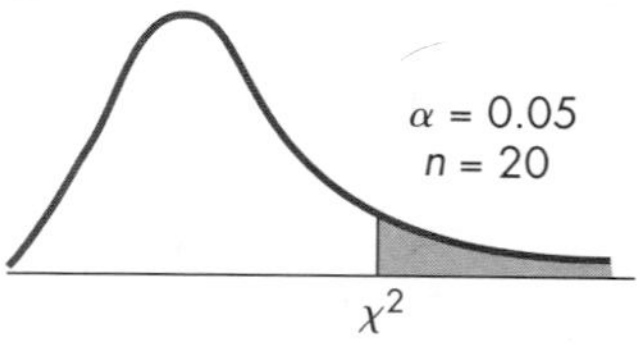

b.

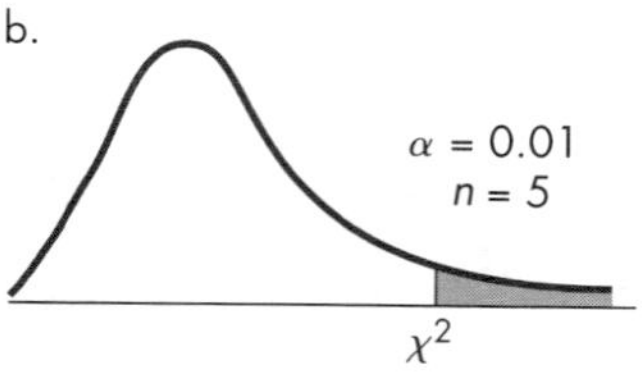

c.

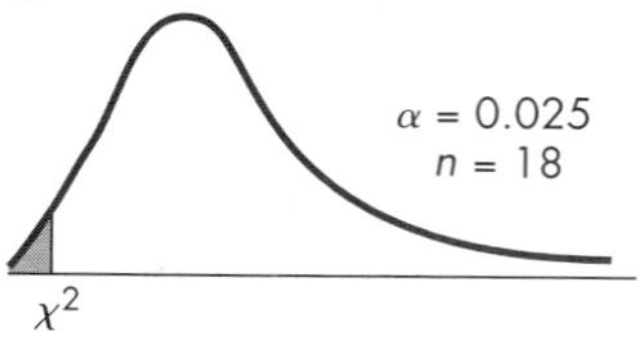

d.

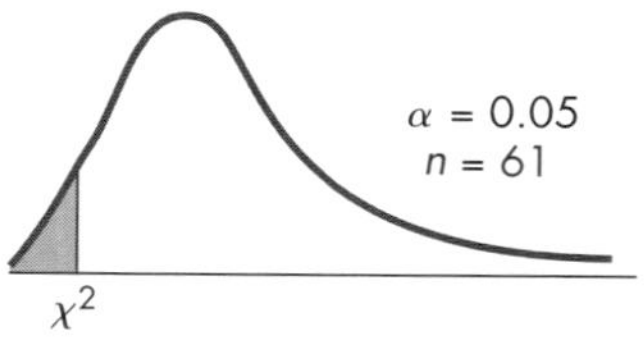

e.

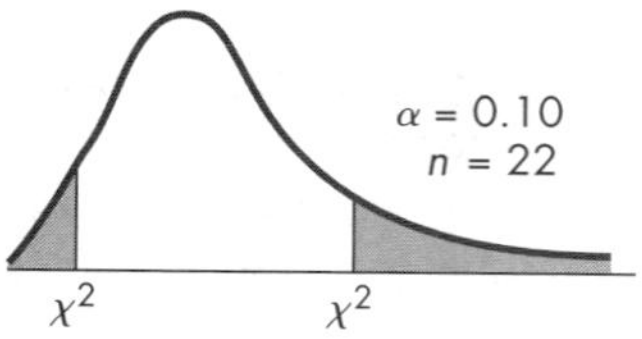

f.

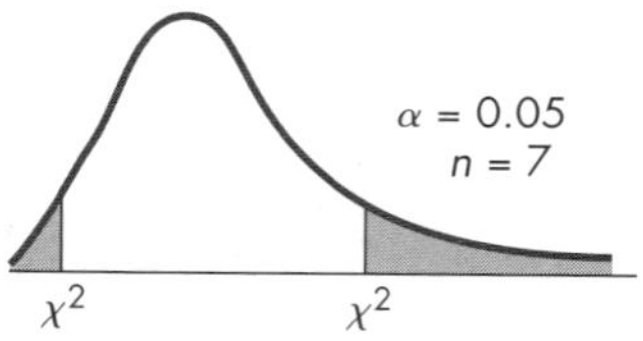

9.122 Con la notación del ejercicio 9.120, menciona y encuentra los valores críticos de χ^2.

a.

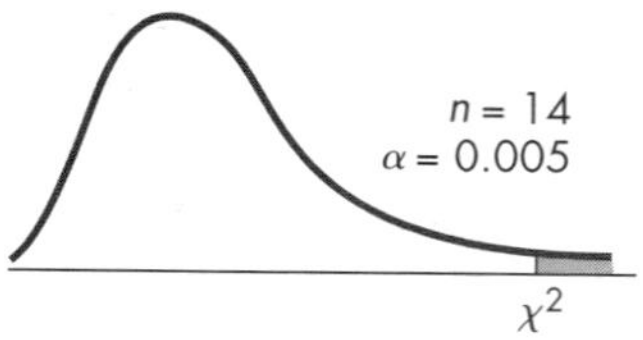

b.

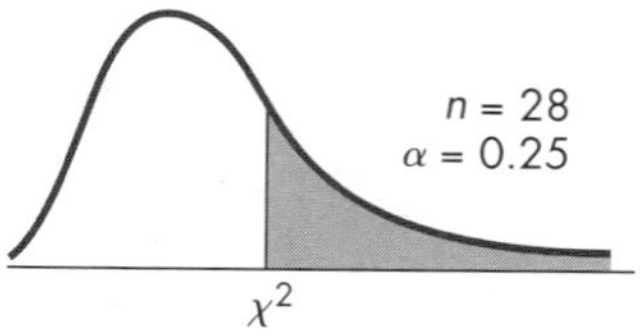

c.

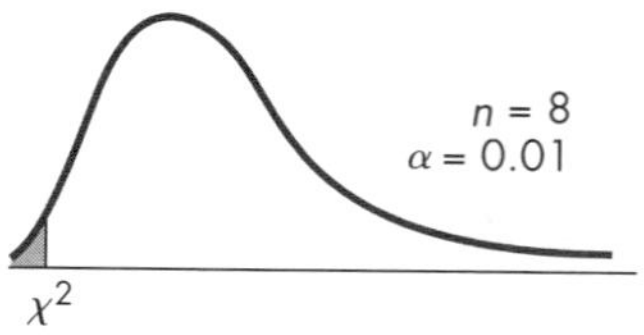

d.

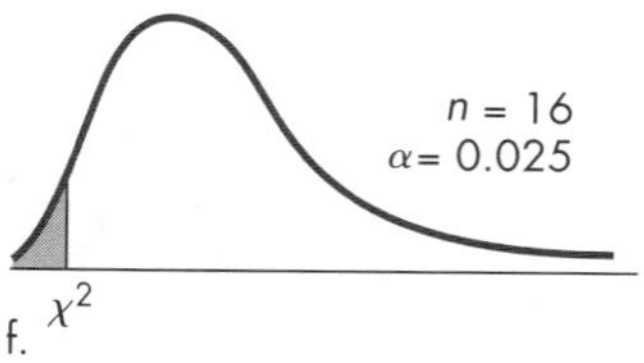

e.

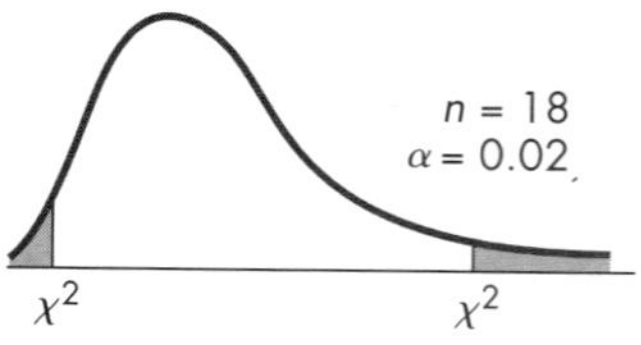

f.

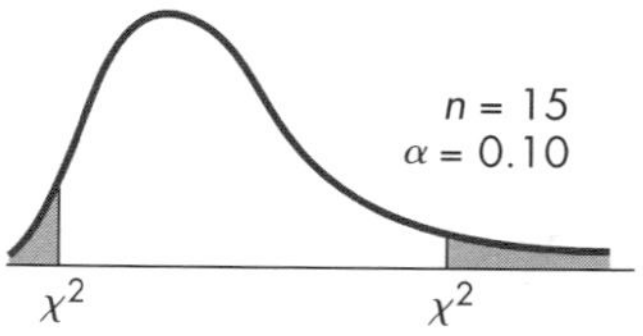

9.123 a. ¿Qué valor de ji cuadrada para 5 grados de libertad subdivide el área bajo la curva de distribución tal que 5% está a la derecha y 95% está a la izquierda?

b. ¿Cuál es el valor del percentil 95 para la distribución ji cuadrada con 5 grados de libertad?

c. ¿Cuál es el valor del percentil 90 para la distribución ji cuadrada con 5 grados de libertad?

9.124 a. El 90% central de la distribución ji cuadrada con 11 grados de libertad, ¿entre qué valores se encuentra?

b. El 95% central de la distribución ji cuadrada con 11 grados de libertad, ¿entre qué valores se encuentra?

c. El 99% central de la distribución ji cuadrada con 11 grados de libertad, ¿entre qué valores se encuentra?

9.125 Para una distribución ji cuadrada que tenga 12 grados de libertad, encuentra el área bajo la curva para valores ji cuadrada que varían de 3.57 a 21.0.

9.126 Para una distribución ji cuadrada que tiene 35 grados de libertad, encuentra el área bajo la curva entre $\chi^2(35, 0.96)$ y $\chi^2(35, 0.15)$.

9.127 Usa una computadora o calculadora para encontrar el área: a) a la izquierda y b) a la derecha de $\chi^2\bigstar = 20.2$ con gl = 15.

9.128 Usa una computadora o calculadora para encontrar el área: a) a la izquierda y b) a la derecha de $\chi^2\bigstar = 14.7$, con gl = 24.

9.129 Enuncia la hipótesis nula, H_o y la hipótesis alternativa, H_a, que usarías para poner a prueba estas afirmaciones:

a. La desviación estándar aumentó desde su valor previo de 24.

b. La desviación estándar no es más grande que 0.5 oz.

c. La desviación estándar no es igual a 10.

d. La varianza no es menor que 18.

e. La varianza es diferente del valor de 0.025, el valor que se solicita en las especificaciones.

9.130 Enuncia la hipótesis nula, H_o y la hipótesis alternativa, H_a, que usarías para poner a prueba estas afirmaciones:

a. La varianza disminuyó desde 34.5.

b. La desviación estándar del tamaño de zapato es más que 0.32.

c. La desviación estándar es al menos 5.5.

d. la varianza es cuando mucho 35.

e. La varianza se encogió desde el valor de 0.34 desde que las líneas de ensamblaje fueron rediseñadas.

9.131 Encuentra el estadístico de prueba para la prueba de hipótesis:

a. H_o: $\sigma^2 = 532$ frente a H_a: $\sigma^2 > 532$, con la información muestral $n = 18$ y $s^2 = 785$

b. H_o: $\sigma^2 = 52$ frente a H_a: $\sigma^2 \neq 52$, con la información muestral $n = 41$ y $s^2 = 78.2$

9.132 Calcula el valor para el estadístico de prueba $\chi^2\bigstar$, para cada una de estas situaciones:

a. H_o: $\sigma^2 = 20$, $n = 15$, $s^2 = 17.8$

b. H_o: $\sigma^2 = 30$, $n = 18$, $s = 5.7$

c. H_o: $\sigma = 42$, $n = 25$, $s = 37.8$

d. H_o: $\sigma = 12$, $n = 37$, $s^2 = 163$

9.133 Calcula el valor p para cada una de las siguientes pruebas de hipótesis.

a. H_a: $\sigma^2 \neq 20$, $n = 15$, $\chi^2\bigstar = 27.8$

b. H_a: $\sigma^2 > 30$, $n = 18$, $\chi^2\bigstar = 33.4$

c. H_a: $\sigma^2 \neq 42$, gl = 25, $\chi^2\bigstar = 37.9$

d. H_a: $\sigma^2 < 12$, gl = 40, $\chi^2\bigstar = 26.3$

9.134 Determina la región crítica y el valor crítico que usarías para poner a prueba lo siguiente, con el método clásico:

a. H_o: $\sigma = 0.5$ y H_a: $\sigma > 5$, con $n = 18$ y $\alpha = 0.05$

b. H_o: $\sigma^2 = 8.5$ y H_a: $\sigma^2 < 8.5$, con $n = 15$ y $\alpha = 0.01$

c. H_o: $\sigma = 20.3$ y H_a: $\sigma \neq 20.3$, con $n = 10$ y $\alpha = 0.10$

d. H_o: $\sigma = 0.05$ y H_a: $\sigma \neq 0.05$, con $n = 8$ y $\alpha = 0.02$

e. H_o: $\sigma = 0.5$ y H_a: $\sigma < 0.5$, con $n = 12$ y $\alpha = 0.10$

9.135 Completa la prueba de hipótesis del ejercicio 9.131a con lo siguiente:

a. El método de valor p y $\alpha = 0.01$.

b. El método clásico y $\alpha = 0.01$.

9.136 Completa la prueba de hipótesis del ejercicio 9.131b con lo siguiente:

a. El método de valor p y $\alpha = 0.05$.

b. El método clásico y $\alpha = 0.05$.

9.137 En el pasado, la desviación estándar de los pesos de ciertos paquetes de 32.0 oz llenados mediante una máquina fue de 0.25 oz. Una muestra aleatoria de 20 paquetes mostró una desviación estándar de 0.35 oz. ¿El aparente aumento en variabilidad es significativo en el nivel de significancia 0.10? Supón que el peso de los paquetes tiene distribución normal.

a. Resuelve con el método de valor p.

b. Resuelve con el método clásico.

9.138 En la vida de una batería se espera variación, pero demasiada variación sería de preocupación para el consumidor, quien nunca sabría si la batería que compró puede tener una vida muy corta. Una muestra aleatoria de 30 baterías AA de una marca particular produjo una desviación estándar de 350 horas. Si una desviación estándar de 288 horas (12 días) se considera aceptable, ¿esta muestra proporciona suficiente evidencia de que esta marca de batería tiene mayor variación que lo aceptable en el nivel de significancia 0.05?, supón que la vida de la batería tiene distribución normal.

9.139 Una muestra aleatoria de 51 observaciones se selecciona de una población con distribución normal. La media muestral fue $\bar{x} = 98.2$ y la varianza muestral fue $s^2 = 37.5$. ¿Esta muestra ofrece suficientes razones para concluir que la desviación estándar poblacional no es igual a 8 en el nivel de significancia 0.05?

a. Resuelve con el método de valor p.

b. Resuelve con el método clásico.

9.140 Un granjero comercial cosecha todo su campo de un cultivo de vegetales al mismo tiempo. Por tanto, le gustaría plantar una variedad de frijoles verdes que maduren todos al mismo tiempo (pequeña desviación estándar entre tiempos de maduración de plantas individuales). Una compañía de semillas desarrolla una nueva cepa híbrida de frijoles verdes que se cree son mejores para el granjero comercial. El tiempo de maduración de la variedad estándar tiene un promedio de 50 días y una desviación estándar de 2.1 días. Una muestra aleatoria de 30 plantas del nuevo híbrido mostró una desviación estándar de 1.65 días. ¿Esta muestra presenta una reducción significativa de la desviación estándar en el nivel de significancia 0.05? Supón que el tiempo de maduración tiene distribución normal.

a. Resuelve con el método de valor p.

b. Resuelve con el método clásico.

9.141 Los valores de los bienes raíces agrícolas en Estados Unidos rural fluctúan sustancialmente de estado a estado y de condado a condado, lo que por tanto hace difícil que los compradores adquieran tierra o los propietarios conozcan con precisión lo que vale realmente la propiedad. Por ejemplo, el valor promedio de un rancho en Missouri fue de 548 dólares por acre, mientras que el mismo promedio en los tres estados cercanos (Kansas, Nebraska y Oklahoma) fue de más de 200 dólares menos.

Fuente: *Regional Economic Digest*, "Survey of Agricultural Credit Conditions"

Esta discrepancia podría ser causada por una variabilidad exagerada en el valor de los acres de rancho en el estado de Missouri. Supón que la región combinada de cuatro estados produce una desviación estándar de 85 dólares por acre. Supón que se toma una muestra de 31 propietarios en Missouri quienes recientemente vendieron su propiedad y resulta una desviación estándar muestral de 125 dólares por acre. ¿La variabilidad en el valor de ranchos en Missouri, en el nivel de significancia 0.05, es mayor que la variabilidad para la región como un todo? Con la siguiente salida MINITAB, completa la prueba de hipótesis.

```
Null hypothesis          Sigma = 85
Alternative hypohesis    Sigma > 85
N    StDev    Variance   Chi-Square    DF    P-Value
31   125      15625      64.88         30    0.000
```

9.142 Con la salida de computadora del ejercicio 9.141, determina los valores de los siguientes términos:

a. Valor hipotético de la desviación estándar poblacional

b. Desviación estándar muestral

c. Grados de libertad (¿cómo se calculan?)

d. Relación entre varianza y desviación estándar muestrales

e. Estadístico de prueba

9.143 [EX09-143] Acaso incluso más importante que cuánto pesan es que los discos en la halterofilia tengan el mismo peso. Cuando uno de cada peso cuelga en lados opuestos de la barra, necesitan equilibrarse. Una muestra aleatoria de 24 pesas de 25 lb usadas para halterofilia se selecciona al azar y se determinan sus pesos (en libras):

25.3	22.1	25.7	24.2	25.7	23.9	23.1	21.9
24.7	26.3	26.5	22.2	25.9	23.5	25.8	27.1
25.4	22.0	25.2	21.1	27.9	22.9	27.3	25.7

Ha habido quejas acerca de la excesiva variabilidad en los pesos de estos discos de 25 lb. ¿La muestra ofrece suficiente evidencia para concluir que la variabilidad en las pesas es mayor que la desviación estándar aceptable de 1 lb? Usa $\alpha = 0.01$.

a. ¿Qué papel tiene la suposición de normalidad en esta solución? Explica.

b. ¿Qué evidencia tienes de que la suposición de normalidad es razonable? Explica.

c. Resuelve con el método de valor p.

d. Resuelve con el método clásico.

9.144 [EX09-144] Un fabricante de automóviles afirma que las millas por galón de cierto modelo tienen una media igual a 40.5 millas, con una desviación estándar igual a 3.5 millas. Usa los siguientes datos, obtenidos de una muestra aleatoria de 15 de estos automóviles, para poner a prueba la hipótesis de que la desviación estándar difiere de 3.5. Usa $\alpha = 0.05$. Supón normalidad.

37.0	38.0	42.5	45.0	34.0	32.0	36.0	35.5
38.0	42.5	40.0	42.5	35.0	30.0	37.5	

a. Resuelve con el método de valor *p*.

b. Resuelve con el método clásico.

9.145 [EX09-145] Consulta el ejemplo aplicado 9.20, "Mosaico de piso cerámico", de la página 461. Primero necesitas completar la investigación preliminar de las 26 alturas de superficie seleccionadas al azar:

a. Presenta y describe la muestra de alturas superficiales con un histograma, la media y la desviación estándar.

b. Comprueba las alturas superficiales para una distribución normal. Indica cuál cree que sea el caso con base en los resultados que encontraste en el inciso a. Más aún, encuentra evidencia estadística adicional. Enuncia con mucha precisión tu conclusión en cuanto a la normalidad para la distribución de esta variable.

Prueba estadística del proceso de fabricación:

c. ¿Existe evidencia estadística de que el proceso usado para fabricar dichos mosaicos haya producido una superficie texturizada que tenga una altura superficial media no mayor que 0.025 pulgadas? Establece el valor *p*.

d. Completa la prueba de hipótesis en el nivel de significancia 0.01; asegúrate de enunciar tu decisión y conclusión.

9.146 [EX09-145] Consulta el ejemplo aplicado 9.20, "Mosaico de piso cerámico" y el ejercicio 9.145 para continuar la investigación del proceso de fabricación de mosaicos de piso.

a. ¿Cuáles son las suposiciones para una prueba ji cuadrada de la desviación estándar? ¿Alguna de las respuestas en el ejercicio 9.145 ayuda a resolver los requisitos de suposición?

b. ¿Existe evidencia estadística de que el proceso usado para fabricar estos mosaicos haya producido una superficie texturizada que tenga una desviación estándar de altura superficial no mayor que 0.01 pulgadas? Establece el valor *p*.

c. Completa la prueba de hipótesis en el nivel de significancia 0.01; asegúrate de enunciar tu decisión y conclusión.

d. ¿A qué conclusiones puedes llegar acerca del proceso de fabricación?

9.147 [EX09-147] El peso seco de un corcho es otra cualidad que no afecta la capacidad del corcho para sellar una botella, pero es una variable que se monitorea de manera regular. Los pesos de los corchos naturales del núm. 9 (24 mm de diámetro por 45 mm de largo) tienen una distribución normal. Diez corchos seleccionados al azar se pesan a la centésima de gramo más cercana.

Peso seco (en gramos)

3.26	3.58	3.07	3.09	3.16	3.02	3.64	3.61	3.02	2.79

a. ¿La muestra anterior presenta suficientes razones para demostrar que la desviación estándar de los pesos secos es diferente de 0.3275 gramos en el nivel de significancia 0.02?

Una muestra aleatoria diferente de 20 se toma del mismo lote.

Peso seco (en gramos)

3.53	3.77	3.49	3.24	3.00	3.41	3.33	3.51	3.02	3.46
2.80	3.58	3.05	3.51	3.61	2.90	3.69	3.62	3.26	3.58

b. ¿El ejemplo anterior presenta suficientes razones para demostrar que la desviación estándar de los pesos secos es diferente de 0.3275 gramos en el nivel de significancia 0.02?

c. ¿Qué efecto tuvieron las dos diferentes desviaciones estándar muestrales sobre el estadístico de prueba calculado en los incisos a y b? ¿Qué efecto tuvieron sobre el valor *p* o el valor crítico? Explica.

d. ¿Qué efecto tuvieron los dos diferentes tamaños de muestra sobre el estadístico de prueba calculado en los incisos a y b? ¿Qué efecto tienen sobre el valor *p* o el valor crítico? Explica.

9.148 Usa una computadora o calculadora para encontrar el valor *p* para la siguiente prueba de hipótesis: H_o: $\sigma^2 = 7$ frente a H_a: $\sigma^2 \neq 7$ si $\chi^2\bigstar = 6.87$ como muestra de $n = 15$.

9.149 Usa una computadora o calculadora para encontrar el valor *p* para la siguiente prueba de hipótesis: H_o: $\sigma = 12.4$ frente a H_a: $\sigma > 12.4$ si $\chi^2\bigstar = 36.59$ como muestra de $n = 24$.

9.150 La distribución ji cuadrada se describió en la página 454 como una familia de distribuciones. Investiga estas distribuciones y observa algunas de sus propiedades.

a. Usa los comandos MINITAB que siguen y genera varias muestras grandes de datos aleatorios de diversas distribuciones ji cuadradas. Usa valores gl de 1, 2, 3, 5, 10, 20 y 80 (y otros si deseas).

Elige: **Calc > Random Data > ChiSquare**
Escribe: Número de filas de datos a generar: **1000**
Almacenar en columna(s): **C1**
Grados de libertad: **df**

Usa **Stat > Basic Statistics > Display Descriptive Statistics** para calcular la media y la mediana de los datos en C1. Usa **Graph > Histogram** para construir un histograma de los datos en C1.

[EX00-000] identifica el nombre de archivo de una base de datos en línea de un ejercicio; disponible a través de cengagebrain.com

b. ¿Cuál parece ser la relación entre la media de la muestra y el número de grados de libertad?

c. ¿Cómo parecen relacionarse los valores de la media, mediana y moda? ¿Tus resultados concuerdan con la información de la página 454?

d. Haz que la computadora genere muestras para dos grados de libertad adicionales gl = 120 y 150. Describe cómo parecen cambiar estas distribuciones conforme gl aumenta.

9.151 ¿Cuán importante es la suposición "la población muestreada tiene distribución normal" para el uso de las distribuciones ji cuadrada? Usa una computadora y los dos conjuntos de comandos MINITAB que se encuentran en el *Manual de Soluciones del Estudiante* para simular la extracción de 200 muestras de tamaño 10 de cada uno de dos diferentes tipos de distribuciones poblacionales. Los primeros comandos generarán 2 000 valores de datos y construirán un histograma, de modo que puedas apreciar cómo se ve la población. Los siguientes comandos generarán 200 muestras de tamaño 10 a partir de la misma población; cada fila representa una muestra. Los siguientes comandos calcularán la desviación estándar y $\chi^2\bigstar$ para cada una de las 200 muestras. Los últimos comandos construirán histogramas de las 200 desviaciones estándar muestrales y los 200 valores $\chi^2\bigstar$. (Detalles adicionales pueden encontrarse en el *Manual de Soluciones del Estudiante.*) Para las muestras de la población normal:

a. ¿La distribución muestral de desviaciones muestrales estándar parece ser normal? Describe la distribución.

b. ¿La distribución χ^2 parece tener una distribución ji cuadrada con gl = 9? Encuentra porcentajes para los intervalos (menos que 2, menos que 4, ..., más que 15, más que 20, etc.) y compáralos con los porcentajes esperados como estimación con la tabla 8 del apéndice B.

Para las muestras de la población sesgada:

c. ¿La distribución muestral de desviaciones estándar muestrales parece ser normal? Describe la distribución.

d. ¿La distribución ji cuadrada parece tener una distribución ji cuadrada con gl = 9? Encuentra porcentajes para los intervalos (menor que 2, menor que 4, ..., más que 15, más que 20, etc.) y compáralos con los porcentajes esperados como estimación con la tabla 8.

En resumen:

e. ¿La condición de normalidad parece ser necesaria con la finalidad de que el estadístico de prueba calculado $\chi^2\bigstar$ tenga una distribución χ^2? Explica.

Cortesía del autor

Repaso del capítulo

En retrospectiva

Estudiaste inferencias, tanto de intervalos de confianza como de pruebas de hipótesis, para los tres parámetros poblacionales básicos (media μ, proporción p y desviación estándar σ) de una sola población. La mayoría de las inferencias en torno a una sola población se preocupan por uno de estos tres parámetros. La figura 9.10 (p. 467) presenta una organización visual de las técnicas presentadas en los capítulos 8 y 9, junto con las preguntas clave que debes plantear conforme decidas cuál estadístico de prueba y fórmula usar.

En este capítulo también usaste el error máximo de estimación, fórmula (9.7), para determinar el tamaño de la muestra requerido para hacer estimaciones acerca de la proporción poblacional con la precisión deseada. En el ejemplo aplicado 9.9 se describe el margen de error reportado por los medios y se estudia su relación con el error máximo de estimación, como se presenta en este capítulo. Al combinar la estimación puntual reportada y el tamaño de la muestra, puedes determinar el correspondiente error máximo de estimación de la proporción binomial. La mayoría de las encuestas y sondeos usan el nivel de confianza de 95% y después usan el error máximo como una estimación para el margen de error y no reportan un nivel de confianza, como explicó Humphrey Taylor.

En el siguiente capítulo analizaremos las inferencias de dos poblaciones de las que se componen sus respectivas medias, proporciones y desviaciones estándar.

FIGURA 9.10
Elección de la técnica de inferencia correcta

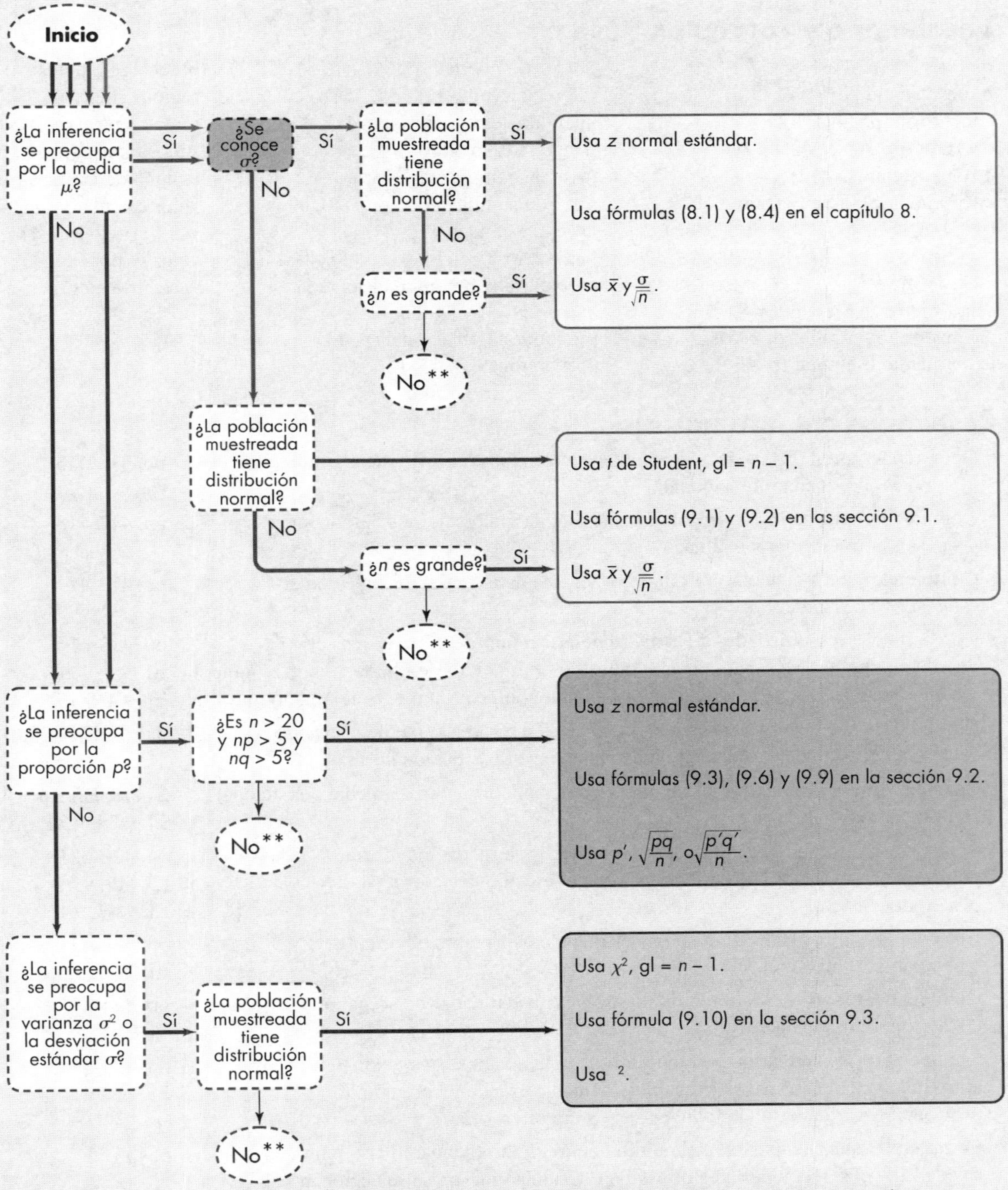

No** significa que se usa una técnica no paramétrica (no se requiere distribución normal); consulta el capítulo 14.

CourseMate El sitio **Statistics CourseMate** para este libro lleva a la vida los temas del capítulo, con herramientas interactivas de aprendizaje, estudio y preparación de exámenes, incluidas preguntas rápidas y tarjetas de estudio para el vocabulario y los conceptos clave que aparecen a continuación. El sitio también ofrece una versión **eBook** del texto, con capacidades de subrayado y toma de notas. A lo largo de los capítulos, el icono CourseMate señala los conceptos y ejemplos que tienen sus correspondientes recursos interactivos como **video** y **tutoriales animados** que demuestran, paso a paso, cómo resolver problemas; conjuntos de datos para ejercicios y ejemplos; **Applets Skillbuilder** para ayudarte a comprender mejor los conceptos; **manuales de tecnología** y software para descargar que incluye **Data Analysis Plus** (una suite de macros estadísticos para Excel) y programas **TI-83/84 Plus**; regístrate en **www.cengagebrain.com**

Vocabulario y conceptos clave

σ conocida (p. 413)
σ desconocida (p. 412)
conclusión (pp. 421, 424, 442)
decisión (pp. 424, 442, 444)
error estándar (p. 412)
error máximo de estimación (pp. 418, 436, 438)
estadístico de prueba (pp. 420, 421, 423, 441, 456)
estadístico *t* de Student (p. 413)
estimador no sesgado (p. 435)
experimento binomial (p. 434)
grados de libertad (pp. 414, 454)
inferencia (pp. 417, 435, 456)
intervalo de confianza (pp. 417, 435, 436)
ji cuadrada (p. 453)
nivel de confianza (p. 435)
nivel de significancia (pp. 420, 423)
normal estándar, z (p. 415)
parámetro (pp. 414, 418, 420, 423)
probabilidad binomial observada, p' (p. 434)
proporción poblacional (p. 435)
proporciones (p. 434)
prueba de hipótesis (pp. 420, 423, 441)
región crítica (pp. 421, 423, 442)
regla empírica (p. 434)
suposiciones (pp. 417, 435, 456)
tamaño de la muestra (pp. 438, 439)
valor calculado (pp. 421, 441)
valor crítico (pp. 414, 421, 423)
valor p (pp. 424, 457, 458)
variable aleatoria (p. 434)

Resultados del aprendizaje

• Comprender que s, la desviación estándar muestral, es una estimación puntual de σ, la desviación estándar poblacional.	pp. 412-413
• Comprender que, en la mayoría de los casos de la vida real, σ es desconocida y se usa s como su mejor estimación.	pp. 412-413
• Comprender que, cuando se desconoce σ, el estadístico z se sustituye con el estadístico t de Student.	pp. 412-413
• Comprender las propiedades de la distribución t, cómo se trata de una serie de distribuciones con base en el tamaño muestral (con grados de libertad como el índice) y cómo tiende a la distribución normal estándar conforme aumenta el tamaño muestral.	pp. 413-414, EJ. 9.1, 9.2, 9.3, Ej. 9.4, 9.19
• Comprender que la suposición para inferencias en torno a la media μ cuando σ se desconoce es que la población muestreada tiene distribución normal.	p. 417, Ej. 9.33a
• Calcular, describir e interpretar un intervalo de confianza para la media poblacional, μ, usando la distribución t.	p. 418, EJ. 9.4, Ej. 9.24, 9.31, 9.153
• Realizar, describir e interpretar una prueba de hipótesis para la media poblacional, μ, usando la distribución t con el método de valor p y/o. el método clásico	pp. 420-421, EJ. 9.5, 9.6, Ej. 9.47, 9.160
• Entender las propiedades fundamentales de un experimento binomial y el parámetro binomial, p.	pp. 434-435, Ej. 9.65, 9.66
• Comprender que p', la proporción muestral, es un estimador no sesgado de la proporción poblacional, p.	pp. 434-435 Ej. 9.67
• Comprender que la distribución muestral de p' tiene una distribución aproximadamente normal si n es suficientemente grande y por tanto la distribución normal estándar puede usarse para inferencias.	pp. 434-435, Ej. 9.87
• Comprender que la suposición para inferencias en torno al parámetro binomial, p, es que las n observaciones aleatorias que forman la muestra se seleccionan independientemente de una población que no cambia durante el muestreo.	p. 435

- Calcular, describir e interpretar un intervalo de confianza para la proporción poblacional, p, usando la distribución z. — EJ. 9.8, Ej. 9.71, 9.75, 9.167
- Calcular y describir el tamaño muestral requerido para un intervalo de confianza de p, la proporción poblacional. — pp. 438-440, EJ. 9.10, 9.11, Ej. 9.88
- Realizar, describir e interpretar una prueba de hipótesis para la proporción poblacional, p, usando la distribución z con el método de valor p y/o el método clásico. — EJ. 9.12, 9.13, Ej. 9.105, 9.108
- Entender las propiedades de la distribución ji cuadrada y cómo se trata de una serie de distribuciones con base en el tamaño muestral (con grados de libertad como el índice). — pp. 453-454
- Comprender que la suposición para inferencias en torno a la varianza, σ^2, o desviación estándar, σ, es que la población muestreada tiene distribución normal. — p. 456, Ex. 9.151
- Realizar, describir e interpretar una prueba de hipótesis para la varianza poblacional, σ, o desviación estándar, σ, usando la distribución χ^2 con el método de valor p y el método clásico. — EJ. 9.17, 9.19, Ej. 9.137, 9.183

Ejercicios del capítulo

[EX00-000] identifica el nombre de archivo de una base de datos en línea de un ejercicio; disponible a través de cengagebrain.com

9.152 Uno apresura al departamento de emergencia local con la esperanza de atención urgente inmediata, sólo para descubrir que debe esperar por lo que parece son horas. El administrador del gran departamento de emergencias cree que sus nuevos procedimientos han reducido sustancialmente el tiempo de espera para el paciente de atención urgente promedio. Él inicia un estudio para evaluar el tiempo de espera. Se verifican los registros de 18 pacientes seleccionados al azar atendidos desde que los nuevos procedimientos se pusieron en operación y se observó el tiempo entre ingresar al departamento de emergencias y el ser atendido por personal de cuidado urgente. El tiempo de espera medio fue de 17.82 minutos, con una desviación estándar de 5.68 minutos. Estima el tiempo de espera medio con un intervalo de confianza de 99%. Supón que los tiempos de espera tienen distribución normal.

9.153 Una compañía de gas natural considera un contrato para comprar neumáticos para su flotilla de camiones de servicio. La decisión se basará en el millaje esperado. Para una muestra de 100 neumáticos puestos a prueba, el millaje medio fue de 36 000 y la desviación estándar fue de 2 000 millas. Estima el millaje medio que debe esperar la compañía de estos neumáticos, con un intervalo de confianza de 98%.

9.154 Uno de los objetivos de un gran estudio médico fue estimar la tarifa médica media para remover cataratas. Para 25 casos seleccionados al azar, la tarifa media fue de 3 550 dólares, con una desviación estándar de 275 dólares. Establece un intervalo de confianza de 99% sobre μ, la tarifa media para todos los médicos. Supón que las tarifas tienen distribución normal.

9.155 Se seleccionan al azar naranjas de un gran embarque que acaba de llegar. La muestra se toma para estimar el tamaño (circunferencia, en pulgadas) de las naranjas. Los datos muestrales se resumen del modo siguiente: $n = 100$, $\Sigma x = 878.2$ y $\Sigma(x - \bar{x})^2 = 49.91$.

a. Determina la media y la desviación estándar muestrales.

b. ¿Cuál es la estimación puntual para μ, la circunferencia media de todas las naranjas en el embarque?

c. Encuentra el intervalo de confianza de 95% para μ.

9.156 [EX09-156] En la fabricación de lentes de contacto se usan moldes, de modo que el material de los lentes para preparación y curado será consistente y cumplirá los criterios dimensionales designados. Se fabrican los moldes y una dimensión crítica se mide para 15 moldes seleccionados al azar. (Los datos tienen doble codificación para asegurar la propiedad.)

140	130	15	180	95	135	220	105
195	110	150	150	130	120	120	

Fuente: Cortesía de Bausch & Lomb.

a. Construye un histograma y encuentra la media y la desviación estándar.

b. Demuestra cómo este conjunto de datos satisface las suposiciones para inferencia.

c. Encuentra el intervalo de confianza de 95% para μ.

d. Interpreta el significado del intervalo de confianza.

9.157 Una compañía afirma que su batería dura no menos de 42.5 horas en uso continuo en un juguete específico. Una muestra aleatoria simple de baterías produce una vida media muestral de 41.89 horas, con una desviación estándar de 4.75 horas. Una computadora calcula un estadístico de prueba de $t = -1.09$ y un valor p de 0.139. Si la prueba usa gl = 71, ¿cuál es la mejor estimación del tamaño muestral?

9.158 [EX09-158] Obtener educación universitaria hoy día es casi tan importante como respirar, ¡y es costoso! No sólo la matrícula, la habitación, la comida; los libros de texto también son costosos. Es muy importante para los estudiantes y sus padres, tener una estimación precisa del costo total de los libros de texto. Se recolectó el costo total de los libros requeridos para nueve clases de primero o segundo años en 10 universidades públicas de Nueva York seleccionadas al azar:

582.19	806.40	913.44	915.75	932.35
957.45	960.92	996.24	1 070.44	1 223.44

a. Construye un histograma y encuentra la media y la desviación estándar.

b. Demuestra cómo este conjunto de datos satisface las suposiciones de inferencia.

c. Encuentra el intervalo de confianza de 95% para μ, el costo total medio de los libros requeridos.

d. Interpreta el significado del intervalo de confianza.

9.159 [EX09-159] Se recolectó el costo total de los libros requeridos para nueve clases de primero o segundo años en 10 universidades privadas de Nueva York seleccionadas al azar:

639.00	865.75	868.20	874.25	887.06
890.50	970.13	1 013.22	1 026.00	1 048.96

a. Construye un histograma y encuentra la media y la desviación estándar.

b. Demuestra cómo este conjunto de datos satisface las suposiciones de inferencia.

c. Encuentra el intervalo de confianza de 95% para μ, el costo total medio de los libros requeridos.

d. Interpreta el significado del intervalo de confianza.

e. ¿Existe una diferencia en el costo total medio de los nueve libros requeridos entre las universidades públicas y en las universidades privadas del ejercicio 9.158? Explica.

f. Explica por qué el intervalo de confianza para las universidades públicas es mucho más amplio que el correspondiente intervalo para las universidades privadas. Sé exacto y detallado.

9.160 Un fabricante de televisores afirma que los gastos de mantenimiento para su producto promediarán no más de 110 dólares durante el primer año después del vencimiento de la garantía. Un grupo de consumidores te pide apoyar o desacreditar la afirmación. Los resultados de una muestra aleatoria de 50 propietarios de tales televisores demostró que el gasto medio fue de 131.60 dólares y la desviación estándar fue 42.46 dólares. En el nivel de significancia 0.01, ¿debes concluir que la afirmación del fabricante es verdadera o no es probable que sea verdadera?

9.161 Los estudiantes universitarios tiran un promedio de 640 libras de basura cada año, 30% de ella el mes antes de la graduación, de acuerdo con el artículo del *Reader's Digest*, "Campus desechados". Para estimar la cantidad de basura desechada por los estudiantes en la Universidad Estatal, 18 estudiantes al azar se seleccionaron y monitorearon cuidadosamente durante un año. Las cantidades de basura desechadas tienen una media de 559.9 lbs y una desviación estándar de 158.6 lbs. ¿La Universidad Estatal tiene suficiente evidencia de que la cantidad media de basura de sus estudiantes es significativamente menor que la cantidad media de todas las universidades? Supón normalidad y usa un nivel de significancia de 0.05.

9.162 [EX09-162] Las lecturas de contaminación del agua en State Park Beach parecen ser menores que las del año anterior. Una muestra de 12 lecturas (medidas en coliform/100 mL) se seleccionó al azar de los registros de las lecturas diarias de este año:

3.5	3.9	2.8	3.1	3.1	3.4	4.8	3.2	2.5	3.5	4.4	3.1

¿Esta muestra brinda suficiente evidencia para concluir que la media de las lecturas de contaminación de este año es significativamente menor que la media del año pasado de 3.8 en el nivel 0.05? Supón que todas esas lecturas tienen una distribución normal.

9.163 [EX09-163] Se ha sugerido que los niños varones con anormalidades tienden a nacer de padres más viejos que el promedio. Se obtuvieron historias de caso de 20 varones con anormalidades y las edades de las 20 madres fueron las siguientes:

31	21	29	28	34	45	21	41	27	31
43	21	39	38	32	28	37	28	16	39

La edad media a la que las madres en la población general dan a luz es de 28.0 años.

a. Calcula la media y la desviación muestral estándar.

b. ¿La muestra brinda suficiente evidencia para apoyar la afirmación de que los niños varones con anormalidades tienen madres más viejas que el promedio? Usa $\alpha = 0.05$. Supón que las edades tienen una distribución normal.

9.164 [EX09-164] Veinticuatro condados productores de avena se identificaron al azar en el estado de Minnesota con el propósito de poner a prueba la afirmación "la tasa media de producción de avena es mayor que 60 fanegas por acre". Para cada condado identificado se obtuvo la tasa de producción de avena, en fanegas por acre cosechado. Se mencionan los datos resultantes:

Producción

56	31	80	53	39	59	63	67	56	66	81	61	63	48	53
46	73	85	77	78	72	63	71	77						

Fuente: http://www.nass.usda.gov/

a. ¿Se satisfacen las suposiciones de prueba? Explica.

b. Completa la prueba con $\alpha = 0.05$.

9.165 [EX09-165] A continuación se presentan 100 mediciones de la velocidad de la luz en el aire (km/s) registradas por Albert Michelson, físico estadounidense, desde junio 5 hasta julio 2 de 1879. A las mediciones se les restó 299 000 y después se ajustaron para correcciones usadas por Michelson. De esta forma, el verdadero valor constante para la velocidad de la luz en el aire se convierte en 734.5 km/s. ¿Las mediciones de Michelson apoyan el verdadero valor que trataba de medir? Usa un nivel de significancia de 0.01.

850	740	900	1070	930	850	950	980	980	880	1 000
980	930	650	760	810	1 000	1 000	960	960	960	940
960	940	880	800	850	880	900	840	830	790	810
880	880	830	800	790	760	800	880	880	880	860
720	720	620	860	970	950	880	910	850	870	840
840	850	840	840	840	890	810	810	820	800	770
760	740	750	760	910	920	890	860	880	720	840
850	850	780	890	840	780	810	760	810	790	810
820	850	870	870	810	740	810	940	950	800	810
870										

Fuente: http://lib.stat.cmu.edu/

Nota: El "verdadero" valor actualmente aceptado es 299 792.5 km/s (sin ajustes).

9.166 Incluso con la conciencia elevada de la calidad de la carne, 82% de los estadounidenses indicó que su reciente comportamiento de comer hamburguesas ha permanecido igual, de acuerdo con una reciente encuesta aleatoria de los restaurantes T.G.I. Friday's de 1 027 estadounidenses. De hecho, la mitad de los estadounidenses come al menos una hamburguesa de carne a la semana. Esto es un mínimo de 52 hamburguesas cada año.

Fuente: Harris Interactive/Yankelovich Partners para T.G.I. Friday's restaurants, http://www.knoxville3.com/

a. ¿Cuál es la estimación puntual para la proporción de todos los estadounidenses que comen al menos una hamburguesa de carne a la semana?

b. Encuentra el intervalo de confianza de 98% para la verdadera proporción p en la situación binomial donde $n = 1\,027$ y la proporción observada es un medio.

c. Usa los resultados del inciso b para estimar el porcentaje de todos los estadounidenses que comen al menos una hamburguesa de carne a la semana.

9.167 El departamento de investigación de marketing de una compañía de café instantáneo realizó una encuesta de hombres casados para determinar la proporción de hombres casados que prefieren su marca. De los 100 hombres en la muestra aleatoria, 20 prefieren la marca de la compañía. Usa un intervalo de confianza de 95% para estimar la proporción de todos los hombres casados que prefieren la marca de café instantáneo de esta compañía. Interpreta tu respuesta.

9.168 Una compañía realiza una campaña de publicidad que involucrará el apoyo de connotados atletas. Para que la campaña tenga éxito, el atleta debe ser tanto enormemente respetado como fácilmente reconocible. A una muestra aleatoria de 100 clientes potenciales se les mostraron fotografías de varios atletas. Si el cliente reconoce a un atleta, entonces al cliente se le pregunta si respeta al atleta. En el caso de una golfista destacada, 16 de los 100 encuestados reconocieron su fotografía e indicaron que también la respetaban. En el nivel de confianza de 95%, ¿cuál es la verdadera proporción con la que esta golfista es tanto reconocida como respetada?

9.169 Un vendedor local de automóviles publicita que 90% de los clientes cuyos automóviles se atendieron en el departamento de servicio están complacidos con los resultados. Como investigador, tomas con cautela esta afirmación porque estás consciente que muchas personas son reticentes para expresar insatisfacción. Se plantea un experimento de investigación en el que quienes están en la muestra recibieron servicio de este vendedor dentro de las 2 semanas pasadas. Durante la entrevista, se condujo a los individuos a creer que el entrevistador era nuevo en la ciudad y que consideraba llevar su automóvil al departamento de servicio de este vendedor. De los 60 muestreados, 14 dijeron que estaban insatisfechos y no recomendarían el departamento.

a. Estima la proporción de clientes insatisfechos usando un intervalo de confianza de 95%.

b. Dada tu respuesta al inciso a, ¿qué puedes concluir acerca de la afirmación del vendedor?

9.170 De acuerdo con un estudio nacional del Departamento de Educación de Estados Unidos, que se mencionó en "Derrotar a los bullies sin pelear", un artículo del *Democrat &*

(continúa en la página 472)

Chronicle del 22 de septiembre de 2009, 79% de los niños entre las edades de 12 y 18 fueron molestados al menos una vez en los pasados seis meses. Tú quieres realizar un estudio para estimar el porcentaje en tu comunidad de los niños entre las edades de 12 y 18 que fueron molestados en los pasados seis meses. Supón que la proporción poblacional es de 79%, como se reporta por el Departamento de Educación de Estados Unidos. ¿Qué tamaño muestral debes usar si quieres estimar que está dentro de:

a. 0.03, con 90% de confianza?

b. 0.06, con 95% de confianza?

c. 0.09, con 99% de confianza?

9.171 El 30 de mayo de 2008, el artículo en línea "¿Vivir con tus padres después de la graduación?", citó una encuesta de 2007 realizada por Monster-TRAK.com. La encuesta descubrió que 48% de los estudiantes universitarios planeó vivir en casa después de la graduación. ¿Cuán grande necesitaría ser el tamaño de la muestra para estimar la verdadera proporción de estudiantes que planea vivir en casa después de la graduación, hasta dentro de 20%, con 98% de confianza?

Fuente: http://www.nomoreramenonline.com/

9.172 El presidente del consejo de administración (CEO) de una pequeña empresa quiere contratar a tu compañía consultora para realizar una muestra aleatoria simple de sus clientes. Quiere determinar la proporción de sus clientes que considera a su compañía la principal fuente de sus productos. Pide que el margen de error en la proporción no sea más de 3% con 95% de confianza. Estudios anteriores indicaron que la proporción aproximada es 37%.

a. ¿Cuál es el tamaño mínimo de la muestra que recomendarías para satisfacer el requerimiento de tu cliente si usas los resultados anteriores?

b. ¿Cuál es el tamaño mínimo de la muestra que recomendarías para satisfacer el requerimiento de tu cliente, si ignoras los resultados anteriores?

c. ¿Es necesaria la proporción de valor aproximada para realizar la encuesta? Explica.

9.173 Para obtener el tamaño muestral para estimar una proporción, se usa la fórmula $n = [z(\alpha/2)]^2 pq/E_2$. Si no está disponible una estimación razonable de p, se sugiere que se use $p = 0.5$ porque esto dará el máximo valor para n. Calcula el valor de $pq = p(1 - p)$ para $p = 0.1, 0.2, 0.3, \ldots, 0.8, 0.9$ con la finalidad de obtener alguna idea acerca del comportamiento de la cantidad pq.

9.174 Se considera que una máquina opera en forma aceptable si produce 0.5% o menos partes defectuosas. No se desempeña en una forma aceptable si más de 0.5% de su producción es defectuosa. La hipótesis H_o: $p = 0.005$ se pone a prueba contra la hipótesis H_a: $p > 0.005$ al tomar una muestra aleatoria de 50 partes producidas por la máquina. La hipótesis nula se rechaza si se encuentran dos o más partes defectuosas en la muestra. Encuentra la probabilidad del error tipo I.

9.175 Tú estás interesado en comparar la hipótesis nula $p = 0.8$ contra la hipótesis alternativa $p < 0.8$. En 100 ensayos observas 73 éxitos. Calcula el valor p asociado con este resultado.

9.176 La Kaiser Family Foundation realizó en 2003 una encuesta nacional de 17 685 adultos mayores. El propósito de la encuesta era capturar información detallada acerca del uso de medicamentos de prescripción, cobertura y experiencias de los adultos mayores.

Fuente: http://www.kff.org/

a. Si ésta fuese una muestra aleatoria que cumpliera todos los requerimientos para una inferencia acerca de p, ¿cuál sería el error estándar?

b. ¿Cuál sería el error máximo de estimación para un intervalo de confianza de 95%?

c. ¿Una muestra de ese tamaño vale la pena? Proporciona razones para apoyar tu respuesta.

9.177 Pizza Shack ha experimentado con diferentes recetas para su masa de pizza, pues piensa que puede sustituir su actual receta. Planean muestrear pizza hecha con la nueva masa. Antes de muestrear, se necesita una estrategia de modo que, después de tener los resultados de la degustación, Pizza Shack sabrá cómo interpretar las preferencias de sus clientes. La decisión no se tomará a la ligera, pues hay mucho que ganar o perder dependiendo de si la decisión es o no es popular. Se planea una prueba de hipótesis de una cola de $p = P$(preferir nueva masa) = 0.50.

a. Si se usa H_a: $p > 0.50$, explica el significado de los cuatro posibles resultados y sus acciones resultantes.

b. Si se usa H_a: $p < 0.50$, explica el significado de los cuatro posibles resultados y sus acciones resultantes.

c. ¿Cuál hipótesis alternativa recomiendas usar, $p > 0.5$ o $p < 0.5$? Explica.

9.178 ¡El Pizza Shack del ejercicio 9.177 completó su muestreo y los resultados están listos! El martes por la tarde, muestrearon 15 clientes y 9 prefirieron la nueva masa de pizza. El viernes en la noche, muestrearon a 200 clientes y 120 prefirieron la nueva masa de pizza. Ayuda al gerente a interpretar el significado de estos resultados. Usa una prueba de una cola con H_a: $p > 0.50$ y $\alpha = 0.02$. Usa z como el estadístico de prueba:

a. ¿Existe suficiente evidencia para concluir una preferencia significativa por la nueva masa, con base en los clientes del martes?

b. ¿Existe suficiente evidencia para concluir una preferencia significativa por la nueva masa, con base en los clientes del viernes?

c. Dado que el porcentaje de clientes que prefieren la nueva masa fue el mismo, $p' = 0.60$ en ambos muestreos, explica por qué las respuestas en los incisos a y b no son iguales.

9.179 El dueño de Pizza Shack de los ejercicios 9.177 y 9.178 no entiende el uso de la distribución normal y de z en el ejercicio 9.178. Ayuda al gerente a interpretar el significado de los resultados al resolver nuevamente ambas pruebas de hipótesis con x = número de clientes que prefieren la nueva masa como el estadístico de prueba y su distribución de probabilidad binomial. Usa una prueba de una cola con H_a: $p > 0.50$ y $\alpha = 0.02$.

Los resultados fueron los siguientes: el martes por la tarde, muestrearon a 15 clientes y 9 prefirieron la nueva masa de pizza; el viernes en la noche, muestrearon a 200 clientes y descubrieron que 120 prefirieron la nueva masas de pizza.

a. ¿Existe suficiente evidencia para concluir una preferencia significativa por la nueva masa, con base en los clientes del martes?

b. ¿Existe suficiente evidencia para concluir una preferencia significativa por la nueva masa, con base en los clientes del viernes?

c. Explica la relación entre las soluciones obtenidas en el ejercicio 9.178 y aquí.

9.180 Un instructor pide a cada uno de los 54 miembros de su clase escribir "al azar" uno de los números 1, 2, 3, ..., 13, 14, 15. Dado que el profesor cree que a los estudiantes les gusta el juego, considera 7 y 11 como números de suerte. Cuenta el número de estudiantes, x, que seleccionaron 7 u 11. ¿Cuán grande debe ser x antes de que la hipótesis de aleatoriedad pueda rechazarse en el nivel 0.05?

9.181 Los periódicos y revistas de hoy con frecuencia reportan los hallazgos de las encuestas acerca de varios aspectos de la vida. El Pew Internet & American Life Project (13 de enero al 9 de febrero de 2005) descubrió que "63% de los usuarios de teléfonos celulares, con edades de 18 a 27 años, usaron los mensajes de texto dentro del mes pasado". Otra información obtenida del proyecto incluye "encuesta telefónica aleatoria de 1 460 usuarios de teléfonos celulares" y "tiene un margen de error de muestreo de más o menos 3 puntos porcentuales". Relaciona esta información con las inferencias estadísticas que estudiaste en este capítulo.

a. ¿El porcentaje de personas es un parámetro poblacional y, si lo es, cómo se relaciona con cualquiera de los parámetros que estudiaste?

b. Con base en la información dada, encuentra el intervalo de confianza de 95% para la verdadera proporción de usuarios de teléfonos celulares que usaron mensajes de texto.

c. Explica cómo los términos "estimación puntual", "nivel de confianza", "error máximo de estimación" e "intervalo de confianza" se relacionan con los valores reportados en el artículo y con tus respuestas en el inciso b.

9.182 Para poner a prueba la hipótesis de que la desviación estándar sobre un examen estándar es 12, se puso a prueba una muestra de 40 exámenes de estudiantes seleccionados al azar. Se descubrió que la varianza muestral es 155. ¿Esta muestra proporciona suficiente evidencia para demostrar que la desviación estándar difiere de 12 en el nivel de significancia 0.05?

9.183 Bright-Lite afirma que sus lámparas de 60 watts encienden con una vida que tiene una distribución aproximadamente normal, con una desviación estándar de 81 horas. Una muestra de 101 lámparas tiene una varianza de 8 075. ¿Ésta es suficiente evidencia para rechazar la afirmación de Bright-Lite en favor de la alternativa "la desviación estándar es mayor que 81 horas", en el nivel de significancia 0.05?

9.184 Un proceso de producción se considera fuera de control si las partes producidas tienen una longitud media diferente de 27.5 mm o una desviación estándar que es mayor que 0.5 mm. Una muestra de 30 partes produce una media muestral de 27.63 mm y una desviación estándar de 0.87 mm. Si supones que la longitud de la parte es una variable que tiene una distribución normal, ¿esta muestra indica que el

(continúa en la página 474)

proceso debe ajustarse para corregir la desviación estándar del producto? usa $\alpha = 0.05$.

9.185 Julia Jackson opera una franquicia de restaurante que se especializa en conos de helado suave y sundaes. Recientemente recibió una carta de las oficinas centrales advirtiendo que su tienda está en peligro de perder la franquicia porque las ventas promedio por consumidor cayeron "sustancialmente por abajo del promedio para el resto de la corporación". El enunciado puede ser verdadero, pero Julia está convencida de que tal afirmación es completamente inválida para justificar la amenaza de cierre. La variación en ventas en su restaurante está destinada a ser más grande que en la mayoría, principalmente porque ella atiende a más niños, ancianos y adultos solteros en lugar de a familias numerosas que dejan mucho dinero en los otros restaurantes. Por tanto, su venta promedio es probable que sea menor y muestra mayor variabilidad. Para probar este punto, Julia obtiene los registros de ventas de toda la compañía y descubre que la desviación estándar fue de 2.45 dólares por venta. Entonces realiza un estudio de las últimas 71 ventas en su tienda y descubre una desviación estándar de 2.95 dólares por venta. ¿La variabilidad en las ventas en la franquicia de Julia, en el nivel de significancia 0.05, es mayor que la variabilidad para la compañía?

9.186 Todos los tomates que cierto supermercado compra a los agricultores deben satisfacer las especificaciones de la tienda de un diámetro medio de 6.0 cm y una desviación estándar de no más de 0.2 cm. El comprador del supermercado visita a un nuevo proveedor potencial y selecciona una muestra aleatoria de 36 tomates del invernadero del agricultor. Mide el diámetro de cada tomate y descubre que la media es de 5.94 y la desviación estándar es 0.24. ¿Los tomates cumplen con las especificaciones del supermercado?

a. Determina si una suposición de normalidad es razonable. Explica.

b. ¿La evidencia muestral es suficiente para concluir que los tomates no cumplen con las especificaciones en cuanto al diámetro medio? Usa $\alpha = 0.05$.

c. ¿La evidencia muestral es suficiente para concluir que los tomates no cumplen con las especificaciones en cuanto a la desviación estándar? Usa $\alpha = 0.05$.

d. Escribe un breve reporte para el comprador que destaque los hallazgos y recomendaciones acerca de si usar o no a este productor de tomates como proveedor de tomates para su venta en el supermercado.

9.187 La longitud uniforme de los clavos es muy importante para un carpintero: la longitud de los clavos a usar se relaciona con los materiales a sujetar, lo que por tanto una pequeña desviación estándar se convierte en una importante propiedad de los clavos. Una muestra de 35 clavos de 2 pulgadas seleccionados al azar se toma de una gran cantidad del reciente turno de producción de Nails, Inc. Las mediciones de longitud resultantes tienen una longitud media de 2.025 pulgadas y una desviación estándar de 0.048 pulgadas.

a. Determina si una suposición de normalidad es razonable. Explica.

b. ¿La evidencia muestral es suficiente para rechazar la idea de que los clavos tienen una longitud media de 2 pulgadas? Usa $\alpha = 0.05$.

c. ¿Existe suficiente evidencia, en el nivel 0.05, para demostrar que la longitud de los clavos de este turno de producción tiene una desviación estándar mayor que las 0.040 pulgadas publicitadas?

d. Escribe un breve reporte que destaque los hallazgos y recomendaciones acerca de si el carpintero debe o no usar los clavos para una aplicación que requiere clavos de 2 pulgadas.

9.188 [EX09-188] Es importante que la fuerza requerida para extraer el corcho de una botella de vino no tenga una gran desviación estándar. Años de producción y pruebas indican que los corchos del núm. 9 tienen una fuerza de extracción que tiene distribución normal, con una desviación estándar de 36 Newtons. Se considera que cambios recientes en el proceso de fabricación redujeron la desviación estándar.

a. ¿Cuál sería el problema si la desviación estándar fuese relativamente grande? ¿Cuál sería la ventaja de una desviación estándar más pequeña?

Una muestra de 20 botellas seleccionadas al azar se usa para poner a prueba.

Fuerza de extracción en Newtons

296	338	341	261	250	347	336	297	279	297
259	334	281	284	279	266	300	305	310	253

b. ¿La muestra anterior es suficiente para demostrar que la desviación estándar de la fuerza de extracción es menor que 36.0 Newtons, en el nivel de significancia 0.02?

Durante una prueba diferente, una muestra de ocho botellas se selecciona al azar y se pone a prueba.

Fuerza de extracción en Newtons

331.9	312.0	289.4	303.6	346.9	308.1	346.9	276.0

c. ¿La muestra anterior es suficiente para demostrar que la desviación estándar de la fuerza de extracción es menor que 36.0 Newtons, en el nivel de significancia 0.02?

d. ¿Qué efecto tuvieron los dos diferentes tamaños muestrales sobre el estadístico de prueba calculado en los incisos b y c? ¿Qué efecto tuvieron sobre el valor *p* o el valor crítico? Explica.

e. ¿Qué efecto tuvieron las dos diferentes desviaciones estándar muestrales sobre las respuestas a los incisos b y c? ¿Qué efecto tuvieron sobre el valor *p* o el valor crítico? Explica.

9.189 [EX09-189] Una caja de Corn Flakes que tiene en la etiqueta "PESO NETO 14 OZ." Debe tener 14 oz o más de cereal en su interior. Se seleccionaron al azar veinte de estas cajas y se determinó el peso de los contenidos (en onzas).

14.52	14.47	14.80	14.60	14.45	14.25	14.15	14.12	14.36	14.39
14.50	14.29	14.28	14.60	13.85	14.18	14.39	14.45	14.69	14.38

a. Dibuja un histograma del peso del cereal por caja.

b. Encuentra los estadísticos muestrales media y desviación estándar.

c. ¿Qué porcentaje de la muestra está por abajo del peso de 14.0 oz?

El gerente de la planta estudia el proceso de llenado y necesita estimar el peso medio de todas las cajas a llenar.

d. Determina si una suposición de normalidad es razonable. Explica.

e. Encuentra el intervalo de confianza de 95% para el peso medio.

f. Se considera que el proceso de llenado debe operar con una desviación estándar de llenado de no más de 0.2 oz. Pon a prueba esta hipótesis en el nivel 0.01.

9.190 [EX09-190] El gerente del ejercicio 9.189 cree que la máquina de llenado de cereal utilizada para los Corn Flakes necesita sustituirse y que la nueva que él considera pagará por la actualización dentro de corto plazo, principalmente debido a menos variabilidad en la cantidad de llenado. La nueva máquina se pone en operación y se realiza una prueba. Veinte de dichas cajas se seleccionan al azar de la operación y se pesan los contenidos (en onzas).

14.17	14.25	14.17	14.16	14.18	14.09	14.19	14.17	14.16	14.06
14.11	14.15	14.12	14.19	14.14	14.19	14.13	14.12	14.16	14.15

a. Dibuja un histograma del peso del cereal por caja.

b. Encuentra los estadísticos muestrales media y desviación estándar.

c. ¿Qué porcentaje de la muestra de la nueva máquina está por abajo del peso de 14.0 oz?

El gerente necesita estimar el peso medio y pone a prueba la desviación estándar de todas las cajas a llenar.

d. Determina si una suposición de normalidad es razonable. Explica.

e. Encuentra el intervalo de confianza de 95% para el peso medio.

f. Se afirma que el proceso de llenado para la nueva máquina debe operar con una desviación estándar de llenado de menos de 0.1 oz. Pon a prueba esta hipótesis en el nivel 0.01.

9.191 Las cajas de Corn Flakes de los ejercicios 9.189 y 9.190 que tienen más de 14.2 oz de cereal se consideran "muy llenas". Dado que los pesos parecen tener una distribución normal para ambas máquinas de llenado, usa la distribución normal y encuentra la siguiente información para el gerente.

a. ¿Qué proporción de las cajas llenadas con la máquina actual llenan las cajas con demasiado cereal?

b. ¿Qué proporción de las cajas llenadas con la nueva máquina llenan las cajas con demasiado cereal?

c. Por cada 1 000 cajas de cereal llenadas con la máquina actual, ¿cuántas cajas pueden llenarse con la nueva máquina usando la misma cantidad total de cereal?

d. Resume lo que consideras que debe ser el discurso a la compañía del gerente para conseguir la nueva máquina de llenado.

Examen de práctica del capítulo

PARTE I: Conocimiento de las definiciones

Responde "verdadero" si el enunciado siempre es verdadero. Si el enunciado no siempre es verdadero, sustituye las palabras en negritas con las palabras que hagan al enunciado siempre verdadero.

9.1 Las distribuciones t de Student tienen una distribución aproximadamente normal pero están **más** dispersas que la distribución normal estándar.

9.2 La distribución **ji cuadrada** se usa para inferencias acerca de la media cuando se desconoce σ.

9.3 La distribución t de **Student** se usa para todas las inferencias acerca de la varianza de una población.

9.4 Si el estadístico de prueba cae en la región crítica, la hipótesis nula se **prueba verdadera**.

9.5 Cuando el estadístico de prueba es t y el número de grados de libertad se vuelve muy grande, el valor crítico de t está muy cerca del de la **z normal estándar**.

9.6 Cuando se hacen inferencias acerca de una media cuando no se conoce el valor σ, el **valor z** es el estadístico de prueba a usar.

9.7 La distribución ji cuadrada es una distribución sesgada cuyo valor medio es **2** para gl > 2.

9.8 Con frecuencia, la preocupación de poner a prueba la varianza (o desviación estándar) es mantener su tamaño bajo control o relativamente pequeño. Por tanto, muchas de las pruebas de hipótesis con ji cuadrada son de **una cola**.

9.9 $\sqrt{npq}$ es el error estándar de la proporción.

9.10 La distribución muestral de p' tiene una distribución aproximadamente como una distribución t de *Student*.

PARTE II: Aplicación de los conceptos

Responde todas las preguntas y muestra todas las fórmulas, sustituciones y trabajo.

9.11 Encuentra cada valor:

a. $z(0.02)$

b. $t(18, 0.95)$

c. $\chi^2(25, 0.95)$

9.12 Una muestra aleatoria de 25 valores de datos se selecciona de una población con distribución normal con el propósito de estimar la media poblacional, μ. Los estadísticos muestrales son $n = 25$, $\bar{x} = 28.6$ y $s = 3.50$.

a. Encuentra la estimación puntual para μ.

b. Encuentra el error máximo de estimación para la estimación del intervalo de confianza de 0.95.

c. Encuentra el límite de confianza inferior (LCI) y el límite de confianza superior (LCS) para la estimación del intervalo de confianza de 0.95 para μ.

9.13 Recientemente se les aplicó un examen estandarizado nacional para poner a prueba sus habilidades de composición a miles de estudiantes de una escuela elemental del área. Si de una muestra aleatoria de 100 estudiantes 64 aprobaron el examen, construye la estimación del intervalo de confianza de 0.98 para la verdadera proporción de todos los estudiantes del área que aprobaron el examen.

9.14 Enuncia las hipótesis nula (H_o) y alternativa (H_a) que usarías para poner a prueba cada una de las siguientes afirmaciones:

a. El peso medio de los jugadores profesionales de básquetbol es de no más de 225 lb.

b. Aproximadamente 40% de los estudiantes diurnos tienen su propio carro.

c. La desviación estándar para las cantidades mensuales de lluvia en el condado Monroe es menor a 3.7 pulgadas.

9.15 Determina el nivel de significancia, estadístico de prueba, región crítica y valores críticos que usarías para completar cada prueba de hipótesis usando el enfoque clásico con $\alpha = 0.05$.

a. H_o: $\mu = 43$ frente a H_a: $\mu < 43$, $\sigma = 6$

b. H_o: $\mu = 95$ frente a H_a: $\mu \neq 95$, σ desconocida, $n = 22$

c. H_o: $p = 0.80$ frente a H_a: $p > 0.80$

d. H_o: $\sigma = 12$ frente a H_a: $\sigma \neq 12$, $n = 28$

9.16 El fabricante de automóviles del Alero afirma que el Alero típico promediará 32 mpg de gasolina. Un grupo de consumidores independiente está un poco escéptico de esta afirmación y piensa que el millaje medio de gas es menor que los 32 afirmados. Una muestra de 24 Aleros seleccionados al azar produce los siguientes estadísticos muestrales: media 30.15 y desviación estándar 4.87. En el nivel de significancia 0.05, ¿el grupo de consumidores tiene suficiente evidencia para rechazar la afirmación del fabricante?

9.17 Se supone que una máquina de café sirve 6 onzas líquidas en una taza de papel. En realidad, la cantidad servida varía de taza a taza. Sin embargo, si la máquina opera de manera adecuada, la desviación estándar de las cantidades despachadas debe ser 0.1 oz o menos. Una muestra aleatoria de 15 tazas produce una desviación estándar de 0.13 oz. ¿Esto representa suficiente evidencia, en el nivel de significancia 0.10, para concluir que la máquina no opera de manera adecuada?

9.18 Un cliente insatisfecho está frustrado con el tiempo de espera en la oficina postal cuando compra estampillas. Al registrar su queja, se le dice: "usted espera más de 1 minuto por servicio no más de la mitad de las veces cuando compra sólo estampillas". Al no considerar que éste sea el caso, el cliente recolecta algunos datos de personas que acaban de comprar solamente estampillas. Los estadísticos muestrales son $n = 60$ y $x = n$ (espera más de 1 minuto) = 35. En el nivel de significancia 0.02, ¿el cliente insatisfecho tiene suficiente evidencia para rechazar la afirmación de la oficina postal?

PARTE III: Comprender los conceptos

9.19 El estudiante B dice que el rango de un conjunto de datos puede usarse para obtener una estimación cruda de la desviación estándar de una población. El estudiante A no está seguro. ¿Cómo el estudiante B explicaría correctamente cómo y bajo qué circunstancias su argumento es verdadero?

9.20 Por lo general, ¿cuál consideran los investigadores que sea verdadera: la hipótesis nula o la hipótesis alternativa? Explica.

9.21 Cuando rechazas una hipótesis nula, el estudiante A dice que expresas incredulidad en el valor del parámetro como se afirma en la hipótesis nula. El estudiante B dice que, en vez de ello, expresas la creencia de que el estadístico muestral proviene de una población distinta de la relacionada con el parámetro afirmado en la hipótesis nula. ¿Quién tiene la razón? Explica.

9.22 "La distribución t de Student debe usarse cuando se hacen inferencias acerca de la media poblacional, μ, cuando no se conoce la desviación estándar poblacional, σ", es un enunciado verdadero. El estudiante A afirma que el valor z en ocasiones juega un papel cuando se usa la distribución t. Explica las condiciones que existen y el papel jugado por z que hacen correcto el enunciado del estudiante A.

9.23 El estudiante A dice que el porcentaje de las medias muestrales que caen afuera de los valores críticos de la distribución muestral determinada por una hipótesis nula verdadera es el valor p para la prueba. El estudiante B dice que el porcentaje que describe el estudiante A es el nivel de significancia. ¿Quién tiene la razón? Explica.

9.24 La estudiante A realiza un estudio en el que quiere correr un riesgo de 1% de cometer un error tipo I. Ella rechaza la hipótesis nula y afirma que su estadístico es significativo en el nivel de confianza de 99%. El estudiante B argumenta que la afirmación de la estudiante A no se plantea de manera adecuada. ¿Quién tiene la razón? Explica.

9.25 El estudiante A afirma que, cuando empleas un intervalo de confianza de 95% para determinar una estimación, no estás seguro de si tu inferencia es o no correcta (es decir: si el parámetro está contenido dentro del intervalo). El estudiante B afirma que sí sabes; tú demuestras que el parámetro no puede ser menor que el límite inferior o mayor que el límite superior del intervalo. ¿Quién tiene la razón? Explica.

9.26 El estudiante A dice que la mejor forma de mejorar una estimación del intervalo de confianza es aumentar el nivel de confianza. El estudiante B argumenta que usar un nivel de confianza alto realmente no mejora la estimación del intervalo resultante. ¿Quién tiene la razón? Explica.

10 Inferencias que involucran dos poblaciones

10.1 Muestras dependientes e independientes

Batalla de los sexos: Tiempo de traslado

La batalla de los sexos puede tomar muchas formas. Cuando llega al campus el tema de cuál género es el mejor, el más rápido o el conductor más confiable, ¡las batallas podrían ser bastante competitivas! Una vez que el polvo se asienta uno también podría preguntar: ¿quién conduce la mayor distancia para llegar a la universidad? El tiempo de traslado puede medirse en distancia (millas) o en tiempo (minutos) y existen muchos factores que tienen un papel para los estudiantes que se trasladan. ¿Viven en casa? ¿Trabajan en un empleo de tiempo parcial o de tiempo completo? ¿Tienen obligaciones familiares?

Los estudiantes varones y las estudiantes mujeres son dos poblaciones. En este capítulo estudiarás los procedimientos para hacer inferencias acerca de dos poblaciones. Cuando se comparan dos poblaciones, necesitas dos muestras, una de cada población. Puedes usar dos tipos básicos de muestras: independientes y dependientes. La dependencia o independencia de dos muestras está determinada por las fuentes de los datos. Una **fuente** puede ser una persona, un objeto o cualquier cosa que produzca un valor de datos. Si el mismo conjunto de fuentes o conjuntos relacionados se usan para obtener los datos que representan ambas poblaciones, se tienen **muestras dependientes**. Si se usan dos conjuntos de fuentes no relacionadas, un conjunto de cada población, se tienen **muestras independientes**. Los siguientes ejemplos deben clarificar estas ideas.

FIGURA 10.1
"Mapa" hacia dos inferencias poblacionales

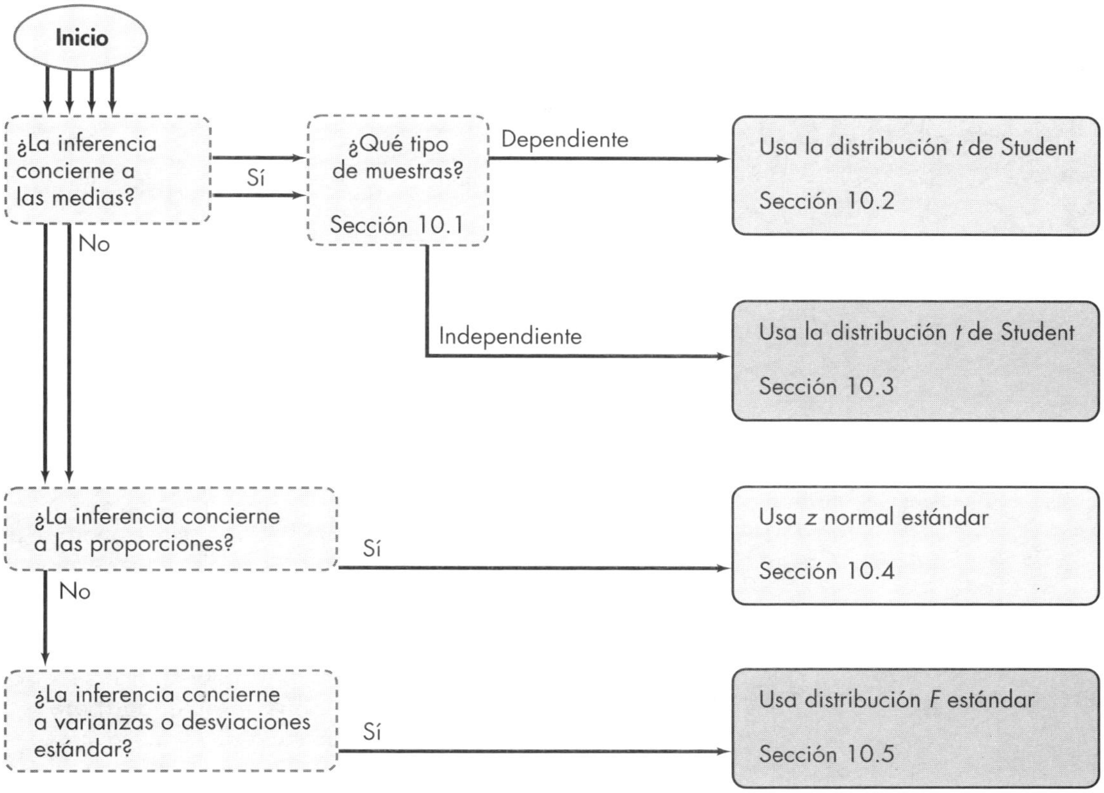

EJEMPLO 10.1

MUESTRAS DEPENDIENTES FRENTE A INDEPENDIENTES

Se realizará una prueba para ver si los participantes en una clase de acondicionamiento físico realmente mejora su nivel de condición física. Se anticipa que aproximadamente 500 personas se inscribirán en este curso. La instructora decide que a 50 de los participantes le aplicará un conjunto de pruebas antes de comenzar el curso (una preprueba) y después aplicará otro conjunto de pruebas a 50 participantes al final del curso (una posprueba). Se proponen dos procedimientos de muestreo:

Plan A: Seleccionar al azar 50 participantes de la lista de quienes se inscriban y aplicarles la preprueba. Al final del curso, hacer una selección al azar de tamaño 50 y aplicarles la posprueba.

Plan B: Selección al azar de 52232230000 participantes y aplicarles la preprueba; aplicar al mismo conjunto de 50 la posprueba cuando completen el curso.

El plan A ilustra muestreo independiente; las fuentes (los participantes de la clase) usadas para cada muestra (preprueba y posprueba) se seleccionaron por separado. El plan B ilustra muestreo dependiente; las fuentes usadas para ambas muestras (preprueba y posprueba) son las mismas.

Usualmente, cuando se usan preprueba y posprueba, participan los mismos sujetos en el estudio. Por tanto, los estudios preprueba frente a posprueba (antes-frente-a-después) por lo general usan muestras dependientes.

EJEMPLO 10.2

MUESTRAS DEPENDIENTES FRENTE A INDEPENDIENTES

Una prueba se diseña para comparar la calidad de desgaste de dos marcas de neumáticos de automóvil. Los automóviles se seleccionarán y equiparán con los nuevos neumáticos y después se conducirán bajo condiciones "normales" durante 1 mes. Después se tomará una medición para decidir cuánto desgaste tuvo lugar. Se proponen dos planes:

Plan C: Una muestra de automóviles se seleccionará al azar, equipará con la marca de neumáticos A y conducirá durante 1 mes. Otra muestra de automóviles se seleccionará, equipará con neumáticos marca B y conducirá durante 1 mes.

Plan D: Una muestra de automóviles se seleccionará al azar, equipará con un neumático de la marca A y un neumático de la marca B (los otros dos neumáticos no son parte de la prueba) y conducirán durante 1 mes.

Sospechas que muchos otros factores deben tomarse en cuenta cuando se ponen a prueba neumáticos de automóvil: edad, peso y condición mecánica del automóvil; hábitos de manejo de los conductores; ubicación del neumático en el automóvil y dónde y cuánto se conduce el automóvil. Sin embargo, en este momento sólo se trata de ilustrar las muestras dependientes e independientes. El plan C es independiente (fuentes no relacionadas) y el plan D es dependiente (fuentes comunes).

EJEMPLO APLICADO 10.3

EVALUACIÓN DE CONOCIMIENTOS DE ALGEBRA

Supongamos que, al iniciar el semestre, seleccionamos al azar 20 alumnos inscritos en el curso de álgebra y se les aplica un examen diagnóstico. Al finalizar el curso de álgebra seleccionamos al azar otros 20 alumnos y se les hace un examen final del curso. Estas dos muestras se consideran muestras independientes, si el examen final se aplicase a los mismos 20 alumnos que hicieron el examen diagnóstico, las muestras serían dependientes.

Las muestras independientes y dependientes tienen cada una sus ventajas; éstas se enfatizarán más adelante. Ambos métodos de muestreo se usan con frecuencia.

EJERCICIOS SECCIÓN 10.1

10.1 [EX10-001] Los siguientes datos son de dos muestras aleatorias de 37 varones universitarios y 42 mujeres universitarias respecto a sus tiempos de traslado a la universidad.

Tiempo (hombre)

15	12	30	15	10	23	20	13	25	20	15	20	23	15	20
15	18	15	20	20	8	10	15	18	20	15	25	20	10	25
18	18	20	27	25	20	7								

Tiempo (mujer)

32	15	20	35	45	20	10	5	35	25	14	25	28	35	30
24	28	15	30	30	30	40	25	20	18	20	15	30	24	30
25	20	10	60	20	25	27	25	40	22	25	25			

a. ¿Cuáles son las poblaciones de interés?

b. Describe estadísticamente la distribución de los datos "tiempo de traslado" de hombres y mujeres con al menos la media, la desviación estándar y un histograma.

c. ¿Los dos conjuntos de datos representan muestras dependientes o independientes? Explica por qué.

d. Si los dos tamaños muestrales son distintos, ¿esto dicta muestras dependientes o independientes? Explica tu respuesta.

e. Si los dos tamaños muestrales son iguales, ¿esto dicta muestras dependientes o independientes? Explica tu respuesta.

10.2 a. Describe un plan de muestreo que puedas usar para seleccionar dos muestras independientes de tiempos de traslado masculino y femenino a la universidad.

b. Describe un plan de muestreo que puedas usar para seleccionar dos muestras dependientes de tiempos de traslado masculino y femenino a la universidad.

c. ¿Anticipas algunas ventajas por usar un plan sobre el otro?

d. ¿Cuál de los dos planes (de los incisos a y b) preferirías usar? Explica tus razones de por qué.

10.3 Explica por qué los estudios que involucran observar dos veces a una muestra de estudiantes como en el ejemplo aplicado 10.3, dan como resultado en muestras dependientes de datos

10.4 a. Describe cómo podrías seleccionar dos muestras independientes de entre tus compañeros de clase para comparar las estaturas de los estudiantes mujeres y hombres.

b. Describe cómo podrías seleccionar dos muestras dependientes de entre tus compañeros de clase para comparar sus estaturas cuando entraron al bachillerato y cuando ingresaron a la universidad.

10.5 Los estudiantes en un bachillerato local fueron asignados para realizar un proyecto para su clase de estadística. El proyecto involucró que los estudiantes de segundo año tomaran una prueba cronometrada de conceptos geométricos. Después los estudiantes de estadística usaron estos datos para determinar si había diferencia entre desempeño de hombres y mujeres. ¿Los conjuntos de datos resultantes representan muestras dependientes o independientes? Explica.

10.6 Al tratar de estimar el crecimiento de los árboles recientemente plantados por la Comisión de Parques del condado, se seleccionaron al azar 36 árboles de los 4 000 plantados. Se midieron y registraron las alturas de estos árboles. Un año después, se seleccionó al azar y midió otro conjunto de 42 árboles. ¿Los dos conjuntos de datos (36 alturas, 42 alturas) representan muestras dependientes o independientes? Explica.

10.7 Veinte personas fueron seleccionadas para participar en un experimento de psicología. Ellos respondieron un breve examen de opción múltiple acerca de sus actitudes sobre un tema particular y después vieron una película de 45 minutos. Al día siguiente a las mismas 20 personas se les preguntó acerca de sus actitudes. Al completar el experimento, el investigador tendrá dos conjuntos de calificaciones. ¿Estas dos muestras representan muestras dependientes o independientes? Explica.

10.8 Un experimento se diseña para estudiar el efecto que tiene la dieta sobre el nivel de ácido úrico. El estudio incluye 20 ratas blancas. Diez ratas se seleccionan al azar y se les da una dieta de comida chatarra; las otras 10 ratas reciben una dieta alta en fibra y baja en grasa. Los niveles de ácido úrico de los dos grupos se determinaron. ¿Los conjuntos de datos resultantes representan muestras dependientes o independientes? Explica.

10.9 Dos tipos diferentes de discos centrífugos se usan para medir el tamaño de partícula en pintura látex. Se selecciona al azar un galón de pintura y se toman 10 especímenes para poner a prueba cada una de las centrífugas. Habrá dos conjuntos de datos, 10 valores de datos cada uno, como resultado de la prueba. ¿Los dos conjuntos de datos representan muestras dependientes o independientes? Explica.

10.10 Una compañía aseguradora está preocupada de que el taller A cobre más por trabajo de reparación que lo que cobra el taller B. Planea enviar 25 automóviles a cada taller y obtener estimaciones separadas para las reparaciones necesarias para cada auto.

a. ¿Cómo puede la compañía hacer esto y obtener muestras independientes? Explica con detalle.

b. ¿Cómo puede la compañía hacer esto y obtener muestras dependientes? Explica con detalle.

[EX00-000] identifica el nombre de archivo de una base de datos en línea de un ejercicio; disponible a través de cengagebrain.com

10.11 Un estudio se diseña para determinar las razones por las que los adultos eligen seguir un plan de dieta saludable. El estudio encuestará a 1 000 hombres y 1 000 mujeres. Al completar el estudio, las razones por las que los hombres eligen una dieta saludable se compararán con las razones por las que las mujeres eligen una dieta saludable.

a. ¿Cómo pueden recolectarse los datos si se obtendrán muestras independientes? Explica con detalle.

b. ¿Cómo pueden recolectarse los datos si se obtendrán muestras dependientes? Explica con detalle.

10.12 Con toda la atención de los medios de comunicación en el programa *Bailando con las estrellas*, los estudios de baile locales buscan un ascenso en el número de personas interesadas en tomar lecciones de baile de salón. Dos muestras de 15 estudiantes se juzgarán antes de tomar cualquier lección y nuevamente después de cinco lecciones. Los estudiantes que pertenecen a las muestras se seleccionarán al azar.

a. ¿Cómo pueden recolectarse los datos si se obtendrán muestras dependientes? Explica con detalle.

b. ¿Cómo pueden recolectarse los datos si se obtendrán muestras independientes? Explica con detalle.

10.2 Inferencias concernientes a la diferencia de medias usando dos muestras dependientes

Los procedimientos para comparar las medias de dos poblaciones se basan en la relación entre dos conjuntos de datos muestrales, una muestra de cada población. Cuando se involucran muestras dependientes, los datos se consideran "datos apareados". Los datos pueden ser apareados como resultado de obtenerse de estudios "antes" y "después", como en el ejemplo aplicado 10.3; a partir de una fuente "común", como con las cantidades de desgaste de neumático para cada marca en el plan D del ejemplo 10.2; o al relacionar dos sujetos con rasgos similares para formar "pares relacionados". Los pares de valores de datos se comparan directamente unos con otros usando la diferencia en sus valores numéricos. La diferencia resultante se llama **diferencia apareada**.

Diferencia apareada

$$d = x_1 - x_2 \qquad \textbf{(10.1)}$$

El uso de datos apareados de esta forma tiene una habilidad acumulada para remover el efecto de factores de otro modo descontrolados. El problema de desgaste de neumáticos del ejemplo 10.2 es un excelente ejemplo de tales factores adicionales. La capacidad de desgaste de los neumáticos es enormemente afectada por múltiples factores: el tamaño, peso, edad y condición del vehículo; los hábitos de manejo del conductor; el número de millas conducidas; la condición y tipos de caminos por donde se conduce; la calidad del material usado para elaborar el neumático, etc. Se crean datos apareados al montar un neumático de cada marca en el mismo vehículo. Dado que un neumático de cada marca se pondrá a prueba bajo las mismas condiciones, con el mismo vehículo, el mismo conductor, etc., las causas extrañas de desgaste se neutralizan.

Procedimientos y suposiciones para inferencias que involucran datos apareados

Se lleva a cabo una prueba para comparar la calidad de desgaste de los neumáticos producidos por dos compañías, con el plan D descrito en el ejemplo 10.2. Todos los factores antes mencionados tienen un igual efecto sobre ambas marcas de neumáticos, auto por auto. Un neumático de cada marca se coloca en cada uno de seis carros de prueba. La posición (lado izquierdo o derecho, enfrente o atrás) se determinó con la ayuda de una tabla de números aleatorios. La tabla 10.1 menciona las cantidades de desgaste (en milésimas de pulgada) que resultaron de la prueba.

TABLA 10.1 Cantidad de desgaste de neumático [TA10-01]

Automóvil	1	2	3	4	5	6
Marca A	125	64	94	38	90	106
Marca B	133	65	103	37	102	115

Dado que los automóviles, conductores y condiciones fueron las mismas para cada neumático de un conjunto de datos apareados, tiene sentido usar una tercera variable, la diferencia apareada ***d***. Las dos muestras dependientes de datos pueden combinarse en un conjunto de valores d, donde $d = \text{B} - \text{A}$.

Automóvil	1	2	3	4	5	6
$d = \text{B} - \text{A}$	8	1	9	−1	12	9

La diferencia entre las dos medias poblacionales, cuando se usan muestras dependientes (con frecuencia llamadas **medias dependientes**), es equivalente a la **media de las diferencias apareadas**. Por tanto, cuando se hace una inferencia acerca de la diferencia de dos medias y se usan diferencias apareadas, la inferencia de hecho será en torno a la media de las diferencias apareadas. La media muestral de las diferencias apareadas se usará como la estimación puntual de dichas inferencias.

Con la finalidad de hacer inferencias en torno a la media de todas las posibles diferencias apareadas μ_d, es necesario conocer la *distribución muestral* de $\overline{d}$.

Cuando de poblaciones normales se seleccionan al azar observaciones apareadas, la diferencia apareada, $d = x_1 - x_2$, tendrá una distribución aproximadamente normal en torno a una media μ_d, con una desviación estándar de σ_d.

Ésta es otra situación en la que se aplica la prueba t para una media; a saber: se quiere hacer inferencias en torno a una media desconocida (μ_d) donde la variable aleatoria involucrada (d) tiene una distribución aproximadamente normal con una desviación estándar desconocida (σ_d).

Las inferencias en torno a la media de todas las posibles diferencias apareadas μ_d se basan en muestras de n pares de datos dependientes y la **distribución *t*** con $n - 1$ grados de libertad (gl), bajo la siguiente suposición:

Suposición para inferencias en torno a la media de diferencias apareadas μ_d Los datos apareados se seleccionan al azar de poblaciones con distribuciones normales.

Procedimiento de intervalo de confianza

El **intervalo de confianza $1 - \alpha$ para estimar la diferencia de medias** μ_d se encuentra con esta fórmula:

PTI La fórmula (10.2) es una adaptación de la fórmula (9.1).

Intervalo de confianza para diferencia de medias (muestras dependientes)

$$\overline{d} - t(\text{gl}, \alpha/2) \cdot \frac{s_d}{\sqrt{n}} \quad \text{a} \quad \overline{d} + t(\text{gl}, \alpha/2) \cdot \frac{s_d}{\sqrt{n}}, \text{ donde gl} = n - 1 \qquad \textbf{(10.2)}$$

donde $\bar{d}$ es la media de las diferencias muestrales:

$$\bar{d} = \frac{\Sigma d}{n} \tag{10.3}$$

PTI Las fórmulas (10.3) y (10.4) son adaptaciones de las fórmulas (2.1) y (2.9).

y s_d es la desviación estándar de las diferencias muestrales:

$$s_d = \sqrt{\frac{\Sigma d^2 - \frac{(\Sigma d)^2}{n}}{n - 1}} \tag{10.4}$$

EJEMPLO 10.4

CÓMO CONSTRUIR UN INTERVALO DE CONFIANZA PARA μ_d

Construye el intervalo de confianza de 95% para la diferencia de medias en los datos apareados acerca del desgaste de neumáticos, según se reporta en la tabla 10.1. La información muestral es $n = 6$ piezas de datos apareados, $\bar{d} = 6.3$ y $s_d = 5.1$. Supón que las cantidades de desgaste tienen una distribución aproximadamente normal para ambas marcas de neumáticos.

Solución

Paso 1 **Parámetro de interés:** μ_d, la diferencia de medias en las cantidades de desgaste entre las dos marcas de neumáticos.

Paso 2 a. **Suposiciones:** ambas poblaciones muestreadas son aproximadamente normales.

b. **Distribución de probabilidad:** se usarán la distribución t con gl = $6 - 1 = 5$ y la fórmula (10.2).

c. **Nivel de confianza:** $1 - \alpha = 0.95$

Paso 3 **Información muestral:** $n = 6$, $\bar{d} = 6.3$ y $s_d = 5.1$

La media:

$$\bar{d} = \frac{\Sigma d}{n}: \quad \bar{d} = \frac{38}{6} = 6.333 = \mathbf{6.3}$$

La desviación estándar:

$$s_d = \sqrt{\frac{\Sigma d^2 - \frac{(\Sigma d)^2}{n}}{n - 1}}: \quad s_d = \sqrt{\frac{372 - \frac{(38)^2}{6}}{6 - 1}} = \sqrt{26.27} = 5.13 = \mathbf{5.1}$$

Paso 4 a. **Coeficiente de confianza:**

Ésta es una situación de dos colas con $\alpha/2 = 0.025$ en una cola. De la tabla 6 del apéndice B, $t(\text{gl}, \alpha/2) = t(5, 0.025) = 2.57$.

b. **Error máximo de estimación:** Con la parte de error máximo de la fórmula (10.2), se tiene

$$E = t(\text{gl}, \alpha/2) \cdot \frac{s_d}{\sqrt{n}}: \quad E = 2.57 \cdot \left(\frac{5.1}{\sqrt{6}}\right) = (2.57)(2.082) = 5.351 = \mathbf{5.4}$$

Para instrucciones específicas acerca de los coeficientes de confianza y la tabla 6, consulta las páginas 415-416.

Tutorial en video disponible; ingresa y aprende más en cengagebrain.com

c. Límites de confianza inferior/superior:

$$\bar{d} \pm E$$
$$6.3 \pm 5.4$$
$$6.3 - 5.4 = \mathbf{0.9} \quad \text{a} \quad 6.3 + 5.4 = \mathbf{11.7}$$

Paso 5 **a. Intervalo de confianza:** 0.9 a 11.7 es el intervalo de confianza de 95% para μ_d.

b. Esto es: con 95% de confianza, es posible decir que la diferencia de medias en las cantidades de desgaste está entre 0.9 y 11.7 milésimas de pulgada. O, en otras palabras, la media poblacional del desgaste de neumáticos para la marca B está entre 0.9 y 11.7 milésimas de pulgada mayor que la media poblacional de desgaste de neumático para la marca A.

Nota: Este intervalo de confianza es muy amplio, en parte debido al pequeño tamaño muestral. Recuerda del teorema del límite central que, conforme aumenta el tamaño de la muestra, disminuye el error estándar (estimado mediante $s_d/\sqrt{n}$).

INSTRUCCIONES DE TECNOLOGÍA: INTERVALO DE CONFIANZA 1 − α PARA MEDIA μ_d CON DESVIACIÓN ESTÁNDAR DESCONOCIDA PARA DOS CONJUNTOS DEPENDIENTES DE DATOS MUESTRALES

MINITAB

Escribe los datos apareados en C1 y C2; después continúa con:

Elige:	**Stat > Basic Statistics > Paired t**
Selecciona:	**Samples in columns**
Escribe:	First sample: **C1***
	Second sample: **C2**
Elige:	**Options**
Escribe:	Confidence level: **1 – α** (ej. 0.95 o 95.0)
Selecciona:	Alternative: **not equal > OK > OK**

* *t* apareada evalúa la primera muestra menos la segunda muestra.

Excel

Escribe los datos apareados en las columnas A y B; activa C1 o C2 (dependiendo de si se usan o no los encabezados de columna); después continúa con:

Escribe:	**= A2 – B2*** (si se usan encabezados de columna)
Arrastra:	**Esquina inferior derecha de C2 hacia abajo para obtener otras diferencias**
Selecciona:	**Add-Ins > Data Analysis Plus > t-Estimate: Mean**
Escribe:	Rango entrada: **(C2:C20 o selecciona celdas)**
Selecciona:	**Labels** (si es necesario)
Escribe:	Alfa: **α** (ej. 0.05) **> OK**

* Escribe la expresión en el orden que se necesita: A2 – B2 o B2 – A2.

TI-83/84 Plus

Escribe los datos apareados en L1 y L2; después continúa con lo siguiente, escribe los valores apropiados y resalta Calculate:

Resalta:	L3
Escribe:	L3 = L1 – L2*
Elige:	STAT > TESTS > 8: TInterval

*Escribe la expresión en el orden que se necesita: L1 – L2 o L2 – L1.

La solución al ejemplo 10.4 se parece a esto cuando se resuelve en MINITAB:

Paired T for Brand B – Brand A

	N	Mean	StDev	SE Mean
Brand B	6	92.5	35.2	14.4
Brand A	6	86.2	30.9	12.6
Difference	6	6.33	5.13	2.09

95% CI for mean difference: (0.95, 11.71)

Procedimiento de prueba de hipótesis

Cuando se pone a prueba una **hipótesis nula en torno a la diferencia de medias**, el estadístico de prueba usado será la diferencia entre la media muestral $\overline{d}$ y el valor hipotético de μ_d dividido entre el **error estándar** estimado. Este estadístico se supone que tiene una distribución t cuando la hipótesis nula es verdadera y las suposiciones para la prueba se satisfacen. El valor del **estadístico de prueba $t\star$** se calcula del modo siguiente:

PTI La fórmula (10.5) es una adaptación de la fórmula (9.2).

Estadístico de prueba para diferencia de medias (muestras dependientes)

$$t\star = \frac{\overline{d} - \mu_d}{s_d/\sqrt{n}}, \text{ donde gl} = n - 1 \qquad \textbf{(10.5)}$$

Nota: una diferencia de medias hipotética, μ_d, puede ser cualquier valor especificado. El valor especificado más común es cero; sin embargo, la diferencia puede ser distinta de cero.

EJEMPLO 10.5

PRUEBA DE HIPÓTESIS DE UNA COLA PARA μ_d

En un estudio acerca de presión arterial alta y los medicamentos que se usan para controlarla, el efecto de los bloqueadores del canal de calcio sobre el pulso fue una de muchas preocupaciones específicas. Veintiséis pacientes se eligieron al azar de una gran base de potenciales sujetos y se registró su frecuencia de pulso. A cada paciente se le administró un bloqueador de canal de calcio durante un periodo fijo y después nuevamente se determinó la frecuencia de pulso de cada paciente. Los dos conjuntos de datos resultantes parecían tener distribuciones aproximadamente normales y los estadísticos fueron $\overline{d} = 1.07$ y $s_d = 1.74$ (d = antes – después). ¿La información de la muestra proporciona suficiente evidencia para demostrar que la frecuencia del pulso es menor después de tomar el medicamento? Usa $\alpha = 0.05$.

Tutorial en video disponible; ingresa y aprende más en cengagebrain.com

Solución

PTI "Frecuencia más baja" significa que "después" es menos que "antes" y "antes – después" es positivo.

Paso 1 **a. Parámetro de interés:** μ_d, la diferencia de medias (reducción) en frecuencia de pulso antes a después de usar el bloqueador de canal de calcio durante el periodo de la prueba.

b. Enunciado de hipótesis:

H_o: $\mu_d = 0$ ($\leq$) (no reduce frecuencia de pulso) Recuerda: d = antes – después

H_o: $\mu_d > 0$ (sí reduce frecuencia de pulso)

Paso 2 **a. Suposiciones:** dado que los datos en ambos conjuntos son aproximadamente normales, parece razonable suponer que las dos poblaciones tienen distribuciones aproximadamente normales.

b. Estadístico de prueba: la distribución t con gl = $n - 1 = 25$ y el estadístico de prueba es $t\bigstar$ de la fórmula (10.5).

c. Nivel de significancia: $\alpha = 0.05$

Paso 3 **a. Información muestral:** $n = 26$, $\overline{d} = 1.07$ y $s_d = 1.74$

b. Calcula el estadístico de prueba:

$$t\bigstar = \frac{\overline{d} - \mu_d}{s_d/\sqrt{n}}: \quad t\bigstar = \frac{1.07 - 0.0}{1.74/\sqrt{26}} = \frac{1.07}{0.34} = \mathbf{3.14}$$

Paso 4 **La distribución de probabilidad:**

Valor p:

a. Usa la cola de la derecha porque H_a expresa preocupación por valores relacionados con "mayor que". **P** = $P(t\bigstar > 3.14$ con gl = 25), como se muestra en la figura.

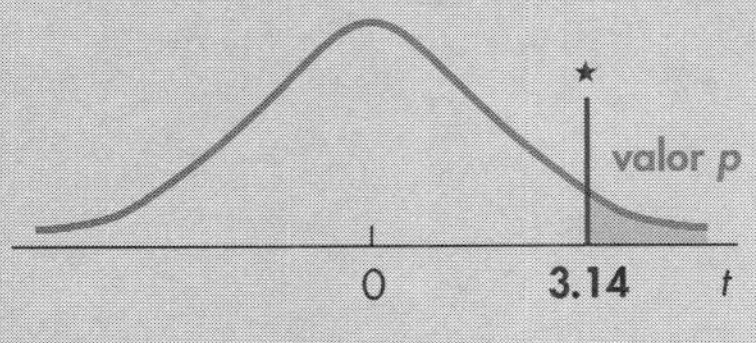

Para encontrar el valor p, tienes tres opciones:

1. Usa la tabla 6 (apéndice B): **P < 0.005**.
2. Usa la tabla 7 (apéndice B) para leer el valor directamente: **P = 0.002**.
3. Usa una computadora o calculadora para encontrar el valor p: **P = 0.0022**.

En las páginas 421-422 hay instrucciones específicas.

b. El valor p es menor que el nivel de significancia, α.

Clásico:

a. La región crítica es la cola derecha, porque H_a expresa preocupación por valores relacionados con "mayor que". El valor crítico se obtiene de la tabla 6: $t(25, 0.05) = \mathbf{1.71}$.

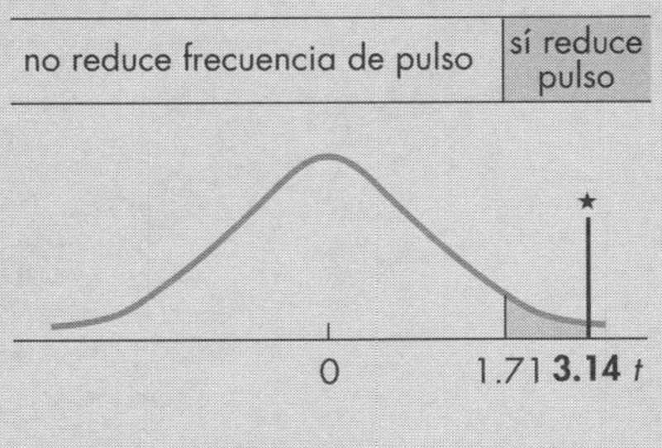

En las páginas 415-416 se proporcionan instrucciones específicas.

b. $t\bigstar$ está en la región crítica, como se muestra en **azul oscuro** en la figura.

Paso 5 **a. Decisión:** rechazar H_o.

b. Conclusión: en el nivel de significancia 0.05, puede concluirse que la frecuencia de pulso promedio es menor después de la administración del bloqueador de canal de calcio.

La *significancia estadística* no siempre tiene el mismo significado cuando se considera la aplicación "práctica" de los resultados. En la detallada prueba de hipótesis anterior, los resultados mostraron una significancia estadística con un valor p de 0.002; esto es: 2 posibilidades en 1 000. Sin embargo, una pregunta más práctica puede ser: ¿la reducción de la frecuencia del pulso en esta pequeña cantidad promedio, estimada en 1.07 latidos por minuto, vale la pena el riesgo de posibles efectos colaterales de este medicamento? En realidad, todo el conflicto es mucho más amplio que sólo este tema de la frecuencia del pulso.

INSTRUCCIONES DE TECNOLOGÍA: PRUEBA DE HIPÓTESIS PARA LA MEDIA μ_d CON DESVIACIÓN ESTÁNDAR DESCONOCIDA PARA DOS CONJUNTOS DEPENDIENTES DE DATOS MUESTRALES

MINITAB

Escribe los datos apareados en C1 y C2; después continúa con:

Elige: **Stat > Basic Statistics > Paired t**
Selecciona: Samples in columns
Escribe: Primera muestra: **C1***
Segunda muestra: **C2**
Selecciona: **Options**
Escribe: Test mean: **0.0** o μ_d
Selecciona: Alternative: **less than** o **not equal** o **greater than > OK > OK**

**t* apareada evalúa la primera muestra menos la segunda muestra.

Excel

Escribe los datos apareados en las columnas A y B; después continúa con:

Elige: **Add-Ins > Data Analysis > t-Test: Paired Two Sample for Means**
Escribe: Rango variable 1: **(A1:A20 o selecciona celdas)**
Rango variable 2: **(B1:B20 o selecciona celdas)**
(restas: Var1 – Var2)
Diferencia medias hipotética: μ_d (por lo general 0)
Selecciona: **Labels** (si es necesario)
Escribe: α (ej. 0.05)
Selecciona: **Output Range**
Escribe: **(C1 o selecciona celdas) > OK**

Usa **Home > Cells > Format > Autofit Column Width** para hacer más legible la salida. La salida muestra valores *p* y valores críticos para pruebas de una y dos colas. La prueba de hipótesis también puede hacerse al restar primero las dos columnas y después usar los comandos de inferencia en torno a una media (sigma desconocida) de la página 425 sobre las diferencias.

TI-83/84 Plus

Escribe los datos apareados en L1 y L2; después continúa con lo siguiente, escribe los valores apropiados y resalta Calculate:

Resalta: L3
Escribe: L3 = L1 – L2*
Elige: STAT > TESTS > 2: T-Test . . .

*Escribe la expresión en el orden en que se necesita: L1 – L2 o L2 – L1.

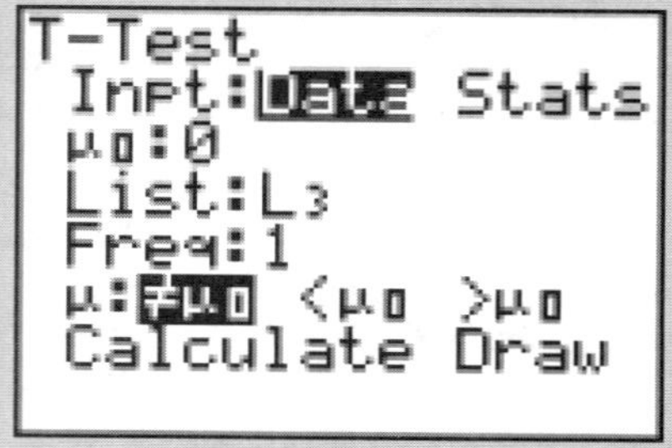

La solución al ejemplo 10.5 se parece a esto cuando se resuelve en MINITAB:

```
Paired T for Before – After
                 N      Mean      StDev      SE Mean
Difference       26     1.07      1.74       0.34
T-Test of mean difference = 0 (vs > 0): T-Value = 3.14
P-Value = 0.002
```

EJEMPLO 10.6

PRUEBA DE HIPÓTESIS DE DOS COLAS PARA μ_d

Supón que los datos muestrales de la tabla 10.1 (p. 483) se recolectaron con la esperanza de demostrar que las dos marcas de neumáticos no se desgastan de igual manera. ¿Los datos proporcionan suficiente evidencia para concluir que las dos marcas muestran desgaste desigual, en el nivel de significancia 0.05? Supón que las cantidades de desgaste tienen una distribución aproximadamente igual para ambas marcas de neumáticos.

Solución

Paso 1 a. **Parámetro de interés:** μ_d, la diferencia de medias en las cantidades de desgaste entre las dos marcas.

b. **Enunciado de hipótesis:**

H_o: $\mu_d = 0$ (no diferencia) Recuerda: $d = B - A$.
H_a: $\mu_d \neq 0$ (diferencia)

Paso 2 a. **Suposiciones:** la suposición de normalidad se incluye en el enunciado de este problema.

b. **Estadístico de prueba:** la distribución t con gl $= n - 1 = 6 - 1 = 5$ y $t\star = (\bar{d} - \mu_d)/(s_d/\sqrt{n})$

c. **Nivel de significancia:** $\alpha = 0.05$

Paso 3 a. **Información muestral:** $n = 6$, $\bar{d} = 6.3$ y $s_d = 5.1$

b. **Calcula el estadístico de prueba:**

$$t\star = \frac{\bar{d} - \mu_d}{s_d/\sqrt{n}}: \quad t\star = \frac{6.3 - 0.0}{5.1/\sqrt{6}} = \frac{6.3}{2.08} = \mathbf{3.03}$$

Paso 4 La distribución de probabilidad:

Valor p:

a. Usa ambas colas porque H_a expresa preocupación por valores relacionados con "diferente de".

P = valor p $= P(t\star < -3.03) + P(t\star > 3.03)$
$= 2 \times P(t\star > 3.03)$, como se muestra en la figura.

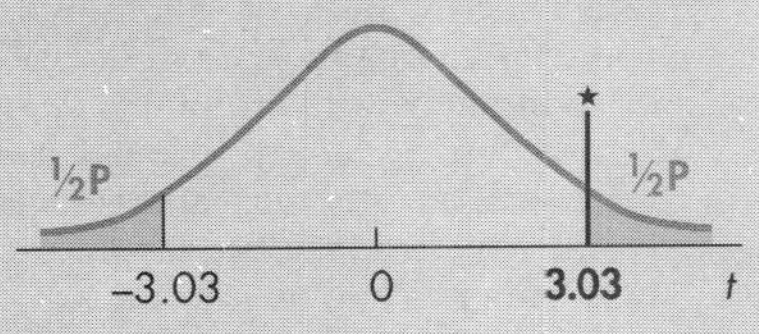

Para encontrar el valor p, tienes tres opciones:

1. Usa la tabla 6 (apéndice B): **0.02 < P < 0.05.**

O

Clásico:

a. La región crítica es de dos colas porque H_a expresa preocupación por valores relacionados con "diferente de". El valor crítico se obtiene de la tabla 6: $t(5, 0.025) = \mathbf{2.57}$.

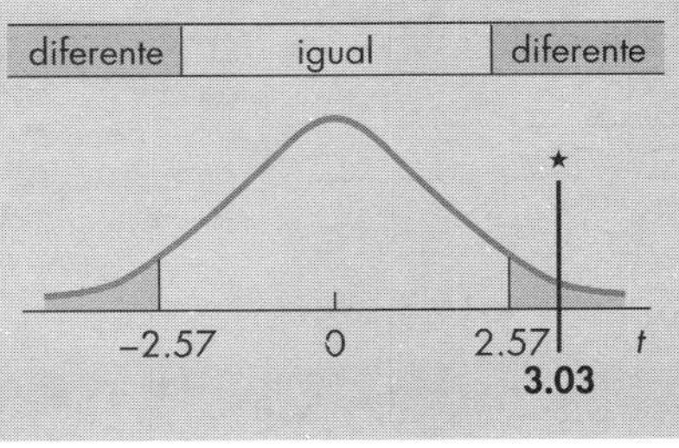

2. Usa la tabla 7 (apéndice B) para colocar cotas sobre el valor p: $\mathbf{0.026 < P < 0.030}$.
3. Usa una computadora o calculadora para encontrar el valor p: $\mathbf{P} = 2 \times 0.0145 = \mathbf{0.0290}$.

Consulta la página 424 para instrucciones específicas.

b. El valor p es menor que α.

Para instrucciones específicas, consulta las páginas 415-416.

b. $t\bigstar$ está en la región crítica, como se muestra en **azul oscuro** en la figura.

Paso 5 **a. Decisión:** rechazar H_o.

b. Conclusión: existe una significativa diferencia de medias en las cantidades de desgaste en el nivel de significancia 0.05.

EJEMPLO APLICADO 10.7

PRUEBA DE PROCEDIMIENTOS DE MUESTREO DE ASFALTO

Esta aplicación es un extracto de un reporte de investigación del Departamento de Transportes de Florida.

COMPARACIÓN DE LOS MÉTODOS DE SCOOPING Y QUARTERING PARA OBTENER MUESTRAS DE MEZCLA DE ASFALTO

Reporte de investigación FL/DOT/SMO/00-441

Gregory A. Sholar James A. Musselman Gale C. Page

State Materials Office

ABSTRACT. El método estándar de *quartering plant* que produce mezcla de asfalto para obtener muestras para gravedad específica máxima, gradación y contenido de aglutinante de asfalto lo han usado con gran éxito durante muchos años el Departamento de Transportes de Florida (FDOT), contratistas y laboratorios de prueba independientes. Este reporte examina un método alternativo para obtener muestras que son un poco más sencillas y consumen menos tiempo que el método *quartering* tradicional. Este método, de aquí en adelante referido como método "scooping", involucra algunos de los mismos procedimientos y técnicas que se usan con el método *quartering*. La principal diferencia es que las muestras se sacan con pala de la pila de mezcla de asfalto hasta que se obtiene el peso de muestra deseado en lugar de dividir en cuartos la pila hasta que se obtiene el peso de muestra deseado. Para este estudio se muestrearon 12 diferentes mezclas y se compararon las siguientes propiedades de la muestra para los dos diferentes métodos de muestreo: densidad volumétrica, gravedad específica máxima, % de evitación de aire, contenido de aglutinante del asfalto y gradación. El análisis de los datos indica que los dos métodos de muestreo ofrecen resultados estadísticamente equivalentes para las propiedades de mezcla antes mencionadas. En este reporte se incluye una nueva versión de FM 1-T 168, "Muestreo de mezclas de pavimento bituminoso", que abarca este nuevo método para muestreo de mezclas de asfalto.

ANÁLISIS DE DATOS. Teóricamente, si los dos métodos de muestreo fuesen idénticos, entonces la diferencia promedio entre los valores obtenidos para cualquier propiedad de asfalto (por ejemplo, contenido de aglutinante del asfalto) para una mezcla particular sería cero. Un análisis de diferencia apareada se realizó para cada propiedad medida. Un análisis de diferencia apareada es una prueba t realizada sobre las diferencias entre cada método de muestreo.

Se usó un intervalo de confianza de 95%, es decir $\alpha = 0.05$, para calcular el valor crítico t de dos lados. La hipótesis nula es que la diferencia promedio es cero. Si la t calculada es menor que la t crítica, entonces la hipótesis nula no puede rechazarse. En los resúmenes de prueba t, los valores importantes son la "t calculada" y los valores "t críticos". Por simplicidad, todos estos valores "t" se resumen en la tabla 14. El examen de los resultados estadísticos indica que, para todas las propiedades medidas, excepto por el % que pasa por el colador núm. 4, no puede rechazarse la hipótesis nula. Esto indica que los dos métodos son estadísticamente equivalentes. La excepción es para el % que pasa por el colador núm. 4. Los valores de t calculada y t crítica fueron casi idénticos (2.224 frente a 2.228).

TABLA 14
Resumen de análisis de diferencia apareada

	Valor absoluto		
Propiedad de mezcla de asfalto	***t* calculada**	***t* crítica**	***t* calc. < *t* crít.?**
Gmb (Nmax)	1.442	2.306	Sí
Gmm	0.802	2.201	Sí
% A	1.719	2.306	Sí
% AC (ignición)	0.534	2.201	Sí
Tamaño colador			
1/2″	0.672	2.228	Sí
3/8″	0.783	2.228	Sí
Núm. 4	2.224	2.228	Igual
Núm. 8	1.819	2.228	Sí
Núm. 16	1.047	2.228	Sí
Núm. 30	0.814	2.228	Sí
Núm. 50	0.753	2.228	Sí
Núm. 100	0.387	2.228	Sí
Núm. 200	0.305	2.228	Sí

CONCLUSIÓN. Con base en el análisis estadístico de los datos, los dos métodos de muestreo son equivalentes respecto a Gmb, Gmm, contenido de aglutinante de asfalto y gradación. Dado que el método *scooping* es más sencillo y más rápido, se recomienda que el método Florida revisado para muestreo (FM 1-T 168) se acepte e implemente en todo el estado.

[EX00-000] identifica el nombre de archivo de una base de datos en línea de un ejercicio; disponible a través de cengagebrain.com

EJERCICIOS SECCIÓN 10.2

10.13 Dado este conjunto de datos apareados:

Pares	**1**	**2**	**3**	**4**	**5**
Muestra A	3	6	1	4	7
Muestra B	2	5	1	2	8

Encuentra:

a. Las diferencias apareadas, $d = A - B$, para este conjunto de datos

b. La media $\overline{d}$ de las diferencias apareadas

c. La desviación estándar s_d de las diferencias apareadas

10.14 Encuentra $t(15, 0.025)$. Describe el papel que tiene este número cuando se forma un intervalo de confianza para la diferencia de medias.

10.15 a. Encuentra el intervalo de confianza de 95% para μ_d, dado $n = 26, \overline{d} = 6.3$ y $s_d = 5.1$. Supón que los datos se seleccionan al azar de una población normal.

b. Compara tu intervalo con el intervalo que encontraste en el ejemplo 10.4 (p. 484).

10.16 [EX10-016] A todos los estudiantes que se inscriben en cierto curso de memoria se les aplica un preexamen antes de

(continúa en la página 492)

comenzar el curso. Al completar el curso, 10 estudiantes se seleccionan al azar y se les aplica un posexamen; a continuación se presentan sus calificaciones.

Estudiante	1	2	3	4	5	6	7	8	9	10
Antes	93	86	72	54	92	65	80	81	62	73
Después	98	92	80	62	91	78	89	78	71	80

Se usó MINITAB para encontrar el intervalo de confianza de 95% para el mejoramiento medio en memoria que resulta de tomar el curso de memoria, medido por la diferencia en las calificaciones del examen (d = después – antes). Verifica los resultados que se muestran en la salida al calcular loas valores tú mismo. Supón normalidad.

Confidence Intervals

Variable	N	Mean	StDev	SE Mean	95% C.I.
C3	10	6.10	4.79	1.52	(2.67, 9.53)

10.17 [EX10-017] Diez sujetos con niveles de colesterol fronterizos-altos se reclutaron al azar para un estudio que involucró tomar una clase de educación en nutrición. Se tomaron lecturas de colesterol antes de la clase y 3 meses después de la clase.

Sujeto	1	2	3	4	5	6	7	8	9	10
Preclase	295	279	250	235	255	290	310	260	275	240
Postclase	265	266	245	240	230	230	235	250	250	215

Sea d = colesterol preclase – colesterol postclase. Se usó Excel para encontrar el intervalo de confianza de 95% para la cantidad media de reducción en lecturas de colesterol después de tomar clase de educación en nutrición. Verifique los resultados que se muestran en la salida al calcular los valores tú mismo. Supón normalidad.

Estimación *t*: Media

	d = *pre – post*
Media	26.3
Desviación estándar	24.4997
LCI	8.773924024
LCS	43.82607598

10.18 [EX10-018] Usa una computadora o calculadora para encontrar el intervalo de confianza de 95% para estimar μ_d con base en estos datos apareados y suposición de normalidad:

Antes	75	68	40	30	43	65
Después	70	69	32	30	39	63

10.19 [EX10-019] Un experimento se diseña para estimar la diferencia de media en ganancia de peso en cerdos alimentados con la ración A, en comparación con los alimentados con la ración B. Se usaron ocho pares de cerdos. Los cerdos de cada par eran miembros de la misma camada. Las raciones se asignaron al azar a los dos animales dentro de cada par. Las ganancias (en libras) después de 45 días se muestran en la siguiente tabla.

Camada	1	2	3	4	5	6	7	8
Ración A	65	37	40	47	49	65	53	59
Ración B	58	39	31	45	47	55	59	51

Si supones que la ganancia de peso es normal, encuentra el intervalo de confianza de 95% para estimación de las diferencias de media μ_d, donde d = ración A – ración B.

10.20 [EX10-020] Dos hombres, A y B, que por lo general se trasladan juntos para ir al trabajo, deciden realizar un experimento para ver si una ruta es más rápida que la otra. Los hombres creen que sus hábitos de conducción son aproximadamente iguales y por tanto deciden el siguiente procedimiento. Cada mañana, durante 2 semanas, A conducirá al trabajo en una ruta y B usará la otra ruta. La primera mañana, A lanza una moneda. Si sale cara, él usará la ruta I; si sale cruz, usará la ruta II. La segunda mañana, B lanzará la moneda: cara, ruta I; cruz, ruta II. Los tiempos, registrados al minuto más cercano, se muestran en la siguiente tabla. Supón que los tiempos de traslado son normales y estima la diferencia de medias poblacionales con un intervalo de confianza de 95%.

	Día									
Ruta	**L**	**Ma**	**Mi**	**J**	**V**	**L**	**Ma**	**Mi**	**J**	**V**
I	29	26	25	25	25	24	26	26	30	31
II	25	26	25	25	24	23	27	25	29	30

10.21 [EX10-021] Un soltero de 19 años, que acaba de comprar su Honda Civic de 2 años de antigüedad, puede preguntarse: ¿por qué el seguro de automóvil cuesta tanto? Existen muchas razones, de acuerdo con el agente de seguros, una de las cuales es si el conductor es hombre o mujer. Las primas de seguros mencionadas a continuación son para una muestra aleatoria de 16 códigos postales dentro de un radio de 50 millas del soltero de 19 años en cuestión. Los datos son para una póliza cuyas características son: $500 deducible, $25 000/$50 000 lesión corporal, $25 000 propiedad y $25 000/$50 000 conductor no asegurado/seguro insuficiente.

a. A primera vista, ¿parece haber un patrón para la relación entre las primas del seguro para hombres y mujeres? Descríbelo.

b. Describe gráficamente cada conjunto de datos (hombres, mujeres y diferencia) con un histograma y alguna otra gráfica.

c. Encuentra la media y la desviación estándar para cada conjunto de datos: hombres, mujeres y diferencia.

d. ¿Se satisfacen las suposiciones para una media de un intervalo de confianza de diferencia apareada? Explica.

Tabla para el ejercicio 10.21

Hombre ($)	1 215.30	996.30	1 179.30	1 254.30	1 110.30	2 086.60	856.30	1 298.30
Mujer ($)	1 015.30	812.30	987.30	1 045.30	916.30	1 804.60	671.30	1 132.30
Hombre ($)	760.30	956.30	1 304.30	1 548.30	1 760.30	1 337.30	1 037.30	1 182.30
Mujer ($)	606.30	771.30	1 095.30	1 278.30	1 444.30	1 095.30	812.30	940.30

e. Con un intervalo de confianza de 95%, estima la media de las diferencias. Escribe un enunciado completo del intervalo de confianza.

f. ¿Tus respuestas a las preguntas anteriores sugieren alguna evidencia de una diferencia entre las tarifas del seguro de automóvil para conductores hombres y mujeres de 19 años de edad? Explica.

10.22 [EX10-022] Al evaluar diferentes instrumentos de medición, uno primero debe determinar si existe una diferencia sistemática entre los instrumentos. Lentes con varias potencias diferentes se midieron una vez cada uno mediante dos instrumentos diferentes. Se registraron las diferencias en medición (instrumento A – instrumento B). Las unidades de medición se codificaron por razones de propiedad.

4	5	−2	−3	−7	10	11	−1	3	7	−5	3	−4
−5	−7	4	−1	−18	0	−17	12	9	4	17	−2	

¿Parece haber una diferencia sistemática entre los dos instrumentos?

a. Describe los datos usando un histograma y alguna otra gráfica.

b. Encuentra la media y la desviación estándar.

c. ¿Se satisfacen las suposiciones requeridas para hacer inferencias? Explica.

d. Con un intervalo de confianza de 95%, estima la media poblacional de las diferencias.

e. ¿Existe alguna evidencia de una diferencia? Explica.

10.23 Enuncia la hipótesis nula, H_o y la hipótesis alternativa, H_a, que usarías para poner a prueba las siguientes afirmaciones:

a. Existe un aumento en la diferencia de medias entre las calificaciones preexamen y posexamen.

b. Después de una sesión especial de capacitación, se cree que la media de la diferencia en calificaciones de desempeño no será cero.

c. En promedio, no hay diferencia entre las lecturas de dos inspectores en cada una de las partes seleccionadas.

d. La media de las diferencias entre calificaciones preautoestima y postautoestima muestra mejoría después de involucrarse en una comunidad de aprendizaje universitario.

10.24 Enuncia la hipótesis nula, H_o y la hipótesis alternativa, H_a, que usarías para poner a prueba las siguientes afirmaciones:

a. La media de las diferencias entre las calificaciones posexamen y preexamen es mayor que 15.

b. La ganancia de peso media, después de cambiar la dieta a los animales de laboratorio, es de al menos 10 oz.

c. La pérdida de peso media experimentada por las personas en un nuevo plan de dieta no es menor a 12 lb.

d. La diferencia de medias en la reevaluación de casas de los dos asesores de la ciudad fue de no más de $200.

10.25 Determina el valor p para cada prueba de hipótesis para la diferencia de medias.

a. H_o: $\mu_d = 0$ y H_a: $\mu_d > 0$, con $n = 20$ y $t\bigstar = 1.86$

b. H_o: $\mu_d = 0$ y H_a: $\mu_d \neq 0$, con $n = 20$ y $t\bigstar = -1.86$

c. H_o: $\mu_d = 0$ y H_a: $\mu_d < 0$, con $n = 29$ y $t\bigstar = -2.63$

d. H_o: $\mu_d = 0.75$ y H_a: $\mu_d > 0.75$, con $n = 10$ y $t\bigstar = 3.57$

10.26 Determina los criterios de prueba que usarías con el método clásico para poner a prueba las siguientes hipótesis cuando usas t como el estadístico de prueba.

a. H_o: $\mu_d = 0$ y H_a: $\mu_d > 0$, con $n = 15$ y $\alpha = 0.05$

b. H_o: $\mu_d = 0$ y H_a: $\mu_d \neq 0$, con $n = 25$ y $\alpha = 0.05$

c. H_o: $\mu_d = 0$ y H_a: $\mu_d < 0$, con $n = 12$ y $\alpha = 0.10$

d. H_o: $\mu_d = 0.75$ y H_a: $\mu_d > 0.75$, con $n = 18$ y $\alpha = 0.01$

10.27 Un sondeo de *Bloomberg News* descubrió que los estadounidenses planean mantener bajo el gasto durante los próximos seis meses, debido a la incertidumbre económica (*USA Today*, 17 de septiembre de 2009). Supón que un grupo de 15 hogares anotó su gasto doméstico en marzo y después anotó su gasto doméstico seis meses después, en septiembre. La diferencia mensual media (gasto anterior – gasto actual) se calculó en $75.50, con una desviación estándar de $66.20. ¿Esta muestra de hogares presenta suficiente evidencia de creciente ahorro doméstico? Usa el nivel de significancia 0.05 y supón normalidad de cantidades gastadas.

10.28 Una muestra aleatoria de 10 patinadores de velocidad, todos relativamente con la misma experiencia y velocidad, se seleccionan para probar una nueva navaja de especialidad. La diferencia en los tiempos de pista corta se midieron como tiempo de navaja actual – tiempo de navaja de especialidad, lo que resultó en diferencia media de 0.165 segundos con una desviación estándar igual a 0.12 segundos. ¿Esta muestra proporciona suficientes razones de que la navaja de especialidad es benéfica para lograr tiempos más rápidos? Usa $\alpha = 0.05$ y supón normalidad.

10.29 Los efectos corrosivos de varios suelos sobre tubería de acero recubierta y no recubierta se pusieron a prueba usando un plan de muestreo dependiente. Los datos recolectados se

(continúa en la página 494)

resumen mediante $n = 40$, $\sum d = 220$ y $\sum d^2 = 6\,222$, donde d es la cantidad de corrosión en la porción recubierta restada de la cantidad de corrosión en la porción no recubierta. ¿Esta muestra aleatoria ofrece suficientes razones para concluir que el recubrimiento es benéfico? Usa $\alpha = 0.01$ y supón normalidad.

a. Resuelve con el método de valor p.

b. Resuelve con el método clásico.

10.30 ¿Un título ayuda a un lector a comprender un escrito? A 26 participantes se les entregó un artículo para leer sin título. Entonces se calificaron a ellos mismos acerca de su comprensión de la información en una escala de 1 a 10, donde 10 era comprensión completa. Después, a los mismos 26 participantes, se les dio nuevamente el artículo, esta vez con un título adecuado y se les pidió calificar su comprensión. Los datos resumidos resultantes se proporcionaron como $\overline{d} = 4.76$ y $s_d = 2.33$, donde d = calificación con título – calificación sin título. Por lo general, la comprensión fue mayor en la segunda lectura que en la primera, en un promedio de 3.2 sobre esta escala. ¿Esta muestra proporciona suficiente evidencia de que un título hace una diferencia respecto a la comprensión? Usa $\alpha = 0.05$.

10.31 Completa la prueba de hipótesis con la hipótesis alternativa $\mu_d > 0$, con base en los datos apareados que siguen y $d = B - A$. Usa $\alpha = 0.05$. Supón normalidad.

A	700	830	860	1 080	930
B	720	820	890	1 100	960

a. Resuelve con el método de valor p.

b. Resuelve con el método clásico.

10.32 Completa la prueba de hipótesis con la hipótesis alternativa $\mu_d \neq 0$, con base en los datos apareados que siguen y $d = V - J$. Usa $\alpha = 0.01$. Supón normalidad.

Más viejo	199	162	174	159	173
Más joven	194	162	167	156	176

a. Resuelve con el método de valor p.

b. Resuelve con el método clásico.

10.33 [EX10-033] Diez diabéticos recientemente diagnosticados se pusieron a prueba para determinar si un programa educativo sería efectivo para aumentar su conocimiento de la diabetes. Se les aplicó un examen, antes y después del programa educativo, concerniente a aspectos de autocuidado de la diabetes. Las calificaciones en el examen fueron las siguientes:

Paciente	1	2	3	4	5	6	7	8	9	10
Antes	75	62	67	70	55	59	60	64	72	59
Después	77	65	68	72	62	61	60	67	75	68

La siguiente salida MINITAB puede usarse para determinar si las calificaciones mejoraron como resultado del programa. Verifica los valores que se muestran en la salida [diferencia de medias (MEAN), desviación estándar de la diferencia (STDEV), error estándar de la diferencia (SE MEAN), $t\bigstar$ (T-Value) y valor p] al calcular los valores tú mismo.

```
Paired T for After – Before
            N    Mean    StDev   SE Mean
After       10   67.50   5.80    1.83
Before      10   64.30   6.50    2.06
Difference  10   3.200   2.741   0.867
T-Test of mean difference = 0 (vs > 0); T-Value = 3.69
P-Value = 0.002
```

10.34 [EX10-034] Diez sujetos con niveles de colesterol fronterizos-altos se reclutaron para un estudio que involucra tomar una clase de educación en nutrición. Lecturas de colesterol se tomaron antes de la clase y tres meses después de la clase.

Sujeto	1	2	3	4	5	6	7	8	9	10
Preclase	295	279	250	235	255	290	310	260	275	240
Posclase	265	266	245	240	230	230	235	250	250	215

Sea d = colesterol preclase – colesterol posclase. Usa la siguiente salida Excel para poner a prueba la hipótesis nula de que la diferencia de medias poblacionales es igual a cero frente a la hipótesis alternativa de que la diferencia de medias poblacionales es positiva en $\alpha = 0.05$. El rechazo de la hipótesis nula indicaría que el nivel de colesterol promedio (población) después de la clase es menor que el nivel promedio antes de la clase. Supón normalidad.

t-Test: Dos muestras parecidas para la media

	Pre-test	Post-test
Media	268.9	242.6
Varianza	618.7666667	256.4888889
Observaciones	10	10
Hipotética de la diferencia de medias	0	
gl	9	
t Estadística	3.394655392	
P(T ≤ t) una cola	0.003970146	
t Crítica para una cola	1.833113856	

10.35 Usa una computadora o calculadora para completar la prueba de hipótesis con hipótesis alternativa $\mu_d < 0$, con base en los datos apareados que siguen y $d = M - N$. Usa $\alpha = 0.02$. Supón normalidad.

M	58	78	45	38	49	62
N	62	86	42	39	47	68

10.36 [EX10-036] Diez estudiantes universitarios seleccionados al azar, que participaron en una comunidad de aprendizaje, aplicaron encuestas preautoestima y postautoestima. Una comunidad de aprendizaje es un grupo de estudiantes que juntos toman dos o más cursos. Por lo general, cada comunidad de aprendizaje tiene un tema y el personal docente involucrado coordina asignaturas que vinculan los cursos. La investigación demuestra que, del involucramiento en una comunidad de aprendizaje, resultan mayor autoestima, promedios de calificación más altos (GPA) y mejora en la satisfacción en los cursos, así como mejores tasas de retención. Las calificaciones en las encuestas son las siguientes:

Estudiante	1	2	3	4	5	6	7	8	9	10
Precalificación	18	14	11	23	19	21	21	21	11	22
Postcalificación	17	17	10	25	20	10	24	22	10	24

¿Esta muestra de estudiantes aporta suficiente evidencia de que las calificaciones de autoestima fueron mayores después de la participación en una comunidad de aprendizaje? Las calificaciones más bajas indican mayor autoestima. Usa el nivel de significancia 0.05 y supón normalidad de las calificaciones.

10.37 [EX10-037] En referencia a los estudiantes universitarios que participaron en una comunidad de aprendizaje en el ejercicio 10.36, también se formó un grupo de control para poner a prueba y comparación. Diez estudiantes universitarios seleccionados al azar, que no estuvieron involucrados en la comunidad de aprendizaje, aplicaron en una encuesta preautoestima y postautoestima. Las calificaciones en las encuestas para el grupo de control fueron las siguientes:

Estudiante	1	2	3	4	5	6	7	8	9	10
Precalificación	19	23	12	20	26	20	15	10	22	12
Postcalificación	19	21	9	10	23	20	19	10	21	19

¿Esta muestra de estudiantes aporta suficiente evidencia de que las calificaciones de autoestima fueron superiores después de la participación en una comunidad de aprendizaje? Las calificaciones más bajas indican mayor autoestima. Usa el nivel de significancia 0.05 y supón normalidad de las calificaciones.

10.38 [EX10-038] Para poner a prueba el efecto de un curso de acondicionamiento físico sobre la habilidad física de uno, se registró el número de abdominales que una persona podía hacer en 1 minuto, tanto antes como después del curso. Diez participantes seleccionados al azar calificaron como se muestra en la siguiente tabla. ¿Puedes concluir que tuvo lugar una cantidad significativa de mejora? Usa $\alpha = 0.01$ y supón normalidad.

Antes	29	22	25	29	26	24	31	46	34	28
Después	30	26	25	35	33	36	32	54	50	43

a. Resuelve con el método de valor p.

b. Resuelve con el método clásico.

10.39 En referencia al ejemplo aplicado 10.7:

a. ¿Qué hipótesis nula se pone a prueba en cada una de esas 13 pruebas?

b. ¿Por qué los valores "t calculada" y "t crítica" son valores importantes?

c. ¿Por qué es correcto reportar sus valores absolutos para ambos valores t en la tabla 14?

d. ¿A qué decisión se llega para cada una de estas 13 pruebas de hipótesis?

e. ¿A qué conclusión se llega como resultado de estas pruebas?

f. ¿Qué acción se recomienda para el estado de Florida como resultado de la conclusión?

10.40 [EX10-040] Un proyecto de investigación se lleva a cabo para evaluar dos frontofocómetros. Cada uno de los 20 lentes de potencias variables se leyeron una vez en cada frontofocómetro. Después se calcularon las diferencias en medición, donde cada diferencia fue frontofocómetro A – frontofocómetro B. Supón que las lecturas tienen distribución normal.

−0.016	0.013	0.009	0.000	−0.005	−0.015	−0.006
−0.016	−0.022	−0.006	−0.020	0.015	−0.017	−0.010
−0.003	0.011	−0.012	0.008	−0.005	−0.009	

Fuente: Cortesía de Bausch & Lomb

a. Con una prueba t sobre estas diferencias apareadas y $\alpha = 0.01$, determina si la correspondiente diferencia de medias poblacionales es significativamente diferente de cero.

b. Construye un intervalo de confianza de 99% para la diferencia de medias en las lecturas de frontofocómetro.

c. Explica qué procedimientos inferenciales indican acerca de las diferencias.

d. Si un experimentador empresarial realiza esta misma prueba con $\alpha = 10\%$, ¿cuál sería el resultado? Proporciona comentarios acerca de proceder con estas normas básicas.

10.3 Inferencias concernientes a la diferencia entre medias usando dos muestras independientes

Cuando se comparan las medias de dos poblaciones, por lo general se considera la diferencia entre sus medias, $\mu_1 - \mu_2$ (con frecuencia llamada "**medias independientes**"). Las inferencias acerca de $\mu_1 - \mu_2$ se basarán en la diferencia entre las medias muestrales observadas, $\bar{x}_1 - \bar{x}_2$. Esta diferencia observada, $\bar{x}_1 - \bar{x}_2$, pertenece a una distribución muestral con las características descritas en el siguiente enunciado

Si muestras independientes de tamaños n_1 y n_2 se extraen al azar de grandes poblaciones con medias μ_1 y μ_2 y varianzas σ_1^2 y σ_2^2, respectivamente, entonces la distribución muestral de $\bar{x}_1 - \bar{x}_2$, la diferencia entre las medias muestrales, tiene

1. media $\mu_{\bar{x}_1 - \bar{x}_2} = \mu_1 - \mu_2$ y
2. error estándar $\sigma_{\bar{x}_1 - \bar{x}_2} = \sqrt{\left(\frac{\sigma_1^2}{n_1}\right) + \left(\frac{\sigma_2^2}{n_2}\right)}$. **(10.6)**

Si ambas poblaciones tienen distribuciones normales, entonces la distribución muestral de $\bar{x}_1 - \bar{x}_2$ también tendrá una distribución normal.

PTI ¿Por qué $\bar{x}_1 - \bar{x}_2$ es un estimador *no sesgado* de $\mu_1 - \mu_2$?

El enunciado anterior es verdadero para todos los tamaños de muestra en tanto la población involucrada sea normal y las varianzas poblacionales σ_1^2 y σ_2^2 sean cantidades conocidas. sin embargo, como con las inferencias en torno a una media, la varianza de una población por lo general es una cantidad desconocida. Por tanto, será necesario estimar el error estándar al sustituir las varianzas, σ_1^2 y σ_2^2, en la fórmula (10.6) con las mejores estimaciones disponibles, a saber, las varianzas muestrales s_1^2 y s_2^2. El *error estándar estimado* se encontrará al usar la siguiente fórmula:

$$\text{error estándar estimado} = \sqrt{\left(\frac{s_1^2}{n_1}\right) + \left(\frac{s_2^2}{n_2}\right)} \quad \textbf{(10.7)}$$

Las inferencias acerca de la diferencia entre dos medias poblacionales, $\mu_1 - \mu_2$, se basarán en las siguientes suposiciones.

Suposiciones para inferencias acerca de la diferencia entre dos medias, $\mu_1 - \mu_2$
Las muestras se seleccionan al azar de poblaciones con distribución normal y las muestras se seleccionan en forma independiente.

NO SE HACEN SUPOSICIONES ACERCA DE LAS VARIANZAS POBLACIONALES.

Dado que las muestras proporcionan la información para determinar el error estándar, se usará la **distribución *t*** como el estadístico de prueba. Las inferencias se dividen en dos casos.

Caso 1. Se usará la distribución *t* y se calculará el número de grados de libertad.
Caso 2. Se usará la distribución *t* y se aproximará el número de grados de libertad.

El caso 1 ocurrirá cuando completes la inferencia *usando una computadora o calculadora estadística y el software estadístico o programa calcule el número de grados de libertad* por ti. El valor calculado de gl es una función tanto del tamaño de las muestras como de sus tamaños relativos y tanto de las varianzas muestrales como de sus tamaños relativos. El valor de gl será un número entre el menor de $gl_1 = n_1 - 1$ o $gl_2 = n_2 - 1$; y la suma de los grados de libertad, $gl_1 + gl_2 = [(n_1 - 1) + (n_2 - 1)] = n_1 + n_2 - 2$.

El caso 2 ocurrirá cuando completes la inferencia *sin la ayuda de una computadora o calculadora y su paquete de software estadístico*. El uso de la distribución *t* con el menor de $gl_1 = n_1 - 1$ o $gl_2 = n_2 - 1$ dará resultados *conservadores*. Debido a esta aproximación, el verdadero nivel de confianza para una estimación de intervalo será ligeramente mayor que el nivel de confianza reportado o el verdadero valor *p* y el verdadero nivel de significancia para una prueba de hipótesis será ligeramente menor que lo reportado. La brecha entre estos valores reportados y los valores verdaderos será muy pequeña, a menos que los

¿SABÍAS QUE...?

La "distribución *t*"

Como jefe cervecero en Guinness Brewing Company, William Gosset se enfrentó con muchos pequeños conjuntos de datos; pequeños por necesidad, porque un periodo de 24 horas con frecuencia resultaba en un solo valor de datos. Por tanto, desarrolló la prueba *t* para manejar esas muestras pequeñas para control de calidad en cervecería. En su ensayo *El error probable de una media*, empezó a encontrar la distribución de la cantidad de error en la media muestral, $(\bar{x} - \mu)$, divida entre *s*, donde *s* era de una muestra de cualquier tamaño conocido. Entonces encontró el error probable de una media, $\bar{x}$, para cualquier tamaño de muestra al usar la distribución de $(\bar{x} - \mu)/(s/\sqrt{n})$. La distribución *t* de Student no ganó popularidad inmediatamente y en 1922, incluso 14 años después de su publicación, Gosset escribió a Fisher: "le envío una copia de las tablas de Student, ¡pues usted es el único

(*continúa*)

hombre que probablemente las use alguna vez!". En la actualidad, la distribución *t* de Student se usa ampliamente y se respeta en la investigación estadística.

tamaños muestrales sean muy pequeños y desiguales o las varianzas muestrales sean muy diferentes. La brecha disminuirá conforme las muestras aumenten de tamaño o conforme las varianzas muestrales se vuelvan más similares.

Como la única diferencia entre los dos casos es el número de grados de libertad usados para identificar la distribución *t* implicada, estudiaremos primero el caso 2.

Nota: $A > B$ ("A es mayor que B") es equivalente a $B < A$ ("B es menor que A"). Cuando se discute la diferencia entre A y B, se acostumbra expresar la diferencia como "mayor – menor", de modo que la diferencia resultante sea positiva: $A - B > 0$. Expresar la diferencia como "menor – mayor" resulta en $B - A < 0$ (la diferencia es negativa) y por lo general es innecesariamente confusa. En consecuencia, se recomienda que la diferencia se exprese como "mayor – menor".

Procedimiento de intervalo de confianza

Se usará la siguiente fórmula para calcular los puntos finales del **intervalo de confianza $1 - \alpha$**.

PTI ¿Dirías que la diferencia entre 5 y 8 es –3? ¿Cómo expresarías la diferencia? Explica.

Intervalo de confianza para la diferencia entre dos medias (muestras independientes)

$$(\bar{x}_1 - \bar{x}_2) - t(gl, \alpha/2) \cdot \sqrt{\left(\frac{s_1^2}{n_1}\right) + \left(\frac{s_2^2}{n_2}\right)} \quad \text{a} \quad (\bar{x}_1 - \bar{x}_2) + t(gl, \alpha/2) \cdot \sqrt{\left(\frac{s_1^2}{n_1}\right) + \left(\frac{s_2^2}{n_2}\right)} \qquad \textbf{(10.8)}$$

donde gl es calculado o es el menor de gl_1 o gl_2 (consulta la p. 496)

EJEMPLO 10.8

CÓMO CONSTRUIR UN INTERVALO DE CONFIANZA PARA LA DIFERENCIA ENTRE DOS MEDIAS

Las estaturas (en pulgadas) de 20 mujeres seleccionadas al azar y 30 hombres seleccionados al azar, se obtuvieron de manera independiente del cuerpo estudiantil de cierta universidad, con la finalidad de estimar la diferencia en sus estaturas medias. La información muestral se proporciona en la tabla 10.2. Supón que las estaturas tienen una distribución aproximadamente normal para ambas poblaciones.

TABLA 10.2 Información muestral acerca de estaturas de estudiantes

Muestra	Número	Media	Desviación estándar
Mujeres (*f*)	20	63.8	2.18
Hombres (*m*)	30	69.8	1.92

Encuentra el intervalo de confianza de 95% para la diferencia entre las estaturas medias, $\mu_m - \mu_f$.

Solución

Paso 1 **Parámetro de interés:** $\mu_m - \mu_f$, la diferencia entre la estatura media de los estudiantes hombres y la estatura media de las estudiantes.

Tutorial en video disponible; ingresa y aprende más en cengagebrain.com

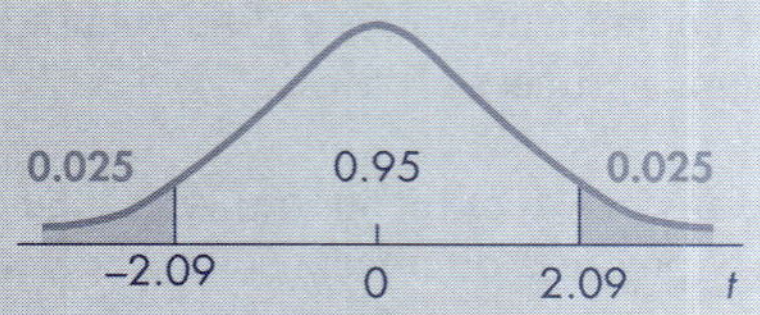

Paso 2 a. **Suposiciones:** ambas poblaciones tienen distribuciones aproximadamente normales y las muestras se seleccionan al azar y de manera independiente.

b. **Distribución de probabilidad:** la distribución t con gl = 19, el menor de $n_m - 1 = 30 - 1 = 29$ o $n_f - 1 = 20 - 1 = 19$ y la fórmula (10.8).

c. **Nivel de confianza:** $1 - \alpha = 0.95$.

Paso 3 **Información muestral:** consulta la tabla 10.2.

Paso 4 a. **Coeficiente de confianza:** tienes una situación de dos colas, con $\alpha/2 = 0.025$ en una cola y gl = 19. De la tabla 6 del apéndice B, $t(\text{gl}, \alpha/2) = t(19, 0.025) = 2.09$. Consulta la figura.
Consulta en las páginas 415-416 las instrucciones para usar la tabla 6.

b. **Error máximo de estimación:** usa la parte de error máximo de la fórmula (10.8) y obtén:

$$E = t(\text{gl}, \alpha/2) \cdot \sqrt{\left(\frac{s_1^2}{n_1}\right) + \left(\frac{s_2^2}{n_2}\right)}: \quad E = 2.09 \cdot \sqrt{\left(\frac{1.92^2}{30}\right) + \left(\frac{2.18^2}{20}\right)}$$
$$= (2.09)(0.60) = \mathbf{1.25}$$

c. **Límites de confianza inferior y superior:**

$$(\bar{x}_1 - \bar{x}_2) \pm E$$
$$6.00 \pm 1.25$$
$$6.00 - 1.25 = \mathbf{4.75} \quad \text{a} \quad 6.00 + 1.25 = \mathbf{7.25}$$

Paso 5 a. **Intervalo de confianza.**
4.75 a 7.25 es el intervalo de confianza de 95% para $\mu_m - \mu_f$.

b. Esto es: con 95% de confianza, es posible decir que la diferencia entre las estaturas medias de los estudiantes hombres y mujeres está entre 4.75 y 7.25 pulgadas; esto es: la estatura media de los estudiantes hombres es entre 4.75 y 7.25 pulgadas mayor que la estatura media de las estudiantes.

Procedimiento de prueba de hipótesis

Cuando se pone a prueba una **hipótesis nula en torno a la diferencia entre dos medias poblacionales**, el estadístico de prueba usado será la diferencia entre la diferencia observada de las medias muestrales y la diferencia hipotética de las medias poblacionales, dividida entre el error estándar estimado. Se supone que el estadístico de prueba tiene aproximadamente una distribución t cuando la hipótesis nula es verdadera y se satisface la suposición de normalidad. El valor calculado del **estadístico de prueba** se encuentra con la fórmula:

Estadístico de prueba para la diferencia entre dos medias (muestras independientes)

$$t\star = \frac{(\bar{x}_1 - \bar{x}_2) - (\mu_1 - \mu_2)}{\sqrt{\left(\frac{s_1^2}{n_1}\right) + \left(\frac{s_2^2}{n_2}\right)}} \qquad \textbf{(10.9)}$$

donde gl es calculado o es el menor de gl_1 o gl_2 (consulta la p. 496)

Nota: una diferencia hipotética entre las dos medias poblacionales, $\mu_1 - \mu_2$, puede ser cualquier valor especificado. El valor especificado más común es cero; sin embargo, la diferencia puede ser distinta de cero.

EJEMPLO 10.9

PRUEBA DE HIPÓTESIS DE UNA COLA PARA LA DIFERENCIA ENTRE DOS MEDIAS

Supón que estás interesado en comparar el éxito académico de los estudiantes universitarios que pertenecen a organizaciones fraternas, con el éxito académico de quienes no pertenecen a organizaciones fraternas. La razón para la comparación es la preocupación reciente de que los miembros de fraternidad, en promedio, tienen un nivel académico más bajo que el que logran los estudiantes de no fraternidad. (Se usa GPA acumulado para medir el éxito académico.) De cada población se toman muestras aleatorias de tamaño 40. Los resultados muestrales se presentan en la tabla 10.3.

TABLA 10.3 Información muestral acerca de éxito académico

Muestra	Número	Media	Desviación estándar
Miembros fraternidad (f)	40	2.03	0.68
No miembros (n)	40	2.21	0.59

Completa una prueba de hipótesis con $\alpha = 0.05$. Supón que los GPA de ambos grupos tienen distribuciones aproximadamente normales.

Solución

Paso 1 a. **Parámetro de interés:** $\mu_n - \mu_f$ es la diferencia entre las GPA medias para los miembros no de fraternidad y los miembros de fraternidad.

b. **Enunciado de hipótesis:**

H_o: $\mu_n - \mu_f = 0$ ($\leq$) (promedios fraternidad no son menores)

H_a: $\mu_n - \mu_f > 0$ (promedios fraternidad son menores)

PTI Recuerda: "mayor – menor" resulta en una diferencia positiva.

Paso 2 a. **Suposiciones:** ambas poblaciones son aproximadamente normales y se seleccionan muestras aleatorias. Dado que las dos poblaciones están separadas, las muestras son independientes.

b. **Estadístico de prueba:** la distribución t con gl = el menor de gl$_n$ o gl$_f$; dado que ambas n son 40, gl = 40 – 1 = **39**; y $t\star$ se calcula con la fórmula (10.9).

c. **Nivel de significancia:** $\alpha = 0.05$.

PTI Cuando gl no está en la tabla, usa el siguiente valor más pequeño de gl.

Paso 3 a. **Información muestral:** consulta la tabla 10.3.

b. **Calcula el estadístico de prueba:**

$$t\star = \frac{(\bar{x}_1 - \bar{x}_2) - (\mu_1 - \mu_2)}{\sqrt{\left(\frac{s_1^2}{n_1}\right) + \left(\frac{s_2^2}{n_2}\right)}}: \quad t\star = \frac{(2.21 - 2.03) - (0.00)}{\sqrt{\left(\frac{0.59^2}{40}\right) + \left(\frac{0.68^2}{40}\right)}}$$

$$= \frac{0.18}{\sqrt{0.00870 + 0.01156}} = \frac{0.18}{0.1423} = \mathbf{1.26}$$

Paso 4 La distribución de probabilidad:

Valor *p*:

a. Usa la cola derecha porque H_a expresa preocupación por valores relacionados con "mayor que". **P** $= P(t\bigstar > 1.26$, con gl $= 39)$, como se muestra en la figura.

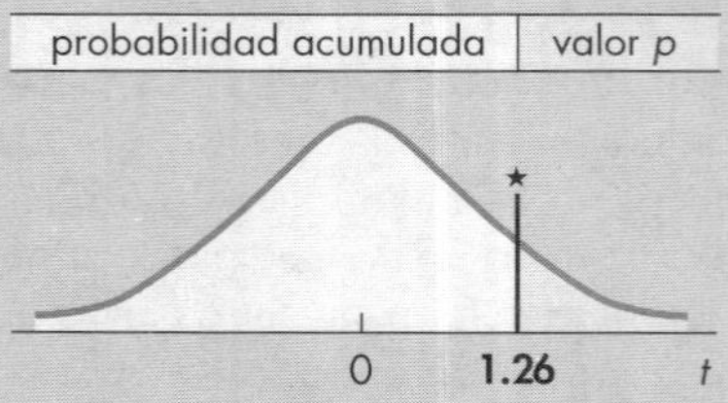

Para encontrar el valor *p*, usa uno de tres métodos:
1. Usa la tabla 6 (apéndice B) para colocar cotas sobre el valor *p*: $\mathbf{0.10 < P < 0.25}$.
2. Usa la tabla 7 (apéndice B) para leer el valor directamente: $\mathbf{0.100 < P < 0.119}$.
3. Usa una computadora o calculadora para encontrar el valor *p*: $\mathbf{P = 0.1076}$.

Detalles específicos siguen a este ejemplo.

b. El valor *p* no es menor que α.

O

Clásico:

a. La región crítica es la cola derecha porque H_a expresa preocupación por valores relacionados con "mayor que". El valor crítico se obtiene de la tabla 6: $t(39, 0.05) = \mathbf{1.69}$.

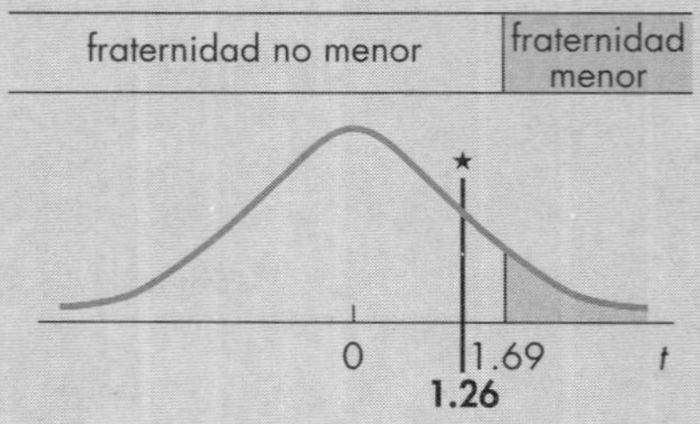

Consulta las páginas 415-416 para información acerca de valores críticos.

b. $t\bigstar$ no está en la región crítica, como se muestra en **azul oscuro** en la figura.

Paso 5 **a. Decisión:** falla para rechazar H_o.

b. Conclusión: en el nivel de significancia 0.05, la afirmación de que los miembros de fraternidad tienen un nivel inferior a los no miembros no se apoya con los datos muestrales.

Para encontrar el valor *p* para el ejemplo 10.9, usa uno de tres métodos:

Método 1. Usa la tabla 6. Encuentra 1.26 entre dos entradas en la fila gl = 39 (usa gl = 35) y lee las cotas para **P** del encabezado una cola en la parte superior de la tabla: $\mathbf{0.10 < P < 0.25}$.

Método 2. Usa la tabla 7. Encuentra $t\bigstar = 1.26$ entre dos filas y gl = 39 entre dos columnas; lee las cotas para $P(t\bigstar > 1.26 \mid \text{gl} = 39)$; $\mathbf{0.100 < P < 0.119}$.

Método 3. Si haces la prueba de hipótesis con la ayuda de una computadora o calculadora, muy probablemente ella calculará el valor *p* por ti (consulta la p. 425) o puedes usar los comandos de distribución de probabilidad acumulada descritos en el capítulo 9 (p. 417).

EJEMPLO 10.10

HIPÓTESIS DE DOS COLAS PARA LA DIFERENCIA ENTRE DOS MEDIAS

Muchos estudiantes se quejan de que la máquina expendedora de refrescos en la sala para estudiantes (A) despacha una cantidad diferente de bebida que la máquina en la sala de profesores (B). Para poner a prueba esta creencia, un estudiante selecciona al azar varias partes de cada máquina y las mide cuidadosamente, con los resultados que se muestran en la tabla 10.4.

TABLA 10.4 Información muestral de máquinas expendedoras

Máquina	Número	Media	Desviación estándar
A	10	5.38	1.59
B	12	5.92	0.83

¿Esta evidencia apoya la hipótesis de que la cantidad media despachada por la máquina A es diferente de la cantidad media despachada por la máquina B? Supón que las cantidades despachadas por ambas máquinas tienen distribución normal y completa la prueba con $\alpha = 0.10$.

Solución

PTI "mayor – menor" resulta en una diferencia positiva.

Paso 1 **a. Parámetro de interés:** $\mu_B - \mu_A$, la diferencia entre la cantidad media despachada por la máquina B y la cantidad media despachada por la máquina A.

b. Enunciado de hipótesis:

H_o: $\mu_B - \mu_A = 0$ (A despacha una misma cantidad promedio que B)

H_a: $\mu_B - \mu_A \neq 0$ (A despacha una cantidad promedio diferente que B)

Paso 2 **a. Suposiciones:** se supone que ambas poblaciones son aproximadamente normales y las muestras se seleccionaron al azar y de manera independiente.

b. Estadístico de prueba: la distribución t con gl = el menor de $n_A - 1 = 10 - 1 = 9$ o $n_B - 1 = 12 - 1 = 11$, gl = 9, y $t\bigstar$ calculado con la fórmula (10.9)

c. Nivel de significancia: $\alpha = 0.10$

Paso 3 **a. Información muestral:** consulta la tabla 10.4.

b. Estadístico de prueba calculado:

$$t\bigstar = \frac{(\bar{x}_B - \bar{x}_A) - (\mu_B - \mu_A)}{\sqrt{\left(\frac{s_B^2}{n_B}\right) + \left(\frac{s_A^2}{n_A}\right)}}: \quad t\bigstar = \frac{(5.92 - 5.38) - (0.00)}{\sqrt{\left(\frac{0.83^2}{12}\right) + \left(\frac{1.59^2}{10}\right)}}$$

$$= \frac{0.54}{\sqrt{0.0574 + 0.2528}} = \frac{0.54}{0.557} = \mathbf{0.97}$$

Paso 4 Distribución de probabilidad:

Valor p:

a. Usa ambas colas porque H_a expresa preocupación por valores relacionados con "diferente que".

$\mathbf{P}$ = valor $p = P(t\bigstar < -0.97) + P(t\bigstar > 0.97)$
$= 2 \times P(t\bigstar > 0.97 \mid \text{gl} = 9)$, como en la figura.

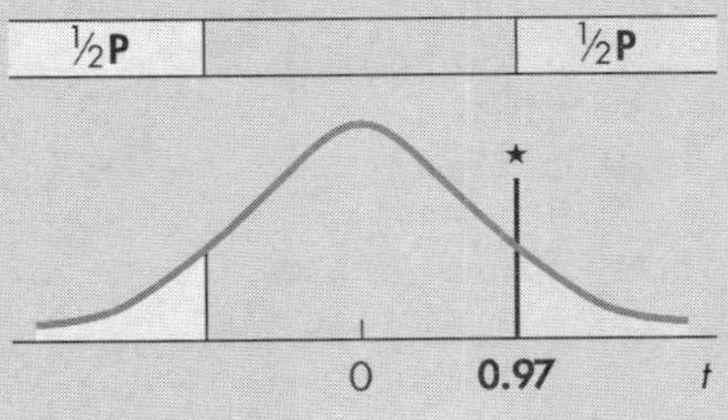

O

Clásico:

a. La región crítica es de dos colas porque H_a expresa preocupación por valores relacionados con "diferente que". El valor crítico a la derecha se obtiene de la tabla 6: $t(9, 0.05) = \mathbf{1.83}$. Consulta la figura.

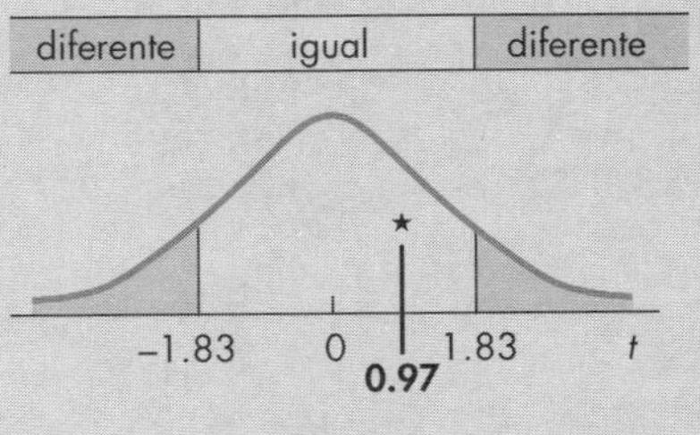

Para encontrar el valor p, tienes tres opciones:

1. Usa la tabla 6 (apéndice B): **0.20 < P < 0.50**.
2. Usa la tabla 7 (apéndice B) para colocar cotas sobre el valor p: **0.340 < P < 0.394**.
3. Usa una computadora o calculadora para encontrar el valor p: **P** = 2 × 0.1787 = **0.3574**.

Instrucciones específicas siguen a este ejemplo.

b. El valor p no es menor que α.

Para instrucciones específicas, consulta las páginas 415-416.

b. $t\bigstar$ no está en la región crítica, como se muestra en **azul oscuro** en la figura.

Paso 5 **a. Decisión:** fallar para rechazar H_o.

b. Conclusión: la evidencia no es suficiente para demostrar que la máquina A despacha una cantidad promedio diferente de bebida que la máquina B, en el nivel de significancia 0.10. Por tanto, por falta de evidencia, se procederá como si las dos máquinas despacharan, en promedio, la misma cantidad.

Para encontrar el valor p para el ejemplo 10.10, usa uno de tres métodos:

Método 1. Usa la tabla 6. Encuentra 0.97 entre dos entradas en la fila gl = 9 y lee las cotas para **P** del encabezado dos colas en la parte superior de la tabla: **0.20 < P < 0.50**.

Método 2. Usa la tabla 7. Encuentra $t\bigstar = 0.97$ entre dos filas y gl = 9 entre dos columnas; lee las cotas para $P(t\bigstar > 0.97 \mid gl = 9)$: $0.170 < \frac{1}{2}\mathbf{P} < 0.197$; por tanto, **0.340 < P < 0.394**.

Método 3. Si haces la prueba de hipótesis con la ayuda de una computadora o calculadora, muy probablemente ella calculará el valor p (no dupliques) por ti (consulta la p. 425) o puedes usar los comandos de distribución de probabilidad acumulada descritos en el capítulo 9 (p. 417).

La mayoría de los paquetes estadísticos para computadora o calculadora completarán las inferencias para la diferencia entre dos medias, al calcular el número de grados de libertad.

INSTRUCCIONES DE TECNOLOGÍA: PRUEBA DE HIPÓTESIS PARA LA DIFERENCIA ENTRE DOS MEDIAS POBLACIONALES CON DESVIACIÓN ESTÁNDAR DESCONOCIDA, DADOS DOS CONJUNTOS INDEPENDIENTES DE DATOS MUESTRALES

MINITAB

El comando 2-Sample t (prueba e intervalo de confianza) de MINITAB realiza al mismo tiempo tanto el intervalo de confianza como la prueba de hipótesis.

Escribe los dos conjuntos independientes de datos en C1 y C2; después continúa con:

Elige:	**Stat > Basic Statistics > 2-Sample t**
Selecciona:	**Samples in different columns***
Escribe:	Primero: **C1** Segundo: **C2**
Selecciona:	**Assume equal variances** (si se conoce)
Selecciona:	**Options**
Escribe:	Confidence level: **1 – α** (ej. 0.95 o 95.0)
	Test mean: **0.0**
Elige:	Alternativa: **less than** o **not equal** o **greater than > OK > OK**

*Observa los otros posibles formatos de datos.

Excel

Escribe los dos conjuntos independientes de datos en las columnas A y B; después continúa con:

Elige:	**Data > Data Analysis > t-Test: Two-Sample Assuming Unequal Variances**
Escribe:	Rango variable 1: **(A1:A20 o selecciona celdas)**
	Rango variable 2: **(B1:B20 o selecciona celdas)**
	Diferencia media hipotética: $\mu_A - \mu_B$ (por lo general 0)
Selecciona:	**Labels** (si es necesario)
Escribe:	α (ej. 0.05)
Selecciona:	**Output Range**
Escribe:	**(C1 o selecciona celdas) > OK**

Usa **Home > Cells > Format > AutoFit Column Width** para hacer más legible la salida. La salida muestra valores *p* y valores críticos para pruebas de una y dos colas.

TI-83/84 Plus

Escribe los dos conjuntos independientes de datos en L1 y L2.*
Para construir un intervalo de confianza $1 - \alpha$ para la diferencia de medias, continúa con lo siguiente, escribe los valores apropiados y resalta Calculate:

Elige: **STAT > TESTS > 0:2-SampTInt . . .**

Para completar una prueba de hipótesis para la diferencia de medias, continúa con lo siguiente, escribe los valores apropiados y resalta Calculate:

Elige: **STAT > TESTS > 4:2-SampTTest . . .**

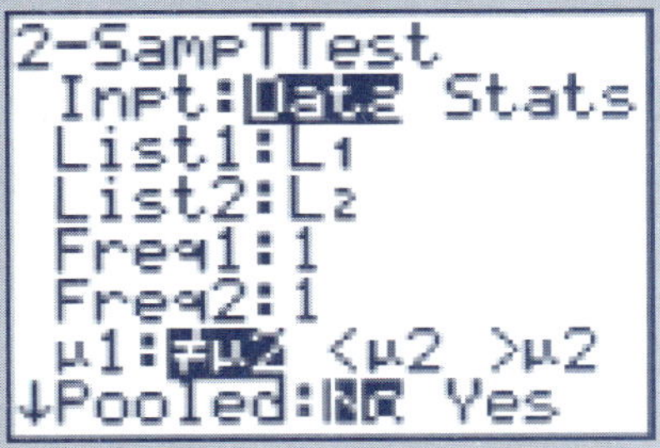

*Escribe los datos en el orden que se necesita; el programa resta como L1 – L2.
Resalta No for Pooled si no hay suposiciones acerca de la igualdad de las varianzas.

El ejemplo 10.9 se resolvió con MINITAB. Con 40 GPA acumuladas para no miembros en C1 y 40 promedios para miembros de fraternidad en C2, los comandos anteriores resultaron en la salida que se muestra a continuación. Compara estos resultados con la solución del ejemplo 10.9. Observa la diferencia en **P** y los valores gl. Explica.

Two-Sample T-Test and CI

Sample	N	Mean	StDev	SE Mean
1	40	2.210	0.590	0.093
2	40	2.030	0.680	0.11

Difference = mu(1) − mu(2) Est. diff.: 0.180
95% CI for difference: (−0.10, 0.46)
T-Test diff. = 0 (vs>): T = 1.26 P = 0.105 DF = 76

EJEMPLO APLICADO 10.11

PULIDO DE UN MICROCHIP

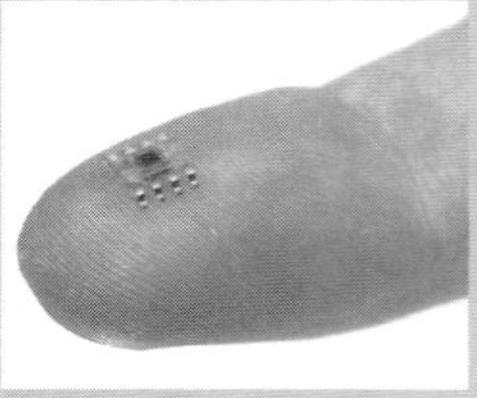

Imagen copyright Joris van den Heuvel, 2012. Usada bajo licencia de Shutterstock.com

Raúl desarrolla una nueva técnica para pulir la superficie reflejante de un microchip de silicio. Este microchip se usará con un láser como parte de su proyecto de investigación. La rugosidad de la superficie se mide mediante la distancia, x, entre la superficie y el plano de los puntos "más altos" sobre la superficie y se mide en nanómetros (nm). Consulta la siguiente figura. (Un nanómetro es una milmillonésima de metro.)

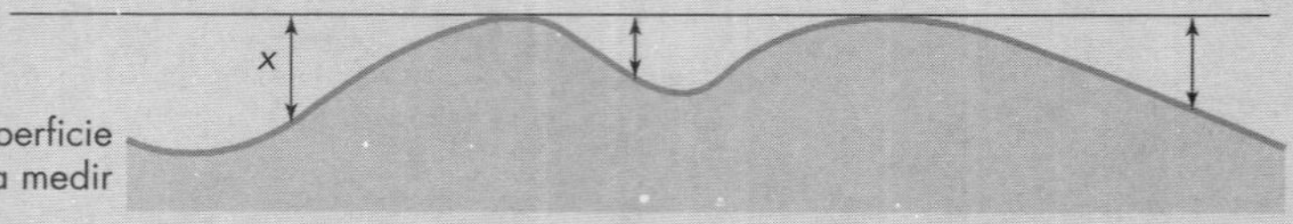

Los valores más grandes de esta distancia, altura superficial, x, junto con una gran desviación estándar, indican una superficie más rugosa. Por lo general, x varía en valor de 4 a 20 nanómetros. Para poner esto en perspectiva, el ojo humano no puede ver 20 nanómetros. El conjunto de datos A es un conjunto de mediciones tomadas en ubicaciones aleatorias sobre la superficie no pulida.

Conjunto de datos A (no pulido): altura superficial, x (nm) [EX10-077]

8.651	11.849	7.708	8.184	7.978	4.339	9.194	9.182
5.202	6.309	10.588	8.106	9.877	7.038	9.748	12.049
8.497	7.953	5.641	4.073	7.437	14.824	11.943	8.353
14.730	9.933	7.101	18.570	4.684	8.546	5.216	8.271
10.327	9.748	12.452					

La meta de Raúl es hacer la superficie más lisa y demostrar estadísticamente que su nueva técnica de hecho hace la superficie significativamente más lisa. Ésta no es tarea sencilla, pues el microchip mide menos de 0.25 pulgadas cuadradas y es más delgado que un cabello humano.

El conjunto de datos B es un conjunto de mediciones tomadas en ubicaciones aleatorias sobre la superficie pulida después de aplicar el nuevo proceso.

Conjunto de datos B (pulido): altura superficial, x (nm) [EX10-077]

2.077	3.096	2.110	2.264	2.039	2.437	2.181	2.510	2.354
1.732	2.120	2.545	2.054	1.562	2.231	1.480	1.775	2.230
1.465	1.548	1.979	1.993	2.263	1.913	2.177	2.201	2.861
3.241	2.183	1.639	2.342	1.428				

¿Parece que Raúl logró su meta? Investiga esta pregunta en los ejercicios 10.77 y 10.78.

¿SABÍAS QUE...?

Un **nanómetro** es una unidad métrica que se usa para medir cosas que son muy pequeñas, como átomos y moléculas, las piezas más pequeñas de todo lo que te rodea. Es una unidad de medida como pulgadas, pies y millas, sólo que un poco más pequeña.

1 metro es aproximadamente 39 pulgadas
1 milímetro es 0.001 metros o 10^{-3} m
1 micrómetro es 0.000001 metro o 10^{-6} m
1 nanómetro es 0.000000001 metros o 10^{-9} m
1 ángstrom es 0.0000000001 metros o 10^{-10} m

EJERCICIOS SECCIÓN 10.3

10.41 Dos muestras aleatorias independientes resultaron en lo siguiente:

Muestra 1: $n_1 = 12,\ s_1^2 = 190$
Muestra 2: $n_2 = 18,\ s_2^2 = 150$

Encuentra la estimación para el error estándar para la diferencia entre dos medias.

10.42 Dos muestras aleatorias independientes resultaron en lo siguiente:

Muestra A: $n_A = 24,\ s_A = 8.5$
Muestra B: $n_B = 21,\ s_B = 11.3$

Encuentra la estimación para el error estándar para la diferencia entre dos medias.

10.43 Dos muestras aleatorias independientes de tamaños 18 y 24 se obtienen para hacer inferencias acerca de la diferencia entre dos medias. ¿Cuál es el número de grados de libertad? Discute ambos casos.

10.44 Encuentra el coeficiente de confianza, $t(\text{gl}, \frac{\alpha}{2})$, que usarías para encontrar el error máximo para cada una de las siguientes situaciones cuando estimas la diferencia entre dos medias, $\mu_1 - \mu_2$.

a. $1 - \alpha = 0.95, n_1 = 25, n_2 = 15$

b. $1 - \alpha = 0.98, n_1 = 43, n_2 = 32$

c. $1 - \alpha = 0.99, n_1 = 19, n_2 = 45$

10.45 Encuentra el coeficiente de confianza de 90% para la diferencia entre dos medias, con base en esta información acerca de dos muestras. Supón muestras independientes de poblaciones normales.

Muestra	Número	Media	Desv. est.
1	20	35	22
2	15	30	16

10.46 Se realiza un estudio que compara actitudes hacia la muerte, en el que donantes de órganos (individuos que firmaron tarjetas de donación de órganos) se comparan con no donadores. El estudio se reporta en el *Journal Death Studies*. La Escala de Ansiedad ante la Muerte (DAS, por sus siglas en inglés) de Templer se aplica a ambos grupos. En esta escala, las calificaciones altas indican alta ansiedad en cuanto a la muerte. Los resultados se reportaron del modo siguiente.

	n	Media	Desv. est.
Donadores de órganos	25	5.36	2.91
No donadores de órganos	69	7.62	3.45

Construye el intervalo de confianza de 95% para la diferencia entre las medias, $\mu_{\text{no}} - \mu_{\text{donador}}$.

PTI Los resultados obtenidos pueden ser notablemente diferentes, dependiendo del uso del gl calculado o uso del gl para una muestra más pequeña.

10.47 El artículo "Precios de renta de automóviles pueden cambiar en un latido" (*USA Today*, 14 de marzo de 2007) reportó que las tasas para rentas de automóviles pueden cambiar muchas veces durante un día. La tasa promedio nacional para el trimestre enero-marzo de 2007 fue de 52.71 dólares, aunque en algunas ciudades las rentas de automóviles podía costar más de 100 dólares al día. Un estudio similar de dos grandes ciudades descubrió los siguientes resultados:

Ciudad	n	Tasa diaria promedio	Desviación estándar
Boston	10	95.94	7.50
Ciudad de Nueva York	16	127.75	15.83

Establece un intervalo de confianza de 95% sobre la diferencia en tasas diarias promedio entre las dos grandes ciudades de la costa este de Boston y Nueva York. Supón normalidad para las poblaciones muestreadas y que las muestras se seleccionaron al azar.

[EX00-000] identifica el nombre de archivo de una base de datos en línea de un ejercicio; disponible a través de cengagebrain.com

10.48 Las mujeres tienen en promedio 8 pares de zapatos más que los hombres, de acuerdo con el *USA Today* Snapshot titulado "¿Quién tiene más zapatos?" (8 de julio de 2009). Un estudio reciente en una universidad comunitaria arrojó los siguientes resultados:

	n	Media	Desv. est.
Hombres	21	8.48	4.43
Mujeres	30	26.63	21.83

a. Encuentra el intervalo de confianza de 90% para la diferencia entre las dos medias de números de pares de zapatos para hombres y mujeres.

b. ¿El intervalo de confianza encontrado en el inciso a concuerda con el enunciado planteado en el *USA Today* Snapshot? Explica.

c. ¿La afirmación "en promedio 8 más" es unilateral ("al menos 8 más") o es bilateral (que significa "no menos de 8 o no más de 8")? Explica cómo interpretarías la afirmación.

10.49 [EX10-049] Un estudio se diseña para estimar la diferencia en lecturas de presión arterial diastólica entre hombres y mujeres. Se usó MINITAB para construir un intervalo de confianza de 99% para la diferencia entre las medias, con base en los siguientes datos muestrales.

Hombres	76	76	74	70	80	68	90	70
	90	72	76	80	68	72	96	80
Mujeres	76	70	82	90	68	60	62	68
	80	74	60	62	72			

```
Two-sample T for Males vs Females
          N   Mean   StDev   SE Mean
Males    16  77.37   8.35    2.1
Females  13  71.08   9.22    2.6
99% C.I. for mu males - mu females: (-2.9, 15.5)
```

(continúa en la página 506)

Verifica los resultados (las dos medias muestrales y desviaciones estándar y las cotas del intervalo de confianza) al calcular los valores tú mismo. Supón normalidad de lecturas de presión arterial.

10.50 [EX10-050] ¿La longitud de una barra de acero es afectada por la técnica de tratamiento térmico usada? Ésta fue la pregunta a probar cuando se recolectaron los siguientes datos.

Tratamiento térmico	Longitudes (a la pulgada más cercana)										
1	156	159	151	153	157	159	155	155	151	152	158
	154	156	156	157	155	156	159	153	157	157	159
	158	155	159	152	150	154	156	156	157	160	
2	154	156	150	151	156	155	153	154	149	150	150
	151	154	155	155	154	154	156	150	151	156	154
	153	154	149	150	150	151	154	148	155	158	

a. Encuentra las medias y desviaciones estándar para los dos conjuntos de datos.

b. Encuentra evidencia acerca de los datos muestrales (tanto gráfica como numérica) que apoye la suposición de normalidad para las dos poblaciones muestrales.

c. Encuentra el intervalo de confianza de 95% para $\mu_1 - \mu_2$.

10.51 [EX10-051] Aproximadamente 95% de los girasoles cultivados en Estados Unidos crecen en los estados de Dakota del Norte, Dakota del Sur y Minnesota. Para comparar tasas de producción entre Dakota del Norte y del Sur, 11 condados productores de girasoles se seleccionaron al azar de Dakota del Norte y 14 condados productores de girasoles se seleccionaron al azar de Dakota del Sur. Sus producciones 2008, en libras por acre, se registraron a continuación:

Dakota del Norte						
1 296	1 475	1 573	1 517	1 242	1 385	
1 128	1 524	1 644	1 377	1 270		
Dakota del Sur						
1 551	890	1 710	1960	1 988	1 861	1 870
1 110	1 674	1 100	1381	2 167	1 130	1 280

Fuente: http://www.nass.usda.gov/

Encuentra el intervalo de confianza de 95% para la diferencia entre la producción media de girasoles para todos los condados productores de Dakota del Norte y la producción media de girasoles para todos los condados productores de Dakota del Sur. Supón normalidad de las tasas de producción.

10.52 [EX10-052] En una gran universidad, se administra un examen de colocación de matemáticas a todos los estudiantes. Muestras de 36 estudiantes hombres y 30 estudiantes mujeres se seleccionan la azar del cuerpo estudiantil de este año y se registran las siguientes calificaciones:

Hombres	72	68	75	82	81	60	75	85	80	70
	71	84	68	85	82	80	54	81	86	79
	99	90	68	82	60	63	67	72	77	51
	61	71	81	74	79	76				
Mujeres	81	76	94	89	83	78	85	91	83	83
	84	80	84	88	77	74	63	69	80	82
	89	69	74	97	73	79	55	76	78	81

a. Describe cada conjunto de datos con un histograma (usa los mismos intervalos de clase en ambos histogramas), la media y la desviación estándar.

b. Construye el intervalo de confianza de 95% para la calificación media para todos los estudiantes hombres. Haz lo mismo para todas las estudiantes mujeres.

c. ¿Los resultados que encontraste en el inciso b muestran que las calificaciones medias para hombres y mujeres pueden ser las mismas? Justifica tu respuesta. ¡Ten cuidado!

d. Construye el intervalo de confianza de 95% para la diferencia entre las calificaciones medias para estudiantes hombres y mujeres.

e. ¿Los resultados que encontraste en el inciso d muestran que las calificaciones medias para estudiantes hombres y mujeres pueden ser las mismas? Explica.

f. Explica por qué los resultados del inciso b no pueden usarse para extraer conclusiones acerca de la diferencia entre las dos medias.

10.53 Enuncia las hipótesis nula y alternativa que usarías para poner a prueba las siguientes afirmaciones:

a. Existe una diferencia entre la edad media de los empleados en dos diferentes grandes compañías.

b. La media de la población 1 es mayor que la media de la población 2.

c. La producción media de semillas de girasol por condado en Dakota del Norte es menor que la producción media por condado en Dakota del Sur.

d. No hay diferencia en el número medio de horas empleadas en estudiar por semana entre estudiantes universitarios hombres y mujeres.

10.54 Enuncia las hipótesis nula y alternativa que usarías para poner a prueba las siguientes afirmaciones:

a. La diferencia entre las medias de las dos poblaciones es de más de 20 lb.

b. La media de la población A es menos que 50 más que la media de la población B.

c. La diferencia entre las dos poblaciones es de al menos $500.

d. El tamaño de patio promedio del vecindario A no es más de 30 yardas cuadradas mayor que el tamaño de patio promedio en el vecindario B.

10.55 Calcula la estimación para el error estándar de la diferencia entre dos medias independientes para cada uno de los siguientes casos:

a. $s_1^2 = 12, s_2^2 = 15, n_1 = 16$ y $n_2 = 21$

b. $s_1^2 = 0.054, s_2^2 = 0.087, n_1 = 8$ y $n_2 = 10$

c. $s_1 = 2.8, s_2 = 6.4, n_1 = 16$ y $n_2 = 21$

10.56 Encuentra el valor de $t\bigstar$ para la diferencia entre dos medias con base en una suposición de normalidad y esta información acerca de dos muestras:

Muestra	Número	Media	Desv. Est.
1	18	38.2	14.2
2	25	43.1	10.6

10.57 Encuentra el valor de $t\bigstar$ para la diferencia entre dos medias con base en una suposición de normalidad y esta información acerca de dos muestras:

Muestra	Número	Media	Desv. Est.
1	21	1.66	0.29
2	9	1.43	0.18

10.58 Determina el valor p para las siguientes pruebas de hipótesis para la diferencia entre dos medias con varianzas poblacionales desconocidas.

a. H_a: $\mu_1 - \mu_2 > 0, n_1 = 6, n_2 = 10, t\bigstar = 1.3$

b. H_a: $\mu_1 - \mu_2 < 0, n_1 = 16, n_2 = 9, t\bigstar = -2.8$

c. H_a: $\mu_1 - \mu_2 \neq 0, n_1 = 26, n_2 = 16, t\bigstar = 1.8$

d. H_a: $\mu_1 - \mu_2 \neq 5, n_1 = 26, n_2 = 35, t\bigstar = -1.8$

10.59 Determina los valores críticos que usarías para las siguientes pruebas de hipótesis (con el método clásico) acerca de la diferencia entre dos medias con varianzas poblacionales desconocidas.

a. H_a: $\mu_1 - \mu_2 \neq 0, n_1 = 26, n_2 = 16, \alpha = 0.05$

b. H_a: $\mu_1 - \mu_2 < 0, n_1 = 36, n_2 = 27, \alpha = 0.01$

c. H_a: $\mu_1 - \mu_2 > 0, n_1 = 8, n_2 = 11, \alpha = 0.10$

d. H_a: $\mu_1 - \mu_2 \neq 10, n_1 = 14, n_2 = 15, \alpha = 0.05$

10.60 Para la prueba de hipótesis que involucra H_a: $\mu_B - \mu_B \neq 0$, con gl = 18 y $t\bigstar = 1.3$:

a. Encuentra el valor p.

b. Encuentra los valores críticos dado $\alpha = 0.05$.

10.61 Supón que el $t\bigstar$ calculado fue 1.80 en el ejemplo 10.10 (pp. 500-501). Con gl = 9 o gl = 20 resultan diferentes respuestas. Explica cómo se aplica aquí la palabra *conservativa* (p. 496).

10.62 ¿Tener un nombre largo más complejo es más significante para una chica? ¿Los nombres de las mujeres son más largos que los nombres de los hombres? Con nombres actuales como "Alexandra", "Madeleine" y "Savannah", ciertamente parece que sí. Para poner a prueba esta hipótesis, se toman muestras aleatorias de niños y niñas de séptimo grado. Sea x el número de letras en cada nombre de estudiantes de séptimo grado.

Nombres de niños	$n = 30$	$\bar{x} = 5.767$	$s = 1.870$
Nombres de niñas	$n = 30$	$\bar{x} = 6.133$	$s = 1.456$

En el nivel de significancia 0.05, ¿los datos apoyan el argumento de que la longitud media de los nombres de las niñas es más largo que la longitud media de los nombres de los niños?

10.63 Lauren, una castaña, estaba cansada de escuchar "las rubias tienen más diversión". Ella quiere "probar" que "las castañas son más inteligentes". Lauren selecciona al azar (lo mejor que puede) 40 rubias y 40 castañas en su bachillerato. Calcula los siguientes estadísticos globales:

Rubias	$n_R = 40$	$\bar{x}_R = 88.375$	$s_R = 6.134$
Castañas	$n_C = 40$	$\bar{x}_C = 87.600$	$s_C = 6.640$

Al ver los resultados de la muestra, ¿Lauren tiene apoyo para su afirmación de que "las castañas son más inteligentes que las rubias"? Explica. ¿Qué podría decir Lauren acerca de la inteligencia de rubias y castañas?

10.64 Uno podría razonar que los estudiantes de bachillerato de último año tendrían más problemas de dinero que los de primer año. Los de último año prevén gastos para la universidad, así como su viaje y fiesta de graduación. ¿De modo que esto significa que trabajan más que sus compañeros de primer año? Christine, una estudiante de último año en HFL High School, recolecta al azar los siguientes datos (registrados en horas/semana) de estudiantes que trabajan:

Último año	$n_u = 17$	$\bar{x}_u = 16.4$	$s_u = 10.48$
Primer año	$n_p = 20$	$\bar{x}_p = 18.405$	$s_p = 9.69$

Si supones que las horas laboradas tienen una distribución normal, ¿estos datos sugieren que hay una diferencia significativa entre el número promedio de horas que trabajan por semana los estudiantes de primer y último años en HFL? Usa $\alpha = 0.10$.

10.65 La era de la computación ha permitido a los profesores usar tutoriales electrónicos para motivar a sus estudiantes a aprender. *Issues in Accounting Education* publicó los resultados de un estudio que demostró que un tutorial electrónico, junto con presión de pares intencionalmente inducida, fue efectiva para mejorar las preparaciones previas a clase y para mejorar la asistencia a clase, calificaciones de examen y evaluaciones de curso cuando lo usan los estudiantes que aprenden contabilidad fiscal.

Supón que un estudio similar se realiza en tu escuela usando una guía de estudio electrónica (ESG) como un tutor para los estudiantes de principios de contabilidad. Para una sección del curso, a los estudiantes se les requirió usar un nuevo programa de cómputo ESG que generó y calificó preguntas rápidas y exámenes de práctica de capítulo, presentó revisiones de capítulos del libro de texto y rastreó el avance. Los estudiantes podrían usar la computadora para construir, aplicar y calificar sus propios exámenes simulados y materiales de repaso a su propio ritmo antes de aplicar sus preguntas rápidas

(continúa en la página 508)

y exámenes formales en clase compuestos con diferentes preguntas. El mismo instructor da clases a la otra sección del curso, usa el mismo libro de texto y entrega las mismas tareas diarias, pero no requirió a los estudiantes el uso del ESG. A ambas secciones se aplicaron exámenes idénticos y se tabularon las calificaciones medias de todos los exámenes y tares al final del año:

Sección	n	Calificación media	Desv. est.
ESG (1)	38	79.6	6.9
No ESG (2)	36	72.8	7.6

¿Estos resultados muestran que las calificaciones medias de los exámenes y tareas para los estudiantes que toman principios de contabilidad con una ESG para auxiliarse son significativamente mayores que las calificaciones medias de quienes no usan una ESG? Usa un nivel de significancia de 0.01.

a. Resuelve con el método de valor p.

b. Resuelve con el método clásico.

10.66 "En un mes típico, el hombre gasta $178 y las mujeres gastan $96 en actividades de ocio", de acuerdo con los resultados de una encuesta de International Communications Research (ICR) para American Express, según reporta el *USA Today Sanpshot* que se encontró en internet el 25 de junio de 2005.

Supón que se toman muestras aleatorias de la población de estudiantes universitarios hombres y mujeres. A cada estudiante se le pidió determinar sus gastos para actividades de ocio en el mes anterior. Los resultados de los datos muestrales tuvieron una desviación estándar de $75 para los hombres y una desviación estándar de $50 para las mujeres.

a. Si ambas muestras tuvieron tamaño 20, ¿cuál es el error estándar para la diferencia de las dos medias?

b. Si supones normalidad en los gastos de actividad de ocio, ¿la diferencia encontrada en la encuesta ICR es significativa en $\alpha = 0.05$ si se usan las muestras en el inciso a? Explica.

10.67 Muchos quesos se producen con forma de rueda y debido a inconsistencias en la fabricación, la cantidad de queso, medida por peso, varía de rueda a rueda. Heidi Cembert quiere determinar si existe una diferencia significativa, en el nivel de 10%, entre el peso por rueda de queso gouda y brie. Ella muestrea al azar 16 ruedas de gouda y descubre que la media es de 1.2 libras, con una desviación estándar de 0.32 libras y después muestrea 14 ruedas de brie y descubre que la media es de 1.05 libras, con una desviación estándar de 0.25 libras. En el nivel de significancia 0.05, ¿existe suficiente evidencia para apoyar el argumento de Heide de que hay una diferencia significativa en los pesos medios de los dos tipos de queso?

10.68 Si una muestra aleatoria de 18 casas al sur de Center Street en Provo tiene un precio de venta medio de $145 200 y una desviación estándar de $4 700 y una muestra aleatoria de 18 casas al norte de Center Street tiene un precio de venta medio de $148 600 y una desviación estándar de $5 800, ¿puedes concluir que existe una diferencia significativa entre los precios de venta de casas en estas dos áreas de Provo en el nivel 0.50? Supón normalidad.

a. Resuelve con el método de valor p.

b. Resuelve con el método clásico.

10.69 [EX10-069] Se usó MINITAB para completar una prueba t de la diferencia entre dos medias usando las siguientes dos muestras independientes.

Muestra 1	33.7	21.6	32.1	38.2	33.2	35.9	34.1	39.8
	23.5	21.2	23.3	18.9	30.3			
Muestra 2	28.0	59.9	22.3	43.3	43.6	24.1	6.9	14.1
	30.2	3.1	13.9	19.7	16.6	13.8	62.1	28.1

```
Two-sample T for sample 1 vs sample 2
          N     Mean    StDev    SE Mean
sample1   13    29.68   7.07     2.0
sample2   16    26.9    17.4     4.4

T-Test mu sample1 = mu sample2 (vs not =):
T = 0.59 P = 0.56 DF = 20
```

a. Si supones normalidad, verifica los resultados (dos medias y desviaciones estándar muestrales y el $t\bigstar$ calculado) al calcular tú mismo los valores.

b. Usa la tabla 7 del apéndice B para verificar el valor p con base en los gl calculados.

c. Encuentra el valor p con el número más pequeño de grados de libertad. Compara los dos valores p.

10.70 [EX10-070] Es un hecho conocido que las universidades privadas cuestan más que las universidades públicas. De hecho, de acuerdo con el College Board [http://www.collegeboard.com/], el costo promedio 2008-2009 (matrícula, mensualidades, habitación y comida) para una universidad pública fue de 14 333 dólares frente a 34 132 dólares de una universidad privada. ¿Esta diferencia se mantiene cuando se trata del costo promedio de los libros de texto requeridos por clase? Se tomaron las siguientes muestras de tamaño 10.

Pública	Privada
64.69	71.00
89.60	96.19
101.49	96.47
101.75	97.14
103.59	98.56
106.38	98.94
106.77	107.79
110.69	112.58
118.94	114.00
135.94	116.55

Con la salida Excel de la siguiente página y $\alpha = 0.05$, determina si el costo promedio de los libros de texto requeridos por clase es diferente entre las universidades públicas y privadas.

a. Resuelve con el método de valor p.

b. Resuelve con el método clásico.

Prueba *t*: dos muestras suponiendo varianzas distintas

	Pública	Privada
Media	103.984	100.922
Varianza	340.6249822	173.2995511
Observaciones	10	10
Diferencia media hipotética	0	
gl	16	
Estadístico *t*	0.427125511	
$P(T \leq t)$ dos colas	0.674980208	
t crítico dos colas	2.119904821	

10.71 [EX10-071] ¿Las mujeres son más serias en cuanto al golf que los hombres? Si es así, ¿el precio de un *driver* para un hombre sería el mismo que el precio de un *driver* para una mujer? Se argumenta que los *driver* para mujeres serían más baratos. Muestras aleatorias de *drivers* se tomaron del sitio web de golflink.com. Los precios fueron:

Hombres

149.99	299.99	49.99	499.99	167.97	299.99
399.99	199.99	99.99	149.99		

Mujeres

199.99	79.99	499.99	199.97	299.99	99.99

En el nivel de significancia 0.05, ¿existe suficiente evidencia para apoyar el argumento de que los *drivers* de hombres son más caros que los *drivers* de mujeres? Supón normalidad en los precios de *drivers* de golf.

10.72 [EX10-072] Veinte ratones de laboratorio se dividieron aleatoriamente en dos grupos de 10. Cada grupo se alimentó de acuerdo con una dieta prescrita. Al final de 3 semanas, se registró el peso ganado por cada animal. ¿Los datos en la siguiente tabla justifican la conclusión de que el peso medio ganado con la dieta B fue mayor que el peso medio ganado con la dieta A, en el nivel de significancia $\alpha = 0.05$? Supón normalidad.

Dieta A	5	14	7	9	11	7	13	14	12	8
Dieta B	5	21	16	23	4	16	13	19	9	21

a. Resuelve con el método de valor *p*.

b. Resuelve con el método clásico.

10.73 [EX10-073] Muchas personas que están involucradas con la Major League Baseball creen que los juegos de béisbol de los Yankees tienden a durar más tiempo que los juegos realizados por otros equipos. Con la finalidad de poner a prueba esta hipótesis, se eligió al azar otro equipo de la MLB, los Cardenales de San Luis. Se obtuvo el tiempo del juego (en minutos) para 12 juegos de los Cardenales seleccionados al azar y 14 juegos de los Yankees seleccionados al azar.

Yankees	Cardenales
155	208
205	135
190	161
193	170
232	150
208	187
174	200
188	143
229	154
158	193
202	128
189	212
232	
211	

Fuente: MLB.com

¿Estas muestras proporcionan evidencia significativa para concluir que el tiempo medio de los juegos de béisbol de los Yankees es significativamente mayor que el tiempo medio de los juegos de los Cardenales? Usa $\alpha = 0.05$.

10.74 [EX10-074] Penfield y Perinton son dos suburbios orientales adyacentes de Rochester, Nueva York. Ambos siempre han sido considerados en igual terreno en cuanto a la calidad de vida, vivienda y educación. Aunque muchos nuevos desarrollos inmobiliarios tienen lugar en Penfield, Perinton ofrece el valor agregado de tasas eléctricas más baratas. Se considera que Perinton puede solicitar precios más altos debido a este beneficio. Para poner a prueba esta hipótesis, se toman muestras aleatorias de transacciones de bienes raíces en cada suburbio durante la semana del 17 de octubre de 2009. ¿Los datos apoyan la hipótesis para este marco temporal? Usa $\alpha = 0.10$.

Penfield	Perinton
195 700	154 900
137 500	429 000
117 000	272 000
115 000	160 609
176 000	265 000
149 013	144 000
130 000	152 000
266 490	390 000
152 000	130 300
262 765	149 900

10.75 Considera los datos de "tiempo de traslado" para hombres y mujeres universitarios dados en el ejercicio 10.1 de la página 481.

a. ¿Se satisfacen las suposiciones de normalidad para cada muestra? Explica.

b. Pon a prueba la hipótesis de que no existe diferencia entre los tiempos de traslado medios para hombres y mujeres estudiantes universitarios. Usa un nivel de significancia 0.05.

c. Si la diferencia es significativa en el inciso *b*, ¿qué factores podrían contribuir a la diferencia?

10.76 [EX10-076] Cuando se evalúan diferentes instrumentos de medición, uno primero debe determinar si existe una diferencia sistemática entre los instrumentos. Lentes de dos grupos diferentes (1 y 2) se midieron una vez con dos instrumentos diferentes. Se registraron las diferencias de medición (instrumento A – instrumento B). Las unidades de medición se codificaron por razones de propiedad.

Grupo 1	4	5	−2	−3	−7	10	11	−1	3	7	−5	3	−4
	−5	−7	4	−1	−18	0	−17	12	9	4	17	−2	
Grupo 2	−13	−12	−5	11	15	7	−33	−10	−6	−2	−16	2	
	0	−19	6	−17	−4	−19	−22	−4	8	10	−6		

¿Parece haber una diferencia sistemática entre los dos instrumentos?

a. Describe cada conjunto de datos por separado usando un histograma y comparativamente usa una gráfica lado a lado

(continúa en la página 510)

b. Encuentra la media y la desviación estándar para cada conjunto de datos.

c. ¿Se satisfacen las suposiciones? Explica.

d. Pon a prueba la hipótesis de que no existe diferencia entre las medias de las dos diferencias. Usa $\alpha = 0.05$.

e. ¿Existe alguna evidencia de una diferencia entre los dos instrumentos? Explica.

10.77 [EX10-077] Considera los datos de "altura superficial" para las superficies reflejantes no pulida y pulida de Raúl de un microchip de silicio dadas en el ejemplo aplicado 10.11 de la página 504.

a. Presenta y describe cada conjunto de datos (no pulido y pulido) usando un histograma, la media y la desviación estándar.

b. Comprueba cada conjunto de datos para una distribución normal: 1) Enuncia cuál consideras que es el caso con base en los resultados encontrados en el inciso a. 2) Además, encuentra evidencia estadística adicional. 3) Enuncia con mucha precisión tus conclusiones en cuanto a la normalidad.

10.78 [EX10-077] Considera los datos de "altura superficial" para las superficies reflejantes no pulida y pulida de Raúl de un microchip de silicio dadas en el ejemplo aplicado 10.11 de la página 504 e inicialmente investigados en el ejercicio 10.77.

a. ¿Los dos conjuntos de datos, no pulidos y pulidos, representan muestras independientes o dependientes? Explica tu respuesta.

b. Produce al menos tres estadísticos gráficos que demuestren que el nuevo proceso de pulido de hecho sí produce una superficie reflejante más lisa. Explica cómo cada gráfica demuestra que se logró la meta.

c. ¿Existe evidencia estadística de que el proceso produjo una superficie que es significativamente más lisa? Enuncia el valor *p*.

d. Completa la prueba de hipótesis en el nivel de significancia 0.01; asegúrate de enunciar tu decisión y conclusión.

10.79 Usa una computadora para demostrar la veracidad del enunciado que describe la distribución muestral de $\bar{x}_1 - \bar{x}_2$. Usa dos poblaciones normales teóricas: $N_1(100, 20)$ y $N_2(120, 20)$.

a. Para familiarizarse con las dos poblaciones teóricas, selecciona al azar una muestra muy grande de cada una. Genera 2 000 valores de datos, calcula la media y la desviación estándar; construye un histograma con límites de clase que sean múltiples de un medio de una desviación estándar (10) a partir de la media para cada población.

b. Si muestras de tamaño 8 se seleccionan al azar de cada población, ¿cómo esperas que sea la distribución de $\bar{x}_1 - \bar{x}_2$ (forma de distribución, media, error estándar)?

c. Extrae al azar una muestra de tamaño 8 de cada población y encuentra la media de cada muestra. Encuentra la diferencia entre las medias muestrales. Repite 99 veces más.

d. El conjunto de 100 valores $(\bar{x}_1 - \bar{x}_2)$ forma una distribución muestral empírica de $\bar{x}_1 - \bar{x}_2$. Describe la distribución empírica: forma (histograma), media y error estándar. (Usa límites de clase que sean múltiplos del error estándar a partir de la media para fácil comparación con lo esperado.)

e. Con la información que encontraste en los incisos a-d, verifica el enunciado acerca de la distribución muestral $\bar{x}_1 - \bar{x}_2$ hecha en la página 496.

f. Repite el experimento algunas veces y compara los resultados.

PTI Consulta el *Manual de soluciones del estudiante* para información adicional acerca de los comandos.

10.80 Una razón para ser conservador cuando se determina el número de grados de libertad a usar con la distribución *t* es la posibilidad de que las varianzas poblacionales pueden ser distintas. Valores extremadamente diferentes causan una reducción en el número de gl usados. Repite el ejercicio 10.79 usando distribuciones normales teóricas de $N(100, 9)$ y $N(120, 27)$ y ambos tamaños de muestra de 8. Comprueba las tres propiedades de la distribución muestral: normalidad, su valor medio y su error estándar. Describe con detalle lo que descubriste. ¿Crees que debes estar preocupado por la elección de gl? Explica.

10.81 Tamaños muestrales desequilibrados son un factor en la determinación del número de grados de libertad para inferencias acerca de la diferencia entre dos medias. Repite el ejercicio 10.79 usando distribuciones normales teóricas de $N(100, 20)$ y $N(120, 20)$ y tamaños muestrales de 5 y 20. Comprueba las tres propiedades de la distribución muestral: normalidad, su valor medio y su error estándar. Describe con detalle qué descubriste. ¿Crees que debes estar preocupado cuando uses tamaños muestrales desequilibrados? Explica.

10.82 Una suposición para la prueba *t* de dos muestras es que "las poblaciones muestreadas deben tener distribución normal". ¿Qué sucede cuando no tienen distribución normal? Repite el ejercicio 10.79 usando dos poblaciones teóricas que no sean normales y con muestras de tamaño 10. La distribución exponencial usa una variable aleatoria continua, tiene distribución con forma de J y su media y desviación estándar tienen el mismo valor. Usa dos distribuciones exponenciales con medias de 50 y 80: Exp(50) y Exp(80). Comprueba las tres propiedades de la distribución muestral: normalidad, su valor medio y su error estándar. Describe con detalle lo que descubriste. ¿Crees que debes preocuparte cuando muestreas poblaciones no normales? Explica.

10.4 Inferencias concernientes a la diferencia entre proporciones usando dos muestras independientes

Con frecuencia uno está interesado en realizar comparaciones estadísticas entre las **proporciones**, **porcentajes** o **probabilidades** asociados con dos poblaciones. Estas preguntas plantean tales comparaciones: ¿la proporción de propietarios de casas que favorecen cierta propuesta de impuesto es diferente de la proporción de los inquilinos que la favorecen? ¿Un porcentaje más grande de la clase de este semestre que de la clase del semestre anterior aprueba estadística? ¿La probabilidad de que un candidato demócrata gane en Nueva York es mayor que la probabilidad de que un candidato republicano gane en Texas? ¿Las opiniones de los estudiantes acerca del nuevo código de conducta difieren de las del personal docente? Probablemente te has planteado preguntas similares.

PTI Las 3 palabras "p" (*proporción, porcentaje, probabilidad*) son todas parámetros binomiales p, P(éxito).

PTI Los experimentos binomiales se definen con más detalle en la página 246.

Nota: éstas son las propiedades de un **experimento binomial**:

1. La probabilidad observada es $p' = x/n$, donde x es el número de éxitos observados en n ensayos.
2. $q' = 1 - p'$.
3. p es la probabilidad de éxito en un ensayo individual en un experimento de probabilidad binomial de n ensayos independientes repetidos.

En esta sección se compararán dos proporciones poblacionales con el uso de la diferencia entre las proporciones observadas, $p'_1 - p'_2$, de dos muestras independientes. La diferencia observada, $p'_1 - p'_2$, pertenece a una distribución muestral con las características descritas en el siguiente enunciado.

Si muestras independientes de tamaños n_1 y n_2 se extraen al azar de poblaciones grandes con $p_1 = P_1$(éxito) y $p_2 = P_2$(éxito), respectivamente, entonces la distribución muestral de $p'_1 - p'_2$ tiene estas propiedades:

1. media $\mu_{p'_1 - p'_2} = p_1 - p_2$
2. error estándar $\sigma_{p'_1 - p'_2} = \sqrt{\left(\frac{p_1 q_1}{n_1}\right) + \left(\frac{p_2 q_2}{n_2}\right)}$ **(10.10)**
3. una distribución aproximadamente normal si n_1 y n_2 son suficientemente grandes

En la práctica, se usan los siguientes *lineamientos para asegurar normalidad:*

1. Los tamaños muestrales son ambos mayores que 20.
2. Los productos n_1p_1, n_1q_1, n_2p_2 y n_2q_2 son todos mayores que 5.
3. Las muestras consisten en menos de 10% de sus respectivas poblaciones.

Nota: p_1 y p_2 son desconocidas; por tanto, los productos mencionados en el lineamiento 2 se estimarán mediante $n_1p'_1$, $n_1q'_1$, $n_2p'_2$ y $n_2q'_2$.

Las inferencias en torno a la diferencia entre dos proporciones poblacionales, $p_1 - p_2$, se apoyarán en las siguientes suposiciones.

Suposiciones para inferencias acerca de la diferencia entre dos proporciones $p_1 - p_2$ Las n_1 observaciones aleatorias y las n_2 observaciones aleatorias que forman las dos muestras se seleccionan de manera independiente de dos poblaciones que no cambian durante el muestreo.

Procedimiento de intervalo de confianza

Cuando se estima la **diferencia entre dos proporciones**, $p_1 - p_2$, las estimaciones se basarán en el **estadístico muestral no sesgado** $p'_1 - p'_2$. La estimación puntual $p'_1 - p'_2$ se convierte en el centro del intervalo de confianza y los límites del intervalo de confianza se encuentran con la siguiente fórmula:

Intervalo de confianza para la diferencia entre dos proporciones

$$(p'_1 - p'_2) - z(\alpha/2) \cdot \sqrt{\left(\frac{p'_1 q'_1}{n_1}\right) + \left(\frac{p'_2 q'_2}{n_2}\right)} \quad \text{a}$$

$$(p'_1 - p'_2) + z(\alpha/2) \cdot \sqrt{\left(\frac{p'_1 q'_1}{n_1}\right) + \left(\frac{p'_2 q'_2}{n_2}\right)} \qquad \textbf{(10.11)}$$

EJEMPLO 10.12

CÓMO CONSTRUIR UN INTERVALO DE CONFIANZA PARA LA DIFERENCIA ENTRE DOS PROPORCIONES

Al estudiar su plan de campaña, el Sr. Morris quiere estimar la diferencia entre las visiones de hombres y mujeres en cuanto a su atracción como candidato. Pide a su jefe de campaña que tome dos muestras aleatorias independientes y encuentre el intervalo de confianza de 99% entre las proporciones de votantes mujeres y hombres que planean votar por él. De cada población se toma una muestra de 1 000 votantes, con 388 hombres y 459 mujeres que favorecen al Sr. Morris.

Solución

Paso 1 a. **Parámetro de interés:** $p_w - p_m$, la diferencia entre la proporción de electores mujeres y la proporción de hombres electores que planean votar por el Sr. Morris.

PTI Se acostumbra colocar primero el valor más grande; de esta forma, la estimación puntual para la diferencia es un valor positivo.

Paso 2 a. **Suposiciones:** las muestras son aleatorias y seleccionadas de manera independiente.

b. **Distribución de probabilidad:** la distribución normal estándar. Las poblaciones son grandes (todos los votantes); los tamaños muestrales son más grandes que 20; y los valores estimados para $n_m p_m$, $n_m q_m$, $n_w p_w$ y $n_w q_w$, son todos más grandes que 5. Por tanto, la distribución muestral de $p'_w - p'_m$ debe tener una distribución aproximadamente normal. El intervalo se calculará con la fórmula (10.11).

c. **Nivel de confianza:** $1 - \alpha = 0.99$

Tutorial en video disponible; ingresa y aprende más en cengagebrain.com

Paso 3 Información muestral:

Se tiene $n_m = 1\,000$, $x_m = 388$, $n_w = 1\,000$ y $x_w = 459$.

$$p'_m = \frac{x_m}{n_m} = \frac{388}{1\,000} = \mathbf{0.388} \qquad q'_m = 1 - 0.388 = \mathbf{0.612}$$

$$p'_w = \frac{x_w}{n_w} = \frac{459}{1\,000} = \mathbf{0.459} \qquad q'_w = 1 - 0.459 = \mathbf{0.541}$$

Paso 4 a. **Coeficiente de confianza:** ésta es una situación de dos colas, con $\alpha/2$ en cada cola. De la tabla 4B, $\mathbf{z}(\alpha/2) = z(0.005) = 2.58$. Las instrucciones para usar la tabla 4B están en la página 350.

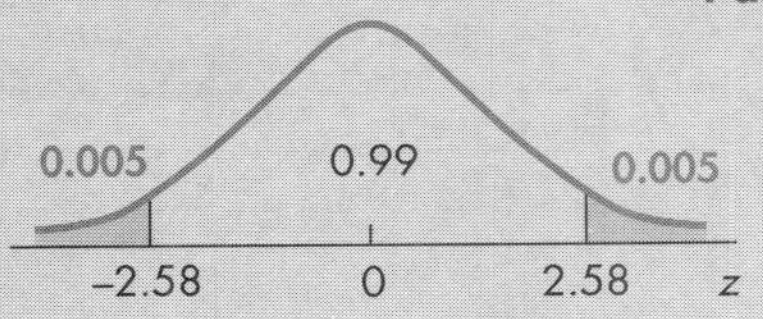

b. **Error máximo de estimación:** con la parte de error máximo de la fórmula (10.11), se tiene

$$E = z(\alpha/2) \cdot \sqrt{\left(\frac{p'_w q'_w}{n_w}\right) + \left(\frac{p'_m q'_m}{n_m}\right)}$$

$$E = 2.58 \cdot \sqrt{\left(\frac{(0.459)(0.541)}{1\,000}\right) + \left(\frac{(0.388)(0.612)}{1\,000}\right)}$$

$$= 2.58\sqrt{0.000248 + 0.000237} = (2.58)(0.022) = \mathbf{0.057}$$

c. **Límites de confianza inferior/superior:**

$$(p'_w - p'_m) \pm E$$

$$0.071 \pm 0.057$$

$$0.071 - 0.057 = \mathbf{0.014} \quad \text{a} \quad 0.071 + 0.057 = \mathbf{0.128}$$

Paso 5 a. **Intervalo de confianza:** 0.014 a 0.128 es el intervalo de confianza de 99% para $p_w - p_m$. Con 99% de confianza, puede decirse que existe una diferencia de 1.4% a 12.8% en la atracción del votante por el Sr. Morris.

b. Esto es: una proporción más grande de mujeres que de hombres favorece al Sr. Morris y la diferencia en las proporciones está entre 1.4% y 12.8%.

INSTRUCCIONES DE TECNOLOGÍA: INTERVALOS DE CONFIANZA PARA LA DIFERENCIA ENTRE DOS PROPORCIONES DADOS DOS CONJUNTOS INDEPENDIENTES DE DATOS MUESTRALES

MINITAB

Elige:	**Stat > Basic Statistics > 2 Proportions**
Selecciona:	**Summarized data:**
Escribe:	Primero: **x** (eventos) **n** (ensayos)
	Segundo: **x** (eventos) **n** (ensayos)
Selecciona:	**Options**
Escribe:	Nivel de confianza: **1 −** α (ej. 0.95 o 95.0)
Selecciona:	Alternative: **not equal > OK > OK**

Excel

Escribe los datos para la primera muestra en la columna A con 0 para fracasos (o no) y 1 para éxitos (o sí); después repite el mismo procedimiento para la segunda muestra en la columna B; después continúa con:

Elige	**Add-Ins > Data Analysis Plus > Z-Estimate: Two Proportions**
Escribe:	Rango variable 1: **(A1:A20 o selecciona celdas)**
	Rango variable 2: **(B1:B20 o selecciona celdas)**
	Código para éxitos: **1**
Selecciona:	**Labels** (si es necesario)
Escribe:	Alfa: α (ej. 0.05) > **OK**

TI-83/84 Plus

Elige: **STAT > TESTS > B:2-PropZInt**

Escribe los valores apropiados y resalta Calculate.

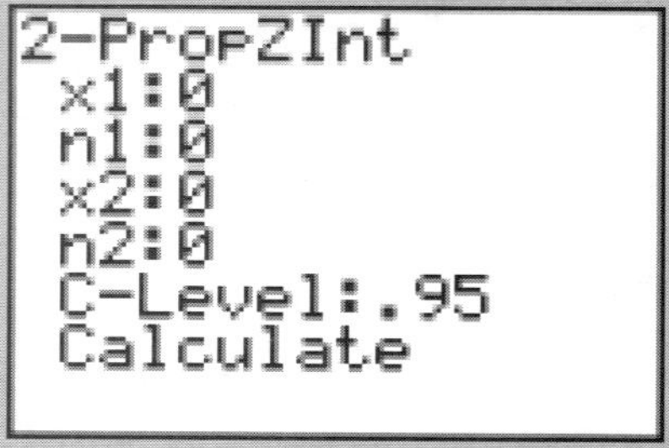

Los intervalos de confianza y las pruebas de hipótesis en ocasiones pueden intercambiarse; esto es: un intervalo de confianza puede usarse en lugar de una prueba de hipótesis. Como muestra, el ejemplo 10.12 pide un intervalo de confianza. Ahora supón que el Sr. Morris pregunta: ¿existe una diferencia en mi atractivo de electores hacia los votantes hombres en oposición a las mujeres votantes? Para responder esta pregunta, no necesitarías completar una prueba de hipótesis si eliges probar en $\alpha = 0.01$ con una prueba de dos colas. "No hay diferencia" significaría una diferencia de cero, que no se incluye en el intervalo de 0.014 a 0.128 (el intervalo determinado en el ejemplo 10.12). Por tanto, se rechazaría una hipótesis nula de "no hay diferencia", lo que por tanto apoya la conclusión de que existe una diferencia significativa en el atractivo de votación entre los dos grupos.

Procedimiento de prueba de hipótesis

Cuando la **hipótesis nula (no hay diferencia entre dos proporciones)** se pone a prueba, el **estadístico de prueba** será la diferencia entre las proporciones observadas dividida entre el **error estándar**; se encuentra con la siguiente fórmula:

Estadístico de prueba para la diferencia entre dos proporciones: proporción poblacional conocida

$$z\bigstar = \frac{p'_1 - p'_2}{\sqrt{pq\left[\left(\frac{1}{n_1}\right) + \left(\frac{1}{n_2}\right)\right]}} \qquad \textbf{(10.12)}$$

Notas:

1. La hipótesis nula es $p_1 = p_2$ o $p_1 - p_2 = 0$ (la diferencia es cero).
2. Las diferencias distintas de cero entre proporciones no se discuten en esta sección.

3. El numerador de la fórmula (10.12) podría escribirse como $(p_1' - p_2') - (p_1 - p_2)$, pero, dado que la hipótesis nula se supone es verdadera durante la prueba, $p_1 - p_2 = 0$. Por sustitución, el numerador se convierte simplemente en $p_1' - p_2'$.
4. Dado que la hipótesis nula es $p_1 = p_2$, el error estándar de $p_1' - p_2'$, $\sqrt{\left(\frac{p_1q_1}{n_1}\right) + \left(\frac{p_2q_2}{n_2}\right)}$, puede escribirse como $\sqrt{pq\left[\left(\frac{1}{n_1}\right) + \left(\frac{1}{n_2}\right)\right]}$, de donde $p = p_1 = p_2$ y $q = 1 - p$.
5. Cuando la hipótesis nula afirma $p_1 = p_2$ y no especifica el valor de p_1 o de p_2, los dos conjuntos de datos muestrales se combinarán para obtener la estimación para p. Esta probabilidad combinada (conocida como p_p') es el número total de éxitos dividido entre el número total de observaciones con las dos muestras combinadas; se encuentra usando la siguiente fórmula:

$$p_p' = \frac{x_1 + x_2}{n_1 + n_2} \quad \textbf{(10.13)}$$

y q_p' es su complemento

$$q_p' = 1 - p_p' \quad \textbf{(10.14)}$$

Cuando se usa la estimación combinada, p_p', la fórmula (10.12) se convierte en la fórmula (10.15):

Estadístico de prueba para la diferencia entre dos proporciones: proporción poblacional desconocida

$$z\bigstar = \frac{p_1' - p_2'}{\sqrt{(p_p')(q_p')\left[\left(\frac{1}{n_1}\right) + \left(\frac{1}{n_2}\right)\right]}} \quad \textbf{(10.15)}$$

EJEMPLO 10.13

PRUEBA DE HIPÓTESIS DE UNA COLA PARA LA DIFERENCIA ENTRE DOS PROPORCIONES

Un vendedor para un nuevo fabricante de teléfonos celulares afirma no sólo que le cuestan menos al minorista, sino también que el porcentaje de teléfonos celulares defectuosos encontrados entre sus productos no será mayor que el porcentaje de los defectuosos que se encuentran en la línea de un competidor. Para probar su afirmación, un minorista toma muestras aleatorias del producto de cada fabricante. Los resúmenes muestrales se proporcionan en la tabla 10.5. ¿Puedes rechazar la afirmación del vendedor en el nivel de significancia 0.05?

TABLA 10.5 Información muestral de teléfonos celulares

Producto	Número defectuosos	Número comprobados
Del vendedor	15	150
Del competidor	6	150

Tutorial en video disponible; ingresa y aprende más en cengagebrain.com

Solución

Paso 1 a. **Parámetro de interés:** $p_s - p_c$, la diferencia entre la proporción de defectuosos en el producto del vendedor y la proporción de defectuosos en el producto del competidor.

b. **Enunciado de hipótesis:** la preocupación del minorista es que el producto menos costoso del vendedor pueda ser de una calidad inferior, lo que significa una mayor proporción de defectuosos. Si usas la diferencia "proporción más grande sospechosa – proporción más pequeña", entonces la hipótesis alternativa es "la diferencia es positiva (mayor que cero)".

H_o: $p_s - p_c = 0$ (≤) (tasa defectuosa del vendedor no es mayor que la del competidor)

H_a: $p_s - p_c > 0$ (tasa defectuosa del vendedor es mayor que la del competidor)

Paso 2 a. **Suposiciones:** las muestras aleatorias se seleccionaron de los productos de dos diferentes fabricantes.

b. **Estadístico de prueba a usar:** la distribución normal estándar. Las poblaciones son muy grandes (todos los teléfonos celulares producidos); las muestras son mayores que 20 y los productos estimados $n_s p'_s$, $n_s q'_s$, $n_c p'_c$ y $n_c q'_c$ son mayores que 5. Por tanto, la distribución muestral debe tener una distribución aproximadamente normal. $z\star$ se calculará con la fórmula (10.15).

c. **Nivel de significancia:** $\alpha = 0.05$.

Paso 3 a. **Información muestral:**

$$p'_s = \frac{x_s}{n_s} = \frac{15}{150} = \mathbf{0.10} \qquad p'_c = \frac{x_c}{n_c} = \frac{6}{150} = \mathbf{0.04}$$

$$p'_p = \frac{x_1 + x_2}{n_1 + n_2} = \frac{15+6}{150+150} = \frac{21}{300} = \mathbf{0.07} \qquad q'_p = 1 - p'_p = 1 - 0.07 = \mathbf{0.93}$$

b. **Estadístico de prueba calculado:**

$$z\star = \frac{p'_s - p'_c}{\sqrt{(p'_p)(q'_p)\left[\left(\frac{1}{n_s}\right) + \left(\frac{1}{n_c}\right)\right]}}; \quad z\star = \frac{0.10 - 0.04}{\sqrt{(0.07)(0.93)\left[\left(\frac{1}{150}\right) + \left(\frac{1}{150}\right)\right]}}$$

$$= \frac{0.06}{\sqrt{0.000868}} = \frac{0.06}{0.02946} = \mathbf{2.04}$$

Paso 4 Distribución de probabilidad:

Valor *p*:

a. Usa la cola de la derecha porque H_a expresa preocupación por valores relacionados con "mayor que". **P** = valor $p = P(z\star > 2.04)$, como se muestra en la figura.

Para encontrar el valor *p*, tienes tres opciones:

1. Usa la tabla 3 (apéndice B) para calcular el valor *p*: **P** = 1.0000 – 0.9793 = **0.0207**

Clásico:

a. La región crítica es la cola de la derecha porque H_a expresa preocupación por valores relacionados con "mayor que". El valor crítico se obtiene de la tabla 4A: $z(0.05)$ = **1.65**.

Para instrucciones específicas, consulta las páginas 393-394.

b. $z\star$ está en la región crítica, como se muestra en **azul oscuro** en la figura.

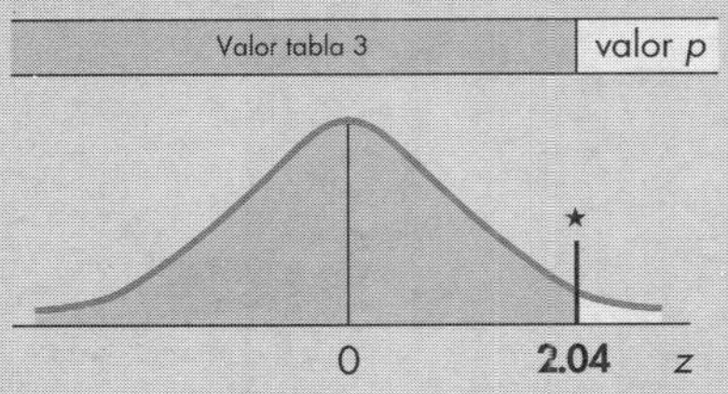

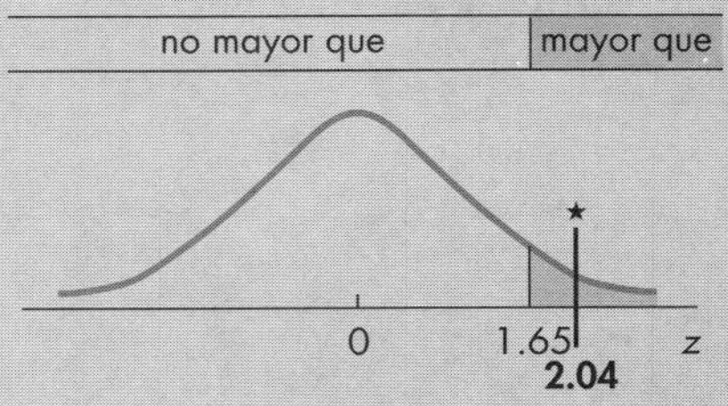

2. Usa la tabla 5 (apéndice B) para colocar cotas sobre el valor p: $\mathbf{0.0202 < P < 0.0228}$.
3. Usa una computadora o calculadora: $\mathbf{P = 0.0207}$.

Para instrucciones específicas, consulta la página 376.

b. El valor p es menor que α.

Paso 5 **a. Decisión:** rechazar H_o.

b. Conclusión: en el nivel de significancia 0.05, existe suficiente evidencia para rechazar la afirmación del vendedor; la proporción de los teléfonos celulares de su compañía que son defectuosos es mayor que la proporción de los teléfonos celulares de su competidor que son defectuosos.

INSTRUCCIONES DE TECNOLOGÍA: PRUEBA DE HIPÓTESIS PARA LA DIFERENCIA ENTRE DOS PROPORCIONES, $p_1 - p_2$, PARA DOS CONJUNTOS INDEPENDIENTES DE DATOS MUESTRALES

MINITAB

Elige:	**Stat > Basic Statistics > 2 Proportions**
Selecciona:	**Summarized data:**
Escribe:	Primero: **x** (eventos) **n** (ensayos)
	Segundo: **x** (eventos) **n** (ensayos)
Selecciona:	**Options**
Escribe:	Test difference: **0.0**
Selecciona:	Alternative: **less than** o **not equal** o **greater than**
Selecciona:	**Use pooled estimate of p for test > OK > OK**

Excel

Escribe los datos para la primera muestra en la columna A y usa 0 para fracasos (o no) y 1 para éxitos (o sí); después repite el mismo procedimiento para la segunda muestra en la columna B; después continúa con:

Elige:	**Add-Ins > Data Analysis Plus > Z-Test: Two Proportions**
Escribe:	Rango variable 1: **(A1:A20 o selecciona celdas)**
	Rango variable 2: **(B1:B20 o selecciona celdas)**
	Código para éxitos: **1**
	Diferencia hipotética: **0**
Selecciona:	**Labels** (si es necesario)
Escribe:	Alfa: α (ej. 0.05) > OK

TI-83/84 Plus

Elige: STAT > TESTS > 6:2-PropZTest . . .

Escribe los valores apropiados y resalta Calculate:

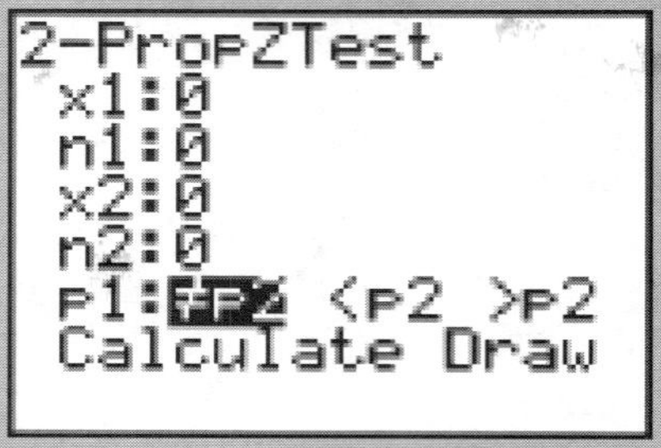

EJEMPLO APLICADO 10.14

RIÑONES DE CADÁVER SON BUENOS PARA TRASPLANTES

En un descubrimiento que podría facilitar la severa escasez de donadores de órganos, investigadores suizos descubrieron que los riñones trasplantados de cadáveres siguen funcionando tanto tiempo como los de un paciente cuyo corazón sigue latiendo. La mayoría de los órganos trasplantados se toman de pacientes con muerte cerebral cuyos corazones no se han detenido porque los médicos creen desde hace mucho que si esperan hasta que el corazón se detenga, los órganos se dañarán por falta de oxígeno.

Pero en el primer estudio a largo plazo que compara los dos enfoques, médicos del Hospital Universitario de Zurich siguieron a casi 250 pacientes de trasplante durante 15 años y descubrieron tasas de supervivencia casi idénticas. A los 10 años, 79% de los pacientes cuyo riñón provino de un donador sin latido cardiaco estaban vivos, como lo estaba 77% de los pacientes cuyo órgano provino de un donador con muerte cerebral cuyo corazón latía. El estudio, publicado en el *New England Journal of Medicine*, podría resultar especialmente influyente debido a que fue una comparación cara a cara de los dos enfoques y fue el primero en seguir pacientes durante muchos años.

Los médicos creen que resultados similares pueden encontrarse para trasplantes de hígado, páncreas y pulmones. Al usar órganos de donadores con "muerte cardiaca", el número de riñones disponibles podría aumentar hasta en 30%, lo que significa unos 1 000 o más donadores estadounidenses adicionales al año, estiman los expertos.

Fuente: Reimpreso con permiso de The Associated Press.

EJERCICIOS SECCIÓN 10.4

10.83 Sólo 75 de las 250 personas entrevistadas pudieron mencionar al vicepresidente de Estados Unidos. Encuentra los valores para x, n, p' y q'.

10.84 Si $n_1 = 40, p_1' = 0.9, n_2 = 50$ y $p_2' = 0.9$:

a. Encuentra los valores estimados para ambas np y nq.

b. ¿Esta situación satisfaría los lineamientos para aproximadamente normal? Explica.

10.85 Calcula la estimación para el error estándar de la diferencia entre dos proporciones para cada uno de los siguientes casos:

a. $n_1 = 40, p_1' = 0.8, n_2 = 50$ y $p_2' = 0.8$

b. $n_1 = 33, p_1' = 0.6, n_2 = 38$ y $p_2' = 0.65$

10.86 Calcula el error máximo de estimación para un intervalo de confianza de 90% para la diferencia entre dos proporciones para los siguientes casos:

a. $n_1 = 40, p'_1 = 0.7, n_2 = 44$ y $p'_2 = 0.75$

b. $n_1 = 36, p'_1 = 0.33, n_2 = 38$ y $p'_2 = 0.42$

10.87 Un artículo de *Nursing Economics* titulado "Rotación de enfermeras ejecutivas" comparó dos grupos de enfermeras ejecutivas. Un grupo participó en un programa único para enfermeras ejecutivas llamado Wharton Fellows Program. De 341 Wharton Fellows, 87 experimentaron un cambio de posición; de 40 no Wharton Fellows, 9 experimentaron un cambio de posición. Se usó MINITAB para construir un intervalo de confianza de 99% para la diferencia en proporciones poblacionales. Verifica los resultados que siguen al calcularlas tú mismo.

```
Test and CI for Two Proportions
Sample    X     N    Sample p
1        87   341    0.255132
2         9    40    0.225000
Difference = p (1) − p (2)
Estimate for difference: 0.0301320
99% CI for difference: (−0.150483, 0.210747)
```

10.88 Encuentra el intervalo de confianza de 95% para $p_A - p_B$.

Muestra	n	x
A	125	45
B	150	48

10.89 Se comparan las proporciones de partes defectuosas producidas por dos máquinas y se recolectan los siguientes datos:

Máquina 1: $n = 150$; número de partes defectuosas = 12
Máquina 2: $n = 150$; número de partes defectuosas = 6

Determina un intervalo de 90% de confianza para $p_1 - p_2$.

10.90 En una muestra aleatoria de 40 individuos con cabello castaño, 22 indicaron que se teñían el cabello. En otra muestra aleatoria de 40 individuos rubios, 26 indicaron que se teñían el cabello. Usa un intervalo de confianza de 92% para estimar la diferencia en las proporciones poblacionales de castaños y rubios que tiñen su cabello.

10.91 La Asociación de Jabón y Detergente emitió su quinta encuesta anual Reporte de Manos Limpias para 2009. De las respuestas a una serie de preguntas relacionadas con la higiene planteadas a adultos estadounidenses, se descubrió que 62% de 442 mujeres lavaron sus manos más de 10 veces al día, mientras que 37% de 446 hombres hizo lo mismo. Encuentra el intervalo de confianza de 95% para la diferencia en proporciones de mujeres y hombres que lavan sus manos más de 10 veces al día.

10.92 En una encuesta de 300 personas de la ciudad A, 128 prefieren el jabón New Spring a todas las otras marcas de jabón desodorante. En la ciudad B, 149 de 400 personas prefieren el jabón New Spring. Encuentra el intervalo de confianza de 98% para la diferencia en las proporciones de personas de las dos ciudades que prefieren jabón New Spring.

10.93 Enuncia la hipótesis nula, H_o y la hipótesis alternativa, H_a, que usarías para poner a prueba las siguientes afirmaciones:

a. No hay diferencia entre las proporciones de hombres y mujeres que votarán por quien ocupe el cargo en la elección del próximo mes.

b. El porcentaje de niños que faltan a clase es mayor que el porcentaje de niñas que faltan a clase.

c. El porcentaje de estudiantes universitarios que conducen automóviles viejos es mayor que el porcentaje de personas no universitarias de la misma edad que conducen automóviles viejos.

10.94 Demuestra que el error estándar de $p'_1 - p'_2$, que es $\sqrt{\left(\frac{p_1q_1}{n_1}\right) + \left(\frac{p_2q_2}{n_2}\right)}$, se reduce a $\sqrt{pq\left[\left(\frac{1}{n_1}\right) + \left(\frac{1}{n_2}\right)\right]}$ cuando $p_1 = p_2 = p$.

10.95 Encuentra los valores de p'_p y q'_p para estas muestras:

Muestra	x	n
E	15	250
R	25	275

10.96 Encuentra el valor de $z\bigstar$ que usarías para poner a prueba la diferencia entre las proporciones, dado lo siguiente:

Muestra	n	x
G	380	323
H	420	332

10.97 Encuentra el valor p para la prueba con hipótesis alternativa $p_E < p_R$ con los datos del ejercicio 10.95.

10.98 Determina el valor p que usarías para poner a prueba las siguientes hipótesis cuando se usa z como el estadístico de prueba.

a. H_o: $p_1 = p_2$ frente a H_a: $p_1 > p_2$, con $z\bigstar = 2.47$

b. H_o: $p_A = p_B$ frente a H_a: $p_A \neq p_B$, con $z\bigstar = -1.33$

c. H_o: $p_1 - p_2 = 0$ frente a H_a: $p_1 - p_2 < 0$, con $z\bigstar = -0.85$

d. H_o: $p_m - p_f = 0$ frente a H_a: $p_m - p_f > 0$, con $z\bigstar = 3.04$

10.99 Determina la región crítica y los valores críticos que usarías para poner a prueba (procedimiento clásico) las siguientes hipótesis cuando se usa z como el estadístico de prueba.

a. H_o: $p_1 = p_2$ frente a H_a: $p_1 > p_2$, con $\alpha = 0.05$

b. H_o: $p_A = p_B$ frente a H_a: $p_A \neq p_B$, con $\alpha = 0.05$

c. H_o: $p_1 - p_2 = 0$ frente a H_a: $p_1 - p_2 < 0$, con $\alpha = 0.04$

d. H_o: $p_m - p_f = 0$ frente a H_a: $p_m - p_f > 0$, con $\alpha = 0.01$

10.100 Los usuarios de PC con frecuencia son víctimas de problemas de hardware. Un estudio reveló que los problemas de hardware reportados a los fabricantes podrían no corregirse por uno de tres propietarios de computadoras personales. Los dueños de PC en casa incluso la pasan peor que quienes tienen PC en el trabajo, pues enfrentan tiempos de espera más prolongados por servicio e incluso les resuelven menos problemas. Relativamente pocos dueños proporcionan buenas referencias a los técnicos de servicio por tener conocimiento adecuado o por ejercer esfuerzo sincero para ayudar a resolver los problemas con el hardware.

Fuente: *PC World*, "Which PC Makers Can You Trust?"

Supón que se realiza un estudio para comparar el servicio proporcionado por los fabricantes tanto a dueños de PC en casa como a dueños de PC en el trabajo. De 220 dueños de PC domésticos que tuvieron problemas, 98 reportaron que su problema no fue resuelto de manera satisfactoria. Cuando se planteó la misma pregunta a 180 dueños de PC en el trabajo que experimentaron dificultades, 52 reportaron que el problema no se resolvió. ¿Los dueños de PC en casa experimentan mayor proporción de problemas que no pudieron resolverse con la ayuda del fabricante? Usa el nivel de significancia 0.05 y la siguiente salida MINITAB para responder la pregunta.

a. Resuelve con el método de valor p.

b. Resuelve con el método clásico.

```
Test and CI for Two Proportions
Sample      X      N      Sample p
1           98     220    0.445455
2           52     180    0.288889
Difference = p (1) − p (2)
Estimate for difference: 0.156566
Test for difference = 0 (vs > 0): z = 3.22
P-Value = 0.001
```

10.101 Dos grupos de ciudadanos seleccionados al azar se expusieron a diferentes campañas de medios de comunicación que tratan con la imagen de una candidato político. Una semana después, los grupos de ciudadanos fueron encuestados para ver si votarían por el candidato. Los resultados fueron los siguientes:

	Expuesto a imagen conservadora	Expuesto a imagen moderada
Número en muestra	100	100
Proporción para el candidato	0.40	0.50

¿Existe suficiente evidencia para mostrar una diferencia en la efectividad de las dos campañas de imagen, en el nivel de significancia 0.05?

a. Resuelve con el enfoque de valor p.

b. Resuelve con el enfoque clásico.

10.102 En una encuesta de familias en las que ambos padres trabajan, una de las preguntas fue: ¿alguna vez rechazó un trabajo, promoción o transferencia porque ello significaría menos tiempo con su familia? A un total de 200 hombres y 200 mujeres se les planteó la pregunta. "Sí" fue la respuesta dada por 29% de los hombres y 24% de las mujeres. Con base en esta encuesta, ¿puedes concluir que existe una diferencia en la proporción de hombres y mujeres que respondieron "Sí" en el nivel de significancia 0.05?

10.103 *Consumer Reports* realizó una encuesta de 1 000 adultos en cuanto al uso de cascos de ciclista. Una de las preguntas presentadas a personas de 25 a 54 años de edad fue si usaban casco la mayor parte del tiempo mientras paseaban en motocicleta o bicicleta. A esto siguió la pregunta de si tenían o no tenían un hijo en casa. Ochenta y siete por ciento del grupo etáreo que tenía un hijo en casa reportó que usaban casco la mayor parte del tiempo, mientras que 74% de quienes no tenían hijo en casa reportaron usar casco la mayor parte del tiempo. Si el tamaño de la muestra es 340 para ambos grupos de la edad, ¿la proporción de uso de casco es significativamente mayor cuando hay un hijo en casa, en el nivel de significancia 0.01?

10.104 Una encuesta de Harris Interactive descubrió que 50% de los demócratas siguen el fútbol profesional, mientras que 59% de los republicanos siguen el deporte. Si los resultados de la encuesta se basaron en muestras de 875 demócratas y 749 republicanos, determina, en el nivel de significancia 0.05, si se sostiene el punto de vista de que más republicanos siguen el fútbol profesional.

10.105 El Comité de 200, una organización profesional de mujeres empresarias destacadas y líderes corporativos, reportó lo siguiente: 60% de las mujeres estudiantes de maestría en administración de negocios dice "las empresas pagan a sus ejecutivos demasiado dinero" y 50% de los hombres que estudian maestría están de acuerdo.

a. ¿Parece haber una diferencia en la proporción de mujeres y hombres que dicen "a los ejecutivos se les paga demasiado dinero"? Explica el significado de tu respuesta.

b. Si los porcentajes anteriores resultaron de dos muestras de tamaño 20 cada una, ¿la diferencia es estadísticamente significativa en el nivel de significancia 0.05? Justifica tu respuesta.

c. Si los porcentajes anteriores resultaron de dos muestras de tamaño 500 cada una, ¿la diferencia es estadísticamente significativa en el nivel de significancia 0.05? Justifica tu respuesta.

d. Explica cómo tus respuestas a los incisos b y c afecta tus pensamientos acerca de tu respuesta al inciso a.

10.106 Tanto padres como estudiantes tienen muchas preocupaciones cuando consideran universidades. Una de las tres principales preocupaciones, con base en un estudio del College Partnership, es "elegir la mejor especialidad/carrera". Diecinueve por ciento de los padres reportó "elegir la mejor especialidad/carrera" como una gran preocupación, mientras que 15% de los estudiantes la reportó como su mayor preocupación.

Fuente: *http://www.collegepartnership.com/*

Si el estudio se realizó con una muestra de 1 750 estudiantes y sus padres, pon a prueba la hipótesis de que "elegir la mejor especialidad/carrera" fue una preocupación muy grande para los padres, en el nivel de significancia 0.05.

10.107 Una encuesta de Harris Interactive para Korbel en 2005, descubrió que 63% de los hombres y 55% de las mujeres piensan que está bien que las mujeres hagan proposiciones de matrimonio a los hombres. Una diferencia de 8% puede o no ser estadísticamente significativa. ¿Qué tamaño de muestra se requiere para hacer significativa esta diferencia?

Fuente: *USA Today* Snapshot descubierta en internet, 25 de junio de 2005.

a. Si las estadísticas muestrales anteriores resultaron de una muestra de 250 hombres y una muestra de 250 mujeres, ¿la diferencia sería significativa, con $\alpha = 0.05$? Explica

b. Si las muestras hubieran sido cada una de 500, ¿la diferencia sería significativa, usando $\alpha = 0.05$? Explica.

c. Determina el tamaño de la muestra que tendría la diferencia de 0.08 correspondiente a $p = 0.05$.

10.108 Los efectos colaterales adversos siempre son una preocupación cuando se ponen a prueba y se experimentan nuevos medicamentos. Estudios clínicos controlados con placebo se realizaron en pacientes de 12 años de edad y mayores que recibieron dosis "una vez al día" de Allegra, un medicamento contra alergias estacionales. Los siguientes resultados se publicaron en la edición de abril de 2005 del *Reader's Digest*.

	Allegra (dosis una vez al día)	Placebo (dosis una vez al día)
Efectos colaterales	$n = 283$	$n = 293$
Número reporta dolores cabeza	30	22

Determina, en el nivel de significancia 0.05, si existe una diferencia en la proporción de pacientes que reportan dolores de cabeza entre los dos grupos.

10.109 Cuarenta y un pequeños lotes de producto experimental se fabrican y ponen a prueba por la ocurrencia de un indicio particular que es un atributo natural aunque causa rechazo de la parte. Se fabrican 31 lotes con un método de procesamiento particular y 10 lotes se fabrican con un segundo método de procesamiento. Cada lote fue igualmente muestreado ($n = 32$) para la presencia de este indicio. En la práctica, condiciones de procesamiento óptimas muestran poca o ninguna ocurrencia del indicio. El método 1, que involucra los diez lotes, se corrió antes del método 2.

Métodos	n	Número de rechazos
Método 1	320	4
Método 2	992	26

Fuente: Cortesía de Bausch & Lomb

Determina, en el nivel de significancia 0.05, si existe alguna diferencia en la proporción de producto rechazado entre los dos métodos. (Guarda tu respuesta para compararla con el ejercicio 11.72 de la p. 575.)

10.110 Los lineamientos para asegurar que la distribución muestral de $p_1' - p_2'$ es normal incluyen varias condiciones acerca del tamaño de los varios valores. Las dos distribuciones binomiales $B(100, 0.3)$ y $B(100, 0.4)$ satisfacen todos esos lineamientos.

a. Verifica que $B(100, 0.3)$ y $B(100, 0,4)$ satisfacen todos los lineamientos.

b. Usa una computadora para generar al azar 200 muestras de cada una de las poblaciones binomiales. Encuentra la proporción observada para cada muestra y el valor de las 200 diferencias entre dos proporciones.

c. Describe la distribución muestral observada usando tanto gráficas como estadísticos numéricos.

d. ¿La distribución muestral empírica parece tener una distribución aproximadamente normal? Explica.

PTI Consulta el *Manual de soluciones del estudiante* para información adicional acerca de los comandos.

10.5 Inferencias concernientes a la razón de varianzas usando dos muestras independientes

Cuando se comparan dos poblaciones, naturalmente se comparan sus dos características de distribución más fundamentales, su "centro" y su "dispersión", al comparar sus medias y desviaciones estándar. En dos de las secciones previas aprendiste cómo usar la distribución t

para hacer inferencias que comparan dos medias poblacionales con muestras dependientes o independientes. Dichos procedimientos tienen la intención de usarse con poblaciones normales, pero funcionan bastante bien aun cuando las poblaciones no tengan distribución exactamente normal.

El siguiente paso lógico para comparar dos poblaciones es cotejar sus desviaciones estándar, la medida de dispersión de uso más frecuente. Sin embargo, las distribuciones muestrales que tratan con desviaciones estándar muestarles (o varianzas) son muy sensibles a ligeros alejamientos de las suposiciones. En consecuencia, el único procedimiento de inferencia a presentar aquí será la **prueba de hipótesis para la igualdad de desviaciones estándar (o varianzas)** para dos poblaciones normales.

La compañía embotelladora de refrescos que se estudió en la sección 9.3 (pp. 453, 457) trata de decidir si instalar una máquina embotelladora moderna de gran velocidad. Por supuesto, existen preocupaciones para tomar esta decisión y una de ellas es que el aumento de velocidad puede resultar en aumento de la variabilidad en la cantidad de relleno que se coloca en cada botella; tal aumento no sería aceptable. Ante esta preocupación, el fabricante del nuevo sistema respondió que la varianza en rellenos no será mayor con la nueva máquina que con la anterior. (El nuevo sistema llenará varias botellas en la misma cantidad de tiempo que el sistema anterior llena una botella; ésta es la razón por la que se considera el cambio.) Se prepara una prueba para examinar estadísticamente la preocupación de la compañía embotelladora, "la desviación estándar de la nueva máquina es mayor que la desviación estándar de la anterior", contra la afirmación del fabricante, "la desviación estándar de la nueva no es mayor que la desviación estándar de la anterior".

EJEMPLO 10.15

CÓMO ESCRIBIR HIPÓTESIS PARA LA IGUALDAD DE VARIANZAS

Enuncia las hipótesis nula y alternativa a usar en la comparación de las varianzas de las dos máquinas embotelladoras de refrescos.

Solución

Existen muchas formas equivalentes de expresar las hipótesis nula y alternativa, pero, dado que el procedimiento de prueba usa la razón de varianzas, la convención recomendada es expresar las hipótesis nula y alternativa como razones de las varianzas poblacionales. Más aún, se recomienda que la varianza "mayor" o "que se espera sea mayor" sea el numerador. La preocupación de la compañía de refrescos es que la nueva máquina moderna (m) resulte en una desviación estándar más grande en las cantidades de relleno que su máquina actual (p); $\sigma_m > \sigma_p$ o de manera equivalente $\sigma_m^2 > \sigma_p^2$, que se convierte en $\frac{\sigma_m^2}{\sigma_p^2} > 1$. Se quiere poner a prueba la afirmación del fabricante (la hipótesis nula) contra la preocupación de la compañía (la hipótesis alternativa).

$$H_o\text{: } \frac{\sigma_m^2}{\sigma_p^2} = 1 \quad (m \text{ no es más variable})$$

$$H_a\text{: } \frac{\sigma_m^2}{\sigma_p^2} > 1 \quad (m \text{ es más variable})$$

Las inferencias acerca de la razón de varianzas para dos poblaciones con distribución normal usan la **distribución *F***. La distribución *F*, similar a la distribución *t* de Student y la distribución χ^2, es una familia de distribuciones de probabilidad. Cada distribución *F* se identifica mediante dos números de grados de libertad, uno para cada una de las dos muestras involucradas.

Antes de continuar con los detalles del procedimiento de prueba de hipótesis, aprende acerca de la distribución *F*.

PTI Explora el Applet Skillbuilder "Properties of *F*-distribution" (propiedades de la distribución *F*) en cengagebrain.com

Propiedades de la distribución *F*

1. *F* es no negativa; es cero o positiva.
2. *F* no es simétrica; es sesgada a la derecha.
3. *F* es distribuida, de modo que forma una familia de distribuciones; existe una distribución separada para cada par de números de grados de libertad.

FIGURA 10.2
Distribución *F*

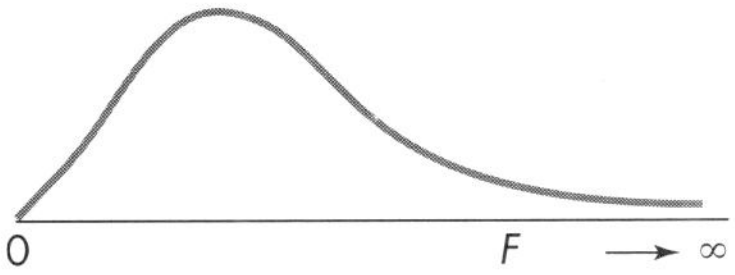

Para las inferencias estudiadas en esta sección, el número de grados de libertad para cada muestra es $gl_1 = n_{1-1}$ y $gl_2 = n_{2-1}$. Cada diferente combinación de grados de libertad resulta en una diferente distribución *F* y cada distribución *F* se parece aproximadamente a la distribución que se muestra en la figura 10.2.

Los valores críticos de la distribución *F* se identifican con tres valores:

gl_n, los grados de libertad asociados con la muestra cuya varianza está en el numerador de la *F* calculada

gl_d, los grados de libertad asociados con la muestra cuya varianza está en el denominador

α, el área bajo la curva de distribución a la derecha del valor crítico a buscar

FIGURA 10.3
Un valor crítico de *F*

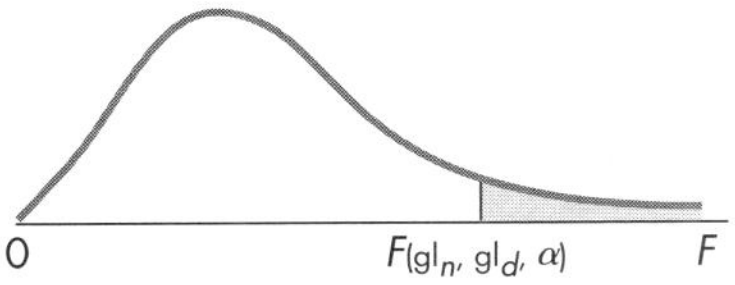

Por tanto, el nombre simbólico para un valor crítico de *F* será $F(gl_n, gl_d, \alpha)$, como se muestra en la figura 10.3.

Puesto que se requieren tres valores para identificar un solo valor crítico de *F*, hacer tablas para *F* no es tan simple como lo fue con las distribuciones estudiadas anteriormente. Las tablas que se presentan en este libro están organizadas de modo que tienen una tabla distinta para cada diferente valor de α, el "área a la derecha". La tabla 9A del apéndice B muestra los valores críticos para $F(gl_n, gl_d, \alpha)$, cuando $\alpha = 0.05$; la tabla 9B ofrece los valores críticos cuando $\alpha = 0.025$, la tabla 9C proporciona los valores cuando $\alpha = 0.01$.

EJEMPLO 10.16

CÓMO ENCONTRAR VALORES *F* CRÍTICOS

Encuentra $F(5, 8, 0.05)$, el valor *F* crítico para muestras de tamaño 6 y tamaño 9, con 5% del área en la cola derecha.

Solución

Con la tabla 9A ($\alpha = 0.05$), encuentra la intersección de la columna gl = 5 (para el numerador) y la fila gl = 8 (para el denominador) y lee el valor: $F(5, 8, 0.05) =$ **3.69**. Consulta la siguiente tabla parcial.

Parte de la tabla 9A ($\alpha = 0.05$)

		gl para numerador				
		...	5	...	8	
gl para denominador	⋮					
	5				**4.82**	← $F(8, 5, 0.05) =$ **4.82**
	⋮					
	8		**3.69**			← $F(5, 8, 0.05) =$ **3.69**

Observa que $F(5, 8, 0.05)$ es **4.82**. Los grados de libertad asociados con el numerador y el denominador se deben mantener en el orden correcto; 3.69 es diferente de 4.82. Comprueba algunos otros pares para verificar que intercambiar el número de grados de libertad resultará en diferentes valores *F*.

INSTRUCCIONES DE TECNOLOGÍA: PROBABILIDAD ACUMULADA ASOCIADA CON UN VALOR ESPECÍFICO DE *F*

MINITAB

Elige: **Calc > Probability Distributions > F**
Selecciona: Cumulative Probability Noncentrality parameter: **0.0**
Escribe: Grados de libertad numerador: $\mathbf{df_n}$
Grados de libertad denominador: $\mathbf{df_d}$
Selecciona: **Input constant***
Escribe: **F-value** (ex.1.74) > OK

*Selecciona la columna Input si varios valores *F* se almacenan en C1. Usa C2 para almacenamiento opcional. Si necesitas el área en la cola derecha, resta la probabilidad calculada de 1.

Excel

Si se usarán varios valores *F*, escribe los valores en la columna A y activa B1; después continúa con:

Elige: **Insert function f_x > Statistical > FDIST > OK**
Escribe: **X: individual F-value** o **(A1:A5** o **selecciona celdas "F-value")***
Grados_lib 1: $\mathbf{df_n}$
Grados_lib 2: $\mathbf{df_d}$ > OK

*Arrastra. Esquina inferior derecha de la celda B1 hacia abajo para obtener otras probabilidades

Para encontrar la probabilidad de la cola izquierda (la probabilidad acumulada hasta el valor *F*), resta la probabilidad calculada de 1.

TI-83/84 Plus

Elige: **2nd > DISTR > 9:Fcdf(**
Escribe: **0, F-value, $\mathbf{df_n}$, $\mathbf{df_d}$)**

Nota: para encontrar la probabilidad entre dos valores *F*, escribe los dos valores en lugar de 0 y el valor *F*.

Si necesitas el área en la cola derecha, resta la probabilidad calculada de 1.

El uso de la distribución F tiene una condición.

Suposiciones para inferencias en torno a la razón de dos varianzas: Las muestras se seleccionan al azar a partir de poblaciones con distribución normal y las dos muestras se seleccionan en forma independiente.

Estadístico de prueba para igualdad de varianzas

$$F\bigstar = \frac{s_n^2}{s_d^2}, \text{ con } gl_n = n_n - 1 \text{ y } gl_d = n_d - 1 \quad \textbf{(10.16)}$$

Las varianzas muestrales se asignan al numerador y denominador en el orden establecido por las hipótesis nula y alternativa para pruebas de una cola. La razón calculada, $F\bigstar$, tendrá una distribución F con $gl_n = n_n - 1$ (numerador) y $gl_d = n_d - 1$ (denominador) cuando las suposiciones se satisfacen y la hipótesis nula es verdadera.

Estás listo para usar F para completar una prueba de hipótesis en torno a la razón de dos varianzas poblacionales.

EJEMPLO 10.17

PRUEBA DE HIPÓTESIS DE UNA COLA PARA LA IGUALDAD DE VARIANZAS

Recuerda que la compañía embotelladora de refrescos quiere tomar una decisión acerca de la igualdad de las varianzas de cantidades de relleno entre su máquina actual y una máquina moderna de alta velocidad. ¿La información muestral en la tabla 10.6 presenta suficiente evidencia para rechazar la hipótesis nula (la afirmación del fabricante) de que la máquina embotelladora moderna de gran velocidad llena las botellas con no mayor varianza que la máquina actual de la compañía? Supón que las cantidades de relleno tienen distribución normal para ambas máquinas y completa la prueba usando $\alpha = 0.01$.

TABLA 10.6 Información muestral sobre varianzas de rellenos

Muestra	n	s^2
Máquina actual (p)	22	0.0008
Moderna máquina gran velocidad (m)	25	0.0018

Solución

Paso 1 a. Parámetro de interés: $\frac{\sigma_m^2}{\sigma_p^2}$, la razón de las varianzas en las cantidades de relleno colocadas en botellas para la máquina moderna frente a la máquina actual de la compañía.

b. Enunciado de hipótesis: las hipótesis se establecieron en el ejemplo 10.15 (p. 522):

$$H_o: \frac{\sigma_m^2}{\sigma_p^2} = 1 \ (\leq) \quad (m \text{ no es más variable})$$

$$H_a: \frac{\sigma_m^2}{\sigma_p^2} > 1 \quad (m \text{ es más variable})$$

Nota: cuando la varianza "que se espera sea mayor" está en el numerador para una prueba de una cola, la hipótesis alternativa afirma: "la razón de las varianzas es mayor que 1".

Paso 2 **a. Suposiciones:** las poblaciones muestreadas tienen distribución normal (dado en el enunciado del problema) y las muestras se seleccionan de manera independiente (extraídas de dos poblaciones separadas).

b. Estadístico de prueba: la distribución f con la razón de las varianzas muestrales y la fórmula (10.16)

c. Nivel de significancia: $\alpha = 0.01$

Paso 3 **a. Información muestral:** consulta la tabla 10.6.

b. Estadístico de prueba calculado: al usar la fórmula (10.16) se obtiene

$$F\bigstar = \frac{s_m^2}{s_p^2}: \qquad F\bigstar = \frac{0.0018}{0.0008} = \mathbf{2.25}$$

El número de grados de libertad para el numerador es $gl_n = 24$ (o 25 − 1) porque la muestra de la máquina moderna de alta velocidad se asocia con el numerador, como se especifica mediante la hipótesis nula. Además, $gl_d = 21$ porque la muestra asociada con el denominador tiene tamaño 22.

Paso 4 Distribución de probabilidad:

O

Valor p:

a. Usa La cola derecha porque H_a expresa preocupación por valores relacionados con "más que". $\mathbf{P} = P(F\bigstar > 2.25$, con $gl_n = 24$ y $gl_d = 21)$, como se muestra en la figura.

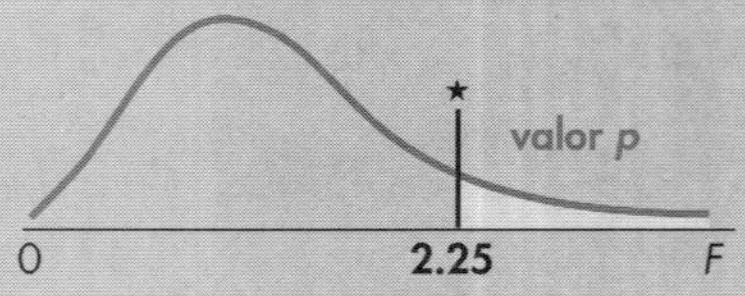

Para encontrar el valor p, tienes dos opciones:

1. Usa las tablas 9A y 9B (apéndice B) para colocar cotas sobre el valor p: $\mathbf{0.025 < P < 0.05}$.
2. Usa una computadora o calculadora para encontrar el valor p: $\mathbf{P = 0.0323}$.

Detalles específicos siguen a este ejemplo.

b. El valor p no es menor que el nivel de significancia, α (0.01).

Clásico:

a. La región crítica es la cola derecha porque H_a expresa preocupación por valores relacionados con "más que". $gl_n = 24$ y $gl_d = 21$. El valor crítico se obtiene de la tabla 9C: $F(24, 21, 0.01) = \mathbf{2.80}$.

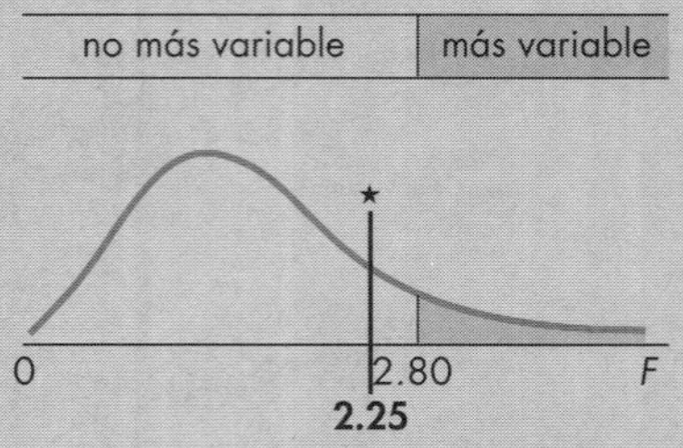

Para instrucciones adicionales, consulta la página 524.

b. $F\bigstar$ no está en la región crítica, como se muestra en **color oscuro** en la figura.

Paso 5 **a. Decisión:** falla para rechazar H_o.

b. Conclusión: en el nivel de significancia 0.01, las muestras no presentan suficiente evidencia para indicar un aumento en varianza con la máquina nueva.

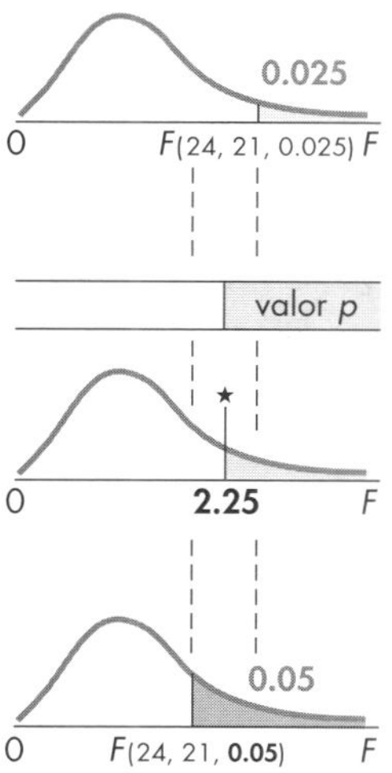

Cómo calcular el valor *p* cuando se usa la distribución *F*

Método 1. Usa la tabla 9 del apéndice B para colocar cotas sobre el valor p. Usa las tablas 9A, 9B y 9C del apéndice B para estimar que el valor *p* es muy limitado. Sin embargo, para el ejemplo 10.17, puede estimarse el valor *p*. Al inspeccionar las tablas 9A y 9B, descubrirás que $F(24, 21, 0.025) = 2.37$ y $F(24, 21, 0.005) = 2.05$. $F\bigstar = 2.25$ está entre los valores 2.37 y 2.05; por tanto, el valor *p* está entre 0.025 y 0.05: $\mathbf{0.025 < P < 0.05}$. (Consulta la figura al margen.)

Método 2. Si haces la prueba de hipótesis con ayuda de una computadora o calculadora, lo más probable es que ella calculará el valor *p* por ti, o puedes usar los comandos de distribución de probabilidad acumulada descritos en la página 524.

Valores *F* críticos para pruebas de una y dos colas

Las tablas de valores críticos para la distribución *F* sólo proporcionan los valores críticos de la derecha. Esto no será problema, porque el valor crítico del lado derecho es el único valor crítico que necesitarás. Puedes ajustar el orden numerador-denominador de modo que toda la "actividad" esté en la cola derecha. existen dos casos: pruebas de una cola y pruebas de dos colas.

Pruebas de una cola. Ordena las hipótesis nula y alternativa de modo que la alternativa siempre "sea mayor que". El valor $F\bigstar$ se calcula usando el mismo orden especificado en la hipótesis nula (como en el ejemplo 10.17; consulta también el ejemplo 10.18).

Pruebas de dos colas. Cuando se calcula el valor de $F\bigstar$, siempre usa la muestra con la varianza más grande para el numerador; esto hará $F\bigstar$ más grande que 1 y lo colocará en la cola derecha de la distribución. Por tanto, sólo necesitarás el valor crítico para la cola derecha (consulta el ejemplo 10.19).

PTI α todavía debe dividirse entre las dos colas para una H_a de dos colas.

Todas las pruebas de hipótesis acerca de dos varianzas pueden formularse y completarse en una forma en que tanto el valor crítico de *F* como el valor calculado de $F\bigstar$ estarán en la cola derecha de la distribución. Dado que las tablas 9A, 9B y 9C sólo contienen valores críticos para la cola derecha, esto será conveniente y nunca necesitarás valores críticos para la cola derecha. Los siguientes dos ejemplos demostrarán cómo se logra esto.

EJEMPLO 10.18

FORMATO PARA ESCRIBIR HIPÓTESIS PARA LA IGUALDAD DE VARIANZAS

Reorganiza la hipótesis alternativa de modo que la región crítica estará en la cola derecha:

$$H_a\text{: } \sigma_1^2 < \sigma_2^2 \quad \text{o} \quad \frac{\sigma_1^2}{\sigma_2^2} < 1 \quad \text{(población 1 es menos variable)}$$

Solución

Invierte la dirección de la desigualdad e invierte los papeles del numerador y el denominador.

$$H_a\text{: } \sigma_2^2 > \sigma_1^2 \quad \text{o} \quad \frac{\sigma_2^2}{\sigma_1^2} > 1 \quad \text{(población 2 es más variable)}$$

El estadístico de prueba calculado $F\bigstar$ será $\frac{s_2^2}{s_1^2}$.

EJEMPLO 10.19

PRUEBA DE HIPÓTESIS DE DOS COLAS PARA LA IGUALDAD DE VARIANZAS

Encuentra $F\bigstar$ y los valores críticos para la siguiente prueba de hipótesis, de modo que sólo se necesite el valor crítico derecho. Usa $\alpha = 0.05$ y la información muestral $n_1 = 10$, $n_2 = 8$, $s_1 = 5.4$ y $s_2 = 3.8$.

$$H_o\text{: } \sigma_2^2 = \sigma_1^2 \quad \text{o} \quad \frac{\sigma_2^2}{\sigma_1^2} = 1$$

$$H_a\text{: } \sigma_2^2 \neq \sigma_1^2 \quad \text{o} \quad \frac{\sigma_2^2}{\sigma_1^2} \neq 1$$

Solución

Cuando la hipótesis alternativa tiene dos colas (≠), el $F\bigstar$ calculado puede ser $F\bigstar = \frac{s_1^2}{s_2^2}$ o $F\bigstar = \frac{s_2^2}{s_1^2}$. La elección es tuya; sólo necesitas asegurarte de que gl_n y gl_d se mantengan en el orden correcto. La elección se hace al observar la información muestral y usar la muestra con la desviación estándar o varianza más grande como el numerador. Por tanto, en esta ilustración,

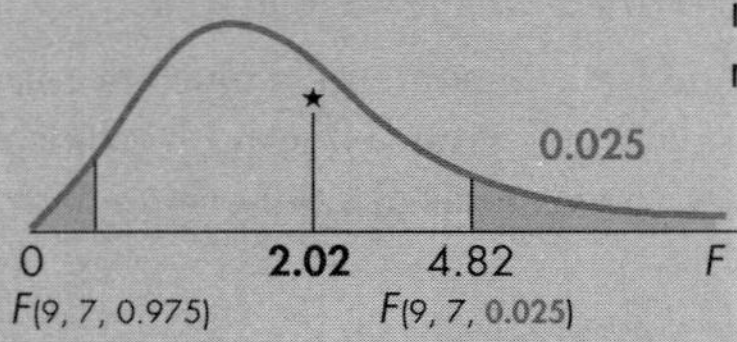

$$F\bigstar = \frac{s_1^2}{s_2^2} = \frac{5.4^2}{3.8^2} = \frac{29.16}{14.44} = \mathbf{2.02}$$

Los valores críticos para esta prueba son cola izquierda, $F(9, 7, 0.975)$ y cola derecha, $F(9, 7, 0.025)$, como se muestra en la figura.

Dado que se eligió la muestra con la desviación estándar (o varianza) más grande para el numerador, el valor de $F\bigstar$ será mayor que 1 y estará en la cola derecha; por tanto, sólo se necesita el valor crítico de la cola derecha. (Todos los valores críticos para colas izquierdas serán valores entre 0 y 1.)

INSTRUCCIONES DE TECNOLOGÍA: PRUEBA DE HIPÓTESIS PARA LA RAZÓN ENTRE DOS VARIANZAS POBLACIONALES, σ_1^2/σ_2^2 PARA DOS CONJUNTOS INDEPENDIENTES DE DATOS MUESTRALES

MINITAB

Elige:	**Stat > Basic Statistics > 2 Variances***
Selecciona:	Data: **Samples in one column:**
Escribe:	Muestras: **C1** Subíndices: **C2**
O	Selecciona: Datos: **Muestras en diferentes columnas:**
	Escribe: Primera: **C1** Segunda: **C2**
O	Selecciona: Datos: **Desviaciones estándar muestrales** o **Varianzas muestrales**
	Escribe: **Tamaño muestra y des est** o **varianza para cada muestra**
Selecciona:	**Options**
Selecciona:	Razón hipotética: **StDev 1/StDev 2** o **Variance 1/Variance 2**
Selecciona:	Alternativa: **less than or not equal to or greater than > OK > OK**

*El procedimiento 2 Varianzas evalúa la primera muestra dividida entre la segunda muestra.

Excel

Escribe los datos para el numerador (dispersión más grande) en la columna A y los datos para el denominador (dispersión más pequeña) en la columna B; después continúa con:

Elige:	**Data > Data Analysis > F-Test: Two-Sample for Variances**
Escribe:	Rango variable 1: **(A1:A20 o selecciona celdas)**
	Rango variable 2: **(B1:B20 o selecciona celdas)**
Selecciona:	**Labels** (si es necesario)
Escribe:	α (ej. 0.05)
Selecciona:	**Output Range**
Escribe:	**(C1 o selecciona celdas) > OK**

Usa **Home > Cells > Format > Autofit Column Width** para hacer más legible la salida. La salida muestra el valor *p* y los valores críticos para una prueba de una cola.

TI-83/84 Plus

Escribe los datos para el numerador (dispersión más grande) en L1 y los datos para el denominador (dispersión más pequeña) en L2; después continúa con lo siguiente y escribe los valores apropiados y resalta Calculate:

Elige: STAT > TESTS > D:2-SampFTest . . .

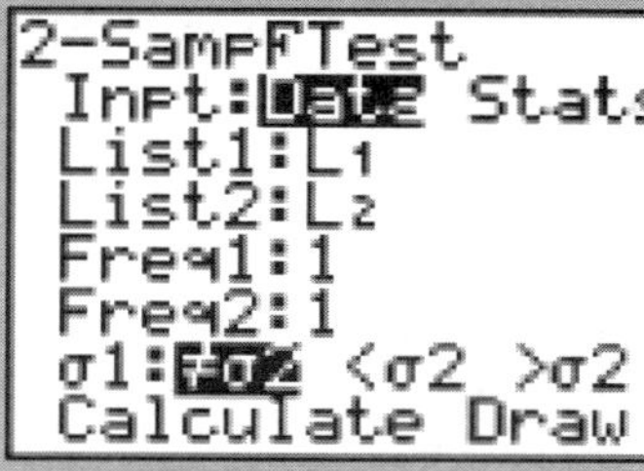

EJEMPLO APLICADO 10.20

EVALUACIÓN DE CONOCIMIENTOS DE DOS GRUPOS

A	B
88	73
68	77
77	67
82	74
63	74
80	64
72	71
71	71
70	72

Las siguientes son las calificaciones obtenidas en un examen de 2 muestras, grupo A y B de 10 alumnos de primer año que cursan el mismo curso de álgebra con dos profesores diferentes:

Suponiendo que estos datos se pueden considerar como muestras aleatorias independientes tomadas de dos poblaciones normales, prueba la hipótesis de que la varianza de las calificaciones del grupo A es diferente de la varianza de las calificaciones del grupo B con $\alpha = 0.05$.

Se supone que las muestras son aleatorias independientes y extraídas de poblaciones normalmente distribuidas.

$$H_0\text{: } \sigma_2^2 = \sigma_1^2 \text{ o } \frac{\sigma_2^2}{\sigma_2^2} = 1 \qquad H_0\text{: } \sigma_2^2 \neq \sigma_1^2 \text{ o } \frac{\sigma_2^2}{\sigma_2^2} \neq 1$$

Como $\alpha = 0.05$, los valores críticos: DISTR.F.INV(0.975,9,9)=0.248385855, DISTR.F.INV(0.025,8,8)= 4.02599416

Prueba F para varianzas de dos muestras.

	A	B
Media	74.3	71.3
Varianza	54.9	13.7888889
Observaciones	10	10
Grados de libertad	9	9
F	3.98146656	
P(F<=f) una cola	0.02586672	
Valor crítico para F (una cola)	3.1788931	

Las varianzas de las calificaciones de ambos grupos no son significativamente diferentes.

EJERCICIOS SECCIÓN 10.5

10.111 Enuncia la hipótesis nula, H_o y la hipótesis alternativa, H_a, que usarías para poner a prueba las siguientes afirmaciones:

a. Las varianzas de las poblaciones A y B no son iguales.

b. La desviación estándar de la población I es más grande que la desviación estándar de la población II.

c. La razón de las varianzas para las poblaciones A y B es diferente de 1.

d. La variabilidad dentro de la población C es menor que la variabilidad dentro de la población D.

10.112 Enuncia la hipótesis nula, H_o y la hipótesis alternativa, H_a, que usarías para poner a prueba las siguientes afirmaciones:

a. La desviación estándar de la población X es menor que la desviación estándar de la población Y.

b. La razón de las varianzas de la población A sobre la población B es mayor que 1.

c. La desviación estándar de la población Q_1 es cuando mucho la de la población Q_2.

d. La variabilidad dentro de la población I es más que la variabilidad dentro de la población II.

10.113 Explica por qué la desigualdad $\sigma_m^2 > \sigma_p^2$ es equivalente a $\dfrac{\sigma_m^2}{\sigma_p^2} > 1$.

10.114 Expresa H_o y H_a del ejemplo 10.17 (p. 525) equivalentemente en términos de las desviaciones estándar.

10.115 Con la notación $F(\text{gl}_1, \text{gl}_2, \alpha)$, nombra cada uno de los valores críticos que se muestran en las siguientes figuras.

a.

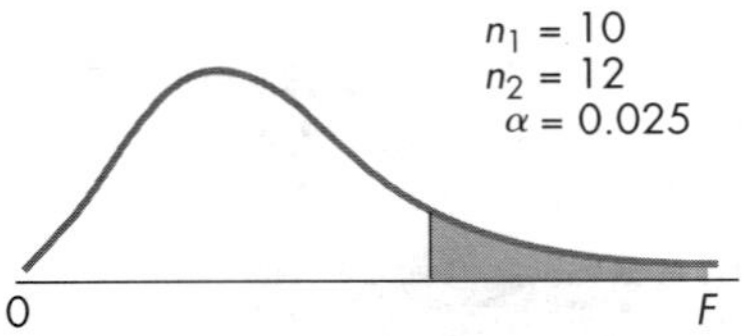

b.

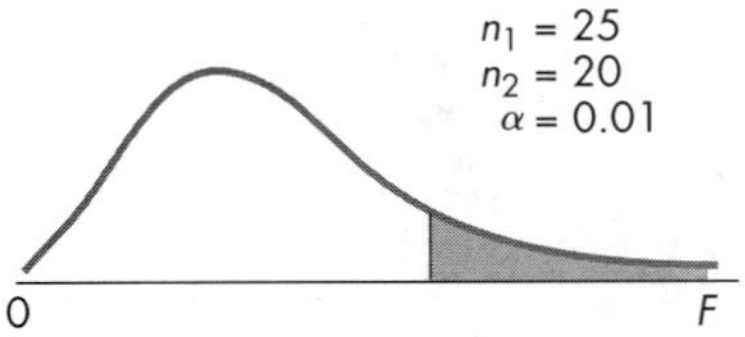

c.

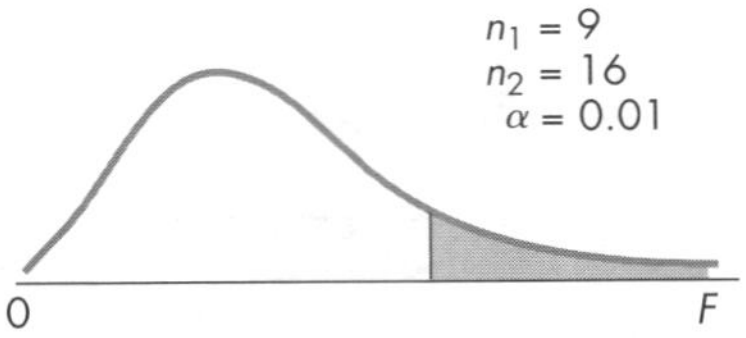

d.

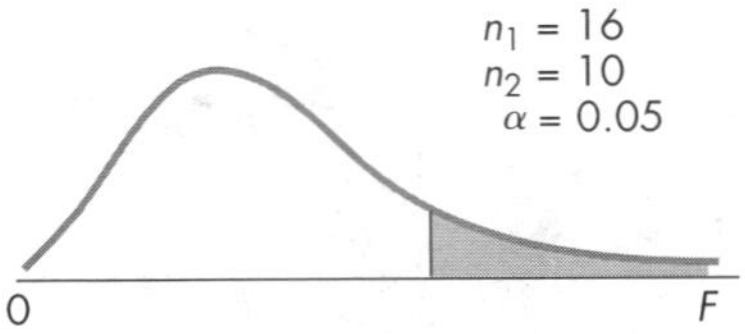

10.116 Encuentra los valores de $F(12, 24, 0.01)$ y $F(24, 12, 0.01)$.

10.117 Encuentra los siguientes valores críticos para F a partir de las tablas 9A, 9B y 9C en el apéndice B.

a. $F(24, 12, 0.05)$

b. $F(30, 40, 0.01)$

c. $F(12, 10, 0.05)$

d. $F(5, 20, 0.01)$

e. $F(15, 18, 0.025)$

f. $F(15, 9, 0.025)$

g. $F(40, 30, 0.05)$

h. $F(8, 40, 0.01)$

10.118 Determina el valor p que usarías para poner a prueba las siguientes hipótesis cuando se usa F como el estadístico de prueba:

a. H_o: $\sigma_1 = \sigma_2$ frente a H_a: $\sigma_1 > \sigma_2$, con $n_1 = 10$, $n_2 = 16$ y $F\bigstar = 2.47$

b. H_o: $\sigma_1^2 = \sigma_2^2$ frente a H_a: $\sigma_1^2 > \sigma_2^2$, con $n_1 = 25$, $n_2 = 21$ y $F\bigstar = 2.31$

c. H_o: $\dfrac{\sigma_1^2}{\sigma_2^2} = 1$ frente a H_a: $\dfrac{\sigma_1^2}{\sigma_2^2} \neq 1$, con $n_1 = 41$, $n_2 = 61$ y $F\bigstar = 4.78$

d. H_o: $\sigma_1 = \sigma_2$ frente a H_a: $\sigma_1 < \sigma_2$, con $n_1 = 10$, $n_2 = 16$ y $F\bigstar = 2.47$

10.119 Encuentra el valor crítico para la prueba de hipótesis con H_a: $\sigma_1 > \sigma_2$, con $n_1 = 7$, $n_2 = 10$ y $\alpha = 0.05$.

10.120 Determina la región crítica y el valor crítico que usarías para poner a prueba las siguientes hipótesis usando el método clásico cuando $F\bigstar$ se usa como el estadístico de prueba.

a. H_o: $\sigma_1^2 = \sigma_2^2$ frente a H_a: $\sigma_1^2 > \sigma_2^2$, con $n_1 = 10$, $n_2 = 16$ y $\alpha = 0.05$

b. H_o: $\frac{\sigma_1^2}{\sigma_2^2} = 1$ frente a H_a: $\frac{\sigma_1^2}{\sigma_2^2} \neq 1$, con $n_1 = 25, n_2 = 31$ y $\alpha = 0.05$

c. H_o: $\frac{\sigma_1^2}{\sigma_2^2} = 1$ frente a H_a: $\frac{\sigma_1^2}{\sigma_2^2} > 1$, con $n_1 = 10, n_2 = 10$ y $\alpha = 0.01$

d. H_o: $\sigma_1 = \sigma_2$ frente a H_a: $\sigma_1 < \sigma_2$, con $n_1 = 25, n_2 = 16$ y $\alpha = 0.01$

10.121 Calcula $F\bigstar$ dado $s_1 = 3.2$ y $s_2 = 2.6$.

10.122 Calcula $F\bigstar$ dado $s_1^2 = 3.2$ y $s_2^2 = 2.6$.

10.123 ¿Cuál sería el valor de $F\bigstar$ en el ejemplo 10.19 si usaras $F\bigstar = \frac{s_2^2}{s_1^2}$? ¿Por qué es menor que 1?

10.124 ¿Las longitudes de los nombres de niños tienen más variación que las longitudes de los nombres de las niñas? Con nombres actuales como "Nathaniel" y "Christopher", frente a "Ian" y "Jack", ciertamente parece que los nombres de los niños cubren un amplio rango respecto a su longitud. Para poner a prueba esta hipótesis, se tomaron muestras aleatorias de niñas y niños de séptimo grado.

Nombres de niños	$n = 30$	$s = 1.870$
Nombres de niñas	$n = 30$	$s = 1.456$

En el nivel de significancia 0.05, ¿los datos apoyan la argumentación de que las longitudes de los nombres de los niños tienen más variación que las longitudes de los nombres de las niñas?

10.125 De una clase de inglés y de una clase de química en una universidad comunitaria local, se tomaron dos muestras aleatorias independientes de tamaño 25. A los estudiantes de ambas clases se les pidió dibujar una línea de 3 pulgadas con la mayor exactitud sin algún dispositivo de medición (regla, etc.). Resultaron los siguientes datos:

Inglés	$n = 25$	$\bar{x} = 2.660$	$s = 0.617$
Química	$n = 25$	$\bar{x} = 2.750$	$s = 0.522$

En el nivel de significancia 0.05, ¿existe alguna diferencia entre las desviaciones estándar para las mediciones de líneas de 3 pulgadas de las clases de inglés y química?

10.126 Un estudio en *Pediatric Emergency Care* comparó la severidad de las lesiones entre niños jóvenes y mayores. Una medida reportada fue la Calificación de Severidad de la Lesión (ISS, por sus siglas en inglés). La desviación estándar de las ISS para 37 niños de 8 años o más jóvenes fue 23.9 y la desviación estándar para 36 niños mayores a 8 años fue 6.8. Suponga que las ISS tienen distribución normal para ambos grupos de edad. En el nivel de significancia 0.01, ¿existe suficiente razón para concluir que la desviación estándar de las ISS para niños más jóvenes es mayor que la desviación estándar de las ISS para niños mayores?

10.127 Una pastelería considera comprar uno de dos hornos de gas. La pastelería requiere que la temperatura permanezca constante durante una operación de horneado. Un estudio se realiza para medir la varianza en temperatura de los hornos durante el proceso de horneado. La varianza en temperatura antes de que el termostato reinicie la flama para el horno Monarch fue 2.4 para 16 mediciones. La varianza para el horno Kraft fue 3.2 para 12 mediciones. ¿Esta información proporciona suficiente razón para concluir que existe una diferencia en las varianzas para los dos hornos? Supón que las mediciones tienen distribución normal y usa un nivel de significancia de 0.02.

10.128 [EX10-128] Un estudio se realiza para determinar si hay o no hay igual variabilidad en lecturas de presión arterial sistólica en hombres y mujeres. Muestras aleatorias de 16 hombres y 13 mujeres se usaron para poner a prueba la afirmación del experimentador de que las varianzas son distintas. Se usó MINITAB para calcular las desviaciones estándar, $F\bigstar$ y el valor p. Supón normalidad.

Hombres	120	120	118	112	120	114	130	114	124	125
	130	100	120	108	112	122				
Mujeres	122	102	118	126	108	130	104	116	102	122
	120	118	130							

```
Standard deviation of Men = 7.8864
Standard deviation of Women = 9.9176
F-Test (normal distribution)
Test Statistic: 1.581
P-Value: 0.398
```

Verifica estos resultados al calcular los valores personalmente.

10.129 Cuando una prueba de hipótesis tiene dos colas y se usa Excel para calcular el valor p, ¿qué paso adicional debes tomar?

10.130 En referencia al ejemplo aplicado 10.20 (p. 529):

a. ¿Qué hipótesis nula y alternativa ponen a prueba el gupo A y el grupo B?

b. ¿Qué significa "$p < 0.005$"?

10.131 [EX10-131] La calidad de un producto terminado se determina un poco por la calidad de los materiales utilizados. La fábricas textiles monitorean la resistencia a la tensión de las fibras usadas al tejer sus prendas. Las siguientes muestras aleatorias independientes son las resistencias a la tensión de fibras de algodón de dos proveedores.

Proveedor A	78	82	85	83	77	84	90	82	93	82
	80	82	77	80	80					
Proveedor B	76	79	83	78	72	73	69	80	74	77
	78	78	73	76	78	79				

Calcula el valor observado de F, $F\bigstar$, al comparar las varianzas de estos dos conjuntos de datos.

[EX00-000] identifica el nombre de archivo de una base de datos en línea de un ejercicio; disponible a través de cengagebrain.com

10.132 [EX10-132] Muchos condados en Minnesota y Wisconsin se seleccionaron al azar y se recolectó información acerca de la producción de maíz dulce en 2007. Resultaron las siguientes tasas de producción en toneladas de maíz dulce por acre cosechado.

Producción, MN	7.38	6.27	6.26	6.02	7.38	6.32	6.74	5.13	6.54	5.71
Producción, WI	7.0	6.9	7.7	8.0	6.5	5.8	6.8	7.5		

Fuente: http://www.usda.gov/

a. ¿Existe alguna diferencia en la variabilidad de las producciones del condado medidas por la desviación estándar de la tasa de producción? Usa $\alpha = 0.05$.

b. ¿La tasa de producción media en Wisconsin es significativamente mayor que la tasa de producción media en Minnesota? Usa $\alpha = 0.05$.

10.133 [EX10-133] Los salarios de los atletas profesionales con frecuencia son criticados por ser "demasiado elevados". Muchos también ganan incluso más dinero a través de patrocinios. Varios jugadores de la NBA (Asociación Nacional de Básquetbol) y de la MLB (Liga Mayor de Béisbol) pueden verse en muchos patrocinios de alto perfil. Dos muestras aleatorias de los patrocinios de jugadores de cada deporte se seleccionaron y produjeron las siguientes cantidades en millones de dólares.

NBA	16.0	15.0	21.7	12.0	9.5	0.5	15.5	0.8	2.5	5.0	16.0	15.5
MLB	6.0	8.0	2.5	0.3	3.5	0.5	0.5	0.3				

a. En el nivel de significancia 0.05, ¿existe alguna diferencia en la variabilidad de los importes por patrocinio entre jugadores de la NBA y la MLB? Supón normalidad de los importes por patrocinio.

b. En el nivel de significancia 0.05, ¿el importe por patrocinio medio para los jugadores de la NBA es significativamente superior al importe por patrocinio medio para los jugadores de la MLB?

10.134 [EX10-134] Los siguientes datos son de dos muestras aleatorias de 37 hombres universitarios y 42 mujeres universitarias respecto a sus tiempos de traslado a la universidad.

Tiempo H

15	12	30	15	10	23	20	13	25	20	15	20	23	15
20	15	18	15	20	20	8	10	15	18	20	15	25	20
10	25	18	18	20	27	25	20	7					

Tiempo M

32	15	20	35	45	20	10	5	35	25	14	25	28	35
30	24	28	15	30	30	30	40	25	20	18	20	15	30
24	30	25	20	10	60	20	25	27	25	40	22	25	25

a. ¿Las distribuciones de "tiempo de traslado" para hombres y mujeres parecen ser similares en distribución? ¿Centro? ¿Dispersión? Discute tus respuestas.

b. Construye un histograma y encuentra la media y la desviación estándar para cada conjunto de datos.

c. ¿Es posible que ambas muestras se extraigan de poblaciones normales? Justifica tu respuesta.

d. ¿El tiempo de traslado medio para mujeres es estadísticamente mayor que el tiempo de traslado medio para hombres? Usa $\alpha = 0.05$.

e. ¿Existe suficiente evidencia para demostrar que las desviaciones estándar de estas dos muestras son estadísticamente diferentes? Usa $\alpha = 0.05$.

10.135 [EX10-135] Un objetivo constante en la fabricación de lentes de contacto es mejorar el nivel y la variación de aquellas características que afectan el poder del lente y la agudeza visual. Una de tales características involucra las herramientas a partir de las cuales se fabrican los lentes.

Los resultados de dos procesos iniciales en la operación de desarrollo se examinaron por la característica crítica A. Se fabricaron dos lotes de producto distintos con ligeras diferencias diseñadas para afectar la característica en cuestión. Después se muestreó cada lote. El lote 1 tuvo menor tiempo de operación que el lote 2 y por tanto del lote 2 se tomaron más muestras.

a. Calcula la media y la desviación estándar de la característica crítica A para los lotes 1 y 2.

b. ¿Existe evidencia de una diferencia en la variabilidad de la característica crítica A entre los lotes 1 y 2? Usa un valor alfa de 5% para tomar una determinación.

c. ¿Existe evidencia de una diferencia en los niveles medios de la característica crítica A entre los lotes 1 y 2? Usa un valor alfa de 5% para tomar una determinación.

Muestra lote 1	Característica crítica A	Muestra lote 2	Característica crítica A	Muestra lote 2	Característica crítica A
1	0.017	1	0.026	14	0.041
2	0.021	2	0.027	15	0.021
3	0.006	3	0.024	16	0.022
4	0.009	4	0.023	17	0.027
5	0.018	5	0.034	18	0.032
6	0.021	6	0.035	19	0.023
7	0.013	7	0.035	20	0.023
8	0.017	8	0.033	21	0.024
		9	0.034	22	0.017
		10	0.033	23	0.023
		11	0.032	24	0.019
		12	0.038	25	0.027
		13	0.041		

10.136 [EX10-136] Los estadounidenses duermen más siestas los fines de semana, de acuerdo con una encuesta de 1 506 adultos para la National Sleep Foundation y reportada en el *USA Today Snapshot* durante abril de 2005.

Horas de sueño	Días laborales	Fines de semana
Menos de 6	0.16	0.10
6–6.9	0.24	0.15
7–7.9	0.31	0.24
8 o más	0.26	0.49

Dos muestras aleatorias independientes se toman en un gran complejo industrial. A los trabajadores seleccionados en una muestra se les preguntó: ¿cuántas horas, al cuarto de hora más cercano, durmió la noche del martes de esta semana? A los trabajadores seleccionados para la segunda muestra se les preguntó: ¿cuántas horas de sueño, al cuarto de hora más cercano, durmió la noche del sábado el pasado fin de semana?

Días laborales			Fin de semana			
5.00	7.75	7.25	9.00	7.25	8.75	7.50
9.25	7.25	8.75	6.25	5.25	9.25	9.25
7.00	7.75	6.75	7.50	8.50	8.75	6.50
9.25	7.00	7.75	8.00	8.75	9.50	8.00
9.25	9.25	6.00	8.75	7.75	8.75	7.50

a. Construye un histograma y encuentra la media y la desviación estándar para cada conjunto de datos.

b. ¿Las distribuciones de "horas de sueño los días laborales" y las "horas de sueño los fines de semana" resultantes de la encuesta parecen ser similares en forma? ¿Centro? ¿Dispersión? Discute tus respuestas.

c. ¿Es posible que ambas muestras se extraigan de poblaciones normales? Justifica tu respuesta.

d. ¿El número medio de horas dormidas el fin de semana es estadísticamente mayor que el número medio de horas dormidas los días laborales? Usa $\alpha = 0.05$.

e. ¿Existe suficiente evidencia para demostrar que las desviaciones estándar de estas dos muestras son estadísticamente diferentes? Usa $\alpha = 0.05$.

f. Explica cómo las respuestas a los incisos b-e afectan tus consideraciones acerca de tu respuesta al inciso a.

10.137 [EX10-137] ¿Cuánto debe gastar alguien para regalarte algo el Día de san Valentín? Los resultados descubiertos por una encuesta Greenfield Online de 653 encuestados se muestran en la siguiente gráfica.

Muestras aleatorias se seleccionaron en la parte central del estado de Nueva York con los siguientes resultados.

Hombres	103	100	100	67	77	63	55	43	139	2	51	5	100	52	139
	86	23	56	40	84	15	32	157	35	4	24	102	52	43	75
	128	206	16	13	98										
Mujeres	36	5	77	97	25	62	91	170	108	112	198	161	54	40	111
	107	241	89	37	10	175	10	84	102	17	32	25	1	38	126
	121	30	147	135	45	230	29	88							

a. Construye un histograma y encuentra la media y la desviación estándar para cada conjunto de datos en la parte central del estado de Nueva York.

¿Cuánto debe gastar alguien para regalarte algo el Día de san Valentín?

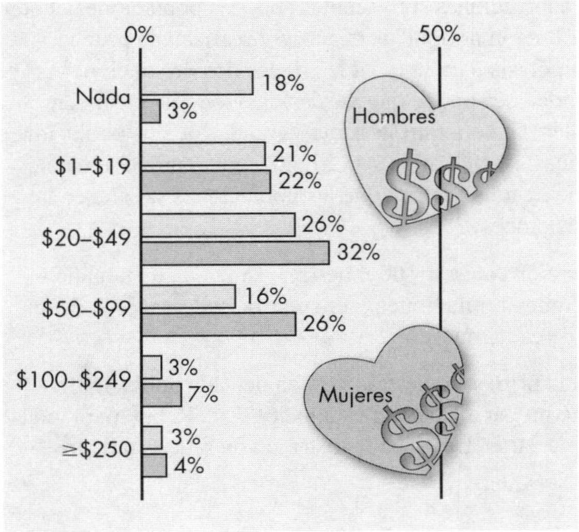

Fuente: Datos tomados de Darryl Haralson y Karl Gelles, USA TODAY; encuesta Greenfield Online de 653 encuestados. Margen de error ±3 puntos porcentuales.

b. ¿Las formas de las "cantidades gastadas" sugeridas por los hombres y las mujeres en la parte central del estado de Nueva York parecen ser similares en forma? ¿Centro? ¿Dispersión? Discute tus respuestas.

c. ¿Es posible que ambas muestras se extraigan de poblaciones normales? Justifica tu respuesta.

d. ¿El importe medio enunciado por las mujeres es estadísticamente mayor que el importe medio enunciado por los hombres? Usa $\alpha = 0.05$.

e. ¿Existe suficiente evidencia para demostrar que las desviaciones estándar de estas dos muestras son estadísticamente diferentes? Usa $\alpha = 0.05$.

f. Explica cómo las respuestas a los incisos b-e afectan tus consideraciones acerca de tu respuesta al inciso a.

10.138 a. Dos muestras independientes, cada una de tamaño 3, se extraen de una población con distribución normal. Encuentra la probabilidad de que una de las varianzas muestrales es al menos 19 veces mayores que la otra.

b. Dos muestras independientes, cada una de tamaño 6, se extraen de una población con distribución normal. Encuentra la probabilidad de que una de las varianzas muestrales no es más que 11 veces mayor que la otra.

10.139 Usa una computadora para demostrar la veracidad de la hipótesis presentada en esta sección.

a. Las suposiciones subyacentes son "las poblaciones tienen distribución normal" y, cuando se realiza una prueba de hipótesis para la igualdad de las dos desviaciones estándar, se supone que las desviaciones estándar son iguales. Genera muestras muy grandes de dos poblaciones teóricas: $N(100, 20)$ y $N(120, 20)$. Encuentra evidencia gráfica y numérica de que las poblaciones satisfacen las suposiciones.

b. Selecciona al azar 100 muestras, cada una de tamaño 8, de ambas poblaciones y encuentra la desviación estándar de cada muestra.

c. Con la primera muestra extraída de cada población como un par, calcula el estadístico $F\bigstar$. Repite para todas las muestras. Describe la distribución muestral de los 100 valores $F\bigstar$ con estadísticos tanto gráficos como numéricos.

d. Genera la distribución de probabilidad para $F(7, 7)$ y compárala con la distribución observada de $F\bigstar$. ¿Los dos gráficos concuerdan? Explica.

PTI Consulta el *Manual de soluciones del estudiante* para información adicional acerca de los comandos.

10.140 En esta sección se estableció que la prueba F es muy sensible a alejamientos menores de las suposiciones. Repite el ejercicio 10.139 con $N(100, 20)$ y $N(120, 30)$. Observa que el único cambio del ejercicio 10.139 es el cambio aparentemente ligero en la desviación estándar de la segunda población. Responde las mismas preguntas usando el mismo tipo de información y observarás resultados muy diferentes.

© 2010/Jupiterimages Corporation

Repaso del capítulo

En retrospectiva

En este capítulo comenzaste las comparaciones de dos poblaciones al distinguir entre muestras independientes y dependientes, que son procedimientos de muestreo estadísticamente importantes y útiles. Después procediste con el examen de las inferencias concernientes a la comparación de medias, proporciones y varianzas para dos poblaciones.

Siempre se hacen comparaciones entre dos grupos. Se comparan medias y se comparan proporciones. En este capítulo aprendiste cómo comparar estadísticamente dos poblaciones al hacer inferencias acerca de sus medias, proporciones o varianzas. Por conveniencia, la tabla 10.7 identifica las fórmulas a usar cuando se hacen inferencias acerca de comparaciones entre dos poblaciones.

En los capítulos 8, 9 y 10 aprendiste cómo usar los intervalos de confianza y las pruebas de hipótesis para responder preguntas acerca de medias, proporciones y desviaciones estándar para una o dos poblaciones. A partir de aquí puedes ampliar las técnicas para incluir inferencias acerca de más de dos poblaciones, así como inferencias de diferentes tipos.

TABLA 10.7 Fórmulas a usar para inferencias que involucran dos poblaciones

		Fórmula a usar	
Situaciones	**Estadístico de prueba**	**Intervalo de confianza**	**Prueba de hipótesis**
Diferencia entre dos medias			
Muestras dependientes	t	Fórmula (10.2) (p. 483)	Fórmula (10.5) (p. 486)
Muestras independientes	t	Fórmula (10.8) (p. 497)	Fórmula (10.9) (p. 498)
Diferencia entre dos proporciones	z	Fórmula (10.11) (p. 512)	Fórmula (10.15) (p. 515)
Diferencia entre dos varianzas	F		Fórmula (10.16) (p. 525)

CourseMate El sitio **Statistics CourseMate** para este libro lleva a la vida los temas del capítulo, con herramientas interactivas de aprendizaje, estudio y preparación de exámenes, incluidas preguntas rápidas y tarjetas de estudio para el vocabulario y los conceptos clave que aparecen a continuación. El sitio también ofrece una versión **eBook** del texto, con capacidades de subrayado y toma de notas. A lo largo de los capítulos, el icono CourseMate señala los conceptos y ejemplos que tienen sus correspondientes recursos interactivos como **video** y **tutoriales animados** que demuestran, paso a paso, cómo resolver problemas; **conjuntos de datos** para ejercicios y ejemplos; **Applets Skillbuilder** para ayudarte a comprender mejor los conceptos; **manuales de tecnología** y software para descargar que incluye **Data Analysis Plus** (una suite de macros estadísticos para Excel) y programas **TI-83/84 Plus**; regístrate en **www.cengagebrain.com**

Vocabulario y conceptos clave

diferencia de medias (pp. 483, 486)
diferencia apareada (p. 482)
distribución F (p. 523)
distribución t (pp. 483, 496)
error estándar (pp. 486, 496, 511, 514)
estadístico de prueba (pp. 486, 498, 514, 515, 525)
estadístico muestral no sesgado (p. 512)
estadístico F (p. 525)
estadístico de prueba t (pp. 486, 498)
estadístico z (p. 514)
experimento binomial (p. 511)
fuente (de datos) (p. 478)
intervalo de confianza (pp. 483, 497, 512)
media de diferencias apareadas (p. 483)
medias dependientes (p. 483)
medias independientes (p. 495)
muestras dependientes (pp. 478, 479, 480)
muestras independientes (pp. 478, 497, 498, 511)
p binomial (p. 511)
porcentaje (p. 511)
probabilidad (p. 511)
probabilidad combinada observada (p. 515)
proporción (p. 511)
prueba de hipótesis (pp. 486, 498, 515, 525)
suposiciones (pp. 482, 496, 512, 525)
valor p (pp. 487, 489. 500, 501)

Resultados del aprendizaje

• Comprender la diferencia entre muestras dependientes e independientes.	EJ. 10.1, 10.2, Ej. 10.5, 10.7
• Comprender que la diferencia de medias (media de las diferencias apareadas) debe usarse para analizar muestras dependientes.	pp. 482–483
• Calcular y/o comprender cómo calcular la diferencia de medias y la desviación estándar para datos apareados.	p. 484, Ej. 10.13
• Calcular, describir e interpretar un intervalo de confianza para la diferencia de medias poblacional.	EJ. 10.4, Ej. 10.19
• Realizar, describir e interpretar una prueba de hipótesis para la diferencia de medias poblacionales, μ_d, usando el método de valor p y/o el método clásico.	EJ. 10.5, 10.6, Ej. 10.37, 10.148
• Comprender que la diferencia entre dos medias debe usarse para analizar muestras independientes.	pp. 495–497
• Comprender cómo determinar los grados de libertad de la distribución t para la diferencia entre medias usando dos muestras independientes.	p. 496, Ej. 10.43
• Calcular, describir e interpretar un intervalo de confianza para la diferencia entre dos medias usando muestras independientes.	EJ. 10.8, Ej. 10.45, 10.47
• Realizar, describir e interpretar una prueba de hipótesis para la diferencia entre dos medias poblacionales, $\mu_1 - \mu_2$, usando el método del valor p y/o el método clásico.	EJ. 10.9, 10.10, Ej. 10.68, 10.72
• Comprender que la distribución z se usará para analizar la diferencia entre dos proporciones usando muestras independientes, siempre que se satisfagan los lineamientos para garantizar normalidad.	pp. 511–512
• Calcular proporciones muestrales con base en el tamaño de muestra y número de éxitos.	Ej. 10.83
• Calcular, describir e interpretar un intervalo de confianza para la diferencia entre dos proporciones usando muestras independientes.	EJ. 10.12, Ej. 10.89, 10.163

- Realizar, describir e interpretar una prueba de hipótesis para la diferencia entre dos proporciones poblacionales, $p_1 - p_2$, usando el método de valor p y/o el método clásico. — EJ. 10.13, Ej. 10.109, 10.168
- Comprender las propiedades de la distribución F y cómo es una serie de distribuciones con base en tamaños muestrales (usando pares de números para grados de libertad como el índice). — pp. 523–524, EJ. 10.15, 10.16, 10.18, Ej. 10.116, 10.117
- Comprender que la suposición para inferencias acerca de la razón de dos varianzas es que las poblaciones muestreadas tengan distribución normal y que las dos muestras se seleccionan de manera independiente. — p. 525
- Realizar, describir e interpretar una prueba de hipótesis para la razón de dos varianzas poblacionales, $\frac{\sigma_1^2}{\sigma_2^2}$, usando la distribución F con el enfoque de valor p y/o el enfoque clásico. — EJ. 10.17, Ej. 10.127, 10.169

Ejercicios del capítulo

10.141 Se identifican 18 diamantes y cada uno se evalúa para su valor de venta al público mediante dos valuadores calificados con licencia. ¿Los dos conjuntos de datos resultantes representan muestras dependientes o independientes? Explica.

10.142 Un químico prueba un método analítico propuesto y no tiene estándares establecidos contra los cuales comparar, de modo que decide usar el método de comparación actualmente aceptado. Toma un espécimen de concentración desconocida y determina su concentración 12 veces usando el método propuesto. Después toma otro espécimen de la misma concentración desconocida y determina su concentración 12 veces usando el método actual. ¿Estas dos muestras representan muestras dependientes o independientes? Explica.

10.143 [EX10-143] Con un intervalo de confianza de 95%, estima la diferencia media en CI entre los miembros más viejos y más jóvenes (hermanos y hermanas) de una familia con base en la siguiente muestra aleatoria de CI. Supón normalidad.

Más viejos	145	133	116	128	85	100	105	150	97	110	120	130
Más jóvenes	131	119	103	93	108	100	111	130	135	113	108	125

10.144 [EX10-144] Las lecturas de presión arterial diastólica para 15 pacientes se determinaron usando dos técnicas: el método estándar usado por el personal médico y un método que usa un dispositivo electrónico con un lector digital. Los resultados fueron los siguientes:

Paciente	1	2	3	4	5	6	7	8	9	10	11	12	13	14	15
Método estándar	72	80	88	80	80	75	92	77	80	65	69	96	77	75	60
Método digital	70	76	87	77	81	75	90	75	82	64	72	95	80	70	61

Si supones que la presión arterial tiene distribución normal, determina el intervalo de confianza de 90% para la diferencia de medias en las dos lecturas, donde d = método estándar – lectura digital.

10.145 [EX10-145] Quieres conocer cuál de dos tipos de filtros debes usar. Una prueba se diseña en la que la fuerza de una señal podría variar de cero al punto donde el operador detecta por primera vez la imagen. En dicho punto, se registra la intensidad establecida. Las intensidades más bajas son mejor. A 20 operadores se les pide hacer una lectura para cada filtro.

Operador	1	2	3	4	5	6	7	8	9	10
Filtro1	96	83	97	93	99	95	97	91	100	92
Filtro2	92	84	92	90	93	91	92	90	93	90
Operador	11	12	13	14	15	16	17	18	19	20
Filtro1	88	89	85	94	90	92	91	78	77	93
Filtro2	88	89	86	91	89	90	90	80	80	90

Si supones que las lecturas de la intensidad tienen distribución normal, estima la diferencia de medias entre las dos lecturas usando un intervalo de confianza de 90%.

10.146 [EX10-146] Al final de su primer día en el campo de entrenamiento, 10 nuevos reclutas participan en una competencia de tiro con rifle. Los mismos 10 compiten nuevamente al final de una semana completa de entrenamiento y práctica. Sus calificaciones resultantes se muestran en la siguiente tabla.

Tiempo de competencia	**Recluta**									
	1	**2**	**3**	**4**	**5**	**6**	**7**	**8**	**9**	**10**
Primer día	72	29	62	60	68	59	61	73	38	48
Una semana después	75	43	63	63	61	72	73	82	47	43

¿Este conjunto de 10 pares de datos muestra que existió una cantidad significativa de mejoramiento en las habilidades de disparo de los reclutas durante la semana? Usa $\alpha = 0.05$ y supón normalidad.

10.147 [EX10-147] Las dietas libres de sal con frecuencia se prescriben a las personas con presión arterial alta. Los siguientes datos se obtuvieron de un experimento diseñado para

[EX00-000] identifica el nombre de archivo de una base de datos en línea de un ejercicio; disponible a través de cengagebrain.com

estimar la reducción en presión arterial diastólica como resultado de seguimiento de dieta libre de sal durante dos semanas. Supón que las lecturas diastólicas tienen distribución normal.

Antes	93	106	87	92	102	95	88	110
Después	92	102	89	92	101	96	88	105

a. ¿Cuál es la estimación puntual para la reducción media en lectura diastólica después de dos semanas con esta dieta?

b. ¿Puedes concluir que la dieta libre en sal produjo una reducción media significativa en presión arterial diastólica? Usa el nivel de significancia 0.01.

10.148 [EX10-148] Los medicamentos de liberación inmediata rápidamente entregan su contenido medicamentoso y la máxima concentración se alcanza en poco tiempo; los medicamentos de liberación prolongada, por otra parte, tardan más tiempo en alcanzar su máxima concentración. Como parte de un estudio, codeína de liberación inmediata (irc) se comparó con codeína de liberación prolongada (src) usando 13 pacientes saludables. A los pacientes seleccionados al azar se les asignó uno de los dos tipos de codeína y trató durante 2.5 días; después de un periodo de observación de 7 días, a cada paciente se le dio otro tipo de codeína. Por tanto, cada paciente recibió ambos tipos. La cantidad total (A) de medicamento disponible durante la vida del tratamiento en (ng · mL)/hr es la siguiente:

Paciente	**1**	**2**	**3**	**4**	**5**	**6**	**7**
Airc	1091.3	1064.5	1281.1	1921.4	1649.9	1423.6	1308.4
Asrc	1308.5	1494.2	1382.2	1978.3	2004.6	*	1211.1

Paciente	**8**	**9**	**10**	**11**	**12**	**13**
Airc	1192.3	766.2	978.6	1618.9	582.9	972.1
Asrc	1002.4	866.6	1345.8	979.2	576.3	999.1

Fuente: http://exploringdata.cqu.edu.au/

a. Explica por qué éste es un diseño de diferencia apareada.

b. ¿Qué ajuste se necesita, dado que no hay Asrc para el paciente 6?

¿Existe alguna diferencia significativa en la cantidad total de medicamento disponible durante la vida del tratamiento?

c. Comprueba las suposiciones de la prueba y describe tus hallazgos.

d. Pon a prueba la afirmación con $\alpha = 0.05$.

10.149 Un examen que mide la ansiedad por las matemáticas se aplicó a 50 estudiantes hombres y 50 estudiantes mujeres. Los resultados fueron los siguiente:

Hombres: $\bar{x} = 70.5, s = 13.2$
Mujeres: $\bar{x} = 75.7, s = 13.6$

Construye un intervalo de confianza de 95% para la diferencia entre las calificaciones de ansiedad medias.

10.150 El mismo examen de logro se aplica a soldados seleccionados al azar de dos unidades. Las calificaciones que logran se resumen del modo siguiente:

Unidad 1: $n_1 = 70, \bar{x}_1 = 73.2, s_1 = 6.1$
Unidad 2: $n_2 = 60, \bar{x}_2 = 70.5, s_2 = 5.5$

Construye un intervalo de confianza de 90% para la diferencia en el nivel medio de las dos unidades.

10.151 La experimentación con una nueva tobera de cohete condujo a dos diseños ligeramente diferentes. Los siguientes resúmenes de datos resultaron de poner a prueba estos dos diseños.

	n	Σx	Σx^2
Diseño 1	36	278.4	2 163.76
Diseño 2	42	310.8	2 332.26

Determina el intervalo de confianza de 99% para la diferencia en las medias para estas dos toberas de cohete.

10.152 [EX10-152] Un examen de desempeño en un curso de ciencias de computación para principiantes se administró a dos grupos. Un grupo tuvo un curso previo de ciencia de computación en bachillerato; el otro grupo no lo tuvo. Los resultados del examen son los siguientes. Si supones que las calificaciones del examen son normales, construye un intervalo de confianza de 98% para la diferencia entre las dos medias poblacionales.

Grupo 1 (tuvo curso en bachillerato)	17	18	27	19	24	36	27	26	35	22	18
	29	29	26	33							
Grupo 2 (no tuvo curso en bachillerato)	19	25	28	27	21	24	18	14	28	21	22
	20	21	14	29	28	25	17	20	28	31	27

10.153 [EX10-153] Dos métodos se usaron para estudiar el calor latente de la fusión de hielo. Tanto el método A (método eléctrico) como el método B (método de mezclas) se realizaron con los especímenes enfriados a –0.72 ºC. Los datos de la siguiente tabla representan el cambio en calor total de 0.72 ºC a agua a 0 ºC en calorías por gramo de masa.

Método A	79.98	80.04	80.02	80.04	80.03	80.03	80.04
	79.97	80.05	80.03	80.02	80.00	80.02	
Método B	80.02	79.94	79.98	79.97	79.97	80.03	79.95
	79.97						

Si supones normalidad, construye un intervalo de confianza de 95% para la diferencia entre las medias.

10.154 [EX10-154] La sacarosa, azúcar de mesa ordinaria, probablemente es el químico orgánico puro más abundante en el mundo y el más ampliamente conocido por los no químicos. Ya sea de caña de azúcar (20% por peso) o de remolacha azucarera (15% por peso) y ya sea bruta o refinada, el azúcar común todavía es sacarosa. Quince condados productores de remolacha azucarera en Estados Unidos se seleccionaron al azar y se

(continúa en la página 538)

registraron sus porcentajes de sacarosa. De igual modo, 12 condados productores de caña de azúcar en Estados Unidos se seleccionaron al azar y se registraron sus porcentajes de sacarosa.

Sacarosa Rem.	17.30	16.46	16.20	17.53	17.00	18.53	16.77	16.11		
	15.30	17.90	15.98	17.30	17.94	17.30	16.60			
Sacarosa Caña	14.1	13.5	15.2	15.0	13.6	13.6	11.7	14.3	13.8	13.8
	14.8	13.7								

Fuente: http://www.usda.gov/

Encuentra el intervalo de confianza de 95% para la diferencia entre el porcentaje de sacarosa media para todos los condados productores de remolacha azucarera en Estados Unidos y todos los condados productores de caña de azúcar en Estados Unidos.

10.155 George Johnson es el *head coach* de un equipo de fútbol colegial que entrena y compite en casa sobre pasto artificial. George está preocupado de que el tiempo de sprint de 40 yardas registrado por sus jugadores y otros aumenta sustancialmente cuando corren en pasto natural, en oposición al pasto artificial. Si es así, hay poca comparación entre la velocidad de sus jugadores y la de sus oponentes, siempre que su equipo juegue en pasto. El siguiente oponente del equipo de George juega en pasto, de modo que sondea a todos los que iniciarán el próximo juego y obtiene sus mejores tiempos de sprint de 40 yardas. Después los compara con los mejores tiempos evidenciados por sus propios jugadores. Los resultados se muestran en la siguiente tabla:

Grupo jugador	n	Media (sec)	Desv. Est.
Pasto artificial	22	4.85	0.31
Pasto natural	22	4.96	0.42

¿Los jugadores del *coach* Johnson tienen un tiempo de sprint medio más bajo? Si supones normalidad, pon a prueba en el nivel de significancia 0.05 para aconsejar al *coach* Johnson.

a. Resuelve con el método de valor p.

b. Resuelve con el método clásico.

10.156 Una prueba concerniente a algunos de los hechos fundamentales acerca del síndrome de inmunodeficiencia adquirida (SIDA) se administró a dos grupos, uno que consistía en graduados universitarios y el otro que consistía en graduados de bachillerato. A continuación se presenta un resumen de los resultados del examen:

Graduados universitarios: $n = 75, \bar{x} = 77.5, s = 6.2$
Graduados bachillerato: $n = 75, \bar{x} = 50.4, s = 9.4$

¿Estos datos muestran que los graduados universitarios, en promedio, califican significativamente más alto en el examen? Usa $\alpha = 0.05$.

10.157 Alrededor de 20 millones de estadounidenses visitan quiroprácticos anualmente y el número de practicantes en Estados Unidos es de 55 000, casi el doble que el número de hace dos décadas, de acuerdo con la American Chiropractic Association. El *New England Journal of Medicine* publica un reporte que muestra los resultados de un estudio que compara la manipulación espinal quiropráctica (CSM) con la terapia física para tratamiento de dolor agudo de la espalda baja. Después de 2 años de tratamiento, se descubrió que la CSM no era efectiva para reducir el ausentismo laboral ni para evitar la reincidencia.

Supón que un estudio similar de 60 pacientes se realiza al dividir la muestra en dos grupos. Durante 1 año, a un grupo se le aplica CSM y al otro, terapia física. Durante el periodo de 1 año, se mide el número de días de ausencia laboral como resultado de dolor de espalda baja:

Grupo	n	Media	Desv. est.
CSM (1)	32	10.6	4.8
Terapia (2)	28	12.5	6.3

¿Estos resultados muestran que el número medio de días de ausentismo laboral para las personas que sufren de dolor agudo de espalda es significativamente menor para quienes recibieron CSM que para quienes experimentaron terapia física? Supón normalidad y usa un nivel de significancia de 0.01.

a. Resuelve con el método de valor p.

b. Resuelve con el método clásico.

10.158 Para comparar los méritos de dos cohetes de corto alcance, 8 del primer tipo y 10 del segundo tipo se disparan a un blanco. Si el primer tipo tiene un error de blanco medio de 36 pies y una desviación estándar de 15 pies y el segundo tipo tiene un error de blanco medio de 52 pies y una desviación estándar de 18 pies, ¿esto indica que el segundo tipo de cohete es menos preciso que el primero? Usa $\alpha = 0.01$ y supón distribución normal para error de blanco.

10.159 [EX10-159] El material usado en la fabricación de las partes no sólo afecta cuánto duran las partes, sino también cuán difícil es repararlas. Las siguientes mediciones son para momento de torsión de remoción de tornillo para un tornillo específico después de varias operaciones de uso. La primera fila menciona el número de parte, la segunda fila menciona las mediciones de momento de torsión de remoción de tornillo para ensambles hechos con el material A y la tercera fila menciona las mediciones del momento de torsión de remoción de tornillo para ensambles hechos con el material B. Supón que las mediciones del momento de torsión tienen distribución normal.

Momento de torsión de remoción (NM, Newton-metros)

Número de parte	1	2	3	4	5	6	7	8	9	10	11	12	13	14	15
Material A	16	14	13	17	18	15	17	16	14	16	15	17	14	16	15
Material B	11	14	13	13	10	15	14	12	11	14	13	12	11	13	12

Fuente: Datos del problema proporcionados por AC Rochester Division, General Motors, Rochester, NY

a. Encuentra la media, varianza y desviación estándar muestral para los datos del material A.

b. Encuentra la media, varianza y desviación estándar muestral para los datos del material B.

c. En el nivel 0.01, ¿estos datos demuestran una diferencia significativa en el momento de torsión medio requerido para remover los tornillos de los dos diferentes materiales?

10.160 [EX10-160] Un grupo de 17 estudiantes participó en una evaluación de una sesión de capacitación especial que afirmó mejorar la memoria. Los estudiantes se asignaron al azar a dos grupos: grupo A, el grupo de prueba y el grupo B, el grupo de control. Los 17 estudiantes se pusieron a prueba para su habilidad de recordar cierto material. Al grupo A se le dio capacitación especial, cosa que no ocurrió con el grupo B. Después de 1 mes, ambos grupos se pusieron a prueba nuevamente, con los resultados que se muestran en la siguiente tabla. ¿Estos datos apoyan la hipótesis alternativa de que la capacitación especial es efectiva en el nivel de significancia $\alpha = 0.01$? Supón normalidad.

	Grupo estudiantes A									**Grupo estudiantes B**							
Tiempo de prueba	1	2	3	4	5	6	7	8	9	10	11	12	13	14	15	16	17
Antes	23	22	20	21	23	18	17	20	23	22	20	23	17	21	19	20	20
Después	28	29	26	23	31	25	22	26	26	23	25	26	18	21	17	18	20

10.161 [EX10-161] En una gran universidad se administra un examen de colocación de matemáticas a todos los estudiantes. Este examen tiene una historia de producir calificaciones con una media de 77. Las muestras de 36 estudiantes hombres y 30 estudiantes mujeres se seleccionan al azar del cuerpo estudiantil de este año y se registraron las siguientes calificaciones.

Hombres	72	68	75	82	81	60	75	85	80	70
	71	84	68	85	82	80	54	81	86	79
	99	90	68	82	60	63	67	72	77	51
	61	71	81	74	79	76				
Mujeres	81	76	94	89	83	78	85	91	83	83
	84	80	84	88	77	74	63	69	80	82
	89	69	74	97	73	79	55	76	78	81

a. Describe cada conjunto de datos con un histograma (usa los mismos intervalos de clase en ambos histogramas), media y desviación estándar.

b. Pon a prueba las hipótesis "la calificación media para todos los hombres es 77" y "la calificación media para todas las mujeres es 77", con $\alpha = 0.05$.

c. ¿Los resultados anteriores demuestran que las calificaciones medias para hombres y mujeres son iguales? Justifica tu respuesta. ¡Ten cuidado!

d. Pon a prueba la hipótesis "no hay diferencia entre las calificaciones medias para estudiantes hombres y mujeres", con $\alpha = 0.05$.

e. ¿Los resultados que encontraste en el inciso d muestran que las calificaciones medias para hombres y mujeres son iguales? Explica.

f. Explica por qué los resultados que encontraste en el inciso b no pueden usarse para concluir "las dos medias son iguales".

10.162 Se realiza una encuesta para determinar la proporción de demócratas así como de republicanos que apoyan una política "dura" en Sudamérica. Los resultados de la encuesta fueron los siguientes:

Demócratas: $n = 250$, número de apoyo = 120
Republicanos: $n = 200$, número de apoyo = 105

Construye el intervalo de confianza de 98% para la diferencia entre las proporciones de apoyo.

10.163 Un grupo de consumidores comparó la fiabilidad de dos microcomputadoras comparables de dos fabricantes. La proporción que requiere servicio dentro del primer año después de la compra se determinó para muestras de cada uno de dos fabricantes.

Fabricante	Tamaño de muestra	Proporción necesitan servicio
1	75	0.15
2	75	0.09

Encuentra un intervalo de confianza de 0.95 para $p_1 - p_2$.

10.164 "Es un empate", de acuerdo con dos investigadores australianos. "Hacia los 25 años de edad, hasta 29% de todos los hombres y hasta 34% de todas las mujeres tienen algunas canas, pero esta diferencia es tan pequeña que se considera insignificante" ("Hilos de plata entre el oro: quién los descubrirá primero, ¿un hombre o una mujer?"; *Family Circle*).

a. Si 1 000 hombres y 1 000 mujeres se involucran en esta investigación, construye un intervalo de confianza de 95% para estimar la verdadera diferencia.

b. ¿El intervalo de confianza que encontraste en el inciso a indica que la diferencia es significativa? Explica.

10.165 De acuerdo con "Venus contra Marte" en el número de mayo/junio de 2005 de *Arthritis Today*, hombres y mujeres pueden ser más iguales de lo que se piensa. La encuesta Boomers Wellness Lifestyle de hombres y mujeres con edades de 35 a 65 descubrió que 88% de las mujeres consideraban

(continúa en la página 540)

"la administración del estrés" importante para mantener el bienestar global. La misma encuesta descubrió que 75% de los hombres consideraba que "administrar el estrés" era importante. Responde lo siguiente y ofrece detalles para apoyar cada una de tus respuestas.

a. Si estos estadísticos provienen de muestras de 100 hombres y 100 mujeres, ¿la diferencia es significativa?

b. Si estos estadísticos provienen de muestras de 150 hombres y 150 mujeres, ¿la diferencia es significativa?

c. Si estos estadísticos provienen de muestras de 200 hombres y 200 mujeres, ¿la diferencia es significativa?

d. ¿Qué efectos tiene el aumento en tamaño muestral sobre las soluciones de los incisos a-c?

10.166 Un estudio en el *New England Journal of Medicine* reportó que, con base en 987 muertes en el sur de California, los diestros murieron en promedio a los 75 años de edad y los zurdos murieron en promedio a los 66. Además, se descubrió que 7.9% de los zurdos murió de lesiones relacionadas con accidentes, excluidos vehículos, frente a 1.5% para los diestros y 5.3% de los zurdos murió mientras conducía vehículos frente al 1.4% de los diestros.

Supón que examinas 1 000 certificados de defunción seleccionados al azar, de los cuales 100 fueron zurdos y 900 fueron diestros. Si descubres que 5 de los zurdos y 18 de los diestros murieron mientras conducían un vehículo, ¿tendrías evidencia para demostrar que la proporción de zurdos que murieron al volante es significativamente mayor que la proporción de diestros que murieron mientras conducían? Calcula el valor p e interpreta su significado.

10.167 ¿Quién gana los casos debatibles siempre que se hace un cambio en las leyes fiscales, el contribuyente o las autoridades fiscales? La tendencia más reciente indica que el peso de la prueba en todos los casos judiciales cambió del contribuyente a la autoridad fiscal, cuyos expertos fiscales predicen que podrían plantearse más cuestionamientos intrusivos. De los contadores, abogados y otros profesionales fiscales encuestados por RIA Group, un editor de información fiscal, 55% esperan un aumento al menos ligero en los triunfos de contribuyentes.

Fuente: *Fortune*, "Tax Reform?"

Supón que a las muestras de 175 contadores y 165 abogados se les pregunta: "¿espera que los contribuyentes ganen más casos judiciales debido a las nuevas reglas de peso de la prueba?" De los entrevistados, 101 contadores replicaron "sí" y 84 abogados dijeron "sí". ¿Los dos grupos de expertos difieren en sus opiniones? Usa un nivel de significancia de 0.01 para responder la pregunta.

a. Resuelve con el método de valor p.

b. Resuelve con el método clásico.

10.168 Al determinar la "bondad" de una pregunta de examen, un profesor frecuentemente comparará el porcentaje de los mejores estudiantes que respondan correctamente, con el porcentaje de estudiantes de más deficiente desempeño que responden correctamente. Uno espera que la proporción de mejores estudiantes que responderán la pregunta correctamente es mayor que la proporción de estudiantes más deficientes que responderán correctamente. En el último examen, 35 de los estudiantes con las mejores 60 calificaciones y 27 de los estudiantes con las 60 calificaciones más bajas, respondieron cierta pregunta correctamente. ¿Los estudiantes con las calificaciones más altas se desempeñan significativamente mejor a esta pregunta? Usa $\alpha = 0.05$.

a. Resuelve con el método de valor p.

b. Resuelve con el método clásico.

10.169 Un fabricante diseñó un experimento para comparar las diferencias entre hombres y mujeres respecto a los tiempos que requieren para ensamblar un producto. Un total de 15 hombres y 15 mujeres se pusieron a prueba para determinar el tiempo que requieren en promedio, para ensamblar el producto. El tiempo requerido por los hombres tuvo una desviación estándar de 4.5 minutos y el tiempo requerido por las mujeres tuvo una desviación estándar de 2.8 minutos. ¿Estos datos demuestran que la cantidad de tiempo necesaria por los hombres es más variable que la cantidad de tiempo requerida por las mujeres? Usa $\alpha = 0.05$ y supón que los tiempos tienen una distribución aproximadamente normal.

a. Resuelve con el método de valor p.

b. Resuelve con el método clásico.

10.170 Un distribuidor de refrescos considera dos nuevos modelos de máquinas despachadoras. Tanto la máquina de Harvard Company como la máquina Fizzit pueden ajustarse para llenar las tazas hasta cierta cantidad media. Sin embargo, la variación en la cantidad despachada de taza a taza es una preocupación principal. Diez tazas despachadas de la máquina Harvard mostró una varianza de 0.065, mientras que 15 tazas despachadas de la máquina Fizzit mostró una varianza de 0.033. El representante de Harvard Company sostiene que su máquina no tiene más variabilidad que la máquina Fizzit. Supón que la cantidad despachada tiene distribución normal.

En el nivel de significancia 0.05, ¿la muestra rechaza la afirmación del representante?

a. Resuelve con el método de valor *p*.

b. Resuelve con el método clásico.

10.171 Mindy Fernández está a cargo de la producción en la planta de ensamblado del nuevo vehículo deportivo-utilitario (SUV) que recién abrió en su ciudad. Últimamente ha estado preocupada de que los tornillos de sujeción de las ruedas no coinciden con las tuercas respectivas y no cierran lo suficiente para mantener el ensamble de las ruedas en operación suave. Los trabajadores se quejan de que el trasroscado ocurre con tanta frecuencia que las roscas se dañan con las llaves neumáticas y que el parámetro del momento de torsión también tienen que ajustarse a la baja para evitar dañar las roscas incluso si las partes coinciden. En un esfuerzo por determinar si la falla se encuentra en las tuercas o los tornillos, Mindy decide pedir al departamento de control de calidad que ponga a prueba una muestra aleatoria de 60 tuercas y 40 tornillos para ver si las varianzas en roscas son iguales para ambas partes. El reporte del técnico indica que la varianza de rosca de las tuercas muestreadas fue 0.00213 y que la varianza de rosca para los tornillos muestreados fue 0.00166. ¿Qué puede concluir Mindy acerca de la igualdad de las varianzas en el nivel de significancia 0.05?

a. Resuelve con el método de valor *p*.

b. Resuelve con el método clásico.

10.172 [EX10-172] ¿Los estudiantes que se registran para clases temprano en la mañana usualmente se desempeñan mejor que quienes se inscriben para clases más tarde durante el día? Muestras aleatorias de dos clases elementales de estadística se toman para determinar si existe una diferencia significativa en la variabilidad y medias de calificaciones para un examen de probabilidad dado a ambas clases.

Calificaciones temprano en la mañana

78	92	86	78	89	100	97	53	86	58	78	100
92	83										

Calificaciones tarde en el día

89	100	92	78	100	67	58	100	78	100	89	83

a. ¿Se satisfacen las suposiciones de normalidad? Explica.

b. ¿Existe suficiente evidencia para rechazar la hipótesis de iguales varianzas de calificaciones para esas dos clases? Usa $\alpha = 0.05$.

c. ¿Existe suficiente evidencia para rechazar la hipótesis de que no hay diferencia entre las calificaciones medias del examen de probabilidad para estas dos clases? Usa $\alpha = 0.05$.

PTI Cuando usas la prueba *t* de dos muestras de MINITAB o de TI, tienes la opción de seleccionar "suponer varianzas iguales" de acuerdo con el resultado en el inciso b.

10.173 [EX10-173] Un proyecto de investigación se realiza para evaluar la cantidad de fuerza necesaria para evocar una respuesta designada acerca del equipo fabricado con dos diseños distintos: el diseño existente y uno mejorado. La expectativa fue que el nuevo diseño de equipo requeriría menos fuerza que el equipo actual. De cada diseño se ponen a prueba 15 unidades y se registra la fuerza requerida. Un nivel de fuerza inferior y variabilidad reducida son considerados deseables.

Control o existente	Prueba o nuevo diseño
0.003562	0.002477
0.005216	0.002725

*** Para el resto de los datos, ingresa a cengagebrain.com

a. Describe ambos conjuntos de datos usando medias, desviaciones estándar e histogramas.

b. Comprueba las suposiciones para comparar las varianzas y medias de dos muestras independientes. Describe tus hallazgos.

c. ¿Serán adecuadas las pruebas de una o dos colas para poner a confirmación las expectativas del nuevo diseño? ¿Por qué?

d. ¿Existe evidencia significativa para demostrar que el nuevo diseño redujo la variabilidad en la fuerza requerida? Usa $\alpha = 0.05$.

e. ¿Existe evidencia significativa para demostrar que el nuevo diseño redujo la cantidad media de fuerza? Usa $\alpha = 0.05$.

f. ¿El nuevo diseño cumple con las expectativas? Explica.

Examen de práctica del capítulo

PARTE I: Conocimiento de las definiciones

Responde "verdadero" si el enunciado siempre es verdadero. Si el enunciado no siempre es verdadero, sustituye las palabras en negrillas con las palabras que hagan al enunciado siempre verdadero.

10.1 Cuando las medias de dos muestras no relacionadas se usan para comparar dos poblaciones, se trata con **dos medias dependientes**.

10.2 El uso de **datos apareados (medias dependientes)** con frecuencia permite el control de variables no cuantificables o engañosas porque cada par está sujeto a tales efectos igualmente engañosos.

10.3 La **distribución ji cuadrada** se usa para realizar inferencias en torno a la razón de las varianzas de dos poblaciones.

10.4 La **distribución** z se usa cuando se comparan dos medias dependientes.

10.5 Al comparar dos medias independientes cuando se conocen las σ, es necesario usar la distribución **normal estándar**.

10.6 La **calificación normal estándar** se usa para todas las inferencias concernientes a las proporciones poblacionales.

10.7 La distribución F es una distribución **simétrica**.

10.8 El número de grados de libertad para el valor crítico de t es igual **al menor de $n_1 - 1$ o $n_2 - 1$** cuando las inferencias se hacen acerca de la diferencia entre dos medias independientes en el caso cuando se estiman los grados de libertad.

10.9 En un intervalo de confianza para la diferencia de medias en datos apareados, el intervalo **aumenta** en ancho cuando aumenta el tamaño muestral.

10.10 Una **estimación combinada** para cualquier estadístico en un problema que trata con dos poblaciones es un valor al que se llega al combinar los dos estadísticos muestrales separados, de modo que se logre la mejor estimación puntual posible.

PARTE II: Aplicación de los conceptos

Responde todas las preguntas y muestra todas las fórmulas, sustituciones y trabajo.

10.11 Enuncia las hipótesis nula (H_o) y alternativa (H_a) que usarías para poner a prueba cada una de estas afirmaciones:

a. No hay diferencia significativa en los promedios de bateo medios para los jugadores de béisbol de las dos ligas mayores.

b. La desviación estándar para las cantidades mensuales de lluvia en el condado Monroe es menos que la desviación estándar para las cantidades mensuales en el condado Orange.

c. Existe una diferencia significativa entre los porcentajes de estudiantes universitarios hombres y mujeres que poseen su propio automóvil.

10.12 Determina el estadístico de prueba, región crítica y valor crítico que usarías para completar cada prueba de hipótesis usando el procedimiento clásico con $\alpha = 0.05$.

a. H_o: $p_1 - p_2 = 0$
H_a: $p_1 - p_2 \neq 0$

b. H_o: $\mu_d = 12$
H_a: $\mu_d \neq 12$
$(n = 28)$

c. H_o: $\mu_1 - \mu_2 = 17$
H_a: $\mu_1 - \mu_2 > 17$
$(n_1 = 8, n_2 = 10)$

d. H_o: $\mu_1 - \mu_2 = 37$
H_a: $\mu_1 - \mu_2 < 37$
$(n_1 = 38, n_2 = 50)$

e. H_o: $\sigma_m^2 = \sigma_p^2$
H_a: $\sigma_m^2 > \sigma_p^2$
$(n_m = 16, n_p = 25)$

10.13 Encuentra cada uno de los siguientes:

a. $z(0.02)$
b. $t(15, 0.025)$
c. $F(24, 12, 0.05)$
d. $F(12, 24, 0.05)$
e. $z(0.04)$
f. $t(38, 0.05)$
g. $t(23, 0.99)$
h. $z(0.90)$

10.14 [PT10-14] Veinte estudiantes de primer año de universidad se dividieron al azar en dos grupos. Los miembros de un grupo se asignaron a una sección de estadística que usó sólo materiales programados. Los miembros del otro grupo se asignaron a una sección en la que el profesor daba clases. Al final del semestre, a todos se les aplicó el mismo examen final. He aquí los resultados:

Programado	76	60	85	58	91
	44	82	64	79	88
Clases	81	62	87	70	86
	77	90	63	85	83

En el nivel de significancia de 5%, ¿estos datos ofrecen suficiente evidencia para concluir que, en promedio, los estudiantes en las secciones de clases se desempeñaron significativamente mejor en el examen final? Supón normalidad.

10.15 [PT10-15] Los pesos de ocho personas antes de dejar de fumar y 5 semanas después de dejar de fumar son los siguientes:

	1	2	3	4	5	6	7	8
Antes	148	176	153	116	129	128	120	132
Después	154	179	151	121	130	136	125	128

En el nivel de significancia 0.05, ¿esta muestra presenta suficiente evidencia para justificar la conclusión de que el peso aumenta si uno deja de fumar? Supón normalidad.

10.16 En una encuesta nacional de 600 niños de edad escolar y 500 niñas de edad escolar, 288 niños y 175 niñas admitieron haber cometido una ofensa de daño a la propiedad. Usa estos datos muestrales para construir un intervalo de confianza de 95% para la diferencia entre las proporciones de niños y niñas que cometieron esta ofensa.

PARTE III: Comprender los conceptos

10.17 Para comparar la precisión de dos misiles de corto alcance, 8 del primer tipo y 10 del segundo tipo se dispararon a un blanco. Sea x la distancia por la que el misil falló el blanco. ¿Estos dos conjuntos de datos (8 distancias y 10 distancias) representan muestras dependientes o independientes? Explica.

10.18 Supón que 400 estudiantes en tu universidad toman estadística elemental este semestre. Describe cómo podrías obtener dos muestras dependientes de tamaño 20 de dichos estudiantes para poner a prueba algunas habilidades precurso contra la misma habilidad después de que los estudiantes completan el curso. Especifica perfectamente.

10.19 El estudiante A dice "no veo por qué tanta alharaca acerca de la diferencia entre medias independientes y dependientes; los resultados son casi iguales sin importar el método utilizado". El profesor C sugiere que el estudiante A compare los procedimientos un poco más cuidadosamente. Ayuda al estudiante A a descubrir que existe una diferencia sustancial entre los procedimientos.

10.20 Supón que pones a prueba H_o: $\mu_d = 0$ frente a H_a: $\mu_d < 0$ y todas las diferencias apareadas muestrales son negativas. ¿Esto significa que existe suficiente evidencia para rechazar la hipótesis nula? ¿Cómo puede no ser significativa? Explica.

10.21 El faltar a clase es muy perturbador para el sistema educativo. Un grupo de profesores y consejeros de bachillerato desarrollaron un programa de grupo de apoyo que esperan ayudará a mejorar la situación de faltar a clase en su escuela. Seleccionaron a los 80 estudiantes en su escuela con los peores registros de faltas injustificadas y a la mitad de ellos los asignaron al azar al programa de grupo de apoyo. Al final del año escolar, los 80 estudiantes se calificaron respecto a sus faltas injustificadas. Cuando se recolecten las calificaciones, regresarán para que las evalúes. Explica qué harás para completar el estudio.

10.22 Quieres estimar y comparar la proporción de familias católicas cuyos hijos asisten a una escuela privada, con la proporción de familias no católicas cuyos hijos asisten a escuelas privadas. ¿Cómo harías para estimar las dos proporciones y la diferencia entre ellas?

11 Aplicaciones de ji cuadrada

© James Schwabel/Alamy

© 2010 Jupiterimages Corporation/Getty Images

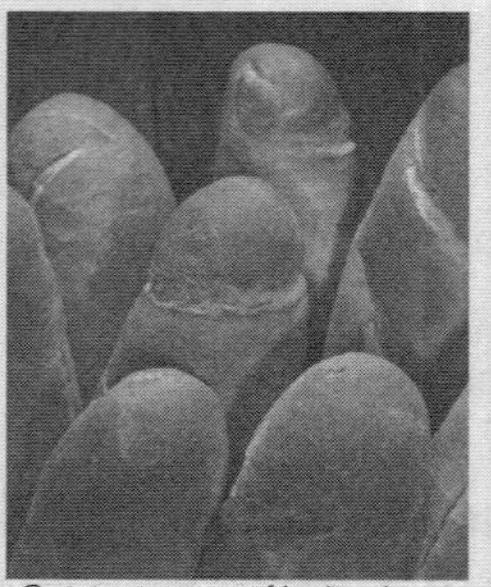

© 2010 Masterfile/Radius Images/Jupiterimages Corporation

© iStockphoto.com/Irina Tischenko

11.1 El estadístico ji cuadrada

Cómo enfriar un sabor muy picante

Si te gustan las comidas picantes, probablemente tienes una salsa picante favorita y una forma preferida de "enfriar" tu boca después de comer un bocadillo picante que hace estallar tu cabeza. Algunos de los métodos más comunes usados por las personas son: beber agua, leche, refresco o cerveza, o comer pan u otro alimento. Incluso existen personas que prefieren no enfriar su boca en tales ocasiones y por tanto no hacen nada.

Apagar el fuego

Fuente: Datos de Anne R. Carey y Susy Parker, © 1995 *USA Today*

Recientemente, a una muestra de 200 adultos que profesan amor por la comida picante se le pidió nombrar su forma favorita de enfriar su boca después de ingerir comida con salsa picante. La tabla resume las respuestas. [EX11-01]

Método	Agua	Pan	Leche	Cerveza	Refresco	Nada	Otro
Número	73	29	35	19	20	13	11

Los datos de conteo como estos con frecuencia se conocen como datos enumerativos.

Existen muchos problemas para los cuales se categorizan los **datos enumerativos** y los resultados se muestran mediante conteos. Por ejemplo, un conjunto de calificaciones de examen final pueden mostrarse como una distribución de frecuencia. Estos números de frecuencia son conteos, el número de datos que cae en cada celda. Una encuesta pregunta a los votantes si están registrados como republicanos, demócratas u otro y si apoyan o no a un candidato particular. Por lo general, los resultados se muestran en un gráfico que muestra el número de votantes en cada posible categoría. Numerosas ilustraciones de esta forma de presentar datos se han proporcionado a lo largo de los 10 capítulos anteriores.

Preparación de los datos

Supón que se tiene un número de **celdas** en las que se ordenan n observaciones. (El término *celda* es sinónimo del término *clase*; los términos *clase* y *frecuencia* se definieron y usaron por primera vez en capítulos anteriores. Antes de continuar, puede ser benéfica una breve revisión de las secciones 2.1, 2.2 y 3.1.) Las **frecuencias observadas** en cada celda se denotan mediante $O_1, O_2, O_3, \ldots, O_k$ (consulta la tabla 11.1). Observa que la suma de todas las frecuencias observadas es

$$O_1 + O_2 + \cdots + O_k = n$$

donde n es el tamaño de la muestra. Lo que se quiere hacer es comparar las frecuencias observadas con algunas **frecuencias esperadas** o teóricas, denotadas con $E_1, E_2, E_3, \ldots, E_k$ (consulta la tabla 11.1), para cada una de dichas celdas. Nuevamente, la suma de tales frecuencias esperadas debe ser exactamente n:

$$E_1 + E_2 + \cdots + E_k = n$$

¿SABÍAS QUE...?

Karl Pearson

Conocido como uno de los padres de la estadística moderna, Karl Pearson inventó la ji cuadrada (denotada por χ^2) en 1900. Es el procedimiento de inferencia más antiguo todavía en uso en su forma original y con frecuencia utilizado en aplicaciones económicas y empresariales de hoy.

TABLA 11.1 Frecuencias observadas

	k categorías					
	1a	2a	3a	. . .	*k*-ésima	Total
Frecuencias observadas	O_1	O_2	O_3	. . .	O_k	n
Frecuencias esperadas	E_1	E_2	E_3	. . .	E_k	n

Entonces se decidirá si las frecuencias observadas parecen concordar o no con las frecuencias esperadas. Esto se hará usando una **prueba de hipótesis** con **ji cuadrada**, χ^2 (χ es la letra griega minúscula ji).

Bosquejo del procedimiento de prueba

Estadístico de prueba para ji cuadrada

$$\chi^2\bigstar = \sum_{\text{todas las celdas}} \frac{(O - E)^2}{E} \qquad (11.1)$$

Este valor calculado para ji cuadrada es la suma de varios números no negativos, uno de cada celda (o categoría). El numerador de cada término en la fórmula para $\chi^2\bigstar$ es el cuadrado de la diferencia entre los valores de las frecuencias observada y esperada. Mientras más cercanos estén estos valores, menor será el valor de $(O - E)^2$ mientras más alejados, mayor será el valor de $(O - E)^2$. El denominador para cada celda pone el tamaño del numerador en perspectiva; esto es: una diferencia $(O - E)$ de 10 que resulte de frecuencias de 110 (O) y 100 (E) es muy diferente de una diferencia de 10 que resulte de 15 (O) y 5 (E).

Estas ideas sugieren que pequeños valores de ji cuadrada indican concordancia entre los dos conjuntos de frecuencias, mientras que valores más grandes indican desacuerdo. Por tanto, se acostumbra que estas pruebas sean de una cola, con la región crítica a la derecha.

En muestreo repetido, el valor calculado de $\chi^2\bigstar$ en la fórmula (11.1) tendrá una distribución muestral que puede aproximarse mediante la distribución de probabilidad ji cuadrada cuando n es grande. Esta aproximación generalmente se considera adecuada cuando todas las frecuencias esperadas son iguales a o mayores que 5. Recuerde que las distribuciones ji cuadradas, como las distribuciones t de Student, son una familia de distribuciones de probabilidades, cada una identificada con el número de parámetro de **grados de libertad**, gl. El valor adecuado de gl se describirá con cada prueba específica. Con la finalidad de usar la distribución ji cuadrada, debe estar al tanto de sus propiedades, que se mencionaron en la sección 9.3 de la página 454. (Consulta también la figura 9.7.) Los valores críticos para ji cuadrada se obtienen de la tabla 8 del apéndice B. (En la sección 9.3 se proporcionan instrucciones específicas; consulta las pp. 454-455.)

Suposición para usar ji cuadrada para hacer inferencias con base en datos enumerativos La información muestral se obtiene usando una muestra aleatoria extraída de una población en la que cada individuo se clasifica de acuerdo con la variable categórica involucrada en la prueba.

Una *variable categórica* es una variable que clasifica o categoriza a cada individuo en exactamente una de varias celdas o clases; dichas celdas o clases son todas inclusivas y mutuamente excluyentes. La cara hacia arriba de un dado que se rueda es una variable categórica: la lista de resultados {1, 2, 3, 4, 5, 6} es un conjunto de categorías todas inclusivas y mutuamente excluyentes.

En este capítulo se permite cierta cantidad de "liberalización" respecto a la hipótesis nula y su prueba. En capítulos previos la hipótesis nula siempre fue un enunciado acerca de un parámetro poblacional (μ, σ o p). Sin embargo, existen otros tipos de hipótesis que pueden ponerse a prueba, como "este dado es justo" o "la estatura y el peso de los individuos son independientes". Observa que tales hipótesis no son afirmaciones acerca de un parámetro, aunque en ocasiones podrían enunciarse con valores de parámetros específicos.

Supón que se afirma "este dado es justo", $p = P(\text{cualquier número}) = \frac{1}{6}$ y quieres poner a prueba la afirmación. ¿Qué harías? ¿Tu respuesta fue algo como: rodar este dado muchas veces y registrar los resultados? Supón que decides rodar el dado 60 veces. Si el dado es justo, ¿qué esperas que suceda? Cada número (1, 2, ..., 6) debe aparecer aproximadamente $\frac{1}{6}$ del tiempo (esto es: 10 veces). Si sucede que aproximadamente 10 de cada número aparece, ciertamente aceptarás la afirmación de equidad ($p = \frac{1}{6}$ para cada valor). Si sucede que el dado parece favorecer algunos números particulares, rechazarás la afirmación. (El estadístico de prueba calculado $\chi^2\bigstar$ tendrá un valor grande en este caso, como se verá pronto.)

EJERCICIOS SECCIÓN 11.1

11.1 [EX11-001] Con referencia a la muestra de 200 adultos encuestados en el “Cómo enfriar un sabor muy picante” de la sección 11.1 (p. 544):

a. ¿Qué información se recolectó de cada adulto en la muestra?

b. Define la población y la variable involucrada en la muestra.

c. Con los datos muestrales, calcula porcentajes para los diferentes métodos de enfriarse la boca.

11.2 Con referencia a la muestra de 200 adultos encuestados en el “Cómo enfriar un sabor muy picante” de la sección 11.1 y la gráfica que lo acompaña, “Apagar el fuego”:

a. ¿Cómo los porcentajes muestrales calculados en el inciso c del ejercicio 11.1 se comparan con los porcentajes en la gráfica “Apagar el fuego”?

b. Construye una gráfica de barras verticales de los 200 adultos usando frecuencias relativas para la escala vertical. (Trata el 3% faltante en “Apagar el fuego” como la categoría “Otro”.)

c. Sobrepón la gráfica de barras de “Apagar el fuego” sobre la gráfica de barras del inciso b.

d. ¿Dirías que la distribución de la muestra parece “similar a” o “muy diferente de” la distribución que se muestra en la gráfica “Apagar el fuego”? Explica tu respuesta.

11.3 Con la tabla 8 del apéndice B, encuentra lo siguiente:

a. $\chi^2(10, 001)$ b. $\chi^2(12, 0.025)$

c. $\chi^2(10, 0.95)$ d. $\chi^2(22, 0.995)$

11.4 Encuentra estos valores críticos usando la tabla 8 del apéndice B:

a. $\chi^2(18, 0.01)$ b. $\chi^2(16, 0.025)$

c. $\chi^2(40, 0.10)$ d. $\chi^2(45, 0.01)$

11.5 Con la notación que viste en el ejercicio 11.4, menciona y encuentra los valores críticos de χ^2.

a.

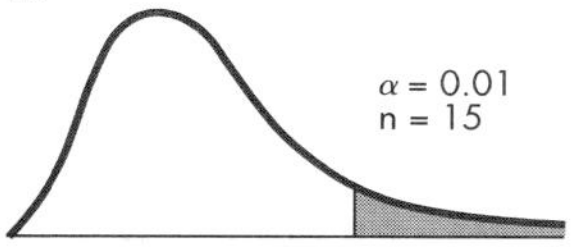

b.

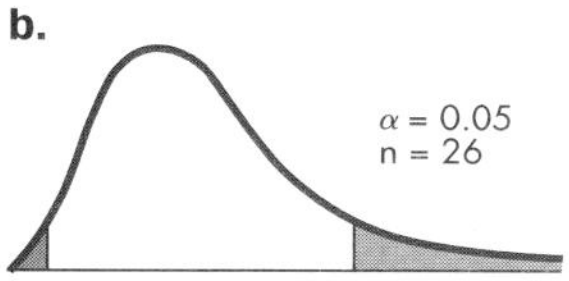

11.6 Con la notación que viste en el ejercicio 11.4, menciona y encuentra los valores críticos de χ^2.

a.

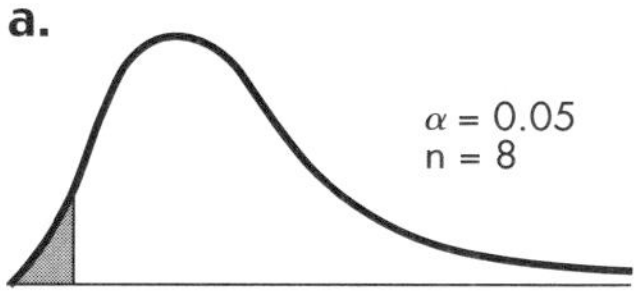

b.

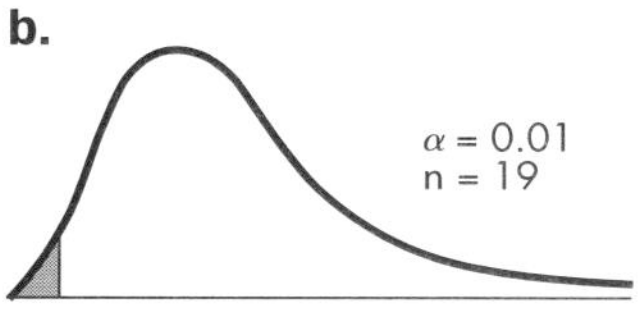

c.

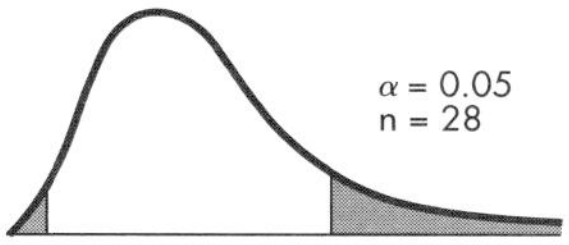

d.

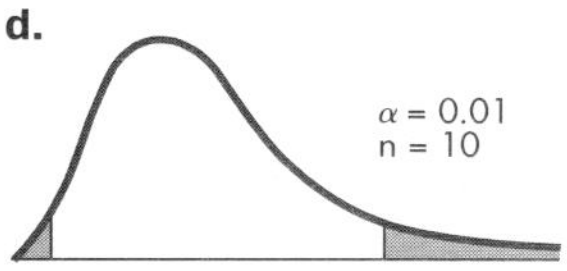

[EX00-000] identifica el nombre de archivo de una base de datos en línea de un ejercicio; disponible a través de cengagebrain.com

11.2 Inferencias concernientes a experimentos multinomiales

El anterior problema del dado es una buena ilustración de un **experimento multinomial**. Considera nuevamente este problema. Supón que quieres poner a prueba este dado (en $\alpha = 0.05$) y decidir si fallar en rechazar o rechazar la afirmación “este dado es justo”. (La probabilidad de cada número es $\frac{1}{6}$.) El dado se rueda desde una taza hacia una superficie plana lisa 60 veces, con las siguientes frecuencias observadas:

Número	1	2	3	4	5	6
Frecuencia observada	7	12	10	12	8	11

La hipótesis nula de que el dado es justo se supone es verdadera. Esto permite calcular las frecuencias esperadas. Si el dado es justo, ciertamente esperas 10 ocurrencias de cada número.

Ahora calcula un valor observado de χ^2. Dichos cálculos se muestran en la tabla 11.2. El valor calculado es $\chi^2\bigstar = \mathbf{2.2}$.

TABLA 11.2 Cálculos para χ^2

Número	Observado (O)	Esperado (E)	O – E	(O – E)²	$\frac{(O-E)^2}{E}$
1	7	10	–3	9	0.9
2	12	10	2	4	0.4
3	10	10	0	0	0.0
4	12	10	2	4	0.4
5	8	10	–2	4	0.4
6	11	10	1	1	0.1
Total	60	60	0 (ck)		**2.2**

Nota: $\Sigma(O - E)$ debe ser igual a cero porque $\Sigma O = \Sigma E = n$. Puedes usar este hecho como comprobación, como se muestra en la tabla 11.2.

Ahora usar el familiar formato de prueba de hipótesis.

PASO 1 **a. Parámetro de interés:** la probabilidad con la que cada lado queda hacia arriba. $P(1), P(2), P(3), P(4), P(5), P(6)$

b. Enunciado de hipótesis:

H_o: El dado es justo (cada $p = \frac{1}{6}$).
H_a: El dado no es justo (al menos una p es diferente de las otras).

PASO 2 **a. Suposiciones:** los datos se recolectaron en forma aleatoria y cada resultado es uno de los seis números.

b. Estadístico de prueba: la distribución ji cuadrada y la fórmula (11.1), con $gl = k - 1 = 6 - 1 = 5$

En un experimento multinomial, $gl = k - 1$, donde k es el número de celdas.

c. Nivel de significancia: $\alpha = 0.05$

PASO 3 **a. Información muestral:** consulta la tabla 11.2.

b. Estadístico de prueba calculado: con la fórmula (11.1), se tiene

$$\chi^2\bigstar = \sum_{\text{todas las celdas}} \frac{(O-E)^2}{E}: \ \chi^2\bigstar = \mathbf{2.2} \text{ (los cálculos se muestran en la tabla 11.2)}$$

PASO 4 **La distribución de probabilidad:**

Valor p:

a. Usa la cola derecha porque los valores "más grandes" de ji cuadrada no concuerdan con la hipótesis nula: $\mathbf{P} = P(\chi^2\bigstar > 2.2 \mid gl = 5)$, como se muestra en la figura.

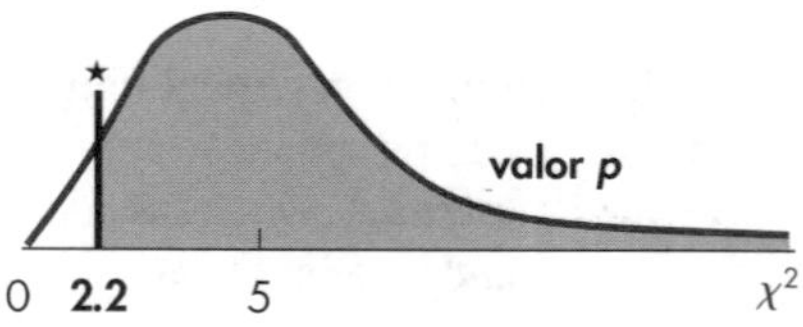

Para encontrar el valor p, tienes dos opciones:

1. Usa la tabla 8 (apéndice B) para colocar cotas sobre el valor p: $\mathbf{0.75 < P < 0.90}$.
2. Usa una computadora o calculadora para encontrar el valor p: $\mathbf{P = 0.821}$.

Para instrucciones específicas, consulta la página 458.

b. El valor p no es menor que el nivel de significancia, α.

Clásico:

a. La región crítica es la cola derecha porque los valores "más grandes" de ji cuadrada no concuerdan con la hipótesis nula. El valor crítico se obtiene de la tabla 8, en la intersección de la fila gl = 5 y la columna $\alpha = 0.05$.

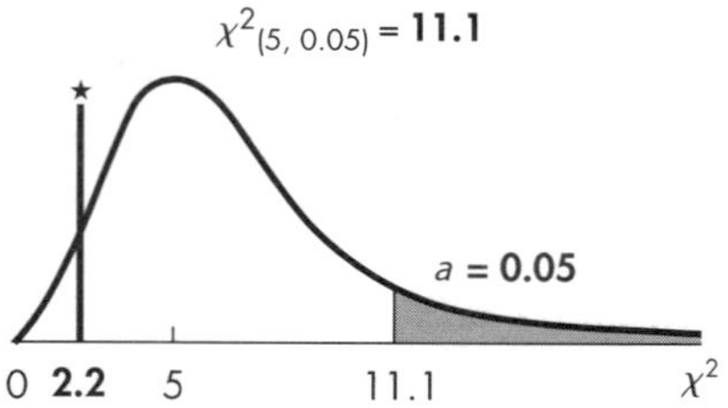

Para instrucciones específicas, consulta las páginas 454-455.

b. $\chi^2\bigstar$ no está en la región crítica, como se muestra en **azul ocuro** en la figura.

PTI Los comandos de computadora y calculadora para encontrar la probabilidad asociada con un valor ji cuadrada específico pueden encontrarse en el capítulo 9 (pp. 455-456).

PASO 5 **a. Decisión:** fallar en rechazar H_o.

b. Conclusión: en el nivel de confianza 0.05, las frecuencias observadas no son significativamente diferentes de los esperados de un dado justo.

Antes de observar otros ejemplos, debes definir el término *experimento multinomial* y establecer los lineamientos para completar la prueba ji cuadrada para él.

Experimento multinomial Un experimento multinomial tiene las siguientes características:

1. Consiste en n ensayos independientes idénticos.
2. El resultado de cada ensayo encaja exactamente en una de k posibles celdas.
3. Existe una probabilidad asociada con cada celda particular y dichas probabilidades individuales permanecen constantes durante el experimento. (Debe ser el caso que $p_1 + p_2 + \cdots + p_k = 1$.)
4. El experimento resultará en un conjunto de k frecuencias observadas, O_1, O_2, . . ., O_k donde cada O_i es el número de veces que un resultado de ensayo cae en dicha celda particular. (Debe ser el caso que $O_1 + O_2 + \cdots + O_k = n$.)

El ejemplo del dado satisface la definición de un experimento multinomial porque tiene las cuatro características descritas en la definición:

1. El dado se rueda n (60) veces en forma idéntica y dichos ensayos fueron independientes unos de otros. (El resultado de cada ensayo no fue afectado por los resultados de otros ensayos.)
2. Cada vez que el dado se rueda, resulta uno de seis números y cada número se asoció con una celda.
3. La probabilidad asociada con cada celda fue $\frac{1}{6}$ y esto fue constante de ensayo a ensayo. (Seis valores de $\frac{1}{6}$ suman 1.0.)
4. Cuando el experimento se completa, se tiene una lista de seis frecuencias (7, 12, 10, 12, 8 y 11) que suman 60, lo que indica que cada uno de los resultados se tomó en cuenta.

El procedimiento de prueba para experimentos multinomiales es muy similar al procedimiento de prueba descrito en capítulos anteriores. El mayor cambio viene con el enunciado de la hipótesis nula. Puede ser un enunciado verbal, como en el ejemplo del dado: "este dado es justo". Con frecuencia, la alternativa a la hipótesis nula no se enuncia. Sin embargo, en este libro se mostrará la hipótesis alternativa, porque ayuda en la organización y comprensión del problema. No obstante, no se usará para determinar la ubicación de la región crítica, como fue el caso en capítulos anteriores. Para experimentos multinomiales siempre se usará una región crítica de una cola y será la cola derecha de la distribución χ^2 porque desviaciones más grandes (positiva o negativa) de los valores esperados conduce a un aumento en el valor $\chi^2\bigstar$ calculado.

El valor crítico se determinará por el nivel de significancia asignado (α) y el número de grados de libertad. El número de grados de libertad (gl) será 1 menos que el número de celdas (k) en el que se dividen los datos:

Grados de libertad para experimentos multinomiales

$$\text{gl} = k - 1 \qquad \textbf{(11.2)}$$

Cada frecuencia esperada, E_i, se determinará al multiplicar el número total de ensayos n por la probabilidad correspondiente (p_i) para dicha celda; esto es,

Valor esperado para experimentos multinomiales

$$E_i = n \cdot p_i \quad (11.3)$$

Un lineamiento debe satisfacerse para garantizar una buena aproximación a la distribución ji cuadrada: cada frecuencia esperada debe ser al menos 5 (es decir: cada $E_i \geq 5$). A veces es posible combinar celdas "más pequeñas" para satisfacer este lineamiento. Si este lineamiento no puede satisfacerse, entonces deben usarse medidas correctivas para garantizar una buena aproximación. Dichas medidas correctivas no se cubren en este libro, pero se estudian en muchas otras fuentes.

EJEMPLO 11.1

UNA PRUEBA DE HIPÓTESIS MULTINOMIAL CON IGUALES FRECUENCIAS ESPERADAS

Los estudiantes universitarios por lo general insisten en la libertad de elección cuando registran sus cursos. Este semestre hubo siete secciones de un curso particular de matemáticas. Las secciones se programaron para reunirse en varios momentos con diferentes profesores. La tabla 11.3 muestra el número de estudiantes que seleccionaron cada una de las siete secciones. ¿Los datos indican que los estudiantes tienen una preferencia por ciertas secciones, o indican que cada sección fue igualmente probable de ser elegida?

TABLA 11.3 Datos de inscripciones en sección

	Sección							
	1	2	3	4	5	6	7	Total
Número de estudiantes	18	12	25	23	8	19	14	119

Solución

Si en la selección de secciones no se mostraron preferencias, entonces se esperaría que los 119 estudiantes estuvieran igualmente distribuidos entre las siete clases: esperarías que 17 estudiantes se registraran en cada sección. La prueba de hipótesis se completa en el nivel de significancia de 5%.

Paso 1 a. Parámetro de interés: preferencia por cada sección, la probabilidad de que una sección particular se seleccione en el momento de registrarse.

b. Enunciado de hipótesis:

H_o: No se muestra preferencia (igualmente distribuidos).

H_a: Sí se muestra preferencia (no igualmente distribuidos).

Paso 2 a. Suposiciones: los 119 estudiantes representan una muestra aleatoria de la población de todos los estudiantes que se registran para este curso particular. Dado que no se introducen nuevas regulaciones en la selección de los cursos y el registro parece proceder en su patrón usual, no hay razón para creer que esto es distinto de una muestra aleatoria.

b. Estadístico de prueba: La distribución ji cuadrada y la fórmula (11.1), con gl = 6

c. Nivel de significancia: $\alpha = 0.05$

Paso 3 a. Información muestral: consulta la tabla 11.3 (p. 550).

b. Calcula el estadístico de prueba: con la fórmula (11.1), se tiene

$$\chi^2\star = \sum_{\text{todas las celdas}} \frac{(O-E)^2}{E}: \chi^2\star = \frac{(18-17)^2}{17} + \frac{(12-17)^2}{17} + \frac{(25-17)^2}{17} + \frac{(23-17)^2}{17} + \frac{(8-17)^2}{17} + \frac{(19-17)^2}{17} + \frac{(14-17)^2}{17}$$

$$= \frac{(1)^2 + (-5)^2 + (8)^2 + (6)^2 + (-9)^2 + (2)^2 + (-3)^2}{17}$$

$$= \frac{1 + 25 + 64 + 36 + 81 + 4 + 9}{17} = \frac{220}{17} = 12.9411$$

$$= \mathbf{12.94}$$

Paso 4 La distribución de probabilidad:

Valor p:

a. Usa la cola derecha porque los valores "más grandes" de ji cuadrada no concuerdan con la hipótesis nula:

$\mathbf{P} = P(\chi^2\star > 12.94 \mid \text{gl} = 6)$, como se muestra en la figura:

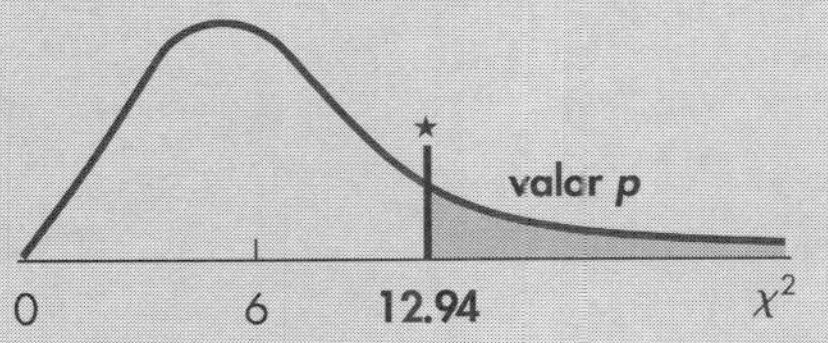

Para encontrar el valor p, tienes dos opciones:

1. Usa la tabla 8 (apéndice B) para poner cotas sobre el valor p: $\mathbf{0.025 < P < 0.05}$.
2. Usa una computadora o calculadora para encontrar el valor p: $\mathbf{P = 0.044}$.
   Para instrucciones específicas, consulta la página 458.

b. El valor p es menor que el nivel de significancia, α.

Clásico:

a. La región crítica es la cola derecha porque los valores "más grandes" de ji cuadrada no concuerdan con la hipótesis nula. El valor crítico se obtiene de la tabla 8, en la intersección de la fila gl = 6 y la columna $\alpha = 0.05$:

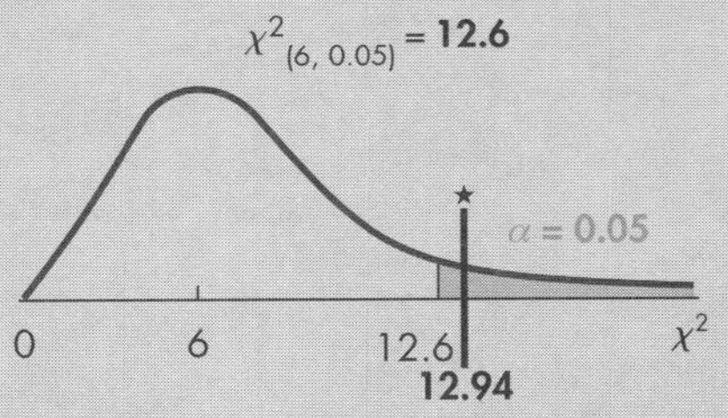

Para instrucciones específicas, consulta las páginas 454-455.

b. $\chi^2\star$ está en la región crítica, como se muestra en **azul oscuro** en la figura.

Paso 5 a. Decisión: rechazar H_o.

b. Conclusión: en el nivel de significancia 0.05, sí parece mostrarse una preferencia. A partir de la información dada, no es posible determinar cuál es la preferencia. Podría ser una preferencia por el profesor, preferencia por el horario o un conflicto de programación.

Las conclusiones deben enunciarse cuidadosamente para evitar sugerir conclusiones que no puedan apoyar los datos.

No todos los experimentos multinomiales resultan en iguales frecuencias esperadas, como verás en el ejemplo 11.2.

EJEMPLO 11.2

UNA PRUEBA DE HIPÓTESIS MULTINOMIAL CON FRECUENCIAS ESPERADAS DESIGUALES

La teoría mendeliana de la herencia afirma que las frecuencias de guisantes redondo y amarillo, arrugado y amarillo, redondo y verde y arrugado y verde ocurrirán en la razón 9:3:3:1 cuando se cruzan dos variedades específicas de guisantes. Al poner a prueba esta hipótesis, Mendel obtuvo frecuencias de 315, 101, 108 y 32, respectivamente. ¿Estos datos muestrales brindan suficiente evidencia para rechazar la hipótesis en el nivel de significancia 0.05?

Solución

Paso 1 a. Parámetro de interés: las proporciones: *P*(redondo y amarillo), *P*(arrugado y amarillo), *P*(redondo y verde), *P*(arrugado y verde)

b. Enunciado de hipótesis:

H_o: 9:3:3:1 es la razón de herencia.
H_a: 9:3:3:1 no es la razón de herencia.

Paso 2 a. Suposiciones: se supondrá que los resultados de Mendel forman una muestra aleatoria.

b. Estadístico de prueba: la distribución ji cuadrada y la fórmula (11.1), con gl = 3

c. Nivel de significancia: $\alpha = 0.05$

Paso 3 a. Información muestral: las frecuencias observadas fueron: 315, 101, 108 y 32.

b. Estadístico de prueba calculado: la razón 9:3:3:1 indica probabilidades de $\frac{9}{16}, \frac{3}{16}, \frac{3}{16}$ y $\frac{1}{16}$.

Por tanto, las frecuencias esperadas son $\frac{9n}{16}, \frac{3n}{16}, \frac{3n}{16}$ y $\frac{1n}{16}$. Se tiene

$$n = \sum O_i = 315 + 101 + 108 + 32 = 556$$

Los cálculos para obtener $\chi^2\star$ se muestran en la tabla 11.4.

TABLA 11.4 Cálculos necesarios para calcular $\chi^2\star$

O	E	$O - E$	$\frac{(O-E)^2}{E}$
315	312.75	2.25	0.0162
101	104.25	−3.25	0.1013
108	104.25	3.75	0.1349
32	34.75	−2.75	0.2176
556	556.00	0 (ck)	0.4700

$$0.4700 \longrightarrow \chi^2\star = \sum_{\text{todas las celdas}} \frac{(O-E)^2}{E} = \mathbf{0.47}$$

Paso 4 La distribución de probabilidad:

Valor *p*:

a. Usa la cola derecha porque los valores "más grandes" de ji cuadrada no concuerdan con la hipótesis nula:

Clásico:

a. La región crítica es la cola derecha porque los valores "más grandes" de ji cuadrada no concuerdan con la

$\mathbf{P} = P(\chi^2\bigstar > 0.47 \mid \text{gl} = 3)$ como se muestra en la figura. Para encontrar el valor p, tienes dos opciones:

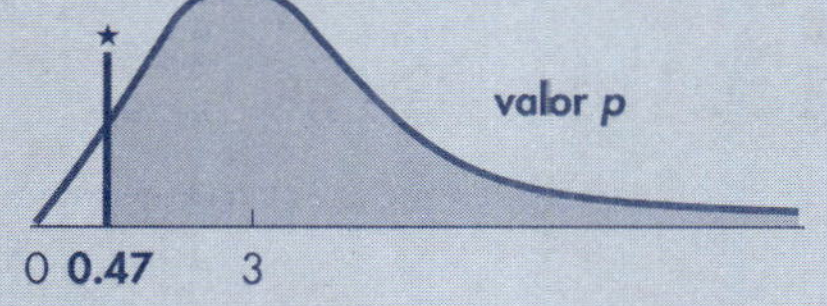

1. Usa la tabla 8 (apéndice B) para colocar cotas sobre el valor p: $\mathbf{0.90 < P < 0.95}$.
2. Usa una computadora o calculadora para encontrar el valor p: $\mathbf{P = 0.925}$.

Para instrucciones específicas, consulta la página 458.

b. El valor p no es menor que el nivel de significancia, α.

hipótesis nula. El valor crítico se obtiene de la tabla 8, en la intersección de la fila gl = 3 y la columna $\alpha = 0.05$:

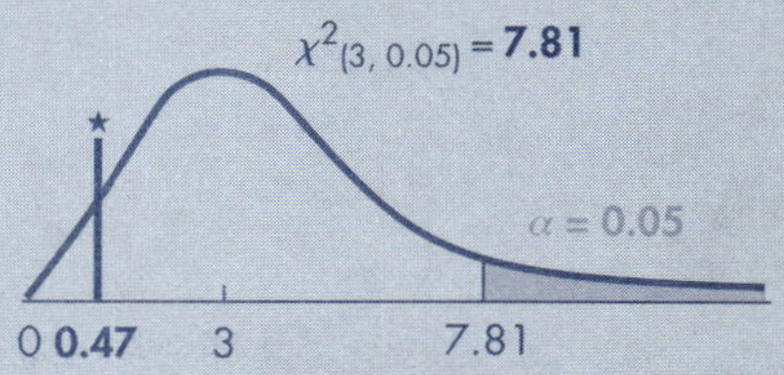

Para instrucciones específicas, consulta las páginas 454-455.

b. $\chi^2\bigstar$ está en la región crítica, como se muestra en **azul oscuro** en la figura.

Paso 5 a. Decisión: fallar para rechazar H_o.

b. Conclusión: en el nivel de significancia 0.05, no hay suficiente evidencia para rechazar la hipótesis de Mendel.

INSTRUCCIONES DE TECNOLOGÍA: PRUEBA DE BONDAD DE AJUSTE

MINITAB

Escribe las frecuencias observadas en C1. Si realizas una prueba con frecuencias esperadas desiguales, escribe las proporciones específicas en C2. Después continúa con:

Elige: **Stat > Tables > Chi-Square Goodness-of-Fit Test (One Variable) . . .**
Escribe: Conteos observados: **C1**
Selecciona: **Equal Proportions > OK**
o
Specific Proportions
Escribe: **C2 > OK**

Excel

Escribe las frecuencias observadas en la columna A y las correspondientes frecuencias observadas en la columna B. (Puedes usar Excel para convertir probabilidades en frecuencias esperadas.) Después continúa con:

Elige: **Insert function, fx > Statistical > CHITEST > OK**
Escribe: Rango real: **(A1:A6 o selecciona celdas)**
Rango esperado: **(B1:B6 o selecciona celdas) > OK**

El resultado de Excel sólo proporciona el valor p para la prueba.

TI-84 Plus*

Escribe las frecuencias observadas en L1 y las frecuencias esperadas en L2; después continúa con:

Elige: **STAT > TESTS > D:x2 GOF-Test . . .**
Escribe: Observada: **L1**
Esperada: **L2**
gl: **k − 1**

Resalta: Calculate > ENTER

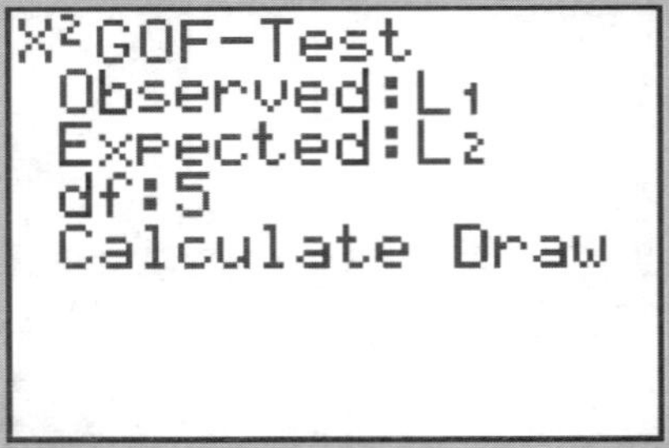

*La prueba de bondad de ajuste sólo está disponible en la TI-84 Plus.

EJEMPLO APLICADO 11.3

Días más populares para bebés

Fuente: Census Bureau por Anne R. Carey y Ron Coddington, *USA TODAY*

DÍAS DE NACIMIENTO

La Oficina del Censo recolecta datos para muchas variables. La información proporcionada con la gráfica acompañante se basa en el censo estadounidense y encaja en el formato de un experimento multinomial. Verifica que estos datos califican como un experimento multinomial (consulta el ejercicio 11.7).

EJEMPLO APLICADO 11.4

Adolescentes y descargas

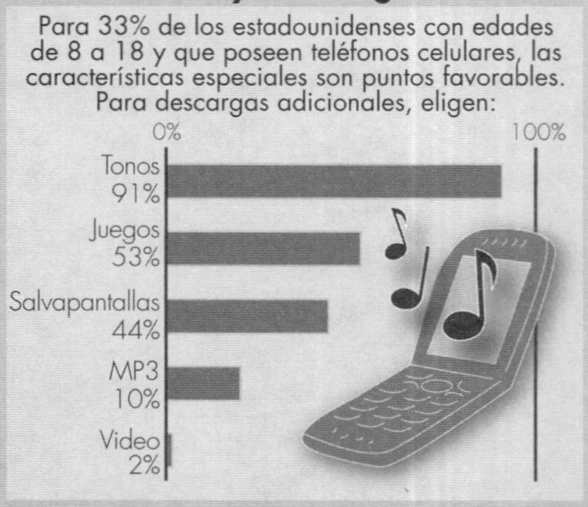

Fuente: Datos de Justin Dickerson y Adrienne Lewis. © 2005 *USA Today*

¿DESCARGAS QUÉ?

La gráfica "Adolescentes y descargas" muestra los resultados de la encuesta a personas de 8 a 18 años de edad acerca de lo que descargan con sus teléfonos celulares. Esta información no califica como un experimento multinomial. ¿Cuál propiedad se viola? (Consulta el ejercicio 11.8.)

EJERCICIOS SECCIÓN 11.2

11.7 Verifica que el ejemplo aplicado 11.3, "Días de nacimiento" (p. 554), es un experimento multinomial. Sé específico.

a. ¿Cuál es un ensayo?

b. ¿Cuál es la variable?

c. ¿Cuáles son los posibles niveles de los resultados de cada ensayo?

11.8 ¿Por qué la información que se muestra en el ejemplo aplicado 11.4, "¿Descargas qué?", de la página 554 no es la de un experimento multinomial? Sé específico.

11.9 Enuncia la hipótesis nula, H_o y la hipótesis alternativa, H_a, que usarías para poner a prueba los siguientes enunciados:

a. Los cinco números 1, 2, 3, 4 y 5 son igualmente probables de extraer.

b. La pregunta de opción múltiple tiene una historia de estudiantes que seleccionan respuestas en la razón de 2:3:2:1.

c. La encuesta mostrará una distribución de 16, 38, 41 y 5% para las posibles clasificaciones de excelente, bien, adecuado y pobre en esa materia.

11.10 Enuncia la hipótesis nula, H_o y la hipótesis alternativa, H_a, que usarías para poner a prueba los siguientes enunciados:

a. Las cuatro opciones son todas igualmente probables.

b. La encuesta mostró las distribuciones de partido político de 23, 36 y 41% para republicanos, demócratas e independientes, respectivamente.

c. Las respuestas favorables respecto a la sustentabilidad y los cuatro intervalos de generación designados estuvieron en la razón de 11:15:8:6.

11.11 Determina el valor p para las siguientes pruebas de hipótesis que involucran la distribución χ^2.

a. H_o: $P(1) = P(2) = P(3) = P(4) = 0.25$ con

$\chi^2\bigstar = 12.25$

b. H_o: $P(\text{I}) = 0.25, P(\text{II}) = 0.40, P(\text{III}) = 0.35$ con

$\chi^2\bigstar = 5.98$

11.12 Determina el valor crítico y la región crítica que usarías en el método clásico para poner a prueba la hipótesis nula para cada uno de los siguientes experimentos multinomiales.

a. H_o: $P(1) = P(2) = P(3) = P(4) = 0.25$ con $\alpha = 0.05$

b. H_o: $P(\text{I}) = 0.25, P(\text{II}) = 0.40, P(\text{III}) = 0.35$ con

$\alpha = 0.01$

11.13 Explica cómo 9:3:3:1 se convierte en $\frac{9}{16}, \frac{3}{16}, \frac{3}{16}$ y $\frac{1}{16}$ en el ejemplo 11.2 de las páginas 552-553.

11.14 Explica cómo se obtuvieron 312.75, 2.25 y 0.0162 en la primera fila de la tabla 11.4 de la página 552.

11.15 Un fabricante de pulidor de pisos realizó un experimento de preferencia del consumidor para determinar cuál de los cinco diferentes pulidores de pisos era el más atractivo en apariencia. Una muestra de 100 consumidores vio cinco parches de suelo que habían recibido uno de los cinco pulidores. Cada consumidor indicó el parche que prefería. La iluminación y el fondo eran aproximadamente iguales para todos los parches. Los resultados fueron los siguientes:

Pulidor	A	B	C	D	E	Total
Frecuencia	27	17	15	22	19	100

Resuelve lo siguiente usando el método de valor p y el método clásico:

a. Enuncia la hipótesis para "no preferencia" en terminología estadística.

b. ¿Qué estadístico de prueba usarías para poner a prueba esta hipótesis nula?

c. Completa la prueba de hipótesis con $\alpha = 0.10$.

11.16 Los dulces Skittles Original Fruit de una mordida son dulces multicolores en una bolsa y puedes "saborear el arco iris" con sus cinco colores y sabores: verde-lima, morado-uva, amarillo-limón, anaranjado-naranja, rojo-fresa. A diferencia de algunos de los otros dulces multicolores disponibles, Skittles afirma que sus cinco colores son igualmente probables. Con la intención de rechazar esta afirmación, compras una bolsa de 4 oz de Skittles y cuentas los colores:

Rojo	Anaranjado	Amarillo	Verde	Morado
18	21	23	17	27

¿Esta muestra contradice la afirmación de Skittles en el nivel 0.05?

a. Resuelve usando el método de valor p.

b. Resuelve usando el método clásico.

11.17 Una instantánea del *USA Today* del 16 de octubre de 2009, titulada "¿Las conversaciones públicas por teléfono celular son groseras?", reportó los siguientes resultados de una encuesta de Fox TV/Rasmussen Reports:

Respuesta encuesta	Porcentaje
Sí	51
No	37
No seguro	12

(continúa en la página 556)

Como miembro del Comité de Civilidad de tu escuela, decides realizar una encuesta de estudiantes respecto a este tema. La siguiente tabla muestra las respuestas de 300 estudiantes:

Respuesta sondeo	Número
Sí	126
No	118
No seguro	56

¿La distribución de respuestas de los estudiantes universitarios difiere significativamente de los resultados publicados de la encuesta? Usa un nivel de significancia de 0.01.

11.18 La atención a la salud nacional actualmente es un gran problema para los estadounidenses. El artículo del *USA Today* del 21 de octubre de 2009, "Encuesta: Estadounidenses nerviosos por cambios a la atención a la salud", reportó los siguientes porcentajes respecto a "Requisitos de las compañías aseguradoras que usted debe cumplir para obtener la cobertura de ciertos tratamientos" si se aprueba una iniciativa de ley de atención a la salud:

Punto de vista Sep. 11-13	Porcentaje
Será mejor	22%
No cambia	35%
Será peor	38%
No sabe	5%

Un mes después, durante octubre 16-19, se realizó otra encuesta de 1 521 adultos. Estos puntos de vista se categorizan en la siguiente tabla.

Punto de vista Oct. 16-19	Número
Será mejor	380
No cambia	380
Será peor	700
No sabe	61

En el nivel 0.05 de significancia, ¿la distribución de puntos de vista cambia significativamente de septiembre de 2009 a octubre de 2009?

11.19 Cierto tipo de semilla de flor producirá flores magenta, chartreuse y ocre en la razón 6:3:1 (una flor por semilla). Un total de 100 semillas se plantan y todas germinan, lo que produce los siguientes resultados.

Magenta	Chartreuse	Ocre
52	36	12

Resuelve lo siguiente usando el método de valor *p* y el método clásico:

a. Si la hipótesis nula (6:3:1) es verdadera, ¿cuál es el número esperado de flores magenta?

b. ¿Cuántos grados de libertad se asocian con ji cuadrada?

c. Completa la prueba de hipótesis usando $\alpha = 0.10$.

11.20 El comportamiento forrajero de aves se estudiará en un bosque administrado que contiene abeto Douglas (52% de volumen de dosel), pino ponderosa (36%) y gran abeto (12%). Se observaron 238 trepatroncos pecho rojo, con 105 en abetos Douglas, 92 en pinos ponderosa y 41 en gran abeto. La hipótesis nula a poner a prueba es: las aves forrajean al azar sin importar la especie de árbol.

a. Enuncia la hipótesis alternativa.

b. Determina los valores esperados para el número de aves que forrajean cada especie de árbol.

c. Completa la prueba de hipótesis usando $\alpha = 0.05$ y enuncia cuidadosamente la conclusión.

11.21 Un gran supermercado comercializa cuatro calidades de carne molida. Se cree que los clientes compran estas cuatro variedades con probabilidades de 0.10, 0.30, 0.35 y 0.25, respectivamente, de la variedad menos a la más costosa. Una muestra de 500 compras resultó en ventas de 46, 162, 191 y 101 de las calidades respectivas. ¿Esta muestra contradice las proporciones esperadas? Usa $\alpha = 0.05$.

a. Resuelve usando el método de valor *p*.

b. Resuelve usando el método clásico.

11.22 [EX11-22] Uno de los principales beneficios del correo electrónico es que posibilita la comunicación rápida sin tener una señal ocupada o no respuesta, dos de las principales críticas de las llamadas telefónicas. Pero, ¿el correo electrónico triunfa para ayudar a las personas a resolver los problemas que tienen al tratar de correr software de computadora? Un estudio recabó las opiniones de consumidores que trataron de usar el correo electrónico para obtener ayuda al publicar un mensaje en línea a los fabricantes de sus PC o representantes autorizados. Los resultados se muestran en la siguiente tabla.

Resultado de consulta en línea	Porcentaje
Nunca obtuvo respuesta	14
Obtuvo respuesta, pero no ayudó	30
Respuesta ayudó, pero no resolvió problema	34
Respuesta resolvió problema	22

Fuente: *PC World*, "PC World's Reliability and Service Survey"

Como gerente de marketing de un gran fabricante de PC, decides realizar una encuesta de tus clientes para comparar tus registros de correo electrónico contra los resultados publicados. Para garantizar una comparación justa, eliges usar el mismo cuestionario y examinas las devoluciones de 500 clientes que trataron de usar el correo electrónico para conseguir ayuda de tu equipo de apoyo técnico. Los resultados son los siguientes:

Resultado de consulta en línea	Número respuestas
Nunca obtuvo respuesta	35
Obtuvo respuesta, pero no ayudó	102
Respuesta ayudó, pero no resolvió problema	125
Respuesta resolvió problema	238
Total	500

¿La distribución de respuestas difiere de la distribución obtenida de la encuesta publicada? Pon a prueba en el nivel de significancia 0.01.

a. Resuelve usando el método de valor p.

b. Resuelve usando el método clásico.

11.23 [EX11-23] *Nursing Magazine* reportó los resultados de una encuesta de más de 1 800 enfermeras a través del país en cuanto a la satisfacción y la conservación laboral. Enfermeras de hospitales imán (hospitales que atraen y conservan enfermeras exitosamente) describen la situación de dotación de personal en sus unidades de la siguiente manera:

Situación dotación personal	Porcentaje
1. Desesperadamente falta ayuda, atención a pacientes sufrió	12
2. Falta, pero atención a pacientes no sufrió	32
3. Adecuada	38
4. Más que adecuada	12
5 Excelente	6

Una encuesta de 500 enfermeras de hospitales no imán dio las siguientes respuestas a la situación de dotación de personal.

Situación dotación personal	1	2	3	4	5
Número	165	140	125	50	20

¿Los datos indican que las enfermeras de los hospitales no imán tienen una diferente distribución de opiniones? Usa $\alpha = 0.05$.

a. Resuelve usando el método de valor p.

b. Resuelve usando el método clásico.

11.24 [EX11-24] Un programa para generar números aleatorios en una computadora se pondrá a prueba. Se instruye al programa a generar 100 enteros de un solo dígito entre 0 y 9. Las frecuencias de los enteros observados son las siguientes:

Entero	0	1	2	3	4	5	6	7	8	9
Frecuencia	11	8	7	7	10	1C	8	11	14	14

En el nivel de significancia 0.05, ¿existe suficiente razón para creer que los enteros no se generan de manera uniforme?

a. Resuelve usando el método de valor p.

b. Resuelve usando el método clásico.

11.25 [EX11-25] "Salir de deudas, paso a paso", un artículo del *USA Today* del 29 de abril de 2005, reportó resultados de una encuesta de 260 miembros de la Financial Planning Association. Los planificadores financieros reportaron cada uno lo que consideraban era el paso más valioso que la gente podía dar para mejorar su vida financiera.

Paso más valioso	Porcentaje
1. Establecer metas	30
2. Pagar primero a sí mismo	21
3. Crear y apegarse a un presupuesto	17
4. Ahorrar regularmente	12
5. Pagar deuda de tarjeta de crédito	7
6. Invertir lo máximo en 401(k)	5
7. Otro	8

Una encuesta de 60 planificadores financieros de un área metropolitana en la parte norte del estado dieron las siguientes respuestas a la pregunta "el paso más valioso".

Respuesta a pregunta	1	2	3	4	5	6	7
Número	10	13	13	8	9	3	4

¿Los datos indican que los planificadores financieros del área metropolitana en la parte norte del estado tienen una diferente distribución de opiniones? Usa $\alpha = 0.05$.

a. Resuelve usando el método de valor p.

b. Resuelve usando el método clásico.

11.26 [EX11-26] El censo estadounidense descubrió que los bebés llegan al mundo en los días de la semana en las proporciones que siguen.

Día de la semana	*P*(día)	Día de la semana	*P*(día)
Domingo	0.098	Jueves	0.160
Lunes	0.149	Viernes	0.159
Martes	0.166	Sábado	0.111
Miércoles	0.157		

Fuente: U.S. Census Bureau

Una muestra aleatoria seleccionada de los registros de nacimiento para una gran área metropolitana resultaron en los siguientes datos:

Día	D	L	Ma	Mi	J	V	S
Observado	10	6	9	13	9	17	11

a. ¿Estos datos proporcionan suficiente evidencia para rechazar la afirmación "los nacimientos ocurren en esta área metropolitana en las mismas proporciones diarias", según reportó la Oficina de Censos de Estados Unidos? Usa $\alpha = 0.05$.

b. ¿Estos datos proporcionan suficiente evidencia para rechazar la afirmación "los nacimientos ocurren en esta área metropolitana todos los días con la misma probabilidad"? Usa $\alpha = 0.05$.

c. Compara los resultados obtenidos en los incisos a y b. Enuncia tus conclusiones.

11.27 En referencia a la muestra de 200 adultos encuestados en el "Cómo enfriar un sabor muy picante" de la sección 11.1 y la gráfica que lo acompaña, "Apagar el fuego":

¿La muestra de 200 adultos muestra una distribución que es significativamente diferente de la distribución que se presenta en la gráfica "Apagar el fuego" (p. 544)? Usa $\alpha = 0.05$.

11.28 Para demostrar/explorar el efecto que tiene el tamaño muestral creciente sobre el valor ji cuadrada calculado, considera los dulces Skittles del ejercicio 11.16 y muestrea algunas bolsas más grandes.

(continúa en la página 558)

a. Supón que compras una bolsa de 16 oz de Skittles, cuentas los colores y observas exactamente la misma proporción de colores que encontraste en el ejercicio 11.16:

Rojo	Anaranjado	Amarillo	Verde	Morado
72	84	92	68	108

Calcula el valor de ji cuadrada para estos datos. ¿Cómo se relaciona el nuevo valor ji cuadrada con el encontrado en el ejercicio 11.16? ¿Qué efecto tiene este nuevo valor sobre los resultados de la prueba? Explica.

b. Para continuar esta demostración/exploración, supón que compras una bolsa de 48 oz, cuentas los colores y observas exactamente la misma proporción de colores que encontraste en el ejercicio 11.16 y el inciso a de este ejercicio.

Rojo	Anaranjado	Amarillo	Verde	Morado
216	252	276	204	324

Calcula el valor de ji cuadrada para estos datos. ¿Cómo se relaciona el nuevo valor ji cuadrada con el encontrado en el ejercicio 11.16? Explica.

c. ¿Qué efecto tiene el tamaño de la muestra sobre el valor ji cuadrada calculado cuando la proporción de frecuencias observadas permanece igual conforme aumenta el tamaño de la muestra?

d. Explica en qué forma esto indica que, si se toma una muestra suficientemente grande, la prueba de hipótesis eventualmente resultará en un rechazo.

11.29 [EX11-29] De acuerdo con The Harris Poll, la proporción de todos los adultos que viven en hogares con rifles (29%), escopetas (29%) o pistolas (23%) no ha cambiado significativamente. Sin embargo, hoy más personas viven en hogares sin armas (61%). Los 1 014 adultos encuestados dieron los siguientes resultados.

	Todos los adultos (%)	Todos los poseedores de armas (%)
Tiene rifle, escopeta y pistola (3 de 3)	16	41
Tiene 2 de 3 (rifle, escopeta o pistola)	11	27
Tiene 1 de 3 (rifle, escopeta o pistola)	11	29
No respondió/no está seguro	1	3
Total	39%	100%

En una encuesta de 2 000 adultos en Memphis que dijeron poseer armas, 780 dijeron que poseían los tres tipos, 550 dijeron que poseían 2 de 3 tipos, 560 dijeron que poseían 1 de 3 tipos y 110 declinaron especificar qué tipos de armas poseían.

a. Pon a prueba la hipótesis nula de que la distribución del número de tipos en posesión es la misma en Memphis de lo que reporta nacionalmente The Harris Poll. Usa un nivel de significancia igual a 0.05.

b. ¿Qué causó que el valor calculado de $\chi^2\star$ sea tan grande? ¿Parece correcto que una celda deba tener todo este efecto sobre los resultados? ¿Cómo podría completarse esta prueba de manera diferente (esperanzadoramente, con más significado) de modo que los resultados puedan no ser afectados como lo fueron en el inciso a? Sé específico.

11.30 ¿Por qué la prueba ji cuadrada generalmente es una prueba de una cola con la región crítica en la cola derecha?

a. ¿Qué tipo de valor resultaría si las frecuencias observadas y las frecuencias esperadas estuvieran muy cercanas en valor? Explica cómo interpretarías esta situación.

b. Supón que tienes que rodar un dado 60 veces como un experimento para poner a prueba la equidad del dado, como se estudió en el ejemplo de las páginas 547-549; pero en vez de rodar el dado tú le pagas a tu hermano menor 1 dólar para rodarlo 60 veces y llevar un conteo de los números. Él está de acuerdo en realizar esta proeza para ti y corre a su habitación con el dado y regresa en pocos minutos con sus frecuencias resultantes. Te exige su dólar. Desde luego, le pagas antes de entregar sus resultados, que fueron los siguientes: 10, 10, 10, 10, 10 y 10. Los resultados observados fueron exactamente los que habías "esperado", ¿cierto? Explica tus reacciones. ¿Qué valor de $\chi^2\star$ resultará? ¿Qué crees que ocurrió? ¿Qué demandas de tu hermano menor y por qué? ¿Qué posible papel puede tener la cola izquierda en la prueba de hipótesis?

c. ¿Por qué usualmente la cola izquierda no es de preocupación?

11.3 Inferencias concernientes a tablas de contingencia

Una **tabla de contingencia** es un arreglo de datos en una clasificación de dos vías. Los datos se ordenan en celdas y se reporta el conteo de cada celda. La tabla de contingencia involucra dos factores (o variables) y una pregunta común concerniente a tales tablas es si los datos indican que las dos variables son independientes o dependientes (consulta las pp. 121-123, 208-209).

Dos pruebas diferentes usan el formato de tabla de contingencia. La primera que se estudiará es la *prueba de independencia*.

Prueba de independencia

Para ilustrar una prueba de independencia, considera una muestra aleatoria que muestre el género de estudiantes universitarios de humanidades y su área académica favorita.

EJEMPLO 11.5

PRUEBA DE HIPÓTESIS PARA INDEPENDENCIA

Cada persona en un grupo de 300 estudiantes se identificó como hombre o mujer y después se le preguntó si prefería tomar cursos de humanidades en el área de ciencias matemáticas, ciencias sociales o ciencias humanas. La tabla 11.5 es una tabla de contingencia que muestra las frecuencias encontradas para tales categorías. ¿Esta muestra presenta suficiente evidencia para rechazar la hipótesis nula "la preferencia por ciencias matemáticas, ciencias sociales o ciencias humanas es independiente del género de un estudiante universitario"? Completa la **prueba de hipótesis** usando el nivel de significancia 0.05.

TABLA 11.5 Resultados muestrales para género y preferencia de materia

	Área favorita			
Género	**Ciencias matemáticas (MS)**	**Ciencias sociales (SS)**	**Ciencias humanas (H)**	**Total**
Hombre (M)	37	41	44	122
Mujer (F)	35	72	71	178
Tota	72	113	115	300

Solución

Paso 1 a. Parámetro de interés: determinar la independencia de las variables "género" y "área favorita" requiere discutir la probabilidad de los diversos casos y el efecto que tienen las respuestas en torno a una variable sobre la probabilidad de las respuestas en torno a la otra variable. La independencia, como se definió en el capítulo 4, requiere $P(\text{MS} \mid \text{M}) = P(\text{MS} \mid \text{F}) = P(\text{MS})$; esto es: el género no tiene efecto sobre la probabilidad de la elección de una persona de un área.

b. Enunciado de hipótesis:

H_o: la preferencia por ciencias matemáticas, ciencias sociales o ciencias humanas es independiente del género de un estudiante universitario.

H_a: la preferencia por una área no es independiente del género del estudiante.

Paso 2 a. Suposiciones: la información muestral se obtiene con una muestra aleatoria extraída de una población, donde cada individuo después se clasifica de acuerdo con el género y área favorita.

b. Estadístico de prueba.

En el caso de tablas de contingencia, el número de grados de libertad es exactamente el mismo que el número de celdas en la tabla que pueden llenarse libremente cuando te dan los *totales marginales*. Los totales en este ejemplo se muestran en la siguiente tabla:

			122
			178
72	113	115	300

Tutorial en video disponible; ingresa y aprende más en cengagebrain.com

Dados estos totales, puedes llenar sólo dos celdas antes de determinar todas las demás. (Desde después, los totales deben permanecer iguales.) Por ejemplo, una vez eliges dos valores arbitrarios (por decir, 50 y 60) para las primeras dos celdas de la primera fila, los otros cuatro valores de celda son fijos (consulta la siguiente tabla):

50	60	*C*	122
D	*E*	*F*	178
72	113	115	300

Los valores tienen que ser $C = 12$, $D = 22$, $E = 53$ y $F = 103$. De otro modo, los totales no serán correctos. Por tanto, para este problema existen dos elecciones libres. Cada elección libre corresponde a un grado de libertad. En consecuencia, el número de grados de libertad para el ejemplo es 2 (gl = 2).

Se usará la distribución ji cuadrada junto con la fórmula (11.1), con gl = 2.

c. Nivel de significancia: $\alpha = 0.05$

Paso 3 a. Información muestral: consulta la tabla 11.5.

b. Estadístico de prueba calculado:

Antes de poder calcular el valor de ji cuadrada, necesitas determinar los valores esperados, *E*, para cada celda. Para hacer esto debes recordar la hipótesis nula, que afirma que estos factores son independientes. Por tanto, esperarías que los valores se distribuyan en proporción a los totales marginales. Existen 122 hombres; esperarías que ellos se distribuyan entre MS, SS y H de manera proporcional a los totales 72, 113 y 115. Por tanto, los conteos de celda esperados para hombres son

$$\frac{72}{300}\cdot 122 \qquad \frac{113}{300}\cdot 122 \qquad \frac{115}{300}\cdot 122$$

De igual modo, esperarías para las mujeres

$$\frac{72}{300}\cdot 178 \qquad \frac{113}{300}\cdot 178 \qquad \frac{115}{300}\cdot 178$$

Por tanto, los valores esperados son como se muestran en la tabla 11.6. Siempre compara los totales marginales para los valores esperados contra los totales marginales para los valores observados.

TABLA 11.6 Valores esperados

	MS	SS	H	Total
Hombres	29.28	45.95	46.77	122.00
Mujeres	42.72	67.05	68.23	178.00
Total	72.00	113.00	115.00	300.00

Nota: puedes pensar en el cálculo de los valores esperados en una segunda forma. Recuerda que supones que la hipótesis nula es verdadera hasta que haya evidencia para rechazarla. Al hacer esta suposición en el ejemplo, en efecto se dice que el evento de que un estudiante elegido al azar sea hombre y el evento de que un estudiante elegido al azar prefiera cursos de ciencias matemáticas son independientes. La estimación puntual para la probabilidad de que un estudiante sea hombre es $\frac{122}{300}$, y la estimación puntual para la probabilidad de que el estudiante prefiera cursos de ciencias matemáticas es $\frac{72}{300}$. Por tanto, la probabilidad de que ambos eventos ocurran es el producto de las probabilidades. [Consulta la fórmula (4.7), p. 2.11.] Por tanto, $\left(\frac{122}{300}\right)\left(\frac{72}{300}\right)$ es la probabilidad de que un estudiante seleccionado al azar sea hombre y prefiera ciencias matemáticas. El número de estudiantes de 300 que se espera sean hombres y prefieran ciencias matemáticas se encuentra al multiplicar la probabilidad (o proporción) por el número total de estudiantes (300). Por tanto, el número esperado de hombres que prefieren ciencias matemáticas es $\left(\frac{122}{300}\right)\left(\frac{72}{300}\right)300 = \left(\frac{122}{300}\right)(72) = 29.28$. Los otros valores esperados pueden determinarse de la misma manera.

Usualmente, la tabla de contingencia se escribe de modo que contiene toda esta información (consulta la tabla 11.7).

TABLA 11.7 Tabla de contingencia que presenta resultados muestrales y valores esperados

	Área favorita			
Género	**MS**	**SS**	**H**	**Total**
Hombre	37 (29.28)	41 (45.95)	44 (46.77)	122
Mujer	35 (42.72)	72 (67.05)	71 (68.23)	178
Total	72	113	115	300

La ji cuadrada calculada es

$$\chi^2\bigstar = \sum_{\text{todas las celdas}} \frac{(O-E)^2}{E}:\quad \chi^2\bigstar = \frac{(37-29.28)^2}{29.28} + \frac{(41-45.95)^2}{45.95} + \frac{(44-46.77)^2}{46.77}$$

$$+ \frac{(35-42.72)^2}{42.72} + \frac{(72-67.05)^2}{67.05} + \frac{(71-68.23)^2}{68.23}$$

$$= 2.035 + 0.533 + 0.164 + 1.395 + 0.365 + 0.112$$

$$= \mathbf{4.604}$$

Paso 4 La distribución de probabilidad:

Valor *p*:

a. Usa al cola derecha porque los valores "más grandes" de ji cuadrada no concuerdan con la hipótesis nula:
$\mathbf{P} = P(\chi^2\bigstar > \mathbf{4.604} \mid \mathbf{gl = 2})$, como se muestra en la figura.

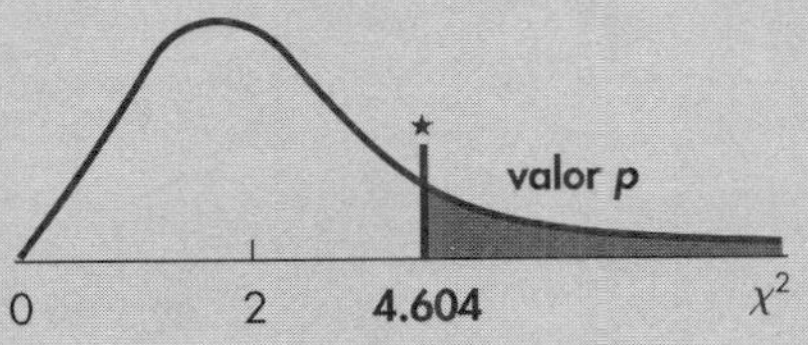

Para encontrar el valor p, tienes dos opciones:

1. Usa la tabla 8 (apéndice B) para poner cotas sobre el valor p: $\mathbf{0.10 < P < 0.25}$.
2. Usa una computadora o calculadora para encontrar el valor p: $\mathbf{P = 0.1001}$.

Para instrucciones específicas, consulta la página 458.

b. El valor p no es menor que α.

Clásico:

a. La región crítica es la cola derecha porque los valores "más grandes" de ji cuadrada no concuerdan con la hipótesis nula. El valor crítico se obtiene de la tabla 8, en la intersección de la fila gl = 2 y la columna $\alpha = 0.05$:

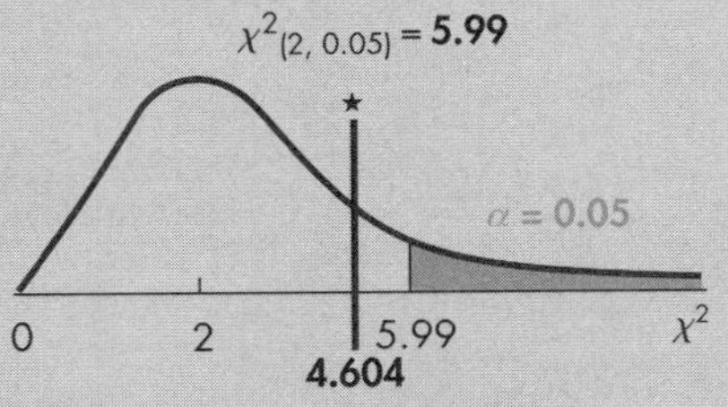

Para instrucciones específicas, consulta las páginas 454-455.

b. $\chi^2\bigstar$ no está en la región crítica, como se muestra en **azul oscuro** en la figura.

Paso 5 a. Decisión: fallar para rechazar H_o.

b. Conclusión: en el nivel de significancia 0.05, la evidencia no permite rechazar la independencia entre el género de un estudiante y el área académica preferida del estudiante.

En general, la **tabla de contingencia** $r \times c$ (r es el número de **filas**; c es el número de **columnas**) se usa para poner a prueba la independencia del factor fila y el factor columna. El número de **grados de libertad** se determina con

Grados de libertad para tablas de contingencia

$$gl = (r - 1) \cdot (c - 1) \tag{11.4}$$

donde r y c son ambos mayores que 1.

(Este valor para gl debe concordar con el número de celdas contadas, de acuerdo con la descripción general de las páginas 559-560.)

Las **frecuencias esperadas** para una tabla de contingencia $r \times c$ se encuentran mediante las fórmulas dadas en cada celda en la tabla 11.8, donde n = gran total. En general, la frecuencia esperada en la intersección de la i-ésima fila y la j-ésima columna está dada por

Frecuencias esperadas para tablas de contingencia

$$E_{ij} = \frac{\text{total fila} \times \text{total columna}}{\text{gran total}} = \frac{R_i \times C_j}{n} \tag{11.5}$$

TABLA 11.8 Frecuencias esperadas para una tabla de contingencia $r \times c$

Fila	Columna						Total
	1	2	...	j-ésima columna	...	c	
1	$\frac{R_1 \times C_1}{n}$	$\frac{R_1 \times C_2}{n}$	...	$\frac{R_1 \times C_j}{n}$	...	$\frac{R_1 \times C_c}{n}$	R_1
2	$\frac{R_2 \times C_1}{n}$						R_2
⋮	⋮			⋮			⋮
i-ésima fila	$\frac{R_i \times C_1}{n}$			$\frac{R_i \times C_j}{n}$	...		R_i
⋮	⋮			⋮			⋮
r	$\frac{R_r \times C_1}{n}$						
Total	C_1	C_2	...	C_j	...	...	n

Nuevamente debes observar el lineamiento anteriormente mencionado: cada $E_{i,j}$ debe ser al menos 5.

Nota: la notación usada en la tabla 11.8 y la fórmula (11.5) puede no ser familiar para ti. Por conveniencia al referirse a celdas o entradas en una tabla, se usa $E_{i,j}$ para denotar la

¿SABÍAS QUE...?

¿Venus o Marte?

a. Exactamente 94 232 más niños que niñas nacieron en Estados Unidos durante 2004.
b. Desde 1940, un promedio de 91 685 más bebés varones que mujeres nacen cada año, un total de 5 776 130 durante ese periodo de 70 años.
c. En 2003, había un total de 144 513 361 mujeres de todas las edades, comparado con 138 396 524 hombres.

¿Cómo puede ser esto?

entrada en la *i*-ésima fila y la *j*-ésima columna. Esto es: la primera letra en el subíndice corresponde al número de fila y la segunda letra corresponde al número de columna. Por tanto, $E_{1,2}$ es la entrada en la primera fila, segunda columna y $E_{2,1}$ es la entrada en la segunda fila, primera columna. En la tabla 11.6 (p. 560), $E_{1,2}$ es 45.95 y $E_{2,1}$ es 42.72. La notación usada en la tabla 11.8 se interpreta en forma similar; esto es: R_1 corresponde al total de la fila 1 y C_1 corresponde al total de la columna 1.

Prueba de homogeneidad

El segundo tipo de problema de tabla de contingencia se llama *prueba de homogeneidad*. Esta prueba se usa cuando una de las dos variables está controlada por el experimentador, de modo que los totales de fila o columna están predeterminados.

Por ejemplo, supón que quieres encuestar votantes registrados acerca de una legislación propuesta por el gobernador. En la encuesta, 200 residentes urbanos, 200 suburbanos y 100 rurales se seleccionan al azar y se les pregunta si favorecen o se oponen a la propuesta del gobernador. Esto es: una simple muestra aleatoria se toma para cada uno de estos tres grupos. Se encuesta a un total de 500 votantes. Pero observa que se predeterminó (antes de tomar la muestra) cuántos deben caer dentro de cada categoría de fila, como se muestra en la tabla 11.9 y cada categoría se muestrea por separado.

TABLA 11.9 Encuesta de votantes registrados con totales de fila predeterminados

	Propuesta del gobernador		
Residencia	Favor	Opone	Total
Urbana			200
Suburbana			200
Rural			100
Total			500

En una prueba de esta naturaleza, en realidad se pone a prueba la hipótesis: la distribución de proporciones dentro de las filas es la misma para todas las filas. Esto es: la distribución de proporciones en la fila 1 es la misma que en la fila 2, es la misma que en la fila 3, etc. La alternativa es: la distribución de proporciones dentro de las filas no es la misma para todas las filas. Este tipo de ejemplo puede considerarse como una comparación de varios experimentos multinomiales.

Más allá de esta diferencia conceptual, la prueba real por independencia y homogeneidad con tablas de contingencia es la misma. Ahora demuestra esta **prueba de hipótesis** al completar la ilustración de sondeo.

EJEMPLO 11.6

PRUEBA DE HIPÓTESIS PARA HOMOGENEIDAD

A cada persona en una muestra aleatoria de 500 votantes registrados (200 residentes urbanos, 200 suburbanos y 100 rurales) se le preguntó su opinión acerca de la legislación propuesta por el gobernador. ¿La evidencia muestral que se presenta en la tabla 11.10 apoya la hipótesis "los votantes dentro de los diferentes grupos de residencia tienen diferentes opiniones acerca de la propuesta del gobernador"? Usa $\alpha = 0.05$.

TABLA 11.10 Resultados muestrales para residencia y opinión

Residencia	Propuesta del gobernador Favor	Opone	Total
Urbana	143	57	200
Suburbana	98	102	200
Rural	13	87	100
Total	254	246	500

Solución

Paso 1 a. Parámetro de interés: la proporción de votantes que favorecen o se oponen (es decir: la proporción de votantes urbanos que favorecen, la proporción de votantes suburbanos que favorecen, la proporción de votantes rurales que favorecen y la proporción de los tres grupos, por separado, que se oponen).

b. Enunciado de hipótesis:

H_o: la proporción de votantes que favorecen la legislación propuesta es la misma en los tres grupos de residencia.

H_a: la proporción de votantes que favorecen la legislación propuesta no es la misma en los tres grupos. (Esto es: en al menos un grupo, la proporción es diferente de los otros.)

Paso 2 a. Suposiciones: la información muestral se obtiene usando tres muestras aleatorias extraídas de tres poblaciones separadas en las que cada individuo se clasifica de acuerdo con su opinión.

b. Estadístico de prueba: la distribución ji cuadrada y la fórmula (11.1), con gl = $(r - 1)(c - 1) = (3 - 1)(2 - 1) = 2$.

c. Nivel de significancia: $\alpha = 0.05$.

Paso 3 a. Información muestral: consulta la tabla 11.10.

b. Estadístico de prueba calculado: los valores esperados se encuentran al usar la fórmula (11.5) (p. 562) y se proporcionan en la tabla 11.11.

TABLA 11.11 Resultados muestrales y valores esperados

Residencia	Propuesta del gobernador Favor	Opone	Total
Urbana	143 (101.6)	57 (98.4)	200
Suburbana	98 (101.6)	102 (98.4)	200
Rural	13 (50.8)	87 (49.2)	100
Total	254	246	500

Nota: cada valor esperado se usa dos veces en el cálculo de $\chi^2\bigstar$; por tanto, es buena idea mantener lugares decimales adicionales mientras se realizan los cálculos.

La ji cuadrada calculada es

$$\chi^2\star = \sum_{\text{todas las celdas}} \frac{(O-E)^2}{E}: \chi^2\star = \frac{(143-101.6)^2}{101.6} + \frac{(57-98.4)^2}{98.4} + \frac{(98-101.6)^2}{101.6}$$

$$+ \frac{(102-98.4)^2}{98.4} + \frac{(13-50.8)^2}{50.8} + \frac{(87-49.2)^2}{49.2}$$

$$= 16.87 + 17.42 + 0.13 + 0.13 + 28.13 + 29.04$$

$$= \mathbf{91.72}$$

Paso 4 La distribución de probabilidad:

Valor p:

a. Usa la cola derecha porque los valores "más grandes" de ji cuadrada no concuerdan con la hipótesis nula:
$\mathbf{P} = P(\chi^2\star > 91.72 \mid gl = 2)$, como se muestra en la figura.

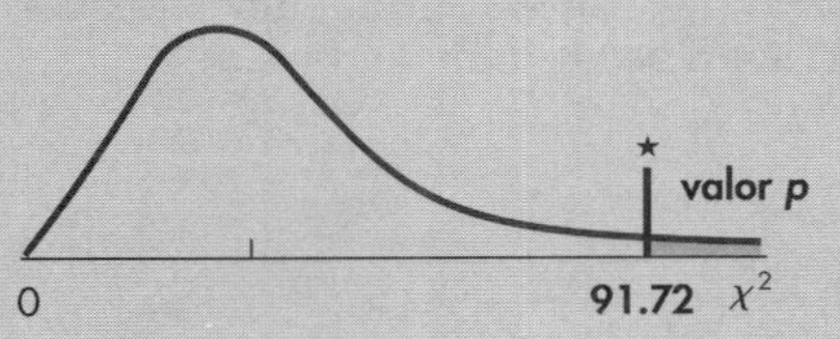

Para encontrar el valor p, tienes dos opciones:

1. Usa la tabla 8 (apéndice B) para poner cotas sobre el valor p: **$\mathbf{P} < 0.005$**.
2. Usa una computadora o calculadora para encontrar el valor p: **P = 0.000+**.

Para instrucciones específicas, consulta la página 458.

b. El valor p es menor que α.

Clásico:

a. La región crítica es la cola derecha porque los valores "más grandes" de ji cuadrada no concuerdan con la hipótesis nula. El valor crítico se obtiene de la tabla 8, en la intersección de la fila $gl_R = 2$ y la columna $\alpha = 0.05$:

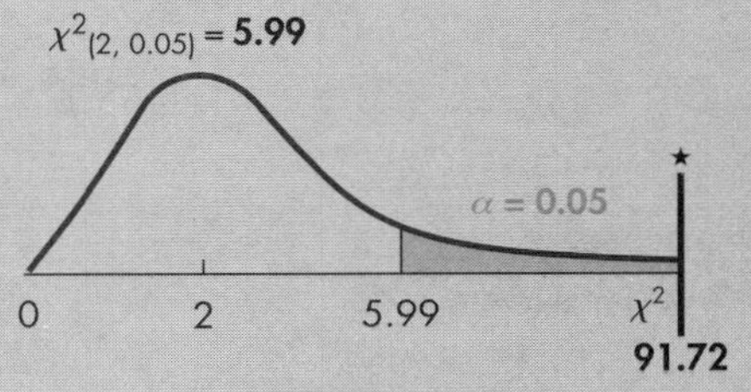

Para instrucciones específicas, consulta las páginas 454-455.

b. $\chi^2\star$ está en la región crítica, como se muestra en **azul oscuro** en la figura.

Paso 5 a. Decisión: rechazar H_o.

b. Conclusión: los tres grupos de votantes no tienen todos las mismas proporciones que favorecen la legislación propuesta.

INSTRUCCIONES DE TECNOLOGÍA: PRUEBA DE HIPÓTESIS DE INDEPENDENCIA U HOMOGENEIDAD

MINITAB

Escribe cada columna de frecuencias observadas de la tabla de contingencia en C1, C2, ...; después continúa con:

Elige:	**Stat > Tables > Chi-Square Test (Two-Way Table in Worksheet)**
Escribe:	Columnas que contiene la tabla: **C1 C2 > OK**

Impresión de la SOLUCIÓN MINITAB POR COMPUTADORA para el ejemplo 11.6:

Chi-square Test: C1, C2

Los conteos esperados se imprimen abajo de los conteos observados

Las aportaciones ji cuadrada se imprimen abajo de los conteos esperados

	C1	C2	Total
1	143	57	200
	101.60	98.40	
	16.870	17.418	
2	98	102	200
	101.60	98.40	
	0.128	0.132	
3	13	87	100
	50.80	49.20	
	28.127	29.041	
Total	254	246	500

Chi-Sq = 91.715, DF = 2, P-Value = 0.000

Excel

Escribe cada columna de frecuencias observadas de la tabla de contingencia en las columnas A, B, ...; después continúa con:

Elige:	**Add-Ins > Data Analysis Plus > Contingency Table > OK**
Escribe:	Rango entrada: **(A1:B4 o selecciona celdas)**
Selecciona:	**Labels** (si es necesario)
Escribe:	Alfa: α (ej. 0.05)

TI-83/84 Plus

Escribe las frecuencias observadas de la tabla de contingencia $r \times c$ en una matriz A $r \times c$. Establece una matriz B como una matriz vacía $r \times c$ para las frecuencias esperadas.

Elige:	**MATRX > EDIT > 1:[A]**
Escribe:	**r > ENTER > c > ENTER**
	Cada frecuencia observada con un ENTER después

Después continúa con:

Elige:	**MATRX > EDIT > 2[B]**
Escribe:	**r > ENTER > c > ENTER**
Elige:	**STAT > TESTS > C: χ^2–Test. . .**
Escribe:	Observado: [A] o donde se ubique la tabla de contingencia
	Esperado: [B] lugar para frecuencias esperadas
Resalta:	**Calculate > ENTER**

EJEMPLO APLICADO 11.7

Regla de papas horneadas para los del oeste

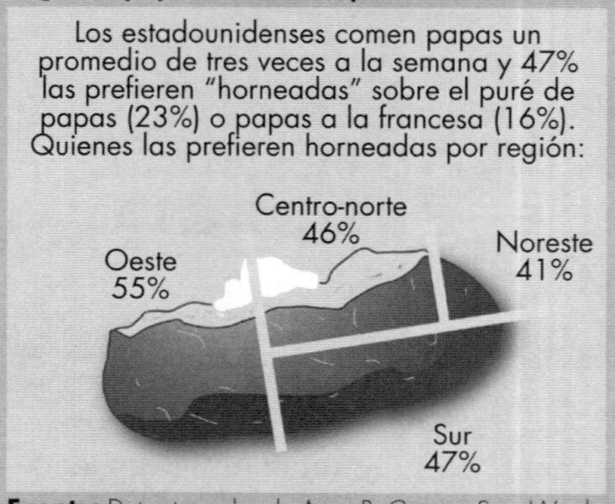

Fuente: Datos tomados de Anne R. Carey y Sam Ward. © 1998 *USA Today*.

REGLA DE PAPAS HORNEADAS PARA LOS DEL OESTE

El gráfico "Regla de papas horneadas para los del oeste" reporta el porcentaje de estadounidenses que prefieren comer papas horneadas por región así como para todo el país. Si se proporcionara el número real de personas en cada categoría, tendrías una tabla de contingencia y podrías completar una prueba de hipótesis acerca de la homogeneidad de las cuatro regiones. (Consulta los ejercicios 11.46 y 11.55.)

EJERCICIOS SECCIÓN 11.3

11.31 Enuncia la hipótesis nula, H_o y la hipótesis alternativa, H_a, que usarías para poner a prueba los siguientes enunciados:

a. Los votantes expresaron preferencias que no fueron independientes de sus afiliaciones partidistas.

b. La distribución de opiniones es la misma para las tres comunidades.

c. La proporción de respuestas "sí" fue la misma para todas las categorías encuestadas.

11.32 La "prueba de independencia" y la "prueba de homogeneidad" se completan en forma idéntica, usando la tabla de contingencia para mostrar y organizar los cálculos. Explica cómo difieren estas dos pruebas de hipótesis.

11.33 Encuentra el valor esperado para la celda que se muestra.

□	···	50
⋮		
40		200

11.34 Identifica estos valores de la tabla 11.7:

a. C_2 b. R_1 c. n d. $E_{2,3}$

11.35 Se usó MINITAB para completar una prueba ji cuadrada de independencia entre el número de muertes de manatíes relacionadas con botes y dos condados de Florida.

Condado	Muertes relacionadas con botes	Muertes no relacionadas con botes	Muertes totales
Condado Lee	23	25	48
Condado Collier	8	23	31

```
Prueba Ji cuadrada: Muertes relacionadas con botes,
muertes no relacionadas con botes
Los conteos esperados se imprimen abajo de los
conteos observados Las aportaciones ji cuadrada
se imprimen abajo de los conteos esperados

        Muertes         Muertes no
        relacionadas    relacionadas
        con botes       con botes        Total
1       23              25               48
        18.84           29.16
        0.921           0.595
2       8               23               31
        12.16           18.84
        1.426           0.921
Total   31              48               79

Chi-Sq = 3.862, DF = 1, P-Value = 0.049
```

a. Verifica los resultados (los valores esperados y la $\chi^2\bigstar$ calculada) al calcular los valores tú mismo.

b. Usa la tabla 8 para verificar el valor p con base en los gl calculados.

c. ¿La proporción de muertes relacionadas con botes es independiente del condado? Usa $\alpha = 0.05$.

11.36 Los resultados del uso del cinturón de seguridad de la Encuesta de Comportamiento de Riesgo Juvenil 2003 se publicaron en una Snapshot del *USA Today* el 13 de enero de 2005. La siguiente tabla destaca los resultados de los estudiantes de bachillerato entrevistados en el estado de Nebraska. A ellos se les preguntó si rara vez o nunca usaban cinturones de seguridad cuando viajaban en el automóvil de alguien más.

	Mujeres	Hombres
Rara vez o nunca usa cinturón de seguridad	208	324
Usa cinturón de seguridad	1 217	1 184

Fuente: http://www.cdc.gov/

Con $\alpha = 0.05$, ¿esta muestra presenta suficiente evidencia para rechazar la hipótesis de que el género es independiente del uso del cinturón de seguridad?

a. Resuelve usando el enfoque de valor p.

b. Resuelve usando el enfoque clásico.

11.37 El Departamento Estatal de Conservación usó cámaras de vigilancia para estudiar la reacción de los ciervos cola blanca ante el tráfico mientras usaban un paso a desnivel silvestre para cruzar una gran autopista. Cuando un automóvil o camión pasaba mientras el ciervo estaba en el paso a desnivel, registraba "continúa" cuando el ciervo seguía en la dirección original o "da vuelta" cuando el ciervo invertía su dirección $\alpha = 0.01$.

	Continúa	Da vuelta
Automóvil	315	73
Camión	84	97

¿La dirección del ciervo cola blanca es independiente del tipo de vehículo que pasa por el paso a desnivel? Responde con usando $\alpha = 0.01$.

11.38 Una encuesta de viajeros seleccionados al azar que visitaron los sanitarios de la estación de servicio de un gran distribuidor petrolero estadounidense mostró los siguientes resultados:

Género de informante	Calidad de instalaciones sanitarias: Sobre el promedio	Promedio	Abajo del promedio	Totales
Mujer	7	24	28	59
Hombre	8	26	7	41
Total	15	50	35	100

Con $\alpha = 0.05$, ¿la muestra presenta suficiente evidencia para rechazar la hipótesis "la calidad de respuestas es independiente del género del informante"?

a. Resuelve usando el método de valor p.

b. Resuelve usando el método clásico.

11.39 El síndrome de Tourette es un trastorno neurológico hereditario de inicio en la infancia, que involucra múltiples tics motores y al menos un tic vocal. Un estudio estadouni-

(continúa en la página 568)

dense que se publicó el 5 de junio de 2009 en el *Morbidity and Mortality Weekly Report* del CDC indicó que el síndrome ocurre en 3 de cada 1 000 niños en edad escolar. Un mayor análisis descompuso los datos en categorías de etnicidad/raza; consulta el siguiente cuadro. En el nivel de significancia 0.05, ¿esta muestra indica que tener Tourette es independiente de etnicidad y raza?

	Hispano	Blanco no hispano	Negro no hispano
Tiene Tourette	26	164	18
No tiene Tourette	7 321	43 602	6 427

11.40 El síndrome de Tourette es un trastorno neurológico hereditario de inicio en la infancia, que involucra múltiples tics motores y al menos un tic vocal. Un estudio estadounidense que se publicó el 5 de junio de 2009 en el *Morbidity and Mortality Weekly Report* del CDC indicó que el síndrome ocurre en 3 de cada 1 000 niños en edad escolar. Un mayor análisis dividió los datos en categorías de ingreso doméstico respecto al nivel de pobreza federal; consulta el siguiente cuadro. En el nivel de significancia 0.05, ¿esta muestra indica que tener Tourette es independiente del ingreso doméstico?

	Abajo de 200%	200-400%	Arriba de 400%
Tiene Tourette	65	80	80
No tiene Tourette	17 581	21 795	24 432

11.41 Una encuesta de empleados en una compañía aseguradora se preocupa por las relaciones obrero-patronales. Un enunciado para evaluación fue: "no estoy seguro de lo que espera mi supervisor". Los resultados de la encuesta se presentaron en la siguiente tabla de contingencia.

	No estoy seguro de lo que espera mi supervisor		
Años de empleo	Verdadero	No verdadero	Totales
Menos de 1 año	18	13	31
1 a 3 años	20	8	28
3 a 10 años	28	9	37
10 años o más	26	8	34
Total	92	38	130

¿Puedes rechazar la hipótesis de que "las respuestas al enunciado y los años de empleo son independientes" en el nivel de significancia 0.10?

a. Resuelve usando el método de valor *p*.

b. Resuelve usando el método clásico.

11.42 [EX11-42] La siguiente tabla es de la publicación *Vital and Health Statistics* de los Centros para el Control y Prevención de Enfermedades/Centro Nacional de Estadísticas de Salud. Los individuos en la siguiente tabla tienen irritación ocular, irritación nasal o irritación de garganta. Sólo tienen una de las tres.

	Edad (años)			
Tipo de irritación	18-29	30-44	45-64	65 y más
Ocular	440	567	349	59
Nasal	924	1311	794	102
Garganta	253	311	157	19

¿Existe suficiente evidencia para rechazar la hipótesis de que el tipo de irritación ocular, nasal o de garganta es independiente del grupo etáreo en un nivel de significancia igual a 0.05?

a. Resuelve usando el método de valor *p*.

b. Resuelve usando el método clásico.

11.43 [EX11-43] Se toma una muestra aleatoria de 500 hombres casados; la clasificación de cada persona se cruzó con el tamaño de la comunidad en la que reside en la actualidad y con el tamaño de la comunidad en la que se crió. Los resultados se muestran en la siguiente tabla.

	Tamaño de comunidad de residencia			
Tamaño de comunidad de crianza	Menor que 10 000	10 000 a 49 999	50 000 o más	Total
Menor que 10 000	24	45	45	114
10 000 a 49 999	18	64	70	152
50 000 o más	21	54	159	234
Total	63	163	274	500

¿Esta muestra contradice la afirmación de independencia, en el nivel de significancia 0.01?

a. Resuelve usando el método de valor *p*.

b. Resuelve usando el método clásico.

11.44 Se hipotetiza que los animales enfermos que reciben cierto medicamento (el grupo tratado) sobrevivirán a una tasa más favorable que aquellos que no reciben el medicamento (el grupo de control). Los siguientes son los resultados registrados de la prueba.

	Sobrevivió	No sobrevivió
Tratado	46	18
Control	38	35

a. Explica por qué la hipótesis enunciada en el ejercicio no puede ser la hipótesis nula.

b. Explica por qué la hipótesis nula se enuncia de manera correcta como "la supervivencia es independiente del tratamiento medicamentoso".

c. Completa la prueba de hipótesis y encuentra el valor *p*.

d. Si la prueba se completa usando $\alpha = 0.02$, enuncia la decisión a la que debes llegar.

e. Si la prueba se completa usando $\alpha = 0.02$, enuncia la conclusión y su significado.

[EX00-000] identifica el nombre de archivo de una base de datos en línea de un ejercicio; disponible a través de cengagebrain.com

11.45 La gerente de un proceso de ensamblado quiere determinar si el número de artículos fabricados depende o no del día de la semana que se produjo el artículo. Ella recolecta la siguiente información.

Día de la semana	L	Ma	Mi	J	V
No defectuoso	85	90	95	95	90
Defectuoso	15	10	5	5	10

¿Existe suficiente evidencia para rechazar la hipótesis de que el número de artículos defectuosos es independiente del día de la semana cuando se produjeron? Usa $\alpha = 0.05$.

a. Resuelve usando el método de valor p.

b. Resuelve usando el método clásico.

11.46 En referencia al ejemplo aplicado 11.7 (p. 566):

a. Expresa el porcentaje de estadounidenses que "prefieren horneadas" a "otra" por región como una tabla de contingencia 2 × 4.

b. Explica por qué la siguiente pregunta podría ponerse a prueba usando el estadístico ji cuadrada: "¿la preferencia por horneada es la misma en las cuatro regiones de Estados Unidos?"

c. Explica por qué ésta es una prueba de homogeneidad.

11.47 El blogging es un tema candente en estos días. Un "blog" es una bitácora en internet. Los blogs se crean para usos personales o profesionales. De acuerdo con el sitio web Xtrem Recruiting (http://www.xtremerecruiting.org/), nace un nuevo blog cada 7 segundos y muy pocas personas leen dichos blogs. La siguiente tabla muestra el número de lectores de nuevos blogs para cada uno de los meses citados. ¿La distribución de creadores y lectores de blogs son iguales para los meses citados? Usa $\alpha = 0.05$.

	Creadores de blogs	Lectores de blogs
Marzo 2003	74	205
Febrero 2004	93	316
Noviembre 2004	130	205

Fuente: *USA TODAY*, "Warning Your clever Little blog could get you fired", 15 de junio de 2005

11.48 El Snapshot del *USA Today* del 12 de noviembre de 2009, "Rabia en gatos a la alza", reportó que casi 7 000 animales se reportaron con rabia en 2008. Con información del *Journal of the American Veterinary Medical Association*, se registraron los siguientes casos de rabia para gatos y perros.

	Perros	Gatos
2007	93	274
2008	75	294

En el nivel de significancia 0.05, ¿la distribución de casos de rabia para perros y gatos es la misma para los años citados?

11.49 El director atlético de un gran bachillerato quiere comparar las proporciones de diferentes tipos de lesiones de tobillo que ocurren en sus jugadores de básquetbol y voleibol. La inspección de los registros del último año reveló el siguiente número de lesiones de tobillo para cada deporte.

	Básquetbol	Voleibol
Esguince	28	19
Fractura	11	7
Ligamentos rotos	6	8
Otras lesiones	10	13

¿Existe evidencia de una diferencia significativa entre los dos deportes? Usa $\alpha = 0.05$.

11.50 Los estudiantes usan muchos tipos de criterios cuando seleccionan cursos. "El profesor no es exigente" con frecuencia es un criterio. Tres profesores se programan para impartir estadística el próximo semestre. A continuación se presenta una muestra de distribuciones de calificaciones anteriores para estos tres profesores.

	Profesor		
Calificaciones	#1	#2	#3
A	12	11	27
B	16	29	25
C	35	30	15
Otro	27	40	23

En el nivel de significancia 0.01, ¿existe suficiente evidencia para concluir "la distribución de calificaciones no es la misma para los tres profesores"?

a. Resuelve usando el método de valor p.

b. Resuelve usando el método clásico.

c. ¿Cuál profesor es el menos exigente? Explica y cita evidencia de apoyo específica.

11.51 El miedo a la oscuridad es una emoción común. Los siguientes datos se obtuvieron al preguntar a 200 individuos en cada grupo etáreo si tenían serio temor a la oscuridad. En $\alpha = 0.01$, ¿se tiene suficiente evidencia para rechazar la hipótesis de que "la misma proporción de cada grupo etáreo tiene serio temor a la oscuridad"?

Grupo etáreo	Elemental	Secundaria	Bachillerato	Universidad	Adulto
Núm. que temen a la oscuridad	83	72	49	36	114

a. La tabla anterior es una tabla de contingencia incompleta, aun cuando a primera vista pueda parecer ser multinomial. Explica por qué. (*Sugerencia*: la tabla de contingencia debe representar 1 000 personas.)

b. Resuelve usando el método de valor p.

c. Resuelve usando el método clásico.

Tabla para el ejercicio 11.52

Ocupación	Construcción	Producción	Ingeniería	Política	Educación
Núm. que fuma	43	37	17	17	12

11.52 De acuerdo con un reporte de la Administración de Servicios de Salud Mental y Abuso de Sustancias, los trabajadores en el servicio de alimentos tienen la tasa más alta para fumar cigarrillos: 45% de los trabajadores de servicio de alimentos reportó fumar cigarrillos el mes anterior. ¿Algunas profesiones se prestan para fumar cigarrillos más que otras? Si a 100 personas en cada una de las siguientes ocupaciones se les pregunta acerca de fumar en el mes anterior, ¿los datos apoyan que algunas profesiones correspondan a tasas más altas de tabaquismo? Usa un nivel de significancia de 0.05.

11.53 [EX11-53] Todos los nuevos medicamentos pasan a través de un estudio médico antes de aprobarse por la Administración de Alimentos y Medicamentos (FDA) estadounidense. Un estudio médico por lo general incluye ensayos clínicos mediante el cual los participantes se seleccionan al azar para recibir diferentes dosis así como un placebo, pero no están al tanto de en qué grupo están. Para controlar tantos factores como sea posible, es mejor asignar los participantes al azar aunque de manera homogénea a través de los tratamientos. Considera el siguiente arreglo de homogeneidad respecto al género y dosis.

Género	Dosis 10 mg	Dosis 20 mg	Placebo
Mujer	54	56	60
Hombre	32	37	26

En el nivel de significancia 0.01, ¿la distribución del medicamento es la misma para ambos géneros?

Si consideras el mismo estudio, la homogeneidad de las edades también sería una característica importante. En el nivel de significancia 0.01, ¿la distribución del medicamento que sigue es la misma para todos los grupos etáreos?

Edad	Dosis 10 mg	Dosis 20 mg	Placebo
40-49	18	20	19
50-59	48	41	57
60-69	20	22	10

11.54 [EX11-54] ¿Las personas más jóvenes pueden obtener armas ilegales? De acuerdo con el artículo del 11 de octubre de 2009 del *Democrat & Chronicle* de Rochester, NY, "El arma usada para disparar a DiPonzio", que citó a un adolescente de 14 años que disparó a un oficial de policía, parece que el número de personas en grupos de edad más jóvenes que se descubren con armas ilegales sigue en ascenso. En el nivel de significancia 0.01, ¿parece que la distribución de edades que poseen armas ilegales es la misma para los años citados?

Año	21 y menos	22-30	31-50	50+
2005	103	93	111	33
2006	119	136	96	31
2007	155	140	130	76
2008	159	160	104	60

11.55 El ejemplo aplicado 11.7 (p. 566) reporta porcentajes que describen las preferencias de las personas respecto a cómo se preparan las papas. ¿Crees que existe una diferencia significativa entre las cuatro regiones de Estados Unidos respecto al porcentaje que prefiere horneadas? Observa que el artículo no menciona el tamaño de la muestra.

a. Supón que los porcentajes reportados se basaron en cuatro muestras de tamaño 100 de cada región y calcula $\chi^2\bigstar$ y su valor p.

b. Repite el inciso a usando tamaños de muestra de 200 y 300.

c. ¿Los cuatro porcentajes reportados en la gráfica de quién prefiere papas horneadas es significativamente diferente? Describe con detalles las circunstancias por las cuales son significativamente diferentes.

© James Schwabel/ Alamy

Repaso del capítulo

En retrospectiva

En este capítulo la preocupación fueron las pruebas de hipótesis que usan ji cuadrada, con las probabilidades de celdas asociadas con el experimento multinomial y con la tabla de contingencia simple. En cada caso las suposiciones básicas son que se ha hecho un gran número de observaciones y que el estadístico de prueba resultante, $\sum \frac{(O-E)^2}{E}$, tiene una distribución aproximada a ji cuadrada. En general, si n es grande y el mínimo permisible del tamaño de celda esperada es 5, entonces esta suposición se satisface.

La tabla de contingencia puede usarse para poner a prueba independencia y homogeneidad. La prueba de homogeneidad y la prueba de independencia parecen muy similares y, de hecho, se realizan exactamente de la misma forma. Sin embargo, los conceptos a poner a prueba (mismas distribuciones e independencia, respectivamente) son muy diferentes. Las dos pruebas se distinguen fácilmente porque la prueba de homogeneidad tiene totales marginales predeterminados en una dirección en la tabla. Esto es: antes de recolectar los datos, el experimentador determina cuántos sujetos observará en cada categoría. El único número predeterminado en la prueba de independencia es el gran total.

Algunas palabras de precaución: el número correcto de grados de libertad es crucial si los resultados de la prueba van a ser significativos. Los grados de libertad determinan, en parte, la región crítica y su tamaño es importante. Como en otras pruebas de hipótesis, la falla para rechazar H_o no significa aceptación inmediata de la hipótesis nula.

CourseMate El sitio **Statistics CourseMate** para este libro lleva a la vida los temas del capítulo, con herramientas interactivas de aprendizaje, estudio y preparación de exámenes, incluidas preguntas rápidas y tarjetas de estudio para el vocabulario y los conceptos clave que aparecen a continuación. El sitio también ofrece una versión **eBook** del texto, con capacidades de subrayado y toma de notas. A lo largo de los capítulos, el icono CourseMate señala los conceptos y ejemplos que tienen sus correspondientes recursos interactivos como **video** y **tutoriales animados** que demuestran, paso a paso, cómo resolver problemas; conjuntos de datos para ejercicios y ejemplos; **Applets Skillbuilder** para ayudarte a comprender mejor los conceptos; **manuales de tecnología** y software para descargar que incluye **Data Analysis Plus** (una suite de macros estadísticos para Excel) y programas **TI-83/84 Plus**; regístrate en **www.cengagebrain.com**

Vocabulario y conceptos clave

celda (p. 545)
columna (p. 562)
datos enumerativos (p. 545)
estadístico de prueba (p. 545)
experimento multinomial (pp. 547, 549)
filas (p. 562)
frecuencia esperada (pp. 545, 562)
frecuencia observada (p. 545)
grados de libertad (pp. 546, 562)
homogeneidad (p. 563)
independencia (p. 559)
ji cuadrada (p. 545)
prueba de hipótesis (pp. 545, 559, 563)
suposiciones (p. 546)
tabla de contingencia (pp. 558, 562)
tabla de contingencia $r \times c$ (pp. 562, 566)
totales marginales (p. 559)

Resultados del aprendizaje

- Comprender que los datos enumerativos son datos que pueden contarse y colocarse en categorías. pp. 545-546
- Comprender que la distribución ji cuadrada se usará para probar las hipótesis que involucran datos enumerativos. pp. 544-546
- Comprender las propiedades de la distribución ji cuadrada y cómo las series de distribuciones se basan en tamaño muestral (con grados de libertad como el índice). pp. 544, 545-546; Ej. 11.3, 11.5
- Comprender los elementos clave de un experimento multinomial y poder definir n, k, O_i y P_i. pp. 547-549
- Conocer y poder calcular valores esperados usando $E = np$. EJ. 11.2, Ej. 11.14
- Conocer y poder calcular un estadístico ji cuadrada: $\chi^2 = \sum_{\text{todas las celdas}} \frac{(O-E)^2}{E}$. EJ. 11.1
- Conocer y poder calcular los grados de libertad para un experimento multinomial (gl $= k - 1$). EJ. 11.1, 11.2
- Realizar, describir e interpretar una prueba de hipótesis para un experimento multinomial usando la distribución ji cuadrada con el enfoque de valor p y/o el método clásico. Ej. 11.15, 11.19, 11.21
- Comprender y conocer la definición de independencia de dos eventos. pp. 560-561
- Conocer y poder calcular valores esperados usando $E_{ij} = \frac{R_i \cdot R_j}{n}$. pp. 560, 562-563, Ej. 11.33

• Conocer y poder calcular los grados de libertad para una prueba de independencia u homogeneidad [gl = $(r-1)(c-1)$].	p. 562
• Realizar, describir e interpretar una prueba de hipótesis para una prueba de independencia u homogeneidad usando la distribución ji cuadrada con el método de valor *p* y/o el método clásico.	EJ. 11.5, 11.6, Ej. 11.38, 11.51
• Comprender las diferencias y similitudes entre pruebas de independencia y pruebas de homogeneidad.	pp. 570-571

Ejercicios del capítulo

11.56 El departamento de psicología en cierta universidad afirma que las calificaciones en su curso introductorio se distribuyen del modo siguiente: 10%, A; 20%, B; 40%, C; 20%, D, y 10%, F. En un sondeo de 200 estudiantes seleccionados al azar, que completaron este curso, se descubrió que 16 recibieron A; 43, B; 65, C; 48, D; y 28, F. ¿Esta muestra contradice la afirmación del departamento en el nivel 0.05?

a. Resuelve usando el método de valor *p*.

b. Resuelve usando el método clásico.

11.57 Cuando se cruzan dos cepas de rosas, se espera que el híbrido aparezca en tres clases genéticas en la razón 1:3:4. Si los resultados de un experimento producen 80 híbridos del primer tipo, 340 del segundo tipo y 380 del tercer tipo, ¿se tiene suficiente evidencia para rechazar la razón genética hipotética en el nivel de significancia 0.05?

a. Resuelve usando el método de valor *p*.

b. Resuelve usando el método clásico.

11.58 Una muestra de 200 individuos se ponen a prueba por su tipo de sangre y los resultados se usan para poner a prueba la distribución hipotética de tipos de sangre:

Tipo de sangre	A	B	O	AB
Porcentaje	0.41	0.09	0.46	0.04

Los resultados observados fueron los siguientes:

Tipo de sangre	A	B	O	AB
Número	75	20	95	10

En el nivel de significancia 0.05, ¿existe suficiente evidencia para demostrar que la distribución establecida es incorrecta?

11.59 [EX11-59] Como se reportó en el *USA Today*, aproximadamente 8.9 millones de familias enviaron estudiantes a la universidad este año y más de la mitad viven lejos de casa. ¿Dónde viven los estudiantes?:

Casa de padres o tutores	46%
Alojamiento en el campus	26%
Renta fuera del campus	18%
Vivienda propia fuera del campus	9%
Otros arreglos	2%

Nota: Supera 100% debido a error de redondeo.

Una muestra de 1 000 estudiantes universitarios resultó en la siguiente información:

Casa de padres o tutores	484
Alojamiento en el campus	230
Renta fuera del campus	168
Vivienda propia fuera del campus	96
Otros arreglos	22

¿La distribución de esta muestra es significativamente diferente de la distribución reportada en el periódico? Usa $\alpha = 0.05$. (Para ajustar el error de redondeo, resta 2 de cada frecuencia esperada.)

a. Resuelve usando el método de valor *p*.

b. Resuelve usando el método clásico.

11.60 [EX11-60] A través de los años, los actores afroamericanos en las grandes producciones cinematográficas han tenido más probabilidad que los actores blancos de representar papeles principales en las comedias. La tabla muestra el porcentaje de todos los papeles por tipo de película.

Tipo de película	Porcentaje de papeles
Acción y aventura	13.2
Comedia	31.9
Drama	23.0
Horror y suspenso	12.5
Comedia romántica	8.2
Otra	11.2

La siguiente tabla presenta una muestra de las películas más recientes con el número de papeles principales interpretados por afroamericanos por cada tipo de película.

Tipo de película	Número de papeles
Acción y aventura	9
Comedia	40
Drama	17
Horror y suspenso	11
Comedia romántica	5
Otra	7

En el nivel de significancia 0.05, ¿la distribución de papeles de afroamericanos difiere de la distribución global de papeles en las grandes producciones cinematográficas?

a. Resuelve usando el método de valor *p*.

b. Resuelve usando el método clásico.

11.61 [EX11-61] La mayoría de los golfistas probablemente son felices de jugar 18 hoyos siempre que tienen oportunidad de hacerlo. Ben Winter, un jugador profesional, jugó 306 hoyos en un día en un maratón de golf de caridad en Stevens, Pennsylvania. Una encuesta nacional realizada por la revista *Golf* a través de internet reveló la siguiente distribución de frecuencias del mayor número de hoyos jamás jugado por quienes respondieron en un día:

Mayor número de hoyos jugado en 1 día	Porcentaje	Mayor número de hoyos jugado en 1 día	Porcentaje
18	5	37 a 45	20
19 a 27	12	46 a 54	18
28 a 36	28	55 o más	17

Fuente: *Golf*, "18 Is Not Enough"

Supón que uno de los campos de golf públicos locales pidió a 200 golfistas que respondieran la misma pregunta. La siguiente tabla resume sus respuestas:

Mayor número de hoyos jugado en 1 día	Número	Mayor número de hoyos jugado en 1 día	Número
18	12	37 a 45	44
19 a 27	35	46 a 54	35
28 a 36	60	55 o más	14

¿La distribución de mayor número de hoyos jugado por los "golfistas maratonistas" en tu campo público difiere de la distribución recopilada por la revista *Golf* que usó respuestas recabadas en internet? Pon a prueba en el nivel de significancia 0.01.

a. Resuelve usando el método de valor p.

b. Resuelve usando el método clásico.

11.62 [EX11-62] El censo estadounidense descubrió que los bebés llegan al mundo durante los diversos meses en las siguientes proporciones.

Mes	P(mes)	Mes	P(mes)	Mes	P(mes)
Enero	0.082	Mayo	0.084	Septiembre	0.087
Febrero	0.076	Junio	0.081	Octubre	0.086
Marzo	0.082	Julio	0.089	Noviembre	0.080
Abril	0.081	Agosto	0.089	Diciembre	0.083

Fuente: U.S. Census Bureau

Una muestra aleatoria seleccionada de los registros de nacimiento para una gran área metropolitana resultó en los siguientes datos:

Mes	En	Feb	Mar	Abr	May	Jun	Jul	Ago	Sep	Oct	Nov	Dic
Observado	14	12	12	10	16	9	16	11	17	7	17	9

a. ¿Estos datos ofrecen suficiente evidencia para rechazar la afirmación "los nacimientos ocurren en esta área metropolitana en las mismas proporciones mensuales" que las reportadas por la oficina censal estadounidense? Usa $\alpha = 0.05$.

b. ¿Estos datos ofrecen suficiente evidencia para rechazar la afirmación "los nacimientos ocurren en esta área metropolitana en todos los meses con la misma probabilidad"? Usa $\alpha = 0.05$.

c. Compara los resultados obtenidos en los incisos a y b. Enuncia tus conclusiones.

11.63 [EX11-63] Los pesos (x) de 300 adultos varones se determinaron y usaron para poner a prueba la hipótesis de que los pesos tienen distribución normal, con una media de 160 lb y una desviación estándar de 15 lb. Los datos se agruparon en las siguientes clases.

Peso (x)	Frecuencia observada	Peso (x)	Frecuencia observada
$x < 130$	7	$160 \le x < 175$	102
$130 \le x < 145$	38	$175 \le x < 190$	40
$145 \le x < 160$	100	190 y más	13

Con las tablas normales, los porcentajes para estas clases son 2.28%, 13.59%, 34.13%, 39.13%,13.59% y 2.28%, respectivamente. ¿Los datos observados muestran razón significativa para desacreditar la hipótesis de que los pesos tienen distribución normal, con una media de 160 lb y una desviación estándar de 15 lb? Usa $\alpha = 0.05$.

a. Verifica los porcentajes para las clases.

b. Resuelve usando el método de valor p.

c. Resuelve usando el método clásico.

11.64 ¿Tienes alguna "comida sencilla" favorita? ¿Cómo la obtienes? El Snapshot del *USA Today* menciona tres métodos usados por los estadounidenses y el porcentaje que usa cada método. ¿A cuál categoría perteneces? A una muestra aleatoria de 120 estadounidenses que viven en la costa este se le preguntó: ¿cómo obtiene su comida sencilla?

Sobornando nuestras chuletas

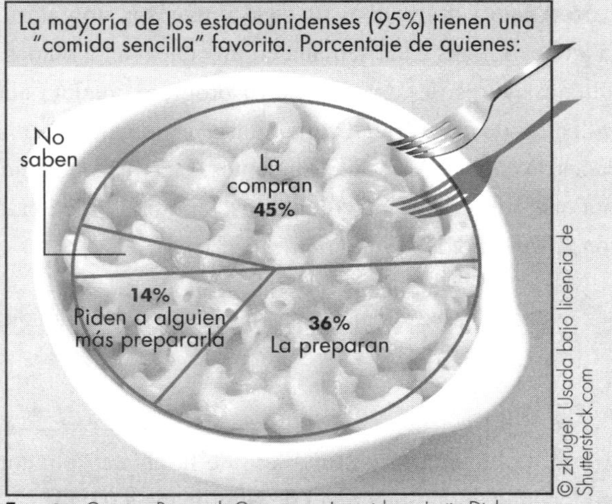

Fuente: Opinion Research Corp. para Lactaid por Justin Dickerson y Suzy Parker, *USA Today*

(continúa en la p. 574)

Comida sencilla	La compran	La preparan	Piden a alguien más que la prepare	No sabe
Costa este	57	44	12	7

Con los porcentajes dados en la gráfica como el "estándar" nacional, ¿la evidencia indica que las respuestas de la costa este son diferentes de las de la nación como un todo? Usa $\alpha = 0.05$.

a. Resuelve usando el método de valor p.

b. Resuelve usando el método clásico.

11.65 [EX11-65] La siguiente tabla proporciona los conteos de color para una muestra de 30 bolsas (tamaño de 47.9 gramos) de M&M.

Caso	Rojo	Verde	Azul	Nar.	Am.	Café
1	15	9	3	3	9	19
2	9	17	19	3	3	8

***Para el resto de los datos, ingresa en cengagebrain.com

Fuente: http://www.math.uah.edu/, Christine Nickel y Jason York, ST 687 project

Antes del Voto de Color Global (GCV, por sus siglas en inglés) de 2002, el porcentaje meta para cada color en la mezcla de seis colores era el siguiente: café, 30%; rojo y amarillo, 20%; azul, verde y anaranjado, 10%.

a. ¿El caso 1 muestra que la bolsa 1 tiene una distribución significativamente diferente de colores que la distribución meta? Usa $\alpha = 0.05$.

b. Combina los casos 1 y 2. ¿El total de las bolsas 1 y 2 muestra una distribución significativamente diferente de colores que la distribución meta?

c. Combina los resultados de las 30 bolsas. ¿El total de las 30 bolsas muestra una distribución significativamente diferente de colores que la distribución meta?

d. Discute los hallazgos de los incisos a-c.

11.66 Adultos de 21 años de edad y más son voluntarios de una a nueve horas cada semana en un centro para ciudadanos adultos mayores discapacitados. El programa recluta adultos estudiantes de universidad comunitaria, estudiantes de universidades de cuatro años y no estudiantes. La tabla siguiente presenta una muestra de los voluntarios, su número de horas por semana y el tipo de voluntario.

	Estudiantes Univ. Com.	Universidad 4 años	No estudiantes
1-3 horas	109	115	117
4-6 horas	82	123	138
7-9 horas	34	28	47

¿El tipo de voluntario y el número de horas de voluntariado son independientes en el nivel de significancia 0.05?

PTI En el ejercicio 11.67 no uses valores redondeados.

11.67 [EX11-67] Un fabricante de zapatos para mujer quiere comparar la distribución de los defectos encontrados en los zapatos producidos por los tres turnos de trabajadores en su planta. Una muestra de zapatos con defectos se clasifica por tipo de defecto y turno de producción.

	Tipo de defecto			
Turno	A	B	C	D
6 a.m.	17	23	43	17
2 p.m.	27	37	33	9
10 p.m.	31	19	53	18

a. Si las proporciones de los cuatro defectos fueran iguales para los tres turnos, ¿implicaría que los defectos son independientes del turno? Explica por qué sí o por qué no.

b. ¿Qué implicaría si las proporciones variaran de turno a turno? Explica.

c. ¿Los datos anteriores muestran que las proporciones varían significativamente de turno a turno en el nivel de significancia Usa $\alpha = 0.01$? Explica y enuncia con mucho cuidado tu decisión, conclusión y evidencia.

11.68 [EX11-68] La siguiente tabla muestra el número de crímenes reportados cometidos el año pasado en la parte interna de una gran ciudad. Los crímenes se clasificaron de acuerdo con el tipo de crimen y el distrito de la ciudad interior donde ocurrieron. ¿Estos datos muestran suficiente evidencia para rechazar la hipótesis de que el tipo de crimen y el distrito donde ocurrió son independientes? Usa $\alpha = 0.01$.

	Crimen				
Distrito	Robo	Asalto	Allanamiento	Latrocinio	Robo de vehículo
1	54	331	227	1090	41
2	42	274	220	488	71
3	50	306	206	422	83
4	48	184	148	480	42
5	31	102	94	596	56
6	10	53	92	236	45

a. Resuelve usando el método de valor p.

b. Resuelve usando el método clásico.

11.69 [EX11-69] Con base en los resultados de una encuesta, 400 individuos fueron clasificados como políticamente conservadores, moderados o liberales. Además, cada persona fue clasificada por edad, como se muestra en la siguiente tabla.

	Grupo de edad			
	20-35	36-50	Mayor que 50	Totales
Conservador	20	40	20	80
Moderado	80	85	45	210
Liberal	40	25	45	110
Total	140	150	110	400

¿Existe suficiente evidencia para rechazar la hipótesis de que "la preferencia política es independiente de la edad"? Usa $\alpha = 0.01$.

a. Resuelve usando el método de valor p.

b. Resuelve usando el método clásico.

11.70 [EX11-70] El 21 de mayo de 2004, el Centro Nacional para la Prevención de Enfermedades Crónicas y la Promoción de la Salud, los Centros para el Control y Prevención de Enfermedades, reportaron los resultados de la Encuesta de Comportamiento de Riesgo Juvenil, Estados Unidos, 2003. El reporte divide la muestra de 15 184 adolescentes estadounidenses en niveles de grado, como se aprecia en la siguiente tabla. Los estudiantes admitieron portar un arma dentro de los 30 días previos a la encuesta y haber participado en peleas físicas durante el año pasado. La siguiente tabla resume dos porciones de los resultados.

	Al menos una vez	Nunca	Total
Porta un arma			
Grados 9 y 10	1 436	7 008	8 444
Grados 11 y 12	1 140	5 600	6 740
Total	2 576	12 608	15 184
En pelea física			
Grados 9 y 10	3 057	5 387	8 444
Grados 11 y 12	1 942	4 798	6 740
Total	4 999	10 185	15 184

Fuente: Datos tomados de http://www.cdc.gov/

¿La evidencia muestral enseña que los estudiantes de los grados 9 y 10 y los grados 11 y 12 tienen diferentes tendencias para portar armas en la escuela? ¿Para involucrarse en una pelea física? Usa el nivel de significancia 0.01 en cada caso.

a. Resuelve usando el método de valor p.

b. Resuelve usando el método clásico.

11.71 [EX11-71] Con base en datos de la oficina censal estadounidense, la Asociación Nacional de Constructores de Casas predijo un aumento en las tasas de propiedad para la década pasada. Parte de la predicción anunció el índice de la construcción doméstica privada por región. La siguiente tabla muestra lo que predijeron.

	Índice de construcción doméstica privada		
Región	1996-2000	2001-2005	2006-2010
Noreste	145	161	170
Sur	710	687	688
Medio oeste	331	314	313
Oeste	382	385	373

¿Los datos presentan suficiente evidencia para rechazar la hipótesis de que la distribución de índices de construcción doméstica privada a través de las regiones fue la misma para todos los años? Usa $\alpha = 0.05$.

a. Resuelve usando el método de valor p.

b. Resuelve usando el método clásico.

11.72 [EX11-72] Se fabricaron 41 pequeños lotes de producto experimental y se pusieron a prueba por la ocurrencia de un indicio particular que se atribuye en naturaleza, aunque causa rechazo de la parte. Se fabricaron 10 lotes usando un método de procesamiento particular y 31 lotes se fabricaron con un segundo método de procesamiento. Cada lote fue igualmente muestreado ($n = 32$) para la presencia de este indicio. En la práctica, las condiciones de procesamiento óptimo mostraron poca o ninguna ocurrencia del indicio. El método 1, que involucra los 10 lotes, se corrió antes que el método 2.

Métodos	n	Número de rechazos
Método 1	320	4
Método 2	992	26

Fuente: Cortesía de Bausch & Lomb

a. Determina, en el nivel de significancia 0.05, si existe alguna diferencia en la proporción de producto rechazado entre los dos métodos.

b. Compara tus hallazgos del inciso a con tus hallazgos en el ejercicio 10.109 (p. 521). Incluye todas las partes de las pruebas de hipótesis en tu comparación.

c. ¿Dirías que estos dos procedimientos de prueba son equivalentes? Ofrece evidencia específica para apoyar tu respuesta.

11.73 Cuatro marcas de rosetas de maíz se pusieron a prueba para su capacidad de "reventar". Se reventaron 100 granos de cada marca y se registró el número de granos que no reventó en cada prueba (con sulta la siguiente tabla). ¿Puedes rechazar la hipótesis nula de que las cuatro marcas reventaron igualmente? Pon a prueba en $\alpha = 0.05$.

Marca	A	B	C	D
Núm. no reventó	14	8	11	15

a. Resuelve usando el método de valor p.

b. Resuelve usando el método clásico.

11.74 [EX11-74] Un promedio de dos jugadores por equipos de básquetbol varonil y femenil de bachillerato se lesionan durante una temporada. La tabla siguiente muestra la distribución de lesiones para una muestra aleatoria de 1 000 mujeres y 1 000 hombres tomados de los registros de la temporada de todas las lesiones reportadas.

Lesión	Mujeres	Hombres
Tobillo/pie	360	383
Cadera/muslo/pierna	166	147
Rodilla	130	103
Antebrazo/muñeca/mano	112	115
Cara/cráneo	88	122
Todas las demás	144	130

(continúa en la página 576)

¿Esta información muestral presenta suficiente evidencia para concluir que la distribución de lesiones es diferente para mujeres que para hombres? Usa $\alpha = 0.05$.

a. Resuelve usando el método de valor p.

b. Resuelve usando el método clásico.

11.75 [EX11-75] "¿En tu licencia de conducir especificas que eres donador de órganos?". Todos han escuchado esta pregunta y la respuesta debe pronunciarse, de acuerdo con el artículo del 30 de marzo de 2005, "Trasplantes de órganos alcanzan nueva marca de casi 27 000 en 2004". Los resultados exactos de los tipos de donaciones de órganos son los siguientes.

	De un donador muerto	De un donador vivo
2003	18 650	6 812
2004	20 018	6 966

Fuente: http://www.seniorjournal.com/

a. ¿Qué porcentaje de donadores de órganos eran muertos para cada año? ¿Tú ves estos porcentajes como significativamente diferentes? Explica.

b. En el nivel de significancia 0.05, ¿las tasas de donadores muertos a donadores vivos cambió significativamente entre 2003 y 2004?

c. Compara la decisión alcanzada en el inciso b con tu respuesta en el inciso a. Describe cualquier diferencia y explica qué las causó.

11.76 [EX11-76] El registro laboral del año pasado por ausentismo en cada una de cuatro categorías para 100 empleados seleccionados al azar se recopiló en la siguiente tabla. ¿Estos datos proporcionan suficiente evidencia para rechazar la hipótesis de que la tasa de ausentismo es la misma para todas las categorías de empleados? Usa $\alpha = 0.01$ y 240 días laborales para el año.

	Hombre casado	Hombre soltero	Mujer casada	Mujer soltera
Número empleados	40	14	16	30
Días ausente	180	110	75	135

a. Resuelve usando el método de valor p.

b. Resuelve usando el método clásico.

11.77 Si tú fueras a rodar un dado 600 veces, ¿cuán diferentes de 100 podrían ser las frecuencias observadas para cada cara antes de que los resultados se volvieran significativamente diferentes de igualmente probables en el nivel 0.05?

11.78 Considera el siguiente conjunto de datos.

	Respuesta		
	Sí	No	Total
Grupo 1	75	25	100
Grupo 2	70	30	100
Total	145	55	200

a. Calcula el valor del estadístico de prueba $z\bigstar$ que usarías para poner a demostración la hipótesis nula de que $p_1 = p_2$, donde p_1 y p_2 son las proporciones de respuestas "sí" en los grupos respectivos.

b. Calcula el valor del estadístico de prueba $\chi^2\bigstar$ que usarías para poner a prueba la hipótesis de que "la respuesta es independiente del grupo".

c. Demuestra que $\chi^2\bigstar = (z\bigstar)^2$.

11.79 Escribe un párrafo (50+ palabras) que describa las circunstancias que requerirían el uso del método ji cuadrada multinomial. Incluye suposiciones que se harían cuando uses este método.

11.80 Escribe un párrafo (50+ palabras) que describa las circunstancias que requerirían el uso del método ji cuadrada tabla de contingencia/independencia. Incluye las suposiciones que se harían cuando uses este método.

11.81 Escribe un párrafo (50+ palabras) que describa las circunstancias que requerirían el uso del método ji cuadrada tabla de contingencia/homogeneidad. Incluye las suposiciones que se harían cuando uses este método.

11.82 Escribe un párrafo (50+ palabras) que describa las similitudes y diferencias entre las pruebas ji cuadrada multinomial y de homogeneidad.

11.83 Escribe un párrafo (50+ palabras) que describa las similitudes y diferencias entre las pruebas ji cuadrada de independencia y de homogeneidad.

Examen de práctica del capítulo

PARTE I: Conocimiento de las definiciones

Responde "verdadero" si el enunciado siempre es verdadero. Si el enunciado no siempre es verdadero, sustituye las palabras en negritas con las palabras que hagan al enunciado siempre verdadero.

11.1 El número de grados de libertad para una prueba de un experimento multinomial es **igual a** número de celdas en los datos experimentales.

11.2 La **frecuencia esperada** en una prueba ji cuadrada se encuentra al multiplicar la probabilidad hipotética de una celda por el número total de observaciones en la muestra.

11.3 La frecuencia **observada** de una celda no debe permitirse ser menor que 5 cuando se realiza una prueba ji cuadrada.

11.4 En un **experimento multinomial** se tienen $(r - 1)(c - 1)$ grados de libertad (r es el número de filas y c es el número de columnas).

11.5 Un experimento multinomial consiste en ***n* ensayos independientes idénticos**.

11.6 Un **experimento multinomial** ordena los datos en una clasificación de dos vías tal que los totales en una dirección están predeterminados.

11.7 Los cuadros tanto para el experimento multinomial como para la tabla de contingencia **deben** establecerse de tal forma que cada pieza de datos caerá exactamente en una de las categorías.

11.8 El estadístico de prueba $\Sigma \frac{(O-E)^2}{E}$ tiene una distribución que es **aproximadamente normal**.

11.9 Los datos usados en una prueba multinomial ji cuadrada siempre son **enumerativos**.

11.10 La hipótesis nula a poner a prueba por una prueba de **homogeneidad** es que la distribución de proporciones es la misma para cada una de las subpoblaciones.

PARTE II: Aplicación de los conceptos

Responde todas las preguntas. Muestra las fórmulas, las sustituciones y el trabajo.

11.11 Enuncia las hipótesis nula y alternativa que usarías para poner a prueba cada una de estas afirmaciones:

a. Los numerales de un solo dígito generados por cierto generador de números aleatorios no son igualmente probables.

b. Los resultados de la última elección en tu ciudad sugieren que los votos emitidos no fueron independientes del partido registrado del votante.

c. Las distribuciones de tipos de crímenes cometidos contra la sociedad son las mismas en las cuatro ciudades estadounidenses más grandes.

11.12 Encuentra cada valor:

a. $\chi^2(12, 0.975)$ b. $\chi^2(17, 0.005)$

11.13 A 300 consumidores se les pidió identificar cuál de tres diferentes artículos encontraron como el más atractivo. La tabla muestra el número que prefirió cada artículo.

Artículo	1	2	3
Número	85	103	112

¿Estos datos presentan suficiente evidencia, en el nivel de significancia 0.05, para indicar que los tres artículos no fueron igualmente preferidos?

11.14 Para estudiar el efecto del tipo de suelo en la cantidad de crecimiento alcanzado por una nueva planta híbrida, se plantaron muestras en tres diferentes tipos de suelo y sus subsecuentes cantidades de crecimiento se clasificaron en tres categorías:

	Tipo de suelo		
Arcilla	**Arena**	**Marga**	**Crecimiento**
Pobre	16	8	14
Promedio	31	16	21
Bueno	18	36	25
Total	65	60	60

¿La calidad de crecimiento parece distribuirse de manera diferente para los tipos de suelo probados en el nivel 0.05?

a. Enuncia las hipótesis nula y alternativa.

b. Encuentra el valor esperado para la celda que contiene 36.

c. Calcula el valor de ji cuadrada para estos datos.

d. Encuentra el valor p.

e. Encuentra los criterios de prueba [nivel de significancia, estadístico de prueba, su distribución, región crítica y valor(es) crítico(s)].

f. Enuncia la decisión y la conclusión para esta prueba de hipótesis.

PARTE III: Comprender los conceptos

11.15 Explica cómo un experimento multinomial y un experimento binomial son similares y también cómo son diferentes.

11.16 Explica la distinción entre una prueba de independencia y una prueba de homogeneidad.

11.17 El estudiante A dice que las pruebas de independencia y homogeneidad son iguales, el estudiante B dice que no son del todo parecidas porque son pruebas de diferentes conceptos. Ambos estudiantes están parcialmente correctos y parcialmente equivocados. Explica.

11.18 Tú interpretas los resultados de una encuesta de opinión acerca del papel del reciclado en tu ciudad. A una muestra aleatoria de 400 personas se les pidió responder totalmente a favor, ligeramente a favor, neutro, ligeramente en contra o totalmente en contra a cada una de varias preguntas. Hay cuatro preguntas clave que te preocupan y planeas analizar sus resultados.

a. ¿Cómo calculas las probabilidades esperadas para cada respuesta?

b. ¿Cómo decidirías si las cuatro preguntas se respondieron igual?

12 Análisis de varianza

© Imagen copyright Natalia Bratslavsky, 2009.
Usada bajo licencia de Shutterstock.com

12.1 Introducción a la técnica de análisis de varianza

El ajetreo matutino

En un país tan grande y diverso como Estados Unidos, ser promedio todavía deja mucho espacio para ser diferente. He aquí un vistazo al inicio en la vida diaria para el estadounidense promedio que se traslada. ¿Cómo lo medirás?

Son las 6 a.m. Suena la alarma. Tienes que asearte y vestirte, desayunar y, si eres padre, ayudar a los niños a estar listos para ir a la escuela, más cualesquier otros detalles multitarea necesarios para hacerte cargo de ellos. Ahora son las 7:30 a.m. y es tiempo de iniciar el traslado de 25 minutos hacia el trabajo y llegar justo a tiempo para iniciar tu día a las 8:00 a.m.

He aquí un vistazo a los tiempos de traslado promedio en un sentido en algunas de las principales ciudades estadounidenses.

TABLA 12.1

Ciudad	Promedio	Límite clase inferior	Límite clase superior
Atlanta, GA	26.5	24.2	28.8
Boston, MA	28.2	26.9	29.5
Dallas, Tx	25.3	24.0	26.6
Filadelfia, PA	30.3	29.3	31.3
Seattle, WA	23.8	22.6	25.0
San Luis, MO	23.3	21.8	24.8

¿Parece haber diferencias entre los tiempos de traslado medios en un sentido para estas seis ciudades? Anteriormente se pusieron a prueba hipótesis acerca de dos medias. En este capítulo la preocupación es con la puesta a prueba de hipótesis acerca de varias medias. La técnica de **análisis de varianza (ANO-**

VA), que estás a punto de explorar, se usará para poner a prueba una hipótesis nula acerca de varias medias, por ejemplo,

$$H_o: \mu_1 = \mu_2 = \mu_3 = \mu_4 = \mu_5$$

Al usar la técnica anterior para hipótesis en torno a dos medias, podrías poner a prueba varias hipótesis si cada una enunciara una comparación de dos medias. Por ejemplo, podrías poner a prueba

$$H_1: \mu_1 = \mu_2 \quad H_2: \mu_1 = \mu_3 \quad H_3: \mu_1 = \mu_4 \quad H_4: \mu_1 = \mu_5 \quad H_5: \mu_2 = \mu_3$$
$$H_6: \mu_2 = \mu_4 \quad H_7: \mu_2 = \mu_5 \quad H_8: \mu_3 = \mu_4 \quad H_9: \mu_3 = \mu_5 \quad H_{10}: \mu_4 = \mu_5$$

Para poner a prueba la hipótesis nula, H_o, de que las cinco medias son iguales, tendrías que poner a prueba cada una de estas 10 hipótesis usando la técnica anterior. El rechazo de alguna de las 10 hipótesis en torno a dos medias causaría el rechazo de la hipótesis nula de que las cinco medias son iguales. Si se fallara en rechazar las 10 hipótesis, se fallaría en rechazar la hipótesis nula principal. Al poner a prueba de esta forma, la tasa global de error tipo I se volvería mucho más grande que el valor de α asociado con una sola prueba. Por tanto, las técnicas ANOVA permiten poner a prueba la hipótesis nula (todas las medias son iguales) contra la hipótesis alternativa (al menos un valor de media es diferente) con un valor específico de α.

En este capítulo se introduce ANOVA. Los experimentos ANOVA pueden ser muy complejos, dependiendo de la situación. La discusión se restringirá al diseño experimental más básico: la ANOVA de un solo factor. El estudio de la técnica de análisis de varianza comienza con la observación de un ejemplo.

EJEMPLO 12.1

PRUEBA DE HIPÓTESIS PARA VARIAS MEDIAS

Se considera que la temperatura a la que se mantiene una planta de fabricación afecta la tasa de producción en la planta. Los datos de la tabla 12.2 son el número, x, de unidades producidas en 1 hora para periodos de 1 hora seleccionados al azar cuando el proceso de producción en la planta operaba en cada uno de tres *niveles* de temperatura. Los valores de datos de muestreos repetidos se llaman **réplicas**. Cuatro réplicas o valores de datos, se obtuvieron para dos de las temperaturas y cinco se obtuvieron para la tercera temperatura. ¿Estos datos sugieren que la temperatura tiene un efecto significativo sobre el nivel de producción en $\alpha = 0.05$?

TABLA 12.2 Resultados muestrales de temperatura y producción

	Niveles de temperatura		
	Muestra de 68°F ($i = 1$)	Muestra de 72°F ($i = 2$)	Muestra de 76°F ($i = 3$)
	10	7	2
	12	6	3
	10	7	5
	9	8	4
		7	
Totales de columna	$C_1 = 41$ $\bar{x}_1 = 10.25$	$C_2 = 35$ $\bar{x}_2 = 7.0$	$C_3 = 15$ $\bar{x}_3 = 3.75$

El nivel de producción se mide mediante el valor medio; $\bar{x}_i$ indica la media de la producción observada en el nivel i, donde i = 1, 2 y 3 corresponden a temperaturas de 68, 72 y 76°F, respectivamente. Existe cierta cantidad de variación entre estas medias. Dado que las medias muestrales no son necesariamente las mismas cuando se toman muestras repetidas de una población, puede esperarse algo de variación, incluso si las tres medias poblacionales son iguales. A continuación se seguirá la pregunta: ¿esta variación entre las $\bar{x}$ se debe al azar o se debe al efecto que la temperatura tiene sobre la tasa de producción?

Solución

Paso 1 a. Parámetro de interés: la "media" en cada *nivel del factor de prueba* es de interés: la tasa de producción media a 68°F, μ_{68}; la tasa de producción media a 72°F, μ_{72}, y la tasa de producción media a 76°F, μ_{76}. El factor a poner a prueba, temperatura de la planta, tiene tres niveles: 68, 72 y 76°F.

b. Enunciado de hipótesis:

$$H_o: \mu_{68} = \mu_{72} = \mu_{76}$$

Esto es, la verdadera media de producción es la misma en cada nivel de temperatura puesto a prueba. En otras palabras, la temperatura no tiene un efecto significativo sobre la tasa de producción. La alternativa a la hipótesis nula es

H_a: No todas las medias de nivel de temperatura son iguales.

Por tanto, se querrá rechazar la hipótesis nula si los datos muestran que una o más de las medias son significativamente diferentes de las otras.

Paso 2 a. Suposiciones: los datos se recolectaron al azar y son independientes de los demás. Los efectos debidos al azar y los factores no puestos a prueba se suponen tienen distribución normal. (Consulta las pp. 588-589 para mayor discusión.)

b. Estadístico de prueba: se tomará la decisión de rechazar H_o o fallar para rechazar H_o al usar la distribución F y un estadístico de prueba F.

c. Nivel de significancia: $\alpha = 0.05$ (dado en el enunciado del problema).

Paso 3 a. Información muestral: consulta la tabla 12.2.

b. Calcula el estadístico de prueba:

Recuerda del capítulo 10 que el valor calculado de F es la razón de dos varianzas. El procedimiento de análisis de varianza separará la variación entre todo el conjunto de datos en dos categorías. Para lograr esta separación, primero trabaja con el numerador de la fracción usada para definir **varianza muestral**, fórmula (2.5) (p. 76):

$$s^2 = \frac{\sum(x - \bar{x})^2}{n - 1}$$

El numerador de esta fracción se llama **suma de cuadrados**:

Total de la suma de cuadrados

$$\text{suma de cuadrados} = \sum (x - \bar{x})^2 \qquad \textbf{(12.1)}$$

Se calcula el **total de suma de cuadrados, *SS*(total)**, para el conjunto de datos total al usar una fórmula que sea equivalente a la fórmula (12.1), pero no requiere el uso de $\bar{x}$. Esta fórmula equivalente es

Atajo para el total de la suma de cuadrados

$$SS(\text{total}) = \Sigma(x)^2 - \frac{(\Sigma x)^2}{n} \qquad \textbf{(12.2)}$$

Ahora puedes encontrar *SS*(total) para el ejemplo con la fórmula (12.2). Primero,

$$\Sigma(x^2) = 10^2 + 12^2 + 10^2 + 9^2 + 7^2 + 6^2 + 7^2 + 8^2 + 7^2 + 3^2 + 3^2 + 5^2 + 4^2 = 731$$

$$\Sigma x = 10 + 12 + 10 + 9 + 7 + 6 + 7 + 8 + 7 + 3 + 3 + 5 + 4 = 91$$

Después, con la fórmula (12.2), se tiene

$$SS(\text{total}) = \sum(x^2) - \frac{(\Sigma x)^2}{n}: \quad SS(\text{total}) = 731 - \frac{(91)^2}{13} = 731 - 637 = 94$$

A continuación, 94, *SS*(total), debe separarse en dos partes: la suma de cuadrados debida a niveles de temperatura, *SS*(temperatura) y la suma de cuadrados debida a **error experimental** de **réplica**, *SS*(error). Esta división usualmente se conoce como **particionar**, pues *SS*(temperatura) + *SS*(error) = *SS*(total) esto es: en el ejemplo, *SS*(temperatura) + *SS*(error) = 94. La suma de cuadrados, ***SS*(factor)** [*SS*(temperatura) para el ejemplo], que mide la **variación entre los niveles de factor** (temperaturas) se encuentra con la fórmula (12.3):

Suma de cuadrados debido a factor

$$SS(\text{factor}) = \left(\frac{C_1^2}{k_1} + \frac{C_2^2}{k_2} + \frac{C_3^2}{k_3} + \cdots\right) - \frac{(\Sigma x)^2}{n} \qquad \textbf{(12.3)}$$

donde C_i representa el total de columna, k_i representa el número de réplicas en cada nivel del factor y n representa el tamaño total de la muestra ($n = \Sigma k_i$).

Nota: los datos se ordenaron de modo que cada columna representa un diferente nivel del factor a poner a prueba.

Ahora puedes encontrar *SS*(temperatura) para el ejemplo, con la fórmula (12.3):

$$SS(\text{factor}) = \left(\frac{C_1^2}{k_1} + \frac{C_2^2}{k_2} + \frac{C_3^2}{k_3} + \cdots\right) - \frac{(\Sigma x)^2}{n}:$$

$$SS \text{ temperatura} = \left(\frac{41^2}{4} + \frac{35^2}{5} + \frac{15^2}{4}\right) - \frac{(91)^2}{13}$$

$$= (420.25 + 245.00 + 56.25) - 637.0 = 721.5 - 637.0 = 84.5$$

La suma de cuadrados, ***SS*(error)**, que mide la **variación dentro de las filas** se encuentra con la fórmula (12.4):

Suma de cuadrados debida a error

$$SS(\text{error}) = \Sigma(x^2) - \left(\frac{C_1^2}{k_1} + \frac{C_2^2}{k_2} + \frac{C_3^2}{k_3} + \cdots\right) \qquad \textbf{(12.4)}$$

Ahora puedes encontrar *SS*(error) para el ejemplo. Primero,

$$\sum (x^2) = 731 \quad \text{(encontrada anteriormente)}$$

$$\left(\frac{C_1^2}{k_1} + \frac{C_2^2}{k_2} + \frac{C_3^2}{k_3} + \cdots\right) = 721.5 \quad \text{(encontrada anteriormente)}$$

Después, con la fórmula (12.4), se tiene

$$SS(\text{error}) = \sum (x^2) - \left(\frac{C_1^2}{k_1} + \frac{C_2^2}{k_2} + \frac{C_3^2}{k_3} + \cdots\right) = 731.0 - 721.5 = 9.5$$

Nota: *SS*(total) = *SS*(factor) + *SS*(error). La inspección de las fórmulas (12.2), (12.3) y (12.4) verificará esto.

Por conveniencia se usará una tabla ANOVA para registrar las sumas de cuadrados y organizar el resto de los cálculos. En la tabla 12.3 se muestra el formato de una tabla ANOVA.

TABLA 12.3 Formato para tabla ANOVA

Fuente	gl	SS	MS
Factor		84.5	
Error		9.5	
Total		94.0	

Ya calculaste las tres sumas de cuadrados para el ejemplo. Los grados de libertad, gl, asociados con cada una de las tres fuentes se determinan del modo siguiente:

1. gl(factor) es 1 menos que el número de niveles (columnas) para los que se pone a prueba el factor:

Grados de libertad para factor

$$\text{gl(factor)} = c - 1 \qquad \textbf{(12.5)}$$

donde c es el número de *niveles para los cuales se pone a prueba el factor* (número de columnas en la tabla de datos)

2. gl(total) es 1 menos que el número total de datos:

Grados de libertad para total

$$\text{gl(total)} = n - 1 \qquad \textbf{(12.6)}$$

donde n es el número de datos en la muestra total (es decir: $n = k_1 + k_2 + k_3 + \cdots$, donde k_i es el número de réplicas en cada nivel puesto a prueba)

3. gl(error) es la suma de los grados de libertad para todos los niveles puestos a prueba (columnas en la tabla de datos). Cada columna tiene $k_i - 1$ grados de libertad; por tanto,

$$\text{gl(error)} = (k_1 - 1) + (k_2 - 1) + (k_3 - 1) + \cdots$$

o

Grados de libertad para error

$$\text{gl(error)} = n - c \qquad \textbf{(12.7)}$$

Los grados de libertad para la ilustración son

$$\text{gl(temperatura)} = c - 1 = 3 - 1 = 2$$
$$\text{gl(total)} = n - 1 = 13 - 1 = 12$$
$$\text{gl(error)} = n - c = 13 - 3 = 10$$

Las sumas de cuadrados y los grados de libertad deben coincidir; esto es:

$$SS(\text{factor}) + SS(\text{error}) = SS(\text{total}) \qquad \textbf{(12.8)}$$

y

$$\text{gl(factor)} + \text{gl(error)} = \text{gl(total)} \qquad \textbf{(12.9)}$$

La **media cuadrática** para el factor que se pone a prueba, **MS(factor)** y para el error, **MS(error)**, se obtienen al dividir el valor de suma de cuadrados entre el correspondiente número de grados de libertad:

Media cuadrática para factor

$$\text{MS(factor)} = \frac{SS(\text{factor})}{\text{gl(factor)}} \qquad \textbf{(12.10)}$$

Media cuadrática para error

$$\text{MS(error)} = \frac{SS(\text{error})}{\text{gl(error)}} \qquad \textbf{(12.11)}$$

Las medias cuadráticas para el ejemplo son

$$\text{MS(temperatura)} = \frac{SS(\text{temperatura})}{\text{gl(temperatura)}} = \frac{84.5}{2} = 42.25$$

$$\text{MS(error)} = \frac{SS(\text{error})}{\text{gl(error)}} = \frac{9.5}{10} = 0.95$$

La tabla ANOVA completa aparece en la tabla 12.4.

TABLA 12.4 Tabla ANOVA para el ejemplo 12.1

Fuente	gl	*SS*	*MS*
Temperatura	2	84.5	42.25
Error	10	9.5	0.95
Total	12	94.0	

Ahora la prueba de hipótesis se completa con las dos medias cuadráticas como las medidas de varianza. El valor calculado del estadístico de prueba, $F\bigstar$, se encuentra al dividir el MS(factor) entre el MS(error):

Estadístico de prueba para ANOVA

$$F\bigstar = \frac{\text{MS(factor)}}{\text{MS(error)}} \qquad \textbf{(12.12)}$$

El valor calculado de F para el ejemplo se encuentra con la fórmula (12.12):

$$F\bigstar = \frac{\text{MS(factor)}}{\text{MS(error)}} : \quad F\bigstar = \frac{\text{MS(temperatura)}}{\text{MS(error)}} = \frac{42.25}{0.95} = 44.47$$

Nota: dado que el valor calculado de F, $F\bigstar$, se encuentra al dividir MS(temperatura) entre MS(error), el número de grados de libertad para el numerador es gl(temperatura) = 2 y el número de grados de libertad para el denominador es gl(error) = 10.

Paso 4 La distribución de probabilidad:

Valor *p*:

a. Usa la cola derecha porque los valores más grandes de $F\bigstar$ indican "no todos iguales" como se expresa mediante H_a, $\mathbf{P} = P(F\bigstar > 44.47 \mid gl_n = 2, gl_d = 10)$, como se muestra en la figura.

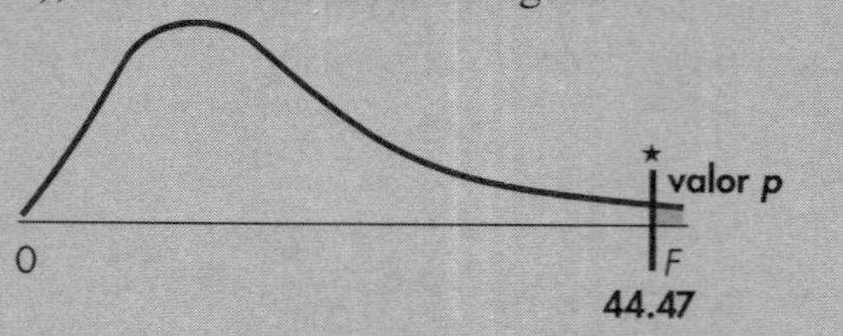

Para encontrar el valor p, tienes dos opciones:

1. Usa la tabla 9C (apéndice B) para poner cotas sobre el valor p: $\mathbf{P < 0.01}$.
2. Usa una computadora o calculadora para encontrar el valor p: $\mathbf{P = 00001}$.

Para instrucciones adicionales, consulta la página 527.

b. El valor p es menor que el nivel de significancia, $\alpha(0.05)$.

Clásico:

a. La región crítica es la cola derecha porque los valores más grandes de $F\bigstar$ indican "no todos iguales" como se expresa mediante H_a, $gl_n = 2$ y $gl_d = 10$. El valor crítico se obtiene de la tabla 9A:

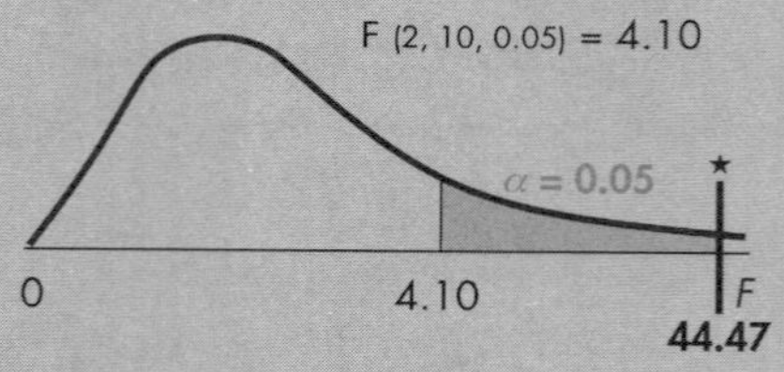

Para instrucciones adicionales, consulta las páginas 523-524.

b. $F\bigstar$ está en la región crítica, como se muestra en **azul oscuro** en la figura.

Paso 5 a. Decisión: rechazar H_o.

b. Conclusión: al menos una de las temperaturas ambiente tiene un efecto significativo sobre la tasa de producción. Las diferencias que se encontraron en las tasas medias de producción en los niveles de temperatura puestos a prueba son significativas.

La media en 68°F ciertamente es diferente de la media en 75°F porque las medias muestrales para estos niveles son la más grande y la más pequeña, respectivamente. Si cualquier otro par de medias es significativamente diferente no puede determinarse sólo a partir del procedimiento ANOVA.

En esta sección viste cómo la técnica ANOVA separó la varianza entre los datos muestrales en dos medidas de varianza: 1) MS(factor), la medida de varianza entre los niveles a ponerse a prueba y 2) MS(error), la medida de varianza dentro de los niveles a ponerse a prueba. entonces dichas medidas de varianza pueden compararse. Para el ejemplo, la varianza entre niveles que se descubrió es significativamente mayor que la varianza dentro de los niveles (error experimental). Esto conduce a la conclusión de que la temperatura sí tuvo un efecto significativo sobre la variable x, el número de unidades de producción completadas por hora.

En la siguiente sección se demostrará la lógica de la técnica del análisis de varianza.

EJERCICIOS SECCIÓN 12.1

12.1 ¿Qué información dada en "El ajetreo matutino" de la página 578 puede convencerte de que el tiempo de traslado promedio es significativamente diferente en estas seis ciudades? Incluye en tu explicación cuáles ciudades pueden ser significativamente diferentes de otras ciudades, cuáles ciudades pueden no ser significativamente diferentes de otras y qué información te llevó a dichas conclusiones.

12.2 [EX12-02] Para comparar los tiempos de traslado en varias ubicaciones, se obtuvieron muestras aleatorias de las seis ciudades presentadas en "El ajetreo matutino". Las muestras fueron de trabajadores que se trasladan al trabajo durante la hora pico de las 8:00 a.m.

Viaje en un sentido al trabajo en minutos

Atlanta	Boston	Dallas	Filadelfia	Seattle	San Luis
29	18	42	29	30	15
21	37	25	20	23	24
20	37	36	33	31	42
15	25	32	37	39	23
37	32	20	42	14	33
26	34	26			18
	48	35			

a. Construye una representación gráfica de los datos usando seis diagramas de puntos lado a lado.

b. Estima visualmente el tiempo de traslado medio para cada ciudad e identifícala con una X.

c. ¿Parece que diferentes ciudades tienen diferentes efectos sobre la cantidad de tiempo promedio empleada por los trabajadores para trasladarse al trabajo durante la hora pico de las 8:00 a.m? Explica.

d. ¿Visualmente parece que diferentes ciudades tienen otros efectos sobre la variación en la cantidad de tiempo empleada por los trabajadores que se trasladan al trabajo durante la hora pico de las 8:00 a.m? Explica.

12.3 En referencia a los datos en 12.2, ¿existe una diferencia significativa en los seis tiempos medios de traslado en un sentido? Explica cómo podrías demostrar una diferencia significativa entre las medias para las seis ciudades.

12.4 a. Calcula el tiempo de traslado medio para cada ciudad que se muestra en el ejercicio 12.2.

b. ¿Parece haber una diferencia entre los tiempos medios de traslado en un sentido para estas seis ciudades?

c. Calcula la desviación estándar para el tiempo de traslado para cada ciudad.

d. ¿Parece haber una diferencia entre las desviaciones estándar entre los tiempos de traslado en un sentido para estas seis ciudades?

12.5 En referencia a los datos en 12.2:

a. Construye el intervalo de confianza de 95% para el tiempo de traslado medio para Atlanta y Boston.

b. Con base en los intervalos de confianza que encontraste en el inciso a, ¿parece que el tiempo de traslado medio es el mismo o diferente para estas dos ciudades? Explica.

c. Construye el intervalo de confianza de 95% para el tiempo de traslado medio para Dallas.

d. Con base en los intervalos de confianza encontrados anteriormente, ¿parece que el tiempo de traslado medio es el mismo o diferente para Boston y Dallas? Explica.

e. Con base en los intervalos de confianza encontrados anteriormente, ¿parece que el tiempo de traslado medio es el mismo o diferente para el conjunto de tres ciudades Atlanta, Boston y Dallas? Explica.

f. ¿Cómo se comparan tus intervalos de confianza con los intervalos dados para Atlanta, Boston y Dallas en "El ajetreo matutino" de la página 578?

12.6 En referencia a los datos en 12.2:

a. Construye el intervalo de confianza de 95% para el tiempo de traslado medio para Filadelfia y San Luis.

b. Con base en los intervalos de confianza que encontraste en el inciso a, ¿parece que el tiempo de traslado medio es el mismo o diferente para estas dos ciudades? Explica.

c. Construye el intervalo de confianza de 95% para el tiempo de traslado medio para Seattle.

d. Con base en los intervalos de confianza encontrados anteriormente, ¿parece que el tiempo de traslado medio es el mismo o diferente para Filadelfia y Seattle? Explica.

e. Con base en los intervalos de confianza encontrados anteriormente, ¿parece que el tiempo de traslado medio es el mismo o diferente para el conjunto de tres ciudades Filadelfia, San Luis y Seattle? Explica.

f. ¿Cómo se comparan tus intervalos de confianza con los intervalos dados para Filadelfia, San Luis y Seattle en "El ajetreo matutino" de la página 578?

(continúa en la página 586)

[EX00-000] identifica el nombre de archivo de una base de datos en línea de un ejercicio; disponible a través de cengagebrain.com

12.7 Dibuja un diagrama de puntos de los datos en la tabla 12.2 (p. 579). Representa los datos usando los enteros 1, 2 y 3 e indica el nivel de factor de prueba de donde son los datos. ¿Ves una "diferencia" entre los niveles?

12.8 Cada departamento en una gran planta industrial se califica semanalmente. Enuncia las hipótesis usadas para poner a prueba que "las calificaciones semanales medias son las mismas en tres departamentos".

12.9 Observa la siguiente tabla ANOVA.

Fuente	gl	SS	MS
Factor	3		
Error		40.4	
Total	20	164.2	

a. Encuentra los cuatro valores faltantes.

b. Encuentra el valor calculado para F, $F\bigstar$.

12.10 Un experimento de análisis de varianza con nivel A que contiene 10 valores de datos; nivel B, 12 valores de datos; nivel C, 10 valores; nivel D, 12 valores; nivel E, 9 valores; y nivel F, 10 valores, se analizó usando MINITAB.

One-way ANOVA: Level A, Level B, Level C, Level D, Level E, Level F

Source	DF	SS	MS	F	P
Factor	5	6355	1271	3.15	0.014
Error	57	22964	403		
Total	62	29319			

a. Verifica los tres niveles para gl que se muestran en la impresión. Verifica también la relación entre los tres números.

b. Verifica los dos valores MS reportados en la impresión.

c. Verifica el valor F.

d. Verifica el valor p.

12.2 La lógica detrás de ANOVA

Muchos experimentos se realizan para determinar el efecto que diferentes niveles de algún factor de prueba tiene sobre una **variable de respuesta**. El factor de prueba puede ser temperatura (como en el ejemplo 12.1), el fabricante de un producto, el día de la semana o cualquier número de otras cosas. En este capítulo se investiga el análisis de varianza de un solo factor. Básicamente, el diseño para la ANOVA de un solo factor es obtener muestras aleatorias independientes en cada uno de los varios *niveles del factor a poner a prueba*. Después se toma una decisión estadística concerniente al efecto que los **niveles de los factores de prueba** tienen sobre la variable de respuesta (observada).

Los ejemplos 12.2 y 12.3 demuestran la lógica de la técnica del análisis de varianza. Brevemente, el razonamiento detrás de la técnica procede como esto: para comparar las medias de los niveles del factor de prueba, una medida de la **variación entre los niveles** (entre las columnas sobre la tabla de datos), el **MS(factor)**, se comparará con una medida de la **variación dentro de los niveles** (dentro de las columnas sobre la tabla de datos), el **MS(error)**. Si MS(factor) es significativamente mayor que MS(error), se concluirá que las medias para los niveles de factor a poner a prueba no son todos iguales. Esto implica que el factor a poner a prueba tiene un efecto significativo sobre la variable de respuesta. Sin embargo, si MS(factor) no es significativamente mayor que MS(error), no podrás rechazar la hipótesis nula de que todas las medias son iguales.

EJEMPLO 12.2

CÓMO VISUALIZAR LA DIFERENCIA ENTRE VARIAS MEDIAS

¿Los datos de la tabla 12.5 ofrecen suficiente evidencia para concluir que existe una diferencia en las tres medias poblacionales μ_F, μ_G, y μ_H?

Solución

La figura 12.1 muestra la relación relativa entre las tres muestras. Un vistazo rápido a la figura sugiere que las tres medias muestrales son diferentes unas

TABLA 12.5 Resultados muestrales

Niveles de factor		
Muestra del nivel *F*	**Muestra del nivel *G***	**Muestra del nivel *H***
3	5	8
2	6	7
3	5	7
4	5	8
$C_F = 12$	$C_G = 21$	$C_H = 30$
$\bar{x}_F = 3.00$	$\bar{x}_G = 5.25$	$\bar{x}_H = 7.50$

de otras, lo que implica que las poblaciones muestreadas tienen diferentes valores de media. Estas tres muestras demuestran relativamente poca variación intramuestra, aunque existe una cantidad relativamente grande de variación intermuestras.

FIGURA 12.1
Datos de la tabla 12.5

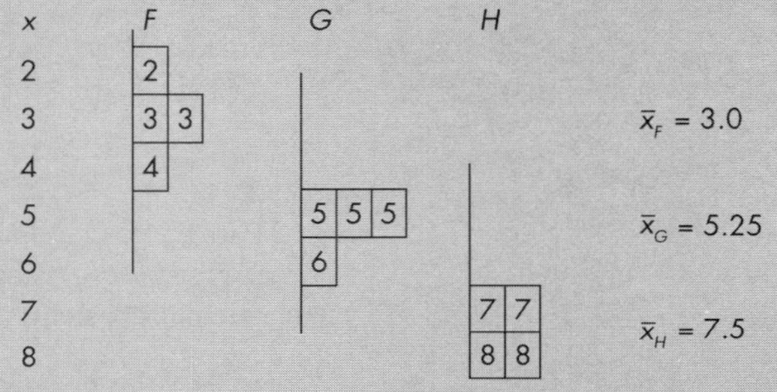

Observa otro ejemplo.

EJEMPLO 12.3

CÓMO VISUALIZAR LA IGUALDAD DE VARIAS MEDIAS

¿Los datos en la tabla 12.6 ofrecen suficiente evidencia para concluir que existe una diferencia en las tres medias poblacionales μ_J, μ_K y μ_L?

TABLA 12.6 Resultados muestrales

Niveles de factor		
Muestra del nivel *J*	**Muestra del nivel *K***	**Muestra del nivel *L***
3	5	6
8	4	2
6	3	7
4	7	5
$C_J = 21$	$C_K = 19$	$C_L = 20$
$\bar{x}_J = 5.25$	$\bar{x}_K = 4.75$	$\bar{x}_L = 5.00$

Solución

La figura 12.2 (p. 588) enseña la relación relativa entre las tres muestras. Un vistazo rápido a la figura no sugiere que las tres medias muestrales sean diferentes unas de otras. Existe poca **variación intermuestras** para estas tres muestras (es decir: las medias muestrales están relativamente cercanas en valor), mientras que la **variación intramuestra** es relativamente grande (es decir: los valores de datos dentro de cada muestra cubren un rango relativamente amplio de valores).

FIGURA 12.2
Datos de la tabla 12.6

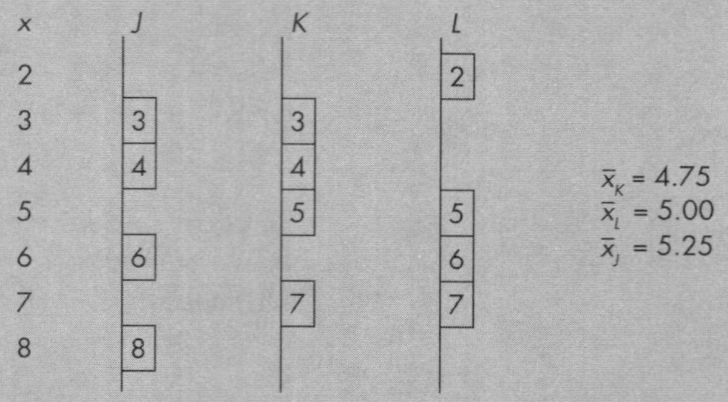

Para completar una prueba de hipótesis para análisis de varianza, debes estar de acuerdo en algunas reglas básicas o **suposiciones**. En este capítulo se usarán las siguientes tres suposiciones básicas:

1. La meta es investigar el efecto que varios niveles del factor a ponerse a prueba tienen sobre la variable de respuesta. Por lo general, se quiere encontrar el nivel que produce los valores más ventajosos de la variable de respuesta. Esto, por supuesto, significa que probablemente se querrá rechazar la hipótesis nula en favor de la hipótesis alternativa. Entonces un estudio de seguimiento podría determinar el "mejor" nivel del factor.

EJEMPLO APLICADO 12.4

Ciudades con estacionamiento más costoso
Tasa de estacionamiento diario promedio (dólares):

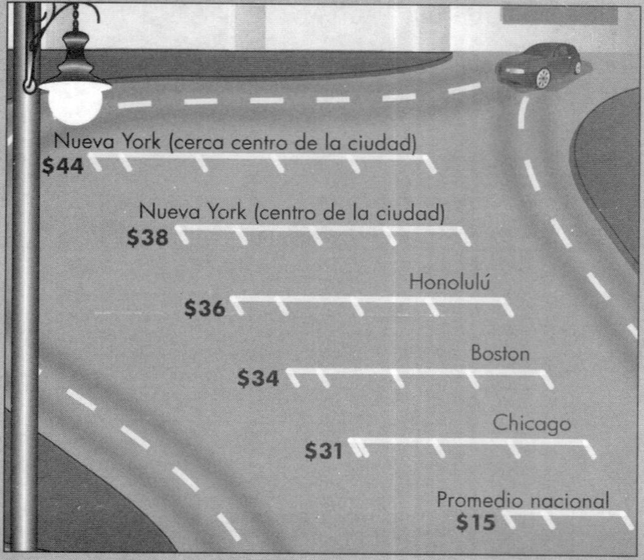

Fuente: Colliers International, by Jae Yang and Suzy Parker, *USA Today*

COSTO DE ESTACIONAMIENTO: NO CALDERILLA

Esta gráfica reporta que, en 2009, el costo de estacionamiento diario promedio para la nación fue 15 dólares. Sin embargo, la ciudad de Nueva York y otras estuvieron muy por arriba de dicho promedio. ¿Parece que la variable "ciudad" tuvo un efecto sobre el costo promedio del estacionamiento diario? (Consulta el ejercicio 12.13.)

2. Debes suponer que los efectos debidos al cambio y debidos a factores no puestos a prueba tienen distribución normal y que la varianza causada por dichos efectos es constante a lo largo del experimento.
3. Debes suponer independencia entre todas las observaciones del experimento. (Recuerda que independencia significa que los resultados de un análisis del experimento no afectan los resultados de cualquier otra observación.) Por lo general, las pruebas se realizarán en orden **aleatorio** para garantizar independencia. Esta técnica también ayuda a evitar contaminación de datos.

EJEMPLO APLICADO 12.5

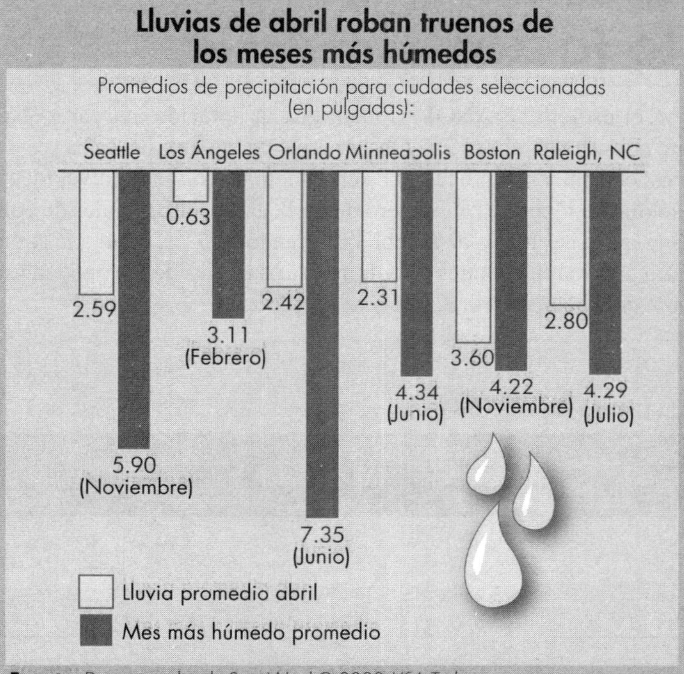

Fuente: Datos tomados de Sam Ward © 2000 *USA Today*

ABRIL NO ES EL MES MÁS HÚMEDO PARA TODOS

La cantidad promedio de lluvia varía por mes y por ubicación. Esta gráfica reporta la cantidad promedio de lluvia para abril y para el mes más húmedo del año para cada una de seis ciudades estadounidenses. ¿Parece que la ciudad y el mes tienen un efecto sobre la lluvia mensual promedio? (Consulta el ejercicio 12.14.)

EJERCICIOS SECCIÓN 12.2

12.11 ¿Los datos que se muestran en el diagrama de puntos tienen una mayor cantidad de variabilidad dentro de los niveles *A, B, C* y *D* o entre los cuatro niveles? Explica.

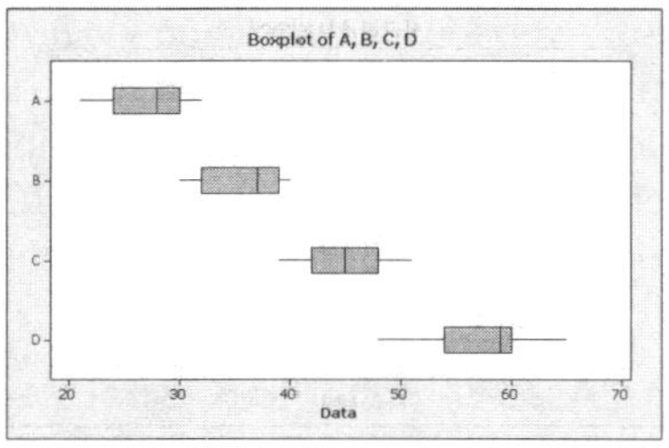

12.12 ¿Los datos que se muestran en el diagrama de puntos tienen una mayor cantidad de variabilidad dentro de los niveles *A, B, C* y *D* o entre los cuatro niveles? Explica.

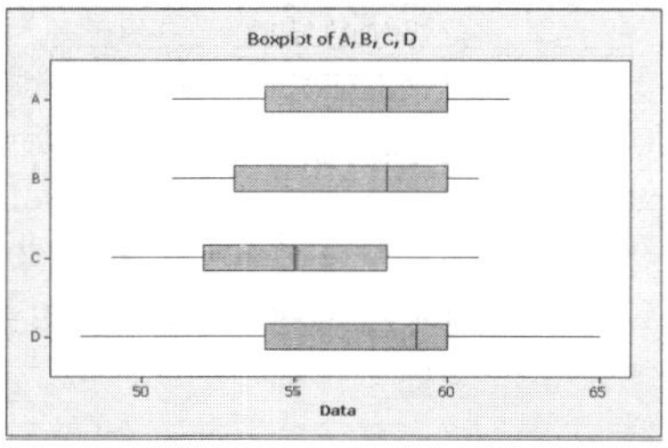

12.13 En referencia al ejemplo aplicado 12.4 de la página 588:

a. ¿La categoría, ciudad, parece tener un efecto sobre la tasa de estacionamiento diario promedio? Explica.

b. Explica cómo las ciudades podrían usarse como categorías para organizar datos para ANOVA de un factor. ¿Qué se usaría como los niveles? ¿Qué se usaría como los datos (réplicas)? ¿Cómo los datos se relacionarían con los valores 44, 38, 36 y 31 dados en la gráfica? ¿Cómo los datos se relacionarían con el valor 15 dado en la gráfica?

12.14 La cantidad de lluvia mensual varía de mes a mes y de ciudad a ciudad. El ejemplo aplicado 12.5 de la página 589 sugiere que la lluvia mensual promedio es afectada tanto por el mes como por la ubicación.

a. ¿Qué variable se usó para recolectar los datos usados para encontrar los promedios mensuales que se muestran en el ejemplo aplicado 12.5?

b. Explica qué datos se necesitarían y cómo se ordenarían para analizar el efecto de ubicación (representado por ciudades) sobre la cantidad de lluvia durante el mes de abril.

12.3 Aplicaciones de la ANOVA de un solo factor

Antes de continuar con el estudio de ANOVA, identifica la notación, en particular los subíndices que se usan; consulta la tabla 12.7. Observa que cada valor de datos (es decir, $x_{2,3}$) tiene dos subíndices; el primer subíndice indica el número de columna (nivel factor de prueba) y el segundo subíndice identifica el número de réplica (fila). Los totales de columna, C_i, se mencionan a lo largo del fondo de la tabla. El gran total, T, es igual a la suma de todas las x y se encuentra al sumar los totales de columna. Los totales de fila pueden usarse como una comprobación cruzada, pero no tienen otro propósito.

TABLA 12.7 Notación usada en ANOVA

	Niveles de factor				
Réplicas	Muestra del nivel 1	Muestra del nivel 2	Muestra del nivel 3	. . .	Muestra del nivel C
$k = 1$	$x_{1,1}$	$x_{2,1}$	$x_{3,1}$		$x_{c,1}$
$k = 2$	$x_{1,2}$	$x_{2,2}$	$x_{3,2}$		$x_{c,2}$
$k = 3$	$x_{1,3}$	$x_{2,3}$	$x_{3,3}$		$x_{c,3}$
⋮					
Totales de columna	C_1	C_2	C_3	. . .	C_c o T

T = gran total = suma de todas las $x = \Sigma x = \Sigma C_i$

¿SABÍAS QUE...?

Sir Ronald A. Fisher

En 1919, Ronald A. Fisher fue contratado por la Estación Experimental Rothamsted, en Hertfordshire, Inglaterra, para hacer trabajo estadístico con sus experimentos de cría de plantas. Fue ahí que realizó trabajo pionero en las aplicaciones de los procedimientos estadísticos al diseño de experimentos científicos: dejó de plantar campos enteros con un solo tratamiento y comenzó a dividir los campos en lotes, que después fueron divididos en filas, etc., para permitir que muchos tratamientos ocurrieran en un campo. Fue durante esta época que Fisher introdujo el principio de aleatoriedad y originó el concepto del análisis de varianza. En 1925,

(continúa)

Un **modelo matemático** (ecuación) se usa con frecuencia para expresar una situación particular. En el capítulo 3 se usó un modelo matemático para ayudar a explicar la relación entre los valores de datos bivariados. La ecuación $\hat{y} = b_o + b_1x$ sirvió como el modelo cuando se consideró que existía una relación en línea recta. Las funciones de probabilidad estudiadas en el capítulo 5 también son ejemplos de modelos matemáticos. Para la ANOVA de un solo factor, el modelo matemático, fórmula (12.13), es una expresión de la composición de cada valor de datos, $x_{c,k}$, ingresado en la tabla de datos:

Modelo matemático para ANOVA de un solo factor

$$x_{c,k} = \mu + F_c + \epsilon_{k(c)} \qquad \textbf{(12.13)}$$

Cada término de este modelo se interpreta del modo siguiente:

$x_{c,k}$ es el valor de la variable en la k-ésima réplica del nivel c.

μ es el valor medio para todos los datos sin importar el factor de prueba.

F_c es el efecto que el factor a ponerse a prueba tiene sobre la **variable de respuesta** en cada diferente nivel c.

(*continuación*)
Fischer escribió *Métodos estadísticos para la investigación*, que permaneció en prensa durante más de 50 años.

$\epsilon_{k(c)}$ (ϵ es la letra griega minúscula épsilon) es el *error experimental* que ocurre entre las k réplicas en cada una de las c columnas.

Observa otra prueba de hipótesis usando un análisis de varianza.

EJEMPLO 12.6

PRUEBA DE HIPÓTESIS PARA LA IGUALDAD DE VARIAS MEDIAS

Un club de tiro realizó un experimento con un grupo seleccionado al azar de tiradores novatos. El propósito del experimento fue determinar si la precisión en el tiro es afectada por el método de mira utilizado: sólo el ojo derecho abierto, sólo el ojo izquierdo abierto o ambos ojos abiertos. Se seleccionaron 15 tiradores novatos y se dividieron en tres grupos. Cada grupo experimentó el mismo entrenamiento y procedimientos de práctica, con una excepción: el método de mira usado. Después de completar el entrenamiento, a cada tirador se le dio el mismo número de rondas y se le pidió disparar a un blanco. Sus puntajes se mencionan en la tabla 12.8.

En el nivel de significancia 0.05, ¿existe suficiente evidencia para rechazar la afirmación de que los tres métodos de mira son igualmente efectivos?

TABLA 12.8 Resultados muestrales sobre tiro al blanco [TA12-8]

Método de mira		
Ojo derecho	Ojo izquierdo	Ambos ojos
12	10	16
10	17	14
18	16	16
12	13	11
14		20
		21

Solución

En este experimento el factor es método de mira y los niveles son los tres diferentes métodos de mira (ojo derecho, ojo izquierdo y ambos ojos abiertos). Las réplicas son los puntajes recibidos por los tiradores en cada grupo. La hipótesis nula a probar es "los tres métodos de mira son igualmente efectivos o los puntajes medios logrados usando cada uno de los tres métodos son iguales".

Paso 1 **a. Parámetro de interés:** la "media" en cada nivel del factor de prueba es de interés: el puntaje medio usando el ojo derecho, μ_R, el puntaje medio usando el ojo izquierdo, μ_L y el puntaje medio usando ambos ojos, μ_B. El factor a poner a prueba, "método de mira", tiene tres niveles: derecho, izquierdo y ambos.

b. Enunciado de hipótesis:

H_o: $\mu_R = \mu_L = \mu_B$

H_a: las medias no son todas iguales (es decir: al menos una media es diferente).

Paso 2 **a. Suposiciones:** los tiradores se asignaron al azar al método y sus puntajes son independientes unos de otros. Los efectos debidos al azar y los factores no puestos a prueba se suponen que tienen distribución normal.

b. Estadístico de prueba:

Se usarán la distribución F y la fórmula (12.12) con

gl(numerador) = gl(método) = 2 y

gl(denominador) = gl(error) = 12.

c. Nivel de significancia: $\alpha = 0.05$

Paso 3 **a. Información muestral:** consulta la tabla 12.8.

b. Estadístico de prueba calculado: el estadístico de prueba es $F\bigstar$: se usa la tabla 12.9 para encontrar los totales de columna.

Tutorial en video disponible; ingresa y aprende más en cengagebrain.com

TABLA 12.9 Niveles de factor: método de mira

	Niveles de factor: método de mira		
Réplicas	Ojo derecho	Ojo izquierdo	Ambos ojos
$k = 1$	12	10	16
$k = 2$	10	17	14
$k = 3$	18	16	16
$k = 4$	12	13	11
$k = 5$	14		20
$k = 6$			21
Totales	$C_R = 66$	$C_L = 56$	$C_B = 98$

Primero, es necesario calcular las sumas Σx y Σx^2:

$$\Sigma x = 12 + 10 + 18 + 12 + 14 + 10 + 17 + \cdots + 21 = 220$$
$$(\text{o } 66 + 56 + 98 = 220 \text{ ⓒⓚ})$$

$$\Sigma x^2 = 12^2 + 10^2 + 18^2 + 12^2 + 14^2 + 10^2 + \cdots + 21^2 = 3392$$

Con la fórmula (12.2), se encuentra

$$SS(\text{total}) = \sum(x^2) - \frac{\Sigma(x^2)}{n}: \quad SS(\text{total}) = 3392 - \frac{(220)^2}{15}$$
$$= 3392 - 3226.67 = 165.33$$

Con la fórmula (12.3), se encuentra

$$SS(\text{método}) = \left(\frac{C_1^2}{k_1} + \frac{C_2^2}{k_2} + \frac{C_3^2}{k_3} + \cdots\right) - \frac{(\Sigma x)^2}{n}:$$

$$SS(\text{método}) = \left(\frac{66^2}{5} + \frac{56^2}{4} + \frac{98^2}{6}\right) - \frac{(220)^2}{15}$$
$$= (871.2 + 784 + 1600.67) - 3226.67$$
$$= 3255.87 - 3226.67$$
$$= 29.20$$

Para encontrar SS(error), primero necesitas:

$$\sum(x^2) = 3392 \text{ (encontrado anteriormente)}$$
$$\left(\frac{C_1^2}{k_1} + \frac{C_2^2}{k_2} + \frac{C_3^2}{k_3} + \cdots\right) = 3255.87 \text{ (encontrado anteriormente)}$$

Después, con la fórmula (12.4), se tiene

$$SS(\text{error}) = \sum(x^2) - \left(\frac{C_1^2}{k_1} + \frac{C_2^2}{k_2} + \frac{C_3^2}{k_3} + \cdots\right):$$

$$SS(\text{error}) = 3392 - 3255.87 = 136.13$$

Usa la fórmula (12.8) para comprobar la suma de cuadrados:

$$SS(\text{método}) + SS(\text{error}) = SS(\text{total}): 29.20 + 136.13 = 165.33$$

Los grados de libertad se encuentran con las fórmulas (12.5), (12.6) y (12.7):

$$gl(\text{método}) = c - 1 = 3 - 1 = 2$$
$$gl(\text{total}) = n - 1 = 15 - 1 = 14$$
$$gl(\text{error}) = n - c = 15 - 3 = 12$$

Con las fórmulas (12.10) y (12.11), se encuentra

$$MS(\text{método}) = \frac{SS(\text{método})}{gl(\text{error})}: \quad MS(\text{método}) = \frac{29.20}{2} = 14.60$$

$$MS(\text{error}) = \frac{SS(\text{error})}{gl(\text{error})}: \quad MS(\text{error}) = \frac{136.13}{12} = 11.34$$

Los resultados de estos cálculos se registran en la tabla ANOVA en la tabla 12.10.

TABLA 12.10 Tabla ANOVA para el ejemplo 12.6

Fuente	gl	*SS*	*MS*
Método	2	29.20	14.60
Error	12	136.13	11.34
Total	14	165.33	

El valor calculado del estadístico de prueba se encuentra entonces con la fórmula (12.12):

$$F\bigstar = \frac{MS(\text{factor})}{MS(\text{error})}: \quad F\bigstar = \frac{MS(\text{método})}{MS(\text{error})} = \frac{14.60}{11.34} = \mathbf{1.287}$$

Paso 4 La distribución de probabilidad:

Valor *p*:

a. Usa la cola derecha: **P** = $P(F\bigstar > 1.287$, con $gl_n = 2$ y $gl_d = 12)$, como se muestra en la figura.

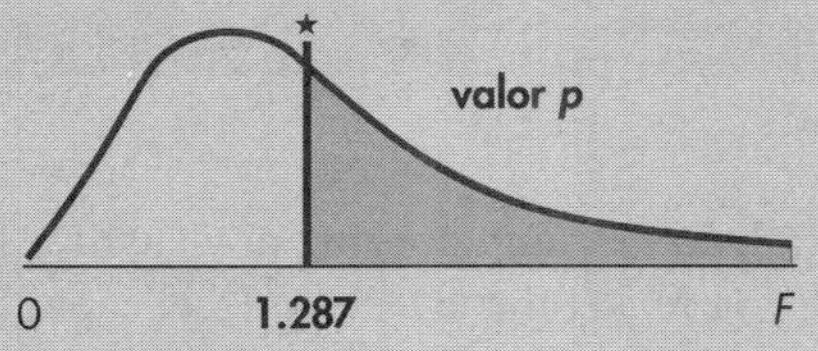

Para encontrar el valor *p*, tienes dos opciones:

1. Usa la tabla 9A (apéndice B) para poner cotas sobre el valor *p*: **P > 0.05**.
2. Usa una computadora o calculadora para encontrar el valor *p*: **P = 0.321**.

Para instrucciones adicionales, consulta la página 527.

b. El valor *p* no es menor que el nivel de significancia, $\alpha(0.05)$.

Clásico:

a. La región crítica es la cola derecha; el valor crítico se obtiene de la tabla 9A:

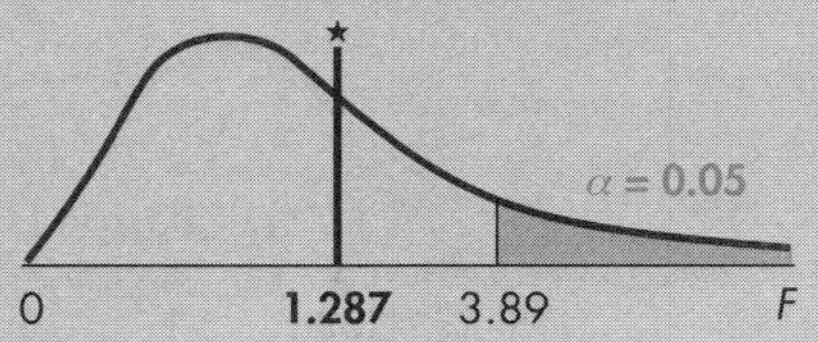

Para instrucciones adicionales, consulta las páginas 523-524.

b. $F\bigstar$ no está en la región crítica, como se muestra en **azul ocsuro** en la figura.

Paso 5 a. Decisión: fallar para rechazar H_o.

b. Conclusión: los datos no muestran evidencia para rechazar la hipótesis nula de que los tres métodos son igualmente efectivos.

INSTRUCCIONES DE TECNOLOGÍA: ANÁLISIS DE VARIANZA DE UN SOLO FACTOR

MINITAB

Escribe los datos para cada nivel en las columnas C1, C2, ...; después continúa con:

Elige: **Stat > ANOVA > One-Way (Unstacked)**
Escribe: Respuestas: **C1 C2 . . .* > OK**
O
Escribe todos los datos en C1 con los correspondientes niveles de factores en C2; después continúa con:

Elige: **Stat > ANOVA > One-Way**
Escribe: Respuesta: **C1**
Factor: **C2* > OK**

*Opcional para cualquier método:

Elige: **Graphs . . .**
Selecciona: **Individual value plot y/o Boxplots of data > OK > OK**

Excel

Escribe los datos para cada nivel en las columnas A, B, ...; después continúa con:

Elige: **Data > Data Analysis > Anova: Single Factor**
Escribe: Rango entrada: **(A1:C4 o selecciona celdas)**
Selecciona: Agrupado por: **Columns**
Labels in First Row (si es necesario)
Escribe: Alfa: α
Selecciona: **Output Range:**
Escribe: **(D1 o selecciona celdas)**

Para hacer la salida más legible, continúa con: Home > Cells > Format > Autofit Column Width

TI-83/84 Plus

Escribe los datos para cada nivel en las listas L1, L2, ...; después continúa con:

Elige: **STAT > TESTS > F: ANOVA(**
Escribe: **L1, L2, . . .)**

Nota: los diagramas de puntos lado a lado son muy útiles para visualizar la variación intramuestra, la variación intermuestra y la relación entre ellas. En el capítulo 2, pp. 41-42, 126, puedes encontrar los comandos para diagramas de puntos lado a lado.

Impresión de la solución MINITAB por computadora para el ejemplo 12.6:

Información dada a la computadora ⟶

Row	Right eye	Left eye	Both eyes
1	12	10	16
2	10	17	14
3	18	16	16
4	12	13	11
5	14		20
6			21

ANALYSIS OF VARIANCE

La tabla ANOVA compara con la tabla 12.10 →

SOURCE	DF	SS	MS	F	P
FACTOR	2	29.2	14.6	1.29	0.312
ERROR	12	136.1	11.3		
TOTAL	14	165.3			

El valor calculado de F, $F\bigstar$ (→ F)

Estadísticos muestrales para cada nivel de factor →

LEVEL	N	MEAN	ST. DEV.
1	5	13.200	3.033
2	4	14.000	3.162
3	6	16.333	3.724

El valor p calculado (→ P)

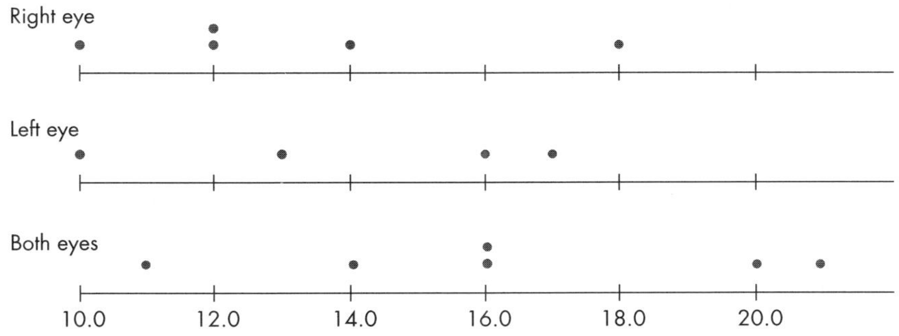

Recuerda la hipótesis nula: "no hay diferencia entre los niveles del factor a poner a prueba". Una decisión "falla para rechazar H_o" debe interpretarse como la conclusión de que no hay evidencia de una diferencia debida a los niveles del factor puesto a prueba, mientras que el rechazo de H_o implica que existe una diferencia entre los niveles. Esto es: al menos un nivel es diferente de los otros. Si existe una diferencia, la siguiente tarea es ubicar el nivel o niveles que son diferentes. Ubicar esta diferencia puede ser el principal objetivo del análisis. Para encontrar la diferencia, el único método que es adecuado en esta etapa es inspeccionar los datos. Puede ser obvio cuál nivel causó el rechazo de H_o. en el ejemplo 12.1 parece bastante obvio que al menos uno de los niveles [nivel 1 (68 ºF) o nivel 3 (76 ºF), porque tienen las medias muestrales más grande y más pequeña] es diferente de los otros dos. Si los valores más altos son más deseables para encontrar el "mejor" nivel a usar, elegirías dicho nivel correspondiente del factor.

Hasta el momento se estudió el análisis de varianza para datos que tratan con un factor. No es raro que los problemas tengan varios factores de interés. Las técnicas ANOVA presentadas en este capítulo pueden desarrollarse aún más y aplicarse a casos más complejos.

EJERCICIOS SECCIÓN 12.3

12.15 Considera la siguiente tabla para ANOVA de un solo factor. Encuentra lo siguiente:

a. $x_{1,2}$ b. $x_{2,1}$ c. C_1 d. $\sum x$ e. $\sum (C_i)^2$

	Nivel de factor		
Réplicas	**1**	**2**	**3**
1	3	2	7
2	0	5	4
3	1	4	5

12.16 La siguiente tabla de datos se usará para ANOVA de un solo factor. Encuentra cada uno de los siguientes:

a. $x_{3,2}$ b. $x_{4,3}$ c. C_3 d. $\sum x$ e. $\sum (C_i)^2$

	Nivel de factor			
Réplicas	**1**	**2**	**3**	**4**
1	13	12	16	14
2	17	8	18	11
3	9	15	10	19

12.17 Enuncia la hipótesis nula, H_o y la hipótesis alternativa, H_a, que usarías para poner a prueba los siguientes enunciados:

a. El valor medio de x es el mismo en los cinco niveles del experimento.

b. Las calificaciones son iguales en las cuatro ubicaciones.

(continúa en la página 596)

c. Los cuatro niveles del factor de prueba no afectan significativamente los datos.

d. Los tres diferentes métodos de tratamiento afectan la variable.

12.18 Encuentra el valor p para cada una de las siguientes situaciones:

a. $F\bigstar = 3.852$, gl(factor) = 3, gl(error) = 12

b. $F\bigstar = 4.152$, gl(factor) = 5, gl(error) = 18

c. $F\bigstar = 4.572$, gl(factor) = 5, gl(error) = 22

12.19 Para los siguientes experimentos ANOVA, determina la región crítica y el valor crítico que se usan en el enfoque clásico para poner a prueba la hipótesis nula.

a. $H_o: \mu_1 = \mu_2 = \mu_3 = \mu_4$, con $n = 18$ y $\alpha = 0.05$

b. $H_o: \mu_1 = \mu_2 = \mu_3 = \mu_4 = \mu_5$, con $n = 15$ y $\alpha = 0.01$

c. $H_o: \mu_1 = \mu_2 = \mu_3$, con $n = 25$ y $\alpha = 0.05$

12.20 ¿Por qué gl(factor), el número de grados de libertad asociados con el factor, siempre aparece primero en la notación de valor crítico F[gl(factor), gl(error), α]?

12.21 Supón que una prueba F (como se describió en este capítulo usando el método de valor p) tiene un valor p de 0.04.

a. ¿Cuál es la interpretación de valor $p = 0.04$?

b. ¿Cuál es la interpretación de la situación si anteriormente decidiste un nivel de significancia 0.05?

c. ¿Cuál es la interpretación de la situación si anteriormente decidiste un nivel de significancia 0.02?

12.22 Supón que una prueba F (como se describió en este capítulo usando el método clásico) tiene un valor crítico de 2.2, como se muestra en esta figura:

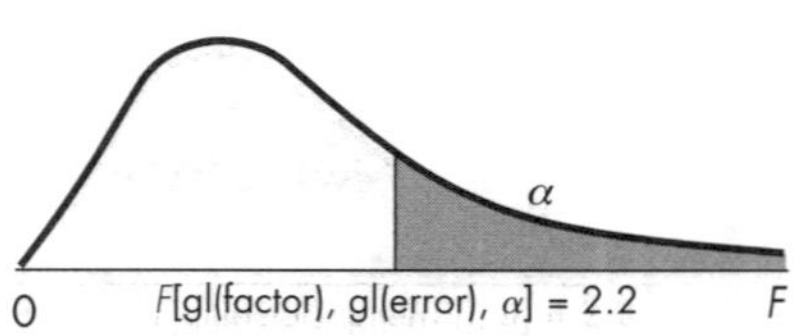

a. ¿Cuál es la interpretación de un valor calculado de F mayor que 2.2?

b. ¿Cuál es la interpretación de un valor calculado de F menor que 2.2?

c. ¿Cuál es la interpretación si la F calculada fuese 0.1? ¿0.01?

12.23 a. Enuncia la hipótesis nula, en forma general, para la ANOVA de un solo factor.

b. Enuncia la hipótesis alternativa, en forma general, para la ANOVA de un solo factor.

c. ¿Qué debe suceder para "rechazar H_o"? Responde tanto para el método de valor p como para el método clásico.

d. ¿Cómo se interpretaría una decisión de "rechazar H_o"?

e. ¿Qué debe suceder para "fallar en rechazar H_o"? Responde tanto para el método de valor p como para el método clásico.

f. ¿Cómo se interpretaría una decisión de "fallar en rechazar H_o"?

12.24 Los siguientes dos extractos se tomaron de "Documentación del análisis estructurado para revisar investigación con base científica: Estrategias y programas educativos", revisado por NCTM el 28 de agosto de 2004.

I. Un efecto principal estadísticamente significativo se obtuvo sólo por grupo, $F(1, 31) = 6.23$, $p = 0.02$, lo que favorece la condición de esquema.

II. No se encontraron diferencias significativas entre las dos condiciones en el momento de la prueba, $F(1, 31) = 1.8$, $p = 0.19$.

a. Verifica el valor p enunciado en I y explica por qué concluyeron un efecto significativo. [*Nota*: usa la distribución $F(1,31)$, con $F\bigstar = 6.23$.]

b. Verifica el valor p enunciado en II y explica por qué concluyeron no efecto significativo.

12.25 Un artículo titulado "La efectividad de la biorrealimentación y el entrenamiento en relajación en casa sobre la reducción de la hipertensión borderline" (*Health Education*) comparó diferentes métodos de reducir la presión arterial. La biorrealimentación (n = 13 sujetos), biorealimentación/relajación (n = 15) y relajación (n = 14) fueron los tres métodos comparados. No hubo diferencias entre los tres grupos en lecturas de preprueba de presión arterial diastólica o sistólica. Hubo una significativa diferencia posprueba entre grupos en la medición sistólica, $F(2, 39) = 4.14$, $p < 0.025$, y la medición diastólica, $F(2, 39) = 5.56$, $p < 0.008$.

a. Verifica que gl(método) = 2 y gl(error) = 39.

b. Usa las tablas 9A, 9B y 9C del apéndice B para verificar que, para sistólica, $p < 0.025$ y para diastólica, $p < 0.008$.

12.26 Un artículo reportó acerca de un estudio que examinaba el alfabetismo cultural de estudiantes de primer año universitario de desarrollo, no desarrollo e inglés como segunda lengua (ESL).

Analysis of Variance by Group for Total Score

Source	df	SS	MS	F	P
Group	2	4062.06	2031.03	14.49	0.0001
Error	117	16394.53	140.12		
Total	119	20456.59			

Analysis of Variance by Group for Foreign Language Preparation

Source	df	SS	MS	F	P
Group	2	0.95	0.475	1.93	0.1493
Error	117	28.75	0.246		
Total	119	29.70			

a. ¿Cuántas calificaciones de estudiantes hubo en las muestras?

b. ¿En cuántos grupos se dividieron los estudiantes?

c. Dados los valores *SS* y gl, verifica el MS, el valor *F* calculado y el valor *p* para cada tabla.

d. ¿Los estadísticos en la primera tabla muestran que las calificaciones totales fueron diferentes para los grupos involucrados? Explica.

e. ¿Los estadísticos en la segunda tabla muestran que las calificaciones de preparación en lengua extranjera fueron diferentes para los grupos involucrados? Explica.

12.27 Dos nuevos medicamentos se pondrán a prueba por su efecto sobre el número de días que un paciente debe permanecer hospitalizado después de cirugía. Un grupo de control recibe un placebo y dos grupos de tratamiento reciben cada uno por separado uno de los dos nuevos medicamentos, ambos desarrollados para promover la recuperación. La hipótesis nula es que no hay diferencia entre las medias. A continuación se muestran los resultados de un análisis de varianza usado para analizar los datos.

One-way ANOVA: Days versus Group

Source	DF	SS	MS	F	P
Group	2	11.00	5.50	2.11	0.159
Error	14	36.53	2.61		
Total	16	47.53			

a. ¿Cuántos pacientes hubo?

b. ¿Cómo verifica la impresión que hubo un grupo de control y dos grupos de prueba?

c. Con los valores *SS*, verifica los dos valores cuadráticos medios.

d. Con los valores MS, verifica el valor *F*.

e. Verifica el valor *p*.

f. Enuncia la decisión y la conclusión alcanzados como resultado de este análisis.

12.28 [EX12-28] Una agencia de empleo quiere ver cuál de tres tipos de anuncios publicitarios en la sección de "se busca ayuda" de los periódicos locales es el más efectivo. Tres tipos de anuncios (gran encabezado, directo y fuente grande) se alternaron al azar durante un periodo de semanas y cada semana se registró el número de personas que respondió a los anuncios. ¿Estos datos apoyan la hipótesis nula de que no hay diferencia en la efectividad de los anuncios publicitarios, medidos por el número medio de respuestas, en el nivel de significancia 0.01?

	Tipo de publicidad		
	Gran encabezado	**Directo**	**Fuente grande**
Número de respuestas (réplicas)	23	19	28
	42	31	33
	36	18	46
	48	24	29
	33	26	34
	26		34

a. Resuelve usando el método de valor *p*.

b. Resuelve usando el método clásico.

12.29 [EX12-29] Un nuevo operador fue asignado recientemente a un grupo de trabajadores que realizan un trabajo determinado. De los registros de la cantidad de unidades de trabajo realizado por cada trabajador cada día el mes pasado, una muestra de 5 fue seleccionada aleatoriamente de la población de cada uno de los dos trabajadores con experiencia y el nuevo trabajador. En el nivel de significancia de 0.05, ¿la evidencia es motivo suficiente para rechazar la afirmación de que no hay diferencia en la cantidad de trabajo realizado por los tres trabajadores?

	Trabajadores		
	Nuevo	**A**	**B**
Unidades de trabajo (repeticiones)	8	11	10
	10	12	13
	9	10	9
	11	12	12
	8	13	13

a. Resuelva usando el método del valor *p*.

b. Resuelva usando el método clásico.

12.30 [EX12-30] Se obtienen muestras aleatorias de camionetas pickup 2009 con motores de 4, 6 y 8 cilindros. Cada camioneta pickup se pone a prueba por millas por galón en conducción en la ciudad.

4 cil.	6 cil.	8 cil.
21	19	19
18	18	19
19	20	15
17	21	20
18	20	19
18	19	21
19	19	18
18	20	19
	20	20
	19	16

¿Existe evidencia significativa para rechazar la hipótesis de que el mpg para las camionetas pickup es el mismo para los tres tamaños de motor? Usa $\alpha = 0.05$.

[EX00-000] identifica el nombre de archivo de una base de datos en línea de un ejercicio; disponible a través de cengagebrain.com

12.31 [EX12-31] Se obtienen muestras aleatorias de camionetas pickup 2009 con motores de 4, 5, 6 y 8 cilindros. Cada camioneta pickup se pone a prueba por millas por galón en conducción en carretera.

4 cil. (H)	5 cil. (H)	6 cil. (H)	8 cil. (H)
24	21	19	20
23	21	19	19
22	23	19	19
24	21	18	20
24	18	21	16
23	22	20	18
23	23	19	15
24	18	20	21
24	20	19	
23	20	19	

¿Existe evidencia significativa para rechazar la hipótesis de que el mpg para las camionetas pickup no es el mismo para los cuatro tamaños de motor? Usa $\alpha = 0.01$.

12.32 [EX12-32] Algunos entusiastas del deporte argumentan que los jugadores de las grandes ligas de béisbol en los equipos de la División Central tienen una ventaja injusta sobre los jugadores de la costa en las divisiones Oeste y Este. Esto es porque el impacto debido a las diferencias en horario probablemente es mayor cuando se juega en gira (es decir, juegos lejos de casa). Los jugadores de los equipos en las costas ganan (cuando van al oeste) o pierden (cuando van al este) hasta tres horas, mientras que los jugadores de la División Central rara vez ganan o pierden más de una hora. Los siguientes datos muestran los porcentajes de ganados/perdidos por divisiones por juegos jugados en gira por las tres divisiones de los equipos de las grandes ligas de béisbol en la temporada 2009:

Liga Mayor de Béisbol		
Este	**Central**	**Oeste**
56.8	46.9	59.3
48.1	42.7	48.1
39.5	44.4	45.7
38.3	37.0	43.2
30.9	39.5	55.6
59.3	55.6	50.6
54.3	45.7	44.4
56.8	49.4	40.7
35.8	46.9	42.0
32.1	37.0	
	27.5	

Fuente: http://www.mlb.com/

Completa una tabla ANOVA para porcentajes ganados/perdidos por los equipos que representan cada división. Pon a prueba la hipótesis nula de que, cuando los equipos juegan en gira, el porcentaje medio ganados/perdidos es el mismo para cada una de las tres divisiones. Usa el nivel de significancia 0.05.

a. Resuelve usando el método de valor p.

b. Resuelve usando el método clásico.

12.33 [EX12-33] Las ciudades a través de Estados Unidos tienen restaurantes que ofrecen temas asociados con países extranjeros. La comida y la bebida de estilo alemán se han vuelto populares desde que muchas comunidades comenzaron a albergar Oktoberfests, pero los restaurantes de auténtica comida alemana ofrecen la comida todo el año. Las siguientes calificaciones, con base en tres juicios categóricos de calidad de comida, decoración y servicio, se ensamblaron de diferentes restaurantes alemanes ubicados en varias ciudades. Las calificaciones se hicieron sobre la misma escala de 0 a 30 (siendo la más alta la mejor).

Categoría calificación restaurante			Categoría calificación restaurante		
Calidad comida	**Décor**	**Servicio**	**Calidad comida**	**Décor**	**Servicio**
19	19	18	21	16	18
17	15	14	19	15	18
19	17	16			

Fuente: *Newsweek*, "Meal Ticket Oktoberfest"

¿Existe alguna diferencia significativa en las calificaciones dadas a los restaurantes alemanes en cada categoría? Construye una tabla ANOVA de un solo factor y pon a prueba la diferencia en el nivel de significancia 0.05.

a. Resuelve usando el método de valor p.

b. Resuelve usando el método clásico.

12.34 [EX12-34] ¿El mayor nivel de educación logrado influye en el número de horas de TV que la gente mira por día? De cada nivel de educación se identificaron muestras aleatorias y se sondeó las horas de televisión que cada persona ve por día.

Menos que bachillerato	Bachillerato	Asociado	Bachiller	Graduado
2.1	3.7	3.9	4.6	1.9
6.3	4.4	3.0	4.1	2.5
4.5	4.4	2.0	0.1	0.7
5.9	3.3	2.2	4.9	1.7
3.5	3.3	0.6	4.5	1.2
4.0	3.3	0.6	4.0	3.5
1.7	4.4	2.7	6.3	2.5
5.2	4.9	3.0	5.0	3.3
4.5	2.4	3.8		0.5
2.2	2.7	4.1		3.0
4.4	2.3	2.3		2.4
		0.6		

a. ¿Los datos muestrales presentan evidencia significativa para concluir que en el nivel de educación sí influye la cantidad de televisión observada? Usa $\alpha = 0.01$.

b. Ofrece explicaciones de por qué pueden existir discrepancias entre las categorías.

12.35 [EX12-35] Un estudio fue realizado para valorar la efectividad de tratamiento de vértigo (enfermedad de movimiento) con un sistema terapéutico transdérmico (TTS; un parche que se usa sobre la piel). También se usaron otros dos tratamientos, ambos orales (una píldora que contiene un medicamento y un placebo). La edad y el género de los pacientes para cada tratamiento se mencionan a continuación.

TTS		Antivert		Placebo	
47-f	53-m	51-f	43-f	67-f	38-m
41-f	58-f	53-f	56-f	52-m	59-m
63-m	62-f	27-m	48-m	47-m	33-f
59-f	34-f	29-f	52-f	35-f	32-f
62-f	47-f	31-f	19-f	37-f	26-f
24-m	35-f	25-f	31-f	40-f	37-m
43-m	34-f	52-f	48-f	31-f	49-f
20-m	63-m	55-f	53-m	45-f	49-m
55-f	46-f	32-f	63-m	41-f	38-f
		51-f	54-m	49-m	
		21-f			

¿Existe una diferencia significativa entre la edad media de los tres grupos de prueba? Usa $\alpha = 0.05$. Usa una computadora o calculadora para completar este ejercicio.

a. Resuelve usando el método de valor p.

b. Resuelve usando el método clásico.

12.36 [EX12-36] La NBA es un juego de grandes hombres. La estatura promedio para la liga es de aproximadamente 6 pies 7 pulgadas, según reporta el sitio web de la NBA para la temporada 2007-2008. Por lo general, los guardias promedian 6 pies 4 pulgadas, los delanteros promedian 6 pies 9 pulgadas y los centros promedian 7 pies.

Una muestra aleatoria de jugadores de la NBA 2008 se seleccionó y se registró la estatura de cada jugador a la pulgada más cercana.

Guardias	Delanteros	Centros
78	81	84
74	84	90
78	80	83
74	84	83
77	82	85
73	81	83
72	82	87
80	80	84
	80	

Fuente: http://www.nba.com/

a. ¿Esperas encontrar que las estaturas medias de las tres posiciones son diferentes unas de otras? ¿Esperas encontrar más variación entre las posiciones o dentro de las posiciones? Explica.

b. Construye una gráfica lado a lado (diagrama de puntos, diagrama de cajas, otra) de tu elección.

c. ¿La gráfica en el inciso b muestra una cantidad relativamente grande de variabilidad entre las posiciones? Explica, con detalle, qué puedes determinar a partir de la gráfica.

d. ¿Existe una diferencia significativa en las estaturas de jugadores de la NBA por posición? Usa $\alpha = 0.05$.

e. ¿Los resultados encontrados en el inciso d confirman tu respuesta al inciso c? Explica.

f. ¿Los resultados son lo que anticipaste serían? Explica por qué sí o por qué no.

12.37 [EX12-02] Para comparar los tiempos de traslado en varias ubicaciones, se obtuvieron muestras independientes aleatorias en cada una de seis diferentes ciudades estadounidenses, como se muestra en "El ajetreo matutino" de la sección 12.1. Con los datos de tiempo de traslado ubicados en el ejercicio 12.2 de la página 586:

a. Construye un diagrama de cajas que muestre las seis ciudades lado a lado.

b. ¿Tu gráfica muestra evidencia visual que sugiera que la ciudad tiene un efecto sobre el tiempo de traslado matutino promedio? Justifica tu respuesta.

c. Con la técnica ANOVA, ¿estos datos muestran suficiente evidencia para afirmar que la ciudad tiene un efecto sobre el tiempo de traslado matutino promedio? Usa $\alpha = 0.05$.

d. ¿La respuesta estadística encontrada en el inciso c concuerda con tu presentación gráfica del inciso a y tu respuesta al inciso b? Explica por qué tus respuestas concuerdan o no concuerdan y cita información estadística aprendida en este capítulo.

e. ¿La muestra indica que la ciudad tiene un efecto sobre la ***cantidad de tiempo*** empleada para trasladarse al trabajo? ¿La muestra indica que la ciudad tiene un efecto sobre la ***cantidad de tiempo promedio empleada*** para trasladarse al trabajo? ¿Estas preguntas son diferentes? Explica.

12.38 [EX12-38] Del sitio USAD-NASS se seleccionaron al azar 39 condados del área de seis estados del medio-oeste superior de Estados Unidos y se obtuvieron los siguientes datos acerca de producción de avena por acre.

Condado	IA	MN	ND	NE	SD	WI
1	76.2	53.0	71.4	60.0	76.5	52.0
2	65.3	70.0	64.3	37.0	50.0	53.0
3	86.0	71.0	66.7	53.0	42.0	72.0
4	73.6	54.0	61.4	50.0	62.5	81.0
5	61.3	64.0	66.0	56.0	55.7	57.0
6	74.3	40.0	58.0	59.1	64.0	
7	58.3	59.3				
8	56.0					
9	61.4					

Fuente: http://www.usda.gov/

a. ¿Estos datos muestran una diferencia significativa en las tasas de producción medias para los seis estados? Usa $\alpha = 0.05$.

(continúa en la página 600)

b. Dibuja una gráfica que demuestre los resultados encontrados en el inciso a.

c. Explica el significado de los resultados, incluida una explicación de cómo la gráfica retrata los resultados.

12.39 [EX12-39] Sea x = "edad ideal" de una persona en años. muestras independientes y aleatorias se obtienen de adultos estadounidenses en cada uno de seis diferentes grupos etáreos.

18–24	25–29	30–39	40–49	50–64	65+
21	28	30	38	45	54
24	29	35	40	51	48
28	31	37	45	39	59
30	25	32	39	45	60
32	27	39	35	42	65
28	35	37			60
	32	40			

a. Construye gráficas de cajas lado a lado que muestren la "edad ideal" para cada uno de los seis grupos etáreos. ¿Qué sugiere esta gráfica?

b. Con una ANOVA de un solo factor, pon a prueba la afirmación de que la "edad ideal" no es la misma para todos los grupos etáreos. Usa un nivel de significancia de 0.05.

c. ¿Qué conclusiones puedes extraer de los resultados de la prueba de hipótesis?

d. Explica cómo las gráficas de cajas extraídas en el inciso a demuestran los resultados encontrados en el inciso b.

12.40 [EX12-40] Stacey es una estudiante en una universidad comunitaria. Ella imagina, al estar en una universidad comunitaria, que la mayoría de los estudiantes probablemente trabajan además de estudiar. Al tener clases en la mañana, Stacey considera que tanto el género como el tipo de curso pueden tener un efecto sobre el tipo de estudiante y las horas que puede trabajar. Los siguientes datos se recopilaron al azar de tres cursos de Stacey durante el semestre del otoño de 2009.

	Hombre	Mujer
Geografía	40	40
	38	25
	47	30
Contabilidad	25	42
	30	35
	30	28
Música	26	16
	30	15
	33	18

a. En el nivel de significancia 0.05, ¿los datos ofrecen razón suficiente para apoyar que el tipo de curso tiene un efecto sobre el número de horas que trabaja un estudiante?

b. En el nivel de significancia 0.05, ¿los datos ofrecen razón suficiente para apoyar que el género tiene un efecto sobre el número de horas que trabaja un estudiante?

12.41 [EX12-41] El artículo del *Boston Globe* del 14 de marzo de 2009, "Gangas en el menú... y una parte de nerviosismo", reportó preocupaciones de que la Semana del Restaurante no tendría buena asistencia debido a la economía. Los restaurantes locales ingeniaron promociones especiales para atraer clientes pasados y nuevos. Con esto en mente, una camarera se preguntó si los precios "reducidos" también "reducirían" los porcentajes de propina, en especial sobre las promociones de costo más bajo y los turnos de media semana. Para poner a prueba su hipótesis, recolectó los siguientes datos:

	Porcentaje propina		
Cantidad factura	**Martes**	**Jueves**	**Sábado**
\$0-\$29	21	15	12
	19	17	18
	15	18	19
	19	14	13
\$30-\$59	17	1	10
	18	16	16
	14	17	22
	18	12	17
\$60-\$89	20	21	31
	14	19	25
	15	16	24
	24	15	30

a. En el nivel de significancia 0.05, ¿los datos ofrecen razón suficiente para apoyar que el día de la semana tiene un efecto sobre el porcentaje de propina recibida?

b. En el nivel de significancia 0.05, ¿los datos ofrecen razón suficiente para apoyar que la cantidad de la factura tiene un efecto sobre el porcentaje de propina recibida?

12.42 [EX12-42] Una planta empacadora local implementa varias líneas de producción con base en el producto a empacar. Cada línea es para diferente producto, algunos más complicados que otros. Con varias líneas en operación diaria, se presentó la preocupación sobre las tasas de producción debido a la variación en las tasas. La administración decidió mantener registros para ver si ciertos días de la semana producen mejores tasas de producción que otros. Los resultados son los siguientes:

Lunes	Martes	Miércoles	Jueves	Viernes
128	114	115	113	81
118	109	77	101	98
87	114	117	115	80
88	62	110	78	75
95	71	78	72	75
92	69	77	76	90
92	102	113	112	104
103	106	92	133	114
132	127	93	79	81

a. Con una ANOVA de un solo factor, pon a prueba la afirmación de que la tasa de producción media no es la misma para los cinco días de la semana. Usa un nivel de significancia de 0.05.

b. Explica el significado de la conclusión en el inciso a. ¿La conclusión dice cuáles días son diferentes? ¿Cuáles días tienen las medias más grandes?

c. Construye un diagrama de caja lado a lado de los datos. Explica cómo el diagrama de cajas múltiple, acoplado con la prueba de hipótesis en el inciso a, ayuda a identificar la diferencia entre días.

d. ¿Cómo puede usar esta información la compañía empacadora?

e. ¿Podría haber otros factores que afecten los problemas de la tasa de producción de la compañía? Si es así, menciona algunos.

12.43 [EX12-43] Albert Michelson, el primer ciudadano estadounidense en recibir el Premio Nobel de Física, realizó muchos experimentos para determinar la velocidad de la luz en el aire. A continuación se presenta un extracto de cinco ensayos de 20 mediciones cada uno tomados por Michelson del 5 de junio al 2 de julio de 1879. A las mediciones se les restó 299 000.

Ensayo 1	Ensayo 2	Ensayo 3	Ensayo 4	Ensayo 5
850	960	880	890	890
740	940	880	810	840

***Para el resto de los datos, ingresa en cengagebrain.com

Fuente: http//lib.stat.cmu.edu/

a. Construye un diagrama de cajas que muestre los cinco ensayos lado a lado. ¿Qué sugiere esta gráfica?

b. Con una ANOVA de un solo factor, pon a prueba la afirmación de que no todos los resultados de ensayo fueron iguales. Usa un nivel de significancia de 0.05.

c. ¿Qué conclusiones puedes extraer de los resultados de la prueba de hipótesis?

12.44 [EX12-44] El Sr. B, gerente en un gran almacén, investiga varias variables mientras mide el nivel de su negocio. Su tienda está abierta todos los días durante el año, excepto el día de año nuevo, Navidad y los domingos. A partir de sus registros, que abarcan varios años anteriores, el Sr. B identificó al azar 62 días y recopiló los datos para el total diario de tres variables: número de clientes que pagan, número de artículos comprados y costo total de los artículos comprados.

Día	Mes	Clientes	Artículos	Ventas
2	1	425	1 311	$12 707.00
1	1	412	1 123	$11 467.50

***Para el resto de los datos, ingresa en cengagebrain.com

Los datos son valores reales; el nombre de la tienda se retiró por razones de privacidad.
Código de día: 1 = L, 2 = Ma, 3 = Mi, 4 = J, 5 = V, 6 = S
Código de mes: 1 = enero, 2 = febrero, 3 = marzo, ..., 12 = diciembre

¿El número medio de clientes por día es afectado por el mes? O, de manera equivalente: "el número medio de clientes por día es el mismo para todos los meses" frente a "hay al menos un mes cuando el número medio de clientes por día es significativamente diferente de los otros". La siguiente salida de computadora resultó del análisis de los datos.

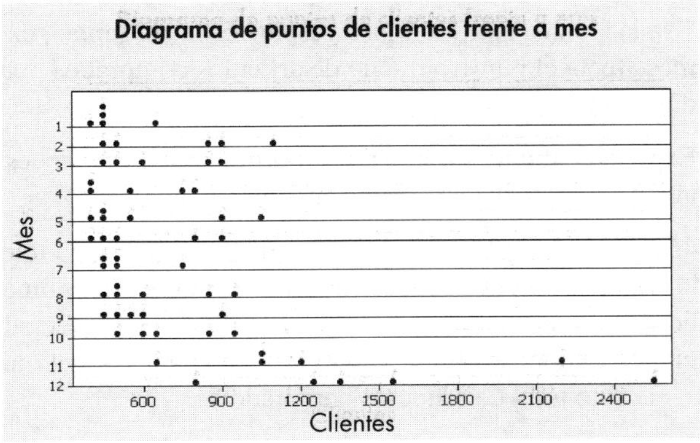

One-way ANOVA: Customers versus Month

Source	DF	SS	MS	F	P
Month	11	5224286	474935	5.03	0.000
Error	50	4724554	94491		
Total	61	9948840			

Inspecciona el diagrama de puntos anterior para el número de clientes por día para los 12 meses y la salida ANOVA para el número de clientes frente a meses. Busca evidencia que conduzca a la conclusión "no todos los meses tienen el mismo número de clientes por día".

a. Describe la evidencia gráfica encontrada y discute cómo muestra que no todos los meses son iguales. ¿Cuál mes o meses parecen ser diferentes de los otros?

b. Describe la evidencia numérica encontrada y discute cómo muestra que no todos los meses son iguales.

c. ¿Puedes decir cuáles meses son diferentes, con base en la evidencia numérica? Explica.

d. ¿Parece haber algún apoyo para la idea de que el periodo desde el Día de Acción de Gracias hasta las fiestas de año nuevo es la época de ventas más importantes del año? Explica.

e. Usa tu calculadora o computadora para realizar la ANOVA mostrada y verificar los resultados.

12.45 [EX12-44] El Sr. B, gerente de la tienda del ejercicio 12.44, vio que el número medio de clientes por día varía por mes y ahora se pregunta si el mes tiene un efecto similar sobre el número de artículos comprados.

a. ¿Crees que "mes" tenga un efecto sobre el número medio de artículos comprados por día? De manera equivalente, ¿crees que el número medio de artículos comprados por día es el mismo para todos los meses? Si no, ¿cuáles meses crees que son diferentes? Explica.

(continúa en la página 602)

b. Construye un diagrama de puntos para el número de artículos comprados por día por cada mes diferente.

c. ¿El diagrama de puntos del inciso b apoya tus conjeturas del inciso a? Explica.

d. Usa la técnica ANOVA para responder la pregunta: ¿el mes afecta el número medio de artículos comprados por día? Usa $\alpha = 0.05$.

e. Explica cualquier diferencia y similitud entre tu respuesta al inciso a y la respuesta que encontraste en d.

12.46 [EX12-44] El Sr. B, el gerente de la tienda del ejercicio 12.44, vio que el número medio de clientes por día y el número medio de artículos comprados (ejercicio 12.45) son afectados por el mes y ahora se pregunta si el mes tiene un efecto similar sobre el costo total de artículos comprados.

a. ¿Crees que "mes" tenga un efecto sobre el costo total medio de artículos comprados por día? De manera equivalente: ¿crees que el costo total medio de artículos comprados por día es el mismo para todos los meses? Si no, ¿cuáles meses crees que sean diferentes? Explica.

b. Construye un diagrama de puntos para el costo total de artículos comprados por día por cada mes diferente.

c. ¿El diagrama de puntos del inciso b apoya tus conjeturas del inciso a? Explica.

d. Usa la técnica ANOVA para responder la pregunta: ¿el mes afecta el costo total medio de artículos comprados por día? Usa $\alpha = 0.05$.

e. Explica cualquier diferencia o similitud entre tu respuesta al inciso a y la respuesta que encontraste en el inciso d.

f. Explica cualquier diferencia y similitud entre las respuestas encontradas para los ejercicios 12.44, 12.45 y 12.46. ¿Las similitudes parecen razonables? ¿Qué implica esto acerca de dichas variables?

Repaso del capítulo

En retrospectiva

En este capítulo se presentó una introducción a las técnicas estadísticas conocidas como análisis de varianza. Las técnicas estudiadas aquí se restringieron a la prueba de una hipótesis que lidia con cuestiones acerca de las medias de varias poblaciones. Se restringió a poblaciones normales y poblaciones con varianzas homogéneas (iguales). La prueba de múltiples medias se realiza al particionar la suma de cuadrados en dos segmentos: 1) la suma de cuadrados debido a variación entre los niveles del factor a poner a prueba y 2) la suma de cuadrados debido a variación entre las réplicas dentro de cada nivel. Después la hipótesis nula acerca de las medias se pone a prueba usando las mediciones de varianza adecuadas.

Observa que el desarrollo se restringió a experimentos de un factor. Esta técnica de un factor representa solamente un comienzo al estudio de las técnicas del análisis de varianza.

CourseMate El sitio **Statistics CourseMate** para este libro lleva a la vida los temas del capítulo, con herramientas interactivas de aprendizaje, estudio y preparación de exámenes, incluidas preguntas rápidas y tarjetas de estudio para el vocabulario y los conceptos clave que aparecen a continuación. El sitio también ofrece una versión **eBook** del texto, con capacidades de subrayado y toma de notas. A lo largo de los capítulos, el icono CourseMate señala los conceptos y ejemplos que tienen sus correspondientes recursos interactivos como **video** y **tutoriales animados** que demuestran, paso a paso, cómo resolver problemas; conjuntos de datos para ejercicios y ejemplos; **Applets Skillbuilder** para ayudarte a comprender mejor los conceptos; **manuales de tecnología** y software para descargar que incluye **Data Analysis Plus** (una suite de macros estadísticos para Excel) y programas **TI-83/84 Plus**; regístrate en **www.cengagebrain.com**

Vocabulario y conceptos clave

aleatoriedad (p. 589)
análisis de varianza (ANOVA) (p. 578)
media cuadrática, MS(factor), MS(error) (p. 583)
error experimental (p. 581)
estadístico de prueba, $F\bigstar$ (p. 583)
particionar (p. 581)
grados de libertad (p. 582)
modelo matemático (p. 590)
niveles del factor puesto a prueba (pp. 586, 595)
réplica (pp. 579, 581, 582)
suma de cuadrados (p. 580)
suposiciones (p. 588)
total de suma de cuadrados, *SS*(total) (p. 581)
variable de respuesta (pp. 586, 588, 590)
variación dentro de un nivel, MS(error) (pp. 583, 586)
variación entre niveles, MS(factor) (pp. 583, 586)
variación intermuestra (pp. 588, 594)
variación intramuestras (p. 588)
varianza (p. 580)

Resultados del aprendizaje

- Comprender que las técnicas del análisis de varianza (ANOVA) se usan para poner a prueba diferencias entre más de dos medias. — pp. 578-579
- Comprender que ANOVA usa varianzas para completar la puesta a prueba de varias medias. — EJ. 12.1
- Comprender que la distribución *F* se usa para poner a prueba la razón de la variación entre las medias a poner a prueba, con la variación dentro de las muestras a poner a prueba. — EJ. 12.1, Ej. 12.22
- Comprender que, si la variación entre las medias es significativamente más que la variación dentro de las muestras, entonces las medias se consideran desiguales. — EJ. 12.2, 12.3, Ej. 12.11, 12.12
- Calcular, describir e interpretar una prueba de hipótesis para las diferencias entre varias medias, usando la distribución *F* con el enfoque de valor *p* y/o el método clásico. — EJ. 12.6, Ej. 12.29, 12.33

Ejercicios del capítulo

[EX00-000] identifica el nombre de archivo de una base de datos en línea de un ejercicio; disponible a través de cengagebrain.com

12.47 [EX12-47] Muestras de mantequilla de cacahuate producidas por tres diferentes fabricantes se pusieron a prueba por contenido de sal (en miligramos), con los siguientes resultados:

Marca 1	2.5	8.3	3.1	4.7	7.5	6.3
Marca 2	4.5	3.8	5.6	7.2	3.2	2.7
Marca 3	5.3	3.5	2.4	6.8	4.2	3.0

¿Existe una diferencia significativa en la cantidad media de sal en estas muestras? Usa $\alpha = 0.05$.

a. Enuncia las hipótesis nula y alternativa.

b. Determina los criterios de prueba: suposiciones, nivel de significancia, estadístico de prueba.

c. Con la información en la impresión de computadora que se presenta a continuación, enuncia la decisión y la conclusión a la prueba de hipótesis.

d. ¿Qué te dice el valor *p*? Explica.

Sugerencia: cada nivel de datos se ingresa en una columna separada.

```
Analysis of Variance
Source   DF    SS      MS     F      P
Factor   2     4.68    2.34   0.64   0.541
Error    15    54.88   3.66
Total    17    59.56
                              Individual 95% CIs For Mean
                              Based on Pooled StDev
Level    N   Mean  StDev   -------+--------+-------+-------+
Brand1   6   5.400  2.359            (----------*----------)
Brand2   6   4.500  1.669        (----------*----------)
Brand3   6   4.200  1.621     (----------*----------)
                           -------+--------+-------+-------+
Pooled StDev 1.913           3.6      4.8      6.0     7.2
```

12.48 [EX12-48] Un nuevo limpiador para todo uso se pondrá a prueba de mercadeo al colocar publicidad en tres diferentes ubicaciones dentro de varios supermercados. A continuación se reporta el número de botellas vendidas de cada ubicación dentro de cada uno de los supermercados:

Ubicaciones	I	40	35	44	38
	II	32	38	30	35
	III	45	48	50	52

(continúa en la página 604)

a. Enuncia las hipótesis nula y alternativa para poner a prueba que "la ubicación de la publicidad no tiene efecto sobre el número de botellas vendidas".

b. Con $\alpha = 0.01$, determina los criterios de prueba: suposiciones, nivel de significancia, estadístico de prueba.

c. Con la información en la impresión de computadora que sigue, enuncia la decisión y la conclusión a la prueba de hipótesis.

d. ¿Qué te dice el valor p? Explica.

Sugerencia: cada nivel de datos se ingresa en una columna separada.

```
Analysis of Variance
Source   DF     SS       MS       F      P
Factor    2   460.7    230.3   19.51  0.001
Error     9   106.2     11.8
Total    11   566.9
                       Individual 95% CIs For Mean
                       Based on Pooled StDev
Level      N   Mean    StDev  +-------+-------+------+----
Location   4  39.250   3.775          (---*---)
Location   4  33.750   3.500  (---*---)
Location   4  48.750   2.986                     (---*---)
                              +-------+-------+------+----
Pooled StDev = 3.436        30.0    36.0    42.0    48.0
```

12.49 ¿Realmente importa financieramente dónde haces tus compras? ¿Los precios en una tienda son consistentemente más altos o más bajos que los de otra? "Compra de víveres", un artículo en el *Democrat & Chronicle*, presentó una comparación de productos comprados en cuatro supermercados locales. Los datos se analizaron usando técnicas ANOVA y los resultados fueron los siguientes.

```
One-way ANOVA: Martins, Tops, Wal-Mart, Wegmans
Source   DF     SS       MS       F      P
Factor    3     0.50    0.17    0.03   0.993
Error    56   330.74    5.91
Total    59   331.24
S = 2.430   R-Sq = 0.15%    R-Sq(adj) 0.00%
                            Individual 95% CIs For Mean
                            Based on Pooled StDev
Level     N   Mean   StDev  +-------+-------+------+----
Martins  15  2.542   2.241  (-------------*----------)
Tops     15  2.596   2.294   (-------------*---------)
Wal-Mart 15  2.473   2.173 (-------------*---------)
Wegmans  15  2.723   2.935       (-------------*-------)
                            +-------+-------+------+----
                           1.40    2.10    2.80    3.50
Pooled StDev = 2.430
```

a. Enuncia las hipótesis nula y alternativa.

b. Con base en la información del impreso de computadora que se presenta, enuncia la decisión y la conclusión a la prueba de hipótesis.

c. Con los estadísticos dados para cada tienda, ¿parece haber una diferencia entre el costo medio de los víveres para estos cuatro supermercados?

d. Con los estadísticos dados para cada tienda, ¿parece haber una diferencia entre las desviaciones estándar para estos cuatro supermercados?

e. ¿Cómo tus respuestas a los incisos c y d apoyan tu respuesta al inciso b? Explica.

12.50 Un experimento se diseña para comparar las duraciones de tiempo que cuatro diferentes medicamentos proporcionan alivio al dolor tras cirugía. Los resultados (en horas) son los siguientes.

Medicamento				Medicamento			
A	**B**	**C**	**D**	**A**	**B**	**C**	**D**
8	6	8	4	2	4	10	
6	6	10	4			12	
4	4	10	2				

¿Existe suficiente evidencia para rechazar la hipótesis nula de que no hay diferencias significativas en las duraciones de alivio al dolor proporcionadas por los cuatro medicamentos en $\alpha = 0.05$?

a. Resuelve usando el método de valor p.

b. Resuelve usando el método clásico.

12.51 [EX12-51] Se supone que ciertas máquinas despachadoras de refresco de una compañía proveedora despachan 6 oz de bebida. Varias máquinas se muestrean y las cantidades resultantes de bebida despachada (en onzas) se registran, como se muestra en la siguiente tabla.

Máquinas				
A	**B**	**C**	**D**	**E**
3.8	6.8	4.4	6.5	6.2
4.2	7.1	4.1	6.4	4.5
4.1	6.7	3.9	6.2	5.3
4.4		4.5		5.8

¿Esta evidencia muestral proporciona suficiente razón para rechazar la hipótesis nula de que las cinco máquinas despachan la misma cantidad promedio de bebida? Usa $\alpha = 0.01$.

a. Resuelve usando el método de valor p.

b. Resuelve usando el método clásico.

12.52 [EX12-52] Para comparar la efectividad de tres diferentes métodos de enseñanza de lectura, 26 niños de igual aptitud lectora se dividieron en tres grupos. Cada grupo recibió instrucción durante un periodo determinado, usando uno de los tres métodos. Después de completar el periodo de educación, todos los estudiantes se pusieron a prueba. Los resultados de la prueba se presentan en la siguiente tabla.

	Método I	Método II	Método III
Calificaciones prueba (réplicas)	45	45	44
	51	44	50
	48	46	45
	50	44	55
	46	41	51
	48	43	51
	45	46	45
	48	49	47
	47	44	

¿La evidencia es suficiente para rechazar la hipótesis de que los tres métodos de instrucción son igualmente efectivos? Usa $\alpha = 0.05$.

a. Resuelve usando el método de valor p.

b. Resuelve usando el método clásico.

12.53 [EX12-53] La distancia requerida para detener un vehículo en pavimento húmedo se midió para comparar la potencia de frenado de cuatro importantes marcas de neumáticos. Un neumático de cada marca se puso a prueba en el mismo vehículo sobre un pavimento húmedo controlado. A continuación se presentan las distancias resultantes.

	Marca A	Marca B	Marca C	Marca D
Distancia (réplicas)	37	37	33	41
	34	40	34	41
	38	37	38	40
	36	42	35	39
	40	38	42	41
	32		34	43

En $\alpha = 0.05$, ¿existe suficiente evidencia para concluir que hay una diferencia en la distancia de frenado media?

a. Resuelve usando el método de valor p.

b. Resuelve usando el método clásico.

12.54 [EX12-54] La siguiente tabla proporciona el número de arrestos realizados el último año por violaciones de las leyes de narcóticos en 24 comunidades. Los datos dados son tasas de arresto por 10 000 habitantes.

Ciudades (más de 250 000)	Ciudades (abajo de 250 000)	Comunidades suburbanas	Comunidades rurales
45	23	25	8
34	18	17	16
41	27	19	14
42	21	28	17
37	26	31	10
28	34	37	23

En $\alpha = 0.05$, ¿existe suficiente evidencia para rechazar la hipótesis de que las tasas medias de arrestos son las mismas en los cuatro tamaños de comunidades?

a. Resuelve usando el método de valor p.

b. Resuelve usando el método clásico.

12.55 [EX12-55] Siete bolas de golf de cada uno de seis fabricantes se seleccionaron al azar y se pusieron a prueba para durabilidad. Cada bola se golpeó 300 veces o hasta que ocurriera falla, lo que sucediera primero.

A	B	C	D	E	F
300	190	228	276	162	264
300	164	300	296	175	168
300	238	268	62	157	254
260	200	280	300	262	216
300	221	300	230	200	257
261	132	300	175	256	183
300	156	300	211	92	93

¿Estos datos muestrales ofrecen suficiente razón para rechazar la hipótesis nula de que las seis diferentes marcas puestas a estudio soportan la prueba de durabilidad igualmente bien? Usa $\alpha = 0.05$.

a. Resuelve usando el método de valor p.

b. Resuelve usando el método clásico.

12.56 [EX12-56] Los suburbios, cada uno con sus propios atributos, se ubican alrededor de cada área metropolitana. Siempre existe el "rico" (el más costoso), el menos costoso, etc. A continuación se presentan los importes en dólares del pago de impuestos por casas transferidos a los condados de cinco suburbios.

Suburbio A	Suburbio B	Suburbio C	Suburbio D	Suburbio E
105	101	95	74	79
114	88	107	135	89
85	105	101	165	140
177	100	92	114	114
104	161	91	80	80
135	113	89	115	86
	94			94
				102

a. ¿Los datos muestrales ofrecen suficiente evidencia para concluir que los suburbios representados sí tienen un efecto significativo sobre el impuesto transferido de sus casas? Usa $\alpha = 0.01$.

b. Construye una gráfica que demuestra la conclusión alcanzada en el inciso a.

12.57 [EX12-57] Cada año surge la pregunta, cuando comienzan los playoffs de la Liga Nacional de Fútbol: ¿los equipos de cuál división son los más fuertes: este, norte, sur u oeste? Dos formas de medir la fuerza de los equipos de fútbol que juegan son el número de puntos anotados y el número de puntos que anotan sus oponentes. Los resultados finales para

(continúa en la página 606)

los 16 juegos efectuados en la temporada 2009 se muestran en la siguiente tabla:

Liga Nacional de Fútbol

Este		Norte		Sur		Oeste	
Pts F	Pts A	Pts F	Pts A	Pts F	Pts A	Pts F	Pts A
427	285	305	291	416	307	454	320
348	236	391	261	388	333	326	324
360	390	368	324	354	402	197	379
258	326	245	375	290	380	294	424
361	250	470	312	510	341	375	325
429	337	461	297	363	325	330	281
402	427	327	375	315	308	280	390
266	336	262	494	244	400	175	436

Fuente: www.cbssports.com

Completa una tabla ANOVA para a) puntos anotados y b) puntos anotados por equipos contrarios. En cada caso, pon a prueba la hipótesis nula de que el número medio de puntos anotados es el mismo para cada una de las cuatro divisiones. Usa el nivel de significancia 0.05.

a. Resuelve usando el método de valor p.

b. Resuelve usando el método clásico.

12.58 [EX12-58] La cerveza es la bebida alcohólica preferida de los estadounidenses. Se estima que 90 millones de estadounidenses beben cerveza y que hasta 20% de todo el alcohol lo consumen personas menores de edad, con una gran porción de cerveza. Muchos ciudadanos enfáticamente han promovido aumentos en los impuestos sobre el consumo de alcohol por el beneficio expresado de salud y seguridad pública. La siguiente tabla menciona las tasas de impuestos sobre la cerveza por galón y la década cuando se establecieron dichas tasas.

Antes de 1960	1960	1970	1980	1990	2000
\$0.02	\$0.15	\$0.06	\$0.12	\$0.16	\$0.23
\$0.08	\$0.48	\$0.09	\$0.27	\$0.20	\$0.13
\$0.32	\$0.20	\$0.11	\$0.53	\$0.30	\$1.07
	\$0.18	\$0.08	\$0.08	\$0.14	\$0.14
	\$0.16	\$0.08	\$0.16	\$0.12	\$0.31
	\$0.53		\$0.19	\$0.41	\$0.16
	\$0.77		\$0.19	\$0.18	\$0.41
	\$0.66		\$0.35	\$0.26	
			\$0.43	\$0.26	
			\$0.18	\$0.92	
			\$0.15	\$0.48	
			\$0.40	\$0.19	
			\$0.27		
			\$0.20		
			\$0.09		
			\$0.10		

Fuente: http://cspinet.org

a. La década cuando la tasa de impuesto sobre la cerveza se estableció, ¿tiene un efecto significativo sobre la tasa? Usa $\alpha = 0.05$.

b. Usa al menos una gráfica para ayudarte a explicar tu conclusión.

12.59 [EX12-59] El *New York Times* del 1 de diciembre de 2009, en su artículo "En noviembre, las ventas de automóviles muestran signos de estabilidad", reportó que los vehículos nuevos se vendieron a una tasa anualizada con ajuste estacional de 11 millones en noviembre. Esta tasa fue mucho mayor que la tasa baja de 9 millones calculada anteriormente en 2009. Las estaciones del año son uno de muchos factores que afectan dichos números. Considera las siguientes cifras de ingresos por ventas mensuales de vendedores seleccionados al azar a través del estado de Nueva York.

Ingresos por venta mensuales de automóviles por estación

Primavera	Verano	Otoño	Invierno
2 600	11 400	9 000	8 000
1 300	14 100	10 400	8 200

***Para el resto de los datos, ingresa a cengagebrain.com

¿La muestra ofrece suficiente evidencia de que las estaciones tienen un efecto significativo sobre los ingresos por ventas de automóviles? Usa el nivel de significancia 0.05.

a. Resuelve usando el método de valor p.

b. Resuelve usando el método clásico.

12.60 Un estudio publicado en el *Journal of Research and Development in Education* evalúa la efectividad de la capacitación en habilidades sociales y tutorías de diferentes edades para mejorar las habilidades académicas y los comportamientos de comunicación social entre chicos con problemas de aprendizaje. Veinte chicos se dividieron en tres grupos y sus calificaciones en la Prueba de Ortografía Escrita (TWS, por sus siglas en inglés) pueden resumirse de la siguiente manera.

Grupo	n	Media TWS	Desv. est.
Componentes capacitación habilidades sociales y tutoría	7	21.43	9.48
Sólo capacitación habilidades sociales	7	20.00	8.91
Ningún componente	6	20.83	9.06

Calcula las entradas de la tabla ANOVA usando estos resultados.

12.61 [EX12-61] Un profesor del taller de materiales comenta a sus alumnos que las placas de policarbonato proporcionan una combinación única de características excepcionales: solidez, transparencia, esbeltez, flexibilidad, resistencia al calor, duración y seguridad, que se pueden termo-formar o forjar y que en algunos casos se pueden trabajar en frío. La solidez del policarbonato permite el uso de todas las técnicas de corte y perforación y se pueden instalar con pernos y tornillos. Como muestra excelentes características mecánicas, el policarbonato se puede utilizar en placas muy delgadas. El profesor les indica a los alumnos como trabajar para formar láminas muy delgadas de policarbonato. Supongamos que se formaron 5 equipos de alumnos y que cada equipo fabrico 22 láminas. Formándose así 5 lotes de 22 láminas, se evaluó cada lote, al compararlo contra la lámina nominal del profesor, y los datos se codificaron de dos formas:

A	B	C	D	E
–0.02	–0.043	–0.002	0.002	–0.018
–0.016	–0.051	0.024	–0.024	–0.032

***Para el resto de los datos, ingresa a cengagebra n.com

Fuente: Courtesy of Bauch & Lomb

a. ¿Los datos muestran una diferencia significativa en la comparación con la media nominal de los cinco lotes? Utilice un nivel de significancia de 0.01.

b. Trace una gráfica que muestre los resultados encontrados en el inciso a.

c. Explique el significado de los resultados, incluyendo

12.62 [EX12-62] La dirección de una escuela preparatoria ha realizado durante dos años consecutivos, encuestas trimestrales acerca de las horas por semana que en promedio dedican los alumnos para estudiar y realizar sus tareas en casa, estos datos se presentan en la tabla que se muestra a continuación:

Año	Trimestres			
	I	II	III	IV
2010	34.4	34.4	34.3	34.4
2011	34.4	34.4	34.3	34.4

***Para el resto de los datos, ingresa a cengagebrain.com

a. Con un nivel de significancia de 0.05, la evidencia ¿es suficiente para rechazar la afirmación de que no hay diferencia en las medias de horas semanales dedicadas en casa por mes? Presenta evidencia gráfica para apoyar visualmente tu conclusión.

b. Con un nivel de significancia de 0.05, la evidencia ¿es suficiente para rechazar la afirmación de que no hay diferencia en las medias de horas semanales trabajadas en casa cada año? Presenta evidencia gráfica para apoyar visualmente tu conclusión.

12.63 [EX12-63] Ronald Fisher, un estadista inglés (1890-1962), recopiló mediciones para una muestra de 150 lirios. De preocupación fueron las siguientes variables: especie, ancho de pétalo (PW), longitud de pétalo, ancho de sépalo (SW) y longitud de sépalo (todo en mm). (Los sépalos son las hojas más externas que encapsulan la flor antes de abrirse.) La meta del experimento de Fisher fue producir una función simple que podría usarse para clasificar correctamente las flores. A continuación se presenta una muestra de sus datos.

Tipo	PW	SW
0	2	35
2	18	32

***Para el resto de los datos, ingresa a cengagebrain.com

a. ¿Existe una diferencia significativa en el ancho de pétalo medio para las tres especies? Usa un nivel de significancia de 0.05.

b. ¿Existe una diferencia significativa en el ancho de sépalo medio para las tres especies? Usa un nivel de significancia de 0.05.

c. ¿Cómo podría Fisher usar estos resultados para ayudarle a clasificar los lirios en la especie correcta?

12.64 [EX12-64] Las cigarras son insectos voladores herbívoros. Una especie particular, la cigarra de 13 años (*Magicicada*), pasa cinco etapas juveniles en madrigueras subterráneas. Durante los 13 años en el subsuelo, las cigarras crecen desde aproximadamente el tamaño de una pequeña hormiga hasta casi el tamaño de una cigarra adulto. Cada 13 años, esta especie sale de sus madrigueras como adultos. Los pesos corporales adultos (BW) en gramos y longitudes de cuerpo (BL) en milímetros se proporcionan para tres diferentes especies de estas cigarras de 13 años en la siguiente tabla.

BW	BL	Especie
0.15	22	*tredecula*
0.29	26	*tredecim*

***Para el resto de los datos, ingresa a cengagebrain.com

a. ¿Existe alguna diferencia significativa en los pesos corporales de las cigarras adultos respecto a las especies? Construye una tabla ANOVA de un solo factor y pon a prueba para la diferencia en el nivel de significancia 0.01.

b. ¿Existe alguna diferencia significativa en las longitudes corporales de las cigarras adultos respecto a las especies? Construye una tabla ANOVA de un solo factor y pon a prueba para la diferencia en el nivel de significancia 0.01.

12.65 [EX12-44] El Sr. B, gerente de la tienda del ejercicio 12.44, vio el efecto que el mes tiene sobre el número medio de clientes por día y ahora se pregunta por el efecto que tiene el día de la semana sobre el número medio de clientes por día.

¿El número medio de clientes por día es afectado por el día de la semana? O, de manera equivalente: "el número medio de clientes por día es el mismo para todos los días de la semana" frente a "existe al menos un día de la semana cuando el número medio de clientes por día es significativamente diferente del de los otros". La

(continúa en la página 608)

siguiente salida de computadora resultó del análisis de los datos. (Código de día: 1 = lunes, 2 = martes, ..., 6 = sábado.)

Gráfica de puntos de clientes frente a día

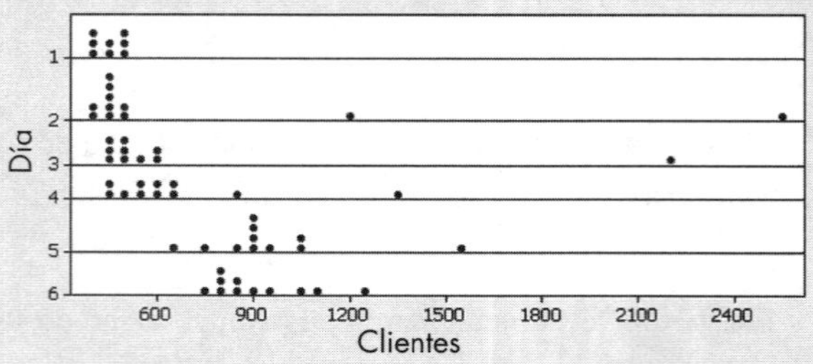

One-way ANOVA: Customers versus Day

Source	DF	SS	MS	F	P
Day	5	1604566	320913	2.15	0.072
Error	56	8344274	149005		
Total	61	948840			

Inspecciona el diagrama de puntos precedente por el número de clientes por día para los seis días de la semana y la salida ANOVA por el número de clientes frente al día de la semana. Busca evidencia que conduzca a la conclusión "no todos los días tienen el mismo número medio de clientes por día".

a. Describe la evidencia gráfica encontrada y discute cómo muestra que no todos los días de la semana son iguales. ¿Cuál día o días parecen ser diferentes de los otros?

b. Describe el significado y la fuente de los 5 puntos ubicados a la derecha y sepáralos del resto de los datos. (*Sugerencia*: observa los datos.)

c. Describe la evidencia numérica encontrada y discute cómo muestra que no todos los días son iguales.

d. Puedes decir cuáles días son diferentes, con base en la evidencia numérica? Explica.

e. Usa tu calculadora o computadora para realizar la ANOVA que se muestra y verifica los resultados.

12.66 [EX12-44] El Sr. B, gerente de la tienda del ejercicio 12.65, vio el efecto que tiene el día de la semana sobre el número medio de clientes por día y ahora se pregunta si el día tiene un efecto similar sobre el número de artículos comprados.

a. ¿Crees que "día de la semana" tiene un efecto sobre el número medio de artículos comprados por día? De manera equivalente: ¿crees que el número medio de artículos comprados por día es el mismo por todos los días? Si no, ¿cuáles días crees serán diferentes? Explica.

b. Construye un diagrama de puntos para el número de artículos comprados por día por cada diferente día de la semana.

c. ¿El diagrama de puntos del inciso b apoya tus conjeturas del inciso a? Explica.

d. Usa la técnica ANOVA para responder la pregunta: ¿el día afecta el número medio de artículos comprados por día? Usa $\alpha = 0.05$.

e. Explica cualquier diferencia y similitud entre tu respuesta al inciso a y la respuesta encontrada en el inciso d.

12.67 [EX12-44] El Sr. B, gerente de la tienda del ejercicio 12.65, vio el efecto que tiene el día de la semana sobre el número medio de clientes por día y ahora se pregunta si el día tiene un efecto similar sobre el costo total de artículos comprados.

a. ¿Crees que "día de la semana" tiene un efecto sobre el costo total de los artículos comprados por día? De manera equivalente: ¿crees que el costo total medio de los artículos comprados por día es el mismo por todos los días? Si no, ¿cuáles días crees que serán diferentes? Explica.

b. Construye un diagrama de puntos para el costo total de los artículos comprados por día por cada diferente día de la semana.

c. ¿El diagrama de puntos del inciso b apoya tus conjeturas del inciso a? Explica.

d. Usa la técnica ANOVA para responder la pregunta: ¿el día de la semana afecta el costo total de los artículos comprados por día? Usa $\alpha = 0.05$.

e. Explica cualquier diferencia y similitud entre tu respuesta al inciso a y la respuesta encontrada en el inciso d.

f. Explica cualquier diferencia y similitud entre las respuestas encontradas para los ejercicios 12.65, 12.66 y 12.67. ¿Las similitudes parecen razonables? ¿Qué implica esto acerca de dichas variables?

12.68 Para los siguientes datos, encuentra *SS*(error) y demuestra que

$$SS(\text{error}) = (k_1 - 1)s_1^2 + (k_2 - 1)s_2^2 + (k_3 - 1)s_3^2$$

donde s_i^2 es la varianza para el i-ésimo nivel de factor.

Nivel de factor		
1	**2**	**3**
8	6	10
4	6	12
2	4	14

12.69 Para los siguientes datos, demuestra que

$$SS(\text{factor}) = k_1(\bar{x}_1 - \bar{x})^2 + k_2(\bar{x}_2 - \bar{x})^2 + k_3(\bar{x}_3 - \bar{x})^2$$

donde $\bar{x}_1, \bar{x}_2, \bar{x}_3$ son las medias para los tres niveles de factor y $\bar{x}$ es la media global.

Nivel de factor		
1	2	3
6	13	9
8	12	11
10	14	7

12.70 Un artículo en el *Journal of Pharmaceutical Sciences* discute el cambio de proteína plasmática que enlaza el diazepam en varias concentraciones de imipramina. Supón que los resultados reportados fueron los siguientes:

	Diazepam con Imipramina		
Diazepam solo (1.25 mg/ml)	1.25	2.50	5.00
97.99	97.68	96.29	93.92

Los valores dados representan enlace de proteína plasmática y $n = 8$ para cada uno de los cuatro grupos. Encuentra la suma de cuadrados entre los cuatro grupos.

Examen de práctica del capítulo

Parte I: Conocimiento de las definiciones

Responde "verdadero" si el enunciado siempre es verdadero. Si el enunciado no siempre es verdadero, sustituye las palabras en negritas con las palabras que hagan al enunciado siempre verdadero.

12.1 Particionar la suma de cuadrados para el total es separar el valor numérico de SS(total) en dos valores tales que la **suma** de estos dos valores es igual a SS(total).

12.2 Una **suma de cuadrados** en realidad es una medida de varianza.

12.3 El **error experimental** es el nombre dado a la variabilidad que tiene lugar entre los niveles del factor de prueba.

12.4 El **error experimental** es el nombre dado a la variabilidad que tiene lugar entre las réplicas de un experimento conforme se repite bajo condiciones constantes.

12.5 La **falla para rechazar H_o** es la decisión deseada cuando las medias para los niveles del factor a poner a prueba son todas diferentes.

12.6 El **modelo matemático** para un problema particular es un enunciado en ecuación que muestra la constitución anticipada de una pieza individual de datos.

12.7 Los grados de libertad para el factor son iguales al **número de factores puestos a prueba**.

12.8 La medida de un nivel específico de un factor a poner a prueba en una ANOVA es la **varianza** de dicho nivel de factor.

12.9 **No es necesario** suponer que las observaciones son independientes para hacer análisis de varianza.

12.10 El rechazo de H_o **indica** que identificaste el (los) nivel(es) del factor que es (son) diferente(s) de los otros.

Parte II: Aplicación de los conceptos

12.11 Determina la verdad (V/F) de cada enunciado respecto a la técnica de análisis de varianza de un solo factor.

___a. Las medias cuadráticas son medidas de varianza.

___b. "No hay diferencia entre los valores medios de la variable aleatoria en los varios niveles del factor de prueba" es una posible interpretación de la hipótesis nula.

___c. "El factor a poner a prueba no tiene efecto sobre la variable aleatoria x" es una posible interpretación de la hipótesis alternativa.

___d. "No hay varianza entre los valores medios de x para cada uno de los diferentes niveles de factor" es una posible interpretación de la hipótesis nula.

___e. La "partición" de la varianza ocurre cuando SS(total) se separa en SS(factor) y SS(error).

___f. La hipótesis nula se rechazará y se concluirá que el factor tiene un efecto sobre la variable cuando la cantidad de varianza asignada al factor es significativamente mayor que la varianza asignada a error.

___g. Con la finalidad de aplicar la prueba F, el tamaño muestral de cada nivel de factor debe ser el mismo.

___h. Con la finalidad de aplicar la prueba F, la desviación estándar muestral de cada nivel de factor debe ser la misma.

___i. Si 20 se resta de cada valor de datos, entonces el valor calculado del estadístico $F\bigstar$ también se reduce en 20.

Cuando el valor calculado de F, $F\bigstar$, es mayor que el valor de tabla para F,

___j. La decisión fallará para rechazar H_o.

___k. La conclusión será que el factor a poner a prueba sí tiene un efecto sobre la variable.

Muestras independientes se recolectan para poner a prueba el efecto que un factor tiene sobre una variable. Los datos se resumen en esta tabla ANOVA:

	SS	**gl**
Factor	810	2
Error	720	8
Total	1530	10

¿Existe suficiente evidencia para rechazar la hipótesis nula de que todos los niveles del factor de prueba tienen el mismo efecto sobre la variable?

___l. La hipótesis nula podría ser
$\mu_A = \mu_B = \mu_C = \mu_D$.

___m. El valor calculado de F es 1.125.

___n. El valor crítico de F para $\alpha = 0.05$ es 6.06.

___o. La hipótesis nula puede rechazarse en $\alpha = 0.05$.

12.12 Considera esta tabla:

	SS	**gl**	***MS***	***F★***
Factor	*A*	4	18	*E*
Error	*B*	18	*D*	
Total	144	*C*		

Encuentra los valores:

a. *A* b. *B* c. *C* d. *D* e. *E*

PARTE III: Comprender los conceptos

12.13 En 50 palabras o menos, explica qué es un experimento ANOVA de un solo factor.

12.14 Una agencia ambiental estatal puso a prueba tres diferentes aspiradores-neutralizadores (scrubbers) utilizados para reducir la contaminación del aire resultante en la generación de electricidad. La principal preocupación fue la emisión de partículas en suspensión. Con cada aspirador-neutralizador se corrieron varios ensayos. Para cada ensayo se registró la cantidad de emisión de partículas.

[PT12-14]

	Cantidades de emisión					
Scrubber I	11	10	12	9	13	12
Scrubber II	12	10	12	8	9	
Scrubber III	9	11	10	7	8	

a. Enuncia el modelo matemático para este experimento.

b. Enuncia las hipótesis nula y alternativa.

c. Calcula y forma la tabla ANOVA.

d. Completa la prueba de H_o usando un nivel de significancia 0.05. Enuncia la decisión y la conclusión claramente.

e. Construye una gráfica que represente los datos que son útiles para presentar los resultados de la prueba de hipótesis.

13 Análisis de correlación y de regresión lineales

13.1 Análisis de correlación lineal

Compatibilidad de altura

Hablando en términos generales, en una pareja el hombre es de 2 a 6 pulgadas más alto que su compañera. No es claro y puede estar a debate la medida en la que tales preferencias son innatas o posiblemente función de la discriminación de estatura en una sociedad particular. Ciertamente, parece que hay mucho por hacer en los periódicos y revistas acerca de parejas de celebridades con una notable diferencia en estatura, especialmente donde un hombre es más bajo que su esposa.

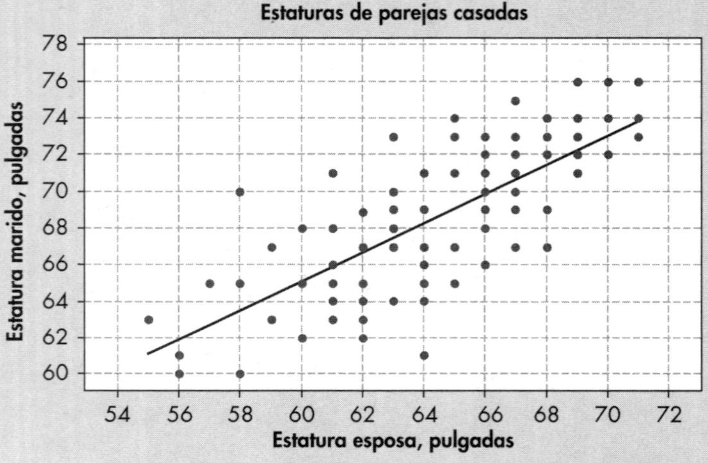

PTI Las ideas básicas de análisis de regresión y de correlación lineal se introdujeron en el capítulo 3. (Si estos conceptos no están frescos en tu mente, revisa ahora el capítulo 3.) El capítulo 3 sólo fue un primer vistazo de los aspectos gráfico (el diagrama de dispersión) y estadístico descriptivo básicos del análisis de correlación lineal y de regresión. Aquí, se da un vistazo más detallado al análisis de correlación y regresión lineales.

Con base en el diagrama de dispersión "Estaturas de parejas casadas", parece haber una relación lineal entre las estaturas de maridos y esposas. Conforme aumenta la estatura de la esposa, por lo general lo hace así la estatura del marido. En el capítulo 3, el coeficiente de correlación lineal se presentó como una cantidad que mide la fuerza de una relación lineal (dependencia). Ahora echa un segundo vistazo a este concepto y observa cómo funciona r, el coeficiente de correlación lineal. Intuitivamente, se quiere pensar en cómo medir la dependencia lineal matemática de una variable sobre otra. Conforme x aumenta, ¿y tiende a aumentar o disminuir? ¿Cuán fuerte (consistente) es esta tendencia? En el texto usarás dos medidas de dependencia (covarianza y el coeficiente de correlación lineal) para medir la relación entre dos variables. La discusión comenzará con el examen de un conjunto de **datos bivariados** y se identificarán algunos hechos relacionados conforme te preparas para definir la covarianza.

EJEMPLO 13.1

COMPRENSIÓN Y CÁLCULO DE LA COVARIANZA

La figura 13.1 presenta una muestra de seis datos bivariados (pares ordenados): (2, 1), (3, 5), (6, 3), (8, 2) (11, 6), (12, 1). La media de los seis valores $\bar{x}$ (2, 3, 6, 8, 11, 12) es $x = 7$. La media de seis valores y (1, 5, 3, 2, 6, 1 es $\bar{y} = 3$.

FIGURA 13.1
Gráfica de datos bivariados

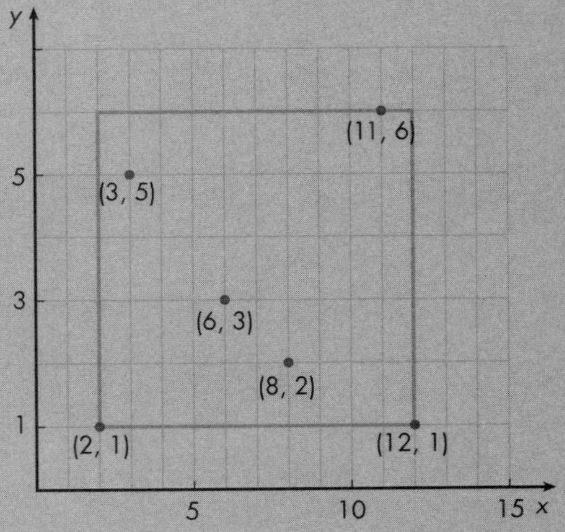

El punto $(\bar{x}, \bar{y})$, que es (7, 3), se ubica como se muestra en la gráfica de los puntos muestrales de la figura 13.2. El punto $(\bar{x}, \bar{y})$ se llama **centroide** de los datos. Una recta vertical y una horizontal dibujadas a través del centroide dividen la gráfica en cuatro secciones, como se muestra en la figura 13.2. Cada punto (x, y) se encuentra a cierta distancia de cada una de estas dos rectas: $(x - \bar{x})$ es la distancia horizontal desde (x, y) hacia la recta vertical que pasa a través del centroide, y $(y - \bar{y})$ es la distancia vertical desde (x, y) hacia la recta horizontal que pasa a través del centroide. Puede medirse la distancia horizontal y vertical de cada punto de datos desde el centroide, como se muestra en la figura 13.3. Las distancias pueden ser positivas, negativas o cero, dependiendo de la posición del punto (x, y) en relación con $(\bar{x}, \bar{y})$. [La figura 13.3 presenta $(x - \bar{x})$ y $(y - \bar{y})$ representados mediante llaves, con signos positivo o negativo.]

FIGURA 13.2
El punto (7, 3) es el centroide

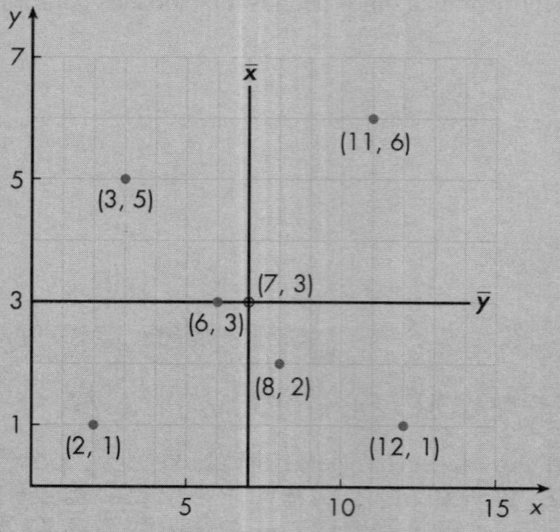

FIGURA 13.3
Medición de la distancia de cada punto de datos desde el centroide

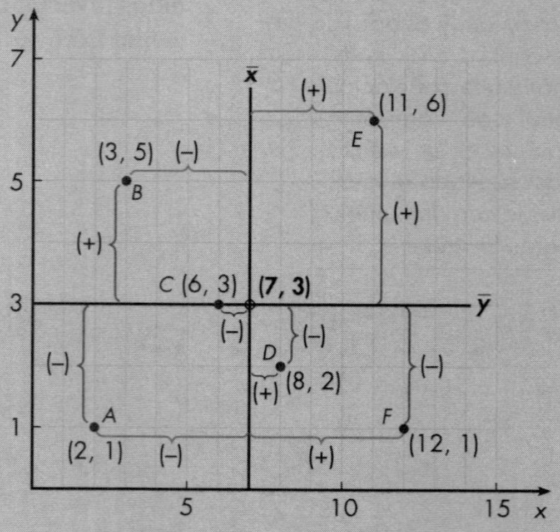

Una medida de dependencia lineal es la covarianza. La **covarianza de *x* y *y*** se define como la suma de los productos de las distancias de todos los valores de *x* y *y* desde el centroide,

$$\sum[(x - \bar{x})(y - \bar{y})] \text{ dividido entre } n - 1:$$

Covarianza de *x* y *y*

$$\text{covar}(x, y) = \frac{\sum_{i=1}^{n}(x_i - \bar{x})(y_i - \bar{y})}{n - 1} \quad \textbf{(13.1)}$$

En la tabla 13.1 se proporcionan los cálculos para la covarianza de los datos en el ejemplo 13.1. La covarianza, que se escribe covar (x, y), de los datos es $\frac{3}{5} = \mathbf{0.6}$.

TABLA 13.1
Cálculos para encontrar covar(x, y) para los datos del ejemplo 13.1

Puntos	$x - x$	$y - y$	$(x - x)(y - y)$
(2, 1)	−5	−2	10
(3, 5)	−4	2	−8
(6, 3)	−1	0	0
(8, 2)	1	−1	−1
(11, 6)	4	3	12
(12, 1)	5	−2	−10
Total	0 ck	0 ck	3

¿SABÍAS QUE...?

El coeficiente de correlación

El nombre completo del coeficiente de correlación engañó a muchos que creyeron que fue Karl Pearson quien desarrolló esta medida estadística. Aunque Pearson desarrolló un tratamiento riguroso de la matemática de la Correlación Momento Producto de Pearson (CMPP), fue la imaginación de sir Francis Galton la que originalmente concibió nociones modernas de correlación y regresión. La fascinación de Galton con la genética y la herencia ofrecieron la inspiración inicial que condujo a la regresión y el CMPP.

PTI Este cálculo se asigna en el ejercicio 13.13 (p. 618).

Notas:

1. $\Sigma(x - \bar{x}) = 0$ y $\Sigma(y - \bar{y}) = 0$. Esto siempre sucederá. ¿Por qué? (Consulta las pp. 75-76.)
2. Aun cuando la varianza de un solo conjunto de datos siempre es positiva, la covarianza de datos bivariados puede ser negativa.

La covarianza es positiva si la gráfica está dominada por puntos en las partes superior derecha e inferior izquierda del centroide. Los productos $(x - \bar{x})$ y $(y - \bar{y})$ son positivos en estas dos secciones. Si la mayoría de los puntos está en la parte superior izquierda y en la inferior derecha del centroide, entonces la suma de los productos es negativa. La figura 13.4 muestra datos que representan *a*) una dependencia positiva, *b*) una dependencia negativa y *c*) poca o ninguna dependencia. Las covarianzas para estas tres situaciones definitivamente serían positivas en la parte *a*, negativas en *b* y cerca de cero en *c*. (El signo de la covarianza siempre es la misma que el signo de la pendiente de la línea de regresión.)

FIGURA 13.4
Datos y covarianza

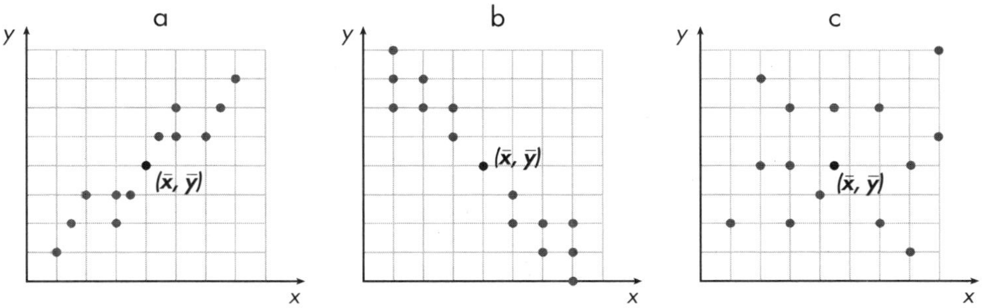

La mayor desventaja de la covarianza como media de dependencia lineal es que no tiene una unidad de medida estandarizada. Una razón para esto es que la dispersión de los datos es un fuerte factor en el tamaño de la covarianza. Por ejemplo, si cada punto de datos del ejemplo 13.1 se multiplica por 10, se tiene (20, 10), (30, 50), (60, 30), (80, 20), (110, 60) y (120, 10). La relación de los puntos con los demás cambia solamente en que están mucho más dispersos. Sin embargo, la covarianza para este nuevo conjunto de datos es 60. ¿Esto significa que la dependencia entre las variables *x* y *y* es más fuerte que en el caso original? No, no lo es; la relación es la misma, aun cuando cada valor de datos se multiplicó por 10. Éste es el problema con la covarianza como medida. Debes encontrar alguna forma para eliminar el efecto de la dispersión de los datos cuando se mide la dependencia.

Si estandarizas *x* y *y* al dividir la distancia de cada uno desde la media respectiva por la respectiva desviación estándar:

$$x' = \frac{x - \bar{x}}{s_x} \text{ y } y' = \frac{y - \bar{y}}{s_y}$$

y después calculas la covarianza de x' y y', tendrás una covarianza que no es afectada por la dispersión de los datos. Esto es exactamente lo que se logra con el coeficiente de correlación lineal. El coeficiente divide la covarianza de *x* y *y* por una medida de la dispersión de *x* y por una medida de la dispersión de *y* (las desviaciones estándar de *x* y de *y* se usan como medidas de dispersión). Por tanto, por definición, el **coeficiente de correlación lineal** es:

Coeficiente de correlación lineal

$$r = \text{covar}(x', y') = \frac{\text{covar}(x, y)}{s_x \cdot s_y} \qquad \textbf{(13.2)}$$

PTI Consulta el capítulo 3 (pp. 137-138) para una ilustración del uso de esta fórmula.

PTI Los comandos de computadora y calculadora para encontrar el coeficiente de correlación se presentaron en el capítulo 3 (p. 139).

El coeficiente de correlación lineal estandariza la medida de dependencia y permite la comparación de las fortalezas relativas de dependencia de diferentes conjuntos de datos. [La fórmula (13.2) para correlación lineal también se conoce usualmente como **momento producto de Pearson, *r*.**]

Puedes encontrar el valor de r, el coeficiente de correlación lineal, para los datos en el ejemplo 13.1 al calcular las dos desviaciones estándar y después dividir:

$$s_x = 4.099 \text{ y } s_y = 2.098$$

$$r = \frac{\text{covar}(x, y)}{s_x \cdot s_y}: \quad r = \frac{0.6}{(4.099)(2.098)} = \mathbf{0.07}$$

Encontrar el coeficiente de correlación con la fórmula (13.2) puede ser un proceso aritmético muy tedioso. Sin embargo, puedes escribir la fórmula en una forma más utilizable, como se hizo en el capítulo 3:

Atajo para coeficiente de correlación lineal

$$r = \frac{\text{covar}(x, y)}{s_x \cdot s_y} = \frac{\dfrac{\Sigma[(x-\bar{x})(y-\bar{y})]}{n-1}}{s_x \cdot s_y} = \frac{SS(xy)}{\sqrt{SS(x) \cdot SS(y)}} \tag{13.3}$$

La fórmula (13.3) evita los cálculos separados de $\bar{x}$, $\bar{y}$, s_x y s_y, así como los cálculos de las desviaciones de las medias. Por tanto, la fórmula (13.3) es mucho más sencilla de usar y, más importante, es más precisa cuando se involucran decimales, pues minimiza el error de redondeo.

EJERCICIOS SECCIÓN 13.1

13.1 Considera el diagrama de dispersión "Estaturas de parejas casadas" que se presentó en el "Compatibilidad de altura" en la página 612.

a. ¿Cuál es la variable independiente para este conjunto de datos? ¿Cómo aparece en el diagrama de dispersión?

b. ¿Cuál es la variable dependiente para este conjunto de datos? ¿Cómo aparece en el diagrama de dispersión?

c. ¿Parece haber una relación entre estaturas de marido y esposa? ¿Cómo aparece esto en el diagrama de dispersión?

13.2 [EX13-02] Considera el diagrama de dispersión "Estaturas de parejas casadas" que se presentó en "Compatibilidad de altura" de la página 612:

a. ¿Cómo pueden ubicarse sobre el diagrama de dispersión dado, marido y esposa de la misma estatura? ¿Cuántos hay? (Determina esta respuesta en dos formas: 1) cuenta los puntos sobre el diagrama de dispersión; 2) cuenta los pares ordenados en el conjunto de datos. Explica la discrepancia.)

b. ¿Cómo pueden localizarse en el diagrama de dispersión los maridos que son más altos que sus esposas? ¿Cuántos hay?

c. ¿Cómo pueden localizarse en el diagrama de dispersión los maridos que son más bajos que sus esposas? ¿Cuántos hay?

d. ¿Contaste a las 87 parejas mencionadas en los datos? Verifica.

e. ¿Cómo aparece en el diagrama de dispersión la diferencia más grande en estaturas?

13.3 Considera un conjunto de datos bivariados pareados.

a. Explica por qué $\Sigma(x - \bar{x}) = 0$ y $\Sigma(y - \bar{y}) = 0$.

b. Describe el efecto que las rectas $x = \bar{x}$ y $y = \bar{y}$ tienen sobre la gráfica de estos puntos.

c. Describe la relación de los pares ordenados que causarán que $\Sigma(\bar{x} - x) \cdot (\bar{y} - y)$ sea 1) positivo, 2) negativo y 3) cercana a cero.

13.4 Ejercicio Applet Skillbuilder Relaciona coeficientes de correlación con sus diagramas de dispersión. Después de varias rondas de prácticas con "New Plots", explica tu método de relación.

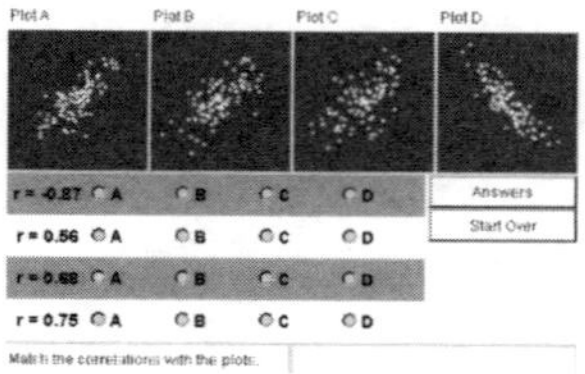

[EX00-000] identifica el nombre de archivo de una base de datos en línea de un ejercicio; bases de datos y Applets Skillbuilder disponibles a través de cengagebrain.com

13.5 [EX13-05] Los siguientes valores de datos son de una muestra aleatoria de 40 estudiantes universitarios; los datos muestran el género del estudiante, sus calificaciones combinadas en el American College Test (ACT) y los promedios de calificación (GPA) después de su primer periodo en la universidad.

Mujer		Mujer		Mujer		Hombre	
ACT	GPA	ACT	GPA	ACT	GPA	ACT	GPA
23	1.833	33	3.333	15	3.000	13	3.053
28	4.000	17	2.835	22	3.600	16	2.600
22	3.057	26	3.249	20	2.665	27	2.000
20	4.000	25	2.290	17	2.934	19	2.500
23	3.550	20	2.178	21	3.422	22	4.000
19	2.583	23	2.835	18	3.002	33	2.833
20	3.165	19	2.364	17	3.000	17	3.438
29	3.398	21	3.000	25	4.000	26	2.418
27	3.868	22	3.934	25	3.472		
18	2.918	29	3.533	25	3.550		
17	2.360	16	3.313				

Fuente: http://www.act.org/

a. Construye un diagrama de dispersión de los datos con calificaciones ACT en el eje horizontal y GPA en el eje vertical; asegúrate de identificar a los estudiantes hombres y mujeres.

b. ¿Los patrones para hombres y mujeres parecen ser iguales o son diferentes? Identifica similitudes y diferencias específicos.

c. Supón que un estudiante tiene una calificación ACT de 25. ¿Cuál predices que será el GPA del estudiante al final del primer periodo en la universidad?

d. ¿Parece haber alguna relación entre calificaciones ACT y el GPA del primer periodo?

13.6 [EX13-06] Las fotografías aéreas son una de muchas técnicas usadas para monitorear poblaciones salvajes. Conocer el número de animales y sus ubicaciones relativas a las áreas habitadas por poblaciones humanas es muy útil. También es importante monitorear las características físicas de los animales. ¿Es posible usar la longitud de un oso, como se estima desde una fotografía aérea, para estimar la edad y/o el peso del oso? (¡Sería mucho más seguro que pedirle que se ponga de pie sobre un conjunto de básculas! ☺) Los datos que siguen son para edad (en meses), género (1 = macho, 2 = hembra), longitud (en pulgadas) y peso (en libras).

Edad	Género	Longitud	Peso
19	1	45.0	65
29	2	62.0	121

***Para el resto de los datos, ingresa a cengagebrain.com

Fuente: MINITAB's Bears.mtw

a. Investiga la relación entre la longitud y la edad de los osos. Asegúrate de incluir la variable género.

b. ¿Parece haber un patrón predecible para la relación entre longitud y edad? ¿Cómo el género del oso afecta la relación? Explica. Describe el patrón.

c. Investiga la relación entre la longitud y el peso de los osos. Asegúrate de incluir la variable género.

d. ¿Parece haber un patrón predecible para la relación entre longitud y peso? ¿Cómo el género del oso afecta la relación? Explica. Describe el patrón.

e. Si el género de un oso más pequeño o más joven no puede determinarse, ¿cómo afectará esto la estimación para edad o peso? Explica.

13.7 [EX13-07] a. Construye un diagrama de dispersión de los siguientes datos bivariados.

Punto	A	B	C	D	E	F	G	H	I	J
x	1	1	3	3	5	5	7	7	9	9
y	1	2	2	3	3	4	4	5	5	6

b. Calcula la covarianza.

c. Calcula s_x y s_y.

d. Calcula r con la fórmula (13.2).

e. Calcula r con la fórmula (13.3).

13.8 [EX13-08] a. Dibuja un diagrama de dispersión de los siguientes datos bivariados.

Punto	A	B	C	D	E	F	G	H	I	J
x	0	1	1	2	3	4	5	6	6	7
y	6	6	7	4	5	2	3	0	1	1

b. Calcula la covarianza.

c. Calcula s_x y s_y.

d. Calcula r con la fórmula (13.2).

e. Calcula r con la fórmula (13.3).

13.9 [EX13-09] Una computadora se usó para completar los cálculos preliminares; forma la tabla de extensiones; calcula las sumas Σx, Σy, Σx^2, Σxy, Σy^2, y encuentra SS(x), SS(y) y SS(xy) para el siguiente conjunto de datos bivariados. Verifica los resultados al calcular los valores tú mismo.

x	45	52	49	60	67	61
y	22	26	21	28	33	32

MINITAB output:

Row	X	Y	XSQ	XY	YSQ
1	45	22	2025	990	484
2	52	26	2704	1352	676
3	49	21	2401	1029	441
4	60	28	3600	1680	784
5	67	33	4489	2211	1089
6	61	32	3721	1952	1024
Row	sum X	sum Y	sum XSQ	sum XY	sum YSQ
1	334	162	18940	9214	4498

SS(X) 347.333

SS(Y) 124.000

SS(XY) 196.000

13.10 [EX13-10] Usa una computadora para formar la tabla de extensiones; calcula las sumas Σx, Σy, Σx^2, Σxy, Σy^2, y encuentra SS(x), SS(y) y SS(xy) para el siguiente conjunto de datos bivariados.

x	11.4	9.4	6.5	7.3	7.9	9.0	9.3	10.6
y	8.1	8.2	5.8	6.4	5.9	6.5	7.1	7.8

13.11 [EX13-11] Los fanáticos del fútbol de la NFL con frecuencia observan el total de puntos anotados por un equipo (Pts F) y el total de puntos en contra (Pts A) como una forma de comprar la fuerza relativa de los equipos. A continuación se presentan los totales de temporada para los 32 equipos de la NFL en 2009:

Pts F	Pts A	Pts F	Pts A	Pts F	Pts A	Pts F	Pts A
472	285	305	291	416	307	454	320
348	236	391	261	388	333	326	324
360	390	368	324	354	402	197	379
258	326	245	375	290	380	294	424
361	250	470	312	510	341	375	325
429	337	461	297	363	325	330	281
402	427	327	375	315	308	280	390
266	336	262	494	244	400	175	436

Fuente: www.cbssports.com

a. Calcula el coeficiente de correlación lineal (momento producto de Pearson, r) para los puntos anotados y los puntos en contra.

b. ¿Qué conclusión puedes extraer de la respuesta en el inciso a?

c. Construye el diagrama de dispersión y comenta acerca de cómo apoya, o está en desacuerdo con, tus comentarios en el inciso b.

PTI Consulta la página 139 para información acerca del uso de MINITAB, Excel o TI-83/84 Plus para encontrar el coeficiente de correlación.

13.12 [EX13-12] Conocer el peso de un caballo (medido en libras) es información importante para el dueño de un caballo. La cantidad de alimento y la dosis de medicamento dependen del peso del caballo. La mayoría de los dueños no tienen los recursos para tener una báscula suficientemente grande para pesar un caballo, de modo que se usan otras mediciones para estimar el peso. La alzada (medida en palmas) y la cincha y la longitud (medidas en pulgadas) son mediciones comunes para un caballo. Una muestra de mediciones del semental Suffolk Punch se tomaron del sitio web http://www.suffolkpunch.com/.

Fila	Altura	Cintura	Longitud	Peso
1	16.0	93	72	1825
2	15.3	78	69	1272
3	16.0	84	70	1515
4	17.0	96	80	2100
5	16.2	86	70	1569
6	16.0	88	72	1690
7	16.0	83	72	1500

a. Calcula el coeficiente de correlación lineal (momento producto de Pearson, r) entre: 1) altura y peso, 2) cintura y peso y 3) longitud y peso.

b. ¿Qué conclusiones puedes extraer de tus respuestas en el inciso a?

c. Construye un diagrama de dispersión para cada par de variables mencionadas en el inciso a.

d. ¿Los diagramas de dispersión apoyan tu respuesta al inciso b?

e. Con base en esta evidencia, ¿qué medición consideras es la más potencial como pronosticadora del peso? Explica tu elección.

13.13 a. Calcula la covarianza del conjunto de datos (20, 10), (30, 50), (60, 30), (80, 20), (110, 60) y (120, 10).

b. Calcula la desviación estándar de los seis valores x y la desviación estándar de los seis valores y.

c. Calcula r, el coeficiente de correlación lineal, para los datos en el inciso a.

d. Compara estos resultados con los encontrados en el texto para el ejemplo 13.1 (pp. 613-616).

13.14 Una fórmula que en ocasiones se da para calcular el coeficiente de correlación es

$$r = \frac{n(\Sigma xy) - (\Sigma x)(\Sigma y)}{\sqrt{n(\Sigma x^2) - n(\Sigma x)^2}\ \sqrt{n(\Sigma y^2) - n(\Sigma y)^2}}$$

Usa esta expresión así como la fórmula

$$r = \frac{SS(xy)}{\sqrt{SS(x) \cdot SS(y)}}$$

para calcular r para los datos en la siguiente tabla.

x	2	4	3	4	0
y	6	7	5	6	3

13.2 Inferencias en torno al coeficiente de correlación lineal

En la sección 13.1 aprendiste que la covarianza es una medida de dependencia lineal. Observaste también el hecho de que su valor es afectado por la dispersión de los datos; por tanto, se estandariza la covarianza al dividirla por las desviaciones estándar tanto de x como de y. Esta forma estandarizada se conoce como r, el coeficiente de correlación lineal. La estandarización permite comparar diferentes conjuntos de datos, lo que por tanto permite a r jugar un papel muy parecido al que tienen z o t con $\bar{x}$. El valor r calculado se convierte en $r\bigstar$, el estadístico de prueba para inferencias en torno a ρ, el coeficiente de correlación poblacional. (ρ es la letra griega minúscula rho.)

Suposiciones para inferencias en torno al coeficiente de correlación lineal El conjunto de pares ordenados (x, y) forma una muestra aleatoria y los valores y en cada x tienen una distribución normal. Las inferencias usan la distribución t con $n - 2$ grados de libertad.

Precaución Las inferencias en torno al coeficiente de correlación lineal son acerca del patrón de comportamiento de las dos variables involucradas y la utilidad de una variable para predecir la otra. *La significancia del coeficiente de correlación lineal no significa que se haya establecido una relación causa y efecto.* Causa y efecto es un asunto aparte. (Consulta la discusión de la causación en las pp. 140-141.)

Procedimiento de intervalo de confianza

Como con otros parámetros, puede usarse un **intervalo de confianza** para estimar el valor de ρ, el coeficiente de correlación lineal de la población. Por lo general, esto se logra al usar una tabla que muestre **cinturones de confianza**. La tabla 10 del apéndice B ofrece cinturones de confianza para intervalos de confianza de 95%. Esta tabla es un poco confusa para leer y utiliza n, el tamaño muestral, de modo que debes tener cuidado adicional cuando la uses. El siguiente ejemplo demuestra el procedimiento para estimar ρ.

EJEMPLO 13.2

CONSTRUCCIÓN DE UN INTERVALO DE CONFIANZA PARA EL COEFICIENTE DE CORRELACIÓN POBLACIONAL

Una muestra aleatoria de 15 pares ordenados de datos tiene un valor r calculado de 0.35. Encuentra el intervalo de confianza de 95% para ρ, el coeficiente de correlación lineal poblacional.

Solución

Paso 1 **Parámetro de interés:** el coeficiente de correlación lineal para la población, ρ.

Paso 2 **a. Suposiciones:** los pares ordenados forman una muestra aleatoria y se supondrá que los valores *y* en cada *x* tienen una distribución normal.

b. Fórmula: el coeficiente de correlación lineal calculado, *r*.

c. Nivel de significancia: $1 - \alpha = 0.95$

Paso 3 **Información muestral:** $n = 15$ y $r = 0.35$

Paso 4 **Intervalo de confianza:** el intervalo de confianza se lee de la tabla 10 del apéndice B. Encuentra $r = 0.35$ en la parte inferior de la tabla 10. (Consulta la flecha de la figura 13.5.) Visualiza una recta vertical trazada a través de dicho punto. Encuentra los dos puntos donde los cinturones marcados por el tamaño de muestra correcto cruza la recta vertical. El tamaño de muestra es 15. Estos dos puntos se encierran en círculos en la figura 13.5. Ahora observa horizontalmente desde los dos puntos en círculos hacia la escala vertical a la izquierda y lee el intervalo de confianza. Los valores son **−0.20** y **0.72**.

Paso 5 **Intervalo de confianza:** el intervalo de confianza de 95% de ρ, el coeficiente poblacional de correlación lineal, es −0.20 a 0.72.

FIGURA 13.5
Uso de la tabla 10 del apéndice B, cinturones de confianza para el coeficiente de correlación

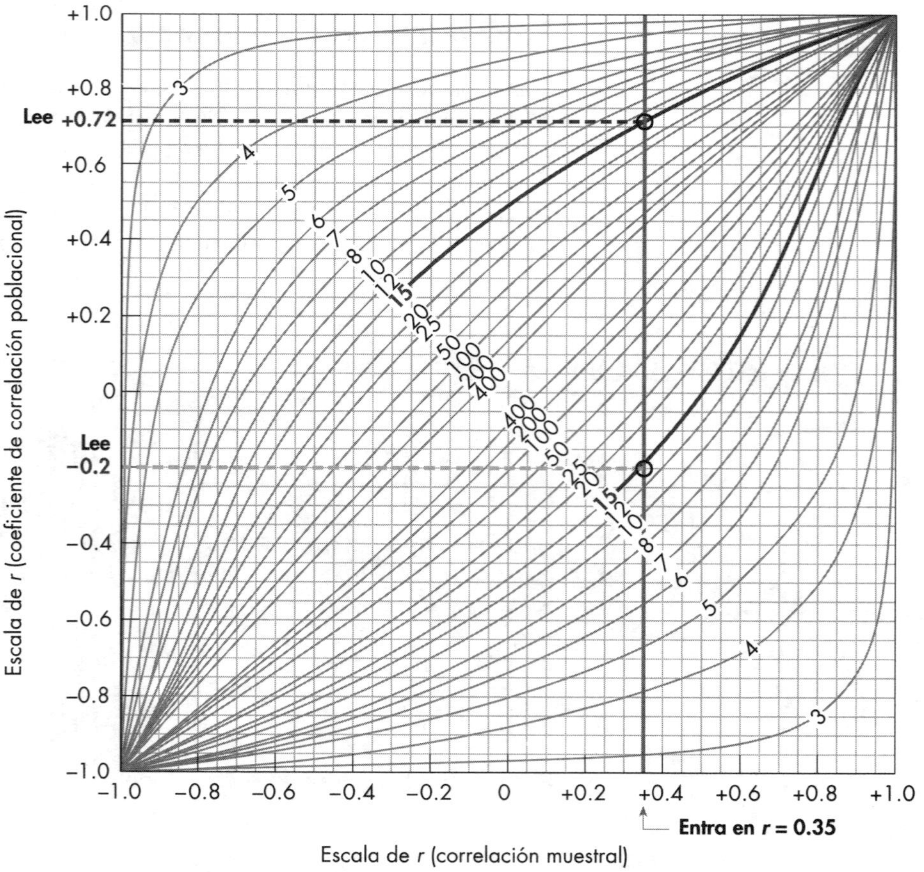

Procedimiento de prueba de hipótesis

Después de calcular el coeficiente de correlación lineal para los datos muestrales, r, parece necesario plantear esta pregunta: ¿el valor de r indica que existe una dependencia lineal entre las dos variables en la población de la que se extrajo la muestra?, para responder esta pregunta puedes realizar una **prueba de hipótesis**. La hipótesis nula es: las dos variables están linealmente no relacionadas ($\rho = 0$), donde ρ es el coeficiente de correlación lineal para la población. La hipótesis alternativa puede ser de una o dos colas. Más frecuentemente es de dos colas, $\rho \neq 0$. Sin embargo, cuando se sospecha que sólo hay una correlación positiva o sólo una negativa, debes usar una prueba de una cola. La hipótesis alternativa de una prueba de una cola es $\rho > 0$ o $\rho < 0$.

El área que representa el valor p o la región crítica para la prueba está a la derecha cuando se espera una correlación positiva y a la izquierda cuando se espera una correlación negativa. El estadístico de prueba usado para poner a prueba la hipótesis nula es el valor calculado de r a partir de los datos muestrales. Las cotas de probabilidad para el valor p o valores críticos para r se encuentran en la tabla 11 del apéndice B (p. 729). El número de grados de libertad para el estadístico r es 2 menos que el tamaño muestral, gl $= n - 2$. Detalles específicos para usar la tabla 11 siguen al ejemplo 13.3.

El rechazo de la hipótesis nula significa que hay evidencia de una relación lineal entre las dos variables en la población. La falla para rechazar la hipótesis nula se interpreta como que no se ha demostrado una relación lineal entre las dos variables en la población.

Ahora observa un ejemplo de una prueba de hipótesis.

EJEMPLO 13.3

PRUEBA DE HIPÓTESIS DE DOS COLAS

En un estudio de 15 pares ordenados seleccionados al azar, $r = 0.548$. ¿Este coeficiente de correlación lineal es significativamente diferente de cero en el nivel de significancia 0.02?

Solución

Paso 1 **a. Parámetro de interés:** el coeficiente de correlación lineal para la población, ρ.

b. Enunciado de hipótesis:

H_o: $\rho = 0$

H_o: $\rho \neq 0$

Paso 2 **a. Suposiciones:** los pares ordenados forman una muestra aleatoria y se supondrá que los valores y en cada x tienen una distribución normal.

b. Estadístico de prueba: $r\bigstar$, fórmula (13.3), con gl $= n - 2 = 15 - 2 = 13$

c. Nivel de significancia: $\alpha = 0.02$ (dado en el enunciado del problema).

Paso 3 **a. Información muestral:** $n = 15$ y $r = 0.548$.

b. Valor del estadístico de prueba: el coeficiente de correlación lineal muestral calculado es el estadístico de prueba: $r\bigstar = 0.548$.

Tutorial en video disponible; ingresa y aprende más en cengagebrain.com

Paso 4 La distribución de probabilidad:

Valor p:

a. Usa ambas colas porque H_a expresa preocupación por valores relacionados con "diferente de".

$\mathbf{P} = P(r < -0.548) + P(r > 0.548) =$
$2 \cdot P(r > 0.548)$, con gl = 13, como se muestra en la figura.

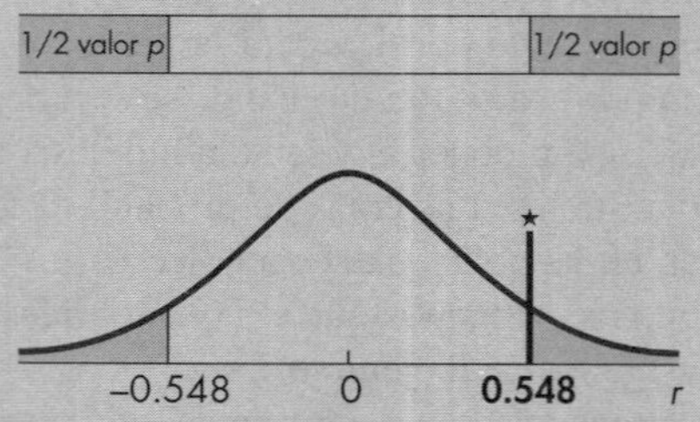

Usa la tabla 11 (apéndice B) para colocar cotas sobre el valor p: $\mathbf{0.02 < P < 0.05}$.

Detalles específicos siguen a esta ilustración.

b. El valor p no es menor que el nivel de significancia, α.

Clásico:

a. La región crítica es ambas colas porque H_a expresa preocupación por valores relacionados con "diferente de". El valor crítico se encuentra en la intersección de la fila gl = 13 y la columna de dos colas 0.02 de la tabla 11: **0.592**.

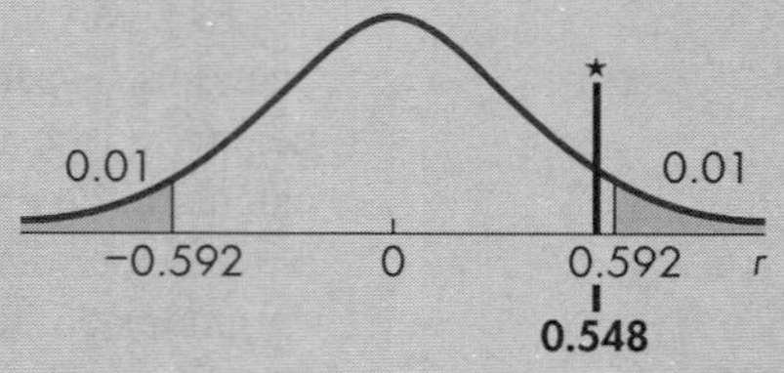

Detalles específicos siguen a esta ilustración.

b. $r\star$ no está en la región crítica, como se muestra en **azul oscuro** en la figura.

Paso 5 a. Decisión: fallar para rechazar H_o.

b. Conclusión: en el nivel de significancia 0.02, se falló para demostrar que x y y están correlacionados.

Cómo calcular el valor p

Usa la tabla 11 del apéndice B para "colocar cotas" sobre el valor p. Al inspeccionar la fila gl = 13 de la tabla 11, puedes determinar un intervalo dentro del cual cae el valor p. Ubica $r\star$ a lo largo de la fila marcada gl = 13. Si $r\star$ no se menciona, ubica los dos valores de tabla que caigan en medio y lee las cotas para el valor p de la parte superior de la tabla. En este caso, $r\star = 0.548$ está entre 0.514 y 0.592; por tanto, **P** está entre 0.02 y 0.05. La tabla 11 sólo muestra valores de dos colas. Cuando la hipótesis alternativa tiene dos colas, las cotas para el valor p se leen directamente de la tabla.

Parte de la tabla 11

	Cantidad de α en dos colas				
gl	...	0.05	P	0.02	...
⋮					
13		0.514	*0.548*	0.592	

⟶ **0.02 < P < 0.05**

Nota: cuando H_a es de una cola, divide los encabezados de columna por 2 para colocar cotas sobre el valor p.

Usa la tabla 11 del apéndice B para encontrar los valores críticos. El valor crítico está en la intersección de la fila gl = 13 y la columna de dos colas $\alpha = 0.02$. La tabla 11 sólo muestra valores de dos colas. Dado que la hipótesis alternativa es de dos colas, los valores críticos se leen directamente de la tabla.

Parte de la tabla 11

	Cantidad de a en dos colas	
gl ...	0.02	...
⋮		
13	0.592	→ Valores críticos = **±0.592**

Nota: cuando H_a es de una cola, divide los encabezados de columna por 2.

EJEMPLO APLICADO 13.4

USO DE CORRELACIÓN EN UN ESTUDIO MÉDICO

CORRELACIÓN DE TIEMPO DE COAGULACIÓN ACTIVADO Y TIEMPO DE TROMBOPLASTINA PARCIAL ACTIVADO PARA CONCENTRACIÓN DE HEPARINA PLASMÁTICA

Objetivo del estudio. Determinar la correlación entre el tiempo de coagulación activado (ACT) o el tiempo de tromboplastina parcial activado (aPTT) y la concentración de heparina plasmática.

Diseño. Estudio prospectivo en dos fases.

Pacientes. Treinta pacientes que reciben heparina intravenosa en infusión continua.

Intervenciones. Medición de ACT, aPTT y concentraciones de heparina plasmática.

La heparina se ha administrado durante más de 50 años como un anticoagulante y se sabe que tiene un estrecho rango terapéutico. La subdosis de heparina se asocia con tromboembolia recurrente, mientras que la dosis excesiva puede aumentar el riesgo de complicaciones hemorrágicas. Muchas pruebas de tiempo de coagulación están disponibles para monitorear la heparina, incluidos tiempo de coagulación sanguínea total, tiempo de tromboplastina parcial activado (aPTT) y tiempo de coagulación activado (ACT).

El estudio se realizó en dos fases. En la fase 1 (fase intrapersona), se evaluaron extracciones sanguíneas secuenciales de cinco pacientes. La meta era determinar si había una relación significativa entre concentraciones de heparina plasmática y pruebas de tiempo de coagulación dentro de un individuo. En la fase 2 (fase interpersona), extracciones de sangre aleatorias individuales de 25 pacientes adicionales se evaluaron con la misma técnica de recolección y análisis que en la fase 1. Las extracciones de sangre se realizaron dentro de 48 horas después del inicio de la terapia con heparina. La meta de la fase 2 era determinar la relación cuantitativa entre ACT y aPTT y concentración de heparina plasmática entre individuos.

Para ambas fases, las correlaciones entre los resultados de ACT o aPTT y las concentraciones de heparina plasmática se realizaron usando la prueba de correlación de momento R de Pearson. Fase 1: los coeficientes de correlación lineal (r) para los cinco pacientes fueron 0.93 ($p = 0.02$), 0.99 ($p = 0.009$), 0.89, ($p = 0.12$), 0.96 ($p = 0.04$) y 0.90 ($p = 0.10$). Fase 2: el coeficiente de correlación para estos datos fue 0.58 (lineal, $p = 0.008$). La fórmula de la recta de regresión lineal es 137 + (52.9) (concentración de heparina plasmática), que, para un rango de heparina terapéutica de 0.3-0.7 U/ml (por antifactor Xa), es igual a un rango ACT de 153-174 segundos. Las rectas de regresión lineal para aPTT frente a concentración de heparina plasmática se muestran en la figura 7. El coeficiente de correlación para estos datos fue 0.89 (lineal, $p = 0.0001$). La fórmula de la recta de regresión lineal fue 14.4 + (135.4)(concentración heparina plasmática), que, para el mismo rango de heparina terapéutica, es igual a un rango aPTT de 55-109 segundos.

FIGURA 7
aPTT lineal frente a concentración de heparina plasmática para la fase 2 (correlación y regresión interpersona). Las rectas rayadas verticales indican el rango terapéutico para concentración de heparina plasmática por antifactor Xa.

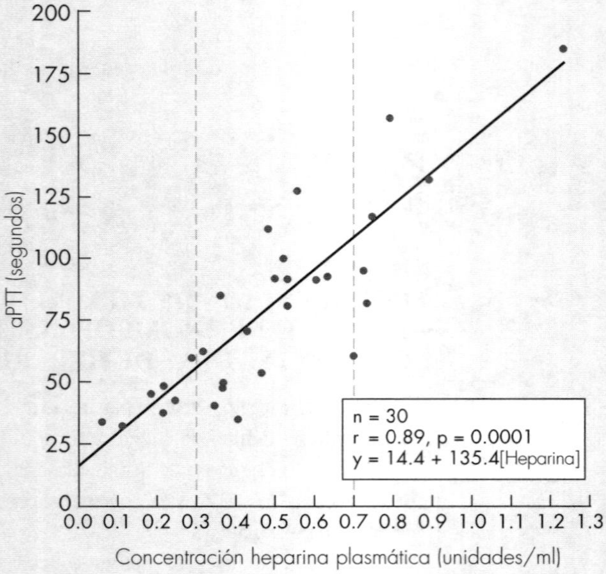

Los resultados del análisis de decisión indican que un rango terapéutico de prueba de tiempo de coagulación (no derivado de concentración de heparina) con frecuencia resulta en decisiones incorrectas de gestión de paciente. El ACT basado en un rango terapéutico estándar puede resultar en decisiones de ajuste de dosis que pueden aumentar el riesgo de sangrado (en 43% de los pacientes). El aPTT basado en un rango terapéutico estándar puede resultar en decisiones de ajuste de dosis que pueden aumentar el riesgo de trombosis (en 37% de los pacientes). Un estudio más grande en 200 pacientes está en marcha para confirmar estos resultados usando rangos terapéuticos derivados de concentración de heparina para aPTT y ACT.

Fuente: John M. Koerber, B.S. Maureen A. Smythe, Pharm. D. Robert L. Begle, M.D. Joan C. Mattson, M.D. Beverly P. Kershaw, M.S. y Susan J. Westley, M.T. (ASCP). *Pharmacotherapy*. 19(8): 922-931. © Pharmacotherapy Publications, http://www.medscape.com/viewarticle/418017_3. Reimpreso con permiso.

EJERCICIOS SECCIÓN 13.2

13.15 Con gráficas para ilustrar, explica el significado de un coeficiente de correlación con los siguientes valores:

a. –1.0 b. 0.0 c. +1.0 d. +0.5 e. –0.6

13.16 Con la figura 13.5 de la página 620, encuentra el intervalo de 95% cuando una muestra de $n = 25$ resulta en $r = 0.35$.

13.17 a. Con la figura 13.5 de la página 620, encuentra el intervalo de 95% cuando una muestra de $n = 100$ resulta en $r = 0.35$.

b. Compara tu respuesta del inciso a con el intervalo de confianza formado en el ejercicio 13.16. Describe qué ocurrió cuando aumentaste el tamaño de la muestra.

13.18 Usa la tabla 10 del apéndice B para determinar un intervalo de confianza de 95% para el verdadero coeficiente de correlación lineal poblacional basado en los siguientes estadísticos muestrales:

a. $n = 8, r = 0.20$ b. $n = 100, r = -0.40$

c. $n = 25, r = +0.65$ d. $n = 15, r = -0.23$

13.19 Usa la tabla 10 del apéndice B para determinar un intervalo de confianza de 95% para el verdadero coeficiente de correlación lineal basado en los siguientes estadísticos muestrales:

a. $n = 50, r = 0.60$ b. $n = 12, r = -0.45$

c. $n = 6, r = +0.80$ d. $n = 200, r = -0.56$

13.20 [EX13-20] ¿El producto interno bruto (PIB) de un país indica su nivel de tecnología? El *World Factbook* de la CIA [http://www.cia.gov/] ofrece estadísticas de todos los países del mundo. La siguiente información 2008 se obtuvo para una muestra aleatoria de cinco países:

País	PIB 2008 (en millones)	% Población que usa internet 2008
Alemania	2925	75
España	1402	62
Francia	2133	67
Italia	1827	43
Portugal	237.3	8

Encuentra r y establece un intervalo de confianza de 95% para ρ.

13.21 [EX13-21] El método examinar-reexaminar es una forma de establecer la fiabilidad de un examen. El examen se administra y después, en una fecha posterior, el mismo examen se vuelve administrar a los mismos individuos. El coeficiente de correlación se calcula entre los dos conjuntos de calificaciones. Las siguientes calificaciones del examen se obtuvieron en una situación examen-reexamen.

Primera calificación	75	87	60	75	98	80	68	84	47	72
Segunda calificación	72	90	52	75	94	78	72	80	53	70

Encuentra r y establece un intervalo de confianza de 95% para ρ.

13.22 [EX13-22] Acaso el tamaño del cerebro de un animal determina la inteligencia para dicha especie. O acaso el peso del cerebro lo hace. O acaso el tamaño corporal o el peso tienen un papel. El siguiente cuadro compara los tamaños y pesos de cerebro y cuerpo de varios animales.

Especie	Longitud cerebro (cm)	Peso cerebro (g)	Longitud cuerpo (cm)	Peso cuerpo (g)
Humano	15	1 400	100	62 000
Babuino	8	140	75	30 000
Mono	5	100	30	7 000
Camello	15	680	200	529 000
Delfín	Perdido	1 700	305	160 000
Canguro	5	56	150	35 000
Gato	5	30	60	3 300
Mapache	5.5	39	80	4 290
Conejo	5	12	30	2 500
Ardilla	3	6	20	900
Rana	2	0.1	10	18

Fuente: http://www.serendip.brynmawr.edu/

Calcula el coeficiente de correlación, úsalo y también la tabla 10 del apéndice B, para determinar un intervalo de confianza de 95% sobre ρ para cada uno de los siguientes casos:

a. Longitud cerebro y peso cerebro

b. Longitud cerebro y peso cuerpo

c. Peso cerebro y peso cuerpo

13.23 [EX13-23] California se destaca por sus vinos Chardonnay secos. En la tabla se mencionan cinco variedades, con su calificación Wine Spectator y precio por botella. Wine Spectator califica los vinos sobre una escala de 100 puntos y todos los vinos se someten a degustación ciega.

Nombre	Calificación	Precio
Ridge Chardonnay Monte Bello 2006	95	\$57.99
Rodney Strong Chardonnay Reserve 2006	94	\$33.99
Chalone Chardonnay 2007	92	\$22.99
Lincourt Chardonnay Santa Rita Hills 2007	91	\$19.99
Rombauer Vineyards Chardonnay Cameros 2007	91	\$17.00

a. Calcular r.

b. Establece un intervalo de confianza de 95% de ρ.

c. Describe el significado de la respuesta al inciso b.

d. Explica el significado de la respuesta de ancho del intervalo en el inciso b.

13.24 [EX13-24] Un estudio muestra que la tasa de mortalidad en caminos rurales es mayor que en otros caminos en Estados Unidos. La siguiente tabla es un extracto tomado de "Tasas de mortalidad superiores en caminos rurales" del *USA Today*, que proporciona las tasas de mortalidad para cada estado en caminos rurales no interestatales por cada 100 millones de millas de viaje y las tasas para todos los otros caminos en el estado.

Estado	Caminos rurales	Todos los demás
AL	2.45	1.21
AK	1.76	2.00

***Para el resto de los datos, ingresa en cengagebrain.com

Fuente: *USA Today*

a. Calcula el coeficiente de correlación, úsalo y también la tabla 10, para determinar un intervalo de confianza de 95% para ρ.

b. ¿Qué otros factores podrían tener un efecto sobre esta relación? Explica.

13.25 Enuncia la hipótesis nula, H_o y la hipótesis alternativa, H_a, que usarías para poner a prueba los siguientes enunciados:

a. El coeficiente de correlación lineal es positivo.

b. No hay correlación lineal.

c. Hay evidencia de correlación negativa.

d. Hay una relación lineal positiva.

13.26 a. Enuncia la hipótesis nula estándar, H_o, para poner a prueba el coeficiente de correlación lineal, ρ.

b. ¿Qué indica una decisión de "fallar para rechazar H_o" en una prueba de hipótesis para ρ?

c. ¿Qué indica una decisión de "rechazar H_o" en una prueba de hipótesis para ρ?

[EX00-000] identifica el nombre de archivo de una base de datos en línea de un ejercicio; disponible a través de cengagebrain.com

13.27 Coloca cotas sobre el valor p resultante de una muestra con $n = 18$ y $r = 0.444$ en las siguientes circunstancias:

a. H_a es de dos colas.

b. H_a es de una cola.

13.28 Determina las cotas sobre el valor p que usarías para poner a prueba cada una de las siguientes hipótesis nulas usando el enfoque de valor p:

a. H_o: $\rho = 0$ frente a H_a: $\rho \neq 0$ con $n = 32$ y $r = 0.41$

b. H_o: $\rho = 0$ frente a H_a: $\rho > 0$ con $n = 9$ y $r = 0.75$

c. H_o: $\rho = 0$ frente a H_a: $\rho < 0$ con $n = 15$ y $r = -0.83$

13.29 Determina los valores críticos de r para $\alpha = 0.05$ y $n = 20$ en las siguientes circunstancias:

a. H_a es de dos colas.

b. H_a es de una cola.

13.30 Determina los valores críticos que usarías para poner a prueba cada una de las siguientes hipótesis nulas usando el enfoque clásico:

a. H_o: $\rho = 0$ frente a H_a: $\rho \neq 0$ con $n = 18$ y $\alpha = 0.05$

b. H_o: $\rho = 0$ frente a H_a: $\rho > 0$ con $n = 32$ y $\alpha = 0.01$

c. H_o: $\rho = 0$ frente a H_a: $\rho < 0$ con $n = 16$ y $\alpha = 0.05$

13.31 En referencia al ejemplo aplicado 13.4:

a. Explica el significado de "el coeficiente de correlación para estos datos fue 0.58 (lineal, $p = 0.008$)" como se reportó para la fase 2.

b. Con la tabla 11, ¿qué cotas colocarías sobre el valor p? ¿Cómo se comparan estas cotas con el valor p en el inciso a?

c. ¿Cuál es el valor crítico para una prueba de dos colas de $p = 0.00$ en el nivel $\alpha = 0.01$?

d. ¿Es significativo $r = 0.58$?

13.32 a. Si una muestra de tamaño 10 tiene un coeficiente de correlación lineal de 0.60, ¿existe razón significativa para concluir que el coeficiente de correlación lineal de la población es positivo? Usa $\alpha = 0.01$.

b. Si una muestra de tamaño 42 tiene un coeficiente de correlación de 0.60, ¿existe razón significativa para concluir que el coeficiente de correlación lineal de la población es positivo? Usa $\alpha = 0.01$.

c. Describe las similitudes y diferencias entre los incisos a y b.

13.33 Una muestra de 20 datos bivariados tiene un coeficiente de correlación lineal de $r = 0.43$. ¿Esto proporciona suficiente evidencia para rechazar la hipótesis nula de que $\rho = 0$ en favor de una alternativa de dos lados? Usa $\alpha = 0.10$.

13.34 Si una muestra de tamaño 18 tiene un coeficiente de correlación lineal de -0.50, ¿existe razón significativa para concluir que el coeficiente de correlación lineal de la población es negativo? Usa $\alpha = 0.01$.

13.35 ¿Un valor de $r = +0.24$ es significativo al tratar de demostrar que ρ es mayor que cero para un tamaño de muestra 62 en el nivel de significancia 0.05?

13.36 Cuando se trata de restaurantes de alta cocina japonesa que ofrecen sushi, la calidad y presentación de la comida sin duda son indicadores del costo. ¿Y qué hay de la decoración del restaurante? Los resultados de la encuesta Zagat, publicados en *Newsweek*, produjeron un coeficiente de correlación de 0.532 entre calificación de decoración del restaurante y el costo promedio de la comida. Si estos resultados se basaron en cinco restaurantes, ¿puedes concluir que la relación es significativa en el nivel de significancia 0.05?

13.37 [EX13-37] La población (en millones) y la tasa de crímenes violentos (por 1 000) se registraron para 10 áreas metropolitanas. Los datos se muestran en la siguiente tabla.

Población	10.0	1.3	2.1	7.0	4.4	0.3	0.3	0.2	0.2	0.4
Tasa de crímenes	12.0	9.5	9.2	8.4	8.2	7.3	7.1	7.0	6.9	6.9

¿Estos datos proporcionan evidencia para rechazar la hipótesis nula de que $\rho = 0$ en favor de $\rho \neq 0$ en $\alpha = 0.05$?

13.38 [EX13-38] Uno pensaría que jugar en las Olimpiadas y después en la temporada regular y la postemporada de la NBA cansarían a cualquier jugador. ¿Los promedios de anotaciones de estos nueve olímpicos de 2008, que jugaron en la postemporada, dan esa impresión?

Jugador, equipo	Temporada regular, PPJ 2008-2009	Postemporada 2008-2009, PPJ
Kobe Bryant, Lakers	30.0	30.2
Le Bron James, Cavaliers	28.7	35.3
Dwayne Wade, Heat	26.9	29.1
Dwight Howard, Magic	16.8	20.3
Chis Paul, Hornets	19.8	16.6
Carlos Boozer, Jazz	19.3	20.6
Jason Kidd, Mavericks	8.3	11.4
Caramelo Anthony, Nuggets	30.0	27.2
Deron Williams, Jazz	19.5	20.2

a. ¿Estos datos ofrecen evidencia para rechazar la hipótesis nula de que $\rho = 0$ en favor de $\rho > 0$ en $\alpha = 0.01$?

b. Explica el significado de la aparente correlación positiva.

13.39 [EX13-39] Dos indicadores del nivel de actividad económica en un área geográfica dada son su mediana de ingreso doméstico y su porcentaje de población en pobreza. La siguiente tabla menciona los datos para siete estados para el año 2008:

Estado	Mediana ingreso doméstico	Porcentaje en pobreza
Colorado	\$57 184	11.2
Kansas	\$50 174	11.3
Missouri	\$46 847	13.5
Nebraska	\$49 731	10.8
Nuevo México	\$43 719	17.0
Oklahoma	\$42 836	15.7
Wyoming	\$54 735	9.5

Fuente: http://www.census.gov/

a. Calcula el coeficiente de correlación entre las dos variables.

b. Pon a prueba para una correlación significativa en el nivel de significancia 0.05 y extrae tu conclusión.

13.40 [EX13-02] Considera al diagrama de dispersión "Estaturas de parejas casadas" que se presentó en "Compatibilidad de altura" de la página 613:

a. Calcula r.

b. Establece un intervalo de confianza de 95% para ρ.

c. Pon a prueba una correlación positiva significativa en el nivel de significancia 0.05.

d. Explica el significado de los resultados encontrados en los incisos b y c.

13.41 [EX13-41] Los cultivadores de remolacha azucarera están interesados en obtener mayores producciones y mayores porcentajes de sacarosa de sus cosechas. ¿Pero deben hacerlo juntos? Los datos que siguen son de la cosecha de remolacha azucarera de Montana; los valores mencionados son por condado, producción en toneladas por acre y sacarosa como porcentaje de sacarosa.

Condado	Producción	Sacarosa	Condado	Producción	Sacarosa
Noreste			Sur-central		
Dawson	20.9	18.94	Yellowstone	25.9	16.71
Richland	24.5	19.67	Otro	27.4	16.35
Roosevelt	21.0	19.25	Sureste		
Surcentral			Custer	21.8	18.96
Big Horn	29.7	16.41	Prairie	22.2	19.58
Carbon	22.7	16.56	Rosebud	31.3	17.10
Treasure	29.4	17.07			

Fuente: http://www.nass.usda.gov/

a. ¿Qué relación, si alguna esperas encontrar, hay entre la producción por acre y el porcentaje de sacarosa para remolachas azucareras?

b. Dibuja el diagrama de dispersión para producción en toneladas por acre (x) y porcentaje de sacarosa (y) para los datos de Montana. Describe la relación que ves en el diagrama de dispersión. ¿Es lo que anticipabas?

c. Encuentra el coeficiente de correlación lineal.

d. En el nivel de significancia 0.05, ¿el coeficiente de correlación lineal es significativamente diferente de cero?

e. Uno de los pares ordenados parece estar fuera del patrón creado por los otros 10 pares ordenados. ¿Qué efecto crees que tendría la remoción de este par de los valores de datos sobre: 1) la apariencia del diagrama de dispersión, 2) el coeficiente de correlación lineal y 3) la respuesta al inciso d?

f. Remueve el condado Carbon de los datos y responde los incisos b-d. Compara los resultados con tus respuestas al inciso e.

13.3 Análisis de regresión lineal

Recuerda que la **recta de mejor ajuste** resulta de un análisis de dos (o más) variables cuantitativas relacionadas. (El trabajo se restringirá a dos variables.) Cuando dos variables se estudian en conjunto, con frecuencia a uno le gustaría controlar una variable mediante el control de la otra. O acaso uno quiera predecir el valor de una variable con base en el conocimiento acerca de la otra variable. En ambos casos se quiere encontrar la línea de mejor ajuste, siempre que exista una, que predecirá mejor el valor de la variable dependiente, o de salida, de un valor de la variable independiente, o de entrada. Recuerda que la variable que se conoce o se puede controlar se llama variable *independiente* o de entrada; la variable que resulta de usar la ecuación de la recta de mejor ajuste se llama variable *dependiente*, predicha o de salida.

En el capítulo 3 se desarrolló el método de mínimos cuadrados. A partir de este concepto, se obtuvieron las fórmulas (3.7) y (3.6) y se usaron para calcular $\boldsymbol{b_0}$ (la **ordenada al origen**) y $\boldsymbol{b_1}$ (la **pendiente de la recta de mejor ajuste**):

$$b_0 = \frac{\Sigma y - (b_1 \cdot \Sigma x)}{n} \tag{3.7}$$

$$b_1 = \frac{\text{SS}(xy)}{\text{SS}(x)} \tag{3.6}$$

Después esos dos coeficientes se usan para escribir la ecuación de la recta de mejor ajuste en la forma

$$\hat{y} = b_0 + b_1x$$

Cuando la recta de mejor ajuste se traza, hace algo más que sólo mostrar una representación visual de la línea. También dice dos cosas: 1) si realmente existe o no una relación lineal entre las dos variables y 2) la relación cuantitativa (ecuación) entre las dos variables. Cuando no hay relación entre las variables, resultará una recta horizontal de mejor ajuste. Una recta horizontal tiene una pendiente de cero, lo que implica que el valor de la variable de entrada no tiene efecto sobre la variable de salida. (Esta idea se ampliará más tarde en este capítulo.)

El resultado del análisis de regresión es la ecuación matemática de la recta de mejor ajuste. Como se mencionó anteriormente, en este libro el trabajo se restringirá al caso **lineal simple**; esto es: una variable de entrada y una variable de salida donde la recta de mejor ajuste es recta. Sin embargo, debes estar al tanto de que no todas las relaciones son de esta naturaleza. Si el **diagrama de dispersión** sugiere algo distinto de una línea recta, la relación puede ser **regresión curvilínea**. En casos de este tipo debes introducir términos de potencias superiores, x^2, x^3, etc., u otras funciones, e^x, log x, etc., o debes introducir otras variables de entrada. Acaso dos o tres variables de entrada mejorarían la utilidad de la ecuación de regresión. Estas posibilidades son ejemplos de regresión curvilínea y **regresión múltiple**.

El modelo lineal usado para explicar el comportamiento de los **datos bivariados** lineales en la población es:

Modelo lineal

$$y = \beta_0 + \beta_1 x + \epsilon \qquad (13.4)$$

Esta ecuación representa la relación lineal entre las dos variables en una población. β_0 es la ordenada al origen y β_1 es la pendiente. ϵ (letra griega minúscula épsilon) es el **error experimental** aleatorio en el valor observado de y en un valor dado de x.

La **recta de regresión** de los datos muestrales proporcionan b_0, que es la estimación de β_0 y b_1, la estimación de β_1. El error ϵ se aproxima mediante $e = y - \hat{y}$, la diferencia entre el valor observado de y y el valor predicho de y, $\hat{y}$, en un valor dado de x:

Estimación del error experimental

$$e = y - \hat{y} \qquad (13.5)$$

La variable aleatoria e (también conocida como el "residual") es positiva cuando el valor observado de y es mayor que el valor predicho, $\hat{y}$; e es negativa cuando y es menor que $\hat{y}$. La suma de los errores (residuales) para todos los valores de y para un valor dado de x es exactamente cero. (Ésta es parte de los criterios de mínimos cuadrados.) Por tanto, el valor medio del error experimental es cero; su varianza es σ^2. La siguiente meta es estimar esta **varianza del error experimental**.

Antes de estimar la varianza de ϵ, trata de entender exactamente qué representa el error: ϵ es la cantidad de error en el valor observado de y. Esto es: la diferencia entre el valor observado de y y el valor medio de y en dicho valor particular de x. Puesto que no se conoce el valor medio de y, se usará la ecuación de regresión y se le estimará con $\hat{y}$, el **valor predicho de y** en este mismo valor de x. Por tanto, la mejor estimación que se tiene para ϵ es $e = y - \hat{y}$, como se muestra en la figura 13.6.

Applet Skillbuilder disponible; ingresa y aprende más en cengagebrain.com

FIGURA 13.6
El error, e, es $y - \hat{y}$

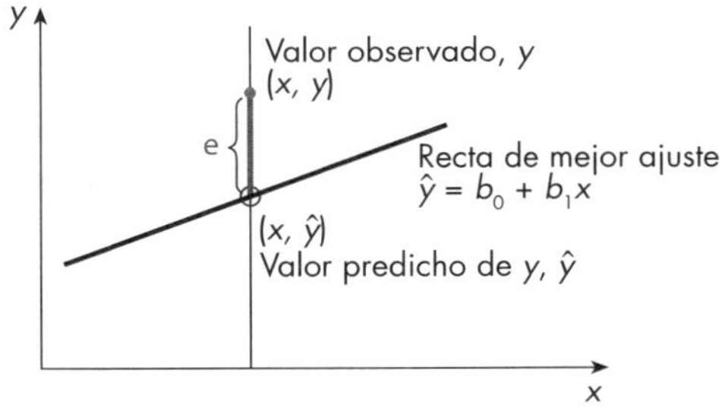

Nota: e es el error observado en la medición de y en un valor específico de x.

Si tuvieras que observar varios valores de y en un valor dado de x, podrías graficar una distribución de valores y en torno a la recta de mejor ajuste (en torno a $\hat{y}$, en particular). La figura 13.7 presenta una muestra de valores bivariados que comparten un valor x común. La figura 13.8 presenta la distribución teórica de todos los posibles valores y en un valor dado x. Una distribución similar ocurre en cada diferente valor de x. La media de las y observadas en un valor dado de x varía, pero puede estimarse por $\hat{y}$.

FIGURA 13.7
Muestra de valores y en una x dada

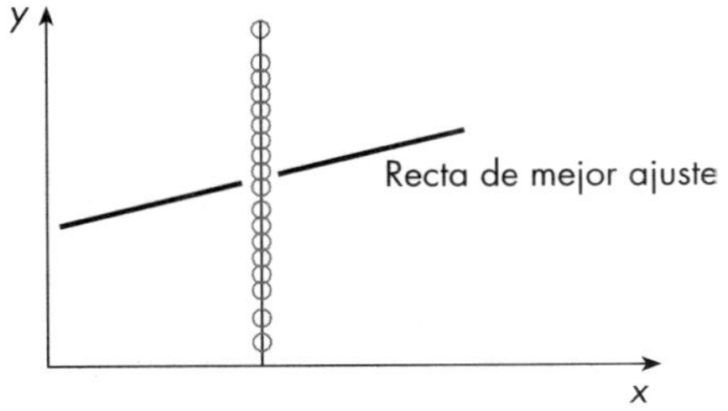

FIGURA 13.8
Distribución teórica de valores y para una x dada

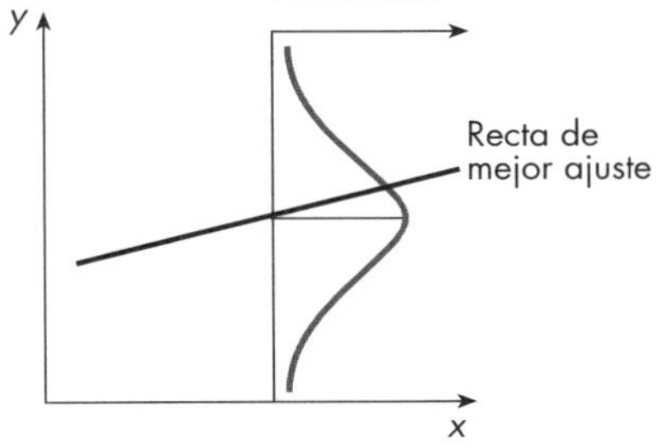

FIGURA 13.9
La desviación estándar de la distribución de valores y es la misma para todas las x

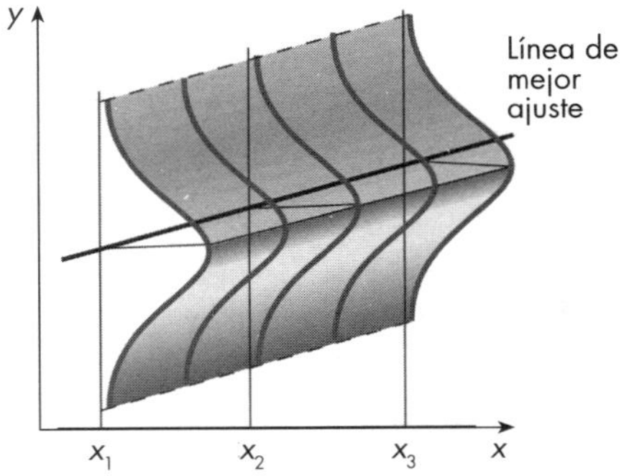

Antes de poder hacer algunas inferencias acerca de una recta de regresión, debes suponer que la distribución de las y es aproximadamente normal y que las varianzas de la distribución de y en todos los valores de x son iguales; esto es: que la desviación estándar de la distribución de y en torno a $\hat{y}$ es la misma para todos los valores de x, como se muestra en la figura 13.9.

Revisa la definición de la varianza muestral antes de observar la varianza de e. La varianza muestral, s^2, se define como $\frac{\Sigma(x-\bar{x})^2}{n-1}$, la suma de los cuadrados de cada desviación dividida entre el número de grados de libertad, $n - 1$, asociados con una muestra de tamaño n. La varianza de y involucra una complicación adicional: existe una media diferente para y en cada valor de x. (Observa las muchas distribuciones en la figura 13.9.) Sin embargo, cada una de dichas "medias" en realidad es el valor predicho, $\hat{y}$, que corresponde a la x que fija la distribución. De modo que la varianza del error estimado e está dada por la fórmula:

PTI La varianza de y en torno a la recta de mejor ajuste es la misma que la varianza del error estimado e.

Varianza del error estimado, *e*

$$s_e^2 = \frac{\Sigma(y - \hat{y})^2}{n - 2} \quad \textbf{(13.6)}$$

donde $n - 2$ es el número de grados de libertad.

La fórmula (13.6) puede reescribirse al sustituir $b_0 + b_1x$ para $\hat{y}$. Dado que $\hat{y} = b_0 + b_1x$, se tiene

$$s_e^2 = \frac{\Sigma(y - b_0 + b_1x)^2}{n - 2} \qquad \textbf{(13.7)}$$

Con algo de álgebra y cierta paciencia, esta fórmula puede reescribirse una vez más en una forma más laborable. La forma que se usará es

Varianza del error estimado *e*

$$s_e^2 = \frac{(\Sigma y^2) - (b_0)(\Sigma y) - (b_1)(\Sigma xy)}{n - 2} \qquad \textbf{(13.8)}$$

Para facilitar la discusión, se acuerda llamar al numerador de las fórmulas (13.6), (13.7) y (13.8) la **suma de cuadrados para error** (SSE).

Desviación estándar del error estimado, *e* (error estándar de la estimación)

$$s_e = \sqrt{s_e^2} \qquad \textbf{(13.9)}$$

Ahora observa cómo puedes usar toda esta información.

EJEMPLO 13.5

DETERMINACIÓN DE LA VARIANZA DE *y* EN TORNO A LA RECTA DE REGRESIÓN

Supón que te mudas a una nueva ciudad y encuentras empleo. Desde luego, estarás preocupado por los problemas que enfrentarás al trasladarte hacia y desde el trabajo. Por ejemplo, te gustaría saber cuánto tardarás en conducir al trabajo cada mañana. Usa "distancia al trabajo en un sentido" como una medida de donde vives. Tú vives a *x* millas de distancia del trabajo y quieres saber cuánto tardarás en trasladarte cada día. Tu nuevo patrón, al prever esta pregunta, ya recolectó una muestra aleatoria de datos a usar para responder tu pregunta. A 15 de tus nuevos compañeros de trabajo se les pidió dar sus tiempos de viaje en un sentido y las distancias hasta el trabajo. Los datos resultantes se muestran en la tabla 13.2. (Por conveniencia, los datos se ordenaron de modo que los valores *x* están en orden numérico.) Encuentra la recta de mejor ajuste y la varianza de *y* en torno a la recta de mejor ajuste, s_e^2.

TABLA 13.2 Datos acerca de distancias y tiempos de traslado [TA13-2]

Comp. Trabajo	Millas (x)	Minutos (y)	x^2	xy	y^2	Comp. Trabajo	Millas (x)	Minutos (y)	x^2	xy	y^2
1	3	7	9	21	49	9	13	26	169	338	676
2	5	20	25	100	400	10	15	25	225	375	625
3	7	20	49	140	400	11	15	35	225	525	1 225
4	8	15	64	120	225	12	16	32	256	512	1 024
5	10	25	100	250	625	13	18	44	324	792	1 936
6	11	17	121	187	289	14	19	37	361	703	1 369
7	12	20	144	240	400	15	20	45	400	900	2 025
8	12	35	144	420	1 225	Total	184	403	2 616	5 623	12 493

Solución

Las extensiones y sumas necesarias para este problema se muestran en la tabla 13.2. Ahora puedes calcular la recta de mejor ajuste con las fórmulas (2.8), (3.4), (3.6) y (3.7). A partir de la fórmula (2.8):

$$SS(x) = \Sigma x^2 - \frac{(\Sigma x)^2}{n}: \quad SS(x) = 2\,616 - \frac{(184)^2}{15} = 358.9333$$

PTI Usa lugares decimales adicionales durante estos cálculos.

A partir de la fórmula (3.4):

$$SS(xy) = \Sigma xy - \frac{\Sigma x \cdot \Sigma y}{n}: \quad SS(xy) = 5\,623 - \frac{(184)(403)}{15} = 679.5333$$

Usa la fórmula (3.6) para la pendiente:

$$b_1 = \frac{SS(xy)}{SS(x)}: \quad b_1 = \frac{679.5333}{358.9333} = 1.893202 = \mathbf{1.89}$$

Usa la fórmula (3.7) para la ordenada al origen:

$$b_0 = \frac{\Sigma y - (b_1 \ \Sigma x)}{n}: \quad b_0 = \frac{403 - (1.893202)(184)}{15} = 3.643387 = \mathbf{3.64}$$

Por tanto, la ecuación de la recta de mejor ajuste es

$$\hat{y} = \mathbf{3.64 + 1.89x}$$

La varianza de y en torno a la recta de regresión se calcula con la fórmula (13.8):

$$s_e^2 = \frac{(\Sigma y^2) - (b_0)(\Sigma y) - (b_1)(\Sigma xy)}{n-2}:$$

$$s_e^2 = \frac{(12\,493) - (3.643387)(403) - (1.893202)(5623)}{15-2} = \frac{379.2402}{13}$$

$$= \mathbf{29.17}$$

$$s_e = \sqrt{29.17} = \mathbf{5.40}$$

$s_e^2 = 29.17$ es la varianza de las 15 e y $s_e = 5.40$ es la desviación estándar de las 15 e. En la figura 13.10, las 15 e se muestran como segmentos de recta vertical.

FIGURA 13.10
Los 15 errores aleatorios como segmentos de recta

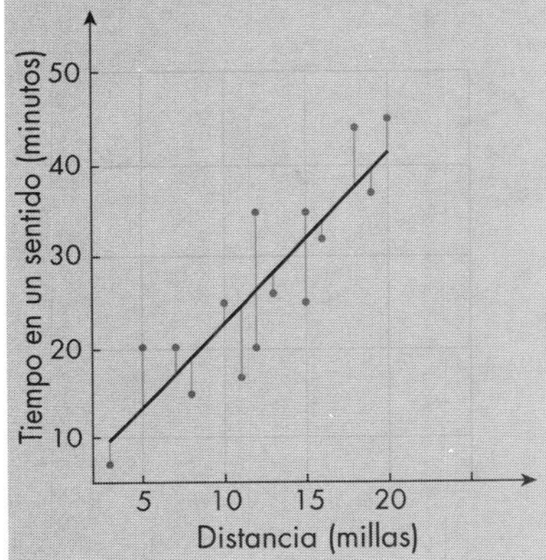

PTI Los comandos de computadora y calculadora para encontrar la recta de regresión para un conjunto de datos bivariados pueden encontrarse en el capítulo 3 (pp. 152-153).

Nota: con frecuencia se necesitan lugares decimales adicionales para este tipo de cálculo. Observa que b_1 (1.893202) se multiplicó por 5 623. Si en vez de ello usaste 1.89, ese producto habría cambiado el numerador en aproximadamente 18. Ello, a su vez, habría cambiado la respuesta final por casi 1.4, un error de redondeo apreciable.

En las secciones que siguen, la varianza de e se usará en gran medida como la varianza de x (como se calculó en el capítulo 2) se usó en los capítulos 8, 9 y 10 para completar las inferencias estadísticas estudiadas ahí.

EJEMPLO APLICADO 13.6

ACCIDENTES AUTOMOVILÍSTICOS Y PRIMAS DE SEGURO

Este gráfico reporta el efecto que cada accidente de tráfico de responsabilidad personal tuvo sobre las primas anuales promedio de los seguros de automóvil. ¿Parece que la variable "número de accidentes responsabilidad de uno" tiene algún efecto sobre las primas anuales promedio? ¿Cuánto afecta?

Cómo afectan los accidentes a las primas de autos

Las primas anuales promedio de los seguros automovilísticos se elevan con cada accidente de tráfico en los que uno es responsable:

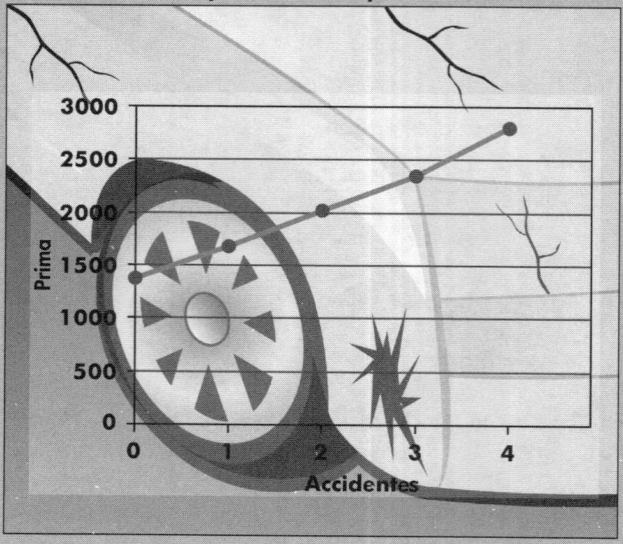

Fuente: estudio 2008 de insurance.com
Por Anne Carey y Keith Simmons, *USA TODAY*

La gráfica sólo reporta un valor para las primas para cada número de accidentes, pero cada dólar reportado resume la cantidad de muchas primas. ¿Cómo se relaciona esto con las suposiciones subyacentes para el análisis de regresión? (Véase el ejercicio 13.42.)

[EX00-000] identifica el nombre de archivo de una base de datos en línea de un ejercicio; disponible a través de cengagebrain.com

EJERCICIOS SECCIÓN 13.3

13.42 La gráfica en el ejemplo aplicado 13.6 reporta el efecto que cada accidente de tráfico en el que uno es responsable tiene sobre las primas anuales promedio de los seguros de automóviles.

a. ¿Parece que la variable "número de accidentes en los que uno es responsable" tiene un efecto recurrente sobre las primas anuales promedio? Estima el efecto anual.

b. ¿Cómo el efecto anual encontrado en el inciso a se relaciona con la potencial recta de mejor ajuste, prima anual = ordenada al origen + pendiente x ("número de accidentes en los que uno es responsable")?

c. La gráfica sólo reporta un valor de primas para cada número de accidentes, pero cada dólar reportado resume el importe de muchas primas. ¿Cómo esta situación se relaciona con la suposición subyacente de que existe una distribución de valores ordenados (valores y) para cada valor de abscisa (valor x)?

13.43 [EX13-43] Diez vendedores son entrevistados y se registran el número promedio de contactos de cliente por mes, x y el volumen de ventas, y (en miles), para cada uno:

x	12	14	16	20	23	46	50	48	50	55
y	15	25	30	30	30	80	90	95	110	130

Consulta la siguiente salida de computadora y verifica que la ecuación de la recta de mejor ajuste es $\hat{y} = -13.4 + 2.3x$ y que $s_e = 10.17$ al calcular dichos valores tú mismo.

```
The regression equation is y = -13.4 + 2.30 x
Predictor      Coef
Constant       -13.414
x              2.3028
s = 10.17
```

13.44 El granizo, en todo Estados Unidos, causa alrededor de mil millones de dólares en daños en propiedad y cultivos cada año. De acuerdo con "Riesgos de tormentas: Granizo" del sitio web del National Weather Service, la rapidez de la corriente ascendente de una tormenta es uno de los factores que afectan el tamaño del granizo. En el artículo se proporcionan los siguientes datos:

x: rapidez de viento corriente ascendente (mph)	3.5	40	64	84
y: tamaño granizo (pulgadas)	0.5	0.75	1.75	3.0

Fuente: http: //www.srh.

Consulta la siguiente salida de computadora y verifica que la ecuación de la recta de mejor ajuste es $\hat{y} = -1.279 + 0.0499x$ y que $s_e = 0.1357$ al calcular dichos valores tú mismo.

```
The regression equation is
size = -1.279 + 0.0499 speed
Predictor      Coef       SE Coef      T       P
Constant     -1.2789      0.2041     -6.27   0.025
speed        0.049846    0.003453    14.44   0.005
s = 0.135718   R-Sq = 99.0%   R-Sq(adj) = 98.6%
```

13.45 [EX13-45] La NBA (Asociación Nacional de Básquetbol) calcula muchas estadísticas, tal como cualquier otro deporte profesional. Los puntos promedio por juego, los rebotes promedio por juego, el número de años jugados, número de títulos, número de apariciones All-Star y número de premios al jugador más valioso (MVP) son sólo algunos ejemplos. Con la siguiente tabla, investiga la relación entre el número promedio de puntos por juego y el número de apariciones All-Star para seis de los mejores grandes hombres de la NBA. Incluye un diagrama de dispersión, el coeficiente de correlación lineal y la recta de mejor ajuste y un enunciado acerca de su significado.

Jugador	Puntos	All-Star
George Mikan	22.6	4
Bill Russell	15.1	12
Wilt Chamberlain	30.1	13
Kareem Abdul-Jabbar	24.6	19
Hakeem Olajuwon	21.8	12
Shaquille O'Neal	16.8	12

13.46 [EX13-46] Se seleccionan al azar 13 de los condados productores de maíz dulce de Minnesota y se registra la siguiente información acerca de su cosecha: acres plantados (en cientos de acres) y producción total en cientos de toneladas de maíz dulce.

Condado	Acres plantados (100 acres)	Producción (100 ton)	Condado	Acres plantados (100 acres)	Producción (100 ton)
Waseca	50	353	Kandiyohi	37	237
Freeborn	69	365	Olmsted	86	553
Martin	21	144	Goodhue	45	295
Dakota	34	187	Meeker	13	82
McLeod	20	122	Nicollet	26	178
Redwood	70	483	Sherburne	22	178
Dodge	35	245			

Fuente: http: //www.nass.usda.gov/

a. Investiga la relación entre el número de acres plantados de maíz dulce y las toneladas totales de maíz dulce producidas. Incluye un diagrama de dispersión, coeficiente de correlación lineal y recta de mejor ajuste y un enunciado acerca de su significancia.

b. Si tú aconsejaras a los productores de maíz dulce de Minnesota con base en la información anterior, ¿cuántas toneladas de maíz dulce, en promedio, podría esperar producir el agricultor por cada acre plantado?

13.47 [EX13-47] Con frecuencia, se considera a los diamantes como un artículo muy apreciado, con un valor personal muy por arriba de su valor monetario. El valor monetario de un diamante se determina por su calidad exacta, según definen las cuatro C: corte, color, claridad y peso en quilates (carat). El precio (dólares) y el peso en quilates de un diamante son dos de sus características más conocidas. Con la finalidad de entender el papel que tiene el peso en quilates sobre la determinación del precio de un diamante, el 7 de enero de 2010 se obtuvieron de la Internet el peso en quilates y el precio de 20 diamantes aproximadamente redondos, todos de color D y claridad VS1.

Peso quilate	Precio
0.56	2 055
0.90	5 433
0.50	1 735
0.53	1 962
0.92	5 554
0.51	1 900
0.41	1 264
0.40	1 242
0.80	4 182
0.57	2 085
0.71	3 117
0.40	1 176
0.30	855
0.40	1 153
0.62	2 384
0.54	1 746
0.30	894
0.50	1 871
0.54	1 746
0.70	3 074

Fuente: http://www.overnightdiamonds.com/

a. Dibuja un diagrama de dispersión de los datos: peso en quilates (x) y precio (y).

b. ¿Los datos sugieren una relación lineal para el dominio 0.30 a 0.92 quilates? Discute tus hallazgos en el inciso a.

c. Los diamantes menores que 0.30 quilates y los diamantes mayores que 0.92 quilates pueden no ajustar en el patrón lineal demostrado por estos datos. Explica.

d. Encuentra la ecuación para la recta de mejor ajuste.

e. De acuerdo con esta información, ¿cuál sería un precio típico para un diamante de aproximadamente 0.75 quilates de esta calidad?

f. En promedio, ¿en cuánto aumenta el precio por cada 0.01 quilates adicional en peso? ¿Dentro de qué intervalo de valores x esperarías que esto fuera verdadero?

g. Encuentra la varianza de y en torno a la recta de regresión. ¿Qué características en el diagrama de dispersión apoyan este gran valor?

13.48 [EX13-48] La calificación en aptitud para ciencias de la computación, x y la calificación de logro, y (medidas por una final global), se midieron para 20 estudiantes en un curso introductorio de ciencias de la computación. Los resultados fueron los siguientes. Encuentra la ecuación de la recta de mejor ajuste y s_e^2.

Tabla para el ejercicio 13.48

x	4	16	20	13	22	21	15	20	19	16	18	17	8	6	5	20	18	11	19	14
y	19	19	24	36	27	26	25	28	17	27	21	24	18	18	14	28	21	22	20	21

13.49 [EX13-49] a. Con los 10 puntos que se muestran en la siguiente tabla, encuentra la ecuación de la recta de mejor ajuste, $\hat{y} = b_0 + b_1x$ y grafícala sobre un diagrama de dispersión.

Punto	A	B	C	D	E	F	G	H	I	J
x	1	1	3	3	5	5	7	7	9	9
y	1	2	2	3	3	4	4	5	5	6

b. Encuentra la ordenada $\hat{y}$ para los puntos sobre la recta de mejor ajuste cuyas abscisas sean $x = 1, 3, 5, 7$ y 9.

c. Encuentra el valor de e para cada uno de los puntos en los datos dados ($e = y - \hat{y}$).

d. Encuentra la varianza s_e^2 de aquellos puntos en torno a la recta de mejor ajuste, con la fórmula (13.6).

e. Encuentra la varianza s^2 con la fórmula (13.8). (Las respuestas a los incisos d y e deben ser iguales.)

13.50 [EX13-50] Los siguientes datos muestran el número de horas estudiadas para un examen, x y la calificación recibida en el examen, y (y se mide en decenas; esto es: $y = 8$ significa que la calificación, redondeada a los 10 puntos más cercanos, es 80).

x	2	3	3	4	4	5	5	6	6	6	7	7	7	8	8
y	5	5	7	5	7	7	8	6	9	8	7	9	10	8	9

a. Dibuja un diagrama de dispersión de los datos.

b. Encuentra la ecuación de la recta de mejor ajuste y grafícala sobre el diagrama de dispersión.

c. Encuentra las ordenadas $\hat{y}$ que correspondan a $x = 2, 3, 4, 5, 6, 7$ y 8.

d. Encuentra los cinco valores de e que se asocien con los puntos donde $x = 3$ y $x = 6$.

e. Encuentra la varianza s_e^2 de todos los puntos en torno a la recta de mejor ajuste.

13.4 Inferencias concernientes a la pendiente de la recta de regresión

Ahora que encontraste la ecuación de la recta de mejor ajuste y que verificaste el modelo lineal (por inspección del **diagrama de dispersión**), estás listo para determinar si es posible usar la ecuación para predecir y. Pondrás a prueba al hipótesis nula: la ecuación de la recta de mejor ajuste no es de valor para predecir y dada x. Esto es: la hipótesis nula a poner a prueba es β_1 (la pendiente de la relación en la población) es cero. Si $\beta_1 = 0$ entonces la ecuación lineal no tendrá uso real para predecir y.

Antes de observar el intervalo de confianza o la prueba de hipótesis, estudia la **distribución muestral** de la pendiente. Si muestras aleatorias de tamaño n se toman repetidamente de una población bivariada, entonces las pendientes calculadas, las b_1, formarán una distribución muestral que tiene distribución normal con una media de β_1, el valor poblacional de la pendiente y con una varianza de $\sigma_{b_1}^2$, donde

$$\sigma_{b_1}^2 = \frac{\sigma_\epsilon^2}{\Sigma(x - \bar{x})^2} \qquad \textbf{(13.10)}$$

siempre que no haya falta de ajuste. Un estimador adecuado de $\sigma_{b_1}^2$ se obtiene al sustituir σ_ϵ^2 por s_e^2, la estimación de la varianza del error en torno a la recta de regresión:

$$s_{b_1}^2 = \frac{s_e^2}{\Sigma(x - \bar{x})^2} \qquad \textbf{(13.11)}$$

Esta fórmula puede reescribirse en la siguiente forma más manejable:

Estimación para varianza de pendiente

$$s_{b_1}^2 = \frac{s_e^2}{\Sigma x^2 - \frac{(\Sigma x)^2}{n}} \qquad \textbf{(13.12)}$$

Nota: el "**error estándar** de ___" es la desviación estándar de la distribución muestral de ___. Por tanto, el *error estándar de regresión* (pendiente) es σ_{b_1} y se estima con s_{b_1}

Estimación para el error estándar de regresión (pendiente)

$$s_{b_1} = \sqrt{s_{b_1}^2} \qquad (13.13)$$

PTI Recuerda que se encontró SS(*x*) con la fórmula (2.8).

En el ejemplo de tiempos y distancias de traslado, la varianza y la desviación estándar entre las b_1 se estimó usando las fórmulas (13.12) y (13.13):

$$s_{b_1}^2 = \frac{s_e^2}{\Sigma x^2 - \frac{(\Sigma x)^2}{n}}: \quad s_{b_1}^2 = \frac{29.1723}{358.9333} = 0.081275 = \mathbf{0.0813}$$

$$s_{b_1} = \sqrt{s_{b_1}^2}: \quad s_{b_1} = \sqrt{0.081275} = \mathbf{0.285}$$

Suposiciones para inferencias en torno a la regresión lineal. El conjunto de pares ordenados (*x*, *y*) forma una muestra aleatoria y los valores *y* en cada *x* tienen una distribución normal. Dado que se desconoce la desviación estándar poblacional y se sustituye con la desviación estándar muestral, se usará la distribución *t* con $n - 2$ grados de libertad.

Procedimiento de intervalo de confianza

La pendiente β_1 de la recta de regresión de la población puede estimarse mediante un intervalo de confianza.

Intervalo de confianza para pendiente

$$b_1 \pm t(n-2, \alpha/2) \cdot s_{b_1} \qquad (13.14)$$

EJEMPLO 13.7

CONSTRUCCIÓN DE UN INTERVALO DE CONFIANZA PARA β_1, LA PENDIENTE POBLACIONAL DE LA LÍNEA DE MEJOR AJUSTE

Encuentra el intervalo de confianza de 95% para la pendiente poblacional, β_1, para el ejemplo 13.5 (p. 630).

Solución

Paso 1 Parámetro de interés: la pendiente, β_1, de la recta de mejor ajuste para la población

Paso 2 a. Suposiciones: los pares ordenados forman una muestra aleatoria y se supondrá que los valores *y* (minutos) en cada *x* (millas) tienen una distribución normal.

b. Distribución de probabilidad y fórmula: la distribución *t* de Student y la fórmula (13.14).

Tutorial en video disponible; ingresa y aprende más en cengagebrain.com

c. Nivel de confianza: $1 - \alpha = 0.95$

Paso 3 Información muestral: $n = 15$, $b_1 = 1.89$ y $s^2_{b_1} = 0.0813$

Paso 4 a. Coeficientes de confianza: de la tabla 6 del apéndice B, se encuentra $t(\text{gl}, \alpha/2) = t(13, 0.025) = 2.16$.

b. Error máximo de estimación: usa la fórmula (13.14) para encontrar

$E = t(n-2, \alpha/2) \cdot s_{b_1}$: $\quad E = (2.16) \cdot \sqrt{0.0813} = 0.6159$

c. Límites de confianza inferior y superior:

$$b_1 - E \text{ a } b_1 + E$$
$$1.89 - 0.62 \text{ a } 1.89 + 0.62$$

Por tanto, **1.27 a 2.51** es el intervalo de confianza de 95% para β_1.

Paso 5 Intervalo de confianza: puedes decir que la pendiente de la recta de mejor ajuste de la población de la que se extrajo la muestra está entre 1.27 y 2.51, con 95% de confianza. Esto es: tienes una confianza de 95% de que, en promedio, cada milla adicional tardará entre 1.27 minutos (1 min, 16 s) y 2.51 minutos (2 min, 31 s) de tiempo para realizar el traslado.

EJEMPLO APLICADO 13.8

REVALORACIÓN DEL USO DE PONDERACIONES DE SERIEDAD EN UN ÍNDICE DE CRÍMENES

La regresión del índice Arizona UCR sobre el índice de seriedad promedio produce la relación lineal que se muestra en la figura. También se muestra el intervalo de confianza de 95% (3.001, 3.262), que se basa en un error estándar de 0.065 sobre la estimación de la pendiente. La ecuación de regresión para esta relación es

$$S_t = -3953.85 + 3.13A_t$$

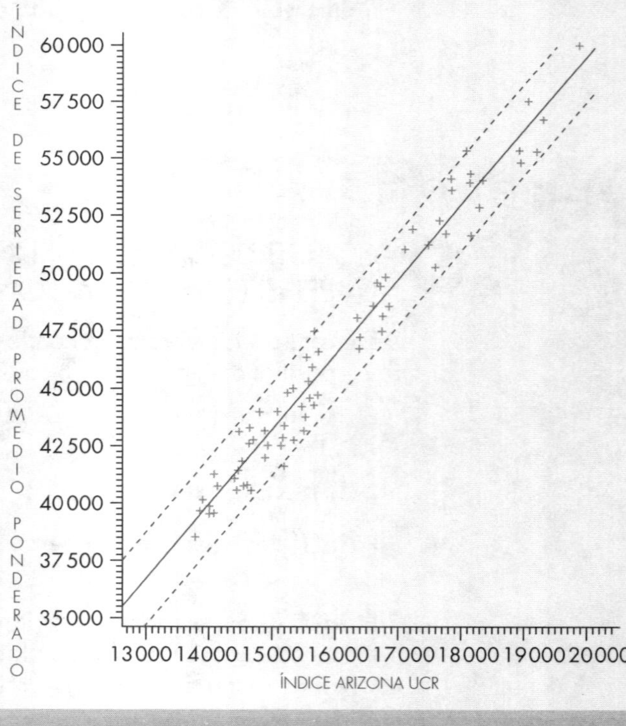

Fuente: Reimpreso con permiso del *Journal of Criminal Justice*, Volumen 17, Thomas Epperlein y Barbara C. Nienstedt, "Reexamining the Use of Seriousness Weights in an Index of Crime", Pergamon Press, Inc.

Procedimiento de prueba de hipótesis

Ahora estás listo para poner a prueba la hipótesis $\beta_1 = 0$. Esto es: se quiere determinar si la ecuación de la recta de mejor ajuste es de algún valor real para predecir y. Para esta prueba de hipótesis, la hipótesis nula siempre es H_o: $\beta_1 = 0$. Se pondrá a prueba usando la distribución t de Student con gl = $n - 2$ y el estadístico de prueba $t\bigstar$ que se encontró con la fórmula (13.15):

Estadístico de prueba para pendiente

$$t\bigstar = \frac{b_1 - \beta_1}{s_{b_1}} \quad \textbf{(13.15)}$$

EJEMPLO 13.9

PRUEBA DE HIPÓTESIS DE UNA COLA PARA LA PENDIENTE DE LA RECTA DE REGRESIÓN

¿La pendiente de la recta de mejor ajuste es suficientemente significativa para demostrar que una distancia en un sentido es útil para predecir el tiempo de viaje en un sentido en el ejemplo 13.5? Usa $\alpha = 0.05$.

Solución

Paso 1 **a. Parámetro de interés:** β_1, la pendiente de la recta de mejor ajuste para la población

b. Enunciado de hipótesis:

H_o: $\beta_1 = 0$ (Esto implica que x no es de utilidad para predecir y; esto es: $\hat{y} = \bar{y}$ sería igualmente efectiva.)

La hipótesis alternativa puede ser de una o de dos colas. Si se sospecha que la pendiente es positiva, como en el ejemplo 13.5, es adecuada una prueba de una cola.

H_a: $\beta_1 > 0$ (Se espera que el tiempo de viaje y aumente conforme aumenta la distancia x.)

Paso 2 **a. Suposiciones:** los pares ordenados forman una muestra aleatoria y se supondrá que los valores y (minutos) en cada x (millas) tienen una distribución normal.

b. Distribución de probabilidad y estadístico de prueba: la distribución t con gl = $n - 2 = 13$ y el estadístico de prueba $t\bigstar$ de la fórmula (13.15)

c. Nivel de significancia: $\alpha = 0.05$

Paso 3 **a. Información muestral:** $n = 15$, $b_1 = 1.89$ y $s^2_{b_1} = 0.0813$

b. Estadístico de prueba: con la fórmula (13.15), se encuentra el valor observado de t:

$$t\bigstar = \frac{b_1 - \beta_1}{s_{b_1}}: \quad t\bigstar = \frac{1.89 - 0.0}{\sqrt{0.0813}} = 6.629 = \mathbf{6.63}$$

Tutorial en video disponible; ingresa y aprende más en cengagebrain.com

Paso 4 La distribución de probabilidad:

Valor *p*:

a. Usa la cola de la derecha porque H_a expresa preocupación por valores relacionados con "positivo".

P = $P(t\bigstar > 6.63$ con gl $= 13)$, como se muestra en la figura.

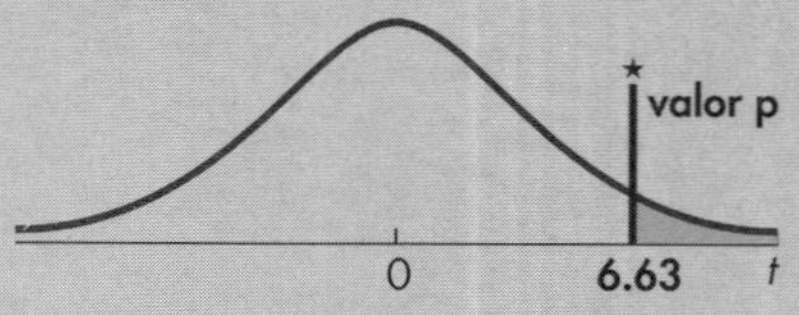

Para encontrar el valor *p*, usa uno de tres métodos:

1. Usa la tabla 6 (apéndice B) para colocar cotas sobre el valor *p*: **P < 0.005**.
2. Usa la tabla 7 (apéndice B) para colocar cotas sobre el valor *p*: **P < 0.001**.
3. Usa una computadora o calculadora para encontrar el valor *p*: **P < 0.0000082**.

Detalles específicos se encuentran en las páginas 421-422.

b. El valor *p* es menor que el nivel de significancia, α.

Clásico:

a. La región crítica es la cola derecha porque H_a expresa preocupación por valores relacionados con "positivo". El valor crítico se encuentra en la tabla 6:

$t(13, 0.05) = \mathbf{1.77}$

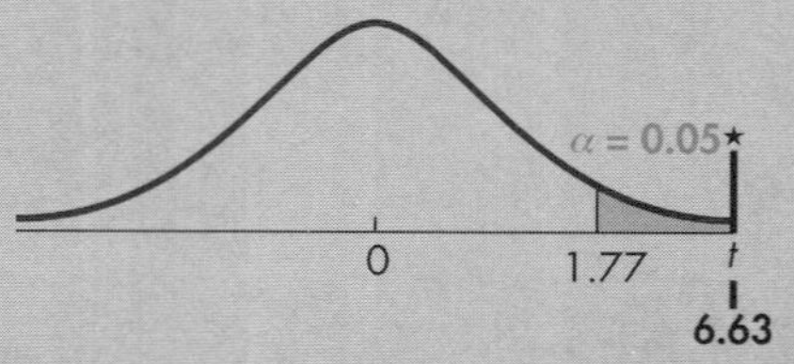

En las páginas 415-416 se proporcionan instrucciones específicas.

b. $t\bigstar$ está en la región crítica, como se muestra en **azul oscuro** en la figura.

Paso 5 a. Decisión: rechazar H_o.

b. Conclusión: en el nivel de significancia 0.05, se concluye que la pendiente de la recta de mejor ajuste en la población es mayor que cero. La evidencia indica que existe una relación lineal y que la distancia en un sentido (*x*) es útil para predecir el tiempo de viaje al trabajo (*y*).

INSTRUCCIONES DE TECNOLOGÍA: ANÁLISIS DE REGRESIÓN

La salida incluye la ecuación para la recta de regresión, información para una prueba *t* concerniente a la pendiente de la recta de regresión, la desviación estándar del error, *r* y/o r^2 y un diagrama de dispersión que muestra la recta de regresión.

MINITAB

La salida MINITAB también incluye los valores y predichos para valores *x* dados y residuales.

Escribe los datos de la variable *x* en C1 y los correspondientes datos de la variable *y* en C2; después continúa con:

Elige:	**Stat > Regression > Regression . . .**
Escribe:	Respuesta (y): **C2**
	Pronósticoes (x): **C1**

Selecciona: **Results**
Regression equation, table of coefficients, s, R-squared, . . . O Además, the full table of fits and residuals > OK
Selecciona: **Storage**
Residuals y Fits > OK > OK
Elige: **Graph > Scatterplot**
Selecciona: **With Regression > OK**
Escribe: Y variables: **C2** X variables: **C1**
Selecciona: **Labels > Title/Footnotes**
Escribe: **tu título > OK > OK**

Excel

La salida Excel también incluye valores y predichos para valores *x* dados, residuales y un intervalo de confianza $1 - \alpha$ para la pendiente.

Escribe los datos de la variable *x* en la columna A y los correspondientes datos de variable *y* en la columna B; después continúa con:

Elige: **Data > Data Analysis > Regression > OK**
Escribe: Rango entrada Y: **(B1:B10 o selecciona celdas)**
Rango entrada X: **(A1:A10 o selecciona celdas)**
Selecciona: **Labels** (si es necesario)
Nivel de confianza:
Escribe: 95% (nivel deseado)
Selecciona: **Rango salida:**
Escribe: **(C1 o selecciona celdas)**
Selecciona: **Line Fit Plots > OK**

PTI En las páginas 129-130 pueden encontrarse comandos adicionales para ajustar la ventana.

Para hacer la salida más legible, continúa con: Home > Cells > Format > Autofit Column Width.

TI-83/84 Plus

Escribe los datos de la variable *x* en L1 y los correspondientes datos de la variable *y* en L2; después continúa con lo siguiente y escribe los valores apropiados y resalta Calculate:

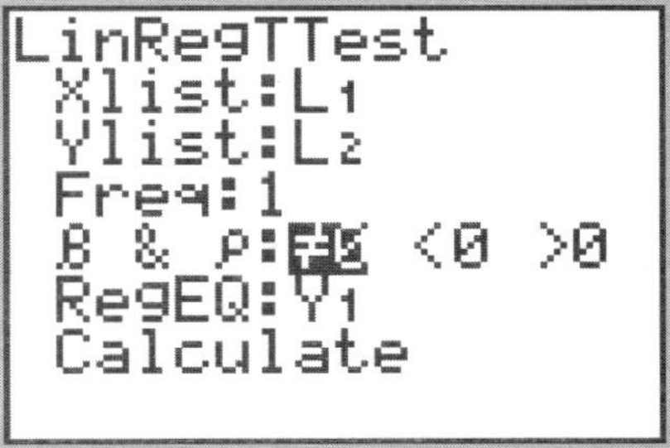

Elige: STAT > TESTS > E:LinRegTTest
(Para escribir Y1, usa: VARS > YVARS > 1:Function . . . > 1:Y1.)

Escribe lo siguiente para obtener un diagrama de dispersión con recta de regresión:

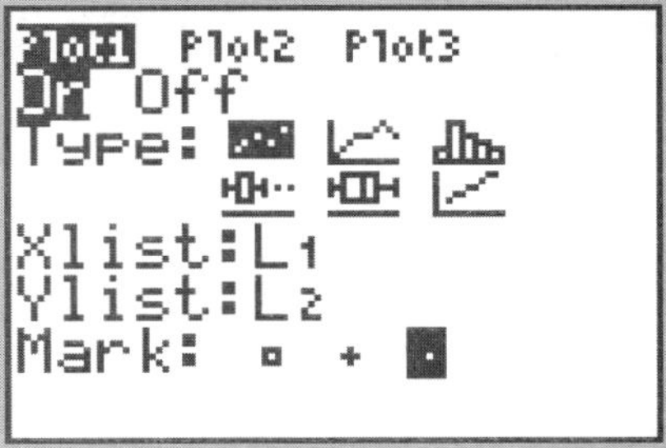

Elige: 2nd > STATPLOT > 1:Plot1 . . . On
Elige: ZOOM > 9:ZoomStat > Trace

He aquí la impresión MINITAB con explicaciones para las partes del ejemplo 13.5.

Regression Analysis: y, minutes versus x, miles

Ecuación de la recta de mejor ajuste → The regression equation is

$\hat{y} = 3.64 + 1.89x$, consulta las pp. 630-631 → y, minutes = 3.64 + 1.89 x, miles

Valores calculados de b_0 y b_1

Valor calculado de s_{b_1}: $s_{b_1} = 0.285$ compara con ($\sqrt{(0.0813)} = 0.285$) consulta la p. 635

Predictor	Coef	SECoeff	T	P
Constant	3.643	3.765	0.97	0.351
x, miles	1.8932	0.2851	6.64	0.000

$s = 5.401$ R − Sq = 77.2% R − Sq (adj) = 75.5%

$t\bigstar$ calculado y valor p para H_o: $\beta_1 = 0$ como se encontró en los pasos 3 y 4 de las pp. 637-638

Valor calculado de s_e: $s_e = 5.401$ compara con $s^2_e = 29.1723$ como se encontró en p. 631 ($\sqrt{(29.1723} = 5.401)$

Datos dados

Obs	x, miles	y, minute	Fit	Residual
1	3.0	7.00	9.32	−2.32
2	5.0	20.00	13.11	6.89
3	7.0	20.00	16.90	3.10
4	8.0	15.00	18.79	−3.79
5	10.0	25.00	22.58	2.42
6	11.0	17.00	24.47	−7.47
7	12.0	20.00	26.36	−6.36
8	12.0	35.00	26.36	8.64
9	13.0	26.00	28.26	−2.26
10	15.0	25.00	32.04	−7.04
11	15.0	35.00	32.04	2.96
12	16.0	32.00	33.93	−1.93
13	18.0	44.00	37.72	6.28
14	19.0	37.00	39.61	−2.61
15	20.0	45.00	41.51	3.49

Valores de $\hat{y}$ para cada valor x dado usando $\hat{y} = 3.643 + 1.8932x$

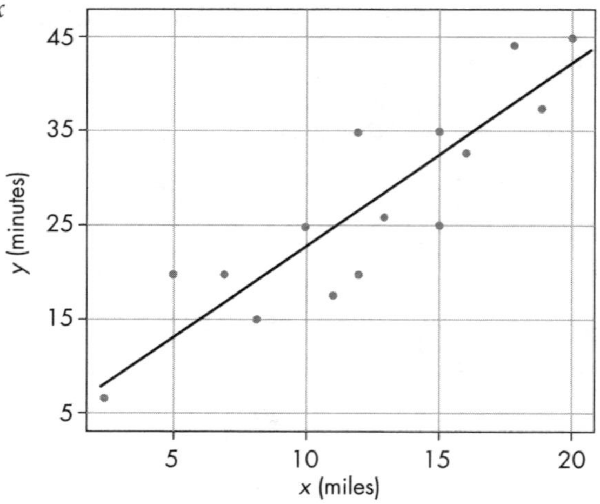

EJERCICIOS SECCIÓN 13.4

13.51 a. La escala vertical en la figura del ejemplo aplicado 13.8 de la página 636 se dibujó en $A_t = 12\,600$ y la línea de mejor ajuste parece intersecar la escala vertical en aproximadamente 35 500. Verifica las coordenadas de este punto de intersección.

b. El artículo también proporciona una estimación de intervalo de (3.001, 3.262). Verifica este intervalo de 95% con la información dada en el artículo.

13.52 Calcula el error estándar estimado de regresión, s_{b_1}, para la relación calificación aptitud ciencias de la computación calificación-logro del ejercicio 13.48 (p. 633).

13.53 Calcula el error estándar estimado de regresión, s_{b_1}, para la relación número de horas estudiadas-calificación en el examen del ejercicio 13.50 (p. 634).

13.54 Con el error estándar estimado de regresión, s_{b_1}, encontrado en el ejercicio 13.53 para la relación número de horas estudiadas-calificación en el examen, encuentra el intervalo de confianza de 95% para la pendiente poblacional β_1. La ecuación para la recta de mejor ajuste fue $\hat{y} = 3.96 + 0.625x$.

13.55 ¿El tiempo empleado en ver televisión supera al tiempo de lectura de las personas jóvenes? Una encuesta aleatoria rápida de niñas de séptimo grado proporcionó los siguientes resultados.

Tiempo televisión (minutos)	Número libros leídos año pasado
75	10
45	9
120	4
60	7
30	22

Sea Y el número de libros leídos el año pasado y X el tiempo empleado en ver televisión cada noche de la semana.

a. Encuentra la ecuación de la recta de mejor ajuste.

b. Encuentra un intervalo de confianza de 95% para β_1.

c. Explica el significado del intervalo en el inciso b.

13.56 [EX13.56] La interestatal 90 es la más larga de las autopistas interestatales estadounidenses de este a oeste, con sus 3 112 millas que se extienden desde Boston, MA, en la I-93 en el extremo oriental, hasta Seattle, WA, en el Kingdome, en el extremo occidental. Pasa a través de 13 estados del norte; el número de millas y el número de intersecciones en cada uno de dichos estados se menciona a continuación.

Estado	WA	ID	MT	WY	SD	MN	WI	IL	IN	OH	PA	NY	MA
Inter.	57	15	83	23	61	52	40	19	21	40	14	48	18
Millas	298	73	558	207	412	275	188	103	157	244	47	391	159

Fuente: Rand McNally y http: //www.ihoz.com/

a. Construye un diagrama de dispersión.

b. Encuentra la ecuación para la recta de mejor ajuste (con x = millas y y = intersecciones).

c. Con la ecuación que encontraste en el inciso b, estima el número promedio de intercambios por milla a lo largo de la I-90.

d. Encuentra un intervalo de confianza de 95% para β_1.

e. Explica el significado del intervalo en el inciso d.

13.57 [EX13-57] Un artículo titulado "Abordaje estadístico para la estimación del coeficiente de distribución de estroncio" (*Environmental Science & Technology*) reporta un coeficiente de correlación lineal de 0.55 entre el coeficiente de distribución de estroncio (mL/g) y el aluminio total (mmol/100 g-suelo) para suelos recolectados de la superficie a lo largo de Japón. Considera los siguientes datos para 10 de tales muestras.

Muestra suelo	Coef. dist. estroncio	Aluminio total	Muestra suelo	Coef. dist. estroncio	Aluminio total
1	100	200	6	500	400
2	120	225	7	450	375
3	300	325	8	445	385
4	250	310	9	310	350
5	400	350	10	200	290

Sea Y el coeficiente de distribución de estroncio y X el aluminio total.

a. Encuentra la ecuación de la recta de mejor ajuste.

b. Encuentra un intervalo de confianza de 95% para β_1.

c. Explica el significado del intervalo en el inciso b.

13.58 Enuncia la hipótesis nula, H_o y la hipótesis alternativa, H_a, que usarías para poner a prueba los siguientes enunciados:

a. La pendiente para la recta de mejor ajuste es positiva.

b. La pendiente de la recta de regresión no es significativa.

c. La pendiente negativa para la regresión es significativa.

13.59 Determina el valor p para cada una de las siguientes situaciones:

a. H_a: $\beta_1 > 0$, con $n = 18$ y $t\bigstar = 2.4$

b. H_a: $\beta_1 \neq 0$, con $n = 15$, $b_1 = 0.16$ y $s_{b_1} = 0.08$

c. H_a: $\beta_1 < 0$, con $n = 24$, $b_1 = -1.29$ y $s_{b_1} = 0.82$

13.60 Determina el valor crítico y las regiones que usarías para poner a prueba cada una de las siguientes hipótesis nulas usando el método clásico:

a. H_o: $\beta_1 = 0$ frente a H_a: $\beta_1 \neq 0$ con $n = 18$ y $\alpha = 0.05$.

b. H_o: $\beta_1 = 0$ frente a H_a: $\beta_1 > 0$ con $n = 28$ y $\alpha = 0.01$.

c. H_o: $\beta_1 = 0$ frente a H_a: $\beta_1 < 0$ con $n = 16$ y $\alpha = 0.05$.

13.61 [EX13-61] Un número de *Popular Mechanics* brinda especificaciones y dimensiones para varias motos de agua. La siguiente tabla resume parte de esta información.

Modelo	Precio base	Caballos fuerza
Baja Blast	\$8 395	120
Bayliner Jazz	\$8 495	90
Boston Whaler Rage 15	\$11 495	115
Dynasty Jet Storm	\$8 495	90
Four Winds Fling	\$9 568	115
Regal Rush	\$9 995	90
Sea-Doo Speedster	\$11 499	160
Sea Ray Sea Rayder	\$8 495	90
Seaswirl Squirt	\$8 495	115
Suga Sand Mirage	\$8 395	120

(continúa en la página 642)

[EX00-000] identifica el nombre de archivo de una base de datos en línea de un ejercicio; disponible a través de cengagebrain.com

Con la salida Excel en el fondo de esta página:

a. Determina la ecuación para la recta de mejor ajuste.

b. Verifica el cálculo de $t\bigstar$ (t estrella) para caballos de fuerza.

c. Determina si los caballos de fuerza son un pronóstico efectivo del precio base.

d. Verifica el intervalo de confianza de 95% para β_1.

13.62 [EX13-62] "Las hamburguesas de comida rápida siguen siendo el alimento individual de mayor venta en los restaurantes de comida rápida en Estados Unidos", de acuerdo con el sitio web http://www.loseweightgroup.com/. A McDonald's, Burger King, etc., se les requiere proporcionar información nutrimental acerca de sus diversas hamburguesas. ¿Las calorías debido a grasa determinan los mg de colesterol en una hamburguesa? Los siguientes datos se obtuvieron del sitio web.

Comida rápida	Calorías grasa	Colesterol mg
Big Mac	270	80
1/4 lb con queso	220	95
Hamburguesa doble con queso	210	80
Whopper con queso	420	150
Doble Whopper con queso	580	195
Clásica triple con todo	700	260
1/2 lb tocino cheddar doble mezcla	380	150

Fuente: http: //www.loseweightgroup.com/

a. Determina la ecuación para la recta de mejor ajuste.

b. Determina si las calorías por grasa son un pronóstico efectivo del colesterol, en el nivel de significancia 0.05.

c. Encuentra el intervalo de confianza de 95% para β_1.

13.63 [EX13-63] A cada estudiante en una muestra de 10 se le preguntó la distancia y el tiempo requerido para trasladarse a la escuela ayer. Los datos recolectados se muestran a continuación.

Distancia	1	3	5	5	7	7	8	10	10	12
Tiempo	5	10	15	20	15	25	20	25	35	35

a. Dibuja un diagrama de dispersión de dichos datos.

b. Encuentra la ecuación que describe la recta de regresión para estos datos.

c. ¿El valor de b_1 muestra suficiente fuerza para concluir que β_1 es mayor que cero en el nivel $\alpha = 0.05$?

d. Encuentra el intervalo de confianza de 98% para la estimación de β_1. (Conserva estas respuestas para usarlas en el ejercicio 13.71 [p. 651].)

13.64 [EX13-64] La relación entre el diámetro de un punto de soldadura, x y la resistencia al corte de la soldadura, y, es muy útil. El diámetro del punto de soldadura puede medirse después de completar la soldadura. La resistencia al corte de la soldadura puede medirse sólo al aplicar fuerza a la soldadura hasta que se rompe. Por tanto, sería muy útil poder predecir la resistencia al corte con base solamente en el diámetro. Los siguientes datos se obtuvieron de varias soldaduras de muestra.

x, Diam. Soldadura (0.001 pulgada)									
190	215	200	230	209	250	215	265	215	250
y, Resistencia corte (lb)									
680	1 025	800	1 100	780	1 030	885	1 175	975	1 300

Completa estas preguntas con la ayuda de una computadora.

a. Dibuja un diagrama de dispersión.

b. Encuentra la ecuación para la recta de mejor ajuste.

c. ¿El valor de b_1 es significativamente mayor que cero en el nivel 0.05?

d. Encuentra el intervalo de confianza de 95% para β_1.

13.65 [EX13-02] Considera el diagrama de dispersión "Estaturas de parejas casadas" que se presentó en el "Compatibilidad de altura" de la página 612:

a. Encuentra la ecuación para la recta de mejor ajuste.

b. ¿El valor de b_1 es significativamente mayor que cero en el nivel 0.05?

c. Encuentra el intervalo de confianza de 95% para β_1.

13.66 [EX13-66] Las dioptrías representan la cantidad de corrección necesaria para proporcionar visión 20/20, o normal. Mientras mayor sea el grado de miopía o hipermetropía, mayor es la prescripción correctiva en dioptrías. Las mediciones en dioptrías negativas se refieren a miopía, mientras que las mediciones en dioptrías positivas se refieren a hipermetropía. Una muestra de 30 lentes de contacto en competencia se tomó de un lote embarcado a una compañía para análisis. La aceptación del lote depende de la relación entre el poder del lente, que se mide en dioptrías y cierto efecto óptico llamado C/O. Los datos muestrales, grupo 1 (codificado de dos formas), se presentan a continuación.

Tabla para el ejercicio 13.61

Salida resumen Excel

	Coeficientes	Error estándar	$t$estrella	Valor p	95% inferior	95% superior
Ordenada	5936.793025	1929.63032	3.076647876	0.01519394	1487.05465	10386.5314
Caballos de fuerza	30.73218982	17.15820176	1.791107847	0.111051486	−8.834719985	70.29909963

Datos para el ejercicio 13.66, grupo 1

Poder	C/O
−0.25	0.105
−0.50	0.106

***Para el resto de los datos, ingresa a cengagebrain.com

Fuente: Cortesía de Bausch & Lomb

a. Dibuja un diagrama de dispersión de estos datos. El término x es poder del lente.

b. Calcula el coeficiente de correlación entre las dos variables.

c. Pon a prueba para una correlación significativa en el nivel de significancia 0.05.

d. Encuentra la ecuación de la recta de mejor ajuste.

e. Determina si existe una relación lineal entre C/O y el poder del lente para el grupo 1, al poner a prueba la significancia de los resultados (pendiente de la recta de mejor ajuste) encontrada en el inciso d. Usa $\alpha = 0.05$.

13.67 [EX13-67] La compañía del ejercicio 13.66 también debe observar otros lentes competitivos. Obtiene otra muestra de 30 lentes de un lote embarcado para comparación. Estos lentes se etiquetan como grupo 2. La aceptación de este lote también depende de la relación entre el poder del lente y el efecto óptico llamado C/O. Los datos muestrales (codificados de dos formas) se presentan a continuación.

Datos para el ejercicio 13.67, grupo 2

Poder	C/O
−5.5	0.20
−5.5	0.25

***Para el resto de los datos, ingresa a cengagebrain.com

Fuente: Cortesía de Bausch & Lomb

a. Dibuja un diagrama de dispersión de estos datos. El término x es poder del lente.

b. Calcula el coeficiente de correlación entre las dos variables.

c. Pon a prueba para una correlación significativa en el nivel de significancia 0.05.

d. Encuentra la ecuación de la recta de mejor ajuste.

e. Determina si existe una relación lineal entre C/O y el poder del lente para el grupo 2, al poner a prueba la significancia de los resultados (pendiente de la recta de mejor ajuste) encontrada en el inciso d. Usa $\alpha = 0.05$.

13.68 a. Compara y contrasta las dos muestras de lentes de los ejercicios 13.66 y 13.67. Incluye descripciones comparativas de los datos, los análisis de correlación y los análisis de regresión.

b. Identifica una diferencia específica notable entre estas dos muestras.

13.5 Intervalos de confianza para regresión

Una vez obtenida la ecuación de la recta de mejor ajuste y determinada como útil, estás listo para usar la ecuación para hacer estimaciones y predicciones. Puedes estimar la media de los valores y poblacionales en un valor dado de x, escrito $\mu_{y|x_0}$. También puedes predecir el valor y individual seleccionado al azar que ocurrirá en un valor dado de x, escrito y_{x_0}. La mejor estimación puntual o predicción, para $\mu_{y|x_0}$ y y_{x_0} es $\hat{y}$. Éste es el valor y obtenido cuando un valor x se sustituye en la ecuación de la recta de mejor ajuste. Como otras estimaciones puntuales, rara vez es correcto. El valor calculado de $\hat{y}$ variará arriba y abajo de los valores reales para $\mu_{y|x_0}$ y y_{x_0}.

Antes de desarrollar estimaciones de intervalo de $\mu_{y|x_0}$ y y_{x_0}, recuerda el desarrollo de intervalos de confianza para la media poblacional μ en el capítulo 8, cuando se conocía la varianza y en el capítulo 9, cuando la varianza se estimaba. La media muestral, $\bar{x}$, fue la mejor estimación puntual de μ. Se usó el hecho de que $\bar{x}$ tiene distribución normal, o aproximadamente normal, con una desviación estándar de $\frac{\sigma}{\sqrt{n}}$ para construir la fórmula (8.1) para el intervalo de confianza para μ. Cuando debías estimar σ, usaste la fórmula (9.1) para el intervalo de confianza.

El **intervalo de confianza para** $\boldsymbol{\mu_{y|x_0}}$ y el **intervalo de predicción para** $\boldsymbol{y_{x_0}}$ se construyen en forma similar, con $\hat{y}$ en sustitución de $\bar{x}$ como estimación puntual. Si de la población se seleccionan al azar varias muestras, construyes la recta de mejor ajuste para cada muestra, calculas $\hat{y}$ para una x dada usando cada recta de regresión y graficas los varios valores y (variarían porque cada muestra produciría una recta de regresión ligeramente diferente), encontrarías que los valores y forman una distribución normal. Esto es: la **distribución muestral de $\hat{y}$** es normal, tal como la distribución muestral de $\bar{x}$ es normal. ¿Y qué hay de la desviación estándar apropiada de $\hat{y}$? La desviación estándar en ambos casos ($\mu_{y|x_0}$ y y_{x_0}) se calcula al multiplicar la raíz cuadrada de la varianza del error por un factor de corrección adecuado. Recuerda que la varianza del error, s_e^2, se calcula mediante la fórmula (13.8).

Antes de buscar los factores de corrección para los dos casos, observa por qué son necesarios. Recuerda que la recta de mejor ajuste pasa a través del punto $(\bar{x}, \bar{y})$, el centroide. En la sección 13.4 se formó un intervalo de confianza para la pendiente β_1 (observa el ejemplo 13.7) al usar la fórmula (13.14). Si dibujas rectas con pendientes iguales a los extremos de dicho intervalo de confianza, 1.27 a 2.51, a través del punto $(\bar{x}, \bar{y})$ [que es (12.3, 26.9)] en el diagrama de dispersión, verás que el valor para $\hat{y}$ fluctúa considerablemente para diferentes valores de x (figura 13.11). Por tanto, debes sospechar una necesidad por un intervalo de confianza más ancho dado que se seleccionan valores de x que están más lejos de $\bar{x}$. En consecuencia, es necesario un factor de corrección para ajustar la distancia entre x_0 y $\bar{x}$. Este factor también debe ajustar la variación de los valores y en torno a $\hat{y}$.

Primero, estima el valor medio de y en un valor dado de x, $\mu_{y|x_0}$. La fórmula del intervalo de confianza es:

$$\hat{y} \pm t(n-2, \alpha/2) \cdot s_e \cdot \sqrt{\frac{1}{n} + \frac{(x_0 - \bar{x})^2}{\Sigma(x - \bar{x})^2}} \qquad \textbf{(13.16)}$$

Nota: el numerador del segundo término bajo el signo radical es el cuadrado de la distancia de x_0 desde $\bar{x}$. El denominador está estrechamente relacionado con la varianza de x y tiene un "efecto estandarizador" sobre este término.

FIGURA 13.11
Rectas que representan el intervalo de confianza para la pendiente

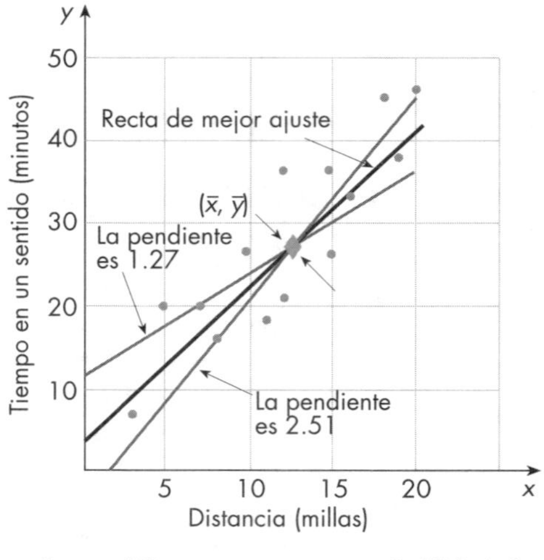

La fórmula (13.16) puede modificarse para mayor facilidad de cálculo. He aquí la nueva forma:

Intervalo de confianza para $\mu_{y|x_0}$

$$\hat{y} \pm t(n-2, \alpha/2) \cdot s_e \cdot \sqrt{\frac{1}{n} + \frac{(x_0 - \bar{x})^2}{SS(x)}} \qquad \textbf{(13.17)}$$

Compara la fórmula (13.16) con la fórmula (9.1): $\hat{y}$ sustituye $\bar{x}$ y

$$s_e \cdot \sqrt{\frac{1}{n} + \frac{(x_0 - \bar{x})^2}{\Sigma(x - \bar{x})^2}} \quad \text{(el \textbf{error estándar} de } \hat{y}\text{)}$$

la desviación estándar estimada de $\hat{y}$ al considerar $\mu_{y|x_0}$, sustituye $\frac{s}{\sqrt{n}}$, la desviación estándar de $\bar{x}$. Los grados de libertad ahora son $n - 2$ en lugar de $n - 1$ como antes.

Estas ideas se exploran en el siguiente ejemplo.

EJEMPLO 3.10

CONSTRUCCIÓN DE UN INTERVALO DE CONFIANZA PARA $\mu_{y|x_0}$

Construye un intervalo de confianza de 95% para el tiempo de viaje medio para los compañeros de trabajo que viajan 7 millas al trabajo (consulta el ejemplo 13.5).

Solución

Paso 1 Parámetro de interés: $\mu_{y|x=7}$, el tiempo de viaje medio para compañeros de trabajo que viajan 7 millas al trabajo.

Paso 2 a. Suposiciones: los pares ordenados forman una muestra aleatoria y se supondrá que los valores *y* (minutos) en cada *x* (millas) tienen una distribución normal.

b. Distribución de probabilidad y fórmula: la distribución *t* de Student y la fórmula (13.17)

c. Nivel de confianza: $1 - \alpha = 0.95$

Paso 3 Información muestral:

$s_e^2 = 29.17$ (encontrada en el ejemplo 13.5)

$s_e = \sqrt{29.17} = 5.40$

$\hat{y} = 3.64 + 1.89x = 3.64 + 1.89(7) = 16.87$

Paso 4 a. Coeficiente de confianza: $t(13,\ 0.025) = 2.16$ (de la tabla 6 del apéndice B)

b. Error máximo de estimación: con la fórmula (13.17), se tiene

$$E = t(n-2,\ \alpha/2)\cdot s_e\sqrt{\frac{1}{n}+\frac{(x_0-\bar{x})^2}{SS(x)}}:\ E = (2.16)(5.40)\sqrt{\frac{1}{15}+\frac{(7-12.27)^2}{358.933}}$$

$$= (2.16)(5.40)\sqrt{0.06667 + 0.07738}$$

$$= (2.16)(5.40)(0.38) = \mathbf{4.43}$$

c. Límites de confianza inferior y superior:

$$\hat{y} - E \text{ a } \hat{y} + E$$

$$16.87 - 4.43 \text{ a } 16.87 + 4.43$$

Por tanto, **12.44 a 21.30** es el intervalo de confianza de 95% para $\mu_{y|x=7}$. Esto es: con una confianza de 95%, el tiempo de viaje medio para quienes viajan esas 7 millas está entre 12.44 minutos (12 min, 26 s) y 21.30 minutos (21 min, 18 s).

Este intervalo de confianza se muestra en la figura 13.12 mediante la recta vertical azul oscuro. El cinturón de confianza, que muestra las cotas superior e inferior de todos los intervalos en 95% de confianza, también se presenta en

Tutorial en video disponible; ingresa y aprende más en cengagebrain.com

azul oscuro. Observa que las rectas frontera para los valores x alejadas de $\bar{x}$ se acercan más a las dos rectas que representan las ecuaciones con pendientes iguales a los valores extremos del intervalo de confianza de 95% para la pendiente (observa la figura 13.12).

FIGURA 13.12
Cinturones de confianza para $\mu_{y|x_0}$

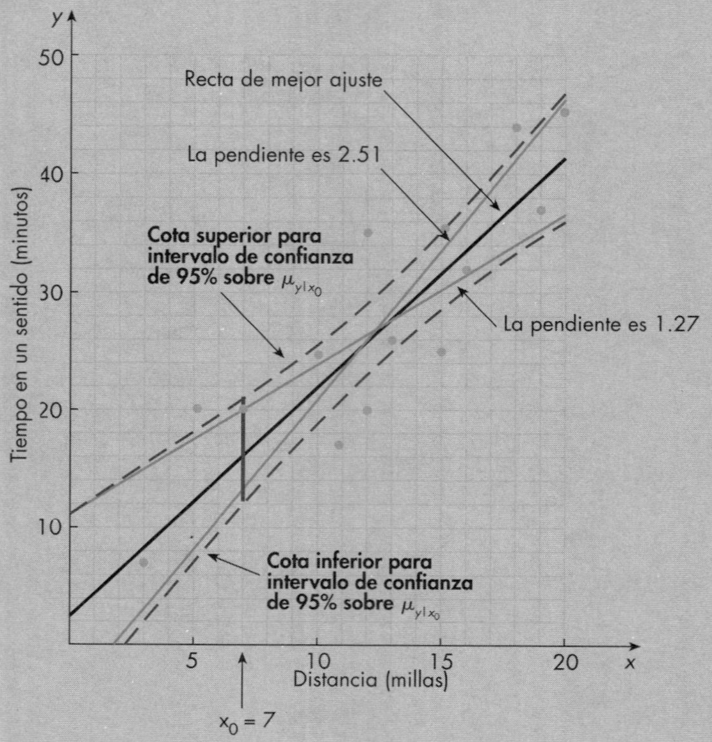

Con frecuencia se quiere predecir el valor de una y individual. Por ejemplo, tú vives a 7 millas de tu lugar de trabajo y estás interesado en una estimación de cuánto tardarás en llegar al trabajo. Estás un poco menos interesado en el tiempo promedio para todos quienes viven a 7 millas de distancia. La fórmula para el intervalo de predicción del valor de una sola y seleccionada al azar es

Intervalo de predicción para $y_{x=x_0}$

$$\hat{y} \pm t(n-2, \alpha/2) \cdot s_e \cdot \sqrt{1 + \frac{1}{n} + \frac{(x_0 - \bar{x})^2}{SS(x)}} \qquad \textbf{(13.18)}$$

EJEMPLO 13.11

CONSTRUCCIÓN DE UN INTERVALO DE PREDICCIÓN PARA $y_{x=x_0}$

¿Cuál es el intervalo de predicción de 95% para el tiempo que tardarás para trasladarte al trabajo, si vives a 7 millas de distancia?

Solución

Paso 1 **Parámetro de interés:** $y_{x=7}$, el tiempo de viaje para un compañero de trabajo que viaja 7 millas al trabajo.

Paso 2 **a. Suposiciones:** los pares ordenados forman una muestra aleatoria y se supondrá que los valores y (minutos) en cada x (millas) tienen una distribución normal.

b. Probabilidad, distribución y fórmula: la distribución t de Student y la fórmula (13.18)

c. Nivel de confianza: $1 - \alpha = 0.95$

Paso 3 **a. Información muestral:** $s_e = 5.40$ y $\hat{y}_{x=7} = 16.87$ (del ejemplo 13.10)

Paso **a. Coeficiente de confianza:** $t(13, 0.025) = 2.16$ (de la tabla 6 en el apéndice B)

b. Error máximo de estimación: con la fórmula (13.17), se tiene

$$E = t(n-2, \alpha/2) \cdot s_e \cdot \sqrt{1 + \frac{1}{n} + \frac{(x_0 - \bar{x})^2}{SS(x)}}:$$

$$E = (2.16)(5.40)\sqrt{1 + \frac{1}{15} + \frac{(7 - 12.27)^2}{358.933}}$$

$$= (2.16)(5.40)\sqrt{1 + 0.06667 + 0.07738}$$

$$= (2.16)(5.40)\sqrt{1.14405}$$

$$= (2.16)(5.40)(1.0696) = 12.48$$

c. Límites de confianza inferior y superior:

$$\hat{y} - E \text{ a } \hat{y} + E$$

$$16.87 - 12.48 \text{ a } 16.87 + 12.48$$

Por tanto, **4.39 a 29.35** es el intervalo de predicción de 95% para $y_{x=7}$. Esto es: con 95% de confianza, los tiempos de viaje individuales para quienes viajan 7 millas está entre 4.39 minutos (4 min, 23 s) y 29.35 minutos (29 min, 21 s).

El intervalo de predicción se muestra en la figura 13.13 como el segmento de recta vertical azul oscuro en $x_0 = 7$. Observa que es mucho más larga que el intervalo de confianza para $\mu_{y|x=7}$. Las rectas punteadas representan los cinturones de predicción, las cotas superior e inferior de los intervalos de predicción para valores y individuales para todos los valores x dados.

¿Puedes justificar el hecho de que el intervalo de predicción para valores individuales de y es más ancho que el intervalo de confianza para los valores medios? Piensa en "valores individuales" y "valores medios" y estudia la figura 13.14.

Existen tres precauciones básicas que debes considerar conforme trabajas con análisis de regresión:

1. Recuerda que la ecuación de regresión es significativa sólo en el dominio de la variable x estudiada. La estimación afuera de este dominio es extremadamente peligrosa; requiere que conozcas o supongas que la relación entre x y y sigue siendo la misma afuera del dominio de los datos muestrales. Por ejemplo, Joe dice que él vive a 75 millas del trabajo y quiere saber cuánto tardará en trasladarse. Cierta-

FIGURA 13.13
Cinturones de predicción para y_{x_0}

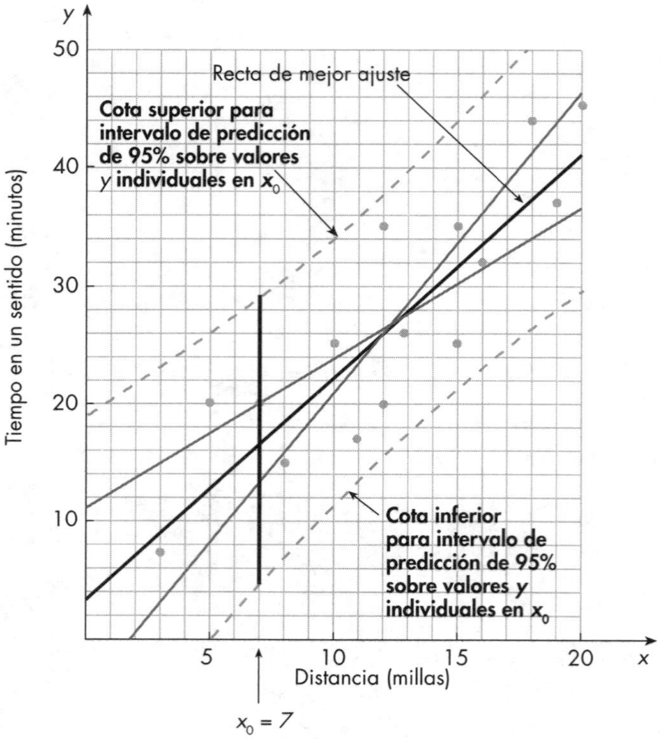

FIGURA 13.14
Cinturones de confianza para el valor medio de y y cinturones de predicción para y individuales

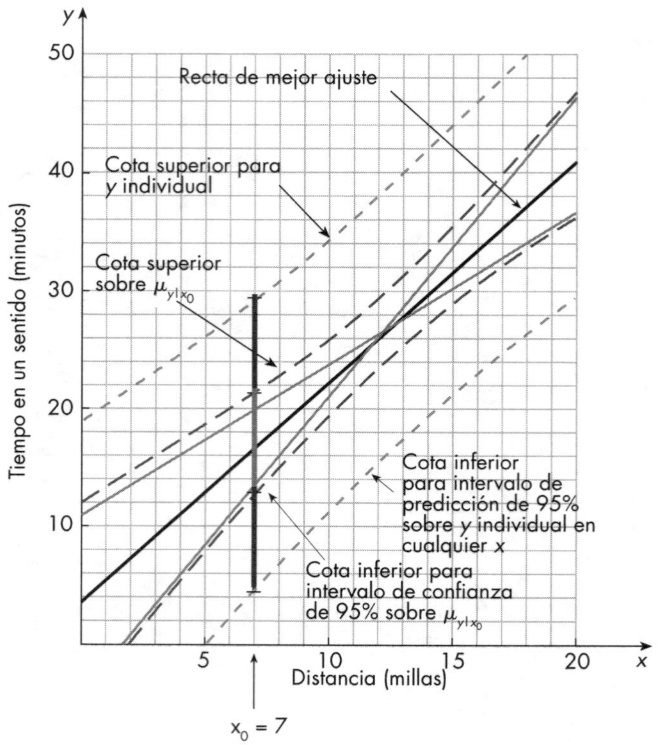

mente puede usar $x = 75$ en todas las fórmulas, pero no esperes que las respuestas tengan la confianza o validez de los valores de x entre 3 y 20, que estuvieron en la muestra. Las 75 millas pueden representar una distancia hasta el centro de una gran ciudad cercana. ¿Crees que los tiempos estimados, que se basaron el distancias locales de 3 a 20 millas, serían buenos pronósticos en esta situación? Además, en $x = 0$, la ecuación no tiene significado real. Sin embargo, aunque la proyecciones afuera del intervalo pueden ser un poco peligrosas, pueden ser los mejores pronósticos disponibles.

2. No quedes entrampado en la falacia común de aplicar los resultados de regresión de manera inadecuada. Por ejemplo, esta falacia incluiría aplicar los resultados del ejemplo 13.5 a otra compañía. Supón que la segunda compañía tiene una ubicación urbana, mientras que la primera compañía tiene una ubicación rural o viceversa. ¿Crees que los resultados para una ubicación rural serían válidos para una ubicación urbana? Básicamente, los resultados de una muestra no deben usarse para hacer inferencias acerca de una población distinta de aquella de la que se extrajo la muestra.
3. No saltes a la conclusión de que los resultados de la regresión prueban que *x hace que cambie y*. (Acaso ésta es la falacia más común.) Las regresiones miden sólo movimiento entre x y y; nunca prueban causación. (Consulta las pp. 140-141 para una discusión de la causación.) Un juicio de causación se puede hacer solamente cuando se basa en teoría o conocimiento de la relación, separada de los resultados de regresión. La dificultad más común en este aspecto ocurre por lo que se llama *efecto de variable perdida* o *tercera variable*. Esto es: se observa una relación entre x y y porque una tercera variable, que no está en la regresión, afecta tanto a x como a y.

INSTRUCCIONES DE TECNOLOGÍA: CÁLCULO Y GRAFICACIÓN DE INTERVALOS DE CONFIANZA Y PREDICCIÓN

MINITAB

Escribe los datos de la variable *x* en C1 y los correspondientes datos de la variable *y* en C2; después continúa con:

Elige:	**Stat > Regression > Regression . . .**
Escribe:	Respuesta (y): **C2**
	Pronósticoes (x): **C1**
Selecciona:	**Options**
Escribe:	Intervalos de predicción para nuevas observaciones:
	x-value o C1 (lista C1 de valores x)
	Confidence level: **1** – α (ex. 95.0)
Selecciona:	**Confidence limits**
	Prediction limits > OK > OK
Elige:	Stat > Regression > Fitted Line Plot
Escribe:	Respuesta (y): **C2**
	Pronóstico (x): **C1**
Selecciona:	Tipo modelo de regresión: **Linear**
Selecciona:	**Options**
	Opciones presentación: **Confidence interval; Prediction interval;**
Escribe:	Nivel confianza: 1 – α (ej. 95.0) > **OK**
Selecciona:	**Storage**
	Residuals
	Fits > OK > OK

He aquí la impresión MINITAB para las partes de los ejemplos 13.10 y 13.11.

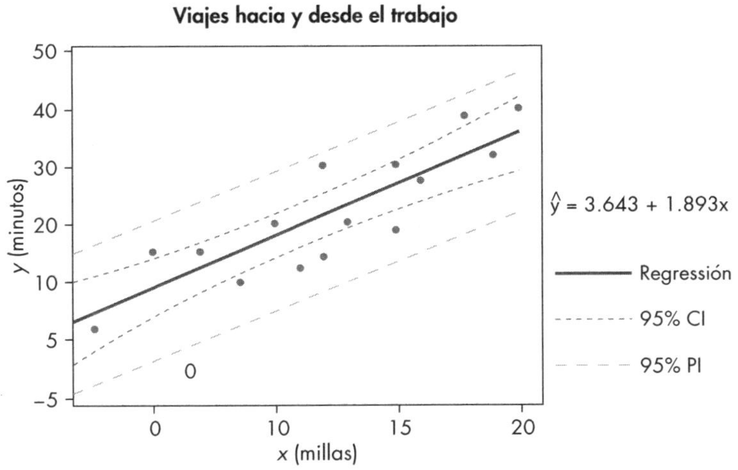

EJEMPLO APLICADO 13.12

USO DE LOS INTERVALOS DE CONFIANZA DE REGRESIÓN EN UN ESTUDIO AMBIENTAL

Mucho tiempo, dinero y esfuerzo se emplean para estudiar los problemas ambientales, de modo que puedan implementarse prácticas de gestión efectivas y adecuadas. A continuación se presenta un extracto de un estudio en el sur de Florida en el que el análisis de regresión lineal fue una importante herramienta.

METODOLOGÍA PARA ESTIMAR CARGAS DE NUTRIENTES DESCARGADAS DE LOS CANALES DE LA COSTA ESTE A LA BAHÍA VIZCAÍNO, CONDADO MIAMI-DADE, FLORIDA

Una gran preocupación en muchas áreas costeras a través del país es la salud ecológica de las bahías y estuarios. Un problema común en muchas de estas áreas es el enriquecimiento de nutrientes como resultado de actividades agrícolas y urbanas. Los nutrientes son compuestos esenciales para el crecimiento y el mantenimiento de todos los organismos y especialmente para la productividad de los ambientes acuáticos. Los compuestos nitrogenados y fosfóricos son especialmente importantes para las praderas marinas, macroalgas y fitoplancton. Sin embargo, las grandes cargas de nutrientes transportadas a las bahías y estuarios pueden resultar en condiciones propicias para la eutroficación y los problemas concomitantes de las explosiones de algas y alta productividad del fitoplancton. Adicionalmente, la reducida penetración de luz en la columna de agua debido a estallidos de fitoplancton pueden afectar de manera adversa las praderas marinas, en las que muchos peces comerciales y deportivos se apoyan por su hábitat.

El propósito de este reporte es presentar metodología que pueda usarse para estimar cargas de nutrientes descargadas de los canales de la costa este en la Bahía Vizcaíno en el sureste de Florida. Muestras de agua se recolectaron de las exclusas de control en los sitios de canal de la costa este en el condado Miami-Dade, con el propósito de desarrollar modelos que pudieran usarse para estimar cargas de nitrógeno y fósforo.

Se usó una técnica ordinaria de regresión de mínimos cuadrados para desarrollar ecuaciones predictivas con el propósito de estimar cargas totales de nitrógeno y fósforo descargadas de los canales de la costa este a la Bahía Vizcaíno. Las ecuaciones predictivas pueden usarse para estimar el valor de una variable dependiente de observaciones en una variable relacionada o independiente. En este estudio se usaron cargas como la variable dependiente o de respuesta y la descarga como la variable independiente o explicativa. Todos los modelos de carga total de nitrógeno tienen valores p menores que 0.05, lo que indica que son estadísticamente significativos en un nivel alfa de 0.05. En la figura 17 se muestran gráficas que presentan carga de nitrógeno total como función de descarga en los sitios de canal de la costa este. [Aquí se muestran los sitios S25 y S27 de la figura 17.]

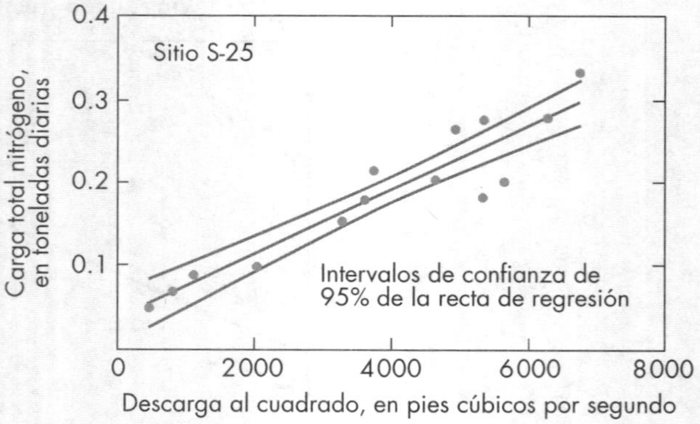

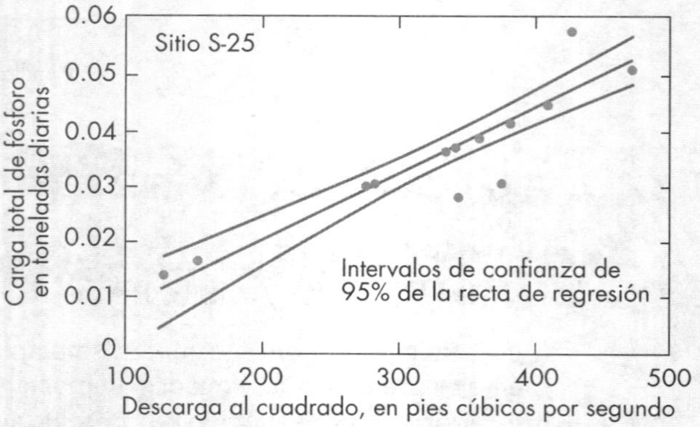

Fuente: U.S. Geological Survey, Water-Resources Investigations Report 99-4094, de A.C. Lietz

EJERCICIOS SECCIÓN 13.5

13.69 Un estudio en *Physical Therapy* reporta acerca de siete diferentes métodos para determinar el tamaño adecuado de muletas más dos nuevas técnicas usando regresión lineal. Una de las técnicas de regresión usa la estatura reportada del paciente. El estudio incluyó 107 individuos. La media de las estaturas autorreportadas fue 68.84 pulgadas. La ecuación de regresión determinada fue $y = 0.68x + 4.8$, donde y = longitud muletas y x = estatura autorreportada. El MSE (s_e^2) se reportó en 0.50. Además, la desviación estándar de las estaturas autorreportadas fue 7.35 pulgadas. Usa esta información para determinar una estimación del intervalo de confianza de 95% para la longitud media de muletas para individuos que dicen tener 70 pulgadas de alto.

13.70 [EX13-70] Las cigarras son insectos voladores herbívoros. Una especie particular, la cigarra de 13 años (*Magicicada*), pasa cinco etapas juveniles en madrigueras subterráneas. Durante los 13 años en el subsuelo, las cigarras crecen desde aproximadamente el tamaño de una pequeña hormiga hasta casi el tamaño de una cigarra adulto. En la siguiente tabla se proporcionan los pesos corporales adultos (BW) en gramos y las longitudes de ala (WL) en milímetros para tres diferentes especies de estas cigarras de 13 años.

BW	WL	Especie	BW	WL	Especie
0.15	28	*tredecula*	0.18	29	*tredecula*
0.29	32	*tredecim*	0.21	27	*tredecassini*
0.17	27	*tredecim*	0.15	30	*tredecula*
0.18	30	*tredecula*	0.17	27	*tredecula*
0.39	35	*tredecim*	0.13	27	*tredecassini*
0.26	31	*tredecim*	0.17	29	*tredecassini*
0.17	29	*tredecassini*	0.23	30	*tredecassini*
0.16	28	*tredecassini*	0.12	22	*tredecim*
0.14	25	*tredecassini*	0.26	30	*tredecula*
0.14	28	*tredecassini*	0.19	30	*tredecula*
0.28	25	*tredecassini*	0.20	30	*tredecassini*
0.12	28	*tredecim*	0.14	23	*tredecula*

a. Dibuja un diagrama de dispersión con peso corporal como la variable independiente y longitud de ala como variable dependiente. Encuentra la ecuación de la recta de mejor ajuste.

b. ¿El peso corporal es un pronóstico efectivo de la longitud de ala para una cigarra de 13 años? Usa un nivel de significancia de 0.05.

c. Proporciona un intervalo de confianza de 90% para la longitud de ala media para todos los pesos corporales de cigarra de 0.20 gr.

13.71 Usa los datos y las respuestas encontradas en el ejercicio 13.63 (p. 642) para hacer las siguientes estimaciones.

a. Proporciona una estimación puntual para el tiempo medio requerido para trasladarte 4 millas.

b. Proporciona un intervalo de confianza de 90% para el tiempo de viaje medio requerido para trasladarte 4 millas.

c. Proporciona un intervalo de predicción de 90% para el tiempo de viaje requerido para que una persona se traslade de las 4 millas.

d. Responde los incisos a-c para $x = 9$.

13.72 Consulta el ejemplo aplicado 13.12 de las páginas 649-650. Las gráficas para sitio S-25 y sitio S-27 muestran intervalos de confianza de 95% de la recta de regresión. ¿Qué característica distintiva tendrían los intervalos de predicción de 95% respecto a dichas gráficas? Explica la diferencia entre intervalos de confianza e intervalos de predicción.

13.73 [EX13-73] Se realiza un experimento para estudiar el efecto de un nuevo medicamento para reducir el ritmo cardiaco en adultos. Los datos recolectados se presentan en la siguiente tabla.

***x*, dosis medicamento en mg**	0.50	0.75	1.00	1.25	1.50	1.75	2.00	2.25	2.50	2.75
***y*, reducción ritmo cardiaco**	10	7	15	12	15	14	20	20	18	21

a. Encuentra el intervalo de confianza de 95% para la reducción media en ritmo cardiaco para una dosis de 2.00 mg.

b. Encuentra el intervalo de predicción de 95% para la reducción en ritmo cardiaco esperada para una individuo que recibe una dosis de 2.00 mg.

13.74 [EX13-74] La relación entre la "resistencia" y la "finura" de fibras de algodón fue el tema de un estudio que produjo los siguientes datos.

a. Dibuja un diagrama de dispersión.

b. Encuentra el intervalo de confianza de 99% para la medición media de finura para fibras con una resistencia de 80.

c. Encuentra el intervalo de predicción de 99% para una medición individual de finura para fibras con una resistencia de 75.

[EX00-000] identifica el nombre de archivo de una base de datos en línea de un ejercicio; disponible a través de cengagebrain.com

Tabla para el ejercicio 13.74

***x*, resistencia**	76	69	71	76	83	72	78	74	80	82	90	81	78	80	81	78
***y*, finura**	4.4	4.6	4.6	4.1	4.0	4.1	4.9	4.8	4.2	4.4	3.8	4.1	3.8	4.2	3.8	4.2

13.75 Explica por qué un intervalo de confianza de 95% para el valor medio de y en una x particular es mucho más estrecha que un intervalo de predicción de 95% para un valor y individual en el mismo valor de x.

13.76 [EX13-02] Usa los datos de "Estaturas de parejas casadas" y las respuestas encontradas en el ejercicio 13.65 (p. 642) para hacer las siguientes estimaciones.

a. Proporciona una estimación puntual para la estatura media de marido para una estatura de esposa de 59 pulgadas.

b. Proporciona un intervalo de confianza de 95% para la estatura media de marido para una estatura de esposa de 59 pulgadas.

c. Proporciona un intervalo de predicción de 95% para la estatura de marido esperada para una esposa de 59 pulgadas.

d. Responde los incisos a, b y c para $x = 68$.

13.77 [EX12-44] El Sr. B, gerente en una gran tienda, investiga diferentes variables mientras mide el nivel de su empresa. Su tienda está abierta todos los días durante el año, excepto el día de año nuevo, Navidad y todos los domingos. A partir de sus registros, que abarcan varios años anteriores, el Sr. B identificó al azar 62 días y recolectó datos para el total diario para tres variables: número de clientes que pagan, número de artículos comprados y costo total de artículos comprados.

Día	Mes	Clientes	Artículos	Ventas
2	1	425	1311	$12707.00
1	1	412	1123	$11467.50

***Para el resto de los datos, ingresa a cengagebrain.com

Datos son valores reales; el nombre de la tienda se ocultó por razones de privacidad.
Código día: 1 = L, 2 = Ma, 3 = Mi, 4 = J, 5 = V, 6 = Sa
Código mes: 1 = En, 2 = Feb, 3 = Mar, ..., 12 = Dic

¿Existe evidencia para afirmar una relación lineal entre las dos variables "número de clientes" y "número de artículos comprados"? La siguiente salida de computadora resultó del análisis de los datos.

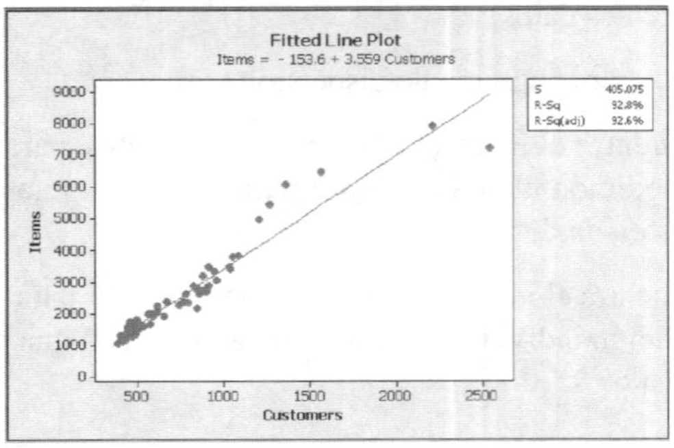

Regression Analysis: Items versus Customers
The regression equation is
Items = −154 + 3.56 Customers

Predictor	Coef	SE Coef	T	P
Constant	−153.6	108.2	−1.42	0.161
Customers	3.5591	0.1284	27.71	0.000

S 405.075 R-Sq = 92.8% R-Sq(adj) = 92.6%

Inspecciona el diagrama de dispersión anterior y la salida del análisis de regresión para el número de clientes frente al número de artículos comprados. Busca evidencia que apoye o contradiga la afirmación "existe una relación lineal entre las dos variables".

a. Describe la evidencia gráfica y discute cómo muestra falta de linealidad para todo el rango de valores. ¿Qué pares ordenados parecen ser diferentes de los otros?

b. Describe cómo la evidencia numérica mostrada indica que el modelo lineal no encaja en estos datos. Explica.

c. Parte de la evidencia parece indicar que el modelo lineal es el modelo correcto y parte de la evidencia indica lo opuesto. ¿Qué meses ofrecen los puntos que están separados del resto del patrón? ¿Qué ocurre en esos meses que pueden causar esto?

13.78 [EX13-78] El Sr. B, gerente de la tienda del ejercicio 13.77 (y de los ejercicios 12.44-12.46), descubrió que los datos de los meses de noviembre y diciembre son diferentes de los datos para los otros meses. Dado que los datos que están separados del resto en el diagrama de dispersión del ejercicio 13.77 son de noviembre y diciembre, remueve los valores de noviembre y diciembre e investiga la relación entre el número de clientes por día y el número de artículos comprados por día para los primeros 10 meses del año.

Enero a octubre

Día E-O	Mes E-O	Clientes E-O	Artículos E-O	Ventas E-O
2	1	425	1311	12707.00

***Para el resto de los datos, ingresa a cengagebrain.com

Código día: 1 = L, 2 = Ma, 3 = Mi, 4 = J, 5 = V, 6 = Sa
Código mes: 1 = En, 2 = Feb, 3 = Mar, ..., 10 = Oct

a. Usa tu calculadora o computadora para construir el diagrama de dispersión para los datos de enero a octubre.

b. Describe la evidencia gráfica encontrada y discute la linealidad. ¿Existen pares ordenados que parezcan ser diferentes de los otros?

c. ¿Cuál es la relación entre el número de clientes por día y el número de artículos comprados por día para los primeros 10 meses del año?

d. ¿La pendiente de la recta de regresión es significativa en $\alpha = 0.05$?

e. Proporciona el intervalo de predicción de 95% para el número de artículos que uno esperaría que se compren si el número de clientes fuese 600.

13.79 [EX13-78] Ayuda al Sr. B, el gerente de la tienda de los ejercicios 13.77 y 13.78 (y de los ejercicios 12.44-12.46), al analizar la relación entre los números de artículos comprados diariamente y las ventas totales diarias en los datos de los primeros 10 meses del año.

a. Construye el diagrama de dispersión para los datos de enero a octubre.

b. Describe la evidencia gráfica encontrada y discute la linealidad. ¿Existen pares ordenados que parezcan ser diferentes de los otros?

c. ¿Cuál es la relación entre el número de artículos comprados por día y las ventas totales diarias para los primeros 10 meses del año?

d. ¿La pendiente de la recta de regresión es significativa en $\alpha = 0.05$?

e. Proporciona el intervalo de predicción de 95% para las ventas totales diarias que uno esperaría si el número de artículos comprados por día fuese 3 000.

13.80 [EX13-80] ¿Crees que tu estatura y tamaño de zapatos están relacionados? Probablemente sí. Existe una relación "rápida" conocida que dice que tu estatura (en pulgadas) puede aproximarse al duplicar tu tamaño de zapato y sumar 50 ($y = 2x + 50$). Para poner a prueba esta relación, se tomó una muestra aleatoria de estaturas y tamaños de zapato de 30 estudiantes de universidad comunitaria.

Estaturas	Tamaños zapato
74	13.0
71	10.0

***Para el resto de los datos, ingresa a cengagebrain.com

a. Construye un diagrama de dispersión de los datos con tamaño de zapato como la variable independiente (x) y estatura como la variable dependiente (y). Comenta acerca de la relación lineal visual.

b. Calcula el coeficiente de correlación, r. ¿Es significativo en el nivel de significancia 0.05?

c. Calcula la recta de mejor ajuste.

d. Compara la pendiente y ordenada del inciso c con la pendiente y ordenada de $y = 2x + 50$. Menciona similitudes y diferencias.

e. Estima la estatura de un estudiante con un tamaño de zapato 10, primero con la recta de mejor ajuste encontrada en el inciso c y después con la relación $y = 2x + 50$. Compara tus resultados.

f. Construye el intervalo de confianza de 95% para la estatura media de todos los estudiantes de universidad comunitaria con un tamaño de zapato 10, con la ecuación formada en el inciso c. ¿Tu estimación con $y = 2x + 50$ para un tamaño 10 se incluye en este intervalo?

g. Construye el intervalo de predicción de 95% para las estaturas individuales de todos los estudiantes de universidad comunitaria con una tamaño de zapato 10, con la ecuación formada en el inciso c.

h. Comenta acerca de los anchos de los dos intervalos formados en los incisos f y g. Explica.

13.6 Comprender la relación entre correlación y regresión

Ahora que diste un vistazo más cercano a los análisis de correlación y regresión, es necesario decidir cuándo usarlos. ¿Ves alguna duplicación de trabajo?

El principal uso del coeficiente de correlación lineal está en responder la pregunta: ¿estas dos variables están linealmente relacionadas? Otras palabras pueden usarse para plantear esta pregunta básica; por ejemplo: ¿existe una correlación lineal entre el consumo anual de bebidas alcohólicas y el salario pagado a los bomberos?

El coeficiente de correlación lineal puede usarse para indicar la utilidad de x como pronóstico de y en el caso donde el modelo lineal es adecuado. La prueba concerniente a la pendiente de la recta de regresión (H_o: $\beta_1 = 0$) pone a prueba este mismo concepto básico. Cualquiera de los dos es suficiente para determinar la respuesta a esta pregunta.

La elección del modelo matemático se puede poner a prueba estadísticamente (llamado prueba de "falta de ajuste"); sin embargo, este procedimiento está más allá del ámbito de este texto. Uno realiza esta prueba de manera informal, o subjetivamente, cuando observa el diagrama de dispersión y usa la presencia de un patrón lineal como la razón para usar el modelo lineal.

Los conceptos de correlación lineal y regresión son muy diferentes, porque cada uno mide diferentes características. Sin embargo, todavía es posible tener datos que produzcan un coeficiente de correlación lineal fuerte y tener el modelo equivocado. Por ejemplo, la línea recta puede usarse para aproximar casi cualquier línea curva si el dominio se restringe lo suficiente. En tal caso, el coeficiente de correlación lineal puede volverse muy alto, pero la curva todavía no será una línea recta. La figura 13.15 ilustra un intervalo donde r podría ser significativa, pero el diagrama de dispersión no sugiere una línea recta.

FIGURA 13.15
El valor de r es alto, pero la relación no es lineal

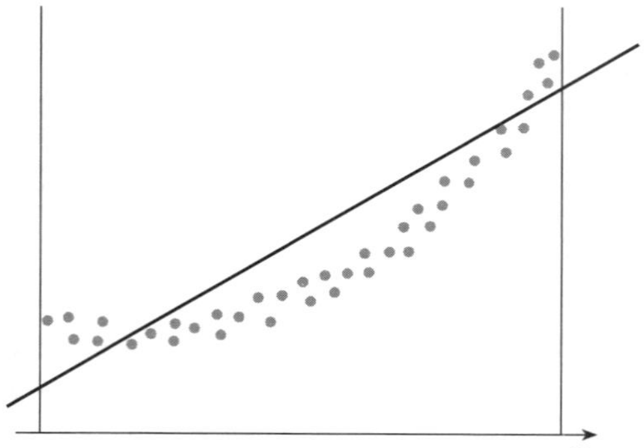

El análisis de regresión debe usarse para responder preguntas acerca de la relación entre dos variables. Preguntas como ¿cuál es la relación? y ¿cómo se relacionan dos variables? requieren este análisis de regresión.

Repaso del capítulo

En retrospectiva

En este capítulo se realizó una inspección más profunda de la relación lineal entre dos variables. Aunque las situaciones de regresión curvilínea y múltiple sólo se mencionaron de paso, se exploraron las técnicas y conceptos básicos. Sólo tendrías que modificar el modelo matemático y las fórmulas si quieres lidiar con estas otras relaciones.

Aunque no se enfatizó directamente, en este capítulo se aplicaron muchos de los temas de capítulos anteriores. Las ideas de intervalo de confianza y prueba de hipótesis se aplicaron al problema de regresión. Se hizo referencia a la distribución muestral de la pendiente muestral b_1. Esto permitió hacer inferencias en torno a β_1, la pendiente de la población de donde se extrajo la muestra. Se estimó el valor medio de y en un valor fijo de x al combinar la varianza para la pendiente con la varianza de las y. Esto fue permisible porque son independientes. Recuerda que, en el capítulo 10, se presentaron las fórmulas para combinar las varianzas de muestras independientes. La idea aquí es en gran parte la misma. Finalmente, se agregó una medida de varianza para valores individuales de y y se hicieron estimaciones para estos valores individuales de y en valores fijos de x.

El ejemplo aplicado 13.8 presenta los resultados del análisis de regresión sobre los datos recolectados para comparar dos índices de reporte de crímenes. (Dé otro vistazo al ejemplo aplicado 13.8, p. 636.) El diagrama de dispersión muestra de manera muy convincente que los dos índices de crímenes a comparar se relacionan mutuamente en un patrón muy fuerte y predecible. Por tanto, como se enuncia en el artículo original, "el índice ponderado no aportó más información" porque los dos índices son básicamente iguales. Por tanto, la introducción del índice ponderado parece innecesario porque el Índice Uniforme de Reportes de Crímenes (UCRI) es un estándar reconocido.

Al finalizar este capítulo, debes estar al tanto de los conceptos básicos del análisis de regresión y del análisis de correlación. Ahora debes poder recolectar datos para, y hacer un análisis completo sobre cualquier relación lineal de dos variables.

CourseMate El sitio **Statistics CourseMate** para este libro lleva a la vida los temas del capítulo, con herramientas interactivas de aprendizaje, estudio y preparación de exámenes, incluidas preguntas rápidas y tarjetas de estudio para el vocabulario y los conceptos clave que aparecen a continuación. El sitio también ofrece una versión **eBook** del texto, con capacidades de subrayado y toma de notas. A lo largo de los capítulos, el icono CourseMate señala los conceptos y ejemplos que tienen sus correspondientes recursos interactivos como **video** y **tutoriales animados** que demuestran, paso a paso, cómo resolver problemas; conjuntos de datos para ejercicios y ejemplos; **Applets Skillbuilder** para ayudarte a comprender mejor los conceptos; **manuales de tecnología** y software para descargar que incluye **Data Analysis Plus** (una suite de macros estadísticos para Excel) y programas **TI-83/84 Plus**; regístrate en **www.cengagebrain.com**

Vocabulario y conceptos clave

centroide (p. 613)
cinturones de confianza (p. 619)
coeficiente de correlación lineal (p. 615)
correlación lineal (p. 613)
covarianza (p. 613)
datos bivariados (pp. 613, 628)
diagrama de dispersión (pp. 628, 634, 653)
distribución muestral (pp. 634, 644)
error estándar (pp. 635, 644)
error experimental (ϵ o e) (p. 628)
intervalo de confianza (pp. 619, 635, 643, 646)
intervalo de predicción (pp. 643, 646)
momento producto de Pearson, r (p. 616)
ordenada (b_0 o β_0) (p. 627)
pendiente (b_1 o β_1) (p. 627)
pruebas de hipótesis (pp. 621, 637)
recta de mejor ajuste (p. 627)
recta de regresión (p. 628)
regresión curvilínea (p. 628)
regresión lineal (p. 628)
regresión múltiple (p. 628)
rho (ρ) (p. 619)
suma de cuadrados del error (SSE) (p. 630)
suposiciones (pp. 619, 635)
valor predicho de y ($\hat{y}$) (p. 628)
varianza (s^2 o σ^2) (p. 628)

Resultados del aprendizaje

- Comprender qué son datos bivariados, variable independiente y variable dependiente. — pp. 126-127, Ej. 3.13
- Comprender que el coeficiente de correlación lineal, r, mide la fuerza de la relación lineal entre dos variables. — pp. 136-138, Ej. 3.27, 3.41
- Comprender que el centroide de datos bivariados es $(\bar{x}, \bar{y})$. — pp. 149, 613
- Comprender que el centroide se usa en el cálculo del coeficiente de correlación. — pp. 613-616, Ej. 13.3
- Comprender que la covarianza es una medida de dependencia lineal pero que es afectado por la dispersión de los datos. — p. 614, Ej. 13.13
- Comprender que el coeficiente de correlación, r, estandariza la covarianza de modo que puedan compararse las fuerzas relativas. — p. 615, Ej. 13.7
- Comprender que las suposiciones para inferencias en torno al coeficiente de correlación lineal son que los pares ordenados forman una muestra aleatoria y que los valores y en cada x tienen una distribución normal. Las inferencias utilizarán la distribución t con $(n - 2)$ grados de libertad. — pp. 619, 629
- Calcular, describir e interpretar un intervalo de confianza para el coeficiente de correlación poblacional, ρ, con la tabla 10 del apéndice B. — EJ. 13.2, Ej. 13.19, 13.23
- Realizar, describir e interpretar una prueba de hipótesis para el coeficiente de correlación poblacional, ρ, con la distribución t con el método del valor p y el método clásico. — EJ. 13.3, Ej. 13.33, 13.38
- Comprender que la significancia de r no implica una relación causa y efecto. — pp. 140-141, 648
- Comprender que la estimación del error experimental, e, es la diferencia entre la y observada y la y predicha, $(y - \hat{y})$, en un valor dado de x. — pp. 627-628
- Comprender que la varianza en torno a la recta de mejor ajuste es lo misma que la varianza del error, e. — pp. 628-630, EJ. 13.5, Ej.13.49

• Comprender que la recta de mejor ajuste pasa a través del centroide.	p. 149
• Calcular, describir e interpretar un intervalo de confianza para la pendiente poblacional de la recta de regresión, β_1 usando la distribución t.	EJ. 13.7, Ej. 13.57
• Realizar, describir e interpretar una prueba de hipótesis para la pendiente poblacional de la recta de regresión, β_1, usando la distribución t con el método de valor p y el método clásico.	EJ. 13.9, Ej. 13.63
• Calcular, describir e interpretar un intervalo de confianza para el valor medio de y para una x particular ($\mu_{y\mid x_0}$), usando la distribución t.	EJ. 13.10, Ej. 13.69, 13.71
• Calcular, describir e interpretar un intervalo de predicción para un valor individual de y para una x particular, (y_{x_0}), usando la distribución t.	EJ. 13.11, Ej. 13.73
• Comprender la diferencia entre un intervalo de confianza y un intervalo de predicción para un valor y en un valor x particular.	p. 643, Ej. 13.75

Ejercicios del capítulo

13.81 Responde lo siguiente como "a veces", "siempre" o "nunca". Explica cada respuesta "nunca" y "a veces".

a. El coeficiente de correlación tiene el mismo signo que la pendiente de la recta de mínimos cuadrados que ajusta los mismos datos.

b. Un coeficiente de correlación de 0.99 indica una fuerte relación causal entre las variables bajo consideración.

c. Un valor r mayor que cero indica que los pares ordenados con valores x altos tendrá valores y bajos.

d. La ordenada al origen y la pendiente para la recta de mejor ajuste tiene el mismo signo.

e. Si x y y son independientes, entonces el coeficiente de correlación poblacional es igual a cero.

13.82 [EX13-82] Aproximadamente 11 028 atletas compitieron en los Juegos Olímpicos de Verano 2008, en Beijing, China, por medallas en más de 300 eventos. Participaron atletas de 204 naciones y territorios. La siguiente tabla muestra la distribución de medallas de oro, plata y bronce ganadas por atletas representantes de las 20 naciones que ganaron más:

NACIÓN	ORO	PLATA	BRONCE
Estados Unidos	36	38	36
China	51	21	28
Rusia	23	21	28
Gran Bretaña	19	13	15
Australia	14	15	17
Alemania	16	10	15
Francia	7	16	17
Corea del Sur	13	10	8
Italia	8	10	10
Ucrania	7	5	15
Japón	9	6	10
Cuba	2	11	11
Bielorrusia	4	5	10
España	5	10	3
Canadá	3	9	6
Holanda	7	5	4
Brasil	3	4	8
Kenia	5	5	4
Kazajstán	2	4	7
Jamaica	6	3	2

Fuente: http://en.wikipedia.org/

Calcula el coeficiente de correlación, úsalo y la tabla 10 del apéndice B, para determinar un intervalo de confianza de 95% sobre ρ para cada uno de los siguientes casos:

a. Oro y plata

b. Oro y bronce

c. Plata y bronce

13.83 Un estudio en el *Journal of Range Management* examina las relaciones entre elementos en el centeno silvestre ruso. El coeficiente de correlación entre magnesio y calcio se reportó en 0.69 para una muestra de tamaño 45. ¿Existe una correlación significativa entre magnesio y calcio en el centeno silvestre ruso (esto es, $\rho > 0$)? Usa $\alpha = 0.05$.

13.84 Un estudio concerniente a la concentración plasmática del medicamento ranitidina se reportó en el *Journal of Pharmaceutical Sciences*. El medicamento se administró (código I) y la concentración plasmática de ranitidina se siguió durante 12 horas. El momento en el primer pico en la concentración se llamó $T_{\text{máx1}}$. El mismo experimento se repitió 1 semana después (código II). En el estudio participaron 12 sujetos. El coeficiente de correlación entre $T_{\text{máx1}}$, I y $T_{\text{máx1}}$, II, se reportó

[EX00-000] identifica el nombre de archivo de una base de datos en línea de un ejercicio; disponible a través de cengagebrain.com

en 0.818. Usa la tabla 11 del apéndice B para determinar las cotas sobre el valor p para la prueba de hipótesis de H_o: $\rho = 0$ frente a H_a: $\rho \neq 0$.

13.85 El uso de estimulación eléctrica (ES) para aumentar la fuerza muscular se discutió en el *Journal of Orthopedic and Sports Physical Therapy*. En el experimento participaron 17 voluntarios sanos. La fuerza muscular, Y, se midió como un momento de torsión en pies-libras y ES, X, se midió en mA (microamperes). La ecuación para la recta de mejor ajuste está dada como $Y = 1.8X + 28.7$ y el coeficiente de correlación de Pearson fue 0.61.

a. ¿El coeficiente de correlación fue significativamente diferente de cero? Usa $\alpha = 0.05$.

b. Predice el momento de torsión para una corriente igual a 50 mA.

13.86 Un artículo en *Geology* proporciona la siguiente ecuación que relaciona presión, P y contenido de aluminio total, AL, para 12 rines de hornblenda: $P = -3.46(+0.24) + 4.23(+0.13)AL$. Las cantidades que se muestran en paréntesis son errores estándar para estimaciones de la ordenada al origen y la pendiente, respectivamente. Encuentra un intervalo de confianza de 95% para la pendiente, β_1.

13.87 [EX13-87] Los siguientes datos resultaron de un experimento realizado con el propósito de análisis de regresión. La variable de entrada, x, se estableció en cinco diferentes niveles y en cada nivel se realizaron observaciones.

x	**0.5**	**1.0**	**2.0**	**3.0**	**4.0**
y	3.8	3.2	2.9	2.4	2.3
	3.5	3.4	2.6	2.5	2.2
	3.8	3.3	2.7	2.7	2.3
		3.6	3.2	2.3	

a. Dibuja un diagrama de dispersión.

b. Dibuja a ojo la recta de regresión.

c. Coloca una estrella, ★, en cada nivel aproximadamente donde se ubica la media de los valores y observados. ¿Tu recta de regresión se parece a la recta de mejor ajuste para estos cinco valores medios?

d. Calcula la ecuación de la recta de regresión.

e. Encuentra la desviación estándar de y en torno a la recta de regresión.

f. Construye un intervalo de confianza de 95% para el verdadero valor de β_1.

g. Construye un intervalo de confianza de 95% para el valor medio de y en $x = 3.0$ y en $x = 3.5$.

h. Construye un intervalo de predicción de 95% para un valor individual de y en $x = 3.0$ y en $x = 3.5$.

13.88 [EX13-88] El acuerdo de tabaco negociado por un equipo de ocho abogados generales en nombre de 41 estados resultó en el pago de 206 mil millones de dólares de la industria del tabaco para resarcir costos de Medicaid a los estados que incurrieron en tratamientos para fumadores enfermos. Los pagos se realizarán en incrementos anuales durante un lapso de 25 años, de 1998 a 2022. La siguiente tabla muestra un extracto de la población (en millones de dólares) y las cantidades (en miles de millones de dólares) otorgados a 46 estados, el Distrito de Columbia y Puerto Rico:

Estado	**Acuerdo**	**Población**
AL	3.17	4.27
AK	0.67	0.61

***Para el resto de los datos, ingresa a cengagebrain.com

Fuentes: Oficina del Abogado General del Estado de Washington y Oficina del Censo, Departamento de Comercio de Estados Unidos.

a. Dibuja un diagrama de dispersión de estos datos, con acuerdo de tabaco como la variable dependiente, y y la población como la variable pronosticada, x.

b. Calcula la ecuación de regresión y dibuja la recta de regresión sobre el diagrama de dispersión.

c. Si la población de tu estado fuese igual a 11.5 millones de personas, de las 48 observaciones que se presentan en la tabla, ¿cuál estimarías que es el acuerdo de tabaco de tu estado? Haz tu estimación con base en la ecuación y después dibuja una línea sobre el diagrama de dispersión para ilustrarla.

d. Construye un intervalo de predicción al 95% para la estimación que obtuviste en el inciso c.

13.89 [EX13-89] Veintiún flores maduras de una especie particular se disecan y se cuentan el número de estambres y de carpelos presentes en cada flor.

x, estambres	*y*, carpelos	*x*, estambres	*y*, carpelos	*x*, estambres	*y* carpelos
52	20	65	30	45	27
68	31	43	19	72	21
70	28	37	25	59	35
38	20	36	22	60	27
61	19	74	29	73	33
51	29	38	28	76	35
56	30	35	25	68	34

a. ¿Existe suficiente evidencia para afirmar una relación lineal entre estas dos variables en $\alpha = 0.05$?

b. ¿Cuál es la relación entre el número de estambres y el número de carpelos en esta variedad de flor?

c. ¿La pendiente de la recta de regresión es significativa en $\alpha = 0.05$?

(continúa en la página 658)

d. Proporciona el intervalo de predicción de 95% para el número de carpelos que uno esperaría encontrar en una flor madura de esta variedad si el número de estambres fuese 64.

13.90 [EX13-90] El siguiente conjunto de 25 calificaciones se seleccionó al azar de la lista de clase de un profesor. Sea x el promedio prefinal y y la calificación del examen final. (El examen final tuvo un máximo de 75 puntos.)

Estudiante	x	y
1	75	64
2	86	65

***Para el resto de los datos, ingresa a cengagebrain.com

a. Dibuja un diagrama de dispersión para estos datos.

b. Dibuja la recta de regresión (a ojo) y estima su ecuación.

c. Estima el valor del coeficiente de correlación lineal.

d. Calcula la ecuación de la recta de mejor ajuste.

e. Dibuja la recta de mejor ajuste en tu gráfica. ¿Cómo se compara con tu estimación?

f. Calcula el coeficiente de correlación lineal. ¿Cómo se compara con tu estimación?

g. Pon a prueba la significancia de r en $\alpha = 0.10$.

h. Encuentra el intervalo de confianza de 95% para el verdadero valor de ρ.

i. Encuentra la desviación estándar de los valores y en torno a la recta de regresión.

j. Calcula un intervalo de confianza de 95% para el verdadero valor de la pendiente β_1.

k. Pon a prueba la significancia de la pendiente en $\alpha = 0.05$.

l. Estima la calificación de examen final media que obtendrán todos los estudiantes con un promedio prefinal 85 (intervalo de confianza de 95%).

m. Con el intervalo de predicción de 95%, predice la calificación que recibirá John Henry en su final, si sabes que su promedio prefinal es 78.

13.91 [EX13-91] Se cree que la cantidad de fertilizante nitrogenado utilizado por acre tiene un efecto directo sobre la cantidad de trigo producida. Los siguientes datos presentan la cantidad de fertilizante nitrogenado utilizado por parcela de control y la cantidad de trigo cosechada por parcela de control.

x, libras de fertilizante	y, 100 libras de trigo
30	5
30	9

***Para el resto de los datos, ingresa a cengagebrain.com

a. ¿Existe suficiente razón para concluir que el uso de más fertilizante resulta en una producción mayor? Usa $\alpha = 0.05$.

b. Estima, con un intervalo de confianza de 98%, la producción media que podría esperarse si se usaran 50 lb de fertilizante por parcela.

c. Estima, con un intervalo de confianza de 98%, la producción media que podría esperarse si se usaran 75 lb de fertilizante por parcela.

13.92 [EX13-78] Ayuda al Sr. B, el gerente de la tienda de los ejercicios 13.77-13.79 (y de los ejercicios 12.44-12.46), al analizar la relación entre el número de clientes por día y las ventas totales diarias para los datos de los primeros 10 meses del año.

a. Usa tu calculadora o computadora para construir el diagrama de dispersión para los datos de enero a octubre.

b. Describe la evidencia gráfica encontrada y discute la linealidad. ¿Existen pares ordenados que parezcan ser diferentes de los otros?

c. ¿Cuál es la relación entre el número de clientes por día y las ventas totales diarias para los primeros 10 meses del año?

d. ¿La pendiente de la recta de regresión es significativa en $\alpha = 0.05$?

e. Proporciona el intervalo de predicción de 95% para las ventas totales diarias que uno esperaría, si el número de clientes fuera 600.

13.93 Compara los resultados obtenidos en los ejercicios 13.78, 13.79 y 13.92. Explica las similitudes y diferencias. ¿Por qué crees que el diagrama de dispersión para número de artículos comprados y ventas totales presenta menos variabilidad en torno a la recta de mejor ajuste que los otros dos diagramas de dispersión?

13.94 [EX13-78] Investiga la relación de las variables estudiadas en los ejercicios 13.77, 13.78, 13.79, 13.92 y 13.93 para los datos de noviembre y diciembre.

Noviembre y diciembre

Día N y D	Mes N y D	Clientes N y D	Artículos N y D	Ventas N y D
6	11	1 049	3 799	40 362.70

***Para el resto de los datos, ingresa a cengagebrain.com

13.95 El coeficiente de correlación, r, se relaciona con la pendiente de mejor ajuste, b_1, mediante la ecuación

$$r = b_1\sqrt{\frac{\text{SS}(x)}{\text{SS}(y)}}$$

Verifica la ecuación usando los siguientes datos.

x	1	2	3	4	6
y	4	6	7	9	12

13.96 Se sabe que la siguiente ecuación es verdadera para cualquier conjunto de datos: $\Sigma(y-\bar{y})^2 = \Sigma(y-\hat{y})^2 + \Sigma(\hat{y}-\bar{y})^2$. Verifica esta ecuación con los siguientes datos.

x	0	1	2
y	1	3	2

13.97 Cuando $x_0 = \bar{x}$ es la fórmula para el error estándar de $\hat{y}_{x_0}$, ¿cuál esperas que sea $s \cdot \frac{1}{\sqrt{n}}$? Explica.

Examen de práctica del capítulo

Parte I: Conocimiento de las definiciones

Responde "verdadero" si el enunciado siempre es verdadero. Si el enunciado no siempre es verdadero, sustituye las palabras en negritas con las palabras que hagan al enunciado siempre verdadero.

13.1 El error **debe tener** distribución normal si deben hacerse inferencias.

13.2 Tanto x como y **deben tener** distribución normal.

13.3 Una alta correlación entre x y y **prueba** que x causa y.

13.4 El valor de la variable de entrada **debe** seleccionarse al azar para lograr resultados válidos.

13.5 La variable de salida debe tener **distribución normal** en torno a la recta de regresión para cada valor de x.

13.6 La **covarianza** mide la fortaleza de la relación lineal y es una medida estandarizada.

13.7 La **suma de cuadrados para error** es el nombre dado al numerador de la fórmula usada para calcular la varianza de y en torno a la recta de regresión.

13.8 El análisis de **correlación** trata de encontrar la ecuación de la línea de mejor ajuste para dos variables.

13.9 Existen $\boldsymbol{n-3}$ grados de libertad involucrados con las inferencias en torno a la recta de regresión.

13.10 $\hat{y}$ sirve como la **estimación puntual** tanto para $\mu_{y|x_0}$ como para y_{x_0}.

PARTE II: Aplicación de los conceptos

Responde todas las preguntas y muestra fórmulas y trabajo.

Se cree que la cantidad de fertilizante nitrogenado usado por acre tiene un efecto directo sobre la cantidad de trigo producido. Los siguientes datos presentan la cantidad de fertilizante nitrogenado usado por parcela de control y la cantidad de trigo cosechado por parcela de control. Todas las parcelas de control tuvieron el mismo tamaño. [PT13-11]

x, libras de fertilizante	y, 100 libras de trigo	x, libras de fertilizante	y, 100 libras de trigo
30	9	70	19
30	11	70	22
30	14	70	31
50	12	90	29
50	14	90	33
50	23	90	35

13.11 Dibuja un diagrama de dispersión de los datos. Asegúrate de etiquetar completamente.

13.12 Completa una tabla de extensiones.

13.13 Calcula SS(x), SS(xy) y SS(y).

13.14 Calcula el coeficiente de correlación lineal, r.

13.15 Determina la estimación del intervalo de confianza de 95% para el coeficiente de correlación lineal poblacional.

13.16 Calcula la ecuación de la recta de mejor ajuste.

13.17 Dibuja la recta de mejor ajuste sobre el diagrama de dispersión.

13.18 Calcula la desviación estándar de los valores y en torno a la recta de mejor ajuste.

13.19 ¿El valor de b_1 muestra fuerza suficientemente significativa para que concluyas que la pendiente es mayor que cero en el nivel 0.05?

13.20 Determina el intervalo de confianza 0.95 para la producción media cuando se usan 85 lb de fertilizante por parcela.

13.21 Dibuja una recta sobre el diagrama de dispersión que representa el intervalo de confianza de 95% encontrado en la pregunta 13.20.

PARTE III: Comprender los conceptos

13.22 "Existe una gran correlación entre cuán frecuentemente los esquiadores comprueban sus fijaciones y la incidencia de lesiones en la parte inferior de la pierna, de acuerdo con investigadores en el Rochester Institute of Technology. Para asegurarse de que las fijaciones se liberan de manera adecuada cuando comienzan a caer, deben hacerse revisar por un mecánico de esquíes cada 15 a 30 días de esquí o al menos al inicio de cada temporada de esquí" (Universidad de California, Berkeley, "Wellness Letter", febrero de 1991). Explica cuáles dos variables se discuten en este enunciado e interpretar la "alta correlación" mencionada.

13.23 Si un "momento" se define como la distancia desde la media, describe por qué el método usado para definir el coeficiente de correlación se conoce como "un momento producto".

13.24 Si sabes que el valor de r está muy cerca de cero, ¿qué valor anticiparías para b_1? Explica por qué.

13.25 Describe por qué el método usado para encontrar la recta de mejor ajuste se conoce como "método de mínimos cuadrados".

13.26 Quieres estudiar la relación entre la cantidad de azúcar en un desayuno infantil y la hiperactividad del niño en la escuela durante las 4 horas posteriores al desayuno. Pides a 200 madres de niños de quinto año que lleven un registro cuidadoso de lo que comen y beben sus hijos cada mañana. El reporte de cada padre se analiza y se determina el consumo de azúcar. Durante el mismo periodo, en la escuela se recolectan datos acerca de hiperactividad. ¿Qué estadístico medirá la fuerza y el tipo de relación que existe entre la cantidad de azúcar y la cantidad de hiperactividad? Explica por qué es adecuado el estadístico que seleccionaste y qué valor esperas que tenga este estadístico.

13.27 Estás interesado en estudiar la relación entre la duración de tiempo que una persona ha sido apoyada por la seguridad pública y la autoestima. Crees que, mientras más tiempo una persona es apoyada, más baja es la autoestima. ¿Qué datos necesitarías recolectar y qué estadísticos calcularías si quisieras predecir el nivel de autoestima de una persona después de haber estado en seguridad pública durante cierto periodo? Explica con detalle.

14 Elementos de estadística no paramétrica

© Imagen copyright MANDY GODBEHEAR, 2009. Usada bajo licencia de Shutterstock.com

14.1 Estadística no paramétrica

Cómo ven las cosas los adolescentes

Uno podría pensar en ellos como en la generación "V": por valores. De acuerdo con el estudio "El estado de ánimo de los jóvenes estadounidense", los adolescentes de hoy no son tan rebeldes como los adolescentes de 1970 ni tan materialistas como los de 1980. Lo que quieren no es cambiar el mundo o poseer un trozo de él, sino ser felices. Entre las mayores preocupaciones de los adolescentes: el declive en los valores morales y sociales.

Esta encuesta nacional reveló que las actitudes de los adolescentes hacia los valores morales y sociales son mucho más convencionales de lo que se creía ampliamente.

El estudio, realizado por NFO Research, Inc., incluyó a 938 jóvenes de entre 13 y 17 años de edad que son representativos de la población adolescente estadounidense como un todo. De los encuestados, nueve de cada 10 dijo que no bebe o fuma. Siete de cada 10 dijo que la religión es importante en sus vidas. La mayoría de los informantes respeta a sus padres, se lleva bien con ellos y considera sus reglas estrictas pero justas.

Los datos de la encuesta son interesantes pero con frecuencia no siguen las suposiciones que requiere la estadística inferencial aprendidos hasta el momento. De hecho, la mayoría de los procedimientos estadísticos estudiados en este libro se conocen como **métodos paramétricos**. Para que un procedimiento estadístico sea paramétrico o se supone que la población padre tiene al menos una distribución aproximadamente normal, o se apoya en el teorema del límite central para proporcionar una aproximación normal. Esto es particularmente cierto de los métodos estadísticos estudiados en los capítulos 8, 9 y 10.

Los **métodos no paramétricos**, o **métodos de distribución libre**, como también se conocen, no dependen de la distribución de población a muestrear. Las estadísticas no paramétricas por lo general están sujetas a restricciones mucho menos confinantes que sus contrapartes paramétricas. Algunas, por ejemplo, sólo requieren que la población padre sea continua.

La reciente popularidad de las estadísticas no paramétricas puede atribuirse a las siguientes características:

1. Los métodos no paramétricos requieren pocas suposiciones acerca de la población padre.
2. Los métodos no paramétricos por lo general son más sencillos de aplicar que sus contrapartes paramétricas.
3. Los métodos no paramétricos son relativamente más fáciles de entender.
4. Los métodos no paramétricos pueden usarse en situaciones donde no pueden hacerse suposiciones de normalidad.
5. Los métodos no paramétricos por lo general sólo son ligeramente menos eficientes que sus contrapartes paramétricas.

Comparación de pruebas estadísticas

Este capítulo sólo presenta un muestreo muy pequeño de las muchas diferentes pruebas no paramétricas que existen. Las selecciones que se presentan demuestran su facilidad de aplicación y variedad de técnica. Muchas de las pruebas no paramétricas pueden usarse en lugar de ciertas **pruebas paramétricas**. Entonces, la cuestión es: ¿cuál prueba estadística usar, la paramétrica o la no paramétrica? En ocasiones también existe más de una prueba no paramétrica de dónde elegir.

La decisión acerca de cuál prueba usar debe basarse en la respuesta a la pregunta: ¿cuál prueba hará mejor el trabajo? Primero, considera que, cuando se comparan dos o más pruebas, deben estar igualmente calificadas para su uso. Esto es: cada prueba tiene un conjunto de suposiciones que deben satisfacerse antes de poder aplicarla. A partir de este punto de partida, se tratará de definir como "mejor" a la prueba que es más capaz de controlar los riesgos de error y, al mismo tiempo, mantener el tamaño de la muestra en un número que sea razonable para poder trabajar con ella. (El tamaño de la muestra significa costo: costo para ti o tu empleador.)

Criterios de poder y eficiencia

Observa primero la habilidad para controlar el riesgo de error. El riesgo asociado con un error tipo I se controla directamente con el nivel de significancia α. Recuerda que P(error tipo I) $= \alpha$ y P(error tipo II) $= \beta$. Por tanto, es β la que debe controlarse. A los estadísticos les gusta hablar acerca del *poder* (como hacen otros) y el **poder de una prueba estadística** se define como $1 - \beta$. Por tanto, el poder de una prueba, $1 - \beta$, es la probabilidad de que se rechace la hipótesis nula cuando debe rechazarse. Si dos pruebas con la misma α son iguales candidatos para uso, entonces aquella con el mayor poder es la que se querrías elegir.

El otro factor es el tamaño muestral requerido para hacer un trabajo. Supón que estableces los niveles de riesgo que puedes tolerar, α y β y después puedes determinar el tamaño muestral que satisfaría tus retos específicos. La prueba que requiera el tamaño muestral más pequeño parecería tener la ventaja. Por lo general, los estadísticos usan el término **eficiencia** para hablar acerca de este concepto. *Eficiencia* es la razón del tamaño muestral de la mejor prueba paramétrica al tamaño muestral de la mejor prueba no paramétrica, cuando se comparan bajo un conjunto fijo de valores de riesgo. Por ejemplo, la calificación de eficiencia para la prueba del signo es aproximadamente 0.63. Esto significa que una muestra de tamaño 63 con una prueba paramétrica hará el mismo trabajo que una muestra de tamaño 100 con la prueba del signo.

El poder y la eficiencia de una prueba no pueden usarse solas para determinar la elección de la prueba. En ocasiones te verás forzado a usar cierta prueba debido a los datos que te proporcionan. Cuando hay que tomar una decisión, la decisión final descansa en una negociación de tres factores: 1) el poder de la prueba, 2) la eficiencia de la prueba y 3) los datos (y el tamaño muestral) disponibles. La tabla 14.1 muestra cómo las pruebas no paramétricas estudiadas en este capítulo se comparan con las pruebas paramétricas cubiertas en capítulos anteriores.

TABLA 14.1
Comparación de pruebas paramétricas y no paramétricas

Situación de prueba	Prueba paramétrica	Prueba no paramétrica	Eficiencia de prueba no paramétrica
Una media	Prueba *t* (p. 412)	Prueba del signo (p. 664)	0.63
Dos medias independientes	Prueba *t* (p. 495)	Prueba *U* (p. 676)	0.95
Dos medias dependientes	Prueba *t* (p. 482)	Prueba del signo (p. 667)	0.63
Correlación	De Pearson (p. 619)	Prueba de Spearman (p. 694)	0.91
Aleatoriedad		Prueba de rachas (p. 686)	No significativa; no hay prueba paramétrica para comparación

14.2 La prueba del signo

La **prueba del signo** es un método no paramétrico versátil y excepcionalmente fácil de aplicar que sólo usa signos más y menos. Aquí se presentan tres aplicaciones de la prueba del signo: 1) un intervalo de confianza para la mediana de una población, 2) una prueba de hipótesis concerniente al valor de la mediana para una población y 3) una prueba de hipótesis concerniente a la diferencia de medianas (diferencia apareada) para dos **muestras dependientes**. Estas pruebas del signo se realizan usando los mismos procedimientos básicos de intervalo de confianza y prueba de hipótesis que se describieron en capítulos anteriores. Son las alternativas no paramétricas a las pruebas t usadas para una media (consulta la sección 9.1) y para la diferencia entre dos medias dependientes (consulta la sección 10.2).

Suposiciones para inferencias en torno a la mediana poblacional de una sola muestra usando la prueba del signo Las n observaciones aleatorias que forman la muestra se seleccionan de manera independiente y la población es continua en la vecindad de la mediana M.

Procedimiento de intervalo de confianza de muestra sencilla

La prueba del signo puede aplicarse para obtener un intervalo de confianza para la **mediana poblacional** desconocida, $\boldsymbol{M}$. Para lograr esto, necesitarás ordenar los datos muestrales en orden ascendente (de menor a mayor). Los datos se identifican como x_1 (menor), $x_2, x_3, \ldots, x_n$ (mayor). El valor crítico, k (conocido como "número máximo permitido de signos"), se obtiene de la tabla 12 del apéndice B y dice el número de posiciones a eliminar de cada extremo de los datos ordenados. Los valores de extremo restantes se convierten en cotas del intervalo de confianza $1 - \alpha$. Esto es: la cota inferior para el intervalo de confianza es x_{k+1}, el $(k + 1)$-ésimo valor de datos; la cota superior es x_{n-k}, el $(n - k)$-ésimo valor de datos.

En general los dos valores de datos que acotan el intervalo de confianza ocupan las posiciones $k + 1$ y $n - k$, donde k es el valor crítico leído de la tabla 12. Por tanto,

$$\boldsymbol{x_{k+1}} \quad \text{a} \quad \boldsymbol{x_{n-k}}, \quad \text{intervalo de confianza } 1 - \alpha \text{ para } M$$

El siguiente ejemplo clarificará este procedimiento.

EJEMPLO 14.1

CONSTRUCCIÓN DE UN INTERVALO DE CONFIANZA PARA UNA MEDIANA POBLACIONAL

Supón que tienes una muestra aleatoria de 12 lecturas de temperatura alta diarias en orden ascendente, [50, 62, 64, 76, 76, 77, 77, 77, 80, 86, 92, 94] y quieres formar un intervalo de confianza de 95% para la mediana poblacional. La tabla 12 muestra un valor crítico de 2 (k = 2) para n = 12 y α = 0.05 para una prueba de hipótesis de dos colas. Esto significa que se quitan los dos últimos valores en cada extremo (50 y 62 a la izquierda; 92 y 94 a la derecha). El intervalo de confianza se acota de manera inclusiva por los restantes valores extremos, 64 y 86. Esto es: el intervalo de confianza de 95% es 64 a 86 y se expresa como

64° a 86°

el intervalo de confianza de 95% para la mediana de la temperatura alta diaria.

Procedimiento de prueba de hipótesis de muestra sencilla

La prueba del signo puede usarse cuando la hipótesis nula a poner a prueba se ocupa del valor de la mediana poblacional M. La prueba puede ser, de una o dos colas. Este procedimiento de prueba se presenta en el siguiente ejemplo.

EJEMPLO 14.2

PRUEBA DE HIPÓTESIS DE DOS COLAS

Se selecciona una muestra aleatoria de 75 estudiantes y a cada uno se le pide medir cuidadosamente la cantidad de tiempo que tarda en trasladarse de la puerta de su casa al estacionamiento de la universidad. Los datos recolectados se usaron para poner a prueba la hipótesis "la mediana del tiempo requerido por los estudiantes para trasladarse es de 15 minutos", contra la alternativa de que la mediana es distinta de 15 minutos. Las 75 piezas de datos se resumen del modo siguiente:

Abajo de15: 18 15:12 Arriba de15: 45

Usa la prueba del signo para poner a prueba la hipótesis nula contra la hipótesis alternativa.

Solución

Los datos se convierten a signos + y − de acuerdo con si cada valor de dato es mayor o menor que 15. Un signo más se asignará a cada mayor que 15, un signo menos a cada menor que 15 y cero a los que sean iguales a 15. La prueba del signo sólo usa los signos más y menos; por tanto, los ceros se descartan y el tamaño muestral útil se convierte en 63. Esto es: $n(+) = 45$, $n(-) = 18$ y $n = n(+) + n(-) = 45 + 18 = 63$.

Paso 1 **a. Parámetro de interés:** M, la mediana poblacional del tiempo para trasladarse

Tutorial en video disponible; ingresa y aprende más en cengagebrain.com

b. Enunciado de hipótesis:

H_o: $M = 15$

H_o: $M \neq 15$

Paso 2 **a. Suposiciones:** las 75 observaciones se seleccionaron al azar y la variable, tiempo de traslado, es continua.

b. Estadístico de prueba: el estadístico de prueba que se usará es el número del signo menos frecuente: el menor de $n(+)$ y $n(-)$, que es $n(-)$ para este ejemplo. Se querrá rechazar la hipótesis nula siempre que el número de signo menos frecuente sea extremadamente pequeño. La tabla 12 del apéndice B proporciona el número máximo permisible del signo menos frecuente, k, que permitirá rechazar la hipótesis nula. Esto es: si el número del signo menos frecuente es menor que o igual al valor crítico en la tabla, se rechazará H_o. Si el valor observado del signo menos frecuente es mayor que el valor de tabla, se fallará en rechazar H_o. En la tabla, n es el número total de signos, no incluidos ceros. El estadístico de prueba = $x\bigstar$ = **n(signo menos frecuente)**.

c. Nivel de significancia: $\alpha = 0.05$, para una prueba de dos colas.

Paso 3 **a. Información muestral:** $n = 63$; $[n(-) = 18,\ n(+) = 45]$

b. Estadístico de prueba: el valor observado del estadístico de prueba es $x\bigstar = n(-) = 18$.

Paso 4 La distribución de probabilidad:

Valor p:

a. Dado que la preocupación es por valores "no iguales a", el valor p es el área de ambas colas. Encuentra la cola izquierda y duplícala: $\mathbf{P} = 2 \times P(x \leq 18$, para $n = 63)$.

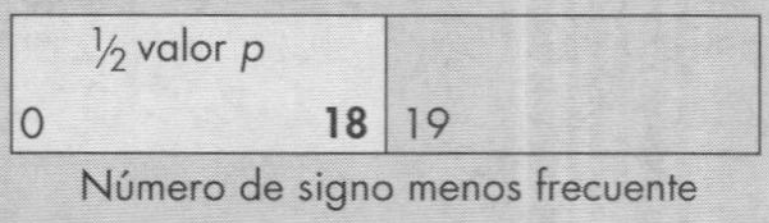

Para encontrar el valor p, tienes dos opciones:

1. Usa la tabla 12 (apéndice B) para colocar cotas sobre el valor p. La tabla 12 sólo menciona valores de dos colas (no duplicar): $\mathbf{P < 0.01}$.
2. Usa una computadora o calculadora para encontrar el valor p: $\mathbf{P = 0.0011}$.

Instrucciones específicas siguen a este ejemplo.

b. El valor p es menor que α.

Clásico:

a. La región crítica se divide en dos partes iguales porque H_a expresa preocupación por valores relacionados con "no igual a". Dado que la tabla es para pruebas de dos colas, el valor crítico se localiza en la intersección de la columna $\alpha = 0.05$ y la fila $n = 63$ de la tabla 12: **23.**

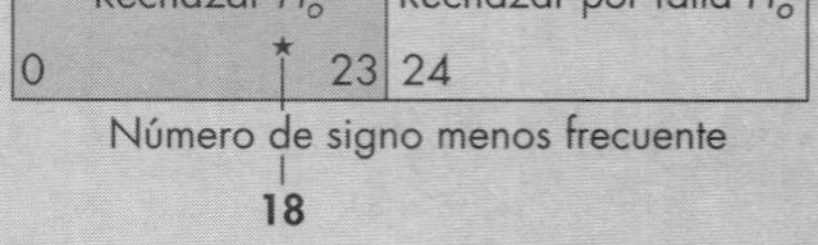

b. $x\bigstar$ está en la región crítica, como se muestra en la figura.

Paso 5 **a. Decisión:** rechazar H_o.

b. Conclusión: la muestra presenta suficiente evidencia en el nivel 0.05 para concluir que la mediana del tiempo de traslado no es igual a 15 minutos.

Cálculo del valor *p* cuando se usa la prueba del signo

Método 1. Usa la tabla 12 del apéndice B para colocar cotas sobre el valor p. Al inspeccionar la fila $n = 63$ de la tabla 12, puedes determinar un intervalo dentro del cual cae el valor p. Ubica el valor de x a lo largo de la fila $n = 63$ y lee las cotas de la parte superior de la tabla. La tabla 12 sólo menciona valores de dos colas (por tanto, no dupliques): $\mathbf{P < 0.01}$.

Método 2. Si haces la prueba de hipótesis con la ayuda de una computadora o calculadora, muy probablemente determinará el valor p por ti. A continuación se describen instrucciones específicas.

INSTRUCCIONES DE TECNOLOGÍA: PRUEBA DEL SIGNO PARA UNA PRUEBA DE HIPÓTESIS DE LA MEDIANA PARA UNA SOLA MUESTRA

MINITAB

Escribe el conjunto de datos en C1; luego continúa con:

Elige:	**Stat > Nonparametrics > 1-Sample Sign**
Escribe:	Variables: **C1**
Selecciona:	**Test median:***
Escribe:	**M** (valor hipotético mediana)
Selecciona:	Alternativa: **less than** o **not equal** o **greater than > OK**

*También puede seleccionarse un intervalo de confianza.
(Si no se proporcionan datos originales, sólo el número de signos más y menos, entonces escribe los valores de datos arriba y abajo de la mediana que calculará el número correcto de cada signo.)

Excel

Los siguientes comandos Excel calcularán las diferencias entre los valores de datos y la mediana hipotética. Entonces los datos se ordenarán de modo que el número de signos + y – puedan contarse con facilidad.

Ingrese los datos en la columna A y seleccione la celda B1: después continúe con:

Elige:	**Insert function f_x > All > SIGN > OK**
Escribe:	Número: **A1 – valor hipotético mediana > OK**
Arrastra:	**Esquina inferior derecha de la celda B1 hacia abajo para obtener otras diferencias**

Selecciona los datos en las columnas A y B; luego continúa con:

Elige:	**Data > Sort**
Selecciona:	Ordena por: **Column B**
	Orden: **Smallest to Largest > OK**

TI-83/84 Plus

Escribe los datos en L1; luego continúa con:

Elige:	**PRGM > EXEC > SIGNTEST***
Selecciona:	PROCEDURE: **3: HYP TEST** INPUT? **2:DATA: 1 LIST**
Escribe:	DATA: **L1** MED0: **hypothesized median value**
Selecciona:	ALT HYP? **1: >** o **2: <** o **3: ≠**

*El programa SIGNTEST es uno de muchos programas que están disponibles para descargar de www.cengagebrain.com. Consulta la página 35 para instrucciones específicas.

Procedimiento de prueba de hipótesis de dos muestras

La prueba del signo también puede aplicarse a una prueba de hipótesis que trata con la diferencia de mediana entre **datos apareados** que resultan de **dos muestras dependientes**. Una aplicación familiar es el uso de pruebas antes y después para determinar la efectividad de alguna actividad. En una prueba de esta naturaleza, los signos de las diferencias se usan para realizar la prueba. Nuevamente, se descartan los ceros.

Suposiciones para inferencias en torno a la mediana de diferencias apareadas usando la prueba del signo Los datos emparejados se seleccionan de manera independiente y las variables son ordinales o numéricas.

El siguiente ejemplo muestra este procedimiento.

EJEMPLO 14.3

PRUEBA DE HIPÓTESIS DE UNA COLA PARA LA MEDIANA DE DIFERENCIAS APAREADAS

Un nuevo plan para bajar de peso sin ejercicio ni hambre se desarrolló y publicitó. Para poner a prueba la afirmación de que "perderá peso en 2 semanas o . . .", un estadístico local obtuvo los pesos antes y después de 18 personas que usaron este plan. La tabla 14.2 menciona las personas, sus pesos y un menos (−) para quienes perdieron peso durante las 2 semanas, un 0 para aquellos cuyo peso permaneció igual y un más (+) para quienes en realidad ganaron peso.

La afirmación a poner a prueba es que las personas pierden peso. La hipótesis nula que se pondrá a prueba es "no hay pérdida de peso (o la mediana de la pérdida de peso es cero)", lo que significa que sólo un rechazo de la hipótesis nula permitirá concluir en favor de la afirmación publicitada. En realidad se pondrá a prueba para ver si existen significativamente más signos menos que signos más. Si el plan para bajar de peso absolutamente no tiene valor, se esperaría encontrar un igual número de signos más y menos. Si funciona, debe haber significativamente más signos menos que signos más. Por tanto, la prueba que se realiza aquí será una prueba de una cola. (Se quiere rechazar la hipótesis nula en favor de la afirmación publicitada si existen "muchos" signos más.)

TABLA 14.2 Resultados muestrales acerca del plan para bajar de peso [TA14-02]

Persona	Peso Antes	Peso Después	Signo de la diferencia, Después − Antes	Persona	Peso Antes	Peso Después	Signo de la diferencia, Después − Antes
Sra. Smith	146	142	−	Sr. Carroll	187	187	0
Sr. Brown	175	178	+	Sra. Black	172	171	−
Sra. White	150	147	−	Sra. McDonald	138	135	−
Sr. Collins	190	187	−	Srita. Henry	150	151	+
Sr. Gray	220	212	−	Srita. Greene	124	126	+
Srita. Collins	157	160	+	Sr. Tyler	210	208	−
Sra. Allen	136	135	−	Sra. Williams	148	148	0
Sra. Noss	146	138	−	Sra. Moore	141	138	−
Srita. Wagner	128	132	+	Sra. Sweeney	164	159	−

Solución

Paso 1 **a. Parámetro de interés:** M, la mediana de la pérdida de peso

b. Enunciado de hipótesis:

H_o: $M = 0$ (no pérdida de peso)

H_a: $M < 0$ (pérdida de peso)

Tutorial en video disponible; ingresa y aprende más en cengagebrain.com

Paso 2 **a. Suposiciones:** las 18 observaciones se seleccionaron al azar y las variables, peso antes y peso después, ambas son continuas.

b. Estadístico de prueba: el número del signo menos frecuente: el estadístico de prueba = $x\star$ = n(signo menos frecuente)

c. Nivel de significancia: $\alpha = 0.05$ para una prueba de una cola

Paso 3 **a. Información muestral:** $n = 16[n(+) = 5, n(-) = 11]$

b. Estadístico de prueba: el valor observado del estadístico de prueba es $x\star = n(+) = 5$.

Paso 4 La distribución de probabilidad:

Valor p:

a. Dada la preocupación por valores "menores que", el valor p es el área a la izquierda: **P** = $P(x \leq 5$, para $n = 16)$.

½ valor p	
0 1 2 3 4 **5**	6

Número de signo menos frecuente

Para encontrar el valor p, tiene dos opciones:

1. Usa la tabla 12 del apéndice B para estimar el valor p. La tabla 12 sólo menciona α de dos colas (ésta es una cola, así que divide α entre dos): **P** $\approx$ **0.125**.
2. Usa una computadora o calculadora para encontrar el valor p: **P = 0.1051**.

Para instrucciones específicas, consulta la página 667.

b. El valor p no es menor que α.

O

Clásico:

a. La región crítica es de una cola porque H_a expresa preocupación por valores relacionados con "menor que". Dado que la tabla es para pruebas de dos colas, el valor crítico se localiza en la intersección de la columna $\alpha = 0.10$ ($\alpha = 0.05$ en cada cola) y la fila $n = 16$ de la tabla 12:

$k = 4$

Rechazar H_o	Rechazar por falla H_o
0 1 2 3 4	★ 5

Número de signo menos frecuente

5

b. $x\star$ no está en la región crítica, como se muestra en la figura.

Paso 5 **a. Decisión:** rechazar por falla H_o.

b. Conclusión: la evidencia observada no es suficiente para permitir rechazar la hipótesis nula de no pérdida de peso en el nivel de significancia 0.05.

INSTRUCCIONES DE TECNOLOGÍA: PRUEBA DEL SIGNO PARA LA MEDIANA DE DIFERENCIAS EMPAREJADAS

MINITAB

Escribe el conjunto de datos emparejados en C1 y C2; luego continúa con:

Elige:	**Calc > Calculator**
Escribe:	Almacenar resultado en variable: **C3**
	Expresión: **C1-C2** (el orden que se necesite, con base en H_a) > **OK**
Elige:	**Stat > Nonparametrics > 1-Sample Sign . . .**
Escribe:	Variables: **C3**
Selecciona:	**Test median:***
Escribe	**0** (valor hipotético mediana)
Selecciona:	Alternativa: **less than** o **not equal** o **greater than** > **OK**

*Como antes, el intervalo de confianza puede seleccionarse.

Excel

Escribe los datos apareados en las columnas A y B; luego continúa con:

Elige:	**Add-Ins > Data Analysis Plus > Sign Test > OK**
Escribe:	Rango variable 1: **(A1:A20 o selecciona celdas)**
	Rango variable 2: **(B1:B20 o selecciona celdas)**
Selecciona:	**Labels** (si es necesario)
Escribe:	Alfa: α (ej. 0.05)

TI-83/84 Plus

Escribe los datos apareados en L1 y L2; luego continúa con:

Resalta:	**L3**
Escribe:	**L1-L2** (el orden que se necesite, con base en H_a)
Elige:	**PRGM > EXEC > SIGNTEST***
Selecciona:	PROCEDURE: 3: **HYP TEST**
	INPUT? **2:DATA: 1 LIST**
Escribe:	DATA: **L3**
	MEDO: **hypothesized median value**
Selecciona:	ALT HYP? **1: > o 2: < o 3: ≠**

*El programa SIGNTEST es uno de muchos programas que están disponibles para descargar de www.cengagebrain.com. Consulta la página 35 para instrucciones específicas.

Aproximación normal

La prueba del signo puede realizarse mediante una aproximación normal usando la variable normal estándar z. La aproximación normal puede usarse si la tabla 12 no muestra los niveles particulares de significancia deseados o si n es grande.

Notas:

1. x puede ser el número del signo menos frecuente o el signo más frecuente. Tendrás que determinar esto en tal forma que la dirección sea consistente con la interpretación de la situación.
2. En realidad, x es una **variable aleatoria binomial**, donde $p = 0.5$. El signo estadístico de prueba satisface las propiedades de un experimento binomial (consulta la p. 246). Cada signo es el resultado de un ensayo independiente. Existen n ensayos y cada ensayo tiene dos posibles resultados (+ o –). Dado que se usa la mediana, las probabilidades para cada resultado son ambas 0.5. Por tanto, la media, μ_x, es igual a

$$\mu_x = \frac{n}{2} \quad \left[\mu = np = n \cdot \frac{1}{2} = \frac{n}{2}\right]$$

   y la desviación estándar, σ_x, es igual a

$$\sigma_x = \frac{1}{2}\sqrt{n} \quad \left[\sigma = \sqrt{npq} = \sqrt{n \cdot \frac{1}{2} \cdot \frac{1}{2}} = \frac{1}{2}\sqrt{n}\right]$$

3. x es una variable discreta. Pero recuerda que la distribución normal debe usarse solamente con variables continuas. Sin embargo, aunque la variable aleatoria binomial es discreta, se convierte en una distribución aproximadamente normal para n grande. No obstante, cuando se usa la distribución normal para la prueba, debes hacer un ajuste en la variable de modo que la aproximación sea más precisa. (Consulta la sección 6.5, p. 299, acerca de la aproximación normal.) Este ajuste se ilustra en la figura 14.1 y se llama **corrección de continuidad**. Para esta variable discreta, el área que representa la probabilidad es una barra rectangular. Su ancho tiene 1 unidad, desde $\frac{1}{2}$ unidad abajo hasta $\frac{1}{2}$ unidad arriba del valor de interés. Por tanto, cuando se usa z, necesitarás hacer un ajuste

FIGURA 14.1
Corrección de continuidad

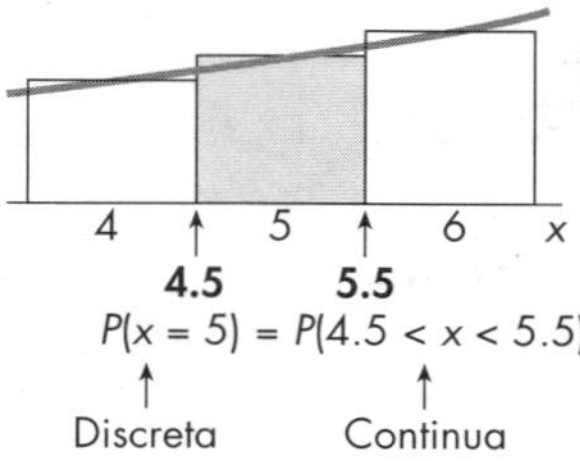

de $\frac{1}{2}$ unidad antes de calcular el valor observado de z. Por tanto, x' será el valor ajustado para x. Si x es mayor que $\frac{n}{2}$, entonces $x' = x - \frac{1}{2}$. Si x es menor que $\frac{n}{2}$, entonces $x' = x + \frac{1}{2}$. Entonces la prueba se completa mediante el procedimiento usual, con x'.

Procedimiento de intervalo de confianza

Si vas a usar la aproximación normal (incluida la corrección de continuidad), los números de posición para un intervalo de confianza $1 - \alpha$ para M se encuentran usando la fórmula:

$$\frac{1}{2}(n) \pm \left[\frac{1}{2} + \frac{1}{2} \cdot z(\alpha/2) \cdot \sqrt{n}\right] \qquad \textbf{(14.1)}$$

El intervalo es

$$x_I \text{ a } x_S, \text{ intervalo de confianza } 1 - \alpha \text{ para } M(mediana)$$

donde

$$I = \frac{n}{2} - \frac{1}{2} - \frac{1}{2} \cdot z(\alpha/2) \cdot \sqrt{n} \quad \text{y} \quad S = \frac{n}{2} + \frac{1}{2} + \frac{1}{2} \cdot z(\alpha/2) \cdot \sqrt{n}$$

Nota: I debe redondearse hacia abajo y S debe redondearse hacia arriba para garantizar que el nivel de confianza es al menos $1 - \alpha$.

EJEMPLO 14.4

CONSTRUCCIÓN DE UN INTERVALO DE CONFIANZA PARA UNA MEDIANA POBLACIONAL

Estima la mediana poblacional de la temperatura alta diaria con un intervalo d e confianza de 95%, con base en la siguiente muestra aleatoria de 60 lecturas de temperatura alta diaria. (*Nota:* las temperaturas se ordenaron en orden ascendente.)

43(x_1)	55(x_2)	59	60	67	73	73	73	73	73
73	75	75	76	78	78	78	79	79	80
80	80	80	80	80	80	82	82	82	82
83	83	83	83	83	84	84	84	85	85
86	86	87	87	88	88	88	88	88	88
88	89	89	89	89	90	92	93	94	98(x_{60})

Solución

Cuando se usa la fórmula (14.1), los números de posición I y S son

$$\frac{1}{2}(n) \pm \left(\frac{1}{2} + \frac{1}{2} \cdot z(\alpha/2) \cdot \sqrt{n}\right): \quad \frac{1}{2}(60) \pm \left(\frac{1}{2} + \frac{1}{2} \cdot 1.96 \cdot \sqrt{60}\right)$$

$$30 \pm (0.50 + 7.59)$$

$$30 \pm 8.09$$

Es decir,

$I = 30 - 8.09 = 21.91$, redondeado hacia abajo se convierte en 21 (21° valor de datos)

$S = 30 + 8.09 = 38.09$, redondeado hacia arriba se convierte en 39 (39° valor de datos)

Por tanto,

80° a 85°, el intervalo de confianza de 95% para la mediana de la temperatura alta diaria

Procedimiento de prueba de hipótesis

Cuando una prueba de hipótesis se completa usando la distribución normal estándar, z se calculará con la fórmula:

$$z\bigstar = \frac{x' - \frac{n}{2}}{\frac{1}{2} \cdot \sqrt{n}} \tag{14.2}$$

(Consulta la nota 3 de la p. 670 respecto a x'.)

EJEMPLO 14.5

PRUEBA DE HIPÓTESIS DE UNA COLA

Usa la prueba del signo para poner a prueba la hipótesis de que la mediana del número de horas, M, laboradas por los estudiantes en cierta universidad es de al menos 15 horas por semana. Se tomó una encuesta de 120 estudiantes; se registra un signo más si el número de horas que trabajó el estudiante la semana pasada fue igual a o mayor que 15 y un signo menos si el número de horas fue menor que 15. Los totales mostraron 80 signos menos y 40 signos más.

Solución

Paso 1 **a. Parámetro de interés:** M, la mediana del número de horas laboradas por los estudiantes

b. Enunciado de hipótesis:

H_o: $M = 15(\geq)$ (al menos tantos signos más como signos menos)

H_a: $M < 15$ (menos signos más que signos menos)

Paso 2 **a. Suposiciones:** la muestra aleatoria de 120 adultos se tomó de manera independiente y la variable, horas laboradas, es continua.

b. Distribución de probabilidad y estadístico de prueba: la z normal estándar y la fórmula (14.2)

c. Nivel de significancia: $\alpha = 0.05$

Paso 3 **a. Información muestral:** $n(+) = 40$ y $n(-) = 80$; por tanto, $n = 120$ y x es el número de signos más; $x = 40$.

b. Estadístico de prueba: con la fórmula (14.2), se tiene

$$z\bigstar = \frac{x' - \frac{n}{2}}{\frac{1}{2} \cdot \sqrt{n}}:$$

$$z\bigstar = \frac{40.5 - \frac{120}{2}}{\frac{1}{2} \cdot \sqrt{120}} = \frac{40.5 - 60}{\frac{1}{2} \cdot (10.95)} = \frac{-19.5}{5.475}$$

$$= -3.562 = \mathbf{-3.56}$$

Paso 4 La distribución de probabilidad:

Valor p:

a. Usa la cola izquierda porque H_a expresa preocupación por valores relacionados con "menor que". $\mathbf{P} = P(z < -3.56)$, como se muestra en la figura.

Valor p

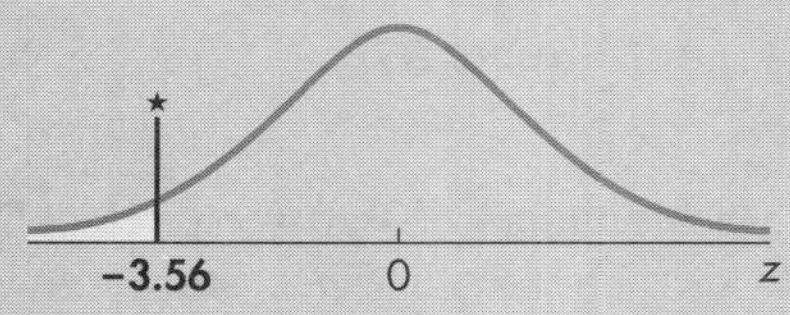

Para encontrar el valor p, tienes tres opciones:
1. Usa la tabla 3 (apéndice B) para calcular el valor p: $\mathbf{P} = \mathbf{0.0002}$.
2. Usa la tabla 5 (apéndice B) para colocar cotas sobre el valor p: $\mathbf{P} = \mathbf{0.0002}$.
3. Usa una computadora o calculadora para encontrar el valor p: $\mathbf{P} = \mathbf{0.0002}$.

Para instrucciones específicas, consulta la página 376.

b. El valor p es menor que α.

Clásico:

a. La región crítica es la cola izquierda porque H_a expresa preocupación por valores relacionados con "menor que". El valor crítico se obtiene de la tabla 4A:

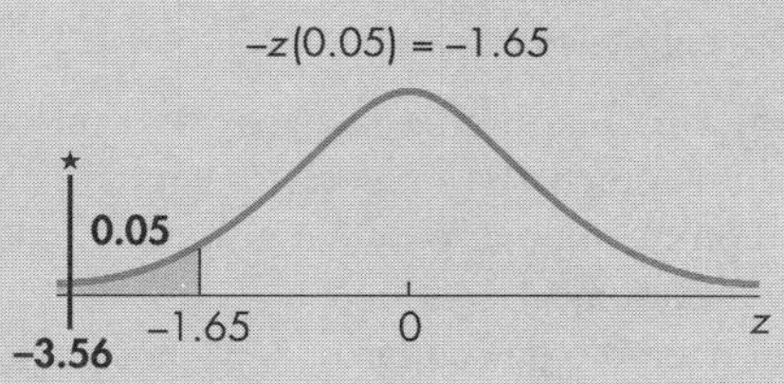

En la página 393 se proporcionan instrucciones específicas para encontrar valores críticos.

b. z★ está en la región crítica, como se muestra en **azul oscuro** en la figura.

PTI Véanse las páginas 669 y 670 para comandos de computadora y calculadora.

Paso 5 **a. Decisión:** rechazar H_o.
b. Conclusión: en el nivel 0.05, existen significativamente más signos menos que signos más, lo que por tanto implica que la mediana es menor que las 15 horas afirmadas.

EJERCICIOS SECCIÓN 14.2

14.1 a. Describe por qué la prueba del signo puede ser el procedimiento de uso más sencillo de todos.

b. ¿Qué parámetro poblacional puedes poner a prueba usando la prueba del signo? ¿Qué propiedad de dicho parámetro permite usar la prueba del signo? Explica.

14.2 [EX14-02] A 10 confinados seleccionados al azar se les preguntó cuántas horas de televisión miraron la semana pasada. Los resultados fueron los siguientes:

82	66	90	84	75	88	80	94	110	91

Determina la estimación del intervalo de confianza de 90% para la mediana del número de horas de televisión miradas por semana por los confinados.

14.3 [EX14-03] Las siguientes temperaturas altas diarias (°F) se registraron en la ciudad de Rochester, Nueva York, en 20 días de diciembre seleccionados al azar.

47	46	40	40	46	35	34	59	54	33
65	39	48	47	46	46	42	36	45	38

Usa la prueba del signo para determinar el intervalo de confianza de 95% para la mediana de la temperatura alta diaria en Rochester, Nueva York, durante diciembre.

14.4 [EX14-04] Se identificaron al azar 15 condados de Georgia productores de cacahuate y se registró la tasa de producción de cacahuate de 2008, en libras por cacahuates cosechados por acre.

3020	2310	2600	3750	3450	2085	3000	2785
2880	3275	2795	3300	2995	3440	3565	

Fuente: http://www.nass.usda.gov/

Usa la prueba del signo para determinar el intervalo de confianza de 95% para la tasa de producción mediana para cacahuates.

[EX00-000] identifica el nombre de archivo de una base de datos en línea de un ejercicio; disponible a través de cengagebrain.com

14.5 [EX14-05] Cada año, los estudiantes de sexto año en las escuelas de Ohio realizan exámenes de habilidad. La siguiente lista es de cambios de calificaciones en lectura de sexto año respecto al año previo. Los valores negativos indican una disminución en la calificación, los valores positivos muestran un aumento y un cero muestra no cambio respecto al año previo.

−4	−4	−10	−9	−30	6	18	−3	2	−5	−6
−12	−9	1	−1	−2	19	6	−1	−14	−13	5
12	−8	6	−3	−8	−14	−16	−6	2	0	16
−7	6	−11	6	−8	−4	13	9	−12	12	−10

Construye un intervalo de confianza de 95% para el cambio en la mediana de las calificaciones de lectura.

14.6 [EX14-06] Una muestra de las tasas de renta de autos diaria para un auto compacto se recolectó con la finalidad de estimar el costo promedio diario de rentar un auto compacto. (Consulta la tabla de abajo.)

Encuentra el intervalo de confianza de 99% para la mediana en el costo de renta diario.

14.7 Enuncia la hipótesis nula, H_o y la hipótesis alternativa, H_a, que usarías para poner a prueba los siguientes enunciados:

a. La mediana en la duración del tiempo de vacaciones es menor que 18 días.

b. El valor de la mediana es al menos 32.

c. La mediana en la tasa de impuestos es 4.5%.

14.8 Enuncia la hipótesis nula, H_o y la hipótesis alternativa, H_a, que usarías para poner a prueba los siguientes enunciados.

a. Las calificaciones en la encuesta postautoestima fueron mayores que las calificaciones en la encuesta preautoestima.

b. Las personas prefieren el sabor del pan hecho con la nueva receta.

c. No hay cambio en el peso del pesaje hasta después de dos semanas de la dieta.

14.9 Determina el valor p para las siguientes pruebas de hipótesis que involucran la prueba del signo:

a. H_o: $P(+) = 0.5$ frente a H_a: $P(+) \neq 0.5$, con $n = 18$ y $x\bigstar = n(-) = 3$

b. H_o: $P(+) = 0.5$ frente a H_a: $P(+) > 0.5$, con $n = 78$ y $x\bigstar = n(-) = 30$

c. H_o: $P(+) = 0.5$ frente a H_a: $P(+) < 0.5$, con $n = 38$ y $x\bigstar = n(+) = 10$

d. H_o: $P(+) = 0.5$ frente a H_a: $P(+) \neq 0.5$ con $n = 148$ y $z\bigstar = -2.56$

14.10 Determina el valor crítico que usarías para poner a prueba la hipótesis nula para las siguientes situaciones usando el enfoque clásico y la prueba del signo:

a. H_o: $P(+) = 0.5$ frente a H_a: $P(+) \neq 0.5$, con $n = 18$ y $\alpha = 0.05$

b. H_o: $P(+) = 0.5$ frente a H_a: $P(+) > 0.5$, con $n = 78$ y $\alpha = 0.05$

c. H_o: $P(+) = 0.5$ frente a H_a: $P(+) < 0.5$, con $n = 38$ y $\alpha = 0.05$

d. H_o: $P(+) = 0.5$ frente a H_a: $P(+) \neq 0.5$, con $n = 148$ y $\alpha = 0.05$

14.11 Un artículo titulado "Graft-versus-Host Disease" (Enfermedad de injerto frente a huésped, http://www.nature.com/) proporciona la edad mediana de 42 años para los 87 pacientes con leucemia mieloide aguda (AML, por sus siglas en inglés) que recibieron trasplantes de células madre hematopoyéticas de donadores no relacionados después de condicionamiento estándar. Luego se analizaron los resultados clínicos después del uso de dos diferentes globulinas antitimocito (GAT) para la prevención de la enfermedad de injerto frente a huésped (GvHD). Supón que una muestra de 100 pacientes con AML se seleccionó recientemente para un estudio y se descubrió que 40 de los pacientes eran mayores que 42 y 60 fueron más jóvenes que 42 años de edad. Pon a prueba la hipótesis nula de que la edad mediana de la población de la cual se seleccionaron los 100 pacientes es igual a 42 años frente a la alternativa, que la mediana no es igual a 42 años. Usa $\alpha = 0.05$.

14.12 [EX14-05] Cada año, estudiantes de sexto grado en las escuelas de Ohio toman exámenes de habilidad. En el ejercicio 14.5 se proporciona la lista de cambios en las calificaciones de lectura para sexto grado con respecto al año previo. Los valores negativos indican una disminución en la calificación, los valores positivos muestran un aumento y un cero muestra no cambio con respecto al año previo. Usa la prueba del signo para poner a prueba la hipótesis de que "en promedio, las calificaciones en lectura disminuyeron con respecto al año previo". Usa $\alpha = 0.05$.

14.13 De acuerdo con el artículo del *USA Today Weather Focus*, "Adolescentes más cuidadosas en el Sol", 48% de los adolescentes dice que usan ropa protectora para combatir el peligro de la radiación solar, frente a 52% de las adolescentes. Supón que quieres poner a prueba la hipótesis nula de que la mitad de todos los adolescentes usaron ropa protectora para combatir el peligro de la radiación solar contra la hipótesis alternativa, "la proporción de los adolescentes que usan ropa protectora para combatir el peligro de la radiación solar difiere de un medio".

Tabla para el ejercicio 14.6

39.93	41.00	42.99	38.99	42.93	35.00	40.95	29.99	49.93	50.95
34.95	28.99	43.93	43.00	41.99	42.99	36.93	34.95	35.99	31.99
45.93	46.50	34.90	29.80	32.93	29.70	32.99	27.94	53.93	46.00
35.94	34.99	29.93	28.70	34.99	31.48	37.93	37.90	37.92	35.99

Más aún, supón que a 75 adolescentes seleccionados al azar se les pregunta acerca de sus métodos de combatir el peligro de la radiación solar. Sea + que representa "usa ropa protectora" y – que representa "no usa ropa protectora". ¿Se tiene suficiente evidencia para mostrar que la proporción de adolescentes que usan ropa protectora es diferente de un medio en los siguientes casos? Explica.

a. Se obtienen 20 signos (+) y 55 signos (–).

b. Se obtienen 27 signos (+) y 48 signos (–).

c. Se obtienen 30 signos (+) y 45 signos (–).

d. Se obtienen 33 signos (+) y 42 signos (–).

14.14 [EX14-14] En el "Reporte anual acerca del estado económico de la profesión" realizado por la Asociación Estadounidense de Profesores Universitarios, el salario medio de un profesor de tiempo completo se reportó en 83 282 dólares. La siguiente tabla menciona el salario promedio (en dólares) para una muestra aleatoria de instituciones en Colorado.

Con la salida de computadora que se presenta a continuación, pon a prueba la afirmación de que la mediana del salario de los profesores de tiempo completo en Colorado es menor que la media para todo el país, al escribir la hipótesis y verificar el número abajo y el número arriba de la mediana. Completa la prueba usando el valor p dado y $\alpha = 0.05$. Verifica el valor p dado con la tabla 12 del apéndice B.

```
Sign Test for Median: C1
Sign test of median = 83282 versus < 83282
        N      Below      Equal      Above      P
C1      20     16         0          4          0.0059
```

14.15 [EX14-15] Parte de los resultados del Tercer Estudio Internacional de Matemáticas y Ciencia fue una comparación del logro en ciencias de estudiantes de octavo grado por nación en 1999, 2003 y 2007. La tabla proporciona las calificaciones promedio para las naciones en los tres años.

Nación	1999	2003	2007
Bulgaria	518	479	470
Corea, República de	549	558	553
Chipre	460	441	452
Estados Unidos	515	527	520
Federación Rusa	529	514	530
Hong Kong	530	556	530
Hungría	552	543	539
Irán, República Islámica de	448	453	459
Japón	550	552	554
Lituana	488	519	519
Rumania	472	470	462
Singapur	568	578	567

a. Construye una tabla que muestre el signo de la diferencia entre las calificaciones en los años 1999 y 2003 para cada país.

b. Con $\alpha = 0.05$, ¿hubo una mejoría significativa en las calificaciones de ciencias en 1999 y 2003?

c. Repite los incisos a y b para los años 2003 y 2007.

14.16 Un artículo titulado "Anticoagulantes naturales y trasplante de médula ósea: La proteína C plasmática predice el desarrollo de enfermedad venooclusiva hepática" (*Blood*) comparó valores base de antitrombina III con valores de antitrombina II 7 días después de un trasplante de médula ósea para 45 pacientes. Las diferencias fueron no significativas. Supón que 17 de las diferencias fueron positivas y 28 fueron negativas. La hipótesis nula es que la diferencia mediana es cero y la hipótesis alternativa es que la diferencia mediana no es cero. Usa el nivel de confianza 0.05. Completa la prueba y enuncia cuidadosamente tu conclusión.

14.17 Una prueba de degustación ciega se usa para determinar la preferencia de las personas por el sabor "clásico" del refresco de cola y el sabor "nuevo" del refresco de cola. Los resultados fueron los siguientes:

645 prefirieron el nuevo
583 prefirieron el clásico
272 no tuvo preferencia

¿La preferencia por el sabor del nuevo refresco de cola es significativamente mayor que un medio? Usa $\alpha = 0.01$.

14.18 Una prueba de degustación se realiza con una pizza de carne regular. A cada uno de 133 individuos se le dan dos trozos de pizza, uno con una masa de trigo entero y el otro con una masa blanca. A cada persona se le pregunta después si prefiere la masa de trigo entero o la blanca. Los resultados fueron los siguientes:

65 prefirieron trigo entero a blanca
53 prefirieron blanca a trigo entero
15 no tuvo preferencia

¿Existe suficiente evidencia para verificar la hipótesis de que la masa de trigo entero se prefiere a la masa blanca en el nivel de significancia $\alpha = 0.05$?

14.19 De acuerdo con una encuesta de la Asociación Optométrica Estadounidense, 57% de los adultos usaban gafas como su tipo de lente correctivo. Supón que quieres poner a prueba la hipótesis nula "la mitad de los estudiantes universitarios usan gafas" como su tipo de lentes correctivos, contra la alternativa de que la proporción es mayor que un medio. Sea + que representa "usa gafas" y – que representa "algún otro lente correctivo o ninguno". Si pones a prueba una muestra aleatoria de 1 500 estudiantes, ¿qué valor de x, el número del

(continúa en la página 676)

Tabla para el ejercicio 14.14

54 500	63 000	83 600	67 000	49 700	60 800	47 700	82 200	86 800	73 900
57 700	58 200	62 200	82 000	78 500	70 000	96 100	89 700	57 200	55 400

signo menos frecuente, será el valor crítico en el nivel de significancia 0.05?

14.20 Cincuenta y uno por ciento de los novios dicen que quieren perder peso antes del día de su boda, de acuerdo con la *snapshot* del *USA Today*, "Pesaje antes de la boda". Supón que quieres poner a prueba la hipótesis de que al menos la mitad de los novios quiere perder peso antes de su boda. Si se encuesta una muestra aleatoria de 900 novios, ¿qué valor de x, el número de signo menos frecuente, será el valor crítico en el nivel de significancia 0.05?

14.3 La prueba *U* de Mann-Whitney

La prueba U de Mann-Whitney es una alternativa no paramétrica a la prueba t para la diferencia entre dos medias independientes. La situación usual de dos muestras ocurre cuando el experimentador quiere ver si la diferencia entre las dos muestras es suficiente para rechazar la hipótesis nula de que las dos poblaciones muestrales son idénticas.

Procedimiento de prueba de hipótesis

Suposiciones para inferencias en torno a dos poblaciones usando la prueba *U* de Mann-Whitney Las dos **muestras aleatorias independientes** son independientes dentro de cada muestra, así como entre muestras, y las variables aleatorias son ordinales o numéricas.

Con frecuencia esta prueba se usa en situaciones en las que las dos muestras se extraen de la misma población para sujetos, pero en cada conjunto se usan diferentes "tratamientos". En el siguiente ejemplo se demostrará el procedimiento.

EJEMPLO 14.6

PRUEBA DE HIPÓTESIS DE DOS COLAS

En una clase grande, cuando se aplica un examen de una hora, el profesor entrega dos exámenes "equivalentes". ¿Es razonable preguntar: estos dos exámenes realmente son equivalentes? Los estudiantes en los asientos con número par reciben el examen A y los de los asientos con número impar reciben el examen B. Para poner a prueba esta hipótesis "equivalente", se toman dos muestras aleatorias. La tabla 14.3 menciona las calificaciones de examen de las dos muestras.

TABLA 14.3
Datos de calificaciones de examen [TA14-03]

Examen A	52	78	56	90	65	86	64	90	49	78
Examen B	72	62	91	88	90	74	98	80	81	71

Si supones que los asientos con número impar o par no tienen efecto, ¿la muestra presenta suficiente evidencia para rechazar la hipótesis "los formatos de examen produjeron calificaciones que tuvieron distribuciones idénticas"? Pon a prueba con $\alpha = 0.05$.

Tutorial en video disponible; ingresa y aprende más en cengagebrain.com

Solución

Paso 1 **a. Parámetro de interés:** la distribución de calificaciones para cada versión del examen

b. Enunciado de hipótesis:

H_o: el examen A y el examen B tienen calificaciones con distribuciones idénticas.

H_a: las dos distribuciones no son iguales.

Paso 2 **a. Suposiciones:** las dos muestras son independientes y la variable aleatoria, calificación de examen, es numérica.

b. Estadístico de prueba: el estadístico *U* de Mann-Whitney

c. Nivel de significancia: $\alpha = 0.05$

Paso 3 **a. Información muestral:** los datos muestrales se proporcionan en la tabla 14.3.

b. Estadístico de prueba.

El tamaño de las muestras individuales se llamarán n_a y n_b; en realidad, no hace diferencia en qué forma se asignen. En el ejemplo ambos tienen el valor 10. Las dos muestras se combinan en una muestra (todos $n_a + n_b$) y ordenados de menor a mayor:

49	52	56	62	64	65	71	72	74	78
78	80	81	86	88	90	90	90	91	98

Después a cada uno se le asigna un número de **rango**. Al menor (49) se le asigna el rango 1, al siguiente menor (52) se le asigna rango 2, etc., hasta el mayor, al que se le asigna el rango $n_a + n_b$ (20). Los empates se manejan al asignar a cada uno las observaciones empatadas el rango medio de aquellas posiciones de rango que ocupan. Por ejemplo, en el ejemplo existen dos 78; están en las posiciones 10 y 11. El rango medio para cada uno es entonces $\frac{10 + 11}{2} = 10.5$. En el caso de los tres 90 (los valores de datos 16, 17 y 18), a cada uno se le asigna 17, porque $\frac{16 + 17 + 18}{3} = 17$. Los rangos se muestran en la tabla 14.4.

TABLA 14.4
Datos de calificación de examen por rango

Datos clasificados	Rango	Fuente	Datos clasificados	Rango	Fuente	Datos clasificados	Rango	Fuente
49	1	A	72	8	B	88	15	B
52	2	A	74	9	B	90	17	A
56	3	A	78	10.5	A	90	17	A
62	4	B	78	10.5	A	90	17	B
64	5	A	80	12	B	91	19	B
65	6	A	81	13	B	98	20	B
71	7	B	86	14	A			

La figura 14.2 de la página 678 muestra la relación entre los dos conjuntos de datos, primero con los valores de datos y segundo al comparar los números de rango para los datos.

El cálculo del **estadístico de prueba *U*** es un procedimiento de dos pasos. Primero determina la suma de los rangos para cada una de las dos muestras. Luego, con las dos sumas de rangos, calcula una calificación *U* para cada muestra. La calificación *U* menor es el estadístico de prueba.

FIGURA 14.2
Comparación de los datos de dos muestras

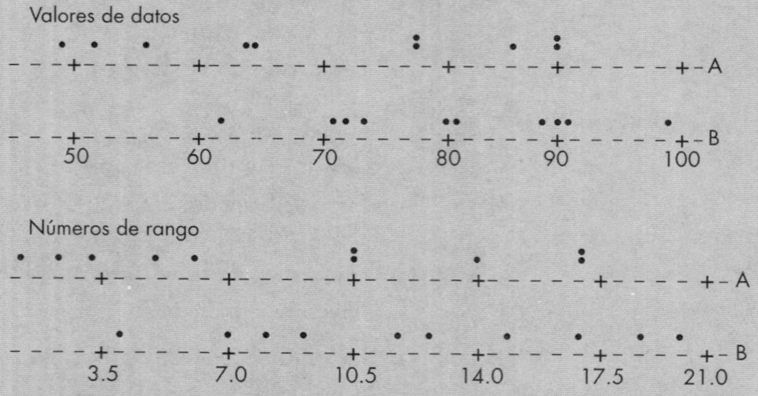

La suma de rangos R_a para la muestra A se calcula como

$$R_a = 1 + 2 + 3 + 5 + 6 + 10.5 + 10.5 + 14 + 17 + 17 = \mathbf{86}$$

La suma de rangos R_b para la muestra B es

$$R_b = 4 + 7 + 8 + 9 + 12 + 13 + 15 + 17 + 19 + 20 = \mathbf{124}$$

La calificación U para cada muestra se obtiene al usar el siguiente par de fórmulas:

Estadístico de prueba *U* de Mann-Whitney

$$U_a = n_a \cdot n_b + \frac{(n_b)(n_b + 1)}{2} - R_b \qquad \textbf{(14.3)}$$

$$U_b = n_a \cdot n_b + \frac{(n_a)(n_a + 1)}{2} - R_a \qquad \textbf{(14.3)}$$

$U\bigstar$, el estadístico de prueba, es el menor de U_a y U_b.

Para el ejemplo, se obtiene

$$U_a = (10)(10) + \frac{(10)(10 + 1)}{2} - 124 = 31$$

$$U_b = (10)(10) + \frac{(10)(10 + 1)}{2} - 86 = 69$$

Por tanto, $U\bigstar = \mathbf{31}$.

Antes de realizar la prueba para este ejemplo trata de entender algunas de las posibilidades subyacentes. Recuerda que la hipótesis nula es que las distribuciones son iguales y que muy probablemente se querrá concluir a partir de esto que los promedios son aproximadamente iguales. Supón por un momento que las distribuciones de hecho son muy diferentes; por decir, toda una muestra viene antes que el valor de datos más pequeño en la segunda muestra cuando se ordenan juntas. Ciertamente, esto significaría que se querría rechazar la hipótesis nula. ¿Qué tipo de valor puedes esperar para U en este caso? Supón que los 10 valores A tienen rangos del 1 al 10 y que los 10 valores B tienen rangos del 11 al 20. Entonces se obtendría

$$R_a = 55 \quad \text{y} \quad R_b = 155$$

$$U_a = (10)(10) + \frac{(10)(10 + 1)}{2} - 155 = 0$$

$$U_b = (10)(10) + \frac{(10)(10 + 1)}{2} - 55 = 100$$

Por tanto, $U\bigstar = \mathbf{0}$.
Si fuera el caso, ciertamente querrías alcanzar la decisión: rechazar la hipótesis nula.

Supón, por otra parte, que ambas muestras se relacionan perfectamente; esto es: una calificación en cada conjunto es idéntica a una en la otra.

54	54	62	62	71	71	72	72	. . .
A	B	A	B	A	B	A	B	. . .
1.5	1.5	3.5	3.5	5.5	5.5	7.5	7.5	. . .

¿Ahora qué ocurriría?

$$R_a = R_b = 105$$

$$U_a = U_b = (10)(10) + \frac{(10)(10 + 1)}{2} - 105 = 50$$

Por tanto, $U\bigstar = \mathbf{50}$. Si éste fuera el caso, ciertamente querrías alcanzar la decisión: fallar para rechazar la hipótesis nula.

Nota: la suma de las dos U ($U_a + U_b$) siempre será igual al producto de los dos tamaños muestrales ($n_a \cdot n_b$). Por esta razón es necesario preocuparse sólo por el valor de U más pequeño.

Ahora, regresa a la solución del ejemplo 14.6.

Paso 4 La distribución de probabilidad:

Valor *p*:

a. Dado que la preocupación es por valores relacionados con "no es igual", el valor *p* es la probabilidad de ambas colas. Se encontrará al hallar la probabilidad de la cola izquierda y duplicar:

$\mathbf{P} = 2 \times P(U \leq 31 \text{ para } n_1 = 10 \text{ y } n_2 = 10)$

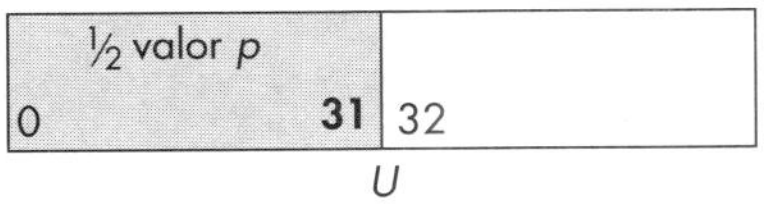

Para encontrar el valor *p*, tienes dos opciones:
1. Usa la tabla 13 del apéndice B para colocar cotas sobre el valor *p*: $\mathbf{P > 0.10}$.
2. Usa una computadora o calculadora para encontrar el valor *p*: $\mathbf{P = 0.1612}$.

Detalles específicos siguen a este ejemplo.

b. El valor *p* no es menor que α.

Clásico:

a. La región crítica es de dos colas porque H_a expresa preocupación por valores relacionados con "no es igual". Usa la tabla 13A para dos colas $\alpha = 0.05$. El valor crítico está en la intersección de la columna $n_1 = 10$ y la fila $n_2 = 10$: **23**. La región crítica es $U \leq 23$.

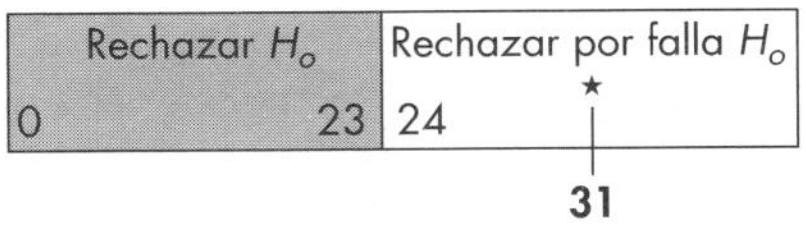

b. $U\bigstar$ no está en la región crítica, como se muestra en la figura.

Paso 5 **a. Decisión:** rechazar por falla H_o.

b. Conclusión: no se tiene suficiente evidencia para rechazar la hipótesis "equivalente".

Cálculo del valor *p* cuando se usa la prueba de Mann-Whitney

Método 1. Usa la tabla 13 del apéndice B para colocar cotas sobre el valor p. Al inspeccionar las tablas 13A y B en la intersección de la columna $n_1 = 10$ y $n_2 = 10$, puedes determinar que el valor *p* es mayor que 0.10; el mayor valor de dos colas de α es 0.10 en la tabla 13B.

Método 2. Si haces la prueba de hipótesis con la ayuda de una computadora o calculadora graficadora, muy probablemente calculará el valor *p* por ti. En las páginas 682-683 se describen instrucciones específicas.

Aproximación normal

Si las muestras son mayores que el tamaño 20, puedes hacer la decisión de prueba con la ayuda de la variable normal estándar, z. Esto es posible porque la distribución de U es aproximadamente normal con una media

$$\mu_U = \frac{n_a \cdot n_b}{2} \tag{14.5}$$

y una desviación estándar

$$\sigma_U = \sqrt{\frac{n_a \cdot n_b \cdot (n_a + n_b + 1)}{12}} \tag{14.6}$$

Entonces la prueba de hipótesis se completa usando el **estadístico de prueba $z\bigstar$**:

$$z\bigstar = \frac{U\bigstar - \mu_U}{\sigma_U} \tag{14.7}$$

La distribución normal estándar puede usarse siempre que n_a y n_b sean ambos mayores que 10.

En el ejemplo 14.7 se demuestra el procedimiento de aproximación normal para la prueba U de Mann-Whitney.

EJEMPLO 14.7

PRUEBA DE HIPÓTESIS DE UNA COLA

Un entrenador de obediencia canina entrena a 27 perros para obedecer cierta orden. El entrenador usa dos diferentes técnicas de entrenamiento: I) el método de recompensa y aliento y II) el método de no recompensa. La tabla 14.5 muestra los números de sesiones de obediencia que fueron necesarias antes de que los perros cumplieran la orden. ¿El entrenador tiene suficiente evidencia para afirmar que el método de recompensa, en promedio, requerirá menos sesiones de obediencia ($\alpha = 0.05$)?

TABLA 14.5
Datos acerca de entrenamiento canino [TA14-05]

Método I	29	27	32	25	27	28	23	31	37	28	22	24	28	31	34
Método II	40	44	33	26	31	29	34	31	38	33	42	35			

Solución

Paso 1 **a. Parámetro de interés:** la distribución de sesiones de obediencia necesarias para cada técnica

b. Enunciado de hipótesis:

H_o: las distribuciones de las sesiones de obediencia necesarias son las mismas para ambos métodos.

H_a: el método de recompensa, en promedio, requiere menos sesiones.

Paso 2 **a. Suposiciones:** las dos muestras son independientes y la variable aleatoria, tiempo de entrenamiento, es numérica.

b. Estadístico de prueba: el estadístico *U* de Mann-Whitney

c. Nivel de significancia: $\alpha = 0.05$

Paso 3 **a. Información muestral:** los datos muestrales se mencionan en la tabla 14.5.

b. Estadístico de prueba: los dos conjuntos de datos se clasifican en conjunto y los rangos se asignan como se muestra en la tabla 14.6.

TABLA 14.6
Clasificaciones para métodos de entrenamiento

Número de sesiones	Grupo	Rango		Número de sesiones	Grupo	Rango	
22	I	1		31	II	15	14.5
23	I	2		31	II	16	14.5
24	I	3		32	I	17	
25	I	4		33	II	18	18.5
26	II	5		33	II	19	18.5
27	I	6	6.5	34	I	20	20.5
27	I	7	6.5	34	II	21	20.5
28	I	8	9	35	II	22	
28	I	9	9	37	I	23	
28	I	10	9	38	II	24	
29	I	11	11.5	40	II	25	
29	II	12	11.5	42	II	26	
31	I	13	14.5	44	II	27	
31	I	14	14.5				

Las sumas son:

$$R_{\text{I}} = 1 + 2 + 3 + 4 + 6.5 + \cdots + 20.5 + 23 = 151.0$$

$$R_{\text{II}} = 5 + 11.5 + 14.5 + \cdots + 26 + 27 = 227.0$$

Las calificaciones *U* se encuentran con las fórmulas (14.3) y (14.4):

$$U_{\text{I}} = (15)(12) + \frac{(12)(12+1)}{2} - 227 = 180 + 78 - 227 = 31$$

$$U_{\text{II}} = (15)(12) + \frac{(15)(15+1)}{2} - 151 = 180 + 120 - 151 = 149$$

Por tanto, $U\bigstar = \mathbf{31}$. Ahora usa las fórmulas (14.5), (14.6) y (14.7) para determinar el estadístico *z*:

$$\mu_U = \frac{n_a \cdot n_b}{2}: \quad \mu_U = \frac{12 \cdot 15}{2} = 90$$

$$\sigma_U = \sqrt{\frac{n_a \cdot n_b \cdot (n_a + n_b + 1)}{12}}: \quad \sigma_U = \sqrt{\frac{12 \cdot 15 \cdot (12 + 15 + 1)}{12}}$$

$$= \sqrt{\frac{(180)(28)}{12}} = \sqrt{420} = 20.49$$

$$z\bigstar = \frac{U\bigstar - \mu_U}{\sigma_U}: \quad z\bigstar = \frac{31 - 90}{20.49} = \frac{-59}{20.49} = -2.879 = \mathbf{-2.88}$$

Paso 4 La distribución de probabilidad:

O

Valor p:

a. Usa la cola izquierda porque H_a expresa preocupación por valores relacionados con "menos que". **P** = $P(z < -2.88)$, como se muestra en la figura.

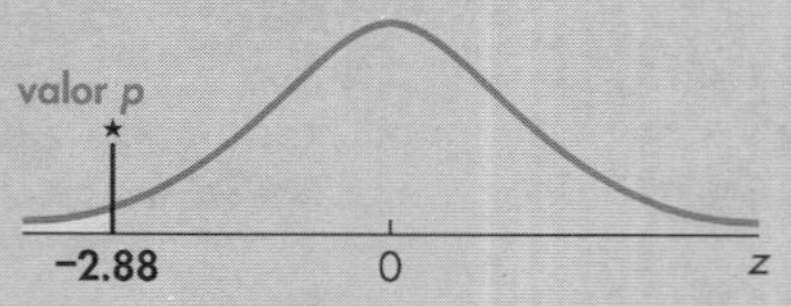

Para encontrar el valor p, tienes tres opciones:

1. Usa la tabla 3 (apéndice B) para calcular el valor p: **P = 0.0020**.
2. Usa la tabla 5 (apéndice B) para colocar cotas sobre el valor p: **0.0019 < P < 0.0022**.
3. Usa una computadora o calculadora para encontrar el valor p: **P = 0.0020**.

Para instrucciones específicas, consulta la página 376.

b. El valor p es menor que α.

Clásico:

a. La región crítica es la cola izquierda porque H_a expresa preocupación por valores relacionados con "menos que". El valor crítico se obtiene de la tabla 4A:

$-z(0.05) = \mathbf{-1.65}$

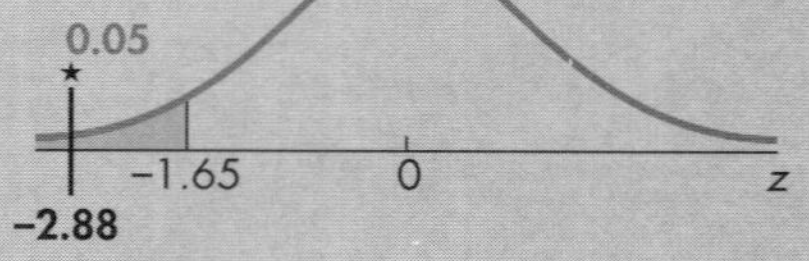

En la página 393 se proporcionan instrucciones específicas para encontrar valores críticos.

b. $z\bigstar$ está en la región crítica, como se muestra en **azul oscuro** en la figura.

Paso 5 **a. Decisión:** rechazar H_o.

b. Conclusión: en el nivel de significancia 0.05, los datos muestran suficiente evidencia para calcular que el método de recompensa, en promedio, sí requiere menos sesiones de entrenamiento.

INSTRUCCIONES DE TECNOLOGÍA: PRUEBA *U* DE MANN-WHITNEY PARA LA DIFERENCIA ENTRE DOS DISTRIBUCIONES INDEPENDIENTES

MINITAB

Escribe los dos conjuntos de datos independientes en C1 y C2; luego continúa con:

Elige:	**Stat > Nonparametrics > Mann–Whitney**
Escribe:	Primera muestra: **C1** Segunda muestra: **C2**
	Nivel confianza: 1 – α
Selecciona:	Alternativa: **less than** o **not equal** o **greater than** > OK

Respecto al método del valor p, el valor p está dado. Respecto al método clásico, sólo se proporciona la suma de los rangos para una de las muestras, W. Usa esto para encontrar U para esa muestra. La U para la otra muestra se encuentra al restar U del producto de n_1 y n_2.

Excel

Escr be los dos conjuntos de datos independientes en la columna A y la columna B; luego continúa con:

Elige: **Add-Ins > Data Analysis Plus > Wilcoxon Rank Sum Test***
Escribe: Rango variable 1: **(A1:A20 o selecciona celdas)**
Rango variable 2: **(B1:B20 o selecciona celdas)**

*La prueba de suma de rangos de Wilcoxon es equivalente a la prueba Mann-Whitney.

Selecciona: **Labels** (si es necesario)
Escribe: Alfa: α (ej. 0.05)

La suma de los rangos está dada por ambas muestras y también el valor *p*.

TI-83/84 Plus

Escr be los dos conjuntos de datos independientes en L1 y L2; luego continúa con:

Elige: **PRGM > EXEC > MANNWHIT**
Escribe: XLIST: **L1**
YLIST: **L2**
NULL HYPOTHESIS D0 = **difference amount** (ej. 0)
Selecciona: ALT HYP? **1:U1-U2 > D0** o **2:U1-U2 < D0** o **3:U1-U2 ≠ D0**

*El programa MANNWHIT es uno de muchos programas que están disponibles para descargar de www.cengagebrain.com. Consulta la página 35 para instrucciones específicas.

EJEMPLO APLICADO 14.8

NUTRIAS MARINAS

VALORACIÓN CUANTITATIVA DE COMUNIDADES DE DEPREDACIÓN BÉNTICAS DE NUTRIAS MARINAS DENTRO DEL SANTUARIO MARINO NACIONAL DE LA COSTA OLÍMPICA: NUEVO SONDEO 1999 DE LAS ESTACIONES DE MONITOREO 1995 Y 1985

Este reporte resume los cambios en la distribución y abundancia de especies bénticas seleccionadas dentro de las comunidades depredadoras de nutrias marinas a lo largo de la costa Olímpica del estado de Washington entre 1987 y 1999. Durante este periodo de 12 años, la población de nutrias de Washington experimentó un dramático aumento tanto en número como en rango y ahora ocupa hábitats que estaban libres de nutrias cuando se muestreó por primera vez en 1987. Las presas invertebradas, como los erizos marinos de explotación comercial, que eran abundantes justo afuera de las fronteras del rango de la nutria marina en 1987, ahora virtualmente están ausentes a lo largo de toda la costa rocosa exterior. Las cubiertas inferiores de follajes de algas roja, coralina y café también experimentan cambios conforme las nutrias remueven grandes invertebrados que pacen de los hábitats recientemente ocupados. En 1995 se llevó a cabo una prueba de comparación en Chibahdehl Rocks, para comparar datos de tamaño y abundancia de invertebrados recolectados usando ambos métodos. Los resultados no mostraron diferencias significativas (pruebas *t*, $p = 0.32$ y 0.24 para abundancia y tamaño, respectivamente).

Hipótesis

H_1: conforme crezca la población de nutrias marinas en el estado de Washington, se extenderá hacia el norte y extraerá y agotará los ricos recursos de presas que se encuentran ahí.

H_2: si las nutrias marinas se mueven hacia hábitats del norte, ocurrirán cambios significativos en cubiertas de algas bénticas con reducción en la abundancia de erizos marinos y otros invertebrados que se alimentan de ellas.

H_3: las nutrias marinas serán más lentas para colonizar áreas con mayores velocidades de agua, lo que resultará en una mayor biomasa de presas en dichas áreas.

Resultados

Para 1999, no había diferencia significativa en abundancia de presas entre sitios. Las cubiertas de follaje de algas roja, coralina y café se siguieron en tres sitios, Neah Bay, Anderson Pt. Y Cape Alava todos los años. La única diferencia significativa en cubierta de follaje roja entre 1995 y 1999 fue el declive en Anderson Pt. (prueba U de Mann-Whitney $p < 0.0001$). La cubierta coralina siguió cayendo dramática y significativamente en Neah Bay (100%, 44%, 1%) (prueba U de Mann-Whitney $p < 0.0001$) y en Anderson Pt. (18%, 17%, 6%) (prueba U de Mann-Whitney $p < 0.0001$), mientras que fluctuó ligera pero significativamente en Cape Alava (prueba U de Mann-Whitney $p = 0.0006$). Las algas cafés aumentaron continua y significativamente de 0 a 33% en Neah Bay desde 1987 (prueba U de Mann-Whitney $p = 0.009$), fluctuó significativamente entre 4 y 34% en Anderson Point (prueba U de Mann-Whitney $p < 0.0001$) y no cambió significativamente en Cape Alava (prueba U de Mann-Whitney $p = 0.20$).

Conclusiones. El número de nutrias aumentó dentro de su rango desde 1987 y su rango se extendió al norte como se predijo (H1). La abundancia y biomasa de presas declinaron por un orden de magnitud a niveles muy bajos en sitios recientemente ocupados por nutrias en cualquier lado de Cape Flattery hacia 1995, también como se predijo (H2). Hacia 1999, el alto número y biomasa de presas que se encontraba en Cape Flattery y Tatoosh Island en 1995 también cayó a niveles comparables con el otro sitio de monitoreo, lo que rechaza la hipótesis de gran refugio de presas actual (H3). La remoción de erizos por nutrias marinas probablemente fue el principal responsable del aumento en cubierta de algas más comestibles en los sitios recientemente ocupados de Neah Bay y Anderson Pt. El cambio más dramático en cubierta de algas ocurrió en Neah Bay, el sitio que experimentó el mayor declive en abundancia de erizos después del movimiento de nutrias marinas hacia el área.

Fuente: Rikk Kvitek, Pat Iampietro y Kate Thomas, California State University Monterey Bay, Seaside, CA, http://seafloor.csumb.edu/publications/posters/OCNMS.pdf. Reimpreso con permiso.

EJERCICIOS SECCIÓN 14.3

14.21 a. ¿Qué procedimiento de prueba paramétrica es comparable con la prueba U de Mann-Whitney?

b. ¿Qué característica de los datos usados en una prueba paramétrica no se usan en la prueba U de Mann-Whitney?

14.22 Considera los diagramas de puntos apilados para los valores de datos y para los rangos de la figura 14.2 de la página 678. ¿Ves una relación diferente entre los dos conjuntos de datos? Explica.

14.23 Enuncia la hipótesis nula, H_o y la hipótesis alternativa, H_a, que usarías para poner a prueba los siguientes enunciados:

a. Existe una diferencia en las distribuciones de la variable entre los dos grupos de sujetos.

b. El valor promedio no es el mismo para ambos grupos.

c. La distribución de presión arterial para el grupo A es mayor que para el grupo B.

14.24 Enuncia la hipótesis nula, H_o y la hipótesis alternativa, H_a, que usarías para poner a prueba los siguientes enunciados:

a. Los estudiantes en el nuevo programa de lectura calificaron más alto en la prueba de comprensión que los estudiantes en los programas de lectura tradicional.

b. Los hombres en la dieta de uvas pierden más peso que los hombres que no están en la dieta de uvas.

c. No hay diferencia en crecimiento entre el uso de los dos fertilizantes.

14.25 Determina el valor p que resultará cuando se ponen a prueba las siguientes hipótesis para experimentos que involucran dos muestras independientes:

a. H_o: promedio(A) = promedio(B);
H_a: promedio(A) > promedio(B);
con $n_A = 18, n_B = 15$ y $U = 95$.

b. H_o: promedio(I) = promedio(II);
H_a: promedio(I) $\neq$ promedio(II);
con $n_A = 8, n_B = 10$ y $U = 13$.

c. H_o: la estatura promedio es la misma para ambos grupos; H_a: la estatura promedio del grupo I es más baja que la del grupo II; con $n_I = 50, n_{II} = 45$ y $z = -2.37$.

14.26 De los sietes valores *p* de la prueba *U* de Mann-Whitney dados en el ejemplo aplicado 14.8 de la página 684, seis son menores que 0.001 y el séptimo es 0.20. Explica cómo estos valores *p* se relacionan con los enunciados que contienen frases como *significativo, cayó dramáticamente, aumentó continuamente* y *no cambió significativamente*.

14.27 Determina el valor crítico que usarías para poner a prueba las siguientes hipótesis para experimentos que involucran dos muestras independientes, usando el método clásico:

a. H_o: promedio(A) = promedio(B);
H_a: promedio(A) > promedio(B);
con $n_A = 18, n_B = 15$ y $\alpha = 0.05$.

b. H_o: la calificación promedio es la misma para ambos grupos; H_a: la calificación promedio del grupo I es menor que la del grupo II, con con $n_I = 78, n_{II} = 45$ y $\alpha = 0.05$.

14.28 [EX14-28] Dados los siguientes datos del grupo 1 y del grupo 2:

Grupo 1	30	35	40	42	45	36
Grupo 2	25	32	27	39	30	

a. Combina los dos conjuntos de datos en orden por rangos. Calcula la suma de los rangos para el grupo 1, R_1. Calcula la suma de los rangos para el grupo 2, R_2.

b. Calcula el valor *U* para cada grupo, U_1 y U_2 y determina el estadístico $U\bigstar$.

c. Usa el estadístico *U* de Mann-Whitney para poner a prueba la hipótesis nula de que el promedio es el mismo para ambos grupos frente a la alternativa, que el promedio del grupo 1 es mayor que el del grupo 2. Usa $\alpha = 0.05$.

14.29 [EX14-29] Para 16 hombres y 13 mujeres se registraron las tasas de pulso. Los resultados se muestran en la siguiente tabla.

Hombres	61	73	58	64	70	64	72	60	65	80	55	72	56	56	74	65
Mujeres	83	58	70	56	76	64	80	68	78	108	76	70	97			

Estos datos se usaron para poner a prueba la hipótesis de que la distribución de pulsos difiere para hombres y mujeres. En la siguiente salida de MINITAB se imprimieron las sumas de rangos para hombres ($W = 192.0$) y el valor *p* de 0.0373. Verifica estos dos valores al calcularlos personalmente.

```
Mann-Whitney Confidence Interval and Test
Males           N = 16          Median = 64.50
Females         N = 13          Median = 76.00
W = 192.0
Test of ETA1 = ETA2         vs        ETA1 not = ETA2 is
significant at 0.0373
```

14.30 [EX14-30] Un artículo en el *International Journal of Sports Medicine* discute el uso de la prueba *U* de Mann-Whitney para comparar el colesterol total (mg/dL) de 35 niños adiposos (obesos) con el de 25 niñas adiposas. Entre los dos grupos no se encontró diferencia significativa respecto al colesterol total. Un estudio similar que involucra seis niños adiposos y ocho niñas adiposas dieron los siguientes valores totales de colesterol.

Niños adiposos	175	185	160	200	170	150		
Niñas adiposas	160	190	175	190	185	150	140	195

Usa la prueba *U* de Mann-Whitney para poner a análisis la hipótesis de investigación de que los valores totales de colesterol difieren para los dos grupos, con el nivel de significancia 0.05.

14.31 Un estudio titulado "Factores que conducen a presión intraocular reducida después de trabelucotomía y cirugía de cataratas combinadas" en el *Journal of Glaucoma* (http://www.glaucomajournal.com) investigó la influencia que tienen la cirugía de cataratas sola y la cirugía de cataratas con trabeculotomía sobre la presión ocular. Se formaron dos grupos para cada tipo de cirugía y se compararon por similitudes respecto a varios factores de antemano. No se encontraron diferencias significativas entre los dos grupos respecto al número de medicamentos para glaucoma que ingirió el paciente antes de la operación. Supón que un estudio similar, que involucra a seis pacientes que recibieron la cirugía combinada y cinco pacientes que recibieron la cirugía de cataratas sola, produjo los siguientes valores de número de medicamentos.

Cirugía combinada	3	1	4	0	1	2
Cirugía cataratas sola	3	1	0	1	2	

Con la prueba *U* de Mann-Whitney, determina si los dos grupos son iguales respecto al número de medicamentos. Usa $\alpha = 0.05$.

14.32 [EX14-32] Se identifican al azar 10 condados de Carolina del Norte y 13 condados de Texas que producen cacahuates y se registra la tasa de producción 2008 de cacahuates, en libras por cacahuates cosechados por acre.

Condado CN	Producción CN	Condado TX	Producción TX
Edgecomb	3 360	Donley	3 640
Hertford	3 560	Terry	3 335
Northhampton	3 700	Collingsworth	2 555
Greene	3 815	Cochran	3 120
Pitt	3 530	Frio	3 685
Bladen	4 265	Yoakum	3 530
Robeson	3 750	Bailey	3 120
Chowan	4 000	Wheeler	2 880
Halifax	3 310	Hall	3 700
Nash	3 435	Hockley	3 280
		Andrews	3 665
		Gaines	3 845
		Dawson	3 565

Fuente: http://www.nass.usda.gov/

(continúa en la página 686)

[EX00-000] identifica el nombre de archivo de una base de datos en línea de un ejercicio; disponible a través de cengagebrain.com

Usa el estadístico U de Mann-Whitney para poner a prueba la hipótesis de que la producción promedio es diferente para los dos estados. Usa $\alpha = 0.05$.

14.33 [EX14-33] Los resultados del examen de Rendimiento del Estado de Ohio para Toledo, Ohio, para estudiantes de cuarto grado, fueron los más altos registrados desde el inicio de la valoración del rendimiento en todo el estado. Aunque los resultados fueron una mejoría en todo el distrito, en algunas materias no hubo tanta mejoría como para otras. Los resultados que siguen muestran la cantidad de cambio para lectura y escritura. Los cambios en las calificaciones se indican con positivo para mejoría, negativo para calificaciones más bajas y cero para no cambio.

Escritura	2	0	3	30	10	25	7	17	2
	6	15	−9	−2	6	13	−5	−5	10
	24	6	29	−4	27	16	1	−4	−8
	−6	13	8	5	−23	3	14	−1	7
	16	−12	10	42	−2	4	8	38	24
Lectura	23	25	2	6	40	3	3	32	−2
	8	28	−1	8	5	34	−6	7	6
	34	6	19	27	23	6	46	23	35
	−4	10	11	31	−13	10	20	10	−10
	−5	17	22	20	19	11	13	3	21

Con la siguiente salida Excel, pon a prueba la afirmación de que hay igual mejoría en resultados de escritura en cuarto grado como en lectura. Usa $\alpha = 0.05$. (*Nota:* la prueba de suma de rangos de Wilcoxon es equivalente a la prueba U de Mann-Whitney.)

Prueba de suma de rangos de Wilcoxon

	Suma de rangos	Observaciones
Escritura	1798.5	45
Lectura	2296.5	45
z Stat	−2.0094	
$P(Z \leq z)$ dos colas	0.0444	
z Crítico dos colas	1.96	

14.34 El sitio web de noticias de la Oregon Health & Science University (http://www.ohsu.edu) ofrece información acerca de un estudio que descubrió que algunas marcas de cigarrillos comerciales contienen de 10 a 20 veces porcentajes más elevados de nicotina en la forma "libre de base", esto es, la manera que se considera más adictiva. Considera otro estudio diseñado para comparar el contenido de nicotina de dos diferentes marcas de cigarrillos. El contenido de nicotina se determinó por 25 cigarrillos de la marca A y 25 cigarrillos de la marca B. La suma de rangos para la marca A es igual a 688 y la suma de rangos para la marca B es igual a 587. Usa el estadístico U de Mann-Whitney para poner a prueba la hipótesis nula de que el contenido promedio de nicotina es el mismo para las dos marcas, frente a la alternativa de que difiere el contenido promedio de nicotina. Usa $\alpha = 0.01$.

14.35 [EX14-35] Como parte de un estudio para determinar si la siembra de nubes aumenta la lluvia, se sembraron al azar nubes con nitrato de plata y otras no se sembraron. Las cantidades de lluvia que siguieron se mencionan aquí.

Sin sembrar	4.9	41.1	21.7	372.4	26.3	17.3	36.6	26.1
	47.3	95.0	147.8	321.2	11.5	68.5	29.0	24.4
	1202.6	87.0	28.6	830.1	81.2	4.9	163.0	345.5
	244.3							
Sembrada	129.6	334.1	274.7	198.6	430.0	274.7	31.4	115.3
	1656.0	118.3	489.1	302.8	255.0	32.7	119.0	17.5
	242.5	2745.6	7.7	40.6	978.0	200.7	703.4	92.4
	1697.8							

¿Estos datos muestran que el sembrado de nubes aumenta significativamente la cantidad promedio de lluvia? Usa $\alpha = 0.05$.

14.36 [EX14-36] ¿Se emplean más horas para ver eventos deportivos en televisión o *reality shows*? Un estudiante de universidad comunitaria supone hipotéticamente que es más probable que los hombres vean deportes mientras las mujeres ven los *reality shows*. Con esta premisa, recopila datos al azar de 30 hombres y 30 mujeres en esta universidad comunitaria acerca de las horas de televisión que se miran en una semana.

Hombres que miran deportes (hrs)

4	10	15	26	10	20	13	4	5	3	1	20	60	35	3
6	10	26	3	0	15	5	8	8	6	14	15	3	2	4

Mujeres que miran *reality TV* (hrs)

2.0	10.0	5.0	8.0	10.0	3.0	4.0	3.0	3.0	2.0	3.0
3.0	1.0	14.0	2.0	4.0	5.0	32.5	6.0	5.0	20.0	1.0
3.0	10.0	6.0	7.0	15.0	2.0	20.0	12.0			

a. ¿Estos datos muestran que los hombres pasan más tiempo mirando eventos deportivos que el que pasan las mujeres viendo *reality shows* en una semana? Usa un nivel de significancia de 0.05.

b. Comenta acerca del significado de la relación de α y el valor p.

14.4 La prueba de rachas

La **prueba de rachas** se usa con más frecuencia para poner a prueba la **aleatoriedad** (o falta de aleatoriedad) de los datos. Una **racha** es una secuencia de datos que posee una propiedad común. Una racha termina y otra comienza cuando una observación no muestra la propiedad en común. El **estadístico de prueba** en esta prueba es V, el número de rachas observadas.

El siguiente ejemplo ilustra qué constituye una racha y cómo contar el número de rachas.

EJEMPLO 14.9

DETERMINACIÓN DEL NÚMERO DE RACHAS

Para ilustrar la idea de rachas extrae una muestra de 10 números de un solo dígito del directorio telefónico, en la que menciones el penúltimo dígito de cada uno de los números telefónicos seleccionados:

Muestra: 2 3 1 1 4 2 6 6 6 7

Considera la propiedad "non" (o) o "par" (e). La muestra, como se extrajo, se convierte en e, o, o, o, e, e, e, e, o, que presenta cuatro rachas:

e **o o o** e e e e e **o**

Por tanto, $V\star = 4$.

En el ejemplo 14.9, si la muestra no contuviera aleatoriedad, sólo habría dos rachas: todos pares, luego todos nones o a la inversa. Tampoco se esperaría verlos alternados: non, par, non, par. El número máximo de posibles rachas sería $n_1 + n_2$ o menos (siempre que n_1 y n_2 no sean iguales), donde n_1 y n_2 son los números de datos que tienen cada una de las dos propiedades a identificar.

Suposición para inferencias en torno a aleatoriedad usando la prueba de rachas Cada valor de datos muestral puede clasificarse en una de dos categorías.

Por lo general, la prueba de rachas es un examen de dos colas. La hipótesis se rechazará cuando existan menos rachas porque esto indica que los datos están "separados" de acuerdo con las dos propiedades. También se rechazará la hipótesis cuando existan demasiadas rachas, porque ello indica que los datos se alternan entre las dos propiedades con mucha frecuencia para ser aleatorios. Por ejemplo, si los datos se alternan todo el tiempo, puedes sospechar que los datos se alteraron. Existen muchos aspectos en el concepto de aleatoriedad. La ocurrencia de non y par, como se estudió en el ejemplo 14.9, es un aspecto. Otro aspecto de aleatoriedad que acaso quieras comprobar es el ordenamiento de las fluctuaciones de los datos arriba o abajo de la media o mediana de la muestra.

EJEMPLO 14.10

PRUEBA DE HIPÓTESIS PARA ALEATORIEDAD

Considera la siguiente muestra y determina si los puntos de datos forman una secuencia aleatoria respecto a estar arriba o abajo del valor mediana.

2	5	3	8	4	2	9	3	2	3	7	1	7	3	3
6	3	4	1	9	5	2	5	5	2	4	3	4	0	4

Pon a prueba la hipótesis nula de que esta secuencia es aleatoria. Usa $\alpha = 0.05$.

Solución

Paso 1 **a. Parámetro de interés:** aleatoriedad de los valores arriba o abajo de la mediana

b. Enunciado de hipótesis:

H_o: los números en la muestra forman una secuencia aleatoria con respecto a las dos propiedades "arriba" y "abajo" del valor mediana.

H_a: la secuencia no es aleatoria.

Paso 2 **a. Suposiciones:** cada valor de datos muestral puede clasificarse como "arriba" o como "abajo" de la mediana.

b. Estadístico de prueba: V, el número de rachas en los datos muestrales.

c. Nivel de significancia: $\alpha = 0.05$.

Paso 3 **a. Información muestral:** los datos muestrales se mencionan al comienzo del ejemplo.

b. Estadístico de prueba: primero debes ordenar los datos y encontrar la mediana. Los datos ordenados son

0	1	1	2	2	2	2	2	3	3	3	3	3	3	3
4	4	4	4	4	5	5	5	5	6	7	7	8	9	9

Dado que hay 30 valores de datos, la profundidad de la mediana está en la posición $d(\tilde{x}) = 15.5$. Por tanto $\tilde{x} = \frac{3+4}{2} = 3.5$. Al comparar cada número en la muestra original con el valor de la mediana, se obtiene la siguiente secuencia de **a** (arriba) y *b* (abajo):

b **a** *b* **a** **a** *b* **a** *b* *b* *b* **a** *b* **a** *b* *b* **a** *b* **a** *b* **a** **a** *b* **a** **a** *b* **a** *b* **a** *b* **a**

Se observa $n_a = 15$, $n_b = 15$ y 24 rachas. De modo que $V\bigstar = 24$.

Si n_1 y n_2 son ambos menores que o iguales a 20 y se desea una prueba de dos colas en $\alpha = 0.05$, entonces se usa la tabla 14 del apéndice B para completar la prueba de hipótesis.

Paso 4 La distribución de probabilidad:

Valor *p*:

a. Dado que la preocupación es por valores relacionados con "no aleatorio", la prueba es de dos colas. El valor p se encuentra al hallar la probabilidad de la cola derecha y duplicar:

$\mathbf{P} = 2 \times P(V \geq 24 \text{ para } n_a = 15 \text{ y } n_b = 15)$

	½ valor p
23	**24**

V, número de rachas

Para encontrar el valor p, tienes dos opciones:

1. Usa la tabla 14 (apéndice B) para colocar cotas sobre el valor p: $\mathbf{P < 0.05}$.
2. Usa una computadora o calculadora para encontrar el valor p: $\mathbf{P = 0.003}$.

Instrucciones específicas siguen a este ejemplo.

b. El valor p es menor que α.

Clásico:

a. Dado que la preocupación es por valores relacionados con "no aleatorio", la prueba es de dos colas. Usa la tabla 14 para dos colas $\alpha = 0.05$. Los valores críticos están en la intersección de la columna $n_1 = 15$ y la fila $n_2 = 15$: 10 y 22. La región crítica es $V \leq 10$ o $V \geq \mathbf{22}$.

Rechazar H_o	Rechazar por falla H_o	Rechazar H_o
10	11 — 21	22 ★

V, número de rachas — **24**

b. $V\bigstar$ está en la región crítica, como se muestra en la figura.

Paso 5 **a. Decisión:** rechazar H_o.

b. Conclusión: es posible rechazar la hipótesis de aleatoriedad en el nivel de significancia 0.05 y concluir que la secuencia no es aleatoria respecto a arriba y abajo de la mediana.

Cálculo del valor *p* cuando se usa la prueba de rachas

Método 1. Usa la tabla 14 del apéndice B para colocar cotas sobre el valor p. Al inspeccionar la tabla 14 en la intersección de la columna $n_1 = 15$ y la fila $n_2 = 15$, puedes determinar que el valor *p* es menor que 0.05; el valor observado de $V\bigstar = 24$ es mayor que al mayor valor crítico mencionado.

Método 2. Si haces la prueba de hipótesis con la ayuda de una computadora o calculadora graficadora, muy probablemente ella calculará el valor *p* por ti. En la página 691 se proporcionan instrucciones específicas.

Aproximación normal

Para completar la prueba de hipótesis acerca de aleatoriedad cuando n_1 y n_2 son mayores que 20 o cuando α es distinta de 0.05, se usará z, la variable aleatoria normal estándar. V tiene distribución aproximadamente normal con una media de μ_V y una desviación estándar de σ_V. A continuación se presentan las fórmulas para la media y la desviación estándar del estadístico V y el estadístico de prueba $z\bigstar$:

$$\mu_V = \frac{2n_1 \cdot n_2}{n_1 + n_2} + 1 \tag{14.8}$$

$$\sigma_V = \sqrt{\frac{(2n_1 \cdot n_2) \cdot (2n_1 \cdot n_2 - n_1 - n_2)}{(n_1 + n_2)^2(n_1 + n_2 - 1)}} \tag{14.9}$$

$$z\bigstar = \frac{V\bigstar - \mu_V}{\sigma_V} \tag{14.10}$$

EJEMPLO 14.11

PRUEBA DE HIPÓTESIS DE DOS COLAS PARA ALEATORIEDAD

Pon a prueba la hipótesis nula de que la secuencia de datos muestrales en la tabla 14.7 es una secuencia aleatoria 0 respecto a que cada valor de datos sea impar o par. Usa $\alpha = 0.10$. (Los datos están en secuencia a través de las filas.)

TABLA 14.7
Datos muestrales para el ejemplo 14.11 [TA14-07]

1	2	3	0	2	4	3	4	8	1
2	1	2	4	3	9	6	2	4	1
5	6	3	3	2	2	1	2	4	2
3	6	3	5	1	7	3	3	0	1
4	4	1	2	7	2	1	7	5	3

Solución

Paso 1 **a. Parámetro de interés:** aleatoriedad de números nones y pares.

b. Enunciado de hipótesis:

H_o: la secuencia de números nones y pares es aleatoria.

H_a: la secuencia no es aleatoria.

Paso 2 **a. Suposiciones:** cada valor de muestra puede clasificarse, como non o como par.

b. Estadístico de prueba: V, el número de rachas en los datos muestrales

c. Nivel de significancia: $\alpha = 0.10$

Paso 3 **a. Información muestral:** los datos se proporcionan al comienzo del ejemplo.

b. Estadístico de prueba: los datos muestrales, cuando se convierten a "o" para non y "e" para par, se convierten en

o e o e e e o e e o e o e e o o e e e o o e o o e

e o e e e o e o o o o o o e o e e o e o e o o o o

y revelan: $n_o = 26$, $n_e = 24$ y 29 rachas, de modo que $V\bigstar = 29$. Ahora usa las fórmulas (14.8), (14.9) y (14.10) para determinar el estadístico z:

$$\mu_v = \frac{2n_1 \cdot n_2}{n_1 + n_2} + 1: \quad \mu_v = \frac{2 \cdot 26 \cdot 24}{26 + 24} + 1 = 24.96 + 1 = 25.96$$

$$\sigma_v = \sqrt{\frac{(2n_1 \cdot n_2) \cdot (2n_1 \cdot n_2 - n_1 - n_2)}{(n_1 + n_2)^2 (n_1 + n_2 - 1)}} :$$

$$\sigma_v = \sqrt{\frac{(2 \cdot 26 \cdot 24) \cdot (2 \cdot 26 \cdot 24 - 26 - 24)}{(26 + 24)^2 (26 + 24 - 1)}}$$

$$= \sqrt{\frac{(1\,248)(1\,198)}{(50)^2 \cdot (49)}} = \sqrt{12.20493} = 3.49$$

$$z\bigstar = \frac{V\bigstar - \mu_v}{\sigma_v}: \quad z\bigstar = \frac{29 - 25.96}{3.49} = \frac{3.04}{3.49} = \mathbf{0.87}$$

Paso 4 **La distribución de probabilidad:**

O

Valor p:

a. Se usa una prueba de dos colas:

$\mathbf{P} = 2 \times P(z > 0.87)$

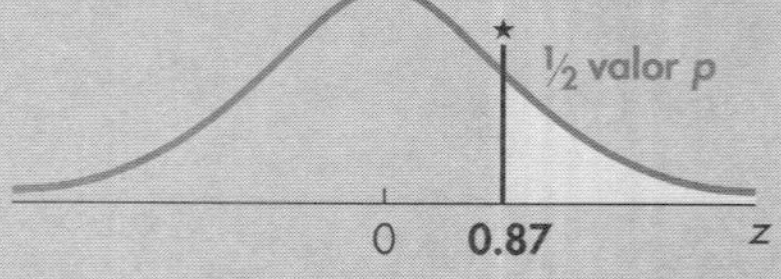

Para encontrar el valor p, tienes tres opciones:

1. Usa la tabla 3 (apéndice B) para calcular el valor p: $\mathbf{P} = 2(1.0000 - 0.8079) = \mathbf{0.3842}$.
2. Usa la tabla 5 (apéndice B) para colocar cotas sobre el valor p: $\mathbf{0.3682 < P < 0.3954}$.
3. Usa una computadora o calculadora para encontrar el valor p: $\mathbf{P = 0.3843}$.

Para instrucciones específicas, consulta la página 376.

b. El valor p no es menor que α.

Clásico:

a. Se usa una prueba de dos colas. Los valores críticos se obtienen a partir de la tabla 4A:

$-z(0.05) = \mathbf{-1.65}$ y $z(0.05) = \mathbf{1.65}$

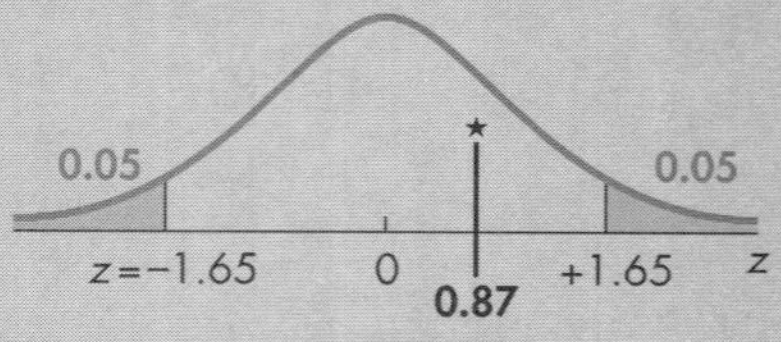

En la página 393 se proporcionan instrucciones específicas para encontrar valores críticos.

b. $z\bigstar$ no está en la región crítica, como se muestra en **azul oscuro** en la figura.

Paso 5 **a. Decisión:** rechazar por falla H_o.

b. Conclusión: en el nivel de significancia 0.10, es posible rechazar la hipótesis de aleatoriedad y concluir que dichos datos son una secuencia aleatoria.

INSTRUCCIONES DE TECNOLOGÍA: PRUEBA DE RACHAS PARA PONER A PRUEBA ALEATORIEDAD ARRIBA Y ABAJO DE LA MEDIANA

MINITAB

Escribe el conjunto de datos en C1; luego continúa con:

Elige:	**Stat > Nonparametrics > Runs Test**
Escribe:	Variable: **C1**
Selecciona:	**Above and below mean > OK**
	o
	Above and below:
Escribe:	**Median value > OK**

Excel

Los siguientes comandos calculan diferencias entre los valores de datos y la mediana. Cuenta el número de rachas creadas por la secuencia de signos + y –, para completar la prueba de rachas.

Escribe los datos en la columna A; selecciona B1 y continúa con:

Escribe:	**= median(A1:A20 o selecciona celdas) > Enter**

Selecciona la celda C1, luego continúa con:

Escribe:	**= A1 – 'actual B1 median value'** (ex. A1 – 5.5) **> Enter**
Arrastra:	**Esquina inferior derecha de la celda C1 hacia abajo para obtener otras diferencias**

TI-83/84 Plus

Escribe los datos en L1; luego continúa con:

Resalta:	**L2**
Escribe:	**L1 – median*(L1)** (*2nd LIST > MATH > 4:median( )
Elige:	**PRGM > EXEC > RUNSTEST***
Escribe:	**n1 = # de observaciones con característica particular** (ej. abajo mediana)
	n2 = # de observaciones con otra característica (ej. arriba mediana)
	V = # of runs

*El programa RUNSTEST es uno de muchos programas que están disponibles para descargar de www.cengagebrain.com. Consulta la página 35 para instrucciones específicas.

EJEMPLO APLICADO 14.12

REGLAS DE JUEGOS DE CASINO

Muchos juegos de casino se apoyan en números aleatorios generados electrónicamente para un juego "justo". He aquí una muestra de las reglas que gobiernan dichos juegos de casino.

REQUISITOS EN RELACIÓN CON LOS DISPOSITIVOS ELECTRÓNICOS DE JUEGO EN CASINOS INTERNACIONALES

Estas condiciones se bosquejan en cumplimiento con la Ley de Casinos (Fi1999:355). El propósito de las condiciones es garantizar al jugador seguridad en relación con los casinos y los fabricantes de juegos, principalmente en cuanto al engaño mediante la manipulación de los dispositivos de juego. Los dispositivos

electrónicos de juego utilizados en un casino deben cumplir las especificaciones impuestas en esta regla.

Las siguientes condiciones aplican a eventos aleatorios y pruebas aleatorias:

a) Un evento aleatorio tiene un conjunto dado de posibles resultados que tienen una probabilidad de ocurrencia dada.

b) Dos eventos se llaman independientes si existen ambas de las siguientes condiciones:

i) El resultado de un evento no tiene una influencia sobre el resultado del otro evento.

ii) El resultado de un evento no afecta la probabilidad de ocurrencia del otro evento.

c) Un dispositivo electrónico de juego debe estar equipado con un generador de números aleatorios para hacer el proceso de selección. Un proceso de selección se considera aleatorio si se cumplen todas las especificaciones siguientes:

i) El generador de números aleatorios satisface no menos de un nivel de confianza de 99% usando pruebas ji cuadradas.

ii) El generador de números aleatorios no produce un estadístico respecto a producir patrones de ocurrencias. Cada posición de carrete se considera aleatoria si satisface no menos del nivel de confianza de 99% respecto a la prueba de rachas o cualquier patrón similar de estadístico de prueba.

iii) El generador de números aleatorios produce números que se eligen de manera independiente sin consideración a cualquier otro símbolo producido durante dicho juego. Esta prueba es la de correlación. Cada par de carretes se considera aleatorio si el par de carretes satisface no menos del nivel de confianza de 99% usando análisis de correlación estándar.

Fuente: http://www.kemaquality.com/

EJERCICIOS SECCIÓN 14.4

14.37 Enuncia la hipótesis nula, H_o y la hipótesis alternativa, H_a, que usarías para poner a prueba los siguientes enunciados:

a. Los datos no ocurrieron en un orden aleatorio en torno a la mediana.

b. La secuencia de nones y pares no es aleatoria.

c. El género de los clientes que entran a una tienda se registró; la entrada no tiene un orden aleatorio.

14.38 Determina el valor *p* que usarías para completar las siguientes pruebas de rachas:

a. H_o: la secuencia de género de los clientes que entran al gimnasio es aleatoria;
H_a: la secuencia no fue aleatoria; con $n(A) = 10$, $n(B) = 12$ y $V = 5$.

b. H_o: los precios de casas recolectados ocurrió en orden aleatorio arriba y abajo de la mediana;
H_a: los precios de casas no ocurrieron en orden aleatorio; con $z = 1.31$.

14.39 Determina los valores críticos que usarías para completar las siguientes pruebas de rachas usando el enfoque clásico:

a. H_o: los resultados recolectados ocurrieron en orden aleatorio arriba y abajo de la mediana;
H_a: los resultados no fueron aleatorios; con $n(\text{A}) = 14$, $n(\text{B}) = 15$ y $\alpha = 0.05$.

b. H_o: las dos propiedades alternaron aleatoriamente;
H_a: las dos propiedades no ocurrieron en forma aleatoria;
con $n(\text{I}) = 78$, $n(\text{II}) = 45$ y $\alpha = 0.05$.

14.40 Jessica no cree haber jugado un juego con un dado sin cargar. Ella cree que, si el dado no estuviera cargado, el lanzamiento de éste terminaría en un orden aleatorio de resultados pares y nones. Ella realizó su experimento 14 veces.

Después de cada lanzamiento, Jessica registraba el resultado. Se reportaron los siguientes datos (E = 2, 4, 6; 0 = 1, 3, 5).

O	E	O	O	O	O	E	E	O	O	O	E	E	O

Usa la prueba de rachas en un nivel de significancia de 5% para poner a prueba la afirmación de que los resultados reportados son aleatorios.

14.41 Una empresa fabricante contrata tanto hombres como mujeres. La siguiente muestra el género de los últimos 20 individuos contratados (M = hombre, F = mujer).

M	M	F	M	F	F	M	M	M	M	M	M	F	M	M	F	M	M	M	M

En el nivel de significancia $\alpha = 0.05$, ¿es correcto concluir que esta secuencia no es aleatoria?

14.42 Con la intención de responder la pregunta ¿quién hace las transacciones bancarias de la familia: el marido (h) o la esposa (w)?, los resultados de una muestra de 28 clientes casados que hacen las transacciones bancarias familiares muestran la siguiente secuencia de llegadas al banco.

w	w	w	w	h	w	h	h	h	h	w	w	w	w	w	h	h	w	w	w	h	h	h	h	w	h	h	w

¿Estos datos muestran falta de aleatoriedad respecto a si el marido o la esposa hacen las transacciones bancarias familiares? Usa $\alpha = 0.05$.

14.43 A un estudiante se le pidió realizar un experimento que involucra lanzar una moneda 25 veces. Después de cada lanzamiento el estudiante registró los resultados. Se reportaron los siguientes datos (H = cara, T = cruz).

H	T	H	T	H	T	H	T	H	H	T	T	H	H	T	T	H	T	H	T	H	T	H	T	H

Usa la prueba de rachas en el nivel de significancia de 5% para poner a prueba la afirmación del estudiante de que los resultados reportados son aleatorios.

14.44 [EX14-44] Los siguientes datos se recolectaron con la intención de demostrar que el número de minutos que llega tarde el autobús de la ciudad consistentemente se hace más grande. Los datos están en orden de ocurrencia.

Minutos	6	1	3	9	10	10	2	5	5	6	12	3	7	8	9	4	5	8	11	14

En $\alpha = 0.05$, ¿estos datos muestran suficiente falta de aleatoriedad para apoyar la afirmación?

14.45 [EX14-45] De acuerdo con una nueva encuesta del sitio web Boston Indicator.org, las escuelas de la ciudad de Boston tienen un promedio de 3.6 estudiantes por computadora para el año escolar 2007-2008. El promedio fue el mismo para todo el estado de Massachusetts, pero más alto que el promedio para cualquiera de los distritos urbanos. Una muestra de escuelas de la ciudad de Boston reportó su número promedio de estudiantes por computadora en la secuencia que sigue:

3.5	2.6	3.8	5.7	2.6	3.4	2.7	4.6	3.4	3.6	4.2	3.7	4.6	2.9

a. Determina la mediana y el número de rachas arriba y abajo de la mediana.

b. Usa la prueba de rachas para poner a prueba estos datos para aleatoriedad en torno a la mediana. Usa $\alpha = 0.05$.

14.46 [EX14-46] El 24 de junio de 2009 la Oficina de Estadísticas Laborales presentó la Encuesta 2008 de Uso de Tiempo Estadounidense. Entre los muchos estadísticos proporcionados, había información acerca de actividades de tipo recreativo y la cantidad promedio de tiempo empleada en varias categorías. Para las personas de 15 a 19 años de edad, el tiempo promedio que se pasa ejecutando juegos y usando la computadora para recreación fue de 42 minutos al día. Supón que 20 personas de 15 a 19 años de edad se seleccionan al azar, se monitorean por un día y se registra el número de minutos que pasan en tales actividades recreativas. La secuencia resultante de tiempos se proporciona como:

Minutos	50	45	59	50	16	51	34	89	43	63
	47	42	46	23	27	39	43	43	12	28

a. Determina la mediana y el número de rachas arriba y abajo de la mediana.

b. Usa la prueba de rachas para poner a prueba estos datos por aleatoriedad en torno a la mediana.

c. Enuncia tu conclusión.

14.47 [EX14-4] Los siguientes son 24 tiempos muertos consecutivos (en minutos) de una máquina particular.

Tiempo muerto	20	33	33	35	36	36	22	22	25	27	30	30
	30	31	31	32	32	36	40	40	50	45	45	40

La hipótesis nula de aleatoriedad se pondrá a prueba contra la alternativa de que existe una tendencia. A continuación se presenta un análisis MINITAB del número de rachas arriba y abajo de la mediana.

```
Prueba rachas: Tiempo muerto
Prueba de rachas para tiempo muerto
Rachas arriba y abajo K = 32.5
Número observado de rachas = 4
Número esperado de rachas = 13.0000
12 observaciones arriba K 12 abajo
Prueba significativa en 0.0002
```

a. Confirma los valores reportados para la mediana y el número de rachas al calcularlas personalmente.

b. Calcula el valor de $z\bigstar$ y el valor p.

c. ¿Rechazarías la hipótesis de aleatoriedad? Explica.

d. Construye una gráfica que muestre los datos muestrales y apoye visualmente tu respuesta al inciso c.

14.48 De acuerdo con una nota de prensa del 26 de agosto de 2008, del U.S. Census Bureau News, la mediana del ingreso doméstico en 2007 fue 50 023 dólares. Una muestra aleatoria de 250 ingresos tiene una valor mediano diferente del de cualquiera de los 250 ingresos en la muestra. Los datos contienen 105 rachas arriba y abajo de la mediana. Usa esta información

(continúa en la página 694)

[EX00-000] identifica el nombre de archivo de una base de datos en línea de un ejercicio; disponible a través de cengagebrain.com

para poner a prueba la hipótesis nula de que los ingresos en la muestra forman una secuencia aleatoria respecto a las dos propiedades arriba y abajo del valor de la mediana frente a la alternativa, que la secuencia no es aleatoria en $\alpha = 0.05$.

14.49 [EX14-49] El número de ausencias registradas de una clase que se impartió a las 8 a.m. lunes y jueves el semestre pasado fueron (en orden de ocurrencia)

***n*(ausencias)**	5	16	6	9	18	11	16	21	14	17	12	14	10
	6	8	12	13	4	5	5	6	1	7	18	26	6

¿Estos datos muestran una aleatoriedad en torno al valor mediana en $\alpha = 0.05$? Completa esta prueba usando: a) valores críticos de la tabla 14 en el apéndice B y b) la distribución normal estándar.

14.50 [EX14-50] A los estudiantes en una clase de estadística se les preguntó si podían ser buenos generadores de números aleatorios. A cada estudiante se le pidió escribir un solo dígito de 0 a 9. Los datos se recolectaron desde el frente izquierdo de la clase, avanzando fila por fila, hasta la parte trasera derecha de la clase. La secuencia de dígitos fue la siguiente:

7 4 3 6 9 5 4 4 4 3 6 3 3 7 7 7 6 3 6 7 6 9 6 7 3 7 7 3 4 6

¿Estos datos muestran una aleatoriedad en torno al valor de la mediana de 4.5 en $\alpha = 0.05$? Completa esta prueba usando a) valores críticos de la tabla 14 en el apéndice B y b) la distribución normal estándar.

14.51 La aleatoriedad incorpora muchos conceptos diferentes. En referencia al ejemplo aplicado 14.12:

a. ¿Qué aspecto de aleatoriedad se pondrá a prueba usando la prueba ji cuadrada mencionada en el inciso (i) de la regla (c)? Describe cómo se usará.

b. ¿Qué aspecto de aleatoriedad se pondrá a prueba usando la prueba de rachas mencionada en el inciso (ii) de la regla (c)? Describe cómo se usará.

c. ¿Qué aspecto de aleatoriedad se pondrá a prueba usando el análisis de correlación mencionado en el inciso (iii) de la regla (c)? Describe cómo se usará.

d. Estas reglas de juego se escriben usando la frase "nivel de confianza de 99%" en lugar de "nivel de significancia de 0.01" como generalmente usan las pruebas de hipótesis. Explica por qué esto parece adecuado.

14.52 Research Randomizer es un servicio gratuito ofrecido a estudiantes e investigadores interesados en realizar asignación aleatoria y muestreo aleatorio. Aunque se hacen todos los esfuerzos para desarrollar un medio útil de generación de números aleatorios, Research Randomizer y su personal no garantizan la calidad o aleatoriedad de los números que generan. Cualquier uso al que se apliquen dichos números sigue siendo responsabilidad exclusiva del usuario que los generó.

a. Ingresa al sitio http://www.randomizer.org/about.htm y genera un conjunto de 20 números aleatorios del 1 a 9, donde cada número pueda repetirse (selecciona "No" para que cada número sea único). (Usa tu computadora, calculadora o la tabla 1 de los forros, si no tienes conexión a la web.)

b. Pon a prueba tu conjunto para aleatoriedad arriba y abajo del valor mediana de 5. Usa $\alpha = 0.05$.

c. Realiza la prueba nuevamente con los mismos parámetros.

d. Pon a prueba tu nuevo conjunto para aleatoriedad. Usa $\alpha = 0.05$. ¿Obtuviste los mismos resultados?

e. Resuelve el inciso d usando la distribución normal estándar. ¿Llegaste a la misma conclusión?

14.5 Correlación por rangos

Charles Spearman desarrolló el coeficiente de correlación por rango a principio de 1900. Se trata una alternativa no paramétrica al coeficiente de correlación lineal (momento producto de Pearson, r) que se estudió en los capítulos 3 y 13.

El **coeficiente de correlación por rangos de Spearman**, r_s, se encuentra al usar esta fórmula:

Coeficiente de correlación por rangos de Spearman

$$r_s = 1 - \frac{6\sum(d_i)^2}{n(n^2 - 1)} \qquad \textbf{(14.11)}$$

PTI El subíndice *s* se usa en honor de Spearman, el originador.

donde d_i es la diferencia en los **rangos apareados** y n es el número de pares de datos. El valor de r_s variará de –1 a +1 y se usará en gran forma como se usó el coeficiente de correlación lineal de Pearson, r.

El coeficiente por rangos de Spearman se define con la fórmula (3.1), con rangos de datos sustituidos por valores cuantitativos x y y. Los datos originales pueden ser rangos, si los datos son cuantitativos, cada variable debe clasificarse por separado; entonces los rangos se usan como pares. Si no hay empates en los rangos, la fórmula (14.11) es equivalente a la fórmula (3.1). La fórmula (14.11) proporciona un procedimiento más sencillo de usar para calcular el estadístico r_s.

Suposiciones para inferencias en torno a la correlación por rangos Los n pares ordenados de datos forman una muestra aleatoria y las variables son ordinales o numéricas.

La hipótesis nula que se pondrá a prueba es: "no hay correlación entre las dos clasificaciones". La hipótesis alternativa puede ser o de dos colas (hay correlación) o de una cola si se anticipa correlación positiva o negativa. La región crítica estará en el lado correspondiente a la alternativa específica que se espera. Por ejemplo, si sospechas correlación negativa, entonces la región crítica estará en la cola izquierda.

EJEMPLO 14.13

CÁLCULO DEL COEFICIENTE DE CORRELACIÓN POR RANGOS DE SPEARMAN

Considera una situación hipotética en la que cuatro jueces califican a cinco concursantes en un concurso. Identifica a los jueces como A, B, C y D y a los concursantes como a, b, c, d y e. La tabla 14.8 muestra las clasificaciones otorgadas.

TABLA 14.8 Clasificaciones para cinco concursantes

	Juez					Juez			
Concursante	A	B	C	D	Concursante	A	B	C	D
a	1	5	1	5	d	4	2	4	4
b	2	4	2	2	e	5	1	5	3
c	3	3	3	1					

Cuando se comparan los jueces A y B, se ve que clasificaron a los concursantes en el orden exactamente opuesto: desacuerdo perfecto (consulta la tabla 14.9). A partir de trabajo previo con correlación, se espera que el valor calculado para r_s sea exactamente −1 para estos datos. Se tiene:

TABLA 14.9 Clasificaciones de A y B

Concursante	A	B	$d_i = A - B$	$(d_i)^2$	Concursante	A	B	$d_i = A - B$	$(d_i)^2$
a	1	5	−4	16	d	4	2	2	4
b	2	4	−2	4	e	5	1	4	16
c	3	3	0	0				0 ck	40

$$r_s = 1 - \frac{6\Sigma(d_i)^2}{n(n^2-1)}: \quad r_s = 1 - \frac{(6)(40)}{5(5^2-1)} = 1 - \frac{240}{120} = 1 - 2 = -1$$

¿SABÍAS QUE...?

Florence Nightingale

Fue una estadística autodidacta respecto a una misión que causó temor en el parlamento inglés y los generales del ejército británico. Ella recolectó datos acerca del tratamiento y atención de los soldados durante la guerra de Crimea que demostró que la mayoría de las muertes de soldados se debió a enfermedades contraídas en el campo de batalla. Su misión fue forzar a los británicos a mantener hospitales de campo y proporcionar atención de enfermería y médica para los soldados en el campo. Suena como a que ella quería una unidad MASH.

Cuando se comparan los jueces A y C, se ve que sus clasificaciones de los concursantes son idénticas (consulta la tabla 14.10). Podrías esperar encontrar un coeficiente de correlación calculado de +1 para estos datos:

TABLA 14.10 Clasificaciones de A y C

Concursante	A	C	$d_i = A - C$	$(d_i)^2$	Concursante	A	C	$d_i = A - C$	$(d_i)^2$
a	1	1	0	0	d	4	4	0	0
b	2	2	0	0	e	5	5	0	0
c	3	3	0	0				0 (ck)	0

$$r_s = 1 - \frac{6\sum(d_i)^2}{n(n^2-1)}: \quad r_s = 1 - \frac{(6)(0)}{5(5^2-1)} = 1 - \frac{0}{120} = 1 - 0 = 1$$

Al comparar las clasificaciones del juez A con las del juez B y luego con las del juez C, se ven los extremos: total acuerdo y total desacuerdo. Ahora compara las clasificaciones del juez A con las del juez D (consulta la tabla 14.11). Aquí no parece haber un acuerdo o un descuerdo real. Calcula r_s:

TABLA 14.11 Clasificaciones de A y D

Concursante	A	D	$d_i = A - D$	$(d_i)^2$	Concursante	A	D	$d_i = A - D$	$(d_i)^2$
a	1	5	−4	16	d	4	4	0	0
b	2	2	0	0	e	5	3	2	4
c	3	1	2	4				0 (ck)	24

$$r_s = 1 - \frac{6\sum(d_i)^2}{n(n^2-1)}: \quad r_s = 1 - \frac{(6)(24)}{5(5^2-1)} = 1 - \frac{144}{120} = 1 - 1.2 = -0.2$$

El resultado es bastante cercano a cero, que es lo que se sospecharía, pues no hay acuerdo o desacuerdo real.

La prueba de significancia resultará en una falla para rechazar la hipótesis nula cuando r_s esté cerca de cero; la prueba resultará en un rechazo de la hipótesis nula cuando r_s se encuentre cerca de +1 o de −1. Los valores críticos en la tabla 15 del apéndice B sólo son los valores críticos positivos. Dado que la hipótesis nula es “el coeficiente de correlación es cero (esto es: $\rho_s = 0$)”, se tiene un estadístico de prueba simétrico. En consecuencia, sólo necesitas agregar un signo más o menos al valor encontrado en la tabla, según sea adecuado. El signo está determinado por la alternativa específica que se tiene en mente.

Cuando sólo hay pocos empates, es práctica común usar la fórmula (14.11). Aun cuando el valor resultante de r_s no sea exactamente igual al valor que ocurriría se usará la fórmula (3.1), usualmente se considera que es una estimación aceptable. El ejemplo 14.14 muestra el procedimiento para manejar empates y usa la fórmula (14.11) para el cálculo de r_s.

Cuando ocurren empates en algún conjunto de pares ordenados de clasificaciones, asigna a cada observación empatada la media de los rangos que se habrían asignado en caso de no haber empates, como se hizo para la prueba U de Mann-Whitney (consulta la p. 681).

EJEMPLO 14.14

PRUEBA DE HIPÓTESIS DE UNA COLA

Los estudiantes que terminan los exámenes más rápido que el resto de la clase con frecuencia se consideran los más inteligentes. La tabla 14.12 presenta las calificaciones y el orden de terminación para 12 estudiantes en un examen reciente de 1 hora. En el nivel 0.01, ¿estos datos apoyan la hipótesis alternativa de que los primeros estudiantes en completar un examen tienen mejores calificaciones?

TABLA 14.12
Datos acerca de calificaciones de examen [TA14-12]

Orden de terminación	1	2	3	4	5	6	7	8	9	10	11	12
Calificación examen	90	78	76	60	92	86	74	60	78	70	68	64

Solución

Paso 1 **a. Parámetro de interés:** el coeficiente de correlación por rangos entre la calificación y el orden de terminación, ρ_s

b. Enunciado de hipótesis:

H_o: orden de terminación no tiene relación con calificación del examen.

H_a: el primero en terminar tiende a tener calificaciones más altas.

Paso 2 **a. Suposiciones:** los 12 pares de datos ordenados forman una muestra aleatoria; el orden de terminación es una variable ordinal y la calificación del examen es numérica.

b. Estadístico de prueba: el coeficiente de correlación por rangos de Spearman, r_s

c. Nivel de significancia: $\alpha = 0.01$ para una prueba de una cola.

Paso 3 **a. Información muestral:** los datos se proporcionan en la tabla 14.12.

b. Calcula el estadístico de prueba: ordena las calificaciones de mayor a menor y asigna a la calificación más alta el rango número 1, como se muestra. (El orden de terminación ya tiene rango.)

92	90	86	78	78	76	74	70	68	64	60	60
1	2	3	4	5	6	7	8	9	10	11	12
			4.5	4.5						11.5	11.5

Las clasificaciones y cálculos preliminares se muestran en la tabla 14.13.

TABLA 14.13 Clasificaciones de calificaciones de examen y diferencias

Orden de terminación	Rango calificación examen	Diferencia (d_i)	$(d_i)^2$
1	2	−1	1.00
2	4.5	−2.5	6.25
3	6	−3	9.00
4	11.5	−7.5	56.25
5	1	4	16.00
6	3	3	9.00
7	7	0	0.00
8	11.5	−3.5	12.25
9	4.5	4.5	20.25
10	8	2	4.00
11	9	2	4.00
12	10	2	4.00
		0 ck	142.00

PTI Para comparación, el ejercicio 14.67 (p. 703) te pide calcular r_s con la fórmula (3.2).

Al usar la fórmula (14.11), se obtiene

$$r_s = 1 - \frac{6\Sigma(d_i)^2}{n(n^2-1)} : r_s = 1 - \frac{(6)(142.0)}{12(12^2-1)} = 1 - \frac{852}{1716} = 1 - 0.497 = 0.503$$

Por tanto, $r_s\star$ = **0.503**.

Paso 4 La distribución de probabilidad:

Valor p:

a. Dado que la preocupación es por valores "positivos", el valor p es el área a la derecha:

$$\mathbf{P} = P(r_s \geq 0.503 \text{ para } n = 12)$$

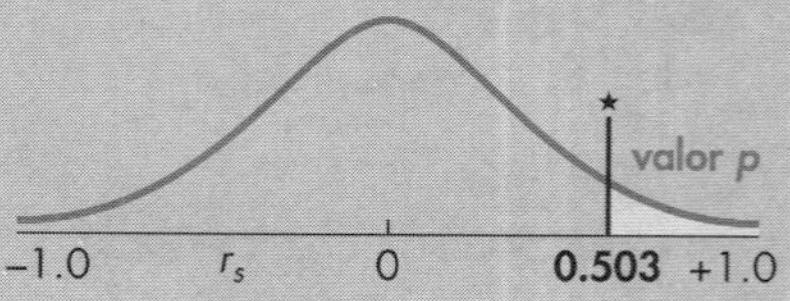

Para encontrar el valor p, tienes dos opciones:

1. Usa la tabla 15 (apéndice B) para colocar cotas sobre el valor p. La tabla 15 sólo menciona α de dos colas (esta prueba es de una cola, así que divide el encabezado de la columna por 2): **0.025 < P < 0.05**.
2. Usa una computadora o calculadora para encontrar el valor p: **P = 0.048**.

Instrucciones específicas siguen a este ejemplo.

b. El valor p no es menor que α.

O

Clásico:

a. La región crítica es de una cola porque H_a expresa preocupación por valores relacionados con "positivo". Dado que la tabla es para dos colas, el valor crítico se ubica en la intersección de la columna $\alpha = 0.02$ ($\alpha = 0.01$ en cada cola) y la fila $n = 12$ de la tabla 15: **0.678**.

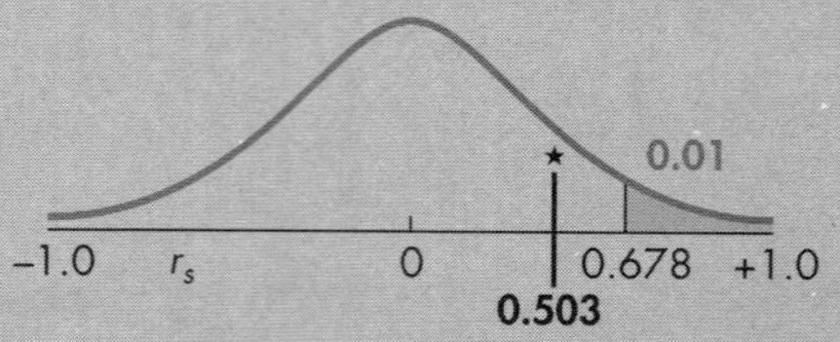

b. $r_s\star$ no está en la región crítica, como se muestra en **azul oscuro** en la figura.

Paso 5 **a. Decisión:** rechazar por falla H_o.

b. Conclusión: estos datos muestrales no ofrecen suficiente evidencia para concluir que los primeros estudiantes en terminar tienen mejores calificaciones, en el nivel de significancia 0.01.

Cálculo del valor p para la prueba de correlación por rangos de Spearman

Método 1. Usa la tabla 15 del apéndice B para colocar cotas sobre el valor p. Por inspección de la fila $n = 12$ de la tabla 15, puedes determinar un intervalo dentro del cual yace el valor p. Ubica el valor de r_s a lo largo de la fila $n = 12$ y lee las cotas de la parte superior de la tabla. La tabla 15 sólo menciona valores para dos colas (por tanto, debes dividir entre 2 para una prueba de una cola). Encuentra **0.025 < P < 0.05**.

Método 2. Si haces la prueba de hipótesis con ayuda de una computadora o calculadora graficadora, muy probablemente ella calculará el valor p por ti. A continuación se describen instrucciones específicas. MINITAB y Excel calculan un valor p de dos colas; en consecuencia, debes dividir entre 2 cuando la prueba es de una cola.

INSTRUCCIONES DE TECNOLOGÍA: COEFICIENTE DE CORRELACIÓN POR RANGOS DE SPEARMAN

MINITAB

Escribe el conjunto de datos para la primera variable en C1 y los correspondientes valores de datos para la segunda variable en C2; luego continúa con:

Elige:	**Data > Rank . . .**
Escribe:	Rango datos en: **C1**
	Almacenar rangos en: **C3 > OK**

Repite los comandos anteriores para los datos en C2 y almacena en C4.

Elige:	**Stat > Basic Statistics > Correlation**
Escribe:	Variables: **C3 C4 > OK**

Excel

PTI Tanto Excel como TI-83/84 Plus usan la aproximación normal para completar la prueba de correlación por rangos de Spearman.

Escribe el conjunto de datos para la primera variable en la columna A y los correspondientes valores de datos para la segunda variable en la columna B; luego continúa con:

Elige:	**Add-Ins > Data Analysis Plus > Correlation (Spearman)**
Escribe:	Rango variable 1: **(A1:A10 o selecciona celdas)**
	Rango variable 2: **(B1:B10 o selecciona celdas)**
Selecciona:	**Labels** (si es necesario)
Escribe:	Alfa: α (ej. 0.05) **> OK**

TI-83/84 Plus

Escribe el conjunto de datos para la primera variable en L1 y los correspondientes valores de datos para la segunda variable en L2; luego continúa con:

Elige:	**PRGM > EXEC > SPEARMAN***
Escribe:	XLIST: **L1** :
	YLIST: **L2**
Selecciona:	DATA? **1:UNRANKED**
	ALT HYP? **1:RHO > 0** o **2:RHO < 0** o **3:RHO 0**

*El programa SPEARMAN es uno de muchos programas que están disponibles para descargar de www.cengagebrain.com. Consulta la página 35 para instrucciones específicas.

EJEMPLO APLICADO 14.15

© Bob Daemmrich/The Image Works

CORRELACIÓN DE CALIFICACIONES DE DIFERENTES MATERIAS

La siguiente tabla muestra las calificaciones de 10 estudiantes en las materias de álgebra y estadística. Calcula el valor *p* para la prueba de correlación por rangos de Spearman.

Estudiante	Álgebra	Estadística
1	10	8
2	9	6
3	8	10
4	7	9
5	7	8
6	6	7
7	6	6
8	4	9
9	2	8
10	4	6

Ordenamos por rangos

Estudiante	Álgebra	Estadística	Rango álgebra	Rango estadística
1	10	8	1	5
2	9	6	2	9
3	8	10	3	1
4	7	9	4.5	2.5
5	7	8	4.5	5
6	6	7	6.5	7
7	6	6	6.5	9
8	4	9	8.5	2.5
9	2	8	10	5
10	4	6	8.5	9

Calculamos el coeficiente de Spearman

estudiante	álgebra	estadística	rango álgebra	rango estadística	d_1^2
1	10	8	1	5	4
2	9	9	2	9	7
3	8	10	3	1	–2
4	7	9	4.5	2.5	–2
5	7	8	4.5	5	0.5
6	6	7	6.5	7	0.5
7	6	6	6.5	9	2.5
8	4	9	8.5	2.5	–6
9	2	8	10	5	–5
10	4	6	8.5	9	0.5

$\sum_i d_i^2$	0.14545 45	coef." Spearman

Para demostrar la hipótesis con nivel de significancia de 0.05

H_o: $\rho_s = 0$ Hipótesis nula, no existe correlación de rangos en la población, es decir, no hay correlación entre las calificaciones de álgebra y las calificaciones de estadística.

H_1: $\rho_s > 0$ Hipótesis alternativa, la correlación de rangos es positiva, es decir, las calificaciones de álgebra y las calificaciones de estadística están correlacionadas.

$\alpha = 0.05$ Nivel de significancia para probar estas hipótesis

Encontramos el error estándar

$$\sigma_{rs} = \frac{1}{\sqrt{n-1}} = 0.333333333$$

Estandarizando el coeficiente de correlación de rango

$$z = \frac{\rho_s - 0}{\sigma_{rs}} = \frac{0.1454545}{0.3333333} = 0.436363636$$

La región crítica es de una cola ya que H_o se refiere a los valores positivos, puesto que la tabla es de dos colas el valor crítico se localiza en la intersección de $\alpha = 0.1$ ($\alpha = 0.05$), $n = 10$, que es 0.564, y en este caso el coeficiente Spearman calculado es 0.1454545, que es mucho menor que el de la tabla, entonces no se rechaza la hipótesis nula, es decir no hay correlación entre las calificaciones de álgebra y las calificaciones de estadística.

EJERCICIOS SECCIÓN 14.5

14.53 Enuncia la hipótesis nula, H_o y la hipótesis alternativa, H_a, que usarías para poner a prueba los siguientes enunciados:

a. No hay relación entre las dos clasificaciones.
b. Las dos variables no están relacionadas.
c. Existe una correlación positiva entre las dos variables.
d. La edad del refrigerador tiene un efecto decreciente sobre el valor monetario.

14.54 Determina el valor p que usarías para poner a prueba la hipótesis nula para los siguientes experimentos de correlación por rangos de Spearman:

a. H_o: no hay relación entre las dos variables;
H_a: existe una relación positiva;
con $n = 21$ y $r_s = 0.55$.
b. H_o: no correlación;
H_a: existe una correlación;
con $n = 27$ y $r_s = 0.71$.
c. H_o: la variable A no tiene efecto sobre la variable B;
H_a: la variable B disminuye conforme la variable A aumenta; con $n = 10$ y $r_s = -0.62$.

14.55 Determina los criterios de prueba que usarías para poner a prueba la hipótesis nula para los siguientes experimentos de correlación por rangos de Spearman:

a. H_o: no hay relación entre las dos variables;
H_a: hay una relación;
con $n = 14$ y $\alpha = 0.05$.
b. H_o: no correlación;
H_a: positivamente correlacionado;
con $n = 27$ y $\alpha = 0.05$.
c. H_o: la variable A no tiene efecto sobre la variable B;
H_a: la variable B disminuye conforme la variable A aumenta; con $n = 18$ y $\alpha = 0.01$.

14.56 [EX14-56] Cuando se trata de conseguir que los trabajadores produzcan, el dinero no lo es todo; sentirse apreciado es más importante. ¿Los rangos asignados por los trabajadores y los jefes muestran diferencia significativa en lo que cada persona piensa que es importante? (Rangos: 1 = más importante; 10 = menos importante.) Pon a prueba con $\alpha = 0.05$.

Componente de satisfacción laboral	Rangos trabajador	Rangos jefe
Total aprecio del trabajo realizado	1	8
Sentimiento de involucrarse en las cosas	2	10
Ayuda solidaria en problemas personales	3	9
Seguridad laboral	4	2
Buenos salarios	5	1
Trabajo interesante	6	5
Promoción y crecimiento en la organización	7	3
Lealtad personal hacia los empleados	8	6
Buenas condiciones laborales	9	4
Disciplinar con tacto	10	7

Fuente: *Philadelphia Inquirer*

14.57 [EX14-57] Los grupos de pruebas de productos al consumidor usualmente ofrecen calificaciones de todo tipo de productos a los consumidores, con la intención de ayudarlos en sus decisiones de compra. Por lo general se pone a prueba el desempeño de productos de diferentes fabricantes y luego se proporciona una calificación global. *PC World* calificó los 10 mejores monitores de 17 pulgadas para computadora y también ofreció el precio en la calle (dólares). Los rangos de cada uno se muestran en la tabla que se presenta a continuación y al monitor de precio más alto se le da el rango de 1 y al de precio más bajo un rango de 10.

Calificación global	Rango de precio en calle	Calificación global	Rango de precio en calle
1	3	6	2
2	4	7	8.5
3	6.5	8	6.5
4	8.5	9	10
5	5	10	1

Fuente: *PC World*

a. Calcula el coeficiente de correlación por rangos de Spearman para la calificación global y el precio en la calle para los monitores de 17 pulgadas.
b. ¿Un precio más alto produce una calificación más alta? Pon a prueba la hipótesis nula de que no hay relación entre las calificaciones globales de los monitores y sus precios en la calle frente a la alternativa de que existe una relación positiva entre ellos. Usa $\alpha = 0.05$.

14.58 [EX14-58] ¿Qué puedes hacer con un grado de dos años de una universidad comunitaria? Considera la información tomada del artículo del 2 de septiembre de 2009 del *USA Today* titulado "Atención a la salud, energía entre empleos 'calientes'".

Empleos universidad comunitaria	% Crecimiento	Mediana de ingreso
Asistente terapista físico	32.4	41 360
Higienista dental	30.1	62 800
Técnico ambiental	28	38 090
Técnico cardiovascular	25.5	42 300
Asistente terapista ocupacional	25.4	42 060
Terapistas de radiación	24.8	66 170
Ing. Tec. Ambiental	24.8	40 560
Reporteros de juzgado	24.5	45 610
Enfermeras registradas	23.5	57 280
Especialistas en computadoras	15.1	68 570

a. Clasifica el crecimiento porcentual y la mediana de ingresos en orden ascendente (alto a bajo).
b. Calcula el coeficiente de correlación por rangos de Spearman para las dos clasificaciones.
c. En el nivel de significancia de 0.05, determina si existe una relación significativa entre el crecimiento de un empleo y su correspondiente mediana de ingreso.
d. Discute la relación entre el crecimiento de un empleo y su ingreso correspondiente.

(continúa en la página 702)

[EX00-000] identifica el nombre de archivo de una base de datos en línea de un ejercicio; disponible a través de cengagebrain.com

14.59 [EX14-59] Los siguientes datos representan las edades de 12 sujetos y la concentración mineral (en partes por millón) en sus muestras de tejido.

Edad, *x*	82	83	64	53	47	50	70	62	34	27	75	28
Concentración mineral, *y*	170	40	64	5	15	5	48	34	3	7	50	10

Consulta la siguiente salida MINITAB y verifica que el coeficiente de correlación por rangos de Spearman es igual a 0.753 al calcularlo personalmente.

```
Correlations: xRank, yRank
Correlation of xRank and yRank = 0.753,
P-Value = 0.005
```

14.60 [EX14-60] Muchas personas están preocupadas por comer alimentos que tengan un alto contenido de sodio. También se les aconsejan los beneficios de obtener suficiente fibra en sus dietas. ¿Los alimentos altos en fibra tienden a tener más sodio? La siguiente tabla se obtuvo al seleccionar 11 sopas de una lista publicada en *Nutrition Action Healthletter*. Las sopas se midieron sobre la base de contenido de sodio y fibra:

Sopa	Sodio	Fibra	Sopa	Sodio	Fibra
A	480	12	G	420	2
B	830	0	H	290	4
C	510	1	I	450	10
D	460	5	J	430	6
E	490	3	K	390	9
F	580	7			

Fuente: *Nutrition Action Healthletter*

a. Clasifica las sopas en orden ascendente sobre la base de su contenido de sodio y fibra. Muestra tus resultados en una tabla.

b. Calcula el coeficiente de correlación por rangos de Spearman para los dos conjuntos de clasificaciones.

c. ¿Mayor contenido de sodio acompaña a los alimentos que son más altos en fibra? Pon a prueba la hipótesis nula de que no hay relación entre el contenido de fibra y de sodio en las sopas, frente a la alternativa, que existe una relación entre ellos. Usa $\alpha = 0.05$.

14.61 [EX14-61] El artículo del *Journal of Professional Nursing* titulado "El examen de registro de graduado como requisito de admisión para el programa de posgrado de enfermería" reportó una correlación significativa entre promedio de puntos de calificación de pregrado (GPA) y GPA a la graduación de un programa de posgrado en enfermería. Los siguientes datos se recolectaron de 10 estudiantes de enfermería que se graduaron de un programa de posgrado en enfermería.

GPA pregrado	3.5	3.1	2.7	3.7	2.5	3.3	3.0	2.9	3.8	3.2
GPA al graduarse	3.4	3.2	3.0	3.6	3.1	3.4	3.0	3.4	3.7	3.8

Calcula el coeficiente por rangos de Spearman y pon a prueba la hipótesis nula de no relación frente a relación positiva. Usa un nivel de significancia igual a 0.05.

14.62 [EX14-62] El Departamento de Transportes estadounidense rastrea y reporta una gran variedad de información concerniente a aerolíneas y aeropuertos. Reporta el "porcentaje en tiempo" frecuentemente. Compara el rendimiento porcentual de llegadas en tiempo para los 31 principales aeropuertos en Estados Unidos para el año hasta el 31 de octubre de 2008, frente al año hasta el 31 de octubre de 2009.

Clasificación de rendimiento de llegadas en tiempo del principal aeropuerto para el año hasta octubre de 2009 (porcentaje en tiempo)

Rango	1 de enero a 31 de octubre, 2008	%	Rango	1 de enero a 31 de octubre, 2009	%
1	Salt Lake City, UT (SLC)	84.43	1	Salt Lake City, UT (SLC)	85.63
2	Phoenix, AZ (PHX)	81.40	2	Chicago, IL (MDW)	84.15
3	Chicago, IL (MDW)	81.33	3	Phoenix, AZ (PHX)	83.65

***Para el resto de los datos, ingresa en cengagebrain.com

Fuente: Oficina de Estadísticas de Transporte, datos de en tiempo para aerolíneas.

En el nivel de significancia 0.05, pon a prueba la afirmación de que no hay correlación entre el año a la fecha 2008 y el año a la fecha 2009 en cuanto al porcentaje de rendimiento de llegadas en tiempo en dichos aeropuertos.

14.63 [EX14-63] El artículo del 24 de noviembre de 2009 del *USA Today*, "Satisfacción del viajero aéreo con las aerolíneas sube un poco", reportó los resultados de una encuesta Zagat de 5 900 viajeros aéreos que promediaron 17 vuelos al año. La encuesta pidió a los viajeros calificar a las aerolíneas usando una escala de 30 puntos. Las calificaciones de aerolínea para pasajeros en vuelos dentro de Estados Unidos se proporcionan en la siguiente tabla.

Aerolínea	Comodidad	Servicio	Web
Midwest	23	22	18
Virgin America	23	24	23
JetBlue	23	22	22
Alaska	17	20	21
Hawaiian	16	19	19
Continental	15	17	22
Southwest	16	21	23
Frontier	16	18	16
AirTran	14	15	18
Delta	13	13	19
American	12	13	20
United	12	12	19
US Airways	11	10	15
Spirit	11	10	14

a. Construye una nueva tabla que clasifique los porcentajes para comodidad, servicio y web por separado.

b. Con la correlación por rangos de Spearman y un nivel de significancia de 0.05, determina si existe una relación entre comodidad y servicio.

c. Con la correlación por rangos de Spearman y un nivel de significancia de 0.05, determina si existe una relación entre comodidad y web.

d. Con la correlación por rangos de Spearman y un nivel de significancia de 0.05, determina si existe una relación entre servicio y web.

e. Revisa los resultados de los incisos b, c y d; comenta acerca de tus hallazgos combinados.

14.64 [EX14-64] Se realizó una "Encuesta de preferencias de compradores de casa" por parte de la Asociación Nacional de Constructores de Casas para determinar las características que realmente quieren los compradores de casas. Los informantes calificaron cuáles características eran deseables y/o esenciales. La siguiente tabla muestra los resultados.

Característica	Deseable	Esencial
Cuarto de lavado	40	52
Clóset para ropa de cama	56	32
Extractor de humo	44	42
Comedor	43	36
Alacena a la entrada	59	19
Área de trabajo aislada	55	16
Ducha privada	49	20
Grifos con control de temperatura	49	18
Tina de hidromasaje	46	12
Adornos para baño	40	16
Mosaicos cerámicos en muros	43	12
Aparadores sólidos	43	7
Estudio/biblioteca	43	11
Chimenea para quemar madera	39	15
Almacenamiento para uso especial	47	6

Fuente: Asociación Nacional de Constructores de Casas

No es de sorprender que las calificaciones en la columna "deseable" de la tabla sean considerablemente mayores que las calificaciones en la columna "esencial". No hay duda acerca de que hay una diferencia en las calificaciones; sin embargo, una pregunta adecuada es: ¿los artículos en la lista aparecen en el mismo orden de preferencia en ambas columnas?

a. Usa la prueba U de Mann-Whitney para poner a prueba la hipótesis de que los artículos en esencia siguen la misma distribución, con $\alpha = 0.05$.

b. Usa el coeficiente de correlación por rangos de Spearman para poner a prueba la hipótesis de que las calificaciones de los artículos no están correlacionadas, con $\alpha = 0.05$.

c. Enuncia tu conclusión.

14.65 [EX14-65] Como muestra el siguiente cuadro, lo que es "suficientemente bueno" para calificar como "competente" puede variar ampliamente de estado a estado. *Education Week* comparó el porcentaje de estudiantes que calificaron en o arriba de competente en la Valoración Nacional de Progreso Educativo (NAEP, por sus siglas en inglés) y en valoraciones estatales en matemáticas.

Estado	Valoración estatal	Valoración NAEP	Estado	Valoración estatal	Valoración NAEP
AR	41	13	NY	65	22
CT	30	32	NC	84	28
GA	62	18	ND	15	25
ID	16	21	RI	28	23
KS	39	30	SC	24	18
LA	12	14	TX	43	27
MA	40	33	VT	38	29
MI	75	29	WY	27	25
MO	37	23			

Fuente: *Education Week*, http://www.edweek.com

a. Presenta la información de la tabla en forma de una gráfica de barras para visualizar cualquier relación entre las dos diferentes valoraciones. ¿Parece haber alguna relación? Explica.

b. Encuentra los números de rango para cada conjunto de porcentajes por separado.

c. Presenta la información en la tabla en la forma de un diagrama de dispersión para visualizar cualquier relación entre las dos diferentes valoraciones. ¿Parece haber alguna relación? Explica.

d. Usa el coeficiente de correlación por rangos de Spearman para poner a prueba la hipótesis de que no hay correlación entre los dos conjuntos de porcentajes. Usa $\alpha = 0.05$.

14.66 En referencia al ejemplo aplicado 14.15:

a. Explica el significado de "las calificaciones medias son significativamente diferentes ($p = 0.0001$)". ¿A qué calificaciones medias se refiere? ¿Qué metodología pudo usarse para establecer esta significancia?

b. Explica el significado de "el análisis de correlación de Pearson muestra que las calificaciones VMI en dos estudios estuvieron significativamente correlacionadas ($r = 0.60, p = 0.0001$)".

c. Explica el significado de "el coeficiente de correlación por rangos de Spearman también fue enormemente significativo ($r = 0.57, p = 0.0001$)".

d. ¿Cuál es la relación entre la correlación de Pearson y el análisis de correlación de Spearman?

14.67 Con la fórmula (3.2), calcula el coeficiente de correlación por rangos de Spearman para los datos del ejemplo 14.14 (p. 697). Recuerda que la fórmula (3.2) es equivalente a la fórmula de definición (3.1) y que los números de rango deben usarse con esta fórmula para que el estadístico resultante sea la r_s de Spearman.

14.68 Consulta los datos bivariados que se muestran en la siguiente tabla.

x	−2	−1	1	2
y	4	1	1	4

a. Construye un diagrama de dispersión.

b. Calcula el coeficiente de correlación por rangos de Spearman, r_s [fórmula (14.11)].

c. Calcula el coeficiente de correlación de Pearson, r [fórmula (3.2)].

d. Compara los dos resultados de los incisos b y c. ¿Las dos medidas de la medida de correlación son la misma cosa?

Repaso del capítulo

En retrospectiva

En este capítulo te familiarizaste con algunos de los conceptos básicos de la estadística no paramétrica. Si bien aprendiste acerca del uso de los métodos no paramétricos y de pruebas de significancia no paramétricas específicas, también debes darte cuenta y comprender algunas de las suposiciones básicas que se necesitan cuando encuentres las técnicas paramétricas de los capítulos anteriores. Ahora viste varias pruebas, muchas de las cuales duplican un poco el trabajo hecho por otras. Ten en mente que debes usar la mejor prueba para tus necesidades particulares. El poder de la prueba y el costo del muestreo, como se relaciona con el tamaño y la disponibilidad de la variable de respuesta deseada, tendrán un papel importante en la determinación de la prueba específica a utilizar.

CourseMate El sitio **Statistics CourseMate** para este libro lleva a la vida los temas del capítulo, con herramientas interactivas de aprendizaje, estudio y preparación de exámenes, incluidas preguntas rápidas y tarjetas de estudio para el vocabulario y los conceptos clave que aparecen a continuación. El sitio también ofrece una versión **eBook** del texto, con capacidades de subrayado y toma de notas. A lo largo de los capítulos, el icono CourseMate señala los conceptos y ejemplos que tienen sus correspondientes recursos interactivos como **video** y **tutoriales animados** que demuestran, paso a paso, cómo resolver problemas; **conjuntos de datos** para ejercicios y ejemplos; **Applets Skillbuilder** para ayudarte a comprender mejor los conceptos; **manuales de tecnología** y software para descargar que incluye **Data Analysis Plus** (una suite de macros estadísticos para Excel) y programas **TI-83/84 Plus**; regístrate en **www.cengagebrain.com**

Vocabulario y conceptos clave

aleatoriedad (p. 686)
aproximación normal (pp. 670, 680, 689)
coeficiente de correlación por rangos de Spearman (p. 694)
corrección de continuidad (p. 670)
correlación (p. 694)
datos apareados (p. 667)
eficiencia (p. 663)
estadístico de prueba (pp. 666, 672, 678, 680, 686, 690)
mediana poblacional *M* (p. 664)
métodos de distribución libre (p. 662)
métodos no paramétricos (p. 662)
métodos paramétricos (p. 662)
muestra dependiente (pp. 664, 667)
muestra independiente (p. 676)
poder de una prueba estadística (p. 663)
prueba de rachas (p. 686)
prueba del signo (p. 664)
prueba paramétrica (p. 663)
prueba *U* de Mann-Whitney (p. 676)
racha (p. 686)
rango (p. 677)
rangos apareados (p. 694)
suposiciones (pp. 664, 668, 676, 687, 695)
variable aleatoria binomial (p. 670)

Resultados del aprendizaje

- Entender que los métodos paramétricos son métodos estadísticos que suponen que la población padre es aproximadamente normal o que el teorema del límite central produce (al menos de manera aproximada) una distribución normal de un estadístico de prueba. p. 662
- Entender que los métodos no paramétricos (métodos de distribución libre) no dependen de la distribución de la población a muestrear. p. 663
- Entender que el poder de una prueba $(1 - \beta)$ es su capacidad para rechazar una hipótesis nula falsa. pp. 663–664

• Entender que la eficiencia de una prueba no paramétrica toma en cuenta el poder de una prueba y el tamaño muestral requerido.	pp. 663–664
• Entender que la prueba del signo es la alternativa no paramétrica a la prueba *t* para una media y la diferencia entre dos medias dependientes.	p. 664, Ej. 14.1
• Calcular, describir e interpretar un intervalo de confianza para una mediana poblacional usando la prueba del signo.	EJ. 14.1, Ej. 14.3
• Realizar, describir e interpretar una prueba de hipótesis para una sola mediana usando la prueba del signo con el método del valor *p* y el método clásico.	EJ. 14.2, Ej. 14.11
• Realizar, describir e interpretar una prueba de hipótesis para la media de diferencias apareadas usando la prueba del signo con el método del valor *p* y el método clásico.	EJ. 14.3, Ej. 14.15
• Comprender que la prueba *U* de Mann-Whitney es la alternativa no paramétrica a la prueba *t* para la diferencia entre dos medias independientes.	p. 676, Ej. 14.21
• Realizar, describir e interpretar una prueba de hipótesis para la diferencia entre dos medias usando la prueba *U* de Mann-Whitney con el método del valor *p* y el método clásico.	EJ. 14.6, Ej. 14.31
• Realizar, describir e interpretar una prueba de hipótesis para la diferencia entre dos medias usando la aproximación normal a la prueba *U* de Mann-Whitney con el método del valor *p* y el método clásico.	EJ. 14.7, Ej. 14.35
• Realizar, describir e interpretar una prueba de hipótesis para la aleatoriedad de datos usando la prueba de rachas con el enfoque del valor *p* y el enfoque clásico.	EJ. 14.9, 14.10, Ej. 14.41, 14.46
• Realizar, describir e interpretar una prueba de hipótesis para la aleatoriedad de datos usando la aproximación normal a la prueba de rachas con el método del valor *p* y el método clásico.	EJ. 14.11, Ej. 14.49
• Entender que el coeficiente de correlación por rangos de Spearman es la alternativa no paramétrica al coeficiente de correlación lineal de Pearson, *r*.	p. 694, EJ 14.13
• Realizar, describir e interpretar una prueba de hipótesis para la significancia de correlación entre dos variables usando el coeficiente de correlación por rangos de Spearman con el método del valor *p* y el método clásico.	pp. 695–698, EJ. 14.14, Ej. 14.57, 14.61

Ejercicios del capítulo

14.69 [EX14-69] "Dado que los datos de deposición atmosférica a escala regional en las montañas Rocosas son escasos, el U.S. Geological Survey diseñó un programa para determinar más a fondo la calidad de la precipitación e identificar las fuentes de contaminación depositada atmosféricamente en una red de sitios de alta elevación. Muestras de integración profunda de paquetes de nieve estacional en 52 sitios de muestra, en una red desde Nuevo México hasta Montana, se recolectaron y analizaron cada año desde 1993." Una de las características químicas muestreadas fue hidrógeno. A continuación se presentan los resultados promedio de 5 años de cada uno de los 52 sitios.

7.3	3.3	4.3	4.8	4.5	5.1	5.0	6.7	3.5	6.1	5.1	8.3	4.1
9.7	5.4	3.8	5.8	6.1	5.4	8.8	5.2	7.2	4.9	2.0	3.6	6.3
7.8	5.5	11.1	9.4	5.1	15.2	5.0	9.9	3.8	5.4	7.8	9.4	4.5
10.6	3.6	2.7	10.5	12.4	3.1	2.8	8.7	4.3	8.3	5.9	4.6	6.1

Fuente: U.S. Geological Survey

a. Construye un diagrama de tallo y hojas de los datos.

b. Describe el patrón que ves en el diagrama de tallo y hojas.

c. Con el diagrama de tallo y hojas y la prueba del signo, encuentra el intervalo de confianza de 95% para la mediana poblacional.

14.70 [EX14-70] Investigación acerca de las prácticas de salud de los técnicos cardiovasculares comparó el índice de masa corporal (IMC) de los técnicos con la de la población general. La clasificación de peso por IMC es la siguiente: bajo de peso, menos de 19; normal, 19 a 24; sobrepeso, 25 a 29; y obesidad, 30 y más. La siguiente lista presenta los valores IMC para una muestra de 30 técnicos.

IMC	16	50	39	33	33	25	29	30	39	23
	21	24	19	28	26	34	19	20	18	21
	24	24	20	18	26	22	24	18	25	25

[EX00-000] identifica el nombre de archivo de un ejercicio; disponible a través de cengagebrain.com

a. Construye un diagrama de tallo y hojas para el IMC de los técnicos cardiovasculares.

b. Describe la muestra de técnicos como bajo de peso, normal, sobrepeso u obeso.

c. Encuentra el intervalo de confianza de 95% para la mediana del índice de masa corporal.

14.71 [EX14-71] Una muestra de 32 estudiantes recibió las siguientes calificaciones en un examen.

41	42	48	46	50	54	51	42	51	50	45	42	32	45	43	56
55	47	45	51	60	44	57	57	47	28	41	42	54	48	47	32

a. ¿Esta muestra presenta que la calificación mediana para el examen difiere de 50? Usa $\alpha = 0.05$.

b. ¿Esta muestra presenta que la calificación mediana del examen es menor que 50? Usa $\alpha = 0.05$.

14.72 [EX14-72] ¿La tasa de ausentismo en la clase de estadística de las 8 a.m. es la misma que para la clase de estadística de las 11 a.m.? La siguiente muestra del número diario de ausencias se tomó de los registros de asistencia de las dos clases.

	Día											
Clase	**1**	**2**	**3**	**4**	**5**	**6**	**7**	**8**	**9**	**10**	**11**	**12**
8 a.m.	0	1	3	1	0	2	4	1	3	5	3	2
11 a.m.	1	0	1	0	1	2	3	0	1	3	2	1

¿Existe suficiente razón para concluir que existen más ausencias en la clase de las 8 a.m.? Usa $\alpha = 0.05$.

14.73 [EX14-73] Los entrenadores, corredores y fanáticos de pista hablan mucho de la "rapidez de la pista". Se cree que la superficie de la pista tiene un efecto directo sobre la cantidad de tiempo que tarda un corredor en cubrir la distancia requerida. Para poner a prueba este efecto, a 10 corredores se les pidió hacer un *sprint* de 220 yardas en cada una de las dos pistas. La pista A es de ceniza y la pista B está hecha de un nuevo material sintético. Los tiempos de carrera (en segundos) se proporcionan en la siguiente tabla. Pon a prueba la afirmación de que la superficie de la pista B es propicia para tiempos de carrera más rápidos.

	Corredor									
Pista	**1**	**2**	**3**	**4**	**5**	**6**	**7**	**8**	**9**	**10**
A	27.7	26.8	27.0	25.5	26.6	27.4	27.2	27.4	25.8	25.1
B	27.0	26.7	25.3	26.0	26.1	25.3	26.7	27.1	24.8	27.1

a. Enuncia las hipótesis nula y alternativa a poner a prueba. Completa la prueba usando $\alpha = 0.05$.

b. Enuncia tus conclusiones.

14.74 Una compañía de dulces desarrolló dos nuevas barras de dulce cubiertos de chocolate. De seis personas seleccionadas al azar, todas prefirieron la barra de dulce I. ¿Ésta es evidencia estadística, en el $\alpha = 0.05$, de que el público general preferirá la barra de dulce I?

14.75 Un artículo en la revista *Sedimentary Geology* compara una medida llamada coeficiente de rugosidad para granos de arena de cuarzo traslúcido y opaco. Si tú mides el coeficiente de rugosidad para 20 granos de arena de cada tipo (traslúcido y opaco), ¿para qué valores del estadístico U de Mann-Whitney rechazarías la hipótesis nula en una prueba de dos colas con $\alpha = 0.05$?

14.76 [EX14-76] Veinte estudiantes se seleccionaron al azar en dos grupos iguales. Al grupo 1 se le impartió un curso de anatomía usando un enfoque de clase estándar. Al grupo 2 se le impartió usando un enfoque asistido por computadora. Las calificaciones finales en un examen ampliado fueron las siguientes:

Grupo 1	75	83	60	89	77	92	88	90	55	70
Grupo 2	77	92	90	85	72	59	65	92	90	79

Pon a prueba la afirmación de que un método asistido por computadora produce mayor logro (medido por las calificaciones del examen final) en cursos de anatomía, que el enfoque de clase. Usa $\alpha = 0.05$.

14.77 [EX14-77] El uso de espectroscopía por resonancia magnética nuclear (RMN) para detección de afecciones se discutió en la revista *Clinical Chemistry*. Se mide el ancho de línea en la altura media de los picos en el espectro de la RMN. El espectro se produce a partir de plasma de valoración de un individuo. Supón que los siguientes anchos de línea (medidos en Hertz [Hz]) se obtuvieron de un grupo normal y un grupo que se sabe tiene afecciones. ¿Rechazarías una hipótesis de investigación de dos colas en el nivel de significancia 0.05?

Grupo normal	35.1	32.9	30.6	30.5	30.9
Grupo afecciones	28.5	29.5	30.7	27.5	28.0

14.78 [EX14-78] Una empresa actualmente prueba dos diferentes procedimientos para ajustar las máquinas de corte usadas en la producción de tarjetas de felicitación. Los resultados de dos muestras presentan los siguientes tiempos de ajuste registrados (en segundos).

Método 1	17	15	14	18	16	15	17	18	15	14	14	16	15			
Método 2	14	14	13	13	15	12	16	14	16	13	14	13	12	15	17	13

¿Existe suficiente razón para concluir que el método 2 requiere menos tiempo, en promedio, que el método 1 en el nivel de significancia 0.05?

14.79 [EX14-79] Dos estadísticos que los fanáticos del béisbol usan para comparar la fuerza global de un equipo contra otra son el promedio de bateo del equipo (mientras más alto

Tabla para ejercicio 14.79

Equipo LA	Promedio bateo	ERA	Equipo LN	Promedio bateo	ERA
Baltimore Orioles	0.268	5.15	Arizona Diamondbacks	0.253	4.42
Boston Red Sox	0.270	4.35	Atlanta Braves	0.263	3.57
Chicago White Sox	0.258	4.14	Chicago Cubs	0.255	3.84
Cleveland Indians	0.264	5.06	Cincinnati Reds	0.247	4.18
Detroit Tigers	0.260	4.29	Colorado Rockies	0.261	4.22
Kansas City Royals	0.259	4.83	Florida Marlins	0.268	4.29
Los Angeles Angels	0.285	4.45	Houston Astros	0.260	4.54
Minnesota Twins	0.274	4.50	Los Angeles Dodgers	0.270	3.41
New York Yankees	0.283	4.26	Milwaukee Brewers	0.263	4.83
Oakland Athletics	0.262	4.26	New York Mets	0.270	4.45
Seattle Mariners	0.258	3.87	Philadelphia Phillies	0.258	4.16
Tampa Bay Rays	0.263	4.33	Pittsburgh Pirates	0.252	4.59
Texas Rangers	0.260	4.38	San Diego Padres	0.242	4.37
Toronto Blue Jays	0.266	4.47	San Francisco Giants	0.257	3.55
			St. Louis Cardinals	0.263	3.66
			Washington Nationals	0.258	5.00

Fuente: http://mlb.com/

sea el promedio de bateo, mejor) y el promedio de picheo del equipo (mientras más bajo sea el promedio de carreras permitidas, mejor). Con los resultados de las Ligas Nacional y Americana de 2009, que se presentan en la tabla al final de la página, investiga la relación entre los promedios de bateo del equipo y los promedios de carreras permitidas.

a. Convierte la tabla a rangos de: 1) promedios de bateo y 2) promedios de carreras permitidas para la Liga Nacional y la Liga Americana, que muestren liga representada (A o N) por un rango de equipos.

b. Usa la prueba U de Mann-Whitney para poner a prueba la hipótesis de que: 1) el promedio de bateo de la Liga Americana es mayor y 2) el promedio de carreras permitidas de la Liga Nacional es más bajo. Usa el nivel de significancia 0.05.

14.80 [EX14-80] Dos fabricantes de pelotas de tenis de mesa acordaron que la calidad de sus productos puede medirse por la altura a la cual rebotan las pelotas. Se arregla una prueba, las pelotas se sueltan desde una altura constante y se miden las alturas de rebote. Los resultados (en pulgadas) se muestran en la siguiente tabla. El fabricante A afirma: "los resultados muestran que mi producto es superior". El fabricante B replica: "no conozco ninguna prueba estadística que apoye esta afirmación".

A	14.0	12.5	11.5	12.2	12.4	12.3	11.8	11.9	13.7	13.2
B	12.0	12.5	11.6	13.3	13.0	13.0	12.1	12.8	12.2	12.6

a. ¿Qué prueba paramétrica sería adecuada si supones que las alturas de rebote tienen distribución normal?

b. ¿La prueba paramétrica en el inciso a muestra que el producto de A es superior? Usa un nivel de significancia de 0.05.

c. ¿Qué prueba no paramétrica sería adecuada si no estás seguro acerca de la distribución de alturas de rebote?

d. ¿La prueba no paramétrica en el inciso c muestra que el producto A es superior? Usa un nivel de significancia de 0.05.

e. ¿Qué te dicen ambas pruebas acerca de la afirmación de A de un producto superior?

14.81 Considera la siguiente secuencia de partes defectuosas (d) y partes no defectuosas (n) producidas por una máquina.

n n d n n n n n d n n n n n n n d n d n n n n

¿Puedes rechazar la hipótesis de aleatoriedad en $\alpha = 0.05$?

14.82 [EX14-82] A un paciente se le dan dos diferentes tipos de píldoras de vitaminas, una que contiene hierro y una que no contiene hierro. Al paciente se le instruye a tomar las píldoras una diaria de manera aleatoria. Para evitar tener que recordar cuál tomar en un día particular, el paciente las mezcla todas en un gran frasco. Cada mañana el paciente toma la primera píldora que saca del frasco. Para ver si éste fue un proceso aleatorio, durante 25 días el paciente registró un "I" cada mañana que tomaba una vitamina con hierro y una "N" para no hierro. (Los datos están al final de la página.)

¿Existe suficiente razón para rechazar la hipótesis nula de que las vitaminas se tomaron en orden aleatorio en el nivel de significancia 0.05?

14.83 [EX14-83] ¿Qué hace a una compañía más atractiva para trabajar en ella que en otra? Una posibilidad es el crecimiento en nuevos empleos. Los editores de *Fortune* desarrollaron una lista de las 100 mejores compañías en las cuales trabajar en Estados Unidos. En la lista se incluye el cambio

(continúa en la página 707)

Tabla para el ejercicio 14.82

Día	1	2	3	4	5	6	7	8	9	10	11	12	13	14	15	16	17	18	19	20	21	22	23	24	25
Tipo	I	I	N	I	I	N	N	I	N	N	N	N	N	I	I	I	N	I	I	I	I	N	I	I	N

Tabla para el ejercicio 14.85

Lectura	**1**	**2**	**3**	**4**	**5**	**6**	**7**	**8**	**9**	**10**	**11**	**12**	**13**	**14**	**15**	**16**	**17**	**18**
De ayer	40	58	46	33	40	51	55	81	85	83	89	64	73	63	46	58	28	69
De hoy	40	56	34	59	46	51	74	77	83	84	85	68	65	60	54	62	34	66

porcentual en empleos de tiempo completo de cada compañía durante los 2 años anteriores. Las mejores 20 se muestran en la siguiente tabla.

Compañía	**Crecimiento empleos**	**Compañía**	**Crecimiento empleos**
1	26	11	23
2	54	12	13
3	34	13	17
4	10	14	23
5	31	15	9
6	48	16	3
7	26	17	15
8	22	18	11
9	24	19	1
10	10	20	122

Fuente: *Fortune*, "The 100 Best Companies to Work for in America"

a. Determina la mediana del crecimiento porcentual en empleos y el número de rachas arriba y abajo de la mediana.

b. Usa la prueba de rachas para poner a prueba si las tasas de crecimiento se mencionan en una secuencia aleatoria en torno a la mediana.

c. ¿Las compañías clasificadas más alto también tienen mayores tasas de crecimiento en empleos? Enuncia tu conclusión.

14.84 [EX14-84] En un estudio para ver si los cónyuges son consistentes en sus preferencias por programas de televisión, una empresa investigadora de mercado pidió a varias parejas casadas clasificar una lista de 12 programas (1 representa la calificación más alta; 12 representa la más baja). Los rangos promedio para los programas, redondeados al entero más cercano, fueron los siguientes:

	Programa											
Rango	**1**	**2**	**3**	**4**	**5**	**6**	**7**	**8**	**9**	**10**	**11**	**12**
Marido	12	2	6	10	3	11	7	1	9	5	8	4
Esposa	5	4	1	9	3	12	2	8	6	10	7	11

¿Existe evidencia significativa de correlación negativa en el nivel de significancia 0.01?

14.85 [EX14-85] ¿La temperatura alta de hoy puede predecirse efectivamente usando la alta de ayer? Pares de temperaturas altas de ayer y hoy se seleccionaron al azar. Los resultados se muestran en la siguiente tabla. ¿Los datos presentan suficiente evidencia para justificar el enunciado "la temperatura alta de hoy tiende a correlacionarse con la temperatura alta de ayer"? Usa $\alpha = 0.05$.

14.86 Las pruebas no paramétricas también se conocen como pruebas de distribución libre. Sin embargo, las distribuciones normales se usan en los procedimientos de elaboración de inferencias.

a. ¿A qué se aplica el término de *distribución libre*? (¿La población? ¿La muestra? ¿La distribución muestral?) Explica.

b. ¿Qué es lo que tiene la distribución normal? Explica.

Examen de práctica del capítulo

PARTE I: Conocimiento de las definiciones

Responde "verdadero" si el enunciado siempre es verdadero. Si el enunciado no siempre es verdadero, sustituye las palabras en negritas con las palabras que hagan al enunciado siempre verdadero.

14.1 Una de las ventajas de las pruebas no paramétricas es la necesidad de suposiciones **menos restrictivas**.

14.2 La prueba del signo es un posible reemplazo para la **prueba F**.

14.3 La **prueba del signo** puede usarse para poner a prueba la aleatoriedad de un conjunto de datos.

14.4 Si un empate ocurre en un conjunto de datos clasificados, los datos que forman el empate se **remueven del conjunto**.

14.5 Dos **medias** dependientes pueden compararse no paramétricamente usando la prueba del signo.

14.6 La prueba del signo es una posible alternativa a la prueba t de Student para **un valor medio**.

14.7 La **prueba de rachas** es una alternativa no paramétrica a la diferencia entre dos medias independientes.

14.8 El **nivel de confianza** de una prueba de hipótesis estadística se mide con $1 - \beta$.

14.9 El coeficiente de correlación por rangos de Spearman es una alternativa al uso del **coeficiente de correlación lineal**.

14.10 La **eficiencia** de una prueba no paramétrica es la probabilidad de que se rechace una hipótesis nula falsa.

PARTE II: Aplicación de los conceptos

14.11 Los pesos (en libras) de nueve personas antes de dejar de fumar y cinco semanas después de dejar de fumar se citan a continuación: [PT14-11]

Persona	1	2	3	4	5	6	7	8	9
Antes	148	176	153	116	128	129	120	132	154
Después	155	178	151	120	130	136	126	128	158

Encuentra la estimación del intervalo de confianza de 95% para el cambio de peso promedio.

14.12 Los siguientes datos muestran las ganancias de peso (en onzas) para 20 ratones de laboratorio, la mitad de los cuales se alimentaron con una dieta y la mitad con otra dieta diferente. Pon a prueba esto para determinar si la diferencia en ganancia de peso es significativa en $\alpha = 0.05$. [PT14-12]

Dieta A	41	40	36	43	36	43	39	36	24	41
Dieta B	35	34	27	39	31	41	37	34	42	38

14.13 Una gran compañía editora de libros de texto contrató hace 3 años a nueve representantes de ventas nuevos. Al momento de la contratación, los nueve se clasificaron de acuerdo con su potencial. ahora, 3 años después, el presidente de la compañía quiere saber cuán bien sus rangos potenciales se correlacionan con sus ventas totales por los 3 años. [PT14-13]

Representante de ventas	a	b	c	d	e	f	g	h	I
Potencial	2	5	6	1	4	3	9	8	7
Ventas totales	450	410	350	345	330	400	250	310	270

¿Existe correlación significativa en el nivel 0.05?

14.14 El nuevo director de la escuela piensa que puede existir un patrón en el orden en el que llegan a su oficina los problemas de disciplina. Él hace que su secretaria registre los niveles de calificación de los estudiantes conforme llegan. [PT14-14]

9	10	11	9	12	11	9	10	10	11
10	11	10	10	11	12	12	9	9	11
12	10	9	12	10	11	12	11	10	10

En el nivel 0.05, ¿existe evidencia significativa de aleatoriedad?

PARTE III: Comprender los conceptos

14.15 ¿Qué ventajas tienen los estadísticos no paramétricos sobre los métodos paramétricos?

14.16 Explica cómo la prueba del signo se apoya en la distribución binomial y con frecuencia se aproxima mediante la distribución normal?

14.17 ¿Por qué la prueba del signo usa una hipótesis nula en torno a la mediana, en lugar de la media como usa la prueba *t*?

14.18 Explica por qué una prueba no paramétrica no es tan sensible a datos extremos como puede serlo una prueba paramétrica.

14.19 Un restaurante recolecta datos acerca de cuáles dos arreglos de asientos prefieren sus clientes. En una prueba del signo para determinar si un arreglo de asientos es significativamente preferido, ¿cuál hipótesis nula usarías?

a. $M = 0$　　b. $M = 0.5$

c. $p = 0$　　d. $p = 0.5$

Explica tu elección.

Apéndice A: Conceptos introductorios y lecciones de repaso

A. Principios básicos de conteo
B. Notación sumatoria
C. Uso de la tabla de números aleatorios
D. Procedimiento de redondeo
E. El sistema de ejes coordenados y la ecuación de una línea recta
F. Diagramas de árbol
G. Diagramas de Venn
H. El uso de la notación factorial
I. Respuestas a ejercicios de conceptos introductorios y lecciones de repaso

El apéndice A está disponible en línea; ingresa a cengagebrain.com

Apéndice B: Tablas

TABLA 1
Números aleatorios

10 09 73 25 33	76 52 01 35 86	34 67 35 48 76	80 95 90 91 17	39 29 27 49 45
37 54 20 48 05	64 89 47 42 96	24 80 52 40 37	20 63 61 04 02	00 82 29 16 65
08 42 26 89 53	19 64 50 93 03	23 20 90 25 60	15 95 33 43 64	35 08 03 36 06
99 01 90 25 29	09 37 67 07 15	38 31 13 11 65	88 67 67 43 97	04 43 62 76 59
12 80 79 99 70	80 15 73 61 47	64 03 23 66 53	98 95 11 68 77	12 17 17 68 33
66 06 57 47 17	34 07 27 68 50	36 69 73 61 70	65 81 33 98 85	11 19 92 91 70
31 06 01 08 05	45 57 18 24 06	35 30 34 26 14	86 79 90 74 39	23 40 30 97 32
85 26 97 76 02	02 05 16 56 92	68 66 57 48 18	73 05 38 52 47	18 62 38 85 79
63 57 33 21 35	05 32 54 70 48	90 55 35 75 48	28 46 82 87 09	83 49 12 56 24
73 79 64 57 53	03 52 96 47 78	35 80 83 42 82	60 93 52 03 44	35 27 38 84 35
98 52 01 77 67	14 90 56 86 07	22 10 94 05 58	60 97 09 34 33	50 50 07 39 98
11 80 50 54 31	39 80 82 77 32	50 72 56 82 48	29 40 52 42 01	52 77 56 78 51
83 45 29 96 34	06 28 89 80 83	13 74 67 00 78	18 47 54 06 10	68 71 17 78 17
88 68 54 02 00	86 50 75 84 01	36 76 66 79 51	90 36 47 64 93	29 60 91 10 62
99 59 46 73 48	87 51 76 49 69	91 82 60 89 28	93 78 56 13 68	23 47 83 41 13
65 48 11 76 74	17 46 85 09 50	58 04 77 69 74	73 03 95 71 86	40 21 81 65 44
80 12 43 56 35	17 72 70 80 15	45 31 82 23 74	21 11 57 82 53	14 38 55 37 63
74 35 09 98 17	77 40 27 72 14	43 23 60 02 10	45 52 16 42 37	96 28 60 26 55
69 91 62 68 03	66 25 22 91 48	36 93 68 72 03	76 62 11 39 90	94 40 05 64 18
09 89 32 05 05	14 22 56 85 14	46 42 75 67 88	96 29 77 88 22	54 38 21 45 98
91 49 91 45 23	68 47 92 76 86	46 16 28 35 54	94 75 08 99 23	37 08 92 00 48
80 33 69 45 98	26 94 03 68 58	70 29 73 41 35	54 14 03 33 40	42 05 08 23 41
44 10 48 19 49	85 15 74 79 54	32 97 92 65 75	57 60 04 08 81	22 22 20 64 13
12 55 07 37 42	11 10 00 20 40	12 86 07 46 97	96 64 48 94 39	28 70 72 58 15
63 60 64 93 29	16 50 53 44 84	40 21 95 25 63	43 65 17 70 82	07 20 73 17 90
61 19 69 04 46	26 45 74 77 74	51 92 43 37 29	65 39 45 95 93	42 58 26 05 27
15 47 44 52 66	95 27 07 99 53	59 36 78 38 48	82 39 61 01 18	33 21 15 94 66
94 55 72 85 73	67 89 75 43 87	54 62 24 44 31	91 19 04 25 92	92 92 74 59 73
42 48 11 62 13	97 34 40 87 21	16 86 84 87 67	03 07 11 20 59	25 70 14 66 70
23 52 37 83 17	73 20 88 98 37	68 93 59 14 16	26 25 22 96 63	05 52 28 25 62
04 49 35 24 94	75 24 63 38 24	45 86 25 10 25	61 96 27 93 35	65 33 71 24 72
00 54 99 76 54	64 05 18 81 59	96 11 96 38 96	54 69 28 23 91	23 28 72 95 29
35 96 31 53 07	26 89 80 93 54	33 35 13 54 62	77 97 45 00 24	90 10 33 93 33
59 80 80 83 91	45 42 72 68 42	83 60 94 97 00	13 02 12 48 92	78 56 52 01 06
46 05 88 52 36	01 39 09 22 86	77 28 14 40 77	93 91 08 36 47	70 61 74 29 41
32 17 90 05 97	87 37 92 52 41	05 56 70 70 07	86 74 31 71 57	85 39 41 18 38
69 23 46 14 06	20 11 74 52 04	15 95 66 00 00	18 74 39 24 23	97 11 89 63 38
19 56 54 14 30	01 75 87 53 79	40 41 92 15 85	66 67 43 68 06	84 96 28 52 07
45 15 51 49 38	19 47 60 72 46	43 66 79 45 43	59 04 79 00 33	20 82 66 95 41
94 86 43 19 94	36 16 81 08 51	34 88 88 15 53	01 54 03 54 56	05 01 45 11 76
98 08 62 48 26	45 24 02 84 04	44 99 90 88 96	39 09 47 34 07	35 44 13 18 80
33 18 51 62 32	41 94 15 09 49	89 43 54 85 81	88 69 54 19 94	37 54 87 30 43
80 95 10 04 06	96 38 27 07 74	20 15 12 33 87	25 01 62 52 98	94 62 46 11 71
79 75 24 91 40	71 96 12 82 96	69 86 10 25 91	74 85 22 05 39	00 38 75 95 79
18 63 33 25 37	98 14 50 65 71	31 01 02 46 74	05 45 56 14 27	77 93 89 19 36

Detalles específicos acerca del uso de esta tabla pueden encontrarse en la página 20, en el apéndice A en cengagebrain.com, o en el *Manual de soluciones del estudiante*.

TABLA 1 (*continuación*)
Números aleatorios

74 02 94 39 02	77 55 73 22 70	97 79 01 71 19	52 52 75 80 21	80 81 45 17 48
54 17 84 56 11	80 99 33 71 43	05 33 51 29 69	56 12 71 92 55	36 04 09 03 24
11 66 44 98 83	52 07 98 48 27	59 38 17 15 39	09 97 33 34 40	88 46 12 33 56
48 32 47 79 28	31 24 96 47 10	02 29 53 68 70	32 30 75 75 46	15 02 00 99 94
69 07 49 41 38	87 63 79 19 76	35 58 40 44 01	10 51 82 16 15	01 84 87 69 38
09 18 82 00 97	32 82 53 95 27	04 22 08 63 04	83 38 98 73 74	64 27 85 80 44
90 04 58 54 97	51 98 15 06 54	94 93 88 19 97	91 87 07 61 50	68 47 66 46 59
73 18 95 02 07	47 67 72 62 69	62 29 06 44 64	27 12 46 70 18	41 36 18 27 60
75 76 87 64 90	20 97 18 17 49	90 42 91 22 72	95 37 50 58 71	93 82 34 31 78
54 01 64 40 56	66 28 13 10 03	00 68 22 73 98	20 71 45 32 95	07 70 61 78 13
08 35 86 99 10	78 54 24 27 85	13 66 15 88 73	04 61 89 75 53	31 22 30 84 20
28 30 60 32 64	81 33 31 05 91	40 51 00 78 93	32 60 46 04 75	94 11 90 18 40
53 84 08 62 33	81 59 41 36 28	51 21 59 02 90	28 46 66 87 95	77 76 22 07 91
91 75 75 37 41	61 61 36 22 69	50 26 39 02 12	55 78 17 65 14	83 48 34 70 55
89 41 59 26 94	00 39 75 83 91	12 60 71 76 46	48 94 97 23 06	94 54 13 74 08
77 51 30 38 20	86 83 42 99 01	68 41 48 27 74	51 90 81 39 80	72 89 35 55 07
19 50 23 71 74	69 97 92 02 88	55 21 02 97 73	74 28 77 52 51	65 34 46 74 15
21 81 85 93 13	93 27 88 17 57	05 68 67 31 56	07 08 28 50 46	31 85 33 84 52
51 47 46 64 99	68 10 72 36 21	94 04 99 13 45	42 83 60 91 91	08 00 74 54 49
99 55 96 83 31	62 53 52 41 70	69 77 71 28 30	74 81 97 81 42	43 86 07 28 34
33 71 34 80 07	93 58 47 28 69	51 92 66 47 21	58 30 32 98 22	93 17 49 39 72
85 27 48 68 93	11 30 32 92 70	28 83 43 41 37	73 51 59 04 00	71 14 84 36 43
84 13 38 96 40	44 03 55 21 66	73 85 27 00 91	61 22 26 05 61	62 32 71 84 23
56 73 21 62 34	17 39 59 61 31	10 12 39 16 22	85 49 65 75 60	81 60 41 88 80
65 13 85 68 06	87 60 88 52 61	34 31 36 58 61	45 87 52 10 69	85 64 44 72 77
38 00 10 21 76	81 71 91 17 11	71 60 29 29 37	74 21 96 40 49	65 58 44 96 98
37 40 29 63 97	01 30 47 75 86	56 27 11 00 86	47 32 46 26 05	40 03 03 74 38
97 12 54 03 48	87 08 33 14 17	21 81 53 92 50	75 23 76 20 47	15 50 12 95 78
21 82 64 11 34	47 14 33 40 72	64 63 88 59 02	49 13 90 64 41	03 85 65 45 52
73 13 54 27 42	95 71 90 90 35	85 79 47 42 96	08 78 98 81 56	64 69 11 92 02
07 63 87 79 29	03 06 11 80 72	96 20 74 41 56	23 82 19 95 38	04 71 36 69 94
60 52 88 34 41	07 95 41 98 14	59 17 52 06 95	05 53 35 21 39	61 21 20 64 55
83 59 63 56 55	06 95 89 29 83	05 12 80 97 19	77 43 35 37 83	92 30 15 04 98
10 85 06 27 46	99 59 91 05 07	13 49 90 63 19	53 07 57 18 39	06 41 01 93 62
39 82 09 89 52	43 62 26 31 47	64 42 18 08 14	43 80 00 93 51	31 02 47 31 67
59 58 00 64 78	75 56 97 88 00	88 83 55 44 86	23 76 80 61 56	04 11 10 84 08
38 50 80 73 41	23 79 34 87 63	90 82 29 70 22	17 71 90 42 07	95 95 44 99 53
30 69 27 06 68	94 68 81 61 27	56 19 68 00 91	82 06 76 34 00	05 46 26 92 00
65 44 39 56 59	18 28 82 74 37	49 63 22 40 41	08 33 76 56 76	96 29 99 08 36
27 26 75 02 64	13 19 27 22 94	07 47 74 46 06	17 98 54 89 11	97 34 13 03 58
91 30 70 69 91	19 07 22 42 10	36 69 95 37 28	28 82 53 57 93	28 97 66 62 52
68 43 49 46 88	84 47 31 36 22	62 12 69 84 08	12 84 38 25 90	09 81 59 31 46
48 90 81 58 77	54 74 52 45 91	35 70 00 47 54	83 82 45 26 92	54 13 05 51 60
06 91 34 51 97	42 67 27 86 01	11 88 30 95 28	63 01 19 89 01	14 97 44 03 44
10 45 51 60 19	14 21 03 37 12	91 34 23 78 21	88 32 58 08 51	43 66 77 08 83
12 88 39 73 43	65 02 76 11 84	04 28 50 13 92	17 97 41 50 77	90 71 22 67 69
21 77 83 09 76	38 80 73 69 61	31 64 94 20 96	63 28 10 20 23	08 81 64 74 49
19 52 35 95 15	65 12 25 96 59	86 28 36 82 58	69 57 21 37 98	16 43 59 15 29
67 24 55 26 70	35 58 31 65 63	79 24 68 66 86	76 46 33 42 22	26 65 59 08 02
60 58 44 73 77	07 50 03 79 92	45 13 42 65 29	26 76 08 36 37	41 32 64 43 44
53 85 34 13 77	36 06 69 48 50	58 83 87 38 59	49 36 47 33 31	96 24 04 36 42
24 63 73 97 36	74 38 48 93 42	52 62 30 79 92	12 36 91 86 01	03 74 28 38 73
83 08 01 24 51	38 99 22 28 15	07 75 95 17 77	97 37 72 75 85	51 97 23 78 67
16 44 42 43 34	36 15 19 90 73	27 49 37 09 39	85 13 03 25 52	54 84 65 47 59
60 79 01 81 57	57 17 86 57 62	11 16 17 85 76	45 81 95 29 79	65 13 00 48 60

Tomado de tablas de la RAND Corporation. Reimpreso de Wilfred J. Dixon y Frank J. Massey, Jr., *Introduction to Statistical Analysis*, 3a. ed. (Nueva York: McGraw-Hill, 1969), pp. 446-447. Reimpreso con permiso de la RAND Corporation.

TABLA 2

Probabilidades binomiales $\left[\binom{n}{x} \cdot p^x \cdot q^{r-x}\right]$

n	x	P 0.01	0.05	0.10	0.20	0.30	0.40	0.50	0.60	0.70	0.80	0.90	0.95	0.99	x
2	0	.980	.902	.810	.640	.490	.360	.250	.160	.090	.040	.010	.002	0+	0
	1	.020	.095	.180	.320	.420	.480	.500	.480	.420	.320	.180	.095	.020	1
	2	0+	.002	.010	.040	.090	.160	.250	.360	.490	.640	.810	.902	.980	2
3	0	.970	.857	.729	.512	.343	.216	.125	.064	.027	.008	.001	0+	0+	0
	1	.029	.135	.243	.384	.441	.432	.375	.288	.189	.096	.027	.007	0+	1
	2	0+	.007	.027	.096	.189	.288	.375	.432	.441	.384	.243	.135	.029	2
	3	0+	0+	.001	.008	.027	.064	.125	.216	.343	.512	.729	.857	.970	3
4	0	.961	.815	.656	.410	.240	.130	.062	.026	.008	.002	0+	0+	0+	0
	1	.039	.171	.292	.410	.412	.346	.250	.154	.076	.026	.004	0+	0+	1
	2	.001	.014	.049	.154	.265	.346	.375	.346	.265	.154	.049	.014	.001	2
	3	0+	0+	.004	.026	.076	.154	.250	.346	.412	.410	.292	.171	.039	3
	4	0+	0+	0+	.002	.008	.026	.062	.130	.240	.410	.656	.815	.961	4
5	0	.951	.774	.590	.328	.168	.078	.031	.010	.002	0+	0+	0+	0+	0
	1	.048	.204	.328	.410	.360	.259	.156	.077	.028	.006	0+	0+	0+	1
	2	.001	.021	.073	.205	.309	.346	.312	.230	.132	.051	.008	.001	0+	2
	3	0+	.001	.008	.051	.132	.230	.312	.346	.309	.205	.073	.021	.001	3
	4	0+	0+	0+	.006	.028	.077	.156	.259	.360	.410	.328	.204	.048	4
	5	0+	0+	0+	0+	.002	.010	.031	.078	.168	.328	.590	.774	.951	5
6	0	.941	.735	.531	.262	.118	.047	.016	.004	.001	0+	0+	0+	0+	0
	1	.057	.232	.354	.393	.303	.187	.094	.037	.010	.002	0+	0+	0+	1
	2	.001	.031	.098	.246	.324	.311	.234	.138	.060	.015	.001	0+	0+	2
	3	0+	.002	.015	.082	.185	.276	.312	.276	.185	.082	.015	.002	0+	3
	4	0+	0+	.001	.015	.060	.138	.234	.311	.324	.246	.098	.031	.001	4
	5	0+	0+	0+	.002	.010	.037	.094	.187	.303	.393	.354	.232	.057	5
	6	0+	0+	0+	0+	.001	.004	.016	.047	.118	.262	.531	.735	.941	6
7	0	.932	.698	.478	.210	.082	.028	.008	.002	0+	0+	0+	0+	0+	0
	1	.066	.257	.372	.367	.247	.131	.055	.017	.004	0+	0+	0+	0+	1
	2	.002	.041	.124	.275	.318	.261	.164	.077	.025	.004	0+	0+	0+	2
	3	0+	.004	.023	.115	.227	.290	.273	.194	.097	.029	.003	0+	0+	3
	4	0+	0+	.003	.029	.097	.194	.273	.290	.227	.115	.023	.004	0+	4
	5	0+	0+	0+	.004	.025	.077	.164	.261	.318	.275	.124	.041	.002	5
	6	0+	0+	0+	0+	.004	.017	.055	.131	.247	.367	.372	.257	.066	6
	7	0+	0+	0+	0+	0+	.002	.008	.028	.082	.210	.478	.698	.932	7
8	0	.923	.663	.430	.168	.058	.017	.004	.001	0+	0+	0+	0+	0+	0
	1	.075	.279	.383	.336	.198	.090	.031	.008	.001	0+	0+	0+	0+	1
	2	.003	.051	.149	.294	.296	.209	.109	.041	.010	.001	0+	0+	0+	2
	3	0+	.005	.033	.147	.254	.279	.219	.124	.047	.009	0+	0+	0+	3
	4	0+	0+	.005	.046	.136	.232	.273	.232	.136	.046	.005	0+	0+	4
	5	0+	0+	0+	.009	.047	.124	.219	.279	.254	.147	.033	.005	0+	5
	6	0+	0+	0+	.001	.010	.041	.109	.209	.296	.294	.149	.051	.003	6
	7	0+	0+	0+	0+	.001	.008	.031	.090	.198	.336	.383	.279	.075	7
	8	0+	0+	0+	0+	0+	.001	.004	.017	.058	.168	.430	.663	.923	8

Para detalles específicos acerca del uso de esta tcbla, consulta las páginas 250-251. La tabla 2 se generó usando Excel.

TABLA 2 (*continuación*)

Probabilidades binomiales $\left[\binom{n}{x} \cdot p^x \cdot q^{n-x}\right]$

		P													
n	***x***	**0.01**	**0.05**	**0.10**	**0.20**	**0.30**	**0.40**	**0.50**	**0.60**	**0.70**	**0.80**	**0.90**	**0.95**	**0.99**	***x***
9	0	.914	.630	.387	.134	.040	.010	.002	0+	0+	0+	0+	0+	0+	0
	1	.083	.299	.387	.302	.156	.060	.018	.004	0+	0+	0+	0+	0+	1
	2	.003	.063	.172	.302	.267	.161	.070	.021	.004	0+	0+	0+	0+	2
	3	0+	.008	.045	.176	.267	.251	.164	.074	.021	.003	0+	0+	0+	3
	4	0+	.001	.007	.066	.172	.251	.246	.167	.074	.017	.001	0+	0+	4
	5	0+	0+	.001	.017	.074	.167	.246	.251	.172	.066	.007	.001	0+	5
	6	0+	0+	0+	.003	.021	.074	.164	.251	.267	.176	.045	.008	0+	6
	7	0+	0+	0+	0+	.004	.021	.070	.161	.267	.302	.172	.063	.003	7
	8	0+	0+	0+	0+	0+	.004	.018	.060	.156	.302	.387	.299	.083	8
	9	0+	0+	0+	0+	0+	0+	.002	.010	.040	.134	.387	.630	.914	9
10	0	.904	.599	.349	.107	.028	.006	.001	0+	0+	0+	0+	0+	0+	0
	1	.091	.315	.387	.268	.121	.040	.010	.002	0+	0+	0+	0+	0+	1
	2	.004	.075	.194	.302	.233	.121	.044	.011	.001	0+	0+	0+	0+	2
	3	0+	.010	.057	.201	.267	.215	.117	.042	.009	.001	0+	0+	0+	3
	4	0+	.001	.011	.088	.200	.251	.205	.111	.037	.006	0+	0+	0+	4
	5	0+	0+	.001	.026	.103	.201	.246	.201	.103	.026	.001	0+	0+	5
	6	0+	0+	0+	.006	.037	.111	.205	.251	.200	.088	.011	.001	0+	6
	7	0+	0+	0+	.001	.009	.042	.117	.215	.267	.201	.057	.010	0+	7
	8	0+	0+	0+	0+	.001	.011	.044	.121	.233	.302	.194	.075	.004	8
	9	0+	0+	0+	0+	0+	.002	.010	.040	.121	.268	.387	.315	.091	9
	10	0+	0+	0+	0+	0+	0+	.001	.006	.028	.107	.349	.599	.904	10
11	0	.895	.569	.314	.086	.020	.004	0+	0+	0+	0+	0+	0+	0+	0
	1	.099	.329	.384	.236	.093	.027	.005	.001	0+	0+	0+	0+	0+	1
	2	.005	.087	.213	.295	.200	.089	.027	.005	.001	0+	0+	0+	0+	1
	3	0+	.014	.071	.221	.257	.177	.081	.023	.004	0+	0+	0+	0+	3
	4	0+	.001	.016	.111	.220	.236	.161	.070	.017	.002	0+	0+	0+	4
	5	0+	0+	.002	.039	.132	.221	.226	.147	.057	.010	0+	0+	0+	5
	6	0+	0+	0+	.010	.057	.147	.226	.221	.132	.039	.002	0+	0+	6
	7	0+	0+	0+	.002	.017	.070	.161	.236	.220	.111	.016	.001	0+	7
	8	0+	0+	0+	0+	.004	.023	.081	.177	.257	.221	.071	.014	0+	8
	9	0+	0+	0+	0+	.001	.005	.027	.089	.200	.295	.213	.087	.005	9
	10	0+	0+	0+	0+	0+	.001	.005	.027	.093	.236	.384	.329	.099	10
	11	0+	0+	0+	0+	0+	0+	0+	.004	.020	.086	.314	.569	.895	11
12	0	.886	.540	.282	.069	.014	.002	0+	0+	0+	0+	0+	0+	0+	0
	1	.107	.341	.377	.206	.071	.017	.003	0+	0+	0+	0+	0+	0+	1
	2	.006	.099	.230	.283	.168	.064	.016	.002	0+	0+	0+	0+	0+	2
	3	0+	.017	.085	.236	.240	.142	.054	.012	.001	0+	0+	0+	0+	3
	4	0+	.002	.021	.133	.231	.213	.121	.042	.008	.001	0+	0+	0+	4
	5	0+	0+	.004	.053	.158	.227	.193	.101	.029	.003	0+	0+	0+	5
	6	0+	0+	0+	.016	.079	.177	.226	.177	.079	.016	0+	0+	0+	6
	7	0+	0+	0+	.003	.029	.101	.193	.227	.158	.053	.004	0+	0+	7
	8	0+	0+	0+	.001	.008	.042	.121	.213	.231	.133	.021	.002	0+	8
	9	0+	0+	0+	0+	.001	.012	.054	.142	.240	.236	.085	.017	0+	9
	10	0+	0+	0+	0+	0+	.002	.016	.064	.168	.283	.230	.099	.006	10
	11	0+	0+	0+	0+	0+	0+	.003	.017	.071	.206	.377	.341	.107	11
	12	0+	0+	0+	0+	0+	0+	0+	.002	.014	.069	.282	.540	.886	12

La tabla 2 se generó usando Excel.

TABLA 2 (*continuación*)

Probabilidades binomiales $\left[\binom{n}{x} \cdot p^x \cdot q^{n-x}\right]$

n	x	0.01	0.05	0.10	0.20	0.30	0.40	0.50	0.60	0.70	0.80	0.90	0.95	0.99	x
		P													
13	0	.878	.513	.254	.055	.010	.001	0+	0+	0+	0+	0+	0+	0+	0
	1	.115	.351	.367	.179	.054	.011	.002	0+	0+	0+	0+	0+	0+	1
	2	.007	.111	.245	.268	.139	.045	.010	.001	0+	0+	0+	0+	0+	2
	3	0+	.021	.100	.246	.218	.111	.035	.006	.001	0+	0+	0+	0+	3
	4	0+	.003	.028	.154	.234	.184	.087	.024	.003	0+	0+	0+	0+	4
	5	0+	0+	.006	.069	.180	.221	.157	.066	.014	.001	0+	0+	0+	5
	6	0+	0+	.001	.023	.103	.197	.209	.131	.044	.006	0+	0+	0+	6
	7	0+	0+	0+	.006	.044	.131	.209	.197	.103	.023	.001	0+	0+	7
	8	0+	0+	0+	.001	.014	.066	.157	.221	.180	.069	.006	0+	0+	8
	9	0+	0+	0+	0+	.003	.024	.087	.184	.234	.154	.028	.003	0+	9
	10	0+	0+	0+	0+	.001	.006	.035	.111	.218	.246	.100	.021	0+	10
	11	0+	0+	0+	0+	0+	.001	.010	.045	.139	.268	.245	.111	.007	11
	12	0+	0+	0+	0+	0+	0+	.002	.011	.054	.179	.367	.351	.115	12
	13	0+	0+	0+	0+	0+	0+	0+	.001	.010	.055	.254	.513	.878	13
14	0	.869	.488	.229	.044	.007	.001	0+	0+	0+	0+	0+	0+	0+	0
	1	.123	.359	.356	.154	.041	.007	.001	0+	0+	0+	0+	0+	0+	1
	2	.008	.123	.257	.250	.113	.032	.006	.001	0+	0+	0+	0+	0+	2
	3	0+	.026	.114	.250	.194	.085	.022	.003	0+	0+	0+	0+	0+	3
	4	0+	.004	.035	.172	.229	.155	.061	.014	.001	0+	0+	0+	0+	4
	5	0+	0+	.008	.086	.196	.207	.122	.041	.007	0+	0+	0+	0+	5
	6	0+	0+	.001	.032	.126	.207	.183	.092	.023	.002	0+	0+	0+	6
	7	0+	0+	0+	.009	.062	.157	.209	.157	.062	.009	0+	0+	0+	7
	8	0+	0+	0+	.002	.023	.092	.183	.207	.126	.032	.001	0+	0+	8
	9	0+	0+	0+	0+	.007	.041	.122	.207	.196	.086	.008	0+	0+	9
	10	0+	0+	0+	0+	.001	.014	.061	.155	.229	.172	.035	.004	0+	10
	11	0+	0+	0+	0+	0+	.003	.022	.085	.194	.250	.114	.026	0+	11
	12	0+	0+	0+	0+	0+	.001	.006	.032	.113	.250	.257	.123	.008	12
	13	0+	0+	0+	0+	0+	0+	.001	.007	.041	.154	.356	.359	.123	13
	14	0+	0+	0+	0+	0+	0+	0+	.001	.007	.044	.229	.488	.869	14
15	0	.860	.463	.206	.035	.005	0+	0+	0+	0+	0+	0+	0+	0+	0
	1	.130	.366	.343	.132	.031	.005	0+	0+	0+	0+	0+	0+	0+	1
	2	.009	.135	.267	.231	.092	.022	.003	0+	0+	0+	0+	0+	0+	2
	3	0+	.031	.129	.250	.170	.063	.014	.002	0+	0+	0+	0+	0+	3
	4	0+	.005	.043	.188	.219	.127	.042	.007	.001	0+	0+	0+	0+	4
	5	0+	.001	.010	.103	.206	.186	.092	.024	.003	0+	0+	0+	0+	5
	6	0+	0+	.002	.043	.147	.207	.153	.061	.012	.001	0+	0+	0+	6
	7	0+	0+	0+	.014	.081	.177	.196	.118	.035	.003	0+	0+	0+	7
	8	0+	0+	0+	.003	.035	.118	.196	.177	.081	.014	0+	0+	0+	8
	9	0+	0+	0+	.001	.012	.061	.153	.207	.147	.043	.002	0+	0+	9
	10	0+	0+	0+	0+	.003	.024	.092	.186	.206	.103	.010	.001	0+	10
	11	0+	0+	0+	0+	.001	.007	.042	.127	.219	.188	.043	.005	0+	11
	12	0+	0+	0+	0+	0+	.002	.014	.063	.170	.250	.129	.031	0+	12
	13	0+	0+	0+	0+	0+	0+	.003	.022	.092	.231	.267	.135	.009	13
	14	0+	0+	0+	0+	0+	0+	0+	.005	.031	.132	.343	.366	.130	14
	15	0+	0+	0+	0+	0+	0+	0+	0+	.005	.035	.206	.463	.860	15

La tabla 2 se generó usando Excel.

TABLA 3

Áreas acumuladas de la distribución normal estándar

Las entradas en esta tabla son las probabilidades acumuladas para la distribución normal estándar z (esto es: la distribución normal con media 0 y desviación estándar 1). El área sombreada bajo la curva de la distribución normal estándar representa la probabilidad acumulada a la izquierda de un valor z en la **cola izquierda**.

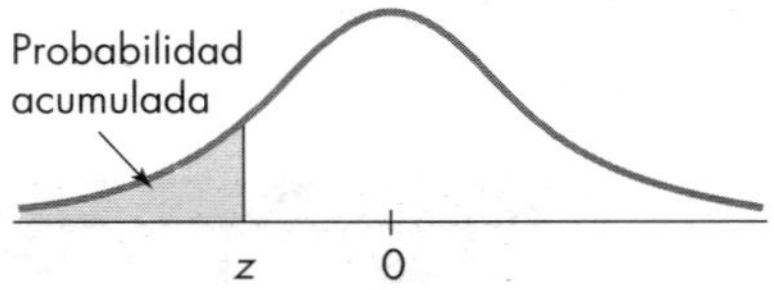

z	0.00	0.01	0.02	0.03	0.04	0.05	0.06	0.07	0.08	0.09
−5.0	0.0000003									
−4.5	0.000003									
−4.0	0.00003	0.00003	0.00003	0.00003	0.00003	0.00003	0.00002	0.00002	0.00002	0.00002
−3.9	0.00005	0.00005	0.00004	0.00004	0.00004	0.00004	0.00004	0.00004	0.00003	0.00003
−3.8	0.00007	0.00007	0.00007	0.00006	0.00006	0.00006	0.00006	0.00005	0.00005	0.00005
−3.7	0.00011	0.00010	0.00010	0.00010	0.00009	0.00009	0.00008	0.00008	0.00008	0.00008
−3.6	0.0002	0.0002	0.0002	0.00014	0.00014	0.00013	0.00013	0.00012	0.00012	0.00011
−3.5	0.0002	0.0002	0.0002	0.0002	0.0002	0.0002	0.0002	0.0002	0.0002	0.0002
−3.4	0.0003	0.0003	0.0003	0.0003	0.0003	0.0003	0.0003	0.0003	0.0003	0.0002
−3.3	0.0005	0.0005	0.0005	0.0004	0.0004	0.0004	0.0004	0.0004	0.0004	0.0004
−3.2	0.0007	0.0007	0.0006	0.0006	0.0006	0.0006	0.0006	0.0005	0.0005	0.0005
−3.1	0.0010	0.0009	0.0009	0.0009	0.0008	0.0008	0.0008	0.0008	0.0007	0.0007
−3.0	0.0014	0.0013	0.0013	0.0012	0.0012	0.0011	0.0011	0.0011	0.0010	0.0010
−2.9	0.0019	0.0018	0.0018	0.0017	0.0016	0.0016	0.0015	0.0015	0.0014	0.0014
−2.8	0.0026	0.0025	0.0024	0.0023	0.0023	0.0022	0.0021	0.0021	0.0020	0.0019
−2.7	0.0035	0.0034	0.0033	0.0032	0.0031	0.0030	0.0029	0.0028	0.0027	0.0026
−2.6	0.0047	0.0045	0.0044	0.0043	0.0042	0.0040	0.0039	0.0038	0.0037	0.0036
−2.5	0.0062	0.0060	0.0059	0.0057	0.0055	0.0054	0.0052	0.0051	0.0049	0.0048
−2.4	0.0082	0.0080	0.0078	0.0076	0.0073	0.0071	0.0070	0.0068	0.0066	0.0064
−2.3	0.0107	0.0104	0.0102	0.0099	0.0096	0.0094	0.0091	0.0089	0.0087	0.0084
−2.2	0.0139	0.0136	0.0132	0.0129	0.0126	0.0122	0.0119	0.0116	0.0113	0.0110
−2.1	0.0179	0.0174	0.0170	0.0166	0.0162	0.0158	0.0154	0.0150	0.0146	0.0143
−2.0	0.0228	0.0222	0.0217	0.0212	0.0207	0.0202	0.0197	0.0192	0.0188	0.0183
−1.9	0.0287	0.0281	0.0274	0.0268	0.0262	0.0256	0.0250	0.0244	0.0239	0.0233
−1.8	0.0359	0.0352	0.0344	0.0336	0.0329	0.0322	0.0314	0.0307	0.0301	0.0294
−1.7	0.0446	0.0436	0.0427	0.0418	0.0409	0.0401	0.0392	0.0384	0.0375	0.0367
−1.6	0.0548	0.0537	0.0526	0.0516	0.0505	0.0495	0.0485	0.0475	0.0465	0.0455
−1.5	0.0668	0.0655	0.0643	0.0630	0.0618	0.0606	0.0594	0.0582	0.0571	0.0559
−1.4	0.0808	0.0793	0.0778	0.0764	0.0749	0.0735	0.0721	0.0708	0.0694	0.0681
−1.3	0.0968	0.0951	0.0934	0.0918	0.0901	0.0885	0.0869	0.0853	0.0838	0.0823
−1.2	0.1151	0.1131	0.1112	0.1094	0.1075	0.1057	0.1038	0.1020	0.1003	0.0985
−1.1	0.1357	0.1335	0.1314	0.1292	0.1271	0.1251	0.1230	0.1210	0.1190	0.1170
−1.0	0.1587	0.1563	0.1539	0.1515	0.1492	0.1469	0.1446	0.1423	0.1401	0.1379
−0.9	0.1841	0.1814	0.1788	0.1762	0.1736	0.1711	0.1685	0.1660	0.1635	0.1611
−0.8	0.2119	0.2090	0.2061	0.2033	0.2005	0.1977	0.1949	0.1922	0.1894	0.1867
−0.7	0.2420	0.2389	0.2358	0.2327	0.2297	0.2266	0.2236	0.2207	0.2177	0.2148
−0.6	0.2743	0.2709	0.2676	0.2643	0.2611	0.2578	0.2546	0.2514	0.2483	0.2451
−0.5	0.3085	0.3050	0.3015	0.2981	0.2946	0.2912	0.2877	0.2843	0.2810	0.2776
−0.4	0.3446	0.3409	0.3372	0.3336	0.3300	0.3264	0.3228	0.3192	0.3156	0.3121
−0.3	0.3821	0.3783	0.3745	0.3707	0.3669	0.3632	0.3594	0.3557	0.3520	0.3483
−0.2	0.4207	0.4168	0.4129	0.4090	0.4052	0.4013	0.3974	0.3936	0.3897	0.3859
−0.1	0.4602	0.4562	0.4522	0.4483	0.4443	0.4404	0.4364	0.4325	0.4286	0.4247
−0.0	0.5000	0.4960	0.4920	0.4880	0.4840	0.4801	0.4761	0.4721	0.4681	0.4641

Para detalles específicos acerca del uso de esta tabla para encontrar probabilidades, consulta las páginas 272-274, 292-294; valores *p*, páginas 375-377. La tabla 3 se generó usando Minitab.

TABLA 3 (*continuación*)

Áreas acumuladas de la distribución normal estándar

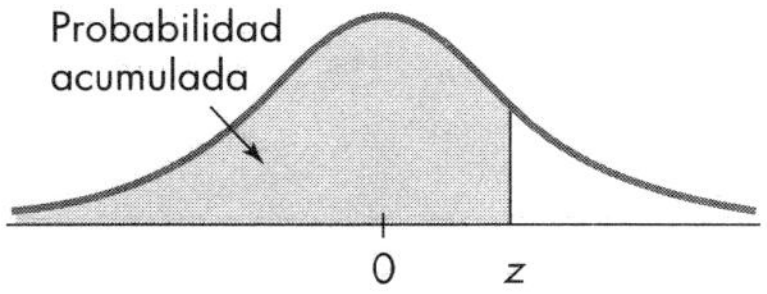

Las entradas en esta tabla son las probabilidades acumuladas para la distribución normal estándar z (esto es: la distribución normal con media 0 y desviación estándar 1). El área sombreada bajo la curva de la distribución normal estándar representa la probabilidad acumulada a la izquierda de un valor z en la **cola izquierda**.

z	0.00	0.01	0.02	0.03	0.04	0.05	0.06	0.07	0.08	0.09
0.0	0.5000	0.5040	0.5080	0.5120	0.5160	0.5199	0.5239	0.5279	0.5319	0.5359
0.1	0.5398	0.5438	0.5478	0.5517	0.5557	0.5596	0.5636	0.5675	0.5714	0.5754
0.2	0.5793	0.5832	0.5871	0.5910	0.5948	0.5987	0.6026	0.6064	0.6103	0.6141
0.3	0.6179	0.6217	0.6255	0.6293	0.6331	0.6368	0.6406	0.6443	0.6480	0.6517
0.4	0.6554	0.6591	0.6628	0.6664	0.6700	0.6736	0.6772	0.6808	0.6844	0.6879
0.5	0.6915	0.6950	0.6985	0.7019	0.7054	0.7088	0.7123	0.7157	0.7190	0.7224
0.6	0.7258	0.7291	0.7324	0.7357	0.7389	0.7422	0.7454	0.7486	0.7518	0.7549
0.7	0.7580	0.7612	0.7642	0.7673	0.7704	0.7734	0.7764	0.7794	0.7823	0.7852
0.8	0.7881	0.7910	0.7939	0.7967	0.7996	0.8023	0.8051	0.8079	0.8106	0.8133
0.9	0.8159	0.8186	0.8212	0.8238	0.8264	0.8289	0.8315	0.8340	0.8365	0.8389
1.0	0.8413	0.8438	0.8461	0.8485	0.8508	0.8531	0.8554	0.8577	0.8599	0.8621
1.1	0.8643	0.8665	0.8686	0.8708	0.8729	0.8749	0.8770	0.8790	0.8810	0.8830
1.2	0.8849	0.8869	0.8888	0.8907	0.8925	0.8944	0.8962	0.8980	0.8997	0.9015
1.3	0.9032	0.9049	0.9066	0.9082	0.9099	0.9115	0.9131	0.9147	0.9162	0.9177
1.4	0.9192	0.9207	0.9222	0.9236	0.9251	0.9265	0.9279	0.9292	0.9306	0.9319
1.5	0.9332	0.9345	0.9357	0.9370	0.9382	0.9394	0.9406	0.9418	0.9430	0.9441
1.6	0.9452	0.9463	0.9474	0.9485	0.9495	0.9505	0.9515	0.9525	0.9535	0.9545
1.7	0.9554	0.9564	0.9573	0.9582	0.9591	0.9599	0.9608	0.9616	0.9625	0.9633
1.8	0.9641	0.9649	0.9656	0.9664	0.9671	0.9678	0.9686	0.9693	0.9700	0.9706
1.9	0.9713	0.9719	0.9726	0.9732	0.9738	0.9744	0.9750	0.9756	0.9762	0.9767
2.0	0.9773	0.9778	0.9783	0.9788	0.9793	0.9798	0.9803	0.9808	0.9812	0.9817
2.1	0.9821	0.9826	0.9830	0.9834	0.9838	0.9842	0.9846	0.9850	0.9854	0.9857
2.2	0.9861	0.9865	0.9868	0.9871	0.9875	0.9878	0.9881	0.9884	0.9887	0.9890
2.3	0.9893	0.9896	0.9898	0.9901	0.9904	0.9906	0.9909	0.9911	0.9913	0.9916
2.4	0.9918	0.9920	0.9922	0.9925	0.9927	0.9929	0.9931	0.9932	0.9934	0.9936
2.5	0.9938	0.9940	0.9941	0.9943	0.9945	0.9946	0.9948	0.9949	0.9951	0.9952
2.6	0.9953	0.9955	0.9956	0.9957	0.9959	0.9960	0.9961	0.9962	0.9963	0.9964
2.7	0.9965	0.9966	0.9967	0.9968	0.9969	0.9970	0.9971	0.9972	0.9973	0.9974
2.8	0.9974	0.9975	0.9976	0.9977	0.9977	0.9978	0.9979	0.9980	0.9980	0.9981
2.9	0.9981	0.9982	0.9983	0.9983	0.9984	0.9984	0.9985	0.9985	0.9986	0.9986
3.0	0.9987	0.9987	0.9987	0.9988	0.9988	0.9989	0.9989	0.9989	0.9990	0.9990
3.1	0.9990	0.9991	0.9991	0.9991	0.9992	0.9992	0.9992	0.9992	0.9993	0.9993
3.2	0.9993	0.9993	0.9994	0.9994	0.9994	0.9994	0.9994	0.9995	0.9995	0.9995
3.3	0.9995	0.9995	0.9996	0.9996	0.9996	0.9996	0.9996	0.9996	0.9996	0.9997
3.4	0.9997	0.9997	0.9997	0.9997	0.9997	0.9997	0.9997	0.9997	0.9998	0.9998
3.5	0.9998	0.9998	0.9998	0.9998	0.9998	0.9998	0.9998	0.9998	0.9998	0.9998
3.6	0.99984	0.99985	0.99985	0.99986	0.99986	0.99987	0.99987	0.99988	0.99988	0.99989
3.7	0.99989	0.99990	0.99990	0.99990	0.99991	0.99991	0.99992	0.99992	0.99992	0.99992
3.8	0.99993	0.99993	0.99993	0.99994	0.99994	0.99994	0.99994	0.99995	0.99995	0.99995
3.9	0.99995	0.99995	0.99996	0.99996	0.99996	0.99996	0.99996	0.99996	0.99997	0.99997
4.0	0.99997	0.99997	0.99997	0.99997	0.99997	0.99997	0.99998	0.99998	0.99998	0.99998
4.5	0.999997									
5.0	0.9999997									

La tabla 3 se generó usando Minitab.

TABLA 4
Valores críticos de distribución normal estándar

A SITUACIONES DE UNA COLA

Las entradas en esta tabla son los valores críticos para z para los cuales el área bajo la curva que representa α está en la cola derecha. Los valores críticos para la cola izquierda se encuentran por simetría.

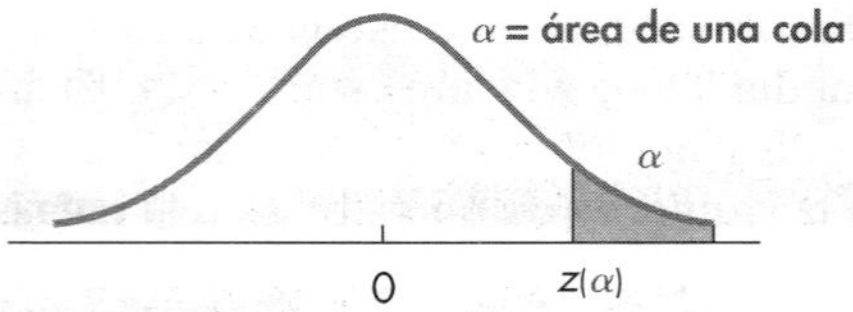

	Cantidad de α en una cola						
α	0.25	0.10	0.05	0.025	0.02	0.01	0.005
$z(\alpha)$	0.67	1.28	1.65	1.96	2.05	2.33	2.58

Ejemplo de una cola:
$\alpha = 0.05$
$z(\alpha) = z(0.05) = 1.65$

B SITUACIONES DE DOS COLAS

Las entradas en esta tabla son los valores críticos para z para los cuales el área bajo la curva que representa α se divide igualmente entre las dos colas.

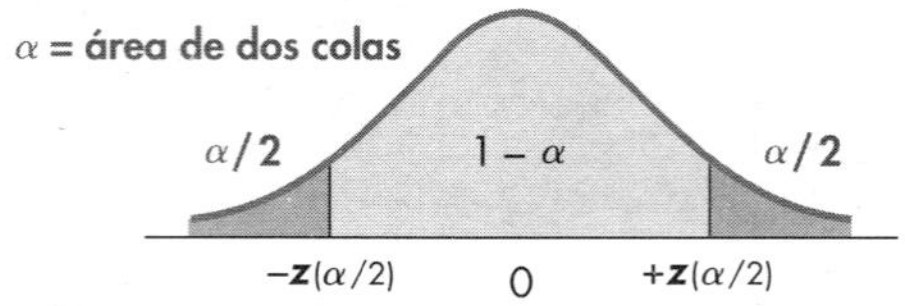

	Cantidad de α en dos colas					
α	0.25	0.20	0.10	0.05	0.02	0.01
$z(\alpha/2)$	1.15	1.28	1.65	1.96	2.33	2.58
$1-\alpha$	0.75	0.80	0.90	0.95	0.98	0.99
	Área en el "centro"					

Ejemplo de dos colas:
$\alpha = 0.05$ o $1 - \alpha = 0.95$
$\alpha/2 = 0.025$
$z(\alpha/2) = z(0.025) = 1.96$

Para detalles específicos acerca del uso de la tabla A para encontrar valores críticos, consulta la página 393.

Para detalles específicos acerca del uso de la tabla B para encontrar coeficientes de confianza, consulta las páginas 348, 350, 356; para valores críticos, consulta las páginas 393, 395-396.

TABLA 5
Valores p para distribución normal estándar

Las entradas en esta tabla son los valores p relacionados con la cola derecha para el $z\star$ calculado para la distribución normal estándar.

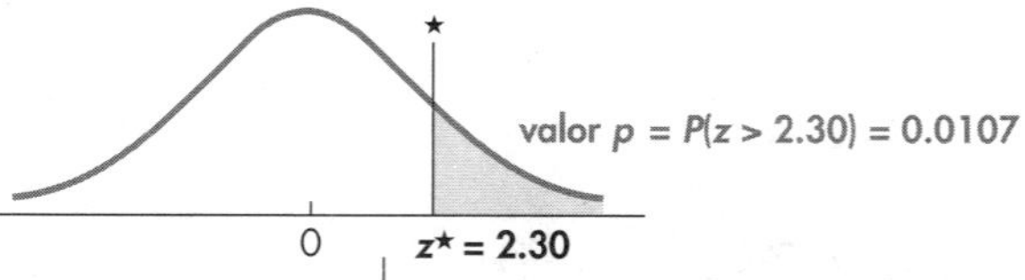

$z\star$	valor p	$z\star$	valor p	$z\star$	valor p	$z\star$	valor p	$z\star$	valor p
0.00	0.5000	0.80	0.2119	1.60	0.0548	2.40	0.0082	3.20	0.0007
0.05	0.4801	0.85	0.1977	1.65	0.0495	2.45	0.0071	3.25	0.0006
0.10	0.4602	0.90	0.1841	1.70	0.0446	2.50	0.0062	3.30	0.0005
0.15	0.4404	0.95	0.1711	1.75	0.0401	2.55	0.0054	3.35	0.0004
0.20	0.4207	1.00	0.1587	1.80	0.0359	2.60	0.0047	3.40	0.0003
0.25	0.4013	1.05	0.1469	1.85	0.0322	2.65	0.0040	3.45	0.0003
0.30	0.3821	1.10	0.1357	1.90	0.0287	2.70	0.0035	3.50	0.0002
0.35	0.3632	1.15	0.1251	1.95	0.0256	2.75	0.0030	3.55	0.0002
0.40	0.3446	1.20	0.1151	2.00	0.0228	2.80	0.0026	3.60	0.0002
0.45	0.3264	1.25	0.1056	2.05	0.0202	2.85	0.0022	3.65	0.0001
0.50	0.3085	1.30	0.0968	2.10	0.0179	2.90	0.0019	3.70	0.0001
0.55	0.2912	1.35	0.0885	2.15	0.0158	2.95	0.0016	3.75	0.0001
0.60	0.2743	1.40	0.0808	2.20	0.0139	3.00	0.0013	3.80	0.0001
0.65	0.2578	1.45	0.0735	2.25	0.0122	3.05	0.0011	3.85	0.0001
0.70	0.2420	1.50	0.0668	2.30	0.0107	3.10	0.0010	3.90	0+
0.75	0.2266	1.55	0.0606	2.35	0.0094	3.15	0.0008	3.95	0+

Para detalles específicos acerca del uso de esta tabla para encontrar valores p, consulta las páginas 376-378.

TABLA 6
Valores críticos de la distribución *t* de Student

Las entradas en esta tabla son los valores críticos de la distribución *t* de Student, para las cuales el área bajo la curva está: a) en la cola derecha, o b) en dos colas. Consulta las ilustraciones en la parte inferior de la página.

Área en una cola	0.25	0.10	0.05	0.025	0.01	0.005
Área en dos colas						
gl	**0.50**	**0.20**	**0.10**	**0.05**	**0.02**	**0.01**
3	0.765	1.64	2.35	3.18	4.54	5.84
4	0.741	1.53	2.13	2.78	3.75	4.60
5	0.727	1.48	2.02	2.57	3.36	4.03
6	0.718	1.44	1.94	2.45	3.14	3.71
7	0.711	1.41	1.89	2.36	3.00	3.50
8	0.706	1.40	1.86	2.31	2.90	3.36
9	0.703	1.38	1.83	2.26	2.82	3.25
10	0.700	1.37	1.81	2.23	2.76	3.17
11	0.697	1.36	1.80	2.20	2.72	3.11
12	0.695	1.36	1.78	2.18	2.68	3.05
13	0.694	1.35	1.77	2.16	2.65	3.01
14	0.692	1.35	1.76	2.14	2.62	2.98
15	0.691	1.34	1.75	2.13	2.60	2.95
16	0.690	1.34	1.75	2.12	2.58	2.92
17	0.689	1.33	1.74	2.11	2.57	2.90
18	0.688	1.33	1.73	2.10	2.55	2.88
19	0.688	1.33	1.73	2.09	2.54	2.86
20	0.687	1.33	1.72	2.09	2.53	2.85
21	0.686	1.32	1.72	2.08	2.52	2.83
22	0.686	1.32	1.72	2.07	2.51	2.82
23	0.685	1.32	1.71	2.07	2.50	2.81
24	0.685	1.32	1.71	2.06	2.49	2.80
25	0.684	1.32	1.71	2.06	2.49	2.79
26	0.684	1.31	1.70	2.05	2.47	2.77
27	0.684	1.31	1.70	2.05	2.47	2.77
28	0.683	1.31	1.70	2.05	2.47	2.76
29	0.683	1.31	1.70	2.05	2.46	2.76
30	0.683	1.31	1.70	2.04	2.46	2.75
35	0.682	1.31	1.69	2.03	2.44	2.72
40	0.681	1.30	1.68	2.02	2.42	2.70
50	0.679	1.30	1.68	2.01	2.40	2.68
70	0.678	1.29	1.67	1.99	2.38	2.65
100	0.677	1.29	1.66	1.98	2.36	2.63
gl > 100	0.675	1.28	1.65	1.96	2.33	2.58

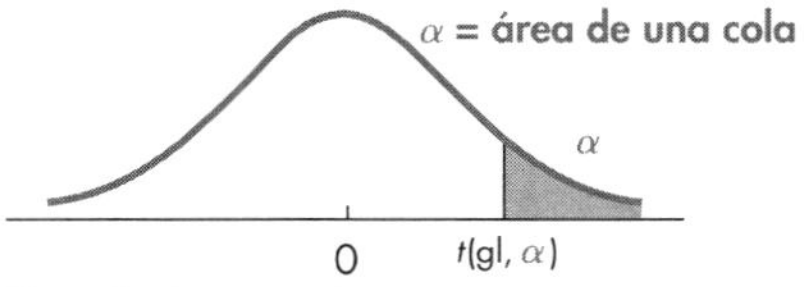

Ejemplo de una cola:
gl = 9 y α = 0.10
$t(gl, \alpha) = t(9, 0.10) = 1.38$

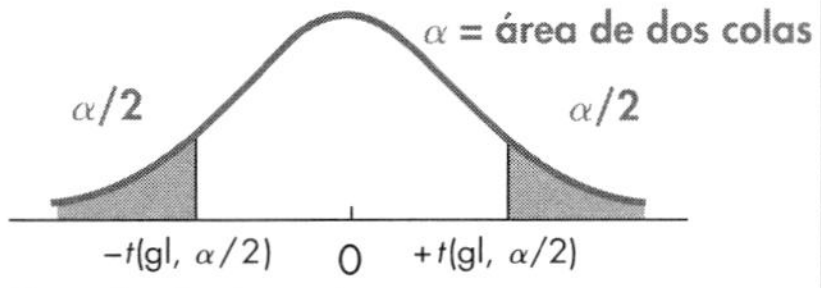

Ejemplo de dos colas:
gl = 14, α = 0.02, 1 − α = 0.98
$t(gl, \alpha/2) = t(14, 0.01) = 2.62$

Para detalles específicos acerca del uso de esta tabla para encontrar coeficientes de confianza, consulta las páginas 415-416, 418; valores *p*, páginas 421-422; valores críticos, páginas 415, 421. La tabla 6 se generó usando Minitab.

TABLA 7
Valores de probabilidad para distribución t de Student

Las entradas en esta tabla son los valores p relacionados con la cola derecha para el valor $t\star$ calculado para la distribución t de gl grados de libertad.

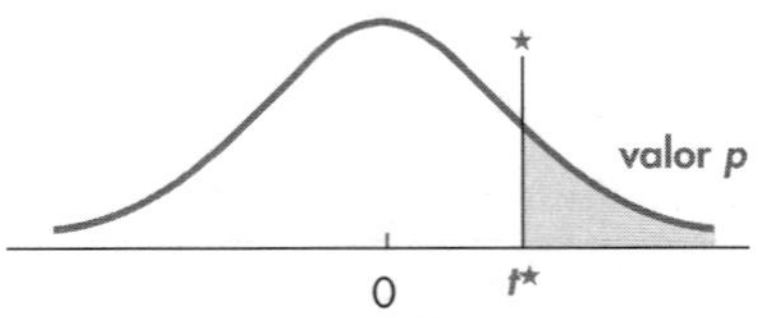

	Grados de libertad														
$t\star$	3	4	5	6	7	8	10	12	15	18	21	25	29	35	gl ≥ 45
0.0	0.500	0.500	0.500	0.500	0.500	0.500	0.500	0.500	0.500	0.500	0.500	0.500	0.500	0.500	0.500
0.1	0.463	0.463	0.462	0.462	0.462	0.461	0.461	0.461	0.461	0.461	0.461	0.461	0.461	0.460	0.460
0.2	0.427	0.426	0.425	0.424	0.424	0.423	0.423	0.422	0.422	0.422	0.422	0.422	0.421	0.421	0.421
0.3	0.392	0.390	0.388	0.387	0.386	0.386	0.385	0.385	0.384	0.384	0.384	0.383	0.383	0.383	0.383
0.4	0.358	0.355	0.353	0.352	0.351	0.350	0.349	0.348	0.347	0.347	0.347	0.346	0.346	0.346	0.346
0.5	0.326	0.322	0.319	0.317	0.316	0.315	0.314	0.313	0.312	0.312	0.311	0.311	0.310	0.310	0.310
0.6	0.295	0.290	0.287	0.285	0.284	0.283	0.281	0.280	0.279	0.278	0.277	0.277	0.277	0.276	0.276
0.7	0.267	0.261	0.258	0.255	0.253	0.252	0.250	0.249	0.247	0.246	0.246	0.245	0.245	0.244	0.244
0.8	0.241	0.234	0.230	0.227	0.225	0.223	0.221	0.220	0.218	0.217	0.216	0.216	0.215	0.215	0.214
0.9	0.217	0.210	0.205	0.201	0.199	0.197	0.195	0.193	0.191	0.190	0.189	0.188	0.188	0.187	0.186
1.0	0.196	0.187	0.182	0.178	0.175	0.173	0.170	0.169	0.167	0.165	0.164	0.163	0.163	0.162	0.161
1.1	0.176	0.167	0.161	0.157	0.154	0.152	0.149	0.146	0.144	0.143	0.142	0.141	0.140	0.139	0.139
1.2	0.158	0.148	0.142	0.138	0.135	0.132	0.129	0.127	0.124	0.123	0.122	0.121	0.120	0.119	0.118
1.3	0.142	0.132	0.125	0.121	0.117	0.115	0.111	0.109	0.107	0.105	0.104	0.103	0.102	0.101	0.100
1.4	0.128	0.117	0.110	0.106	0.102	0.100	0.096	0.093	0.091	0.089	0.088	0.087	0.086	0.085	0.084
1.5	0.115	0.104	0.097	0.092	0.089	0.086	0.082	0.080	0.077	0.075	0.074	0.073	0.072	0.071	0.070
1.6	0.104	0.092	0.085	0.080	0.077	0.074	0.070	0.068	0.065	0.064	0.062	0.061	0.060	0.059	0.058
1.7	0.094	0.082	0.075	0.070	0.066	0.064	0.060	0.057	0.055	0.053	0.052	0.051	0.050	0.049	0.048
1.8	0.085	0.073	0.066	0.061	0.057	0.055	0.051	0.049	0.046	0.044	0.043	0.042	0.041	0.040	0.039
1.9	0.077	0.065	0.058	0.053	0.050	0.047	0.043	0.041	0.038	0.037	0.036	0.035	0.034	0.033	0.032
2.0	0.070	0.058	0.051	0.046	0.043	0.040	0.037	0.034	0.032	0.030	0.029	0.028	0.027	0.027	0.026
2.1	0.063	0.052	0.045	0.040	0.037	0.034	0.031	0.029	0.027	0.025	0.024	0.023	0.022	0.022	0.021
2.2	0.058	0.046	0.040	0.035	0.032	0.029	0.026	0.024	0.022	0.021	0.020	0.019	0.018	0.017	0.016
2.3	0.052	0.041	0.035	0.031	0.027	0.025	0.022	0.020	0.018	0.017	0.016	0.015	0.014	0.014	0.013
2.4	0.048	0.037	0.031	0.027	0.024	0.022	0.019	0.017	0.015	0.014	0.013	0.012	0.012	0.011	0.010
2.5	0.044	0.033	0.027	0.023	0.020	0.018	0.016	0.014	0.012	0.011	0.010	0.010	0.009	0.009	0.008
2.6	0.040	0.030	0.024	0.020	0.018	0.016	0.013	0.012	0.010	0.009	0.008	0.008	0.007	0.007	0.006
2.7	0.037	0.027	0.021	0.018	0.015	0.014	0.011	0.010	0.008	0.007	0.007	0.006	0.006	0.005	0.005
2.8	0.034	0.024	0.019	0.016	0.013	0.012	0.009	0.008	0.007	0.006	0.005	0.005	0.005	0.004	0.004
2.9	0.031	0.022	0.017	0.014	0.011	0.010	0.008	0.007	0.005	0.005	0.004	0.004	0.004	0.003	0.003
3.0	0.029	0.020	0.015	0.012	0.010	0.009	0.007	0.006	0.004	0.004	0.003	0.003	0.003	0.002	0.002
3.1	0.027	0.018	0.013	0.011	0.009	0.007	0.006	0.005	0.004	0.003	0.003	0.002	0.002	0.002	0.002
3.2	0.025	0.016	0.012	0.009	0.008	0.006	0.005	0.004	0.003	0.002	0.002	0.002	0.002	0.001	0.001
3.3	0.023	0.015	0.011	0.008	0.007	0.005	0.004	0.003	0.002	0.002	0.002	0.001	0.001	0.001	0.001
3.4	0.021	0.014	0.010	0.007	0.006	0.005	0.003	0.003	0.002	0.002	0.001	0.001	0.001	0.001	0.001
3.5	0.020	0.012	0.009	0.006	0.005	0.004	0.003	0.002	0.002	0.001	0.001	0.001	0.001	0.001	0.001
3.6	0.018	0.011	0.008	0.006	0.004	0.004	0.002	0.002	0.001	0.001	0.001	0.001	0.001	0+	0+
3.7	0.017	0.010	0.007	0.005	0.004	0.003	0.002	0.002	0.001	0.001	0.001	0.001	0+	0+	0+
3.8	0.016	0.010	0.006	0.004	0.003	0.003	0.002	0.001	0.001	0.001	0.001	0+	0+	0+	0+
3.9	0.015	0.009	0.006	0.004	0.003	0.002	0.001	0.001	0.001	0.001	0+	0+	0+	0+	0+
4.0	0.014	0.008	0.005	0.004	0.003	0.002	0.001	0.001	0.001	0+	0+	0+	0+	0+	0+

Para detalles específicos acerca del uso de esta tabla para encontrar valores p, consulta las páginas 421-422.

TABLA 8

Valores críticos de la distribución χ^2 (ji cuadrada)

Las entradas en esta tabla son los valores críticos para la distribución χ^2 para los cuales el área bajo la curva está: a) en la cola derecha, o b) en la cola izquierda (el área acumulada). Consulta las ilustraciones en la parte inferior de la página.

a) Área a la derecha	0.995	0.99	0.975	0.95	0.90	0.75	0.50	0.25	0.10	0.05	0.025	0.01	0.005
b) Área a la izquierda (el área acumulada)							Mediana						
gl	**0.005**	**0.01**	**0.025**	**0.05**	**0.10**	**0.25**	**0.50**	**0.75**	**0.90**	**0.95**	**0.975**	**0.99**	**0.995**
1	0.0000393	0.000157	0.000982	0.00393	0.0158	0.102	0.455	1.32	2.71	3.84	5.02	6.63	7.88
2	0.0100	0.0201	0.0506	0.103	0.211	0.575	1.39	2.77	4.61	5.99	7.38	9.21	10.6
3	0.0717	0.115	0.216	0.352	0.584	1.21	2.37	4.11	6.25	7.81	9.35	11.3	12.8
4	0.207	0.297	0.484	0.711	1.06	1.92	3.36	5.39	7.78	9.49	11.1	13.3	14.9
5	0.412	0.554	0.831	1.15	1.61	2.67	4.35	6.63	9.24	11.1	12.8	15.1	16.7
6	0.676	0.872	1.24	1.64	2.20	3.45	5.35	7.84	10.6	12.6	14.4	16.8	18.5
7	0.989	1.24	1.69	2.17	2.83	4.25	6.35	9.04	12.0	14.1	16.0	18.5	20.3
8	1.34	1.65	2.18	2.73	3.49	5.07	7.34	10.2	13.4	15.5	17.5	20.1	22.0
9	1.73	2.09	2.70	3.33	4.17	5.90	8.34	11.4	14.7	16.9	19.0	21.7	23.6
10	2.16	2.56	3.25	3.94	4.87	6.74	9.34	12.5	16.0	18.3	20.5	23.2	25.2
11	2.60	3.05	3.82	4.57	5.58	7.58	10.34	13.7	17.3	19.7	21.9	24.7	26.8
12	3.07	3.57	4.40	5.23	6.30	8.44	11.34	14.8	18.5	21.0	23.3	26.2	28.3
13	3.57	4.11	5.01	5.89	7.04	9.30	12.34	16.0	19.8	22.4	24.7	27.7	29.8
14	4.07	4.66	5.63	6.57	7.79	10.2	13.34	17.1	21.1	23.7	26.1	29.1	31.3
15	4.60	5.23	6.26	7.26	8.55	11.0	14.34	18.2	22.3	25.0	27.5	30.6	32.8
16	5.14	5.81	6.91	7.96	9.31	11.9	15.34	19.4	23.5	26.3	28.8	32.0	34.3
17	5.70	6.41	7.56	8.67	10.1	12.8	16.34	20.5	24.8	27.6	30.2	33.4	35.7
18	6.26	7.01	8.23	9.39	10.9	13.7	17.34	21.6	26.0	28.9	31.5	34.8	37.2
19	6.84	7.63	8.91	10.1	11.7	14.6	18.34	22.7	27.2	30.1	32.9	36.2	38.6
20	7.43	8.26	9.59	10.9	12.4	15.5	19.34	23.8	28.4	31.4	34.2	37.6	40.0
21	8.03	8.90	10.3	11.6	13.2	16.3	20.34	24.9	29.6	32.7	35.5	38.9	41.4
22	8.64	9.54	11.0	12.3	14.0	17.2	21.34	26.0	30.8	33.9	36.8	40.3	42.8
23	9.26	10.2	11.7	13.1	14.8	18.1	22.34	27.1	32.0	35.2	38.1	41.6	44.2
24	9.89	10.9	12.4	13.8	15.7	19.0	23.34	28.2	33.2	36.4	39.4	43.0	45.6
25	10.5	11.5	13.1	14.6	16.5	19.9	24.34	29.3	34.4	37.7	40.6	44.3	46.9
26	11.2	12.2	13.8	15.4	17.3	20.8	25.34	30.4	35.6	38.9	41.9	45.6	48.3
27	11.8	12.9	14.6	16.2	18.1	21.7	26.34	31.5	36.7	40.1	43.2	47.0	49.6
28	12.5	13.6	15.3	16.9	18.9	22.7	27.34	32.6	37.9	41.3	44.5	48.3	51.0
29	13.1	14.3	16.0	17.7	19.8	23.6	28.34	33.7	39.1	42.6	45.7	49.6	52.3
30	13.8	15.0	16.8	18.5	20.6	24.5	29.34	34.8	40.3	43.8	47.0	50.9	53.7
40	20.7	22.2	24.4	26.5	29.1	33.7	39.34	45.6	51.8	55.8	59.3	63.7	66.8
50	28.0	29.7	32.4	34.8	37.7	42.9	49.33	56.3	63.2	67.5	71.4	76.2	79.5
60	35.5	37.5	40.5	43.2	46.5	52.3	59.33	67.0	74.4	79.1	83.3	88.4	92.0
70	43.3	45.4	48.8	51.7	55.3	61.7	69.33	77.6	85.5	90.5	95.0	100.4	104.2
80	51.2	53.5	57.2	60.4	64.3	71.1	79.33	88.1	96.6	101.9	106.6	112.3	116.3
90	59.2	61.8	65.6	69.1	73.3	80.6	89.33	98.6	107.6	113.1	118.1	124.1	128.3
100	67.3	70.1	74.2	77.9	82.4	90.1	99.33	109.1	118.5	124.3	129.6	135.8	140.2

Ejemplo cola izquierda:
Encuentra χ^2 con gl = 28; área en cola izquierda = 0.10.

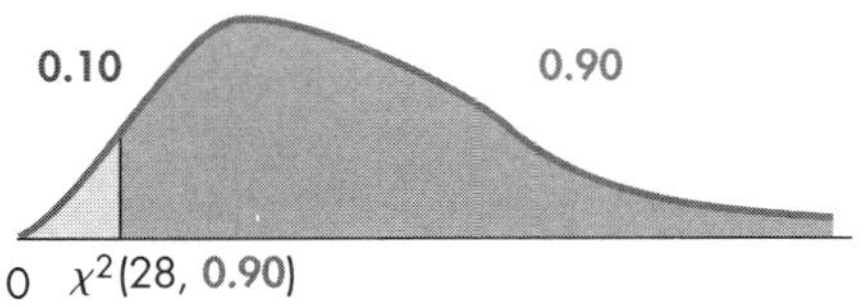

χ^2(gl, área a la derecha) = χ^2(28, 0.90) = 18.9

Ejemplo cola derecha:
Encuentra χ^2 con gl = 23; área en cola derecha = 0.025

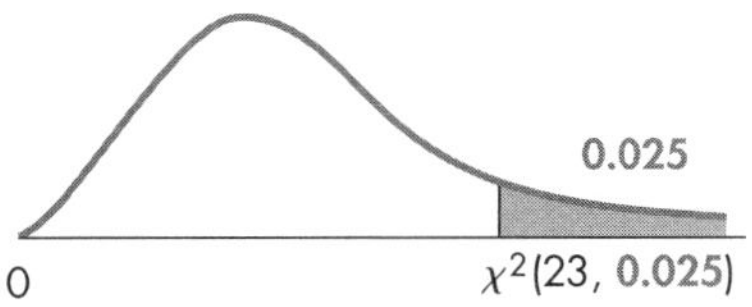

χ^2(gl, área a la derecha) = χ^2(23, 0.025) = 38.1

Para detalles específicos acerca del uso de esta tabla para encontrar valores *p*, consulta las páginas 458-461; valores críticos, páginas 454-455. La tabla 8 se generó usando Minitab.

TABLA 9A

Valores críticos de la distribución F ($\alpha = 0.05$)

Las entradas en esta tabla son valores críticos de F para los cuales el área bajo la curva a la derecha es igual a 0.05.

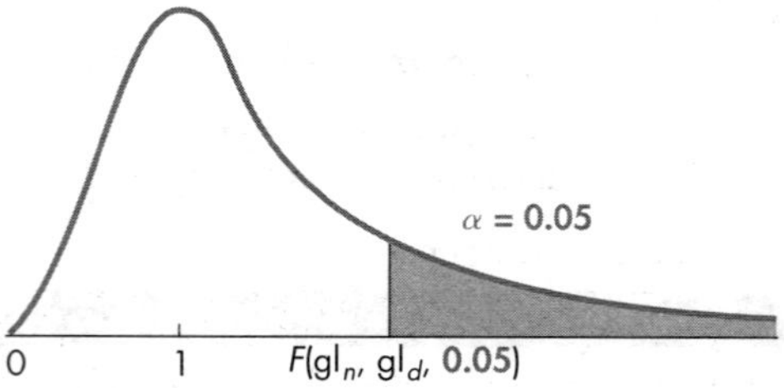

Grados de libertad para numerador (columnas) / **Grados de libertad para denominador** (filas)

	1	2	3	4	5	6	7	8	9	10
1	161.	200.	216.	225.	230.	234.	237.	239.	241.	242.
2	18.5	19.0	19.2	19.2	19.3	19.3	19.4	19.4	19.4	19.4
3	10.1	9.55	9.28	9.12	9.01	8.94	8.89	8.85	8.81	8.79
4	7.71	6.94	6.59	6.39	6.26	6.16	6.09	6.04	6.00	5.96
5	6.61	5.79	5.41	5.19	5.05	4.95	4.88	4.82	4.77	4.74
6	5.99	5.14	4.76	4.53	4.39	4.28	4.21	4.15	4.10	4.06
7	5.59	4.74	4.35	4.12	3.97	3.87	3.79	3.73	3.68	3.64
8	5.32	4.46	4.07	3.84	3.69	3.58	3.50	3.44	3.39	3.35
9	5.12	4.26	3.86	3.63	3.48	3.37	3.29	3.23	3.18	3.14
10	4.96	4.10	3.71	3.48	3.33	3.22	3.14	3.07	3.02	2.98
11	4.84	3.98	3.59	3.36	3.20	3.09	3.01	2.95	2.90	2.85
12	4.75	3.89	3.49	3.26	3.11	3.00	2.91	2.85	2.80	2.75
13	4.67	3.81	3.41	3.18	3.03	2.92	2.83	2.77	2.71	2.67
14	4.60	3.74	3.34	3.11	2.96	2.85	2.76	2.70	2.65	2.60
15	4.54	3.68	3.29	3.06	2.90	2.79	2.71	2.64	2.59	2.54
16	4.49	3.63	3.24	3.01	2.85	2.74	2.66	2.59	2.54	2.49
17	4.45	3.59	3.20	2.96	2.81	2.70	2.61	2.55	2.49	2.45
18	4.41	3.55	3.16	2.93	2.77	2.66	2.58	2.51	2.46	2.41
19	4.38	3.52	3.13	2.90	2.74	2.63	2.54	2.48	2.42	2.38
20	4.35	3.49	3.10	2.87	2.71	2.60	2.51	2.45	2.39	2.35
21	4.32	3.47	3.07	2.84	2.68	2.57	2.49	2.42	2.37	2.32
22	4.30	3.44	3.05	2.82	2.66	2.55	2.46	2.40	2.34	2.30
23	4.28	3.42	3.03	2.80	2.64	2.53	2.44	2.37	2.32	2.27
24	4.26	3.40	3.01	2.78	2.62	2.51	2.42	2.36	2.30	2.25
25	4.24	3.39	2.99	2.76	2.60	2.49	2.40	2.34	2.28	2.24
30	4.17	3.32	2.92	2.69	2.53	2.42	2.33	2.27	2.21	2.16
40	4.08	3.23	2.84	2.61	2.45	2.34	2.25	2.18	2.12	2.08
60	4.00	3.15	2.76	2.53	2.37	2.25	2.17	2.10	2.04	1.99
120	3.92	3.07	2.68	2.45	2.29	2.18	2.09	2.02	1.96	1.91
10 000	3.84	3.00	2.61	2.37	2.21	2.10	2.01	1.94	1.88	1.83

Para detalles específicos acerca del uso de esta tabla para encontrar valores p, consulta la página 527; valores críticos, páginas 523-524. La tabla 9A se generó usando Minitab.

TABLA 9A (*continuación*)

Valores críticos de la distribución F ($\alpha = 0.05$)

Grados de libertad para denominador	Grados de libertad para numerador 12	15	20	24	30	40	60	120	10 000
1	244.	246.	248.	249.	250.	251.	252.	253.	254.
2	19.4	19.4	19.4	19.5	19.5	19.5	19.5	19.5	19.5
3	8.74	8.70	8.66	8.64	8.62	8.59	8.57	8.55	8.53
4	5.91	5.86	5.80	5.77	5.75	5.72	5.69	5.66	5.63
5	4.68	4.62	4.56	4.53	4.50	4.46	4.43	4.40	4.37
6	4.00	3.94	3.87	3.84	3.81	3.77	3.74	3.70	3.67
7	3.57	3.51	3.44	3.41	3.38	3.34	3.30	3.27	3.23
8	3.28	3.22	3.15	3.12	3.08	3.04	3.01	2.97	2.93
9	3.07	3.01	2.94	2.90	2.86	2.83	2.79	2.75	2.71
10	2.91	2.85	2.77	2.74	2.70	2.66	2.62	2.58	2.54
11	2.79	2.72	2.65	2.61	2.57	2.53	2.49	2.45	2.41
12	2.69	2.62	2.54	2.51	2.47	2.43	2.38	2.34	2.30
13	2.60	2.53	2.46	2.42	2.38	2.34	2.30	2.25	2.21
14	2.53	2.46	2.39	2.35	2.31	2.27	2.22	2.18	2.13
15	2.48	2.40	2.33	2.29	2.25	2.20	2.16	2.11	2.07
16	2.42	2.35	2.28	2.24	2.19	2.15	2.11	2.06	2.01
17	2.38	2.31	2.23	2.19	2.15	2.10	2.06	2.01	1.96
18	2.34	2.27	2.19	2.15	2.11	2.06	2.02	1.97	1.92
19	2.31	2.23	2.16	2.11	2.07	2.03	1.98	1.93	1.88
20	2.28	2.20	2.12	2.08	2.04	1.99	1.95	1.90	1.84
21	2.25	2.18	2.10	2.05	2.01	1.96	1.92	1.87	1.81
22	2.23	2.15	2.07	2.03	1.98	1.94	1.89	1.84	1.78
23	2.20	2.13	2.05	2.01	1.96	1.91	1.86	1.81	1.76
24	2.18	2.11	2.03	1.98	1.94	1.89	1.84	1.79	1.73
25	2.16	2.09	2.01	1.96	1.92	1.87	1.82	1.77	1.71
30	2.09	2.01	1.93	1.89	1.84	1.79	1.74	1.68	1.62
40	2.00	1.92	1.84	1.79	1.74	1.69	1.64	1.58	1.51
60	1.92	1.84	1.75	1.70	1.65	1.59	1.53	1.47	1.39
120	1.83	1.75	1.66	1.61	1.55	1.50	1.43	1.35	1.26
10 000	1.75	1.67	1.57	1.52	1.46	1.40	1.32	1.22	1.03

La tabla 9A se generó usando Minitab.

TABLA 9B

Valores críticos de la distribución F ($\alpha = 0.025$)

Las entradas en esta tabla son valores críticos de F para los cuales el área bajo la curva a la derecha es igual a 0.025.

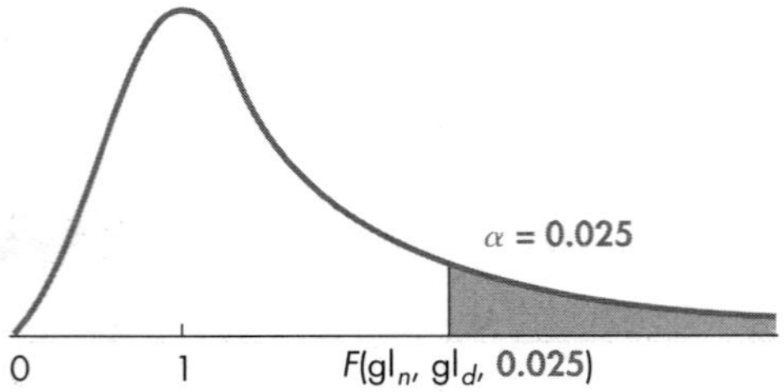

Grados de libertad para numerador

Grados de libertad para denominador	1	2	3	4	5	6	7	8	9	10
1	648.	800.	864.	900.	922.	937.	948.	957.	963.	969.
2	38.5	39.0	39.2	39.2	39.3	39.3	39.4	39.4	39.4	39.4
3	17.4	16.0	15.4	15.1	14.9	14.7	14.6	14.5	14.5	14.4
4	12.2	10.6	9.98	9.60	9.36	9.20	9.07	8.98	8.90	8.84
5	10.0	8.43	7.76	7.39	7.15	6.98	6.85	6.76	6.68	6.62
6	8.81	7.26	6.60	6.23	5.99	5.82	5.70	5.60	5.52	5.46
7	8.07	6.54	5.89	5.52	5.29	5.12	4.99	4.90	4.82	4.76
8	7.57	6.06	5.42	5.05	4.82	4.65	4.53	4.43	4.36	4.30
9	7.21	5.71	5.08	4.72	4.48	4.32	4.20	4.10	4.03	3.96
10	6.94	5.46	4.83	4.47	4.24	4.07	3.95	3.85	3.78	3.72
11	6.72	5.26	4.63	4.28	4.04	3.88	3.76	3.66	3.59	3.53
12	6.55	5.10	4.47	4.12	3.89	3.73	3.61	3.51	3.44	3.37
13	6.41	4.97	4.35	4.00	3.77	3.60	3.48	3.39	3.31	3.25
14	6.30	4.86	4.24	3.89	3.66	3.50	3.38	3.28	3.21	3.15
15	6.20	4.77	4.15	3.80	3.58	3.41	3.29	3.20	3.12	3.06
16	6.12	4.69	4.08	3.73	3.50	3.34	3.22	3.12	3.05	2.99
17	6.04	4.62	4.01	3.66	3.44	3.28	3.16	3.06	2.98	2.92
18	5.98	4.56	3.95	3.61	3.38	3.22	3.10	3.01	2.93	2.87
19	5.92	4.51	3.90	3.56	3.33	3.17	3.05	2.96	2.88	2.82
20	5.87	4.46	3.86	3.51	3.29	3.13	3.01	2.91	2.84	2.77
21	5.83	4.42	3.82	3.48	3.25	3.09	2.97	2.87	2.80	2.73
22	5.79	4.38	3.78	3.44	3.22	3.05	2.93	2.84	2.76	2.70
23	5.75	4.35	3.75	3.41	3.18	3.02	2.90	2.81	2.73	2.67
24	5.72	4.32	3.72	3.38	3.15	2.99	2.87	2.78	2.70	2.64
25	5.69	4.29	3.69	3.35	3.13	2.97	2.85	2.75	2.68	2.61
30	5.57	4.18	3.59	3.25	3.03	2.87	2.75	2.65	2.57	2.51
40	5.42	4.05	3.46	3.13	2.90	2.74	2.62	2.53	2.45	2.39
60	5.29	3.93	3.34	3.01	2.79	2.63	2.51	2.41	2.33	2.27
120	5.15	3.80	3.23	2.89	2.67	2.52	2.39	2.30	2.22	2.16
10 000	5.03	3.69	3.12	2.79	2.57	2.41	2.29	2.19	2.11	2.05

Para detalles específicos acerca del uso de esta tabla para encontrar valores p, consulta la página 527; valores críticos, páginas 523-524. La tabla 9B se generó usando Minitab.

TABLA 9B (*continuación*)

Valores críticos de la distribución F ($\alpha = 0.025$)

Grados de libertad para numerador

Grados de libertad para denominador	12	15	20	24	30	40	60	120	10 000
1	977.	985.	993.	997.	1001.	1006.	1010.	1014.	1018.
2	39.4	39.4	39.4	39.5	39.5	39.5	39.5	39.5	39.5
3	14.3	14.3	14.2	14.1	14.1	14.0	14.0	13.9	13.9
4	8.75	8.66	8.56	8.51	8.46	8.41	8.36	8.31	8.26
5	6.52	6.43	6.33	6.28	6.23	6.18	6.12	6.07	6.02
6	5.37	5.27	5.17	5.12	5.07	5.01	4.96	4.90	4.85
7	4.67	4.57	4.47	4.42	4.36	4.31	4.25	4.20	4.14
8	4.20	4.10	4.00	3.95	3.89	3.84	3.78	3.73	3.67
9	3.87	3.77	3.67	3.61	3.56	3.51	3.45	3.39	3.33
10	3.62	3.52	3.42	3.37	3.31	3.26	3.20	3.14	3.08
11	3.43	3.33	3.23	3.17	3.12	3.06	3.00	2.94	2.88
12	3.28	3.18	3.07	3.02	2.96	2.91	2.85	2.79	2.73
13	3.15	3.05	2.95	2.89	2.84	2.78	2.72	2.66	2.60
14	3.05	2.95	2.84	2.79	2.73	2.67	2.61	2.55	2.49
15	2.96	2.86	2.76	2.70	2.64	2.59	2.52	2.46	2.40
16	2.89	2.79	2.68	2.63	2.57	2.51	2.45	2.38	2.32
17	2.82	2.72	2.62	2.56	2.50	2.44	2.38	2.32	2.25
18	2.77	2.67	2.56	2.50	2.44	2.38	2.32	2.26	2.19
19	2.72	2.62	2.51	2.45	2.39	2.33	2.27	2.20	2.13
20	2.68	2.57	2.46	2.41	2.35	2.29	2.22	2.16	2.09
21	2.64	2.53	2.42	2.37	2.31	2.25	2.18	2.11	2.04
22	2.60	2.50	2.39	2.33	2.27	2.21	2.14	2.08	2.00
23	2.57	2.47	2.36	2.30	2.24	2.18	2.11	2.04	1.97
24	2.54	2.44	2.33	2.27	2.21	2.15	2.08	2.01	1.94
25	2.51	2.41	2.30	2.24	2.18	2.12	2.05	1.98	1.91
30	2.41	2.31	2.20	2.14	2.07	2.01	1.94	1.87	1.79
40	2.29	2.18	2.07	2.01	1.94	1.88	1.80	1.72	1.64
60	2.17	2.06	1.94	1.88	1.82	1.74	1.67	1.58	1.48
120	2.05	1.95	1.82	1.76	1.69	1.61	1.53	1.43	1.31
10 000	1.95	1.83	1.71	1.64	1.57	1.49	1.39	1.27	1.04

La tabla 9B se generó usando Minitab.

TABLA 9C

Valores críticos de la distribución F ($\alpha = 0.01$)

Las entradas en esta tabla son valores críticos de F para los cuales el área bajo la curva a la derecha es igual a 0.01.

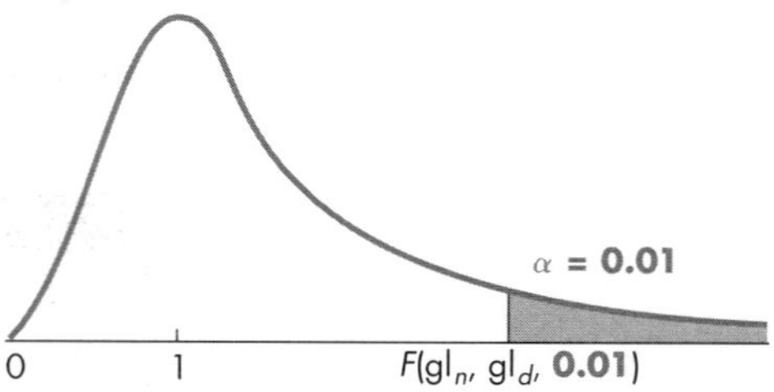

Grados de libertad para numerador

Grados de libertad para denominador	1	2	3	4	5	6	7	8	9	10
1	4052.	5000.	5403.	5625.	5764.	5859.	5928.	5981.	6022.	6056.
2	98.5	99.0	99.2	99.2	99.3	99.3	99.4	99.4	99.4	99.4
3	34.1	30.8	29.5	28.7	28.2	27.9	27.7	27.5	27.3	27.2
4	21.2	18.0	16.7	16.0	15.5	15.2	15.0	14.8	14.7	14.5
5	16.3	13.3	12.1	11.4	11.0	10.7	10.5	10.3	10.2	10.1
6	13.7	10.9	9.78	9.15	8.75	8.47	8.26	8.10	7.98	7.87
7	12.2	9.55	8.45	7.85	7.46	7.19	6.99	6.84	6.72	6.62
8	11.3	8.65	7.59	7.01	6.63	6.37	6.18	6.03	5.91	5.81
9	10.6	8.02	6.99	6.42	6.06	5.80	5.61	5.47	5.35	5.26
10	10.0	7.56	6.55	5.99	5.64	5.39	5.20	5.06	4.94	4.85
11	9.65	7.21	6.22	5.67	5.32	5.07	4.89	4.74	4.63	4.54
12	9.33	6.93	5.95	5.41	5.06	4.82	4.64	4.50	4.39	4.30
13	9.07	6.70	5.74	5.21	4.86	4.62	4.44	4.30	4.19	4.10
14	8.86	6.51	5.56	5.04	4.70	4.46	4.28	4.14	4.03	3.94
15	8.68	6.36	5.42	4.89	4.56	4.32	4.14	4.00	3.89	3.80
16	8.53	6.23	5.29	4.77	4.44	4.20	4.03	3.89	3.78	3.69
17	8.40	6.11	5.19	4.67	4.34	4.10	3.93	3.79	3.68	3.59
18	8.29	6.01	5.09	4.58	4.25	4.01	3.84	3.71	3.60	3.51
19	8.18	5.93	5.01	4.50	4.17	3.94	3.77	3.63	3.52	3.43
20	8.10	5.85	4.94	4.43	4.10	3.87	3.70	3.56	3.46	3.37
21	8.02	5.78	4.87	4.37	4.04	3.81	3.64	3.51	3.40	3.31
22	7.95	5.72	4.82	4.31	3.99	3.76	3.59	3.45	3.35	3.26
23	7.88	5.66	4.76	4.26	3.94	3.71	3.54	3.41	3.30	3.21
24	7.82	5.61	4.72	4.22	3.90	3.67	3.50	3.36	3.26	3.17
25	7.77	5.57	4.68	4.18	3.86	3.63	3.46	3.32	3.22	3.13
30	7.56	5.39	4.51	4.02	3.70	3.47	3.30	3.17	3.07	2.98
40	7.31	5.18	4.31	3.83	3.51	3.29	3.12	2.99	2.89	2.80
60	7.08	4.98	4.13	3.65	3.34	3.12	2.95	2.82	2.72	2.63
120	6.85	4.79	3.95	3.48	3.17	2.96	2.79	2.66	2.56	2.47
10 000	6.64	4.61	3.78	3.32	3.02	2.80	2.64	2.51	2.41	2.32

Para detalles específicos acerca del uso de esta tabla para encontrar valores *p*, consulta la página 527; valores críticos, páginas 523-524. La tabla 9C se generó usando Minitab.

TABLA 9C (*continuación*)

Valores críticos de la distribución F ($\alpha = 0.01$)

Grados de libertad para numerador / Grados de libertad para denominador

	12	15	20	24	30	40	60	120	10 000
1	6106.	6157.	6209.	6235.	6261.	6287.	6313.	6339.	6366.
2	99.4	99.4	99.4	99.5	99.5	99.5	99.5	99.5	99.5
3	27.1	26.9	26.7	26.6	26.5	26.4	26.3	26.2	26.1
4	14.4	14.2	14.0	13.9	13.8	13.7	13.7	13.6	13.5
5	9.89	9.72	9.55	9.47	9.38	9.29	9.20	9.11	9.02
6	7.72	7.56	7.40	7.31	7.23	7.14	7.06	6.97	6.88
7	6.47	6.31	6.16	6.07	5.99	5.91	5.82	5.74	5.65
8	5.67	5.52	5.36	5.28	5.20	5.12	5.03	4.95	4.86
9	5.11	4.96	4.81	4.73	4.65	4.57	4.48	4.40	4.31
10	4.71	4.56	4.41	4.33	4.25	4.17	4.08	4.00	3.91
11	4.40	4.25	4.10	4.02	3.94	3.86	3.78	3.69	3.60
12	4.16	4.01	3.86	3.78	3.70	3.62	3.54	3.45	3.36
13	3.96	3.82	3.66	3.59	3.51	3.43	3.34	3.25	3.17
14	3.80	3.66	3.51	3.43	3.35	3.27	3.18	3.09	3.01
15	3.67	3.52	3.37	3.29	3.21	3.13	3.05	2.96	2.87
16	3.55	3.41	3.26	3.18	3.10	3.02	2.93	2.84	2.75
17	3.46	3.31	3.16	3.08	3.00	2.92	2.83	2.75	2.65
18	3.37	3.23	3.08	3.00	2.92	2.84	2.75	2.66	2.57
19	3.30	3.15	3.00	2.92	2.84	2.76	2.67	2.58	2.49
20	3.23	3.09	2.94	2.86	2.78	2.69	2.61	2.52	2.42
21	3.17	3.03	2.88	2.80	2.72	2.64	2.55	2.46	2.36
22	3.12	2.98	2.83	2.75	2.67	2.58	2.50	2.40	2.31
23	3.07	2.93	2.78	2.70	2.62	2.54	2.45	2.35	2.26
24	3.03	2.89	2.74	2.66	2.58	2.49	2.40	2.31	2.21
25	2.99	2.85	2.70	2.62	2.54	2.45	2.36	2.27	2.17
30	2.84	2.70	2.55	2.47	2.39	2.30	2.21	2.11	2.01
40	2.66	2.52	2.37	2.29	2.20	2.11	2.02	1.92	1.80
60	2.50	2.35	2.20	2.12	2.03	1.94	1.84	1.73	1.60
120	2.34	2.19	2.03	1.95	1.86	1.76	1.66	1.53	1.38
10 000	2.19	2.04	1.88	1.79	1.70	1.59	1.48	1.33	1.05

La tabla 9C se generó usando Minitab.

TABLA 10

Cinturones de confianza para el coeficiente de correlación $(1 - \alpha) = 0.95$

Los números sobre las curvas son tamaños muestrales.

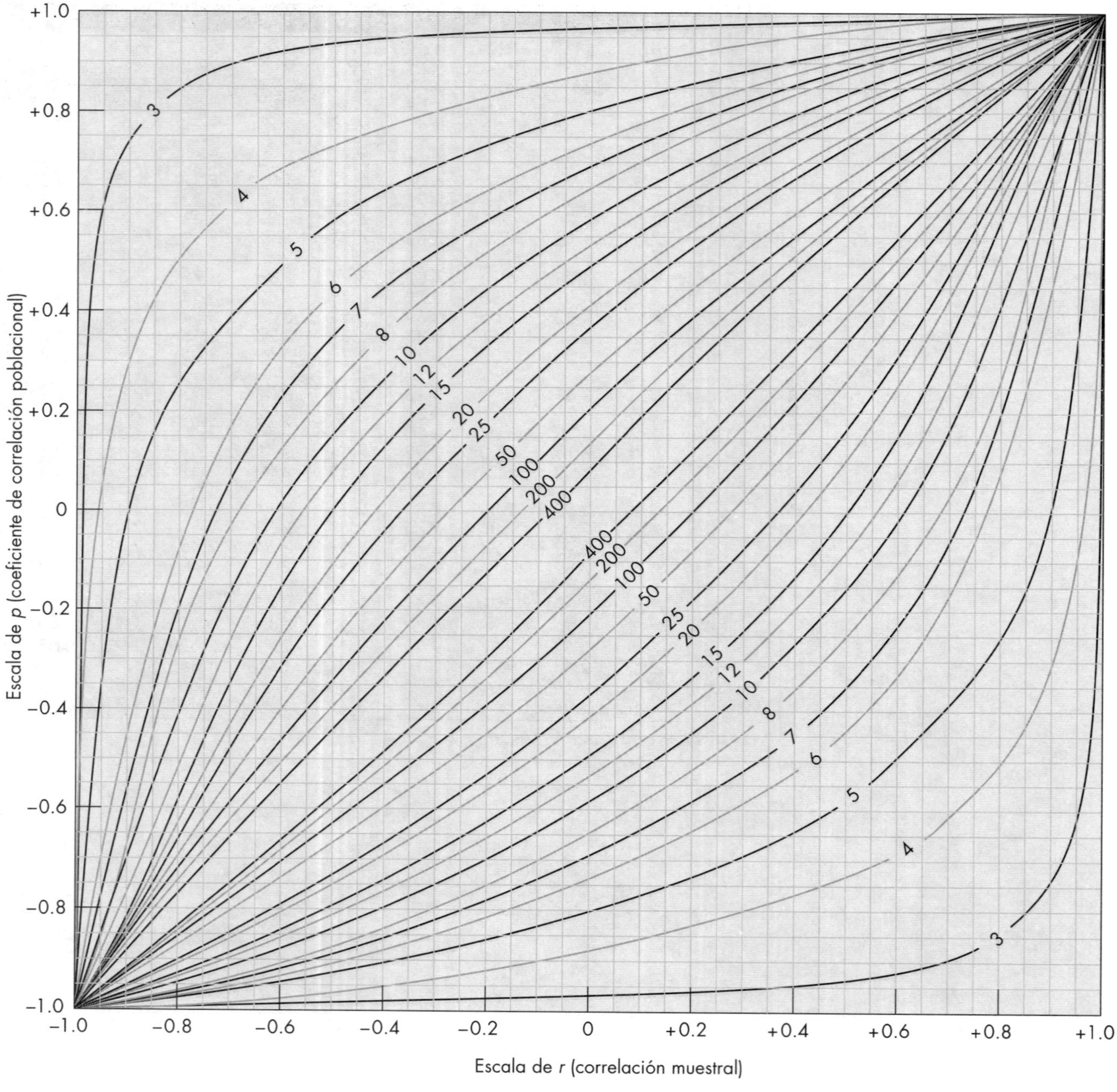

Para detalles específicos acerca del uso de esta tabla para encontrar intervalos de confianza, consulta la página 620.

TABLA 11
Valores críticos de r cuando $\rho = 0$

Las entradas en esta tabla son los valores críticos de r para una prueba de dos colas en α. Para correlación simple, gl $= n - 2$, donde n es el número de pares de datos en la muestra. Para una prueba de una cola, el valor de α que se muestra en la parte superior de la tabla es el doble de la α a usar en la prueba de hipótesis.

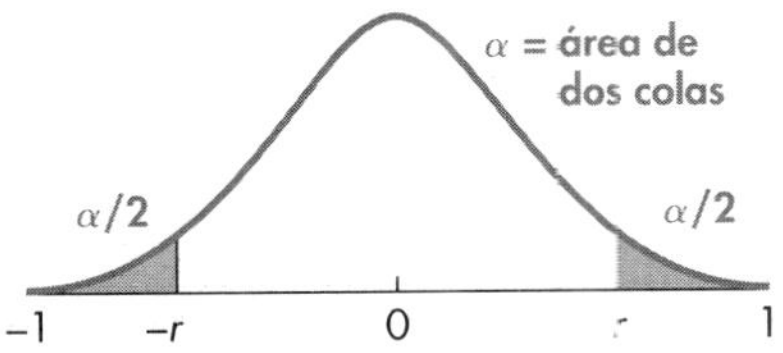

gl \ α	0.10	0.05	0.02	0.01
1	0.988	0.997	1.000	1.000
2	0.900	0.950	0.980	0.990
3	0.805	0.878	0.934	0.959
4	0.729	0.811	0.882	0.917
5	0.669	0.754	0.833	0.875
6	0.621	0.707	0.789	0.834
7	0.582	0.666	0.750	0.798
8	0.549	0.632	0.715	0.765
9	0.521	0.602	0.685	0.735
10	0.497	0.576	0.658	0.708
11	0.476	0.553	0.634	0.684
12	0.458	0.532	0.612	0.661
13	0.441	0.514	0.592	0.641
14	0.426	0.497	0.574	0.623
15	0.412	0.482	0.558	0.606
16	0.400	0.468	0.543	0.590
17	0.389	0.456	0.529	0.575
18	0.378	0.444	0.516	0.561
19	0.369	0.433	0.503	0.549
20	0.360	0.423	0.492	0.537
25	0.323	0.381	0.445	0.487
30	0.296	0.349	0.409	0.449
35	0.275	0.325	0.381	0.418
40	0.257	0.304	0.358	0.393
45	0.243	0.288	0.338	0.372
50	0.231	0.273	0.322	0.354
60	0.211	0.250	0.295	0.325
70	0.195	0.232	0.274	0.302
80	0.183	0.217	0.256	0.283
90	0.173	0.205	0.242	0.267
100	0.164	0.195	0.230	0.254

Para detalles específicos acerca del uso de esta tabla para encontrar valores p y valores críticos, consulta las páginas 621-623.

TABLA 12

Valores críticos de la prueba del signo

Las entradas en esta tabla son los valores críticos para el número del signo menos frecuente para una prueba de dos colas en α para el binomial $p = 0.5$. Para una prueba de una cola, el valor de α que se muestra en la parte superior de la tabla es el doble del valor de la α a usar en la prueba de hipótesis.

	α					α			
n	**0.01**	**0.05**	**0.10**	**0.25**	***n***	**0.01**	**0.05**	**0.10**	**0.25**
1					51	15	18	19	20
2					52	16	18	19	21
3				0	53	16	18	20	21
4				0	54	17	19	20	22
5			0	0	55	17	19	20	22
6		0	0	1	56	17	20	21	23
7		0	0	1	57	18	20	21	23
8	0	0	1	1	58	18	21	22	24
9	0	1	1	2	59	19	21	22	24
10	0	1	1	2	60	19	21	23	25
11	0	1	2	3	61	20	22	23	25
12	1	2	2	3	62	20	22	24	25
13	1	2	3	3	63	20	23	24	26
14	1	2	3	4	64	21	23	24	26
15	2	3	3	4	65	21	24	25	27
16	2	3	4	5	66	22	24	25	27
17	2	4	4	5	67	22	25	26	28
18	3	4	5	6	68	22	25	26	28
19	3	4	5	6	69	23	25	27	29
20	3	5	5	6	70	23	26	27	29
21	4	5	6	7	71	24	26	28	30
22	4	5	6	7	72	24	27	28	30
23	4	6	7	8	73	25	27	28	31
24	5	6	7	8	74	25	28	29	31
25	5	7	7	9	75	25	28	29	32
26	6	7	8	9	76	26	28	30	32
27	6	7	8	10	77	26	29	30	32
28	6	8	9	10	78	27	29	31	33
29	7	8	9	10	79	27	30	31	33
30	7	9	10	11	80	28	30	32	34
31	7	9	10	11	81	28	31	32	34
32	8	9	10	12	82	28	31	33	35
33	8	10	11	12	83	29	32	33	35
34	9	10	11	13	84	29	32	33	36
35	9	11	12	13	85	30	32	34	36
36	9	11	12	14	86	30	33	34	37
37	10	12	13	14	87	31	33	35	37
38	10	12	13	14	88	31	34	35	38
39	11	12	13	15	89	31	34	36	38
40	11	13	14	15	90	32	35	36	39
41	11	13	14	16	91	32	35	37	39
42	12	14	15	16	92	33	36	37	39
43	12	14	15	17	93	33	36	38	40
44	13	15	16	17	94	34	37	38	40
45	13	15	16	18	95	34	37	38	41
46	13	15	16	18	96	34	37	39	41
47	14	16	17	19	97	35	38	39	42
48	14	16	17	19	98	35	38	40	42
49	15	17	18	19	99	36	39	40	43
50	15	17	18	20	100	36	39	41	44

Tomado de Wilfred J. Dixon y Frank J. Massey, Jr., *Introduction to Statistical Analysis*, 3a ed. (Nueva York: McGraw-Hill, 1969), p. 509. Reimpreso con permiso.

Para detalles específicos acerca del uso de esta tabla: intervalos de confianza, consulta las páginas 664-665; valores *p*, páginas 666-667; valores críticos, página 666.

TABLA 13

Valores críticos de *U* en la prueba de Mann-Whitney

A. Las entradas son los valores críticos de U para una prueba de una cola en 0.025 o para una prueba de dos colas en 0.05.

n_2 \ n_1	1	2	3	4	5	6	7	8	9	10	11	12	13	14	15	16	17	18	19	20
1																				
2								0	0	0	0	1	1	1	1	1	2	2	2	2
3					0	1	1	2	2	3	3	4	4	5	5	6	6	7	7	8
4				0	1	2	3	4	4	5	6	7	8	9	10	11	11	12	13	14
5			0	1	2	3	5	6	7	8	9	11	12	13	14	15	17	18	19	20
6			1	2	3	5	6	8	10	11	13	14	16	17	19	21	22	24	25	27
7			1	3	5	6	8	10	12	14	16	18	20	22	24	26	28	30	32	34
8		0	2	4	6	8	10	13	15	17	19	22	24	26	29	31	34	36	38	41
9		0	2	4	7	10	12	15	17	20	23	26	28	31	34	37	39	42	45	48
10		0	3	5	8	11	14	17	20	23	26	29	33	36	39	42	45	48	52	55
11		0	3	6	9	13	16	19	23	26	30	33	37	40	44	47	51	55	58	62
12		1	4	7	11	14	18	22	26	29	33	37	41	45	49	53	57	61	65	69
13		1	4	8	12	16	20	24	28	33	37	41	45	50	54	59	63	67	72	76
14		1	5	9	13	17	22	26	31	36	40	45	50	55	59	64	67	74	78	83
15		1	5	10	14	19	24	29	34	39	44	49	54	59	64	70	75	80	85	90
16		1	6	11	15	21	26	31	37	42	47	53	59	64	70	75	81	86	92	98
17		2	6	11	17	22	28	34	39	45	51	57	63	67	75	81	87	93	99	105
18		2	7	12	18	24	30	36	42	48	55	61	67	74	80	86	93	99	106	112
19		2	7	13	19	25	32	38	45	52	58	65	72	78	85	92	99	106	113	119
20		2	8	13	20	27	34	41	48	55	62	69	76	83	90	98	105	112	119	127

B. Las entradas son los valores críticos de U para una prueba de una cola en 0.05 o para una prueba de dos colas en 0.10.

n_2 \ n_1	1	2	3	4	5	6	7	8	9	10	11	12	13	14	15	16	17	18	19	20
1																			0	0
2					0	0	0	1	1	1	1	2	2	2	3	3	3	4	4	4
3			0	0	1	2	2	3	3	4	5	5	6	7	7	8	9	9	10	11
4			0	1	2	3	4	5	6	7	8	9	10	11	12	14	15	16	17	18
5		0	1	2	4	5	6	8	9	11	12	13	15	16	18	19	20	22	23	25
6		0	2	3	5	7	8	10	12	14	16	17	19	21	23	25	26	28	30	32
7		0	2	4	6	8	11	13	15	17	19	21	24	26	28	30	33	35	37	39
8		1	3	5	8	10	13	15	18	20	23	26	28	31	33	36	39	41	44	47
9		1	3	6	9	12	15	18	21	24	27	30	33	36	39	42	45	48	51	54
10		1	4	7	11	14	17	20	24	27	31	34	37	41	44	48	51	55	58	62
11		1	5	8	12	16	19	23	27	31	34	38	42	46	50	54	57	61	65	69
12		2	5	9	13	17	21	26	30	34	38	42	47	51	55	60	64	68	72	77
13		2	6	10	15	19	24	28	33	37	42	47	51	56	61	65	70	75	80	84
14		2	7	11	16	21	26	31	36	41	46	51	56	61	66	71	77	82	87	92
15		3	7	12	18	23	28	33	39	44	50	55	61	66	72	77	83	88	94	100
16		3	8	14	19	25	30	36	42	48	54	60	65	71	77	83	89	95	101	107
17		3	9	15	20	26	33	39	45	51	57	64	70	77	83	89	96	102	109	115
18		4	9	16	22	28	35	41	48	55	61	68	75	82	88	95	102	109	116	123
19	0	4	10	17	23	30	37	44	51	58	65	72	80	87	94	101	109	116	123	130
20	0	4	11	18	25	32	39	47	54	62	69	77	84	92	100	107	115	123	130	138

Reproducido del *Bulletin of the Institute of Educational Research at Indiana University*, vol 1, núm. 2; con el permiso del autor y el editor. Para detalles específicos acerca del uso de esta tabla para encontrar valores *p*, consulta las páginas 679-680; valores críticos, página 679.

TABLA 14

Valores críticos del número total de rachas (V)

Las entradas en esta tabla son los valores críticos para una prueba de dos colas usando $\alpha = 0.05$. Para una prueba de una cola en $\alpha = 0.025$, usa sólo uno de los valores críticos: el menor valor crítico para una región crítica izquierda, el mayor para una región crítica derecha.

El mayor de n_1 y n_2 (columnas); **El menor de n_1 y n_2** (filas)

	5	6	7	8	9	10	11	12	13	14	15	16	17	18	19	20
2								2 6	2 6	2 6	2 6	2 6	2 6	2 6	2 6	2 6
3		2 8	2 8	2 8	2 8	2 8	2 8	2 8	2 8	2 8	3 8	3 8	3 8	3 8	3 8	3 8
4	2 9	2 9	2 10	3 10	3 10	3 10	3 10	3 10	3 10	3 10	3 10	4 10	4 10	4 10	4 10	4 10
5	2 10	3 10	3 11	3 11	3 12	3 12	4 12	4 12	4 12	4 12	4 12	4 12	4 12	5 12	5 12	5 12
6		3 11	3 12	3 12	4 13	4 13	4 13	4 13	5 14	5 14	5 14	5 14	5 14	5 14	6 14	6 14
7			3 13	4 13	4 14	5 14	5 14	5 14	5 15	5 15	6 15	6 16	6 16	6 16	6 16	6 16
8				4 14	5 14	5 15	5 15	6 16	6 16	6 16	6 16	6 17	7 17	7 17	7 17	7 17
9					5 15	5 16	6 16	6 16	6 17	7 17	7 18	7 18	7 18	8 18	8 18	8 18
10						6 16	6 17	7 17	7 18	7 18	7 18	8 19	8 19	8 19	8 20	9 20
11							7 17	7 18	7 19	8 19	8 19	8 20	9 20	9 20	9 21	9 21
12								7 19	8 19	8 20	8 20	9 21	9 21	9 21	10 22	10 22
13									8 20	9 20	9 21	9 21	10 22	10 22	10 23	10 23
14										9 21	9 22	10 22	10 23	10 23	11 23	11 24
15											10 22	10 23	11 23	11 24	11 24	12 25
16												11 23	11 24	11 25	12 25	12 25
17													11 25	12 25	12 26	13 26
18														12 26	13 26	13 27
19															13 27	13 27
20																14 28

Tomado de C. Eisenhart y F. Sweed, "Tables for testing randomness of grouping in a sequence of alternatives", *Annals of Statistics*, vol. 14 (1943): 66-87. Reimpreso con permiso.

Para detalles específicos acerca del uso de esta tabla para encontrar valores p, consulta las páginas 688-689; valores críticos, página 688.

TABLA 15
Valores críticos de coeficiente de correlación por rangos de Spearman

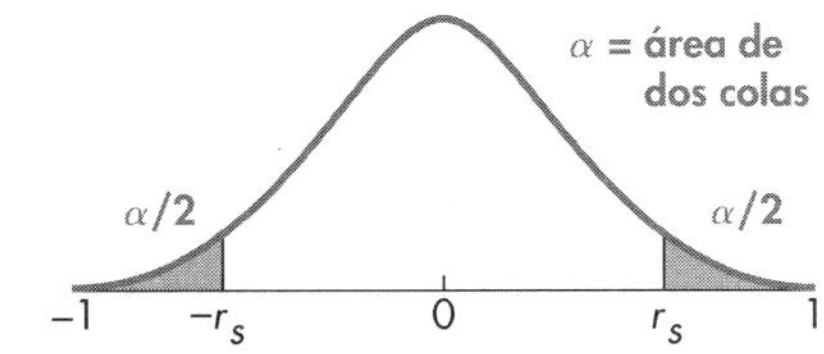

Las entradas en esta tabla son los valores críticos de r_s para una prueba de dos colas en α. Para una prueba de una cola, el valor de α que se muestra en la parte superior de la tabla es el doble del valor de α a usar en la prueba de hipótesis.

n	$\alpha = 0.10$	$\alpha = 0.05$	$\alpha = 0.02$	$\alpha = 0.01$
5	0.900	—	—	—
6	0.829	0.886	0.943	—
7	0.714	0.786	0.893	0.929
8	0.643	0.738	0.833	0.881
9	0.600	0.700	0.783	0.833
10	0.564	0.648	0.745	0.794
11	0.536	0.618	0.709	0.755
12	0.503	0.587	0.678	0.727
13	0.484	0.560	0.648	0.703
14	0.464	0.538	0.626	0.679
15	0.446	0.521	0.604	0.654
16	0.429	0.503	0.582	0.635
17	0.414	0.485	0.566	0.615
18	0.401	0.472	0.550	0.600
19	0.391	0.460	0.535	0.584
20	0.380	0.447	0.520	0.570
21	0.370	0.435	0.508	0.556
22	0.361	0.425	0.496	0.544
23	0.353	0.415	0.486	0.532
24	0.344	0.406	0.476	0.521
25	0.337	0.398	0.466	0.511
26	0.331	0.390	0.457	0.501
27	0.324	0.382	0.448	0.491
28	0.317	0.375	0.440	0.483
29	0.312	0.368	0.433	0.475
30	0.306	0.362	0.425	0.467

Tomado de *Non Parametrics Statistical Methods*, Hollander & Wolfe, 2a. ed. Adaptado, en parte, de J. H. Zar Significance testing of the Spearman rank correlation coefficient, *Journal of the American Statistical Association* 67 (1972): 578-580. Reimpreso con permiso del *Journal of the American Statistical Association*. Copyright © 1972 por la American Statistical Association. Todos los derechos reservados y, en parte, de A. Otten. Nota acerca del coeficiente de correlación por rangos de Spearman, *Journal of the American Statistical Association* 68 (1973): 585. Reimpreso con permiso del *Journal of the American Statistical Association*. Copyright © 1973 por la American Statistical Association. Todos los derechos reservados.

Para detalles específicos acerca del uso de esta tabla para encontrar valores p, consulta la página 698; valores críticos, página 698.

Respuestas a los ejercicios seleccionados

Capítulo 1

1.1 a. ¿Con cuánta frecuencia comes fruta?
b. Visitantes a internet en el sitio web Postyour.info
c. 63
d. 1/63 = 0.01587, 11/63 = 0.1746, 16/63 = 0.25397
e. No. Sólo las personas que visitaron el sitio y querían responder las preguntas lo hicieron.

1.3 a. Estadounidenses
b. tiempo transcurrido antes de que los usuarios WiFi se pongan inquietos y necesiten revisar sus mensajes
c. 47% de las personas encuestadas dicen que se ponen inquietas en el lapso de una hora acerca de revisar sus correos electrónicos, etcétera

1.7 a. inferencial b. descriptiva

1.9 a. mujeres casadas, edades 25 a 50, que tienen 2 o más hijos
b. 1 170
c. con cuánta frecuencia las madres tristes tienen una cita nocturna con sus esposos
d. 18% de las encuestadas dicen que tienen una cita nocturna cada 4 a 6 meses
e. (0.18) (1 170) = 211

1.11 a. adolescentes estadounidenses
b. 501
c. qué invento cotidiano consideran sería obsoleto en 5 años
d. 501 (0.21) = 105
e. el porcentaje real podría ser 4.3% menor o 4.3% mayor que lo citado
f. entre 16.7% y 25.3%

1.13 a. 45% (100%–55%)
b. Los porcentajes son de diferentes grupos

1.15 a. todos los adultos estadounidenses
b. 1 200 adultos seleccionados al azar
c. "estado de alergia" para cada adulto
d. 33.2% con base en los adultos muestreados
e. porcentaje de todos los adultos estadounidenses con alergia, 36%

1.19 a. código postal, género, nivel de educación más alto
b. ingreso anual, edad, distancia a la tienda

1.21 a. género, nominal
b. estatura, continua

1.23 a. severidad de efectos colaterales
b. atributo (ordinal)

1.25 a. peso de libros y suministros
b. numérica (continua)
c. 5.67 lb, 15.2 lb

1.27 a. costo promedio de libros de texto para el semestre
b. todos los estudiantes inscritos en el semestre
c. costo de libros de texto para este semestre
d. los 100 estudiantes
e. costo promedio de libros de texto; agrega 100 valores, divide entre 100

1.29 a. todos los estudiantes actualmente inscritos en la universidad
b. finita
c. los 10 estudiantes seleccionados
d. discreta, continua (costo redondeado al centavo más cercano), nominal

1.31 a. todas las camionetas pickup 2009 mencionadas en MPGoMatic.com
b. 165, muestra = 6 camionetas
c. 8 variables
d. fabricante, modelo, conductor, transmisión
e. todas nominales
f. tamaño del motor, desplazamiento motor, MPG ciudad, MPG autopista
g. discreta: tamaño motor; continua: desplazamiento motor, MPG ciudad, MPG autopista

1.33 a. numérica b. atributo c. numérica
d. atributo e. numérica f. numérica

1.35 a. La población contiene todos los objetos de interés, la muestra sólo contiene los realmente estudiados.
b. conveniencia, disponibilidad, factibilidad

1.37 jugadores de fútbol, rango más amplio

1.39 La unidad precio/estándar hace al precio la única variable.

1.41 muy sencillo, muy difícil, no puede distinguir entre el conocimiento de los estudiantes

1.43 a. voluntario b. sí

1.45 voluntario; sesgo

1.47 muestreo de conveniencia

1.51 muestras de probabilidad

1.53 Los métodos estadísticos suponen el uso de muestras aleatorias

1.55 Selecciona aleatoriamente el primer elemento entre 1 y 25; después selecciona cada 25°.

1.57 Una muestra proporcional funcionaría mejor.

1.59 Sólo se considerarán las personas con teléfonos y mencionadas en los números telefónicos, lo que posiblemente eliminará a aquellos que sólo tienen teléfonos celulares.

1.61 a. Las lámparas fluorescentes usan hasta 75% menos energía que las lámparas incandescentes; la vida promedio de las lámparas fluorescentes compactas es de hasta 10 veces más que la de las lámparas incandescentes.
b. sí
c. no
d. sí, de modo que uno sabría cuál lámpara es mejor
e. inciso d
f. recolecta datos acerca de la cantidad de energía usada en cada tipo de lámparas para cierta cantidad de tiempo
g. recolecta datos acerca de las vidas de una muestra de cada lámpara

1.63 dibuja gráficas, imprime cuadros, calcula estadísticos

1.65 a. color de cabello, especialidad, género, estado civil
b. número de cursos tomados, estatura, distancia desde la ciudad hasta la universidad

1.67 a. valor de datos
b. ¿Cuál es el promedio de la muestra?
c. ¿Cuál es el promedio para todas las personas?

1.69 a. poseedores de tarjetas de crédito
b. tipo/nombre de tarjeta de crédito, número de meses de vencimiento del pago, cantidad adeudada
c. nombre: atributo; número de meses, cantidad adeudada: numérica

1.71 cualitativa, ordinal; las respuestas fueron descriptivas y podrían clasificarse

1.73 a. estudio observacional
b. porcentaje o proporción de uso de lentes para el sol
c. proporción de muestra que usó lentes para el sol, 4 de cada 10 adultos

Capítulo 2

2.3 b. proporciones relativas como un todo
c. proporciones relativas entre las respuestas individuales

2.5 a. **El actual código de vestimenta en mi compañía es . . .**

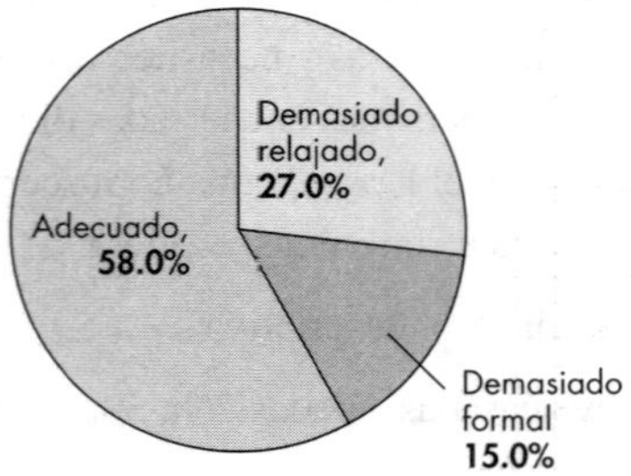

b. **El actual código de vestimenta en mi compañía es . . .**

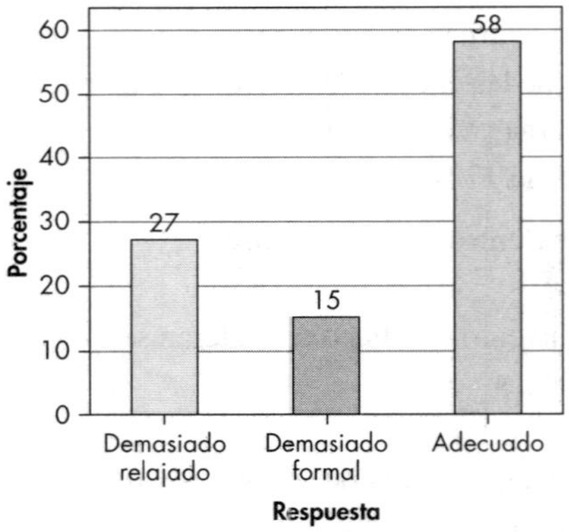

2.7 a. **Puntos anotados por equipos ganadores**
Noche de apertura temporada 2008-2009 NBA

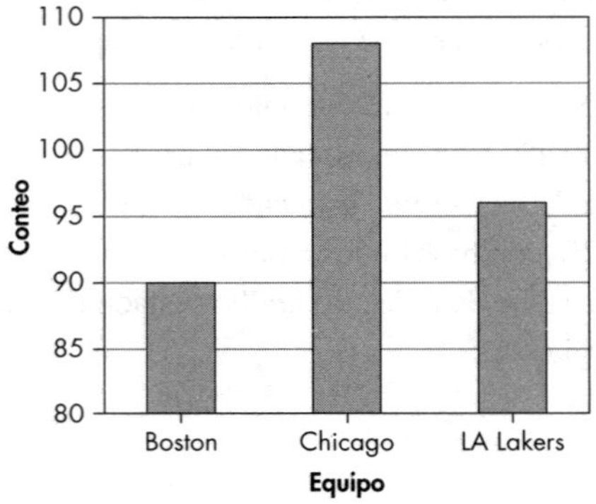

b.

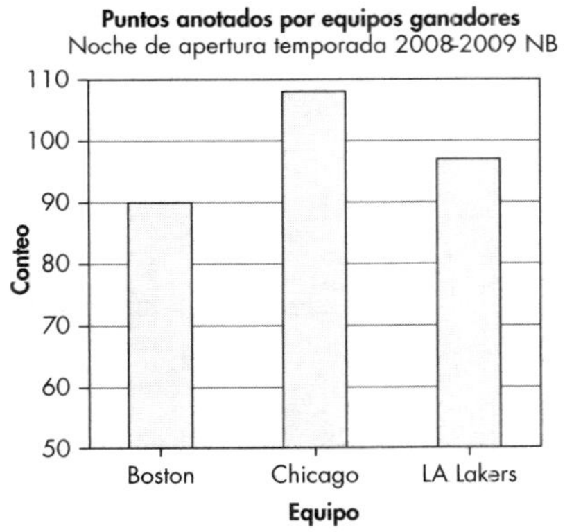

c. gráfica de barras en 'a'

d. comienza la escala vertical en cero

2.9 a.

b.

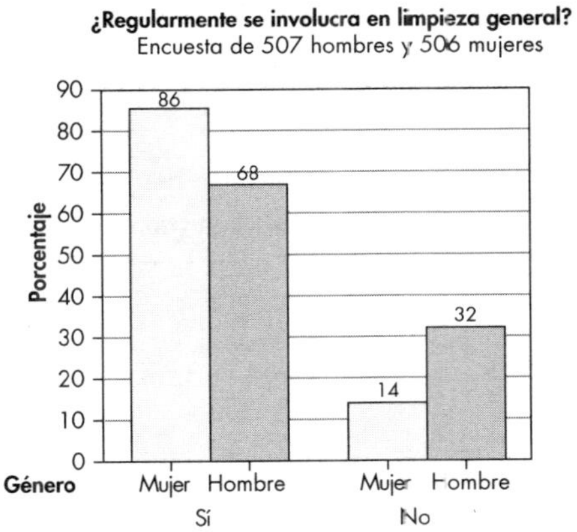

2.11

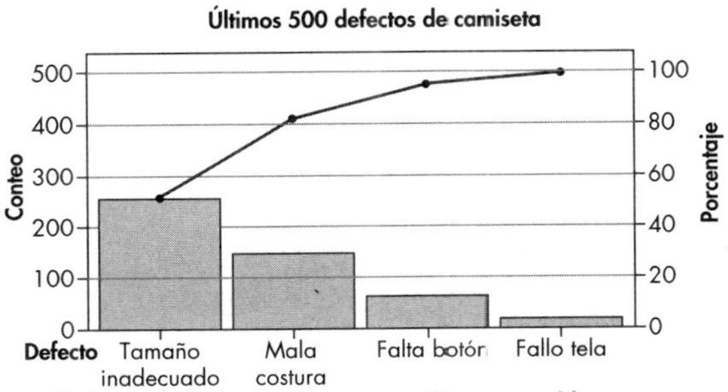

Defecto	Tamaño inadecuado	Mala costura	Falta botón	Fallo tela
Conteo	258	153	67	22
Porcentaje	51.6	30.6	13.4	4.4
% acum.	51.6	82.2	95.6	100.0

2.13 a.

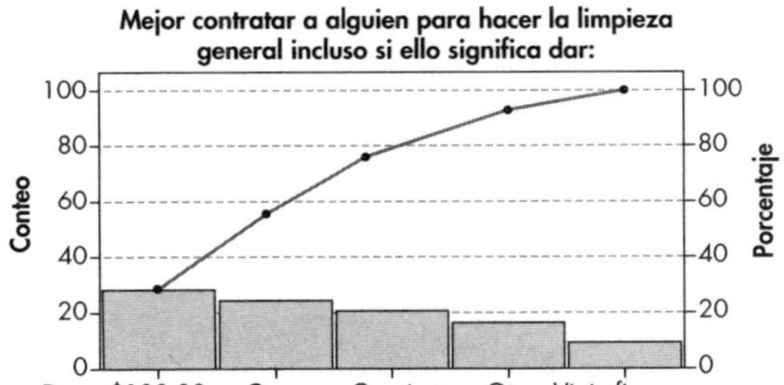

Dar	$100.00	Cena	Concierto	Otro	Viaje fin semana
Porcentaje	29	26	19	17	9
Porcentaje	29.0	26.0	19.0	17.0	9.0
% acum.	29.0	55.0	74.0	91.0	100.0

b. es una colección de varias respuestas; es necesario descomponerla

2.15 a. 150 defectos

b. 0.30

c. $(56 + 45 + 23 + 12)/150 = 136/150$

d. Manchado y raspadura, total 67.3%

2.17 a.

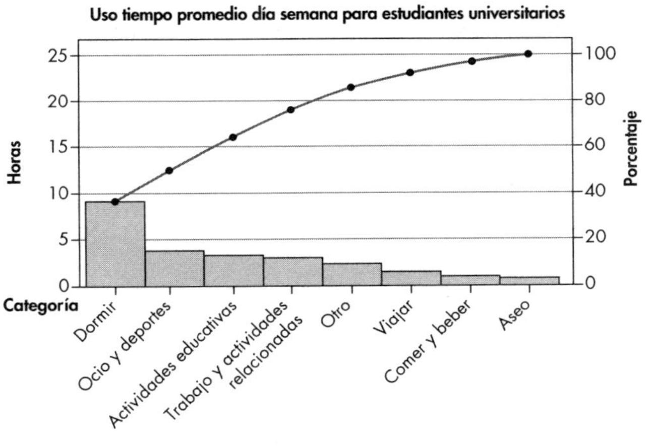

Horas	8.3	3.9	3.2	3.0	2.3	1.5	1.0	0.8
Porcentaje	34.6	16.2	13.3	12.5	9.6	6.2	4.2	3.3
% acum.	34.6	50.8	64.2	76.7	86.3	92.5	96.7	100.0

b. dormir, ocio y deportes, actividades educativas, trabajo y actividades relacionadas

2.19

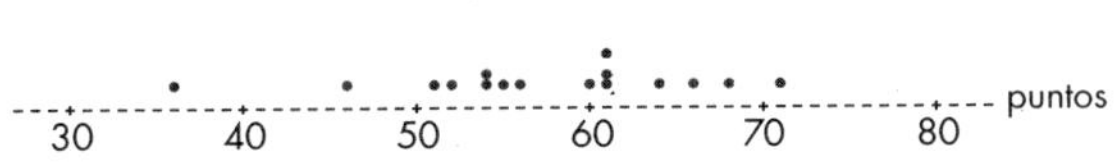

2.21 a.

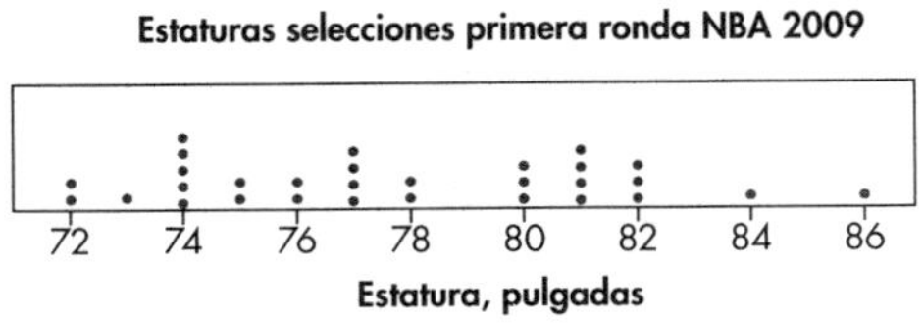

b. 72 pulgadas, 86 pulgadas

c. 74 pulgadas, 5 jugadores

d. columna más alta

2.23

2.25 Puntos anotados por juego

3	6
4	6
5	6 4 5 4 2 1
6	1 1 8 0 6 1 4
7	1

2.27 a. Tarifa de entrega de Quik Delivery

2.	0
2.	9 8 8 9
3.	1 1
3.	5 8 8 5 8 6 6 8 7 7 8
4.	0 3 1 0 0
4.	5 5 9 6 8 6
5.	0 4 0 2 4
5.	6 7
6.	0 1
6.	8
7.	
7.	8

b. sesgado a la derecha

2.29 a. el valor del lugar de las hojas es de centésimas
b. 16
c. 5.97, 6.01, 6.04, 6.08
d. las frecuencias acumuladas comienzan en las partes superior e inferior

2.31 a.

x	f
0	2
1	5
2	3
3	0
4	2

b. f es frecuencia, el valor de 1 ocurrió 5 veces
c. 12
d. número de datos, o tamaño de la muestra

2.33 a. gráfica de barras c. histograma

2.35 b.

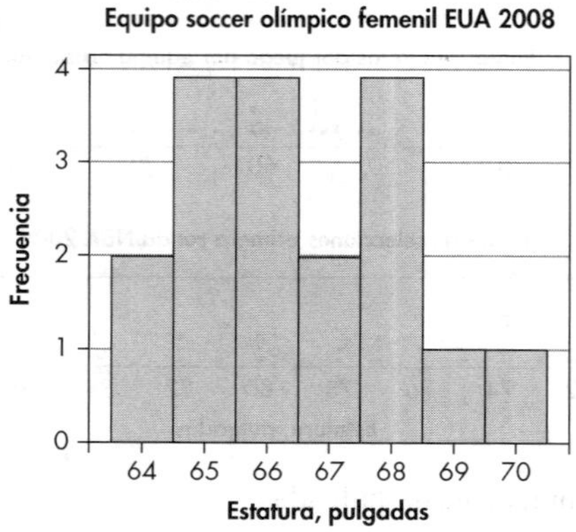

d. 66.7%

2.37 a.

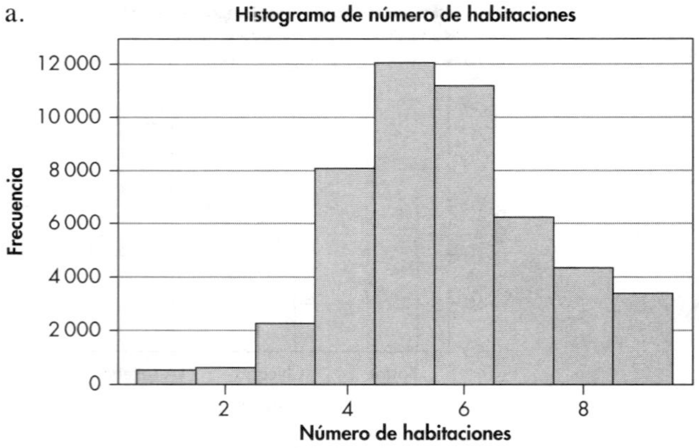

b. Amontonada, truncada a la derecha debido a clase 9+
c. Centrada en 5 habitaciones, 4 a 7 representan la mayoría

2.39 b.

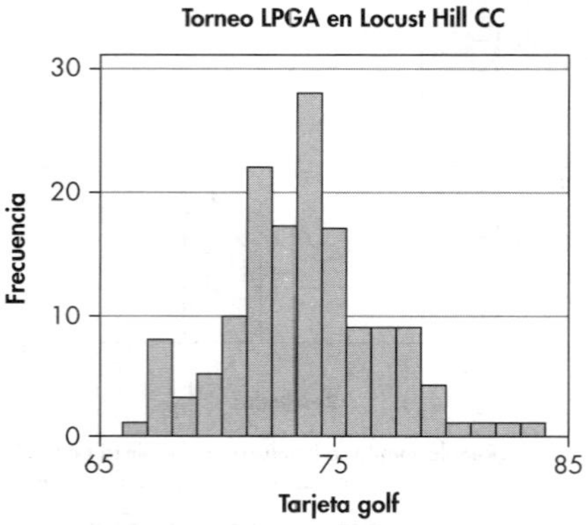

2.41 a. 35–45
d.

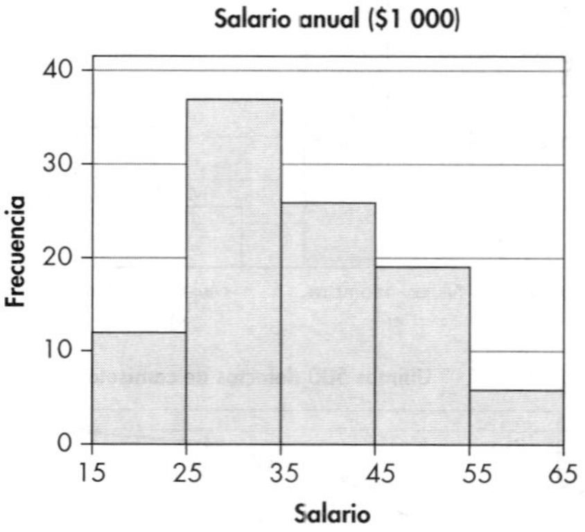

2.43 a. 12 y 16 b. 2, 6, 10, 14, 18, 22, 26
c. 4.0 d. 0.08, 0.16, 0.16, 0.40, 0.12, 0.06, 0.02

e.

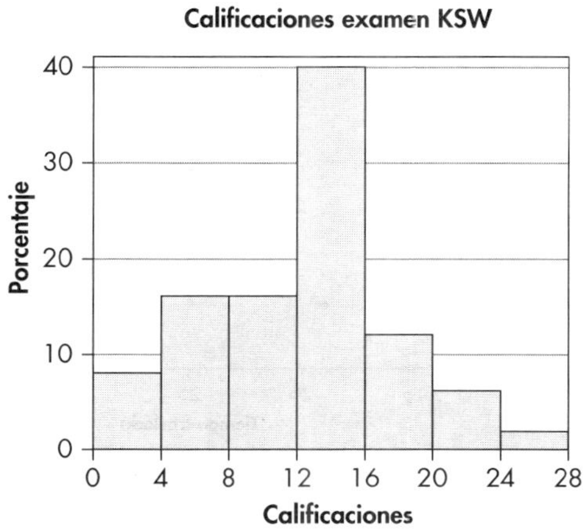

2.45 a. frec: 1, 14, 22, 8, 5, 3, 2

b. 6

c. 27; 24; 30

d.

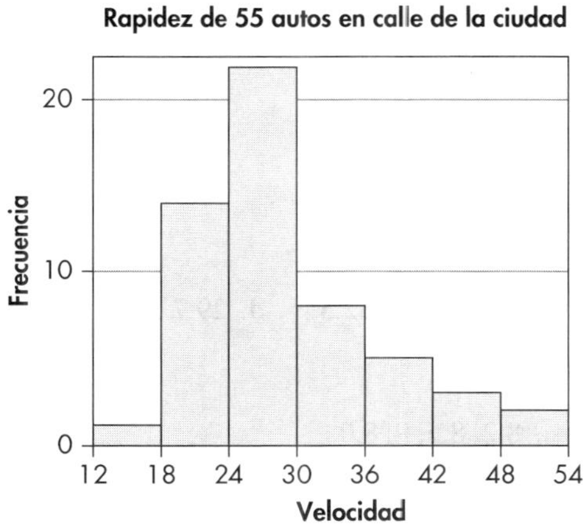

2.47 a.

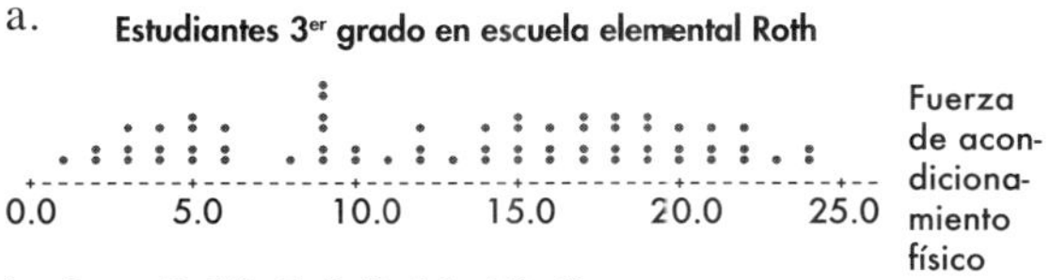

b. frec: 6, 10, 7, 6, 8, 11, 10, 6

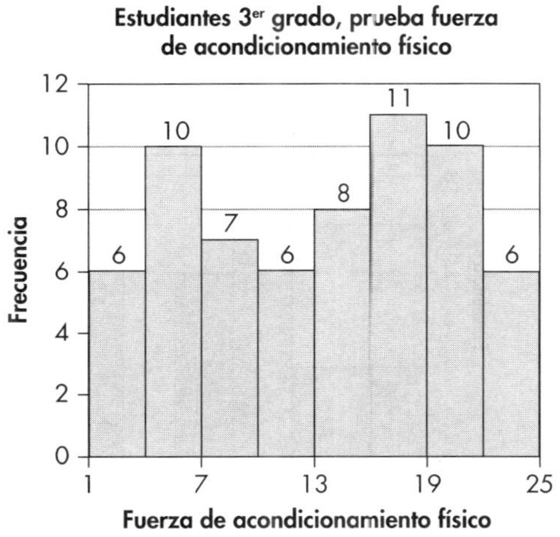

c. frec: 3, 10, 4, 9, 7, 11, 11, 7, 2

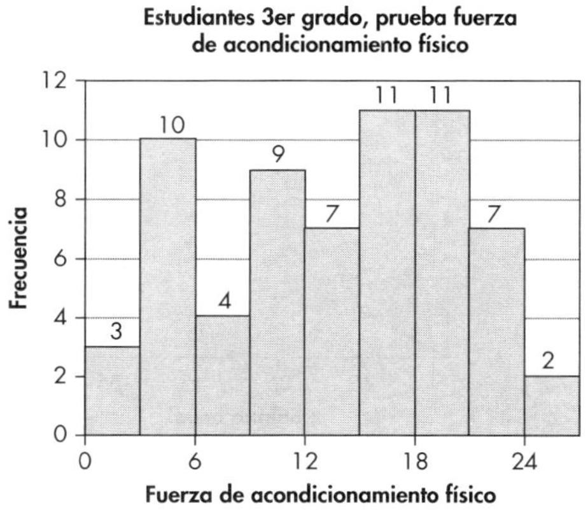

d. frec: 3, 13, 13, 15, 17, 3

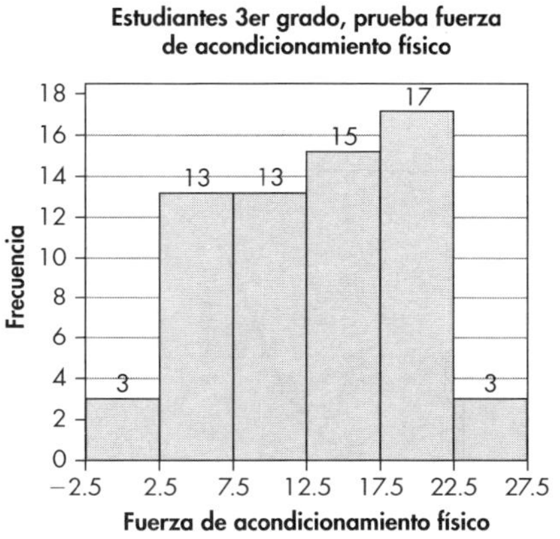

f. b y c, bimodal; d, sesgada izquierda; los diagramas de puntos muestran que la moda es 9; el histograma muestra dos clases modales en 4-7 y 16-22; la moda no está en ninguna clase modal

2.49 a. 1, 9, 10, 12, 4

b. 1

c. 4.5, 5.5, 6.5, 7.5, 8.5,

d.

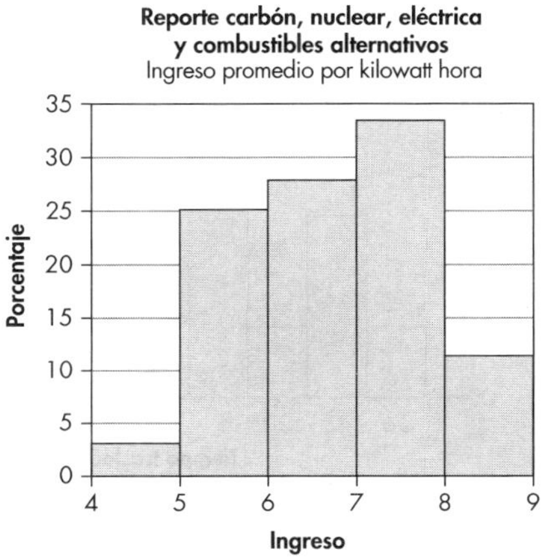

2.53 a. Frec. acumulada: 12, 49, 75, 94, 100

c.

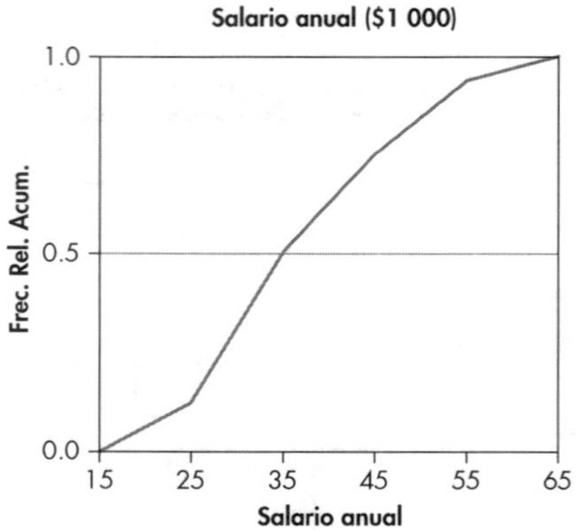

d. $45 000

e. $45 000; son iguales, sólo se pregunta de manera diferente

2.55 a. Frec. Rel. Acum.: 0.08, 0.24, 0.40, 0.80, 0.92, 0.98, 1.00

b.

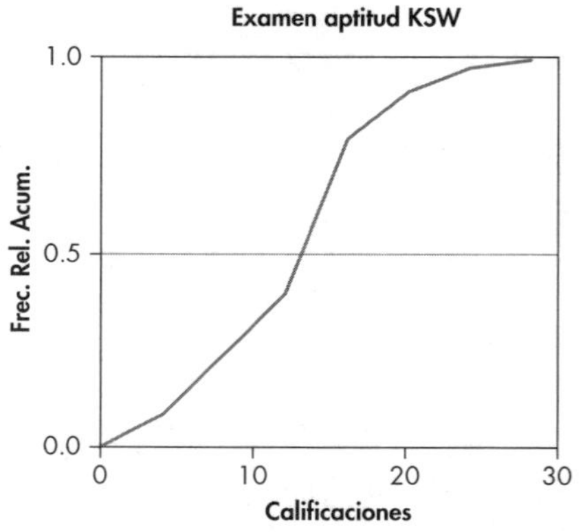

c. ≈75–80%

2.57 a. Frec.: 2, 6, 2, 11, 13, 9, 4, 2, 2

b. Frec. Rel.: 0.039, 0.118, 0.039, 0.216, 0.255, 0.176, 0.078, 0.039, 0.039

c.

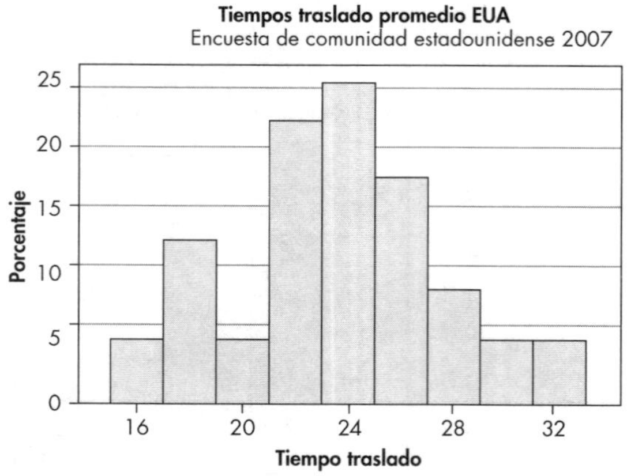

d. Frec. Rel. Acum.: 0.039, 0.157, 0.196, 0.412, 0.667, 0.843, 0.921, 0.960, 0.999

e.

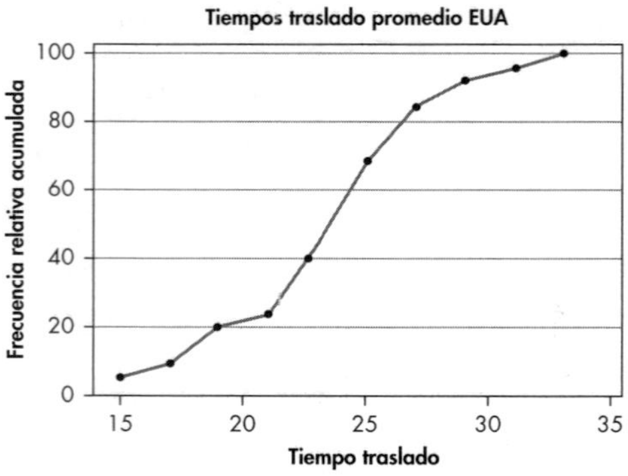

f. ≈25 minutos, aproximadamente 70% de los tiempos de traslado promedio son de menos de 25 minutos

2.59 Una variable cuantitativa resulta en números para los cuales la aritmética es significativa; para una variable cualitativa, no.

2.61 $102.07

2.63 a. 157.5 b. 94.5

2.65 $635

2.67 3°; 73

2.69 a. 36.7 b. 32.5 d. 29.7, 30 e. media

2.71 2

2.73 a. 8.2; 8.5; 9; 8.0

2.75 a. 6.0 b. 3.5°; 6.5 c. 7 d. 5.5

2.77 a. 32.2 b. 5.5°; 30 c. 34.5 d. 21

2.79 a.

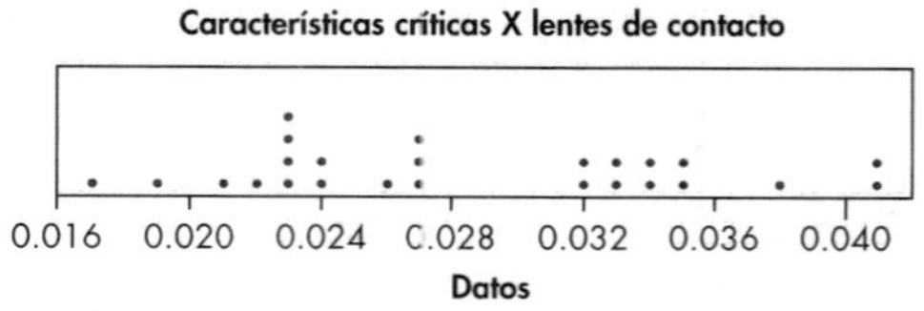

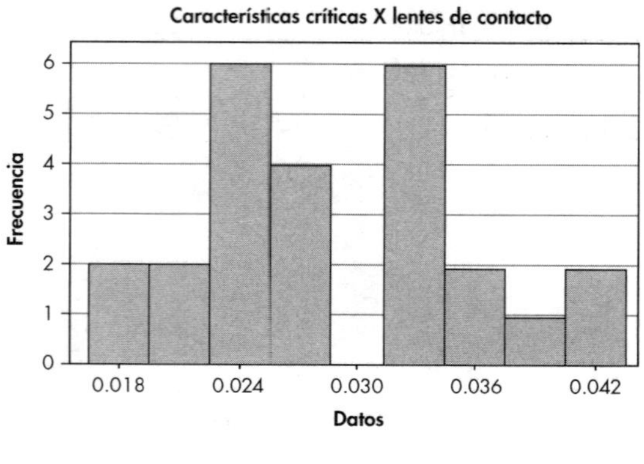

b. 0.0286 c. 13°, 0.027 d. 0.029
e. 0.023 f. bimodal

2.81 a.

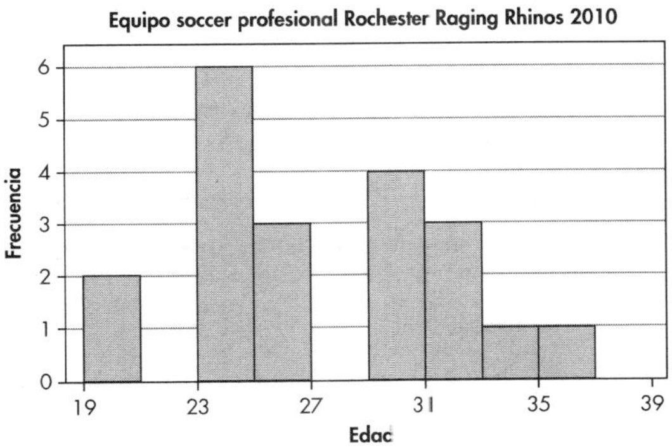

b. sesgado derecha
d. 27.05, 25.5
e. mediana, media jalada por pocos valores altos

2.83 a.

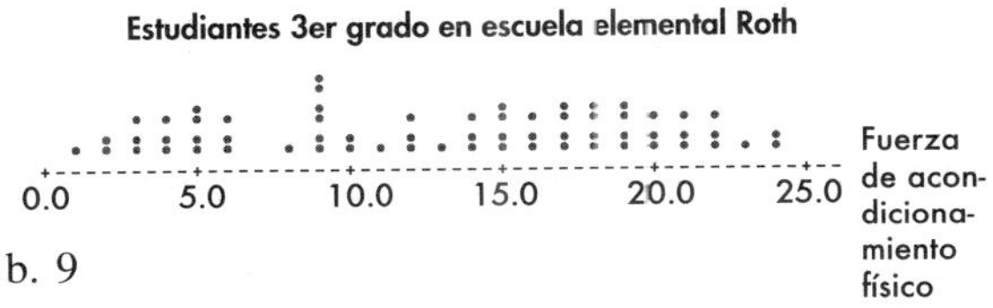

b. 9

c.

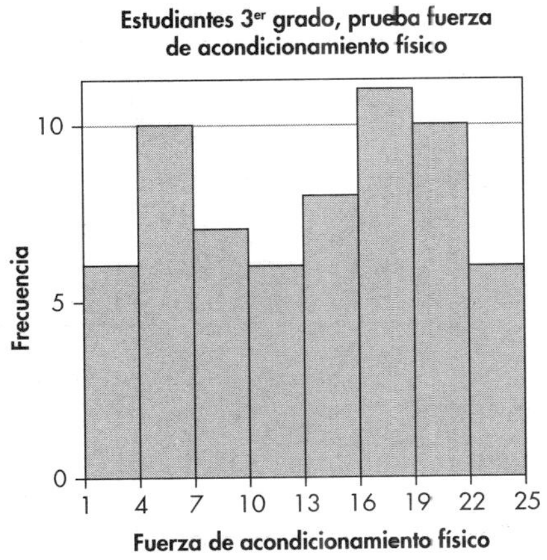

d. parece bimodal; 4–7, 16–19.
f. No
g. La moda es el único valor de datos; clase modal, grupo de valores de datos

2.85 a. y b.

	Carreras casa	Carreras gira
Media	4.775	4.527
Mediana	4.735	4.625
Máximo	5.99	5.14
Mínimo	3.57	4.00
Rango medio	4.78	4.57

c. los equipos anotan más carreras en casa

2.87 c. poca diferencia, más conductores varones, más conductores mujeres

d.

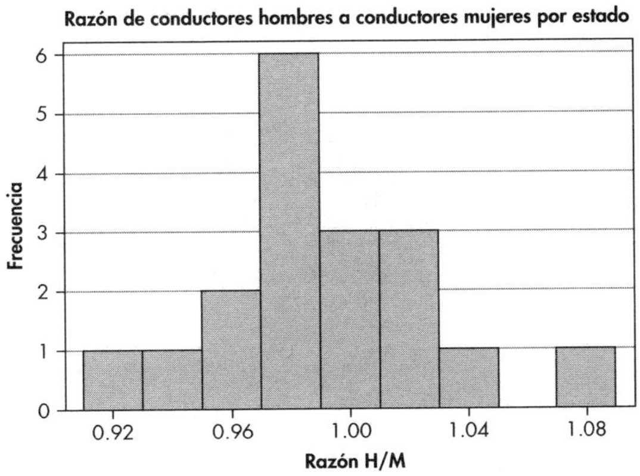

e. amontonada
f. 0.990

2.89 a. dos diferentes variables
b. \$5 273.00
c. 12.85%
d. Todo lo que se proporciona son valores mínimo y máximo, rango medio.

2.93 a. \$4 982 b. 7.5%

2.95 $\Sigma(x - \bar{x}) = \Sigma x - n\bar{x} = \Sigma x - n \cdot (\Sigma x/n) = \Sigma x - \Sigma x = 0$

2.97 a. $\Sigma x/n = 25/5; \Sigma(x - \bar{x})^2 = 46; 11.5$
b. $\Sigma x^2 = 171; 11.5$
c. igual

2.99 a. 5
b. $n = 6, \Sigma x = 36, \Sigma(x - \bar{x})^2 = 16; 3.2$
c. 1.8

2.101 a. $\Sigma x/n = 104/15; \Sigma(x - \bar{x})^2 = 42.95; 3.1$
b. $\Sigma x^2 = 764; 3.1$
c. 1.8

2.103 a. $n = 6, \Sigma x = 37116, \Sigma x^2 = 229710344; 22153.6$
b. $n = 6, \Sigma x = 1116, \Sigma x^2 = 318344; 22153.6$

2.105 a.

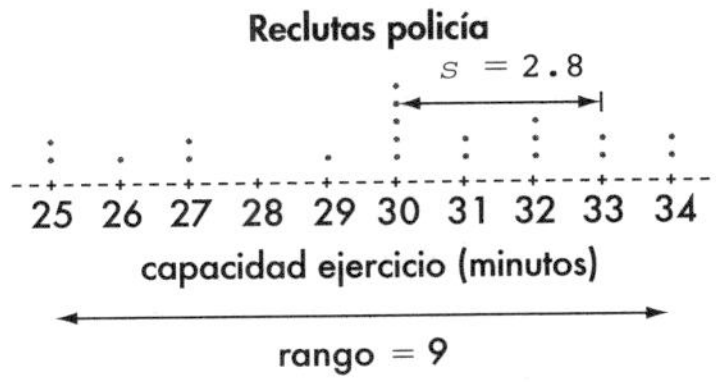

b. 30.05 c. 9
d. $\Sigma x^2 = 18209; 7.8$ e. 2.8
g. Excepto por el valor $x = 30$, la distribución parece rectangular.

2.107 a.

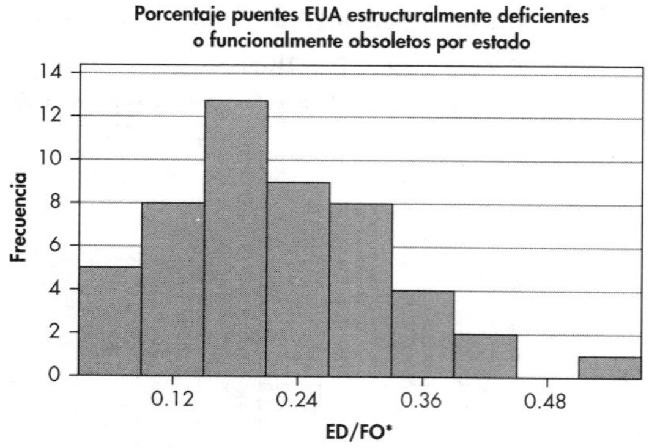

b. sesgada derecha c. 0.2176 d. 0.20
e. 0.52 f. 0.1038

2.109 conjunto 1: 0, 54, 9
conjunto 2: 0, 668, 35

2.111 incorrecto; la desviación estándar nunca es negativa; error en cálculo o error tipográfico

2.115 a. 44ª posición desde valor Bajo;
7ª posición desde valor Alto
b. 10.5°; $P_{20} = 64$;
18°; $P_{35} = 70$
c. 10.5° desde H; $P_{80} = 88.5$;
3° desde H; $P_{95} = 95$

2.117 a.

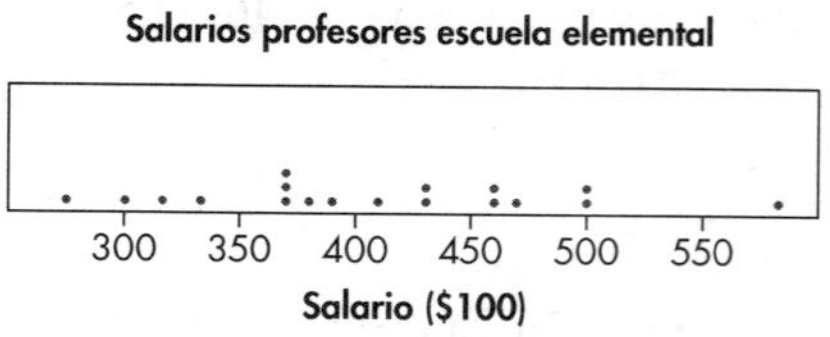

b. 2° desde L, 17° desde H
c. 5°, $36 700
d. 14°, $45 800

2.119 a. 3.8; 5.6
b. 4.7
c. 3.5°, 3.5; 7°, 4.0; 18.5°, 6.9

2.121

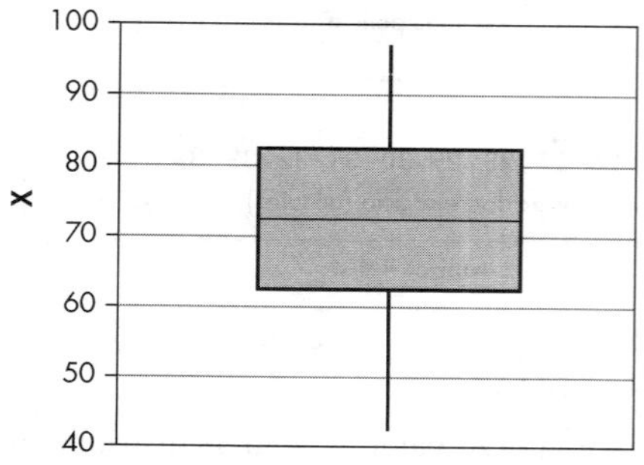

2.123 a.

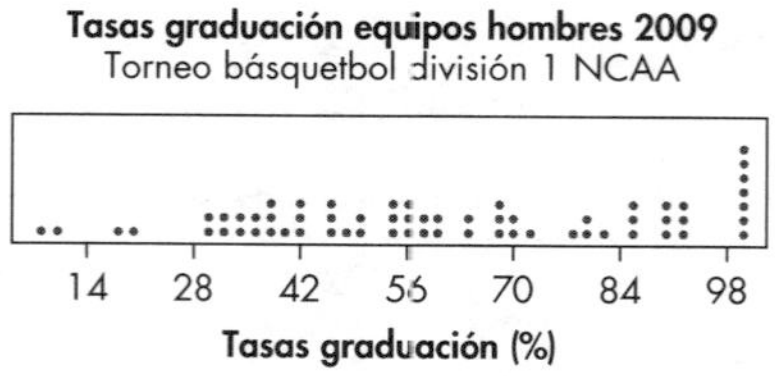

b.

```
Stem-and-Leaf Display: Graduation Rate, %
Stem-and-leaf of Graduation Rate, %
N = 63
Leaf Unit = 1.0

   1    0   8
   3    1   07
   5    2   09
  15    3   0113466788
  23    4   01225667
 (10)   5   0033355677
  30    6   00347779
  22    7   017
  19    8   002666999
  10    9   122
   7   10   0000000
```

c. resumen 5 números: 8, 40, 57, 86, 100

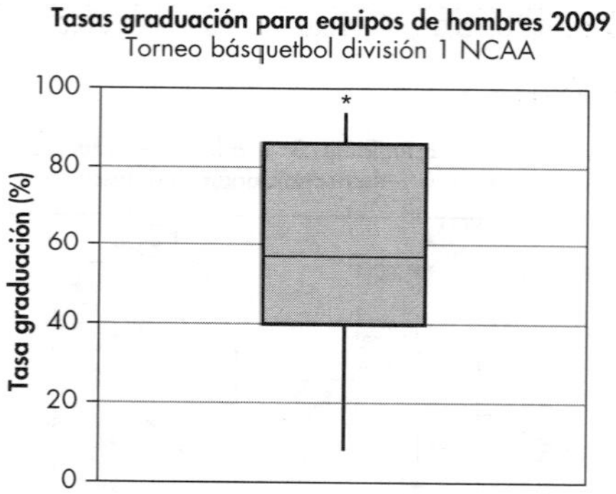

d. 20, 100
e. Ligeramente sesgada izquierda

2.125 a.

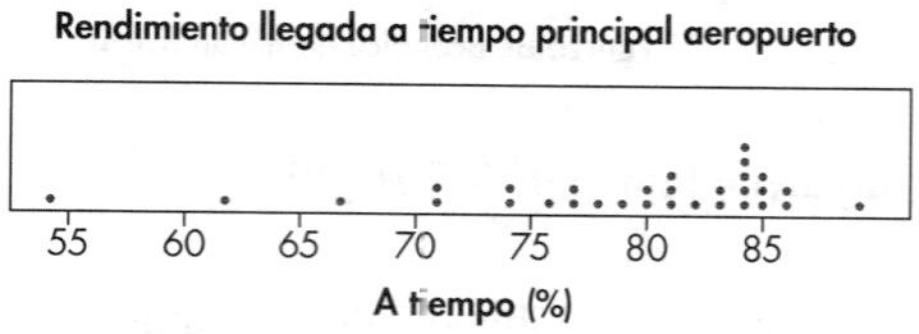

b.

```
Stem-and-leaf of On-Time, % N = 31
Leaf Unit = 1.0

   1   5   3
   1   5
   2   6   2
   3   6   6
   7   7   0144
  12   7   67779
 (16)  8   0011112333333444
   3   8   668
```

c. 53.5, 76.2, 81.3, 83.9, 88.2

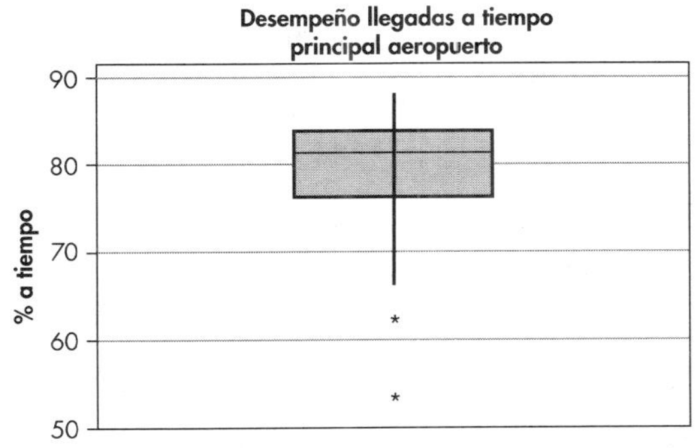

d. 70.7, 74.4
f. sólo los más bajos son pobres
g. sí, aquellos con los porcentajes más bajos

2.127 simétrica

2.129 1.67, −0.75

2.131 a. −1.76 b. −0.54 c. 0.42 d. 1.63

2.133 a. 120 b. 144.0 c. 92.0 d. 161.0

2.135 b. 0.03, 0.14, 0.20, 0.30, 0.55

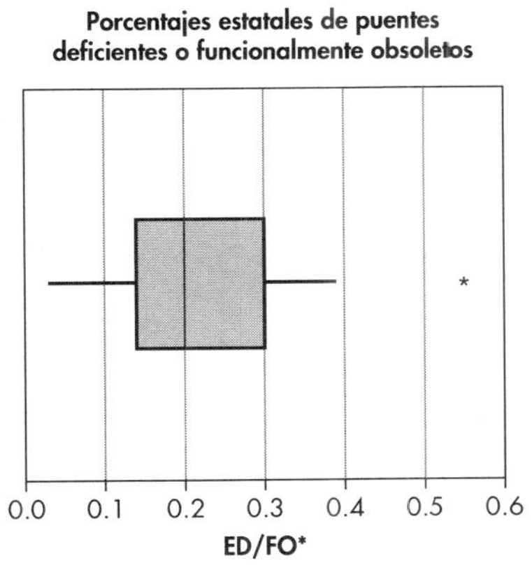

c. 0.22; 0.16
d. −0.75, 1.66, −1.42, 0.22, 3.20

2.137 1.625, 1.2; A

2.139 de 175 a 225 palabras, inclusive.

2.141 Casi todos los datos, 99.7%, yace dentro de 3 desviaciones estándar de la media

2.143 a. 2.5% b. 70.4 a 97.6 horas

2.145 a. 50% b. 0.16 c. 0.84 d. 0.815

2.147 a. al menos 75% b. al menos 89%

2.149 a. cuando mucho 11% b. cuando mucho 6.25%

2.151 a. al menos 75% b. aproximadamente 95%

2.153 a.

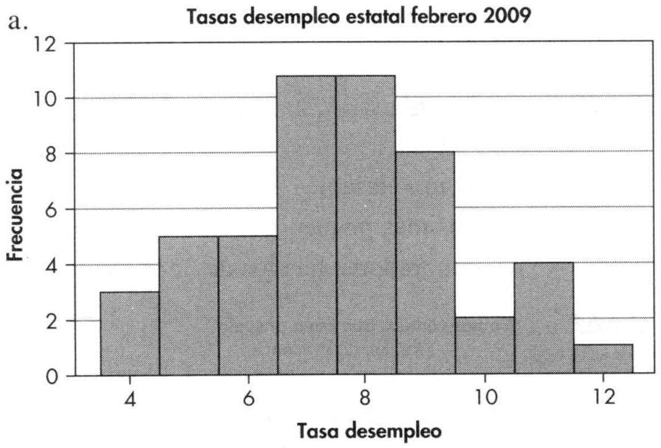

c. 7.649, 1.969
d. 5.68 a 9.618, 3.711 a 11.587, 1.742 a 13.556; 66.7%, 98.0%, 100%

2.155 a.

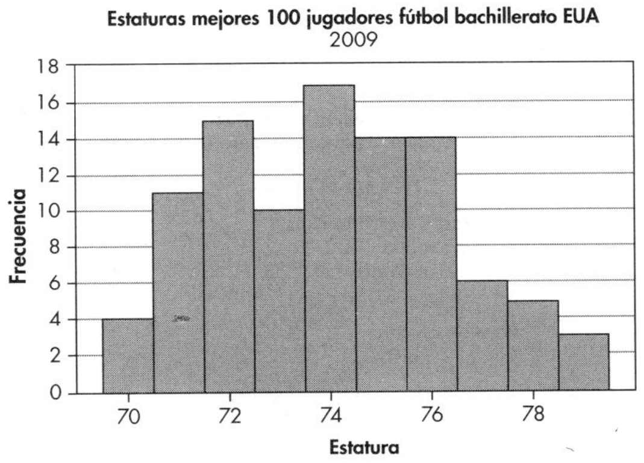

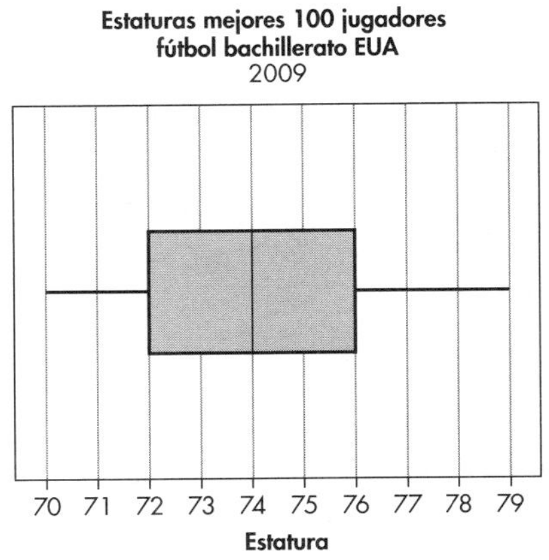

b. 74.09, 2.292

d. 71.798 a 76.382, 70%; 69.506 a 78.674, 97%; 67.214 a 80.966, 100%

e. 70%, 97% y 100% están de acuerdo

f. 97% y 100% satisfacen el teorema

2.159 a. gráfica de barras; la edad de una persona se usa para identificar el grupo etáreo; la edad no se usa como variable

b. Grupos más pequeños. 18-19 son diferentes tipos de compradores que los de 35-39 años de edad.

2.167 a.

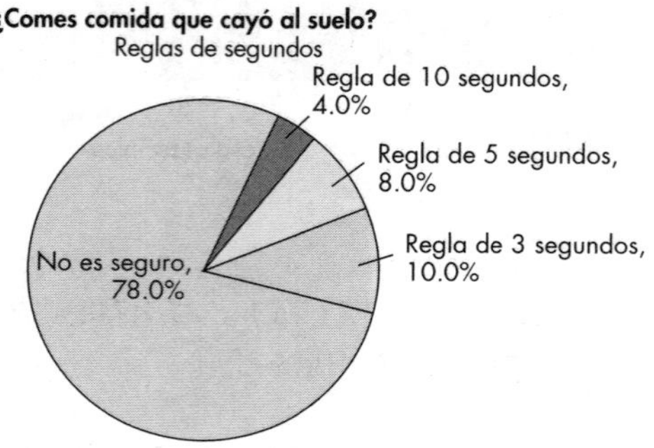

b. 12, 24, 30, 234

2.169 a.

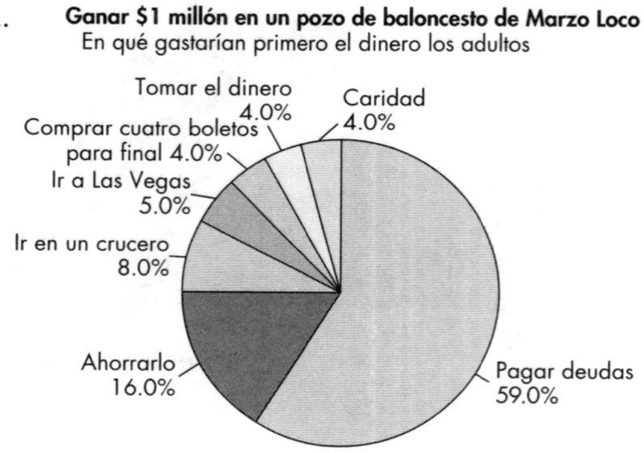

2.171 a.

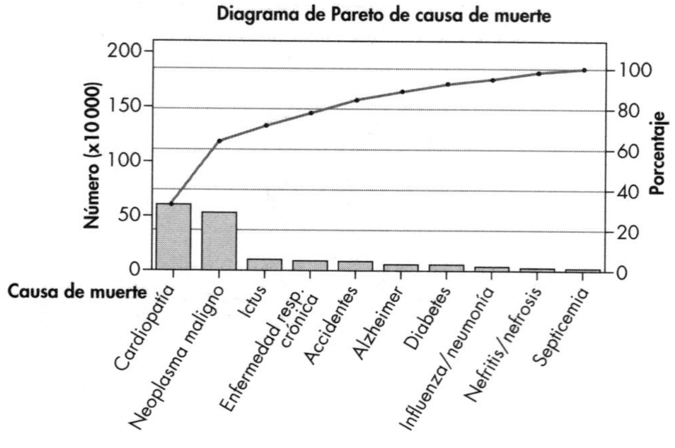

Número (x10 000)	63.2	56.0	13.7	12.5	7.2	7.2	5.6	4.5	4.1	3.4
Porcentaje	34.1	30.2	7.4	6.7	3.9	3.9	3.0	2.4	2.2	1.8
% Acum.	34.1	64.3	71.6	78.4	88.8	92.7	95.7	98.2	98.2	100.0

2.173 a. numérica b. atributo c. numérica d. atributo e. numérica

2.175 a, d, e, f y g aumentan; b y c no cambian

2.177 $n = 8$, $\Sigma x = 36.5$, $\Sigma x^2 = 179.11$

a. 4.56 b. 1.34 c. muy cerca de 4%

2.179 $n = 118$, $\Sigma x = 2\,364$

a. 20.0 b. 59.5°, 17 c. 16

d. 30°, 15; 89°, 21 e. 12°, 14; 113°, 43

2.181 $n = 25$, $\Sigma x = 1\,997$, $\Sigma x^2 = 163\,205$; 79.9; 12.4

2.183 a. P: industria aerolínea comercial estadounidense; V: 3 están involucrados; *n*(reportes), *n*(pasajeros), *n*(reportes)/1000

b. datos, valores de variable

c. estadístico, promedio para un mes

d. No

2.185 a. 13.15 b. 13.85

c. 15.0 d. 12.95

e. 5.7 f. 25.5°, 10.95; 75.5°, 14,9

g. 12.925 h. 35.5°, 12.05; 64.5°, 14.5

j.

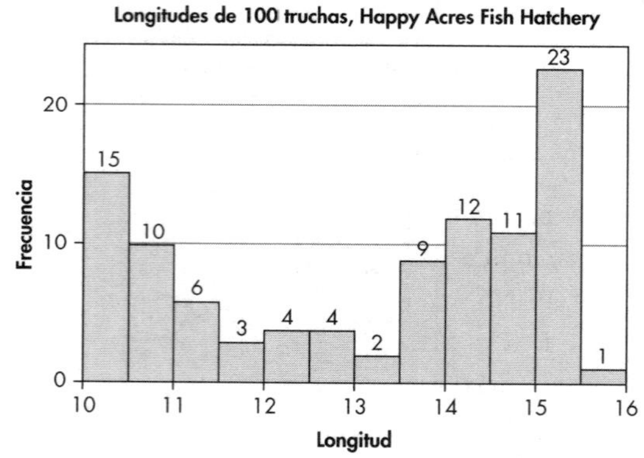

l.

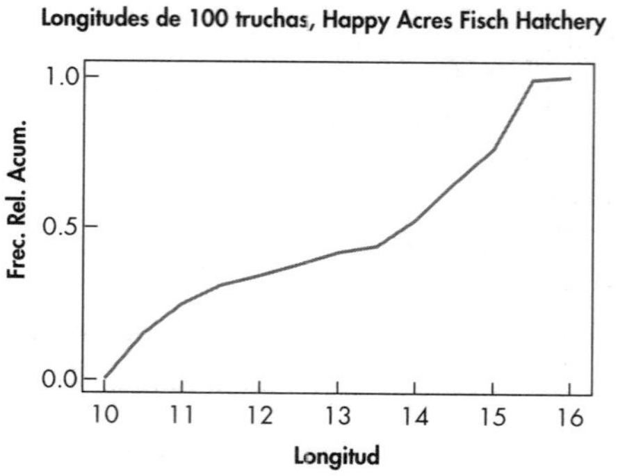

2.187 e. $n = 48$, $\Sigma x = 8\,503.88$; 177.2; 24.5°, 86.3; no moda; 539.425

f.

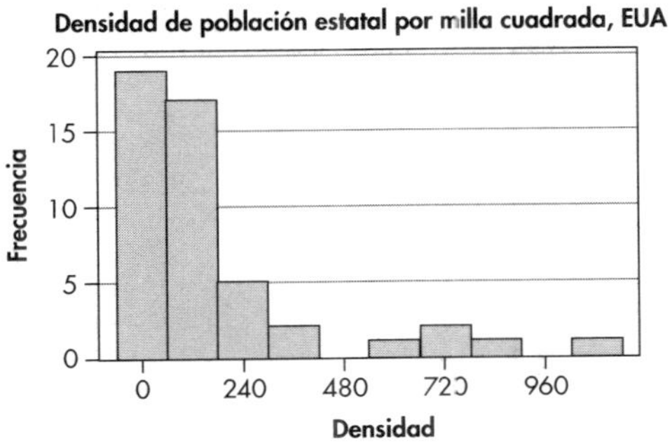

g. NJ, RI, MA, CT, MD; WY, MT, ND, SD, NM

2.189 a. Peso

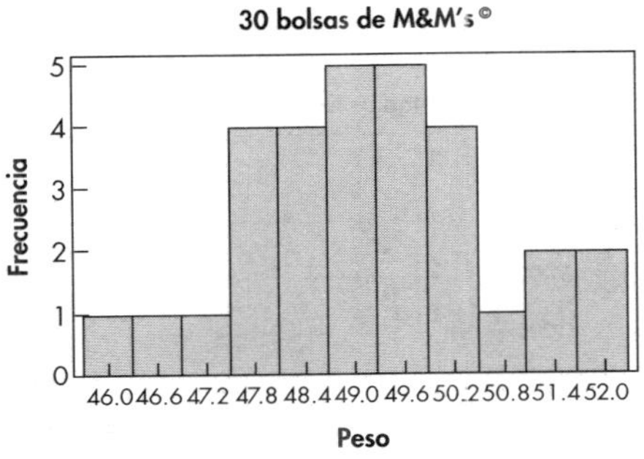

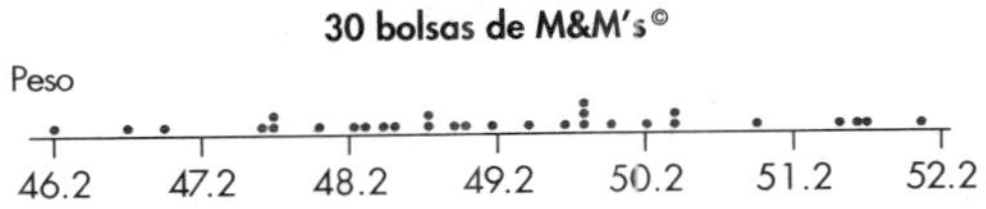

b. $\bar{x} = 49.215$, mediana $= 49.07$, $s = 1.522$, mín $= 46.22$, máx $= 52.06$

c. No

f. $\bar{x} = 57.1$, mediana $= 58$, $s = 2.383$, mín $= 50$, máx $= 61$

g. Una bolsa tiene "sólo 50" M&M en ella

2.191 a. ≈ -0.8 o -0.9 b. $\approx +1.6$ o $+1.7$

2.193 Valores z deben cambiar a percentiles; $P_{97}, P_{84}, P_{84}, P_{16}, P_{50}$

2.195 $x = 8$, $\Sigma x = 31\,825$, $\Sigma x^2 = 126\,894\,839$

a. 3 978.1 b. 203.9 c. 3 570.3 a 4 385.9

2.197 a.

```
Stem-and-leaf of Time (min) N = 50
Leaf Unit = 1.0

  2    1  89
  5    2  134
 12    2  5777889
 20    3  11122223
(14)   3  55555566888888
 16    4  03333
 11    4  566689
  5    5  01223
```

b. $n = 50$, $\Sigma x = 1\,810$, $\Sigma x^2 = 69\,518$; 36.2, 35, 35, 35, 35.5, 81.551, 9.03

c. 18, 31, 35, 43, 53

d. entre 18.14 y 54.26 minutos, 98%

e. 40 minutos

Capítulo 3

3.1 a. Sí b. Un poco

3.3 a.

	En el avión	Cuarto de hotel	Todo lo demás	Total marginal
Negocio	35.5%	9.5%	5.0%	50%
Descanso	25.0%	16.5%	8.5%	50%

b.

	En el avión	Cuarto de hotel	Todo lo demás	Total marginal
Negocio	71.0%	19.0%	10.0%	100%
Descanso	50.0%	33.0%	17.0%	100%

Negocios y el descanso son distribuciones separadas.

c.

	En el avión	Cuarto de hotel	Todo lo demás	Total marginal
Negocio	58.7%	36.5%	37.0%	50%
Descanso	41.3%	63.5%	63.0%	50%

Cada categoría es una distribución separada.

3.5 a. Adultos; Género; Edad les gustaría conservar el resto de su vida

b.

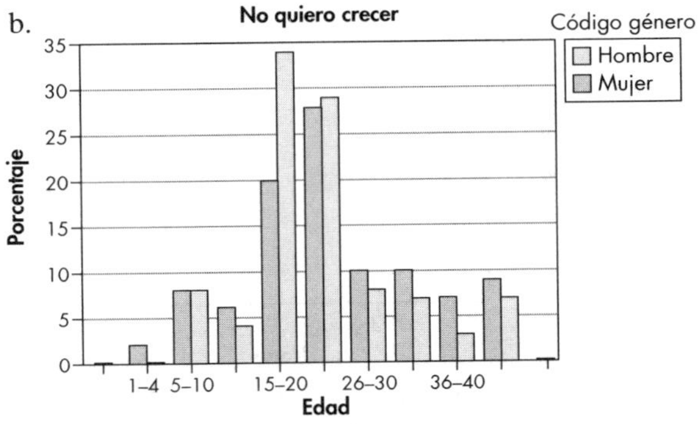

c. No

3.7 a. 3 350

b. Dos variables, afiliación política y red de televisión; ambas cualitativas

c. 880

d. 46.9%

e. 19.2%

f. 5.9%

3.9 Este: $\bar{x} = 9.438, \tilde{x} = 9.65$; Oeste: $\bar{x} = 9.287, \tilde{x} = 9.00$

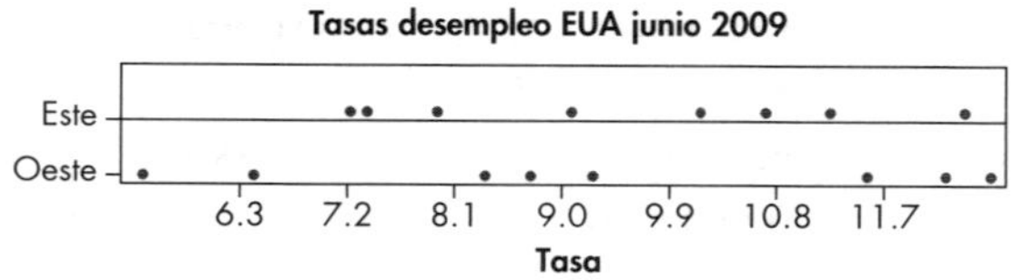

3.11 a.

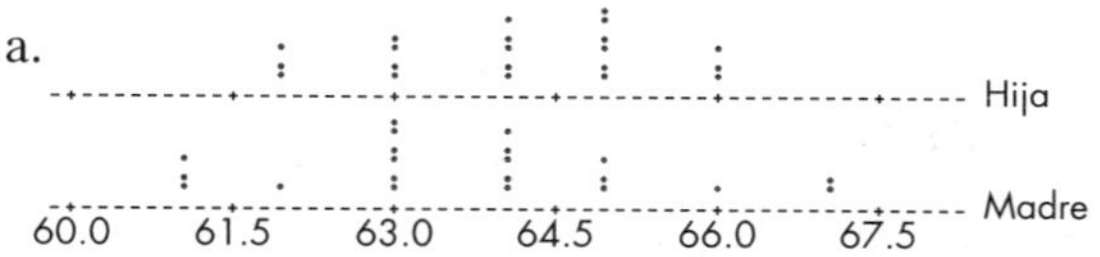

b. estaturas de madre más dispersas

c.

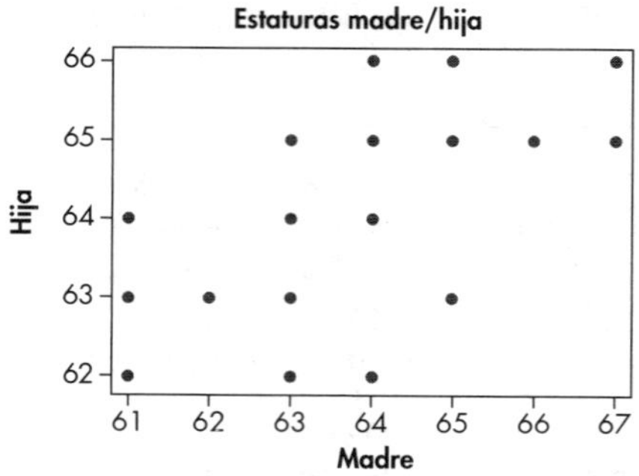

d. Conforme aumenta la estatura de la madre, aumenta la estatura de la hija.

3.13 estatura, con frecuencia se predice el peso

3.15 a.

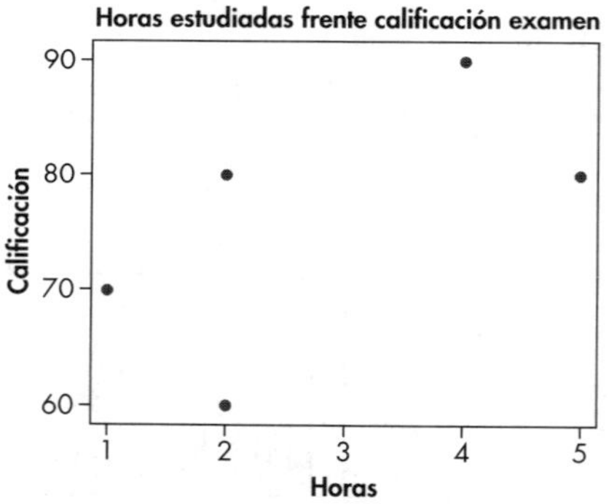

b. Conforme aumentan las horas de estudio, aumentan las calificaciones de examen

3.17 a. edad, estatura

b. Edad = 3 años, estatura = 87 cm

c. El crecimiento es arriba o abajo de lo normal.

3.19

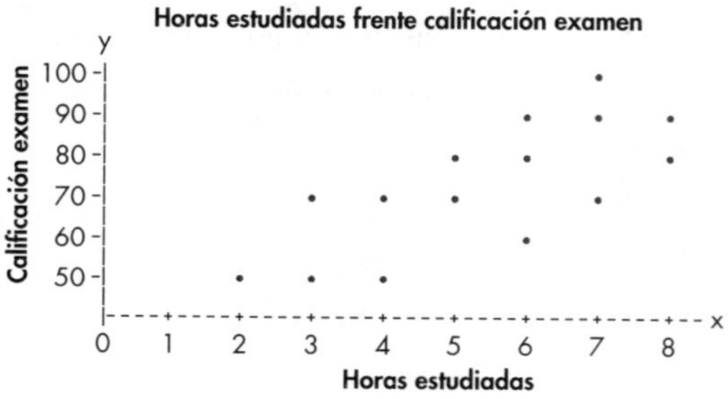

3.21 a. conforme aumenta la distancia, igual lo hace el tiempo de traslado

b.

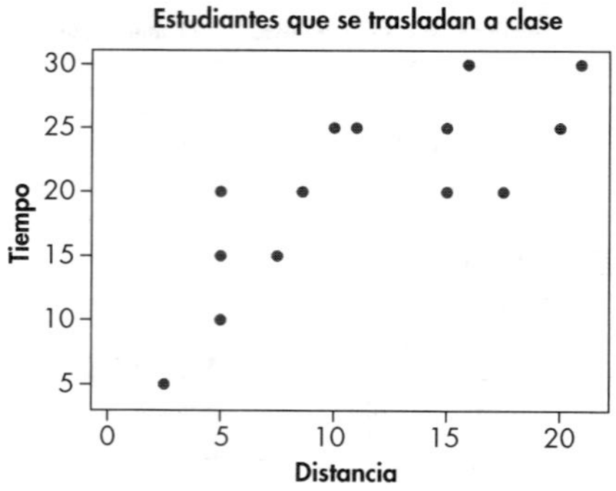

c. sí

3.23 a. relación débil

b.

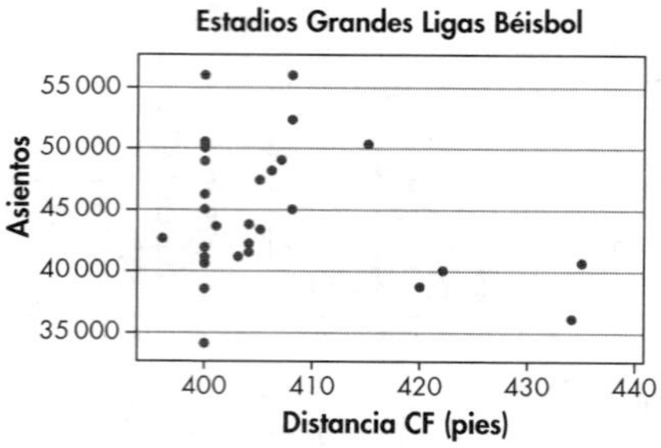

c. no relación

3.25 a.

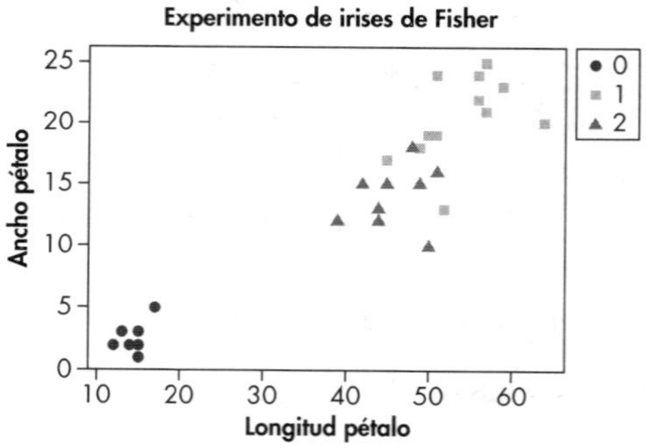

b.

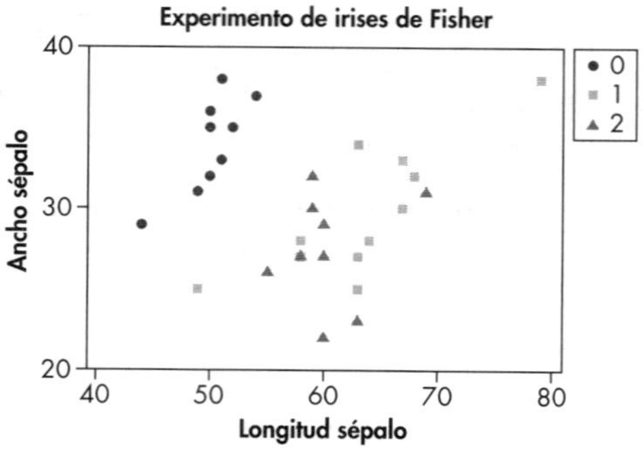

c. El tipo 0 muestra un patrón diferente de los tipos 1 y 2

d.

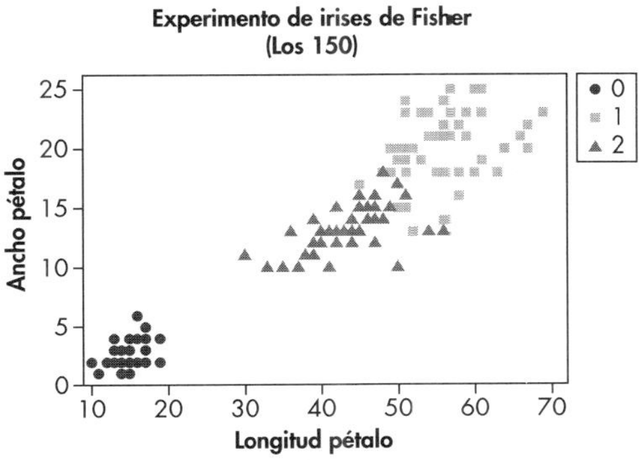

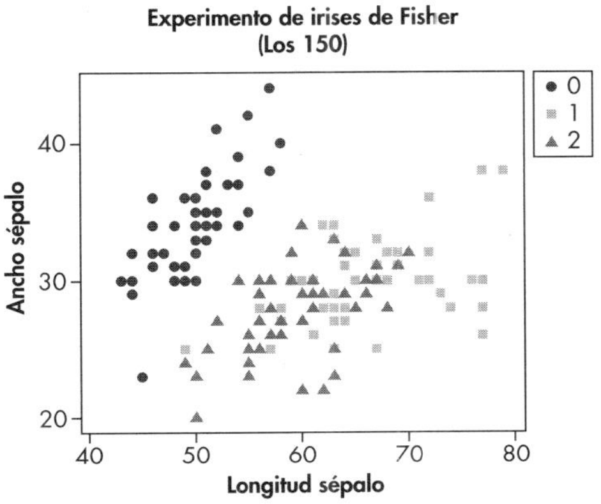

3.27 a. Se acerca más a una línea recta con una pendiente positiva;
b. Se acerca más a una línea recta con una pendiente negativa

3.29 muy poca o ninguna correlación lineal

3.31 a. $SS(x) = 10.8$; $SS(y) = 520$; $SS(xy) = 46$
b. 0.61

3.33 a.

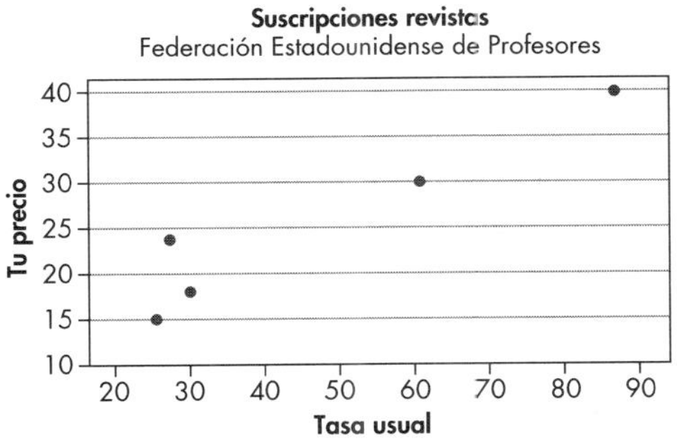

b. $SS(x) = 3028.718$
c. $SS(y) = 398.326$
d. $SS(xy) = 1043.237$
e. 0.95

3.35 a. Manatíes, botes de motor
b. Número de registros, muertes manatíes
c. Conforme uno aumenta, el otro también

3.37 a. cerca de 2/3 de 0.70
b. $SS(x) = 49.6$; $SS(y) = 35.333$; $SS(xy) = 31.0$; 0.74

3.39 a.

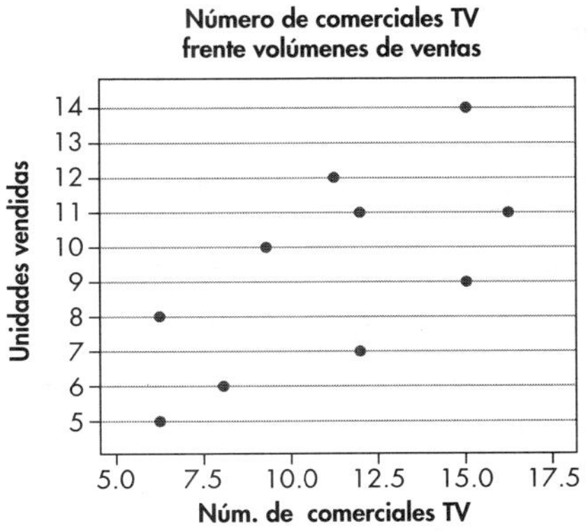

b. de 1/2 a 2/3
c. $SS(x) = 122$; $SS(y) = 72.10$; $SS(xy) = 62.0$; 0.66

3.41 positivo frente a negativo; cercano a línea recta, etcétera

3.43 a. 0.95 b. 1.00 d. CO_2 duplicará

3.45 a.

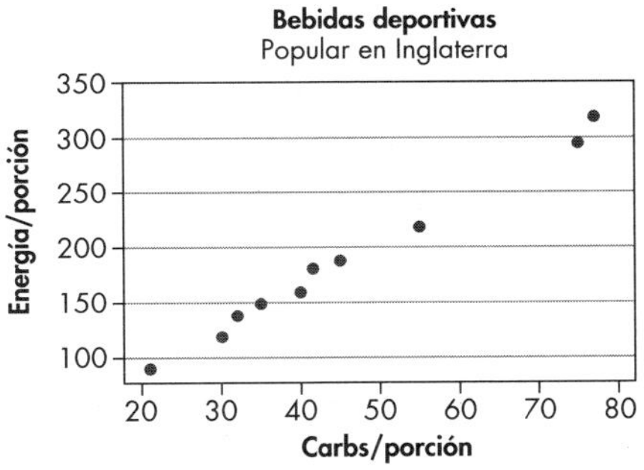

b. Sí
c. $SS(x) = 3125.511$; $SS(y) = 48505.6$; $SS(xy) = 12264.84$; $r = 0.996$
d. fuerte correlación positiva
e.

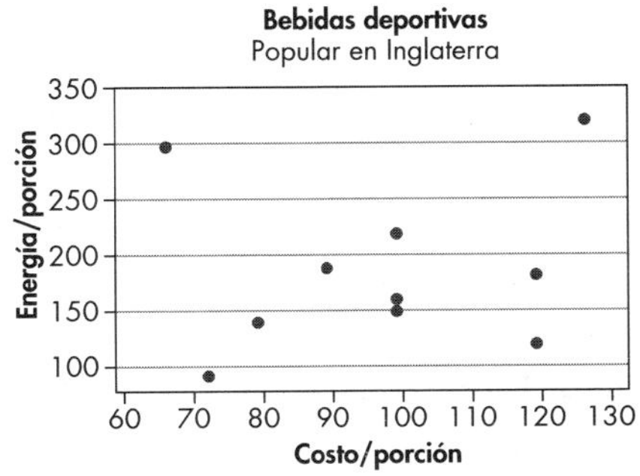

no relación lineal
$SS(x) = 3794.1$; $SS(y) = 48505.6$; $SS(xy) = 2044.4$; $r = 0.15$; poca o ninguna correlación

3.47 a.

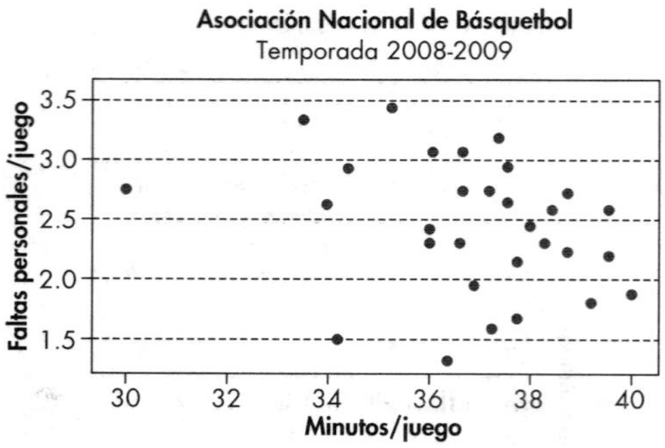

b. ni hacia arriba ni hacia abajo; patrón; (29.8, 2.78) de los Knicks está en una categoría baja por sí misma

c. −0.261

d. Sí

3.49 No, ambos aumentan durante los meses de clima más cálido

3.51

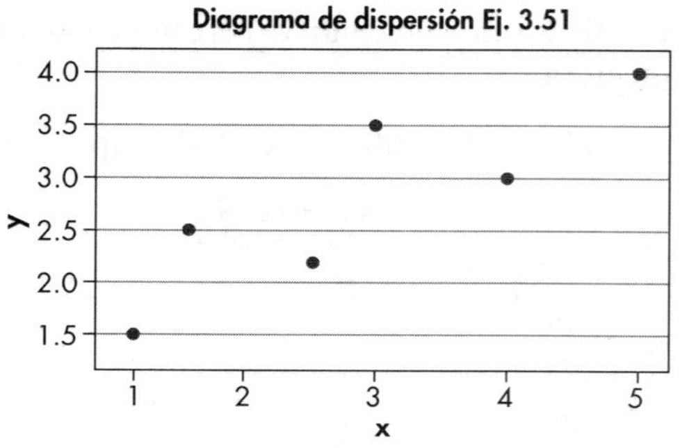

Sí

3.53 a.

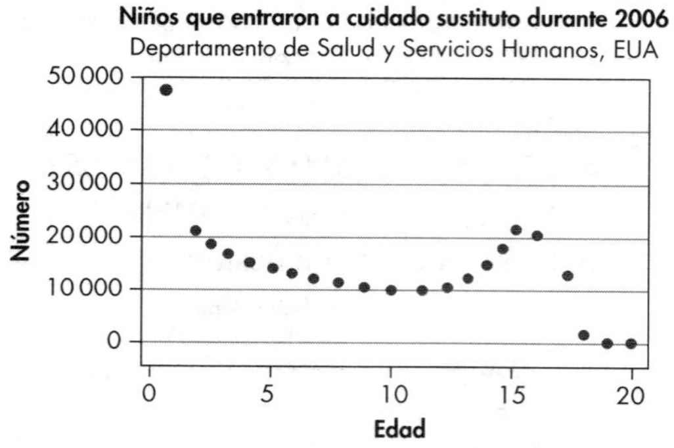

b. El número de niños que entró a cuidado sustituto aumenta conforme se aproxima a los años de adolescencia.

c. Parece haber poca o ninguna correlación lineal.

d. no

e. entre las edades de 1 y 10, 11 y 15, 16 y 18

3.55 a. $SS(x) = 10.8$; $SS(xy) = 46$; $\hat{y} = 64.1 + 4.26x$

b.

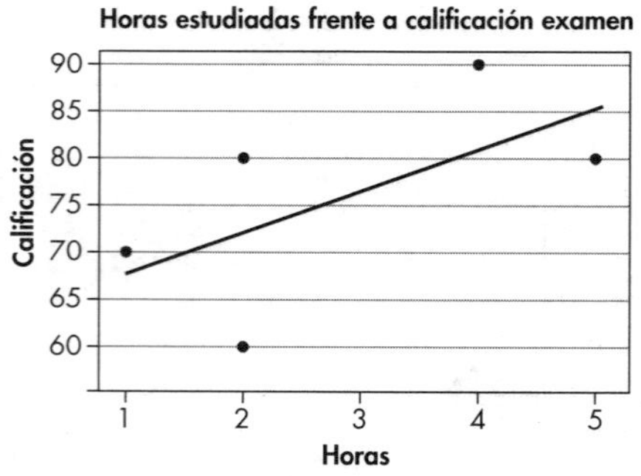

c. Sí, conforme aumentan las horas estudiadas, aumenta la calificación del examen.

3.57 a. $\hat{y} = 28.1$; $\hat{y} = 47.9$ b. sí

3.59 a.

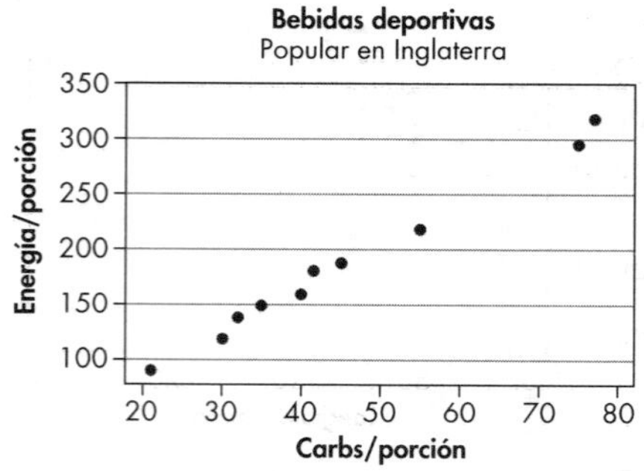

lineal

b. $SS(x) = 3\,125.511$; $SS(xy) = 12\,264.84$; $\hat{y} = 9.55 + 3.924x$

c. 166.51

d. 264.61

3.61 a. costo cuando no se hacen llamadas de larga distancia

b. $1.28 es el aumento para cada llamada adicional de larga distancia.

3.63 a. Para cada aumento en estatura de una pulgada, el peso aumenta en 4.71 libras

b. La escala para el eje y comienza en $y = 95$ y la escala para el eje x comienza en $x = 60$.

3.65 6.81 o $68 100

3.67 a. $492 411 000

b. $990 241 000

c. $1 488 041 000

3.69 La escala vertical está en $x = 58$ y no es el eje y.

3.71 a. Los datos yacerían en una línea recta con pendiente 1.618.

b. Los datos estarían dispersos alrededor, mas en general seguirían una trayectoria recta con pendiente 1.618.

3.75 a.

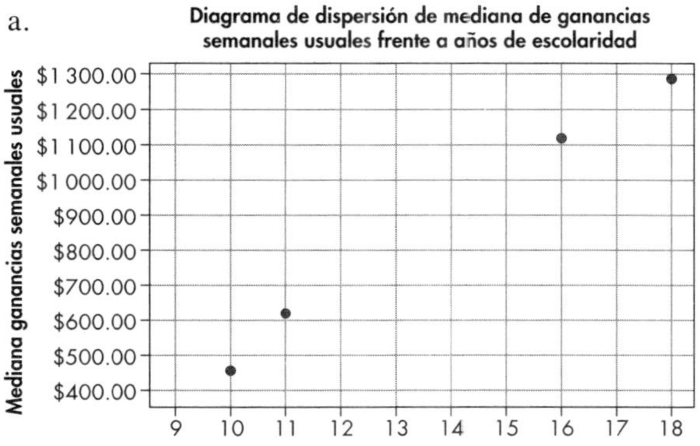

b. Sí, conforme aumentan los años de escolaridad, también lo hace la mediana de las ganancias semanales.

c. 0.997

d. sí

e. $\hat{y} = -647.25 + 108.25x$

f. Por cada año adicional de escolaridad, la mediana de los ingresos semanales aumenta $108.25.

h. −647.25, 0 años de escolaridad no está en el rango de datos

3.77 a. cantidades crecientes

b.

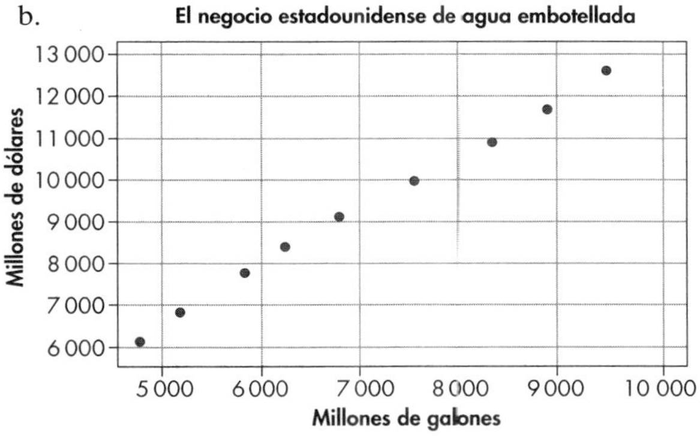

c. sí

d. $\hat{y} = 42.8 + 1.33x$ (Millones de $ = 43 + 1.33 millones de galones)

e. Un aumento de $1.33 millones de dólares por cada millón de galones adicionales de agua embotellada vendido

3.79 a.

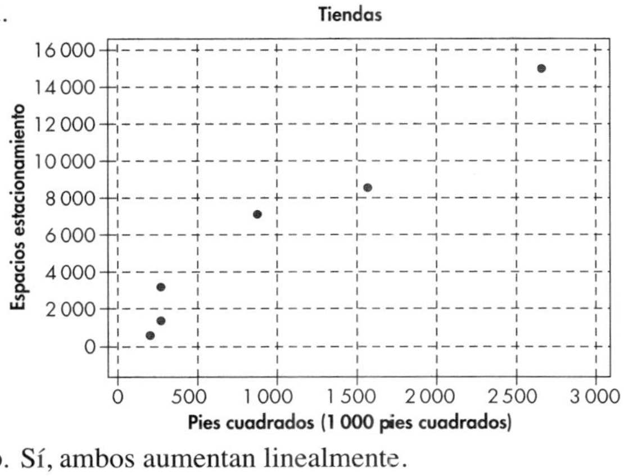

b. Sí, ambos aumentan linealmente.

c. $\hat{y} = 801 + 5.28x$

d.

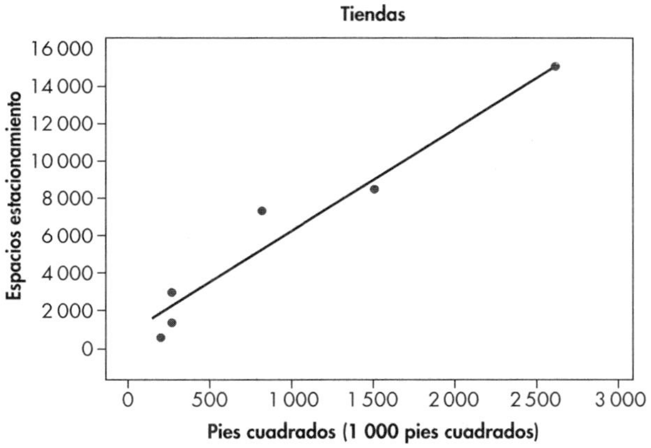

Conforme aumenta el tamaño de la tienda, también lo hace el número de espacios de estacionamiento.

e. tipo de tienda (por ejemplo, gran tienda de muebles; gran área, pero requiere menos estacionamiento)

f.

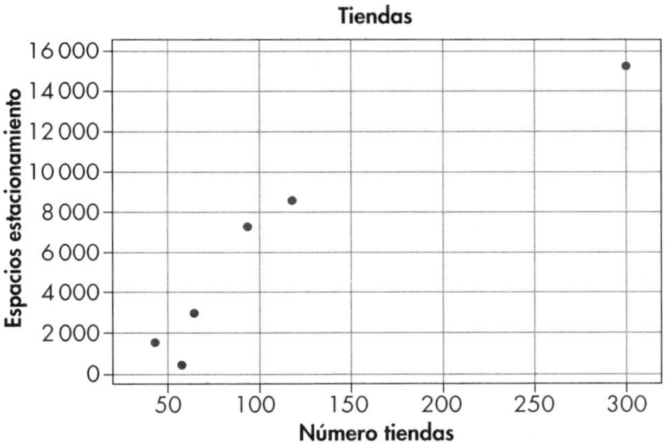

g. Sí, ambos aumentan.

h. $\hat{y} = -23 + 53.13x$

i.

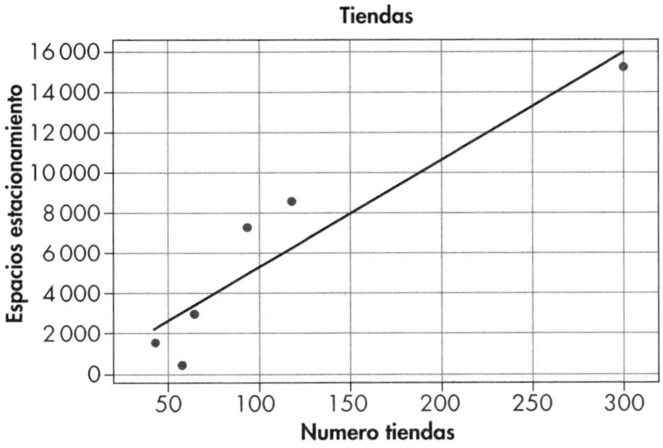

j. tipo de tienda

k.

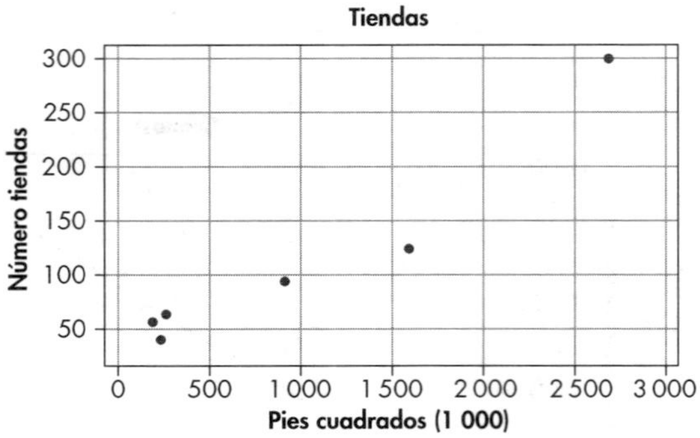

l. Sí, ambos aumentan.

m. $\hat{y} = 23.50 + 0.09x$

n.

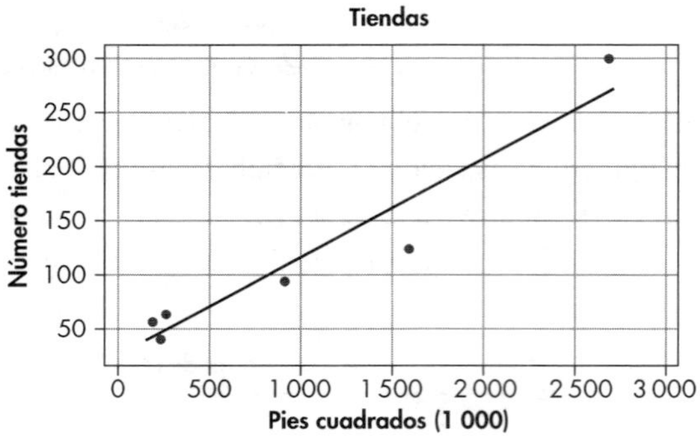

3.83 a. miedo: 138; no miedo: 362

b.	Sec.	Bach.	Bach.	Univ.	Adulto
Miedo	7.4%	5.6%	5.0%	5.4%	4.2%
No miedo	12.6%	14.4%	15.0%	14.6%	15.8%

d.	Sec.	Bach.	Bach.	Univ.	Adulto
Miedo	26.8%	20.3%	18.1%	19.6%	15.2%
No miedo	17.4%	19.9%	20.7%	20.2%	21.8%

e.

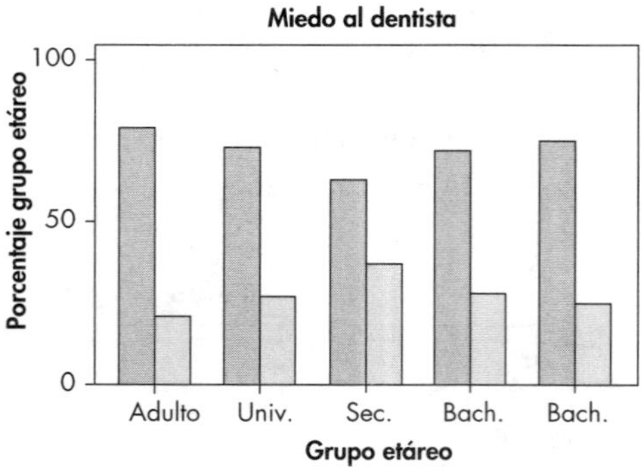

3.89 a. determina si linealmente relacionado; el resultado es r

b. determina la ecuación de la recta de mejor ajuste; el resultado es la ecuación

3.91 a.

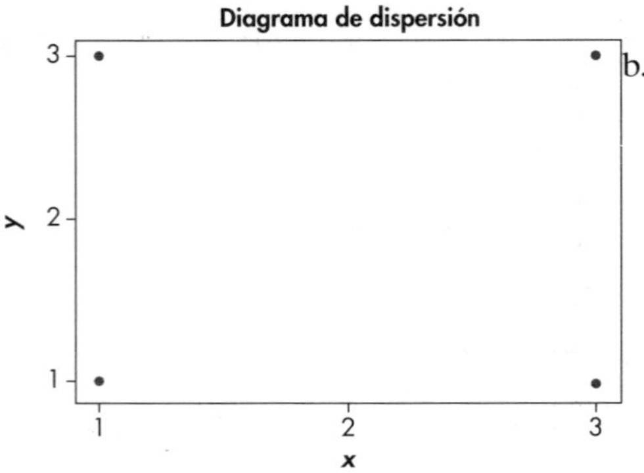

b. $SS(x) = 4.0; SS(y) = 4.0; SS(xy) = 0.0; r = 0.00$

c. $\hat{y} = 2.0 + 0.0x$

3.95 a.

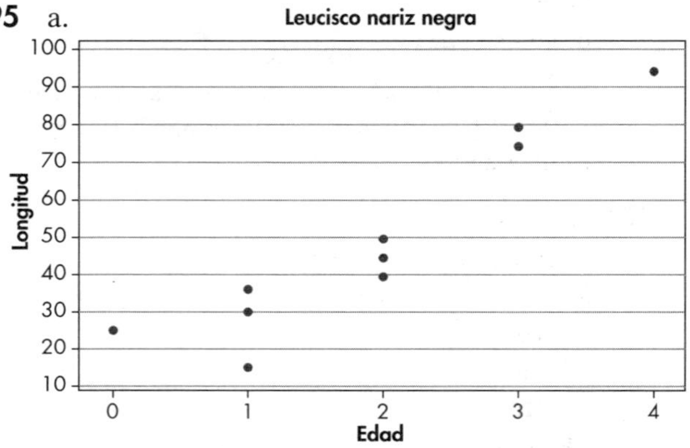

b. $SS(x) = 12.9; SS(y) = 6\,112.9; SS(xy) = 263.1;$ 0.937

c. $\hat{y} = 10.34 + 20.40x$

3.97 a.

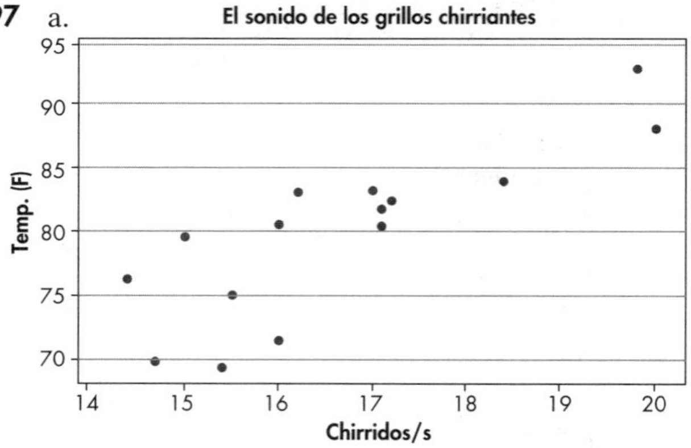

b. fuerte linealmente, creciente

c. $SS(x) = 40.5573; SS(xy) = 133.508;$ $\hat{y} = 25.2 + 3.29x$

d. 71°F, 91°F

e. Rango de temperaturas de 70 a 90 ºF en las noches de verano.

3.99 a.

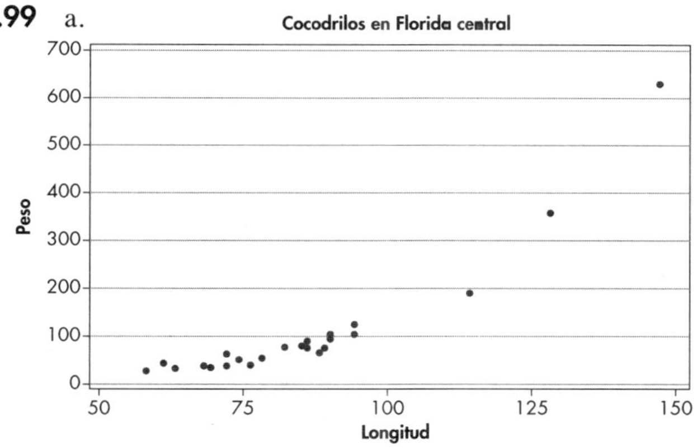

b. sí

c. no

d. no una línea recta

e. $SS(x) = 9\,826.96$; $SS(y) = 409\,446$; $SS(xy) = 58\,002.2$; $r = 0.914$

f. muy alargada

3.101 a. Los valores de la ciudad de Nueva York son aproximadamente 4 veces más grandes.

c.

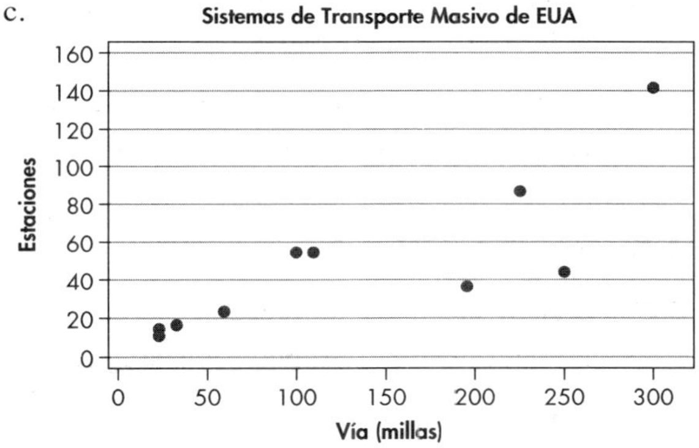

d. lineal para la mayor parte

e. $\hat{y} = 4.2 + 0.335x$

f. cada 10 millas, aproximadamente 3 estaciones

g.

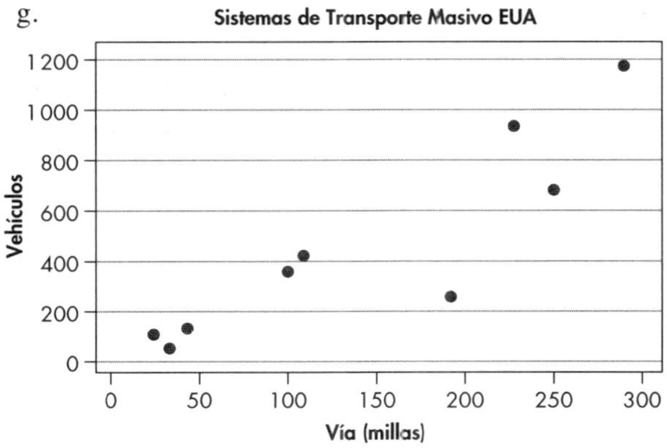

h. lineal para la mayor parte

i. $\hat{y} = -59 + 3.63x$

j. por cada milla de vía, aproximadamente 3 o 4 vehículos

k.

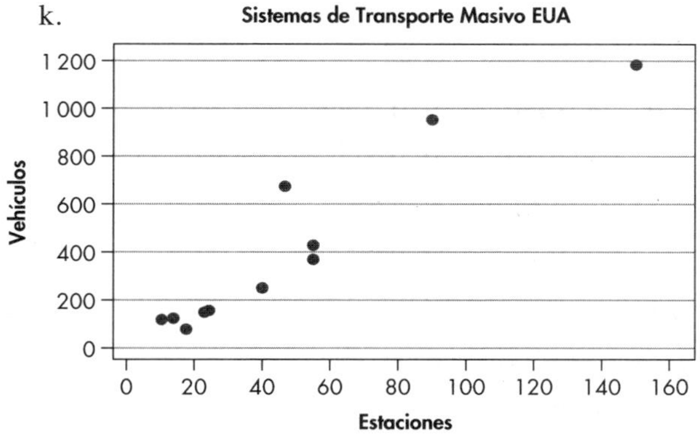

l. lineal para la mayor parte

m. $\hat{y} = -21.6 + 9.15x$

n. Por cada estación adicional, existe un aumento de 9 vehículos.

o. 21 estaciones, 122 a 123 vehículos

p. En varias millas, la ordenada al origen tendrá varios grados de efecto sobre las respuestas finales.

q. 38 estaciones, 304 vehículos

3.103 a.

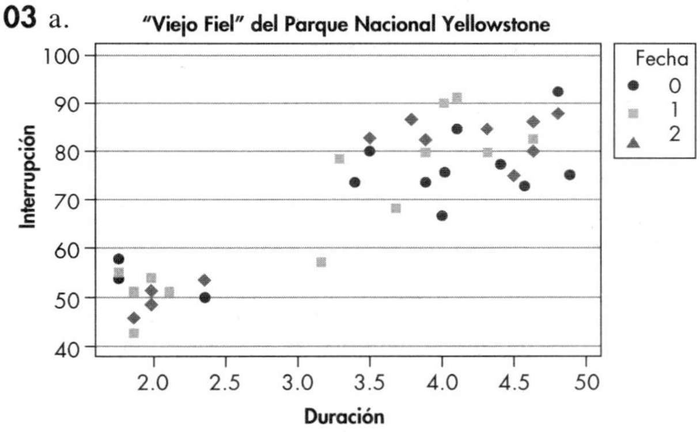

b. patrón lineal global, fuerte relación positiva, con dos grupos separados

c. sí

d. entre 70 y 90 minutos

e. $SS(x) = 48.3959$; $SS(xy) = 578.274$; $\hat{y} = 30.0 + 11.9x$

f. aproximadamente 78 minutos

g. muy poco

3.105 $SS(x) = 9.2$; $SS(y) = 26.8$; $SS(xy) = 14.6$; 0.9298

Capítulo 4

4.1 a. Más: amarillo, azul y anaranjado; menos: café, rojo y verde

b. No exactamente, pero similar

4.3 5, 6, 6, 9, 8, 6 respectivamente

4.5 $P'(5) = 0.225$

4.7 a. 15.4% b. 53.8% c. 46.2%

4.9 a. 0.150 b. 0.206
c. 0.326 d. 0.478

4.11 a. 0.10 b. 0.27
c. 0.49 d. 0.00

4.13 a. {0, 1, 2, 3, 4, 5, 6, 7, 8, 9} b. 0.1 c. 5/10 = 0.5

4.15 a. 42, 35 b. 77 c. 35/77
d. 77/77 e. 0/77

4.19 $P(5) = 4/36; P(6) = 5/36; P(7) = 6/36;$
$P(8) = 5/36; P(9) = 4/36; P(10) = 3/36;$
$P(11) = 2/36; P(12) = 1/36$

4.23 Todos son inadecuados

4.25 a.

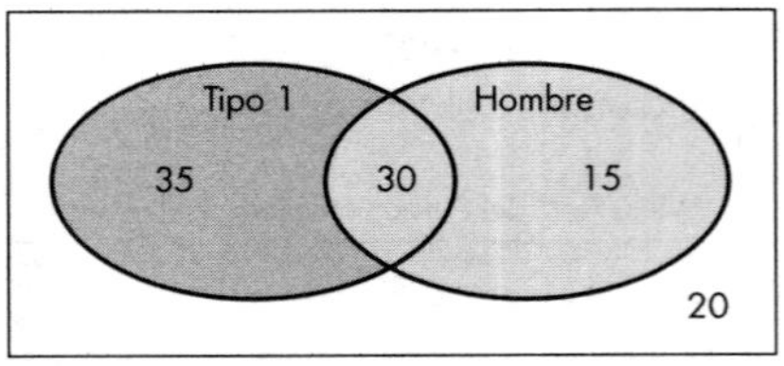

b. 0.55
c. 0.35

4.27 0.04; 4%

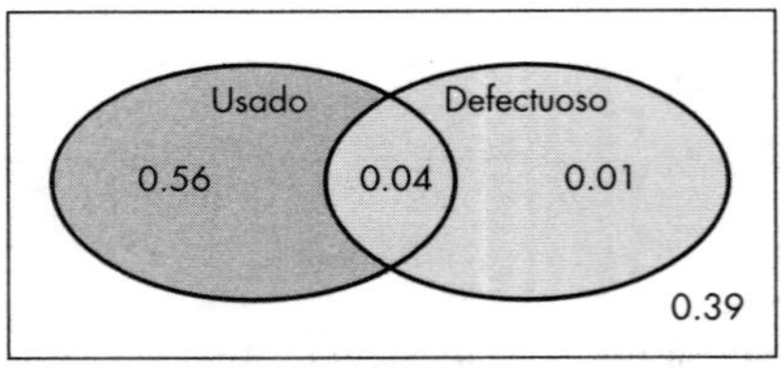

4.29 a. se espera que un 1 ocurra aproximadamente 1/6 del tiempo cuando ruedas un solo dado
b. 50% de los lanzamientos se espera que sean caras; el otro 50%, cruces.

4.31 a.

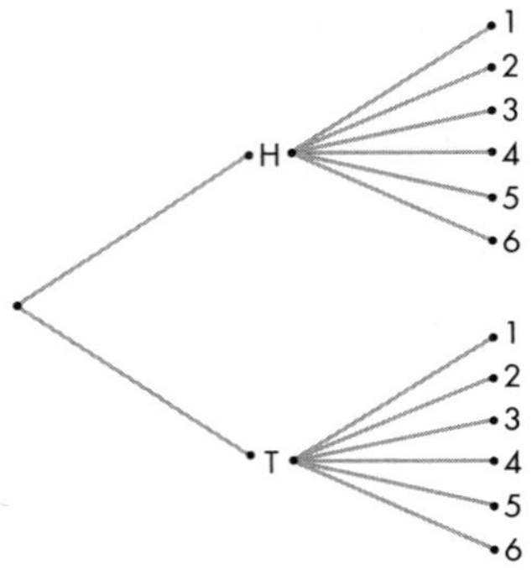

b. {(H,1),(H,2),(H,3),(H,4),(H,5),(H,6), (T,1),(T,2),(T,3),(T,4),(T,5),(T,6)}

4.35 1/5

4.37 4/5

4.39 a. 1/7 b. 6:1

4.41 a. 39:156 b. 39/195 = 0.20 c. 84:111
d. 84/195 = 0.43 e. clasificará, dos veces más probable que 1er lugar

4.43 a. aprox. 1:73 b. aprox. 38:3
c. 0.0045 d. 0.048

4.45 a. 70 b. M = 2, D = 20, S = 20, W = 10
c. 0.14 d. 0.43 e. 0.00 f. 0.019
g. 0.17 h. 0.507

4.47 a. probabilidad b. estadística

4.49 a. estadística b. probabilidad
c. estadística d. probabilidad

4.51 a. 0.45 b. 0.40 c. 0.55

4.53 a. 0.34 b. 0.38 c. 0.64
d. 0.03 e. 0.92 f. 0.75
g. 0.98

4.55 a. 0.59 b. 0.41 c. 0.35
d. 0.27 e. 0.30 f. 0.60
g. 0.60 h. diferentes formas de plantear la misma pregunta

4.57 a. Algunas categorías se contarían dos veces.
b. 0.10 c. 0.77
d. 0.09 e. 0.36

4.59 a. 0.3 b. 0.22

4.61 0.37

4.63 0.8

4.65 0.2

4.67 0.81

4.69 4%

4.71 0.28

4.73 0.5

4.75 0.098

4.77 0.90

4.79 a.

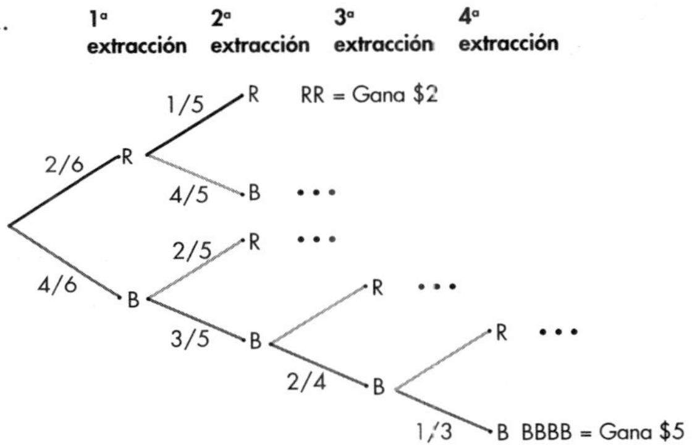

b. 2/5 o 1/5, depende de la primera extracción
c. 0.067
d. 0.067, misma probabilidad

4.81 0.62

4.83 0.133

4.85 a. 0.6 b. 0.7 c. 0.5

4.87 a. 0.4 b. 0.4

4.89 a. No mutuamente excluyentes
b. No mutuamente excluyentes
c. No mutuamente excluyentes
d. Mutuamente excluyentes

4.91 no hay intersección

4.93 a. 0.7 b. 0.6 c. 0.7 d. 0.0

4.95 a. Sí b. No c. No d. Sí
e. No f. Sí g. No

4.97 a. A y C y A y E son mutuamente excluyentes
b. 12/36, 11/36, 10/36

4.99 a. sí b. sí
c. no d. 0.516
e. 0.512 f. 0.558
g. 0.721 h. 0.233
i. 0.552 j. 0.014

4.101 0.54

4.103 a. independiente b. no independiente
c. independiente d. independiente
e. no independiente f. no independiente

4.105 0.28

4.107 0.5

4.109 a. 0.12 b. 0.4 c. 0.3

4.111 a. 0.5 b. 0.667 c. No

4.113 a. independiente b. independiente
c. dependiente

4.115 a. 0.51 b. 0.15 c. 0.1326

4.117 a. 0.1225 b. 0.4225 c. 0.0150

4.119 0.4565

4.121 a. 0.36 b. 0.16 c. 0.48

4.123 a. 3/5 b. 0.16, 0.48, 0.36

4.127 a. no puede ocurrir al mismo tiempo
b. ocurrencia de uno no tiene efecto sobre la probabilidad del otro
c. Mutuamente excluyentes: ya sea que compartan o no elementos comunes; independencia: el efecto que un evento tiene sobre la probabilidad del otro evento

4.129 a. 0.25 b. 0.2 c. 0.6
d. 0.8 e. 0.7 f. No
g. No

4.131 a. 0.0 b. 0.7 c. 0.6
d. 0.0 e. 0.5 f. No

4.133 a. 0.625
b. 0.25
c. P(satisfecho | mujer calificada) = 0.25
P(satisfecho | mujer no calificada) = 0.667
No independiente

4.135 a. 0.41 b. 0.007
c. 0.02 d. Sin

4.137 0.300

4.139 a. $S = \{$VVV, VVR, VRV, VRR, RVV, RVR, RRV, RRR$\}$
b. 3/8
c. 7/8

4.141 7/8

4.143 a. 0.40 b. 0.49
c. 0.06 d. 0.82
e. 0.40 f. 0.45

4.145 a. Brasil, España, India, etcétera
b. 'con base en países incluidos'
c. 44%
d. 0.44
e. misma pregunta, respuesta en formato diferente

4.147 $P(A \text{ o } B) = P(A) + P(B) - P(A \text{ y } B)$
$= P(A) + P(B) - P(A) = P(B)$

4.149 a. 0.30 b. 0.60
c. 0.10 d. 0.60
e. 0.333 f. 0.25

4.151 a. 0.3168 b. 0.4659
c. No d. No
e. "candidato quiere empleo" y "RJB quiere candidato" podrían no ocurrir ambos.

4.153 a. 0.429 b. 0.476 c. 0.905

4.155 a. 0.531 b. 0.262 c. 0.047

4.157 a. 0.508 b. 0.202 c. 0.334 d. 0.563
e. 0.194 f. 0.499 g. complementos

4.159 a. Falso b. Verdadero
c. Falso d. Falso

4.161 8/30

4.163 a. 1/2, 1/4, 1/8 b. 9/16, 9/32, 9/64

4.165 0.592

4.167 a. 26/52 b. 26/52
c. 32/52 d. 20/52

4.169 a. 0.60 b. 0.648 c. 0.710
d. (a) 0.70 (b) 0.784 (c) 0.874
e. (a) 0.90 (b) 0.972 (c) 0.997
f. "mejor" equipo muy probablemente gane más juegos, mayor diferencia entre equipos

4.171 a. 1/7 b. 1/7

Capítulo 5

5.1 a. 22%
b. 1 vehículo
c. Número de vehículos por hogar
d. Sí, los eventos (1, 2, 3, . . . , 8) no se traslapan

5.3 número de hermanos $x = 0, 1, 2, 3, \ldots, n$; duración de conversación $x = 0$ a ¿? minutos

5.5 a. discreta, conteo; continua, mensurable
b. conteo
c. mensurable

5.7 a. número de nuevos empleos
b. discreta, contable

5.9 distancia, $x = 0$ a n, n = radio del blanco, continua

5.11 a. cantidad de tiempo empleada por semana en varias actividades
b. continua, mensurable

5.13

x	0	1
$P(x)$	1/2	1/2

5.15 a. eventos nunca traslapan
b. todos los resultados se cuentan

5.17 a. $P(x)$ es una función de probabilidad

x	$P(x)$
1	0.12
2	0.18
3	0.28
4	0.42

b.
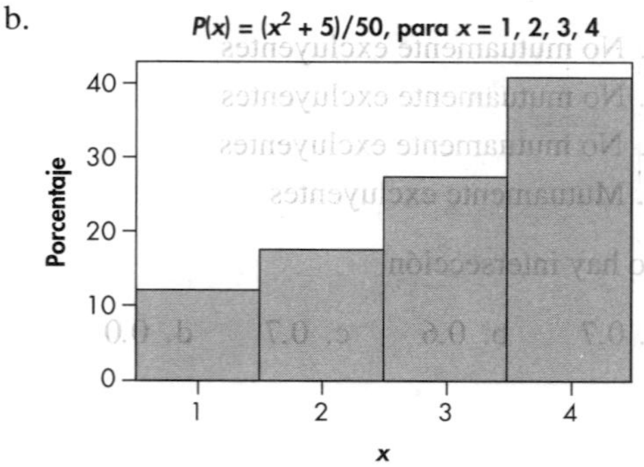

5.19

x	0	1	2	3
$P(x)$	0.20	0.30	0.40	0.10

5.21 $\sigma^2 = \Sigma[(x - \mu)]^2 \cdot P(x)]$

$= \Sigma[x^2 - 2x\mu + \mu^2) \cdot P(x)]$

$= \Sigma[x^2 \cdot P(x) - 2x\mu \cdot P(x) + \mu^2 \cdot P(x)]$

$= \Sigma[x^2 \cdot P(x)] - 2\mu \cdot \Sigma[x \cdot P(x)] + \mu^2 \cdot [\Sigma P(x)]$

$= \Sigma[x^2 \cdot P(x)] - 2\mu \cdot [\mu] + \mu^2 \cdot [1]$

$= \Sigma[x^2 \cdot P(x)] - 2\mu^2 + \mu^2$

$= \Sigma[x^2 \cdot P(x)] - \mu^2$ o $\Sigma[x^2 \cdot P(x)] - \{\Sigma[x \cdot P(x)]\}^2$

5.23 Nada de ningún significado

5.25 2.0, 1.4

5.27 a. $x = 1, 2, 3, 4, 5$; $P(x) = 0.209, 0.213, 0.241, 0.194, 0.143$

b. 2.849, 1.34

5.29 a. sí

b.

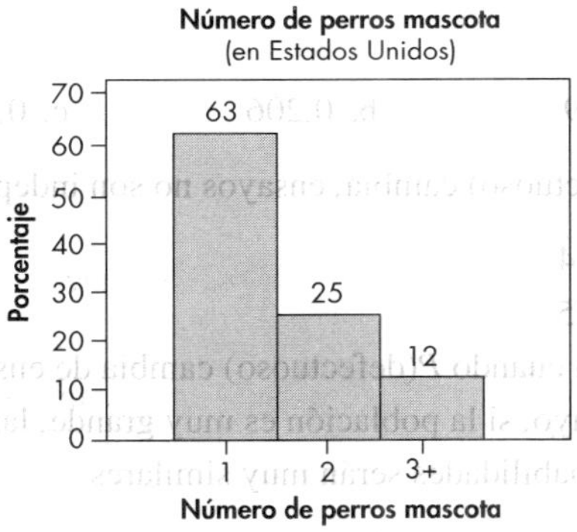

c. 1.49, 0.70

d. número promedio de perros por hogar es 1.49

e. En realidad la media es mayor y la desviación estándar más grande.

5.31 a. 2.0, 1.4

b. −0.8 a 4.8 abarca los números 1, 2, 3 y 4

c. 0.9

5.33 a.

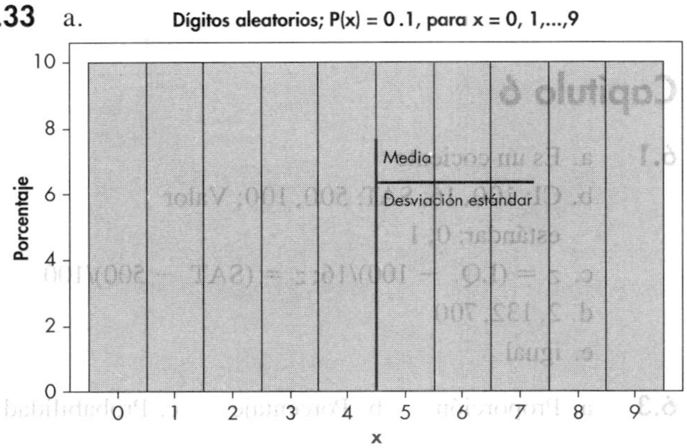

b. 4.5, 2.87

d. 100%

5.35 No, la variable aleatoria es una variable atributo, las variables aleatorias son numéricas.

5.39 a. Cada pregunta es un ensayo separado

b. pueden obtenerse cuatro diferentes formas de una respuesta correcta y tres equivocadas

c. 1/3 es la probabilidad de éxito, 4 es el número de ensayos independientes, número de preguntas

5.41 los artículos defectuosos deben ser bastante pequeños y más fáciles de contar

5.43

a. 24	b. 5 040
c. 1	d. 360
e. 10	f. 15
g. 0.0081	h. 35
i. 10	j. 1
k. 0.4096	l. 0.16807

5.45 $n = 100$ ensayos (camisetas), dos resultados (primera calidad o regular), $p = P(\text{irregular})$, $x = n(\text{irregular})$; cualquier valor entero de 0 a 100.

5.47 a. los ensayos no son independientes

b. $n = 4$; as, no as; $p = P(\text{as}) = 4/52$ y $q = P(\text{no as}) = 48/52$; $x = n(\text{ases})$, 0, 1, 2, 3 o 4

5.49 a.

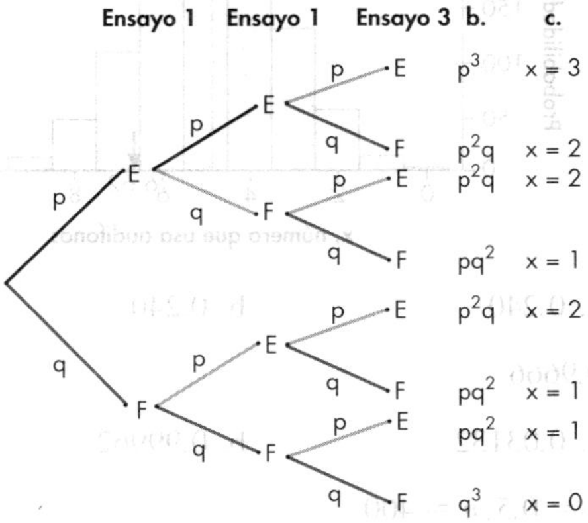

e. $P(x) = \binom{3}{x} p^x q^{3-x}$, para $x = 0, 1, 2, 3$

5.51 $P(x) = \binom{3}{x}(0.5)^x(0.5)^{3-x}$, 0.125, 0.375, 0.125

5.53 a. 0.3585 b. 0.0159 c. 0.9245

5.55

a. 0.4116	b. 0.384
c. 0.5625	d. 0.329218
e. 0.375	f. 0.0046296

5.57 $n = 5; p = 1/2, q = 1/2(p + q = 1)$; los exponentes suman 5; x cualquier entero de cero a $n = 5$; binomial

5.59 0.143

5.61 a. 0.088 b. 0.039 c. 0.00000154

5.63 0.0011

5.65 0.410

5.67 a. 0.590 b. 0.918

5.69 a. 0.006 b. 0.215 c. 0.618 d. 0.167

5.71 0.984

5.73 18, 2.7

5.75 a. $\Sigma[xP(x)] = 0.55$, $\Sigma[x^2P(x)] = 0.819$; 0.55, 0.72
b. igual

5.77 a. 25.0, 3.5 b. 4.4, 1.98 c. 24.0, 4.7 d. 44.0, 2.3

5.79 b. 0.4338
c. 4.92, 1.7
d.

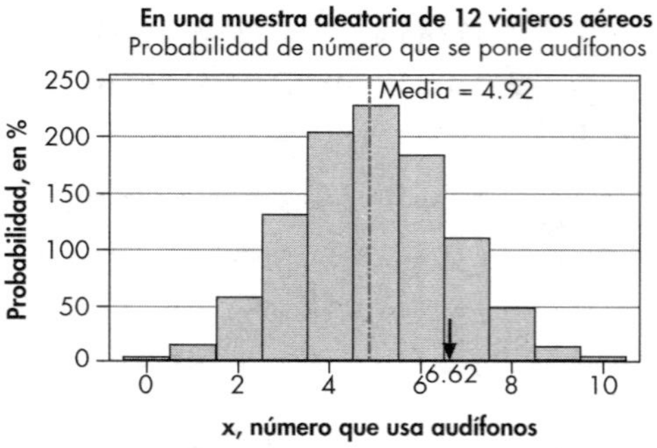

5.81 a. 0.240 b. 0.240

5.85 0.9666

5.87 a. 0.03132 b. 0.99962

5.89 $p = 0.5, n = 400$

5.91 $\mu = 6, \sigma = 1.9$; 0.03383

5.93 a. Porcentaje de minorías es "menor de lo que se esperaría razonablemente".
b. Porcentaje de minorías "no es menor de lo que se esperaría razonablemente".

5.95 b. 0.886385
c. 0.99383
d. 0.12, 0.345
e. −0.225, 0.465; 0.88638
f. −0.57, 0.81; 0.88638
g. no concuerda con la regla empírica; sí concuerda con Chebyshev

5.97 1. Cada $P(x)$ es un valor entre cero y uno inclusive
2. suma de todos los $P(x)$ es exactamente uno

5.99 a. función de probabilidad
b. función de probabilidad
c. NO es función de probabilidad
d. NO es función de probabilidad

5.101 a. 0.1 b. 0.4 c. 0.6

5.103 a. 3.3 b. 1.187

5.105 No, variable es atributo

5.107 a. 0.930 b. 0.264

5.109 0.103

5.111 a. 0.999 b. 0.206 c. 0.279

5.113 P(defectuoso) cambia, ensayos no son independientes

5.115 a. 0.914
b. 0.625
c. Aun cuando P(defectuoso) cambia de ensayo a ensayo, si la población es muy grande, las probabilidades serán muy similares.

5.117 a. 0.1116 b. 0.645 c. 0.006

5.119 68.8

5.121 a. binomial; n = número de semillas/fila; $p = P$(germinación)
b. número de semillas plantadas por fila
c. $B(4, 0.25)$ es un ajuste bastante bueno.

5.123 b. 0.001 c. 0.007 d. no

Capítulo 6

6.1 a. Es un cociente
b. CI: 100, 16; SAT: 500, 100; Valor estándar: 0, 1
c. z = (I.Q. − 100)/16; z = (SAT − 500)/100
d. 2, 132, 700
e. igual

6.3 a. Proporción b. Porcentaje c. Probabilidad

6.5 a. forma de campana, media de 0, desviación estándar de 1
b. referencia usada para determinar las probabilidades para todas las otras distribuciones normales

6.7 a. 0.0968 b. 0.0052
c. 0.0007 d. 0.2611

6.9 a. 0.9821 b. 0.8849
c. 0.9994 d. 0.7612

6.11 a. 0.6808 b. 0.8437 c. 0.9996

6.13 a. 0.0007 b. 0.0329 c. 0.2266

6.15 0.4177

6.17 0.8571

6.19 a. 0.4394 b. 0.0606
c. 0.9394 d. 0.8788

6.21 a. 0.5000 b. 0.1469 c. 0.9893
d. 0.9452 e. 0.0548

6.23 a. 0.4906 b. 0.9725
c. 0.4483 d. 0.9306

6.25 a. 0.2704 b. 0.8528
c. 0.1056 d. 0.9599

6.27 0.2144

6.29 a. 0.2978 b. 0.0217
c. 0.0919 d. 0.3630

6.31 a. 1.14 b. 0.47 c. 1.66
d. 0.86 e. 1.74 f. 2.23

6.33 a. 1.65 b. 1.96 c. 2.33

6.35 1.28, 1.65, 2.33

6.37 −0.84

6.39 a. 0.84 b. 1.04 c. −0.67 y +0.67

6.41 a. 0.84 b. −1.15 y +1.15

6.43 a. 0.7620 b. 0.0376 c. 0.2682

6.45 2.88

6.47 a. 0.5000 b. 0.3849 c. 0.6072
d. 0.2946 e. 0.9502 f. 0.0139

6.49 a. 0.3944 b. 0.8943

6.51 a. 0.6826 o 68.26%
b. 0.9545 o 95.45%
c. 0.9973 o 99.73%
d. 0.6828 ≈ 68%; 0.9545 ≈ 95%; 0.9973 ≈ 99.7%

6.53 a. 0.0289 o 2.9% b. 0.0869 u 8.7%
c. 0.9452 o 94.5% d. 0.3787 o 37.9%
e. 0.0485 o 4.9%

6.55 a. 0.0869 = 8.7% b. 0.0668 = 6.7%

6.57 a. 0.4090 b. 0.3821
c. 0.0764 d. 25.42

6.59 a. 0.3557 b. 100(0.3557) ≈ 36 botellas

6.61 a. 89.6 b. 79.2 c. 57.3

6.63 20.26

6.65 7.664

6.67 a. 49.4, 50.5 mm
b. 85.78%
c. 35.66%
d. 58.55%

6.69 d. 0.2329, 0.2316

Sección 6.4 Ejercicios

6.75 a. $z(0.03)$ b. $z(0.14)$
c. $z(0.75)$ d. $z(0.22)$
e. $z(0.87)$ f. $z(0.98)$

6.77 a. $z(0.01)$ b. $z(0.13)$
c. $z(0.975)$ d. $z(0.90)$

6.81 a. 1.96 b. 1.65 c. 2.33

6.83 a. 1.65 b. 2.33 c. 1.96
d. −1.96 e. −2.05

6.85 ±1.28

6.87 ±1.15, ±1.65, ±1.96, ±2.58,

6.89 a. área, 0.4602. b. valor z, 1.28.
c. área, 0.5199. d. valor z, −1.65

6.91 $np = 2, nq = 98$; No

6.93 binomial: 0.829; aprox. normal: 0.8133

6.95 0.1812; 0.183

6.97 0.6406; 0.655

6.99 $x = n(\text{sobrevive}), \mu = 245, \sigma = 2.21$; 0.999997

6.101 $\mu = 25.1, \sigma = 3.54$
a. 0.5438 b. 0.0002

6.103 $\mu = 27.63, \sigma = 3.86$; 0.6844

6.105 $\mu = 504, \sigma = 17.10$
a. 0.4200 b. 0.4182 c. 0.4187

6.107 $\mu = 50, \sigma = 6.12$
a. 0.0057 b. 0.00006 c. 0.7097

6.109 ± 0.84

6.111 a. -0.92 b. -2.03 c. -0.74

6.113 a. 2.07 b. 1.53

6.115 a. 0.9973 b. 0.950 c. 0.09

6.117 a. 0.0091 b. 0.2694 c. 0.2949
d. 0.8577 e. 0.8888 f. 0.0401

6.119 $\mu = 169; \sigma = 21$
a. 0.3015 b. 0.1841
c. 154.9 a 183.1 d. 134.4 a 203.6

6.121 10.033

6.123 a. 0.0143 b. 619.4
c. 107.2 d. 755.4

6.125 a. $np = 7.5, nq = 17.5$; ambos mayores que 5
b. 7.5, 2.29

6.127 b. 0.77023 c. 0.751779

6.129 a. $P(0) + P(1) + \cdots + P(75)$
b. 0.9856
c. 0.9873

6.131 0.0087

6.133 $\mu = 8, \sigma = 2.6$
a. 0.0418 b. 0.4247 c. 0.7128

6.135 $\mu = 33.3, \sigma = 4.71$
a. 0.0307 b. 0.0630

6.137 a. $-0.00342, 0.02089$
c. 75.5% frente a 68%, 95.5% frente a 95%
99.1% frente a 99.7%
d. 0.8727 = 87.3%

Capítulo 7

7.1 a. Histograma

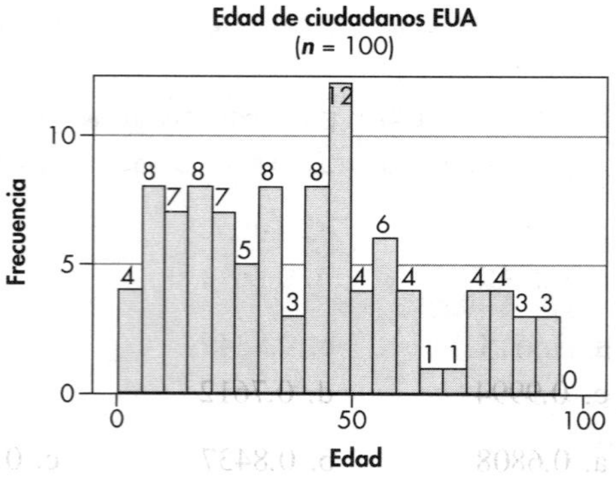

b. Amontonada de 0 a 60, sesgada derecha
c. no exactamente, pero bastante cerca

7.3 a. No b. Variabilidad

7.5 a. distribución formada por medias para todas las posibles muestras de un tamaño fijo tomadas de una población
b. Es un elemento en la distribución muestral

7.11 a. no todas se extraen de la misma población, cada tipo de vehículo tiene un diferente tamaño muestral
b. monitoreo de tránsito de poblaciones de vehículos que cambian continuamente

7.17 b. muy cerca de $\mu = 65.15$
d. aproximadamente normal
e. toma muchas muestras (1 001) de tamaño 4 de una población aproximadamente normal; 1) media de las x barra $\approx \mu$, 2) $s_{\bar{x}} \approx \sigma/\sqrt{n}$, 3) distribución aproximadamente normal

7.19 a. 1.0
b. $\sigma_{\bar{x}} = \sigma/\sqrt{n}$; conforme n aumenta, el valor de esta fracción se vuelve menor

7.21 a. 500
b. 5
c. aproximadamente normal

7.23 a. aproximadamente normal
b. 4.58 horas
c. 0.133

7.25 a. 86.5 libras/persona
b. 2.392
c. aproximadamente normal

7.29 2.69

7.31 $z = +2.00$ corresponde a probabilidad acumulada 0.9773, $z = -2.00$ corresponde a probabilidad acumulada 0.0228; resta para encontrar área en medio

7.33 a. aproximadamente normal b. 50 c. 1.667 d. 0.9973 e. 0.8849 f. 0.9282

7.35 a. aproximadamente normal, $\mu = 69, \sigma = 4$.
b. 0.4013
c. aproximadamente normal
d. $\mu_{\bar{x}} = 69; \sigma_{\bar{x}} = 1.0$
e. 0.1587
f. 0.0228

7.37 a. 0.3830 b. 0.9938
c. 0.3085 d. 0.0031

7.39 a. 0.2033
b. 0.0064
c. No, específicamente para a); rapidez del viento estará sesgada a la derecha, no normal
d. Las probabilidades reales muy probablemente no son tan altas.

7.41 a. 0.9821
b. 0.00006
c. La distribución normal debe permitir estimaciones razonables pues $n > 30$.

7.43 38.73 pulgadas

7.45 a. computadora: 0.68269
Tabla 3: 0.6826

7.47 6.067, 3.64, 2.6, 1.82

7.49 a. Distribución normal con una *media* = \$775 y una *desviación* estándar = \$115.
b. 0.5696
c. Distribución aproximadamente normal con *media* = \$775 y *error* estándar = \$23
d. 0.6641

7.51 a. $e = 0.49$ b. $E = 0.049$

7.53 a. 0.0060 b. 0.1635
c. distribución sesgada

7.55 a. 0.1498 b. 0.0089

7.57 0.0228

7.59 0.0023

7.61 a. Σx peso total; aproximadamente 1.000
b. 0.9773

7.65 a. $\mu = 60; \sigma = 6.48$

Capítulo 8

8.1 a. profesionales de la salud de las mujeres
b. $\bar{x} = 64.8, s = 3.5$
c. amontonada en torno al centro, aproximadamente simétrica
d. aprox. 65 pulgadas; 62 a 69, las estaturas más frecuentes en estos datos.
e. Un intervalo más estrecho sería muy deseable y/o tamaño de muestra más grande.

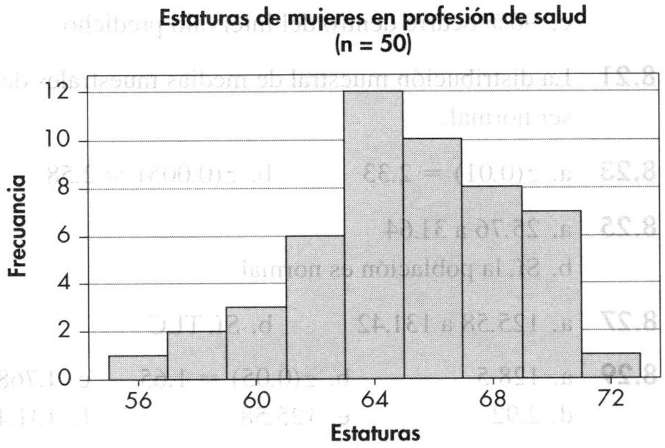

8.3 La estimación puntual es un solo número; la estimación de intervalo es un intervalo de cierto ancho.

8.5 $n = 15, \Sigma x = 271, \Sigma x^2 = 5015$
a. 18.1 dólares
b. 8.5
c. 2.9 dólares

8.7 a. II tiene menor variabilidad
b. II tiene un valor medio igual al parámetro
c. Ninguno es una buena opción, II es mejor

8.9 dificultad, fatiga del recolector; costo de muestreo; destrucción del producto

8.11 a. familias estadounidenses de parejas casadas; ingreso familiar
b. media; \$90 835
c. igual
d. \$101
e. 0.90
f. \$90 734 a \$90 936; un intervalo de valores que es 0.90 probablemente incluya el verdadero valor de media poblacional

8.13 3

8.15 a. $1 - 2(0.1003) = 0.7994$
b. $1 - 2(0.0749) = 0.8502$
c. $1 - 2(0.0250) = 0.9500$
d. $1 - 2(0.0099) = 0.9802$

8.17 a. un intervalo de valores, 101 a 113, que es 0.95 probable incluya el verdadero número poblacional por 1 000 que muestre una prevalencia de dolor de cadera autorreportado entre los hombres
b. 3.06
c. 3.57

8.19 a. Entre 3:09 p.m. y 3:29 p.m.
b. sí
c. 90% ocurre dentro del intervalo predicho

8.21 La distribución muestral de medias muestrales debe ser normal.

8.23 a. $z(0.01) = 2.33$ b. $z(0.005) = 2.58$

8.25 a. 25.76 a 31.64
b. Sí, la población es normal

8.27 a. 125.58 a 131.42 b. Sí, TLC

8.29 a. 128.5 b. $z(0.05) = 1.65$ c. 1.76845
d. 2.92 e. 125.58 f. 131.42

8.33 a. 15.9; $\approx$ 68%
b. 31.4; $\approx$ 95%
c. 41.2; $\approx$ 99%
d. El nivel más alto hace que sea más ancho el intervalo.

8.35 a. 75.92 b. 0.368 c. 75.552 a 76.288

8.37 a. 14.01 a 14.59 b. 13.89 a 14.71

8.39 a. lectura de rapidez b. 176.99 a 191.01
c. 175.67 a 192.33

8.41 a. longitud media b. 75.92
c. 75.512 a 76.328

8.43 b. 450.6, 173.4
c. 107.86814506, 0.00001734
d. aproximadamente normal
e. ambos aplican
f. no
g. Se usará desviación estándar muestral.
h. 401.5 a 499.7 o 107.86814015 a 107.86814997

8.45 a. \$33 257.74 a \$34 782.26
b. \$13 525.28 a \$14 564.72
c. básicamente igual

8.47 49

8.49 27

8.51 25

8.55 H_o: sistema es confiable
H_a: sistema no es confiable

8.57 a. H_a: entrega especial postal tarda mucho tiempo
b. H_a: nuevo diseño es más cómodo
c. H_a: fumar cigarrillos tiene un efecto
d. H_a: acondicionador de cabello es efectivo en "puntas quemadas"

8.59 A: la fiesta será un fiasco; no ir
B: la fiesta será un éxito; ir
I: la fiesta será un fiasco; ir
II: la fiesta será un éxito; no ir

8.61 a. H_a: la víctima no está viva
b. A: viva, tratada como si estuviera viva
I: viva, tratada como si estuviera muerta
II: muerta, tratada como si viviera
B: muerta, tratada como muerta
c. I muy serio: la víctima puede morir dentro de poco sin atención
II no serio: la víctima recibe atención que no es de valor

8.63 Te pierdes un gran momento.

8.69 a. Tipo I b. Tipo II
c. Tipo I d. Tipo II

8.71 a. El comercial no es efectivo.
b. El comercial es efectivo.

8.73 a. muy serio b. un poco serio
c. no tan serio

8.75 a. α b. β

8.77 α es la probabilidad de rechazar una hipótesis nula *verdadera*; $1\text{-}\beta$ es probabilidad de rechazar una hipótesis nula *falsa*

8.79 a. "Ya ves: te lo dije"
b. "Está bien, no es significativo; trataré nuevamente mañana"

8.81 a. 0.1151 b. 0.2119

8.83 a. 29 corchos pasan la inspección de la Parte 1
b. Rechaza el lote, 3 corchos que no satisfacen la especificación.

8.85 H_o: la resistencia al corte media es al menos 925 lb
H_a: la resistencia al corte media es menos que 925 lb

8.87 a. H_a: $\mu > 1.25$ b. H_a: $\mu < 335$
c. H_a: $\mu \neq 230\,000$ d. H_a: $\mu > 260$
e. H_a: $\mu > 15.00$

8.89 II; compra y usa remaches débiles

8.91 I: rechaza H_o interpretado como 'cargo horario medio es menor que \$60, cuando de hecho es al menos \$60
II: fallar para rechazar H_o interpretado como 'cargo horario medio es al menos \$60, cuando de hecho es menor que \$60

8.93 a. 1.26 b. 1.35
c. 2.33 d. −0.74

8.95 a. Rechazar H_o, no rechazar H_o
b. valor p es menor que o igual a α, rechazar H_o. El valor p es mayor que α, no rechazar H_o.

8.97 a. Rechazar $H_o, \boldsymbol{P} < \alpha$
b. No rechazar H_o, $\boldsymbol{P} > \alpha$
c. Rechazar $H_o, \boldsymbol{P} < \alpha$
d. Rechazar $H_o, \boldsymbol{P} < \alpha$

8.99 a. No rechazar H_o
b. Rechazar H_o

8.101 b. ≈ 0.0000 d. Rechazar H_o

8.105 0.2714

8.107 a. 0.0694 b. 0.1977 c. 0.2420
d. 0.0174 e. 0.3524

8.109 a. 1.57 b. −2.13 c. −2.87, +2.87

8.111 6.67

8.113 a. H_a: $\mu < 525$ b. No rechazar H_o
c. $60.0\sqrt{38}$

8.115 a. H_a: $\mu \neq 6.25$ b. Rechazar H_o
c. $1.4\sqrt{78}$ d. 514.488, 3518.3437

8.117 H_a: $\mu > \$49\,246$; $z^* = 4.08$; $\boldsymbol{P} = 0.00002$; Rechazar H_o

8.119 H_a: $\mu < 12$; $z^* = -2.53$; $\boldsymbol{P} = 0.0057$; Rechazar H_o

8.121 H_a: $\mu < \$123.89$; $z^* = -3.46$; $\boldsymbol{P} = 0.0003$; Rechazar H_o

8.123 a. precisión media de relojes de cuarzo
b. H_a: $\mu > 20$
c. supuesta normalidad, $n = 36$; $\sigma = 9.1$
d. $n = 36, \bar{x} = 22.7$
e. $z^* = 1.78$; $\boldsymbol{P} = 0.0375$
f. $\boldsymbol{P} < \alpha$; Rechazar H_o

8.125 a. Número medio de estudiantes por enfermera escolar en Nueva York
b. H_o: $\mu = 750$, H_a: $\mu > 750$
c. $z^* = 2.93$; $\boldsymbol{P} = 0.0017$
f. $\boldsymbol{P} < \alpha$; Reject H_o

8.127 a. 64.02 a 65.54 b. No

8.131 H_o: resistencia al corte media es al menos 925 lb.
H_a: resistencia al corte media es menor que 925 lb.

8.133 a. H_a: $\mu < 1.25$ b. H_a: $\mu \neq 335$
c. H_a: $\mu > 230\,000$

8.135 a. contenido de sal promedio decidido es más que 350 mg cuando, de hecho, no lo es
b. contenido de sal promedio decidido es menos que o igual a 350 mg cuando de hecho es mayor

8.137 I: mínimo medio decidido es mayor que \$95, cuando de hecho no lo es
II: mínimo medio decidido es cuando mucho \$95, cuando de hecho es mayor

8.139 a. conjunto de todos los valores de estadístico de prueba que causarán el rechazo de H_o.
b. valor crítico es el valor del estadístico de prueba que forma frontera entre la región crítica y la región no crítica, el valor crítico está en la región crítica.

8.141 Si uno se reduce, el otro se vuelve más grande.

8.143 $z \leq -2.33$

8.145 a. $z \leq -1.65, z \geq 1.65$
b. $z \geq 2.33$
c. $z \leq -1.65$
d. $z \leq -2.58, z \geq 2.58$

8.147 $\bar{x} = 247.1$; $\Sigma x = 21\,004.133$

8.149 a. 3.0 errores estándar
b. la región crítica es $z \geq 2.33$ rechazar H_o

8.151 a. Rechazar H_o o No rechazar H_o
b. el estadístico de prueba calculado cae en la región crítica, rechazar H_o
el estadístico de prueba calculado cae en la región no crítica, No rechazar H_o

8.153 a. H_o $\mu = 15.0$ frente a H_a: $\mu \neq 15.0$
b. ±2.58; rechazar H_o
c. $0.5\sqrt{30}$

8.155 a. H_o: $\mu = 72(\le)$ frente a H_a: $\mu > 72$
b. No rechazar H_o
c. $12.0\sqrt{36}$

8.157 H_a: $\mu > 79.68$; se supone normalidad, $n = 50$; $z^* = 1.07$; $z(0.05) = 1.65$; no rechazar H_o

8.159 H_a: $\mu > 15$; se supone normalidad, $n = 35$; $z^* = 3.26$; $z \ge 1.28$; Rechazar H_o

8.161 H_a: $\mu > 170.1$; normalidad indicada; $z^* = 2.73$; $z \ge 1.65$; Rechazar H_o

8.163 H_a: $\mu > 36.8$; se supone normalidad, $n = 42$; $z^* = 1.45$; $z \ge 1.65$; no rechazar H_o

8.167 a. 32.0 b. 2.4 c. 64
d. 0.90 e. 1.65 f. 0.3
g. 0.495 h. 32.495 i. 31.505

8.169 43.3 a 46.7

8.171 a. 9.75 a 9.99
b. 9.71 a 10.03
c. ensancha el intervalo

8.173 a. 69.89 a 75.31 b. Sí

8.175 a. Sí, todas las mediciones son < 1.0 mm.
b. 0.221 a 0.287

8.177 92

8.179 60

8.181 a. "frontera" para decisión
b. ninguna

8.183 a. H_o: $\mu = 100$ b. H_a: $\mu \ne 100$
c. 0.01 d. 100
e. 96 f. 12
g. 1.70 h. -2.35
i. 0.0188 j. no rechazar H_o

8.185 H_a: $\mu > 45$; $z^* = 2.47$; $\boldsymbol{P} = 0.0068$; $z \ge 2.05$; Rechazar H_o

8.187 a. H_a: $\mu \ne 0.50$
b. 0.2112
c. $z \le -2.33, z \ge 2.33$

8.189 H_a: $\mu > 0.0113$; $z^* = 2.47$; $\boldsymbol{P} = 0.0068$; $z \ge 2.33$; Rechazar H_o

8.191 H_a: $\mu \ne 15\,650$; $z^* = 1.41$; $\boldsymbol{P} = 0.1586$; $z \le -1.96$, $z \ge 1.96$; no rechazar H_o

8.193 H_a: $\mu < 24.3$; $z^* = -2.98$; $\boldsymbol{P} = 0.0014$; $z \le -2.33$ Rechazar H_o

8.195 a. 39.6 a 41.6
b. H_a: $\mu \ne 40$; $z^* = 1.20$; $\boldsymbol{P} = 0.2302$; no rechazar H_o
c. H_a: $\mu \ne 40$; $z^* = 1.20$; $z \le -1.96, z \ge 1.96$; No rechazar H_o

8.197 a. 39.9 a 41.9
b. H_a: $\mu > 40$; $z^* = 1.80$; $\boldsymbol{P} = 0.0359$; Rechazar H_o
c. H_a: $\mu > 40$; $z^* = 1.80$; $z \ge 1.65$; Rechazar H_o

8.199 a. H_a: $r > A$, apoyarse en medicamento anterior
b. H_a: $r < A$, apoyarse en medicamento nuevo

8.201 a. H_a: $\mu \ne 18$; no rechazar H_o; la media poblacional no es significativamente diferente de 18
b. 0.756; $z^* = -1.04$; valor $p = 0.2984$

Capítulo 9

9.1 a. Estudiantes universitarias estadounidenses
b. sí, amontonada

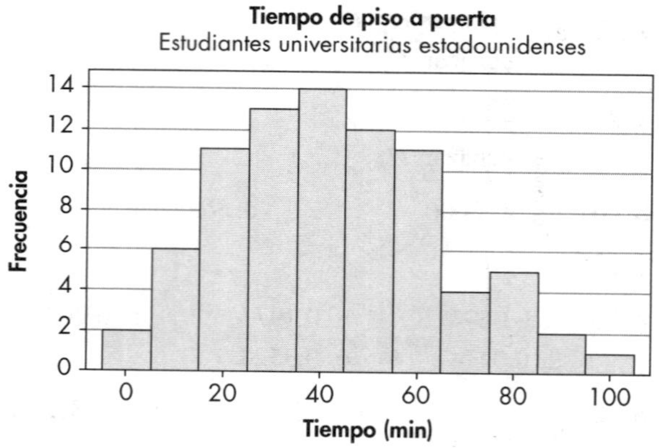

c. amontonada pero mellada, tiempo de primera clase

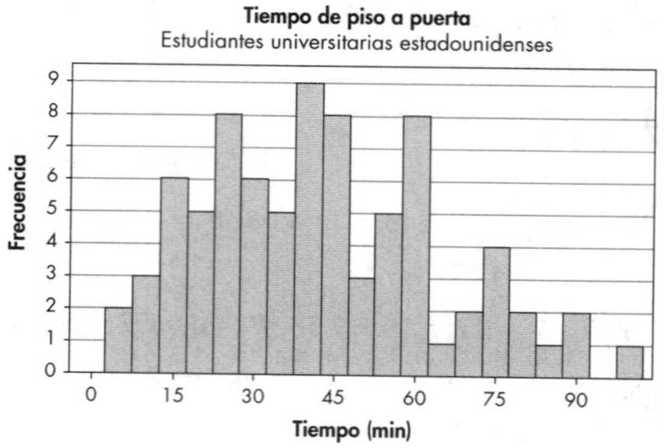

d. sí, aproximadamente; $p = 0.193$ para prueba de normalidad

9.5 a. 2.68 b. 2.07 c. 1.30 d. 3.36

9.7 a. -1.33 b. -2.82 c. -2.03
d. computadora: -2.26; Tabla 6: $-2.62 < t < -2.14$; Interpolación: -2.30

9.9 a. 1.73 b. ± 3.18 c. -2.55 d. 1.33

9.11 ± 2.18

9.13 a. -2.49 b. 1.71 c. -0.685

9.15 gl $= 7$

9.17 0.0241

9.19 a. Simétrica en torno a la media: media es 0
b. La desviación estándar de t es mayor que 1; t tiene gl; la distribución t es una familia de distribuciones; una distribución z

9.21 15.60 a 17.8

9.23 3.67 a 6.83 minutos

9.25 42.94 a 47.46

9.29 3.44 a 5.68

9.31 b. 27.138 a 31.502 minutos

9.33 a.

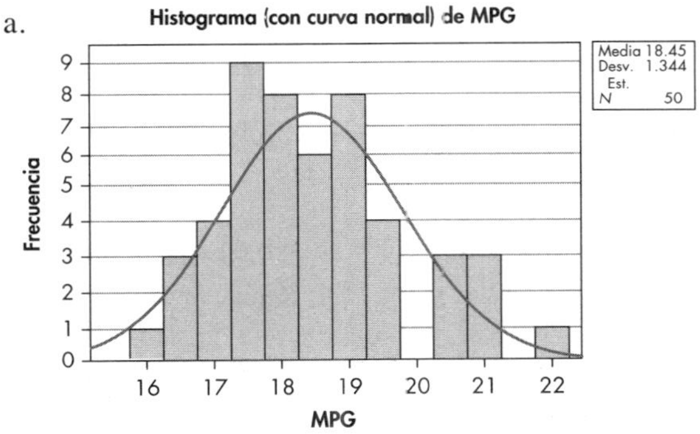

b. 18.07 a 18.83

9.35 a. H_o: $\mu = 11 (\geq)$ frente a H_a: $\mu < 11$
b. H_o: $\mu = 54 (\leq)$ frente a H_a: $\mu > 54$
c. H_o: $\mu = 75$ frente a H_a: $\mu \neq 75$

9.37 1.20

9.39 a. $0.025 < \mathbf{P} < 0.05$ b. $0.025 < \mathbf{P} < 0.05$
c. $0.05 < \mathbf{P} < 0.10$ d. $0.05 < \mathbf{P} < 0.10$

9.41 a. $0.10 < \mathbf{P} < 0.25$; no rechazar H_o
b. 1.75; no rechazar H_o

9.43 0.124

9.45 a. $0.10 < \mathbf{P} < 0.20$; $t = \pm 2.14$; no rechazar H_o
b. $0.01 < \mathbf{P} < 0.025$; $t \geq 1.71$; Rechazar H_o
c. $0.025 < \mathbf{P} < 0.05$; $t \leq -1.68$; Rechazar H_o
d. idéntica

9.47 H_a: $\mu < 25$; $t\bigstar = -3.25$;
$\mathbf{P} < 0.005$; $t \leq -2.46$; Rechazar H_o

9.49 H_a: $\mu < 4.6$; $t\bigstar = -2.28$;
$\mathbf{P} = 0.036$; $t \leq -1.74$; Rechazar H_o

9.53 No rechazar H_o

9.55 H_a: $\mu \neq 35$; $t\bigstar = 1.02$; $0.20 < \mathbf{P} < 0.50$;
$\pm t(5, 0.025) = \pm 2.57$; no rechazar H_o

9.57 H_a: $\mu < 60$; $t\bigstar = -1.60$;
$0.05 < \mathbf{P} < 0.10$; $t \leq -1.69$; no rechazar H_o

9.59 a.

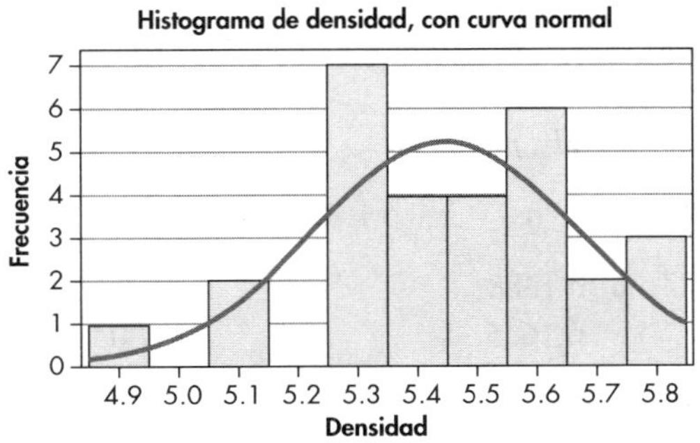

b. H_a: $\mu < 5.517$; $t\bigstar = -1.68$;
$0.05 < \mathbf{P} < 0.10$; $t \leq -1.70$; no rechazar H_o

9.61 a. Sí
b. 593.93 a 598.67
c. la media es menor que 600 mg

9.63 a. H_a: $\mu \neq 45.0$; $t\bigstar = -1.95$; $0.05 < \mathbf{P} < 0.10$;
$\pm t(11, 0.01) = \pm 2.72$; no rechazar H_o
b. H_a: $\mu \neq 45.0$; $t\bigstar = 0.24$; $\mathbf{P} > 0.500$;
$\pm t(17, 0.01) = \pm 2.57$; no rechazar H_o

9.65 a. número de éxitos, tamaño muestral
b. 0.30 c. 0.096 d. 0.312 e. 0.697

9.67 a. Sí b. la media de p' es p

9.69 a. $z(\alpha/2) = 1.65$ b. $z(\alpha/2) = 1.96$
c. $z(\alpha/2) = 2.58$

9.71 a. 0.021 b. 0.189 a 0.271

9.73 a. $p = P$(no sabe) b. 0.20, estadística
c. 0.0143 e. 0.186 a 0.214

9.75 0.206 a 0.528

9.77 0.064 a 0.106

9.83 a. 0.030, 0.028, 0.023
b. diferente producto de pq
c. Sí
e. 0.5

9.85 a. 0.5005 b. 0.003227
c. 0.4942 a 0.5068

9.89 2401

9.91 a. 1373 b. 344 c. 2737
d. Aumentar el error máximo reduce el tamaño de la muestra
e. Aumentar el nivel de confianza aumenta el tamaño de la muestra

9.93 a. $H_a: p > 0.60$ b. $H_a: p > 1/3$
c. $H_a: p > 0.50$ d. $H_a: p < 0.75$
e. $H_a: p \neq 0.50$

9.95 a. 1.78 b. −1.70 c. −0.49 d. 1.88

9.97 a. 0.1388 b. 0.0238
c. 0.1635 d. 0.0559

9.99 a. $z \geq 1.65$ b. $z \leq -1.96, z \geq 1.96$
c. $z \leq -1.28$ d. $z \geq 1.65$

9.101 a. 0.017 b. 0.085
c. 0.101 d. 0.004

9.103 a. Fallar correctamente para rechazar H_o b. 0.036
c. Cometer un error tipo II d. 0.128

9.105 $H_a: p < 0.90$; $z\bigstar = -4.82$;
$\mathbf{P} = 0.000003$; $z \leq -1.65$; Rechazar H_o

9.107 $H_a: p < 0.60$; $z\bigstar = -2.04$;
$\mathbf{P} = 0.0207$; $z \leq -1.65$; Rechazar H_o

9.109 $H_a: p < 0.58$; $z\bigstar = -2.66$; $\mathbf{P} = 0.0039$;
$z \leq -1.65$; Rechazar H_o

9.111 a. −1.97
b y c. $\mathbf{P} = 0.0244$; $z \leq -2.33$; no rechazar H_o

9.113 b. Rechazar H_o c. 0.305

9.115 $H_a: p < 0.88$; $z \leq -1.65$
a. $z\bigstar = 1.09$; $\mathbf{P} = 0.8621$; no rechazar H_o
b. $z\bigstar = -0.87$; $\mathbf{P} = 0.1922$; no rechazar H_o
c. $z\bigstar = -1.74$; $\mathbf{P} = 0.0409$; Rechazar H_o
d. $z\bigstar = -5.00$; $\mathbf{P} = 0.0000003$; Rechazar H_o

9.117 a. A: 1.72; B: 3.58
b. Aumento
c. muy diferente del resto de los datos, tiene un gran efecto sobre la desviación estándar

9.119 a. 23.2 b. 23.3 c. 3.94 d. 8.64

9.121 a. 30.1 b. 13.3
c. 7.56 d. 43.2
e. 11.6 y 32.7 f. 1.24 y 14.4

9.123 a. $\chi^2(5, 0.05) = 11.1$
b. $\chi^2(5, 0.05) = 11.1$
c. $\chi^2(5, 0.10) = 9.24$

9.125 0.94

9.127 a. 0.8356 b. 0.1644

9.129 a. $H_a: \sigma > 24$ b. $H_a: \sigma > 0.5$
c. $H_a: \sigma \neq 10$ d. $H_a: \sigma^2 < 18$
e. $H_a: \sigma^2 \neq 0.025$

9.131 a. 25.08 b. 60.15

9.133 a. $0.02 < \mathbf{P} < 0.05$ b. 0.01
c. $0.05 < \mathbf{P} < 0.10$ d. $0.025 < \mathbf{P} < 0.05$

9.135 a. $0.05 < \mathbf{P} < 0.10$; no rechazar H_o
b. $\chi^2 \geq 33.4$; no rechazar H_o

9.137 $H_a: \sigma > 0.25$; $\chi^2\bigstar = 37.24$; $0.005 < \mathbf{P} < 0.01$;
$\chi^2 \geq 27.2$; Rechazar H_o

9.139 $H_a: \sigma \neq 8$; $\chi^2\bigstar = 29.3$; $0.01 < \mathbf{P} < 0.02$;
$\chi^2 \leq 32.4, \chi^2 \geq 71.4$; Rechazar H_o

9.141 $H_a: \sigma > 85$; $\chi^2\bigstar = 64.88$; $\mathbf{P} < 0.005$;
$\chi^2 \geq 43.8$; Rechazar H_o

9.143 b.

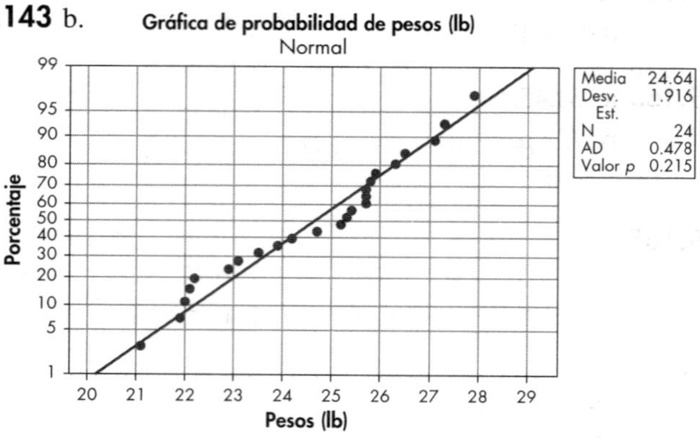

c. y d. $H_a: \sigma > 1.0$; $\chi^2\bigstar = 84.43$
$\mathbf{P} < 0.005$; $\chi^2 \geq 41.6$; Rechazar H_o

9.145 a. amontonada, $\bar{x} = 0.01981, s = 0.01070$
b. supón normal con base en prueba de normalidad
c. $H_a: \mu > 0.025$; $t\bigstar = -2.47$; $\mathbf{P} > 0.50$ o
$\mathbf{P} = 0.990$
d. $t \geq 2.49$; no rechazar H_o

9.147 a. H_a: $\sigma \neq 0.3275$; $\chi^2\bigstar = 7.15$; $0.50 < \mathbf{P} < 1.00$;
$\chi^2 \leq 2.09$, $\chi^2 \geq 21.7$; no rechazar H_o
b. H_a: $\sigma \neq 0.3275$; $\chi^2\bigstar = 13.97$; $0.20 < \mathbf{P} < 0.50$;
$\chi^2 \leq 2.09$, $\chi^2 \geq 21.7$; no rechazar H_o
c. Desviaciones estándar muestrales más grandes aumentan el valor ji cuadrada

9.149 0.0359

9.153 35 524 a 36 476 millas

9.155 a. 8.782, 0.710
b. 8.78
c. 8.64 a 8.92 pulgadas

9.157 72

9.159 a. $\bar{x} = \$908.30$, $s = \$118.50$

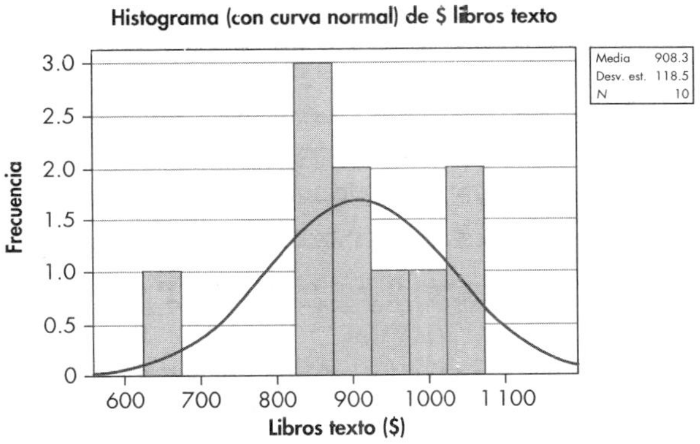

c. \$823.61 a \$992.99

9.161 H_a: $\mu < 640$; $t\bigstar = -2.14$;
$0.01 < \mathbf{P} < 0.025$; $t \leq -1.74$; Rechazar H_o

9.163 a. 31.45, 8.049
b. H_a: $\mu > 28.0$; $t\bigstar = 1.92$;
$0.025 < \mathbf{P} < 0.05$; $t \geq 1.73$; Rechazar H_o

9.165

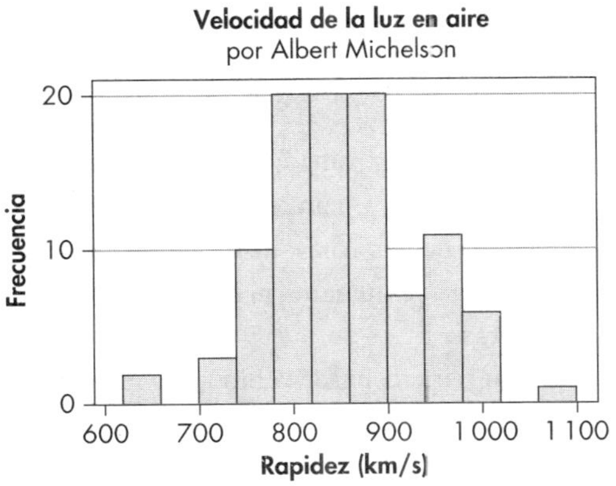

H_a: $\mu \neq 734.5$; $t\bigstar = 14.92$;
$\mathbf{P} = 0.00+$; $t \leq -2.65$, $t \geq 2.65$; Rechazar H_o

9.167 0.122 a 0.278

9.169 a. 0.126 a 0.340
b. sobrestimar porcentaje de clientes satisfechos

9.171 3 388

9.173

$p =$	0.1	0.2	0.3	0.4	0.5	0.6	0.7	0.8	0.9
$pq =$	0.09	0.16	0.21	0.24	0.25	0.24	0.21	0.16	0.09

9.175 0.0401

9.181 a. parámetro; binomial p, P(éxito)
b. 0.60 a 0.66

9.183 H_a: $\sigma > 81$; $\chi^2\bigstar = 123.1$;
$0.05 < \mathbf{P} < 0.10$; $\chi^2 \geq 124.0$; no rechazar H_o

9.185 H_a: $\sigma > \$2.45$; $\chi^2\bigstar = 101.5$;
$0.005 < \mathbf{P} < 0.01$; $\chi^2 \geq 90.5$; Rechazar H_o

9.187 b. H_a: $\mu \neq 2.0$; $t\bigstar = 3.08$;
$\mathbf{P} < 0.010$; $t \leq -2.04$, $t \geq 2.04$; Rechazar H_o
c. H_a: $\sigma > 0.040$; $\chi^2\bigstar = 48.96$;
$0.01 < \mathbf{P} < 0.25$; $\chi^2 \geq 43.8$; Rechazar H_o

9.189 a.

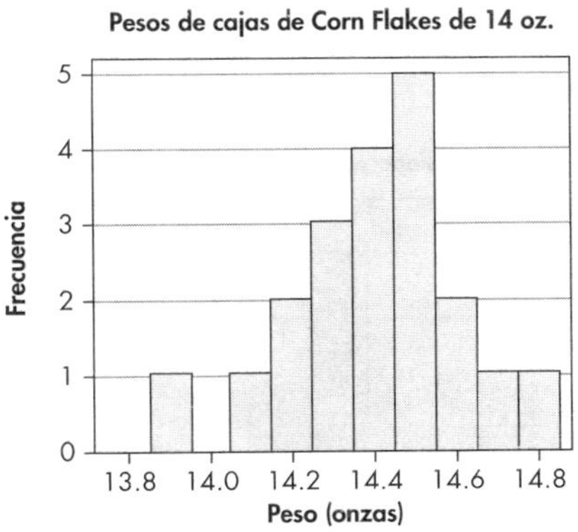

b. $\bar{x} = 14.386$, $s = 0.217$ c. 5%

d.

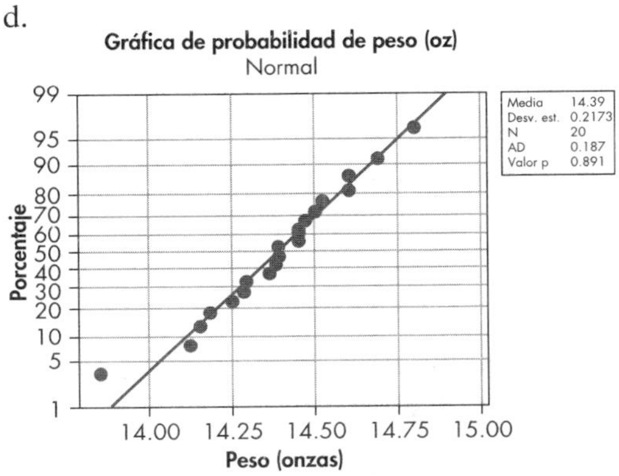

e. $\bar{x} = 14.386$, $s = 0.217$; 14.285 a 14.487
f. H_a: $\sigma > 0.2$; $\chi^2\bigstar = 22.37$;
$\mathbf{P} = 0.2662$; $\chi^2 \geq 36.2$; no rechazar H_o

9.191 a. 0.8051 b. 0.1271
c. 1016.46 cajas

Capítulo 10

10.1 a. tiempo de traslado de hombre a la universidad, tiempo de traslado de mujer a la universidad
b. hombre: $\bar{x} = 17.97$, $s = 5.42$; mujer: $\bar{x} = 25.64$, $s = 9.95$

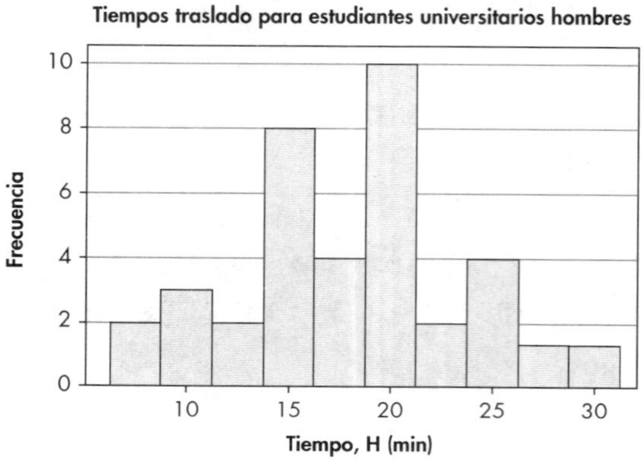

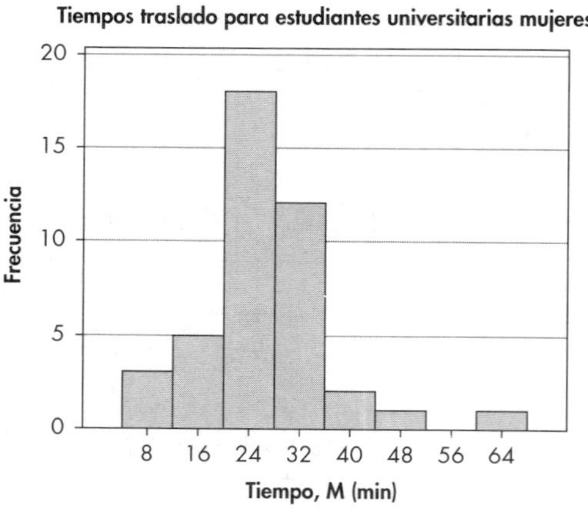

c. independiente, separada, muestras no relacionadas, no apareadas
d. sí, independiente; no puede estar apareada
e. no: si está apareada, entonces es dependiente, si no está apareada entonces es independiente

10.5 Independiente, las muestras son conjuntos separados de estudiantes

10.7 Dependiente, cada persona ofrece un dato para cada muestra

10.9 Independiente, muestras separadas

10.13 a. $d = A - B$: 1 1 0 2 −1
b. 0.6 c. 1.14

10.15 a. 4.24 a 8.36;
b. intervalo de confianza más estrecho

10.19 $d = A - B$, $n = 8$, $\bar{d} = 3.75$, $s_d = 5.726$
−1.03 a 8.53

10.21 a. Los costos de seguros para hombres parecen más altos que los costos de seguros para mujeres.
c. hombres: $\bar{x} = \$1\,242.70$, $s = \$334.90$; mujeres; $\bar{x} = \$1026.80$, $s = \$299.50$; diferencia: $\bar{x} = \$215.90$, $s = \$44.30$
d. distribuciones de costo de hombre y mujer, aproximadamente normal
e. \$192.31 a \$239.49
f. sí, todo el intervalo de confianza arriba de cero

10.23 a. H_a: $\mu_d > 0$; d = postexamen – preexamen
b. H_a: $\mu_d \neq 0$; d = antes – después
c. H_a: $\mu_d \neq 0$; d = lectura1 – lectura2
d. H_a: $\mu_d > 0$; d = poscalificación – precalificación

10.25 a. $P(t > 1.86 | \text{gl} = 19)$; $0.025 < \mathbf{P} < 0.05$
b. $2P(t < -1.86 | \text{gl} = 19)$; $0.05 < \mathbf{P} < 0.10$
c. $P(t < -2.63 | \text{gl} = 28)$; $0.005 < \mathbf{P} < 0.01$
d. $P(t > 3.57 | \text{gl} = 9)$; $< \mathbf{P} < 0.005$

10.27 H_a: $\mu_d > 0$ (aumentado); $t\bigstar = 4.42$;
$\mathbf{P} < 0.005$; $t(14, 0.05) = 1.76$; Rechazar H_o

10.29 H_a: $\mu_d > 0$ (benéfica); $t\bigstar = 3.067$;
$\mathbf{P} < 0.005$; $t(39, 0.01) = 2.44$; Rechazar H_o

10.31 $t\bigstar = 2.45$; $0.025 < \mathbf{P} < 0.05$;
$t(4, 0.05) = 2.13$; Rechazar H_o

10.35 $t\bigstar = -1.30$; $\mathbf{P} = 0.13$; no rechazar H_o

10.37 H_a: $\mu_d > 0$ (mejoría); $t\bigstar = 0.56$;
$\mathbf{P} > 0.25$; $t(9, 0.05) = 1.83$; no rechazar H_o

10.39 a. la diferencia promedio es cero
b. valores usados para tomar la decisión
c. prueba de dos colas; distribución t es simétrica; ausencia de números negativos hace menos confuso
d. fallar para rechazar la hipótesis nula en 12 de ellas
e. Los dos métodos son equivalentes.
f. método revisado de Florida para muestreo se acepta e implementa

10.41 4.92

10.43 Caso I: entre 17 y 40; Caso II: 17

10.45 -6.3 a 16.3

10.47 \$21.40 a \$42.22

10.51 Dakota del Sur: $n = 14, \bar{x} = 1548, s = 401$; Dakota del Norte: $n = 11, \bar{x} = 1403, s = 159$; -116.8 a 406.8

10.53 a. H_a: $\mu_1 - \mu_2 \neq 0$ b. H_a: $\mu_1 - \mu_2 > 0$ c. H_a: $\mu_S - \mu_N > 0$ d. H_a: $\mu_M - \mu_F \neq 0$

10.55 a. 1.21 b. 0.1243 c. 1.56

10.57 2.64

10.59 a. ± 2.13 b. -2.47 c. 1.41 d. -2.16

10.63 No

10.65 H_a: $\mu_1 - \mu_2 > 0$; $t\bigstar = 4.02$; $P < 0.005$; $t \geq 2.44$; Rechazar H_o

10.67 H_a: $\mu_G - \mu_B \neq 0$; $t\bigstar = 1.44$; $0.10 < \mathbf{P} < 0.20$; $t \leq -2.16, t \geq 2.16$; no rechazar H_o

10.69 b. $0.554 < \mathbf{P} < 0.624$ c. $0.560 < \mathbf{P} < 0.626$

10.71 H_a: $\mu_M - \mu_F > 0$; $t\bigstar = 0.02$; $\mathbf{P} > 0.25$; $t \geq 2.02$; no rechazar H_o

10.73 H_a: $\mu_Y - \mu_C > 0$; $t\bigstar = 2.57$; $0.01 < \mathbf{P} < 0.025$; $t \geq 1.80$; Rechazar H_o

10.75 a. sí, valores p de pruebas de normalidad > 0.05
b. H_a: $\mu_F - \mu_M \neq 0$; $t\bigstar = 4.32$; $\mathbf{P} < 0.01$; $t \leq -2.03, t \geq 2.03$; Rechazar H_o
c. vivir en casa o no, tener hijos, tener un empleo, método de traslado

10.77 a. no pulido: $\bar{x} = 8.98, s = 3.12$, pulido $\bar{x} = 2.126, s = 0.437$
b. Los histogramas se muestran amontonados, distribuciones ligeramente sesgadas; las pruebas de normalidad demuestran normalidad en ambas distribuciones.

10.83 75, 250, 0.30, 0.70

10.85 a. 0.085 b. 0.115

10.89 0.000 a 0.080

10.91 0.186 a 0.314

10.93 a. H_a: $p_m - p_w \neq 0$ b. H_a: $p_b - p_a > 0$ c. H_a: $p_c - p_{nc} > 0$

10.95 0.076; 0.924

10.97 1.34; 0.0901

10.99 a. $z \geq 1.65$ b. $z \leq -196, z \geq 1.96$ c. $z \leq -1.75$ d. $z \geq 2.33$

10.101 H_a: $p_m - p_c \neq 0$; $z\bigstar = 1.42$; $\mathbf{P} = 0.1556$; $z \leq -1.96$ y $z \geq 1.96$; no rechazar H_o

10.103 H_a: $p_c - p_{nc} > 0$; $z\bigstar = 4.32$; $\mathbf{P} < 0.00002$; $z \geq 2.33$; Rechazar H_o

10.105 b. H_a: $p_w - p_m \neq 0$; $z\bigstar = 0.64$; $\mathbf{P} = 0.5222$; $z \leq -1.96$ y $z \geq 1.96$; no rechazar H_o
c. $z\bigstar = 3.18$; $\mathbf{P} = 0.0014$; $z \leq -1.96$ y $z \geq 1.96$; Rechazar H_o
d. toma un tamaño muestral razonablemente grande para mostrar significancia

10.107 a. H_a: $p_M - p_W \neq 0$; $z\bigstar = 1.82$; $\mathbf{P} = 0.0688$; $z \leq -1.96$ y $z \geq 1.96$; no rechazar H_o
b. $z\bigstar = 2.57$; $\mathbf{P} = 0.0102$; $z \leq -1.96$ y $z \geq 1.96$; Rechazar H_o
c. 291

10.109 H_a: $p_2 - p_1 \neq 0$; $z\bigstar = 1.43$; $\mathbf{P} = 0.1528$; $z \leq -1.96$ y $z \geq 1.96$; No rechazar H_o

10.111 a. H_a: $\sigma_A^2 \neq \sigma_\beta^2$ b. H_a: $\sigma_I/\sigma_{II} > 1$ c. H_a: $\sigma_A^2/\sigma_\beta^2 \neq 1$ d. H_a: $\sigma_D^2/\sigma_C^2 > 1$

10.113 Dividir desigualdad por σ_p^2

10.115 a. $F_{(9, 11, 0.025)}$ b. $F_{(24, 19, 0.01)}$ c. $F_{(8, 15, 0.01)}$ d. $F_{(15, 9, 0.05)}$

10.117 a. 2.51 b. 2.20 c. 2.91 d. 4.10 e. 2.67 f. 3.77 g. 1.79 h. 2.99

10.119 3.37

10.121 1.51

10.123 0.495; menor varianza en numerador

10.125 H_a: $\sigma_e \neq \sigma_c$; $F\bigstar = 1.40$; $P > 0.05$; $F \geq 2.27$; no rechazar H_o

10.127 H_a: $\sigma_k^2 \neq \sigma_m^2$; $F\bigstar = 1.33$; $\mathbf{P} > 0.10$; $F \geq 3.73$; no rechazar H_o

10.129 Multiplcar por 2

10.131 $(4.43)^2/(3.50)^2 = 1.60$

10.133 a. H_a: $\sigma_{NBA}^2 \neq \sigma_{MLB}^2$; $F\bigstar = 5.72$; $0.025 < \mathbf{P} < 0.05$; $F \geq 4.76$; Rechazar H_o

b. H_a: $\mu_{NBA} - \mu_{MLB} > 0$;
$t\bigstar = 3.56$; $\mathbf{P} < 0.005$;
$t \geq 1.89$; Rechazar H_o

10.135 a. $\bar{x}_1 = 0.01525$, $s_1 = 0.00547$;
$\bar{x}_2 = 0.02856$, $s_2 = 0.00680$
b. H_a: $\sigma_1^2 \neq \sigma_2^2$; $F\bigstar = 1.55$; $P > 0.10$; $F \geq 4.42$; no rechazar H_o
c. H_a: $\mu_2 - \mu_1 \neq 0$; $t\bigstar = 5.64$; $\mathbf{P} < 0.01$;
$t \leq -2.36$, $t \geq 2.36$; Rechazar H_o

10.137 a. Hombres: $\bar{x}_m = \$68.14$, $s_m = \$47.95$
Mujeres: $\bar{x}_W = \$85.90$, $s_w = \$63.50$

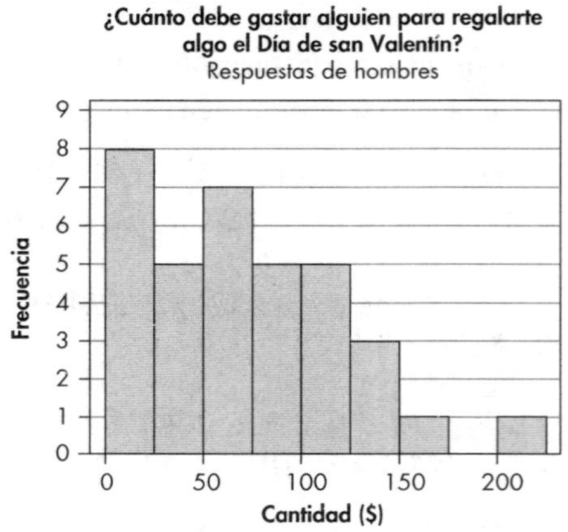

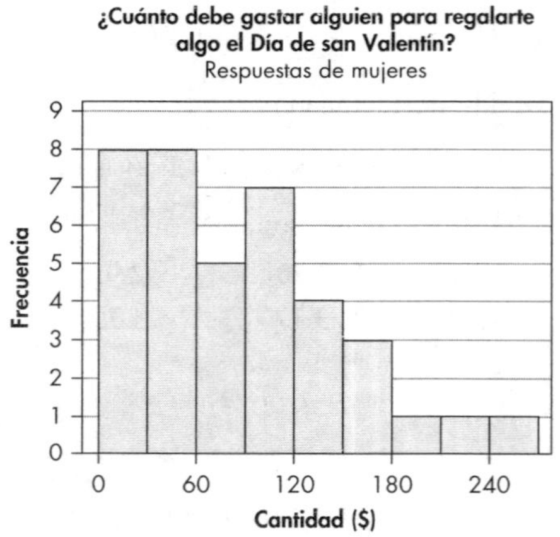

d. H_a: $\mu_w - \mu_m > 0$;
$t\bigstar = 1.36$; $0.05 < \mathbf{P} < 0.10$
$t \geq 1.70$; no rechazar H_o
e. H_a: $\sigma_w \neq \sigma_m$; $F\bigstar = 1.75$; $\mathbf{P} \approx 0.10$;
$F \geq 2.07$; no rechazar H_o
f. la diferencia no fue significativa

10.141 dependiente; mismo conjunto de 18 diamantes se valora por dos valuadores

10.143 -8.85 a 16.02

10.145 0.95 a 3.05

10.147 a. 1.0
b. H_a: $\mu_d > 0$ (antes − después); $t\bigstar = 1.18$;
$0.10 < \mathbf{P} < 0.25$; $t \geq 3.00$; no rechazar H_o

10.149 -0.21 a 10.61

10.151 -0.12 a 0.78

10.153 0.012 a 0.072

10.155 H_a: $\mu_2 - \mu_1 > 0$; $t\bigstar = 0.988$;
$0.10 < \mathbf{P} < 0.25$; $t \geq 1.72$; no rechazar H_o

10.157 H_a: $\mu_2 - \mu_1 > 0$; $t\bigstar = 1.30$; $0.10 < \mathbf{P} < 0.25$;
$t \geq 2.47$; no rechazar H_o

10.159 H_a: $\mu_A - \mu_B \neq 0$; $t\bigstar = 5.84$; $\mathbf{P} < 0.01$;
$t \leq -2.98$, $t \geq 2.98$; Rechazar H_o

10.161 a. M: $\bar{x} = 74.69$, $s = 10.19$,
F: $\bar{x} = 79.83$, $s = 8.80$,

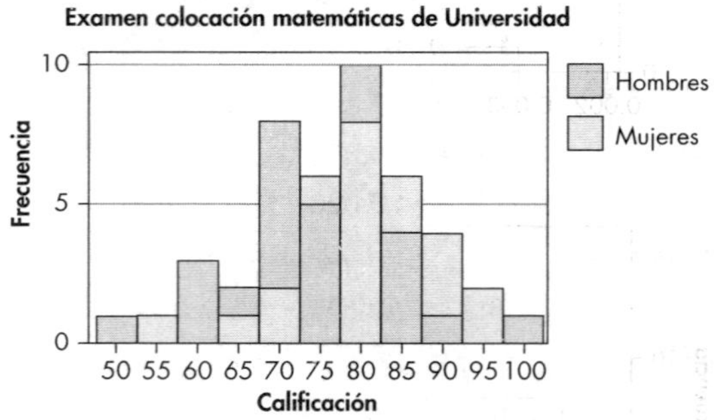

b. M: H_a: $\mu \neq 77$;
$t\bigstar = -1.36$; $0.10 < \mathbf{P} < 0.20$;
$t \leq -2.03$, $t \geq 2.03$; no rechazar H_o
F: H_a: $\mu \neq 77$; $t\bigstar = 1.76$; $0.05 < \mathbf{P} < 0.10$;
$t \leq -2.05$, $t \geq 2.05$; no rechazar H_o
c. ambos no significativamente diferentes de 17
d. H_a: $\mu_F - \mu_M \neq 0$;
$t\bigstar = 2.19$; $0.02 < \mathbf{P} < 0.05$;
$t \leq -2.05$, $t \geq 2.05$; Rechazar H_o
e. y f. plantean diferentes preguntas

10.163 -0.044 a 0.164

10.165 a. $z\bigstar = 2.37$; $\mathbf{P} = 0.0178$;
diferencia significativa para $\alpha \geq 0.02$
b. $z\bigstar = 2.90$; $\mathbf{P} = 0.0038$;
diferencia significativa para $\alpha \geq 0.01$
c. $z\bigstar = 3.35$; $\mathbf{P} = 0.0008$;
diferencia significativa para $\alpha \geq 0.001$
d. el error estándar se vuelve más pequeño

10.167 H_a: $p_a - p_1 \neq 0$; $z\bigstar = 1.26$; $\mathbf{P} = 0.2076$; $z \leq -2.58$ y $z \geq 2.58$; no rechazar H_o

10.169 H_a: $\sigma_m^2 > \sigma_f^2$; $F\bigstar = 2.58$; $0.025 < \mathbf{P} < 0.05$; $F \geq 2.53$; Rechazar H_o

10.171 H_a: $\sigma_n^2 \neq \sigma_s^2$; $F\bigstar = 1.28$; $\mathbf{P} > 0.10$; $F \geq 2.01$; no rechazar H_o

10.173 a.

	N	Media	Desv. Est.
Cont	50	0.005459	0.000763
Prueba	50	0.003507	0.000683

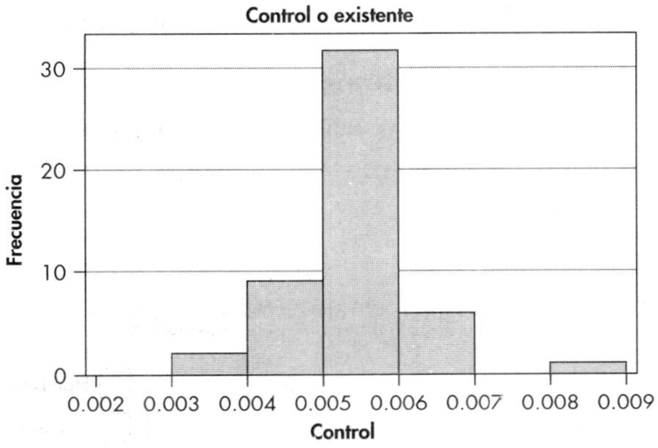

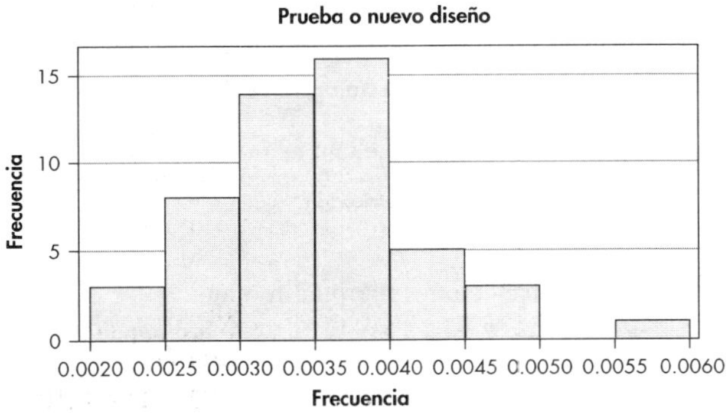

b. Ambos aproximadamente normales
c. Una cola: busca una reducción
d. H_a: $\sigma_c^2 > \sigma_t^2$; $F\bigstar = 1.248$; $\mathbf{P} > 0.05$; $F \geq 1.69$; No rechazar H_o
e. H_a: $\mu_c - \mu_t > 0$; $t\bigstar = 13.48$; $\mathbf{P} = +0.000$; $t \leq -1.68, t \geq 1.68$; Rechazar H_o
f. la fuerza media se redujo, mas no la variabilidad

Capítulo 11

11.1 a. una forma preferida para "enfriar" la boca después de comer salsa picante
b. los adultos estadounidenses profesan amor por la comida picante condimentada; método de "enfriamiento"
c. 36.5%, 14.5%, 17.5%, 9.5%, 10%, 6.5%, 5.5%

11.3 a. 23.2 b. 23.3 c. 3.94 d. 8.64

11.5 a. $\chi^2(14, 0.01) = 29.1$ b. $\chi^2(25, 0.025) = 40.6$, $\chi^2(25, 0.025) = 13.1$

11.7 a. Preguntar a una persona
b. Día de nacimiento de la semana
c. los 7 días de la semana

11.9 a. H_o: $P(1) = P(2) = P(3) = P(4) = P(5) = 0.2$
H_a: no igualmente probable
b. H_o: $P(1) = 2/8, P(2) = 3/8, P(3) = 2/8, P(4) = 1/8$
H_a: al menos uno es diferente
c. H_o: $P(E) = 0.16, P(G) = 0.38, P(F) = 0.41, P(P) = 0.05$
H_a: porcentajes diferentes de los especificado

11.11 a. $P(\chi^2 > 12.25|\text{gl} = 3)$; $0.005 < P < 0.01$
b. $P(\chi^2 > 5.98|\text{gl} = 2)$; $0.05 < P < 0.10$

11.15 a. H_o: $P(A) = P(B) = P(C) = P(D) = P(E) = 0.2$
b. χ^2
c. H_a: preferencias no iguales no rechazar; $\chi^2\bigstar = 4.40$; $\mathbf{P} = 0.355$; $\chi^2 \geq 7.78$; no rechazar a H_o

11.17 H_a: proporciones diferentes; $\chi^2\bigstar = 16.317$; $\mathbf{P} < 0.005$; $\chi^2 \geq 9.21$; Rechazar H_o

11.19 a. 60
b. 2
c. H_a: razón distinta de 6:3:1
$\chi^2\bigstar = 2.67$; $\mathbf{P} = 0.263$; $\chi^2 \geq 4.61$; no rechazar H_o Rechazar H_o

11.21 H_a: las proporciones son diferentes
$\chi^2\bigstar = 7.35$; $\mathbf{P} = 0.062$; $\chi^2 \geq 7.81$; no rechazar H_o

11.23 H_a: Opiniones distribuidas de manera diferente
$\chi^2\bigstar = 213.49$; $\mathbf{P} < 0.005$; $\chi^2 \geq 9.49$; Rechazar H_o

11.25 H_a: Opiniones distribuidas de manera diferente
$\chi^2\bigstar = 10.05$; $\mathbf{P} = 0.123$; $\chi^2 \geq 12.6$; no rechazar H_o

11.27 H_a: proporciones diferentes
$\chi^2\bigstar = 13.537$; $\mathbf{P} = 0.0352$; $\chi^2 \geq 12.6$; Rechazar H_o

11.29 a. H_a: proporciones diferentes de la lista
$\chi^2\bigstar = 44.4928$; $\mathbf{P} < 0.005$; $\chi^2 \geq 7.81$; Rechazar H_o
b. 4ª. celda

11.31 a. H_a: La preferencia de los votantes y la afiliación partidista no son independientes.
b. H_a: La distribución no es la misma para los tres
c. H_a: La proporción de sí no es la misma en todas las categorías

11.33 10

11.37 H_a: La dirección no fue independiente del tipo de vehículo
$\chi^2\star = 71.249$; $\mathbf{P} = 0.000$; $\chi^2 \geq 6.63$; Rechazar H_o

11.39 H_a: Tener Tourette no es independiente de etnicidad y raza; $\chi^2\star = 1.434$; $\mathbf{P} = 0.488$; $\chi^2 \geq 5.99$; no rechazar H_o

11.41 H_a: Respuesta no es independiente de años
$\chi^2\star = 3.390$; $\mathbf{P} = 0.335$; $\chi^2 \geq 6.25$; no rechazar H_o

11.43 H_a: Tamaño de comunidad de residencia no es independiente de tamaño de comunidad de crianza
$\chi^2\star = 35.741$; $\mathbf{P} < 0.005$; $\chi^2 \geq 13.3$; rechazar H_o

11.45 H : número de defectos no es independiente del día
$\chi^2\star = 8.548$; $\mathbf{P} = 0.074$; $\chi^2 \geq 9.49$; no rechazar H_o

11.47 H_a: Creadores y lectores de blog no están igualmente proporcionados
$\chi^2\star = 3.954$; $\mathbf{P} = 0.138$; $\chi^2 \geq 5.99$; no rechazar H_o

11.49 H_a: Distribuciones diferentes
$\chi^2\star = 2.678$; $\mathbf{P} = 0.444$; $\chi^2 \geq 7.81$; no rechazar a H_o

11.51 H_a: Miedo y no miedo no están igualmente proporcionados
$\chi^2\star = 80.959$; $\mathbf{P} < 0.005$; $\chi^2 \geq 13.3$; rechazar H_o

11.53 Género:
H_a: Mujeres y hombres no están igualmente proporcionados para cada dosis
$\chi^2\star = 0.978$; $\mathbf{P} = 0.613$; $\chi^2 \geq 9.21$; no rechazar H_o

Dosis:
H_a Los grupos etáreos no están igualmente proporcionados para cada dosis $\chi^2\star = 7.449$; $\mathbf{P} = 0.114$; $\chi^2 \geq 13.3$; no rechazar H_o

11.55 a. $\chi^2\star = 4.043$; $\mathbf{P} = 0.257$
b. $\chi^2\star = 8.083$, $\mathbf{P} = 0.044$; $\chi^2\star = 12.127$, $\mathbf{P} = 0.007$
c. Sí

11.57 H_a: proporciones diferentes de 1:3:4
$\chi^2\star = 10.33$; $\mathbf{P} = 0.006$; $\chi^2 \geq 5.99$; rechazar H_o

11.59 H_a: porcentajes diferentes de lo mencionado
$\chi^2\star = 6.693$; $\mathbf{P} = 0.153$; $\chi^2 \geq 9.49$; no rechazar H_o

11.61 H_a: porcentajes diferentes de lo mencionado
$\chi^2\star = 17.92$; $\mathbf{P} = 0.003$; $\chi^2 \geq 15.1$; rechazar H_o

11.63 $P(x < 130) = 0.0228$,
$P(130 < x < 145) = 0.1359$,
$P(145 < x < 160) = 0.3413$,
$P(160 < x < 175) = 0.3413$,
$P(175 < x < 190) = 0.1359$,
$P(x > 190) = 0.0228$
H_a: Los pesos no son N(160, 15);
$\chi^2\star = 5.812$; $\mathbf{P} = 0.325$; $\chi^2 \geq 11.1$; no rechazar H_o

11.65 a. H_a: Las distribuciones son diferentes
$\chi^2\star = 6.1954$; $\mathbf{P} = 0.2877$; $\chi^2 \geq 11.1$; no rechazar H_o
b. $\chi^2\star = 36.761$; $\mathbf{P} < 0.005$; $\chi^2 \geq 11.1$; Rechazar H_o
c. $\chi^2\star = 92.93$; $\mathbf{P} < 0.005$; $\chi^2 \geq 11.1$; Rechazar H_o
d. Ji cuadrada se vuelve más sensible a variaciones conforme el tamaño de la muestra se vuelve más grande

11.67 a. sí
b. el turno tiene un efecto, los defectos dependen de los turnos
c. H_a: las proporciones son diferentes de turno a turno;
$\chi^2\star = 16.734$; $\mathbf{P} = 0.0103$, $\chi^2 \geq 16.8$, no rechazar H_o
Nota: usar un valor de p redondeado conducirá a la decisión opuesta de la que produce el método clásico

11.69 H_a: La preferencia política no es independiente de la edad;
$\chi^2\star = 23.339$; $\mathbf{P} < 0.005$; $\chi^2 \geq 13.3$; Rechazar H_o

11.71 H_a: Las distribuciones fueron diferentes:
$\chi^2\star = 3.123$; $\mathbf{P} = 0.793$; $\chi^2 \geq 12.6$; no rechazar H_o

11.73 H_o: La proporción de rosetas de maíz que revientan es la misma para todas las marcas;
$\chi^2\star = 2.839$; $\mathbf{P} = 0.417$; $\chi^2 \geq 7.81$; no rechazar H_o

11.75 a. 2003: 73.2%; 2004: 74.2%
b. H_a: La razón de donadores de órganos no es la misma;
$\chi^2 = 5.955$; $\mathbf{P} = 0.015$; $\chi^2 \geq 3.84$; Rechazar H_o
c. Con tamaños muestrales muy grandes, las diferencias deben ser muy pequeñas para ser consideradas como no existentes.

Capítulo 12

12.1 Respecto al promedio: 3 más bajos-Dallas, Seattle, San Luis; 3 más altos-Atlanta, Boston, Filadelfia. La diferencia más grande entre San Luis y Filadelfia, ambas en promedio y límites.

12.3 Usa una prueba *t* de dos muestras para comparar los tiempos de traslado más bajo y más alto.

12.5 a. Atlanta: 16.52 a 32.81; Boston: 24.16 a 41.84
b. Las medias parecen diferentes, pero los intervalos se traslapan a la mitad.
c. 23.85 a 37.87
d. Dallas muy cerca de Boston y también se traslapa Atlanta a la mitad
e. Los tiempos de traslado medios son iguales
f. Los intervalos de confianza calculados son todos más anchos y los promedios calculados son todos más altos que los dados en El Ajetreo Matutino.

12.7 Unidades producidas por hora en cada nivel de temperatura

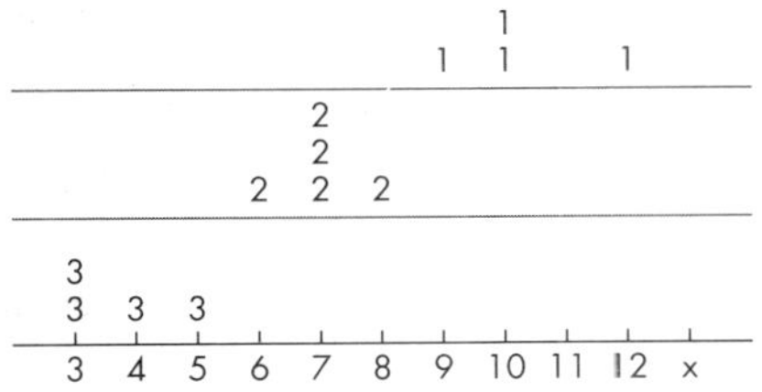

12.9 a. gl(error) = 17; SS(Factor) = 123.8; MS(Factor) = 41.2667; MS(Error) = 2.3765;
b. 41.2667/2.3765 = 17.36

12.11 mayor variabilidad entre los cuatro niveles

12.13 a. Sí, las ciudades mencionadas son muy diferentes que el promedio nacional.
b. Las ciudades son independientes y cada establecimiento de estacionamiento debe ser independiente dentro de la ciudad. Las muestras aleatorias de establecimientos de estacionamiento se seleccionaron para cada ciudad y se calcularon los promedios. Cada uno sería parte del gran conjunto de todos los costos de establecimiento de estacionamiento que se usó para calcular el promedio nacional de $15.

12.15 a. 0 b. 2 c. 4 d. 31 e. 393

12.17 a. H_o: $\mu_1 = \mu_2 = \mu_3 = \mu_4 = \mu_5$; H_a: no todas iguales
b. H_o: $\mu_1 = \mu_2 = \mu_3 = \mu_4$; H_a: no todas iguales
c. H_o: $\mu_1 = \mu_2 = \mu_3 = \mu_4$; H_a: no todas iguales
d. H_o: $\mu_1 = \mu_2 = \mu_3$; H_a: no todas iguales

12.19 a. $F \geq 3.34$
b. $F \geq 5.99$
c. $F \geq 3.44$

12.21 a. depende de si es mayor o menor que α
b. Rechazar H_o
c. No rechazar H_o

12.23 a. El factor de prueba no tiene efecto
b. El factor de prueba tiene un efecto
c. $P \leq \alpha$; F en la región crítica
d. efecto significativo
e. **P** $> \alpha$; F en región no crítica
f. Factor puesto a prueba no tiene efecto significativo.

12.27 a. 17 b. gl(Grupo) = 2
f. Muy probablemente fallar para rechazar H_o

12.29 H_a: media para trabajadores no es toda igual

Fuente	gl	SS	MS	F*
Trabajo	2	17.73	8.87	4.22
Error	12	25.20	2.10	
Total	14	42.93		

P = 0.041; $F \geq 3.89$; Rechazar H_o

12.31 H_a: medias no son iguales

Fuente	gl	SS	MS	F*
Factor	3	130.66	43.55	21.59
Error	34	68.60	2.02	
Total	37	199.26		

P = 0.000; $F \geq 4.51$; Rechazar H_o

12.33 H_a: calificaciones medias no iguales;

Fuente	gl	SS	MS	F*
Factor	2	19.60	9.80	3.68
Error	12	32.00	2.67	
Total	14	51.60		

P = 0.057 o $F \geq 3.89$; No rechazar H_o

12.35 H_a: edad media por grupos no es toda igual;

Fuente	gl	SS	MS	F*
Group	2	255	127	0.81
Error	55	8622	157	
Total	57	8876		

P = 0.449; $F \geq 3.23$; No rechazar H_o

12.37 a.

Ajetreo matutino en seis grandes ciudades EUA

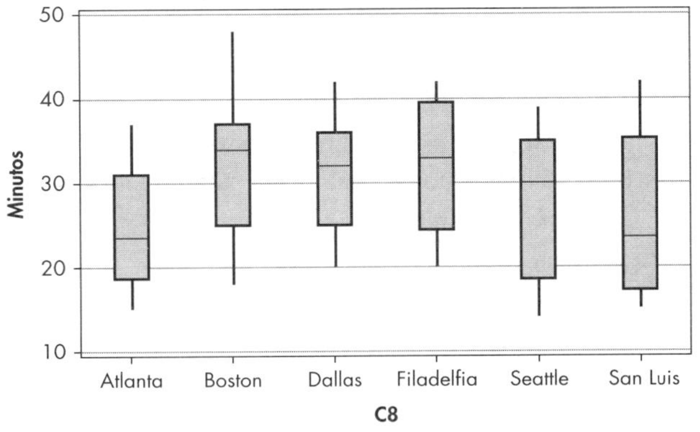

b. No, cada diagrama de caja parece aproximadamente igual que los otros

c. H_a: Los tiempos de traslado medios para ciudades no son iguales

Fuente	gl	SS	MS	F*
Factor	5	372.5	74.5	0.96
Error	30	2 329.0	77.6	
Total	35	2 701.6		

P $= 0.458$; $F \geq 2.53$; No rechazar H_o
Las medias no son significativamente diferentes

d. Sí, están de acuerdo; los centros y dispersiones para cada ciudad parecen las mismas gráfica y estadísticamente.

e. No; no; no, sólo se pregunta en un formato diferente.

12.39 a.

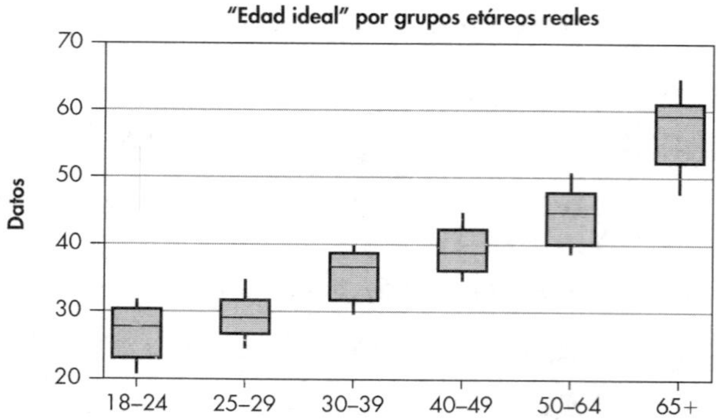

b. H_a: la "edad ideal" media no es la misma para todos los grupos etáreos

Fuente	gl	SS	MS	F*
Factor	5	3 765.3	753.1	42.33
Error	30	533.7	17.8	
Total	35	4 299.0		

P < 0.01; $F \geq 2.53$; Rechazar H_o

d. "Edades ideales" fueron diferentes pues las medias no se alinean horizontalmente

12.41 a. H_a: La propina porcentual media para días de la semana no son iguales

Fuente	gl	SS	MS	F*
Factor	2	132.1	66.0	2.46
Error	33	886.8	26.9	
Total	35	1 018.9		

P $= 0.101$; $F \geq 3.32$; No rechazar H_o

b. H_a: Propina porcentual media para importes de factura no son iguales

Fuente	gL	SS	MS	F*
Factor	2	254.9	127.4	5.50
Error	33	764.0	23.2	
Total	35	1 018.9		

P $= 0.009$; $F \geq 3.32$; Rechazar H_o

12.43 a.

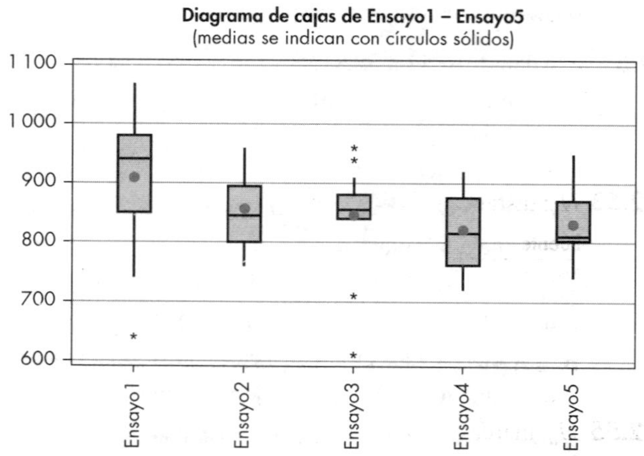

El ensayo 1 parece tener más variación y una media más alta.

b. H_a: Los resultados de ensayo no fueron todos iguales

Fuente	gl	SS	MS	F*
Factor	4	94 514	23 629	4.29
Error	95	523 510	5 511	
Total	99	618 024		

P $= 0.003$; $F \geq 2.49$; Rechazar H_o

12.45 b.

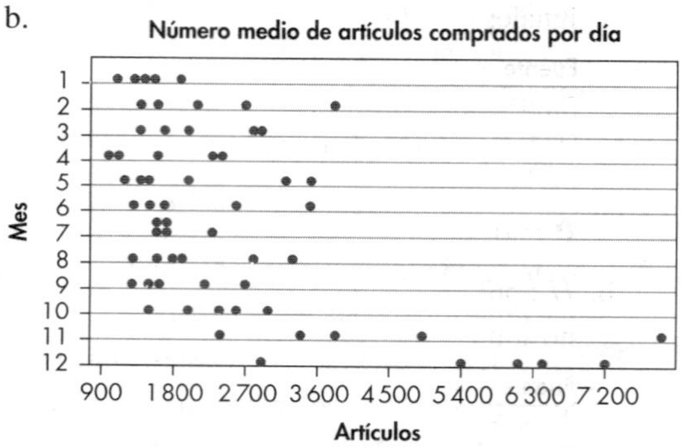

d. H_a: número medio de artículos comprados no es el mismo para meses

Fuente	gl	SS	MS	F*
Mes	11	84 869 019	7 715 365	7.56
Error	50	51 003 447	1 020 069	
Total	61	135 872 465		

P < 0.01; $F \geq 2.08$; Rechazar H_o

12.47 a. H_a: cantidad media de sal no es la misma

b. muestras aleatoria/independiente/normal, 0.05, F

c. no rechazar H_o, no diferencia significativa

12.49 a. H_a: cantidad media gastada no es la misma

b. No rechazar H_o

c. no

d. no

12.51 H_a: cantidades medias dispensadas no son iguales;

Fuente	gl	SS	MS	F*
Máquina	4	20.998	5.2495	31.6
Error	13	2.158	0.166	
Total	17	23.156		

P < 0.01; $F \geq 5.21$; Rechazar H_o

12.53 H_a: distancia media de frenado es afectada

Fuente	gl	SS	MS	F*
Marca	3	95.36	31.79	4.78
Error	19	126.47	6.66	
Total	22	221.83		

P $= 0.012$; $F \geq 3.13$; Rechazar H_o

12.55 H_a: marcas de bolas de golf no soportan pruebas de durabilidad igualmente bien

Fuente	gl	SS	MS	F*
Marca	5	75 047	15 009.4	5.30
Error	36	101 899	2 830.5	
Total	41	176 946		

P $= 0.001$; $F \geq 2.48$; Rechazar H_o

12.57 a. H_a: puntos medios anotados por división no son iguales

Fuente	gl	SS	MS	F*
División	3	16 885	5 628	0.85
Error	28	184 551	6 591	
Total	31	201 436		

P $= 0.476$; $F \geq 2.95$; No rechazar H_o

b. H_a: puntos medios anotados en contra por división no son iguales

Fuente	gl	SS	MS	F*
División	3	5 718	1 906	0.53
Error	28	99 912	3 568	
Total	31	105 630		

P $= 0.663$; $F \geq 2.95$; No rechazar H_o

12.59 H_a: Ganancias estacionales medias no son iguales

Fuente	gl	SS	MS	F*
Estación	3	145 652 222	48 550 741	3.83
Error	68	862 272 222	12 680 474	
Total	71	1 007 924 444		

P $= 0.014$; $F \geq 2.76$; Rechazar H_o

12.61 a. H_a: comparación nominal media no es la misma:

Fuente	df	SS	MS	F*
Factor	4	0.001830	0.000458	1.05
Error	105	0.045732	0.000436	
Total	109	0.047563		

P $= 0.385$; $F \geq 3.65$; no rechazar H_o

12.63 a. H_a: ancho de pétalo medio no es el mismo

Fuente	gl	SS	MS	F*
Especie	2	1 671.56	835.78	118.06
Error	27	191.14	7.08	
Total	29	1 862.70		

P < 0.01; $F \geq 3.37$; Rechazar H_o

b. H_a: ancho de sépalo medio no es el mismo

H_o

Fuente	gl	SS	MS	F*
Especie	2	197.1	98.6	7.78
Error	27	342.2	12.7	
Total	29	539.4		

P $= 0.002$; $F \geq 3.37$; Rechazar H_o

c. El tipo 0 tiene el PW más corto y el SW más largo. El tipo 1 tiene el PW más largo y el WS medio. El tipo 2 tiene el PW medio y el SW más corto.

12.67 b.

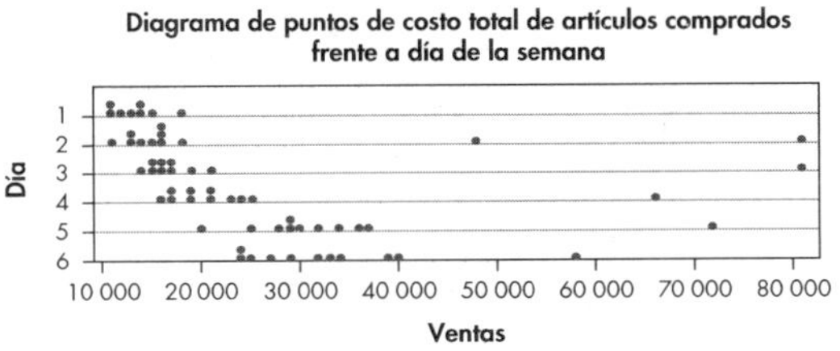

c. Sí

d. H_a: costo total medio de artículos comprados por día no es el mismo

Fuente	gl	SS	MS	F*
Día	5	2 657 284 622	531 456 924	2.24
Error	56	13 311 874 185	237 712 039	
Total	61	15 969 158 806		

P $= 0.063$; $F \geq 2.45$; No rechazar H_o

12.69 42

Capítulo 13

13.1 a. Estatura de esposa; a lo largo del eje x
b. Estatura de marido; a lo largo del eje y
c. Sí; el patrón oval alargado de puntos sugiere una relación lineal.

13.3 a. la suma de desviaciones en torno a la media fue cero
b. divide los datos en 4 cuadrantes

13.5 a.

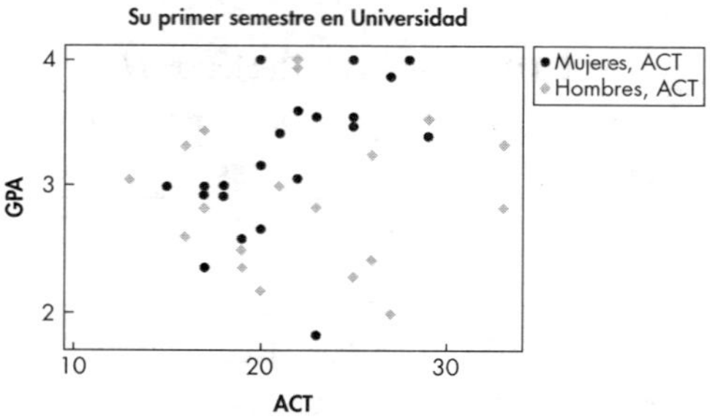

b. un poco similar

c.

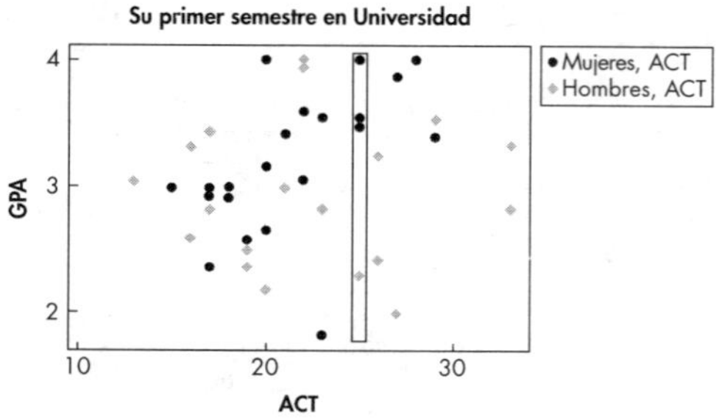

de 1.8 a 4.0
d. No, no ayuda

13.7 a.

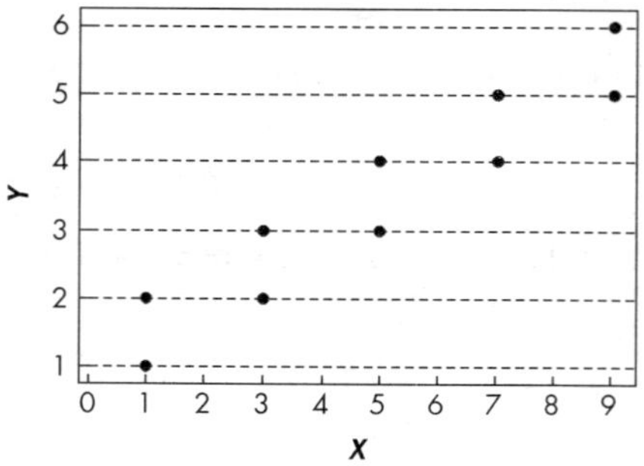

b. 4.44; $\Sigma x = 50$, $\Sigma y = 35$, $\Sigma x^2 = 330$, $\Sigma xy = 215$, $\Sigma y^2 = 145$;
c. 2.981, 1.581
d. 0.943
e. 0.943

13.11 a. $r = -0.460$
b. relación lineal ligeramente negativa
c.

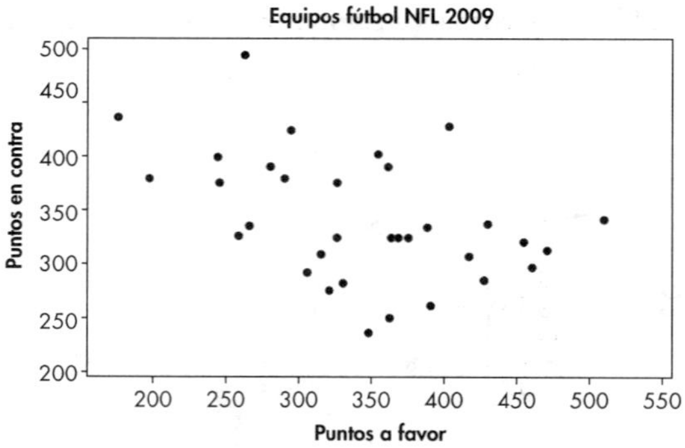

tendencia ligeramente descendente, conforme puntos en contra aumenta, punto a favor disminuye

13.13 a. 60 b. 40.99, 20.98
c. 0.07

13.17 a. 0.17 a 0.52
b. El intervalo se vuelve más estrecho.

13.19 a. 0.40 a 0.74 b. -0.78 a $+0.15$
c. 0.05 a 0.93 d. -0.65 a -0.45

13.21 $\Sigma x = 746$, $\Sigma y = 736$, $\Sigma x^2 = 57496$, $\Sigma xy = 56574$, $\Sigma y^2 = 55{,}826$; 0.955; 0.78 a 0.98

13.23 a. $r = 0.937$ b. $0.55 < \rho < 1.00$

13.25 a. H_a: $\rho > 0$ b. H_a: $\rho \neq 0$
c. H_a: $\rho < 0$ d. H_a: $\rho > 0$

13.27 a. $0.05 < \mathbf{P} < 0.10$ b. $0.025 < \mathbf{P} < 0.05$

13.29 a. ± 0.444
b. -0.378, es cola izquierda; 0.378, es cola derecha

13.31 b. $\mathbf{P} < 0.01$
c. ± 0.537, con tabla; ± 0.507, con interpolación
d. significativo en $\alpha = 0.01$

13.33 H_a: $\rho \neq 0.0$; $r\bigstar = 0.43$; $0.05 < \mathbf{P} < 0.10$; $r \leq -0.378$, $r \geq 0.378$; rechazar H_o

13.35 H_a: $\rho > 0.0$; $r\bigstar = 0.24$; $0.025 < \mathbf{P} < 0.05$; $r \geq 0.211$; Rechazar H_o

13.37 H_a: $\rho \neq 0.0$; $r\bigstar = 0.798$; $\mathbf{P} = 0.006$; $r \leq -0.632$, $r \geq 0.632$; Rechazar H_o

13.39 a. $r = -0.861$
b. H_a: $\rho \neq 0$, $r\bigstar = -0.861$, $\mathbf{P} = 0.013$, $r \leq -0.754$, $r \geq 0.754$; Rechazar H_o

13.41 a. Mayor producción usualmente no mejora la calidad deseada.

b.

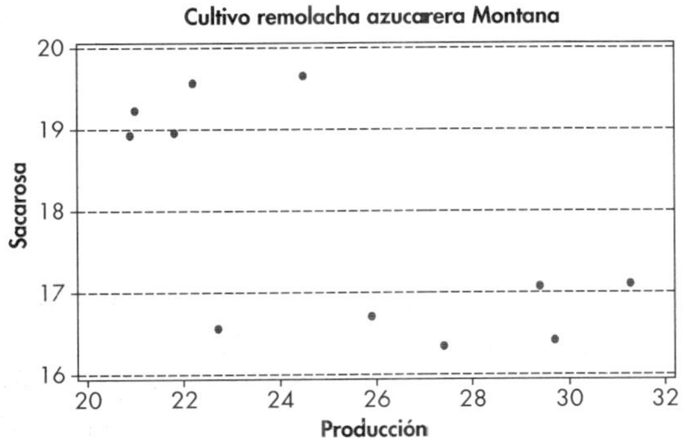

La relación en el diagrama de dispersión sugiere que la mayor producción reduce el contenido de sacarosa de las remolachas azucareras.

c. $r = -0.686$

d. H_a: $\rho \neq 0.0$; $r\bigstar = -0.686$; $\mathbf{P} = 0.020$; $r \leq -0.602, r \geq 0.602$; Rechazar H_o

f.

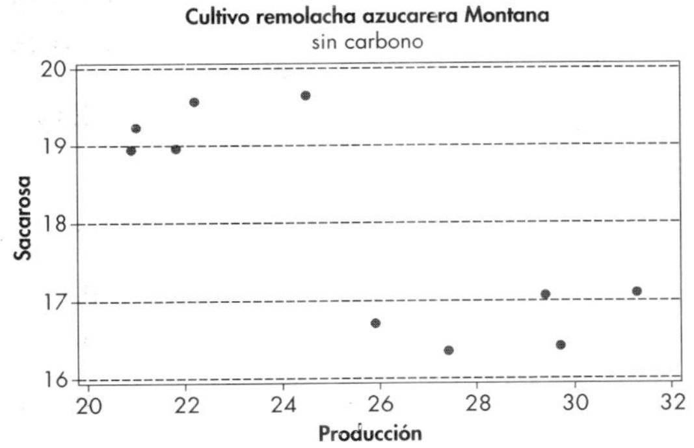

Resumen de datos: $n = 11, r = -0.813$
H_a: $\rho \neq 0.0$; $r\bigstar = -0.813$; $\mathbf{P} = 0.004$;
$r \leq -0.632, r \geq 0.632$; Rechazar H_o

13.45

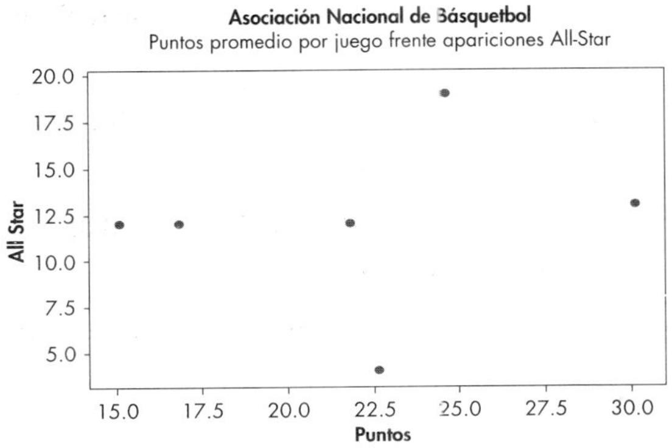

$r = 0.166$; All Star $= 8.81 + 0.146$ puntos

13.47 a.

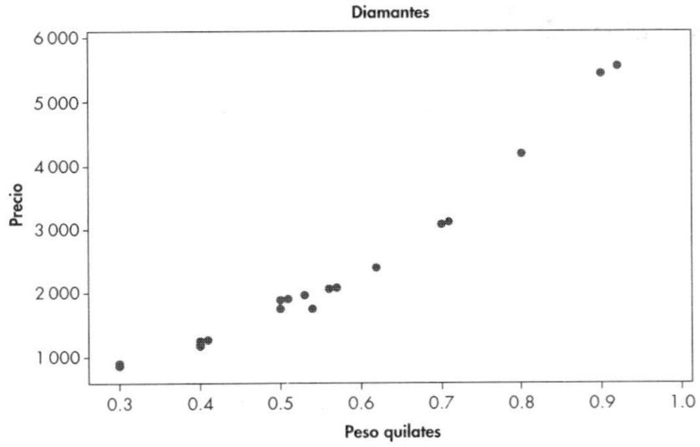

b. lineal

c. no puede predecir con confianza fuera del rango

d. $\hat{y} = -1\,900 + 7\,509x$

e. \$3 731.75

f. \$75.09

g. 113 511.0434

13.49 a. $\Sigma x = 50, \Sigma y = 35, \Sigma x^2 = 330, \Sigma xy = 215, \Sigma y^2 = 145; \hat{y} = 1.0 + 0.5x$

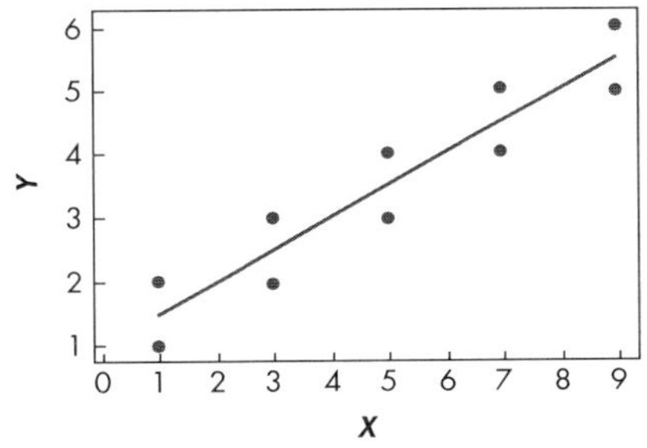

b. 1.5, 2.5, 3.5, 4.5, 5.5

c. $-0.5, 0.5$ alternativamente

d. 0.3125

e. 0.3125

13.53 0.1564

13.55 a. libros $= 20.3 - 0.150$ horas TV

b. -0.390 a $+0.090$

13.57 a. $\hat{y} = -348 + 2.04x$ b. 1.60 a 2.48

13.59 a. $0.01 < \mathbf{P} < 0.025$

b. $0.05 < \mathbf{P} < 0.10$

c. $0.05 < \mathbf{P} < 0.10$

13.61 a. $\hat{y} = 5\,936.79 + 30.732x$

c. $\mathbf{P} = 0.111$; no un predictor efectivo

d. $30.732 \pm (2.31)(17.158)$

13.63 a.

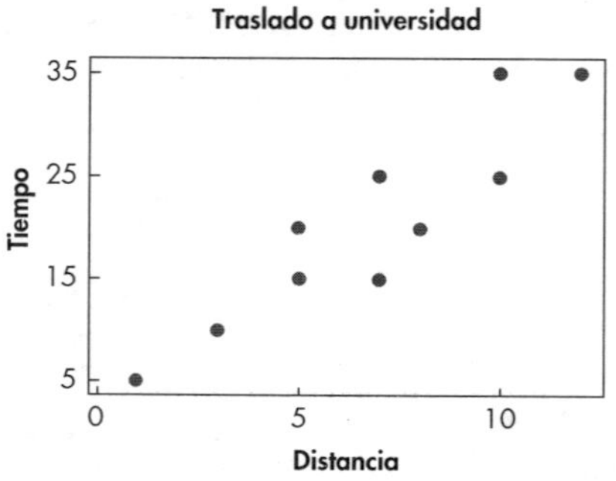

b. $\Sigma x = 68$, $\Sigma y = 205$, $\Sigma x^2 = 566$, $\Sigma xy = 1670$, $\Sigma y^2 = 5075$; $\hat{y} = 2.38 + 2.664x$
c. H_a: $\beta_1 > 0$; $t\bigstar = 6.55$; $\mathbf{P} < 0.005$ o $t \geq 1.86$, Rechazar H_o
d. 1.48 a 3.84

13.65 a. Altura esposo = 17.2 + 0.797 Altura esposa
b. H_a: $\beta_1 > 0$; $t\bigstar = 10.41$; $\mathbf{P} = 0.000$; $t \geq 1.67$; Rechazar H_o
c. 0.645 a 0.949

13.67 a.

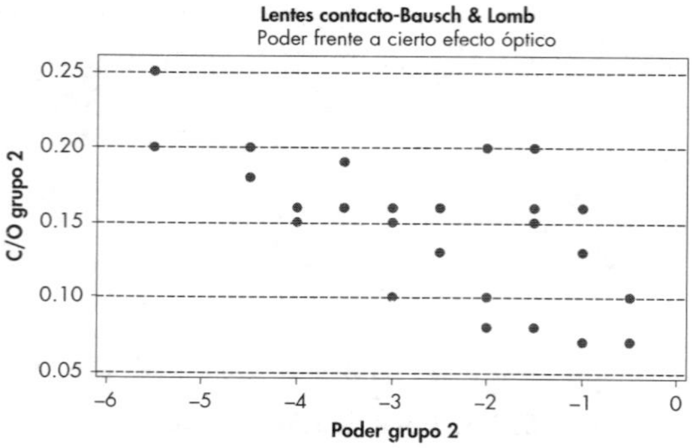

b. −0.674
c. H_a: $\rho \neq 0.0$; $\mathbf{P} < 0.01$; $r \leq -0.381$, $r \geq 0.381$; Rechazar H_o
d. $\hat{y} = 0.0881 - 0.0221x$
e. H_a: $\beta_1 < 0$; $t\bigstar = -4.82$; $\mathbf{P} < 0.005$; $t \leq -1.70$; Rechazar H_o

13.69 52.4 ± 0.14; 52.3 a 52.5

13.71 a. 13.04
b. 13.04 ± 3.23; 9.81 a 16.27
c. 13.04 ± 8.35; 4.69 a 21.39
d. 26.36 ± 2.95; 23.41 a 29.31
26.36 ± 8.25; 18.11 a 34.61

13.73 $\Sigma x = 16.25$, $\Sigma y = 152$, $\Sigma x^2 = 31.5625$, $\Sigma xy = 275$, $\Sigma y^2 = 2504$; $\hat{y} = 6.3758 + 5.4303x$
a. 17.24 ± 1.88; 15.4 a 19.1
b. 17.24 ± 5.59; 11.6 a 22.8

13.77 a. patrón global es alargado
b. pendiente significativa
c. noviembre y diciembre: temporada de fiestas

13.79 a.

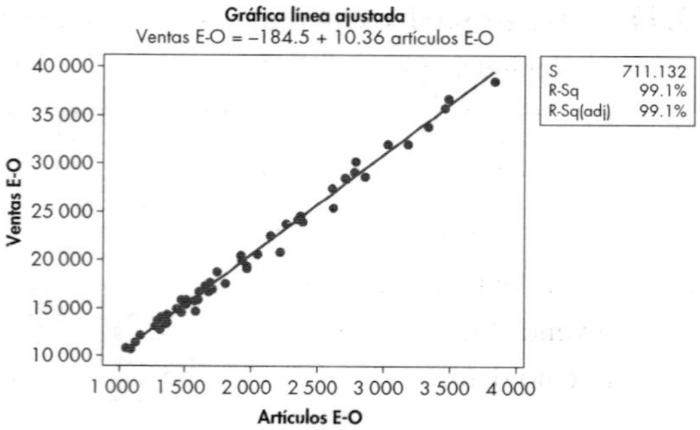

c. $r = 0.995$; $\hat{y} = -184.50 + 10.3555x$
d. H_a: $\beta_1 \neq 0$; $t\bigstar = 73.68$; $\mathbf{P} < 0.01$; $t \leq -2.01$, $t \geq 2.01$; Rechazar H_o
e. 30881.5 ± 1470.94; $29410.60 a $32352.40

13.81 a. Siempre b. Nunca c. A veces
d. A veces e. Siempre

13.83 H_a: $\rho > 0.0$; $r\bigstar = 0.69$; $\mathbf{P} < 0.005$; $r \geq 0.257$; Rechazar H_o

13.85 a. H_a: $\rho \neq 0.0$; $r\bigstar = 0.61$; $\mathbf{P} < 0.01$; $r \leq -0.482$, $r \geq 0.482$; Rechazar H_o
b. 118.7

13.87 a y c.

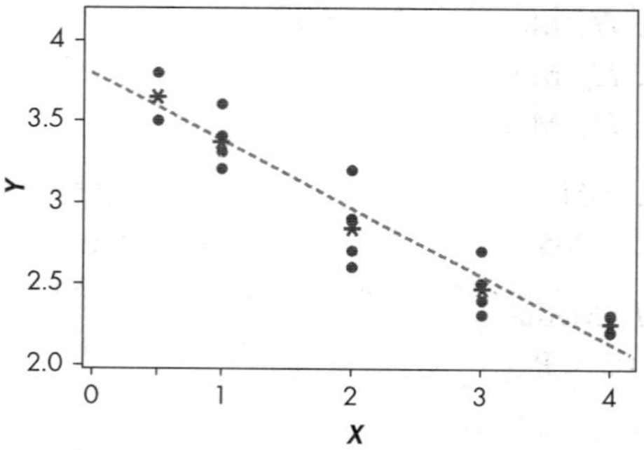

d. $\Sigma x = 37.5$, $\Sigma y = 52.7$, $\Sigma x^2 = 104.75$, $\Sigma xy = 98.75$, $\Sigma y^2 = 159.49$; $\hat{y} = 3.79 - 0.415x$
e. $s_e = 0.196697$
f. −0.496 a −0.334
g. 2.43 a 2.67
2.19 a 2.49
h. 2.12 a 2.98
1.90 a 2.78

13.89 $\Sigma x = 1177$, $\Sigma y = 567$, $\Sigma x^2 = 70033$, $\Sigma xy = 32548$, $\Sigma y^2 = 15861$
a. H_a: $\rho \neq 0.0$; $r\bigstar = 0.513$; $0.01 < \mathbf{P} < 0.02$; $r \leq -0.433$, $r \geq 0.433$; Rechazar H_o
b. $\hat{y} = 16.40 + 0.189x$
c. H_a: $\beta_1 > 0$; $t\bigstar = 2.61$; $0.005 < \mathbf{P} < 0.01$; $t \geq 1.73$; Rechazar H_o
d. 28.50 ± 9.97; 18.53 a 38.47

13.91 a. H_a: $\rho > 0.0$; $r\bigstar = 0.895$; $\mathbf{P} < 0.005$; $r \geq 0.360$; Rechazar H_o
b. $\hat{y} = -2.30 + 0.39x$; 17.23 $\pm$ 2.85; 14.38 a 20.08
c. 26.99 $\pm$ 2.60; 24.39 a 29.59

13.93 Las relaciones (costo frente a artículos, costo frente a ventas) no son tan fuertes: puede haber un cliente que no realice compras.

13.95 $\Sigma x = 16, \Sigma y = 38, \Sigma x^2 = 66, \Sigma xy = 145,$ $\Sigma y^2 = 326$
$b_1 = 1.5811; r = 0.9973$

Capítulo 14

14.1 a. sólo involucra los conteos de signos más y menos
b. mediana, la mitad de los datos está arriba de la mediana y la mitad está abajo

14.3 39 a 47

14.5 -7 a 1

14.7 a. H_a: Mediana < 18
b. H_a: Mediana < 32
c. H_a: Mediana $\neq 4.5$

14.9 a. 0.01 b. $0.025 < \mathbf{P} < 0.05$
c. 0.005 d. 0.0104

14.11 H_a: Mediana $\neq$ 42 años; $x = n(+) = 40$; $0.05 < \mathbf{P} < 0.10$ o $x \leq 39$; no rechazar H_o

14.13 H_a: P(+) $\neq 0.5$
Si $\mathbf{P} \leq \alpha$, rechazar H_o; si $\mathbf{P} > \alpha$, no rechazar H_o
a. $x = n(+) = 20, \mathbf{P} < 0.01$
b. $x = n(+) = 27, 0.01 < \mathbf{P} < 0.05$
c. $x = n(+) = 30, 0.10 < \mathbf{P} < 0.25$
d. $x = n(+) = 33, \mathbf{P} > 0.25$

14.15 a. $d = 2003 - 1999$
-39 -19 26 -9 5 2 9 31 -2 -15 10 12
b. H_a: $M > 0$ (mejorada);
$x = n(-) = 5$; $\mathbf{P} = 0.387$ o $\mathbf{P} > 0.125$; $x \leq 2$; no rechazar H_o
c. $d = 2007 - 2003$
-9 11 -26 -4 6 2 -5 0 -8 16 -11 -7
H_a: $M > 0$ (mejorada);
$x = n(+) = 4$; $\mathbf{P} = 0.887$ o $\mathbf{P} > 0.125$; $x \leq 2$; no rechazar H_o

14.17 H_a: preferencia por nuevo; $p > 0.5$; $z\bigstar = 1.74$; $\mathbf{P} = 0.0409$ or $z \geq 2.33$; no rechazar H_o

14.19 H_a: $P(+) > 0.5$; $x' = 718$

14.21 a. Diferencia entre dos medias independientes
b. no se usa el tamaño de los datos, sólo su rango

14.23 a. H_o: iguales; H_a: son diferentes
b. H_o: igual; H_a: no igual
c. H_o: iguales; H_a: A es mayor que B

14.25 a. $\mathbf{P} > 0.05$
b. $\mathbf{P} < 0.05$
c. $\mathbf{P} = 0.0089$

14.27 a. $U \leq 88$ b. $z \leq -1.65$

14.31 H_a: no igual; $U\bigstar = 12.5$; $\mathbf{P} > 0.10$ o $U \leq 3$; no rechazar H_o

14.35 H_a: es mayor; $U\bigstar = 178$; $z\bigstar = -2.61$; $\mathbf{P} = 0.0045$; $z \leq -1.65$; Rechazar H_o

14.37 a. H_o: Orden aleatorio; H_a: No ocurre en orden aleatorio
b. H_o: La secuencia está en orden aleatorio; H_a: No aleatorio
c. H_o: El orden fue aleatorio; H_a: No aleatorio

14.39 a. $V \leq 9$ o $V \geq 22$
b. $z \leq -1.96$ o $z \geq +1.96$

14.41 H_a: la secuencia no está en orden aleatorio; $V\bigstar = 9$; $\mathbf{P} > 0.05$; $V \leq 4, V \geq 12$; no rechazar H_o

14.43 H_a: no en orden aleatorio; $V\bigstar = 21$; $\mathbf{P} < 0.05$; $V \leq 8, V \geq 19$; Rechazar H_o

14.45 a. 3.55; $V = 7$
b. H_a: no ocurre al azar; $V\bigstar = 7$; $\mathbf{P} > 0.05$, $V \leq 3, V \geq 13$; no rechazar H_o

14.47 b. $z\bigstar = -3.76$; $\mathbf{P} = 0.00016$
c. Sí, rechazar
d.

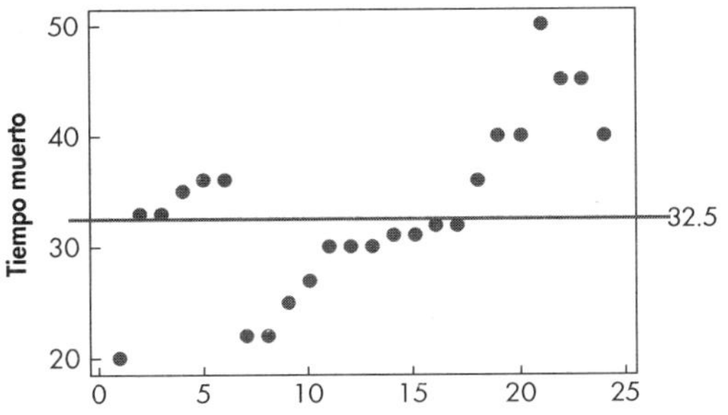

14.49 a. H_a: no ocurre al azar; $V\bigstar = 9$; $\mathbf{P} > 0.05$; $V \leq 8, V \geq 20$; no rechazar H_o
b. $z\bigstar = -2.00$; $\mathbf{P} = 0.0456$; $z \leq -1.96, z \geq 1.96$; Rechazar H_o

14.53 a. H_o: no hay relación; H_a: hay relación
b. H_o: no relacionado; H_a: relacionado
c. H_o: no correlación; H_a: correlación positiva
d. H_o: la edad no tiene efecto; H_a: la edad tiene un efecto decreciente

14.55 a. $r_s \leq -0.538$ o $r_s \geq 0.538$
b. $r_s \geq 0.324$
c. $r_s \leq -0.550$

14.57 a. 0.133
b. H_a: $\rho_s > 0$; $r_s\bigstar = 0.133$; $\mathbf{P} > 0.10$; $r_s \geq 0.564$; no rechazar H_o

14.59 $n = 12, \Sigma d^2 = 70.5, 0.753$

14.61 H_a: $\rho_s > 0$; $r_s\bigstar = 0.736$; $0.01 < \mathbf{P} < 0.025$; $r_s \geq 0.564$; Rechazar H_o

14.63 b. H_a: $\rho_s \neq 0$; $r_s\bigstar = 0.980$; $\mathbf{P} = 0.000$; $r_s \leq -0.538$, $r_s \geq 0.538$; no rechazar H_o
c. H_a: $\rho_s \neq 0$; $r_s\bigstar = 0.540$; $\mathbf{P} = 0.046$; $r_s \leq -0.538$, $r_s \geq 0.538$; Rechazar H_o
d. H_a: $\rho_s \neq 0$; $r_s\bigstar = 0.631$; $\mathbf{P} = 0.016$; $r_s \leq -0.538$, $r_s \geq 0.538$; Rechazar H_o

14.65 a. Porcentaje estudiantes en o arriba nivel competencia

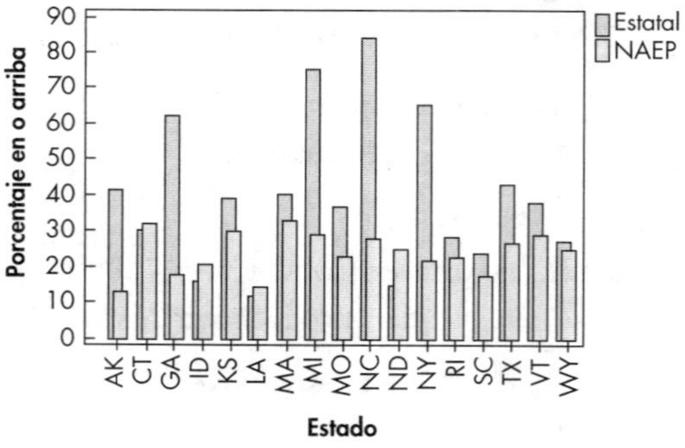

c. Porcentaje estudiantes en o arriba nivel competencia

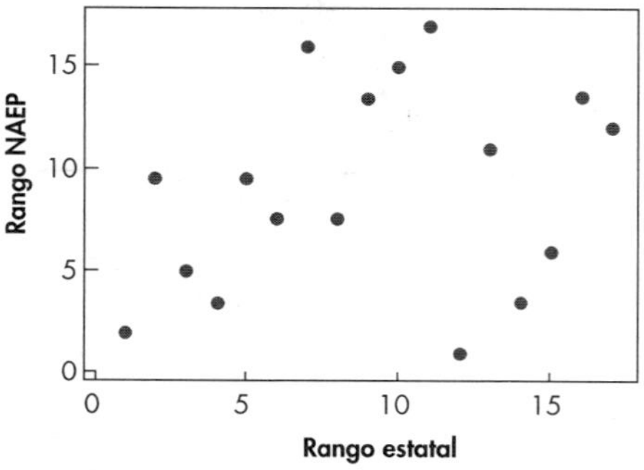

d. H_a: $\rho_s \neq 0$; $r_s\bigstar = 0.272$; $\mathbf{P} > 0.10$; $r_s \leq -0.488$, $r_s \geq 0.488$; no rechazar H_o

14.67 0.502

14.69 a.

```
Stem-and-leaf of Hydrogen N = 52
Leaf Unit = 0.10
   3   2   078
  10   3   1356688
  18   4   13355689
 (12)  5   001112444589
  22   6   11137
  17   7   2388
  13   8   3378
   9   9   4479
   5  10   56
   3  11   1
   2  12   4
   1  13
   1  14
   1  15   2
```

b. sesgado derecha
c. 5.0 a 6.3

14.71 a. H_a: Mediana $\neq 50$; $x = n(+) = 10$; $\mathbf{P} = 0.0987$; $x \leq 9$; no rechazar H_o
b. H_a: Mediana < 50; $x = n(+) = 10$; $\mathbf{P} = 0.0494$; $x \leq 10$; Rechazar H_o

14.73 H_a: B es más rápida; $x = n(-) = 2$; $\mathbf{P} > 0.05$; $x \leq 1$; no rechazar H_o

14.75 Rechazar para $U \leq 127$

14.77 H_a: Existe una diferencia; $U\bigstar = 2$; $\mathbf{P} \approx 0.05$; $U \leq 2$; Rechazar H_o

14.79 b. BA: H_a: LA son más altos $U\bigstar = 61$; $\mathbf{P} < 0.025$ o $\mathbf{P} = 0.0179$; $U \leq 71$; Rechazar H_o
ERA: H_a: LN es más bajo; $U\bigstar = 79.5$; $\mathbf{P} > 0.05$ o $\mathbf{P} = 0.0917$; $U \leq 71$; no rechazar H_o

14.81 H_a: Falta de aleatoriedad; $V\bigstar = 9$; $\mathbf{P} > 0.05$; $V \leq 4, V \geq 10$; no rechazar H_o

14.83 a. Mediana = 22.5, Rachas arriba: 6, abajo: 6
b. H_a: Falta de aleatoriedad; $V\bigstar = 12$; $\mathbf{P} > 0.05$; $V \leq 6, V \geq 16$; no rechazar H_o

14.85 H_a: $\rho_s > 0$; $r_s\bigstar = 0.880$; $\mathbf{P} < 0.005$; $r_s \geq 0.401$; Rechazar H_o

Respuestas a los exámenes de práctica de los capítulos

Parte 1: sólo se proporciona la sustitución de las palabras en negritas. (Si el enunciado es verdadero, no se muestra la respuesta. Si el enunciado es falso, se proporciona la sustitución.)

Capítulo 1, página 30

Parte I

1.1 descriptiva

1.2 inferencial

1.4 muestra

1.5 población

1.6 atributo o cualitativa

1.7 cuantitativa

1.9 aleatoria

Parte II

1.11 **a**. Nominal **b**. Ordinal **c**. Continua **d**. Discreta **e**. Nominal

1.12 c, g, h, b, e, a, d, f

Parte III

1.13 Consulta las definiciones; los ejemplos variarán. Nota: *población* es el conjunto de TODO lo posible, mientras que *muestra* es el conjunto real de los sujetos estudiados.

1.14 Consulta las definiciones; los ejemplos variarán. Nota: *variable* es la idea de interés, mientras que *datos* son los valores reales obtenidos.

1.15 Consulta las definiciones; los ejemplos variarán. Nota: *valor de datos* es el valor que describe una fuente, el *estadístico* es un valor (por lo general calculado) que representa todos los datos en la muestra, el *parámetro* es un valor que detalla toda la población (por lo general desconocido).

1.16 Todo elemento de la población tiene una igual posibilidad de ser seleccionado.

Capítulo 2, página 116

Parte I

2.1 mediana

2.2 dispersión

2.3 nunca

2.5 cero

2.6 mayor que

Parte II

2.11 **a**. 30 **b**. 46 **c**. 91 **d**. 15 **e**. 1 **f**. 61 **g**. 75 **h**. 76 **i**. 91 **j**. 106 o 114

2.12 a. dos artículos comprados
b. Nueve personas compraron 3 artículos cada una.
c. 40 **d**. 120 **e**. 5 **f**. 2 **g**. 3 **h**. 3

2.13 **a**. 6.7 **b**. 7 **c**. 8 **d**. 6.5 **e**. 5 **f**. 6 **g**. 3.0 **h**. 1.7 **i**. 5

2.14 **a**. –15 **b**. 153

Parte III

2.15 **a**. 98 **b**. 50 **c**. 121 **d**. 100

2.16 **a**. \$32 000, \$26 500, \$20 000, \$50 000
b.

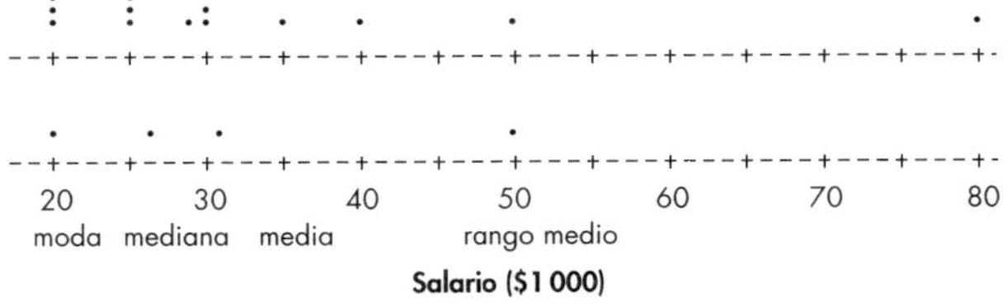

c. Señor VanCott, rango medio; gerente empresa, media; supervisor, mediana; trabajador nuevo, moda
d. La distribución tiene forma de J.

2.17 Hay más de una posible respuesta para esto.
a. 12, 12, 12 **b**. 15, 20, 25
c. 12, 15, 15, 18 **d**. 12, 15, 16, 25, 25
e. 12, 12, 15, 16, 17 **f**. 20, 25, 30, 32, 32, 80

2.18 A está en lo correcto; B está equivocado; la desviación estándar no cambiará.

2.19 B está en lo correcto. Por ejemplo, si la desviación estándar es $5, entonces la varianza (desviación estándar)^2, es "25 dólares al cuadrado". ¿Quién sabe qué son "dólares al cuadrado"?

Capítulo 3, página 169

Parte I

3.1 regresión
3.2 fuerza de la
3.3 $+1$ o -1
3.5 positivo
3.7 positivo
3.8 -1 y $+1$
3.9 valor de salida o predicho

Parte II

3.11 **a**. b, d, a, c **b**. 12 **c**. 10 **d**. 175 **e**. N
f. (125, 13) **g**. N **h**. P

3.12 Alguien cometió un error en aritmética; r debe estar entre -1 y $+1$.

3.13 **a**. 12 **b**. 10 **c**. 8 **d**. 0.73 **e**. 0.67
f. 4.33 **g**. $\hat{y} = 4.33 + 0.67x$

Parte III

3.14 Los niños pequeños tienen pies pequeños y probablemente tienden a tener menos habilidad matemática, mientras que los adultos tienen pies más grandes y tenderían a tener más habilidad.

3.15 El estudiante B está en lo correcto. –1.78 puede ocurrir sólo como resultado de una aritmética fallida.

3.16 Estas respuestas variarán pero de algún modo deben incluir las ideas básicas:
a. fuerte negativo **b**. fuerte positivo
c. no correlación **d**. no correlación
e. valor imposible, mala aritmética

3.17 Hay más de una posible respuesta para esto.
a. (1, 1), (2, 1), (3, 1) **b**. (1, 1), (3, 3), (5, 5)
c. (1, 5), (3, 3), (5, 1) **d**. (1, 1), (5, 1), (1, 5), (5, 5)

Capítulo 4, página 229

Parte I

4.1 cualquier valor numérico entre 0 y 1, inclusive
4.4 simple
4.5 rara vez
4.6 suma de 1.0
4.7 dependiente
4.8 complementario
4.9 mutuamente excluyentes o dependiente
4.10 regla de multiplicación

Parte II

4.11 **a**. $\frac{4}{8}$ **b**. $\frac{4}{8}$ **c**. $\frac{2}{8}$ **d**. $\frac{6}{8}$ **e**. $\frac{2}{8}$
f. $\frac{6}{8}$ **g**. 0 **h**. $\frac{6}{8}$ **i**. $\frac{1}{8}$ **j**. $\frac{5}{8}$
k. $\frac{2}{4}$ **l**. 0 **m**. $\frac{1}{2}$ **n**. no (e)
o. sí (g) **p**. no (i) **q**. sí (a, k)
r. no (b, 1) **s**. sí (a, m)

4.12 **a**. 0 **b**. 0.7 **c**. 0 **d**. no (c)

4.13 **a**. 0.7 **b**. 0.5 **c**. no, $P(E \text{ y } F) = 0.2$
d. sí, $P(E) = P(E \mid F)$

4.14 0.51

Parte III

4.15. El estudiante B está en lo correcto. *Mutuamente excluyente* significa no intersección, mientras que *independencia* significa que un evento no afecta la probabilidad del otro.

4.16 Estas respuestas variarán pero de algún modo deben incluir las ideas básicas:
a. no ocurrencia común
b. cualquier evento no tiene efecto sobre la probabilidad del otro
c. la frecuencia relativa con la que ocurre el evento
d. probabilidad de que un evento ocurrirá aun cuando el evento condicional ocurrió anteriormente

Capítulo 5, página 267

Parte I

5.1 continua
5.3 uno

5.5 exactamente dos
5.6 binomial
5.7 un éxito que ocurre en un ensayo
5.8 población
5.9 parámetros poblacionales

Parte II

5.11 **a**. Cada $P(x)$ está entre 0 y 1 y la suma de todos los $P(x)$ es exactamente 1.
b. 0.2 **c**. 0 **d**. 0.8 **e**. 3.2 **f**. 1.25

5.12 **a**. 0.230 **b**. 0.085 **c**. 1.2 **d**. 1.04

Parte III

5.13 n ensayos repetidos independientes de dos resultados; los dos resultados son "éxito" y "fracaso"; $p = P(\text{éxito})$ y $q = P(\text{fracaso})$ y $p + q = 1$; $x = n(\text{éxito}) = 0, 1, 2, \ldots, n$.

5.14 El estudiante B está en lo correcto. La media y la desviación estándar muestrales son estadísticos que se encuentran usando las fórmulas estudiadas en el capítulo 2. Las distribuciones de probabilidad estudiadas en el capítulo 5 son poblaciones teóricas y sus medias y desviaciones estándar son parámetros.

5.15 El estudiante B está en lo correcto. No hay restricciones acerca de los valores de la variable x.

Capítulo 6, página 310

Parte I

6.1 su media
6.4 1 desviación estándar
6.6 derecha
6.7 cero, 1
6.8 algunas (muchas)
6.9 eventos mutuamente excluyentes
6.10 normal

Parte II

6.11 **a**. 0.4922 **b**. 0.9162 **c**. 0.1020 **d**. 0.9082

6.12 **a**. 0.63 **b**. −0.95 **c**. 1.75

6.13 **a**. $z(0.8100)$ **b**. $z(0.2830)$

6.14 0.7910
6.15 28.03
6.16 **a**. 0.0569 **b**. 0.9890 **c**. 537 **d**. 417 **e**. 605

Parte III

6.17 Esta respuesta variará pero de algún modo debe incluir las propiedades básicas: forma de campana, media de 0, desviación estándar de 1.

6.18 Esta respuesta variará pero de algún modo debe incluir las ideas básicas: es un valor z, a representa el área bajo la curva y a la derecha de z.

6.19 Todas las distribuciones normales tienen la misma forma y probabilidades en relación con el valor z.

Capítulo 7, página 338

Parte I

7.1 no es
7.2 algunas (muchas)
7.3 población
7.4 dividido entre $\sqrt{n}$
7.5 disminuye
7.6 aproximadamente normal
7.7 muestreo
7.8 medias
7.9 aleatoria

Parte II

7.11 **a**. 0.4364 **b**. 0.2643
7.12 **a**. 0.0918 **b**. 0.9525
7.13 0.6247

Parte III

7.14 En este caso, cada cabeza produce una pieza de datos, la longitud estimada de la línea. El TLC asegura que el valor medio de una muestra es mucho menos variable que los valores individuales de la variable x.

7.15 Todas las muestras deben ser de un tamaño fijo.

7.16 El estudiante A está en lo correcto. Una distribución poblacional es una distribución formada por todos los valores x que constituyen toda la población.

7.17 El estudiante A está en lo correcto. El error estándar se encuentra al dividir la desviación estándar por la raíz cuadrada del *tamaño muestral*.

Capítulo 8, página 409

Parte I

8.1 alfa
8.2 alfa

8.3 distribución muestral de la media
8.7 error tipo II
8.8 beta
8.9 decisión correcta
8.10 región crítica (de rechazo)

Parte II

8.11 4.72 a 5.88

8.12 a. H_o: $\mu = 245, H_a$: $\mu > 245$
b. H_o: $\mu = 4.5, H_a$: $\mu < 4.5$
c. H_o: $\mu = 35, H_a$: $\mu \neq 35$

8.13 a. $0.05, z, z \leq -1.65$
b. $0.05, z, z \geq +1.65$
c. $0.05, z, z \leq -1.96$ o $z \geq +1.96$

8.14 a. 1.65 b. 2.33 c. 1.18

8.15 a. $z\bigstar = 2.50$ b. 0.0062

8.16 H_o: $\mu = 1520$ frente a H_a: $\mu < 1520$, región crítica $z \leq -2.33, z\bigstar = -1.61$, no rechazar H_o

Parte III

8.17 a. no efecto específico
b. lo reduce c. lo estrecha d. ningún efecto
e. lo aumenta f. lo ensancha

8.18 a. H_o – (a), H_a – (b) b. 3 c. 2
d. P(error tipo I) es alfa, disminuye: P(error tipo II) aumenta

8.19 La hipótesis alternativa expresa la preocupación; la conclusión responde a la preocupación.

Capítulo 9, página 476

Parte I

9.2 t de Student
9.3 ji cuadrada
9.4 rechazará
9.6 valor t
9.7 $n - 1$
9.9 $\sqrt{pq/n}$
9.10 z(normal)

Parte II

9.11 a. 2.05 b. −1.73 c. 14.6

9.12 a. 28.6 b. 1.44 c. 27.16 a 30.04

9.13 0.528 a 0.752

9.14 a. H_o: $\mu = 255, H_a$: $\mu > 225$
b. H_o: $p = 0.40, H_a$: $p \neq 0.40$
c. H_o: $\sigma = 3.7, H_a$: $\sigma < 3.7$

9.15 a. $0.05, z, z \leq -1.65$
b. $0.05, t, t \leq -2.08$ o $t \geq +2.08$
c. $0.05, z, z \geq +1.65$
d. $0.05, \chi^2, \chi^2 \leq 14.6$ o $\chi^2 \geq 43.2$

9.16 H_o: $\mu = 26$ frente a H_a: $\mu < 26$, región crítica, $t \leq -1.71$, $t\bigstar = -1.86$, rechazar H_o

9.17 H_o: $\sigma = 0.1$ frente a H_a: $\sigma > 0.1$, región crítica $\chi^2 \geq 21.1$, $\chi^2\bigstar = 23.66$, rechazar H_o

9.18 H_o: $p = 0.50$ frente a H_a: $p > 0.50$, región crítica $z \geq 2.05$, $z\bigstar = 1.29$, no rechazar H_o

Parte III

9.19 Si la distribución es normal, 6 desviaciones estándar es aproximadamente igual al rango.
9.20 Hipótesis alternativa
9.21 Ambas son correctas.
9.22 Cuando el tamaño de la muestra, n, es grande, el valor crítico de t se estima al usar el valor crítico de la distribución normal estándar de z.
9.23 Estudiante A
9.24 El estudiante B está en lo correcto. Es significativo en el nivel de significancia 0.01.
9.25 El estudiante A tiene razón.
9.26 Depende de qué se entienda por mejorar el intervalo de confianza. Para la mayoría de los propósitos, un tamaño de muestra aumentado sería lo mejor.

Capítulo 10, página 542

Parte I

10.1 dos medias independientes
10.3 distribución F
10.4 distribución t de Student
10.5 t de Student
10.7 no simétrica (o sesgada)
10.9 disminuye

Parte II

10.11 a. H_o: $\mu_N - \mu_A = 0, H_a$: $\mu_N - \mu_A \neq 0$
b. H_o: $\sigma_o/\sigma_m = 1.0, H_a$: $\sigma_o/\sigma_m > 1.0$
c. H_o: $p_m - p_f = 0, H_a$: $p_m - p_f \neq 0$

10.12 a. $z, z \leq -1.96$ o $z \geq 1.96$
b. $t, t \leq -2.05, t \geq 2.05$
c. t, gl $= 7, t \geq 1.89$
d. t, gl $= 37, t \leq -1.69$
e. $F, F \geq 2.11$

10.13 a. 2.05 b. 2.13 c. 2.51 d. 2.18
e. 1.75 f. 1.69 g. −2.50 h. −1.28

10.14 H_o: $\mu_L - \mu_P = 0$ frente a H_a: $\mu_L - \mu_P > 0$, región crítica $t \geq +1.83$, $t\bigstar = 0.979$, no rechazar H_o

10.15 H_o: $\mu_d = 0$ frente a H_a: $\mu_d > 0$, región crítica $t \geq 1.89$, $t\bigstar = 1.88$, no rechazar H_o

10.16 0.072 a 0.188

Parte III

10.17 independiente

10.18 Una posibilidad: poner a prueba a todos los estudiantes antes de iniciar el curso, luego seleccionar al azar 20 de los que terminan el curso y ponerlos a prueba más adelante. Usa las calificaciones antes para estos 20 como la muestra antes.

10.19 Para quienes inician, si las dos muestras independientes son de diferentes tamaños, las técnicas para muestras dependientes podrían no completarse. Ponen a prueba conceptos muy diferentes, la “media de las diferencias de datos emparejado” y la “diferencia entre dos valores medios”.

10.20 Sólo es significativo si el valor t calculado está en la región crítica. La variación entre los datos y su tamaño relativo tendrá un papel.

10.21 En realidad las 80 calificaciones son dos muestras independientes de tamaño 40. Podría completarse una prueba para comparar las calificaciones medias de los dos grupos.

10.22 Necesitarías tomar una muestra bastante grande tanto de familias católicas como de familias no católicas y necesitarías obtener el número de cada una cuyos hijos asisten a escuelas privadas. Entonces podrías estimar la diferencia entre dos proporciones.

Capítulo 11, página 576

Parte I

11.1 uno menos que
11.3 esperado
11.4 tabla de contingencia
11.6 prueba de homogeneidad
11.8 aproximada mediante ji cuadrada

Parte II

11.11 a. H_o: los dígitos generados ocurren con igual probabilidad.
H_a: los dígitos no ocurren con igual probabilidad.
b. H_o: los votos se emiten independientemente de la afiliación partidista.
H_a: los votos no se emiten independientemente de la afiliación partidista.
c. H_o: las distribuciones de crímenes son iguales para las cuatro ciudades.
H_a: las distribuciones de crímenes no son iguales.

11.12 a. 4.40 b. 35.7

11.13 H_o: $P(1) = P(2) = P(3) = \frac{1}{3}$
H_a: preferencias no iguales, $\chi^2\bigstar = 3.78$; $0.10 < \mathbf{P} < 0.25$ o región crítica $\chi^2 \geq 5.99$; no rechazar H_o

11.14 a. H_o: la distribución es la misma para todos los tipos de suelo.
H_a: las distribuciones no son iguales.
b. 25.622
c. 13.746
d. $0.005 < \mathbf{P} < 0.01$
e. $\chi^2 \geq 9.49$
f. Rechazar H_o: existe suficiente evidencia para demostrar que la distribución del crecimiento es diferente para al menos uno de tres tipos de suelo.

Parte III

11.15 Similar en que existen n ensayos independientes repetidos. Diferente en que la binomial tiene dos posibles resultados, mientras que la multinomial tiene varios. Cada posible resultado tiene una probabilidad y dichas probabilidades suman 1 para cada diferente experimento, tanto para binomial como para multinomial.

11.16 La prueba de homogeneidad compara varias distribuciones en una comparación lado a lado, mientras que la prueba de independencia pone a prueba la independencia de los dos factores que crean las filas y columnas de la tabla de contingencia.

11.17 El estudiante A tiene razón en que los cálculos se completan de la misma forma. El estudiante B tiene razón en que la prueba de independencia comienza con una muestra grande y la homogeneidad tiene varias muestras.

11.18 a. Si se usa una prueba ji cuadrada, los resultados de las cuatro preguntas se combinarían para estimar la probabilidad esperada.
b. Usa una prueba ji cuadrada para homogeneidad.

Capítulo 12, página 609

Parte I

12.2 media cuadrática
12.3 SS(factor) o MS(factor)
12.5 rechazar H_o
12.7 el número de niveles de factor menos uno
12.8 media
12.9 es necesario
12.10 no indica

Parte II

12.11 **a**. T **b**. T **c**. F **d**. T **e**. T **f**. T **g**. F **h**. F **i**. F **j**. F **k**. T **l**. F **m**. F **n**. F **o**. T

12.12 **a**. 72 **b**. 72 **c**. 22 **d**. 4 **e**. 4.5

Parte III

12.13 Esta respuesta variará pero de algún modo debe contener las ideas básicas: es la comparación de varios valores de media que resultan de poner a prueba alguna población estadística al medir una variable repetidamente en cada uno de los diferentes niveles para los que se pone a prueba el factor.

12.14 **a**. $x_{r,k} = \mu + F$ aspirador-neutralizador $+ \varepsilon_{k(r)}$

b. H_o: la cantidad media de emisiones es la misma para los tres aspiradores-neutralizadores puestos a prueba.
H_a: las cantidades medias no son iguales.

c.

Fuente	gl	SS	MS
Aspirador-neutralizador	2	12.80	6.40
Error	13	33.63	2.59
Total	15	46.44	

d. $F(2, 13, 0.05) = 3.81, F\star = 2.47$, no rechazar H_o. La diferencia en el valor medio para los aspiradores-neutralizadores no es significativa.

e.

```
I
      .   .   .   :   .
--+---+---+---+---+---+---+--
  7       9      11      13

II
    .   .   .         :
--+---+---+---+---+---+---+--
  7       9      11      13

III
  .   .   .   .   .
--+---+---+---+---+---+---+--
  7       9      11      13
```

Capítulo 13, página 659

Parte I

13.2 no necesita tener
13.3 no prueba
13.4 no necesita
13.6 el coeficiente de correlación lineal
13.8 regresión
13.9 $n - 2$

Parte II

13.11

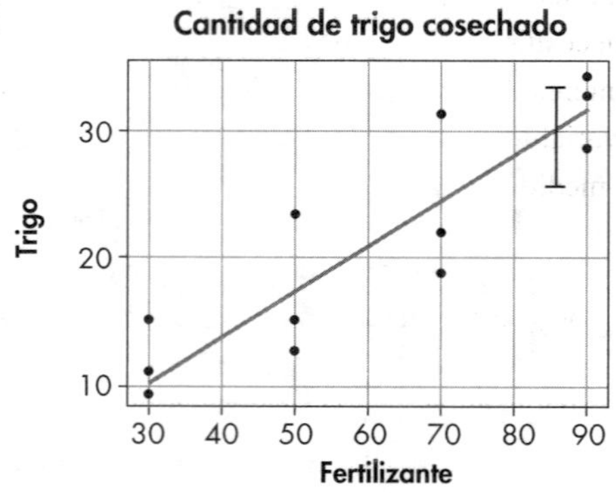

13.12. $\Sigma x = 720, \Sigma y = 252, \Sigma x^2 = 49\,200, \Sigma xy = 17\,240, \Sigma y^2 = 6228$
13.13 $SS(x) = 6000, SS(y) = 936, SS(xy) = 2\,120$
13.14 0.895
13.15 0.65 a 0.97
13.16 $\hat{y} = -0.20 + 0.353x$
13.17 Observa la línea roja de la figura en 13.11.
13.18 4.324
13.19 sí; H_o: $\beta_1 = 0$ frente a H_a: $\beta_1 > 0, t\star = 6.33$, rechazar H_o
13.20 25.63 a 33.98
13.21 Observa el segmento vertical azul en 13.11.

Parte III

13.22 Variable 1. La frecuencia de esquiadores que comprueban sus fijaciones
Variable 2. Incidencia de lesiones de parte inferior de la pierna. El enunciado implica que, conforme aumenta la frecuencia con la que se comprueban las fijaciones, disminuye la frecuencia de lesiones de parte inferior de la pierna; por tanto, la fuerte correlación debe ser negativa para dichas variables.

13.23 Un "momento" es la distancia desde la cual la media, el producto del momento horizontal y el momento vertical se suman para calcular el coeficiente de correlación.

13.24 También un valor cercano a cero. Las fórmulas usadas para calcular ambos valores tienen el mismo numerador, a saber, SS(xy).

13.25 La distancia vertical desde una recta potencial de mejor ajuste a los puntos de datos se mide con $(y - \hat{y})$. La recta de mejor ajuste se define como la recta que resulta en el menor total posible cuando se totalizan los valores al cuadrado de $(y - \hat{y})$, por tanto: "el método de mínimos cuadrados".

13.26 La fuerza de la relación lineal podría medirse con el coeficiente de correlación.

13.27 Se necesitará una muestra aleatoria de la población de interés. Los datos recolectados se necesitan para las variables duración de tiempo en seguridad social y la medida del nivel actual de autoestima.

Capítulo 14, página 708

Parte I

14.2 prueba t
14.3 prueba de rachas
14.4 asignan rangos iguales
14.7 prueba U de Mann-Whitney
14.8 poder
14.10 poder

Parte II

14.11 -2 a $+7$

14.12 H_o: no hay diferencia en ganancia de peso.
H_a: hay una diferencia en ganancia de peso, valor crítico: 23, $U\bigstar = 32.5$, no rechazar H_o.

14.13 H_o: no hay correlación
H_a: correlacionado, valor crítico: ± 0.683, $r_s\bigstar = -0.70$, rechazar H_o. Sí, hay una correlación significativa.

14.14 $(+)$ = mayor nivel de calificación que el problema anterior
$(-)$ = menor nivel de calificación que el problema anterior
H_o: $P(+) = 0.5$
H_a: $P(+) \neq 0.5$, valor crítico: 7, $x = 11$, no rechazar H_a. Esta muestra no presenta un patrón significativo.

Parte III

14.15 Los estadísticos no paramétricos no requieren suposiciones acerca de la distribución de la variable.

14.16 La prueba del signo es un experimento binomial de n ensayos (las n observaciones de datos) con dos resultados para cada dato [(+) o (−)], y p $P(+)$ 0.5. La variable x es el número del signo menos frecuente.

14.17 La mediana es el valor medio tal que 50% de la distribución es mayor en valor y 50% es menor en valor.

14.18 El valor extremo en un conjunto de datos puede tener un efecto considerable sobre la media y la desviación estándar en los métodos paramétricos. Los métodos no paramétricos por lo general usan números de rango. El valor extremo con rangos es 1 o n y ninguno cambia si el valor es más extremo.

14.19 d; $p = P(+) = P(\text{prefiere arreglo asientos A}) = 0.5$, no preferencia

Índice analítico

D

E

F

G

H

M

R

S

Índice de aplicaciones

Ej: Ejemplo; EjA: Ejemplo aplicado; EPC: Examen de práctica del capítulo. Todos los demás son ejercicios.

Administración de negocios, economía y finanzas

Agricultura

Ciencias biológicas

Ciencias físicas

Ciencias médicas

Demografía y características de población

Deportes

Educación y desarrollo infantil

Fabricación e industria

Marketing y comportamiento del consumidor

Psicología, sociología y temas sociales

Salud pública y seguridad

Sondeos y encuestas de opinión

Tiempo libre y cultura popular

Transportes

Vida académica

TABLAS
Índice de instrucciones para computadora y calculadora

Técnica estadística	MINITAB	Excel	TI-83/84 Plus
Convenciones básicas	25	25	25
Gráfica de pastel	34	34	35
Diagrama de Pareto	36	36	36
Diagrama de puntos	37	37	38
Diagrama de tallo y hojas	39	39	39
Diagramas de puntos múltiples	41	41	41
Histograma	52	53	53
Ojiva	57	57	57
Media	64	64	64
Mediana	66	66	66
Desviación estándar	78	78	78
Estadísticos adicionales	78	78	78
Percentiles	86	87	87
Resumen de 5 números	87	87	87
Diagramas de cajas y bigotes	87	88	88
Comandos adicionales	89	90	90
Generar muestras aleatorias	90	90	90
Seleccionar muestras aleatorias	91	91	—
Prueba de normalidad	97	98	98
Instrucciones adicionales, Ejercicio 2.205	115	—	—
Tablas cruzadas	124	124	124
Diagramas de caja y diagramas de puntos lado a lado	126	126	126
Diagrama de dispersión	129	129	130
Coeficiente de correlación	139	139	139
Recta de mejor ajuste	152	153	153
Dado simulado, Ejercicio 4.22	186	186	186
Generar datos aleatorios	235	235	—
Instrucciones adicionales, Ejercicio 5.36	242	243	—
Probabilidades binomiales	251	251	252
Probabilidad acumulada, binomial	251	251	252
Instrucciones adicionales,			
Ejercicio 5.83	259	259	259
Ejercicio 5.84	259	259	259
Ejercicio 5.95	261	261	261
Generación datos aleatorios a partir de distribución normal	283	283	283
Ordenada para curva de distribución normal	284	284	284
Probabilidad acumulada, distribución normal	285	285	285
Instrucciones adicionales,			
Ejercicio 6.70	290	290	290
Ejercicio 6.71	291	291	—
Ejercicio 6.73	291	291	292
Ejercicio 6.92	303	303	—
Ejercicio 6.124	308	308	308
Instrucciones adicionales,			
Ejercicio 7.13	318	318	319
Ejercicio 7.15	319	319	—
Ejercicio 7.27	326	326	326
Ejercicio 7.45	332	332	332

Técnica estadística	MINITAB	Excel	TI-83/84 Plus
Ejercicio 7.63	336	336	—
Ejercicio 7.64	337	337	—
Intervalo de confianza, media, sigma conocida	354	355	354
Prueba de hipótesis, media, sigma conocida	382	382	382
Probabilidad acumulada, distribución *t*	417	417	417
Intervalo de confianza, media, sigma desconocida	419	419	419
Prueba de hipótesis, media, sigma desconocida	425	425	425
Intervalo de confianza, proporción	437	437	437
Prueba de hipótesis, proporción	444	444	444
Instrucciones adicionales,			
Ejercicio 9.85	449	449	449
Ejercicio 9.87	449	449	449
Probabilidad acumulada, distribución ji cuadrada	455	456	456
Intervalo de confianza, diferencia de media	485	485	486
Prueba de hipótesis, diferencia de media	488	488	488
Prueba de hipótesis, diferencia de dos medias	502	503	503
Intervalo de confianza, diferencia de dos proporciones	513	514	514
Prueba de hipótesis, diferencia de dos proporciones	517	517	518
Probabilidad acumulada, distribución *F*	524	524	524
Prueba de hipótesis, razón de dos varianzas	528	529	529
Bondad de ajuste	553	553	553
Prueba ji cuadrada	565	566	566
Análisis de varianza de un factor	594	594	594
Análisis de regresión (recta de mejor ajuste)	638	639	639
Análisis de regresión (confianza, banda de predicción)	649	—	—
Prueba de hipótesis, mediana, prueba de signo muestra 1	667	667	667
Prueba de hipótesis, diferencia de medianas, prueba de signos	669	670	670
Prueba de hipótesis, Mann-Whitney	682	683	683
Prueba de hipótesis, prueba de rachas	691	691	691
Prueba de hipótesis, coeficiente de correlación de Spearman	699	699	699

Tarjeta de fórmulas

Media muestral:
$\bar{x} = \frac{\sum x}{n}$ (2.1)

Profundidad de media muestral:
$d(\tilde{x}) = (n + 1)/2$ (2.2)

Rango: $H - L$ (2.4)

Varianza muestral:
$s^2 = \frac{\sum(x - \bar{x})^2}{n - 1}$ (2.5)

o

$s^2 = \frac{\sum x^2 - \frac{(\sum x)^2}{n}}{n - 1}$ (2.9)

Desviación estándar muestral:
$s = \sqrt{s^2}$ (2.6)

Teorema de Chebyshev: al menos $1 - (1/k^2)$ (p. 99)

Suma de cuadrados de x:
$SS(x) = \Sigma x^2 - ((\Sigma x)^2/n)$ (2.8)

Suma de cuadrados de y:
$SS(y) = \Sigma y^2 - ((\Sigma y)^2/n)$ (3.3)

Suma de cuadrados de xy:
$SS(xy) = \Sigma xy - ((\Sigma x \cdot \Sigma y)/n)$ (3.4)

Coeficiente de correlación de Pearson:
$r = SS(xy)/\sqrt{SS(x) \cdot SS(y)}$ (3.2)

Ecuación para recta de mejor ajuste:
$\hat{y} = b_o + b_1 x$ (p. 146)

Pendiente para recta de mejor ajuste:
$b_1 = SS(xy)/SS(x)$ (3.6)

Intersección con y para la recta de mejor ajuste:
$b_0 = [\Sigma y - (b_1 \cdot \Sigma x)]/n$ (3.7)

Probabilidad empírica (observada):
$P'(A) = n(A)/n$ (4.1)

Probabilidad teórica para espacio muestral igualmente probable:
$P(A) = n(A)/n(S)$ (4.2)

Regla del complemento:
$P(\text{no A}) = P(\bar{A}) = 1 - P(A)$ (4.3)

Regla general de la suma:
$P(\text{A o B}) = P(A) + P(B) - P(\text{A y B})$ (4.4)

Regla general de la multiplicación:
$P(\text{A y B}) = P(A) \cdot P(B \mid A)$ (4.5)

Regla especial de la suma para eventos mutuamente excluyentes:
$P(\text{A o B o} \ldots \text{o E}) = P(A) + P(B) + \cdots + P(E)$ (4.6)

Regla especial de la multiplicación para eventos independientes:
$P(\text{A y B y} \ldots \text{y E}) = P(A) \cdot P(B) \cdot \cdots \cdot P(E)$ (4.7)

Media de variable aleatoria discreta:
$\mu = \Sigma[xP(x)]$ (5.1)

Varianza de variable aleatoria discreta:
$\sigma^2 = \Sigma[x^2P(x)] - \{\Sigma[xP(x)]\}^2$ (5.3a)

Desviación estándar de variable aleatoria discreta:
$\sigma = \sqrt{\sigma^2}$ (5.4)

Factorial: $n! = (n)(n - 1)(n - 2) \cdot \cdots \cdot 2 \cdot 1$ (p. 248)

Coeficiente binomial:
$\binom{n}{x} = \frac{n!}{x!(n - x)!}$ (5.6)

Función de probabilidad binomial:
$P(x) = \binom{n}{x} \cdot p^x \cdot q^{n-x}, x = 0, 1, 2, \ldots, n$ (5.5)

Media de variable aleatoria binomial: $\mu = np$ (5.7)

Desviación estándar, variable aleatoria binomial:
$\sigma = \sqrt{npq}$ (5.8)

Valor estándar: $z = (x - \mu)/\sigma$ (6.3)

Valor estándar para $\bar{x}$: $z = \frac{\bar{x} - \mu}{\sigma/\sqrt{n}}$ (7.2)

Intervalo de confianza para media, μ (σ conocida):
$\bar{x} \pm z(\alpha/2) \cdot (\sigma/\sqrt{n})$ (8.1)

Tamaño de muestra para estimación de confianza $1 - \alpha$ para μ: $n = [z(\alpha/2) \cdot \sigma/E]^2$ (8.3)

Estadístico de prueba calculado para H_o: $\mu = \mu_0$ (σ conocida): $z\bigstar = (\bar{x} - \mu_0)/(\sigma/\sqrt{n})$ (8.4)

Estimación de intervalo de confianza para media, μ (σ desconocida):
$x \pm t(\text{gl}, \alpha/2) \cdot (s/\sqrt{n})$ con gl $= n - 1$ (9.1)

Estadístico de prueba calculado para H_o: $\mu = \mu_0$ (σ desconocida): $t\bigstar = \frac{\bar{x} - \mu_0}{s/\sqrt{n}}$ con gl $= n - 1$ (9.2)

Estimación de intervalo de confianza para proporción, p: $p' \pm z(\alpha/2) \cdot \sqrt{(p'q')/n}, \quad p' = x/n$ (9.6)

Estadístico de prueba calculado para H_o: $p = p_0$:
$z\bigstar = (p' - p_0)/\sqrt{(p_0q_0/n)}, \quad p' = x/n$ (9.9)

Estadístico de prueba calculado para H_o: $\sigma^2 = \sigma_0^2$ o $\sigma = \sigma_0$: $\chi^2\bigstar = (n - 1)s^2/\sigma_0^2$, gl $= n - 1$ (9.10)

Diferencia de medias entre dos muestras dependientes:

Diferencia apareada: $d = x_1 - x_2$ (10.1)

Intervalo de confianza para diferencia de media, μ_d:
$\bar{d} \pm t(\text{gl}, \alpha/2) \cdot s_d/\sqrt{n}$ con gl $= n - 1$ (10.2)

Media muestral de diferencias apareadas:
$\bar{d} = \Sigma d/n$ (10.3)

Desviación estándar muestral de diferencias apareadas:

$$s_d = \sqrt{\frac{\sum d^2 - \frac{(\sum d)^2}{n}}{n-1}} \quad \textbf{(10.4)}$$

Estadístico de prueba calculado para H_o: $\mu_d = \mu_0$:

$t\star = (\bar{d} - \mu_0)/(s_d/\sqrt{n})$, gl $= n - 1$ **(10.5)**

Diferencia entre medias de dos muestras independientes:

Grados de libertad:

gl = **menor de** $(n_1 - 1)$ o $(n_2 - 1)$ **(p. 496)**

Estimación de intervalo de confianza para $\mu_1 - \mu_2$:

$(\bar{x}_1 - \bar{x}_2) \pm t(\text{gl}, \alpha/2)\sqrt{(s_1^2/n_1) + (s_2^2/n_2)}$ **(10.8)**

Estadístico de prueba calculado para H_o:

$\mu_1 - \mu_2 = (\mu_1 - \mu_2)_0$:

$t\star = [(\bar{x}_1 - \bar{x}_2) - (\mu_1 - \mu_2)_0]/\sqrt{(s_1^2/n_1) + (s_2^2/n_2)}$ **(10.9)**

Diferencia entre proporciones de dos muestras independientes:

Intervalo de confianza para $p_1 - p_2$:

$$(p'_1 - p'_2) \pm z(\alpha/2) \cdot \sqrt{\frac{p'_1 q'_1}{n_1} + \frac{p'_2 q'_2}{n_2}} \quad \textbf{(10.11)}$$

Probabilidad observada combinada:

$p'_p = (x_1 + x_2)/(n_1 + n_2)$ **(10.13)**

$q'_p = 1 - p_p'$ **(10.14)**

Estadístico de prueba calculado para H_o: $p_1 - p_2 = 0$:

$$z\star = \frac{p'_1 - p'_2}{\sqrt{(p'_p)(q'_p)\left[\left(\frac{1}{n_1} + \frac{1}{n_2}\right)\right]}} \quad \textbf{(10.15)}$$

Razón de varianzas entre dos muestras independientes:

Estadístico de prueba calculado para H_o: $\sigma_1^2/\sigma_2^2 = 1$:

$F\star = s_1^2/s_2^2$ **(10.16)**

Estadístico de prueba calculado para datos enumerativos: $\chi^2\star = \Sigma[(O - E)^2/E]$ **(11.1)**

Experimento multinomial:

Grados de libertad: gl $= k - 1$ **(11.2)**

Frecuencia esperada: $E = n \cdot p$ **(11.3)**

Prueba para independencia o prueba de homogeneidad:

Grados de libertad:

gl $= (r - 1) \cdot (c - 1)$ **(11.4)**

Valor esperado: $E = (R \cdot C)/n$ **(11.5)**

Modelo matemático:

$x_{c,k} = \mu + F_c + \epsilon_{k(c)}$ **(12.13)**

Total suma de cuadrados:

$$\text{SS(total)} = \sum(x^2) - \frac{(\sum x)^2}{n} \quad \textbf{(12.2)}$$

Suma de cuadrados debida a factor:

$$\left[\left(\frac{C_1^2}{k_1}\right) + \left(\frac{C_2^2}{k_2}\right) + \left(\frac{C_3^2}{k_3}\right) + \cdots\right] - \left[\frac{(\sum x)^2}{n}\right] \quad \textbf{(12.3)}$$

Suma de cuadrados debida a error:

$\text{SS(error)} = \sum(x^2) - [(C_1^2/k_1) + (C_2^2/k_2) + (C_3^2/k_3) + \cdots]$ **(12.4)**

Grados de libertad para total:

gl(total) $= n - 1$ **(12.6)**

Grados de libertad por factor:

gl(factor) $= c - 1$ **(12.5)**

Grados de libertad por error:

gl(error) $= n - c$ **(12.7)**

Media cuadrática del factor:

MS(factor) = SS(factor)/gl(factor) **(12.10)**

Media cuadrática del error:

MS(error) = SS(error)/gl(error) **(12.11)**

Estadístico de prueba calculado para H_o: valor medio es el mismo en todos los niveles:

$F\star$ = MS(factor)/MS(error) **(12.12)**

Covarianza de x y y:

$\text{covar}(x, y) = \Sigma[(x - \bar{x})(y - \bar{y})]/(n - 1)$ **(13.1)**

Coeficiente de correlación de Pearson:

$r = \text{covar}(x, y)/(s_x \cdot s_y)$ **(13.2)**

o

$r = \text{SS}(xy)/\sqrt{\text{SS}(x) \cdot \text{SS}(y)}$ **(3.2)** o **(13.3)**

Error experimental: $e = y - \hat{y}$ **(13.5)**

Varianza estimada de error: $s_e^2 = \sum(y - \hat{y})^2/(n - 2)$ **(13.6)**

o

$$s_e^2 = \frac{(\sum y^2) - (b_0)(\sum y) - (b_1)(\sum xy)}{n - 2} \quad \textbf{(13.8)}$$

Desviación estándar en torno a la recta de mejor ajuste:

$s_e = \sqrt{s_e^2}$ **(13.9)**

Estimación para varianza de pendiente:

$$s_{b_1}^2 = \frac{s_e^2}{\text{SS}(x)} = \frac{s_e^2}{\sum x^2 - [(\sum x)^2/n]} \quad \textbf{(13.12)}$$

Intervalo de confianza para β_1:

$b_1 \pm t(\text{gl}, \alpha/2) \cdot s_{b1}$ **(13.14)**

Estadístico de prueba calculado para H_o: $\beta_1 = 0$:

$t\star = (b_1 - \beta_1)/s_{b1}$ con gl $= n - 2$ **(13.15)**

Intervalo de confianza para valor medio de y en x_0:

$$\hat{y} \pm t(n - 2, \alpha/2) \cdot s_e \cdot \sqrt{\frac{1}{n} + \frac{(x_0 - \bar{x})^2}{\text{SS}(x)}} \quad \textbf{(13.17)}$$

Intervalo de predicción para y en x_0:

$$\hat{y} \pm t(n - 2, \alpha/2) \cdot s_e \cdot \sqrt{1 + \frac{1}{n} + \frac{(x_0 - \bar{x})^2}{\text{SS}(x)}} \quad \textbf{(13.16)}$$

Prueba U de Mann-Whitney:

$U_a = n_a \cdot n_b + [(n_b) \cdot (n_b + 1)/2] - R_b$ **(14.3)**

$U_b = n_a \cdot n_b + [(n_a) \cdot (n_a + 1)/2] - R_a$ **(14.4)**

Coeficiente de correlación por rangos de Spearman:

$$r_s = 1 - \left[\frac{6\sum d^2}{n(n^2 - 1)}\right] \quad \textbf{(14.11)}$$

Valores críticos de la distribución *t* de Student

Las entradas en esta tabla son los valores críticos de la distribución *t* de Student, para las cuales el área bajo la curva está: a) en la cola derecha, o b) en dos colas. Consulta las ilustraciones en la parte inferior de la página.

Área en una cola	0.25	0.10	0.05	0.025	0.01	0.005
Área en dos colas						
gl	**0.50**	**0.20**	**0.10**	**0.05**	**0.02**	**0.01**
3	0.765	1.64	2.35	3.18	4.54	5.84
4	0.741	1.53	2.13	2.78	3.75	4.60
5	0.727	1.48	2.02	2.57	3.36	4.03
6	0.718	1.44	1.94	2.45	3.14	3.71
7	0.711	1.41	1.89	2.36	3.00	3.50
8	0.706	1.40	1.86	2.31	2.90	3.36
9	0.703	1.38	1.83	2.26	2.82	3.25
10	0.700	1.37	1.81	2.23	2.76	3.17
11	0.697	1.36	1.80	2.20	2.72	3.11
12	0.695	1.36	1.78	2.18	2.68	3.05
13	0.694	1.35	1.77	2.16	2.65	3.01
14	0.692	1.35	1.76	2.14	2.62	2.98
15	0.691	1.34	1.75	2.13	2.60	2.95
16	0.690	1.34	1.75	2.12	2.58	2.92
17	0.689	1.33	1.74	2.11	2.57	2.90
18	0.688	1.33	1.73	2.10	2.55	2.88
19	0.688	1.33	1.73	2.09	2.54	2.86
20	0.687	1.33	1.72	2.09	2.53	2.85
21	0.686	1.32	1.72	2.08	2.52	2.83
22	0.686	1.32	1.72	2.07	2.51	2.82
23	0.685	1.32	1.71	2.07	2.50	2.81
24	0.685	1.32	1.71	2.06	2.49	2.80
25	0.684	1.32	1.71	2.06	2.49	2.79
26	0.684	1.31	1.70	2.05	2.47	2.77
27	0.684	1.31	1.70	2.05	2.47	2.77
28	0.683	1.31	1.70	2.05	2.47	2.76
29	0.683	1.31	1.70	2.05	2.46	2.76
30	0.683	1.31	1.70	2.04	2.46	2.75
35	0.682	1.31	1.69	2.03	2.44	2.72
40	0.681	1.30	1.68	2.02	2.42	2.70
50	0.679	1.30	1.68	2.01	2.40	2.68
70	0.678	1.29	1.67	1.99	2.38	2.65
100	0.677	1.29	1.66	1.98	2.36	2.63
gl > 100	0.675	1.28	1.65	1.96	2.33	2.58

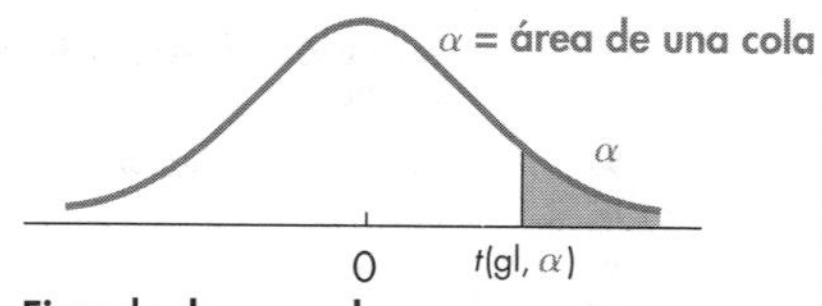

Ejemplo de una cola:
gl = 9 y α = 0.10
$t(gl, \alpha) = t(9, 0.10) = 1.38$

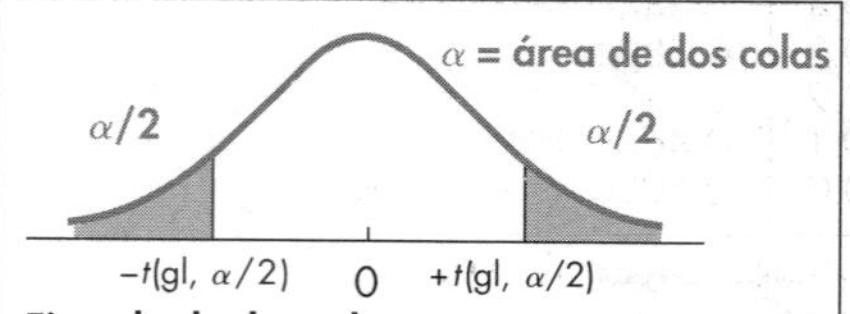

Ejemplo de dos colas:
gl = 14, α = 0.02, 1 − α = 0.98
$t(gl, \alpha/2) = t(14, 0.01) = 2.62$

Para detalles específicos acerca del uso de esta tabla para encontrar coeficientes de confianza consulta las páginas 415-416, 418; valores *p*, páginas 421-422; valores críticos, páginas 415, 421. La tabla 6 se generó usando Minitab.

Áreas acumuladas de la distribución normal estándar

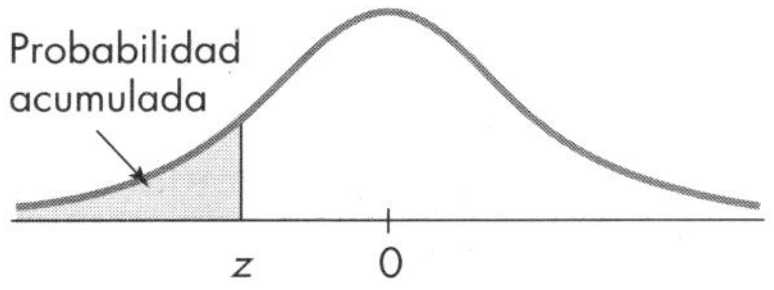

Las entradas en esta tabla son las probabilidades acumuladas para la distribución normal estándar z (esto es: la distribución normal con media 0 y desviación estándar 1). El área sombreada bajo la curva de la distribución normal estándar representa la probabilidad acumulada a la izquierda de un valor z en la **cola izquierda**.

z	0.00	0.01	0.02	0.03	0.04	0.05	0.06	0.07	0.08	0.09
−5.0	0.0000003									
−4.5	0.000003									
−4.0	0.00003	0.00003	0.00003	0.00003	0.00003	0.00003	0.00002	0.00002	0.00002	0.00002
−3.9	0.00005	0.00005	0.00004	0.00004	0.00004	0.00004	0.00004	0.00004	0.00003	0.00003
−3.8	0.00007	0.00007	0.00007	0.00006	0.00006	0.00006	0.00006	0.00005	0.00005	0.00005
−3.7	0.00011	0.00010	0.00010	0.00010	0.00009	0.00009	0.00008	0.00008	0.00008	0.00008
−3.6	0.0002	0.0002	0.0002	0.00014	0.00014	0.00013	0.00013	0.00012	0.00012	0.00011
−3.5	0.0002	0.0002	0.0002	0.0002	0.0002	0.0002	0.0002	0.0002	0.0002	0.0002
−3.4	0.0003	0.0003	0.0003	0.0003	0.0003	0.0003	0.0003	0.0003	0.0003	0.0002
−3.3	0.0005	0.0005	0.0005	0.0004	0.0004	0.0004	0.0004	0.0004	0.0004	0.0004
−3.2	0.0007	0.0007	0.0006	0.0006	0.0006	0.0006	0.0006	0.0005	0.0005	0.0005
−3.1	0.0010	0.0009	0.0009	0.0009	0.0008	0.0008	0.0008	0.0008	0.0007	0.0007
−3.0	0.0014	0.0013	0.0013	0.0012	0.0012	0.0011	0.0011	0.0011	0.0010	0.0010
−2.9	0.0019	0.0018	0.0018	0.0017	0.0016	0.0016	0.0015	0.0015	0.0014	0.0014
−2.8	0.0026	0.0025	0.0024	0.0023	0.0023	0.0022	0.0021	0.0021	0.0020	0.0019
−2.7	0.0035	0.0034	0.0033	0.0032	0.0031	0.0030	0.0029	0.0028	0.0027	0.0026
−2.6	0.0047	0.0045	0.0044	0.0043	0.0042	0.0040	0.0039	0.0038	0.0037	0.0036
−2.5	0.0062	0.0060	0.0059	0.0057	0.0055	0.0054	0.0052	0.0051	0.0049	0.0048
−2.4	0.0082	0.0080	0.0078	0.0076	0.0073	0.0071	0.0070	0.0068	0.0066	0.0064
−2.3	0.0107	0.0104	0.0102	0.0099	0.0096	0.0094	0.0091	0.0089	0.0087	0.0084
−2.2	0.0139	0.0136	0.0132	0.0129	0.0126	0.0122	0.0119	0.0116	0.0113	0.0110
−2.1	0.0179	0.0174	0.0170	0.0166	0.0162	0.0158	0.0154	0.0150	0.0146	0.0143
−2.0	0.0228	0.0222	0.0217	0.0212	0.0207	0.0202	0.0197	0.0192	0.0188	0.0183
−1.9	0.0287	0.0281	0.0274	0.0268	0.0262	0.0256	0.0250	0.0244	0.0239	0.0233
−1.8	0.0359	0.0352	0.0344	0.0336	0.0329	0.0322	0.0314	0.0307	0.0301	0.0294
−1.7	0.0446	0.0436	0.0427	0.0418	0.0409	0.0401	0.0392	0.0384	0.0375	0.0367
−1.6	0.0548	0.0537	0.0526	0.0516	0.0505	0.0495	0.0485	0.0475	0.0465	0.0455
−1.5	0.0668	0.0655	0.0643	0.0630	0.0618	0.0606	0.0594	0.0582	0.0571	0.0559
−1.4	0.0808	0.0793	0.0778	0.0764	0.0749	0.0735	0.0721	0.0708	0.0694	0.0681
−1.3	0.0968	0.0951	0.0934	0.0918	0.0901	0.0885	0.0869	0.0853	0.0838	0.0823
−1.2	0.1151	0.1131	0.1112	0.1094	0.1075	0.1057	0.1038	0.1020	0.1003	0.0985
−1.1	0.1357	0.1335	0.1314	0.1292	0.1271	0.1251	0.1230	0.1210	0.1190	0.1170
−1.0	0.1587	0.1563	0.1539	0.1515	0.1492	0.1469	0.1446	0.1423	0.1401	0.1379
−0.9	0.1841	0.1814	0.1788	0.1762	0.1736	0.1711	0.1685	0.1660	0.1635	0.1611
−0.8	0.2119	0.2090	0.2061	0.2033	0.2005	0.1977	0.1949	0.1922	0.1894	0.1867
−0.7	0.2420	0.2389	0.2358	0.2327	0.2297	0.2266	0.2236	0.2207	0.2177	0.2148
−0.6	0.2743	0.2709	0.2676	0.2643	0.2611	0.2578	0.2546	0.2514	0.2483	0.2451
−0.5	0.3085	0.3050	0.3015	0.2981	0.2946	0.2912	0.2877	0.2843	0.2810	0.2776
−0.4	0.3446	0.3409	0.3372	0.3336	0.3300	0.3264	0.3228	0.3192	0.3156	0.3121
−0.3	0.3821	0.3783	0.3745	0.3707	0.3669	0.3632	0.3594	0.3557	0.3520	0.3483
−0.2	0.4207	0.4168	0.4129	0.4090	0.4052	0.4013	0.3974	0.3936	0.3897	0.3859
−0.1	0.4602	0.4562	0.4522	0.4483	0.4443	0.4404	0.4364	0.4325	0.4286	0.4247
0.0	0.5000	0.4960	0.4920	0.4880	0.4840	0.4801	0.4761	0.4721	0.4681	0.4641

Para detalles específicos acerca del uso de esta tabla para encontrar probabilidades consulta las páginas 272-274, 292-294; valores p, páginas 375-377. La tabla 3 se generó usando Minitab.

Áreas acumuladas de la distribución normal estándar (*continuación*)

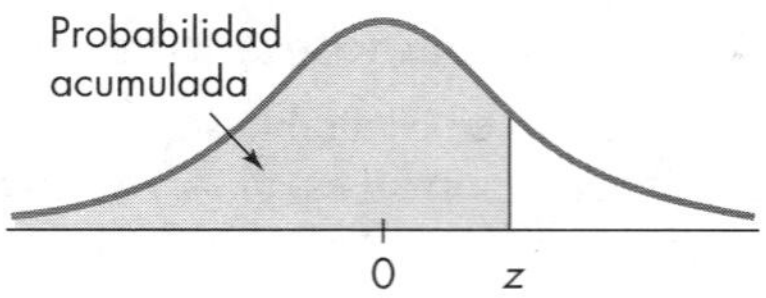

Las entradas en esta tabla son las probabilidades acumuladas para la distribución normal estándar z (esto es: la distribución normal con media 0 y desviación estándar 1). El área sombreada bajo la curva de la distribución normal estándar representa la probabilidad acumulada a la izquierda de un valor z en la **cola izquierda**.

z	0.00	0.01	0.02	0.03	0.04	0.05	0.06	0.07	0.08	0.09
0.0	0.5000	0.5040	0.5080	0.5120	0.5160	0.5199	0.5239	0.5279	0.5319	0.5359
0.1	0.5398	0.5438	0.5478	0.5517	0.5557	0.5596	0.5636	0.5675	0.5714	0.5754
0.2	0.5793	0.5832	0.5871	0.5910	0.5948	0.5987	0.6026	0.6064	0.6103	0.6141
0.3	0.6179	0.6217	0.6255	0.6293	0.6331	0.6368	0.6406	0.6443	0.6480	0.6517
0.4	0.6554	0.6591	0.6628	0.6664	0.6700	0.6736	0.6772	0.6808	0.6844	0.6879
0.5	0.6915	0.6950	0.6985	0.7019	0.7054	0.7088	0.7123	0.7157	0.7190	0.7224
0.6	0.7258	0.7291	0.7324	0.7357	0.7389	0.7422	0.7454	0.7486	0.7518	0.7549
0.7	0.7580	0.7612	0.7642	0.7673	0.7704	0.7734	0.7764	0.7794	0.7823	0.7852
0.8	0.7881	0.7910	0.7939	0.7967	0.7996	0.8023	0.8051	0.8079	0.8106	0.8133
0.9	0.8159	0.8186	0.8212	0.8238	0.8264	0.8289	0.8315	0.8340	0.8365	0.8389
1.0	0.8413	0.8438	0.8461	0.8485	0.8508	0.8531	0.8554	0.8577	0.8599	0.8621
1.1	0.8643	0.8665	0.8686	0.8708	0.8729	0.8749	0.8770	0.8790	0.8810	0.8830
1.2	0.8849	0.8869	0.8888	0.8907	0.8925	0.8944	0.8962	0.8980	0.8997	0.9015
1.3	0.9032	0.9049	0.9066	0.9082	0.9099	0.9115	0.9131	0.9147	0.9162	0.9177
1.4	0.9192	0.9207	0.9222	0.9236	0.9251	0.9265	0.9279	0.9292	0.9306	0.9319
1.5	0.9332	0.9345	0.9357	0.9370	0.9382	0.9394	0.9406	0.9418	0.9430	0.9441
1.6	0.9452	0.9463	0.9474	0.9485	0.9495	0.9505	0.9515	0.9525	0.9535	0.9545
1.7	0.9554	0.9564	0.9573	0.9582	0.9591	0.9599	0.9608	0.9616	0.9625	0.9633
1.8	0.9641	0.9649	0.9656	0.9664	0.9671	0.9678	0.9686	0.9693	0.9700	0.9706
1.9	0.9713	0.9719	0.9726	0.9732	0.9738	0.9744	0.9750	0.9756	0.9762	0.9767
2.0	0.9773	0.9778	0.9783	0.9788	0.9793	0.9798	0.9803	0.9808	0.9812	0.9817
2.1	0.9821	0.9826	0.9830	0.9834	0.9838	0.9842	0.9846	0.9850	0.9854	0.9857
2.2	0.9861	0.9865	0.9868	0.9871	0.9875	0.9878	0.9881	0.9884	0.9887	0.9890
2.3	0.9893	0.9896	0.9898	0.9901	0.9904	0.9906	0.9909	0.9911	0.9913	0.9916
2.4	0.9918	0.9920	0.9922	0.9925	0.9927	0.9929	0.9931	0.9932	0.9934	0.9936
2.5	0.9938	0.9940	0.9941	0.9943	0.9945	0.9946	0.9948	0.9949	0.9951	0.9952
2.6	0.9953	0.9955	0.9956	0.9957	0.9959	0.9960	0.9961	0.9962	0.9963	0.9964
2.7	0.9965	0.9966	0.9967	0.9968	0.9969	0.9970	0.9971	0.9972	0.9973	0.9974
2.8	0.9974	0.9975	0.9976	0.9977	0.9977	0.9978	0.9979	0.9980	0.9980	0.9981
2.9	0.9981	0.9982	0.9983	0.9983	0.9984	0.9984	0.9985	0.9985	0.9986	0.9986
3.0	0.9987	0.9987	0.9987	0.9988	0.9988	0.9989	0.9989	0.9989	0.9990	0.9990
3.1	0.9990	0.9991	0.9991	0.9991	0.9992	0.9992	0.9992	0.9992	0.9993	0.9993
3.2	0.9993	0.9993	0.9994	0.9994	0.9994	0.9994	0.9994	0.9995	0.9995	0.9995
3.3	0.9995	0.9995	0.9996	0.9996	0.9996	0.9996	0.9996	0.9996	0.9996	0.9997
3.4	0.9997	0.9997	0.9997	0.9997	0.9997	0.9997	0.9997	0.9997	0.9998	0.9998
3.5	0.9998	0.9998	0.9998	0.9998	0.9998	0.9998	0.9998	0.9998	0.9998	0.9998
3.6	0.99984	0.99985	0.99985	0.99986	0.99986	0.99987	0.99987	0.99988	0.99988	0.99989
3.7	0.99989	0.99990	0.99990	0.99990	0.99991	0.99991	0.99992	0.99992	0.99992	0.99992
3.8	0.99993	0.99993	0.99993	0.99994	0.99994	0.99994	0.99994	0.99995	0.99995	0.99995
3.9	0.99995	0.99995	0.99996	0.99996	0.99996	0.99996	0.99996	0.99996	0.99997	0.99997
4.0	0.99997	0.99997	0.99997	0.99997	0.99997	0.99997	0.99998	0.99998	0.99998	0.99998
4.5	0.999997									
5.0	0.9999997									

La tabla 3 se generó usando Minitab.

Notas

Notas